实战展示

实战019 掌握混音器视图

- 视频位置：光盘\视频\第2章\实战019.mp4
- 技术掌握：掌握混音器视图的应用

实战020 显示网格线

- 视频位置：光盘\视频\第2章\实战020.mp4
- 技术掌握：掌握软件辅助工具的应用

实战021 隐藏网格线

- 视频位置：光盘\视频\第2章\实战021.mp4
- 技术掌握：掌握在软件辅助工具的应用

实战032 设置4:3屏幕尺寸

- 视频位置：光盘\视频\第2章\实战032.mp4
- 技术掌握：掌握调整视频显示比例的方法

实战048 交换覆叠轨道

- 视频位置：光盘\视频\第3章\实战048.mp4
- 技术掌握：掌握编辑项目轨道的应用

实战062 运用灯光模板

- 视频位置：光盘\视频\第4章\实战062.mp4
- 技术掌握：掌握灯光模板的应用

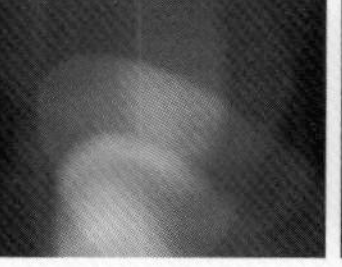

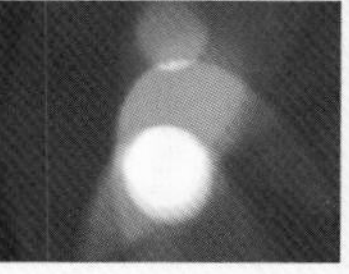

实战064 运用炫丽模板

- 视频位置：光盘\视频\第4章\实战064.mp4
- 技术掌握：掌握炫丽模板的应用

实战065 运用气球模板

- 视频位置：光盘\视频\第4章\实战065.mp4
- 技术掌握：掌握气球模板的应用

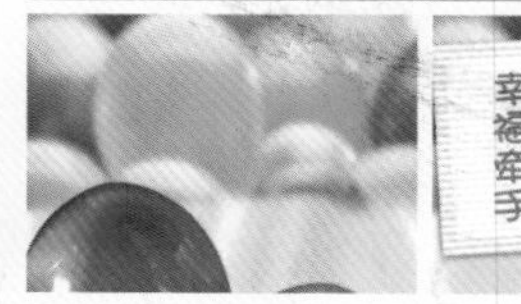

实战066 运用片头模板

- 视频位置：光盘\视频\第4章\实战066.mp4
- 技术掌握：掌握片头模板的应用

实战067 运用电视模板

- 视频位置：光盘\视频\第4章\实战067.mp4
- 技术掌握：掌握电视模板的应用

实战068 运用胶卷模板

- 视频位置：光盘\视频\第3章\实战068 .mp4
- 技术掌握：掌握胶卷模板的应用

- 视频位置：光盘\视频\第4章\实例069.mp4
- 技术掌握：掌握烟花模板的应用

实战071 运用方格模板

- 视频位置：光盘\视频\第4章\实例071.mp4
- 技术掌握：掌握方格模板的应用

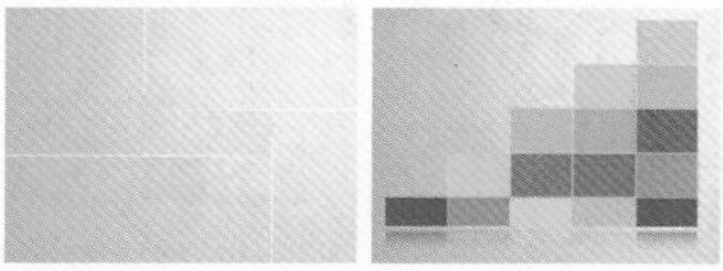

实战072 运用开始项目模板

- 视频位置：光盘\视频\第4章\实战072.mp4
- 技术掌握：掌握开始项目模板的应用

实战073 运用当中项目模板

- 视频位置：光盘\视频\第4章\实战073 .mp4
- 技术掌握：掌握当中项目模板的应用

实战074 运用结尾项目模板

- 视频位置：光盘\视频\第4章\实战074.mp4
- 技术掌握：掌握结尾项目模板的应用

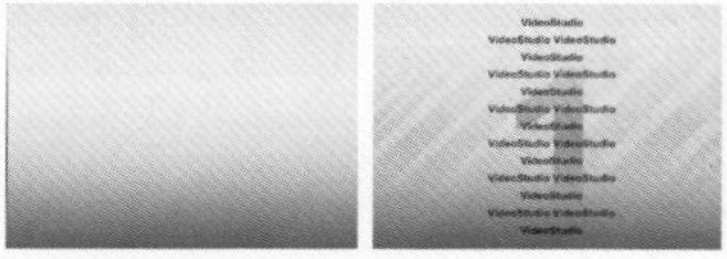

实战075 运用完成项目模板

- 视频位置：光盘\视频\第4章\实战075.mp4
- 技术掌握：掌握完成项目模板的应用

实战076 运用对象模板

- 视频位置：光盘\视频\第4章\实战076.mp4
- 技术掌握：掌握对象模板的应用

实战077 运用边框模板

- 视频位置：光盘\视频\第4章\实战077.mp4
- 技术掌握：掌握边框模板的应用

实战078 运用Flash模板

- 视频位置：光盘\视频\第4章\实战078.mp4
- 技术掌握：掌握Flash模板的应用

实战079 运用色彩模板

- 视频位置：光盘\视频\第4章\实战079.mp4
- 技术掌握：掌握色彩模板的应用

实战080 选择影音快手模板

▶视频位置：光盘\视频\第4章\实战080.mp4

▶技术掌握：掌握影音快手模板的应用

实战081 运用影音快手

▶视频位置：光盘\视频\第4章\实战081.mp4

▶技术掌握：掌握影音快手模板的应用

实战106 通过按钮添加视频

▶视频位置：光盘\视频\第7章\实例106.mp4

▶技术掌握：掌握通过按钮添加视频的方法

实战107 通过时间轴添加视频

▶视频位置：光盘\视频\第7章\实战107.mp4

▶技术掌握：掌握通过时间轴添加视频的方法

实战113 添加Flash动画素材

▶视频位置：光盘\视频\第7章\实战113.mp4

▶技术掌握：掌握添加Flash动画素材的方法

实战115 调整Flash动画大小

▶视频位置：光盘\视频\第7章\实战115.mp4

▶技术掌握：掌握调整Flash动画大小的方法

实战116 删除Flash动画素材

▶视频位置：光盘\视频\第7章\实战116.mp4

▶技术掌握：掌握删除Flash动画素材的方法

实战117 加载外部对象样式

▶视频位置：光盘\视频\第7章\实战117.mp4

▶技术掌握：掌握加载外部对象样式的方法

实战118 加载外部边框样式

▶视频位置：光盘\视频\第7章\实战118.mp4

▶技术掌握：掌握加载外部边框样式的方法

实战119 添加PNG图像文件

▶视频位置：光盘\视频\第7章\实战119.mp4

▶技术掌握：掌握添加PNG图像文件的方法

实战127 更改色块的颜色

▶视频位置：光盘\视频\第7章\实战127.mp4

▶技术掌握：掌握更改色块的颜色的方法

实战139 调到项目大小

▶视频位置：光盘\视频\第8章\实战139.mp4

▶技术掌握：掌握设置素材重新采样比例的方法

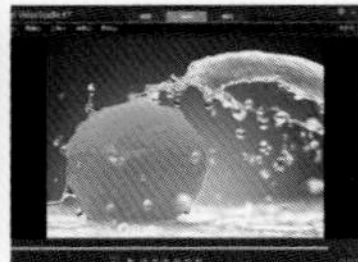

实战140 保持宽高比

▶视频位置：光盘\视频\第8章\实战140.mp4

▶技术掌握：掌握设置素材重新采样比例的方法

实战156 制作定格动画

▶视频位置：光盘\视频\第9章\实战156.mp4

▶技术掌握：掌握制作定格动画的方法

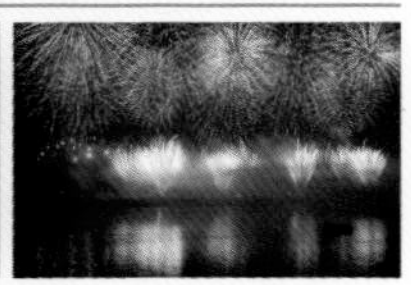

实战158 设置笔刷的宽度

▶视频位置：光盘\视频\第9章\实战158.mp4

▶技术掌握：掌握设置笔刷的宽度的方法

实战161 设置画笔的纹理

▶视频位置：光盘\视频\第9章\实战161.mp4

▶技术掌握：掌握设置画笔的纹理的方法

实战176 录制视频文件

▶视频位置：光盘\视频\第9章\实战176.mp4

▶技术掌握：掌握录制视频文件的方法

实战184 移动素材

▶视频位置：光盘\视频\第10章\实战184.mp4

▶技术掌握：掌握移动素材的方法

实战185 替换视频素材

▶视频位置：光盘\视频\第10章\实战185.mp4

▶技术掌握：掌握替换视频素材的方法

实战186 替换照片素材

▶视频位置：光盘\视频\第10章\实战186.mp4

▶技术掌握：掌握替换照片素材的方法

实战189 粘贴所有属性至另一素材

▶视频位置：光盘\视频\第10章\实战189.mp4

▶技术掌握：掌握粘贴所有属性的应用

实战190 粘贴可选属性至另一素材

▶视频位置：光盘\视频\第10章\实战190.mp4
▶技术掌握：掌握粘贴可选属性的应用

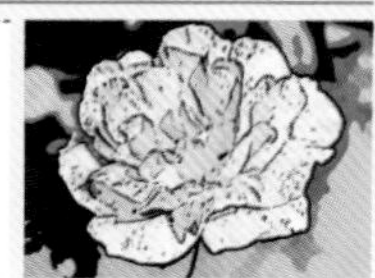

实战191 反转视频素材

▶视频位置：光盘\视频\第10章\实战191.mp4
▶技术掌握：掌握反转视频的应用

实战192 变形视频素材

▶视频位置：光盘\视频\第10章\实战192.mp4
▶技术掌握：掌握变形视频的应用

实战193 分割多段视频

▶视频位置：光盘\视频\第10章\实战193.mp4
▶技术掌握：掌握分割多段视频的方法

实战194 抓拍视频快照

▶视频位置：光盘\视频\第10章\实战194.mp4
▶技术掌握：掌握抓拍视频快照的方法

实战201 调整素材声音大小

▶视频位置：光盘\视频\第10章\实战201.mp4
▶技术掌握：掌握编辑素材对象的方法

实战208 素材的撤销操作

▶视频位置：光盘\视频\第10章\实战208.mp4
▶技术掌握：掌握撤销的方法

实战209 动态追踪画面

▶视频位置：光盘\视频\第10章\实战209.mp4
▶技术掌握：掌握动态追踪画面的应用

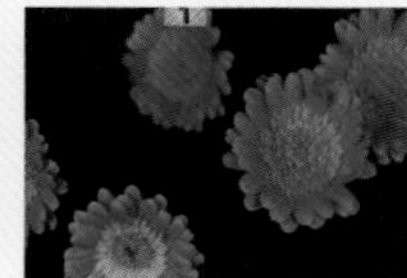

实战210 匹配动态追踪

▶视频位置：光盘\视频\第10章\实战210.mp4
▶技术掌握：掌握匹配动态追踪的应用

实战212 为视频添加路径

▶视频位置：光盘\视频\第10章\实战212.mp4
▶技术掌握：掌握为视频添加路径的方法

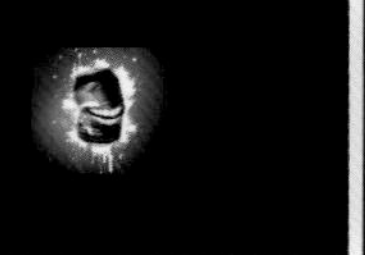
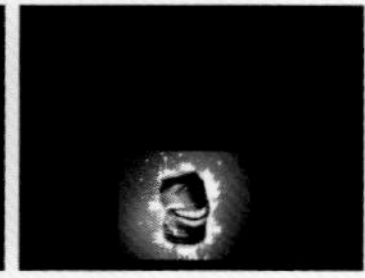

实战213 为覆叠添加路径

▶视频位置：光盘\视频\第10章\实战213.mp4
▶技术掌握：掌握为覆叠添加路径的方法

实战214 自定路径效果

▶视频位置：光盘\视频\第10章\实战214.mp4
▶技术掌握：掌握自定路径效果的方法

实战217 通过命令添加动画效果

▶视频位置：光盘\视频\第10章\实战217.mp4
▶技术掌握：掌握通过命令添加动画效果的方法

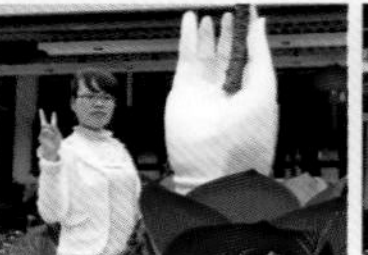

实战218 通过选项添加动画效果

▶视频位置：光盘\视频\第10章\实战218.mp4
▶技术掌握：掌握通过选项添加动画效果的方法

实战220 添加预设的摇动和缩放效果

▶视频位置：光盘\视频\第10章\实战220.mp4
▶技术掌握：掌握添加预设的摇动和缩放的方法

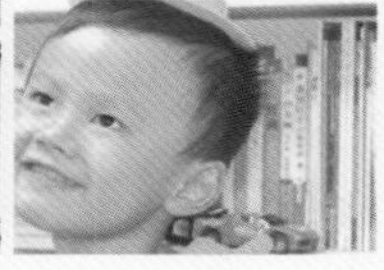

实战221 自定义摇动和缩放效果

▶视频位置：光盘\视频\第10章\实战221.mp4
▶技术掌握：掌握自定义摇动和缩放效果的方法

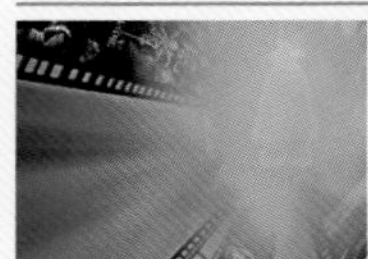

实战223 自动调整色调

▶视频位置：光盘\视频\第11章\实战223.mp4
▶技术掌握：掌握自动调整色调的方法

实战224 调整饱和度

▶视频位置：光盘\视频\第11章\实战224.mp4
▶技术掌握：掌握调整饱和度的方法

实战225 调整亮度

▶视频位置：光盘\视频\第11章\实战225.mp4
▶技术掌握：掌握调整亮度的方法

实战226 调整对比度

▶视频位置：光盘\视频\第11章\实战226.mp4
▶技术掌握：掌握调整对比度的方法

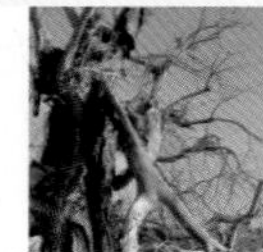
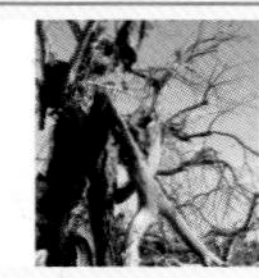

实战228 添加钨光效果

▶视频位置：光盘\视频\第11章\实战228.mp4
▶技术掌握：掌握添加钨光效果的方法

实战229 添加荧光效果

▶视频位置：光盘\视频\第11章\实战229.mp4

▶技术掌握：掌握荧光效果的方法

实战234 用按钮剪辑视频

▶视频位置：光盘\视频\第11章\实战234.mp4

▶技术掌握：掌握用按钮剪辑视频的制作方法

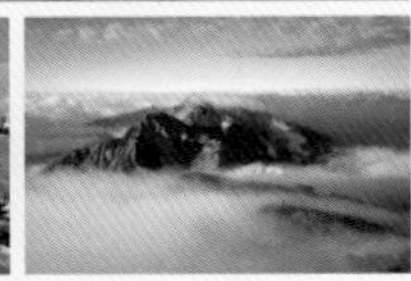

实战235 用时间轴剪辑视频

▶视频位置：光盘\视频\第11章\实战235.mp4

▶技术掌握：掌握用时间轴剪辑视频的制作方法

实战236 用修整标记剪辑视频

▶视频位置：光盘\视频\第11章\实战236.mp4

▶技术掌握：掌握用修整标记剪辑视频的制作方法

实战237 直接拖曳剪辑视频

▶视频位置：光盘\视频\第11章\实战237.mp4

▶技术掌握：掌握直接拖曳剪辑视频的制作方法

实战240 在素材库中分割场景

▶视频位置：光盘\视频\第11章\实战240.mp4

▶技术掌握：掌握在素材库中分割场景的制作方法

实战241 在故事板中分割场景

▶视频位置：光盘\视频\第11章\实战241.mp4

▶技术掌握：掌握在故事板中分割场景的制作方法

实战246 修整更多片段

▶视频位置：光盘\视频\第11章\实战246.mp4

▶技术掌握：掌握修整更多片段的制作方法

实战247 精确标记片段

▶视频位置：光盘\视频\第11章\实战247.mp4

▶技术掌握：掌握精确标记片段的制作方法

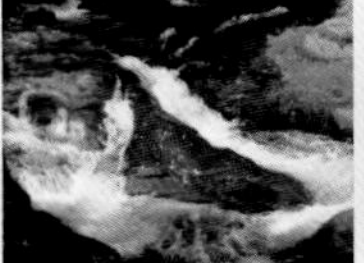

实战248 素材的单修整操作

▶视频位置：光盘\视频\第11章\实战248.mp4

▶技术掌握：掌握素材的单修整的方法

实战250 “云雾”属性设置

▶视频位置：光盘\视频\第12章\实战250.mp4

▶技术掌握：掌握“云雾”属性的设置方法

实战251 “泡泡”属性设置

▶视频位置：光盘\视频\第12章\实战251.mp4

▶技术掌握：掌握“泡泡”属性的设置方法

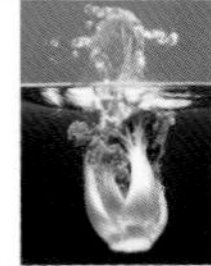
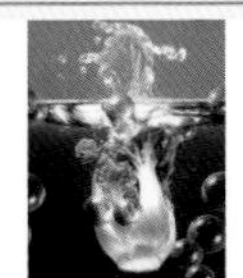

实战252 “闪电”属性设置

▶视频位置：光盘\视频\第12章\实战252.mp4

▶技术掌握：掌握“闪电”属性的设置方法

实战253 “视频平移和缩放”属性设置

▶视频位置：光盘\视频\第12章\实战253.mp4

▶技术掌握：掌握“视频平移和缩放”的设置方法

实战254 添加滤镜效果

▶视频位置：光盘\视频\第12章\实战254.mp4

▶技术掌握：掌握添加滤镜效果的方法

实战255 添加多个滤镜效果

▶视频位置：光盘\视频\第12章\实战255.mp4

▶技术掌握：掌握添加多个滤镜效果的方法

实战256 删除滤镜效果

▶视频位置：光盘\视频\第12章\实战256.mp4

▶技术掌握：掌握删除滤镜效果的方法

实战257 替换滤镜效果

▶视频位置：光盘\视频\第12章\实战257.mp4

▶技术掌握：掌握替换滤镜效果的方法

实战258 选择预设模式

▶视频位置：光盘\视频\第12章\实战258.mp4

▶技术掌握：掌握选择预设模式的方法

实战259 自定义滤镜样式

▶视频位置：光盘\视频\第12章\实战259.mp4

▶技术掌握：掌握自定义滤镜样式的方法

实战260 应用“剪裁”滤镜

▶视频位置：光盘\视频\第12章\实战260.mp4

▶技术掌握：掌握“剪裁”滤镜的应用

实战261 应用"翻转"滤镜

▶视频位置：光盘\视频\第12章\实战261.mp4

▶技术掌握：掌握"翻转"滤镜的应用

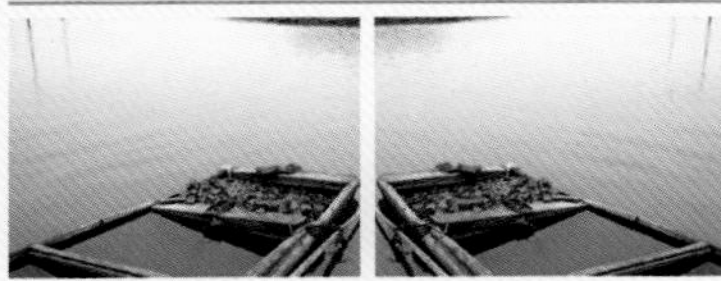

实战263 应用"丢掷石块"滤镜

▶视频位置：光盘\视频\第12章\实战263.mp4

▶技术掌握：掌握"丢掷石块"滤镜的应用

实战265 应用"漩涡"滤镜

▶视频位置：光盘\视频\第12章\实战265.mp4

▶技术掌握：掌握"漩涡"滤镜的应用

实战266 应用"鱼眼"滤镜

▶视频位置：光盘\视频\第12章\实战266.mp4

▶技术掌握：掌握"鱼眼"滤镜的应用

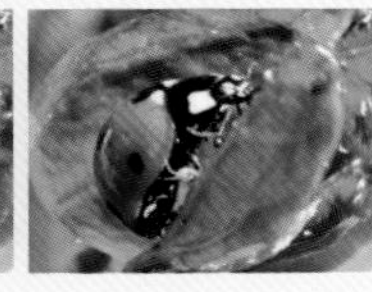

实战267 应用"往内挤压"滤镜

▶视频位置：光盘\视频\第12章\实战267.mp4

▶技术掌握：掌握"往内挤压"滤镜的应用

实战268 应用"往外扩张"滤镜

▶视频位置：光盘\视频\第12章\实战268.mp4

▶技术掌握：掌握"往外扩张"滤镜的应用

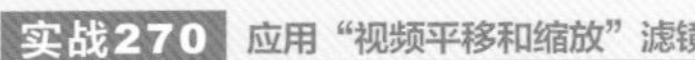

实战270 应用"视频平移和缩放"滤镜

▶视频位置：光盘\视频\第12章\实战270.mp4

▶技术掌握：掌握"视频平移和缩放"滤镜的应用

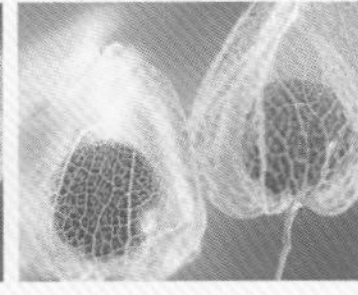

实战271 应用"双色套印"滤镜

▶视频位置：光盘\视频\第12章\实战271.mp4

▶技术掌握：掌握"双色套印"滤镜的应用

实战272 应用"光晕效果"滤镜

▶视频位置：光盘\视频\第12章\实战272.mp4

▶技术掌握：掌握"光晕效果"滤镜的应用

实战273 应用"万花筒"滤镜

▶视频位置：光盘\视频\第12章\实战273.mp4

▶技术掌握：掌握"万花筒"滤镜的应用

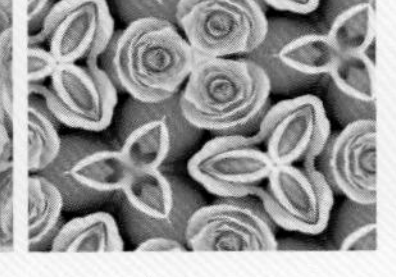

实战274 应用"镜射"滤镜

▶视频位置：光盘\视频\第12章\实战274.mp4

▶技术掌握：掌握"镜射"滤镜的应用

实战275 应用"单色"滤镜

▶视频位置：光盘\视频\第12章\实战275.mp4

▶技术掌握：掌握"单色"滤镜的应用

实战277 应用"旧底片"滤镜

▶视频位置：光盘\视频\第12章\实战277.mp4

▶技术掌握：掌握"旧底片"滤镜的应用

实战278 应用"镜头光晕"滤镜

▶视频位置：光盘\视频\第12章\实战278.mp4

▶技术掌握：掌握"镜头光晕"滤镜的应用

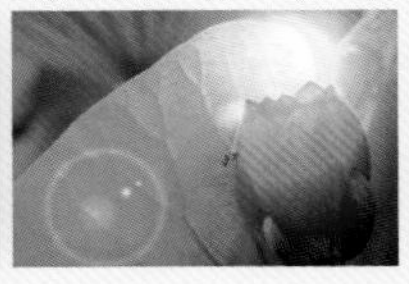

实战279 应用"放大镜动作"滤镜

▶视频位置：光盘\视频\第12章\实战279.mp4

▶技术掌握：掌握"放大镜动作"滤镜的应用

实战280 应用"FX马赛克"滤镜

▶视频位置：光盘\视频\第12章\实战280.mp4

▶技术掌握：掌握"FX马赛克"滤镜的应用

实战281 应用"FX往外扩张"滤镜

▶视频位置：光盘\视频\第12章\实战281.mp4

▶技术掌握：掌握"FX往外扩张"滤镜的应用

实战282 应用"FX漩涡"滤镜

▶视频位置：光盘\视频\第12章\实战282.mp4

▶技术掌握：掌握"FX漩涡"滤镜的应用

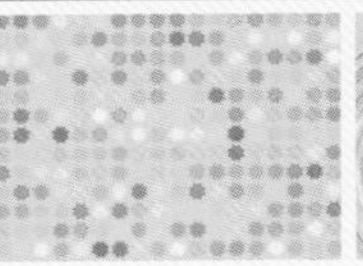

实战284 应用"亮度和对比度"滤镜

▶视频位置：光盘\视频\第12章\实战284.mp4

▶技术掌握：掌握"亮度和对比度"滤镜的应用

实战286 应用"反相"滤镜

▶视频位置：光盘\视频\第12章\实战286.mp4

▶技术掌握：掌握"反相"滤镜的应用

实战287 应用"光线"滤镜

▶视频位置：光盘\视频\第12章\实战287.mp4

▶技术掌握：掌握"光线"滤镜的应用

实战288 应用“肖像画”滤镜
- 视频位置：光盘\视频\第12章\实战288.mp4
- 技术掌握：掌握“肖像画”滤镜的应用

实战289 应用“平均”滤镜
- 视频位置：光盘\视频\第12章\实战289.mp4
- 技术掌握：掌握“平均”滤镜的应用

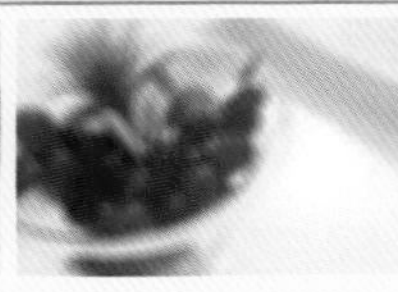

实战291 应用“锐利化”滤镜
- 视频位置：光盘\视频\第12章\实战291.mp4
- 技术掌握：掌握“锐利化”滤镜的应用

实战292 应用“自动素描”滤镜
- 视频位置：光盘\视频\第12章\实战292.mp4
- 技术掌握：掌握“自动素描”滤镜的应用

实战293 应用“彩色笔”滤镜
- 视频位置：光盘\视频\第12章\实战293.mp4
- 技术掌握：掌握“彩色笔”滤镜的应用

实战294 应用“油画”滤镜
- 视频位置：光盘\视频\第12章\实战294.mp4
- 技术掌握：掌握“油画”滤镜的应用

实战295 应用“主动式相机”滤镜
- 视频位置：光盘\视频\第12章\实战295.mp4
- 技术掌握：掌握“主动式相机”滤镜的应用

实战296 应用“喷刷”滤镜
- 视频位置：光盘\视频\第12章\实战296.mp4
- 技术掌握：掌握“喷刷”滤镜的应用

实战297 应用“强化细部”滤镜
- 视频位置：光盘\视频\第12章\实战297.mp4
- 技术掌握：掌握“强化细部”滤镜的运用

实战299 应用“泡泡”滤镜
- 视频位置：光盘\视频\第12章\实战299.mp4
- 技术掌握：掌握“泡泡”滤镜的应用

实战300 应用“云雾”滤镜
- 视频位置：光盘\视频\第12章\实战300.mp4
- 技术掌握：掌握“云雾”滤镜的应用

实战301 应用“残影效果”滤镜
- 视频位置：光盘\视频\第12章\实战301.mp4
- 技术掌握：掌握“残影效果”滤镜的应用

实战302 应用“闪电”滤镜
- 视频位置：光盘\视频\第12章\实战302.mp4
- 技术掌握：掌握“闪电”滤镜的应用

实战303 应用“雨滴”滤镜
- 视频位置：光盘\视频\第12章\实战303.mp4
- 技术掌握：掌握“雨滴”滤镜的应用

实战304 自动添加转场
- 视频位置：光盘\视频\第13章\实战304.mp4
- 技术掌握：掌握添加视频转场效果的方法

实战305 手动添加转场
- 视频位置：光盘\视频\第13章\实战305.mp4
- 技术掌握：掌握添加视频转场效果的方法

实战306 应用随机转场
- 视频位置：光盘\视频\第13章\实战306.mp4
- 技术掌握：掌握随机转场的应用

实战307 应用当前转场
- 视频位置：光盘\视频\第13章\实战307.mp4
- 技术掌握：掌握当前转场的应用

实战311 移动转场效果
- 视频位置：光盘\视频\第13章\实战311.mp4
- 技术掌握：掌握移动转场效果的应用

实战313 设置转场的边框
- 视频位置：光盘\视频\第13章\实战313.mp4
- 技术掌握：掌握转场边框的设置方法

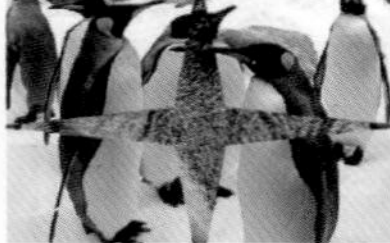
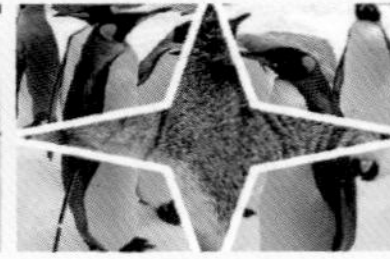

实战314 设置边框的颜色
- 视频位置：光盘\视频\第13章\实战314.mp4
- 技术掌握：掌握边框颜色的设置方法

实战315 改变转场的方向
- 视频位置：光盘\视频\第13章\实战315.mp4
- 技术掌握：掌握改变转场方向的方法

实战316 应用“溶解”转场
- 视频位置：光盘\视频\第13章\实战316.mp4
- 技术掌握：掌握“溶解”转场的应用

实战317 应用“交错淡化”转场
- 视频位置：光盘\视频\第13章\实战317.mp4
- 技术掌握：掌握“交错淡化”转场的应用

实战318 应用“单向”转场
- 视频位置：光盘\视频\第13章\实战318.mp4
- 技术掌握：掌握“单向”转场的应用

实战319 应用“飞行方块”转场
- 视频位置：光盘\视频\第13章\实战319.mp4
- 技术掌握：掌握“飞行方块”转场的应用

实战320 应用“折叠盒”转场
- 视频位置：光盘\视频\第13章\实战320.mp4
- 技术掌握：掌握“折叠盒”转场的应用

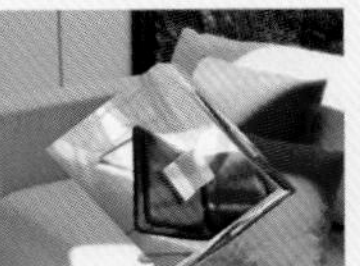

实战321 应用“飞行翻转”转场
- 视频位置：光盘\视频\第13章\实战321.mp4
- 技术掌握：掌握“飞行翻转”转场的应用

实战322 应用“开门”转场
- 视频位置：光盘\视频\第13章\实战322.mp4
- 技术掌握：掌握“开门”转场的应用

实战323 应用“旋转门”转场
- 视频位置：光盘\视频\第13章\实战323.mp4
- 技术掌握：掌握“旋转门”转场的应用

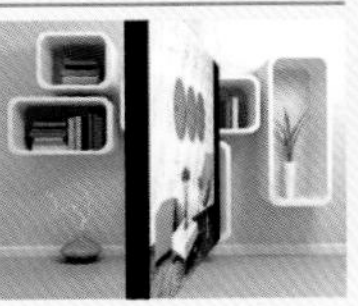

实战324 应用“漩涡”转场
- 视频位置：光盘\视频\第13章\实战324.mp4
- 技术掌握：掌握“漩涡”转场的应用

实战325 应用“棋盘”转场
- 视频位置：光盘\视频\第13章\实战325.mp4
- 技术掌握：掌握“棋盘”转场的应用

实战326 应用“对角”转场
- 视频位置：光盘\视频\第13章\实战326.mp4
- 技术掌握：掌握“对角”转场的应用

实战327 应用“螺旋”转场
- 视频位置：光盘\视频\第13章\实战327.mp4
- 技术掌握：掌握“螺旋”转场的应用

实战329 应用“墙”转场
- 视频位置：光盘\视频\第13章\实战329.mp4
- 技术掌握：掌握“墙”转场的应用

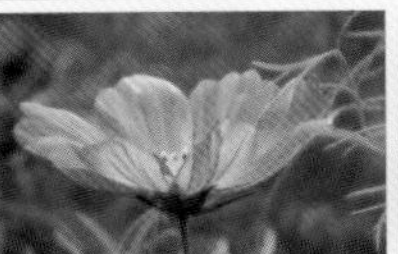

实战330 应用“中央”转场
- 视频位置：光盘\视频\第13章\实战330.mp4
- 技术掌握：掌握“中央”转场的应用

实战331 应用“分割”转场
- 视频位置：光盘\视频\第13章\实战331.mp4
- 技术掌握：掌握“分割”转场的应用

实战332 应用“清除”转场
- 视频位置：光盘\视频\第13章\实战332.mp4
- 技术掌握：掌握“清除”转场的应用

实战333 应用“扭曲”转场
- 视频位置：光盘\视频\第13章\实战333.mp4
- 技术掌握：掌握“扭曲”转场的应用

实战334 应用“燃烧”转场
- 视频位置：光盘\视频\第13章\实战334.mp4
- 技术掌握：掌握“燃烧”转场的应用

实战335 应用“菱形”转场
- 视频位置：光盘\视频\第13章\实战335.mp4
- 技术掌握：掌握“菱形”转场的应用

实战336 应用“漏斗”转场
- 视频位置：光盘\视频\第13章\实战336.mp4
- 技术掌握：掌握“漏斗”转场的应用

实战337 应用“打碎”转场

▶视频位置：光盘\视频\第13章\实战337.mp4
▶技术掌握：掌握“打碎”转场的应用

实战338 应用“对开门”转场

▶视频位置：光盘\视频\第13章\实战338.mp4
▶技术掌握：掌握“对开门”转场的应用

实战339 应用“分半”转场

▶视频位置：光盘\视频\第13章\实战339.mp4
▶技术掌握：掌握“分半”转场的应用

实战340 应用“翻页”转场

▶视频位置：光盘\视频\第13章\实战340.mp4
▶技术掌握：掌握“翻页”转场的应用

实战341 应用“扭曲”转场

▶视频位置：光盘\视频\第13章\实战341.mp4
▶技术掌握：掌握“扭曲”转场的应用

实战342 应用“十字”转场

▶视频位置：光盘\视频\第13章\实战342.mp4
▶技术掌握：掌握“十字”转场的应用

实战343 应用“拍打A”转场

▶视频位置：光盘\视频\第13章\实战343.mp4
▶技术掌握：掌握“拍打A”转场的应用

实战344 应用“拉链”转场

▶视频位置：光盘\视频\第13章\实战344.mp4
▶技术掌握：掌握“拉链”转场的应用

实战345 应用“百叶窗”转场

▶视频位置：光盘\视频\第13章\实战345.mp4
▶技术掌握：掌握“百叶窗”转场的应用

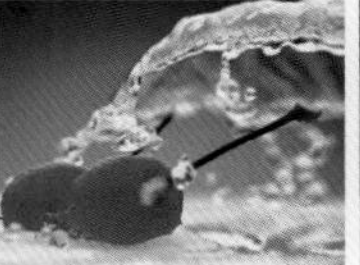

实战346 应用“圆形”转场

▶视频位置：光盘\视频\第13章\实战346.mp4
▶技术掌握：掌握“圆形”转场的应用

实战347 应用“星形”转场

▶视频位置：光盘\视频\第13章\实战347.mp4
▶技术掌握：掌握“星形”转场的应用

实战348 应用“条形”转场

▶视频位置：光盘\视频\第13章\实战348.mp4
▶技术掌握：掌握“条形”转场的应用

实战349 添加覆叠图像

▶视频位置：光盘\视频\第14章\实战349.mp4
▶技术掌握：掌握添加覆叠图像的方法

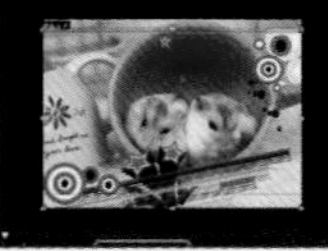

实战350 删除覆叠图像

▶视频位置：光盘\视频\第14章\实战350.mp4
▶技术掌握：掌握删除覆叠图像的方法

实战351 设置进入动画

▶视频位置：光盘\视频\第14章\实战351.mp4
▶技术掌握：掌握设置进入动画的方法

实战352 设置退出动画

▶视频位置：光盘\视频\第14章\实战352.mp4
▶技术掌握：掌握设置退出动画的方法

实战354 设置覆叠对齐方式

▶视频位置：光盘\视频\第14章\实战354.mp4
▶技术掌握：掌握设置覆叠对齐方式的方法

实战355 设置覆叠透明度

▶视频位置：光盘\视频\第14章\实战355.mp4
▶技术掌握：掌握设置覆叠透明度的方法

实战356 设置覆叠的边框

▶视频位置：光盘\视频\第14章\实战356.mp4
▶技术掌握：掌握设置覆叠的边框的方法

实战357 设置边框的颜色

▶视频位置：光盘\视频\第14章\实战357.mp4
▶技术掌握：掌握设置边框颜色的方法

实战358 设置遮罩的色彩

▶视频位置：光盘\视频\第14章\实战358.mp4
▶技术掌握：掌握设置遮罩色彩的方法

实战360 修剪覆叠的宽度

- 视频位置：光盘\视频\第14章\实战360.mp4
- 技术掌握：掌握修剪覆叠宽度的方法

实战361 制作椭圆遮罩特效

- 视频位置：光盘\视频\第14章\实战361.mp4
- 技术掌握：掌握椭圆遮罩特效的制作方法

实战362 制作矩形遮罩特效

- 视频位置：光盘\视频\第14章\实战362.mp4
- 技术掌握：掌握矩形遮罩特效的制作方法

实战363 制作花瓣遮罩特效

- 视频位置：光盘\视频\第14章\实战361.mp4
- 技术掌握：掌握花瓣遮罩特效的制作方法

实战364 制作心形遮罩特效

- 视频位置：光盘\视频\第14章\实战364.mp4
- 技术掌握：掌握心形遮罩特效的制作方法

实战365 制作涂抹遮罩特效

- 视频位置：光盘\视频\第14章\实战365.mp4
- 技术掌握：掌握涂抹遮罩特效的制作方法

实战366 制作水波遮罩特效

- 视频位置：光盘\视频\第14章\实战366.mp4
- 技术掌握：掌握水波遮罩特效的制作方法

实战367 制作若隐若现画面

- 视频位置：光盘\视频\第14章\实战367.mp4
- 技术掌握：掌握若隐若现画面的制作方法

实战368 制作精美相框特效

- 视频位置：光盘\视频\第14章\实战368.mp4
- 技术掌握：掌握精美相框特效的制作方法

实战369 制作覆叠转场效果

- 视频位置：光盘\视频\第14章\实战369.mp4
- 技术掌握：掌握覆叠转场效果的制作方法

实战370 制作带边框画中画

- 视频位置：光盘\视频\第14章\实战370.mp4
- 技术掌握：掌握带边框画中画的制作方法

实战371 制作装饰图案效果

- 视频位置：光盘\视频\第14章\实战371.mp4
- 技术掌握：掌握装饰图案效果的制作方法

实战374 添加单个标题

- 视频位置：光盘\视频\第15章\实战374.mp4
- 技术掌握：掌握添加标题的方法

实战375 添加多个标题

- 视频位置：光盘\视频\第15章\实战375.mp4
- 技术掌握：掌握添加多个标题的方法

实战376 添加模板标题

- 视频位置：光盘\视频\第15章\实战376.mp4
- 技术掌握：掌握添加模板标题的方法

实战379 在视频中插入字幕

- 视频位置：光盘\视频\第15章\实战375.mp4
- 技术掌握：掌握在插入视频字幕的方法

实战383 设置行间距

- 视频位置：光盘\视频\第15章\实战383.mp4
- 技术掌握：掌握设置行间距的方法

实战385 设置标题字体

- 视频位置：光盘\视频\第15章\实战385.mp4
- 技术掌握：掌握设置标题字体的方法

实战386 设置字体大小

- 视频位置：光盘\视频\第15章\实战386.mp4
- 技术掌握：掌握设置字体大小的方法

实战387 设置字体颜色

- 视频位置：光盘\视频\第15章\实战387.mp4
- 技术掌握：掌握设置字体颜色的方法

实战388 更改文本显示方向

- 视频位置：光盘\视频\第15章\实战388.mp4
- 技术掌握：掌握更改文本显示方向的方法

实战389 设置文本背景色
- 视频位置：光盘\视频\第15章\实战389.mp4
- 技术掌握：掌握设置文本背景色的方法

实战391 制作描边字幕特效
- 视频位置：光盘\视频\第15章\实战391.mp4
- 技术掌握：掌握描边字幕特效的制作方法

实战392 制作突起字幕特效
- 视频位置：光盘\视频\第15章\实战392.mp4
- 技术掌握：掌握突起字幕特效的制作方法

实战393 制作光晕字幕特效
- 视频位置：光盘\视频\第15章\实战393.mp4
- 技术掌握：掌握光晕字幕特效的制作方法

实战394 制作下垂字幕特效
- 视频位置：光盘\视频\第15章\实战394.mp4
- 技术掌握：掌握下垂字幕特效的制作方法

实战395 制作淡化动画特效
- 视频位置：光盘\视频\第15章\实战395.mp4
- 技术掌握：掌握淡化动画特效的制作方法

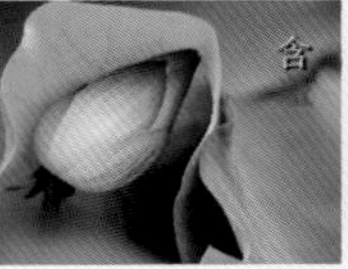

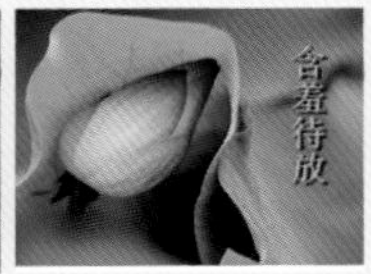

实战396 制作弹出动画特效
- 视频位置：光盘\视频\第15章\实战396.mp4
- 技术掌握：掌握弹出动画特效的制作方法

实战397 制作翻转动画特效
- 视频位置：光盘\视频\第15章\实战397.mp4
- 技术掌握：掌握翻转动画特效的制作方法

实战398 制作飞行动画特效
- 视频位置：光盘\视频\第15章\实战398.mp4
- 技术掌握：掌握飞行动画特效的制作方法

实战399 制作缩放动画特效
- 视频位置：光盘\视频\第15章\实战399.mp4
- 技术掌握：掌握缩放动画特效的制作方法

实战400 制作下降动画特效
- 视频位置：光盘\视频\第15章\实战400.mp4
- 技术掌握：掌握下降动画特效的制作方法

实战401 制作摇摆动画特效
- 视频位置：光盘\视频\第15章\实战401.mp4
- 技术掌握：掌握摇摆动画特效的制作方法

实战402 制作移动路径特效
- 视频位置：光盘\视频\第15章\实战402.mp4
- 技术掌握：掌握移动路径特效的制作方法

实战425 添加嗒声去除滤镜
- 视频位置：光盘\视频\第16章\实战425.mp4
- 技术掌握：掌握音频滤镜的应用

实战445 输出部分视频
- 视频位置：光盘\视频\第17章\实战445.mp4
- 技术掌握：掌握输出部分视频的方法

实战471 设置菜单类型
- 视频位置：光盘\视频\第18章\实战471.mp4
- 技术掌握：掌握设置菜单类型的方法

实战472 预览影片效果
- 视频位置：光盘\视频\第18章\实战472.mp4
- 技术掌握：掌握预览影片效果的方法

实战479 输出适合的视频尺寸
- 视频位置：光盘\视频\第19章\实战479.mp4
- 技术掌握：掌握输出视频的方法

实战481 制作逐帧动画特效
- 视频位置：光盘\视频\第20章\实战481.mp4
- 技术掌握：掌握逐帧动画特效的制作方法

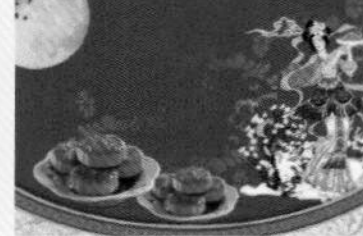

实战482 制作颜色渐变动画
- 视频位置：光盘\视频\第20章\实战482.mp4
- 技术掌握：掌握颜色渐变动画的制作方法

实战483 制作多个引导动画
- 视频位置：光盘\视频\第20章\实战483.mp4
- 技术掌握：掌握多个引导动画的制作方法

实战484 制作被遮罩层动画
▶视频位置：光盘\视频\第20章\实战484.mp4
▶技术掌握：掌握被遮罩层动画的制作方法

实战486 制作图像旋转动画
▶视频位置：光盘\视频\第20章\实战486.mp4
▶技术掌握：掌握图像旋转动画的制作方法

实战487 制作照片美白特效
▶视频位置：光盘\视频\第20章\实战487.mp4
▶技术掌握：掌握照片美白特效的制作方法

实战489 制作反相图像特效
▶视频位置：光盘\视频\第20章\实战489.mp4
▶技术掌握：掌握反相图像特效的制作方法

实战491 制作渐变映射特效
▶视频位置：光盘\视频\第20章\实战491.mp4
▶技术掌握：掌握渐变映射特效的制作方法

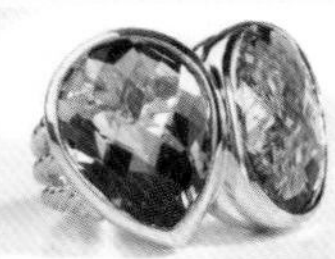

实战492 制作智能滤镜特效
▶视频位置：光盘\视频\第20章\实战492.mp4
▶技术掌握：掌握智能滤镜特效的制作方法

实战493 制作专色通道特效
▶视频位置：光盘\视频\第20章\实战493.mp4
▶技术掌握：掌握专色通道特效的制作方法

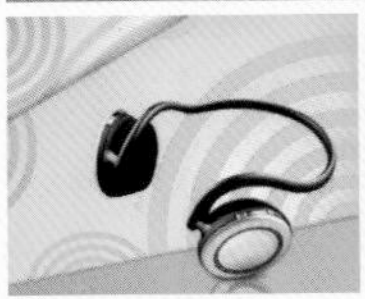
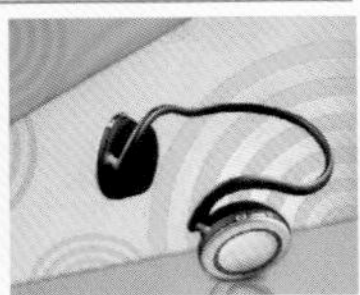

实战512 添加翻转动画效果
▶视频位置：光盘\视频\第21章\实战512.mp4
▶技术掌握：掌握添加翻转动画效果的方法

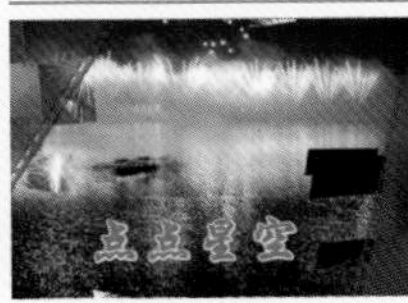

实战514 渲染输出视频动画文件
▶视频位置：光盘\视频\第21章\实战514.mp4
▶技术掌握：掌握视频动画文件的渲染方法

实战515 导入荷花媒体素材
▶视频位置：光盘\视频\第22章\实战515.mp4
▶技术掌握：掌握媒体素材的导入方法

实战516 制作荷花摇动效果
▶视频位置：光盘\视频\第22章\实战516.mp4
▶技术掌握：掌握摇动效果的制作方法

实战523 制作其他转场效果
▶视频位置：光盘\视频\第22章\实战523.mp4
▶技术掌握：掌握其他转场效果的制作方法

实战525 制作边框动画效果
▶视频位置：光盘\视频\第22章\实战525.mp4
▶技术掌握：掌握边框动画效果的制作方法

实战526 制作视频片尾覆叠
▶视频位置：光盘\视频\第22章\实战526.mp4
▶技术掌握：掌握视频片尾覆叠效果的制作方法

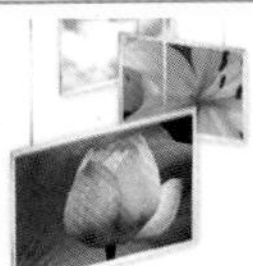

实战527 制作片头字幕效果
▶视频位置：光盘\视频\第22章\实战527.mp4
▶技术掌握：掌握片头字幕效果的制作方法

实战528 制作视频字幕效果
▶视频位置：光盘\视频\第23章\实战528.mp4
▶技术掌握：掌握视频字幕效果的制作方法

实战530 制作画面音频特效
▶视频位置：光盘\视频\第22章\实战530.mp4
▶技术掌握：掌握画面音频特效的制作方法

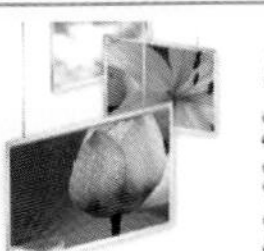

实战533 制作片头视频画面
▶视频位置：光盘\视频\第23章\实战533.mp4
▶技术掌握：掌握片头视频画面的制作方法

实战535 制作画面缩放特效
▶视频位置：光盘\视频\第23章\实战535.mp4
▶技术掌握：掌握画面缩放特效的制作方法

实战537 制作“飞行木板”转场特效
▶视频位置：光盘\视频\第23章\实战537.mp4
▶技术掌握：掌握“飞行木板”转场特效的制作方法

实战538 制作“对开门”转场特效
▶视频位置：光盘\视频\第23章\实战538.mp4
▶技术掌握：掌握“对开门”转场特效的制作方法

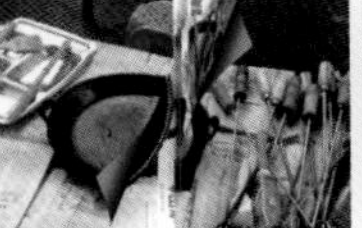

实战539 制作“爆裂”转场特效

▶ 视频位置：光盘\视频\第23章\实战539.mp4

▶ 技术掌握：掌握“爆裂”转场特效的制作方法

实战546 制作其他转场特效

▶ 视频位置：光盘\视频\第23章\实战546.mp4

▶ 技术掌握：掌握其他转场特效的制作方法

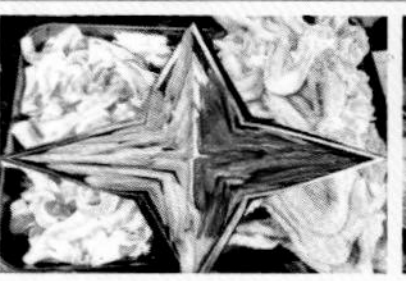
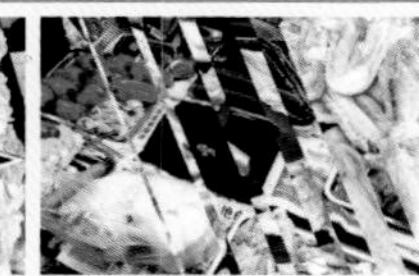

实战547 制作片头片尾特效

▶ 视频位置：光盘\视频\第23章\实战547.mp4

▶ 技术掌握：掌握片头片尾特效的制作方法

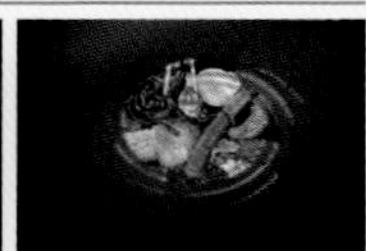

实战548 制作烧烤边框特效

▶ 视频位置：光盘\视频\第23章\实战548.mp4

▶ 技术掌握：掌握烧烤边框特效的制作方法

实战549 制作标题字幕动画

▶ 视频位置：光盘\视频\第23章\实战549.mp4

▶ 技术掌握：掌握标题字幕动画的制作方法

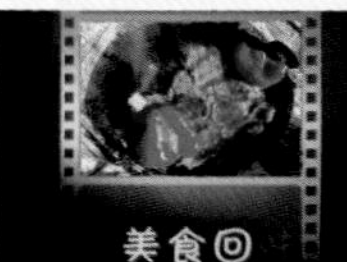

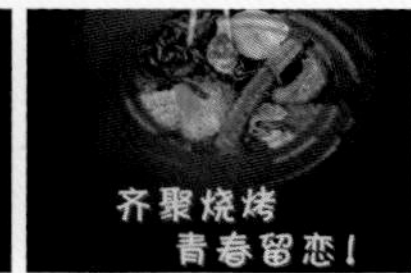

实战554 调整视频画面大小

▶ 视频位置：光盘\视频\第24章\实战554.mp4

▶ 技术掌握：掌握视频画面大小的调整方法

实战555 制作照片摇动效果

▶ 视频位置：光盘\视频\第23章\实战555.mp4

▶ 技术掌握：掌握照片摇动效果的制作方法

实战556 制作“交错淡化”转场特效

▶ 视频位置：光盘\视频\第24章\实战556.mp4

▶ 技术掌握：掌握“交错淡化”转场特效的制作方法

实战558 制作“百叶窗”转场特效

▶ 视频位置：光盘\视频\第24章\实战558.mp4

▶ 技术掌握：掌握“百叶窗”转场特效的制作方法

实战559 制作“单向”转场特效

▶ 视频位置：光盘\视频\第24章\实战559.mp4

▶ 技术掌握：掌握“单向”转场特效的制作方法

实战563 制作其他转场特效

▶ 视频位置：光盘\视频\第24章\实战563.mp4

▶ 技术掌握：掌握其他转场特效的制作方法

实战564 制作片头特效

▶ 视频位置：光盘\视频\第24章\实战564.mp4

▶ 技术掌握：掌握片头特效的制作方法

实战565 制作片尾特效

▶ 视频位置：光盘\视频\第24章\实战565.mp4

▶ 技术掌握：掌握片尾特效的制作方法

实战566 制作花形边框特效

▶ 视频位置：光盘\视频\第24章\实战566.mp4

▶ 技术掌握：掌握花形边框特效的制作方法

实战567 制作标题字幕动画

▶ 视频位置：光盘\视频\第24章\实战567.mp4

▶ 技术掌握：掌握标题字幕动画的制作方法

实战569 制作视频背景音乐

▶ 视频位置：光盘\视频\第24章\实战569.mp4

▶ 技术掌握：掌握视频背景音乐的制作方法

实战570 输出儿童相册视频

▶ 视频位置：光盘\视频\第24章\实战570.mp4

▶ 技术掌握：掌握视频后期处理的方法

实战589 制作其他转场效果

▶ 视频位置：光盘\视频\第25章\实战589.mp4

▶ 技术掌握：掌握其他转场特效的制作方法

实战595 制作婚纱边框2动画

▶ 视频位置：光盘\视频\第25章\实战595.mp4

▶ 技术掌握：掌握婚纱边框动画的制作方法

实战596 制作视频片尾覆叠

▶ 视频位置：光盘\视频\第25章\实战596.mp4

▶ 技术掌握：掌握视频片尾覆叠效果的制作方法

实战597 制作标题字幕动画

▶ 视频位置：光盘\视频\第25章\实战597.mp4

▶ 技术掌握：掌握标题字幕动画的制作方法

全视频600例！

COREL

中文版会声会影X7实战大全

华天印象 编著

人 民 邮 电 出 版 社
北 京

图书在版编目（CIP）数据

全视频600例！中文版会声会影X7实战大全 / 华天印象编著. -- 北京 : 人民邮电出版社, 2015.6
ISBN 978-7-115-38607-6

Ⅰ. ①全… Ⅱ. ①华… Ⅲ. ①多媒体软件－视频编辑软件 Ⅳ. ①TN94②TP317

中国版本图书馆CIP数据核字(2015)第038131号

内 容 提 要

本书通过 600 个实例介绍了中文版会声会影 X7 的应用方法，具体内容包括初识会声会影 X7、界面布局、掌握基本操作、自带模板的快捷调用、硬件连接、捕获技巧、影视素材的添加、设置编辑、绘制视频、画面精修、颜色调整、素材装饰，各种视频特效，如滤镜特效、转场特效、覆叠画面、影视字幕、音乐特效等，以及如何输出影片、刻录和分享视频，同时分享了多个综合案例的制作过程。读者学习后可以融会贯通、举一反三，制作出更多精彩、完美的效果。

本书结构清晰，内容丰富，随书光盘提供了全部 600 个案例的素材文件和效果文件，以及所有实战的视频操作演示讲解。本书适合会声会影的初级、中级读者学习使用，包括广大 DV 爱好者、数码工作者、影像工作者、数码家庭用户以及视频编辑处理人员阅读。同时可作为计算机培训中心、中职中专、高职高专及相关机构的辅导教材。

◆ 编　　著　华天印象
责任编辑　张丹阳
责任印制　程彦红

◆ 人民邮电出版社出版发行　　北京市丰台区成寿寺路 11 号
邮编　100164　　电子邮件　315@ptpress.com.cn
网址　http://www.ptpress.com.cn
北京艺辉印刷有限公司印刷

◆ 开本：787 × 1092　1/16
印张：50.25　　彩插：6
字数：1905 千字　　2015 年 6 月第 1 版
印数：1 – 3 000 册　　2015 年 6 月北京第 1 次印刷

定价：99.00 元（附光盘）

读者服务热线：(010)81055410　印装质量热线：(010)81055316
反盗版热线：(010)81055315
广告经营许可证：京崇工商广字第 0021 号

前言

软件简介

会声会影X7是Corel公司推出的，专为个人及家庭设计的影片剪辑软件，其功能强大、方便易用。不论是入门级新手，还是高级用户，均可以通过捕获、剪辑、转场、特效、覆叠、字幕、刻录等功能，进行快速操作、专业剪辑，完美地输出影片。

本书特色

特色1，全实战！铺就新手成为高手之路：本书为读者奉献一本全操作性的实战大餐，共计600个案例！采用“苞丁解牛”的写作思路，步步深入、讲解，直达软件核心、精髓，帮助新手在大量的案例演练中逐步掌握软件的各项技能、核心技术和商业行用，成为超级熟练的软件应用达人、作品设计高手！

特色2，全视频！全程重现所有实例的过程：书中600个技能实例，全部录制了带语音讲解的高清教学视频，共计600段，时间长达750多分钟，全程重现书中所有技能实例的操作，读者可以结合书本，也可以独立在电脑、手机或平板中观看高清语音视频演示，轻松、高效学习！

特色3，随时学！开创手机/平板学习模式：随书光盘提供高清视频（MP4格式）供读者拷入手机、平板电脑中，随时随地可以观看，如同在外用平常手机看新闻、视频一样，利用碎片化的闲暇时间，轻松、愉快地进行学习。

本书内容

本书共分为6篇——软件入门篇、视频捕获篇、视频精修篇、视频特效篇、输出分享篇以及综合实例篇，具体章节内容如下。

软件入门篇：第1～4章，专业讲解了“新手起步，初识会声会影X7”“优化设置，界面布局”“入门提高，掌握基本操作”“自带模板，快捷调用”等内容。

视频捕获篇：第5～6章，专业讲解了“硬件连接，捕获设置”“捕获技巧，全盘掌控”等内容。

视频精修篇：第7～11章，专业讲解了“影视素材，随意添加”“设置编辑，轻松掌握”“动动手指，绘制视频”“调整修整，画面精修”“颜色调整，素材装饰”等内容。

视频特效篇：第12～16章，专业讲解了“神奇特效——滤镜特效制作”“神奇特效——转场特效制作”“神奇特效——覆叠画面制作”“神奇特效——影视字幕制作”“神奇特效——音乐特效制作”等内容。

输出分享篇：第17～20章，专业讲解了“大功告成！输出影片”“光盘共享！刻录视频”“将视频分享至网络”“会声会影扩展软件”等内容。

综合实例篇：第21～25章，专业讲解了综合实例的制作，如“视觉享受——《绚丽烟花》”“专题拍摄——《出水芙蓉》”“生活记录——《美食回味》”“儿童相册——《天真无邪》”“婚纱影像——《天长地久》”等内容。

读者售后

本书由华天印象编著。由于信息量大、时间仓促，书中难免存在疏漏与不妥之处，欢迎广大读者来信咨询和指正，联系邮箱：itsir@qq.com。

编　者

目录

第1章 新手起步，初识会声会影X7

第2章 优化设置，界面布局

第3章 入门提高，掌握基本操作

第4章 自带模板，快捷调用

视频捕获篇

第5章 硬件连接，捕获设置

第6章 捕获技巧，全盘掌控

视频精修篇

第7章 影视素材，随意添加

第8章 设置编辑，轻松掌握

第9章 动动手指，绘制视频

第10章 调整修整，画面精修

第11章 颜色调整，素材装饰

视频特效篇

第12章 神奇特效——滤镜特效制作

第13章 神奇特效——转场特效制作

第14章 神奇特效——覆叠画面制作

第15章 神奇特效——影视字幕制作

第16章 神奇特效——音乐特效制作

输出分享篇

第17章 大功告成！输出影片

第18章 光盘共享！刻录视频

第19章 将视频分享至网络

第20章 会声会影扩展软件

综合实例篇

第21章 视觉享受——《绚丽烟花》

第22章 专题拍摄——《出水芙蓉》

第23章 生活记录——《美食回味》

第24章 儿童相册——《天真无邪》

第25章 婚纱影像——《天长地久》

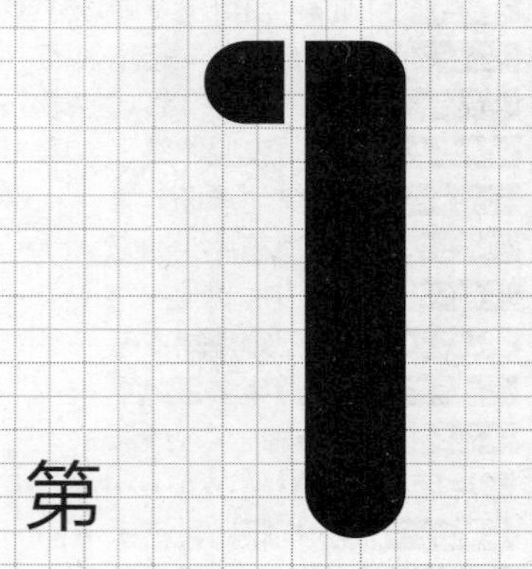

第 1 章

新手起步，初识会声会影X7

本章导读

会声会影X7是Corel公司推出的一款视频编辑软件，也是世界上第一款面向非专业用户的视频编辑软件。随着其功能日益完善，会声会影在数码领域、相册制作及商业领域的应用越来越广，深受广大数码摄影者、视频编辑者的青睐。

要点索引

- 安装与卸载会声会影X7
- 会声会影X7的启动操作
- 会声会影X7的退出操作

1.1 安装与卸载会声会影X7

用户在学习会声会影X7之前，需要对软件的系统配置有所了解以及掌握软件的安装与卸载等方法，这样才有助于用户更进一步地学习会声会影软件。本节主要介绍安装会声会影X7所需的系统配置要求，以及安装与卸载会声会影X7等操作。

实战001 会声会影X7新增功能

▶ 实例位置：无
▶ 素材位置：光盘\素材\第1章\玻璃球.JPG
▶ 视频位置：光盘\视频\第1章\实战001.mp4

• 实例介绍 •

会声会影X7在会声会影X6的基础上新增了许多功能，如影音快手、即时项目、图形样式、输出功能以及3D功能等，下面向读者简单介绍会声会影X7的新增功能。

• 操作步骤 •

STEP 01 在电脑桌面上，单击Corel FastFlick X7图标后，将进入Corel影音快手界面，在右侧区域中，选择视频模板，如图1–1所示。

图1–1 选择视频模板

STEP 02 单击左下角的“加入您的媒体”按钮，进入下一步，单击“新增媒体”按钮，弹出“新增媒体”对话框，如图1–2所示。

图1–2 弹出“新增媒体”对话框

STEP 03 选择“玻璃球”素材文件，单击“打开”按钮，即可加入媒体，如图1–3所示。

图1–3 加入媒体

STEP 04 单击左下角的“保存并分享”按钮，保持默认设置，单击“保存影片”按钮，如图1–4所示，即可建构影片。

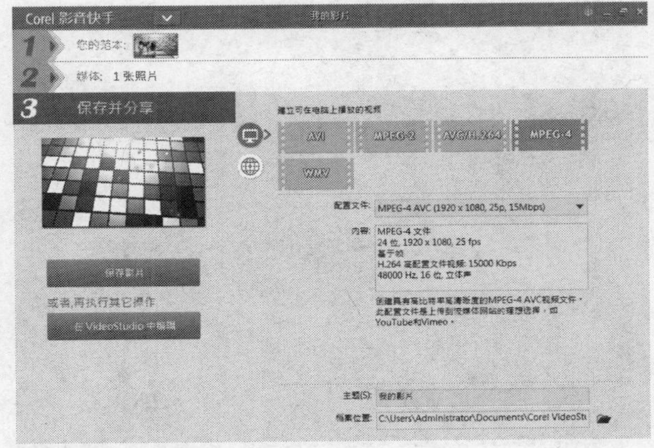

图1–4 单击“保存影片”按钮

知识拓展

当用户安装好会声会影X7后，进入“即时项目”功能模块，可以看到其中新增了多个即时项目类别，如“精彩生活”、“时尚生活”、“标准显示”以及“高清综合”等，如图1-5所示。

图1-5 新增的即时项目模板

➢ 图形样式：在会声会影X7界面的右上角，单击“图形”按钮，切换至“图形”素材库，单击窗口上方的“画廊”按钮，在弹出的列表框中选择“色彩图样”选项，即可打开“色彩图样”素材库，其中显示了多种色彩图样图形画面；若在“画廊”列表框中选择“背景”选项，即可打开“背景”素材库，其中显示了多种背景画面，如图1-6所示。

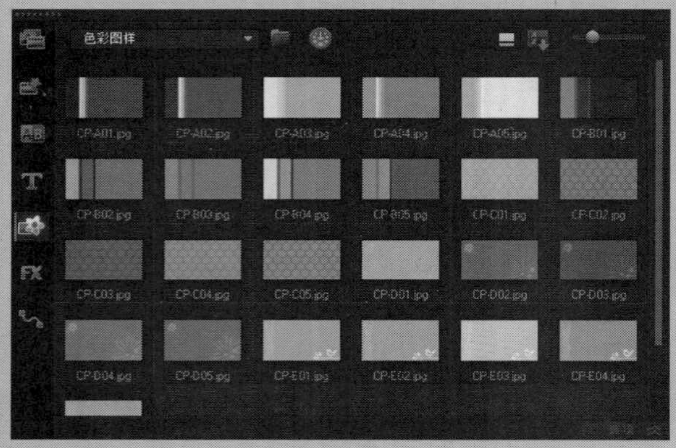

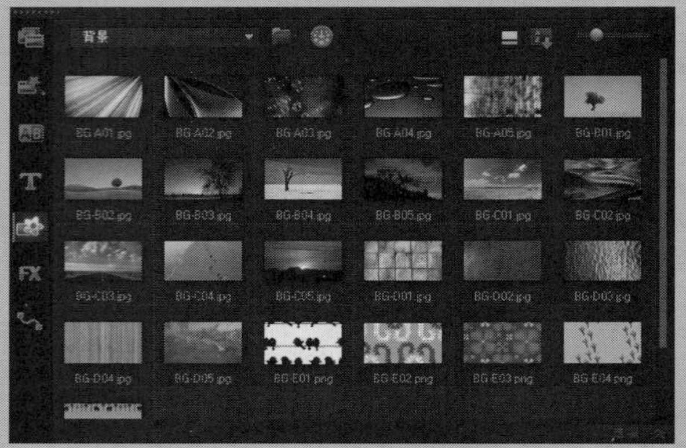

图1-6 新增的“色彩图样”与“背景”素材

➢ 输出功能：当用户将视频制作完成后，单击界面上方的“输出”标签，即可切换至“输出”步骤面板，会声会影X7的“输出”步骤面板在会声会影X的基础上增强了许多功能，首先是其界面变为了面板样式，用户可以更加直观地设置视频的输出属性，如图1-7所示。其次，在各种视频的输出选项中，新增了不同的输出尺寸供用户选择，用户可以将自己制作的视频输出为需要的视频尺寸格式。

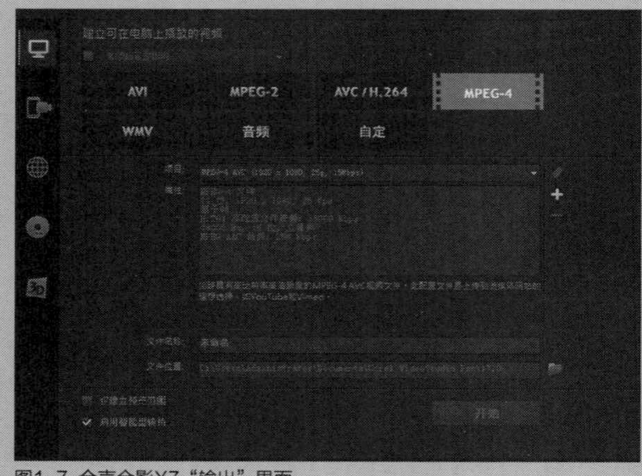

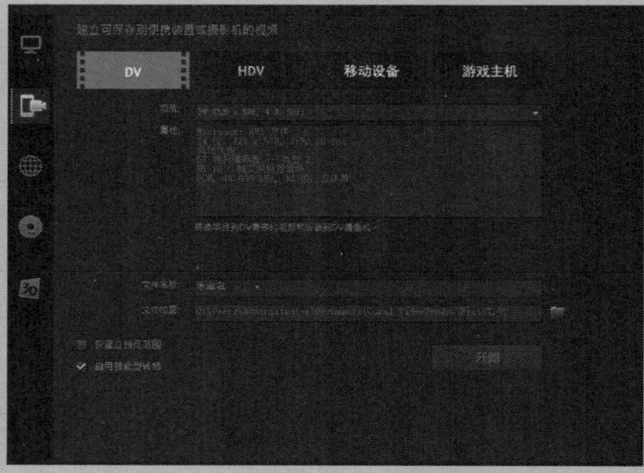

图1-7 会声会影X7“输出”界面

➢ 3D功能：进入“输出”步骤面板，单击左侧的“3D影片”按钮，即可进入“3D影片”输出界面，如图1-8所示。在会声会影X7版本中，对3D视频输出和编辑功能进行了增强和优化处理，用户可以实现视频的自动化输出，视频的画面效果有显著提升。

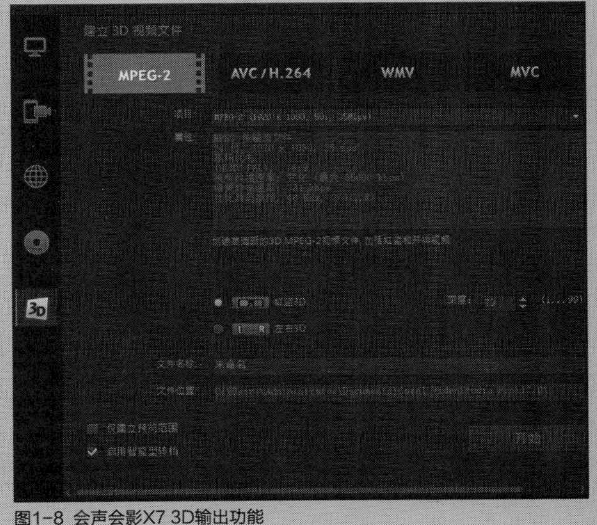

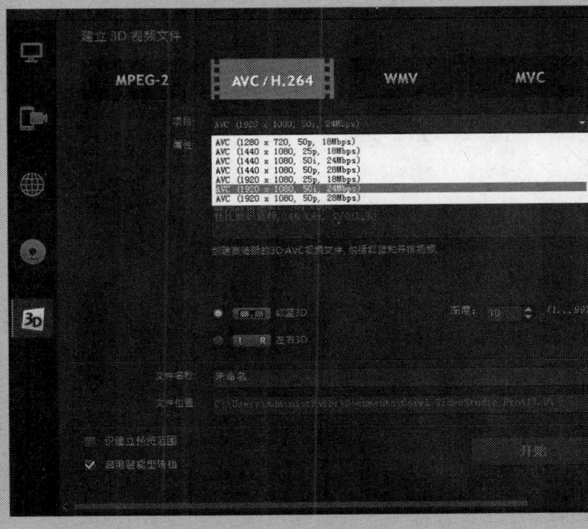

图1-8 会声会影X7 3D输出功能

技巧点拨

选择相应的即时项目模板，单击鼠标左键并拖曳至时间轴面板的视频轨中，即可添加即时项目模板，添加模板后，用户还可以对模板中的影视素材进行替换操作，换成用户想要的视频画面内容。

实战 002 安装会声会影X7

▶ 实例位置：无
▶ 素材位置：无
▶ 视频位置：光盘\视频\第1章\实战002.mp4

• 实例介绍 •

当用户仔细了解安装会声会影X7所需的系统配置和硬件信息后，接下来就可以准备安装会声会影X7软件。该软件的安装与其他应用软件的安装方法基本一致。在安装会声会影X7之前，需要先检查计算机是否装有低版本的会声会影程序，如果有，需要将其卸载后再安装新的版本。下面将对会声会影X7的安装过程进行详细的介绍。

• 操作步骤 •

STEP 01 将会声会影X7安装程序复制至电脑中，进入安装文件夹，选择exe格式的安装文件，双击鼠标左键，如图1-9所示。

图1-9 双击鼠标左键

STEP 02 执行操作后，弹出“Corel VideoStudio Pro X7-InstallShield Wizard”对话框，单击“Browse”按钮；弹出相应对话框，在计算机的相应位置选择保存文件夹，单击“确定”按钮；返回相应对话框，单击“Save”按钮，如图1-10所示。

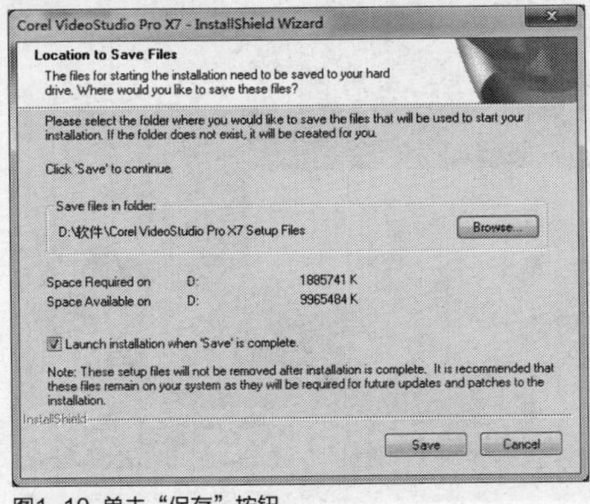

图1-10 单击“保存”按钮

STEP 03 执行操作后，弹出相应对话框，显示相应进度，如图1-11所示。

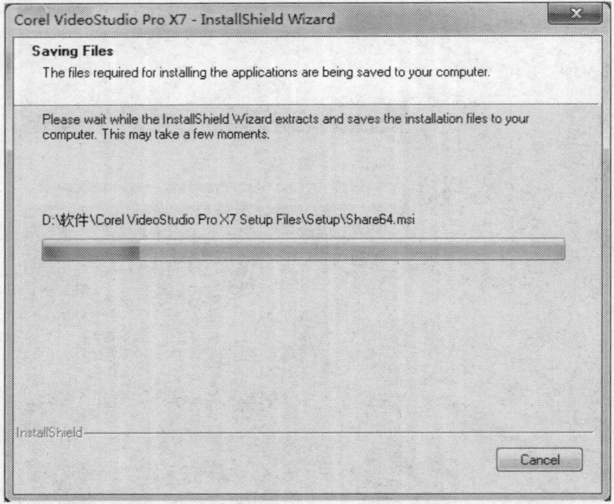

图1-11 显示进度

STEP 04 稍等片刻后，弹出“VideoStudio Pro X7”对话框，提示正在初始化安装向导，显示安装进度，如图1-12所示。

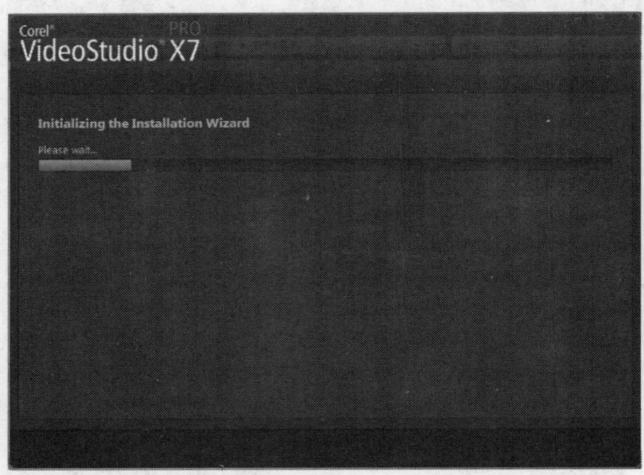

图1-12 显示安装进度

STEP 05 稍等片刻后，进入下一个页面，选中“I accept the terms in the license agreement”复选框，如图1-13所示。

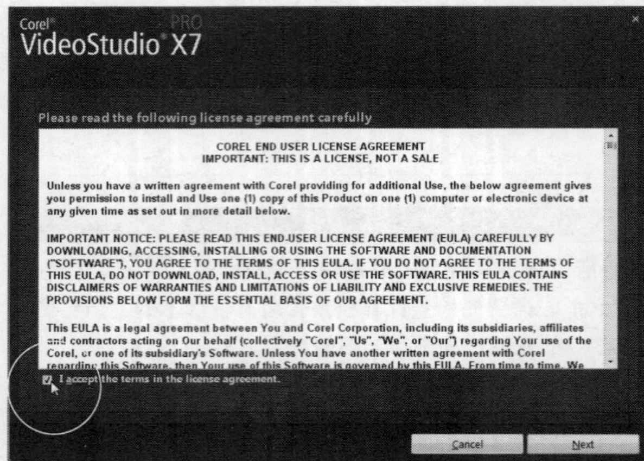

图1-13 选中相应复选框

STEP 06 单击“Next”按钮，进入下一个页面，用户可以根据需要设置软件的安装位置，如图1-14所示。

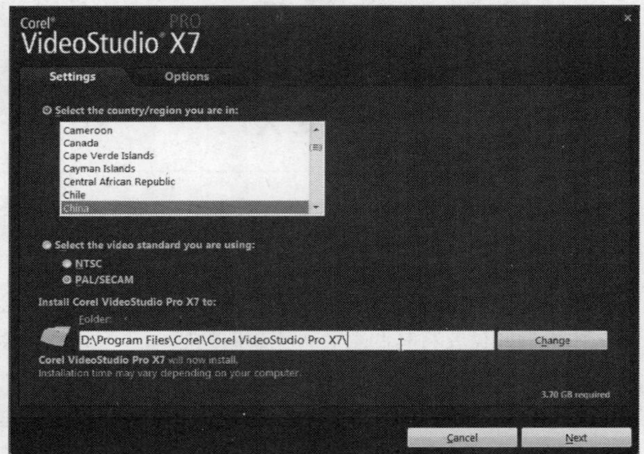

图1-14 设置安装位置

STEP 07 单击“Next”按钮，进入下一个页面，取消选中相应复选框，如图1-15所示。

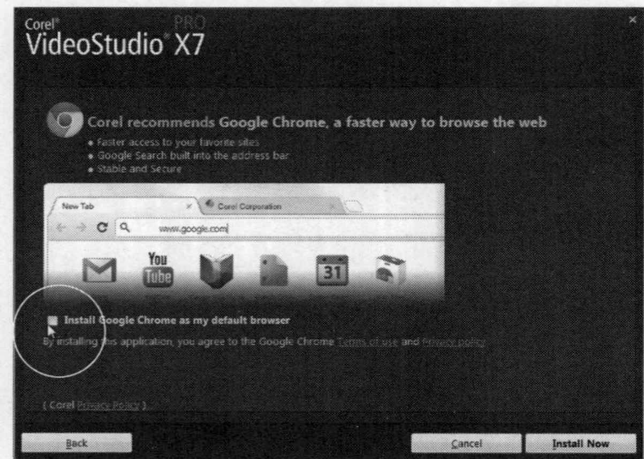

图1-15 取消选中相应复选框

STEP 08 单击“Install Now”按钮，进入安装页面，显示软件的安装进度，如图1-16所示。

图1-16 显示安装进度

STEP 09 稍等片刻，待软件安装完成后，进入下一个页面，提示软件已经安装成功，单击“Finish”按钮即可完成操作，如图1-17所示。

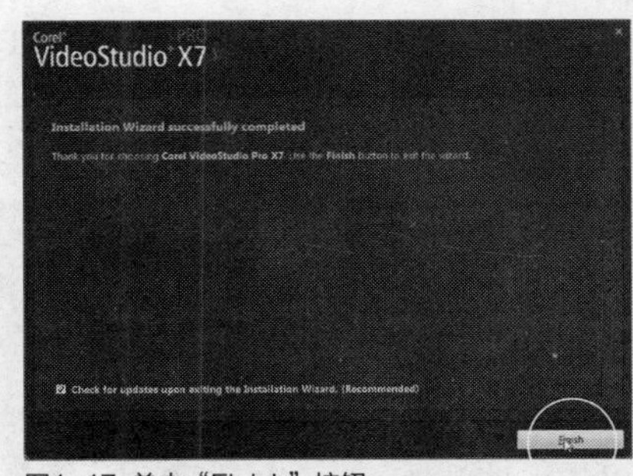

图1-17 单击“Finish”按钮

实战003 卸载会声会影X7

- ▶实例位置：无
- ▶素材位置：无
- ▶视频位置：光盘\视频\第1章\实战003.mp4

• 实例介绍 •

当用户不需要再使用会声会影X7时，可以将会声会影X7进行卸载操作，提高电脑运行速度。下面向读者详细介绍通过第三方软件卸载会声会影X7的操作方法。

• 操作步骤 •

STEP 01 使用鼠标左键双击桌面上的“360软件管家”图标，如图1-18所示。

图1-18 双击图标

STEP 02 打开“360软件管家”窗口，在页面的上方，单击“软件卸载”标签，如图1-19所示。

图1-19 单击“软件卸载”标签

STEP 03 执行操作后，切换至“软件卸载”选项卡，在下方的下拉列表框中单击Corel VideoStudio Pro X7选项右侧的“卸载”按钮，如图1-20所示。

图1-20 单击“卸载”按钮

STEP 04 执行上述操作后，提示用户正在分析软件信息，并提示卸载软件，如图1-21所示。

图1-21 提示用户正在卸载软件

STEP 05 稍等片刻，进入VideoStudio Pro X7，提示正在初始化安装向导，显示初始化进度，如图1-22所示。

图1-22 显示初始化进度

STEP 06 待初始化完成后，进入下一个页面，选中“Clear all personal settings in Corel VideoStudio Pro X7”复选框，如图1-23所示。

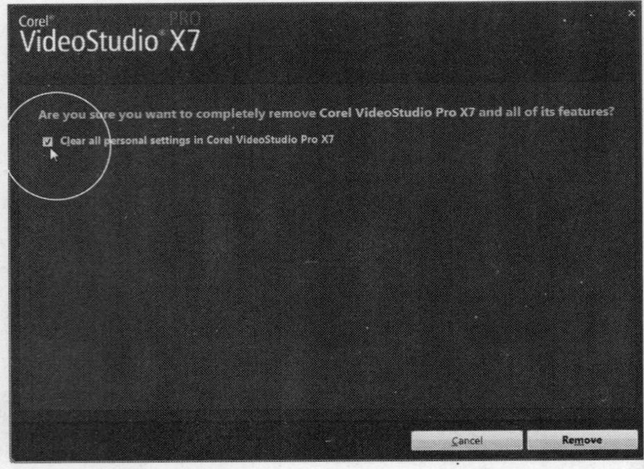

图1-23 选中相应复选框

STEP 07 单击“Remove”按钮，进入下一个页面，显示软件卸载进度，如图1-24所示。

图1-24 显示软件卸载进度

STEP 08 软件卸载完成后，进入卸载完成页面，单击“Finish”按钮，如图1-25所示。

图1-25 单击“Finish”按钮

STEP 09 返回“360软件管家”|“卸载软件”窗口，在会声会影X7软件的右侧单击“强力清扫”按钮，如图1-26所示。

图1-26 单击“强力清扫”按钮

STEP 10 弹出“360软件管家”|“强力清扫”对话框，选中相应复选框，单击“删除所选项目”按钮，如图1-27所示。执行上述操作后，会声会影X7程序卸载完成。

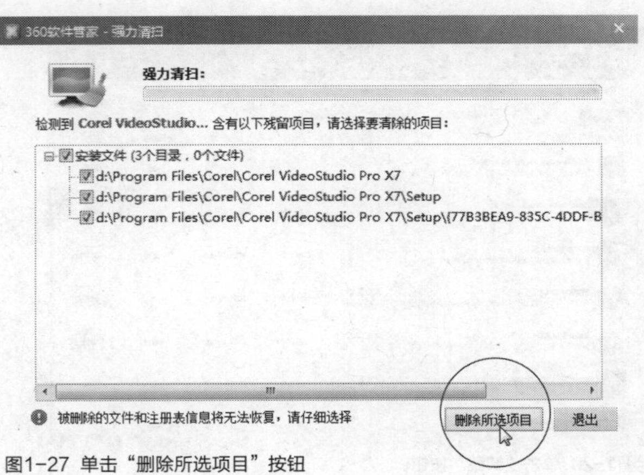

图1-27 单击“删除所选项目”按钮

1.2 会声会影X7的启动操作

当用户将会声会影X7安装至计算机中后，接下来向读者介绍启动会声会影X7的操作方法，主要包括3种，用户可以从桌面图标启动、可以从“开始”菜单启动，也可以双击VSP格式的会声会影源文件来启动会声会影X7软件。

实战004 从桌面图标启动程序

- 实例位置：无
- 素材位置：无
- 视频位置：光盘\视频\第1章\实战004.mp4

• 实例介绍 •

使用会声会影X7制作影片之前，首先需要启动会声会影X7应用程序，下面介绍启动软件的操作方法。

• 操作步骤 •

STEP 01 在桌面上，使用鼠标左键双击Corel VideoStudio Pro X7的图标，如图1-28所示。

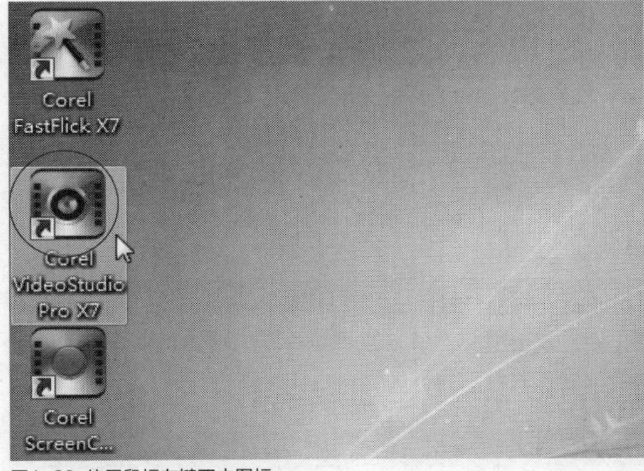

图1-28 使用鼠标左键双击图标

STEP 02 执行操作后，进入会声会影X7启动界面，如图1-29所示。

图1-29 进入启动界面

STEP 03 稍等片刻，弹出软件界面，进入会声会影X7编辑器，如图1-30所示。

图1-30 进入编辑器

实战005 从“开始”菜单启动程序

- 实例位置：无
- 素材位置：无
- 视频位置：光盘\视频\第1章\实战005.mp4

• 实例介绍 •

当用户安装好会声会影X7应用软件之后，该软件的程序会存在于用户计算机的“开始”菜单中，此时用户可以通过“开始”菜单来启动会声会影X7。

• 操作步骤 •

STEP 01 在Windows桌面上，单击“开始”菜单，如图1-31所示。

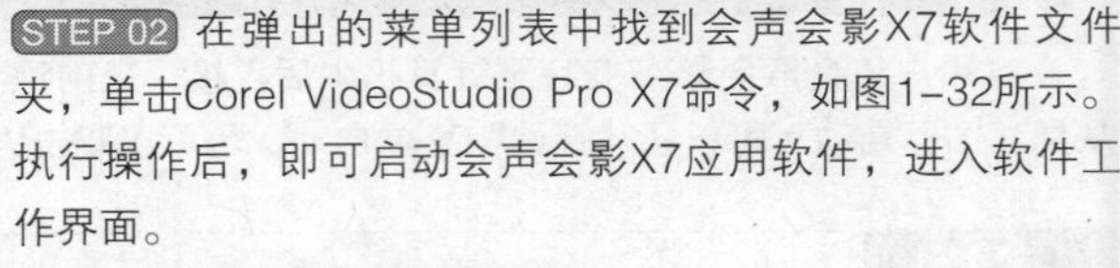

STEP 02 在弹出的菜单列表中找到会声会影X7软件文件夹，单击Corel VideoStudio Pro X7命令，如图1-32所示。执行操作后，即可启动会声会影X7应用软件，进入软件工作界面。

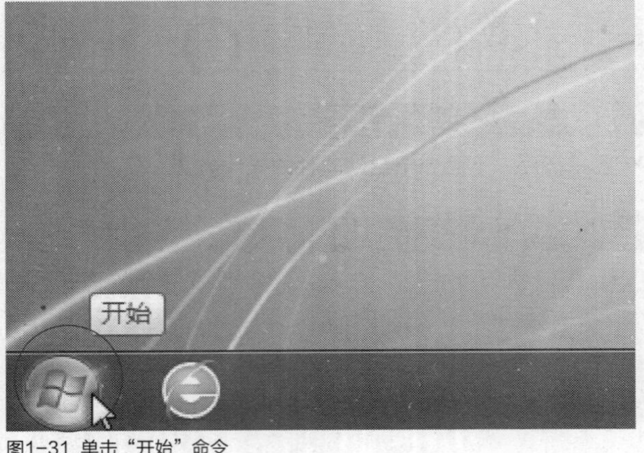

图1-31 单击“开始”命令

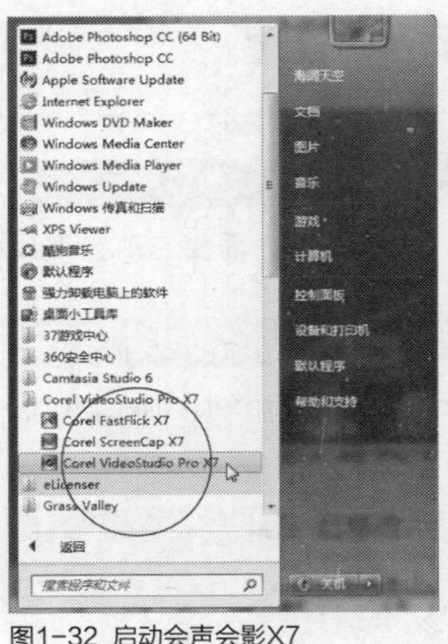

图1-32 启动会声会影X7

实战 006 用VSP文件启动程序

▶ 实例位置：无
▶ 素材位置：无
▶ 视频位置：光盘\视频\第1章\实战006.mp4

• 实例介绍 •

· VSP格式是会声会影软件存储时的源文件格式，在该源文件上双击鼠标左键，或者单击鼠标右键，在弹出的快捷菜单中选择“打开”选项，也可以快速启动会声会影X7应用软件，进入软件工作界面。

• 操作步骤 •

STEP 01 选择需要打开的项目文件，单击鼠标右键，在弹出的快捷菜单中选择“打开”选项，如图1-33所示。

STEP 02 执行操作后，即可启动会声会影X7应用软件，如图1-34所示。

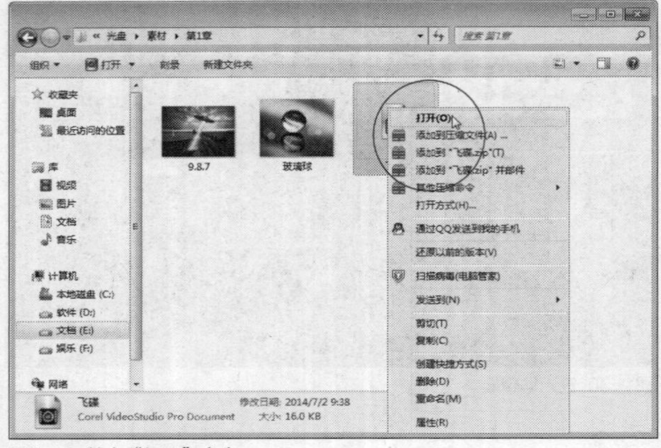

图1-33 单击“打开”命令

图1-34 启动会声会影X7

知识拓展

在会声会影X7中，一次只能打开一个项目文件，如果用户需要打开其他项目，首先需关闭现有项目文件。

技巧点拨

当用户安装好会声会影X7软件后，从“计算机”窗口中打开软件的安装路径文件夹，在文件夹中找到vstudio.exe程序，如图1-35所示，使用鼠标左键双击该应用程序，也可以快速启动会声会影X7应用软件。

VR_MANGR.dll	2012/12/28 0:03	应用程序扩展	775 KB
VSSCap.exe	2012/12/28 0:03	应用程序	582 KB
VSSCap.exe.manifest	2012/9/20 19:15	MANIFEST 文件	2 KB
VSSCapRC.dll	2012/12/28 0:03	应用程序扩展	461 KB
VSTempTrans.dll	2012/12/28 0:03	应用程序扩展	101 KB
vstudio.exe	2012/12/28 0:03	应用程序	6,281 KB
vstudio.exe.manifest	2012/8/22 8:52	MANIFEST 文件	95 KB
VStudio.ico	2012/11/29 18:25	图标	131 KB
VStudioDoc.ico	2012/12/3 18:34	图标	82 KB
VStudioHTML5.ico	2012/12/3 19:04	图标	79 KB

图1-35 找到vstudio.exe程序

1.3 会声会影X7的退出操作

在会声会影X7中完成视频的编辑后，若用户不再需要该程序，可以采用以下3种方法退出程序，以保证电脑的运行速度不受影响。

实战007 用“退出”命令退出程序

- 实例位置：无
- 素材位置：无
- 视频位置：光盘\视频\第1章\实战007.mp4

实例介绍

在会声会影X7中，使用“文件”菜单下的“退出”命令，可以退出会声会影X7应用软件。

操作步骤

STEP 01 进入会声会影编辑器，执行菜单栏中的“文件”|“退出”命令，如图1-36所示。

图1-36 单击“退出”命令

STEP 02 执行上述操作后，即可退出会声会影X7，如图1-37所示。

图1-37 退出会声会影X7

技巧点拨

在会声会影X7中完成视频的编辑后，若用户不再需要该程序，还可以使用【Alt+F4】组合键的方法退出程序，以保证电脑的运行速度不受影响。

若在退出程序之前没有对项目文件进行保存操作，则在单击“关闭”按钮后，系统会弹出一个信息提示框，提示用户是否保存该项目文件，如图1-38所示。若单击“是”按钮，即可保存并关闭文件；若单击“否”按钮，则不保存文件并进行关闭；若单击“取消”按钮，则取消关闭操作。

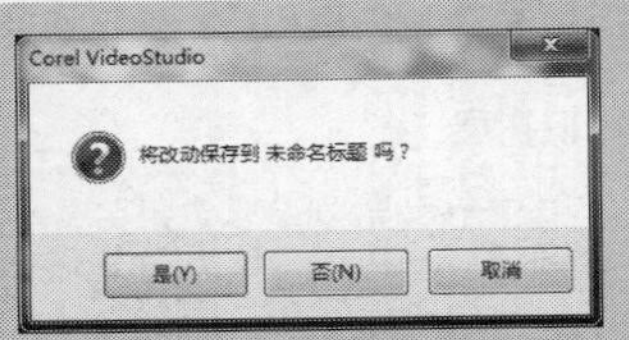

图1-38 提示用户是否保存该项目文件

实战 008 用“关闭”选项退出程序

▶实例位置：无
▶素材位置：无
▶视频位置：光盘\视频\第1章\实战008.mp4

• 实例介绍 •

在会声会影X7中，用户可以使用“关闭”选项退出会声会影X7应用软件。

• 操作步骤 •

STEP 01 在会声会影X7工作界面中，使用鼠标右键单击工作界面左上角，在弹出的列表框中选择“关闭”选项，如图1-39所示。

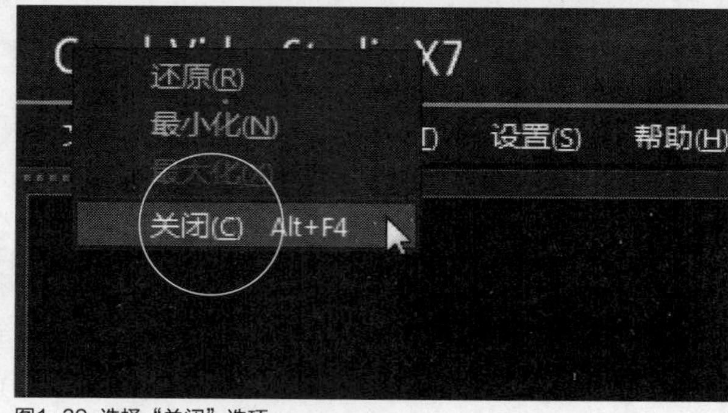

图1-39 选择“关闭”选项

STEP 02 执行操作后，即可快速退出会声会影X7应用软件。

知识拓展

单击程序图标，在弹出的列表框中，各选项含义如下。

➢ “还原”选项：选择该选项，可以还原会声会影X7工作界面的大小比例。
➢ “最小化”选项：选择该选项，可以最小化显示会声会影X7工作界面。
➢ “最大化”选项：选择该选项，可以最大化显示会声会影X7工作界面。

实战 009 用“关闭”按钮退出程序

▶实例位置：无
▶素材位置：无
▶视频位置：光盘\视频\第1章\实战009.mp4

• 实例介绍 •

用户编辑完视频文件后，一般都会采用“关闭”按钮的方法退出会声会影应用程序，因为该方法是最简单、方便的。

• 操作步骤 •

STEP 01 单击会声会影X7应用程序窗口右上角的“关闭”按钮☒，如图1-40所示。

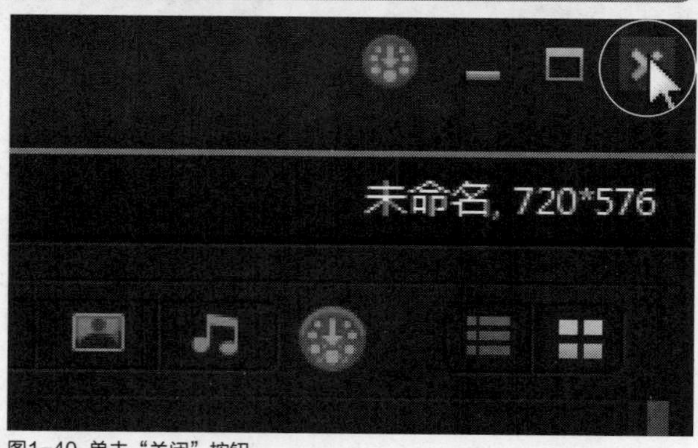

图1-40 单击“关闭”按钮

STEP 02 执行操作后，即可快速退出会声会影X7应用软件。

知识拓展

传统的后期编辑应用的是A/B ROLL方式，它要用到两个放映机（A和B），一台录像机和一台转换机（Switcher）。A和B放映机中的录像带上存储了已经采集好的视频片段，这些片段的每一帧都有时间码。如果现在把A带上的a视频片段与B带上的b视频片段连接在一起，就必须先设定好a片段要从哪一帧开始、到哪一帧结束，即确定好“开始”点和“结束”点。同样，由于b片段也要设定好相应的“开始”和“结束”点，当将两个视频片段连接在一起时，就可以使用转换机来设定转换效果，当然也可以通过它来制作更多特效。视频后期编辑的两种类型包括线性编辑和非线性编辑，下面进行简单介绍。

"线性编辑"是利用电子手段，按照播出节目的需求对原始素材进行顺序剪接处理，最终形成新的连续画面，其优点是技术比较成熟，操作相对比较简单。线性编辑可以直接、直观地对素材录像带进行操作，因此操作起来较为简单。

线性编辑系统所需的设备也为编辑过程带来了众多的不便，全套的设备不仅需要投入较高的资金，而且设备的连线多，故障发生也频繁，维修起来更是比较复杂。这种线性编辑技术的编辑过程只能按时间顺序进行编辑，无法删除、缩短或加长中间某一段的视频区域。

非线性编辑是针对线性编辑而言的，它具有以下3个特点。

- 需要强大的硬件，价格十分昂贵。
- 依靠专业视频卡实现实时编辑，目前大多数电视台均采用这种系统。
- 非实时编辑，影像合成需要通过渲染来生成，花费的时间较长。

形象地说，非线性编辑是指对广播或电视节目不是按素材原有的顺序或长短，而是随机进行编排、剪辑的编辑方式。这比使用磁带的线性编辑更方便，效率更高，编成的节目可以任意改变其中某个段落的长度或插入其他段落，而不用重录其他部分。非线性编辑的制作过程：首先创建一个编辑平台，然后将数字化的视频素材拖放到平台上。

会声会影是一款非线性编辑软件，正是由于这种非线性的特性，使得视频编辑不再依赖编辑机、字幕机和特效机等价格非常昂贵的硬件设备，让普通家庭用户也可以轻而易举地体验到视频编辑的乐趣。表1列出了线性编辑与非线性编辑的特点。

表1　线性编辑与非线性编辑的特点

内容	线性编辑	非线性编辑
学习性	不易学	易学
方便性	不方便	方便
剪辑所耗费的时间	长	短
加文字或特效	需购买字幕机或特效机	可直接添加字幕和特效
品质	不易保持	易保持
实用性	需剪辑师	可自行处理

第2章

优化设置，界面布局

本章导读

会声会影X7编辑器提供了完善的编辑功能，用户利用它可以全面控制影片的制作过程，还可以为采集的视频添加各种素材、转场、覆叠及滤镜效果等。使用会声会影编辑器的图形化界面，可以清晰而快速地完成各种影片的编辑工作。本章主要向读者介绍会声会影X7工作界面的各组成部分，希望读者能熟练掌握本章内容。

要点索引

- 设置软件各种属性
- 掌握软件3大视图
- 使用软件辅助工具
- 设置预览窗口
- 更改软件布局方式
- 调整视频显示比例

2.1 设置软件各种属性

用户在使用会声会影X7进行视频编辑时，如果希望按照自己的操作习惯来编辑视频，以提高操作效率，此时用户可以对一些参数进行设置。这些设置对于高级用户而言特别有用，它可以帮助用户节省大量的时间，以提高视频编辑的工作效率。会声会影X7的“参数选择”对话框中包括“常规”、“编辑”、“捕获”、“性能”及“界面布局”5个选项卡，在各选项卡中都可以对软件的属性以及操作习惯进行设置。

实战010 设置软件常规属性

▶ 实例位置：无
▶ 素材位置：光盘\素材\第2章\玻璃球.JPG
▶ 视频位置：光盘\视频\第2章\实战010.mp4

• 实例介绍 •

“常规”选项卡中的参数用于设置一些软件基本的操作属性。

• 操作步骤 •

STEP 01 启动会声会影X7后，单击“设置”|“参数选择”命令，如图2-1所示。

图2-1 单击“设置”|“参数选择”命令

STEP 02 弹出“参数选择”对话框，单击“常规”选项卡，显示“常规”选项参数设置，如图2-2所示。

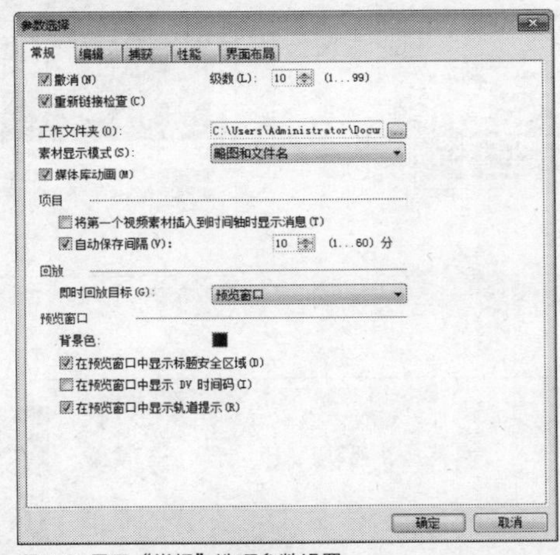

图2-2 显示“常规”选项参数设置

技巧点拨

下面将分别向读者介绍“常规”选项卡中部分参数的设置方法。

➢ “撤销”复选框：选中“撤销”复选框，将启用会声会影的撤销/重做功能，可使用快捷键【Ctrl＋Z】，或者单击“编辑”菜单中的“重来”命令，进行撤销或重做操作。在其右侧的“级数”文本框中可以指定允许撤销/重做的最大次数（最多为99次），所指定的撤销/重做次数越高，所占的内存空间越多；如果保存的撤销/重做动作太多，计算机的性能将会降低。因此，用户可以根据自己的操作习惯设置合适的撤销/重做级数。

➢ “重新链接检查”复选框：选中“重新链接检查”复选框，当用户把某一个素材或视频文件丢失或者改变了存放的位置和重命名时，会声会影会自动检测项目中素材的对应源文件是否存在。如果源文件素材的存放位置已更改，那么系统就会自动弹出信息提示框，提示源文件不存在，要求重新链接素材。该功能十分有用，建议用户选中该复选框。

➢ 工作文件夹：单击“工作文件夹”右侧的按钮，可以选取用于保存编辑完成的项目和捕获素材的文件夹。

➢ 素材显示模式：主要用于设置时间轴上素材的显示模式。若用户需要视频素材以相应的缩略图方式显示在时间轴上，则可以选择“仅略图”选项；若用户需要视频素材以文件名方式显示在时间轴上，可以选择“仅文件名”选项；若用户需要视频素材以相应的缩略图和文件名方式显示在时间轴上，则可以选择“略图和文件名”选项。图2-3所示为3种模式。

➢ 背景色：当视频轨上没有素材时，可以在这里指定预览窗口的背景颜色。单击“背景色”右侧的颜色色块，弹出颜色列表，如图2-4所示，选择“Corel Color Picker”选项，弹出“Corel Color Picker”对话框，如图2-5所示，在其中用户可以选择或自定义背景颜色，设置视频轨的背景颜色。

➢ “将第一个视频素材插入到时间轴时显示消息”复选框：该复选框的功能是当捕获或将第一个素材插入项目时，会声会影将自动检查该素材和项目的属性，如果出现文件格式、帧大小等属性不一致的问题，便会显示一个信息，让用户选择是否将项目的设置自动调整为与素材属性相匹配的设置。

➢ “自动保存间隔”复选框：会声会影X7提供了Word一样的自动存盘功能。选中“自动保存间隔”复选框后，系统将每隔一段时间自动保存项目文件，从而避免在发生意外状况时丢失用户的工作成果，其右侧的选项用于设置执行自动保存的时间。

➢ “即时回放目标”复选框：用于选择回放项目的目标设备。如果用户拥有双端口的显示卡，可以同时在预览窗口和外部显示设备上回放项目。

➢ 在预览窗口中显示标题安全区域：选中该复选框，创建标题时会在预览窗口中显示标题安全区。标题安全区是预览窗口中的一个矩形框，用于确保用户设置的文字位于此标题安全区内。

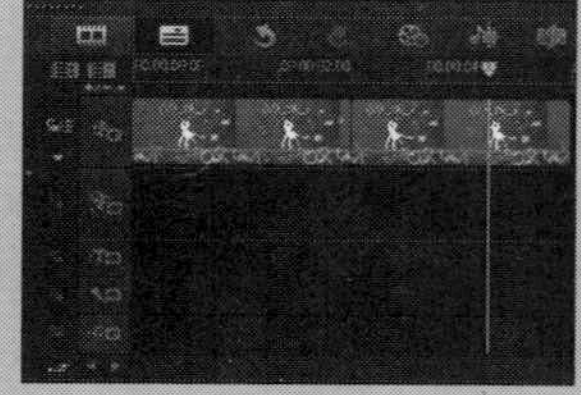

“仅略图”显示模式

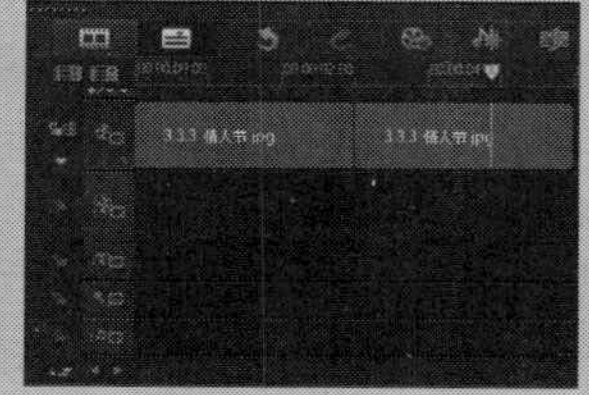

“仅文件名”显示模式

“略图和文件名”显示模式

图2-3 素材显示模式

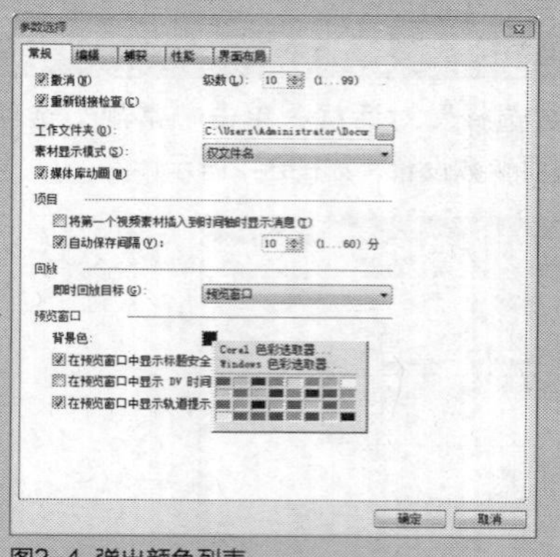

图2-4 弹出颜色列表

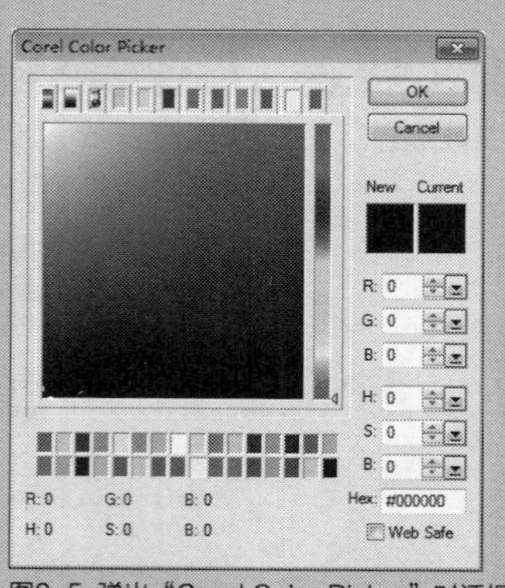

图2-5 弹出“Corel Color Picker”对话框

知识拓展

在“设置”菜单中可以进行参数选择、影片模板管理器、轨道管理器、章节点管理器及提示点管理器等操作，如图2-6所示。

在“设置”菜单下，各命令含义如下。

➢ 参数选择：可以设置项目文件的各种参数，包括项目参数、回放属性、预览窗口颜色、撤销级别、图像采集属性以及捕获参数设置等。

➢ 项目属性：可以查看当前编辑的项目文件的各种属性，包括时长、帧速率以及视频尺寸等。

➢ 启用5.1环绕声：可以在混音器中启用5.1环绕声来编辑背景音乐。

➢ 启用宽银幕（16：9）：可以设置当前项目文件的视频尺寸，包括16：9与4：3两种格式。

图2-6 “设置”菜单

➢ 启用60P/50P编辑：是否启用60P/50P编辑。

➢ 智能代理管理器：是否将项目文件进行智能代理操作，在“参数选择”对话框的“性能”选项卡中，可以设置智能代理属性。

➢ 素材库管理器：可以更好地管理素材库中的文件，用户可以将文件导入库或者导出库。

➢ 制作影片模板管理器：可以制作出不同的视频格式，在“分享”选项面板中单击“创建视频文件”按钮，在弹出的列表框中会显示多种用户创建的视频格式，选择相应格式可以输出相应的视频文件。

➢ 轨道管理器：可以管理轨道中的素材文件。

➢ 章节点管理器：可以管理素材中的章节点。

➢ 提示点管理器：可以管理素材中的提示点。

➢ 布局设置：可以更改会声会影的布局样式。

实战 011 设置软件编辑属性

▶实例位置：无
▶素材位置：无
▶视频位置：光盘\视频\第2章\实战011.mp4

• 实例介绍 •

在“参数选择”对话框的“编辑”选项卡中，用户可以对所有效果和素材的质量进行设置，还可以调整插入的图像/色彩素材的默认区间、转场、淡入/淡出效果的默认区间。

• 操作步骤 •

STEP 01 在“参数选择”对话框中，切换至“编辑”选项卡，如图2-7所示。

参数选择
常规　编辑　捕获　性能　界面布局
应用色彩滤镜(Y):　NTSC(N)　PAL(P)
重新采样质量(Q):　好
用调到屏幕大小作为覆叠轨上的默认大小(Z)
默认照片/色彩区间(I):　3　(1..999)秒
视频
显示 DVD 字幕(D)
图像
图像重新采样选项(A):　保持宽高比
对照片应用去除闪烁滤镜(T)
在内存中缓存照片(M)
音频
默认音频淡入/淡出区间(F):　1　(1..999)秒
即时预览时播放音频(R)
自动应用音频交叉淡化(C)
转场效果
默认转场效果的区间(E):　1　(1..999)秒
自动添加转场效果(S)
默认转场效果(U):　随机
随机特效　自定义
确定　取消

图2-7 “编辑”选项卡

STEP 02 在其中设置相应参数后，即可设置软件编辑属性，如图2-8所示。

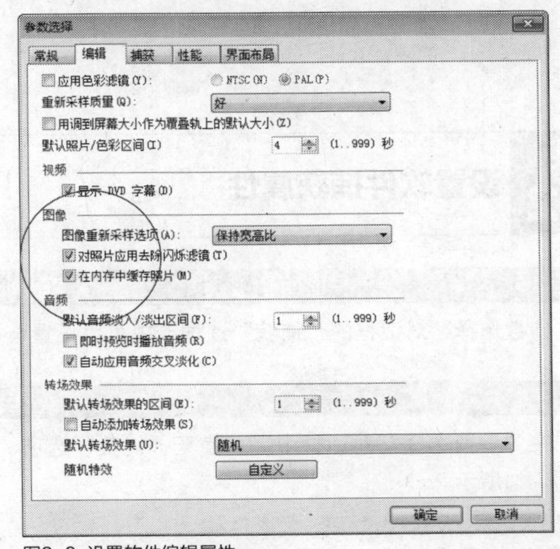

图2-8 设置软件编辑属性

知识拓展

在“编辑”选项卡中，各主要选项含义如下。

➤ 应用色彩滤镜:选中“应用色彩滤镜”复选框，可将会声会影调色板限制在NTSC或PAL色彩滤镜的可见范围内，以确保所有色彩均有效，如果是仅在电脑监视器上显示，可取消选中该复选框。

➤ 重新采样质量:“重新采样质量”选项可以为所有的效果和素材指定质量。质量越高，生成的视频质量也就越好，不过在渲染时，时间会比较长。如果用户准备用于最后的输出，可选择“最好的”选项；若要进行快速操作时，则选择“好”选项。

➤ 默认照片/色彩区间:该选项主要用于为添加到视频项目中的图像和色彩素材指定默认的素材长度（该区间的时间单位为秒）。

➤ 在内存中缓存照片:在“编辑”选项卡中，选中“在内存中缓存照片”复选框，将在内存中缓存会声会影X7中照片的信息。

➤ 图像重新采样选项:单击“图像重新采样选项”右侧的下拉按钮，在弹出的下拉列表中可选择将图像素材添加到视频轨上时，默认的图像重新采样的方法包括“保持宽高比”和“调到项目大小”两个选项，选择不同的选项时，显示的效果如图2-9所示。

图2-9 显示的效果

➢ 默认音频淡入/淡出区间：该选项主要用于为添加的音频素材的淡入和淡出指定默认的区间，在其右侧的数值框中输入的数值是素材音量从正常和淡化完成之间的时间总量区间。

➢ 默认转场效果：单击“默认转场效果”右侧的下拉按钮，在弹出的下拉列表框中可以选择要应用到项目中的转场效果，如图2-10所示。

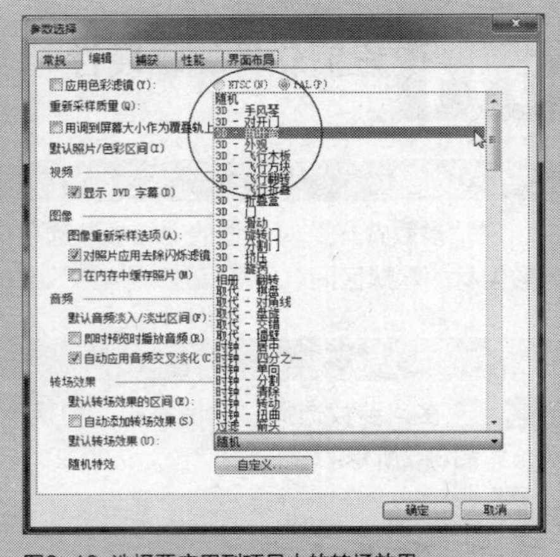

图2-10 选择要应用到项目中的转场效果

实战012 设置软件捕获属性

▶实例位置：无
▶素材位置：无
▶视频位置：光盘\视频\第2章\实战012.mp4

• 实例介绍 •

在“参数选择”对话框的“捕获”选项卡中可以设置与视频捕获相关的参数。

• 操作步骤 •

STEP 01 在“参数选择”对话框中，切换至“捕获”选项卡，如图2-11所示。

STEP 02 在其中设置相应参数后，即可设置软件捕获属性，如图2-12所示。

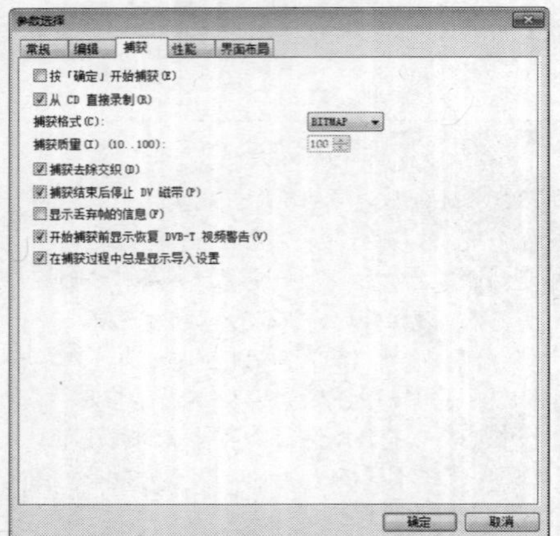

图2-11 “捕获”选项卡

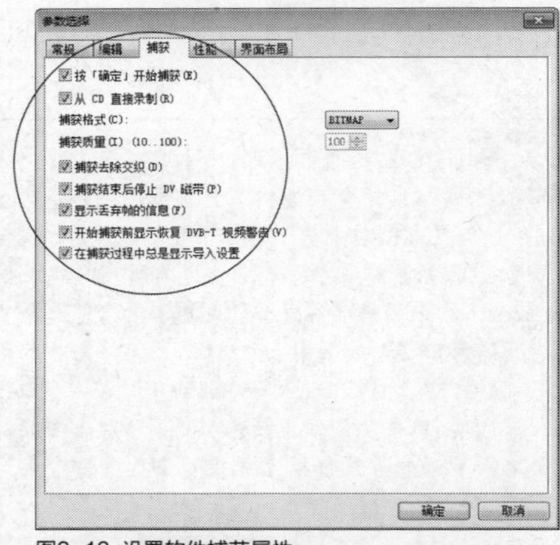

图2-12 设置软件捕获属性

知识拓展

在“捕获”选项卡中，各主要选项含义如下。

➢ 按“确定”开始捕获：选中“按[确定]开始捕获”复选框，即表示在单击“捕获”步骤面板中的“捕获视频”按钮时，将会自动弹出一个信息提示框，提示用户可按【Esc】键或单击“捕获”按钮来停止该过程，单击“确定”按钮开始捕获视频。

➢ 从CD直接录制：选中“从CD直接录制”复选框，将直接从CD播放器上录制歌曲的数码源数据，并保留最佳的歌曲音频质量。

➢ 捕获格式：“捕获格式”选项可指定用于保存已捕获的静态图像的文件格式。单击其右侧的下拉按钮，在弹出的下拉列表中可选择从视频捕获静态帧时文件保存的格式，即BITMAP格式或JPEG格式。

➢ 捕获质量：“捕获质量”选项只有在“捕获格式”选项中选择JPEG格式时才生效。它主要用于设置图像的压缩质量，在其右侧的数值框中输入的数值越大，图像的压缩质量越高，文件也就越大。

➢ 捕获去除交织：选中“捕获去除交织”复选框，可以在捕获视频中的静态帧时，使用固定的图像分辨率，而不使用交织型图像的渐进式图像分辨率。

➢ 捕获结束后停止DV磁带：选中“捕获结束后停止DV磁带”复选框是指当视频捕获完成后，允许DV自动地停止磁带回放，否则停止捕获后，DV将继续播放视频。

➢ 显示丢弃帧的信息：选中“显示丢弃帧的信息”复选框是指如果由于计算机配置较低或是出现传输故障，将在视频捕获完成后，显示丢弃帧的信息。

➢ 开始捕获前显示恢复DVB-T视频警告：选中“开始捕获前显示恢复DVB-T视频警告”复选框，将显示恢复DVB-T视频警告，以便捕获的视频流畅平滑。

➢ 在捕获过程中总是显示导入设置：选中“在捕获过程中总是显示导入设置”复选框，此时用户在捕获视频的过程中，总是会显示相关的导入设置。

实战 013 设置软件性能属性

▶ 实例位置：无
▶ 素材位置：无
▶ 视频位置：光盘\视频\第2章\实战013.mp4

• 实例介绍 •

在“参数选择”对话框中的“性能”选项卡中用户可以设置与会声会影X7相关的性能参数。

• 操作步骤 •

STEP 01 在“参数选择”对话框中，切换至“性能”选项卡，如图2-13所示。

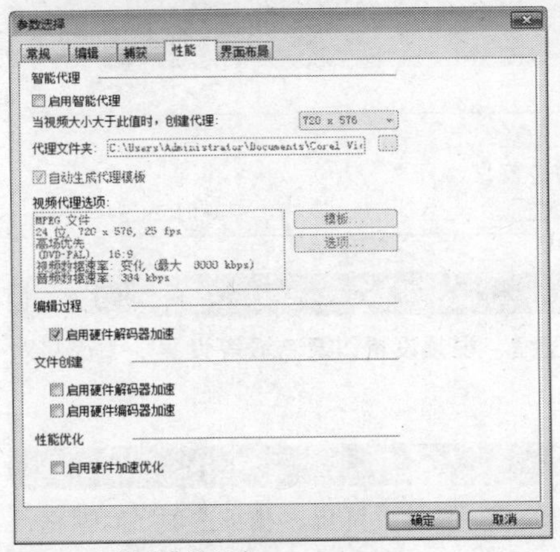

图2-13 “性能”选项卡

STEP 02 在其中设置相关的性能参数后，即可设置软件性能属性，如图2-14所示。

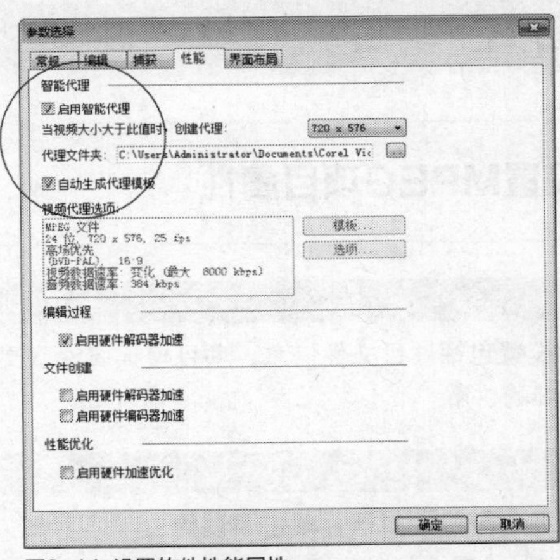

图2-14 设置软件性能属性

知识拓展

在“性能”选项卡中，各主要选项含义如下。

➢ 启用智能代理：在会声会影X7中，所谓智能代理，是指通过创建智能代理，用创建的低解析度视频替代原来的高解析度视频进行编辑，低解析度视频要比原高解析度视频模糊。一般情况下，不建议用户启用智能代理来编辑视频文件。

➢ 自动生成代理模板：在编辑视频的过程中，如果用户要启用视频代理功能，软件将自动为视频生成代理模板，用户可以对该模板进行自定义操作。

➢ 启用硬件解码器加速：在会声会影X7中，通过使用视频图形加速技术和可用的硬件增强编辑性能，可以提高素材和项目的回放速度以及编辑速度。

➢ 启用硬件加速优化：选中“启用硬件加速优化”复选框，可以让会声会影优化用户的系统性能。不过，具体硬件能加速多少，最终还得取决于用户的硬件规格与配置。

实战 014 设置软件布局属性

▶ 实例位置：无
▶ 素材位置：无
▶ 视频位置：光盘\视频\第2章\实战014.mp4

• 实例介绍 •

在“参数选择”对话框中的“界面布局”选项卡中，用户可以设置会声会影X7工作界面的布局属性。

• 操作步骤 •

STEP 01 在“参数选择”对话框中，切换至“界面布局”选项卡，如图2-15所示。

图2-15 “界面布局”选项卡

STEP 02 在其中设置会声会影X7工作界面的布局属性后，即可设置软件布局属性，如图2-16所示。

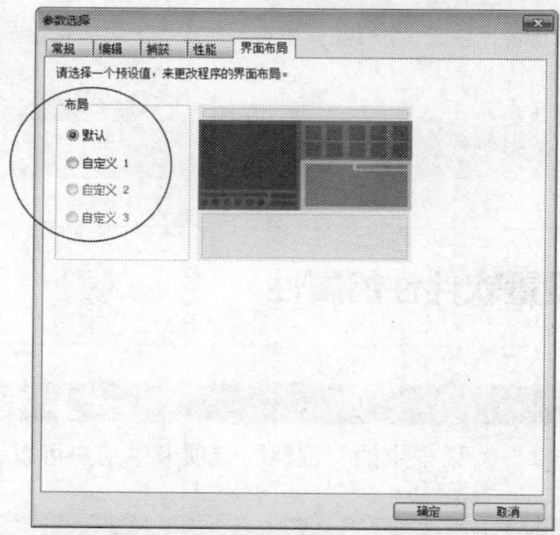

图2-16 设置软件布局属性

知识拓展

“界面布局”选项卡的“布局”选项区中包括默认的软件布局样式以及新建的3种自定义布局样式，用户选中相应的单选按钮，即可将界面调整为需要的布局样式。

实战 015 设置MPEG项目属性

▶实例位置：无
▶素材位置：无
▶视频位置：光盘\视频\第2章\实战015.mp4

• 实例介绍 •

项目属性的设置包括项目文件信息、项目模板属性、文件格式、自定义压缩、视频设置以及音频等设置。下面将对这些设置进行详细的讲解。

• 操作步骤 •

STEP 01 启动会声会影X7编辑器，单击“设置”|“项目属性”命令，弹出“项目属性”对话框，如图2-17所示。

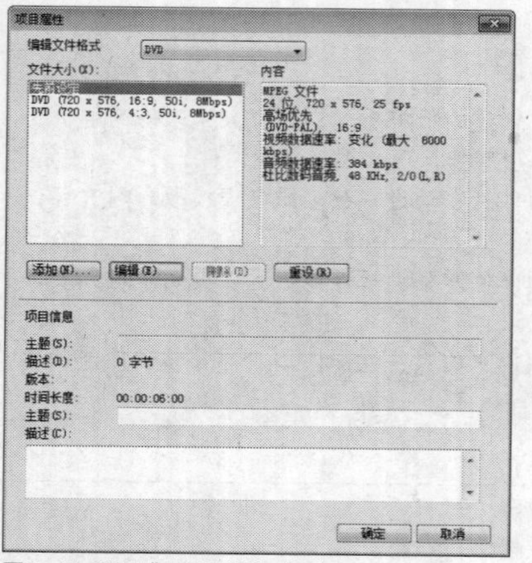

图2-17 弹出“项目属性”对话框

STEP 02 单击“编辑”按钮，弹出“模板选项”对话框，如图2-18所示。

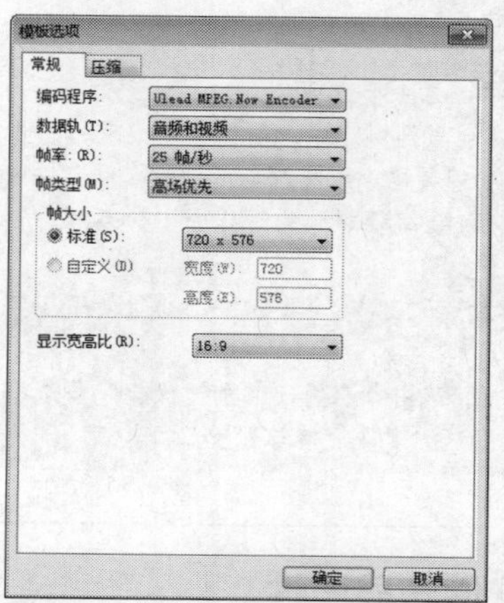

图2-18 弹出“模板选项”对话框

STEP 03 切换至“常规”选项卡，在“标准”下拉列表中设置影片的尺寸大小为720×576，如图2-19所示。

STEP 04 切换至“压缩”选项卡，设置“音频格式”为“杜比数码音频”，“音频位数率”为384，如图2-20所示，单击“确定”按钮，即可完成设置。

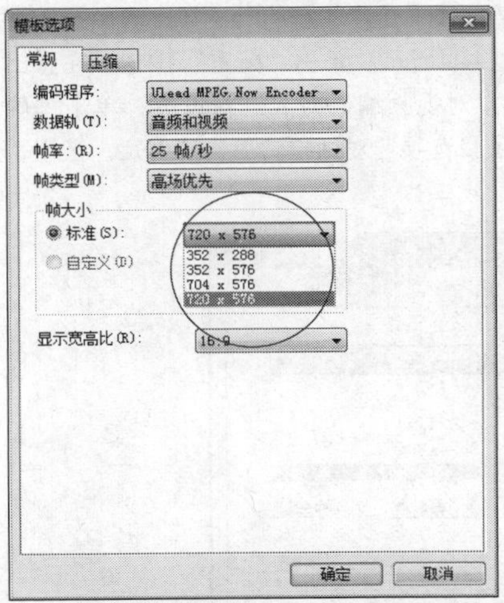

图2-19 设置影片的尺寸大小

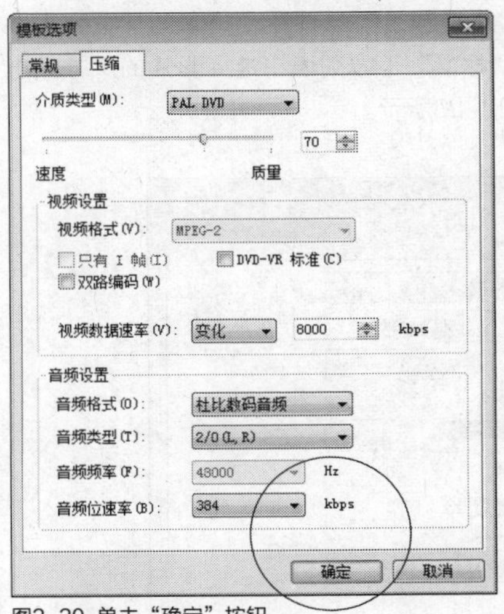

图2-20 单击“确定”按钮

知识拓展

下面分别介绍“项目属性”对话框中各主要选项的含义。

➢ Project file information（项目文件信息）：该选项组中显示了与项目文件相关的各种信息，如文件大小、文件名和区间等。

➢ Project template properties（项目模板属性）：显示项目文件使用的视频文件格式和项目的其他属性。

➢ Edit file format（编辑文件格式）：在该选项下拉列表中可以选择所创建影片最终使用的视频格式，包括MPEG files和Microsoft AVI files两种。

➢ Edit（编辑）：单击该按钮，弹出“项目选项”对话框，从中可以对所选文件格式进行自定义压缩，并进行视频和音频设置。

实战 016 设置AVI项目属性

▶实例位置：无
▶素材位置：无
▶视频位置：光盘\视频\第2章\实战016.mp4

• 实例介绍 •

上例介绍了MPEG项目属性的设置方法，下面将对编码视频文件的设置进行详细的讲解。

• 操作步骤 •

STEP 01 切换至“项目属性”面板，在“编辑文件格式”的下拉列表中设置影片的格式为DV/AVI，如图2-21所示。

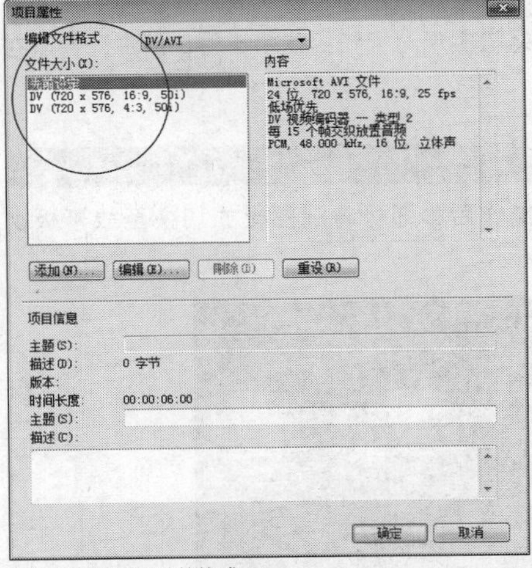

图2-21 设置影片的格式

STEP 02 单击“编辑”按钮，弹出“模板选项”对话框，如图2-22所示。

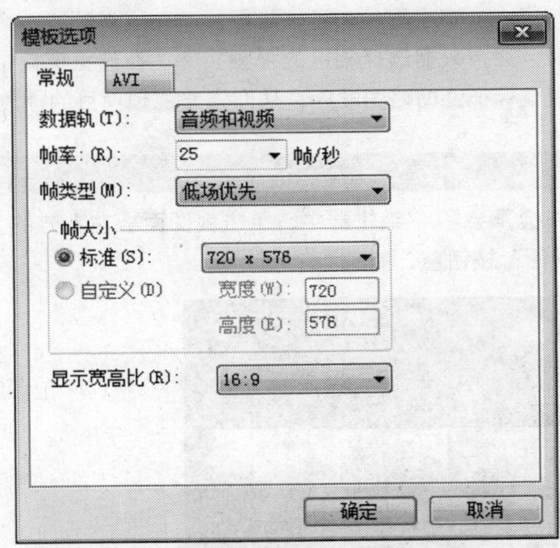

图2-22 弹出“模板选项”对话框

STEP 03 切换至“常规”选项卡，在“帧率”下拉列表中选择25帧/秒，在“标准”下拉列表中选择影片的尺寸大小为720×576，如图2-23所示。

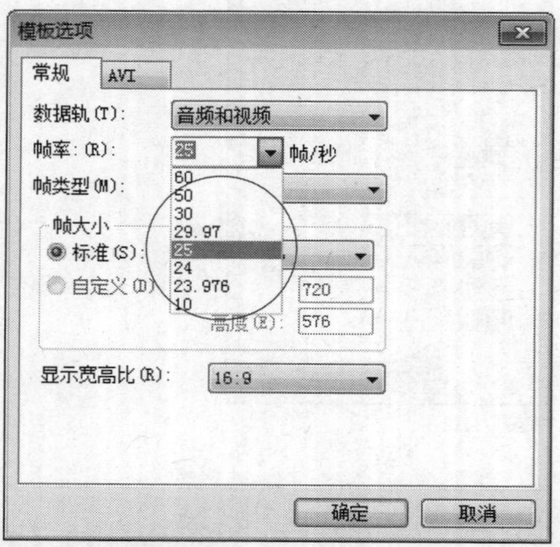

图2-23 选择影片的尺寸大小

STEP 04 切换至AVI选项卡，在“压缩”下拉列表中选择视频编码方式，如图2-24所示。单击“配置”按钮，在弹出的“配置”对话框中对视频编码方式进行设置，单击“确定”按钮，返回“项目选项”对话框。单击“确定”按钮，即可完成设置。

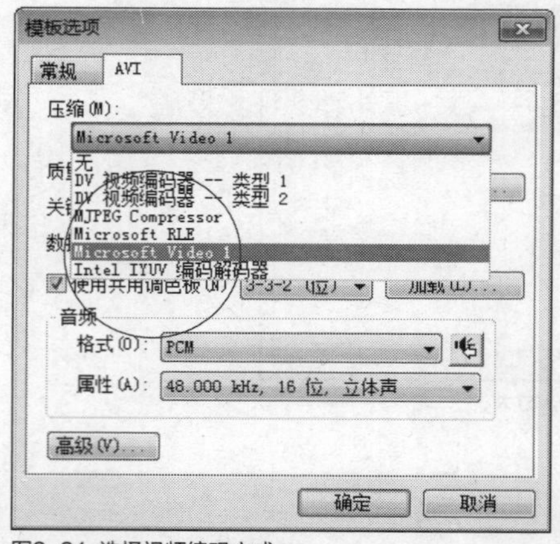

图2-24 选择视频编码方式

技巧点拨

选择视频编码方式时，最好不要选择“无”选项，即非压缩的方式。无损的AVI视频占用的磁盘空间极大，在800像素×600像素分辨率下，能够达到10MB/s。

2.2 掌握软件3大视图

会声会影X7提供了3种可选择的视频编辑视图模式，分别为故事板视图、时间轴视图和混音器视图。每一个视图都有其特有的优势，不同的视图模式都可以应用于不同项目文件的编辑操作。本节主要向读者介绍在会声会影X7中切换编辑视图模式的操作方法。

实战017 掌握故事板视图

- 实例位置：无
- 素材位置：无
- 视频位置：光盘\视频\第2章\实战017.mp4

• 实例介绍 •

故事板视图模式是一种简单明了的编辑模式，用户只需从素材库中直接将素材用鼠标拖曳至视频轨中即可。在该视图模式中，每一张缩略图代表了一张图片、一段视频或一个转场效果，图片下方数字表示该素材区间。在该视图模式中编辑视频时，用户只需选择相应的视频文件，在预览窗口中进行编辑，从而轻松实现对视频的编辑操作，用户还可以在故事板中用鼠标拖曳缩略图顺序，从而调整视频项目的播放顺序。

• 操作步骤 •

STEP 01 在会声会影X7编辑器中，单击视图面板左上方的“故事板视图”按钮，如图2-25所示。

图2-25 单击“故事板视图”按钮

STEP 02 执行操作后，即可将视图模式切换至故事板视图，如图2-26所示。

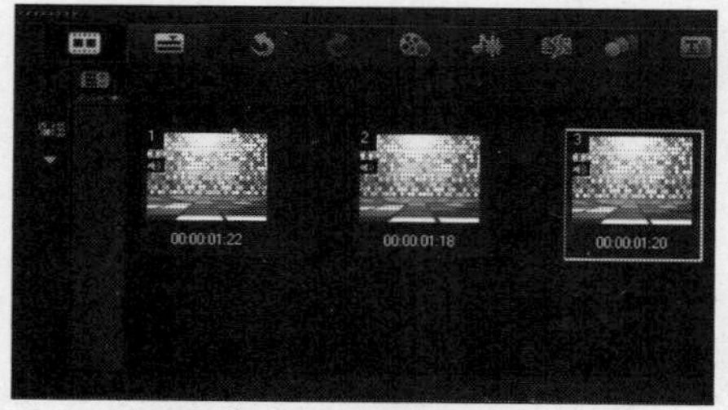

图2-26 将视图模式切换至故事板视图

技巧点拨

在故事板视图中，无法显示覆叠轨中的素材，也无法显示标题轨中的字幕素材，故事板视图只能显示视频轨中的素材画面以及素材的区间长度，如果用户为素材添加了转场效果，还可以显示添加的转场特效。

实战 018 掌握时间轴视图

▶ 实例位置：无
▶ 素材位置：光盘\素材\第2章\美食广告.VSP
▶ 视频位置：光盘\视频\第2章\实战018.mp4

• 实例介绍 •

时间轴视图是会声会影X7中最常用的编辑模式，相对比较复杂，但是其功能强大，在时间轴编辑模式下，用户不仅可以对标题、字幕、音频等素材进行编辑，而且还可在以“帧”为单位的精度下对素材进行精确的编辑，所以时间轴视图模式是用户精确编辑视频的最佳形式。

• 操作步骤 •

STEP 01 进入会声会影编辑器，在菜单栏中单击“文件”|“打开项目”命令，打开一个项目文件，如图2-27所示。

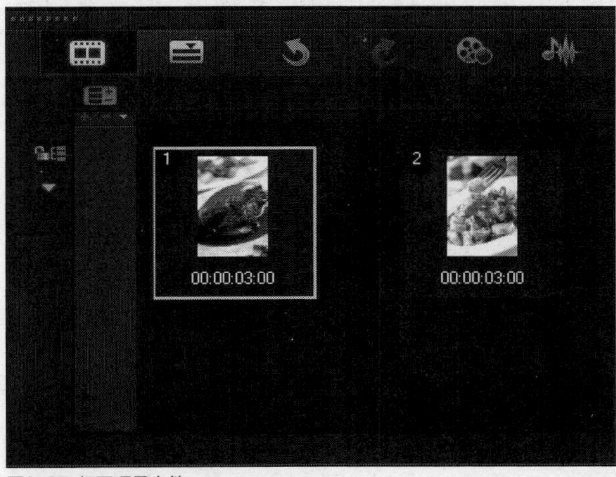

图2-27 打开项目文件

STEP 02 单击故事板上方的“时间轴视图”按钮，如图2-28所示，即可将视图模式切换至时间轴视图模式。

图2-28 单击“时间轴视图”按钮

知识拓展

在时间轴面板中，各轨道图标中均有一个眼睛样式的可视性图标，单击该图标，即可禁用相应轨道，再单击该图标，可启用相应轨道。

STEP 03 在预览窗口中，可以预览时间轴视图中的素材画面效果，如图2-29所示。

知识拓展

在时间轴面板中共有5个轨道，分别是视频轨、覆叠轨、标题轨、声音轨和音乐轨。视频轨和覆叠轨主要用于放置视频素材和图像素材，标题轨主要用于放置标题字幕素材，声音轨和音乐轨主要用于放置旁白和背景音乐等音频素材。在编辑时，只需要将相应的素材拖动到相应的轨道中，即可完成对素材的添加操作。

图2-29 预览素材画面效果

实战019 掌握混音器视图

▶实例位置：无

▶素材位置：光盘\素材\第2章\海边风景.VSP

▶视频位置：光盘\视频\第2章\实战019.mp4

• 实例介绍 •

混音器视图在会声会影X7中可以用来调整项目中声音轨和音乐轨中素材的音量大小，以及调整素材中特定点位置的音量，在该视图中用户还可以为音频素材设置淡入/淡出、长回音、放大以及嘶声降低等特效。

• 操作步骤 •

STEP 01 进入会声会影编辑器，在菜单栏中单击“文件”|“打开项目”命令，打开一个项目文件，如图2-30所示。

图2-30 打开项目文件

STEP 02 单击时间轴上方的“混音器”按钮，如图2-31所示，即可将视图模式切换至混音器视图模式。

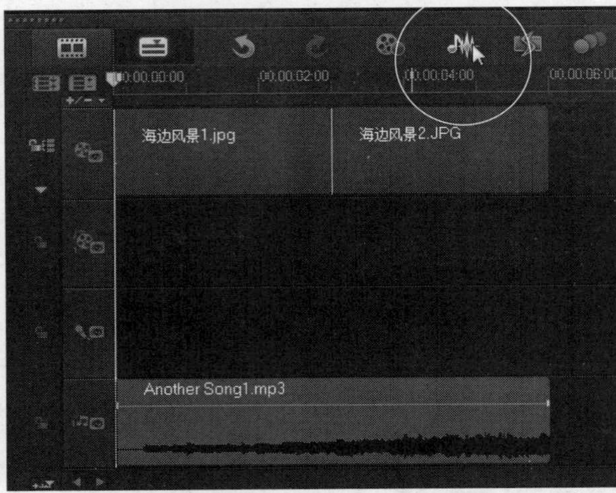

图2-31 单击“混音器”按钮

STEP 03 在预览窗口中，可以预览混音器视图中的素材画面效果，如图2-32所示。

图2-32 预览素材画面效果

知识拓展

在会声会影X7工作界面中，如果用户再次单击“混音器”按钮，可以返回至故事板视图或时间轴视图中。

2.3 使用软件辅助工具

在会声会影X7中，网格对于对称地布置图像或其他对象非常有用。本节主要向读者介绍使用软件辅助工具来编辑素材文件的方法。

实战 020 显示网格线

▶实例位置：无
▶素材位置：光盘\素材\第2章\旅游景点.VSP
▶视频位置：光盘\视频\第2章\实战020.mp4

• 实例介绍 •

在会声会影X7中，通过“显示网格线”复选框，可以在预览窗口中显示网格线。下面向读者介绍显示网格线的操作方法。

• 操作步骤 •

STEP 01 进入会声会影编辑器，单击“文件”|“打开项目”命令，打开一个项目文件，如图2-33所示。

图2-33 打开项目文件

STEP 02 在时间轴面板中，选择需要显示网格线的素材文件，如图2-34所示。

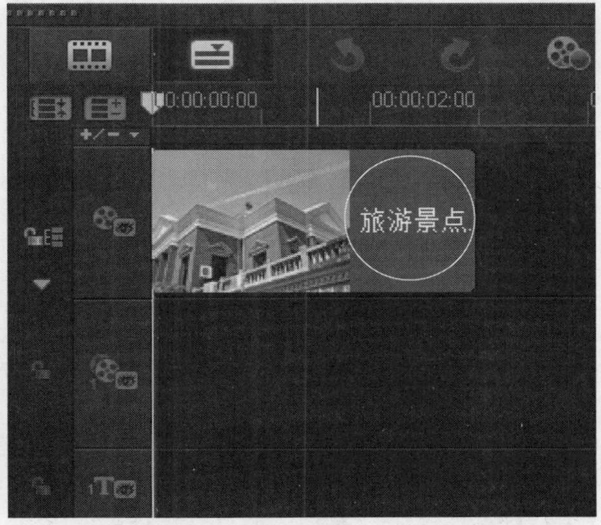

图2-34 选择需要显示网格线的素材文件

STEP 03 单击时间轴面板右上方的“选项”按钮，如图2-35所示。

图2-35 单击“选项”按钮

STEP 04 弹出“选项”面板，单击“属性”选项卡，如图2-36所示。

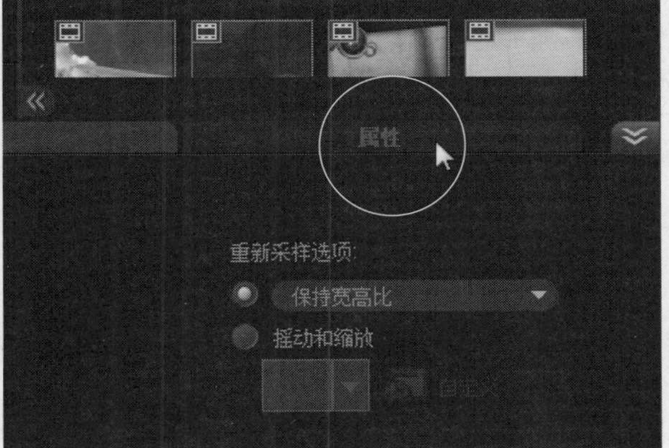

图2-36 单击“属性”选项卡

STEP 05 打开“属性”选项面板，选中“变形素材”复选框，激活“显示网格线”复选框，并选中“显示网格线”复选框，如图2-37所示。

STEP 06 执行操作后，即可显示网格线，效果如图2-38所示。

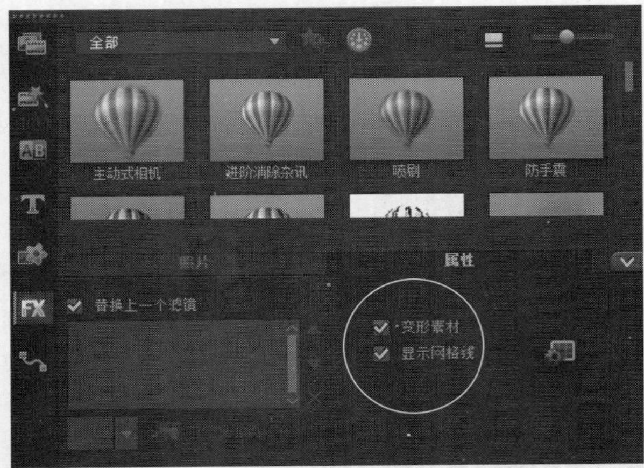

图2-37 选中“显示网格线”复选框

图2-38 显示网格线

STEP 07 在“属性”选项面板中，单击“网格线选项”按钮，如图2-39所示。

图2-39 单击“网格线选项”按钮

STEP 08 执行操作后，弹出“网格线选项”对话框，如图2-40所示。

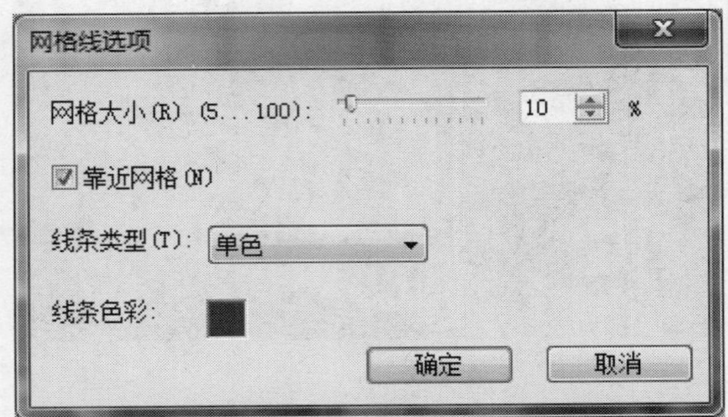

图2-40 弹出“网格线选项”对话框

知识拓展

在“属性”选项面板中，各选项含义如下。

- “变形素材”复选框：拖曳素材四周的控制柄，可以变形或扭曲素材文件。
- “显示网格线”复选框：可以显示网格线。
- “网格线选项”按钮：可以设置网格线属性。

STEP 09 拖曳“网格大小”右侧的滑块，直至参数显示为20，或者在“网格大小”右侧的百分比数值框中输入20，设置网格的大小属性，如图2-41所示。

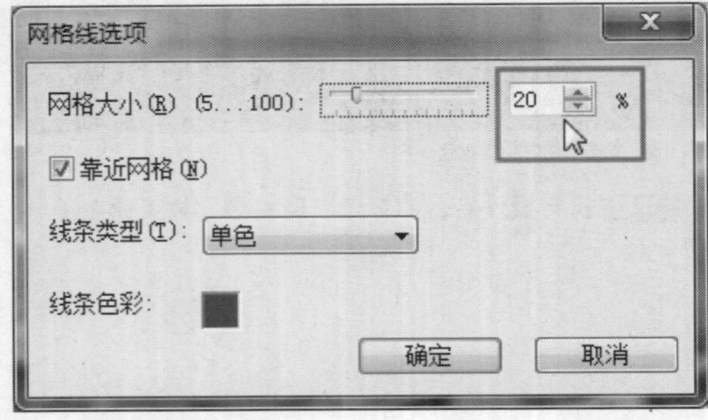

图2-41 设置网格的大小属性

STEP 10 单击“线条色彩”右侧的色块，在弹出的颜色面板中选择红色，是指设置网格线的颜色为红色，如图2-42所示。

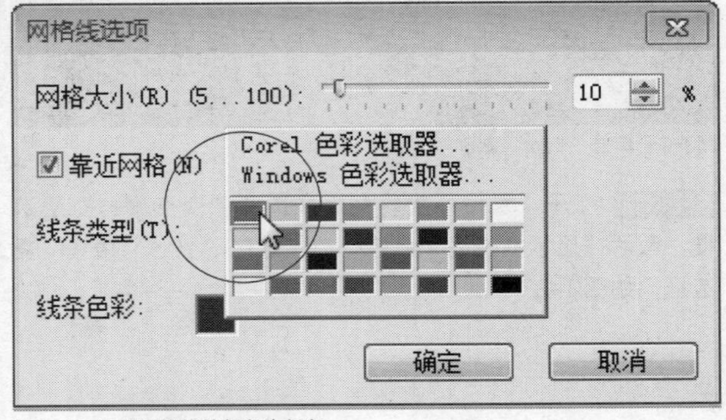

图2-42 设置网格线的颜色为红色

STEP 11 设置完成后，单击“确定”按钮，返回会声会影工作界面，在预览窗口中可以预览网格线的效果，在“网格线选项”对话框中，用户还可以更改网格线的颜色为黄色，效果如图2-43所示。

图2-43 更改网格线的颜色为黄色

知识拓展

在“网格线选项”对话框中，各主要选项含义如下。

➢ 网格大小：在该数值框中，可以设置预览窗口中网格的大小，参数区间可以设置在5～100之间，数值不能低于5或者超过100。

➢ 靠近网格：选中该复选框，可以在编辑素材时靠近网格边界。

➢ 线条色彩：单击该选项右侧的色块，在弹出的颜色面板中，用户可以根据实际需要设置网格的色彩属性。

➢ 线条类型：在该列表框中，包含5种不同的网格线型，如单色、虚线、点、虚线一点、虚线一点一点。单色线型在上述操作中已经向读者进行介绍，下面预览其他4种不同线条的网格效果，如图2-44所示，用户在操作过程中，可根据实际需求进行设置。

虚线

点

虚线一点

虚线一点一点

图2-44 预览其他4种不同线条的网格效果

知识拓展

网格线只是显示在预览窗口中，是对软件界面的一种属性设置，不会被用户保存至项目文件中，也不会被输出至视频文件中。

实战 021 隐藏网格线

▶实例位置：无
▶素材位置：光盘\素材\第2章\自由驰骋.VSP
▶视频位置：光盘\视频\第2章\实战021.mp4

• 实例介绍 •

如果用户不需要在界面中显示网格效果，此时可以对网格线进行隐藏操作。下面向读者介绍隐藏网格线的操作方法。

• 操作步骤 •

STEP 01 进入会声会影编辑器，单击“文件”|“打开项目”命令，打开一个项目文件，如图2-45所示。

图2-45 打开项目文件

STEP 02 在时间轴面板中，选择相应素材文件，效果如图2-46所示。

图2-46 选择相应素材文件

STEP 03 展开“属性”选项面板，在其中取消选中“变形素材”和“显示网格线”复选框，如图2-47所示。

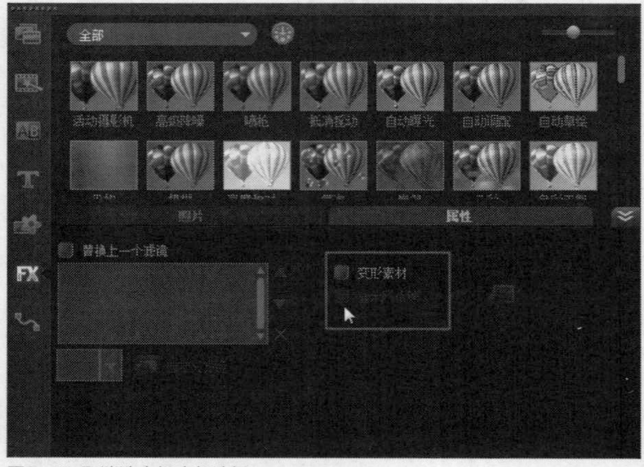

图2-47 取消选中相应复选框

STEP 04 执行操作后，即可隐藏网格线，效果如图2-48所示。

图2-48 隐藏网格线

知识拓展

在显示网格线的状态下，单击“网格线选项”按钮，在弹出的“网格线选项”对话框中，拖曳鼠标指针放置在“网格大小”选项区右侧的滑块上，单击鼠标左键的同时将滑块拖曳至最右端，网格线将扩大到100%，预览窗口中的网格线将不可见，即可实现隐藏网格线的操作。

2.4 设置预览窗口

在会声会影X7中，用户可以根据自己的操作习惯，随时更改预览窗口的属性，如预览窗口的背景色、标题安全区域以及DV时间码等信息。本节主要向读者介绍设置预览窗口的操作方法。

实战 022 设置窗口背景色

▶ 实例位置：无
▶ 素材位置：光盘\素材\第2章\天空.VSP
▶ 视频位置：光盘\视频\第2章\实战022.mp4

• 实例介绍 •

对于会声会影X7预览窗口中的背景颜色，用户可以根据操作习惯进行相应的调整。当素材颜色与预览窗口背景色相近时，将预览窗口背景色设置为与素材对比度大的色彩，这样可以更好地区分背景与素材的边界。

• 操作步骤 •

STEP 01 进入会声会影编辑器，单击“文件”|“打开项目”命令，打开一个项目文件，如图2-49所示。

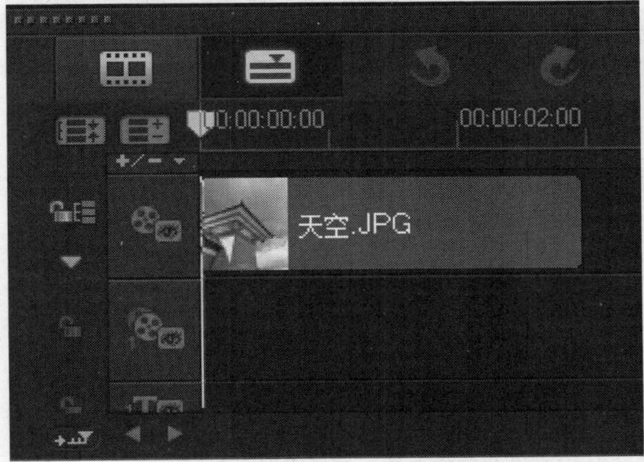
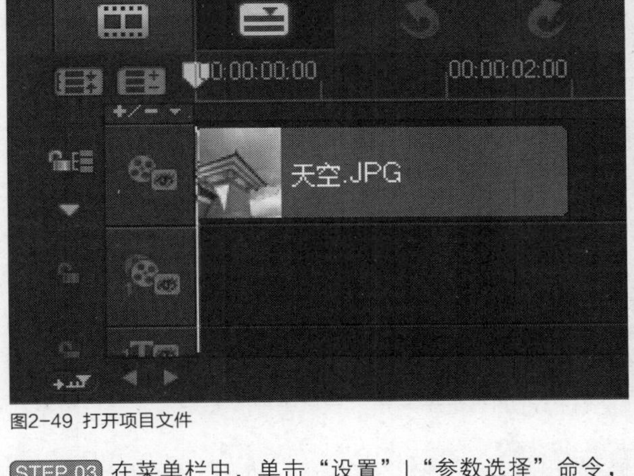

图2-49 打开项目文件

STEP 02 在预览窗口中，可以预览目前预览窗口中的背景色，如图2-50所示。

图2-50 预览窗口中的背景色

STEP 03 在菜单栏中，单击“设置”|“参数选择”命令，如图2-51所示。

图2-51 “设置”命令

STEP 04 执行操作后，弹出“参数选择”对话框，如图2-52所示。

参数选择
常规 | 编辑 | 捕获 | 性能 | 界面布局
☑ 撤消(N)　级数(L)：10 (1...99)
☑ 重新链接检查(C)
工作文件夹(O)：C:\Users\Administrator\Docu
素材显示模式(S)：略图和文件名
☑ 媒体库动画(M)
项目
☐ 将第一个视频素材插入到时间轴时显示消息(T)
☑ 自动保存间隔(V)：10 (1...60) 分
回放
即时回放目标(G)：预览窗口
预览窗口
背景色：
☑ 在预览窗口中显示标题安全区域(D)
☐ 在预览窗口中显示 DV 时间码(I)
☑ 在预览窗口中显示轨道提示(R)
确定　取消

图2-52 弹出“参数选择”对话框

STEP 05 在“预览窗口”选项区中单击“背景色”选项右侧的色块，在弹出的颜色面板中选择白色，如图2-53所示。

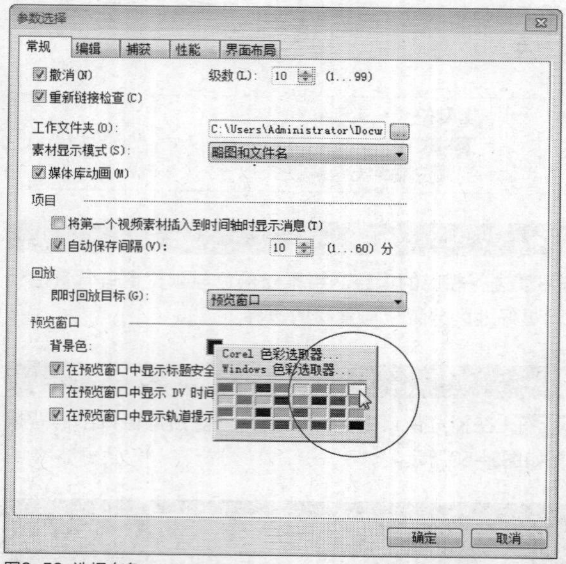

图2-53 选择白色

STEP 06 单击“确定”按钮，即可设置预览窗口的背景色，效果如图2-54所示。

图2-54 设置预览窗口的背景色

知识拓展

在设置预览窗口的背景色时，用户可以根据素材的颜色配置与画面协调的色彩，使整个画面达到和谐统一的效果。

实战023 设置标题安全区域

▶实例位置：无
▶素材位置：光盘\素材\第2章\纯真童年.VSP
▶视频位置：光盘\视频\第2章\实战023.mp4

• 实例介绍 •

在预览窗口中显示标题的安全区域可以更好地编辑标题字幕，使字幕能完整地显示在预览窗口之内。下面向读者介绍设置标题安全区域的操作方法。

• 操作步骤 •

STEP 01 进入会声会影编辑器，单击“文件”|“打开项目”命令，打开一个项目文件，如图2-55所示。

图2-55 打开项目文件

STEP 02 单击“设置”|“参数选择”命令，弹出“参数选择”对话框，在“预览窗口”选项区中选中“在预览窗口中显示标题安全区域”复选框，如图2-56所示。

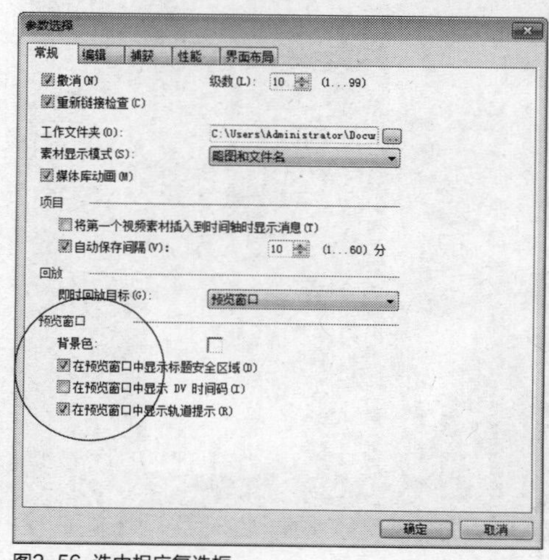

图2-56 选中相应复选框

STEP 03 单击“确定”按钮，即可显示标题安全区域，选择标题轨中的字幕，如图2-57所示。

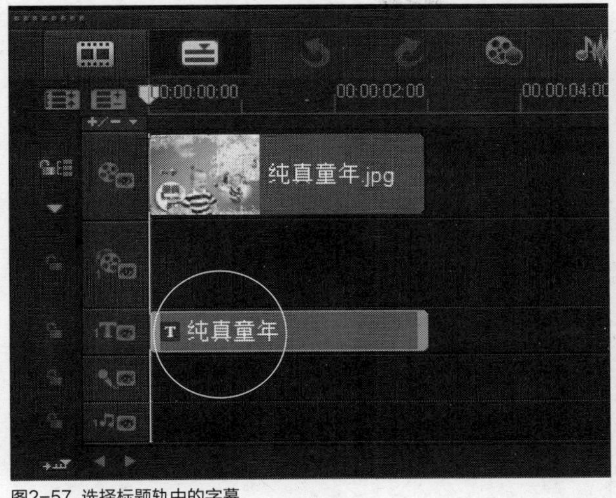

图2-57 选择标题轨中的字幕

STEP 04 在字幕文件上，双击鼠标左键，在预览窗口中即可显示标题安全区域，如图2-58所示。

图2-58 显示标题安全区域

知识拓展

如果用户不需要显示标题的安全区域，只需在“参数选择”对话框的“常规”选项卡中，取消选中“在预览窗口中显示标题安全区域”复选框，即可隐藏标题安全区域。

实战 024 显示DV时间码

- 实例位置：无
- 素材位置：无
- 视频位置：光盘\视频\第2章\实战024.mp4

• 实例介绍 •

在会声会影X7中，用户还可以设置在预览窗口中是否显示DV时间码。下面向读者介绍显示DV时间码的操作方法。

• 操作步骤 •

STEP 01 进入会声会影编辑器，单击“设置”|“参数选择”命令，弹出“参数选择”对话框，在“预览窗口”选项区中选中“在预览窗口中显示DV时间码”复选框，如图2-59所示。

STEP 02 执行操作后，将弹出信息提示框，如图2-60所示。单击“确定”按钮，返回“参数选择”对话框，单击“确定”按钮，即可在回放DV视频时在预览窗口中显示DV时间码。

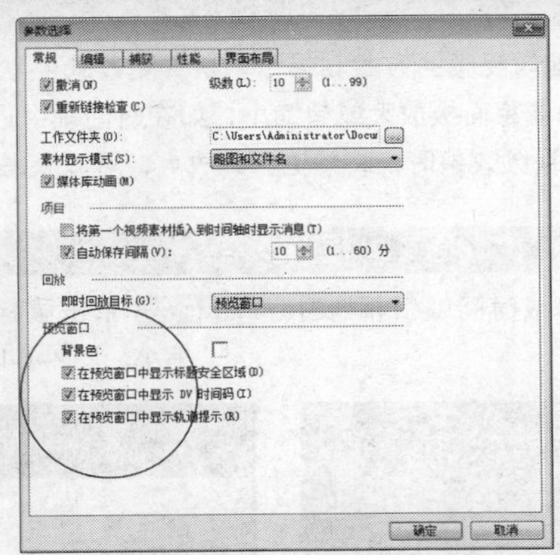

图2-59 选中相应复选框

图2-60 弹出信息提示框

实战 025 显示轨道提示

- 实例位置：无
- 素材位置：无
- 视频位置：光盘\视频\第2章\实战025.mp4

• 实例介绍 •

用户在轨道面板中编辑视频素材时，可以使用轨道提示功能，方便对视频进行编辑操作。

• 操作步骤 •

STEP 01 进入会声会影编辑器，在菜单栏中单击“设置”|“参数选择”命令，如图2-61所示。

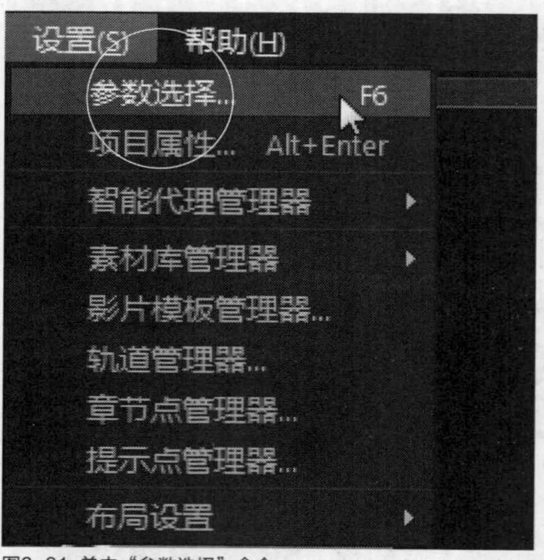

图2-61 单击“参数选择”命令

STEP 02 弹出“参数选择”对话框，在“预览窗口”选项区中选中“在预览窗口中显示轨道提示”复选框，如图2-62所示，单击“确定”按钮，即可启用轨道提示功能。

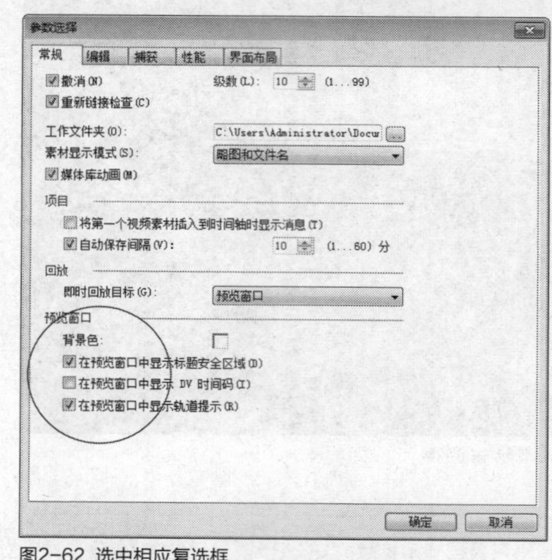

图2-62 选中相应复选框

2.5 更改软件布局方式

更改软件的布局方式是会声会影X7非常实用的功能，用户运用会声会影X7进行视频编辑时，可以根据操作习惯随意调整界面布局，如将面板放大、嵌入到其他位置以及设置成漂浮状态等。

实战 026 调整面板大小

▶实例位置：无
▶素材位置：无
▶视频位置：光盘\视频\第2章\实战026.mp4

• 实例介绍 •

在会声会影X7中，用户可以根据编辑视频的方式和操作手法，更改软件默认状态下的布局样式。在使用会声会影X7进行编辑的过程中，用户可以根据需要将面板放大或者缩小，如在时间轴中进行编辑时，将时间轴面板放大，可以获得更大的操作空间；在预览窗口中预览视频效果时，将预览窗口放大，可以获得更好的预览效果。

• 操作步骤 •

STEP 01 将鼠标移至预览窗口、素材库或时间轴相邻的边界线上，如图2-63所示。

图2-63 移动鼠标至边界线处

STEP 02 单击鼠标左键并拖曳，可将选择的面板随意放大、缩小。图2-64所示为调整面板大小后的界面效果。

图2-64 调整面板大小后的界面效果

实战 027 移动面板位置

▶ 实例位置：无
▶ 素材位置：无
▶ 视频位置：光盘\视频\第2章\实战027.mp4

• 实例介绍 •

使用会声会影X7编辑视频时，若用户不习惯默认状态下面板的位置，此时可以拖曳面板将其嵌入至所需的位置。

• 操作步骤 •

STEP 01 将鼠标移至预览窗口、素材库或时间轴左上角的位置，如图2-65所示。

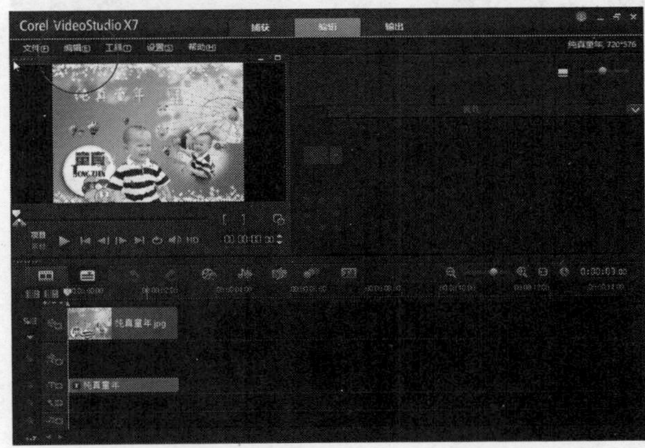

图2-65 移动鼠标至时间轴左上角

STEP 02 单击鼠标左键将面板拖曳至另一个面板旁边，在面板的上、下、左、右分别会出现4个箭头，将所拖曳的面板靠近箭头，然后释放鼠标左键，即可将面板嵌入新的位置，如图2-66所示。

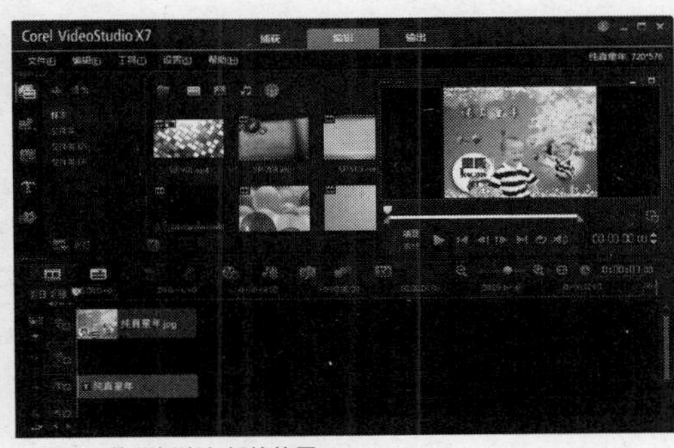

图2-66 将面板嵌入新的位置

实战 028 漂浮面板位置

▶ 实例位置：无
▶ 素材位置：无
▶ 视频位置：光盘\视频\第2章\实战028.mp4

• 实例介绍 •

在使用会声会影X7进行编辑的过程中，用户还可以将面板设置成漂浮状态，如用户只需使用时间轴面板和预览窗口，可以将素材库设置成漂浮，并将其移动到屏幕外面，如需使用时可将其拖曳出来。

使用该功能，还可以使会声会影X7实现双显示器显示，用户可以将时间轴和素材库放在一个屏幕上，而在另一个屏幕上可以进行高质量的预览。

• 操作步骤 •

STEP 01 使用鼠标左键双击预览窗口、素材库或时间轴左上角的位置，如图2-67所示。

图2-67 移动鼠标至时间轴左上角

STEP 02 将所选择的面板设置成漂浮，如图2-68所示，使用鼠标拖曳面板可以调整面板的位置，使用鼠标左键双击漂浮面板位置，可以让处于漂浮状态的面板恢复到原处。

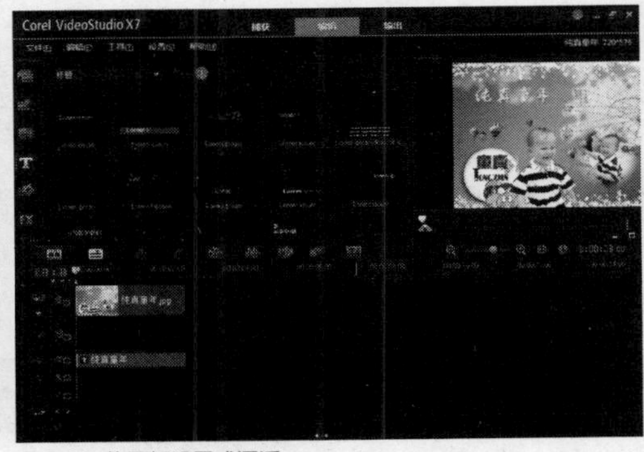

图2-68 将面板设置成漂浮

实战029 保存界面布局样式

▶实例位置：无
▶素材位置：光盘\素材\第2章\早点.VSP
▶视频位置：光盘\视频\第2章\实战029.mp4

• 实例介绍 •

在会声会影X7中，用户可以将更改的界面布局样式保存为自定义的界面，并在以后的视频编辑中，根据操作习惯方便地切换界面布局。

• 操作步骤 •

STEP 01 进入会声会影编辑器，在菜单栏中单击“文件”|“打开项目”命令，打开一个项目文件，随意拖曳窗口布局，如图2-69所示。

图2-69 随意拖曳窗口布局

STEP 02 在菜单栏中，单击“设置”|“布局设置”|“保存至”|“自定义#2”命令，如图2-70所示。

图2-70 单击“自定义#2”命令

STEP 03 执行操作后，即可将更改的界面布局样式进行保存操作，在预览窗口中可以预览视频的画面效果，如图2-71所示。

图2-71 预览视频的画面效果

技巧点拨

在会声会影X7中，当用户保存了更改后的界面布局样式后，按【Alt+1】组合键，可以快速切换至“自定义#1”布局样式；按【Alt+2】组合键，可以快速切换至“自定义#2”布局样式；按【Alt+3】组合键，可以快速切换至“自定义#3”布局样式。单击“设置”|“布局设置”|“切换到”|“默认”命令，或按【F7】键，可以快速恢复至软件默认的界面布局样式。

实战030 切换界面布局样式

▶实例位置：无
▶素材位置：光盘\素材\第2章\沙漠地带.VSP
▶视频位置：光盘\视频\第2章\实战030.mp4

• 实例介绍 •

在会声会影X7中，当用户自定义多个布局样式后，此时根据编辑视频的习惯，用户可以切换至相应的界面布局样式中。下面向读者介绍切换界面布局样式的操作方法。

• 操作步骤 •

STEP 01 进入会声会影编辑器，在菜单栏中单击“文件”|“打开项目”命令，打开一个项目文件，此时窗口布局样式如图2-72所示。

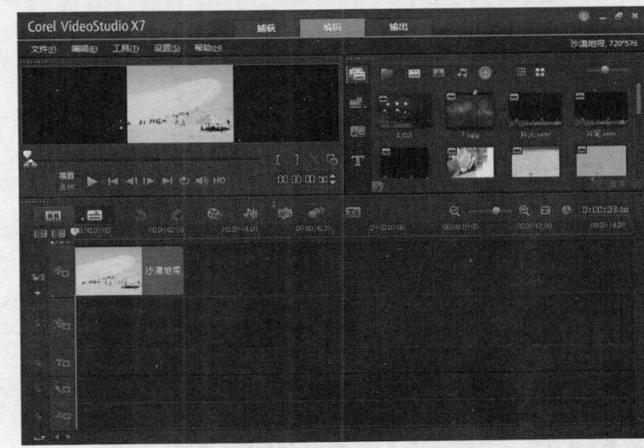

图2-72 打开项目文件

STEP 02 在菜单栏中，单击“设置”|“布局设置”|“切换到”|“自定义#3”命令，如图2-73所示。

图2-73 单击“自定义#3”命令

STEP 03 执行操作后，即可切换界面布局样式，如图2-74所示。

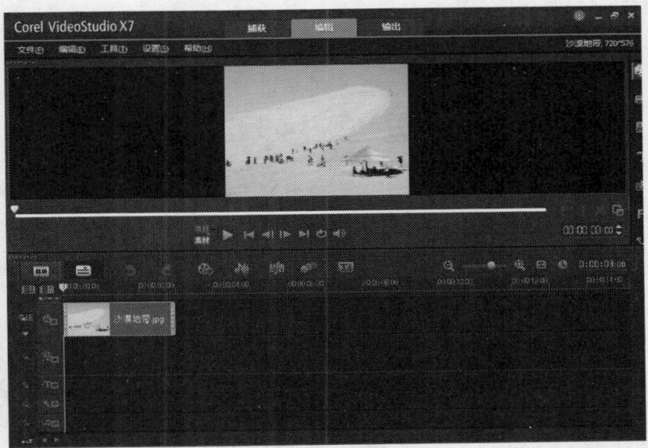

图2-74 切换界面布局样式

知识拓展

单击“设置”|“参数选择”命令，弹出“参数选择”对话框，切换至“界面布局”选项卡。在“布局”选项区中选中相应的单选按钮，单击“确定”按钮后，即可切换至相应的界面布局样式。

2.6 调整视频显示比例

会声会影X7中包括两种不同的视频显示比例，如16:9的视频比例和4:3的视频比例，16:9属于宽屏幕样式，4:3属于标准屏幕样式。下面向读者介绍调整视频画面显示比例的操作方法。

实战 031 设置16:9屏幕尺寸

▶ 实例位置：无
▶ 素材位置：光盘\素材\第2章\日出美景.jpg
▶ 视频位置：光盘\视频\第2章\实战031.mp4

• 实例介绍 •

在会声会影X7中，如果用户需要将视频制作成宽屏幕样式，此时可以使用16:9的视频画面尺寸来制作视频效果。下面介绍设置16:9屏幕尺寸的操作方法。

• 操作步骤 •

STEP 01 进入会声会影编辑器，在视频轨中插入一幅素材图像，如图2-75所示。

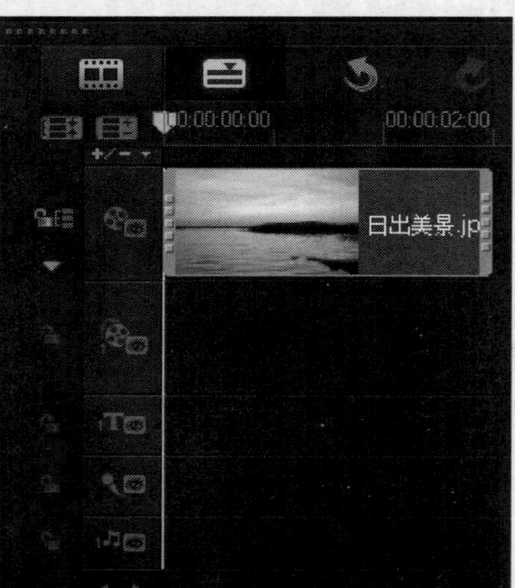

图2-75 插入素材图像

STEP 02 在预览窗口中，可以预览素材画面尺寸比例，如图2-76所示。

图2-76 预览素材画面尺寸比例

STEP 03 在菜单栏中，单击“设置”|“参数选择”命令，弹出“参数选择”对话框，切换至“性能”选项卡，选中“启用智能代理”复选框，取消选中“自动生成代理模板”复选框，在“模板”下拉列表中选择相应选项，如图2-77所示。

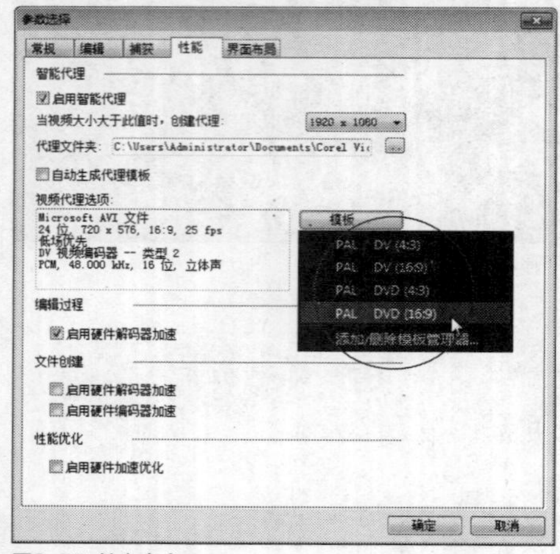

图2-77 单击命令

STEP 04 单击“确定”按钮，即可制作宽银幕尺寸的视频，如图2-78所示。

图2-78 制作宽银幕尺寸的视频

实战 032 设置4:3屏幕尺寸

▶实例位置：无
▶素材位置：光盘\素材\第2章\床单广告.jpg
▶视频位置：光盘\视频\第2章\实战032.mp4

• 实例介绍 •

将视频画面尺寸调整为4:3的方法很简单，下面介绍具体操作方法。

• 操作步骤 •

STEP 01 进入会声会影编辑器，在视频轨中插入一幅素材图像，如图2-79所示。

STEP 02 在预览窗口中，可以预览素材画面尺寸比例，如图2-80所示。

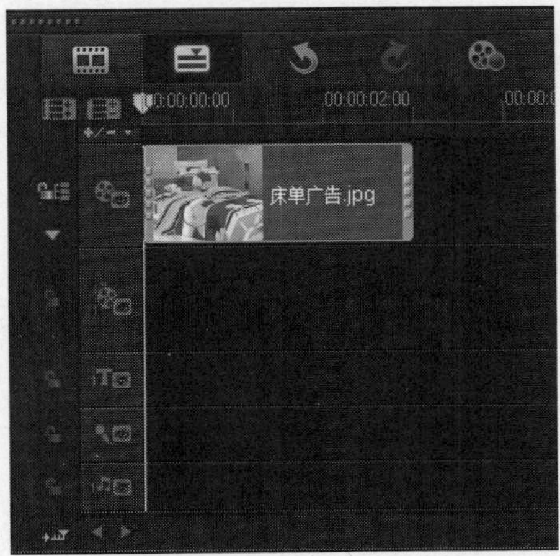

图2-79 插入素材图像

图2-80 预览素材画面尺寸比例

STEP 03 在菜单栏中，按【F6】键，弹出“参数选择”对话框，切换至“性能”选项卡，选中“启用智能代理”复选框，取消选中“自动生成代理模板”复选框，在“模板”下拉列表中选择相应选项，如图2-81所示。

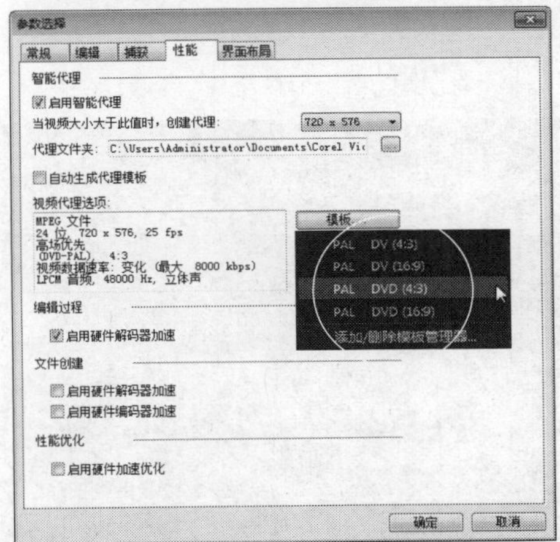

图2-81 单击命令

STEP 04 单击“确定”按钮，即可制作标准屏幕尺寸的视频，如图2-82所示。

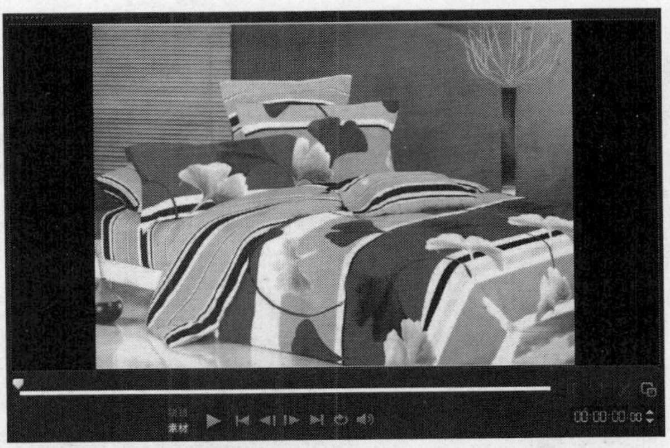

图2-82 制作标准屏幕尺寸的视频

第3章 入门提高，掌握基本操作

本章导读

项目文件是指运用会声会影X7进行视频素材编辑等操作时，用于记录视频素材编辑的信息文件。在项目文件中可以保存视频素材、图像素材、声音素材以及特效等使用的参数信息，项目文件的格式为*.VSP。使用会声会影对视频进行编辑时，会涉及一些项目的基本操作，如新建项目、打开项目、保存项目和关闭项目等。本章主要向读者介绍会声会影X7项目文件的基本操作方法。

要点索引

- 项目文件基本操作
- 素材文件基本编辑
- 编辑项目轨道
- 项目的打包技巧
- 下载免费文件

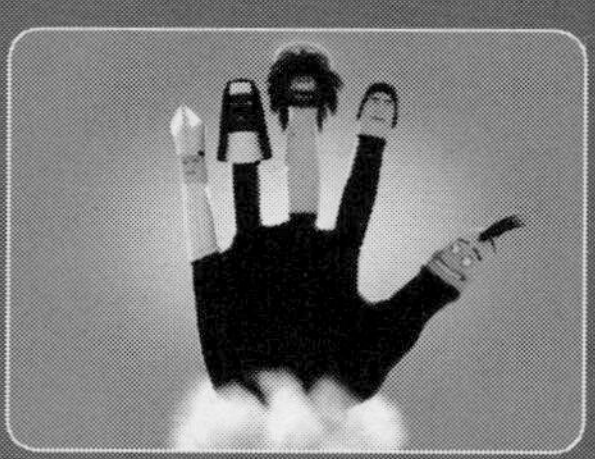

3.1 项目文件基本操作

所谓项目，就是进行视频编辑等操作的文件。使用会声会影对视频进行编辑时，会涉及一些项目的基础操作，如新建项目、打开项目、保存等。本节主要介绍项目文件的基本操作方法。

实战 033 新建项目

▶实例位置：光盘\效果\第3章\SP-I03.VSP
▶素材位置：光盘\素材\第3章\SP-I03.jpg
▶视频位置：光盘\视频\第3章\实战033.mp4

• 实例介绍 •

运行会声会影X7时，程序会自动新建一个项目。若是第一次使用会声会影X7，项目将使用会声会影X7的初始默认设置，项目设置决定在预览项目时视频项目的渲染方式。

• 操作步骤 •

STEP 01 进入会声会影编辑器，单击菜单栏中的“文件”|“新建项目”命令，如图3-1所示。

图3-1 单击“新建项目”命令

STEP 02 执行上述操作后，即可新建一个项目文件，单击“显示照片”按钮，显示软件自带的照片素材，如图3-2所示。

图3-2 显示软件自带的照片素材

STEP 03 在照片素材库中，选择照片素材，单击鼠标左键并拖曳至视频轨中，如图3-3所示。

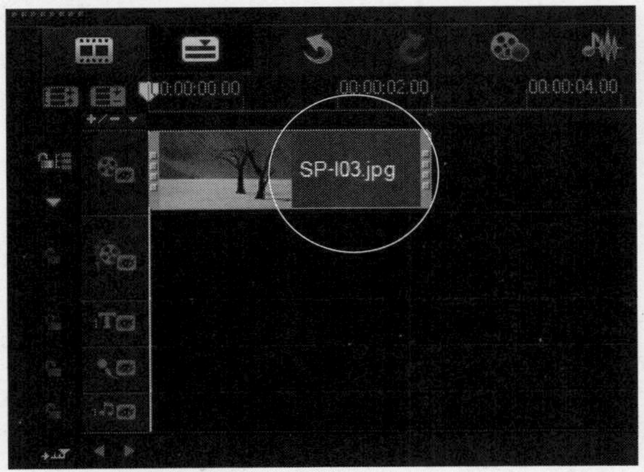

图3-3 拖曳至视频轨中

STEP 04 在预览窗口中，即可预览视频效果，如图3-4所示。

图3-4 预览视频效果

知识拓展

项目文件本身并不是影片，只有在最后的“输出”步骤面板中经过渲染输出，才能将项目文件中的所有素材连接在一起，生成最终的影片。在新建文件夹时，建议用户将文件夹指定到有较大剩余空间的磁盘上，这样可以为安装文件所在的磁盘保留更多的交换空间。

技巧点拨

在会声会影X7工作界面中，直接按【Ctrl＋N】组合键，也可以快速新建一个空白的项目文件。

实战034 新建HTML5项目

▶实例位置：无
▶素材位置：无
▶视频位置：光盘\视频\第3章\实战034.mp4

• 实例介绍 •

在会声会影X7中，用户还可以根据需要新建HTML5项目文件。新建HTML5项目的方法很简单，下面介绍新建HTML5项目文件的方法。

• 操作步骤 •

STEP 01 在菜单栏中单击“文件”菜单，在弹出的菜单列表中单击“新HTML5项目”命令，如图3-5所示。

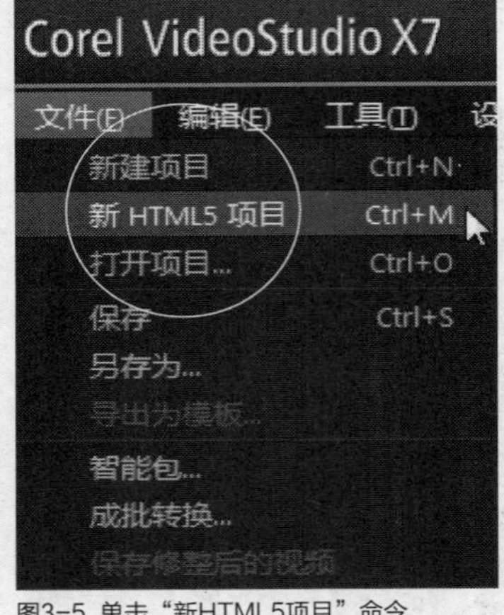

图3-5 单击“新HTML5项目”命令

STEP 02 执行操作后，弹出提示信息框，提示相关信息，如图3-6所示，单击“确定”按钮，即可新建HTML5项目文件。

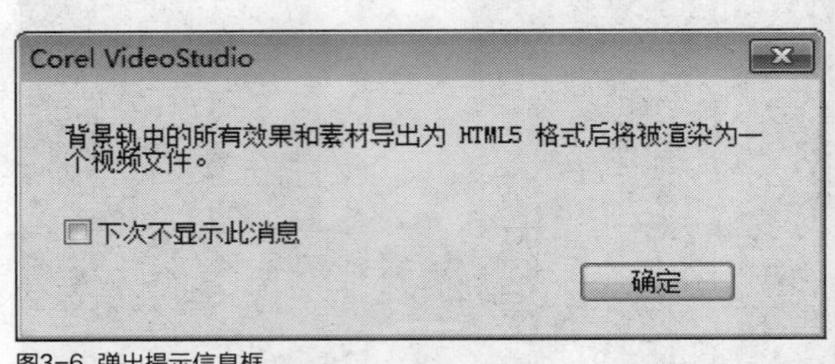

图3-6 弹出提示信息框

知识拓展

在会声会影X7中，如果用户只做普通的电子相册视频文件，直接新建项目即可，用普通的项目文件进行制作，不需要使用HTML5项目来制作。

技巧点拨

在会声会影X7工作界面中，按【Ctrl＋M】组合键，也可以快速新建一个HTML5项目文件。

在图3-6所示的对话框中，若用户选中“下次不显示此消息”复选框，此时用户再次新建HTML5项目文件时，将不会弹出该提示信息框。

实战035 通过命令打开项目

▶实例位置：无
▶素材位置：光盘\素材\第3章\汽车.VSP
▶视频位置：光盘\视频\第3章\实战035.mp4

• 实例介绍 •

当用户需要使用其他已经保存的项目文件时，可以选择需要的项目文件打开。在会声会影X7工作界面，用户可以通过“打开项目”命令来打开项目文件。下面向读者介绍打开项目文件的操作方法。

• 操作步骤 •

STEP 01 进入会声会影编辑器，在菜单栏中，单击“文件”菜单，在弹出的菜单列表中单击“打开项目”命令，如图3-7所示。

STEP 02 执行操作后，弹出“打开”对话框，在该对话框中用户可根据需要选择要打开的项目文件，如图3-8所示。

图3-7 单击“打开项目”命令

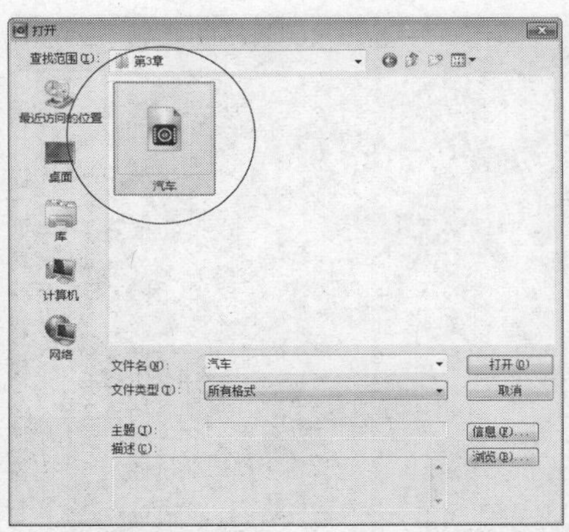

图3-8 选择项目文件

STEP 03 单击“打开”按钮，即可打开项目文件，在时间轴视图中可以查看打开的项目文件，如图3-9所示。

STEP 04 在预览窗口中，可以预览视频画面效果，如图3-10所示。

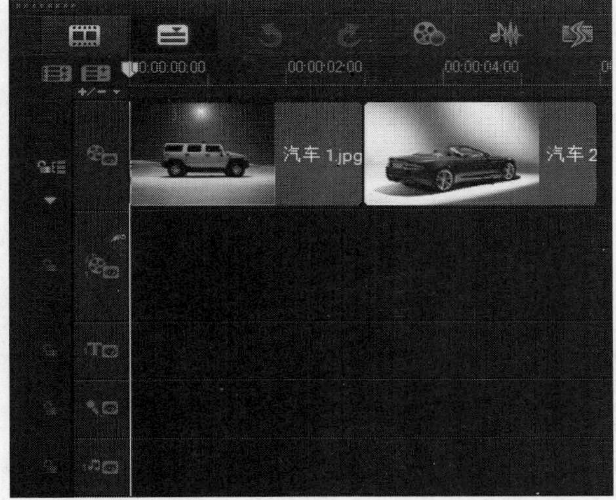

图3-9 查看项目文件

图3-10 预览视频效果

知识拓展

在“打开”对话框中，各主要选项含义如下。

- “查找范围”列表框：在该列表框中，可以查找计算机硬盘中需要打开文件的具体位置。
- “文件名”文本框：显示需要打开项目文件的文件名属性。
- “文件类型”列表框：显示会声会影可以打开的项目文件类型。
- “打开”按钮：单击该按钮，可以打开项目文件。
- “信息”按钮：单击该按钮，可以查看项目文件的属性信息。

实战 036 打开最近使用过的文件

- ▶实例位置：无
- ▶素材位置：光盘\素材\第3章\特色树林.VSP
- ▶视频位置：光盘\视频\第3章\实例036.mp4

• 实例介绍 •

在会声会影X7中，最后编辑和保存的几个项目文件会显示在最近打开的文件列表中。

• 操作步骤 •

STEP 01 在菜单栏中单击“文件”菜单，在弹出的菜单列表下方单击所需的项目文件，如图3-11所示。

STEP 02 打开相应的项目文件，在预览窗口中可以预览视频的画面效果，如图3-12所示。

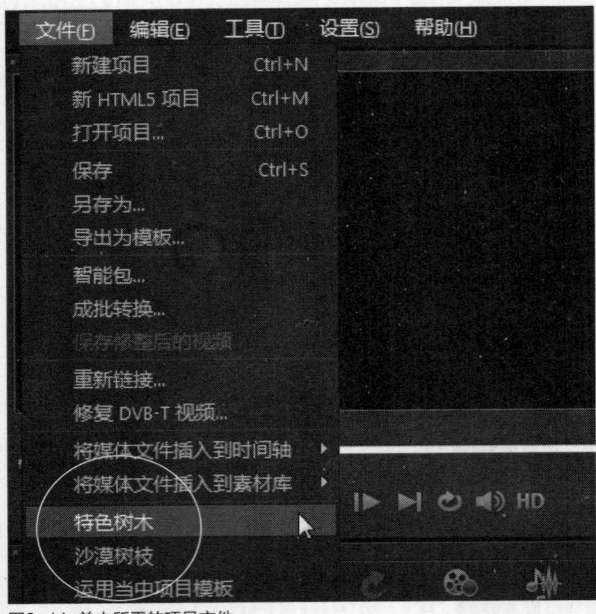

图3-11 单击所需的项目文件

图3-12 预览视频画面效果

技巧点拨

在会声会影X7中，按【Ctrl+O】组合键，也可以快速打开所需的项目文件。

实战037 保存项目

▶实例位置：光盘\效果\第3章\水车风景.VSP
▶素材位置：光盘\素材\第3章\水车风景.jpg
▶视频位置：光盘\视频\第3章\实战037.mp4

• 实例介绍 •

在会声会影X7中完成对视频的编辑后，可以将项目文件保存。保存项目文件对视频编辑相当重要，保存了项目文件也就保存了之前对视频编辑的参数信息。保存项目文件后，如果用户对保存的视频有不满意的地方，可以重新打开项目文件，在其中进行修改，并可以将修改后的项目文件渲染成新的视频文件。

• 操作步骤 •

STEP 01 进入会声会影编辑器，执行菜单栏中的“文件”|“将媒体文件插入到时间轴”|“插入照片”命令，如图3-13所示。

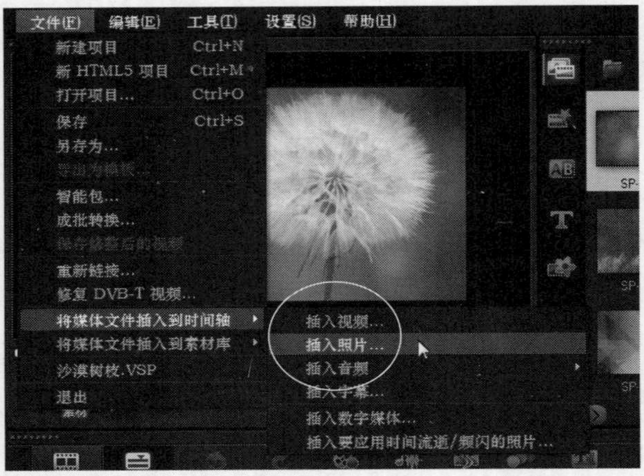

图3-13 单击“插入照片”命令

STEP 02 打开“浏览照片”对话框，选择需要的照片素材，如图3-14所示。

图3-14 选择照片素材

STEP 03 单击“打开”按钮，即可在视频轨中添加照片素材。在预览窗口中预览照片效果，如图3-15所示。

图3-15 预览照片效果

STEP 04 执行上述操作后，执行菜单栏中的“文件”|“保存”命令，如图3-16所示。

图3-16 单击“保存”命令

技巧点拨

在会声会影X7中，使用【Ctrl+S】组合键，也可以打开“另存为”对话框。在其中设置文件的保存路径及文件名称后，单击“保存”按钮，即可保存项目文件。

STEP 05 弹出“另存为”对话框，设置文件保存的位置和名称，如图3-17所示。单击“保存”按钮，即可完成水车风景素材的保存。

技巧点拨

在“另存为”对话框中，各选项含义如下。

➢ “查找范围”列表框：在该列表框中，可以设置项目文件的具体保存位置。

➢ “文件名”文本框：在该文本框中，可以设置项目文件的存储名称。

➢ “文件类型”列表框：在该列表框中，可以选择项目文件保存的格式类型。

➢ “保存”按钮：单击该按钮，可以保存项目文件。

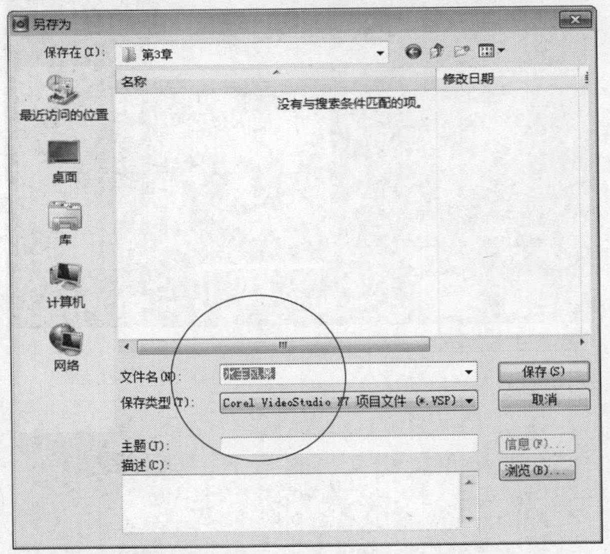

图3-17 设置保存的位置和名称

实战 038 另存为项目

▶实例位置：光盘\效果\第3章\时尚家居.VSP
▶素材位置：光盘\素材\第3章\时尚家居.VSP
▶视频位置：光盘\视频\第3章\实战038.mp4

• 实例介绍 •

在保存项目文件的过程中，如果用户需要更改项目文件的保存位置，此时可以对项目文件进行另存为操作。下面向读者介绍另存为项目文件的操作方法，希望读者熟练掌握。

• 操作步骤 •

STEP 01 单击菜单栏中的“文件”|“打开项目”命令，打开一个项目文件，如图3-18所示。

图3-18 打开项目文件

STEP 02 单击菜单栏中的“文件”|“另存为”命令，如图3-19所示。

图3-19 单击“另存为”命令

STEP 03 弹出“另存为”对话框，设置文件保存的位置和名称，如图3-20所示。单击“保存”按钮，即可保存项目文件。

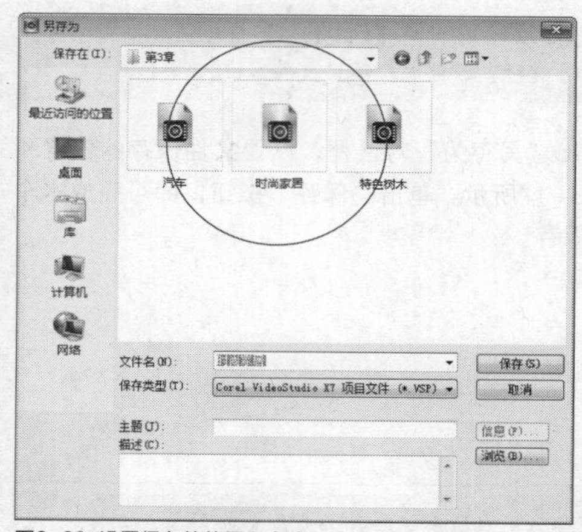

图3-20 设置保存的位置和名称

技巧点拨

在会声会影X7中，用户可以启用项目的自动保存功能，每隔一段时间，项目文件将自动进行保存操作，保存用户制作好的项目文件。

设置项目文件自动保存的方法很简单，单击“设置”|“参数选择”命令，弹出“参数选择”对话框，在“常规”选项卡的“项目”选项区中，选中“自动保存间隔”复选框，在右侧设置项目文件自动保存的间隔时间，如图3-21所示。设置完成后，单击“确定”按钮，即可设置项目自动保存。

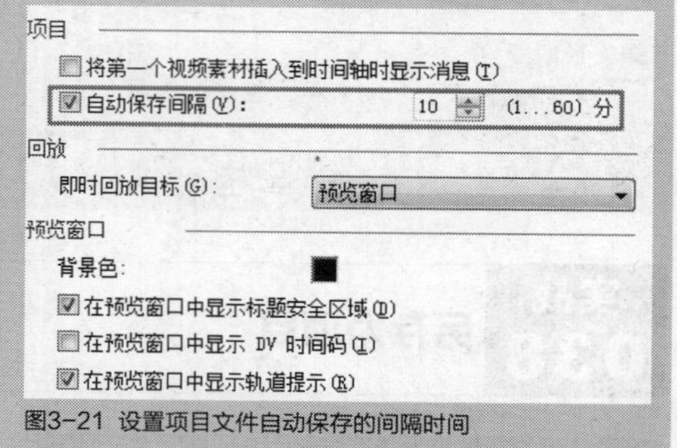

图3-21 设置项目文件自动保存的间隔时间

实战 039 导出为模板

- 实例位置：光盘\效果\第3章\水车文件
- 素材位置：光盘\素材\第3章\水车.VSP
- 视频位置：光盘\视频\第3章\实战039.mp4

• 实例介绍 •

在会声会影X7中，用户可以根据需要将现有项目文件导出为模板，方便以后进行调用。下面向读者介绍导出为模板的操作方法。

• 操作步骤 •

STEP 01 进入会声会影编辑器，在菜单栏中单击“文件”|“打开项目”命令，打开一个项目文件，如图3-22所示。

图3-22（1） 打开项目文件

图3-22（2） 打开项目文件

STEP 02 在菜单栏中，单击“导出为模板”命令，如图3-23所示。

图3-23 单击“导出为模板”命令

STEP 03 执行操作后，弹出提示信息框，提示用户是否保存当前项目，单击“是”按钮，如图3-24所示。

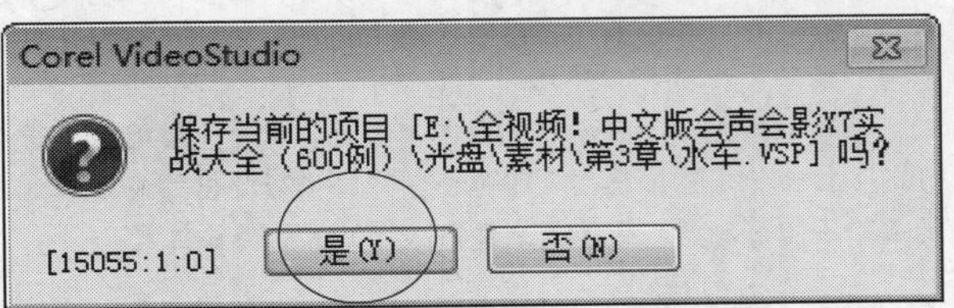

图3-24 单击“是”按钮

STEP 04 弹出“将项目导出为模板”对话框，首先设置项目模板的导出位置，单击“模板路径”右侧的按钮，如图3-25所示。

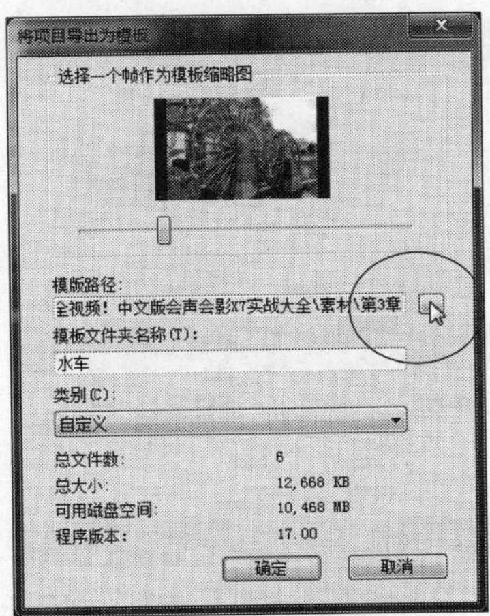

图3-25 单击“模板路径”右侧的按钮

STEP 05 弹出“浏览文件夹”对话框，在其中设置项目模板的导出文件夹，如图3-26所示。

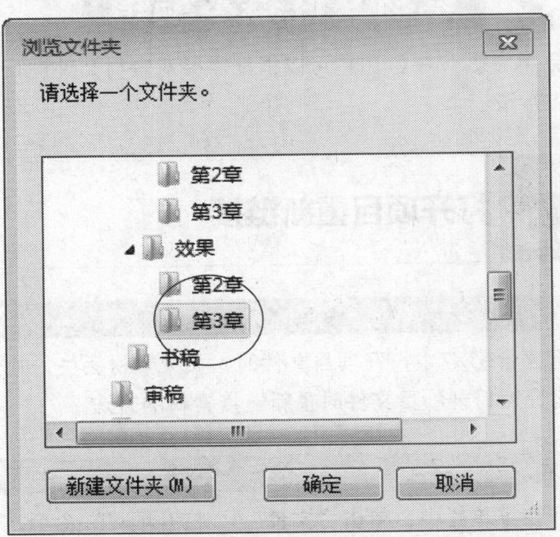

图3-26 设置项目模板的导出文件夹

STEP 06 单击“确定”按钮，返回“将项目导出为模板”对话框，在“模板路径”下方显示了刚设置的模板导出位置，并设置名称，如图3-27所示。

STEP 07 单击“确定”按钮，弹出提示信息框，提示用户项目已经成功导出为模板，如图3-28所示，单击“确定”按钮。

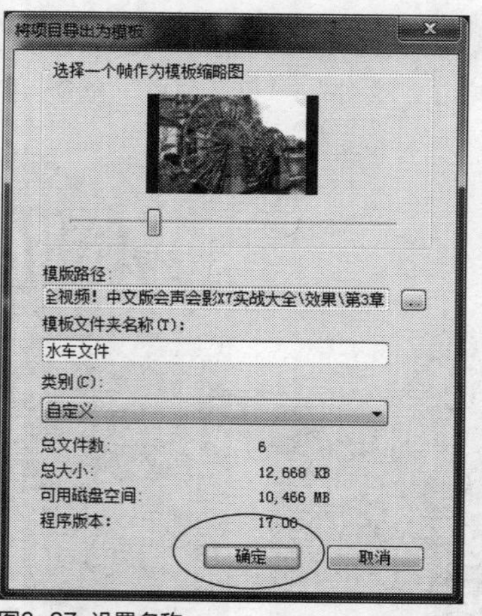

图3-27 设置名称

图3-28 弹出提示信息框

STEP 08 在界面右上方单击“即时项目”按钮，切换至“即时项目”素材库，在“自定义”选项卡中，显示了刚导出为模板的项目文件，如图3-29所示，用户只需将项目文件拖曳至时间轴面板中，即可应用项目模板文件。

图3-29 显示导出为模板的项目文件

技巧点拨

默认情况下，导出的项目模板文件会存放在“自定义”选项卡中，用户在该选项卡中即可查看导出的项目模板，用户还可以将项目模板导出到“开始”、“当中”或者“结尾”选项卡中。

导出的方法很简单，只需在“将项目导出为模板”对话框中，单击“类别”右侧的下拉按钮，在弹出的列表框中，选择模板导出的位置即可，如图3-30所示，选择相应的选项后，即可将项目文件存放在相应的界面位置。

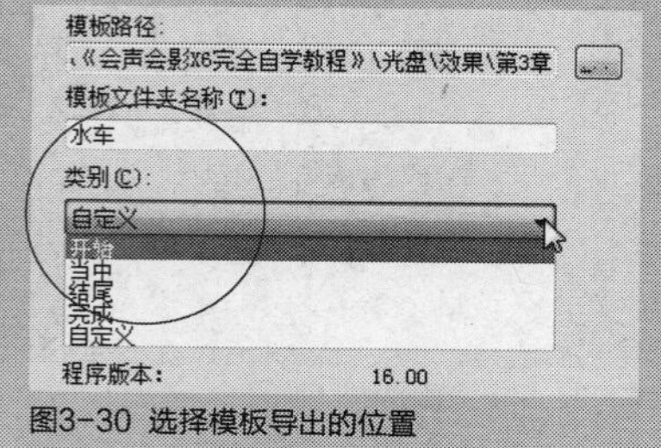

图3-30 选择模板导出的位置

3.2 素材文件基本编辑

在会声会影X7中，用户可以根据需要对素材文件进行编辑，包括重新链接、成批转换等。本节主要介绍素材文件的基本操作方法。

实战040 打开项目重新链接

▶实例位置：光盘\效果\第3章\古城漫步.VSP
▶素材位置：光盘\素材\第3章\古城漫步.VSP
▶视频位置：光盘\视频\第3章\实战040.mp4

• 实例介绍 •

在会声会影X7中打开项目文件时，如果素材丢失，软件会提示用户需要重新链接素材，才能正确打开项目文件。下面向读者介绍打开项目文件时重新链接素材的方法。

• 操作步骤 •

STEP 01 在菜单栏中，单击“文件”|“打开项目”命令，如图3-31所示。

STEP 02 弹出“打开”对话框，在其中选择需要打开的项目文件，如图3-32所示。

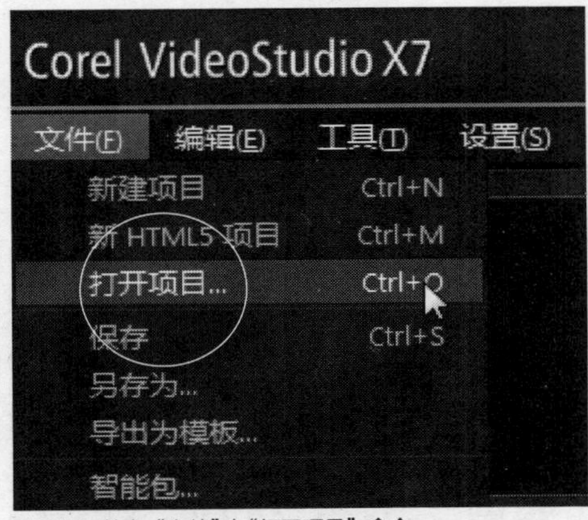

图3-31 单击“文件”|“打开项目”命令

图3-32 选择需要打开的项目文件

知识拓展

在STEP02之后弹出的提示信息框中，下面3个按钮中文含义如下。

- Relink（重新链接）按钮：单击该按钮，可以重新链接正确的素材文件。
- Skip（忽略）按钮：忽略当前无法链接的素材文件，使素材错误的显示在时间轴面板中。
- Cancel（取消）按钮：取消素材的链接操作。

STEP 03 单击“打开”按钮，即可打开项目文件，此时时间轴面板中显示素材错误，如图3-33所示。

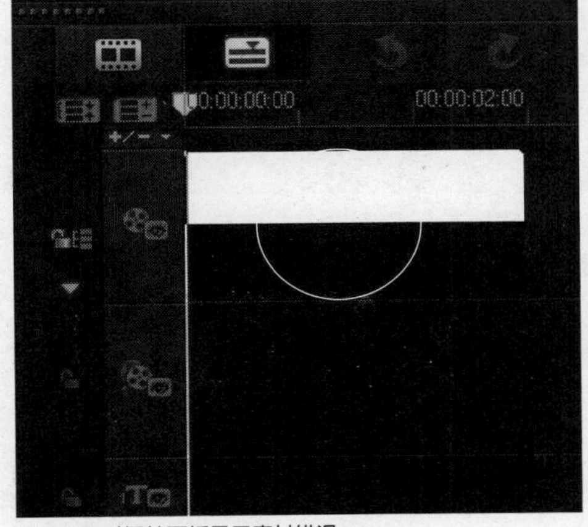

图3-33 时间轴面板显示素材错误

STEP 04 软件自动弹出提示信息框，单击“重新链接”按钮，如图3-34所示。

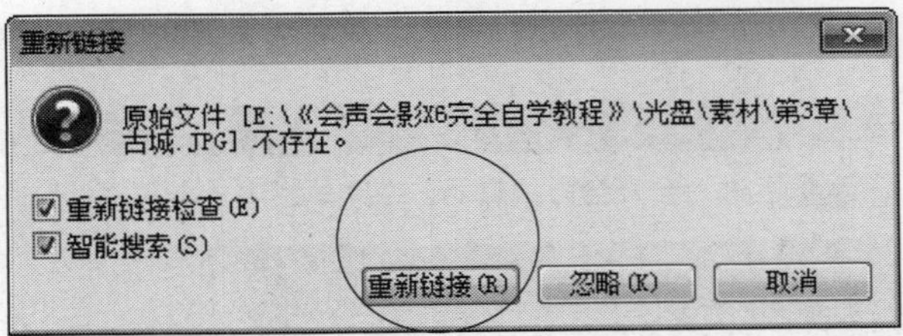

图3-34 单击“重新链接”按钮

STEP 05 弹出“替换/重新链接素材”对话框，在其中选择正确的素材文件，如图3-35所示。

图3-35 选择正确的素材文件

STEP 06 单击“打开”按钮，弹出提示信息框，提示用户素材链接成功，如图3-36所示，单击“确定”按钮。

图3-36 提示用户素材链接成功

STEP 07 此时，在时间轴面板中将显示素材的缩略图，表示素材已经链接成功，如图3-37所示。

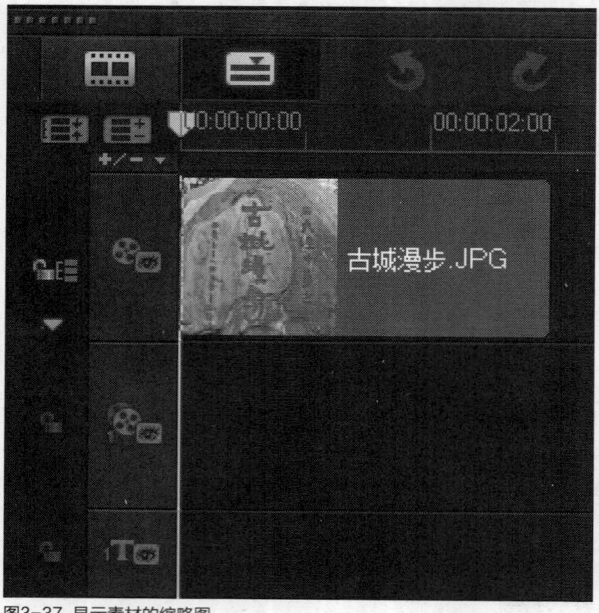

图3-37 显示素材的缩略图

STEP 08 在预览窗口中，可以预览链接成功后的素材画面效果，如图3-38所示。

图3-38 链接成功后的素材画面效果

实战 041 制作过程重新链接

▶实例位置：光盘\效果\第3章\彩虹.VSP
▶素材位置：光盘\素材\第3章\彩虹.VSP
▶视频位置：光盘\视频\第3章\实战041.mp4

• 实例介绍 •

在会声会影X7中，用户如果在制作视频的过程中，修改了视频源素材的名称或素材的路径，此时可以在制作过程中重新链接正确的素材文件，使项目文件能够正常打开。下面向读者介绍重新链接素材的操作方法。

• 操作步骤 •

STEP 01 进入会声会影编辑器，在菜单栏中单击“文件”|“打开项目”命令，打开一个项目文件，如图3-39所示。

图3-39 打开项目文件

STEP 02 在视频轨中选择“彩虹路”照片素材，如图3-40所示。

STEP 03 单击鼠标右键，在弹出的快捷菜单中选择“打开文件夹”选项，如图3-41所示。

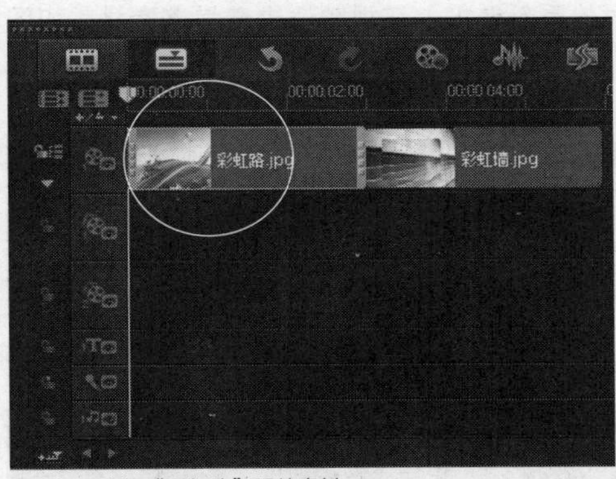

图3-40 选择“彩虹路”照片素材

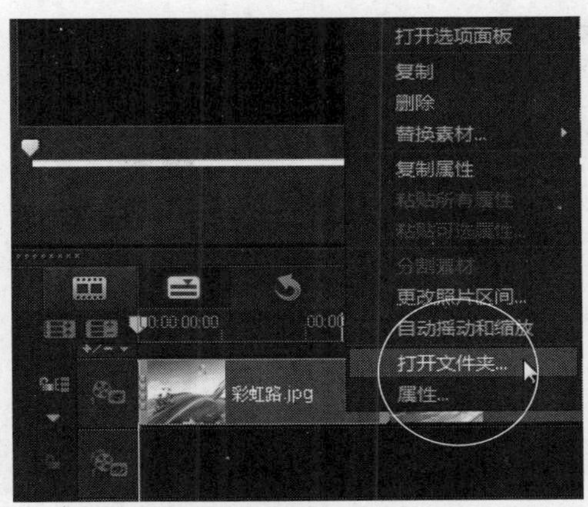

图3-41 选择“打开文件夹”选项

知识拓展

在会声会影X7中，当项目文件中的源素材被更改名称或位置后，软件会自动弹出提示信息框，提示用户重新链接素材，用户也可以设置软件不提示重新链接素材的消息，此时只需在“参数选择”对话框的“常规”选项卡中，取消选中“重新链接检查”复选框即可。

STEP 04 打开相应文件夹，在其中对照片素材重命名为1，如图3-42所示。

图3-42 对照片素材重命名

STEP 05 重命名完成后，返回会声会影编辑器，此时视频轨中被更改名称后的素材文件显示错误，如图3-43所示。

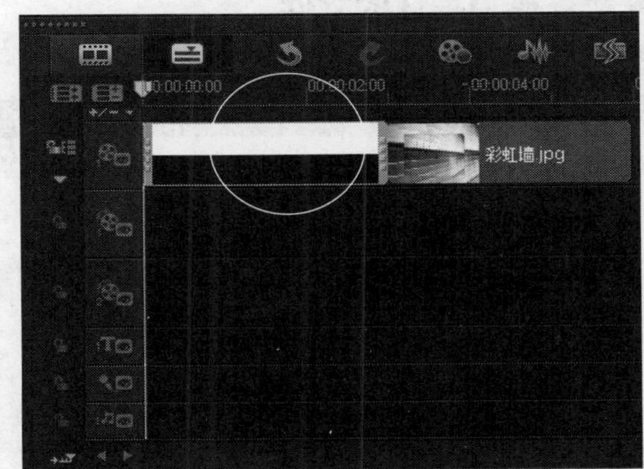

图3-43 显示错误

STEP 06 在菜单栏中，单击“文件”|“重新链接”命令，如图3-44所示。

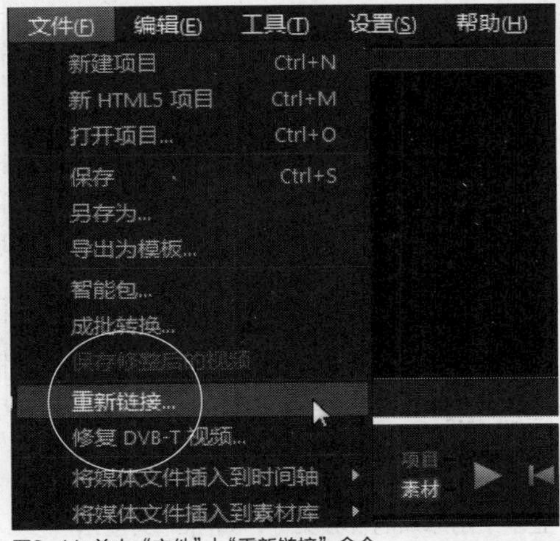

图3-44 单击“文件”|“重新链接”命令

STEP 07 弹出“重新链接”对话框，提示照片素材不存在，单击“重新链接”按钮，如图3-45所示。

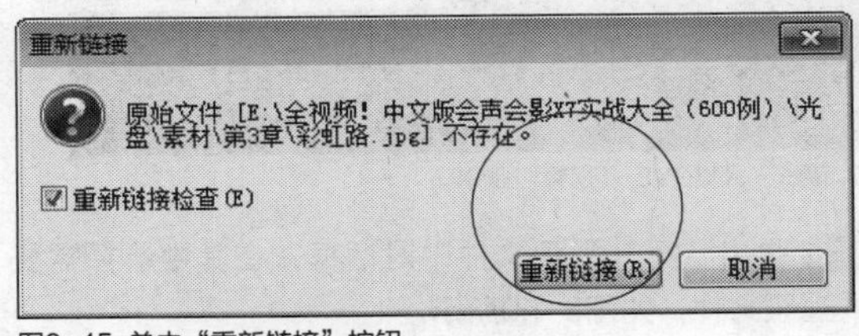

图3-45 单击“重新链接”按钮

STEP 08 弹出相应对话框，在其中选择重命名后的照片素材，如图3-46所示。

图3-46 选择重命名后的照片素材

STEP 09 单击“打开”按钮，提示素材已经成功链接，完成照片素材的重新链接，在视频轨中查看该素材，如图3-47所示。

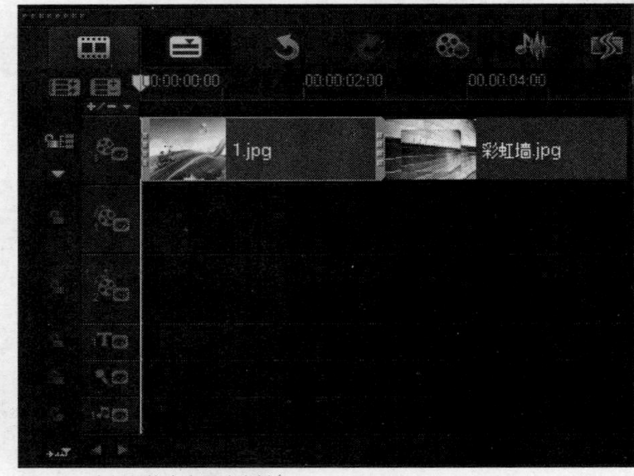

图3-47 在视频轨中查看该素材

实战042 修复损坏的文件

▶实例位置：光盘\效果\第3章\美丽夜景.VSP
▶素材位置：光盘\素材\第3章\美丽夜景.VSP
▶视频位置：光盘\视频\第3章\实战042.mp4

• 实例介绍 •

在会声会影X7中，用户可以通过软件的修复功能，修复已损坏的视频文件。下面向读者介绍修复损坏的文件的操作方法。

• 操作步骤 •

STEP 01 进入会声会影编辑器，在菜单栏中单击“修复DVB-T视频”命令，如图3-48所示。

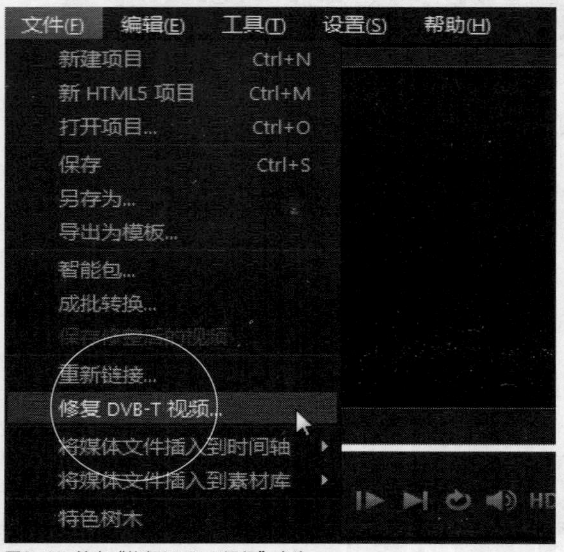

图3-48 单击“修复DVB-T视频”命令

STEP 02 弹出“修复DVB-T视频”对话框，单击“添加”按钮，如图3-49所示。

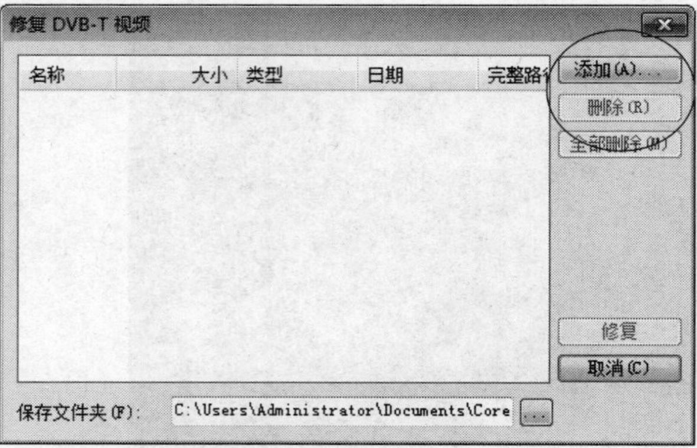

图3-49 单击“添加”按钮

STEP 03 弹出“打开视频文件”对话框，在其中选择需要修复的视频文件，如图3-50所示。

STEP 04 单击“打开”按钮，返回“修复DVB-T视频”对话框，其中显示了刚添加的视频文件，如图3-51所示。

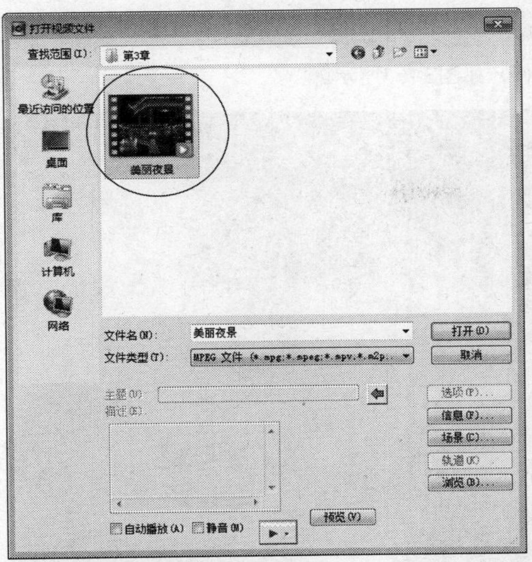

图3-50 选择需要修复的视频文件

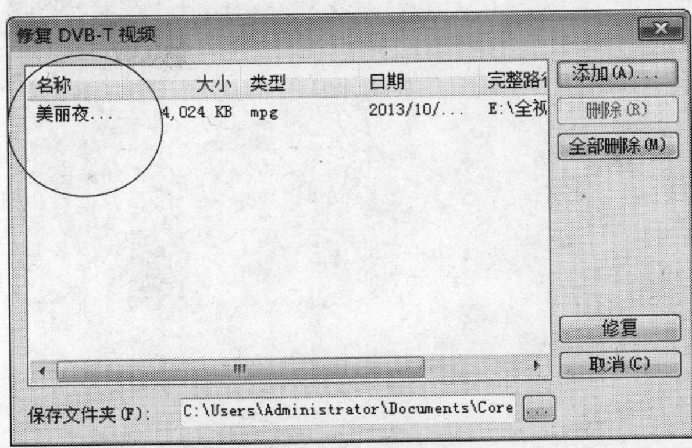

图3-51 显示刚添加的视频文件

知识拓展

在“修复DVB-T视频”对话框中，各按钮含义如下。

- “添加”按钮：可以在对话框中添加需要修复的视频素材。
- “删除”按钮：删除对话框中不需要修复的单个视频素材。
- “全部删除”按钮：将对话框中所有的视频素材进行删除操作。
- “修复”按钮：对视频进行修复操作。
- “取消”按钮：取消视频的修复操作。

STEP 05 单击“修复”按钮，即可开始恢复视频文件，稍等片刻，弹出“任务报告”对话框，提示视频修复完成，单击“确定”按钮，如图3-52所示。

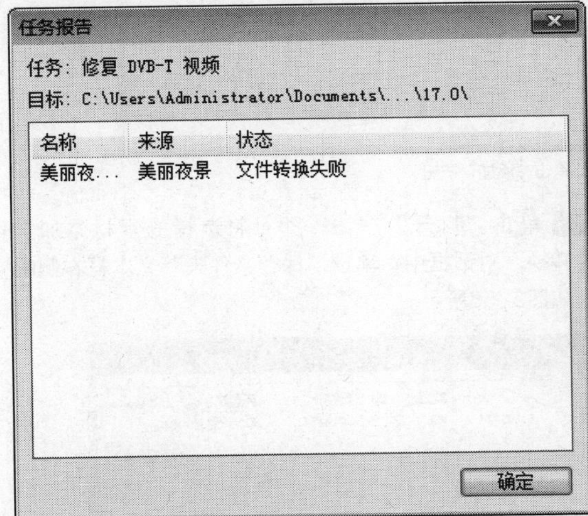

图3-52 弹出“任务报告”对话框

STEP 06 此时完成视频的修复操作，将修复的视频添加到视频轨中，在预览窗口中可以预览视频画面效果，如图3-53所示。

图3-53 预览视频画面效果

实战 043 成批转换视频文件

- 实例位置：光盘\效果\第3章\漂亮金鱼.avi
- 素材位置：光盘\素材\第3章\漂亮金鱼.VSP
- 视频位置：光盘\视频\第3章\实战043.mp4

• 实例介绍 •

在会声会影X7中，如果用户对某些视频文件的格式不满意，此时可以运用“成批转换”功能，成批转换视频文件的格式，使之符合用户的视频需求。下面向读者介绍成批转换视频文件的方法。

• 操作步骤 •

STEP 01 单击菜单栏中的“文件”|“打开项目”命令，打开一个项目文件，如图3-54所示。

图3-54 打开项目文件

STEP 02 单击菜单栏中的“文件”|“成批转换”命令，如图3-55所示。

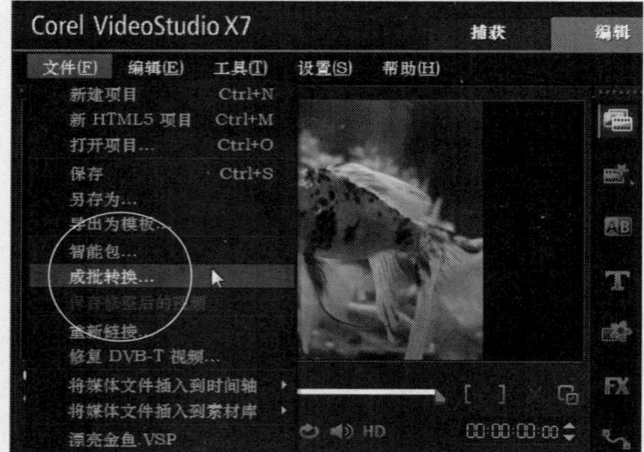

图3-55 单击“成批转换”命令

STEP 03 弹出“成批转换”对话框，单击“添加”按钮，如图3-56所示。

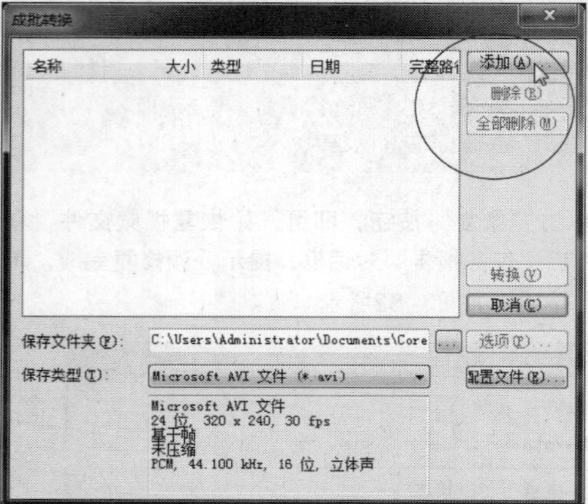

图3-56 单击“添加”按钮

STEP 04 弹出“打开视频文件”对话框，在其中选择需要的素材，如图3-57所示。

图3-57 选择素材

STEP 05 单击“打开”按钮，即可将选择的素材添加至“成批转换”对话框中，单击“保存文件夹”文本框右侧的按钮，如图3-58所示。

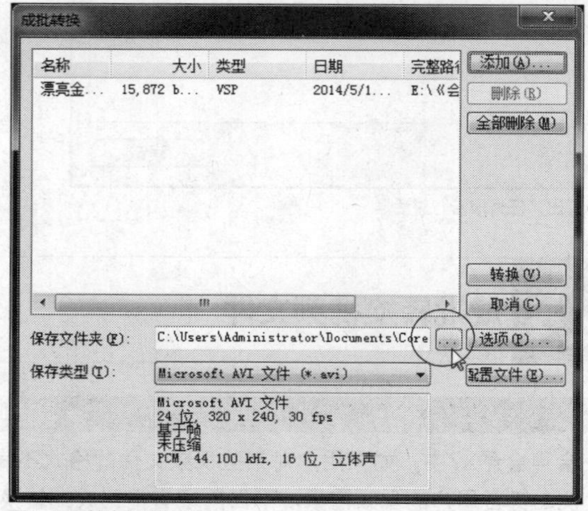

图3-58 单击相应按钮

STEP 06 弹出“浏览文件夹”对话框，在其中选择需要保存的文件夹，如图3-59所示。

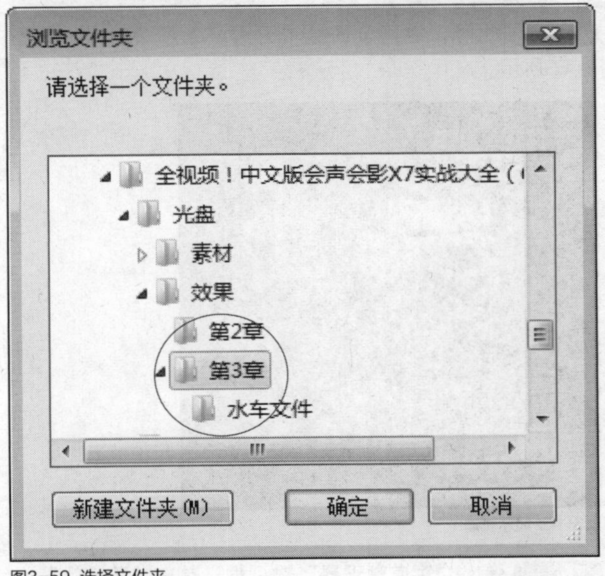

图3-59 选择文件夹

STEP 07 单击“确定”按钮，返回“成批转换”对话框，单击“转换”按钮，如图3-60所示。

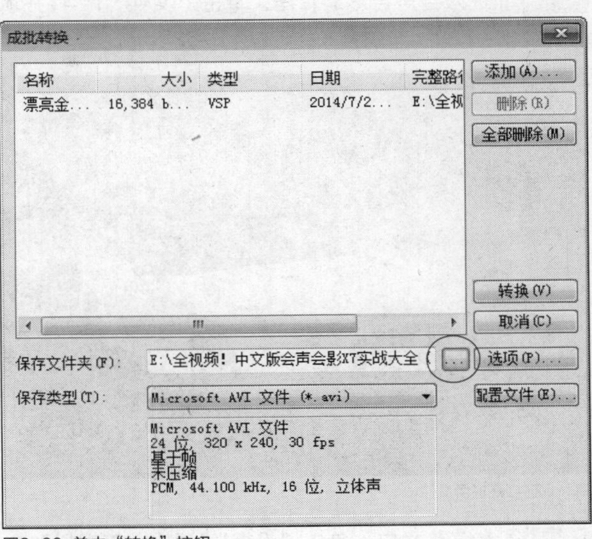

图3-60 单击“转换”按钮

STEP 08 执行上述操作后，开始进行转换。转换完成后，弹出“任务报告”对话框，提示文件转换成功，如图3-61所示。单击“确定”按钮，即可完成成批转换的操作。

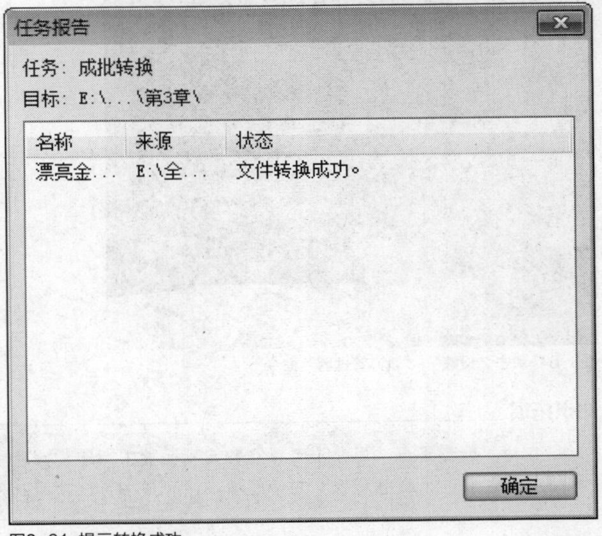

图3-61 提示转换成功

知识拓展

在“成批转换”对话框中，各按钮含义如下。

- “添加”按钮：可以在对话框中添加需要转换格式的视频素材。
- “删除”按钮：删除对话框中不需要转换的单个视频素材。
- “全部删除”按钮：将对话框中所有的视频素材进行删除操作。
- “转换”按钮：开始转换视频格式。
- “选项”按钮：在弹出的对话框中，用户可以设置视频选项。
- “保存文件夹”：设置转换格式后的视频保存的文件夹位置。
- “保存类型”：设置视频转换格式。

3.3 编辑项目轨道

在时间轴面板中，掌握项目轨道的基本操作非常重要，在编辑视频的过程中，用户经常需要新增轨道、减少轨道以及选择轨道中的所有对象等，用户需要熟练掌握这些操作，才能更快、更好地编辑视频。

实战 044 新增覆叠轨

- 实例位置：光盘\效果\第3章\白色跑车.VSP
- 素材位置：光盘\素材\第3章\白色跑车.VSP
- 视频位置：光盘\视频\第3章\实战044.mp4

• 实例介绍 •

在会声会影X7中，“覆叠”就是画面的叠加，在屏幕上同时显示多个画面效果。用户如果需要制作视频的画中画效果，就需要新增多条覆叠轨道来制作覆叠特效。下面向读者介绍新增覆叠轨道的操作方法。

• 操作步骤 •

STEP 01 进入会声会影编辑器，单击“文件”|“打开项目”命令，打开一个项目文件，如图3-62所示。

图3-62 打开项目文件

STEP 02 此时，时间轴面板中只有一条覆叠轨道，如图3-63所示。

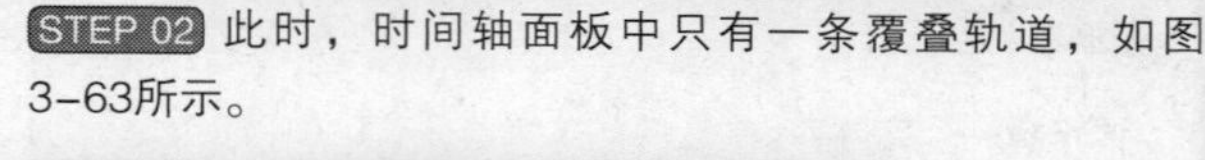

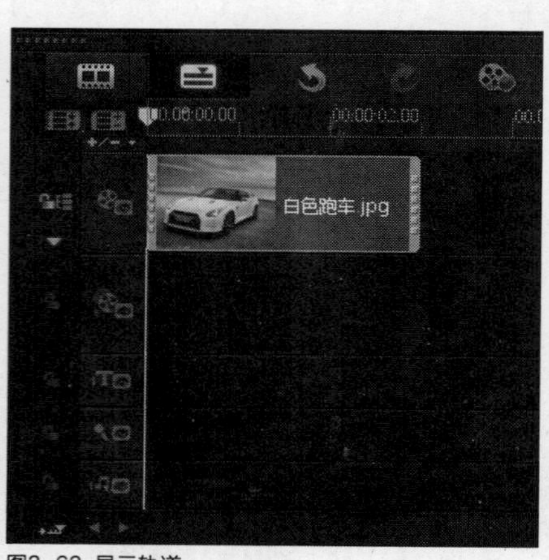

图3-63 显示轨道

STEP 03 在菜单栏中，单击“设置”|“轨道管理器”命令，如图3-64所示。

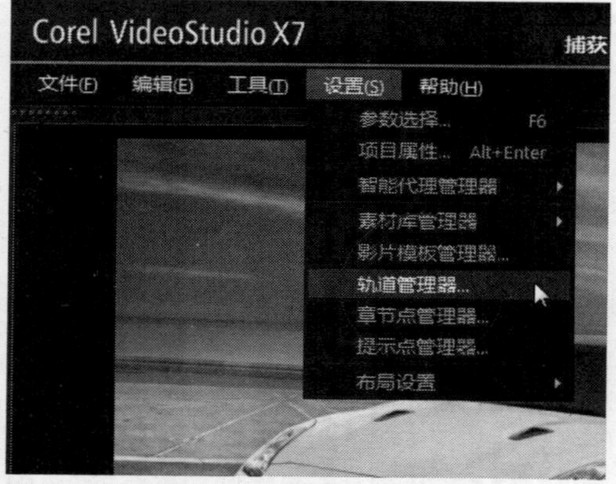

图3-64 单击“设置”|“轨道管理器”命令

STEP 04 弹出“轨道管理器”对话框，单击“覆叠轨”右侧的下三角按钮，在弹出的列表框中选择“3”选项，是指添加3条覆叠轨道，如图3-65所示。

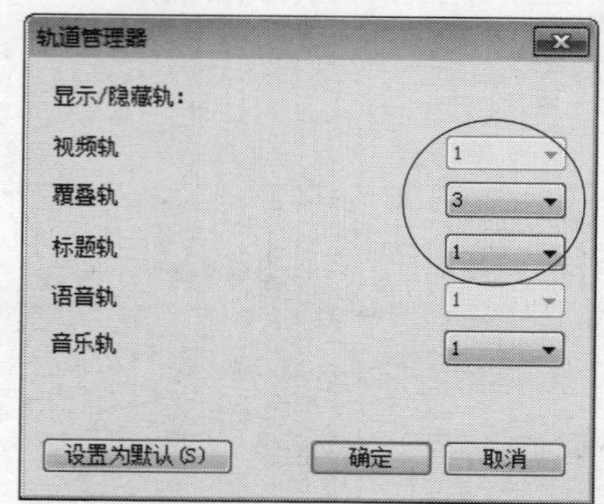

图3-65 选择“3”选项

知识拓展

在会声会影X7中，用户不可以在时间轴面板中新增视频轨和声音轨，这两种轨道在时间轴面板中只有一条。另外，在“轨道管理器”对话框中，用户最多可以新增20条覆叠轨道。

STEP 05 单击“确定”按钮，返回会声会影编辑器，在时间轴面板中即可查看添加的3条覆叠轨道，在覆叠轨图标左侧，显示了轨道的数量，如图3-66所示。

图3-66 显示轨道数量

技巧点拨

在会声会影X7中，用户还可以通过以下两种方法弹出“轨道管理器”对话框。

> 在时间轴面板中的轨道图标上，单击鼠标右键，在弹出的快捷菜单中选择“轨道管理器”选项，如图3-67所示。
> 在时间轴面板中的空白位置上，单击鼠标右键，在弹出的快捷菜单中选择“轨道管理”选项，如图3-68所示。

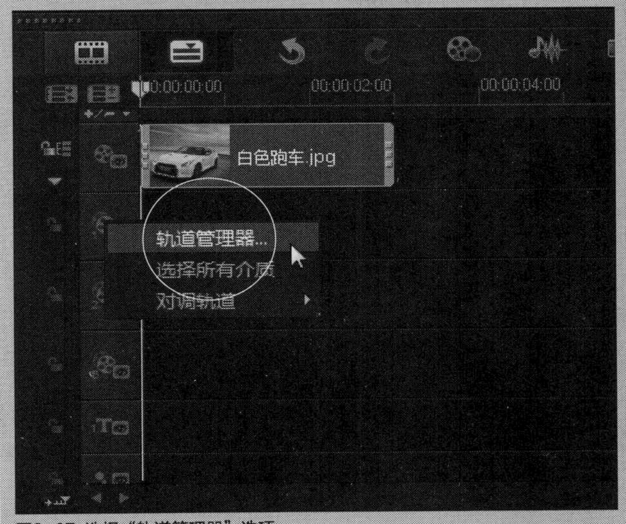

图3-67 选择“轨道管理器”选项

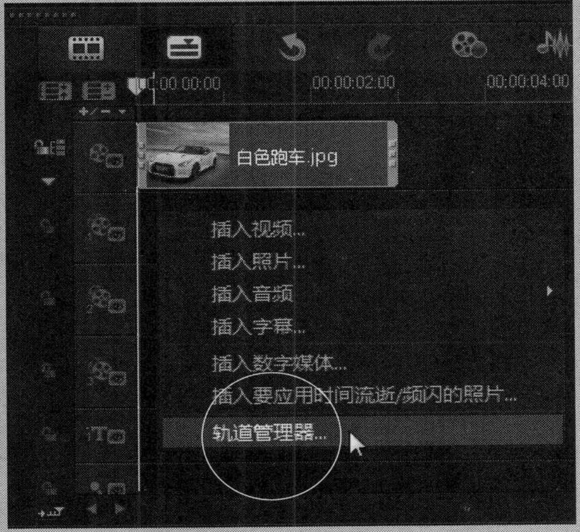

图3-68 选择“轨道管理”选项

执行以上任意一种方法，均可弹出“轨道管理器”对话框。

实战045 新增标题轨

▶ 实例位置：光盘\效果\第3章\崇圣寺三塔.VSP
▶ 素材位置：光盘\素材\第3章\崇圣寺三塔.VSP
▶ 视频位置：光盘\视频\第3章\实战045.mp4

• 实例介绍 •

在会声会影X7中，如果一条标题轨无法满足用户的视频需求，此时用户可以在时间轴面板中新增标题轨道。下面向读者介绍新增标题轨道的操作方法。

• 操作步骤 •

STEP 01 进入会声会影编辑器，单击“文件”|“打开项目”命令，打开一个项目文件，如图3-69所示。

图3-69 打开项目文件

STEP 02 此时，时间轴面板中只有一条标题轨道，如图3-70所示。

STEP 03 在时间轴面板的轨道图标上，单击鼠标右键，在弹出的快捷菜单中选择“轨道管理器”选项，如图3-71所示。

图3-70 显示轨道

图3-71 选择"轨道管理器"选项

STEP 04 弹出"轨道管理器"对话框，单击"标题轨"右侧的下三角按钮，在弹出的列表框中选择2选项，是指添加2条标题轨道，如图3-72所示。

STEP 05 单击"确定"按钮，返回会声会影编辑器，在时间轴面板中即可查看添加的2条标题轨道，如图3-73所示。

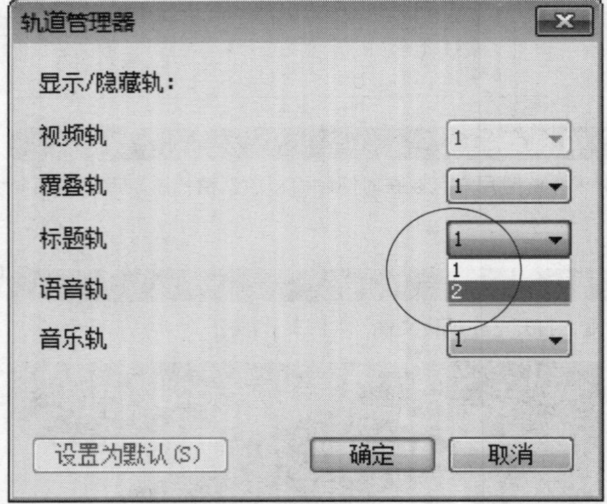

图3-72 添加2条标题轨道

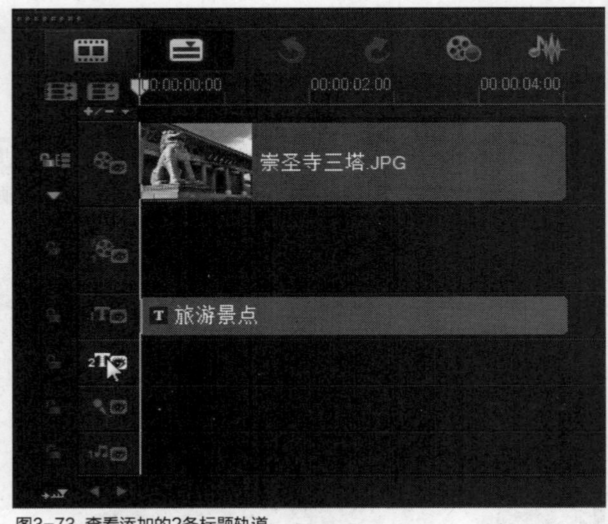

图3-73 查看添加的2条标题轨道

知识拓展

在"轨道管理器"对话框中，各选项含义如下。

- 视频轨：在右侧可以查看已有的视频轨数量。
- 覆叠轨：在右侧的列表框中，用户可以添加或减少需要的覆叠轨数量。
- 标题轨：在右侧的列表框中，用户可以添加或减少需要的标题轨数量。
- 声音轨：在右侧可以查看已有的声音轨数量。
- 音乐轨：在右侧的列表框中，用户可以添加或减少需要的音乐轨数量。

实战 046 新增音乐轨

- **实例位置：** 光盘\效果\第3章\特色建筑.VSP
- **素材位置：** 光盘\素材\第3章\特色建筑.VSP
- **视频位置：** 光盘\视频\第3章\实战046.mp4

• 实例介绍 •

在会声会影X7中，如果用户需要为视频添加多段背景音乐，此时首先需要新增多条音乐轨道，才能将相应的音乐添加至轨道中。下面向读者介绍新增音乐轨道的操作方法。

STEP 01 进入会声会影编辑器，单击“文件”|“打开项目”命令，打开一个项目文件，如图3-74所示。

图3-74 打开项目文件

STEP 02 此时，时间轴面板中只有一条音乐轨道，如图3-75所示。

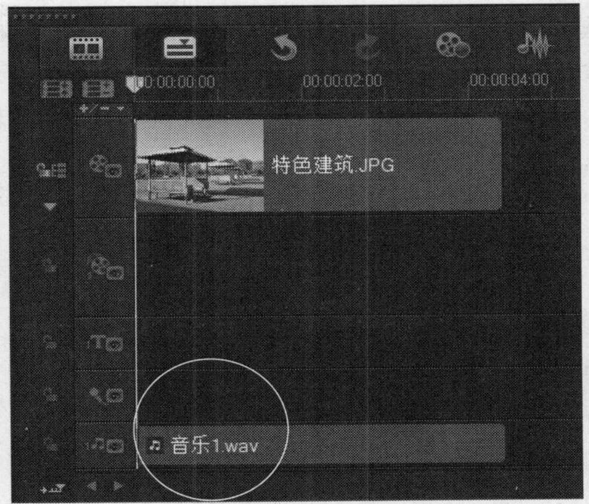

图3-75 显示轨道

STEP 03 在时间轴面板中的空白位置上，单击鼠标右键，在弹出的快捷菜单中选择“轨道管理器”选项，如图3-76所示。

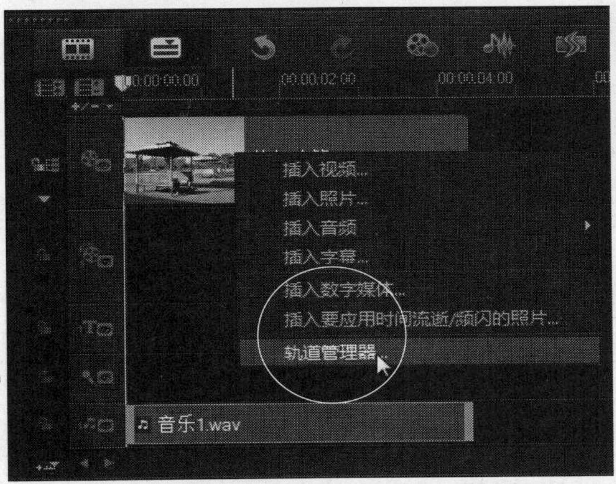

图3-76 选择“轨道管理”选项

STEP 04 弹出“轨道管理器”对话框，单击“音乐轨”右侧的下三角按钮，在弹出的列表框中选择2选项，是指添加2条音乐轨道，如图3-77所示。

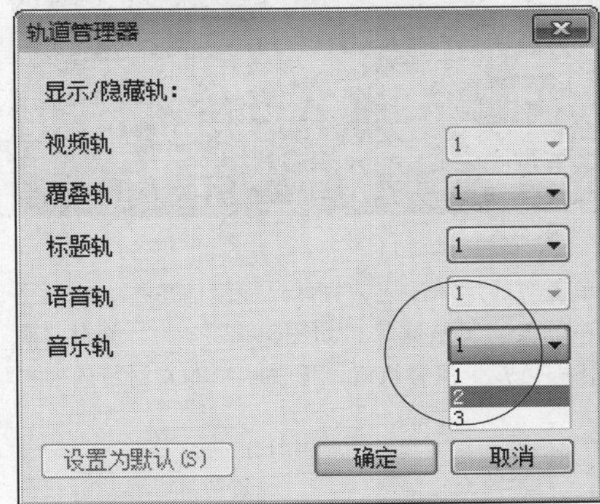

图3-77 添加2条音乐轨道

STEP 05 单击“确定”按钮，返回会声会影编辑器，在时间轴面板中即可查看添加的两条音乐轨道，如图3-78所示。

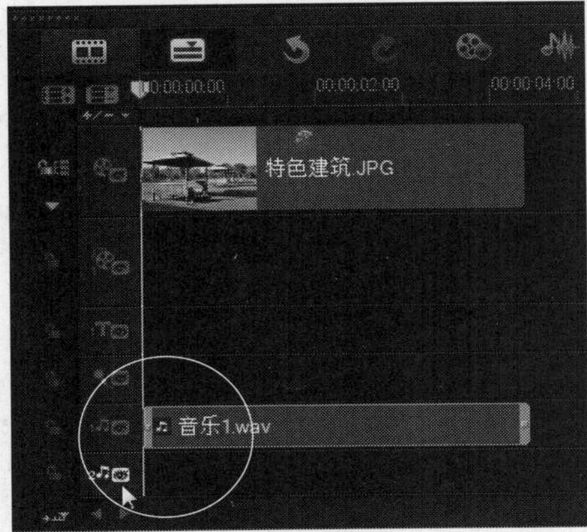

图3-78 查看添加的两条音乐轨道

STEP 06 用户可以将素材库中的音乐文件添加至音乐轨2中，如图3-79所示。

图3-79 添加至音乐轨2中

实战047 减少不需要的轨道

▶实例位置：光盘\效果\第3章\特色建筑1.VSP
▶素材位置：光盘\素材\第3章\特色建筑1.VSP
▶视频位置：光盘\视频\第3章\实战047.mp4

• 实例介绍 •

在会声会影X7中，如果用户不需要新增那么多条覆叠轨或者标题轨，此时用户可以将不需要的轨道进行隐藏或删除操作。减少轨道的操作依然在“轨道管理器”对话框中进行操作。

• 操作步骤 •

STEP 01 在时间轴面板中有5条覆叠轨道，如图3-80所示。

图3-80 查看轨道

STEP 02 在“轨道管理器”对话框中，将“覆叠轨”设置为1，只留一条覆叠轨道，如图3-81所示。

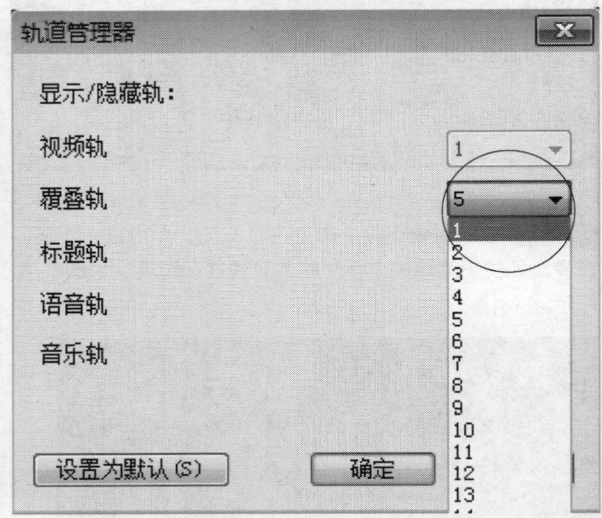

图3-81 将“覆叠轨”设置为1

STEP 03 单击“确定”按钮，将弹出提示信息框，提示用户隐藏轨中的素材将被删除，如图3-82所示。单击“确定”按钮，即可减少覆叠轨道，覆叠轨中的素材将同时被删除。

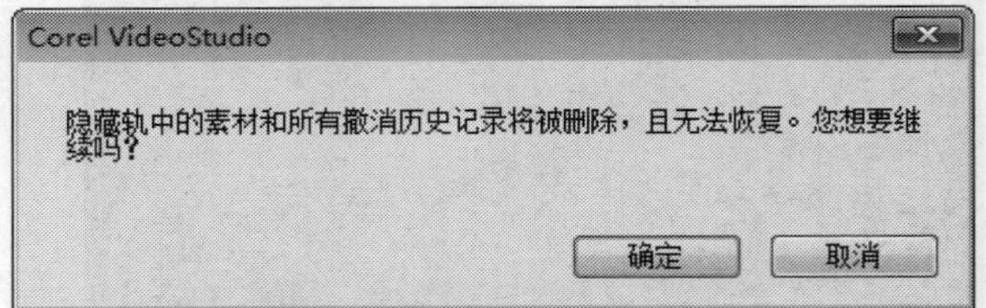

图3-82 提示用户隐藏轨中的素材将被删除

知识拓展

减少其他轨道的操作与减少覆叠轨道的操作是一样的，只需在“轨道管理器”对话框中选择相应的轨道数量即可。

技巧点拨

在会声会影X7中，用户可以设置项目文件默认的轨道数量，方便对视频进行制作。设置默认轨道数量的方法很简单，用户只需在“轨道管理器”对话框中设置好相应的轨道数量。单击“设置为默认”按钮，然后单击“确定”按钮，当用户新建一个项目文件时，时间轴面板中的轨道数量将是用户之前设置的默认轨道数量。

实战048 交换覆叠轨道

▶实例位置：光盘\效果\第3章\蓝天树木.VSP
▶素材位置：光盘\素材\第3章\蓝天树木.VSP
▶视频位置：光盘\视频\第3章\实战048.mp4

• 实例介绍 •

在会声会影X7中制作画中画效果时，如果用户需要将某一个画中画效果移至前面，此时可以通过切换覆叠轨道的操作，快速调整画面叠放顺序。下面向读者介绍切换覆叠轨道的操作方法。

• 操作步骤 •

STEP 01 进入会声会影编辑器，单击“文件”|“打开项目”命令，打开一个项目文件，如图3-83所示。

图3-83 打开项目文件

STEP 02 在时间轴面板中，可以查看现有的覆叠素材顺序和摆放位置，如图3-84所示。

图3-84 查看现有位置

STEP 03 在覆叠轨#2图标上，单击鼠标右键，在弹出的快捷菜单中选择“对调轨道”|“覆叠轨#1”选项，如图3-85所示。

图3-85 选择相应选项

技巧点拨

用户还可以在覆叠轨#1图标上，单击鼠标右键，在弹出的快捷菜单中选择“交换轨道”|“覆叠轨#2”选项，将覆叠轨1和覆叠轨2进行交换。

STEP 04 执行操作后，即可将覆叠轨#1和覆叠轨#2中的素材内容互换位置，如图3-86所示。

知识拓展

在会声会影X7中，如果用户新增了多条覆叠轨道，如果想将其中某一个覆叠轨中的画面与其他覆叠轨中的画面交换位置，只需在“交换轨道”子菜单中，选择相应的轨道名称即可。用户新增了多少条覆叠轨，在“交换轨道”子菜单中将会显示多少条覆叠轨道。

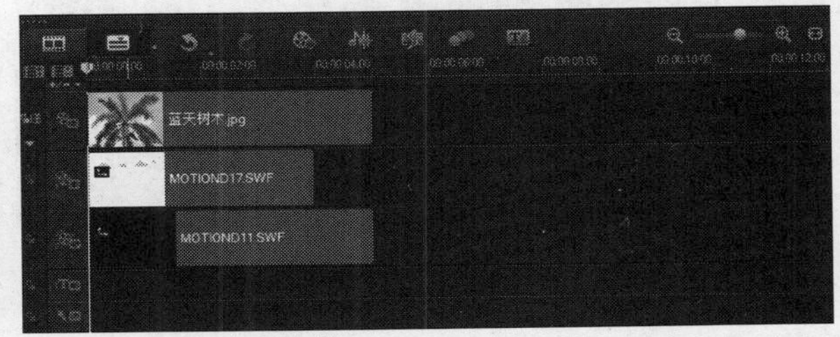

图3-86 将素材内容互换位置

3.4 项目的打包技巧

在会声会影X7中，将项目保存为智能包，即直接为用户新建了一个项目文件夹，项目文件直接放在新建的项目文件夹内，但只能保存为vsp格式的文件，将项目保存为智能包，便于用户对文件进行管理。本节主要向读者介绍将项目文件进行打包的操作方法。

实战049 加密打包压缩文件

▶实例位置：光盘\效果\第3章\创意手掌项目文件.zip
▶素材位置：光盘\素材\第3章\创意手掌.VSP
▶视频位置：光盘\视频\第3章\实战049.mp4

• 实例介绍 •

在会声会影X7中，用户可以将项目文件打包为压缩文件，还可以对打包的压缩文件设置密码，以保证文件的安全性。下面向读者介绍将项目文件加密打包为压缩文件的操作方法。

• 操作步骤 •

STEP 01 进入会声会影编辑器，单击“文件”|“打开项目”命令，打开一个项目文件，如图3-87所示。

图3-87 打开项目文件

STEP 02 在预览窗口中可预览打开的项目效果，如图3-88所示。

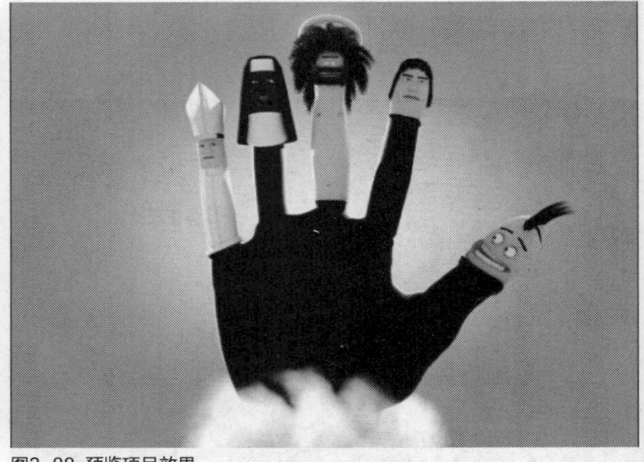

图3-88 预览项目效果

STEP 03 在菜单栏上单击“文件”|“智能包”命令，如图3-89所示。

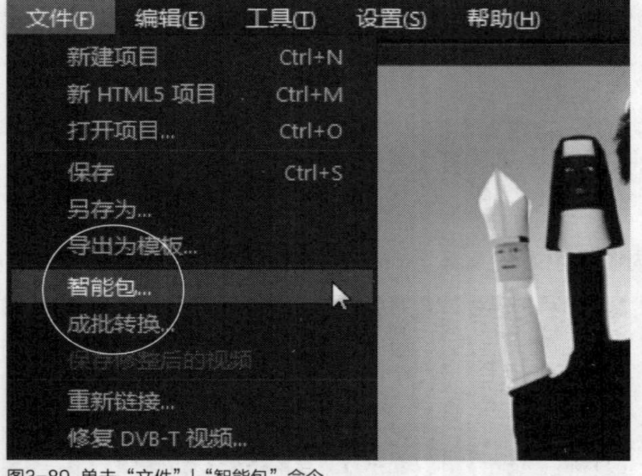

图3-89 单击“文件”|“智能包”命令

STEP 04 弹出提示信息框，单击“是”按钮，如图3-90所示。

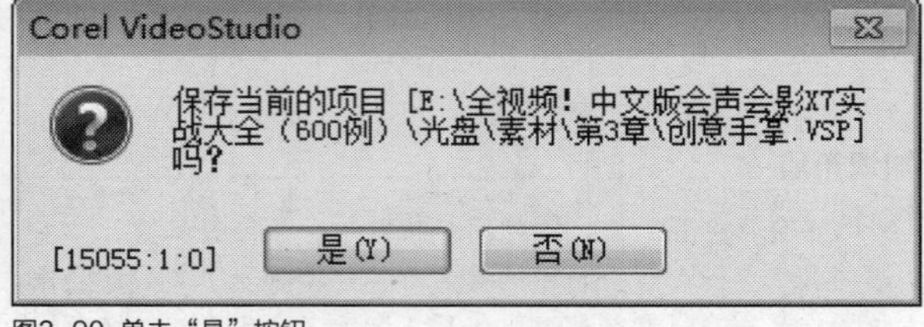

图3-90 单击“是”按钮

知识拓展

在“智能包”对话框中，各选项含义如下。

- 文件夹：选中该单选按钮，可以将项目文件以文件夹的方式进行输出。
- 压缩文件：选中该单选按钮，可以将项目文件输出为压缩包。
- 文件夹路径：设置项目文件的输出路径。
- 项目文件夹名：设置项目文件夹的名称。
- 项目文件名：设置项目文件的名称。

STEP 05 在菜单栏上单击“文件”|“智能包”命令，如图3-91所示。

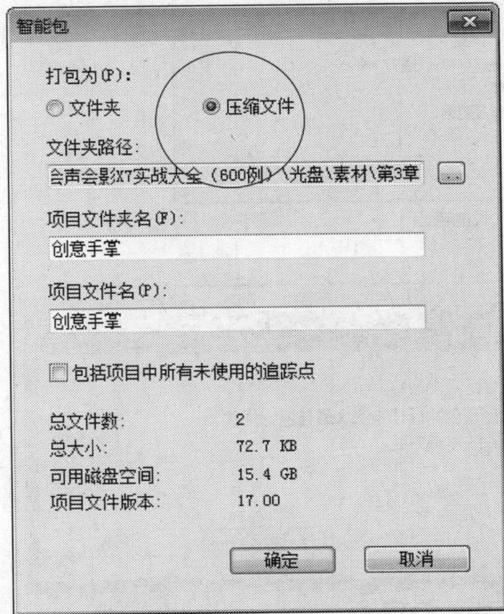

图3-91 选中“压缩文件”单选按钮

STEP 06 单击“文件夹路径”右侧的按钮，如图3-92所示。

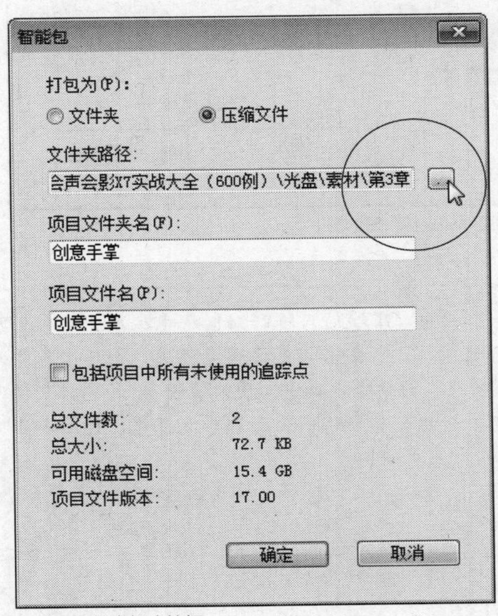

图3-92 单击相应按钮

STEP 07 弹出“浏览文件夹”对话框，在其中选择压缩文件的输出位置，如图3-93所示。

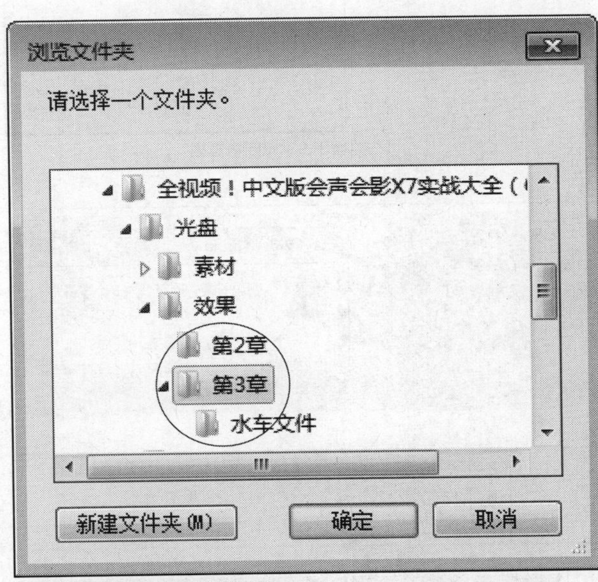

图3-93 选择压缩文件的输出位置

STEP 08 设置完成后，单击“确定”按钮，返回“智能包”对话框，在“文件夹路径”下方显示了刚设置的路径，在“项目文件夹名”和“项目文件名”文本框中输入文字为“创意手掌项目文件”，如图3-94所示。

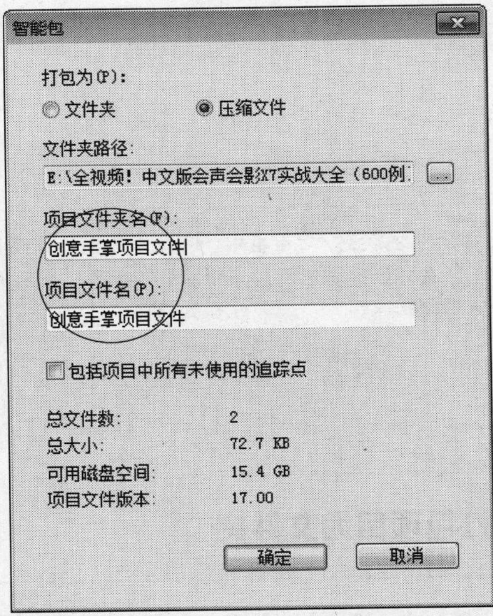

图3-94 输入文字

STEP 09 单击“确定”按钮，弹出“压缩项目包”对话框，在下方选中“加密添加文件”复选框，如图3-95所示。

STEP 10 单击“确定”按钮，弹出“加密”对话框，在其中设置压缩文件的密码（123456789），如图3-96所示。

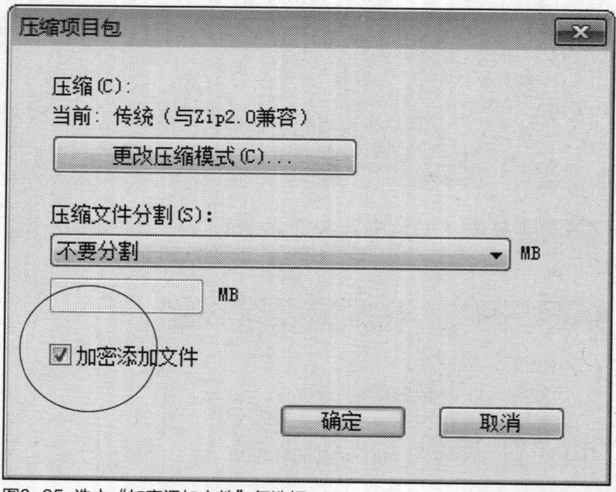

图3-95 选中"加密添加文件"复选框

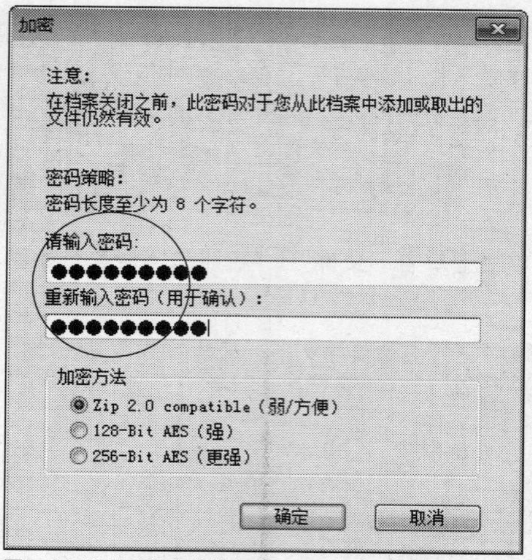

图3-96 设置压缩文件的密码

技巧点拨

在会声会影X7的"压缩项目包"对话框中，用户可以更改项目的压缩模式，只需单击"更改压缩模式"按钮，将弹出"更改压缩模式"对话框，其中向用户提供了3种项目文件压缩方式，如图3-97所示。选中相应的单选按钮，然后单击"确定"按钮，即可更改项目压缩模式。

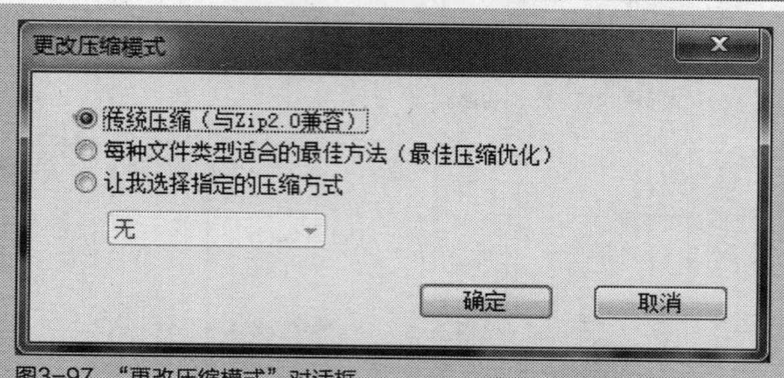

图3-97 "更改压缩模式"对话框

STEP 11 设置完成后，单击"确定"按钮，弹出提示信息框，提示用户项目已经成功压缩，如图3-98所示。单击"确定"按钮，即可完成操作。

图3-98 提示信息框

技巧点拨

在图3-96所示的"加密"对话框中，当用户输入的密码数值少于8个字符时，单击"确定"按钮，将会弹出提示信息框，如图3-99所示，提示用户密码不符合要求，此时需要重新修改密码参数。

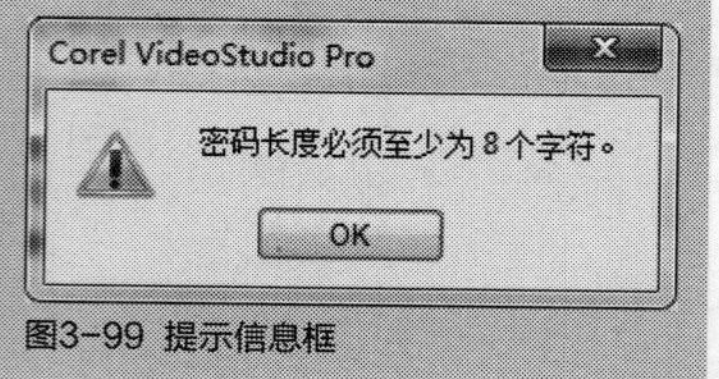

图3-99 提示信息框

实战050 打包项目为文件夹

▶实例位置：光盘\效果\第3章\泰国建筑
▶素材位置：光盘\素材\第3章\泰国建筑.VSP
▶视频位置：光盘\视频\第3章\实战050.mp4

• 实例介绍 •

在会声会影X7中，用户不仅可以将项目文件打包为压缩包，还可以将项目文件打包为文件夹。下面向读者介绍打包项目为文件夹的操作方法。

• 操作步骤 •

STEP 01 进入会声会影编辑器，单击“文件”|“打开项目”命令，打开一个项目文件，如图3-100所示。

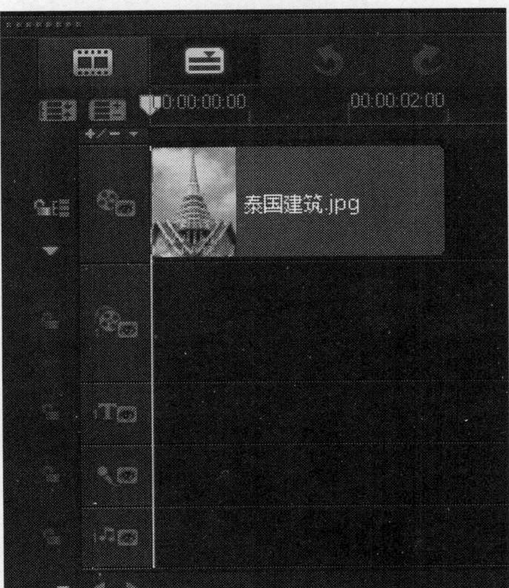

图3-100 打开项目文件

STEP 02 在预览窗口中可预览打开的项目效果，如图3-101所示。

图3-101 预览项目效果

STEP 03 在菜单栏上单击“文件”|“智能包”命令，如图3-102所示。

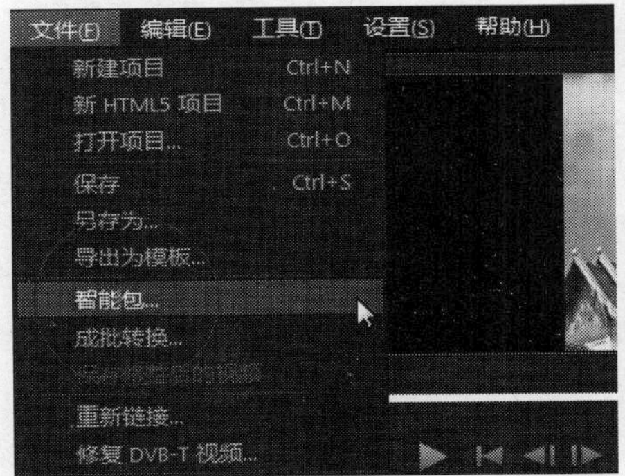

图3-102 单击“文件”|“智能包”命令

STEP 04 弹出提示信息框，单击“是”按钮，如图3-103所示。

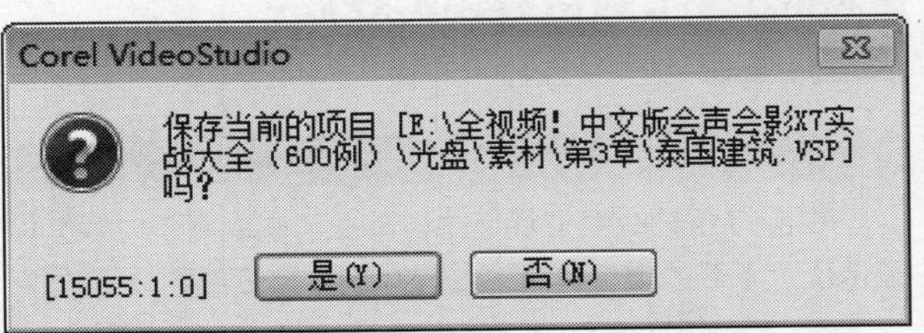

图3-103 单击“是”按钮

STEP 05 弹出“智能包”对话框，选中“文件夹”单选按钮，如图3-104所示。

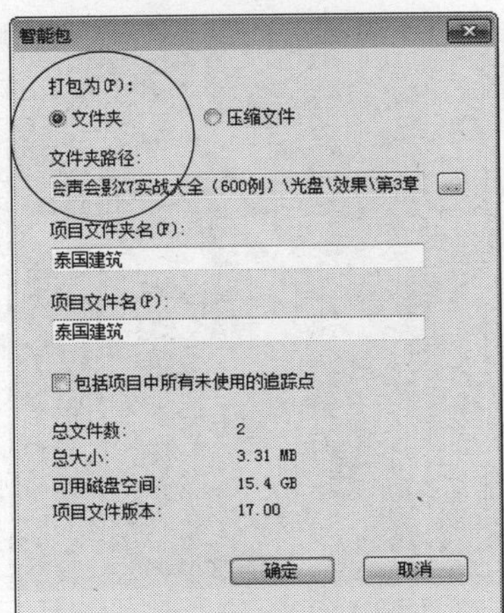

图3-104 选中“文件夹”单选按钮

STEP 06 单击“文件夹路径”右侧的按钮，弹出“浏览文件夹”对话框，在其中选择文件夹的输出位置，如图3-105所示。

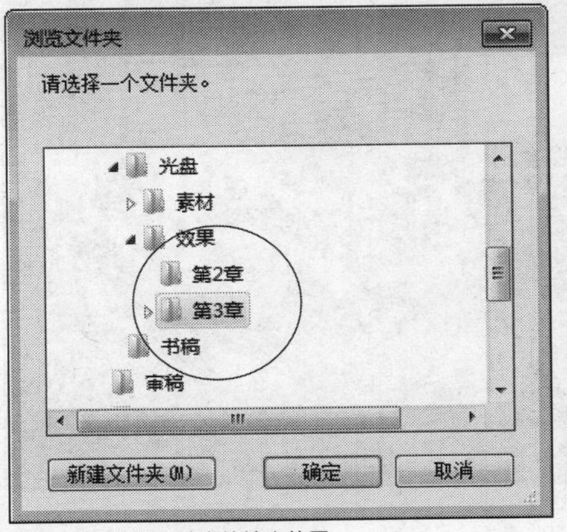

图3-105 选择文件夹的输出位置

STEP 07 设置完成后，单击“确定”按钮，返回“智能包”对话框，在“文件夹路径”下方显示了刚设置的路径，如图3-106所示。

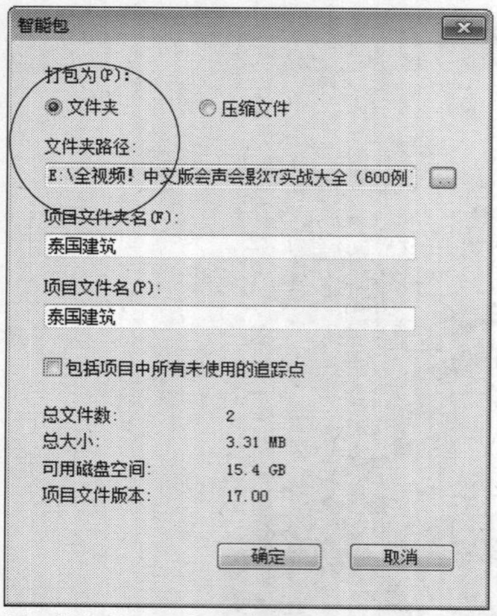

图3-106 显示了刚设置的路径

STEP 08 单击“确定”按钮，弹出提示信息框，提示用户项目已经成功压缩，如图3-107所示，单击“确定”按钮，即可完成操作。

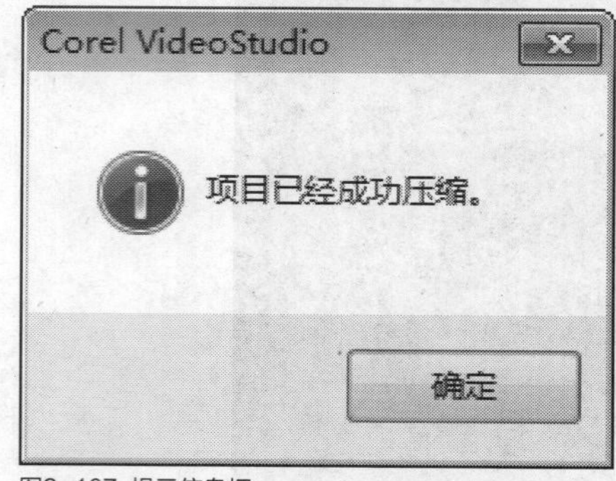

图3-107 提示信息框

3.5 下载免费文件

用户启动会声会影X7应用程序后，进入会声会影X7工作界面，可以通过单击“获取更多内容”按钮来下载需要用到的模板文件、标题文件等。在会声会影X7的Corel Guide面板中，显示了可以下载的可用资源等信息。本节主要向读者介绍灵活使用软件下载免费文件的操作方法。

实战051 下载免费模板文件

- 实例位置：无
- 素材位置：无
- 视频位置：光盘\视频\第3章\实战051.mp4

• 实例介绍 •

在会声会影X7欢迎界面中，单击“获取更多内容”标签，切换至“获取更多内容”选项卡，在“模板”选项卡中，显示了可下载的模板信息，如碎片缩放及三维翻转等效果。下面向读者介绍下载免费模板文件的操作方法。

• 操作步骤 •

STEP 01 从“开始”菜单中启动会声会影X7应用程序，进入工作界面，如图3-108所示。

图3-108 弹出工作界面

STEP 02 在工作界面的右上角，单击“Do More”按钮，如图3-109所示。

图3-109 单击“Do More”（获取更多内容）标签

STEP 03 执行操作后，进入“Do More”界面，如图3-110所示。

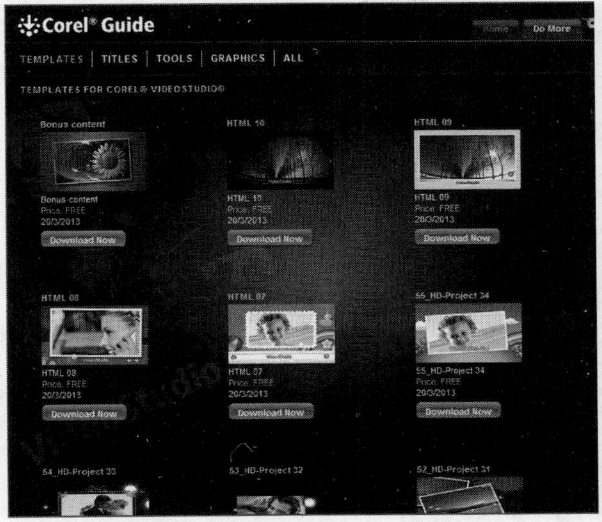

图3-110 进入“Do More”界面

STEP 04 在“模板”选项卡中，单击HTML 05选项下方的“Download Now”按钮，如图3-111所示。

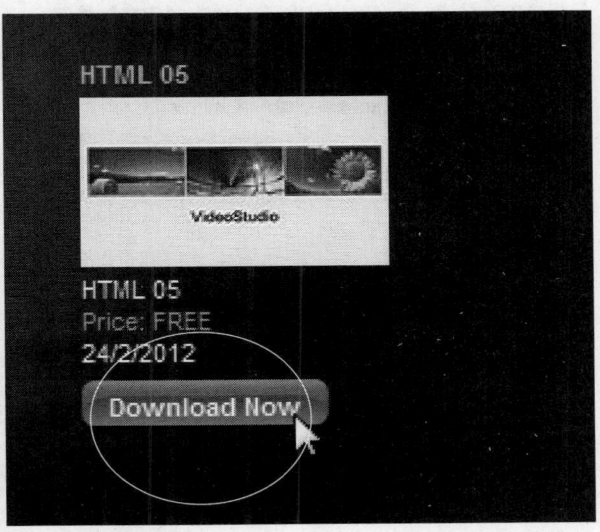

图3-111 单击相应按钮

STEP 05 弹出正下载对话框，显示模板下载进度，如图3-112所示。

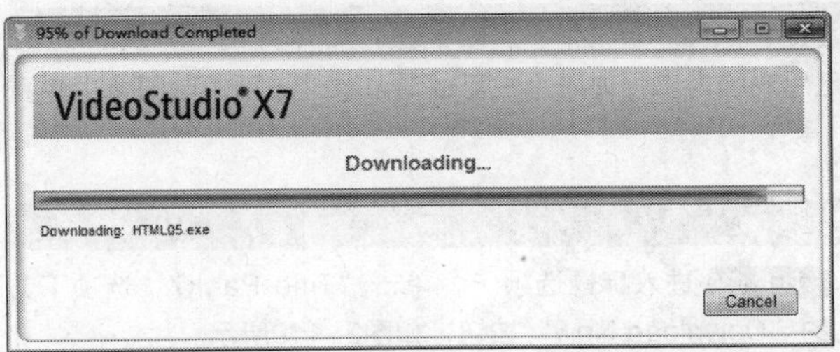

图3-112 显示模板下载进度

STEP 06 待模板下载完成后，进入相应页面，单击“Install now”按钮，如图3-113所示。

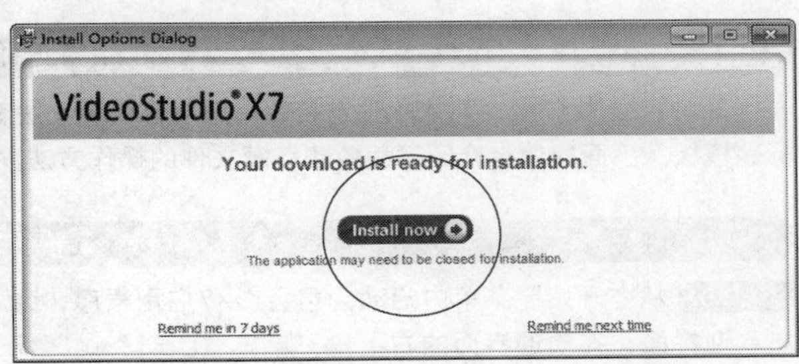

图3-113 单击“Install now”按钮

STEP 07 执行操作后，弹出相应对话框，显示正在解压缩文件的进度，如图3-114所示。

图3-114 显示正在解压缩文件的进度

STEP 08 稍等片刻，进入“许可证协议”页面，选中“我接受该许可证协议中的条款”单选按钮，如图3-115所示。

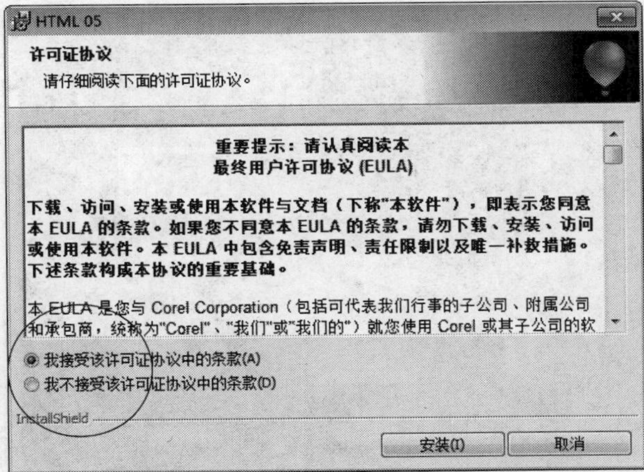

图3-115 选中有关单选按钮

STEP 09 单击“安装”按钮，进入“正在安装spotsl”页面，显示程序安装进度，稍等片刻，进入安装完成页面，显示相应安装信息，如图3-116所示，单击“完成”按钮。

图3-116 显示相应安装信息

STEP 10 执行操作后，程序自动打开已安装的HTML 05文件，如图3-117所示，完成HTML 05模板的安装操作。

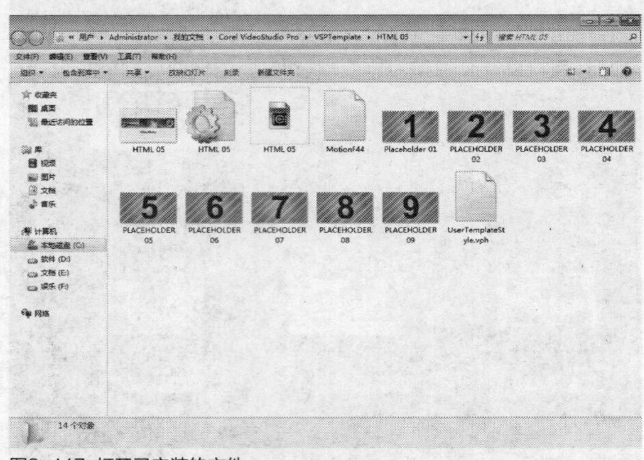

图3-117 打开已安装的文件

实战052 下载免费标题文件

▶实例位置：无
▶素材位置：无
▶视频位置：光盘\视频\第3章\实战052.mp4

• 实例介绍 •

在会声会影X7中，如果软件自带的标题字幕模板无法满足用户的需求，此时用户可以通过欢迎界面下载更多的免费标题模板。下面向读者介绍下载免费标题文件的操作方法。

• 操作步骤 •

STEP 01 从“开始”菜单中启动会声会影X7应用程序，弹出欢迎界面，在欢迎界面的右上角，单击“Do More”标签，进入“Do More”界面，如图3-118所示。

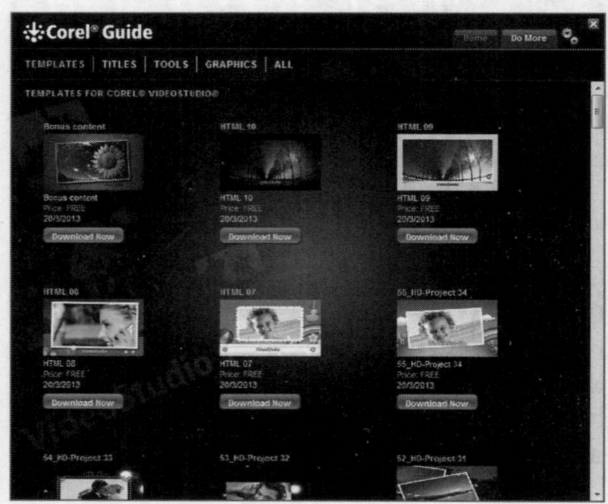

图3-118 进入“Do More”界面

STEP 02 进入标题选项卡，单击“Title Pack7”选项下方的“Download Now”按钮，如图3-119所示。

图3-119 单击相应按钮

STEP 03 弹出相应对话框，显示标题下载进度，如图3-120所示。

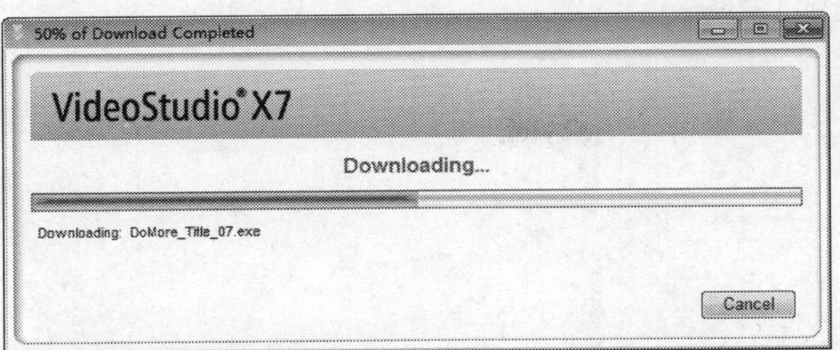

图3-120 显示标题下载进度

STEP 04 待标题下载完成后，进入相应页面，单击"Install Now"按钮，如图3-121所示。

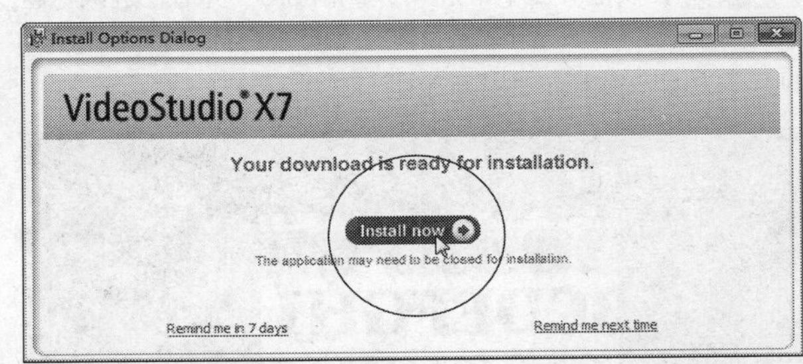

图3-121 单击"Install Now"按钮

STEP 05 执行操作后，弹出相应对话框，显示正在解压缩文件的进度，如图3-122所示。

图3-122 显示正在解压缩文件的进度

STEP 06 弹出相应对话框，显示了标题文件的安装信息，单击"下一步"按钮，如图3-123所示。

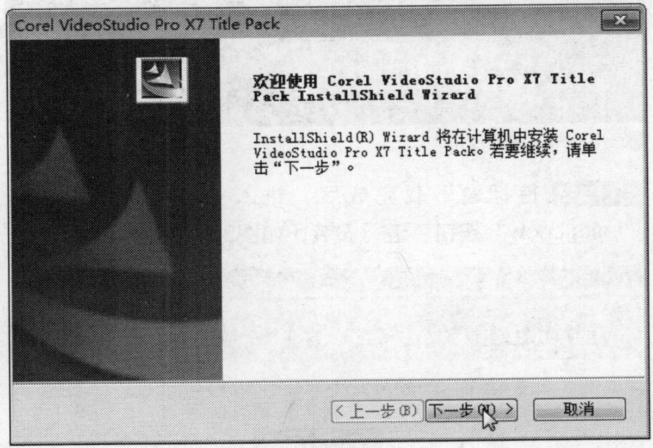

图3-123 单击"下一步"按钮

STEP 07 单击"确定"按钮，进入下一个页面，单击"安装"按钮，如图3-124所示。

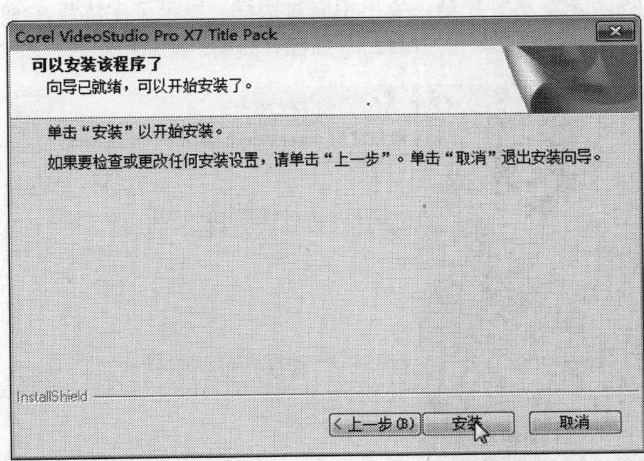

图3-124 单击"安装"按钮

STEP 08 开始安装标题字幕文件，并显示安装进度，稍等片刻，页面中提示标题文件已经安装完成，如图3-125所示，单击"完成"按钮。

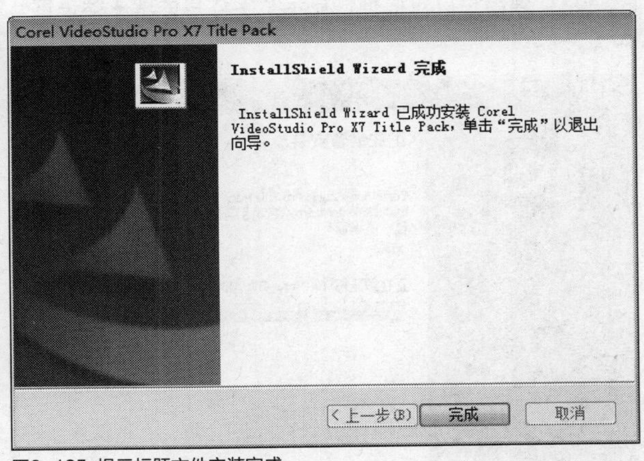

图3-125 提示标题文件安装完成

实战 053 下载免费字体包文件

▶ 实例位置：无
▶ 素材位置：无
▶ 视频位置：光盘\视频\第3章\实战053.mp4

• 实例介绍 •

在会声会影X7的欢迎界面中，如果用户对某些标题文件的字体包感兴趣，此时可以将免费的字体包进行下载操作，方便以后进行调用。下面向读者介绍下载免费字体包的操作方法。

• 操作步骤 •

STEP 01 在欢迎界面中，进入“Do More”界面，进入标题选项卡，单击“Font Pack2”选项下方的“Download Now”按钮，如图3-126所示。

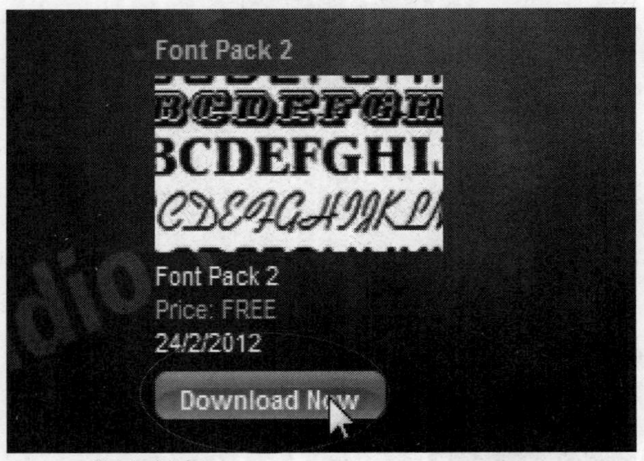

图3-126 单击相应按钮

STEP 02 弹出相应的对话框，显示标题下载进度，如图3-127所示。

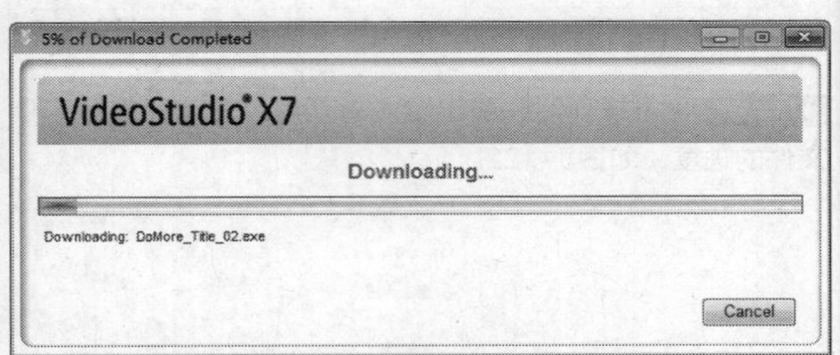

图3-127 显示标题下载进度

STEP 03 待标题下载完成后，进入相应的页面，单击“Install now”按钮，进行安装，如图3-128所示。

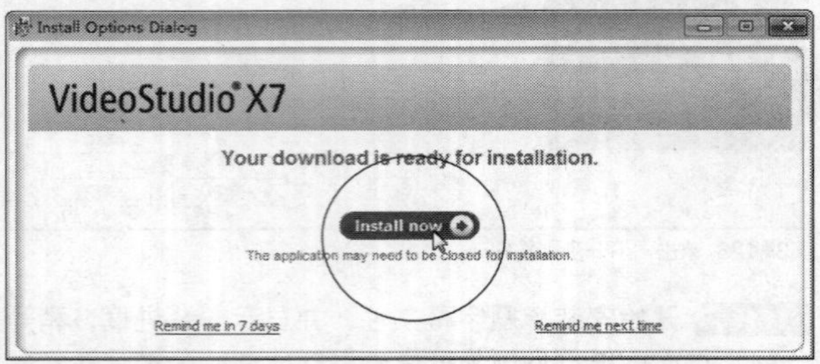

图3-128 单击“立即安装”按钮

STEP 04 执行操作后，弹出相应对话框，显示正在准备安装，如图3-129所示。

图3-129 显示正在准备安装

STEP 05 弹出相应对话框，显示了字体包的解压缩进度，如图3-130所示。

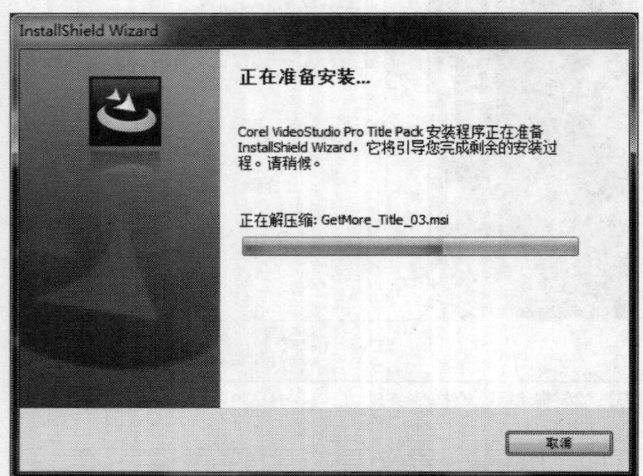

图3-130 显示解压缩进度

STEP 06 稍等片刻，弹出相应对话框，显示了字体包文件的安装信息，单击“Install”按钮，如图3-131所示。

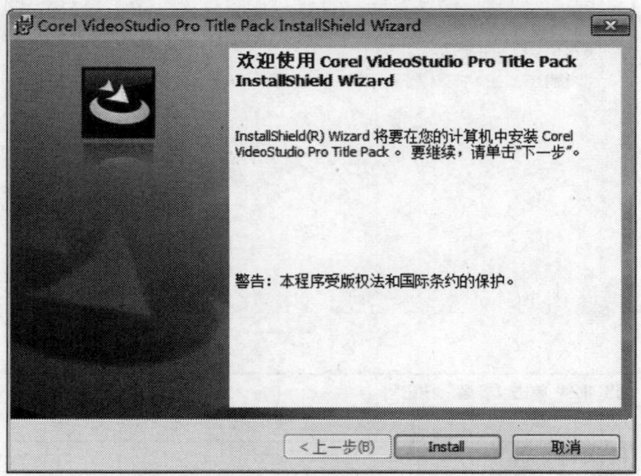

图3-131 单击“安装”按钮

STEP 07 开始安装字体包文件，并显示安装进度，如图3-132所示。

STEP 08 稍等片刻，页面中提示字体包文件已经安装完成，单击“完成”按钮即可，如图3-133所示。

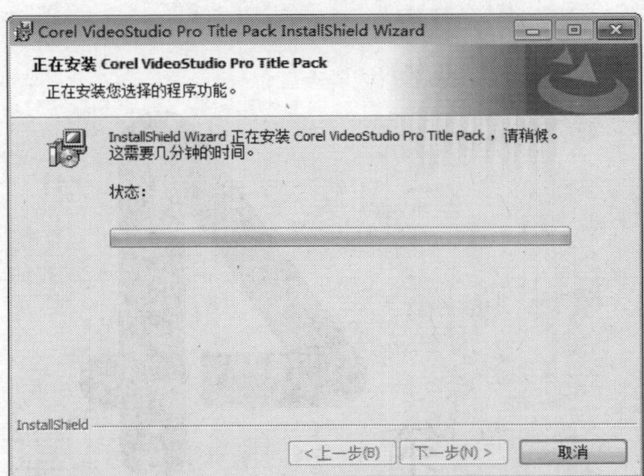

图3-132 显示安装进度

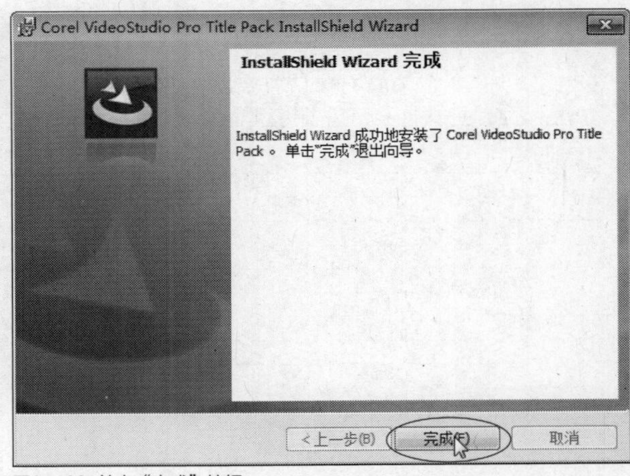

图3-133 单击“完成”按钮

第4章 自带模板，快捷调用

本章导读

会声会影X7提供了多种类型的媒体模板，如即时项目模板、图像模板、视频模板、边框模板及其他各种类型的模板等。运用这些媒体模板可以将大量生活和旅游中的静态照片或动态视频制作成动态影片。本章主要介绍媒体模板的运用方法。

要点索引

- 运用图像模板
- 运用视频模板
- 运用即时项目模板
- 运用其他模板素材

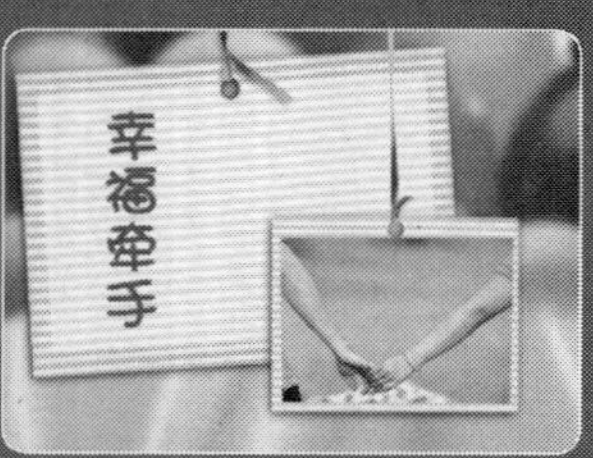

4.1 运用图像模板

在会声会影X7的“媒体”素材库中，提供了多种样式的图像模板，包括风景、生活、边框、相册以及花朵等，用户可以根据需要进行相应选择。本节主要介绍运用图像模板的操作方法。

实战054 运用植物模板

▶实例位置：光盘\效果\第4章\植物.VSP
▶素材位置：无
▶视频位置：光盘\视频\第4章\实战054.mp4

• 实例介绍 •

在会声会影X7应用程序中，向读者提供了植物模板，用户可以将任何照片素材应用到植物模板中，下面介绍应用植物图像模板的操作方法。

• 操作步骤 •

STEP 01 进入会声会影编辑器，在工作界面的右上方单击“显示照片”按钮，如图4-1所示。

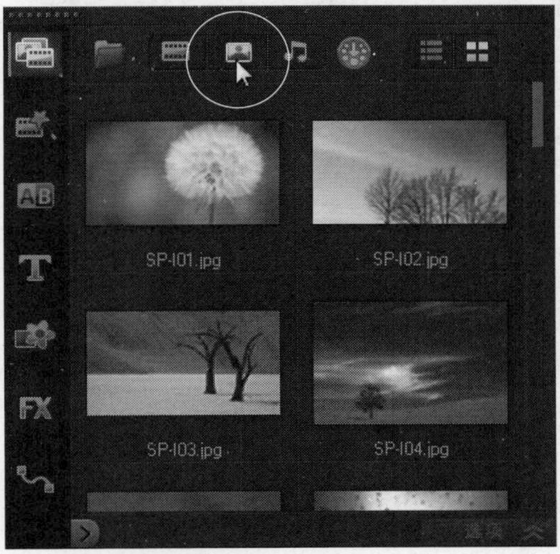

图4-1 单击“显示照片”按钮

STEP 02 打开照片素材库，选择需要添加至视频轨中的图像模板SP-I01，如图4-2所示。

图4-2 添加图像模板SP-101

STEP 03 单击鼠标左键并拖曳，至视频轨中的开始位置后释放鼠标，即可添加图像模板，如图4-3所示。

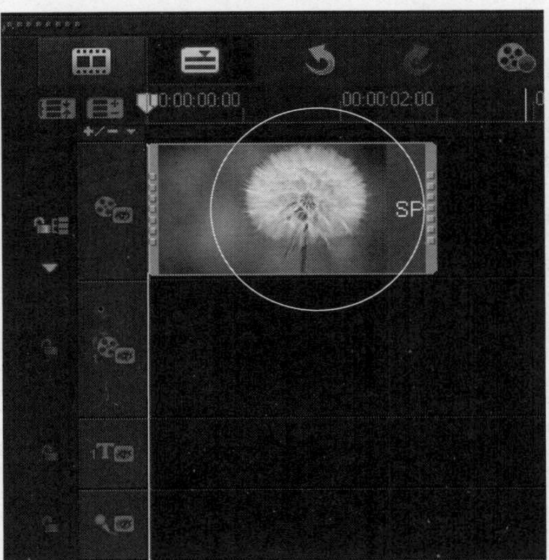

图4-3 添加图像模板

STEP 04 执行上述操作后，即可在预览窗口中预览制作的植物模板效果，如图4-4所示。

图4-4 预览植物模板效果

实战 055 运用树木模板

▶实例位置：光盘\效果\第4章\树木.VSP
▶素材位置：无
▶视频位置：光盘\视频\第4章\实战055.mp4

• 实例介绍 •

在会声会影X7中，用户可以使用“照片”素材库中的树木模板制作优美的风景效果。下面介绍运用树木模板制作美丽风景的操作方法。

• 操作步骤 •

STEP 01 进入会声会影编辑器，单击“显示照片”按钮，如图4-5所示。

图4-5 单击“显示照片”按钮

STEP 02 在“照片”素材库中，选择SP-I04图像模板，如图4-6所示。

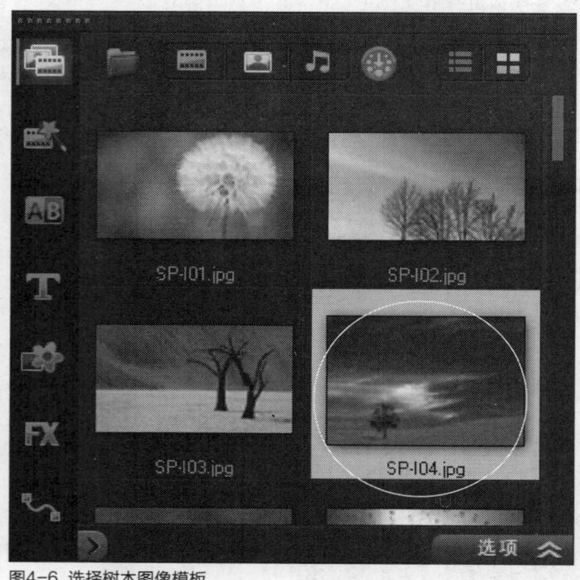

图4-6 选择树木图像模板

STEP 03 在树木图像模板上，单击鼠标左键并拖曳至时间轴面板中的适当位置后，释放鼠标左键，即可应用树木图像模板，如图4-7所示。

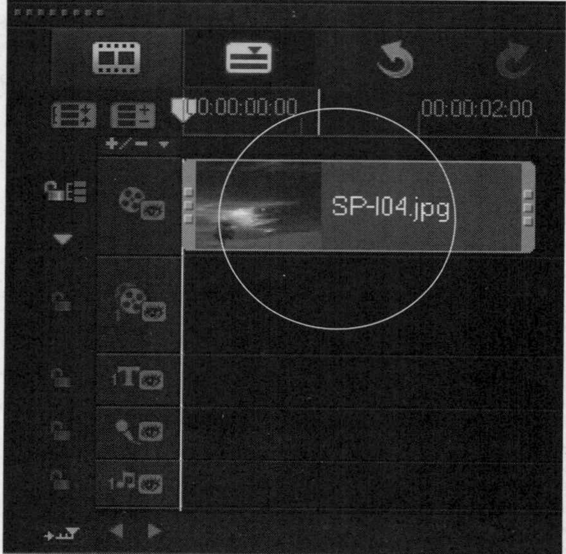

图4-7 应用树木图像模板

STEP 04 在预览窗口中，可以预览添加的树木模板效果，如图4-8所示。

图4-8 预览树木模板效果

实战056 运用笔记模板

▶实例位置：光盘\效果\第4章\笔记.VSP
▶素材位置：无
▶视频位置：光盘\视频\第4章\实战056.mp4

• 实例介绍 •

会声会影X7中向读者提供了笔记模板，用户可以将笔记模板应用到各种各样的照片中。下面介绍应用笔记图像模板的操作方法。

• 操作步骤 •

STEP 01 进入会声会影编辑器，在“照片”素材库中，选择笔记图像模板，如图4-9所示。

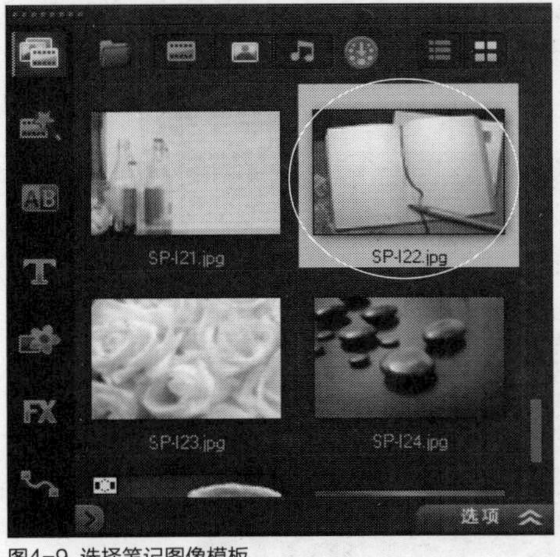

图4-9 选择笔记图像模板

STEP 02 在笔记图像模板上，单击鼠标右键，在弹出的快捷菜单中选择“插入到”|“视频轨”选项，如图4-10所示。

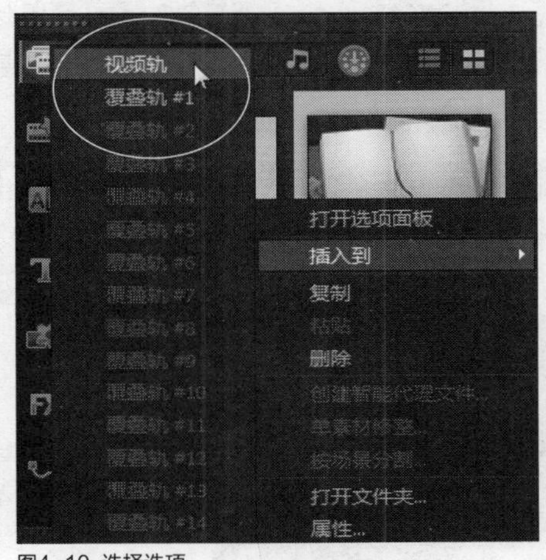

图4-10 选择选项

知识拓展

在“媒体”素材库中，当用户显示照片素材后，“显示照片”按钮将变为“隐藏照片”按钮，单击“隐藏照片”按钮，即可隐藏素材库中所有的照片素材，使素材库保持整洁。

STEP 03 执行操作后，即可将笔记图像模板插入到时间轴面板的视频轨中，如图4-11所示。

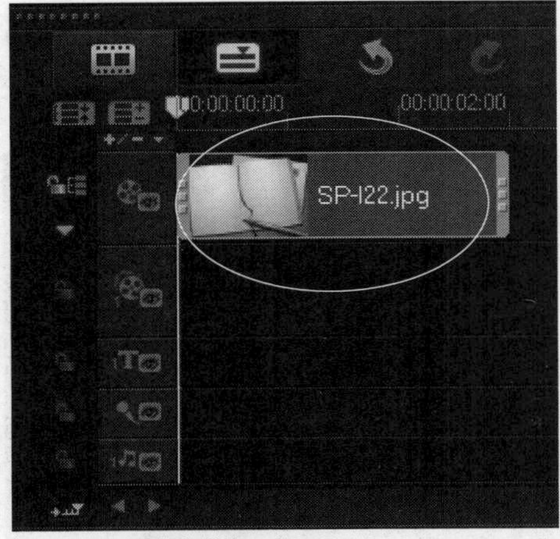

图4-11 插入到视频轨中

STEP 04 在预览窗口中，可以预览添加的笔记模板效果，如图4-12所示。

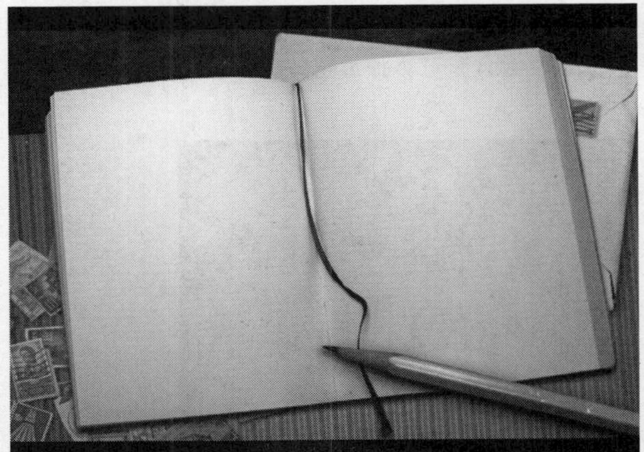
图4-12 预览笔记模板效果

技巧点拨

在会声会影X7中，用户还可以将“照片”素材库中的模板添加至覆叠轨中，可以通过直接拖曳的方式，将模板拖曳至覆

叠轨中，还可以在图像模板上单击鼠标右键，在弹出的快捷菜单中选择“插入到”|“覆叠轨”选项，如图4-13所示，即可将图像模板应用到覆叠轨中，制作视频画中画特效。

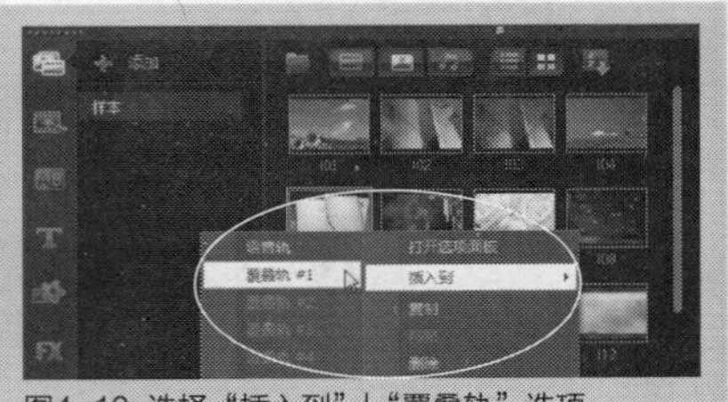
图4-13 选择“插入到”|“覆叠轨”选项

实战057 运用影视模板

▶实例位置：光盘\效果\第4章\影视画面.VSP
▶素材位置：光盘\素材\第4章\影视画面.VSP
▶视频位置：光盘\视频\第4章\实战057.mp4

• 实例介绍 •

在会声会影X7中，用户可以使用“照片”素材库中的影视模板制作影视动态效果。下面介绍运用影视模板制作影视画面的操作方法。

• 操作步骤 •

STEP 01 进入会声会影编辑器，单击“文件”|“打开项目”命令，打开一个项目文件，如图4-14所示。

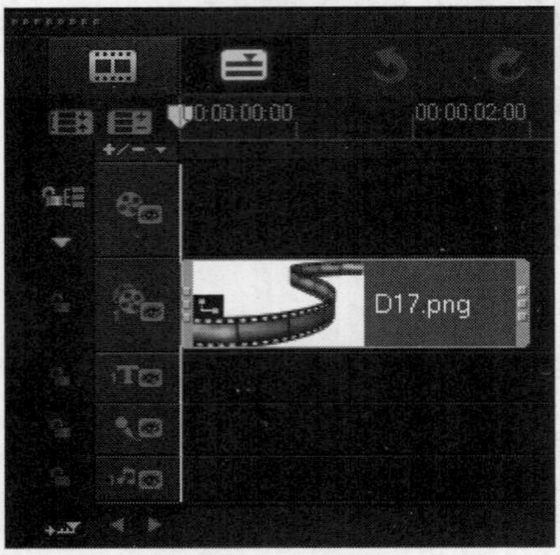

图4-14 打开一个项目文件

STEP 02 在“照片”素材库中，选择影视背景图像模板，如图4-15所示。

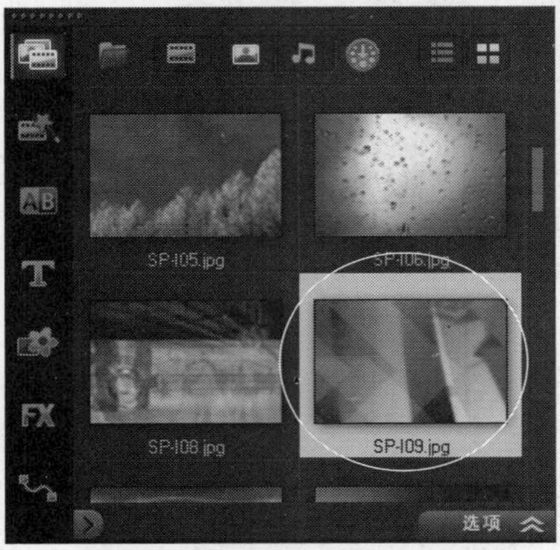

图4-15 选择影视背景图像模板

STEP 03 单击鼠标左键并拖曳至视频轨中的适当位置，释放鼠标左键，即可添加影视背景图像模板，如图4-16所示。

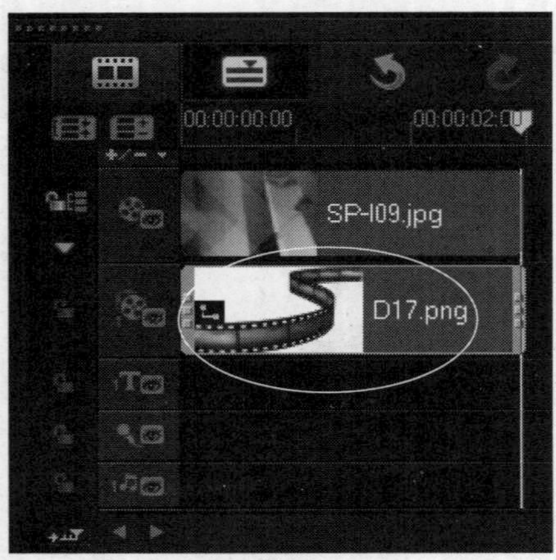

图4-16 添加影视背景图像模板

STEP 04 执行上述操作后，在预览窗口中即可预览影视画面图像效果，如图4-17所示。

图4-17 预览影视画面图像效果

知识拓展

在时间轴面板中的“视频轨”图标上，单击鼠标左键，即可禁用视频轨，隐藏视频轨中的所有素材画面。

实战 058 运用玫瑰模板

▶实例位置：光盘\效果\第4章\幸福情侣.VSP
▶素材位置：光盘\素材\第4章\幸福情侣.VSP
▶视频位置：光盘\视频\第4章\实战058.mp4

• 实例介绍 •

在会声会影X7中，用户可以使用“照片”素材库中的玫瑰模板制作幸福的画面效果。下面介绍应用玫瑰图像模板的操作方法。

• 操作步骤 •

STEP 01 进入会声会影编辑器，单击“文件”|“打开项目”命令，打开一个项目文件，如图4-18所示。

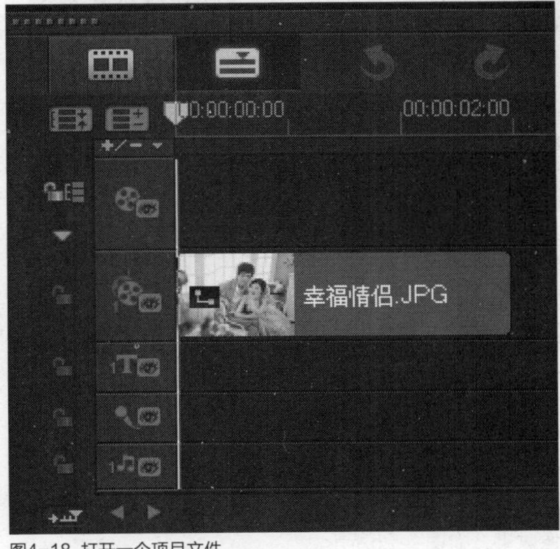

图4-18 打开一个项目文件

STEP 02 在“照片”素材库中，选择玫瑰背景图像模板，如图4-19所示。

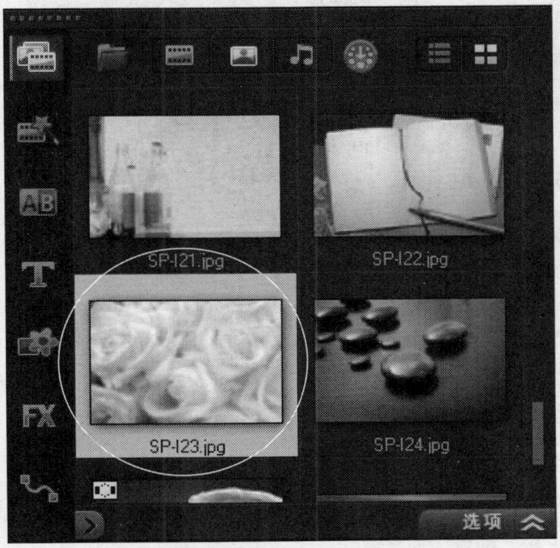

图4-19 选择玫瑰背景图像模板

STEP 03 单击鼠标左键并拖曳至视频轨中的适当位置，释放鼠标左键，即可添加玫瑰背景图像模板，如图4-20所示。

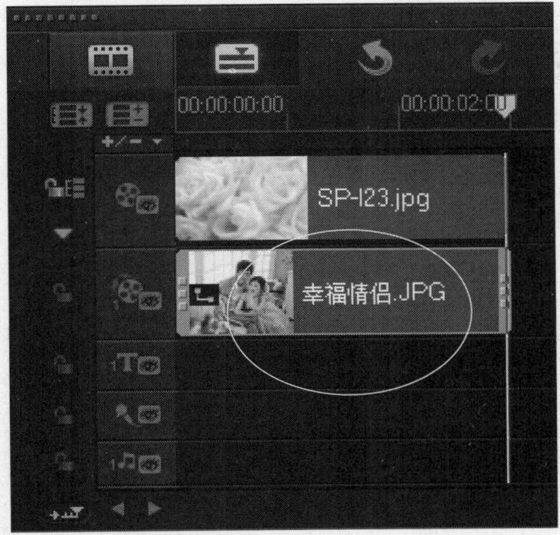

图4-20 添加玫瑰背景图像模板

STEP 04 执行上述操作后，在预览窗口中即可预览玫瑰画面图像效果，如图4-21所示。

图4-21 预览玫瑰画面图像效果

实战 059 运用圣诞模板

▶实例位置：光盘\效果\第4章\圣诞快乐.VSP
▶素材位置：光盘\素材\第4章\圣诞快乐.VSP
▶视频位置：光盘\视频\第4章\实战059.mp4

• 实例介绍 •

在会声会影X7中，用户可以使用“照片”素材库中的圣诞模板制作圣诞快乐效果。下面介绍应用圣诞图像模板的操作方法。

• 操作步骤 •

STEP 01 进入会声会影编辑器，单击“文件”|“打开项目”命令，打开一个项目文件，如图4-22所示。

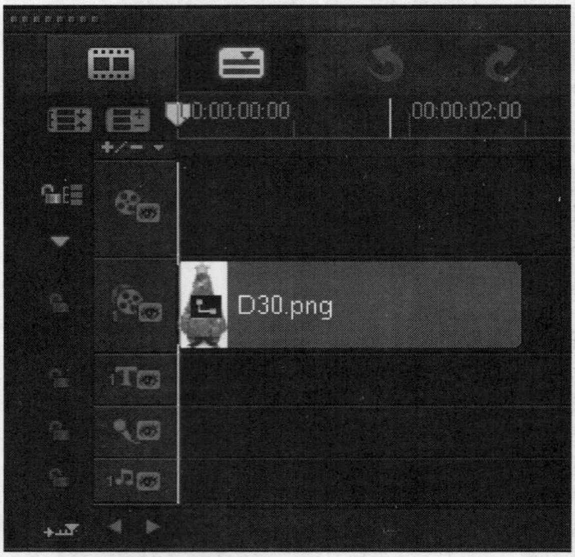

图4-22 打开一个项目文件

STEP 02 在“照片”素材库中，选择圣诞背景图像模板，如图4-23所示。

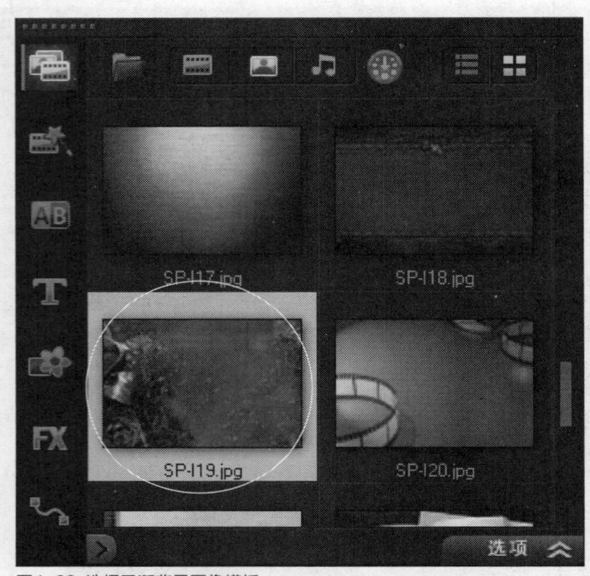

图4-23 选择圣诞背景图像模板

STEP 03 单击鼠标左键并拖曳至视频轨中的适当位置，释放鼠标左键，即可添加圣诞背景图像模板，如图4-24所示。

图4-24 添加圣诞背景图像模板

STEP 04 执行上述操作后，在预览窗口中即可预览圣诞快乐图像效果，如图4-25所示。

图4-25 预览圣诞快乐图像效果

实战 060 运用胶卷模板

▶实例位置：光盘\效果\第4章\儿童画面.VSP
▶素材位置：光盘\素材\第4章\儿童画面.VSP
▶视频位置：光盘\视频\第4章\实战060.mp4

• 实例介绍 •

在会声会影X7中，用户可以使用“照片”素材库中的胶卷模板制作图像背景效果。下面介绍应用胶卷图像模板的操作方法。

• 操作步骤 •

STEP 01 进入会声会影编辑器，单击“文件”|“打开项目”命令，打开一个项目文件，如图4-26所示。

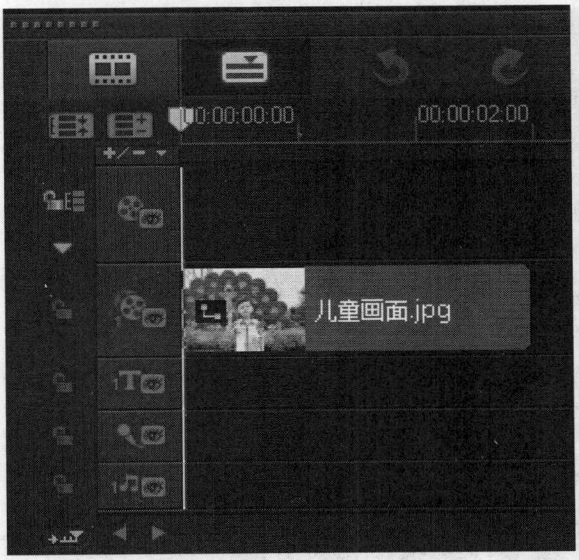

图4-26 打开一个项目文件

STEP 02 在“照片”素材库中，选择胶卷背景图像模板，如图4-27所示。

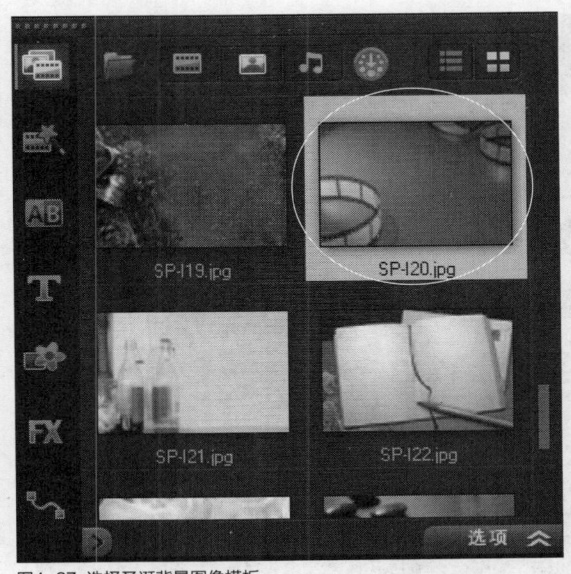

图4-27 选择圣诞背景图像模板

STEP 03 单击鼠标左键并拖曳至视频轨中的适当位置，释放鼠标左键，即可添加胶卷背景图像模板，如图4-28所示。

图4-28 添加胶卷背景图像模板

STEP 04 执行上述操作后，在预览窗口中即可预览胶卷画面图像效果，如图4-29所示。

图4-29 预览胶卷画面图像效果

实战 061 运用酒瓶模板

▶实例位置：光盘\效果\第4章\彩色糖果.VSP
▶素材位置：光盘\素材\第4章\彩色糖果.VSP
▶视频位置：光盘\视频\第4章\实战061.mp4

• 实例介绍 •

在会声会影X7中，用户可以使用“照片”素材库中的酒瓶模板作为图像的背景画面，下面介绍应用酒瓶图像模板的操作方法。

• 操作步骤 •

STEP 01 进入会声会影编辑器，单击“文件”|“打开项目”命令，打开一个项目文件，如图4-30所示。

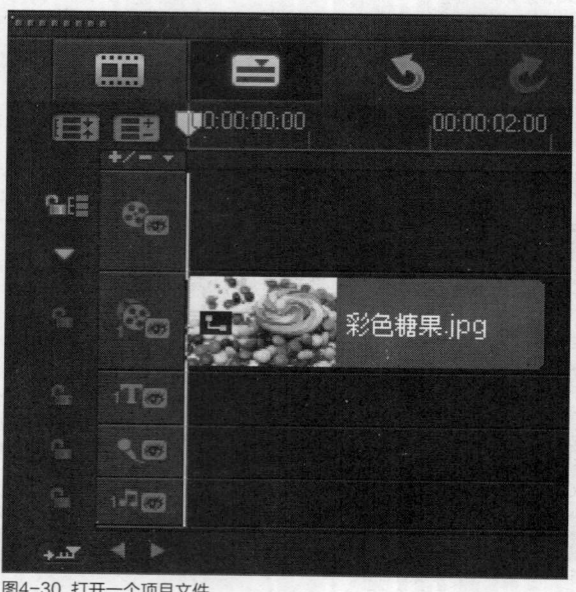

图4-30 打开一个项目文件

STEP 02 在“照片”素材库中，选择酒瓶背景图像模板，如图4-31所示。

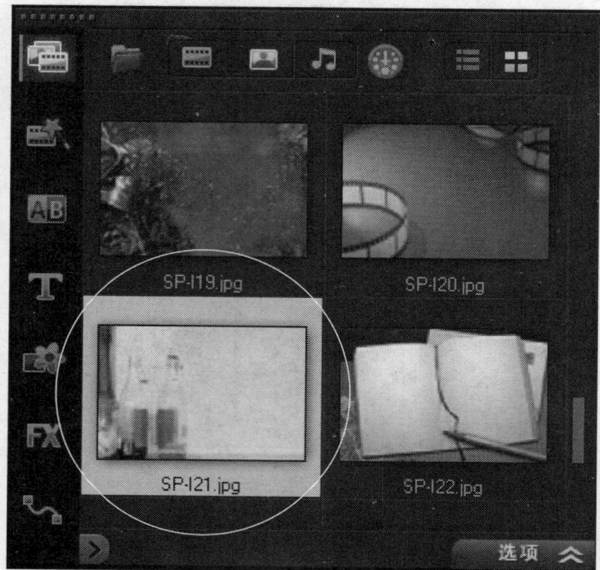

图4-31 选择酒瓶背景图像模板

STEP 03 单击鼠标左键并拖曳至视频轨中的适当位置，释放鼠标左键，即可添加酒瓶背景图像模板，如图4-32所示。

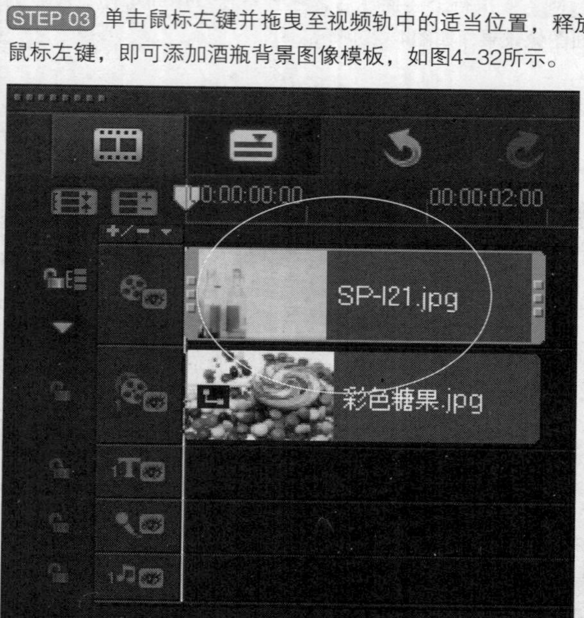

图4-32 添加酒瓶背景图像模板

STEP 04 执行上述操作后，在预览窗口中即可预览酒瓶画面图像效果，如图4-33所示。

图4-33 预览酒瓶画面图像效果

4.2 运用视频模板

在会声会影X7的“媒体”素材库中，向用户提供了多种视频模板，用户可以根据需要添加相应的视频模板至视频轨中。本节主要介绍运用视频模板的操作方法。

实战 062 运用灯光模板

▶实例位置：光盘\效果\第4章\灯光.VSP
▶素材位置：无
▶视频位置：光盘\视频\第4章\实战062.mp4

• 实例介绍 •

在会声会影X7中，用户可以使用“视频”素材库中的灯光模板作为霓虹夜景灯光效果。下面介绍应用灯光视频模板的操作方法。

• 操作步骤 •

STEP 01 进入会声会影编辑器，单击“媒体”按钮，进入“媒体”素材库，单击“显示视频”按钮，如图4-34所示。

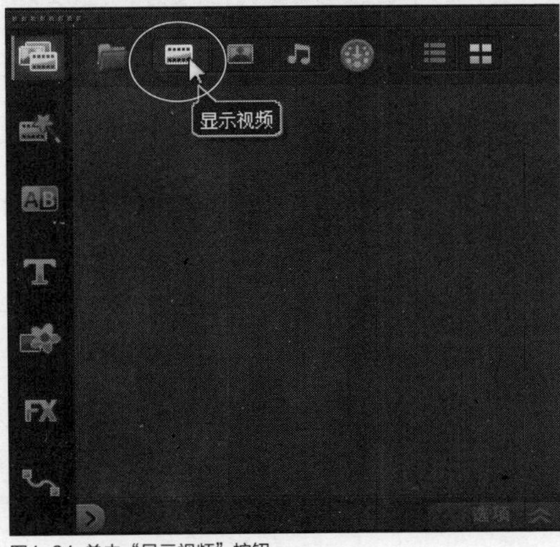

图4-34 单击“显示视频”按钮

STEP 02 在“视频”素材库中，选择灯光视频模板，如图4-35所示。

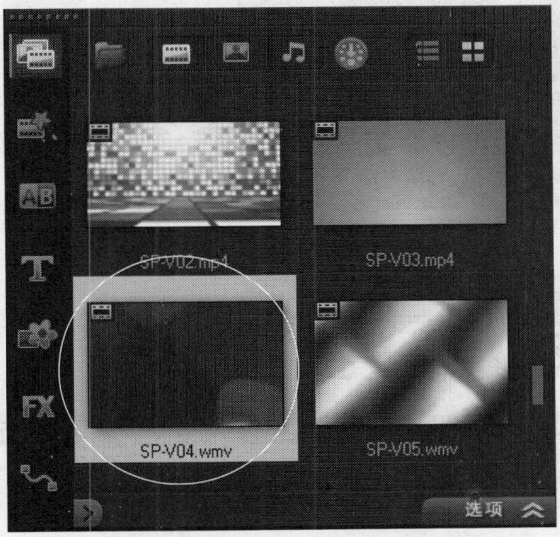

图4-35 选择灯光视频模板

STEP 03 在灯光视频模板上，单击鼠标右键，在弹出的快捷菜单中选择“插入到”|“视频轨”选项，如图4-36所示。

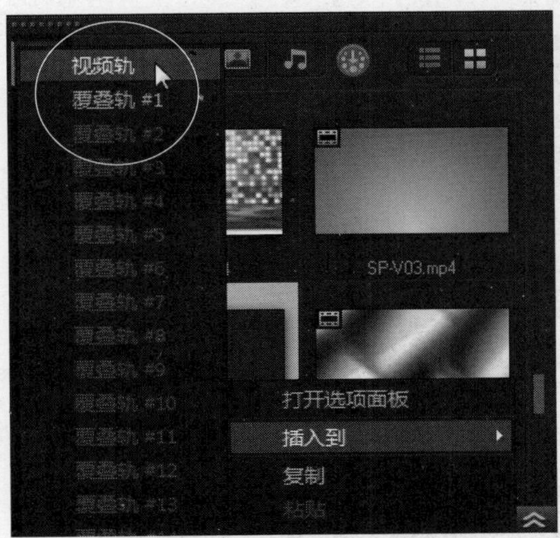

图4-36 选择“插入到”|“视频轨”选项

STEP 04 执行操作后，即可将视频模板添加至时间轴面板的视频轨中，如图4-37所示。

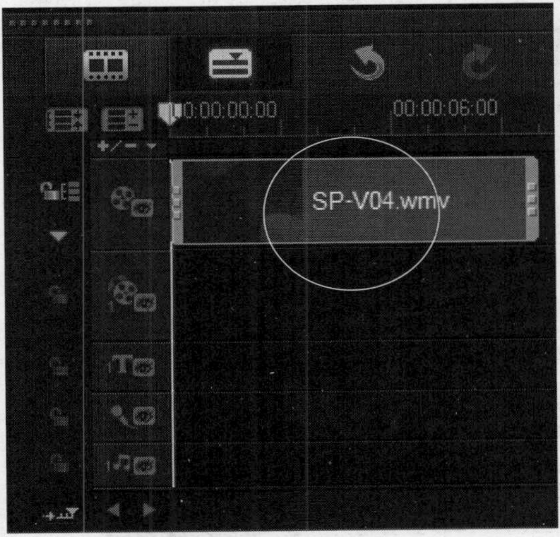

图4-37 添加至视频轨中

STEP 05 在预览窗口中，可以预览添加的灯光视频模板效果，如图4-38所示。

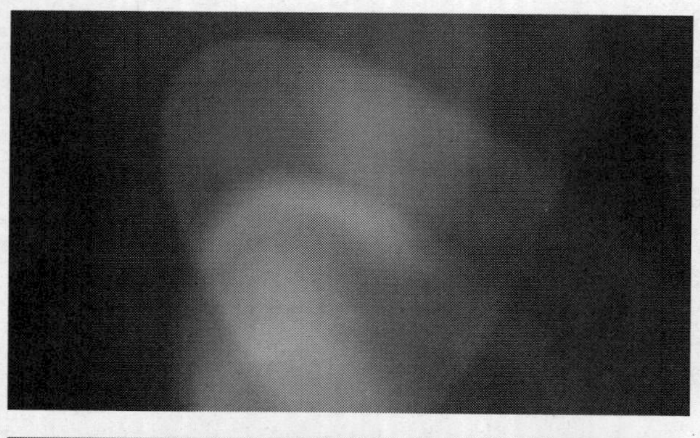
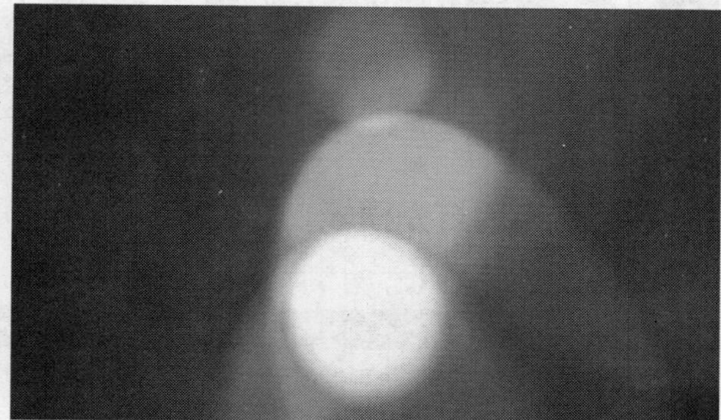
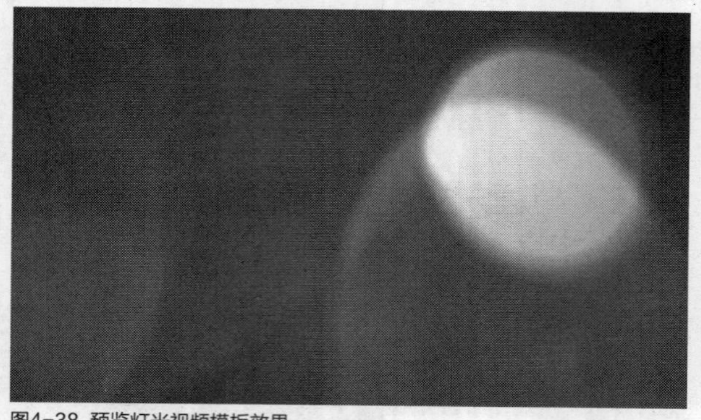

图4-38 预览灯光视频模板效果

实战063 运用飞机模板

▶实例位置：光盘\效果\第4章\飞机.VSP
▶素材位置：无
▶视频位置：光盘\视频\第4章\实战063.mp4

• 实例介绍 •

在会声会影X7中，用户可以使用“视频”素材库中的飞机模板制作天空飞行的视频动态效果。下面介绍应用飞机视频模板的操作方法。

• 操作步骤 •

STEP 01 进入会声会影编辑器，单击“媒体”按钮，进入“媒体”素材库，单击“显示视频”按钮，如图4-39所示。

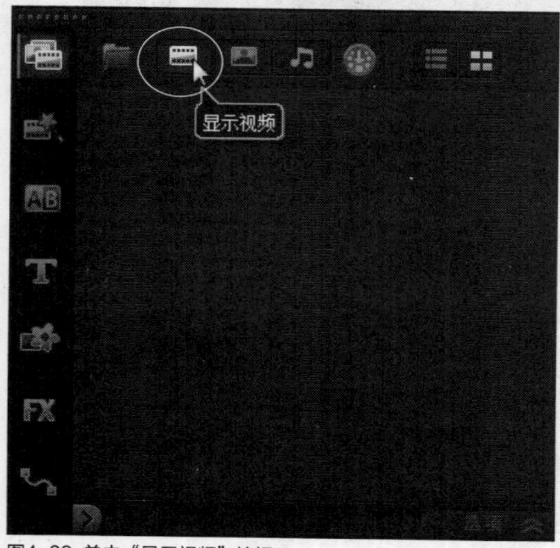

图4-39 单击“显示视频”按钮

STEP 02 在“视频”素材库中，选择飞机视频模板，如图4-40所示。

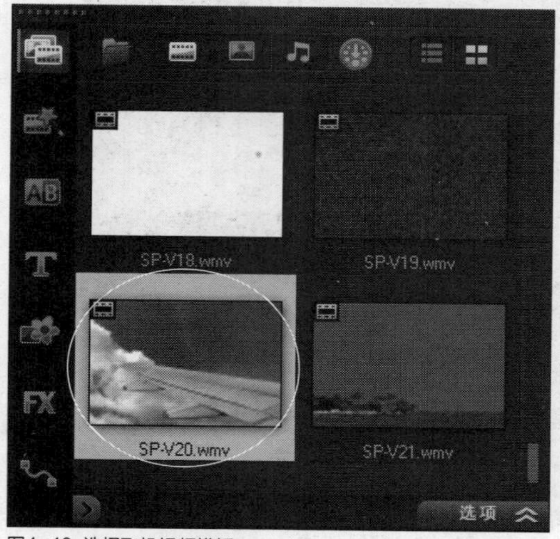

图4-40 选择飞机视频模板

STEP 03 在飞机视频模板上，单击鼠标右键，在弹出的快捷菜单中选择“插入到”|“视频轨”选项，如图4-41所示。

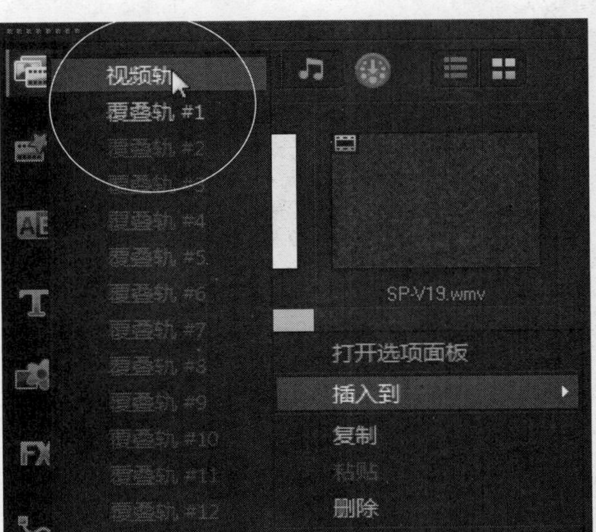

图4-41 选择“插入到”|“视频轨”选项

STEP 04 执行操作后，即可将视频模板添加至时间轴面板的视频轨中，如图4-42所示。

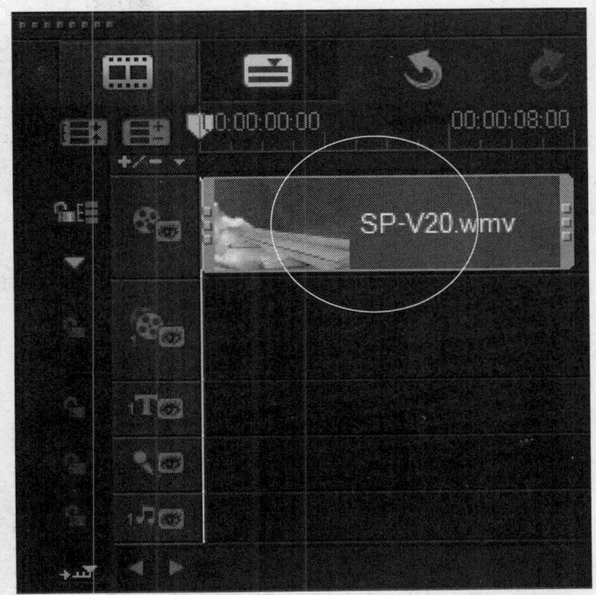

图4-42 添加至视频轨中

STEP 05 在预览窗口中，可以预览添加的飞机视频模板效果，如图4-43所示。

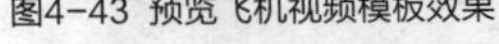

图4-43 预览飞机视频模板效果

技巧点拨

在会声会影X7的素材库中，用户还可以通过复制的方式将模板应用到视频轨中。首先在素材库中选择需要添加到视频轨中的视频模板，单击鼠标右键，在弹出的快捷菜单中选择“复制”选项，如图4-44所示。

复制视频模板后，将鼠标移至视频轨中的开始位置，此时鼠标区域显示白色色彩，表示视频将要放置的位置，如图4-45所示。单击鼠标左键，即可将视频模板应用到视频轨中。

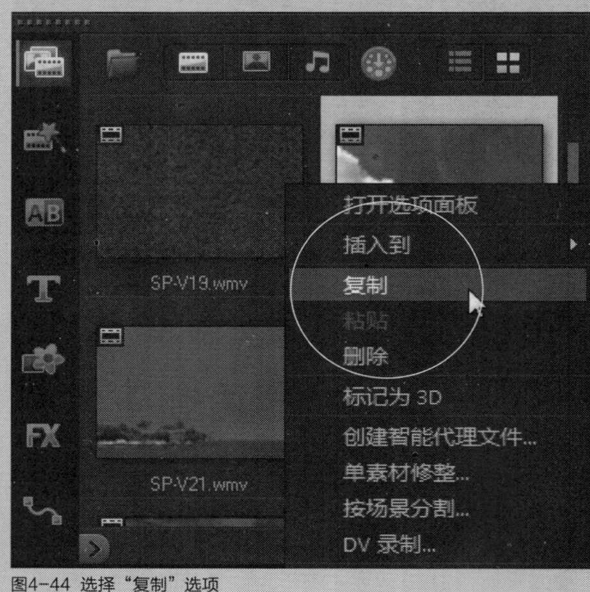

图4-44 选择“复制”选项

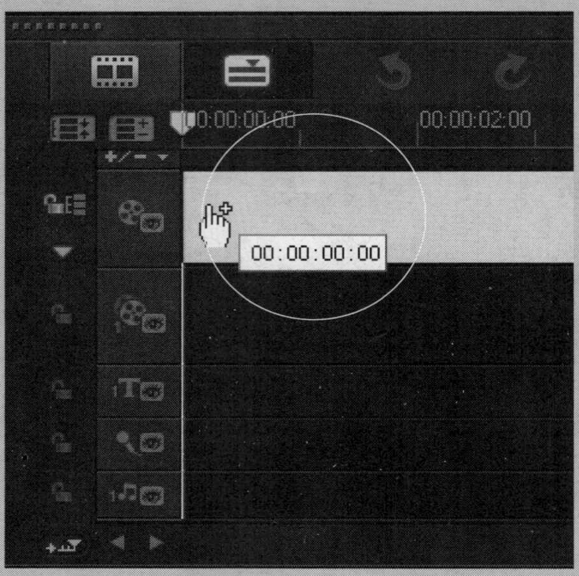

图4-45 鼠标区域显示白色色彩

实战 064 运用炫丽模板

▶ 实例位置：光盘\效果\第4章\炫丽.VSP
▶ 素材位置：无
▶ 视频位置：光盘\视频\第4章\实战064.mp4

• 实例介绍 •

在会声会影X7中，用户可以使用“视频”素材库中的炫丽模板作为舞台背景画面效果。下面介绍应用炫丽视频模板的操作方法。

• 操作步骤 •

STEP 01 进入会声会影编辑器，单击“显示视频”按钮，如图4-46所示。

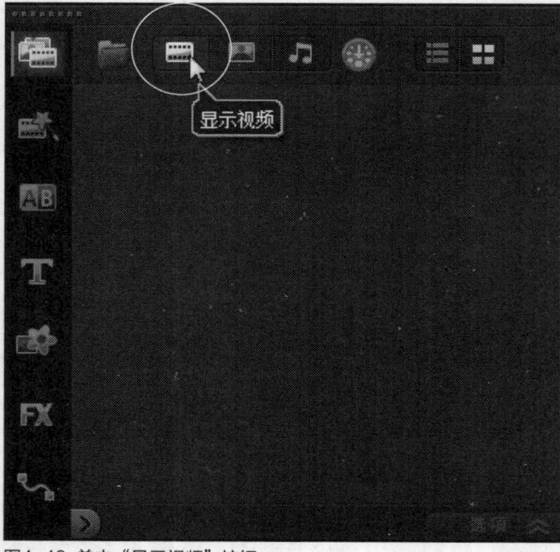

图4-46 单击“显示视频”按钮

STEP 02 打开视频素材库，选择需要添加至视频轨中的视频模板SP-V01，如图4-47所示。

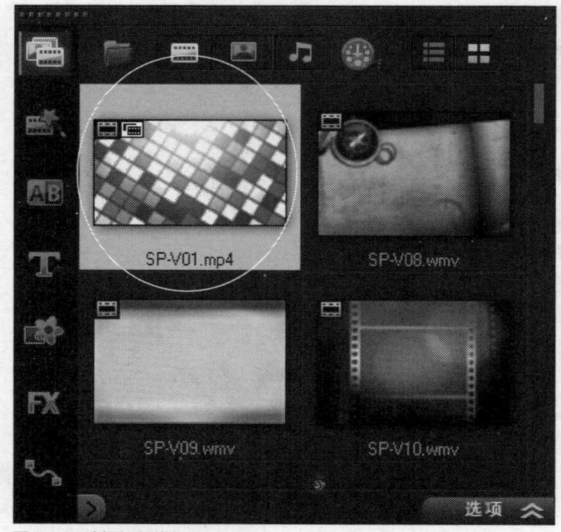

图4-47 选择视频模板

STEP 03 单击鼠标左键并拖曳至视频轨中的开始位置，如图4-48所示。

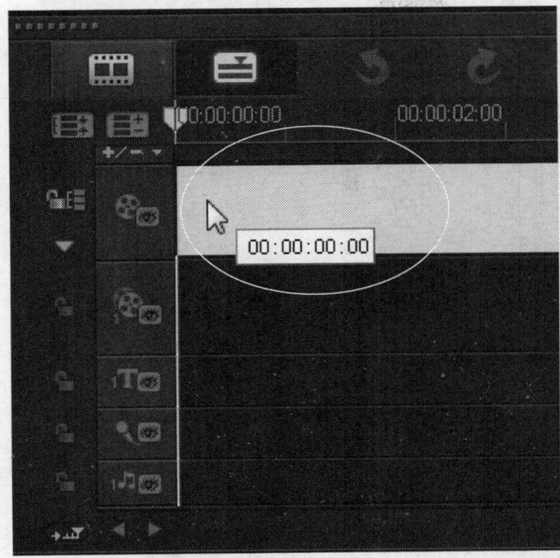

图4-48 拖曳至视频轨

STEP 04 释放鼠标左键，即可添加视频模板，如图4-49所示。

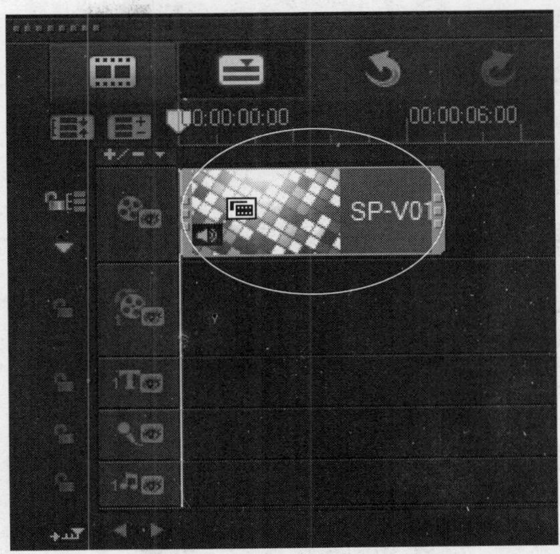

图4-49 添加视频模板

STEP 05 执行上述操作后，单击导览面板中的“播放”按钮，即可预览制作的舞台画面视频模板效果，如图4-50所示。

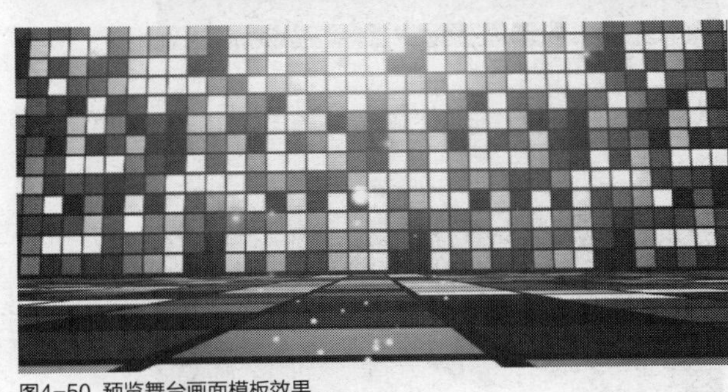

图4-50 预览舞台画面模板效果

实战 065 运用气球模板

▶实例位置：光盘\效果\第4章\心相连.VSP
▶素材位置：光盘\素材\第4章\心相连.VSP
▶视频位置：光盘\视频\第4章\实战065.mp4

• 实例介绍 •

在会声会影X7中，用户可以使用“视频”素材库中的气球模板制作视频相册效果。下面介绍应用气球视频模板的操作方法。

• 操作步骤 •

STEP 01 进入会声会影编辑器，单击“文件”|“打开项目”命令，打开一个项目文件，如图4-51所示。

STEP 02 在预览窗口中，可以预览打开的项目效果，如图4-52所示。

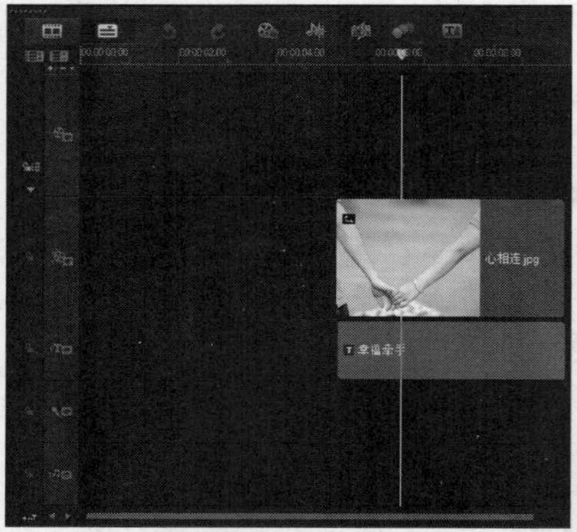

图4-51 打开一个项目文件

图4-52 预览打开的项目效果

STEP 03 在“媒体”素材库中，单击“显示视频”按钮，如图4-53所示。

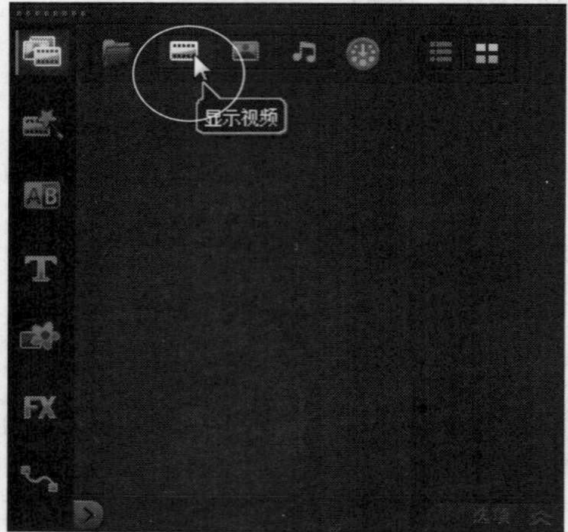

图4-53 单击“显示视频”按钮

STEP 04 在“视频”素材库中，选择气球视频模板，如图4-54所示。

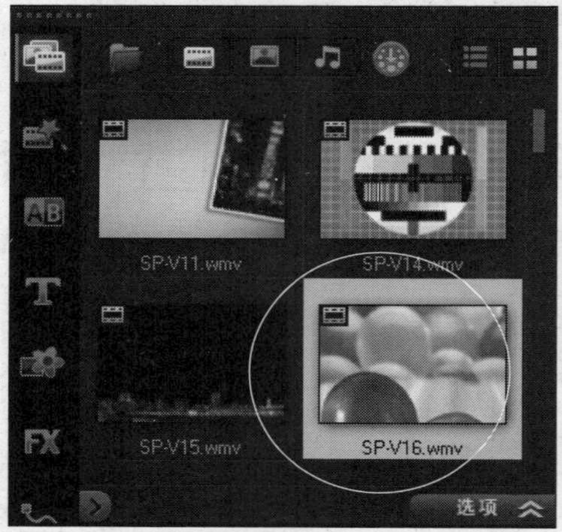

图4-54 选择气球视频模板

STEP 05 单击鼠标左键，并将其拖曳至视频轨中的开始位置，如图4-55所示。

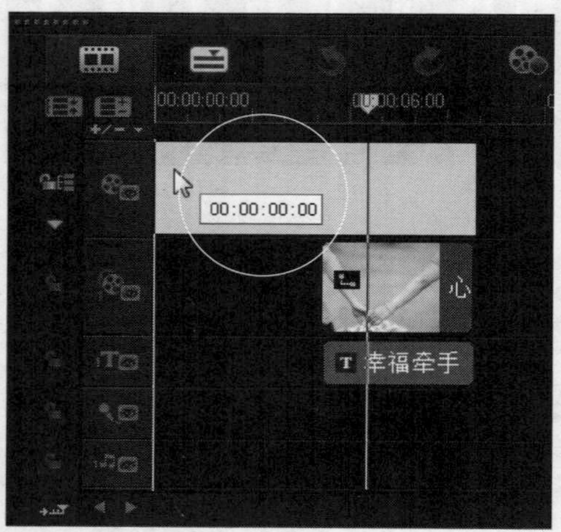

图4-55 拖曳至视频轨中

STEP 06 释放鼠标左键，即可添加视频模板，如图4-56所示。

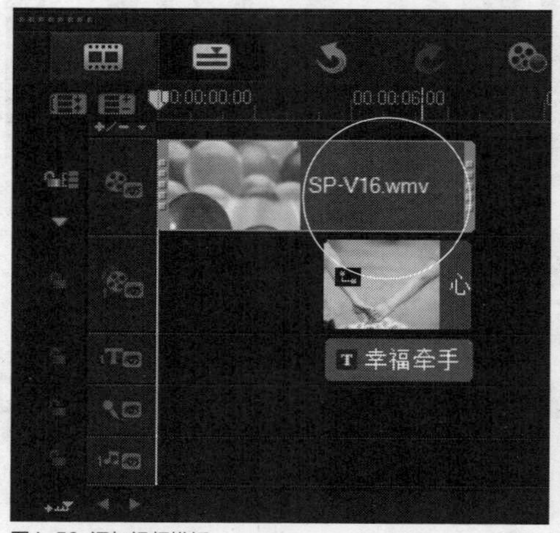

图4-56 添加视频模板

STEP 07 执行上述操作后，单击导览面板中的“播放”按钮，预览气球视频模板动画效果，如图4-57所示。

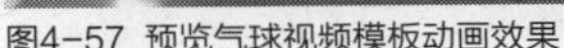

图4-57 预览气球视频模板动画效果

实战 066 运用片头模板

▶实例位置：光盘\效果\第4章\幸福生活.VSP
▶素材位置：光盘\素材\第4章\幸福生活.VSP
▶视频位置：光盘\视频\第4章\实战066.mp4

• 实例介绍 •

在会声会影X7中，用户可以使用“视频”素材库中的片头模板制作视频片头动画效果。下面介绍应用片头视频模板的操作方法。

• 操作步骤 •

STEP 01 进入会声会影编辑器，单击“文件”|“打开项目”命令，打开一个项目文件，如图4-58所示。

图4-58 打开一个项目文件

STEP 02 在预览窗口中，可以预览打开的项目效果，如图4-59所示。

图4-59 预览打开的项目效果

STEP 03 在“视频”素材库中，选择片头视频模板，如图4-60所示。

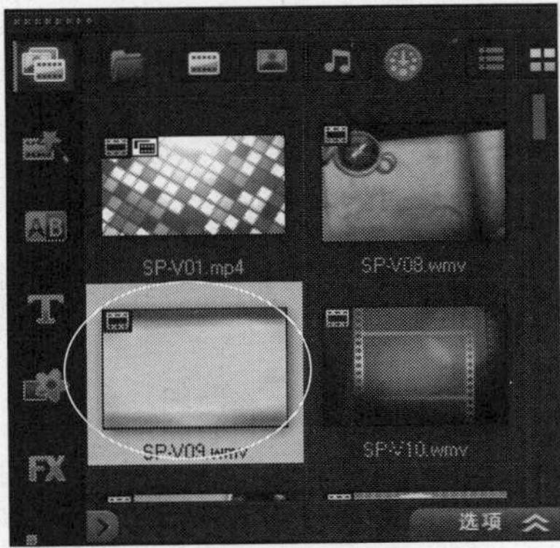

图4-60 选择片头视频模板

STEP 04 单击鼠标左键，并将其拖曳至视频轨中的开始位置，释放鼠标左键即可添加视频模板，如图4-61所示。

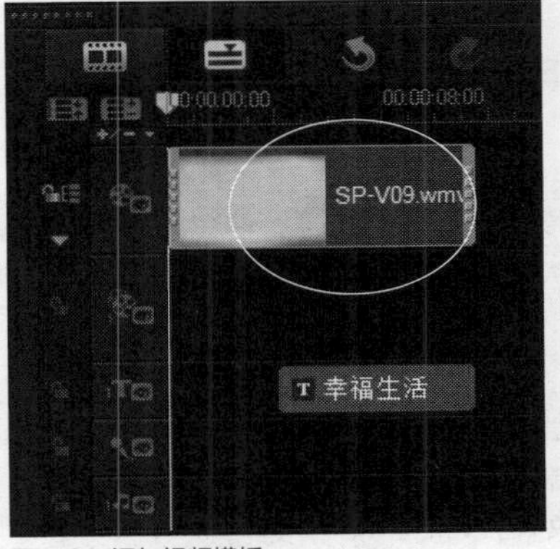

图4-61 添加视频模板

STEP 05 执行上述操作后，单击导览面板中的“播放”按钮，预览片头视频模板动画效果，如图4-62所示。

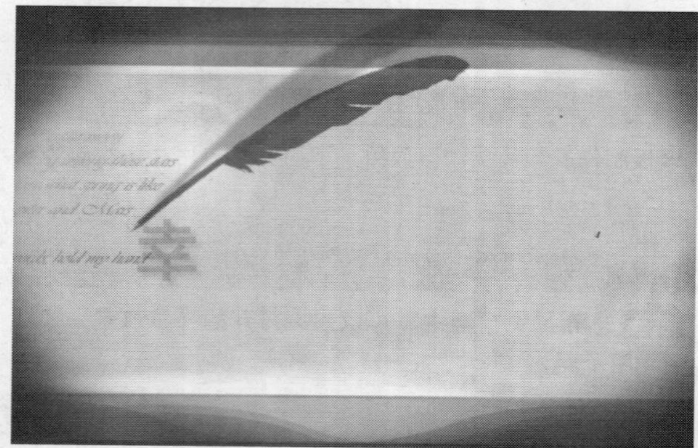

图4-62 预览片头视频模板动画效果

实战067 运用电视模板

- 实例位置：光盘\效果\第4章\美少女.VSP
- 素材位置：光盘\素材\第4章\美少女.VSP
- 视频位置：光盘\视频\第4章\实战067.mp4

• 实例介绍 •

在会声会影X7中，用户可以使用“视频”素材库中的电视模板制作视频播放倒计时效果。下面介绍应用电视视频模板的操作方法。

• 操作步骤 •

STEP 01 进入会声会影编辑器，单击“文件”|“打开项目”命令，打开一个项目文件，如图4-63所示。

STEP 02 在预览窗口中，可以预览打开的项目效果，如图4-64所示。

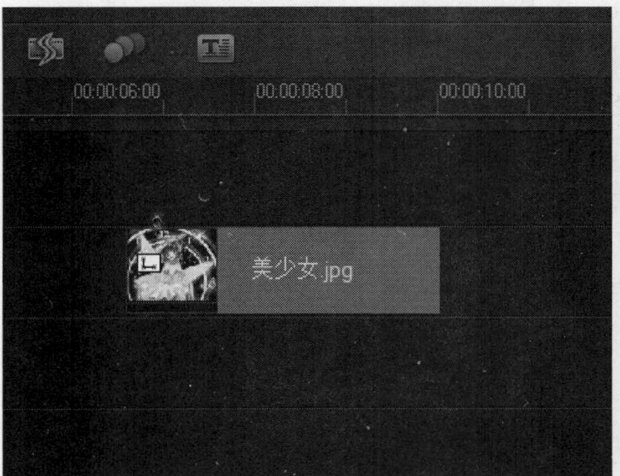

图4-63 打开一个项目文件

图4-64 预览打开的项目效果

STEP 03 在“视频”素材库中，选择电视视频模板，如图4-65所示。

图4-65 选择电视视频模板

STEP 04 单击鼠标左键，并将其拖曳至视频轨中的开始位置，释放鼠标左键即可添加视频模板，如图4-66所示。

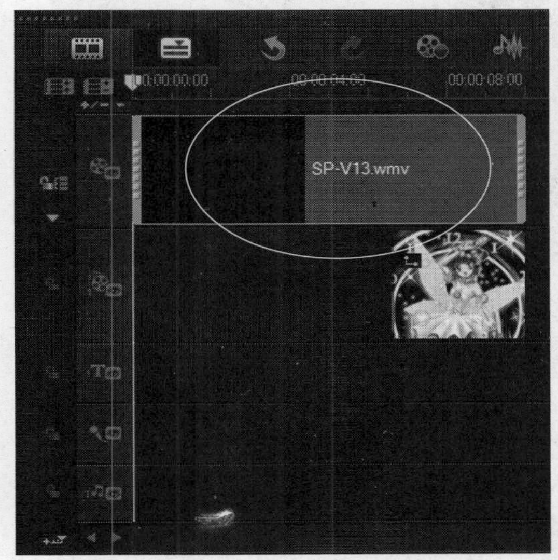

图4-66 添加视频模板

STEP 05 执行上述操作后，单击导览面板中的“播放”按钮，预览电视视频模板动画效果，如图4-67所示。

图4-67 预览电视视频模板动画效果

实战 068 运用胶卷模板

▶实例位置：光盘\效果\第4章\可爱猫咪.VSP
▶素材位置：光盘\素材\第4章\可爱猫咪.VSP
▶视频位置：光盘\视频\第4章\实战068.mp4

• 实例介绍 •

在会声会影X7中，用户可以使用“视频”素材库中的胶卷模板制作视频运动效果。下面介绍应用胶卷视频模板的操作方法。

• 操作步骤 •

STEP 01 进入会声会影编辑器，单击“文件”|“打开项目”命令，打开一个项目文件，如图4-68所示。

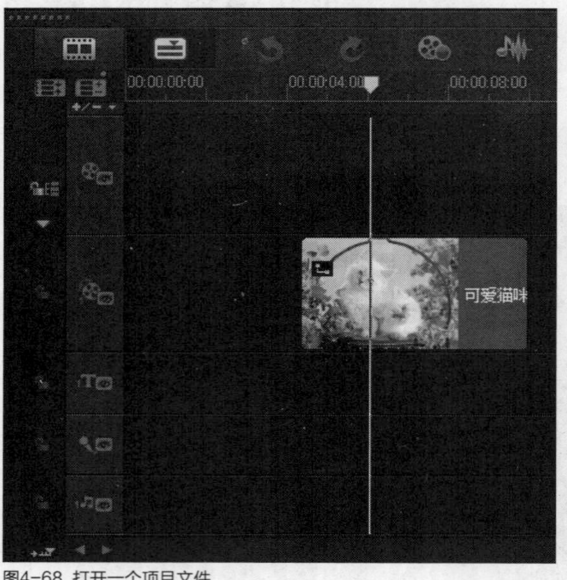

图4-68 打开一个项目文件

STEP 02 在预览窗口中，可以预览打开的项目效果，如图4-69所示。

图4-69 预览打开的项目效果

STEP 03 在“视频”素材库中，选择胶卷视频模板，如图4-70所示。

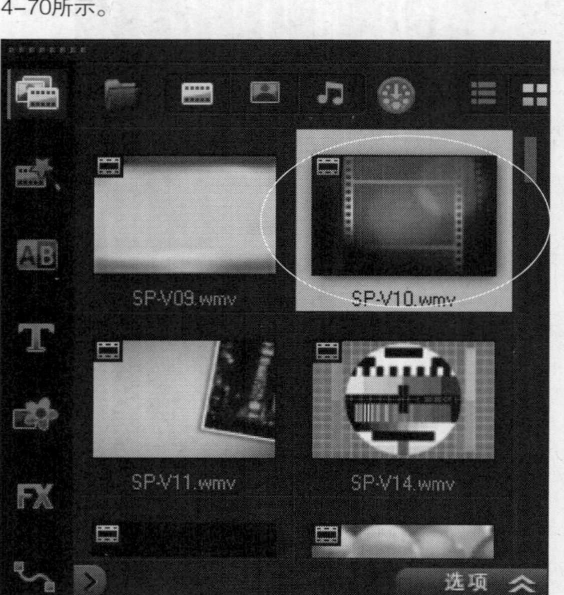

图4-70 选择胶卷视频模板

STEP 04 单击鼠标左键，并将其拖曳至视频轨中的开始位置，释放鼠标左键即可添加视频模板，如图4-71所示。

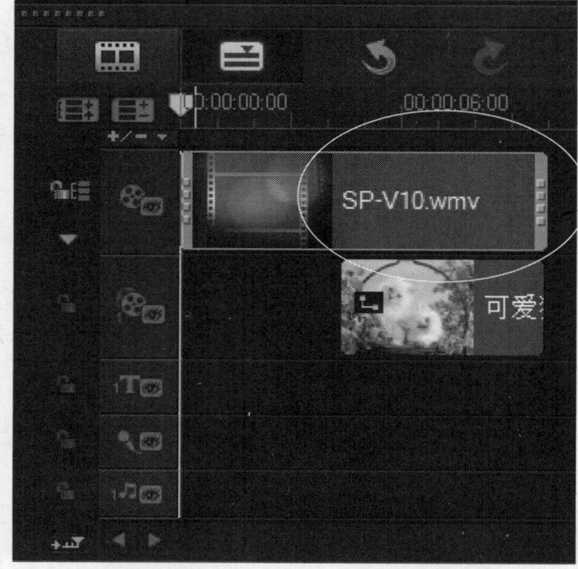

图4-71 添加视频模板

STEP 05 执行上述操作后，单击导览面板中的“播放”按钮，预览胶卷视频模板动画效果，如图4-72所示。

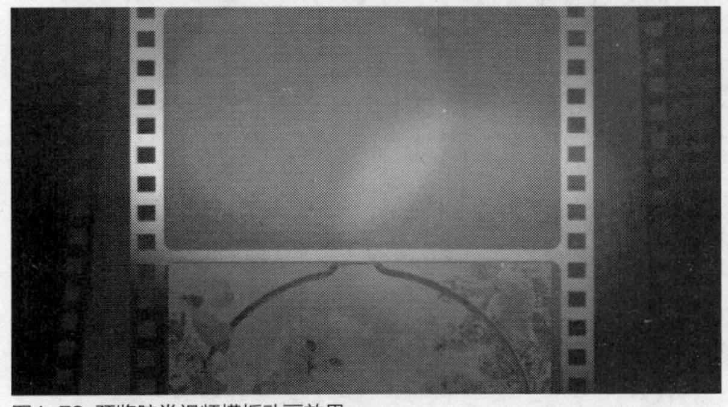

图4-72 预览胶卷视频模板动画效果

实战 069 运用烟花模板

▶实例位置：光盘\效果\第4章\烟花.VSP
▶素材位置：无
▶视频位置：光盘\视频\第4章\实战069.mp4

• 实例介绍 •

在会声会影X7中，用户可以使用“视频”素材库中的烟花模板制作庆典晚会效果，下面介绍应用烟花视频模板的操作方法。

• 操作步骤 •

STEP 01 进入会声会影编辑器，单击“显示视频”按钮，如图4-73所示。

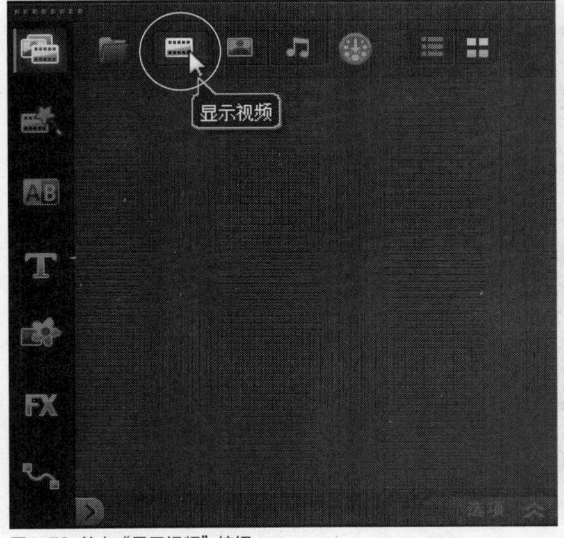

图4-73 单击“显示视频”按钮

STEP 02 打开视频素材库，选择需要添加至视频轨中的烟花视频模板，如图4-74所示。

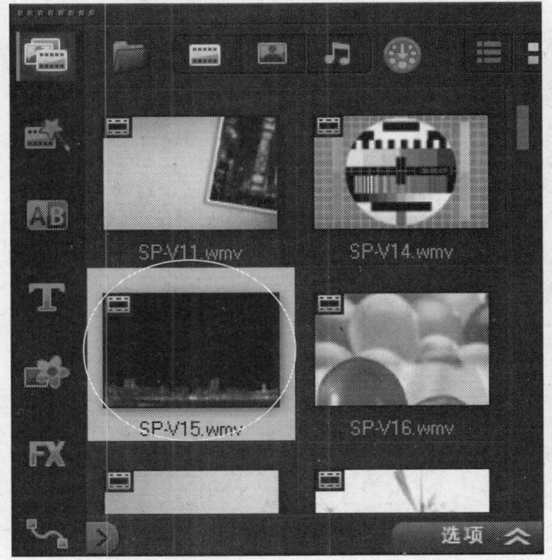

图4-74 选择视频模板

STEP 03 单击鼠标左键，并将其拖曳至视频轨中的开始位置，如图4-75所示。

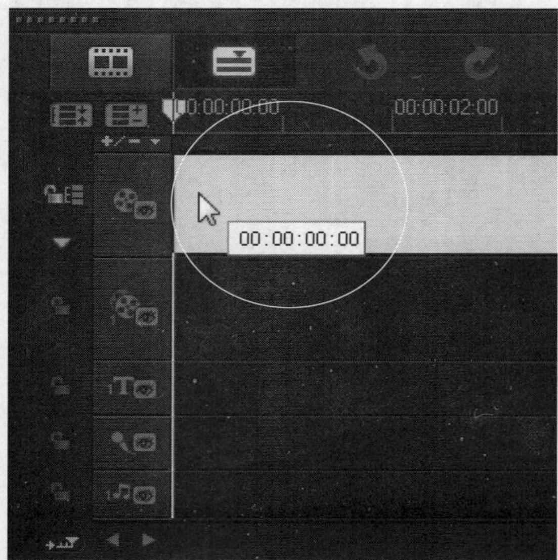

图4-75 拖曳至视频轨中

STEP 04 释放鼠标左键，即可添加视频模板，如图4-76所示。

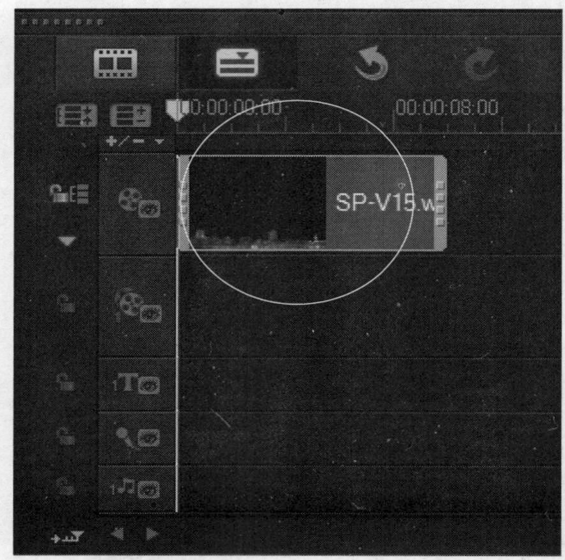

图4-76 添加视频模板

STEP 05 单击导览面板中的"播放"按钮，预览烟花视频模板动画效果，如图4-77所示。

图4-77 预览烟花视频模板动画效果

实战 070 运用时钟模板

▶实例位置：光盘\效果\第4章\艺术画像.VSP
▶素材位置：光盘\素材\第4章\艺术画像.VSP
▶视频位置：光盘\视频\第4章\实战070.mp4

• 实例介绍 •

在会声会影X7中，用户可以使用“照片”素材库中的时钟模板制作各种图像效果。下面介绍应用时钟图像模板的操作方法。

• 操作步骤 •

STEP 01 进入会声会影编辑器，单击“文件”|“打开项目”命令，打开一个项目文件，如图4-78所示。

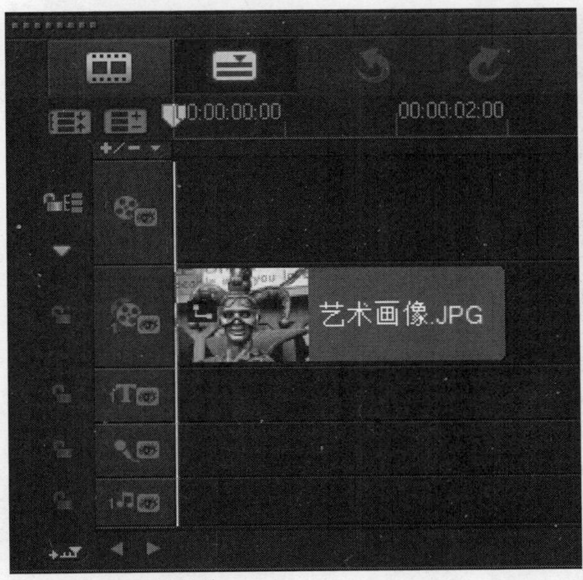

图4-78 打开一个项目文件

STEP 02 在“视频”素材库中，选择时钟背景视频模板，如图4-79所示。

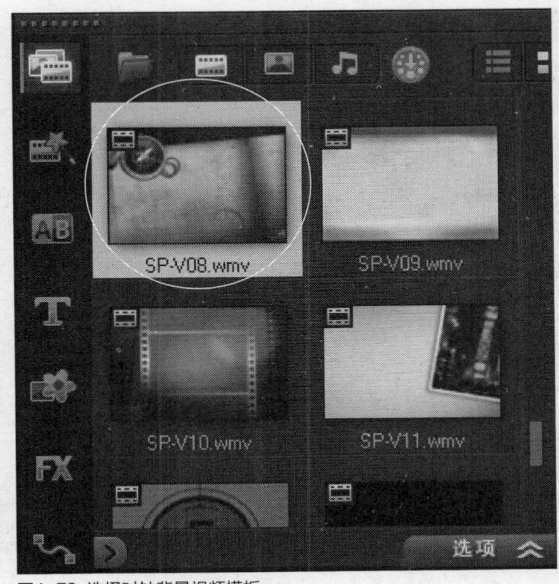

图4-79 选择时钟背景视频模板

STEP 03 单击鼠标左键并拖曳至视频轨中的适当位置，释放鼠标左键，即可添加时钟背景视频模板，如图4-80所示。

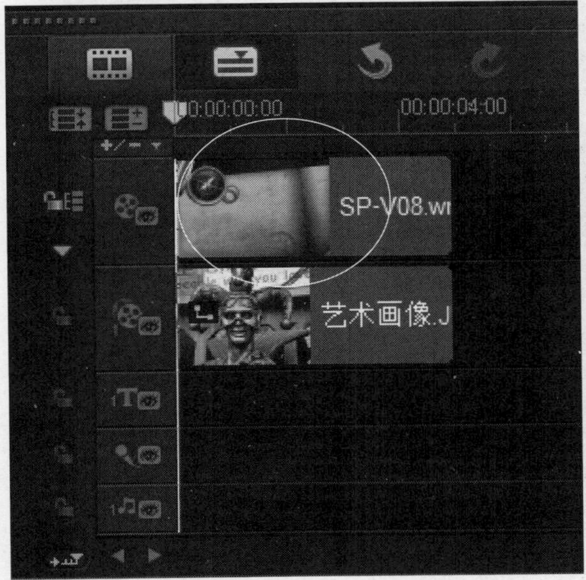

图4-80 添加时钟背景视频模板

STEP 04 执行上述操作后，在预览窗口中即可预览时钟画面视频效果，如图4-81所示。

图4-81 预览时钟画面效果

实战071 运用方格模板

▶实例位置：光盘\效果\第4章\影视画面.VSP
▶素材位置：光盘\素材\第4章\影视画面.VSP
▶视频位置：光盘\视频\第4章\实战071.mp4

• 实例介绍 •

在会声会影X7中，用户可以使用“视频”素材库中的粉色方格模板制作视频片头效果。下面介绍应用粉色方格视频模板的操作方法。

• 操作步骤 •

STEP 01 进入会声会影编辑器，单击“显示视频”按钮，如图4-82所示。

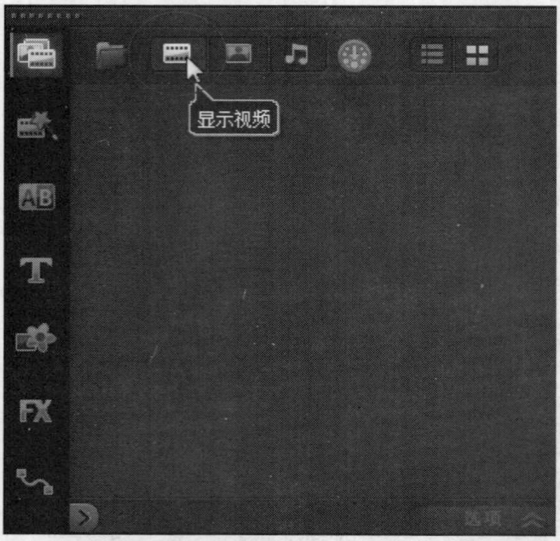

图4-82 单击“显示视频”按钮

STEP 02 打开视频素材库，选择需要添加至视频轨中的粉色方格视频模板，如图4-83所示。

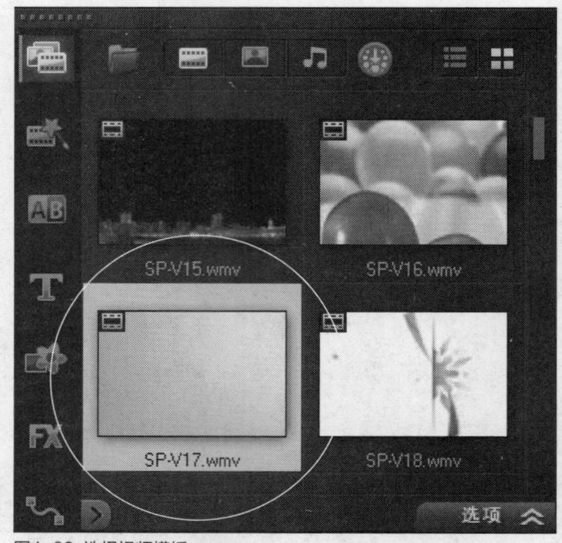

图4-83 选择视频模板

STEP 03 单击鼠标左键，并将其拖曳至视频轨中的开始位置，如图4-84所示。

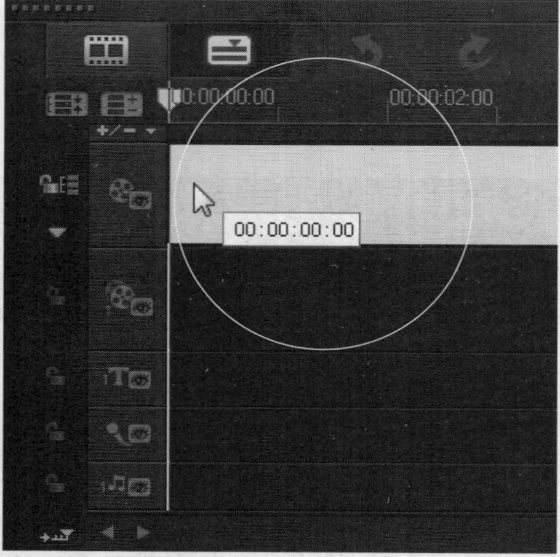

图4-84 拖曳至视频轨中

STEP 04 释放鼠标左键，即可添加视频模板，如图4-85所示。

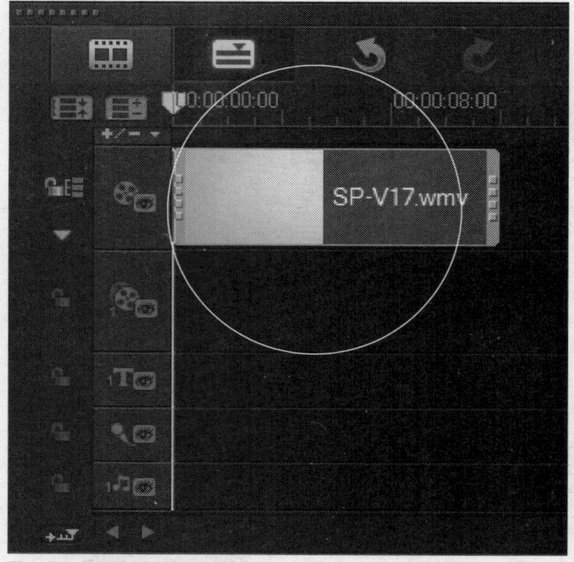

图4-85 添加视频模板

STEP 05 单击导览面板中的“播放”按钮，预览粉色方格视频模板动画效果，如图4-86所示。

图4-86 预览粉色方格视频模板动画效果

知识拓展

粉色方格的视频模板适合用在比较温馨的视频上，适合做个人写真或婚庆类的片头效果。

4.3 运用即时项目模板

在会声会影X7中，即时项目模板提供了多种主题模板类型，用户可以根据需要选择相应的即时项目模板来制作视频效果。本节主要介绍运用即时项目模板的操作方法。

实战072 运用开始项目模板

▶实例位置：光盘\效果\第4章\运用开始项目模板.VSP
▶素材位置：无
▶视频位置：光盘\视频\第4章\实战072.mp4

• 实例介绍 •

会声会影X7的向导模板可以应用于不同阶段的视频制作中，如“开始”向导模板，用户可将其添加在视频项目的开始处，制作成视频的片头。下面向读者介绍运用开始项目模板的操作方法。

• 操作步骤 •

STEP 01 进入会声会影编辑器，在素材库的左侧单击“即时项目”按钮，如图4-87所示。

STEP 02 即可打开“即时项目”素材库，显示库导航面板，如图4-88所示。

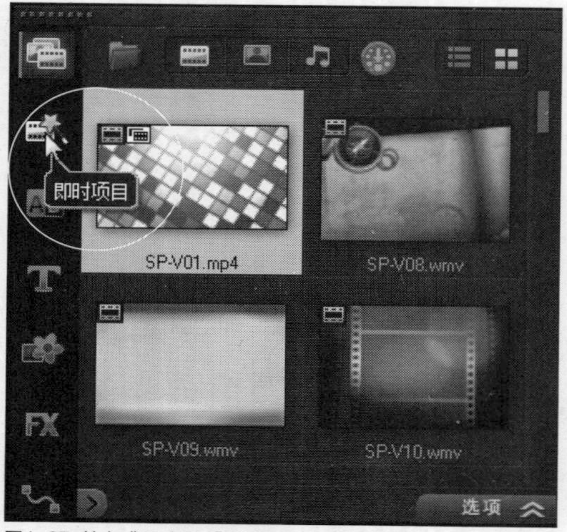

图4-87 单击“即时项目”按钮

图4-88 显示库导航面板

STEP 03 单击左下方的“显示库导航面板”按钮，在面板中选择“开始”选项，如图4-89所示。

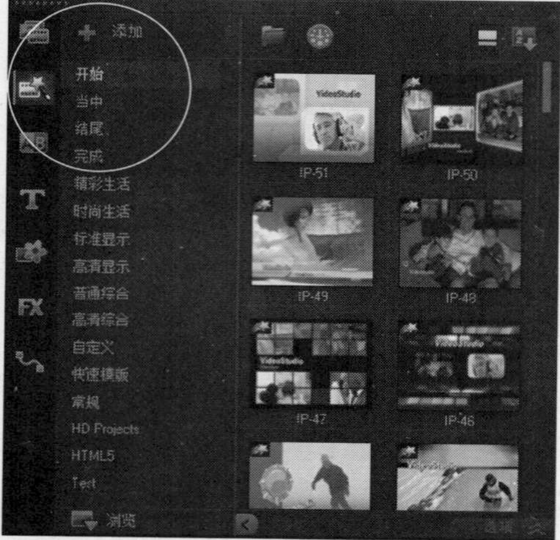

图4-89 选择“开始”选项

STEP 04 进入“开始”素材库，在该素材库中选择第一个开始项目模板，如图4-90所示。

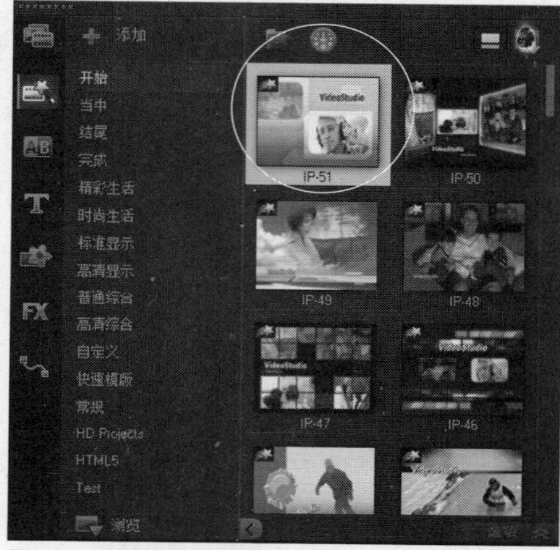

图4-90 选择第一个开始项目模板

STEP 05 在项目模板上，单击鼠标右键，在弹出的快捷菜单中选择“在开始处添加”选项，如图4-91所示。

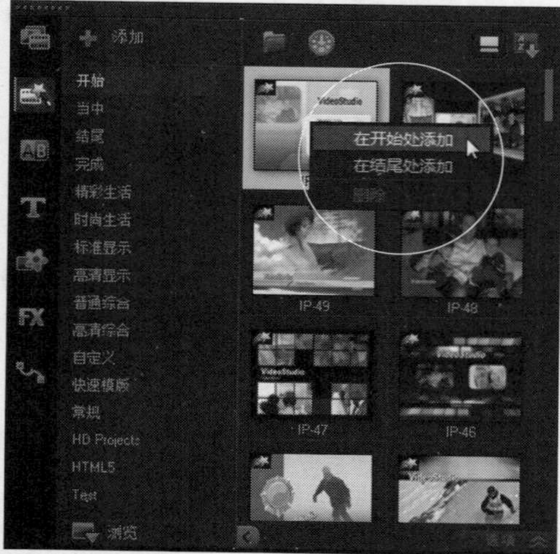

图4-91 选择“在开始处添加”选项

STEP 06 执行上述操作后，即可将开始项目模板插入至视频轨中的开始位置，如图4-92所示。

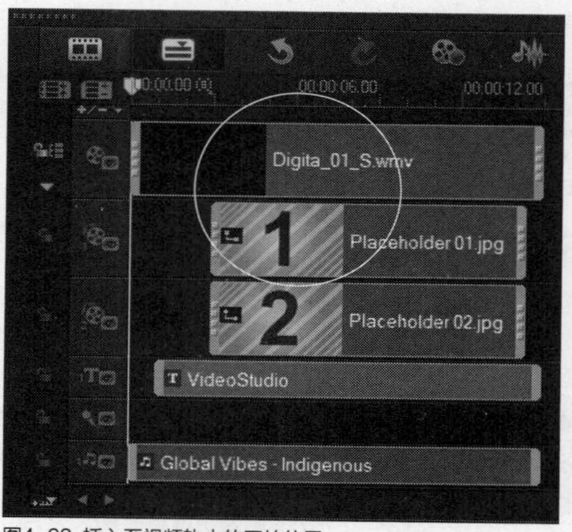

图4-92 插入至视频轨中的开始位置

STEP 07 单击导览面板中的“播放”按钮，预览影视片头效果，如图4-93所示。

图4-93 预览影视片头效果

知识拓展

上述这一套开始项目模板，用户可以将其运用在商业广告类的视频片头位置，做片头动画特效。

下面向读者介绍几款其他的视频片头模板，如果用户喜欢，可以将其添加至时间轴面板中，添加的方法与上述介绍的方法是一样的，不再赘述。

➢ 开始项目模板1：下面这套开始模板可以运用在儿童类视频的片头位置，如图4-94所示。

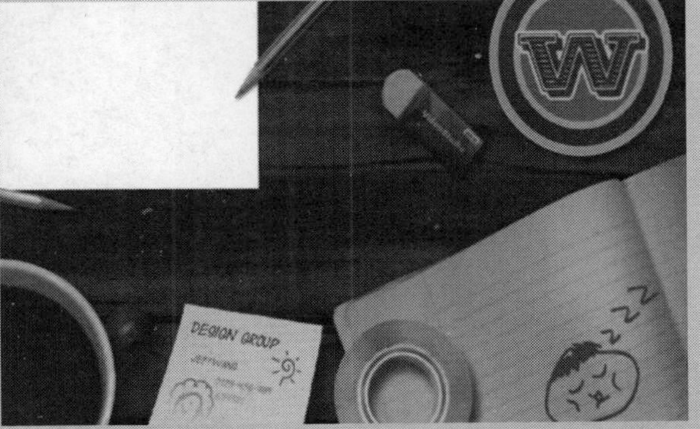

图4-94 运用在儿童类视频的片头位置

➢ 开始项目模板2：下面这套开始模板可以运用在风景类视频的片头位置，如图4-95所示。

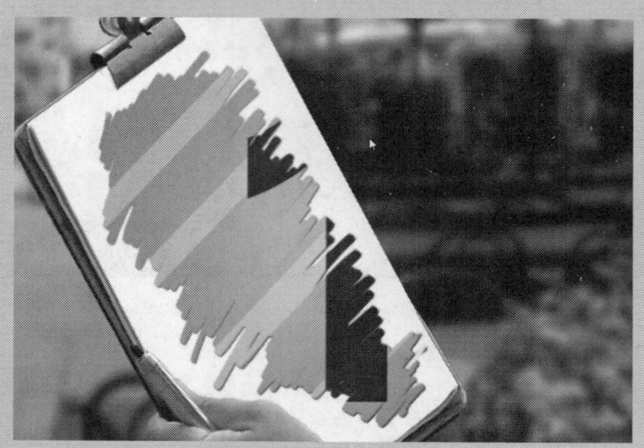

图4-95 运用在风景类视频的片头位置

➢ 开始项目模板3：下面这套开始模板可以运用在电子纪念相册类视频的片头位置，如图4-96所示。

图4-96 运用在电子纪念相册类视频的片头位置

➢ 开始项目模板4：下面这套开始模板可以运用在家庭生活留影类视频的片头位置，如图4-97所示。

图4-97 运用在家庭生活留影类视频的片头位置

➢ 开始项目模板5：下面这套开始模板可以运用在梦幻类视频的片头位置，如图4-98所示。

图4-98 运用在梦幻类视频的片头位置

➢ 开始项目模板6：下面这套开始模板可以运用在旅游类视频的片头位置，如图4-99所示。

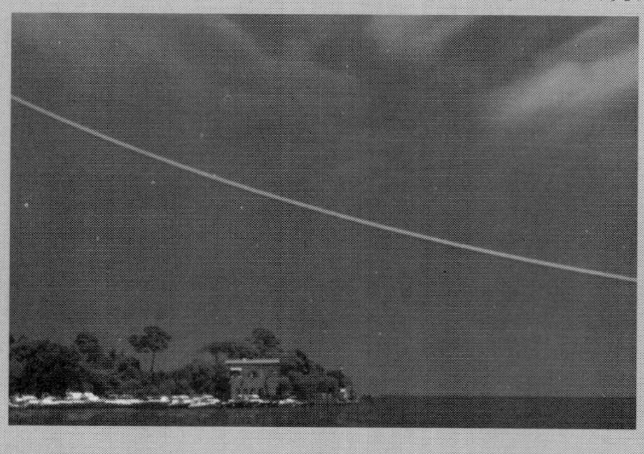

图4-99 运用在旅游类视频的片头位置

➢ 开始项目模板7：下面这套开始模板可以运用在活动与节目类视频的片头位置，如图4-100所示。

图4-100 运用在活动与节目类视频的片头位置

➢ 开始项目模板8：下面这套开始模板可以运用在电视栏目与广告类视频的片头位置，如图4-101所示。

图4-101 运用在电视栏目与广告类视频的片头位置

技巧点拨

在模板播放的过程中，画面中的数字1、2、3……是指可以替换的素材文件，用户可以将这些数字图片替换为用户需要制作视频的素材。

在模板项目中替换素材的方法很简单，首先在素材库中选择替换之后的素材，按住【Ctrl】键的同时，单击鼠标左键并拖曳至时间轴面板中需要替换的素材上方，释放鼠标左键，进行覆盖，即可替换素材文件，这样可以快速运用模板制作用户需要的影片。

值得用户需要注意的是，照片素材替换照片素材时，可以按住【Ctrl】键的同时直接进行替换；而视频素材替换视频素材时，两段视频的区间必须对等，否则会出现素材替换错误的现象。

实战 073 运用当中项目模板

▶ 实例位置：光盘\效果\第4章\运用当中项目模板.VSP
▶ 素材位置：无
▶ 视频位置：光盘\视频\第4章\实战073.mp4

• 实例介绍 •

会声会影X7的“当中”向导中提供了多种即时项目模板，每一个模板都提供了不一样的素材转场以及标题效果，用户可根据需要选择不同的模板应用到视频中。下面介绍运用当中模板向导制作视频的操作方法。

• 操作步骤 •

STEP 01 进入会声会影编辑器，在素材库的左侧单击“即时项目”按钮，打开“即时项目”素材库，显示库导航面板，在面板中选择“当中”选项，如图4-102所示。

STEP 02 进入“当中”素材库，在该素材库中选择IP-M13当中项目模板，如图4-103所示。

图4-102 选择“当中”选项

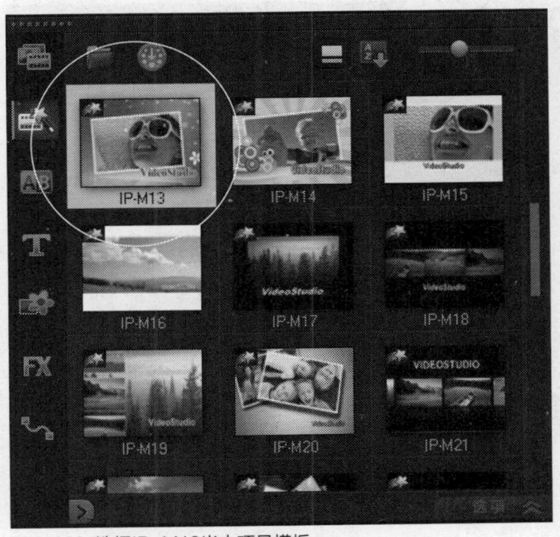

图4-103 选择IP-M13当中项目模板

STEP 03 单击鼠标左键，并将其拖曳至视频轨中的开始位置，如图4-104所示。

图4-104 拖曳至视频轨中

STEP 04 释放鼠标左键，即可在时间轴面板中插入即时项目主题模板，如图4-105所示。

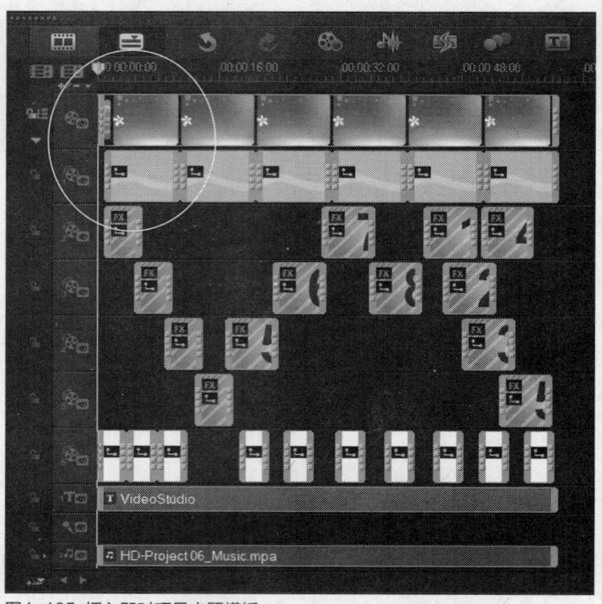

图4-105 插入即时项目主题模板

STEP 05 执行上述操作后，单击导览面板中的“播放”按钮，预览当中即时项目模板效果，如图4-106所示。

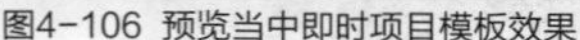

图4-106 预览当中即时项目模板效果

图4-106 预览当中即时项目模板效果（续）

知识拓展

上述这一套温馨场景的当中模板，用户可以将其运用在全家团聚类温馨的视频片中场景位置。

下面向读者介绍几款其他的视频当中模板，可以运用在视频的片中场景位置。如果用户喜欢，可以将其添加至时间轴面板中，添加的方法与上述介绍的方法是一样的，不再赘述。

- 当中项目模板1：可以运用在活动节目预告类视频的片中位置，如图4-107所示。

图4-107 运用在活动节目预告类视频的片中位置

图4-107 运用在活动节目预告类视频的片中位置（续）

➢ 当中项目模板2：可以运用在个人写真或特写类视频的片中位置，如图4-108所示。

图4-108 运用在个人写真或特写类视频的片中位置

➢ 当中项目模板3：下面这套当中模板可以运用在相册类视频的片中位置，如图4-109所示。

图4-109 运用在相册类视频的片中位置

图4-109 运用在相册类视频的片中位置（续）

➢ 当中项目模板4：可以运用在生活回忆类视频的片中位置，如图4-110所示。

图4-110 运用在生活回忆类视频的片中位置

➢ 当中项目模板5：可以运用在宝宝成长类视频的片中位置，如图4-111所示。

图4-111 运用在宝宝成长类视频的片中位置

图4-111 运用在宝宝成长类视频的片中位置（续）

实战074 运用结尾项目模板

▶实例位置：光盘\效果\第4章\运用结尾项目模板.VSP
▶素材位置：无
▶视频位置：光盘\视频\第4章\实战074.mp4

• 实例介绍 •

在会声会影X7的“结尾”向导中，用户可以将其添加在视频项目的结尾处，制作成专业的片尾动画效果。下面介绍运用结尾向导制作视频结尾画面的操作方法。

• 操作步骤 •

STEP 01 进入会声会影编辑器，在素材库的左侧单击“即时项目”按钮，如图4-112所示。

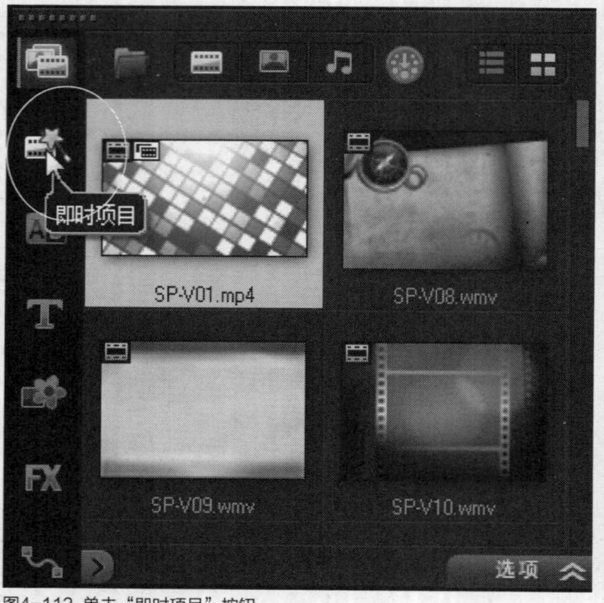

图4-112 单击“即时项目”按钮

STEP 02 打开“即时项目”素材库，显示库导航面板，在面板中选择“结尾”选项，如图4-113所示。

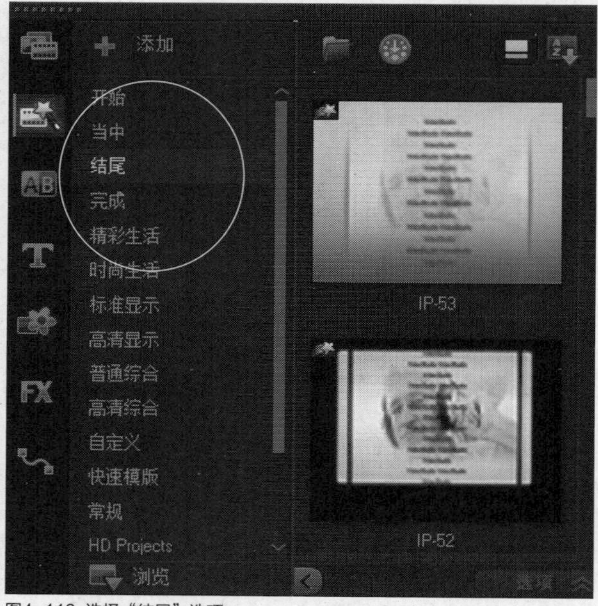

图4-113 选择“结尾”选项

STEP 03 进入“结尾”素材库，在该素材库中选择IP-53结尾项目模板，如图4-114所示。

STEP 04 单击鼠标左键，并将其拖曳至视频轨中，即可在时间轴面板中插入即时项目主题模板，如图4-115所示。

图4-114 选择相应的结尾项目模板

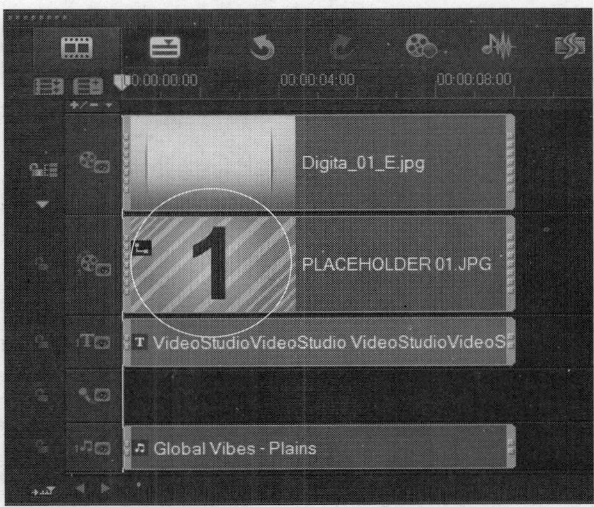

图4-115 插入即时项目主题模板

STEP 05 执行上述操作后，单击导览面板中的“播放”按钮，预览结尾即时项目模板效果，如图4-116所示。

图4-116 预览结尾即时项目模板效果

知识拓展

上面介绍的这一套商业片尾项目模板，用户可以将其运用在商业广告类的视频片尾位置。下面向读者介绍几款其他的视频片尾模板，可以运用在视频的片尾位置。如果用户喜欢，可以将其添加至时间轴面板中，添加的方法与上述介绍的方法是一样的，不再赘述。

➢ 片尾项目模板1：下面这套结尾模板可以运用在游记类视频的片尾位置，如图4-117所示。

图4-117 运用在游记类视频的片尾位置

图4-117 运用在游记类视频的片尾位置（续）

➢ 片尾项目模板2：下面这套结尾模板可以运用在动感火爆激情类视频的片尾位置，如图4-118所示。

图4-118 运用在火爆激情类视频的片尾位置

➢ 片尾项目模板3：下面这套结尾模板可以运用在活动与节目类视频的片尾位置，如图4-119所示。

图4-119 运用在活动与节目类视频的片尾位置

➢ 片尾项目模板4：下面这套结尾模板可以运用在电视新闻栏目类视频的片尾位置，如图4-120所示。

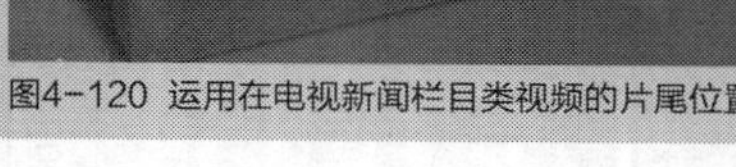

图4-120 运用在电视新闻栏目类视频的片尾位置

➢ 片尾项目模板5：下面这套结尾模板可以运用在影视与节目谢幕类视频的片尾位置，如图4-121所示。

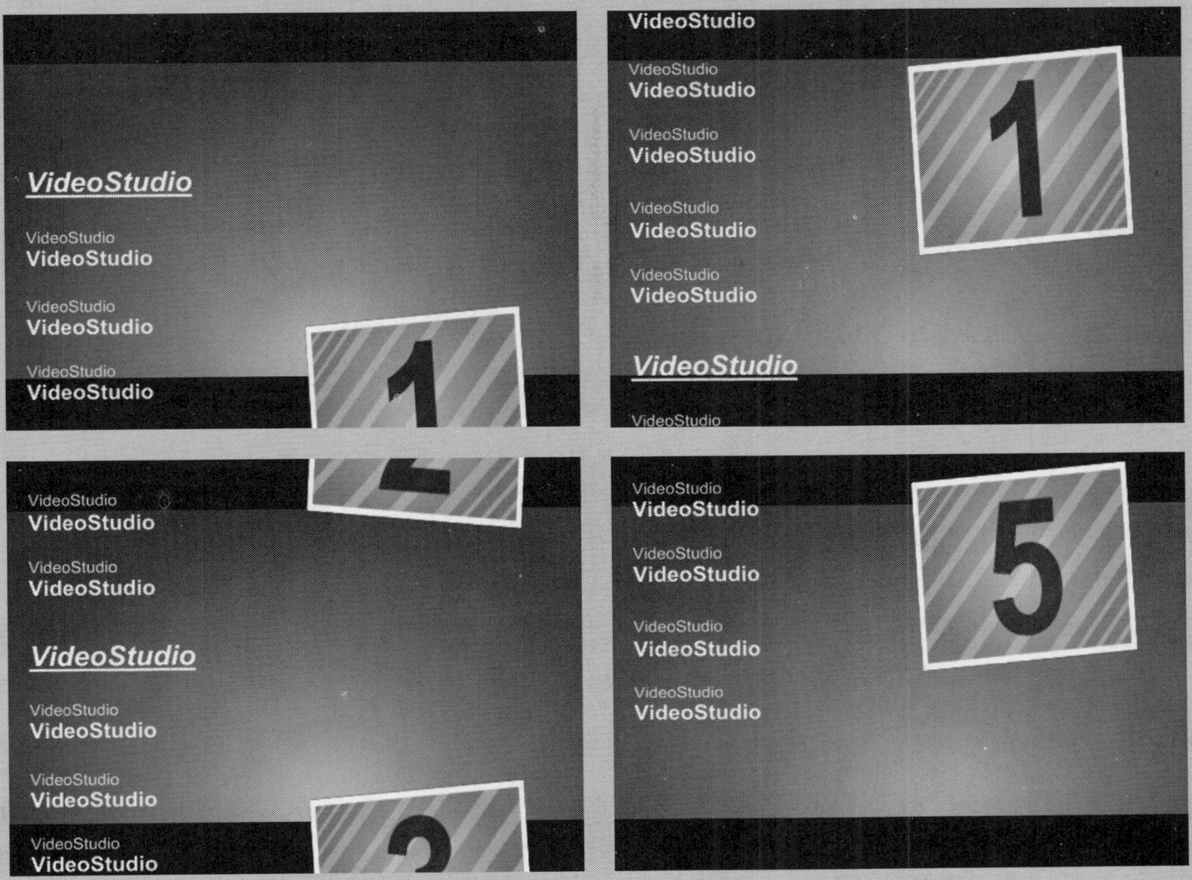

图4-121　运用在影视与节目谢幕类视频的片尾位置

➢ 片尾项目模板6：下面这套结尾模板可以运用在公司晚会活动类视频的片尾位置，如图4-122所示。

图4-122　运用在公司晚会活动类视频的片尾位置

图4-122 运用在公司晚会活动类视频的片尾位置（续）

实战075 运用完成项目模板

- 实例位置：光盘\效果\第4章\运用完成项目模板.VSP
- 素材位置：无
- 视频位置：光盘\视频\第4章\实战075.mp4

• 实例介绍 •

除上述3种向导外，会声会影X7还为用户提供了“完成”向导模板。在该向导中，用户可以选择相应的视频模板并将其应用到视频制作中。在“完成”项目模板中，每一个项目都是一段完整的视频，其中包含片头、片中与片尾特效。下面介绍运用完成向导制作视频画面的操作方法。

• 操作步骤 •

STEP 01 进入会声会影编辑器，在素材库的左侧单击“即时项目”按钮，打开“即时项目”素材库，显示库导航面板，在面板中选择“完成”选项，如图4-123所示。

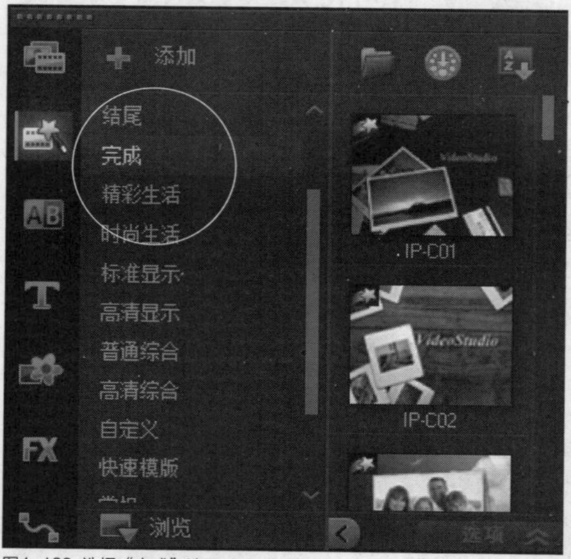

图4-123 选择“完成”选项

STEP 02 进入“完成”素材库，在该素材库中选择IP-26完成项目模板，如图4-124所示。

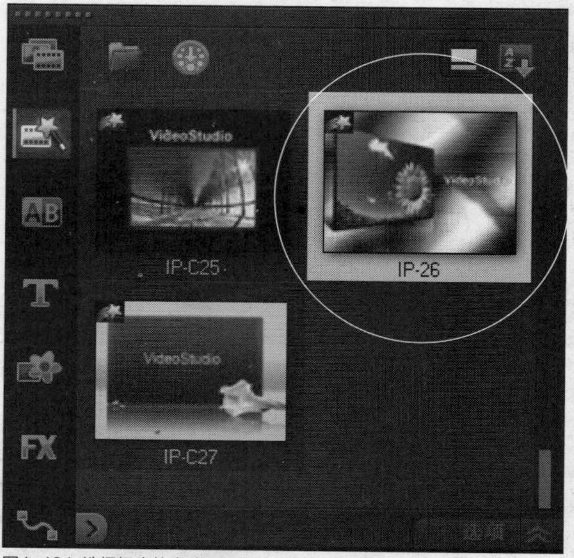

图4-124 选择相应的完成项目模板

STEP 03 单击鼠标左键，并将其拖曳至视频轨中的开始位置，如图4-125所示。

STEP 04 释放鼠标左键，即可在时间轴面板中插入即时项目主题模板，如图4-126所示。

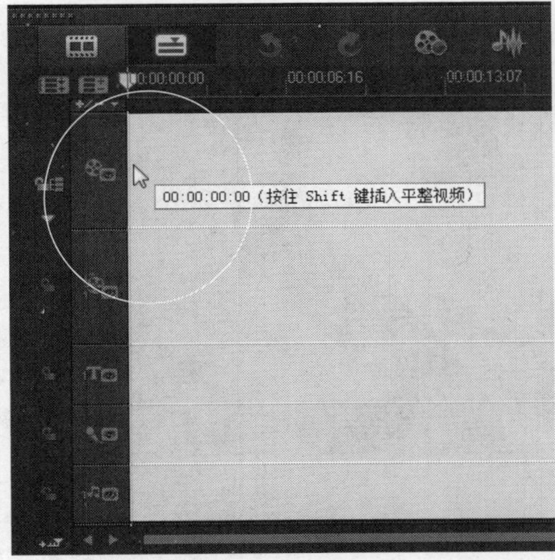

图4-125 拖曳至视频轨中

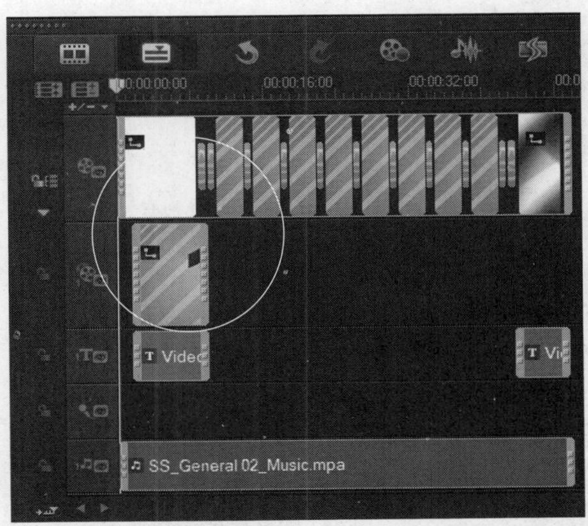

图4-126 插入即时项目主题模板

STEP 05 执行上述操作后，单击导览面板中的“播放”按钮，预览完成即时项目模板效果，如图4-127所示。

图4-127 预览完成即时项目模板效果

技巧点拨

当用户将项目模板添加至时间轴面板后，如果用户不需要模板中的字幕文件，可以对其进行删除操作。

知识拓展

上述这一套商业类项目模板，用户可以将其运用在商业车展、活动类的视频中。

下面向读者介绍几款其他的视频完成模板，如果用户喜欢，可以将其添加至时间轴面板中，添加的方法与上述介绍的方法是一样的，不再赘述。

➢ 完成项目模板1：下面这套完成模板可以运用在电子相册类视频中，如图4-128所示。

图4-128 运用在电子相册类视频中

图4-128 运用在电子相册类视频中（续）

➢ 完成项目模板2：下面这套完成模板可以运用在个人写真或个人照片类视频中，如图4-129所示。

图4-129 运用在个人写真或个人照片类视频中

➢ 完成项目模板3：下面这套完成模板可以运用在婚庆类视频中，如图4-130所示。

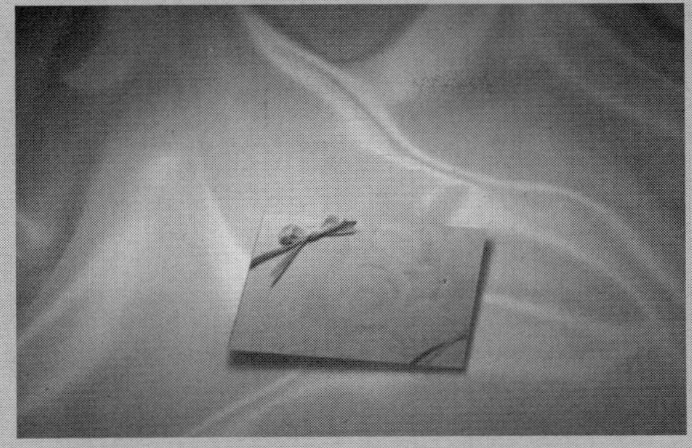

图4-130 运用在婚庆类视频中

➢ 完成项目模板4：下面这套完成模板可以运用在卡通、可爱类视频中，如图4-131所示。

图4-131 运用在可爱类视频中

4.4 运用其他模板素材

会声会影X7中除了图像模板、视频模板和即时项目模板外，还有很多其他主题模板可供使用，如对象模板、边框模板等，在编辑视频时，可以适当添加这些模板，让制作的视频更加丰富多彩。本节主要介绍运用其他模板的操作方法。

实战076 运用对象模板

- ▶实例位置：光盘\效果\第4章\小小世界.VSP
- ▶素材位置：光盘\素材\第4章\小小世界.VSP
- ▶视频位置：光盘\视频\第4章\实战076.mp4

• 实例介绍 •

会声会影X7中提供了多种类型的对象主题模板，用户可以根据需要将对象主题模板应用到所编辑的视频中，使视频画面更加美观。下面向读者介绍运用对象模板制作视频画面的操作方法。

• 操作步骤 •

STEP 01 进入会声会影编辑器，单击“文件”|“打开项目”命令，打开一个项目文件，如图4-132所示。

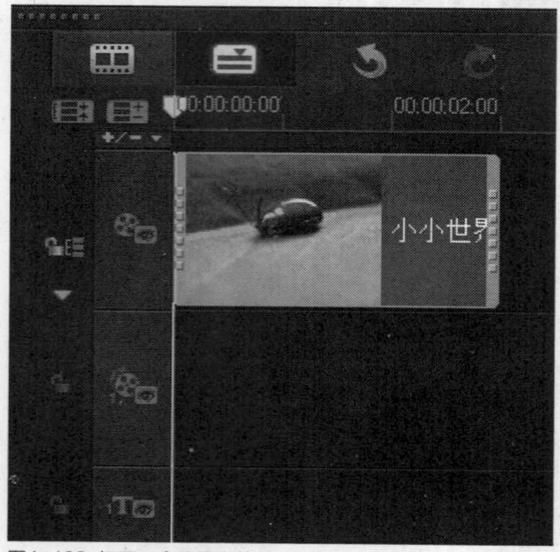

图4-132 打开一个项目文件

STEP 02 在预览窗口中可以预览图像效果，如图4-133所示。

图4-133 预览图像效果

STEP 03 在素材库的左侧，单击“图形”按钮，如图4-134所示。

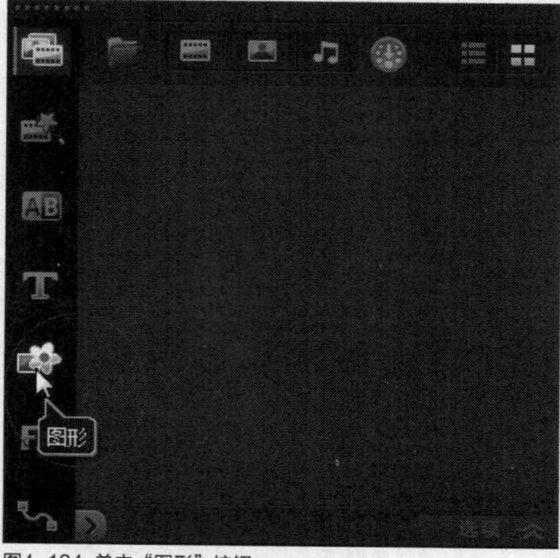

图4-134 单击“图形”按钮

STEP 04 切换至“图形”素材库，单击窗口上方的“画廊”按钮，在弹出的列表框中选择“对象”选项，如图4-135所示。

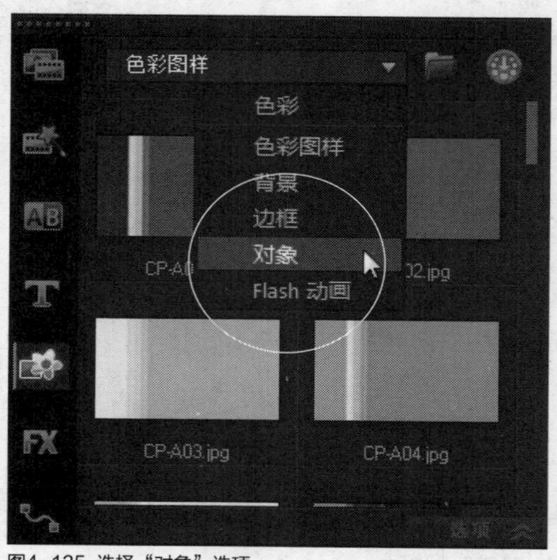

图4-135 选择“对象”选项

STEP 05 打开“对象”素材库，其中显示了多种类型的对象模板，在其中选择OB-47对象模板，如图4-136所示。

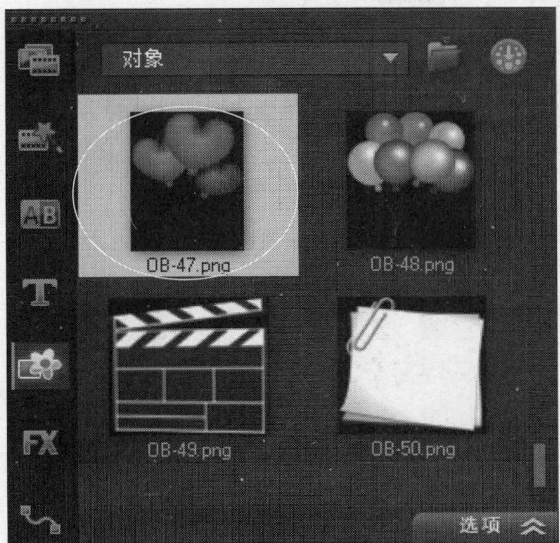

图4-136 选择OB-47对象模板

STEP 06 在对象模板上，单击鼠标右键，在弹出的快捷菜单中选择“插入到”|“覆叠轨#1”选项，如图4-137所示。

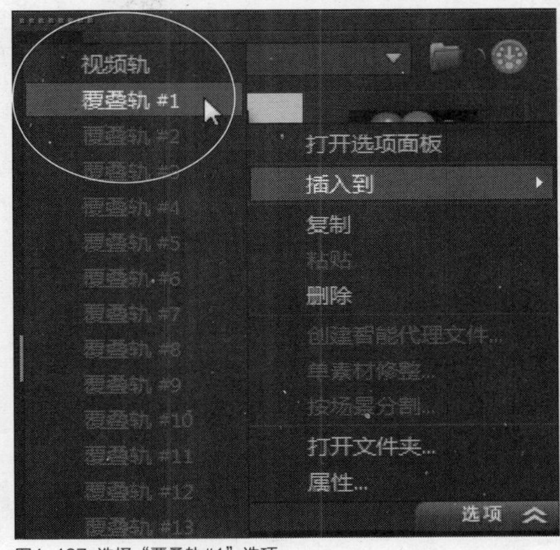

图4-137 选择“覆叠轨#1”选项

STEP 07 执行操作后，即可将OB-47对象模板插入到覆叠轨1中，如图4-138所示。

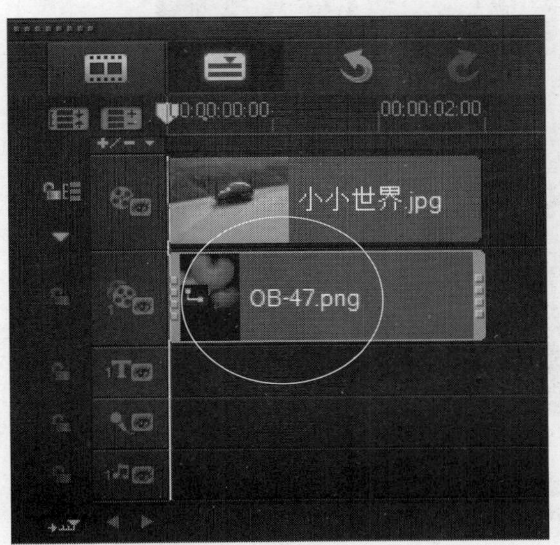

图4-138 插入到覆叠轨1中

STEP 08 适当移动位置，在预览窗口中可以观看添加的对象模板效果，如图4-139所示。

图4-139 观看对象模板效果

知识拓展

会声会影X7的“对象”素材库中提供了多种对象素材供用户选择和使用。用户需要注意的是，对象素材添加至覆叠轨中后，如果发现其大小和位置与视频背景不符合时，可以通过拖曳的方式调整覆叠素材的大小和位置等属性。

实战 077 运用边框模板

- 实例位置：光盘\效果\第4章\幸福恋人.VSP
- 素材位置：光盘\素材\第4章\幸福恋人.VSP
- 视频位置：光盘\视频\第4章\实战077.mp4

• 实例介绍 •

在会声会影X7中编辑影片时，适当地为素材添加边框模板，可以制作出绚丽多彩的视频作品。下面向读者介绍运用边框模板制作视频画面的操作方法。

• 操作步骤 •

STEP 01 进入会声会影编辑器，单击“文件”|“打开项目”命令，打开一个项目文件，如图4-140所示。

图4-140 打开一个项目文件

STEP 02 在预览窗口中可以预览图像效果，如图4-141所示。

图4-141 预览图像效果

STEP 03 在素材库的左侧，单击“图形”按钮，切换至“图形”素材库，单击窗口上方的“画廊”按钮，在弹出的列表框中选择“边框”选项，如图4-142所示。

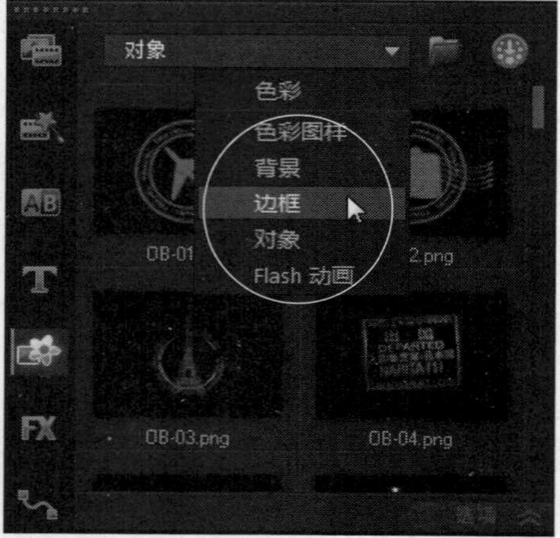

图4-142 选择“边框”选项

STEP 04 打开“边框”素材库，其中显示了多种类型的边框模板，在其中选择FR-B03边框模板，如图4-143所示。

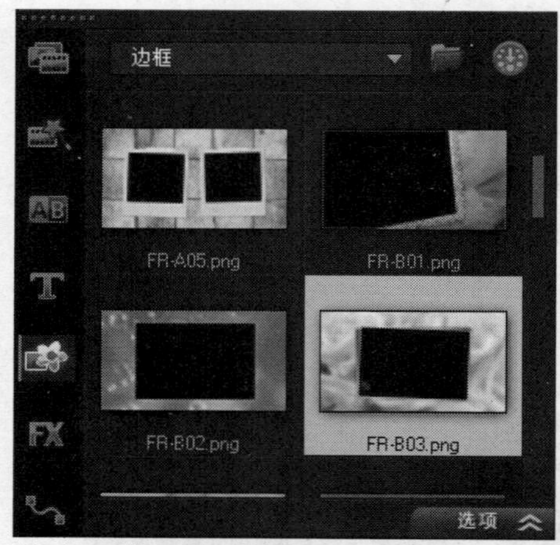

图4-143 选择FR-B03边框模板

STEP 05 在边框模板上，单击鼠标右键，在弹出的快捷菜单中选择“插入到”|“覆叠轨#1”选项，如图4-144所示。

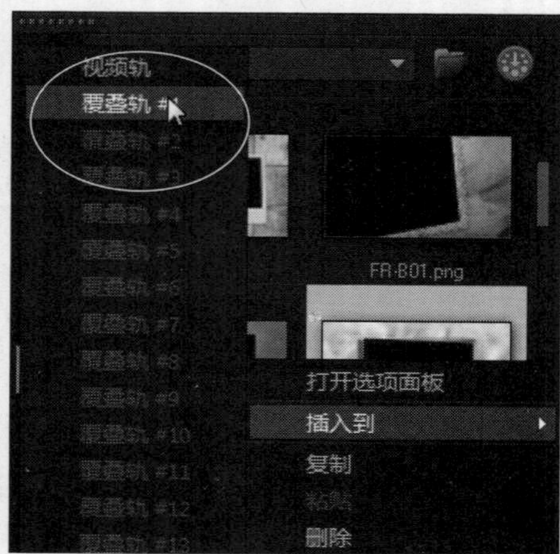

图4-144 选择“覆叠轨#1”选项

STEP 06 执行操作后，即可将FR-B03边框模板插入到覆叠轨1中，如图4-145所示。

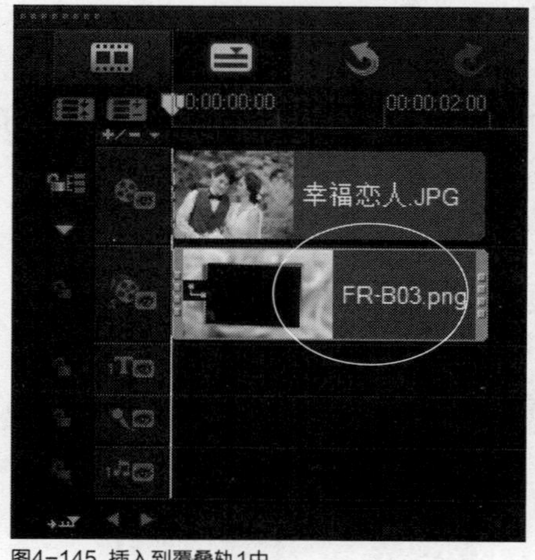

图4-145 插入到覆叠轨1中

STEP 07 在预览窗口中，即可预览添加的边框模板效果，如图4-146所示。

图4-146 预览边框模板效果

实战 078 运用Flash模板

▶实例位置：光盘\效果\第4章\青铜古灯.VSP
▶素材位置：光盘\素材\第4章\青铜古灯.VSP
▶视频位置：光盘\视频\第4章\实战078.mp4

• 实例介绍 •

会声会影X7中提供了多种样式的Flash模板，用户可根据需要进行相应的选择，将其添加至覆叠轨或视频轨中，使制作的影片效果更加漂亮。下面向读者介绍运用Flash模板制作视频画面的操作方法。

• 操作步骤 •

STEP 01 进入会声会影编辑器，单击“文件”|“打开项目”命令，打开一个项目文件，如图4-147所示。

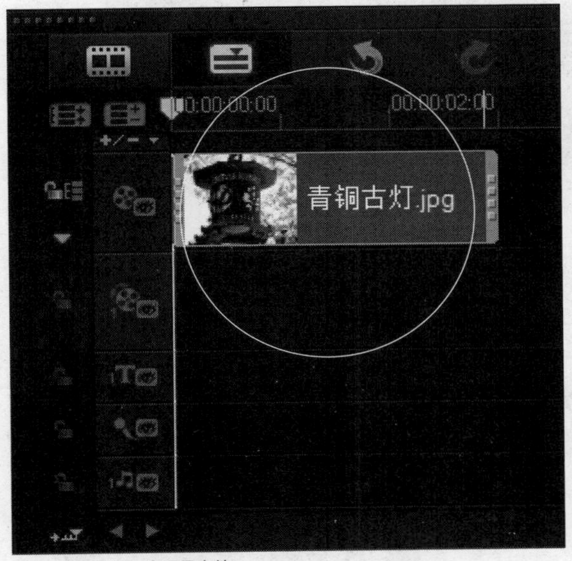

图4-147 打开一个项目文件

STEP 02 在预览窗口中可以预览图像效果，如图4-148所示。

图4-148 预览图像效果

STEP 03 在素材库的左侧，单击“图形”按钮，切换至“图形”素材库，单击窗口上方的“画廊”按钮，在弹出的列表框中选择“Flash动画”选项，如图4-149所示。

STEP 04 打开“Flash动画”素材库，其中显示了多种类型的Flash动画模板，在其中选择FL-I12 Flash动画模板，如图4-150所示。

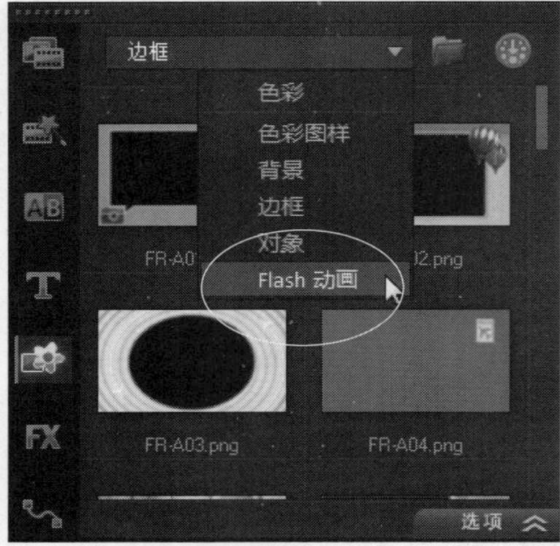

图4-149 选择“Flash动画”选项

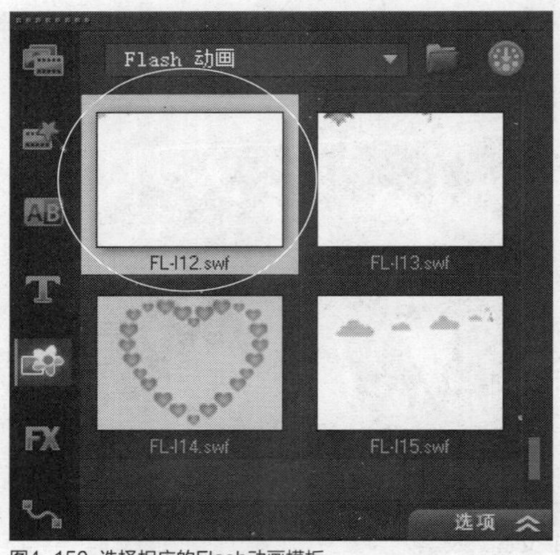

图4-150 选择相应的Flash动画模板

STEP 05 在Flash动画模板上，单击鼠标右键，在弹出的快捷菜单中选择“插入到”|“覆叠轨#1”选项，如图4-151所示。

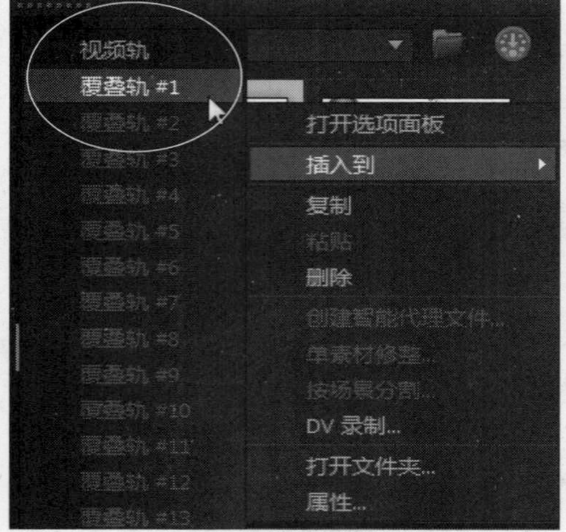

图4-151 选择“覆叠轨#1”选项

STEP 06 执行操作后，即可将Flash动画模板插入到覆叠轨1中，如图4-152所示。

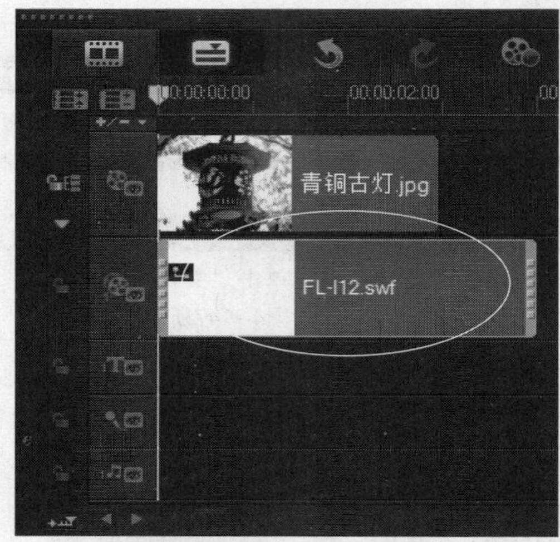

图4-152 插入到覆叠轨1中

知识拓展

用户还可以通过拖曳的方式，将相应的Flash模板拖曳至相应的覆叠轨道中进行应用。

STEP 07 在预览窗口中，即可预览添加的Flash动画模板效果，如图4-153所示。

图4-153 预览Flash动画模板效果

实战 079 运用色彩模板

▶实例位置：光盘\效果\第4章\拍摄建筑.VSP
▶素材位置：光盘\素材\第4章\拍摄建筑.VSP
▶视频位置：光盘\视频\第4章\实战079.mp4

• 实例介绍 •

在会声会影X7中的照片素材上，用户可以根据需要应用色彩模板效果。下面向读者介绍运用色彩模板制作视频画面的操作方法。

• 操作步骤 •

STEP 01 进入会声会影编辑器，单击“文件”|“打开项目”命令，打开一个项目文件，如图4-154所示。

图4-154 打开一个项目文件

STEP 02 在素材库的左侧，单击“图形”按钮，如图4-155所示。

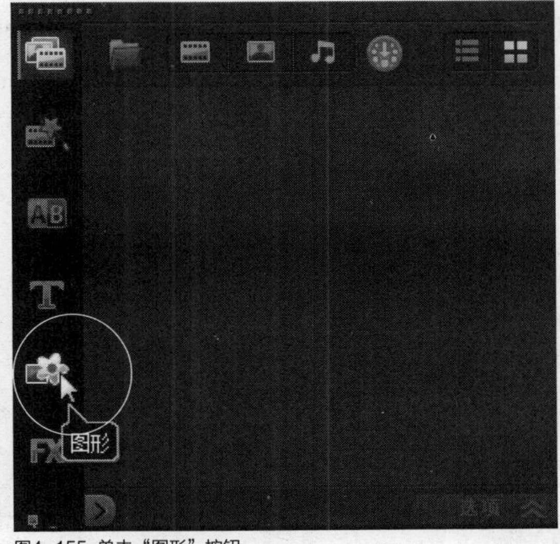

图4-155 单击“图形”按钮

STEP 03 切换至“图形”素材库，其中显示了多种颜色的色彩模板，在其中选择黄色色彩模板，如图4-156所示。

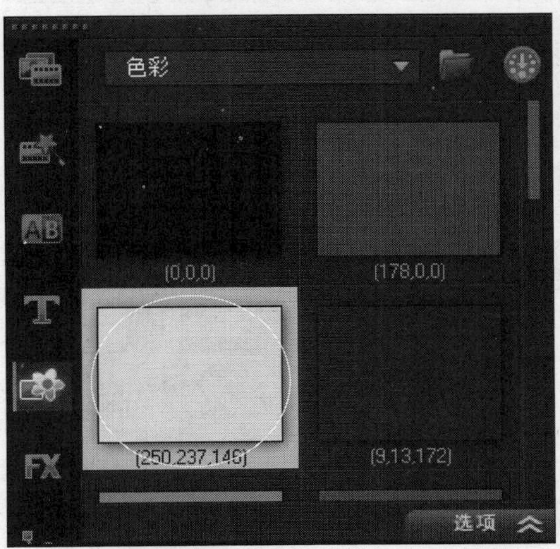

图4-156 选择黄色色彩模板

STEP 04 单击鼠标左键并拖曳至视频轨中的适当位置，添加色彩模板，如图4-157所示。

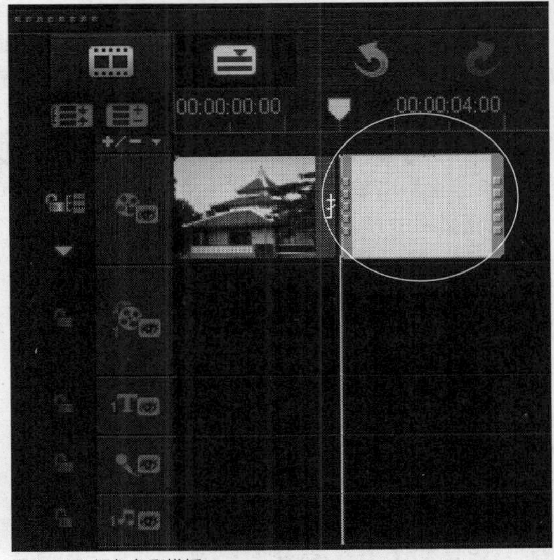

图4-157 添加色彩模板

STEP 05 在素材库左侧，单击“转场”按钮，进入“转场”素材库，在“收藏夹”特效组中选择“交错淡化”转场效果，如图4-158所示。

STEP 06 将选择的转场效果拖曳至视频轨中的素材与色彩之间，添加“交错淡化”转场效果，如图4-159所示。

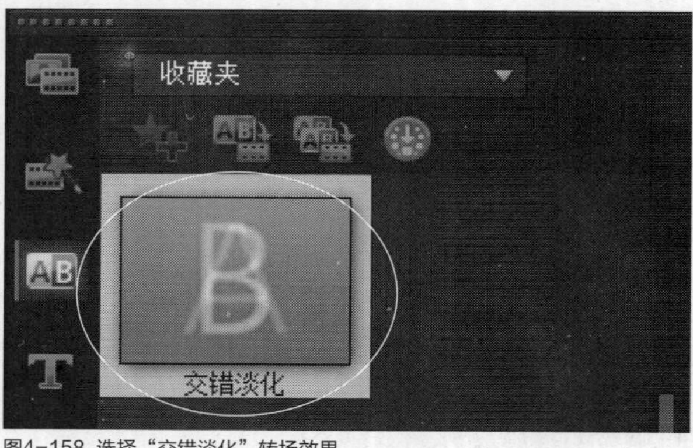

图4-158 选择“交错淡化”转场效果

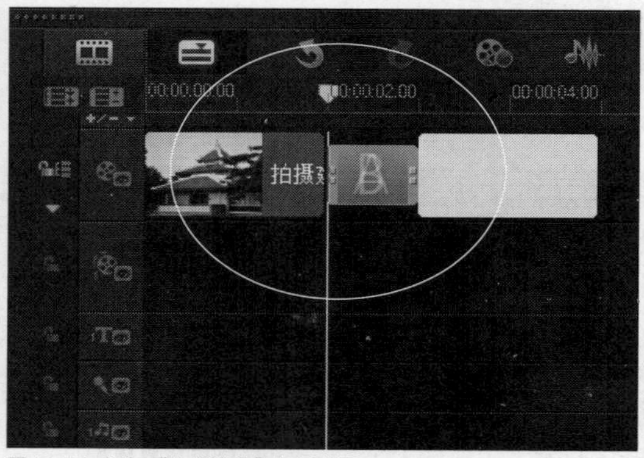

图4-159 添加“交错淡化”转场效果

STEP 07 单击导览面板中的“播放”按钮，预览色彩效果，如图4-160所示。

图4-160 预览色彩效果

实战080 选择影音快手模板

▶实例位置：无
▶素材位置：无
▶视频位置：光盘\视频\第4章\实战080.mp4

• 实例介绍 •

影音快手模板是会声会影X7新增的功能，该功能非常适合新手，可以让新手快速、方便地制作出视频画面。本节主要向读者介绍选择影音快手模板的方法，希望读者熟练掌握本节内容。

• 操作步骤 •

STEP 01 在会声会影X7编辑器中，单击“工具”|“影音快手”命令，如图4-161所示。

图4-161 单击“影音快手”命令

STEP 02 执行操作后，即可进入影音快手工作界面，如图4-162所示。

图4-162 进入影音快手工作界面

STEP 03 在右侧的“所有主题”列表框中，选择一种视频主题样式，如图4-163所示。

图4-163 选择一种视频主题样式

STEP 04 在左侧的预览窗口下方，单击“播放”按钮，如图4-164所示。

图4-164 单击“播放”按钮

STEP 05 开始播放主题模板画面，预览模板效果，如图4-165所示。

图4-165 预览模板效果

实战 081 运用影音快手

▶ 实例位置：光盘\效果\第4章\儿童视频.mpg
▶ 素材位置：无
▶ 视频位置：光盘\视频\第4章\实战081.mp4

• 实例介绍 •

用户在选择影音快手模板后，可以运用影音快手制作出非常专业的影视短片效果。本节主要向读者介绍运用影音快手模板套用素材制作视频画面的方法，希望读者熟练掌握本节内容。

• 操作步骤 •

STEP 01 完成第一步的模板选择后，接下来单击第二步中的“加入您的媒体”按钮，如图4-166所示。

STEP 02 执行操作后，打开相应面板，单击右侧的“新增媒体”按钮，如图4-167所示。

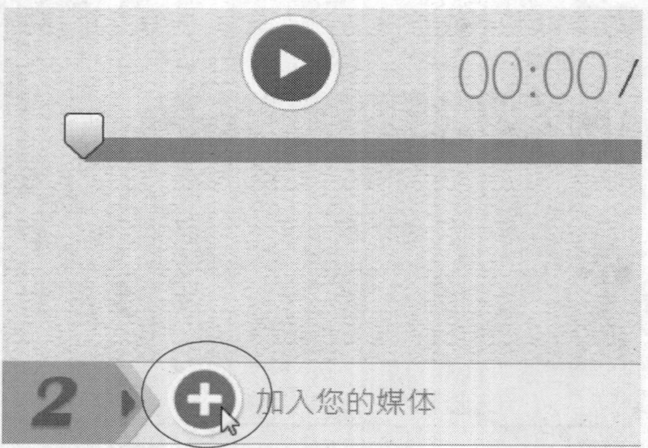

图4-166 单击"加入您的媒体"按钮

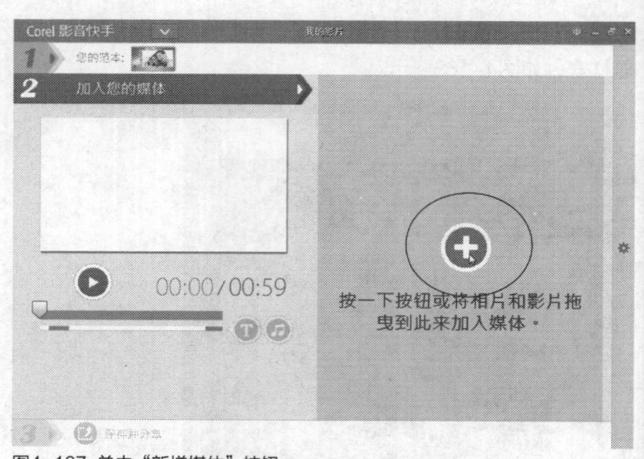

图4-167 单击"新增媒体"按钮

STEP 03 执行操作后，弹出"新增媒体"对话框，在其中选择需要添加的媒体文件，如图4-168所示。

图4-168 选择媒体文件

STEP 04 单击"打开"按钮，将媒体文件添加到"Corel影音快手"界面中，在右侧显示了新增的媒体文件，如图4-169所示。

图4-169 显示了新增的媒体文件

STEP 05 在左侧预览窗口下方，单击"播放"按钮，预览更换素材后的影片模板效果，如图4-170所示。

图4-170 预览更换素材后的影片模板效果

STEP 06 当用户对第二步操作完成后，最后单击第三步中的“保存并分享”按钮，如图4-171所示。

图4-171 单击“保存并分享”按钮

STEP 07 执行操作后，打开相应面板，在右侧单击MPEG-2按钮，如图4-172所示，是指导出为MPEG视频格式。

图4-172 单击MPEG-2按钮

STEP 08 单击“档案位置”右侧的“浏览”按钮，弹出“另存为”对话框，在其中设置视频文件的输出位置与文件名称“儿童视频”，如图4-173所示。

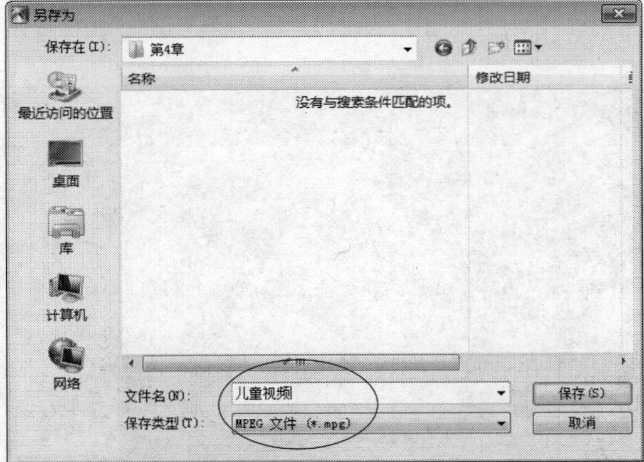

图4-173 设置视频输出属性

STEP 09 单击“保存”按钮，完成视频输出属性的设置，返回影音快手界面，在左侧单击“保存影片”按钮，如图4-174所示。

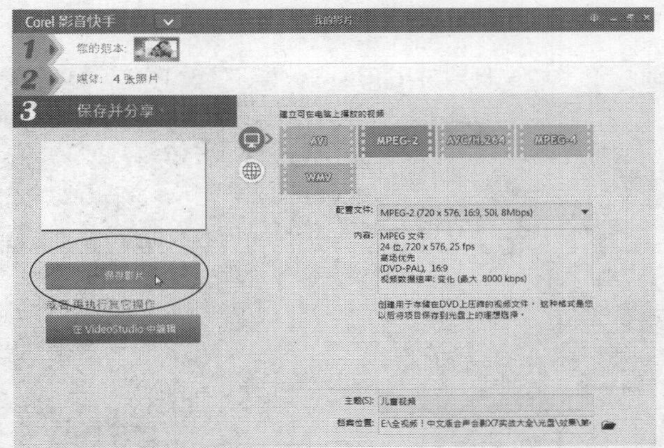

图4-174 单击“保存影片”按钮

STEP 10 执行操作后，开始输出渲染视频文件，并显示输出进度，如图4-175所示。

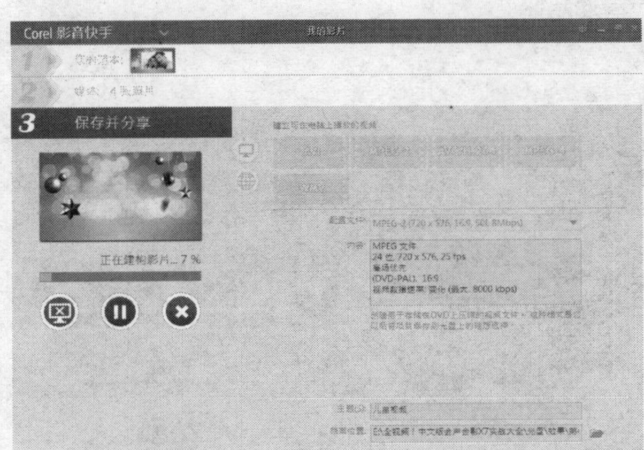

图4-175 显示输出进度

STEP 11 待视频输出完成后，将弹出提示信息框，提示用户影片已经输出成功，单击“确定”按钮，如图4-176所示，即可完成操作。

图4-176 单击“确定”按钮

第5章 硬件连接，捕获设置

本章导读

影片制作完成后，若需要将其刻录成DVD光盘，可以在会声会影X7中直接刻录或使用专业的刻录软件进行刻录。本章主要向读者介绍连接1394采集卡与设置捕获前系统属性的方法。

要点索引

- 安装与查看1394卡
- 连接1394采集卡
- 设置捕获前的系统属性
- 运用DV转DVD向导

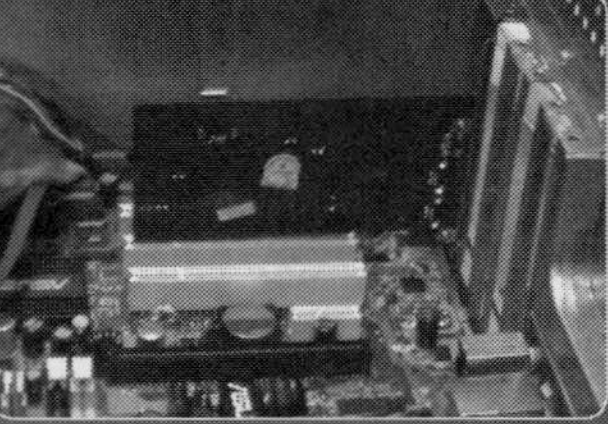

5.1 安装与查看1394卡

在会声会影X7中制作影片前，用户首先需要做的就是捕获视频素材。捕获视频的质量直接影响到影片的最终效果，因为好的影片作品离不开高质量的视频素材。要捕获高质量的视频文件，采用合理的捕获方法也是捕获高质量视频文件很有效的途径。本节主要向读者介绍通过DV转DVD向导的方式捕获视频素材，用户还可以将捕获的视频素材直接刻录为DVD光盘。

实战 082 安装1394采集卡

▶实例位置：无
▶素材位置：无
▶视频位置：光盘\视频\第5章\实战082.mp4

• 实例介绍 •

1394卡只是作为一种影像采集设备用来连接DV和电脑，其本身并不具备视频的采集和压缩功能，它只是为用户提供多个1394接口，以便连接1394硬件设备。下面介绍安装1394视频采集卡的操作方法。

• 操作步骤 •

STEP 01 准备好1394视频卡，关闭计算机电源，并拆开机箱，找到1394卡的PCI插槽，如图5-1所示。

图5-1 找到1394卡的PCI插槽

STEP 02 将1394视频卡插入主板的PCI插槽上，如图5-2所示。

图5-2 插入主板的PCI插槽上

STEP 03 运用螺钉紧固1394卡，如图5-3所示。

图5-3 紧固1394卡

STEP 04 执行上述操作后，即可完成1394卡的安装，如图5-4所示。

图5-4 完成1394卡的安装

知识拓展

用户在选购视频捕获卡前，需要先考虑自己的计算机是否能够胜任视频捕获、压缩及保存工作，因为视频编辑对CPU、硬盘、内存等硬件的要求较高。另外，用户在购买前还应了解购买捕获卡的用途，根据需要选择不同档次的产品。

实战 083 查看1394采集卡

▶实例位置：无
▶素材位置：无
▶视频位置：光盘\视频\第5章\实战083.mp4

• 实例介绍 •

完成1394卡的安装工作后，启动计算机，系统会自动查找并安装1394卡的驱动程序。若需要确认1394卡是否安装成功，用户可以自行查看。

• 操作步骤 •

STEP 01 在"计算机"图标上，单击鼠标右键，在弹出的快捷菜单中，选择"管理"选项，如图5-5所示。

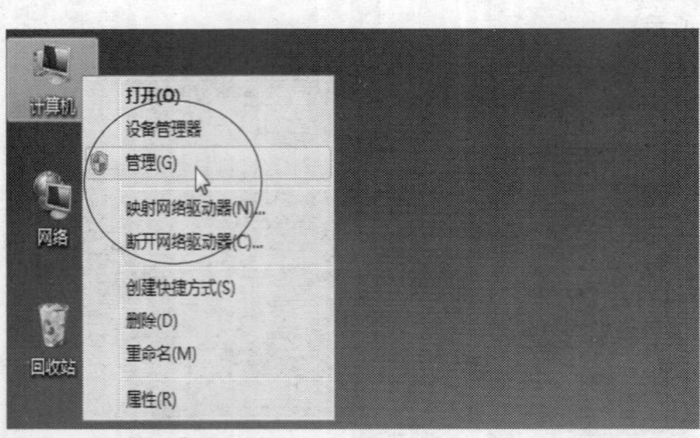

图5-5 选择"管理"选项

STEP 02 打开"计算机管理"窗口，在左侧窗格中选择"设备管理器"选项，在右侧窗格中即可查看"IEEE 1394总线主控制器"选项，如图5-6所示。

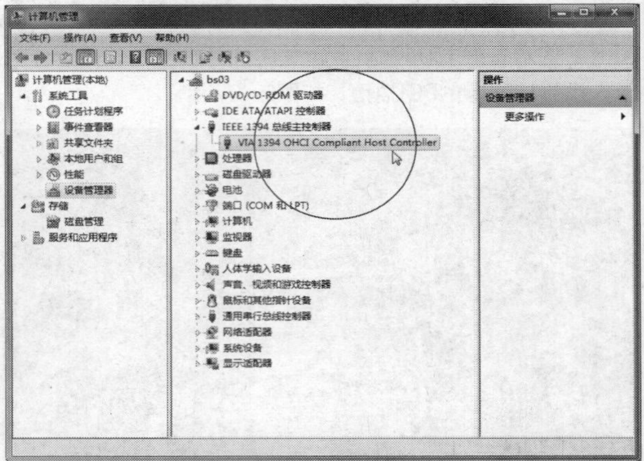

图5-6 查看"IEEE 1394总线主控制器"选项

知识拓展

用户在Windows桌面的"计算机"图标上单击鼠标右键，在弹出的快捷菜单中选择"属性"选项，即可打开"系统"窗口，在左侧窗格中单击"设备管理器"超链接，也可以快速打开"设备管理器"窗口，在其中也可以查看1394采集卡是否已装好。

5.2 连接1394采集卡

用户在使用1394卡之前，需要掌握1394卡的连接方法。下面向读者介绍连接台式机电脑1394接口和连接笔记本电脑1394接口的操作方法。

实战 084 连接台式电脑

▶实例位置：无
▶素材位置：无
▶视频位置：光盘\视频\第5章\实战084.mp4

• 实例介绍 •

安装好IEEE 1394采集卡后，接下来就需要使用1394采集卡连接计算机，这样才可以进入视频的捕获阶段。目前，台式电脑已经成为大多数家庭或企业的首选。因此，掌握运用1394视频线与台式电脑的1394接口的连接显得相当重要。

• 操作步骤 •

STEP 01 将IEEE1394视频线取出，在台式电脑的机箱后找到IEEE1394卡的接口，并将IEEE1394视频线一端的接头插入接口处，如图5-7所示。

图5-7 插入接口

STEP 02 将IEEE1394视频线的另一端连接到DV摄像机，如图5-8所示，即可完成与台式电脑1394接口的连接操作。

图5-8 接到DV摄像机

知识拓展

通常使用4-Pin对6-Pin的1394线连接摄像机和台式机，这种连线的一端接口较大，另一端接口较小。接口较小一端与摄像机连接，接口较大一端与台式电脑上安装的1394卡连接。

实战 085 连接笔记本电脑

▶实例位置：无
▶素材位置：无
▶视频位置：光盘\视频\第5章\实战085.mp4

• 实例介绍 •

随着电脑技术的飞速发展，许多笔记本电脑中都集成了IEEE1394接口。接下来向读者介绍连接笔记本上1394接口的操作方法。

• 操作步骤 •

STEP 01 将4-Pin的IEEE 1394视频线取出，在笔记本电脑的后方找到4-Pin的IEEE1394卡的接口，如图5-9所示。

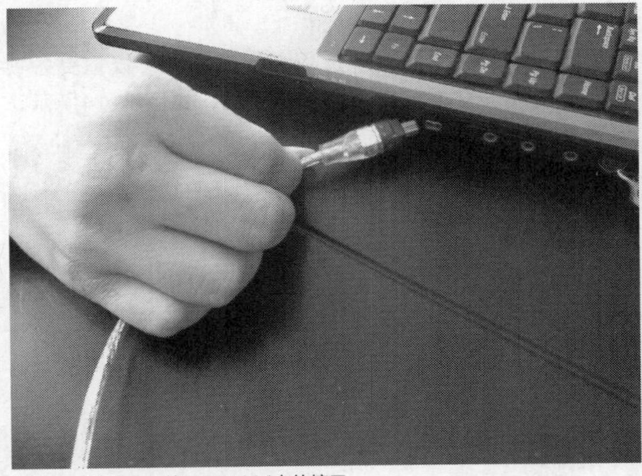

图5-9 找到4-Pin的IEEE1394卡的接口

STEP 02 将视频线插入笔记本电脑的1394接口处，如图5-10所示，即可将DV摄像机中的视频内容捕获至笔记本电脑中。

图5-10 插入笔记本电脑的1394接口处

知识拓展

由于笔记本电脑的整体性能通常不如相同配置的台式机，再加上笔记本电脑要考虑散热问题，往往没有配备转速较高的硬盘。所以，在使用笔记本电脑进行视频编辑时，最好选择传输速率较高的PCMCIA IEEE 1394卡以及转速较高的硬盘。

5.3 设置捕获前的系统属性

捕获是一个非常令人激动的过程，将捕获到的素材存放在会声会影的素材库中，将十分方便日后的剪辑操作。因此，用户必须在捕获前做好必要的准备，如设置声音参数、检查磁盘空间以及设置捕获选项等。下面将对这些设置进行详细的介绍。

实战086 设置声音参数

- ▶实例位置：无
- ▶素材位置：无
- ▶视频位置：光盘\视频\第5章\实战086.mp4

• 实例介绍 •

捕获卡安装好后，为了确保在捕获视频时能够同步录制声音，需要在计算机中对声音进行设置。这类视频捕获卡在捕获模拟视频时，必须通过声卡来录制声音。下面介绍设置声音参数的方法。

• 操作步骤 •

STEP 01 单击“开始”|“控制面板”命令，打开“控制面板”窗口，如图5-11所示。

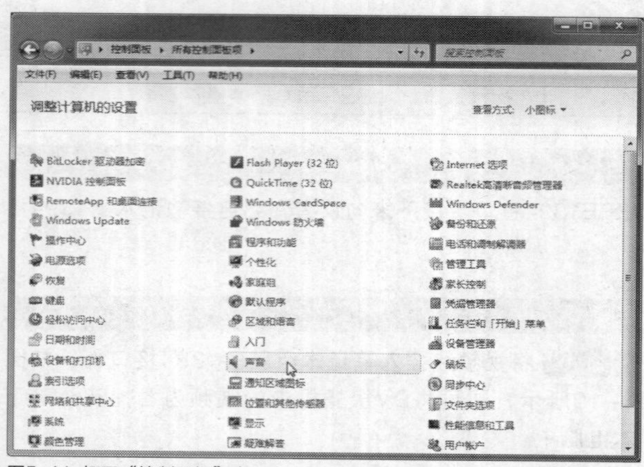

图5-11 打开“控制面板”窗口

STEP 02 单击“声音”图标，执行操作后，弹出“声音”对话框，切换至“录制”选项卡，选择第一个“麦克风”选项，然后单击下方的“属性”按钮，如图5-12所示。

图5-12 单击下方的“属性”按钮

STEP 03 执行操作后，弹出“麦克风 属性”对话框，如图5-13所示。

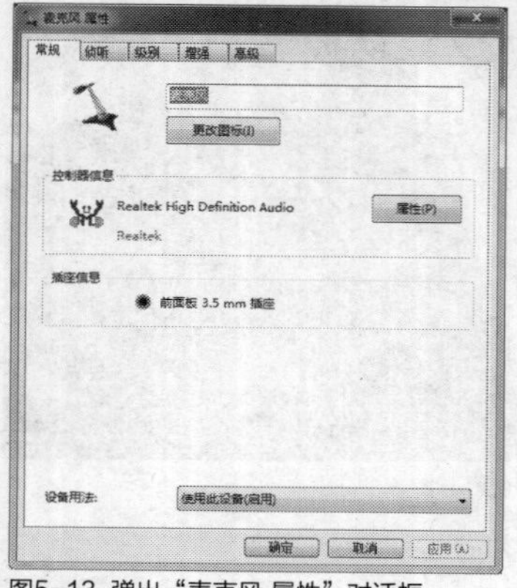

图5-13 弹出“麦克风 属性”对话框

STEP 04 切换至“级别”选项卡，在其中可以拖曳各项选项的滑块，设置麦克风的声音属性，如图5-14所示，设置完成后，单击“确定”按钮。

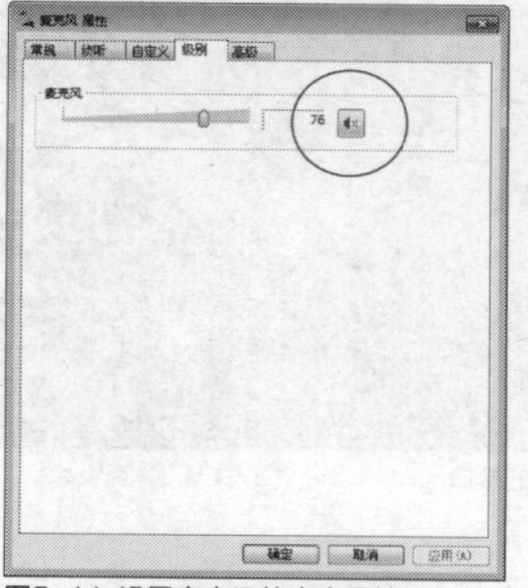

图5-14 设置麦克风的声音属性

知识拓展

在“级别”选项卡中，用户拖曳“麦克风”下面的滑块时，右侧显示的数值越大，表示麦克风的声音越大；右侧显示的数值越小，表示麦克风的声音越小。在该选项卡中，还有一个“麦克风加强”的选项设置，当用户将麦克风参数设置为100时，如果录制的声音还是比较小，此时可以设置麦克风加强的声音参数，数值越大，录制的声音越大。

实战 087 查看磁盘空间

▶实例位置：无
▶素材位置：无
▶视频位置：光盘\视频\第5章\实战087.mp4

• 实例介绍 •

一般情况下，捕获的视频文件很大，因此用户在捕获视频前，需要腾出足够的硬盘空间，并确定分区格式，这样才能保证有足够的空间来存储捕获的视频文件。

• 操作步骤 •

STEP 01 在Windows 7操作系统中，打开“计算机”窗口，如图5-15所示。

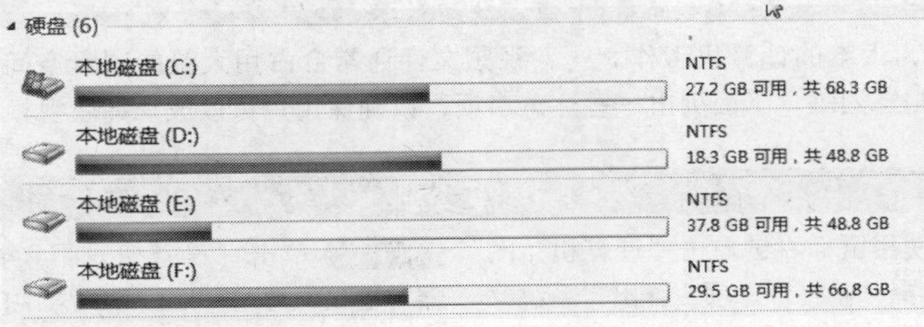

图5-15 查看信息

STEP 02 执行操作后，即可在每个磁盘的下方，查看目前剩余的磁盘空间，以前磁盘的分区格式等信息。

技巧点拨

在Windows XP系统中的“我的电脑”窗口中单击每个硬盘，此时左侧的“详细信息”将显示该硬盘的文件系统类型（也就是分区格式）以及硬盘可用空间情况，如图5-16所示。

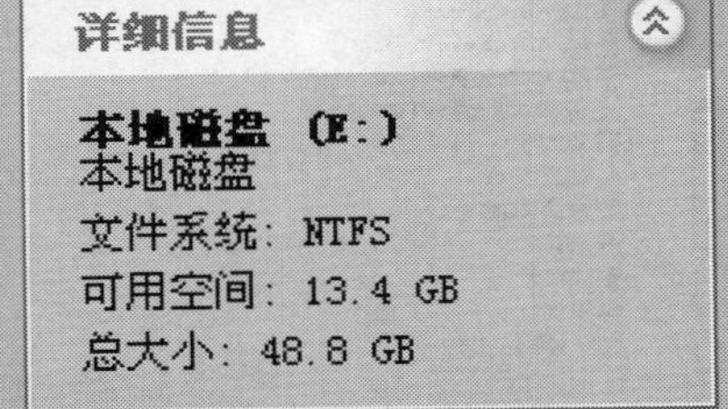

图5-16 显示硬盘可用空间情况

实战 088 设置捕获选项

▶实例位置：无
▶素材位置：无
▶视频位置：光盘\视频\第5章\实战088.mp4

• 实例介绍 •

在“参数选择”对话框的“捕获”选项卡中可以设置与视频捕获相关的参数。

• 操作步骤 •

STEP 01 在会声会影X7编辑器中，单击“设置”|“参数选择”命令，弹出“参数选择”对话框，切换至“捕获”选项卡，如图5-17所示。

STEP 02 执行上述操作后，在其中可以设置与视频捕获相关的参数。

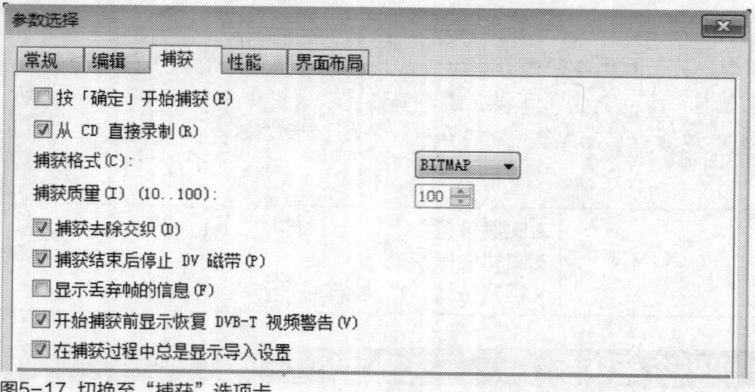

图5-17 切换至“捕获”选项卡

实战 089 捕获注意事项

▶实例位置：无
▶素材位置：无
▶视频位置：光盘\视频\第5章\实战089.mp4

• 实例介绍 •

捕获视频可以说是最为困难的计算机工作之一，视频文件通常会占用大量的硬盘空间，并且由于其数据速率很高，硬盘在处理视频时会相当困难。下面列出一些注意事项，以确保用户可以成功捕获视频。

• 操作步骤 •

STEP 01 在电脑桌面上，使用鼠标右键单击“计算机”图标，在弹出的快捷菜单中选择“属性”选项，弹出“系统”对话框，如图5-18所示。

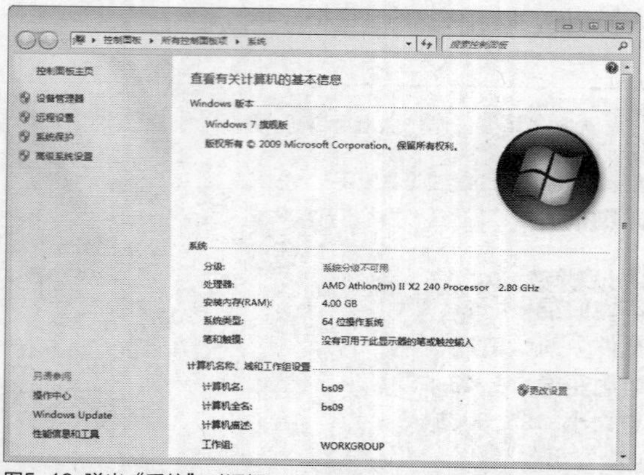

图5-18 弹出“系统”对话框

STEP 02 单击“设备管理器”超链接，打开“设备管理器”窗口，单击“IDE ATA/ATAPI控制器”选项左侧的加号按钮，展开该选项，如图5-19所示。

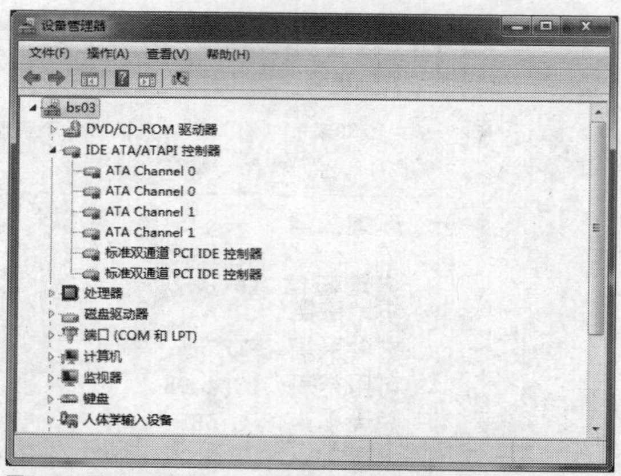

图5-19 展开相应选项

知识拓展

➢ 捕获时需要关闭的程序：除了Windows资源管理器和会声会影外，关闭所有正在运行的程序，而且要关闭屏幕保护程序，以免捕获时发生中断。在捕获视频的过程中，建议用户断开网络，以防止电脑遭到病毒或黑客攻击，导致视频出现捕获失败的情况。

➢ 捕获时需要的硬盘空间：在捕获视频时，使用专门的视频硬盘可以产生最佳的效果，最好使用至少具备Ultra-DMA/66、7200r/min和30GB空间的硬盘。

➢ 启用硬盘的DMA设置：若用户使用的硬盘是IDE硬盘，则可以启用所有参与视频捕获硬盘的DMA设置。启用DMA设置后，在捕获视频时可以避免丢失帧的问题。

STEP 03 在ATA Channel 0选项上，双击鼠标左键，弹出“ATA Channel 0属性”对话框，如图5-20所示。

STEP 04 切换至“高级设置”选项卡，在下方选中“启用DMA”复选框，如图5-21所示，单击“确定”按钮，即可完成操作。

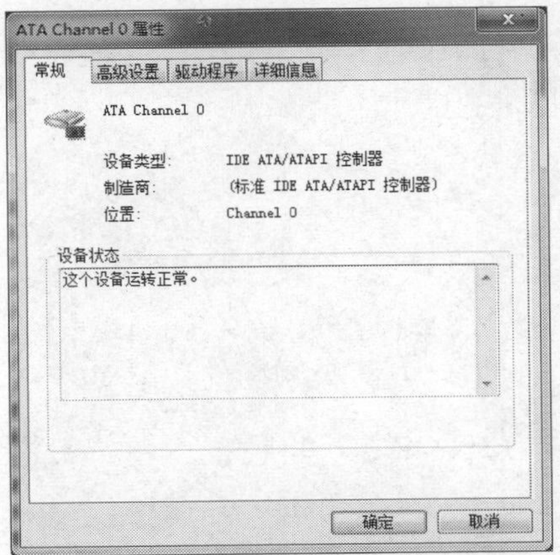

图5-20 弹出“ATA Channel 0属性”对话框

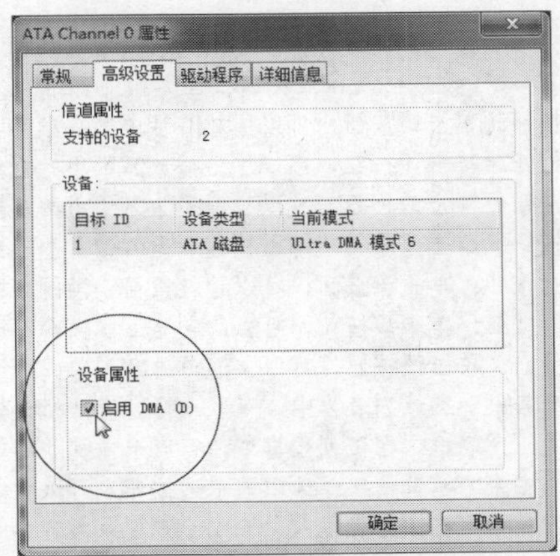

图5-21 选中“启用DMA”复选框

知识拓展

➢ 设置工作文件夹：在使用会声会影捕获视频前，还需要根据硬盘的剩余空间情况正确设置工作文件夹和预览文件夹，以用于保存编辑完成的项目和捕获的视频素材。会声会影X7要求保持30GB以上可用磁盘空间，以免出现丢失帧或磁盘空间不足的情况。

➢ 设置虚拟内存：虚拟内存的作用与物理内存基本相似，但它是作为物理内存的“后备力量”而存在的，也就是说，只有在物理内存不够用的时候，它才会发挥作用。虚拟内存的大小由Windows来控制，但这种默认的Windows设置并不是最佳方案，因此需要对其进行一些调整。

➢ 虚拟内存一般设置为物理内存的1.5～3倍，不过最大值不能超过当前硬盘的剩余空间值。

5.4 运用DV转DVD向导

在会声会影X7中，用户通过运用“DV转DVD向导”功能，可以自动将图像、视频和DV录像带上的内容完整地采集并添加漂亮的动态菜单，制作出精美的影片效果。本节主要向读者介绍使用DV转DVD向导捕获视频的操作方法。

实战090 启动DV转DVD向导

▶ 实例位置：无
▶ 素材位置：无
▶ 视频位置：光盘\视频\第5章\实战090.mp4

• 实例介绍 •

在会声会影编辑器中，当用户使用连接线正确连接了DV摄像机后，就可以启动DV转DVD向导了。本节主要向读者介绍标记与删除视频场景的操作方法。

• 操作步骤 •

STEP 01 进入会声会影编辑器，在菜单栏中单击“工具”菜单，在弹出的菜单列表中单击“DV转DVD向导”命令，如图5-22所示。

图5-22 单击相应命令

STEP 02 执行上述操作后，即可打开“DV转DVD向导”窗口，如图5-23所示。

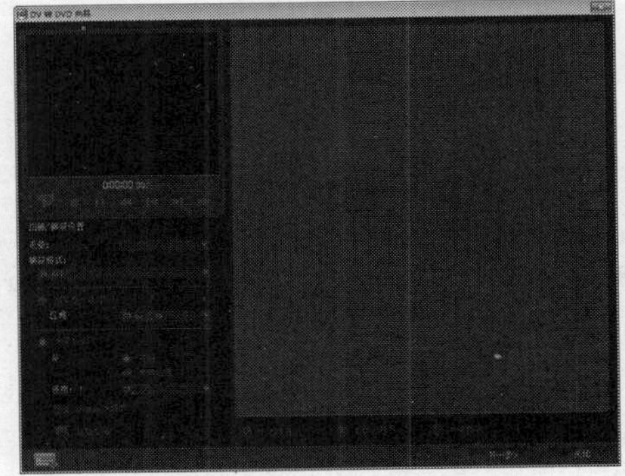

图5-23 打开窗口

知识拓展

在"DV转DVD向导"窗口中，各主要选项含义如下。

- "播放"按钮：单击该按钮，可以播放DV带中的视频素材。
- "停止"按钮：单击该按钮，可以停止播放DV带中的视频素材。
- "暂停"按钮：单击该按钮，可以暂停播放DV带中的视频素材。
- "反转"按钮：单击该按钮，可以快速后退DV带中的视频画面。
- "上一帧"按钮：单击该按钮，可以跳转至前一帧视频画面。
- "下一帧"按钮：单击该按钮，可以跳转至下一帧视频画面。
- "快进"按钮：单击该按钮，可以快速前进DV带中的视频画面。
- "设备"列表框：在该列表框中，可以选择DV摄像机设备。
- "捕获格式"列表框：在该列表框中，可以选择捕获的视频格式。
- "刻录整个磁带"单选按钮：选中该单选按钮，可以刻录整个磁带上的视频素材。
- "区间"列表框：在该列表框中，可以设置刻录磁带中的视频时间长度。
- "场景检测"单选按钮：选中该单选按钮，可以对视频场景进行检测操作。
- "开始"单选按钮：选中该单选按钮，可以从磁带的开始位置检测场景。
- "当前位置"单选按钮：选中该单选按钮，可以从磁带的当前位置检测场景。
- "速度"列表框：在该列表框中，可以设置视频场景检测的速度。
- "播放所选场景"按钮：单击该按钮，可以播放所选择的视频场景。
- "开始扫描"按钮：单击该按钮，可以扫描DV带中的视频场景。
- "标记场景"按钮：单击该按钮，可以标记视频场景片段。
- "不标记场景"按钮：单击该按钮，将取消视频场景片段的标记操作。
- "全部删除"按钮：单击该按钮，可以删除扫描出来的视频场景。

实战091 选择DV捕获设备

- **实例位置：** 无
- **素材位置：** 无
- **视频位置：** 光盘\视频\第5章\实战091.mp4

• 实例介绍 •

将DV摄像机连接到计算机上，并将摄像机切换至播放模式。本节主要向读者介绍标记与删除视频场景的操作方法。

• 操作步骤 •

STEP 01 打开"DV转DVD向导"窗口，在"扫描/捕获设置"选项区中，单击"设备"选项右侧的"选取DV设备"下拉按钮，在弹出的列表框中，选择"AVC Compliant DV Device"选项，如图5-24所示。

图5-24 选择相应选项

STEP 02 执行上述操作后，即可完成捕获设备的选择。

知识拓展

使用DV转DVD向导，可以将用户使用DV拍摄的录像制作成小电影。该向导的工作流程主要包括以下两个方面。

- 捕获视频：用户可以通过会声会影捕获DV摄像机中的视频素材。
- 输出影片：将捕获到的视频素材添加各种动态菜单与特效，刻录成DVD光盘。

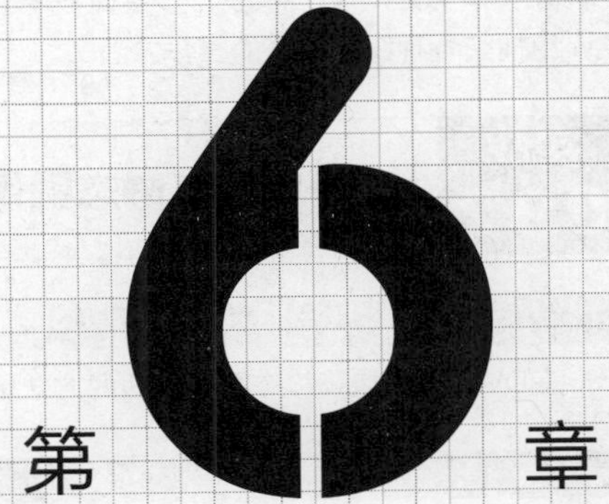

第6章

捕获技巧，全盘掌控

本章导读

视频编辑的第一步就是捕获视频素材。所谓捕获视频素材就是从摄像机、电视以及DVD等视频源获取视频数据，然后通过视频捕获卡或者IEEE 1394卡接收和翻译数据，最后将视频信号保存至电脑的硬盘中。本章主要介绍素材的捕获与导入的方法。

要点索引

- 捕获各种媒体素材
- 从其他设备捕获视频
- 导入各种媒体素材

6.1 捕获各种媒体素材

在会声会影X7的“捕获”步骤面板中，用户可以根据需要捕获各种媒体素材，包括静态图像、视频素材等。本节主要介绍捕获各种媒体素材的操作方法。

实战092 从DV中捕获静态图像

▶实例位置：无
▶素材位置：无
▶视频位置：光盘\视频\第6章\实战092.mp4

• 实例介绍 •

在DV视频中捕获静态图像画面的方法很简单，下面向读者进行简单介绍。

• 操作步骤 •

STEP 01 进入会声会影编辑器，执行菜单栏中的“设置”|“参数选择”命令，如图6-1所示。

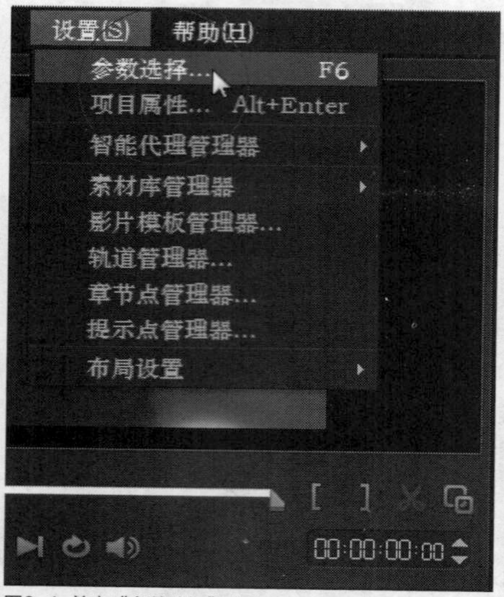

图6-1 单击“参数选择”命令

STEP 02 弹出“参数选择”对话框，切换至“捕获”选项卡，单击“捕获格式”右侧的下三角按钮，在弹出的下拉列表框中选择JPEG选项，如图6-2所示。

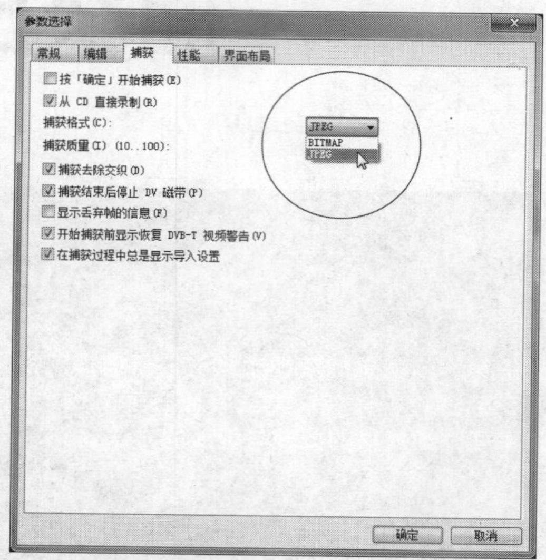

图6-2 选择JPEG选项

STEP 03 设置完成后，单击“确定”按钮，连接DV摄像机与计算机，切换至“捕获”步骤选项面板，单击导览面板中的“播放”按钮，如图6-3所示，即可播放DV中的视频。

图6-3 预览视频

STEP 04 播放至合适位置后，单击导览面板中的“暂停”按钮，找到需要的图像画面，如图6-4所示。

图6-4 找到需要的图像画面

STEP 05 在“捕获”步骤选项面板中，设置捕获静态图像的保存位置，然后单击“抓拍快照”按钮，如图6-5所示。

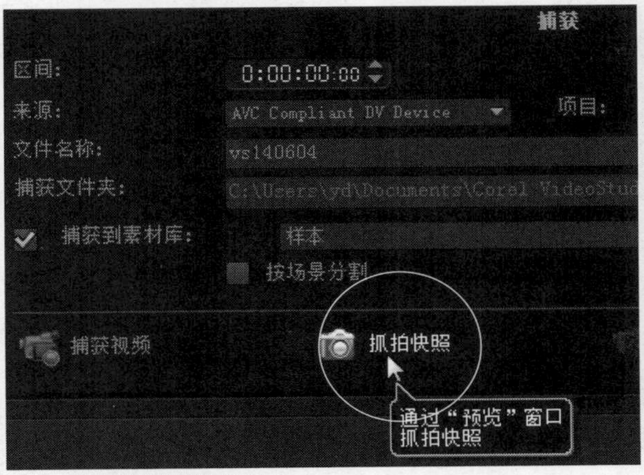

图6-5 单击“抓拍快照”按钮

STEP 06 执行上述操作后，即可捕获静态图像。单击“编辑”标签，切换至“编辑”步骤选项面板，即可在时间轴面板中查看捕获图像的缩略图，如图6-6所示。

图6-6 查看捕获图像的缩略图

知识拓展

要制作DV影片，首先需要将DV带中的视频信号捕获成数字文件，即使不需要进行任何编辑，捕获成数字文件也是一种很安全的保存方式。

将DV摄像机与计算机进行连接，并切换至播放模式。进入会声会影X7编辑器中，单击“捕获”按钮，切换至“捕获”步骤面板。在该面板中，左上方为播放DV视频的窗口，下方面板中将显示DV设备的相关信息，右侧“捕获”选项面板中，分别有“捕获视频”、“DV快速扫描”、“从数字媒体导入”、“定格动画”、“屏幕捕获”5个按钮，如图6-7所示。

图6-7 “捕获”选项面板

在“捕获”选项面板中，各按钮的作用分别如下。

➢ 捕获视频：允许捕获来自DV摄像机、模拟数码摄像机和电视的视频。对于各种不同类型的视频来源而言，其捕获步骤类似，但选项面板上可用的捕获设置是不同的。

➢ DV快速扫描：可以扫描DV设备，查找要导入的视频场景。

➢ 从数字媒体导入：可以将光盘、硬盘或移动设备中DVD/DVD-VR格式的视频导入会声会影X7编辑器中。

➢ 定格动画：会声会影X7的定格摄影功能为用户带来了赋予无生命物体的乐趣。经典的动画技术对任何对于电影创作感兴趣的人都具备绝对的吸引力，很多著名电影及电视剧的制作都采用了此技术。对于父母及儿童而言，动画定格摄影是消磨时光的绝佳途径；对于老师和学生而言，定格动画摄影则是一个极佳的多方面学习的机会。

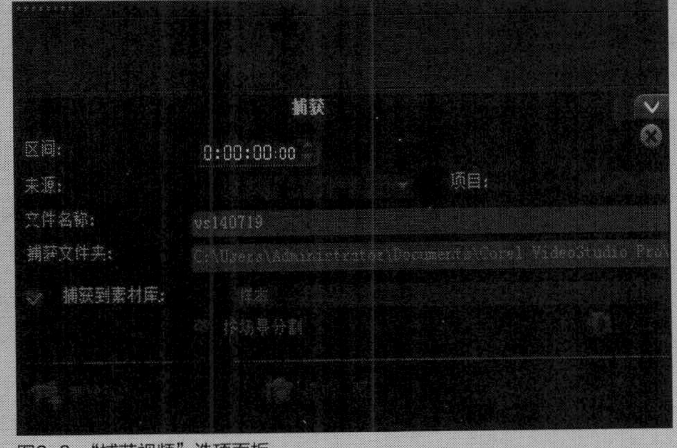

图6-8 “捕获视频”选项面板

➢ 屏幕捕获：会声会影X7新增的屏幕捕捉功能可以捕捉完整的屏幕或部分屏幕，将文件放入VideoStudio时间线，并添加标题、效果、旁白；将视频输出为各种文件格式，从蓝光光盘到网络皆可适用。

在“捕获视频”选项面板中，各个选项的含义如下。图6-8所示为“捕获视频”选项面板。

➢ 区间：用于指定要捕获素材的长度。用户可以在需要调整的数字上单击鼠标左键，当数字处于闪烁状态时，输入新的数字，即可指定捕获素材的长度。

➢ 来源：用于显示检测到的视频捕获设备，即显示所连接的摄像机名称和类型。

➢ 选取捕获格式：用于保存捕获的文件格式。

➢ 捕获文件夹：可以设置捕获文件所保存的文件夹位置。

➢ 按场景分割：选中"按场景分割"复选框，可以根据录制的日期、时间以及录像带上的较大动作变化，自动将视频文件分割成单独的素材。

➢ 选项：单击"选项"按钮，用户可以在弹出的快捷菜单中选择"捕获选项"和"视频属性"两个选项。

➢ 捕获视频：单击"捕获视频"按钮，可以从已安装的视频输入设备中捕获视频。

➢ 抓拍快照：单击"抓拍快照"按钮，可以将视频输入设备中的当前帧作为静态图像捕获到会声会影X7中。

实战 093 从DV中采集视频素材

▶实例位置：无
▶素材位置：无
▶视频位置：光盘\视频\第6章\实战093.mp4

• 实例介绍 •

在编辑器中捕获DV视频的方法与在影片向导中捕获DV视频的方法类似，下面向读者介绍在编辑器中捕获DV视频的方法。

• 操作步骤 •

STEP 01 进入会声会影编辑器，切换至"捕获"步骤选项面板，在面板中单击"捕获视频"按钮，如图6-9所示。

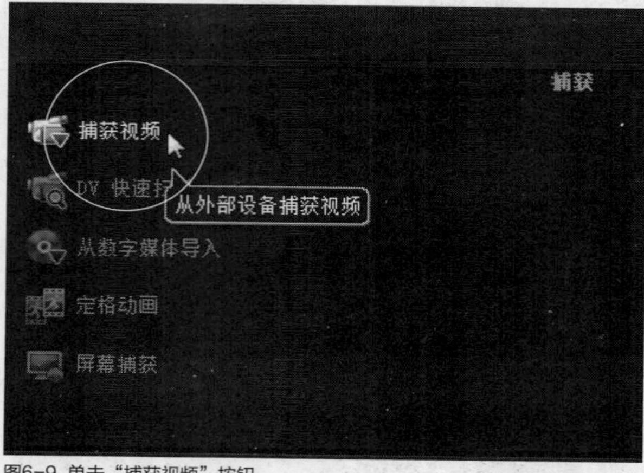

图6-9 单击"捕获视频"按钮

STEP 02 进入"捕获视频"选项面板，单击预览窗口左下方的"播放"按钮，如图6-10所示。

图6-10 单击"播放"按钮

知识拓展

在"捕获"步骤选项面板中，各个选项的含义如下。

➢ 捕获视频：允许捕获来自DV摄像机、模拟数码摄像机和电视的视频。对于各种不同类型的视频来源，其捕获步骤类似，但选项面板上可用的捕获设置是不同的。

➢ DV快速扫描：可以扫描DV设备，查找要导入的场景。

➢ 从数字媒体导入：可以将光盘或硬盘中DVD/DVD-VR格式的视频导入至会声会影X7中。

➢ 定格动画：对于任何对电影创作感兴趣的人来说，定格动画技术都具备绝对的吸引力，很多著名电影及电视剧的制作都采用了此技术。

➢ 屏幕捕获：会声会影X7新增的屏幕捕获功能，方便用户捕获需要的屏幕，并导入至会声会影X7中。

STEP 03 播放视频至合适位置后，单击导览面板中的"暂停"按钮，如图6-11所示。

STEP 04 在选项面板中单击"捕获文件夹"按钮，弹出"浏览文件夹"对话框，设置捕获视频的保存位置，如图6-12所示。

图6-11 单击“暂停”按钮

图6-12 设置捕获视频的保存位置

STEP 05 单击“确定”按钮，然后单击“捕获视频”按钮，如图6-13所示。

STEP 06 此时，“捕获视频”按钮将变为“停止捕获”按钮，当捕获至合适位置后，单击“停止捕获”按钮，如图6-14所示，即可完成视频的捕获。

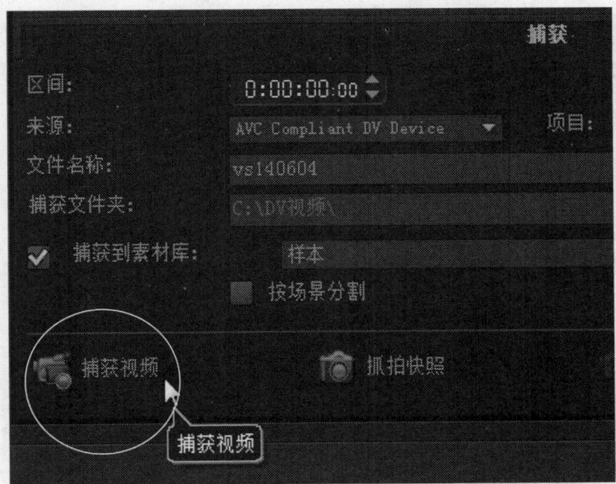

图6-13 单击“捕获视频”按钮

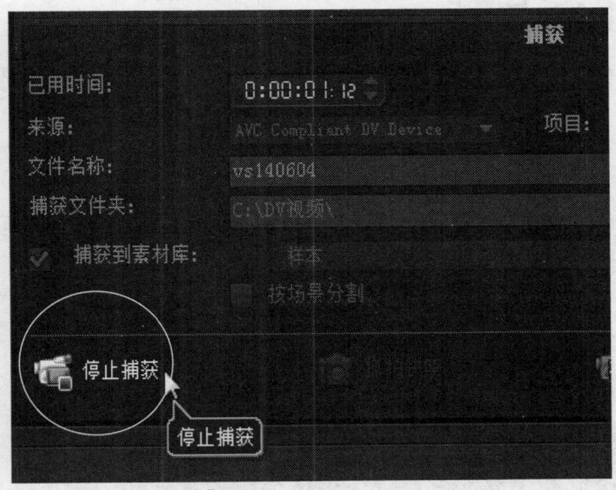

图6-14 单击“停止捕获”按钮

实战 094 捕获视频时按场景分割

▶实例位置：无
▶素材位置：无
▶视频位置：光盘\视频\第6章\实战094.mp4

• 实例介绍 •

使用会声会影X7编辑器的“按场景分割”功能，可以根据视频的拍摄日期、时间以及录像带上任何较大的动作变化、相机移动以及亮度变化，自动将视频文件分割成单独的素材，并将其作为不同的素材插入项目中。下面向读者介绍按场景分割捕获的视频素材的操作方法。

• 操作步骤 •

STEP 01 进入会声会影编辑器，切换至“捕获”步骤选项面板，单击选项面板中的“捕获视频”按钮，在选项面板中选中“按场景分割”复选框，如图6-15所示。

STEP 02 单击“捕获视频”按钮，即可开始捕获视频，捕获至合适位置，单击“停止捕获”按钮，在素材库中即可显示捕获的视频，如图6-16所示。

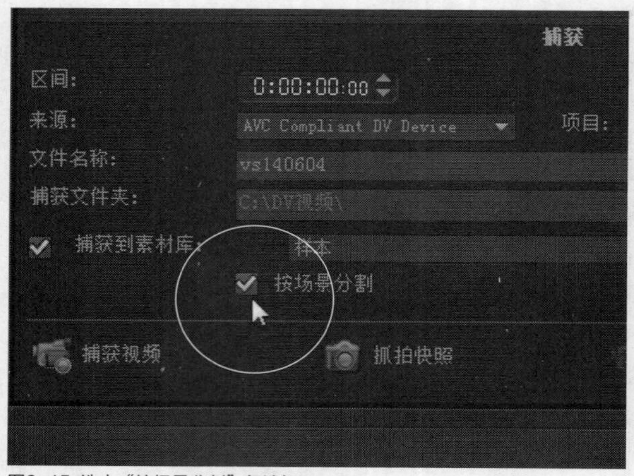

图6-15 选中“按场景分割”复选框

图6-16 显示捕获的视频

知识拓展

在会声会影X7中，如果设置了捕获视频时按场景分割，捕获视频将按照拍摄的时间顺序开始捕获视频，并在捕获时按场景分割。完成捕获后，单击“编辑”标签，切换至“编辑”步骤选项面板，所捕获的视频即可按场景顺序依次插入到时间轴面板的视频轨中。

实战095 捕获指定时间长度视频

▶实例位置：无
▶素材位置：无
▶视频位置：光盘\视频\第6章\实战095.mp4

• 实例介绍 •

用户希望程序自动捕获一个指定时间长度的视频内容，并让程序在捕获到所指定视频内容后自动停止捕获，则可为捕获视频指定一个时间长度。

• 操作步骤 •

STEP 01 进入会声会影编辑器，切换至“捕获”步骤选项面板，如图6-17所示。

图6-17 切换至“捕获”步骤选项面板

STEP 02 单击选项面板中的“捕获视频”按钮，如图6-18所示。

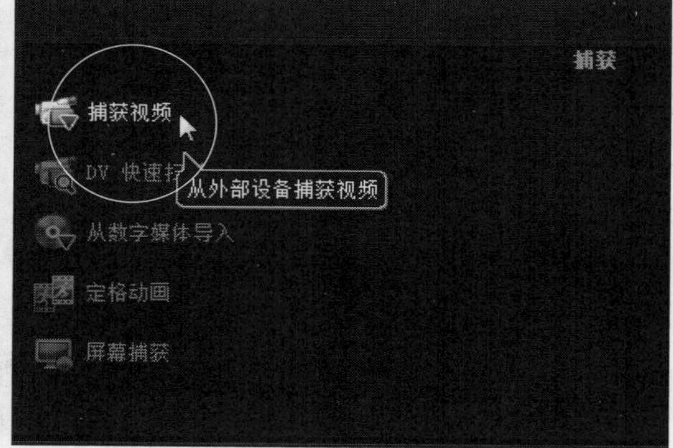

图6-18 单击“捕获视频”按钮

STEP 03 进入捕获视频选项面板，单击“区间”数值框上的数字，当数字呈闪烁状态时，输入数值30，如图6-19所示。

STEP 04 单击选项面板中的“捕获视频”按钮，经过30秒后，程序将自动停止捕获，在素材库中可显示捕获的视频，如图6-20所示。

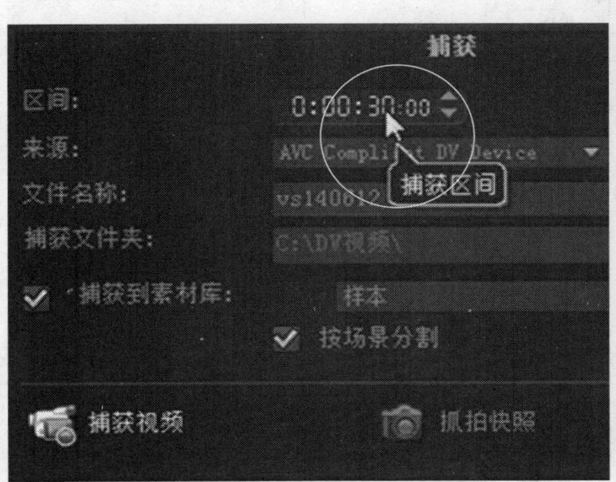

图6-19 输入数值30

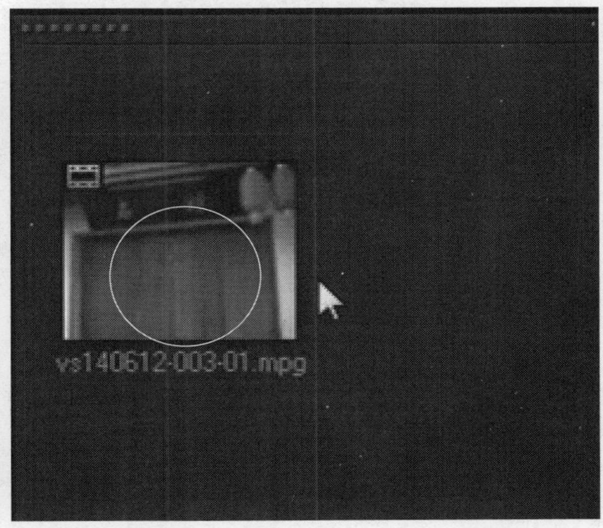

图6-20 显示捕获的视频

实战 096 将视频捕获成其他格式

▶实例位置：无
▶素材位置：无
▶视频位置：光盘\视频\第6章\实战096.mp4

• 实例介绍 •

在默认状态下，会声会影X7捕获的视频格式为DV格式，用户可以根据需要将视频捕获成其他的格式。

• 操作步骤 •

STEP 01 进入会声会影编辑器，切换至“捕获”步骤选项面板，如图6-21所示。

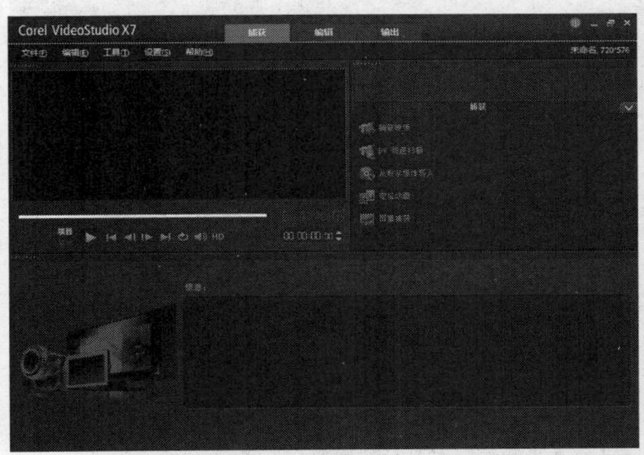

图6-21 切换至“捕获”步骤选项面板

STEP 02 单击“项目”右侧的下三角按钮，在弹出的下拉列表框中选择DVD选项，如图6-22所示。

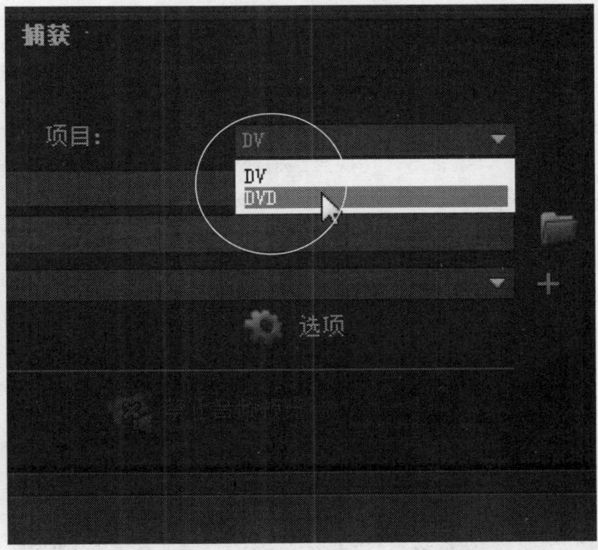

图6-22 选择DVD选项

STEP 03 单击“选项”按钮，在弹出的快捷菜单中选择“视频属性”选项，如图6-23所示。

STEP 04 弹出“视频属性”对话框，单击“当前的配置文件”下三角按钮，在弹出的下拉列表框中选择所需的选项，如图6-24所示，单击“确定”按钮，即可完成将视频捕获成其他格式的操作。

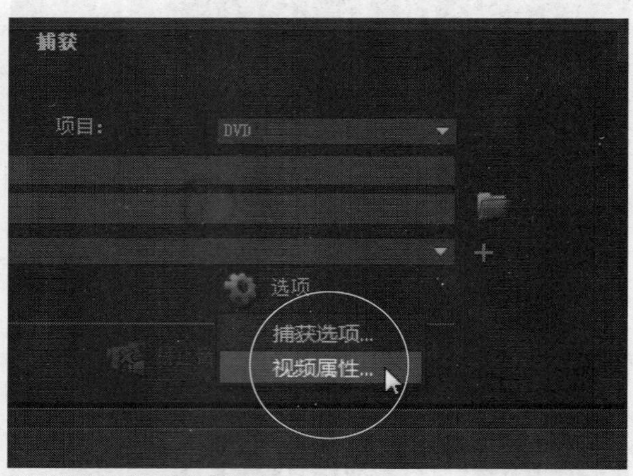

图6-23 选择“视频属性”选项

图6-24 选择相应选项

6.2 从其他设备捕获视频

在会声会影X7中，用户可以根据需要从其他外部设备中捕获视频素材，如光盘、摄像头以及高清摄像机等。本节主要介绍从其他设备捕获视频的操作方法。

实战097 从光盘中捕获视频

▶实例位置：无
▶素材位置：无
▶视频位置：光盘\视频\第6章\实战097.mp4

• 实例介绍 •

会声会影X7能够直接识别DVD光盘中后缀名为DAT的视频文件，因此用户可以将光盘中的视频文件导入到会声会影中。下面介绍从光盘中捕获视频的操作方法。

• 操作步骤 •

STEP 01 将一张VCD或DVD光盘放入光盘驱动器中，进入会声会影X7编辑器，切换至“捕获”步骤选项面板，单击选项面板中的“从数字媒体导入”按钮，如图6-25所示。

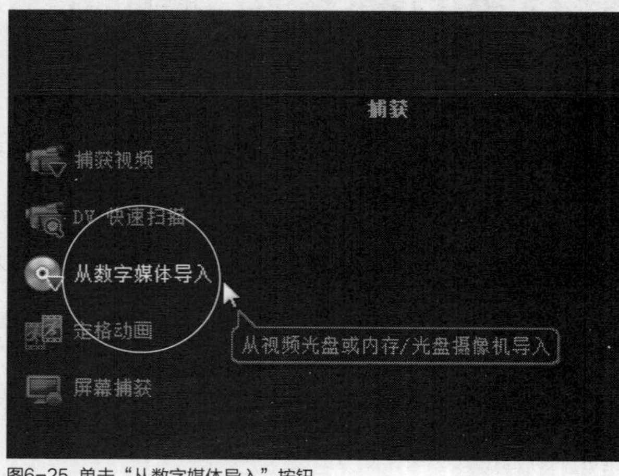

图6-25 单击“从数字媒体导入”按钮

STEP 02 弹出“选取‘导入源文件夹’”对话框，选择指定的驱动器，如图6-26所示。

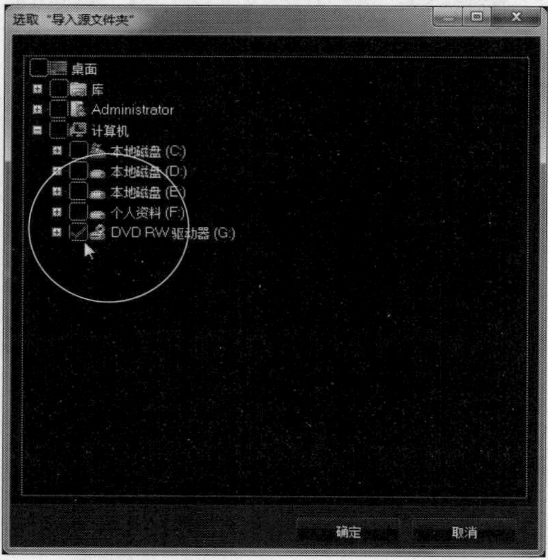

图6-26 指定驱动器

STEP 03 单击“确定”按钮，弹出“从数字媒体导入”对话框，在对话框中选择需要的光驱，如图6-27所示。

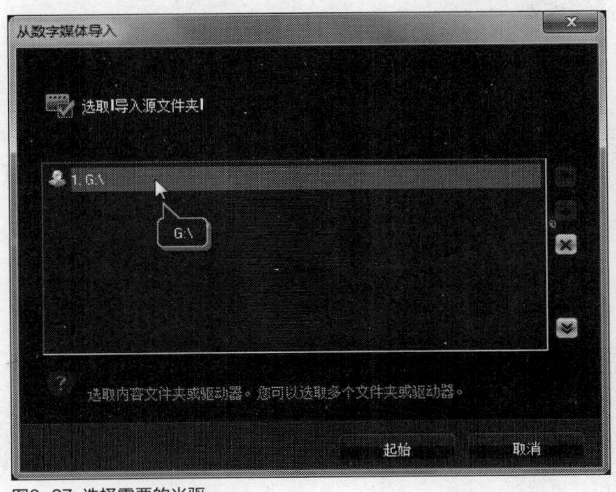

图6-27 选择需要的光驱

STEP 04 单击“起始”按钮，弹出“从数字媒体导入”对话框，在其中选择需要导入的视频文件，如图6-28所示。单击“开始导入”按钮，即可开始导入DVD光盘中的视频文件。

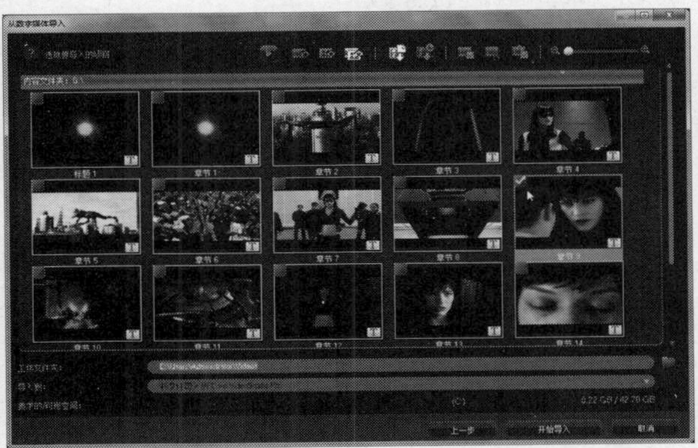

图6-28 选择需要导入的视频文件

实战098 通过摄像头捕获视频

▶实例位置：无
▶素材位置：无
▶视频位置：光盘\视频\第6章\实战098.mp4

• 实例介绍 •

随着数码产品的迅速普及，现在很多家庭都拥有摄像头，用户可以通过QQ或者MSN用摄像头和麦克风与好友进行视频交流，也可以使用摄像头实时拍摄并通过会声会影捕获视频。下面向读者介绍通过摄影头获取视频的操作方法。

• 操作步骤 •

STEP 01 将摄像头与计算机连接，并正确安装摄像头驱动程序，如图6-29所示。

图6-29 将摄像头与计算机连接

STEP 02 启动会声会影X7，进入“捕获”步骤选项面板，然后单击选项面板上的“捕获视频”按钮，如图6-30所示。

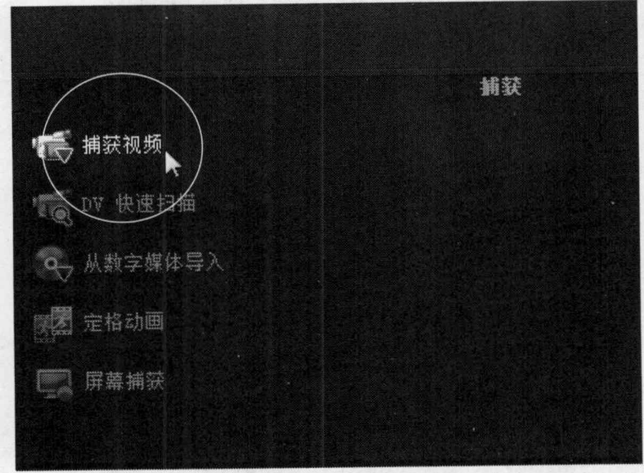

图6-30 单击“捕获视频”按钮

STEP 03 选项面板上即会显示会声会影找到的摄像头的名称，如图6-31所示。

STEP 04 单击“格式”右侧的下三角按钮，从下拉列表框中选择捕获的视频文件的保存格式，如图6-32所示。

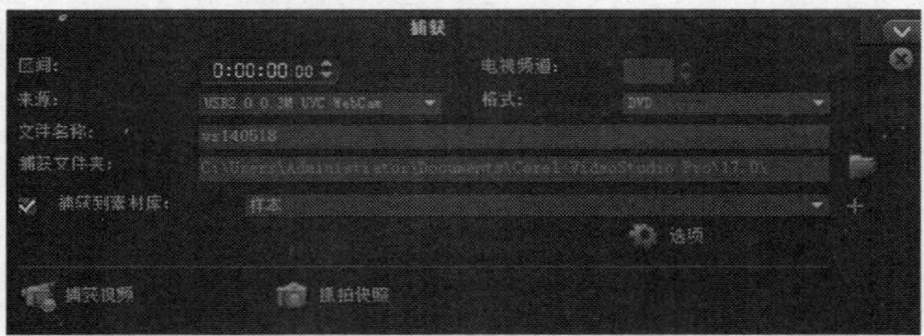

图6-31 显示与计算机连接的摄像头名称

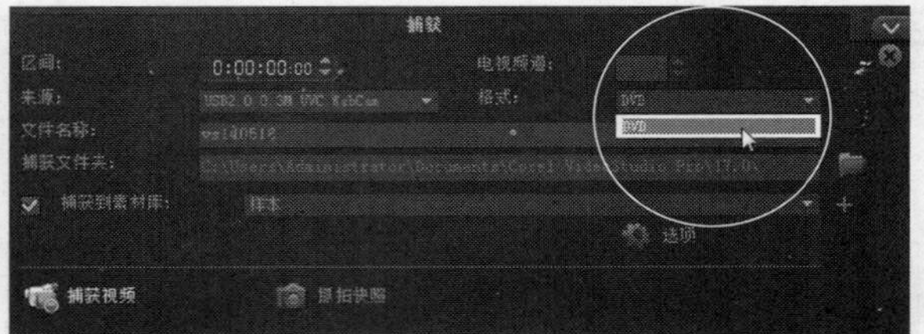

图6-32 选择视频文件的保存格式

STEP 05 单击选项面板上的"捕获视频"按钮，开始捕获摄像头拍摄的视频。如果要停止捕获，则单击"停止捕获"按钮。捕获完成后，视频素材将被保存到素材库中。

实战 099 从高清摄像机中捕获视频

- 实例位置：无
- 素材位置：无
- 视频位置：光盘\视频\第6章\实战099.mp4

• 实例介绍 •

由于HDV数码摄像机可以使用HDV和DV两种模式拍摄影片，因此在拍摄之前首先要把摄像机设置为高清拍摄模式，以保证视频是采用HDV模式拍摄的。

• 操作步骤 •

STEP 01 打开摄像机上的IEEE 1394接口端盖，找到IEEE 1394接口，如图6-33所示。

图6-33 摄像机上的IEEE 1394接口

STEP 02 将连接线的一端插入摄像机上的IEEE 1394接口，如图6-34所示，另一端插入计算机的IEEE 1394接口。

图6-34 通过IEEE 1394连接线连接HDV摄像机

STEP 03 打开HDV摄像机的电源并切换到"播放/编辑"模式，如图6-35所示。

图6-35 切换到"播放/编辑"模式

STEP 04 切换到会声会影编辑器，进入"捕获"步骤选项面板，单击"捕获视频"按钮，如图6-36所示。

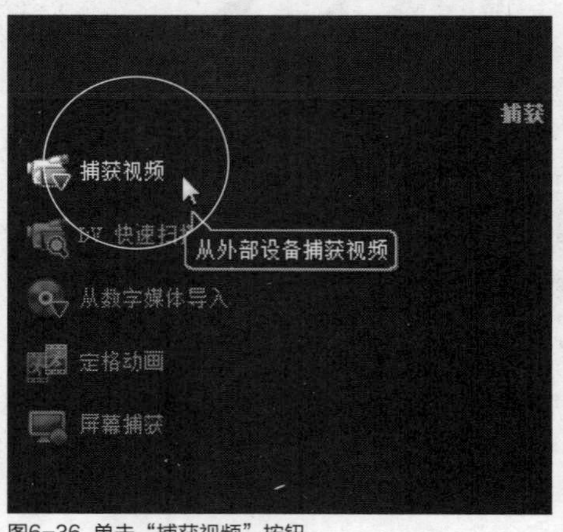

图6-36 单击"捕获视频"按钮

STEP 05 此时，会声会影能够自动检测到HDV摄像机，并在“来源”列表框中显示HDV摄像机的型号，如图6-37所示。

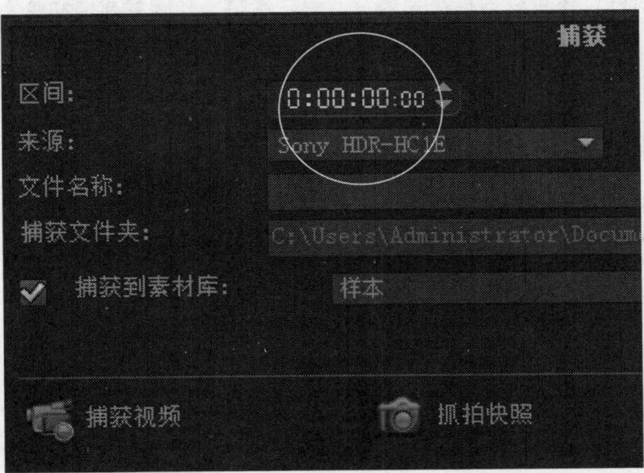

图6-37 显示HDV摄像机的型号

STEP 06 单击预览窗口下方的“播放”控制按钮，在预览窗口中找到需要捕获的起始位置，如图6-38所示。

图6-38 找到需要捕获的起始位置

STEP 07 单击选项面板上的“捕获视频”按钮，从暂停位置的下一帧开始捕获视频，同时在预览窗口中显示当前捕获的进度。如果要停止捕获，可以单击“停止捕获”按钮。捕获完成后，被捕获的视频素材将出现在操作界面下方的故事板上。

实战100 从U盘中捕获视频

- 实例位置：无
- 素材位置：无
- 视频位置：光盘\视频\第6章\实战100.mp4

• 实例介绍 •

U盘，全称USB闪存驱动器，英文名为“USB flash disk”。它是一种使用USB接口的无需物理驱动器的微型高容量移动存储产品。通过USB接口与电脑连接，实现即插即用。下面向读者介绍从U盘中捕获视频素材的操作方法。

• 操作步骤 •

STEP 01 进入会声会影编辑器，在时间轴面板中单击鼠标右键，在弹出的快捷菜单中选择“插入视频”选项，弹出“打开视频文件”对话框，选择需要导入的视频文件，如图6-39所示。

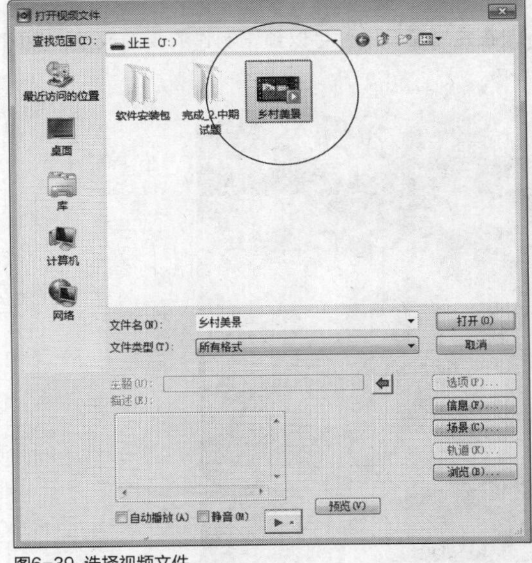

图6-39 选择视频文件

STEP 02 单击“打开”按钮，即可添加视频素材，如图6-40所示。

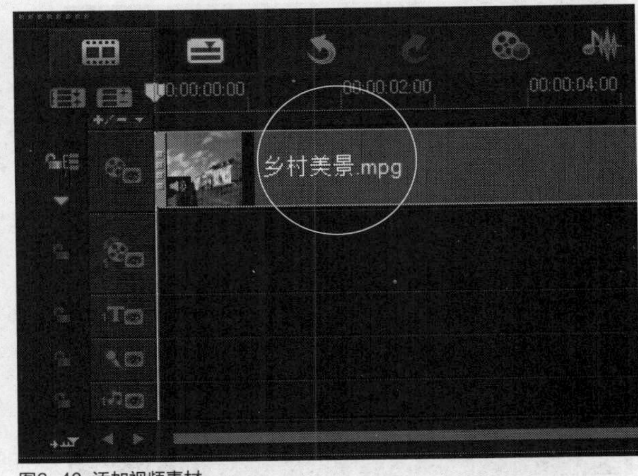

图6-40 添加视频素材

6.3 导入各种媒体素材

在会声会影X7中，用户除了捕获DV摄像机中的视频素材外，还可以根据需要来导入照片素材、视频素材、动画素材等。本节主要介绍导入各种媒体素材的操作方法。

实战101 导入JPG照片素材

▶实例位置：光盘\效果\第6章\烛光.VSP
▶素材位置：光盘\素材\第6章\烛光1、2.jpg
▶视频位置：光盘\视频\第6章\实战101.mp4

• 实例介绍 •

在会声会影中，用户也能够将图像素材导入到所编辑的项目中，并对单独的图像素材进行整合，制作成一个个内容丰富的电子相册。

• 操作步骤 •

STEP 01 进入会声会影编辑器，在时间轴面板中单击鼠标右键，在弹出的快捷菜单中选择“插入照片”选项，如图6-41所示。

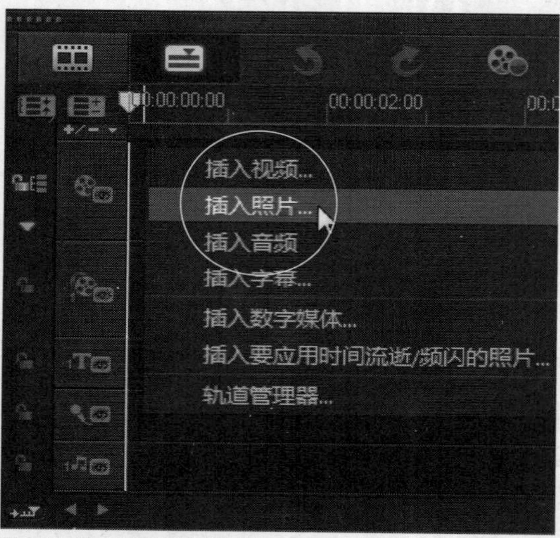

图6-41 选择需要打开的照片文件

STEP 02 弹出“浏览照片”对话框，选择需要打开的照片文件，如图6-42所示。

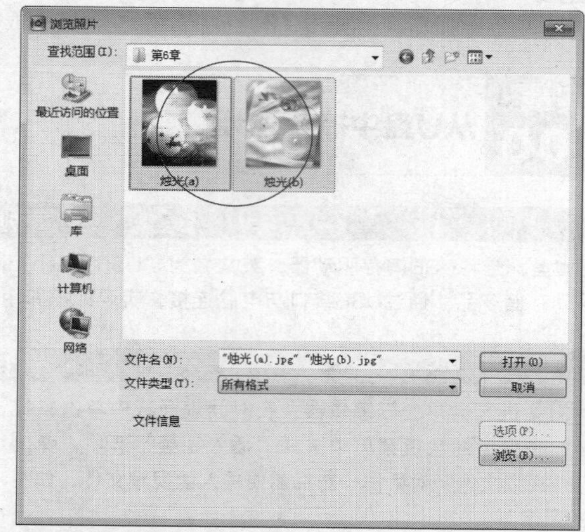

图6-42 导入照片素材

STEP 03 单击“打开”按钮，即可将照片素材导入到视频轨中，如图6-43所示。

图6-43 导入到视频轨中

STEP 04 在预览窗口中，可以预览制作的视频效果，如图6-44所示。

图6-44 预览视频效果

实战 102 导入MPG视频素材

▶实例位置：光盘\效果\第6章\海滩风光.VSP
▶素材位置：光盘\素材\第6章\海滩风光.mpg
▶视频位置：光盘\视频\第6章\实战102.mp4

• 实例介绍 •

在会声会影中，用户也能够将视频素材导入到所编辑的项目中，并对视频素材进行整合。

• 操作步骤 •

STEP 01 进入会声会影编辑器，在时间轴面板中单击鼠标右键，在弹出的快捷菜单中选择“插入视频”选项，如图6-45所示。

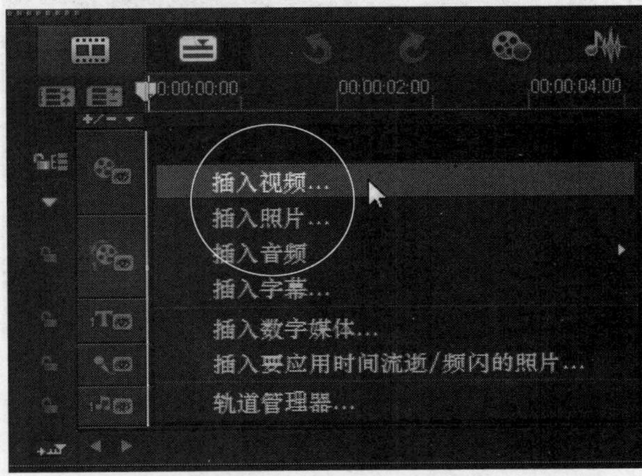

图6-45 选择“插入视频”选项

STEP 02 弹出“打开视频文件”对话框，选择需要打开的视频文件，如图6-46所示。

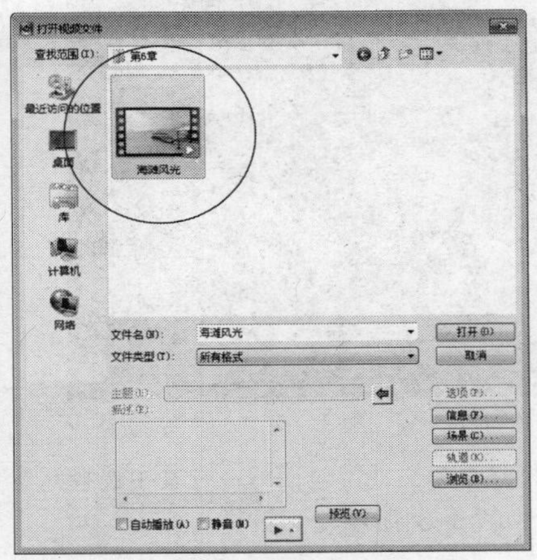

图6-46 选择需要打开的视频文件

STEP 03 单击“打开”按钮，即可将视频素材导入到视频轨中，如图6-47所示。

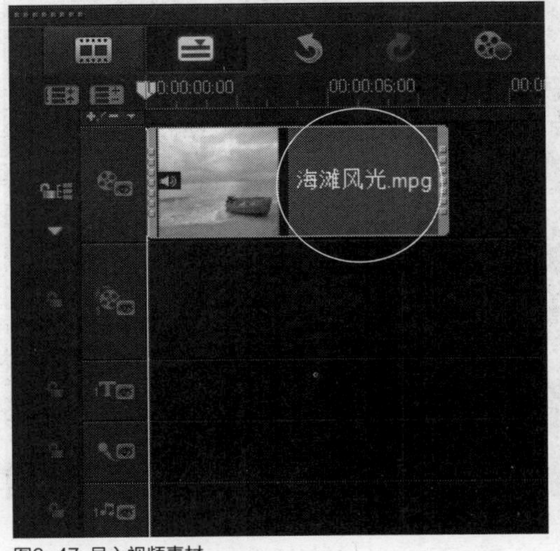

图6-47 导入视频素材

STEP 04 单击导览面板中的“播放”按钮，预览视频效果，如图6-48所示。

图6-48 预览视频效果

实战 103 导入SWF动画素材

▶实例位置：光盘\效果\第6章\流水.VSP
▶素材位置：光盘\素材\第6章\流水.jpg、蝴蝶.swf
▶视频位置：光盘\视频\第6章\实战103.mp4

• 实例介绍 •

在会声会影中，用户也能够将动画素材导入到所编辑的项目中，并对动画素材进行整合。

• 操作步骤 •

STEP 01 进入会声会影编辑器，在时间轴面板中插入一幅素材图像，如图6-49所示。

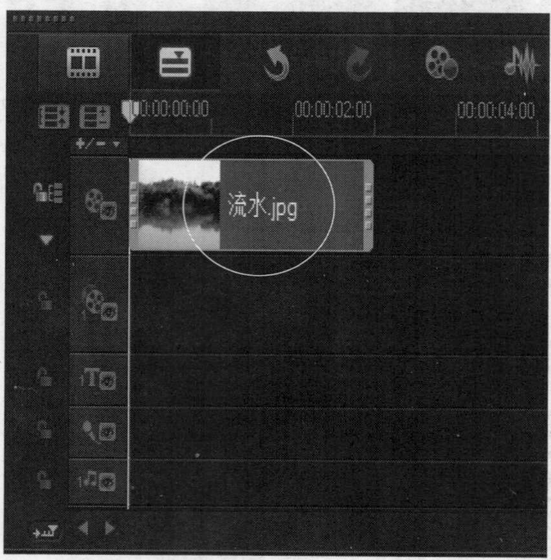

图6-49 插入素材图像流水.jpg

STEP 02 选择覆叠轨，在时间轴面板的空白处单击鼠标右键，在弹出的快捷菜单中选择“插入视频”选项，如图6-50所示。

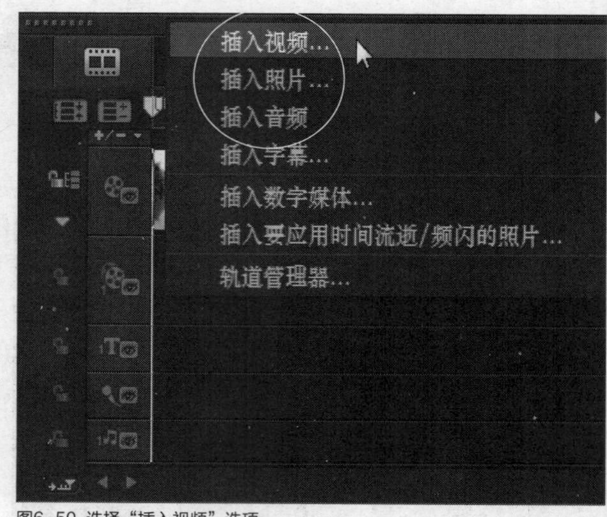

图6-50 选择“插入视频”选项

STEP 03 弹出“打开视频文件”对话框，在其中选择需要打开的动画素材，如图6-51所示。

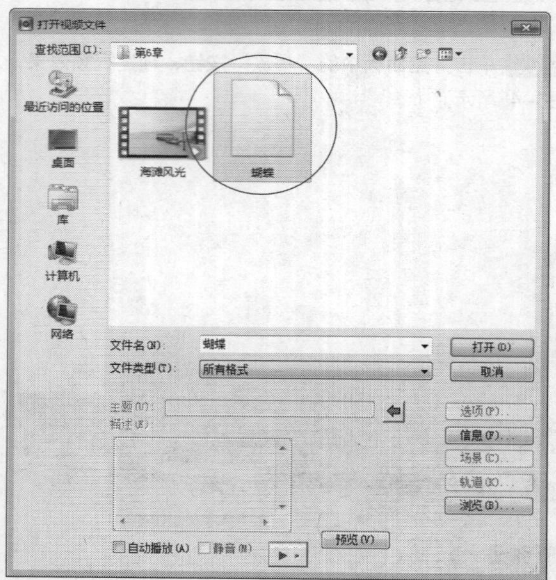

图6-51 选择需要打开的动画素材

STEP 04 单击“打开”按钮，即可将动画素材导入至覆叠轨中，如图6-52所示。

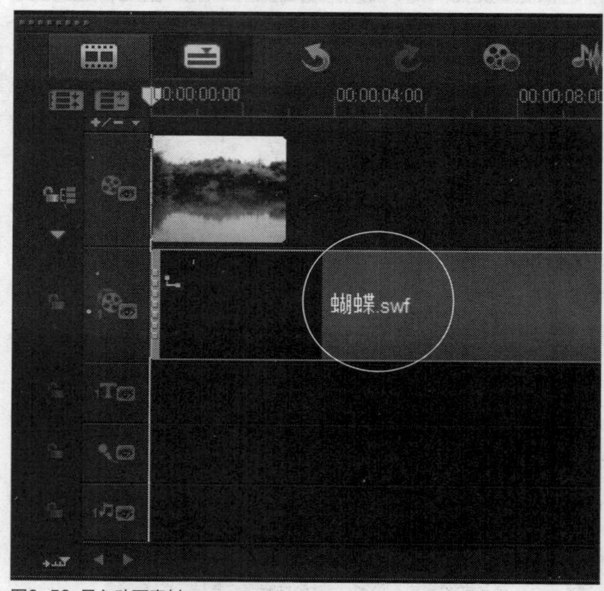

图6-52 导入动画素材

知识拓展

除了运用以上方法导入动画素材外，用户还可以在“Flash动画”素材库中，单击“添加”按钮。在弹出的“浏览Flash动画”对话框中选择动画素材，单击“打开”按钮即可。

STEP 05 在预览窗口中调整动画素材的大小和位置，即可预览视频效果，如图6-53所示。

图6-53 预览视频效果

实战 104 导入MP3音频素材

▶ 实例位置：光盘\效果\第6章\富丽堂皇.VSP
▶ 素材位置：光盘\素材\第6章\富丽堂皇.mpg、音乐.mp3
▶ 视频位置：光盘\视频\第6章\实战104.mp4

• 实例介绍 •

在会声会影中，用户也能够将音频素材导入到所编辑的项目中，并对音频素材进行整合。

• 操作步骤 •

STEP 01 进入会声会影编辑器，在时间轴面板中插入一个视频素材，如图6-54所示。

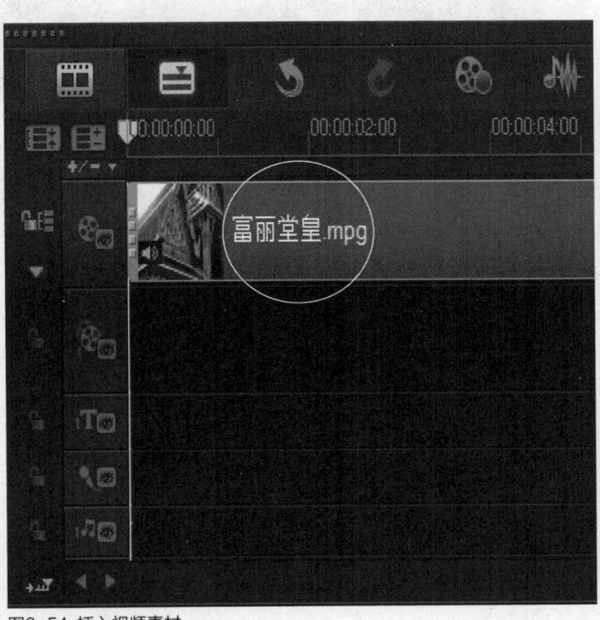

图6-54 插入视频素材

STEP 02 在时间轴面板的空白处单击鼠标右键，在弹出的快捷菜单中选择“插入音频”|“到语音轨”选项，如图6-55所示。

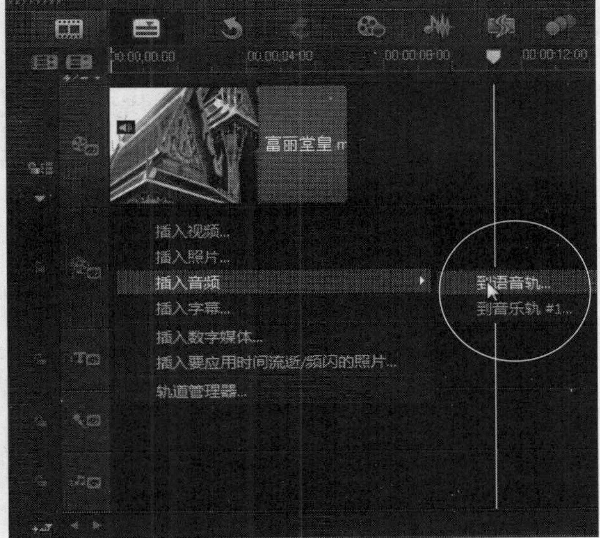

图6-55 选择“到语音轨”选项

STEP 03 弹出“打开音频文件”对话框，选择需要打开的音频素材，如图6-56所示。

STEP 04 单击“打开”按钮，即可将音频素材导入至语音轨中，如图6-57所示。

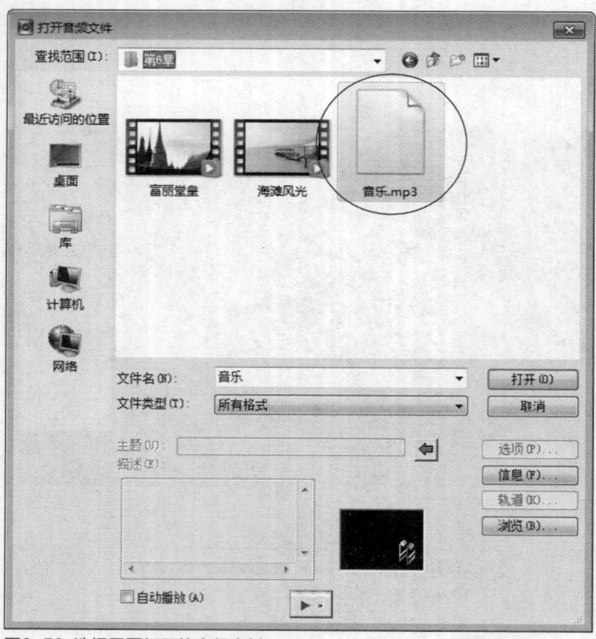

图6-56 选择需要打开的音频素材

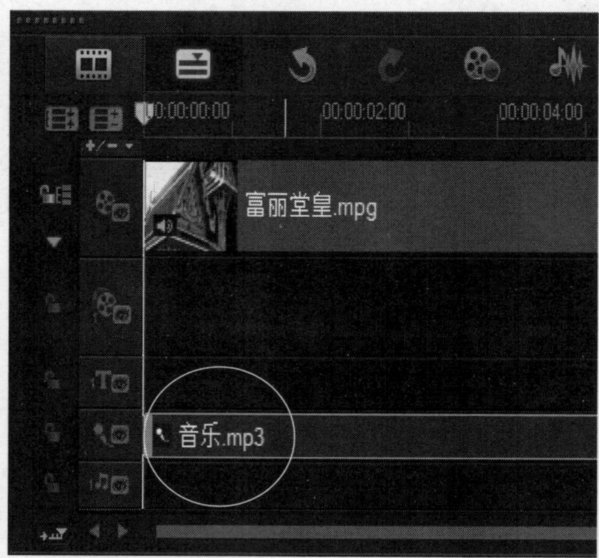

图6-57 导入音频素材

STEP 05 单击导览面板中的“播放”按钮，即可预览视频效果并试听音乐，如图6-58所示。

图6-58 预览视频效果并试听音乐

第7章 影视素材，随意添加

本章导读

在会声会影X7中，除了可以从摄像机中直接捕获视频和图像素材外，还可以在编辑器窗口中添加各种不同类型的素材。本章主要向读者介绍视频素材的添加、图像素材的添加、其他格式素材的添加、图像重新采样选项的设置以及素材显示模式等内容。

要点索引

- 添加视频素材
- 添加图像素材
- 添加Flash素材
- 添加装饰素材
- 添加其他格式的素材
- 制作色彩丰富的色块

7.1 添加视频素材

会声会影X7素材库中提供了各种类型的视频素材，用户可以直接从中取用。当素材库中的视频素材不能满足用户编辑视频的需求时，用户可以将常用的视频素材导入到素材库中。本节主要向读者介绍在会声会影X7中添加视频素材的操作方法。

实战 105 通过命令添加视频

▶实例位置：光盘\效果\第7章\日出.VSP
▶素材位置：光盘\素材\第7章\日出.mpg
▶视频位置：光盘\视频\第7章\实战105.mp4

• 实例介绍 •

在会声会影X7应用程序中，用户可以通过菜单栏中的“插入视频”命令来添加视频素材。下面向读者介绍用“插入视频”命令添加视频素材的方法。

• 操作步骤 •

STEP 01 进入会声会影编辑器，单击“文件”|“将媒体文件插入到素材库”|“插入视频”命令，如图7-1所示。

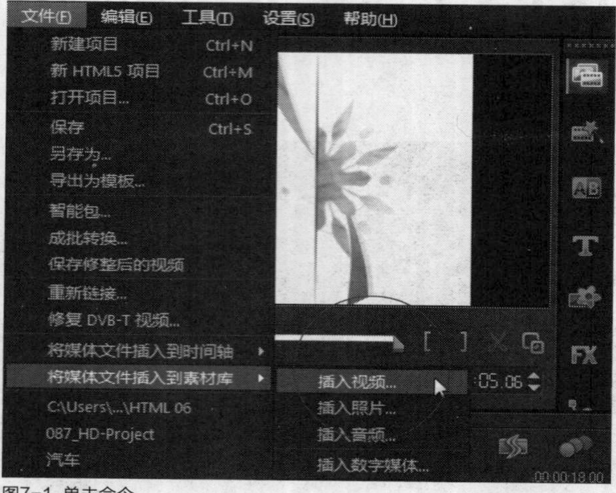

图7-1 单击命令

STEP 02 弹出“浏览视频”对话框，在其中选择所需打开的视频素材，如图7-2所示。

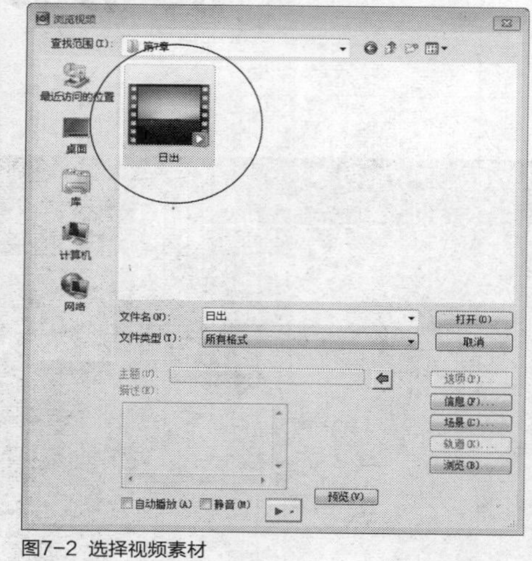

图7-2 选择视频素材

STEP 03 单击“打开”按钮，即可将视频素材添加至素材库中，如图7-3所示。

图7-3 将视频素材添加至素材库中

STEP 04 将添加的视频素材拖曳至时间轴面板的视频轨中，如图7-4所示。

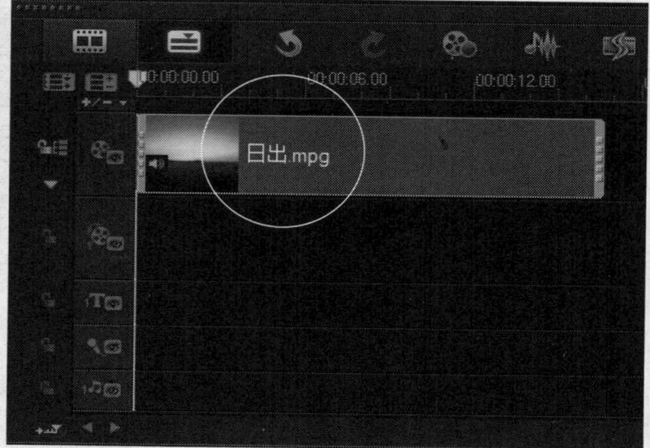

图7-4 拖曳至视频轨中

STEP 05 单击导览面板中的“播放”按钮，预览添加的视频画面效果，如图7-5所示。

图7-5 预览视频画面效果

实战 106 通过按钮添加视频

▶实例位置：光盘\效果\第7章\小花.VSP
▶素材位置：光盘\素材\第7章\小花.mpg
▶视频位置：光盘\视频\第7章\实战106.mp4

• 实例介绍 •

在会声会影X7中，用户还可以通过按钮添加视频素材。下面向读者介绍在素材库中，通过“导入媒体文件”按钮添加视频素材的方法。

• 操作步骤 •

STEP 01 进入会声会影编辑器，单击“显示视频”按钮，如图7-6所示。

图7-6 单击“显示视频”按钮

STEP 02 即可显示素材库中的视频文件，单击“导入媒体文件”按钮，如图7-7所示。

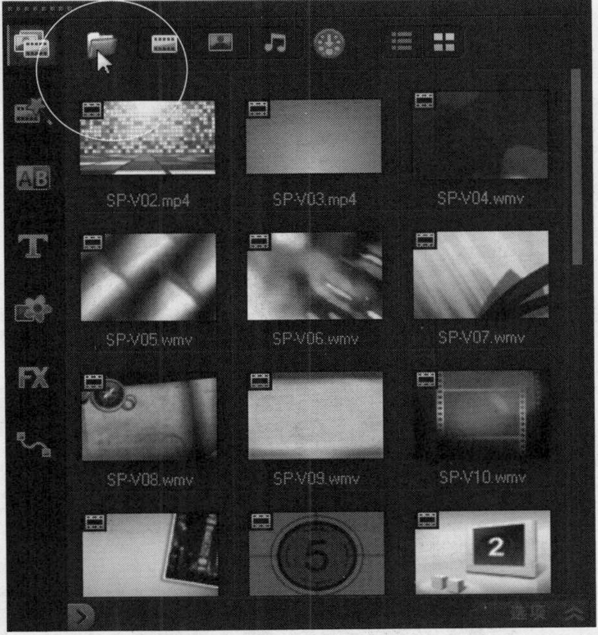

图7-7 单击“导入媒体文件”按钮

STEP 03 弹出“浏览媒体文件”对话框，在该对话框中选择所需打开的视频素材，如图7-8所示。

STEP 04 单击“打开”按钮，即可将所选择的素材添加到素材库中，如图7-9所示。

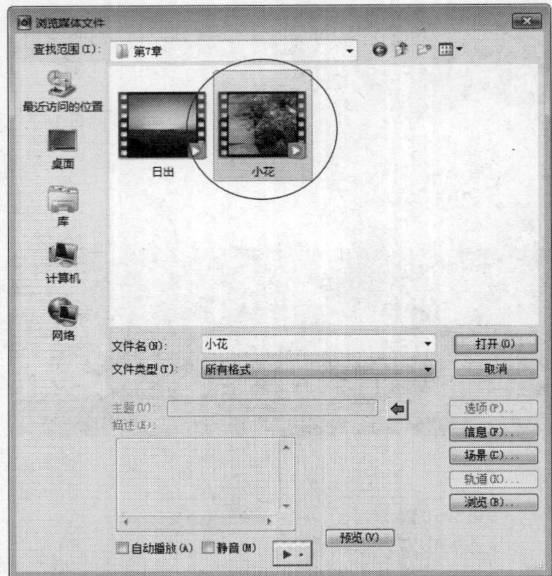

图7-8 选择所需打开的视频素材

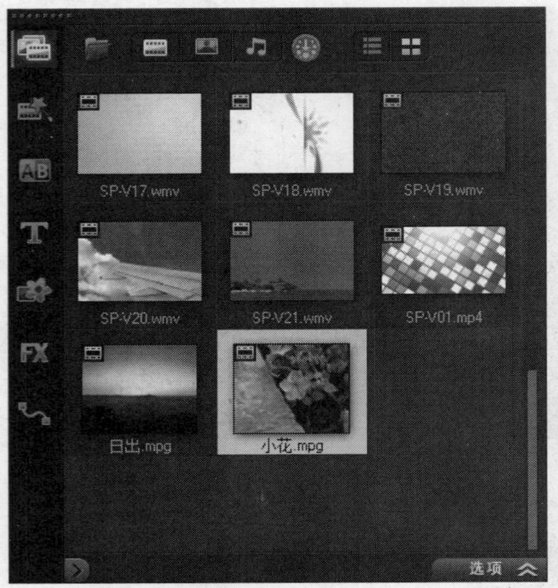

图7-9 将所选素材添加到素材库中

STEP 05 将素材库中添加的视频素材拖曳至时间轴面板的视频轨中，如图7-10所示。

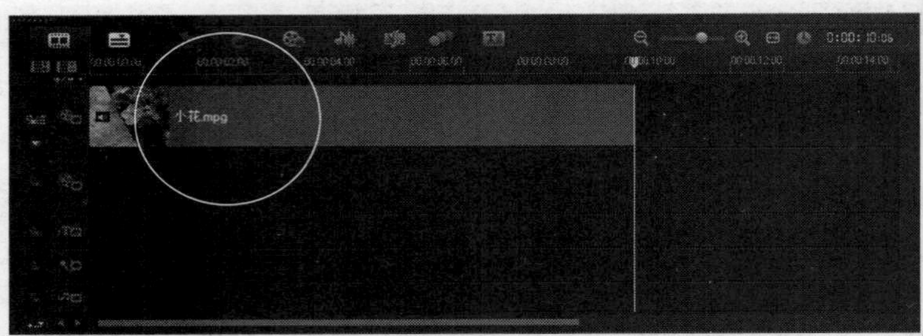

图7-10 拖曳至视频轨中

STEP 06 单击导览面板中的“播放”按钮，预览添加的视频画面效果，如图7-11所示。

图7-11 预览添加的视频画面效果

知识拓展

会声会影X7预览窗口的右上角各主要按钮含义如下。

“媒体”按钮：单击该按钮，可显示媒体库中的视频素材、音频素材以及图片素材。

“转场”按钮：单击该按钮，可显示媒体库中的转场效果。

“标题”按钮：单击该按钮，可显示媒体库中的标题效果。

“图像”按钮：单击该按钮，可显示素材库中色彩、对象、边框以及Flash动画素材。

“转场”按钮：单击该按钮，可显示素材库中的转场效果。

技巧点拨

在“浏览媒体文件”对话框中，按住【Ctrl】键的同时，在需要添加的素材上单击鼠标左键，可选择多个不连续的视频素材；按住【Shift】键的同时，在第一个视频素材和最后一个视频素材上分别单击鼠标左键，即可选择两个视频素材之间的所有视频素材文件，单击“打开”按钮，即可打开多个素材。

实战107 通过时间轴添加视频

▶实例位置：光盘\效果\第7章\厨具.VSP
▶素材位置：光盘\素材\第7章\厨具.mpg
▶视频位置：光盘\视频\第7章\实战107.mp4

• 实例介绍 •

在会声会影X7中，用户还可以通过时间轴面板将需要的视频直接添加至视频轨或覆叠轨中。下面向读者介绍通过时间轴添加视频的操作方法。

• 操作步骤 •

STEP 01 在会声会影X7时间轴面板中，单击鼠标右键，在弹出的快捷菜单中选择“插入视频”选项，如图7-12所示。

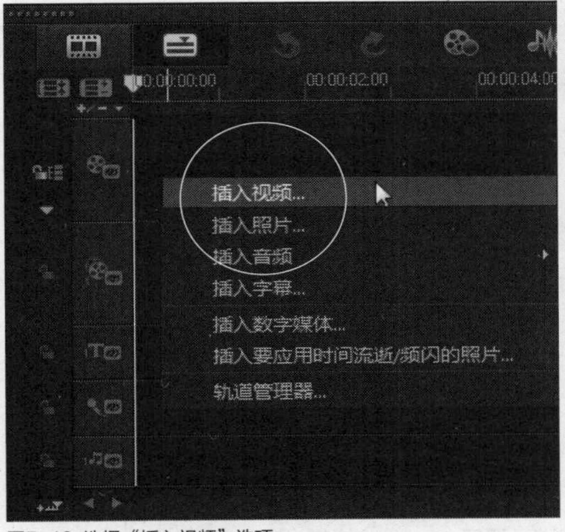

图7-12 选择“插入视频”选项

STEP 02 执行操作后，弹出“打开视频文件”对话框，在该对话框中选择所需打开的视频素材文件，如图7-13所示。

图7-13 选择所需打开的视频素材文件

知识拓展

在图7-12所示的时间轴面板右键菜单中，各选项含义如下。

➢ “插入视频”选项：可以插入外部视频文件到时间轴面板中。
➢ “插入照片”选项：可以插入外部照片文件到时间轴面板中。
➢ “插入音频”选项：可以在声音轨或音乐轨中插入背景音乐素材。
➢ “插入字幕”选项：可以插入外部的字幕特效，字幕的格式为.lrc。
➢ “插入数字媒体”选项：可以将VCD光盘、DVD光盘或其他数字光盘中的媒体文件添加至时间轴面板中。
➢ “插入照片到时间流逝/频闪”选项：可以将导入的照片应用“时间流逝/频闪”效果。
➢ “轨道管理”选项：可以添加或删除轨道。

STEP 03 单击“打开”按钮，即可将所选择的视频素材添加到时间轴面板中，如图7-14所示。

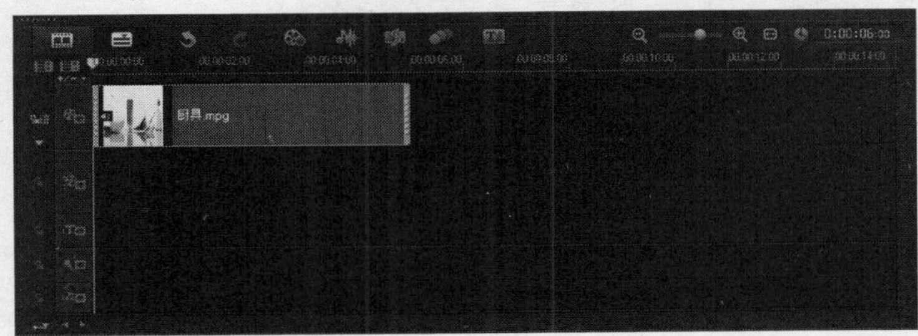

图7-14 将视频素材添加到时间轴面板

STEP 04 单击导览面板中的“播放”按钮，即可预览添加的视频素材，如图7-15所示。

图7-15 预览添加的视频素材

实战 108 通过素材库添加视频

▶实例位置：光盘\效果\第7章\云涌.VSP
▶素材位置：光盘\素材\第7章\云涌.mpg
▶视频位置：光盘\视频\第7章\实战108.mp4

• 实例介绍 •

在会声会影X7中，用户还可以通过素材库将需要的视频直接添加至素材库中。下面介绍在会声会影X7中，通过媒体库添加视频素材的操作方法。

• 操作步骤 •

STEP 01 进入会声会影编辑器，单击“显示视频”按钮，可显示素材库中的视频文件，在素材库空白处单击鼠标右键，在弹出的快捷菜单中选择“插入媒体文件”选项，如图7-16所示。

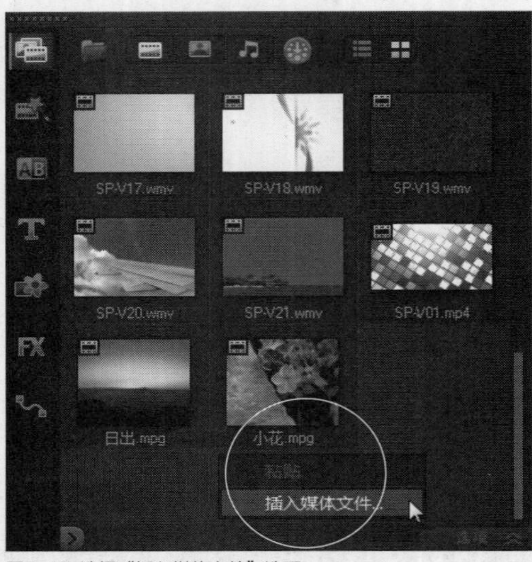

图7-16 选择“插入媒体文件”选项

STEP 02 弹出“浏览媒体文件”对话框，在该对话框中选择所需打开的视频素材文件，如图7-17所示。

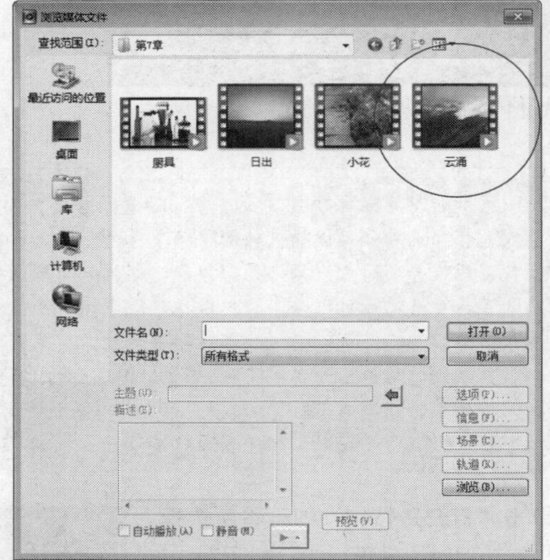

图7-17 选择所需打开的视频素材

STEP 03 单击“打开”按钮，即可将所选择的视频素材添加到素材库中，如图7-18所示。

STEP 04 将素材库中添加的视频素材拖曳至视频轨中的开始位置，如图7-19所示。

图7-18 将所选视频素材添加到素材库

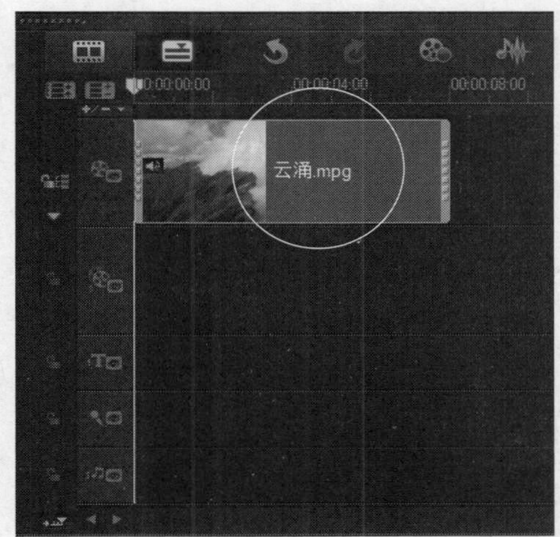

图7-19 拖曳至视频轨中的开始位置

STEP 05 单击导览面板中的“播放”按钮，即可预览添加的视频素材，如图7-20所示。

图7-20 预览添加的视频素材

知识拓展

在会声会影X7的媒体库中，用户可以根据需要新建文件夹，并将不同类型的视频素材分别导入至不同的文件夹中。

7.2 添加图像素材

在会声会影X7中，用户可以将图像素材插入到所编辑的项目中，并对单独的图像素材进行整合，制作成一个内容丰富的电子相册。本节主要向读者介绍在会声会影X7中添加图像素材的操作方法，希望读者熟练掌握本节内容。

实战109 通过命令添加图像

▶实例位置：光盘\效果\第7章\钟表.VSP
▶素材位置：光盘\素材\第7章\钟表.jpg
▶视频位置：光盘\视频\第7章\实战109.mp4

• 实例介绍 •

当素材库中的图像素材无法满足用户需求时，用户可以将常用的图像素材添加至会声会影X7素材库中。下面介绍在会声会影X7中，通过命令添加图像素材的操作方法。

• 操作步骤 •

STEP 01 进入会声会影编辑器，单击“文件”|“将媒体文件插入到素材库”|“插入照片”命令，如图7-21所示。

STEP 02 弹出“浏览照片”对话框，在该对话框中选择所需打开的图像素材，如图7-22所示。

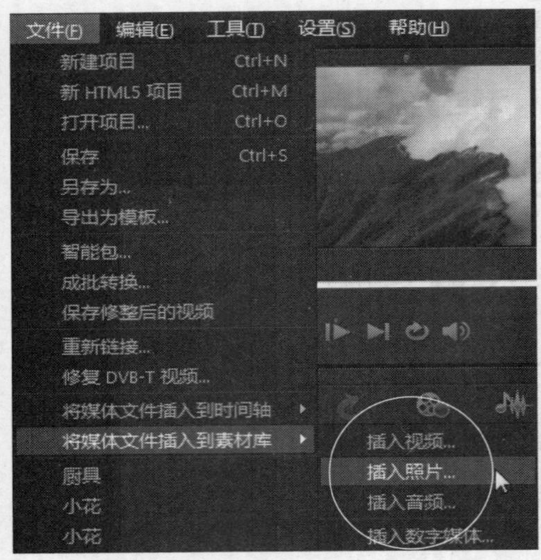

图7-21 单击命令

图7-22 选择图像素材

技巧点拨

在“浏览照片”对话框中，选择需要打开的图像素材后，按【Enter】键确认，也可以快速将图像素材导入到素材库面板中。

STEP 03 在“浏览照片”对话框中，单击“打开”按钮，将所选择的图像素材添加至素材库中，如图7-23所示。

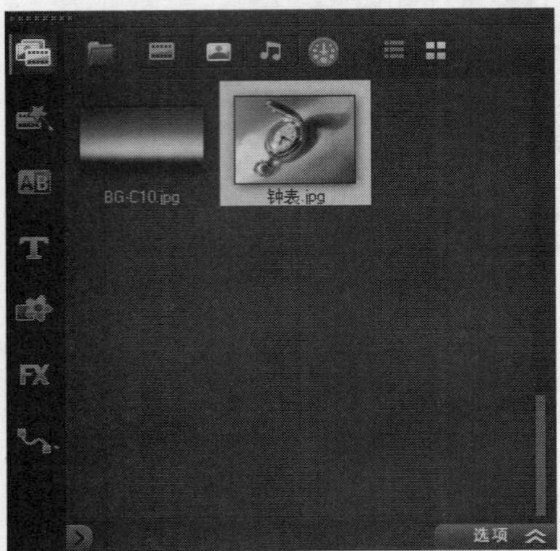

图7-23 将所选图像素材添加至素材库

STEP 04 将素材库中添加的图像素材拖曳至视频轨中的开始位置，如图7-24所示。

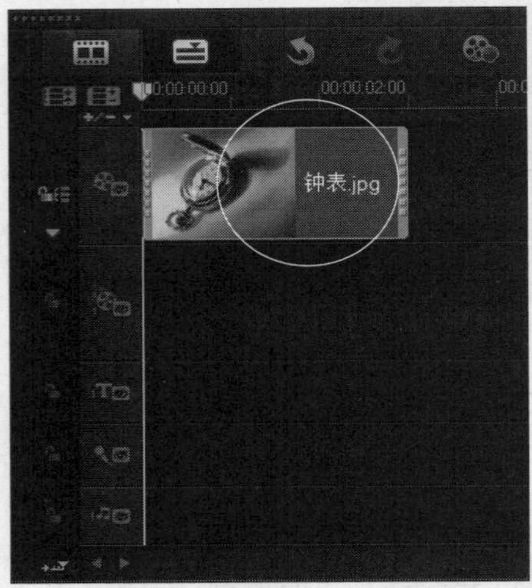

图7-24 拖曳素材

STEP 05 单击导览面板中的“播放”按钮，即可预览添加的图像素材，如图7-25所示。

图7-25 预览添加的图像素材

技巧点拨

在会声会影X7中，单击“文件”|“将媒体文件插入到时间轴”命令，在弹出的子菜单中，单击“插入视频”命令，可以将视频直接插入到时间轴面板中；单击“插入照片”命令，可以将照片直接插入到时间轴面板中。

实战 110　通过按钮添加图像

▶ 实例位置：光盘\效果\第7章\可爱娃娃.VSP
▶ 素材位置：光盘\素材\第7章\可爱娃娃.jpg
▶ 视频位置：光盘\视频\第7章\实战110.mp4

• 实例介绍 •

在会声会影X7中，添加图像素材的方式有很多种，用户可以根据使用习惯选择添加素材的方式。下面介绍在会声会影X7中，通过按钮添加图像素材的操作方法。

• 操作步骤 •

STEP 01 进入会声会影编辑器，单击“显示照片”按钮，如图7-26所示。

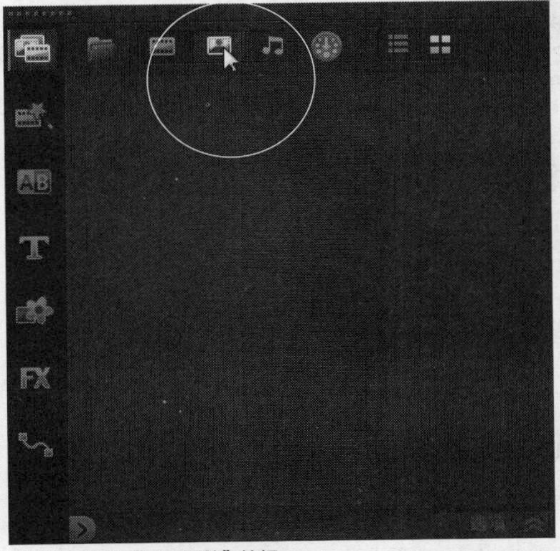

图7-26 单击“显示照片”按钮

STEP 02 执行上述操作后，即可显示素材库中的图像文件，单击“导入媒体文件”按钮，如图7-27所示。

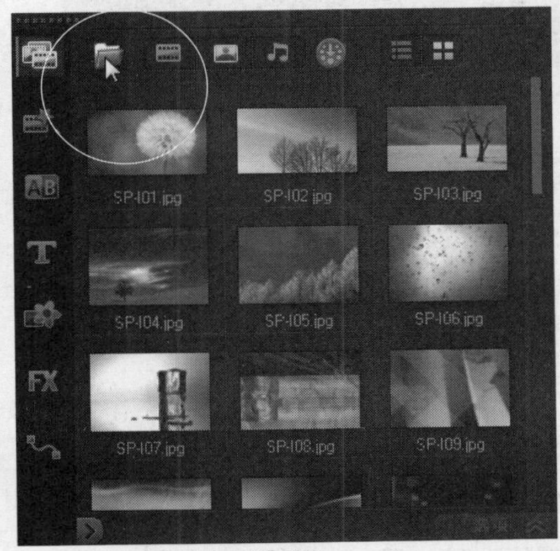

图7-27 单击“导入媒体文件”按钮

STEP 03 弹出“浏览媒体文件”对话框，在该对话框中选择需要打开的图像素材文件，如图7-28所示。

图7-28 选择需要打开的图像素材

STEP 04 单击“打开”按钮，将所选择的图像素材添加到素材库中，如图7-29所示。

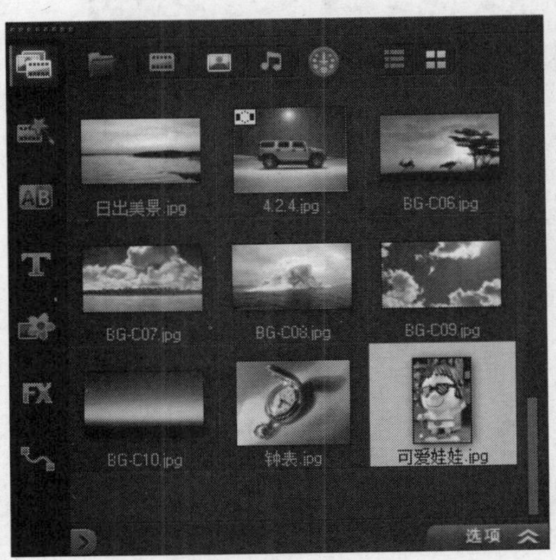

图7-29 将所选图像素材添加到素材库

STEP 05 将素材库中添加的图像素材拖曳至视频轨中的开始位置，如图7-30所示。

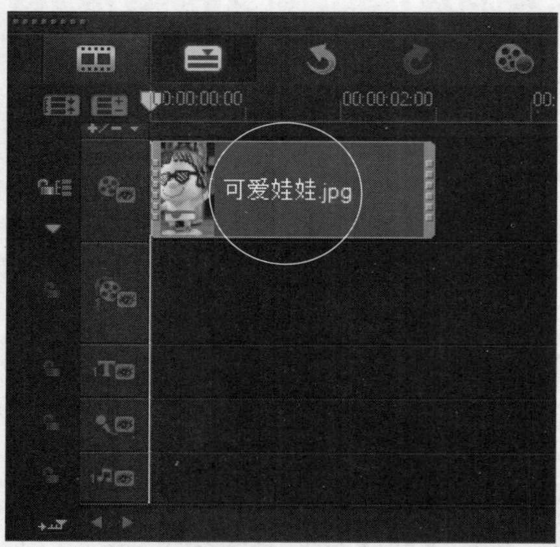

图7-30 拖曳素材

STEP 06 单击导览面板中的“播放”按钮，即可预览添加的图像素材，如图7-31所示。

图7-31 预览添加的图像素材

技巧点拨

在Windows操作系统中，用户还可以在计算机磁盘中选择需要添加的图像素材，单击鼠标左键并拖曳至会声会影X7的时间轴面板中，释放鼠标左键，也可以快速添加图像素材。

实战 111 通过时间轴添加图像

- 实例位置：光盘\效果\第7章\古老建筑.VSP
- 素材位置：光盘\素材\第7章\古老建筑.jpg
- 视频位置：光盘\视频\第7章\实战111.mp4

• 实例介绍 •

在会声会影X7中，用户还可以在时间轴中添加图像素材。

• 操作步骤 •

STEP 01 在会声会影X7时间轴面板中，单击鼠标右键，在弹出的快捷菜单中选择“插入照片”选项，如图7-32所示。

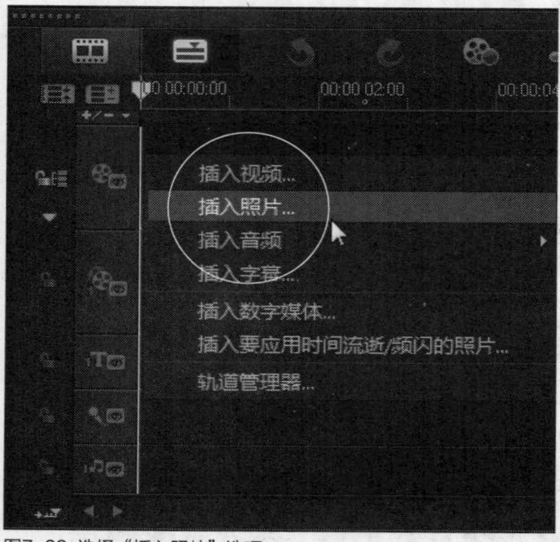

图7-32 选择“插入照片”选项

STEP 02 执行操作后，弹出“浏览照片”对话框，在该对话框中选择所需打开的图像素材文件，如图7-33所示。

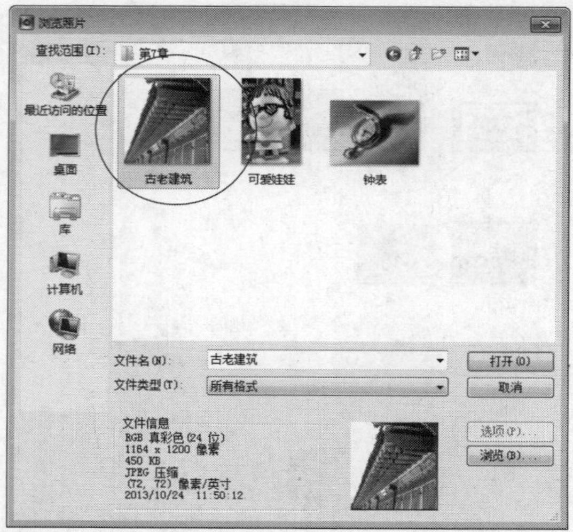

图7-33 选择图像素材文件

STEP 03 单击“打开”按钮，即可将所选择的图像素材添加到时间轴面板中，如图7-34所示。

图7-34 添加素材

STEP 04 单击导览面板中的“播放”按钮，即可预览添加的图像素材，如图7-35所示。

图7-35 预览添加的图像素材

实战 112 通过素材库添加图像

▶实例位置：光盘\效果\第7章\轮船.VSP
▶素材位置：光盘\素材\第7章\轮船.jpg
▶视频位置：光盘\视频\第7章\实战112.mp4

• 实例介绍 •

在会声会影X7中，用户还可以在素材库中添加图像素材。下面介绍在会声会影X7中，通过素材库添加图像素材的操作方法。

• 操作步骤 •

STEP 01 进入会声会影编辑器，在素材库空白处单击鼠标右键，在弹出的快捷菜单中选择“插入媒体文件”选项，如图7-36所示。

图7-36 选择“插入媒体文件”选项

STEP 02 弹出“浏览媒体文件”对话框，在该对话框中选择所需打开的图像素材文件，如图7-37所示。

图7-37 选择图像素材

STEP 03 单击“打开”按钮，即可将所选择的图像素材添加到素材库中，如图7-38所示。

STEP 04 将素材库中添加的图像素材拖曳至视频轨中的开始位置，如图7-39所示。

图7-38 添加素材

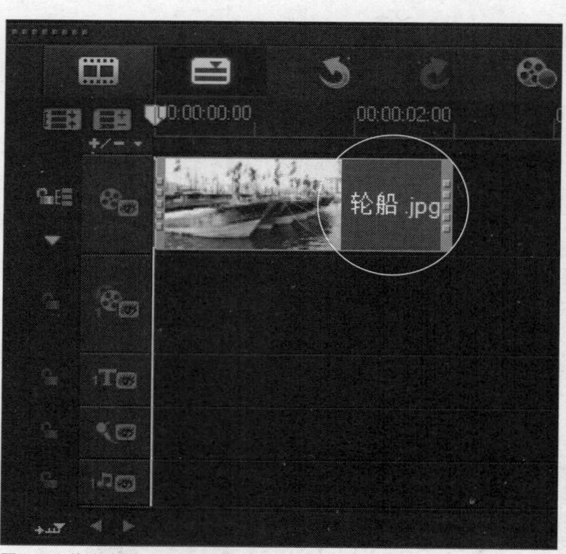

图7-39 拖曳素材

STEP 05 单击导览面板中的“播放”按钮，即可预览添加的图像素材，如图7-40所示。

图7-40 预览添加的图像素材

7.3 添加Flash素材

会声会影X7可以直接应用Flash动画素材，用户可以根据需要将素材导入至素材库中，或者应用到时间轴面板中，然后对Flash素材进行相应编辑操作，如调整Flash动画的大小和位置等属性。下面向读者介绍在会声会影X7中添加Flash动画素材的操作方法。

实战113 添加Flash动画素材

- ▶实例位置：光盘\效果\第7章\玫瑰花.VSP
- ▶素材位置：光盘\素材\第7章\玫瑰花.swf
- ▶视频位置：光盘\视频\第7章\实战113.mp4

• 实例介绍 •

在会声会影X7中，用户可以应用相应的Flash动画素材至视频中，丰富视频内容。下面向读者介绍添加Flash动画素材的操作方法。

• 操作步骤 •

STEP 01 进入会声会影编辑器，在素材库左侧单击“图形”按钮，如图7-41所示。

STEP 02 执行操作后，切换至“图形”素材库，单击素材库上方“画廊”按钮，在弹出的列表框中选择“Flsah动画”选项，如图7-42所示。

图7-41 单击“图形”按钮

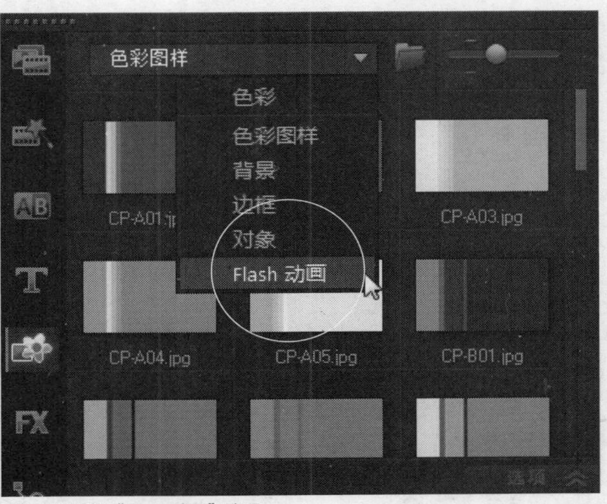

图7-42 选择“Flsah动画”选项

技巧点拨

在会声会影X7中，单击“文件”|“将媒体文件插入到时间轴”|“插入视频”命令，弹出“打开视频文件”对话框，然后在该对话框中选择需要插入的Flash文件，单击“打开”按钮，即可将Flash文件直接添加到时间轴中。

STEP 03 打开“Flash动画”素材库，单击素材库上方的“添加”按钮，如图7-43所示。

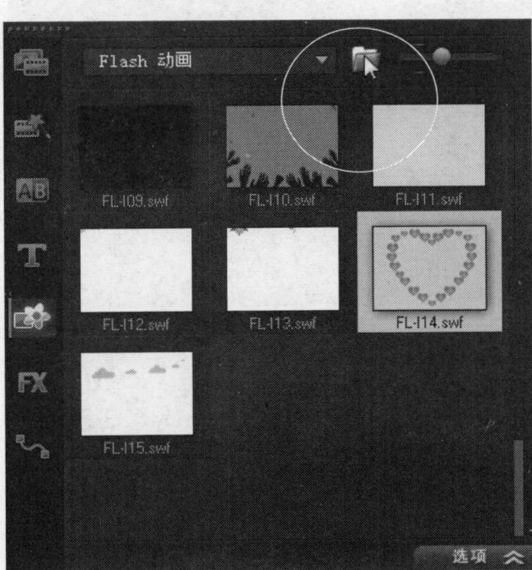

图7-43 单击“添加”按钮

STEP 04 弹出“浏览Flash动画”对话框，在该对话框中选择需要添加的Flash文件，如图7-44所示。

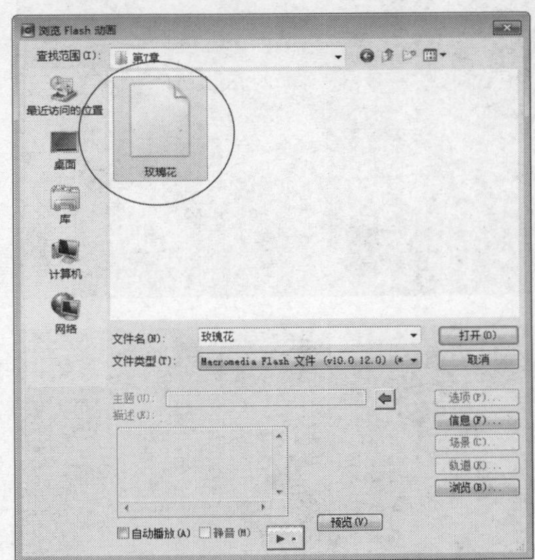

图7-44 选择Flash文件

STEP 05 选择完毕后，单击“打开”按钮，将Flash动画素材插入到素材库中，如图7-45所示。

图7-45 将素材插入到素材库中

STEP 06 在素材库中选择Flash动画素材，单击鼠标左键并将其拖曳至时间轴面板中的合适位置，如图7-46所示。

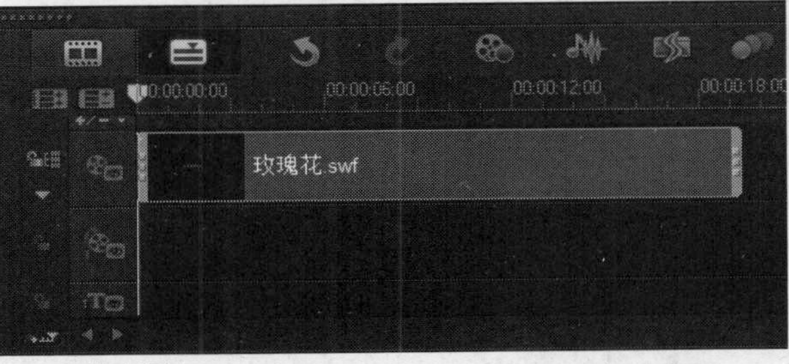

图7-46 拖曳素材

技巧点拨

在会声会影X7中，用户可以在视频中运用Flash透明动画来装饰视频效果，这样可以制作中视频叠加的画面，丰富视频内容，如图7-47所示。

图7-47 运用Flash透明动画

STEP 07 在导览面板中单击“播放”按钮，即可预览Flash动画素材效果，如图7-48所示。

图7-48 预览Flash动画素材效果

实战 114 调整Flash动画位置

▶实例位置：光盘\效果\第7章\美食.VSP
▶素材位置：光盘\素材\第7章\美食.VSP、风车动画.swf
▶视频位置：光盘\视频\第7章\实战114.mp4

• 实例介绍 •

当用户将Flash动画添加到时间轴面板后，用户可以根据需要调整Flash动画在视频画面中的显示位置，使制作的视频更加美观。下面向读者介绍调整Flash动画位置的操作方法。

• 操作步骤 •

STEP 01 进入会声会影编辑器，单击“文件”|“打开项目”命令，打开一个项目文件，如图7-49所示。

图7-49 打开项目文件

STEP 02 在预览窗口中，可以预览视频的画面效果，如图7-50所示。

图7-50 预览视频的画面效果

STEP 03 在时间轴面板中，单击鼠标右键，弹出快捷菜单，选择“插入视频”选项，如图7-51所示。

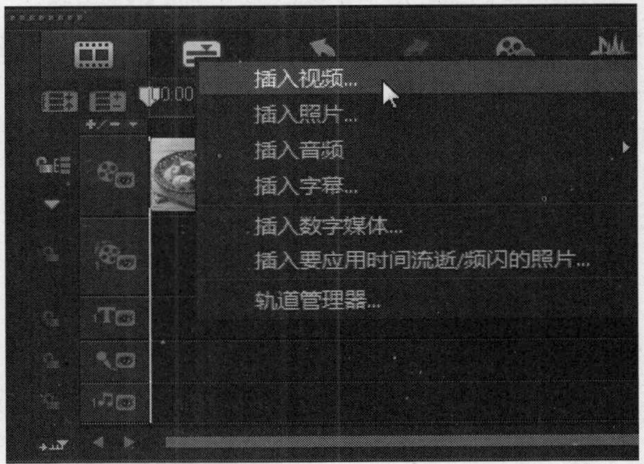

图7-51 选择“插入视频”选项

STEP 04 弹出“打开视频文件”对话框，在其中选择需要添加的Flash文件，如图7-52所示。

图7-52 选择需要添加的Flash文件

STEP 05 单击“打开”按钮，即可在覆盖轨中插入Flash动画素材，如图7-53所示。

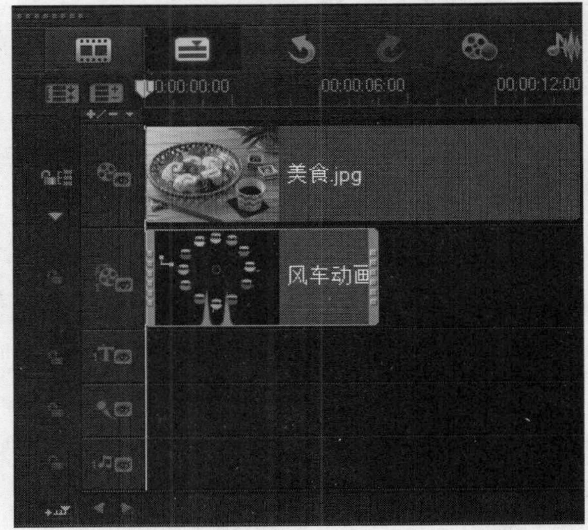

图7-53 插入Flash动画素材

STEP 06 在预览窗口中，可以预览插入的Flash动画效果，如图7-54所示。

STEP 07 在Flash动画效果上，单击鼠标左键并拖曳至画面的右下角，此时显示动画移动的位置，以黄色方框表示，如图7-55所示。

图7-54 预览Flash动画效果

图7-55 以黄色方框表示

STEP 08 释放鼠标左键，即可调整Flash动画的视频画面中的位置，单击导览面板中的“播放”按钮，预览调整Flash动画位置后的视频效果，如图7-56所示。

图7-56 预览视频效果

实战115 调整Flash动画大小

▶ 实例位置：光盘\效果\第7章\美食1.VSP
▶ 素材位置：光盘\效果\第7章\美食.VSP
▶ 视频位置：光盘\视频\第7章\实战115.mp4

• 实例介绍 •

在会声会影X7中添加Flash动画文件后，如果动画文件的大小不符合用户的要求，此时用户可以调整Flash动画文件的视频中的大小，使视频画面更加协调。

• 操作步骤 •

STEP 01 在时间轴面板中选择需要调整大小的Flash动画文件，在预览窗口中将鼠标移至Flash动画四周黄色的控制柄上，待鼠标指针呈双向箭头形状时，如图7-57所示。

STEP 02 单击鼠标左键并拖曳，即可调整Flash动画文件的大小，效果如图7-58所示。

图7-57 鼠标指针呈双向箭头形状

图7-58 调整Flash动画文件的大小

实战 116 删除Flash动画素材

- 实例位置：光盘\效果\第7章\城市建筑.VSP
- 素材位置：光盘\素材\第7章\城市建筑.VSP
- 视频位置：光盘\视频\第7章\实战116.mp4

• 实例介绍 •

在会声会影X7中，如果用户对添加的Flash动画素材不满意，此时可以对动画素材进行删除操作。下面向读者介绍删除Flash动画素材的方法。

• 操作步骤 •

STEP 01 进入会声会影编辑器，单击“文件”|“打开项目”命令，打开一个项目文件，如图7-59所示。

图7-59 打开项目文件

STEP 02 在导览面板中单击“播放”按钮，预览Flash动画效果，如图7-60所示。

图7-60 预览Flash动画效果

STEP 03 在时间轴面板中，选择需要删除的Flash动画，如图7-61所示。

图7-61 选择需要删除的Flash动画

STEP 04 在需要删除的Flash动画上，单击鼠标右键，在弹出的快捷菜单中选择“删除”选项，如图7-62所示。

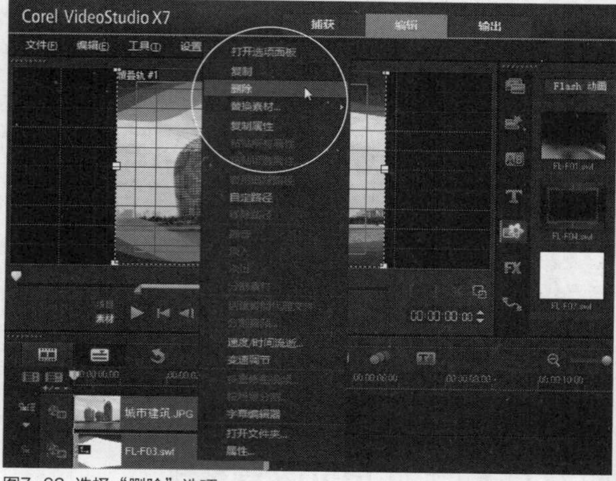

图7-62 选择“删除”选项

STEP 05 执行操作后，即可删除时间轴面板中的Flash动画文件，如图7-63所示。

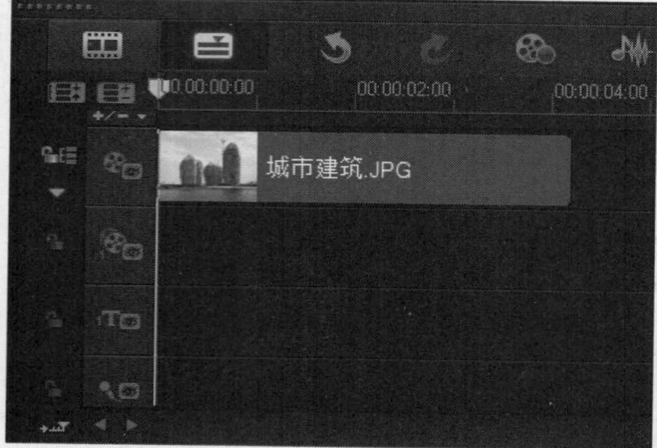

图7-63 删除Flash动画文件

STEP 06 在预览窗口中，可以预览删除Flash动画后的视频效果，如图7-64所示。

图7-64 预览视频效果

知识拓展

在时间轴面板中Flash动画文件的右键菜单中，部分选项含义如下。

➢ 打开选项面板：可以打开Flash动画文件相对应的选项面板，在选项面板中可以设置动画文件的各种属性，包括淡入与淡出特效。

➢ 复制：可以对选择的素材文件进行复制操作。

➢ 删除：可以对选择的素材文件进行删除操作。

➢ 替换素材：可以对选择的素材文件进行替换操作，用户可以替换为视频文件或照片文件。

➢ 复制属性：复制素材文件现有的所有属性，包括大小、形状以及各种特效。

➢ 自定义运动：可以为选择的素材添加自定义运动效果，使画面更显动感特效。

➢ 字幕编辑器：在打开的“字幕编辑器”窗口中，可以为素材创建字幕特效。

➢ 在计算机中搜索：可以搜索素材在计算机中的具体位置，并打开相应文件夹。

➢ 属性：可以查看素材的属性信息，包括文件名、区间长度以及帧速率等属性。

7.4 添加装饰素材

在会声会影X7中，用户根据视频编辑的需要，还可以加载外部的对象素材和边框素材，使制作的视频画面更加具有吸引力。本节主要向读者介绍将装饰素材添加至项目中的操作方法，希望读者熟练掌握本节内容。

实战 117 加载外部对象样式

▶实例位置：光盘\效果\第7章\书桌.VSP
▶素材位置：光盘\素材\第7章\书桌.VSP、蜡烛.png
▶视频位置：光盘\视频\第7章\实战117.mp4

• 实例介绍 •

在会声会影X7中，用户可以通过“对象”素材库，加载外部的对象素材。下面向读者介绍加载外部对象素材的操作方法。

• 操作步骤 •

STEP 01 进入会声会影编辑器，单击“文件”|“打开项目”命令，打开一个项目文件，如图7-65所示。

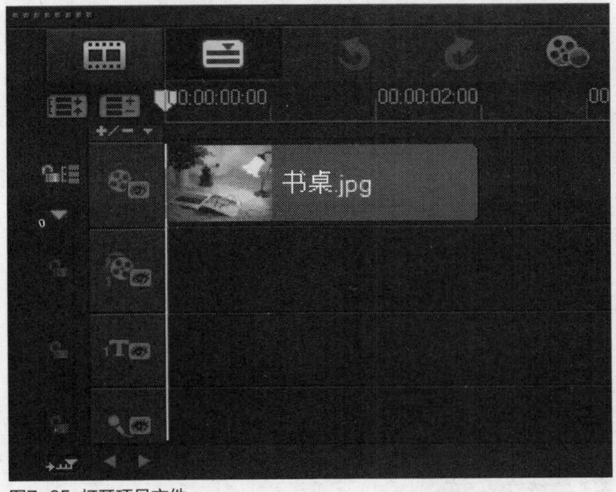

图7-65 打开项目文件

STEP 02 在预览窗口中，可以预览打开的项目效果，如图7-66所示。

图7-66 预览项目效果

STEP 03 在素材库左侧单击“图形”按钮，执行操作后，切换至“图形”素材库，单击素材库上方“画廊”按钮，在弹出的列表框中选择“对象”选项，打开“对象”素材库，单击素材库上方的“添加”按钮，如图7-67所示。

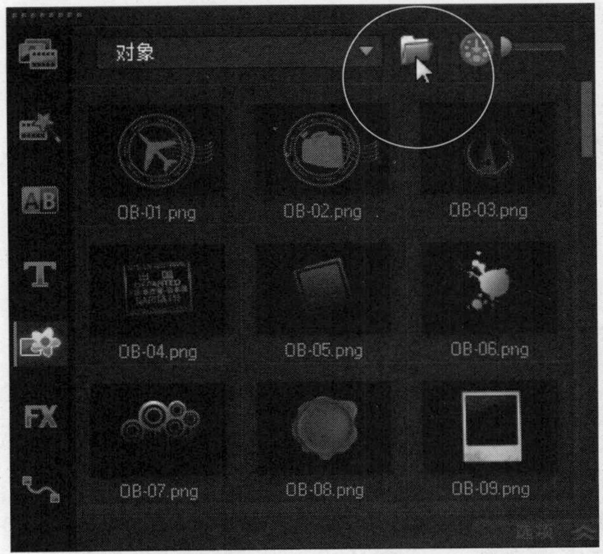

图7-67 单击“添加”按钮

STEP 04 弹出“浏览图形”对话框，在该对话框中选择需要添加的对象文件，如图7-68所示。

图7-68 选择需要添加的对象文件

STEP 05 选择完毕后，单击“打开”按钮，将对象素材插入到素材库中，如图7-69所示。

STEP 06 在素材库中选择对象素材，单击鼠标左键并将其拖曳至时间轴面板中的合适位置，如图7-70所示。

图7-69 将素材插入到素材库

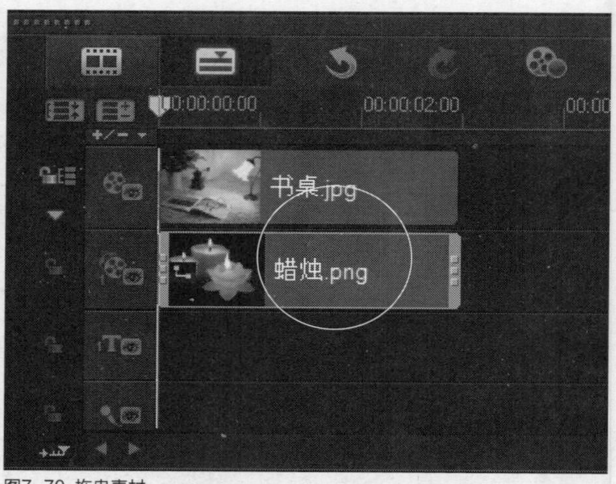

图7-70 拖曳素材

STEP 07 在预览窗口中，可以预览加载的外部对象样式，如图7-71所示。

STEP 08 在预览窗口中，手动拖曳对象素材四周的控制柄，调整对象素材的大小和位置，效果如图7-72所示。

图7-71 预览加载的外部对象样式

图7-72 预览效果

实战 118 加载外部边框样式

▶实例位置：光盘\效果\第7章\音乐天地.VSP
▶素材位置：光盘\素材\第7章\音乐天地.VSP、纹样.png
▶视频位置：光盘\视频\第7章\实战118.mp4

• 实例介绍 •

在会声会影X7中，用户可以通过“边框”素材库，加载外部的边框素材。下面向读者介绍加载外部边框素材的操作方法。

• 操作步骤 •

STEP 01 进入会声会影编辑器，单击“文件”|“打开项目”命令，打开一个项目文件，如图7-73所示。

STEP 02 在预览窗口中，可以预览打开的项目效果，如图7-74所示。

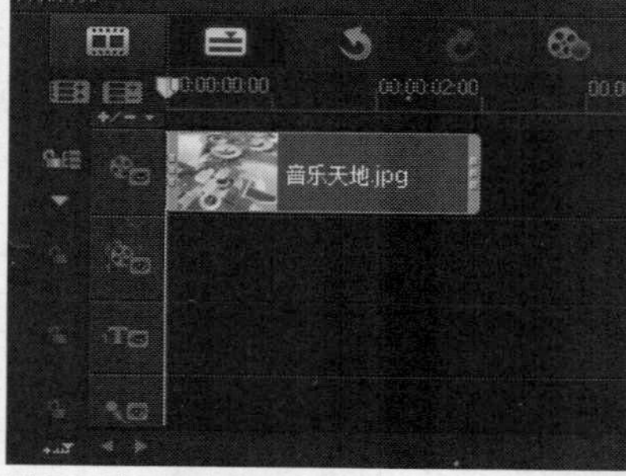

图7-73 打开项目文件

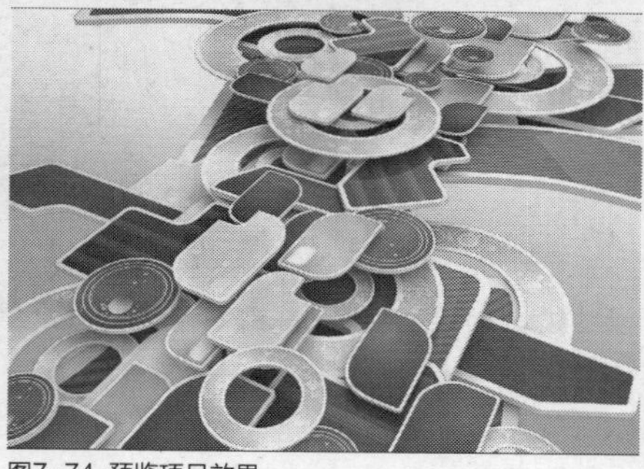

图7-74 预览项目效果

STEP 03 在素材库左侧单击“图形”按钮，执行操作后，切换至“图形”素材库，单击素材库上方“画廊”按钮，在弹出的列表框中选择“边框”选项，打开“边框”素材库，单击素材库上方的“添加”按钮，如图7-75所示。

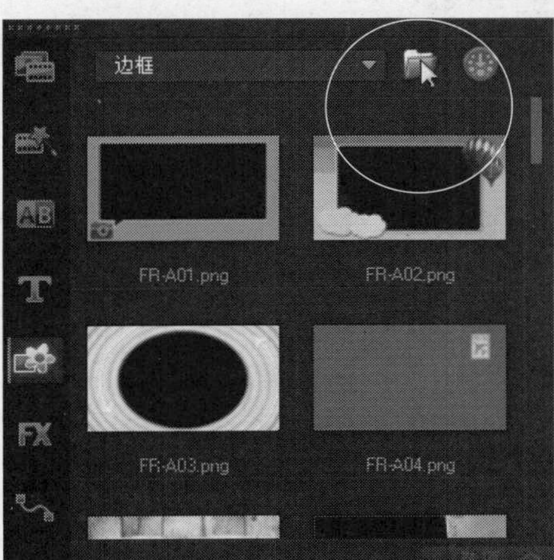

图7-75 单击“添加”按钮

STEP 04 弹出“浏览图形”对话框，在该对话框中选择需要添加的边框文件，如图7-76所示。

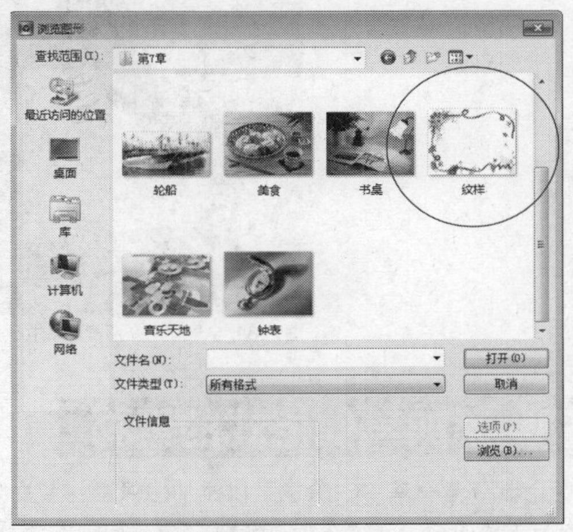

图7-76 选择需要添加的边框文件

STEP 05 选择完毕后，单击“打开”按钮，将边框素材插入到素材库中，如图7-77所示。

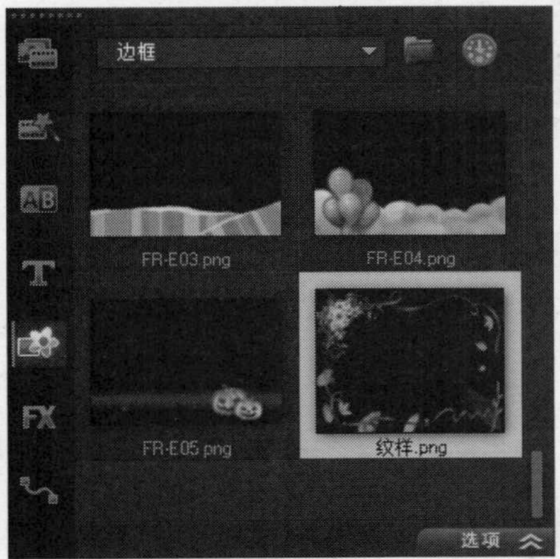

图7-77 将边框素材插入到素材库中

STEP 06 在素材库中选择边框素材，单击鼠标左键并将其拖曳至时间轴面板中的合适位置，如图7-78所示。

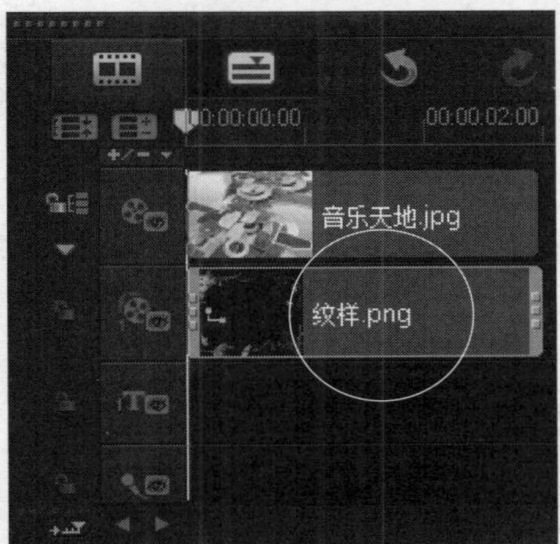

图7-78 拖曳素材

STEP 07 在预览窗口中，可以预览加载的外部边框样式，如图7-79所示。

图7-79 预览边框样式

STEP 08 在预览窗口中的边框样式上，单击鼠标右键，在弹出的快捷菜单中选择“调整到屏幕大小”选项，如图7-80所示。

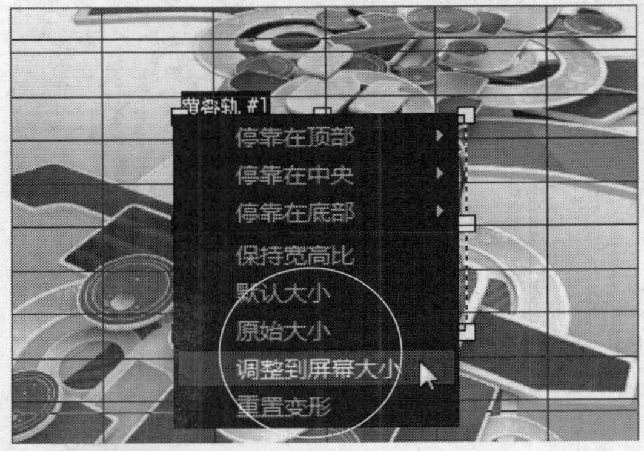

图7-80 选择“调整到屏幕大小”选项

STEP 09 执行操作后，即可调整边框样式的大小，使其全屏显示在预览窗口中，效果如图7-81所示。

图7-81 全屏显示在预览窗口中

7.5 添加其他格式的素材

在会声会影X7素材库中，除了可以添加图像素材和视频素材之外，很多其他的素材都可以添加至会声会影X7的素材库中。本节主要向读者介绍在会声会影X7中添加PNG素材、BMP素材以及GIF素材的操作方法。

实战119 添加PNG图像文件

▶实例位置：光盘\效果\第7章\真爱回味.VSP
▶素材位置：光盘\素材\第7章\真爱回味.VSP、真爱回味.png
▶视频位置：光盘\视频\第7章\实战119.mp4

• 实例介绍 •

会声会影X7还可以添加PNG格式的图像素材文件，用户可以根据编辑需要将PNG格式素材添加至素材库中，并应用到所制作的视频作品中。

• 操作步骤 •

STEP 01 进入会声会影编辑器，单击“文件”|“打开项目”命令，打开一个项目文件，如图7-82所示。

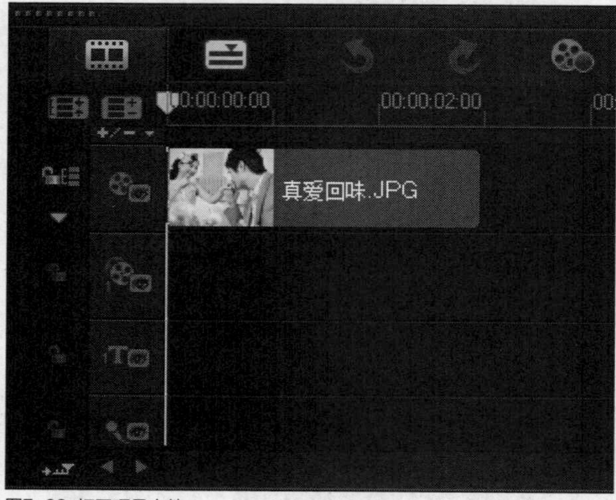

图7-82 打开项目文件

STEP 02 在预览窗口中，可以预览打开的项目效果，如图7-83所示。

图7-83 预览打开的项目效果

STEP 03 进入“媒体”素材库，单击“显示照片”按钮，如图7-84所示。

STEP 04 执行操作后，即可显示素材库中的图像文件，在素材库面板中的空白位置上，单击鼠标右键，在弹出的快捷菜单中选择“插入媒体文件”选项，如图7-85所示。

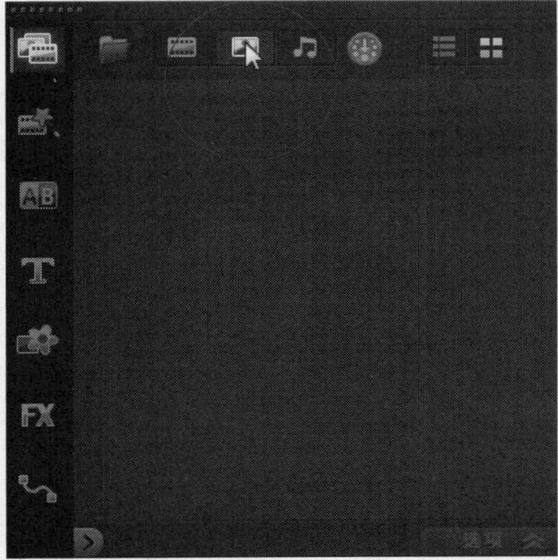

图7-84 单击“显示照片”按钮

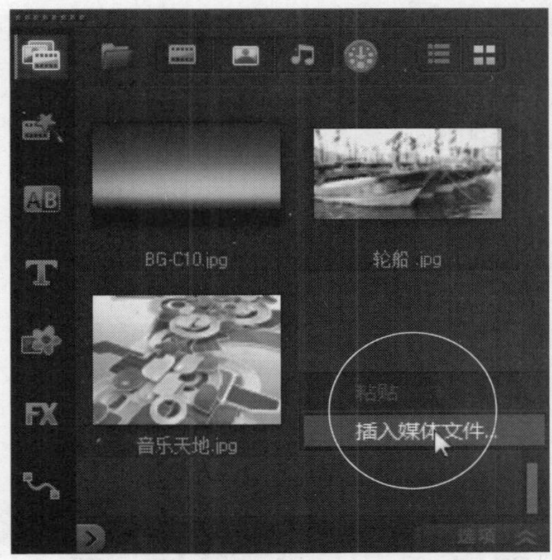

图7-85 选择“插入媒体文件”选项

STEP 05 弹出“浏览媒体文件”对话框，在其中选择需要插入的PNG图像素材，如图7-86所示。

图7-86 选择需要插入的PNG图像素材

STEP 06 单击“打开”按钮，即可将PNG图像素材导入到素材库面板中，如图7-87所示。

图7-87 将PNG图像素材导入到素材库面板

STEP 07 在导入的PNG图像素材上，单击鼠标右键，在弹出的快捷菜单中选择“插入到”|“覆叠轨#1”选项，如图7-88所示。

图7-88 选择相应选项

STEP 08 执行操作后，即可将图像素材插入到覆叠轨1中的开始位置，如图7-89所示。

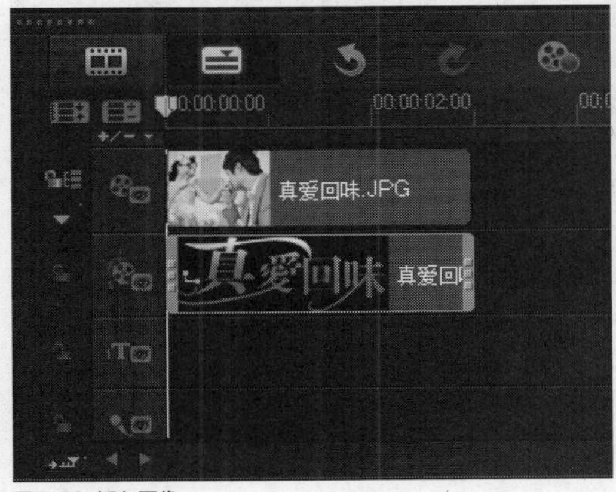

图7-89 插入图像

STEP 09 在预览窗口中，可以预览添加的PNG图像效果，如图7-90所示。

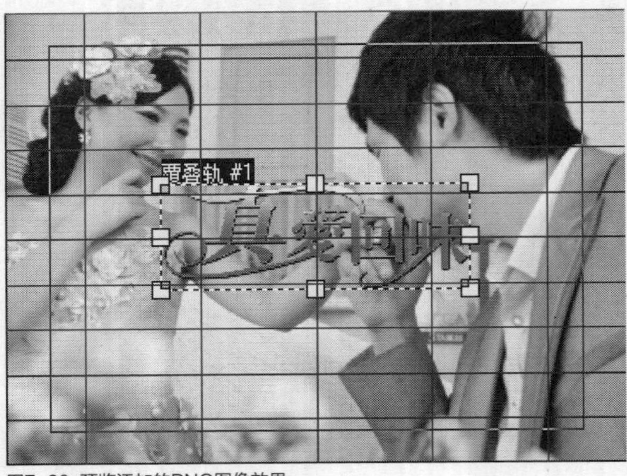

图7-90 预览添加的PNG图像效果

STEP 10 在PNG图像素材上，单击鼠标左键并向右下角拖曳，即可调整图像素材的位置，效果如图7-91所示。

图7-91 调整图像素材的位置

知识拓展

PNG图像文件是背景透明的静态图像，这一类格式的静态图像可以运用在视频画面上，它可以很好地嵌入视频中，用来装饰视频效果。

实战120 添加BMP图像文件

▶实例位置：光盘\效果\第7章\海边沙滩.VSP
▶素材位置：光盘\素材\第7章\海边沙滩.bmp
▶视频位置：光盘\视频\第7章\实战120.mp4

• 实例介绍 •

BMP是Windows操作系统中的标准图像文件格式，用户可以在会声会影X7中添加这一类的图像文件。下面向读者介绍添加BMP图像文件的操作方法。

• 操作步骤 •

STEP 01 进入会声会影编辑器，在时间轴面板中的空白位置上，单击鼠标右键，在弹出的快捷菜单中选择“插入照片”选项，如图7-92所示。

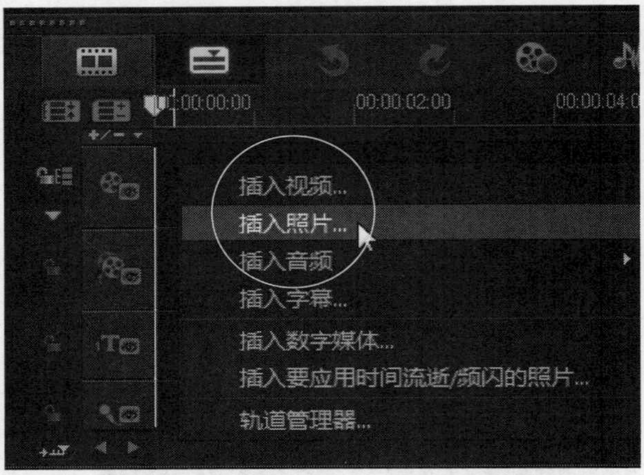

图7-92 选择“插入照片”选项

STEP 02 执行操作后，弹出“浏览照片”对话框，在其中选择需要添加的BMP格式的图像文件，如图7-93所示。

图7-93 选择BMP格式的图像文件

STEP 03 单击“打开”按钮，即可将BMP图像素材导入到时间轴面板中，如图7-94所示。

STEP 04 在预览窗口中，可以预览添加的BMP图像画面，效果如图7-95所示。

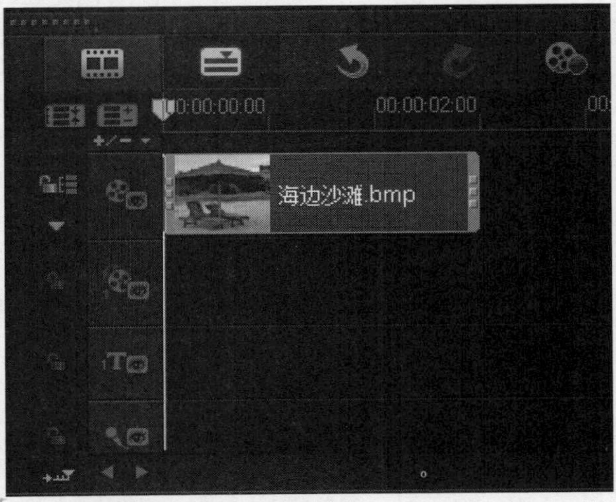

图7-94 导入素材

图7-95 预览BMP图像画面

实战 121 添加GIF素材文件

▶实例位置：光盘\效果\第7章\许愿心瓶.VSP
▶素材位置：光盘\素材\第7章\许愿心瓶.gif
▶视频位置：光盘\视频\第7章\实战121.mp4

• 实例介绍 •

GIF分为静态GIF和动画GIF两种，扩展名为.gif，是一种压缩位图格式，支持透明背景图像，适用于多种操作系统中。下面向读者介绍在会声会影X7中添加GIF图像文件的操作方法。

• 操作步骤 •

STEP 01 在“媒体”素材库中，单击“导入媒体文件”按钮，如图7-96所示。

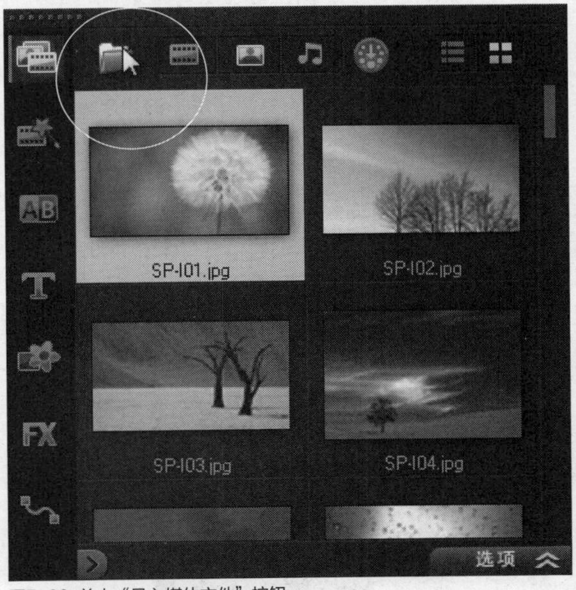

图7-96 单击“导入媒体文件”按钮

STEP 02 弹出“浏览媒体文件”对话框，在其中选择需要导入的GIF素材文件，如图7-97所示。

图7-97 选择GIF素材文件

STEP 03 单击“打开”按钮，即可将GIF素材文件添加到素材库面板中，如图7-98所示。

STEP 04 在预览窗口中，可以预览GIF素材的画面效果，如图7-99所示。

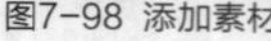
图7-98 添加素材

图7-99 预览GIF素材的画面效果

知识拓展

在会声会影X7中，GIF被认为是视频文件，而不是图像文件，因此导入到视频轨中的GIF素材区间长度将按素材本身的帧长度显示区间。如果GIF是一张静态的单帧图像，则导入到视频轨中后，GIF只会显示一帧的画面，区间长度也只有一帧，几乎看不见。如果用户导入的是动画GIF文件，则在会声会影的视频轨中按原素材的帧数量显示区间长度。

7.6 制作色彩丰富的色块

在会声会影X7中，用户可以亲手制作色彩丰富的色块画面。色块画面常用于视频的过渡场景中，黑色与白色的色块常用来制作视频的淡入与淡出特效。本节主要向读者介绍亲手制作色块素材的操作方法，希望读者熟练掌握本节内容。

实战122 用Corel颜色制作色块

- ▶实例位置：光盘\效果\第7章\铃铛.VSP
- ▶素材位置：光盘\素材\第7章\0B-42.png
- ▶视频位置：光盘\视频\第7章\实战122.mp4

• 实例介绍 •

在会声会影X7的“图形”素材库中，软件提供的色块素材颜色有限，如果其中的色块不能满足用户的需求，此时用户可以通过Corel颜色制作色块。

• 操作步骤 •

STEP 01 在素材库的左侧，单击“图形”按钮，如图7-100所示。

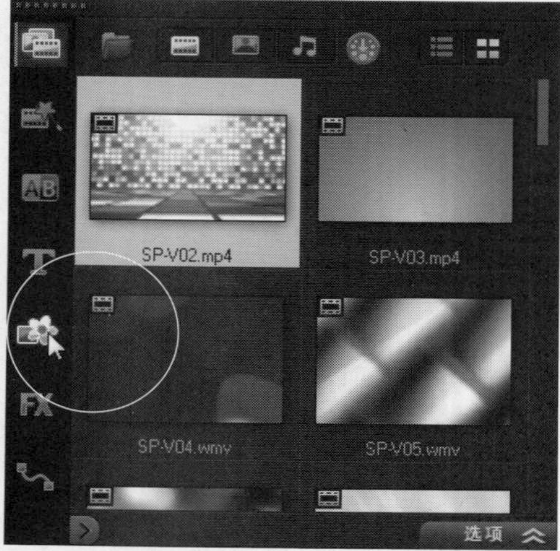

图7-100 单击“图形”按钮

STEP 02 切换至“图形”素材库，单击素材库上方“画廊”按钮▪，在弹出的列表框中选择“色彩”选项，在上方单击“添加”按钮，如图7-101所示。

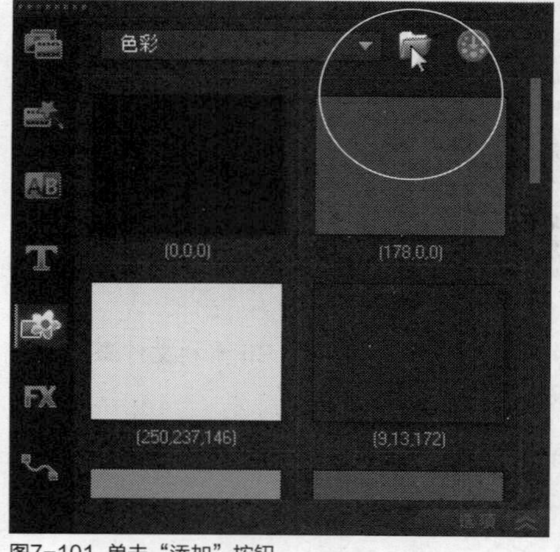

图7-101 单击“添加”按钮

STEP 03 执行操作后，即可弹出“新建色彩素材”对话框，如图7-102所示。

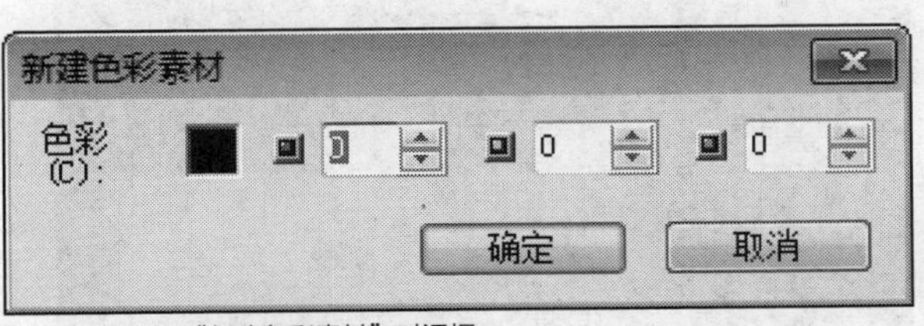

图7-102 弹出“新建色彩素材”对话框

STEP 04 单击“色彩”右侧的黑色色块，在弹出的颜色面板中选择“Corel色彩选取器”选项，如图7-103所示。

图7-103 选择相应选项

知识拓展

在“新建色彩素材”对话框中，右侧3个数值框的含义如下。

➢ 红色：在红色数值框中，输入相应的数值，可以设置红色的色阶参数。

➢ 绿色：在绿色数值框中，输入相应的数值，可以设置绿色的色阶参数。

➢ 蓝色：在蓝色数值框中，输入相应的数值，可以设置蓝色的色阶参数。

在以上3个数值框中，输入相应的RGB参数值，也可以设置新建色彩的颜色，如图7-104所示。

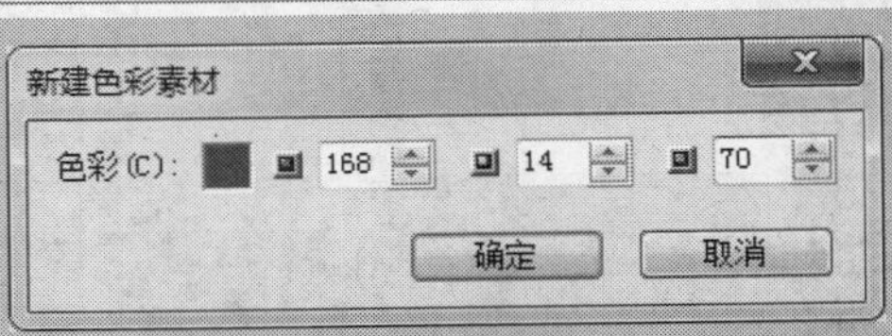

图7-104 设置新建色彩的颜色

STEP 05 弹出“Corel Color Picker”对话框，如图7-105所示。

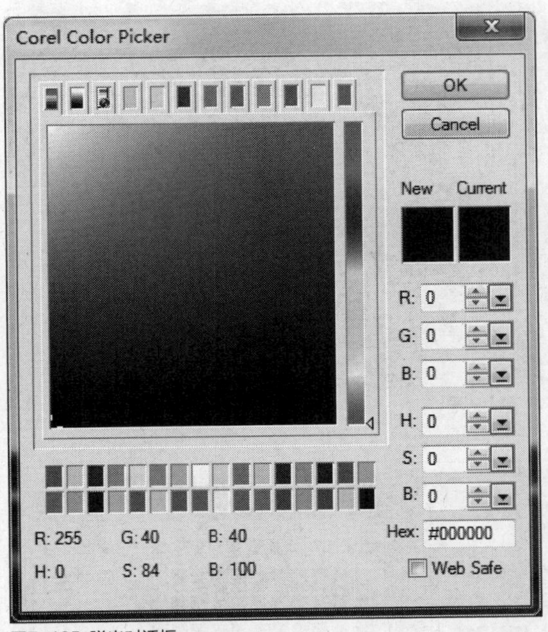

图7-105 弹出对话框

STEP 06 在对话框的下方，单击粉红色色块，如图7-106所示，则新建的色块颜色为粉红色。

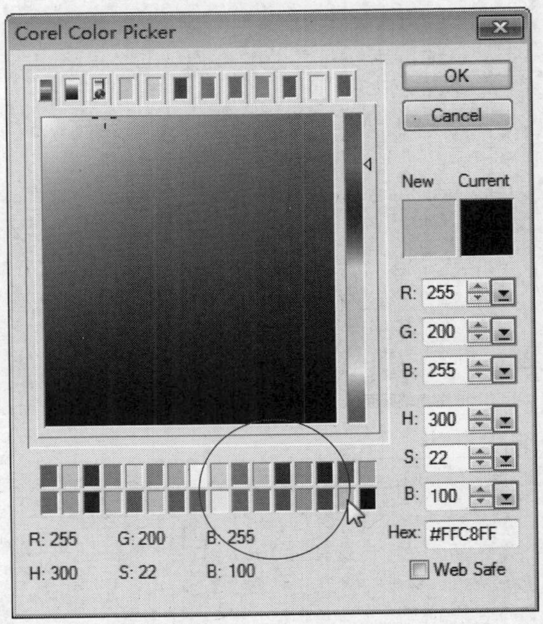

图7-106 单击粉红色色块

STEP 07 单击“OK”按钮，返回“新建色彩素材”对话框，此时“色彩”右侧的色块变为粉红色，如图7-107所示。

图7-107 “色彩”右侧的色块变为粉红色

STEP 08 单击“确定”按钮，即可在“色彩”素材库中新建粉红色色块，如图7-108所示。

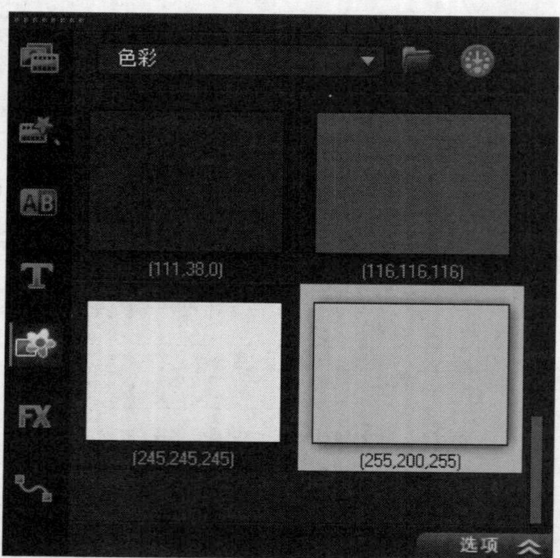

图7-108 新建粉红色色块

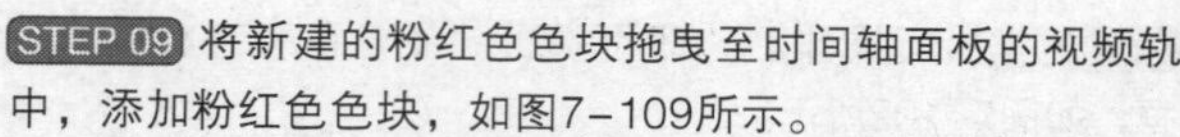

STEP 09 将新建的粉红色色块拖曳至时间轴面板的视频轨中，添加粉红色色块，如图7-109所示。

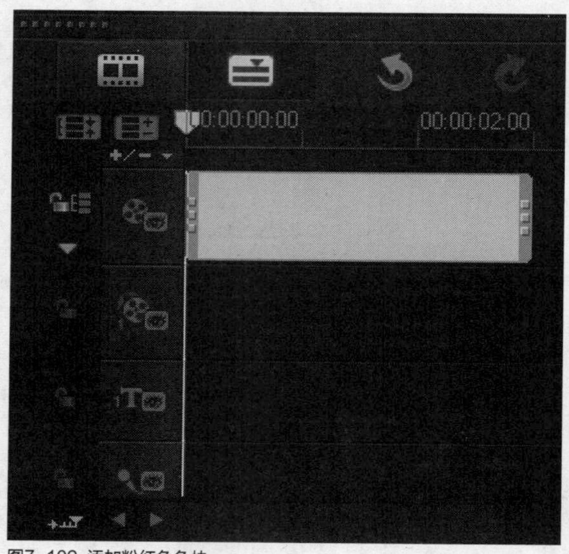

图7-109 添加粉红色色块

STEP 10 在预览窗口中，可以预览添加的色块画面，如图7-110所示。

图7-110 预览添加的色块画面

STEP 11 在色块素材上，用户还可以添加其他的对象素材，此时色块素材在视频制作中可以用作背景，效果如图7-111所示。

图7-111 预览效果

技巧点拨

在“Corel Color Picker”对话框中，上方有一排色块，单击相应的色块，即可显示对应的不同色阶。单击相应的颜色方格，即可让用户更细致的选择色块的颜色，满足不同用户的需求，如图7-112所示。

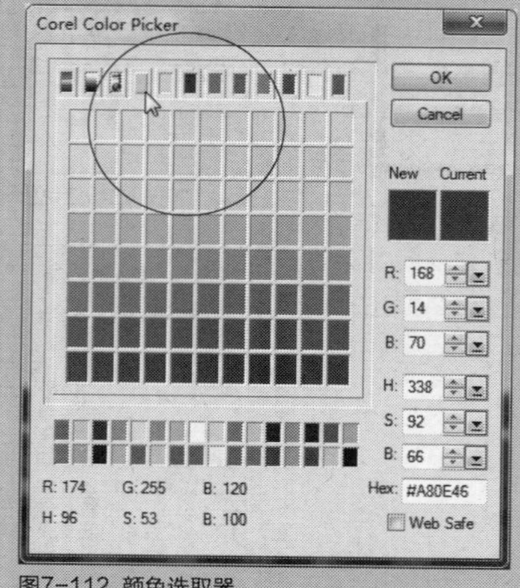

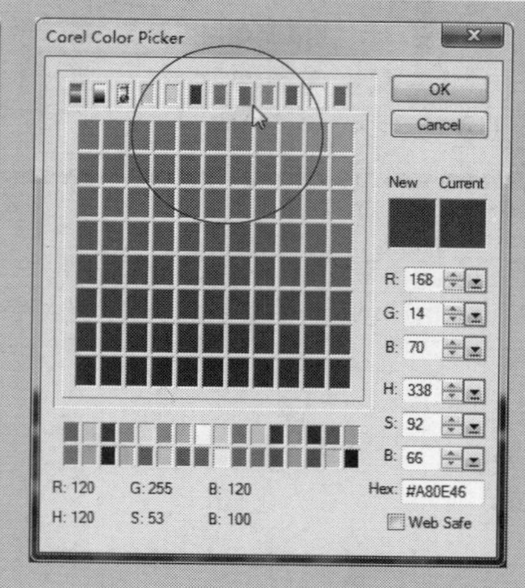

图7-112 颜色选取器

在对话框的右侧，用户还可以手动输入RGB颜色参数值或者HSB颜色参数值来设置色块的颜色，“New”下方的色块表示新选择的颜色，“Current”下方的色块表示之前色块的颜色，如图7-113所示。

用户不管是在RGB数值框中输入参数，还是在HSB数值框中输入参数，它们最终输出的颜色色块效果是一样的。

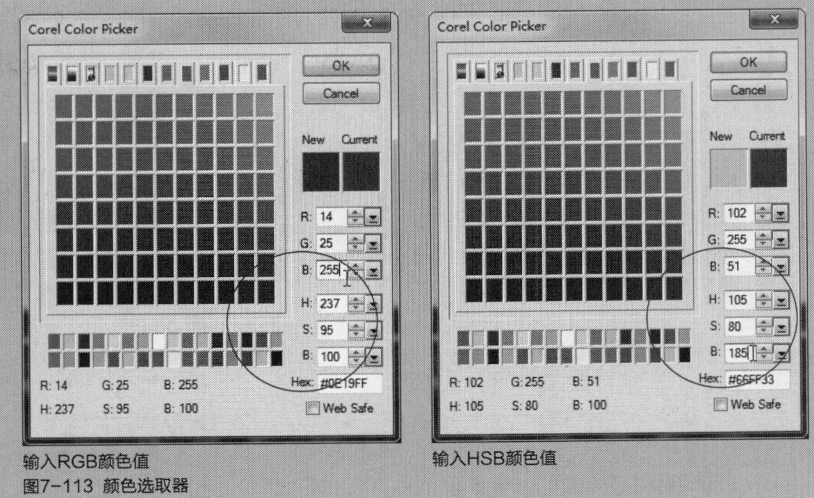

输入RGB颜色值　　输入HSB颜色值

图7-113 颜色选取器

实战 123 用Windows颜色制作色块

▶ 实例位置：光盘\效果\第7章\雪人.VSP
▶ 素材位置：光盘\素材\第7章\OB-25.png
▶ 视频位置：光盘\视频\第7章\实战123.mp4

• 实例介绍 •

在会声会影X7中，用户还可以通过Windows“颜色”对话框来设置色块的颜色。下面向读者介绍用Windows颜色制作色块的操作方法。

• 操作步骤 •

STEP 01 在素材库的左侧，单击“图形”按钮，切换至“图形”素材库，在上方单击“添加”按钮，如图7-114所示。

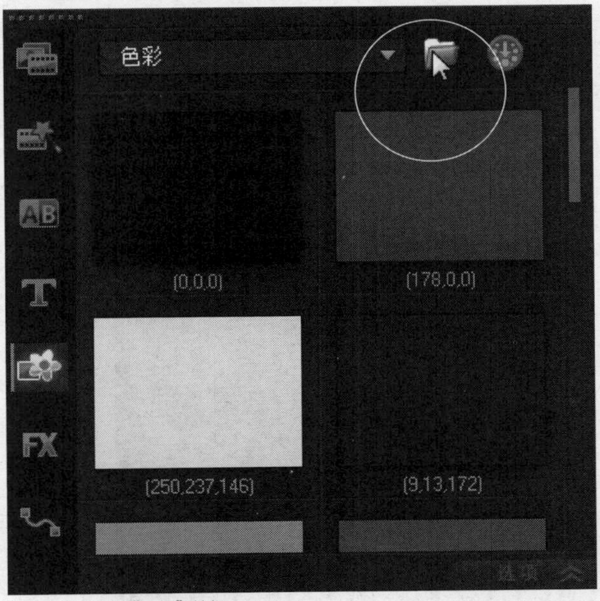

图7-114 单击“添加”按钮

STEP 02 执行操作后，弹出“新建色彩素材”对话框，单击“色彩”右侧的黑色色块，在弹出的颜色面板中选择“Windows色彩选取器”选项，如图7-115所示。

图7-115 选择相应选项

STEP 03 执行操作后，弹出“颜色”对话框，如图7-116所示。

STEP 04 在“基本颜色”选项区中，单击粉红色色块，如图7-117所示。

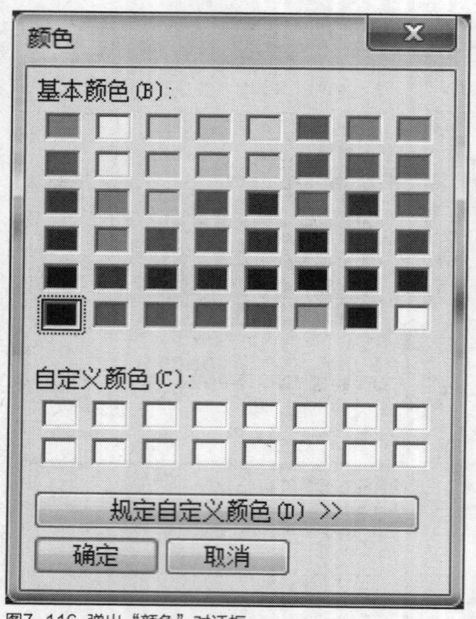

图7-116 弹出“颜色”对话框

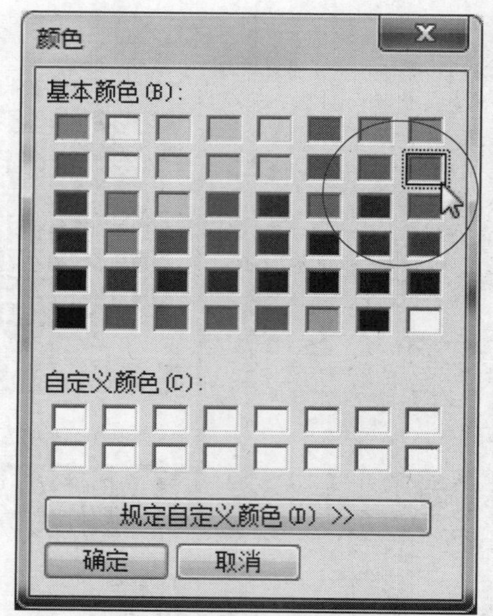

图7-117 单击粉红色色块

技巧点拨

在素材库中选择任意一种颜色后，打开“色彩”选项面板，单击“色彩选取器”选项左侧的色块，在弹出的颜色面板中选择“Windows色彩选取器”选项，弹出“颜色”对话框，从中也可以选取用户需要的颜色。

STEP 05 单击“确定”按钮，返回“新建色彩素材”对话框，此时“色彩”右侧的色块变为粉红色，如图7-118所示。

图7-118 “新建色彩素材”对话框

STEP 06 单击“确定”按钮，即可在“色彩”素材库中新建粉红色色块，如图7-119所示。

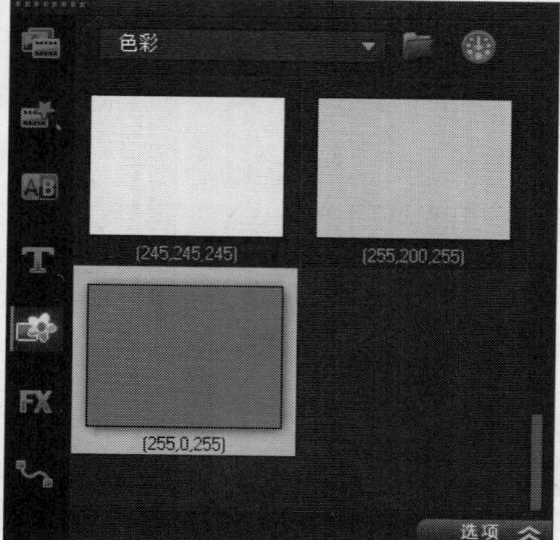

图7-119 新建粉红色色块

STEP 07 将新建的粉红色色块拖曳至时间轴面板的视频轨中，添加粉红色色块，如图7-120所示。

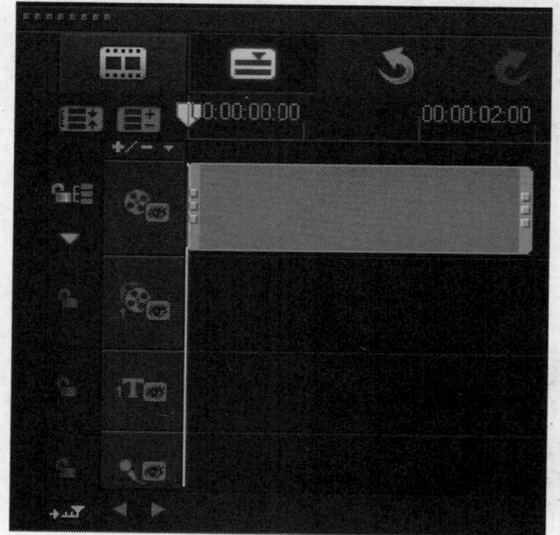

图7-120 添加粉红色色块

STEP 08 在预览窗口中，可以预览添加的色块画面，如图7-121所示。

STEP 09 在色块素材上，用户还可以添加其他的对象素材，此时色块素材在视频制作中可以用作背景，效果如图7-122所示。

图7-121 预览添加的色块画面

图7-122 预览效果

知识拓展

用色块制作黑屏过渡效果非常简单，只需在黑色色块素材和视频素材之间加入“交叉淡化”转场即可。在故事板中插入素材图像后，在“色彩”素材库中选择黑色素材，并将其拖曳至故事板中需要单色过渡的位置。切换至“转场”选项卡，在“过滤”素材库中选择“交叉淡化”转场效果，然后将其拖曳至两个素材之间。

制作完成后，单击导览面板中的“播放修整后的素材”按钮，即可预览添加的黑屏过渡效果，如图7-123所示。

图7-123 预览添加的黑屏过渡效果

技巧点拨

在“颜色”对话框中，单击下方的“规定自定义颜色”按钮，将展开颜色面板，在右侧的“红”、“绿”、“蓝”数值框中，可以手动输入颜色的参数值，如图7-124所示。

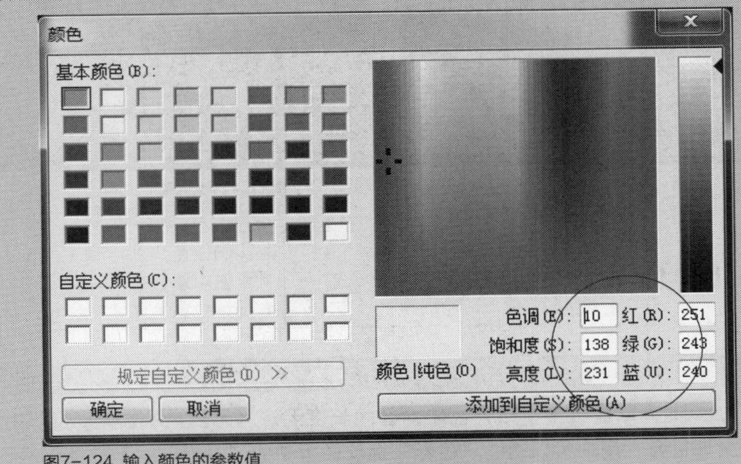

图7-124 输入颜色的参数值

用户还可以在“色调”、“饱和度”、“亮度”数值框中输入颜色参数。数值输入完成后，单击“添加到自定义颜色”按钮，设置的颜色即可显示在“自定义颜色”选项区中，如图7-125所示，方便用户下次使用相同的颜色属性。

在“颜色”对话框的全色彩框中，通过单击的方式选择颜色时，在右侧会出现竖条色带，同种颜色鲜艳度从上到下递增，从中单击鼠标左键可选择不同深浅的某种颜色。

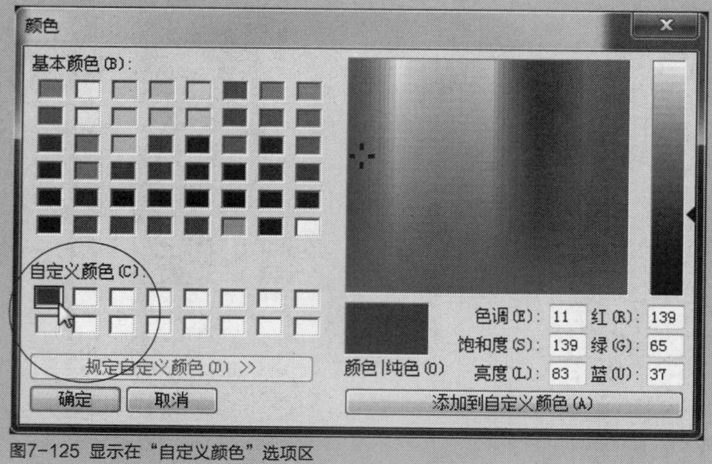

图7-125 显示在“自定义颜色”选项区

实战124 通过黄色标记调整区间

▶实例位置：无
▶素材位置：无
▶视频位置：光盘\视频\第7章\实战124.mp4

• 实例介绍 •

当用户将色块素材添加到时间轴面板中，如果色块的区间长度无法满足用户的需求，此时用户可以设置色块的区间长度，通过拖曳色块素材右侧的黄色标记，来更改色块素材的区间长度。下面向读者介绍调整色块区间长度的方法。

• 操作步骤 •

STEP 01 在会声会影X7中，选择视频轨中需要调整区间长度的色块，将鼠标移至右侧的黄色标记上，此时鼠标指针呈双向箭头形状，如图7-126所示。

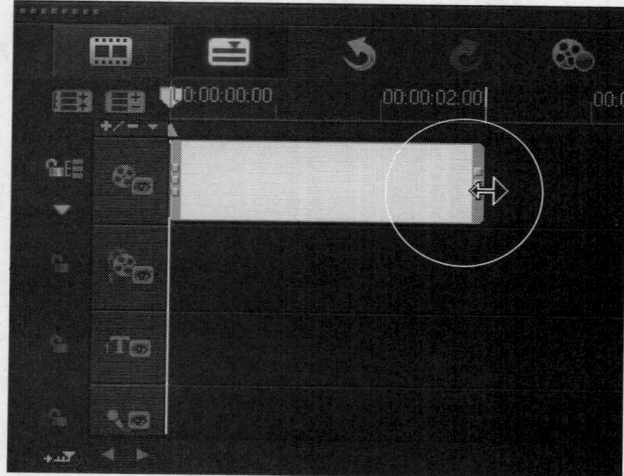

图7-126 鼠标指针呈双向箭头形状

STEP 02 单击鼠标左键并向右拖曳，至合适位置后释放鼠标左键，即可调整色块素材的区间长度，如图7-127所示。

图7-127 调整色块素材的区间长度

实战125 通过色彩区间调整区间

▶实例位置：无
▶素材位置：无
▶视频位置：光盘\视频\第7章\实战125.mp4

• 实例介绍 •

当用户将色块素材添加到时间轴面板中，如果色块的区间长度无法满足用户的需求，此时用户可以设置色块的区间长度，使其与视频画面更加符合。用户可以通过“色彩”选项面板中的“色彩区间”数值框来更改色块素材的区间长度。下面向读者介绍调整色块区间长度的方法。

• 操作步骤 •

STEP 01 在视频轨中选择需要更改区间长度的色块素材，如图7–128所示。

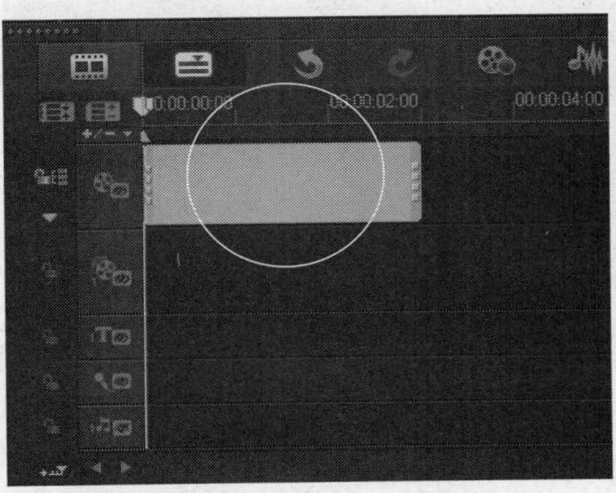

图7–128　选择色块素材

STEP 02 单击“选项”按钮，展开“色彩”选项面板，在其中设置色彩区间为0:00:06:00，如图7–129所示。

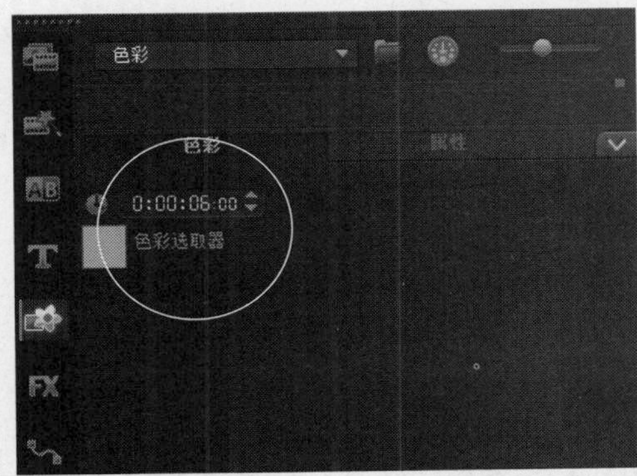

图7–129　设置色彩区间

STEP 03 色彩的区间参数设置完成后，按【Enter】键确认，即可更改视频轨中色块的区间长度为6秒，如图7–130所示。

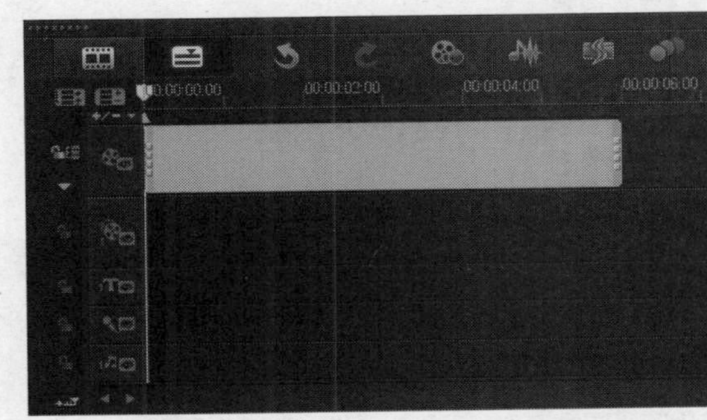

图7–130　更改色块的区间长度

实战 126　通过对话框调整区间

▶ 实例位置：无
▶ 素材位置：无
▶ 视频位置：光盘\视频\第7章\实战126.mp4

• 实例介绍 •

当用户将色块素材添加到时间轴面板中，如果色块的区间长度无法满足用户的需求，此时用户可以设置色块的区间长度，使其与视频画面更加符合。在制作色块的过程中，用户还可以通过“区间”对话框来更改色块素材的区间长度。下面向读者介绍调整色块区间长度的方法。

• 操作步骤 •

STEP 01 在视频轨中选择需要更改区间长度的色块素材，如图7–131所示。

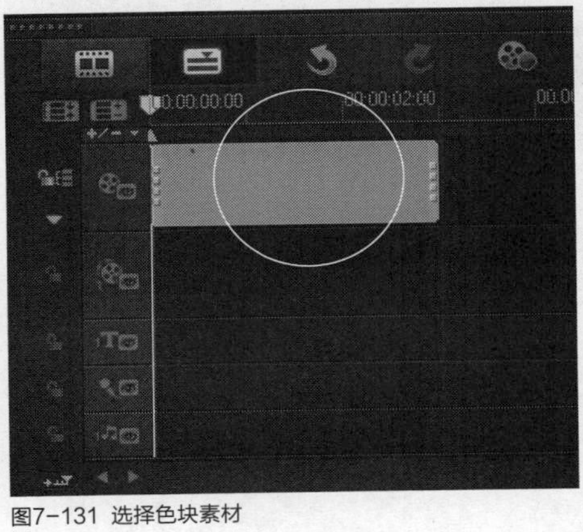

图7–131　选择色块素材

STEP 02 在色块素材上，单击鼠标右键，在弹出的快捷菜单中选择“更改色彩区间”选项，如图7–132所示。

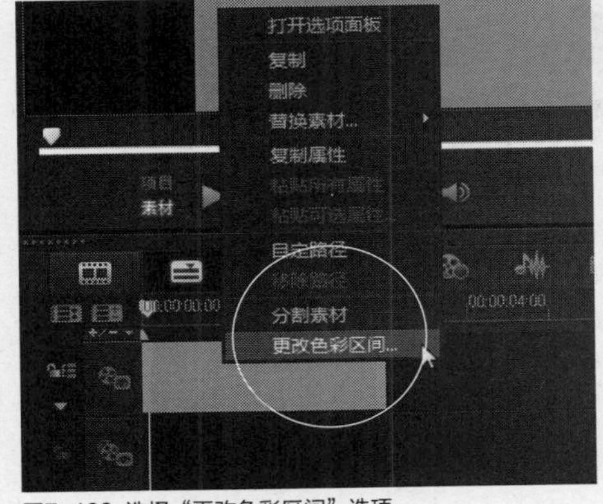

图7–132　选择“更改色彩区间”选项

STEP 03 执行操作后，弹出“区间”对话框，在其中设置“区间”为0:0:6:0，如图7-133所示。

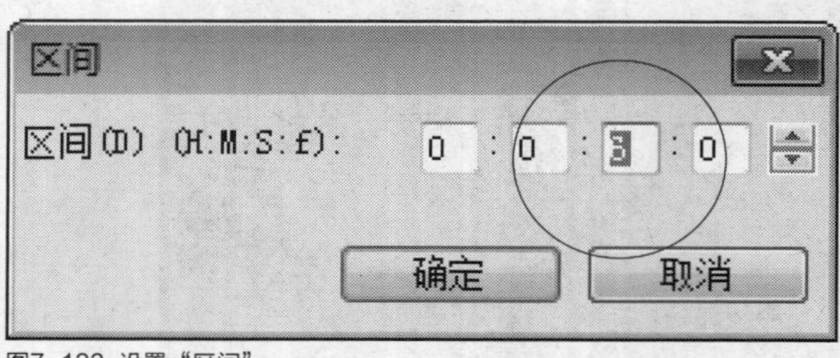

图7-133 设置“区间”

STEP 04 色彩的区间参数设置完成后，单击“确定”按钮，即可更改视频轨中色块的区间长度为6秒，如图7-134所示。

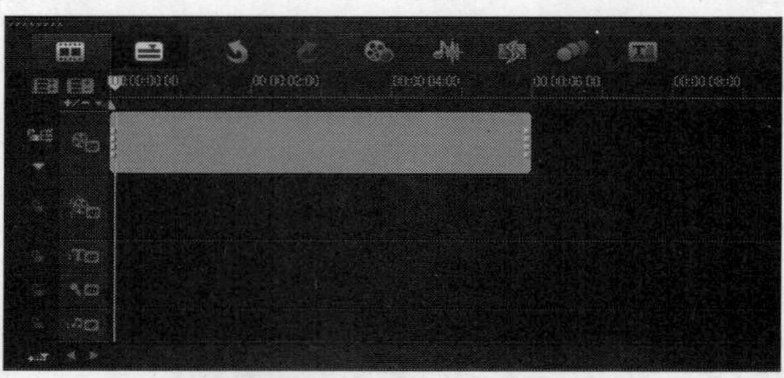

图7-134 更改色块的区间长度

技巧点拨

在视频轨中选择需要更改区间长度的色块后，在菜单栏中单击“编辑”|“更改照片/色彩区间”命令，也可以快速弹出“区间”对话框。

实战127 更改色块的颜色

- 实例位置：光盘\效果\第7章\彩色鸡蛋.VSP
- 素材位置：光盘\素材\第7章\彩色鸡蛋.VSP
- 视频位置：光盘\视频\第7章\实战127.mp4

• 实例介绍 •

当用户将色块素材添加到视频轨中后，如果用户对色块的颜色不满意，此时可以更改色块的颜色。下面向读者介绍更改色块颜色的操作方法。

• 操作步骤 •

STEP 01 进入会声会影编辑器，单击“文件”|“打开项目”命令，打开一个项目文件，如图7-135所示。

图7-135 打开项目文件

STEP 02 在预览窗口中，可以预览色块与视频叠加的效果，如图7-136所示。

图7-136 预览色块与视频叠加的效果

STEP 03 在时间轴面板的视频轨中，选择用户需要更改颜色的色块素材，如图7-137所示。

STEP 04 单击“选项”按钮，展开“色彩”选项面板，单击“色彩选取器”左侧的颜色色块，如图7-138所示。

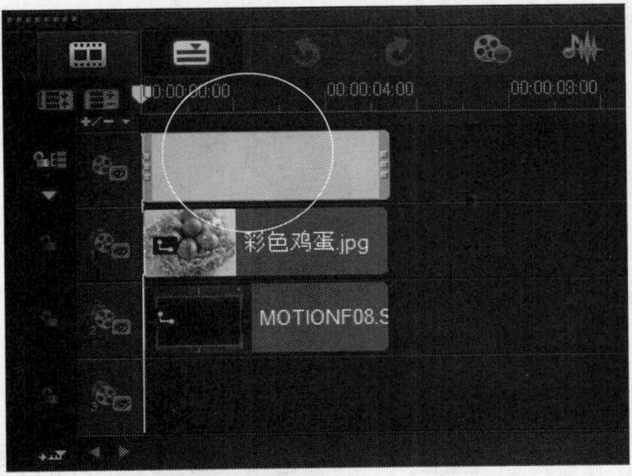

图7-137 选择需要更改颜色的色块素材

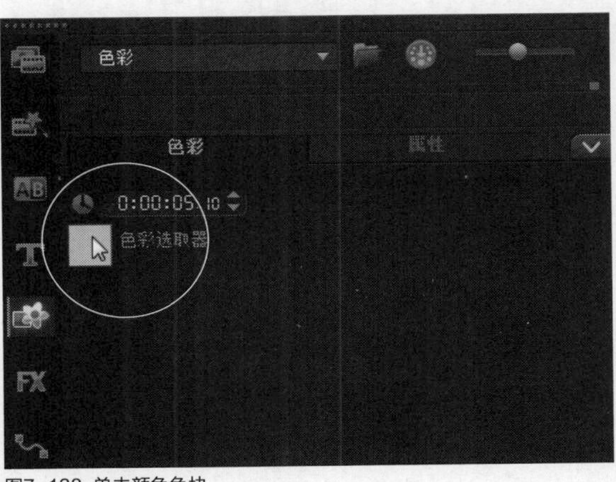

图7-138 单击颜色色块

STEP 05 执行操作后，弹出颜色面板，在其中选择“Corel 色彩选取器”选项，如图7-139所示。

图7-139 选择相应选项

STEP 06 弹出“Corel Color Picker”对话框，在其中设置颜色为淡黄色（RGB参数值分别为255、221、120），如图7-140所示。

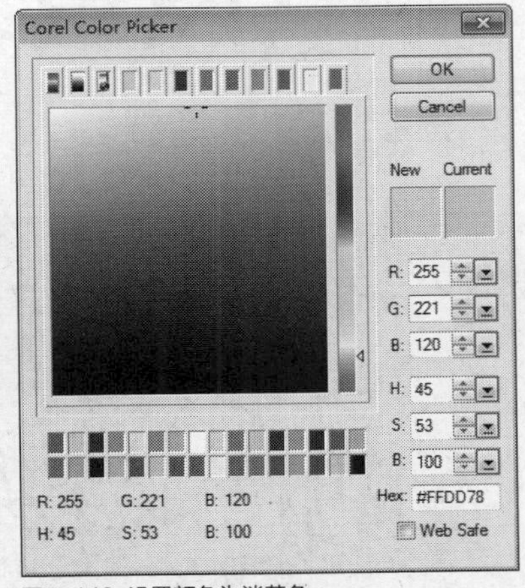

图7-140 设置颜色为淡黄色

技巧点拨

在图7-139弹出的颜色面板中，在下方的相应颜色色块上，单击鼠标左键，也可以快速更改色块素材的颜色属性。

STEP 07 设置完成后，单击“OK”按钮，即可更改色块素材的颜色，如图7-141所示。

图7-141 更改色块素材的颜色

STEP 08 单击预览面板中的“播放”按钮，预览更改色块颜色后的视频效果，如图7-142所示。

图7-142 预览视频画面效果

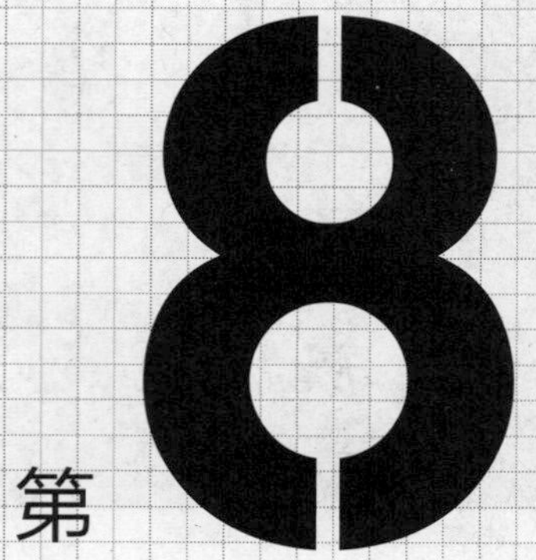

第8章 设置编辑，轻松掌握

本章导读

在会声会影X7编辑器中，用户可以对素材进行设置和编辑，使制作的影片更为生动、美观。本章主要向读者介绍视频素材常用技巧的编辑、视频素材的修整、添加摇动和缩放以及校正色彩与调整白平衡的操作方法。

要点索引

- 管理素材库中的文件
- 库文件的基本操作
- 设置素材重新采样比例
- 设置素材的显示模式
- 编辑素材的章节点
- 编辑素材的提示点
- 素材的智能代理管理器

8.1 管理素材库中的文件

会声会影X7中包括了一个功能强大的素材库，用户可以自行创建素材库，还可以将照片、视频或音频拖曳至所创建的素材库中。会声会影X7素材库中包含了各种媒体素材、标题以及特效等，用户可根据需要选择相应的素材进行编辑操作。本节主要向读者介绍在会声会影X7中编辑素材库中媒体素材的操作方法。

实战 128 创建库项目

▶实例位置：无
▶素材位置：光盘\素材\第8章\婚纱相片1-6.jpg
▶视频位置：光盘\视频\第8章\实战128.mp4

• 实例介绍 •

在会声会影X7中，用户可以为素材创建库项目，在库项目中可以将不同的素材放置在不同的库项目中，这样可以更加方便管理和使用素材。

• 操作步骤 •

STEP 01 进入会声会影编辑器，单击媒体库下方的“显示库导航面板”按钮▶▶，如图8-1所示。

图8-1 单击“显示库导航面板”按钮

STEP 02 打开库导航面板，单击面板上方的“添加”按钮 添加，如图8-2所示。

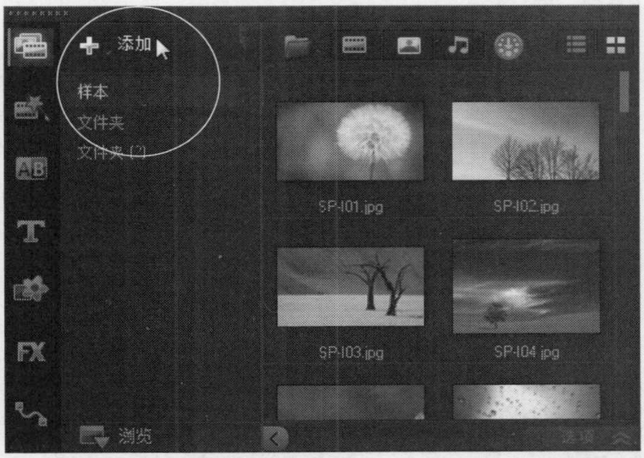

图8-2 单击“添加”按钮

STEP 03 新建一个文件夹，并将文件夹重命名为“婚纱相片素材”，如图8-3所示。

图8-3 重命名操作

STEP 04 在该文件夹中加载所需的素材，如图8-4所示。

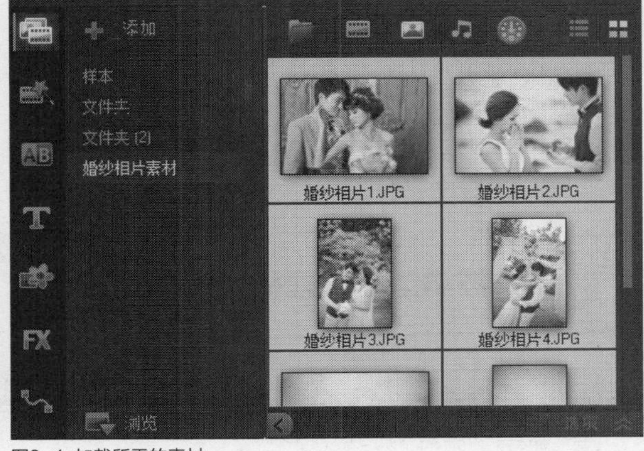

图8-4 加载所需的素材

知识拓展

在素材库中，如果用户创建了不需要的库项目，此时可以对库项目进行删除操作。删除库项目的方法很简单，用户只需选择需要删除的库项目，单击鼠标右键，在弹出的快捷菜单中选择“删除”选项，如图8-5所示，即可删除不需要的库项目。

图8-5 选择“删除”选项

技巧点拨

用户还可以对创建的库项目进行重命名操作，方法很简单，用户只需在库项目文件夹名称上，单击鼠标右键，在弹出的快捷菜单中选择“重命名”选项，重新输入新名称，按【Enter】键确认，即可对库项目进行重命名操作。

实战129 按名称排序素材

▶实例位置：无
▶素材位置：无
▶视频位置：光盘\视频\第8章\实战129.mp4

• 实例介绍 •

在会声会影X7的素材库中，如果素材排列比较混乱，就会影响用户对素材的管理，此时用户可以将素材进行重新排序操作。按名称排序是指按照素材的名称排序媒体素材的顺序。

• 操作步骤 •

STEP 01 单击素材库上方的“对素材库中的素材排序”按钮，在弹出的列表框中选择“按名称排序”选项，如图8-6所示。

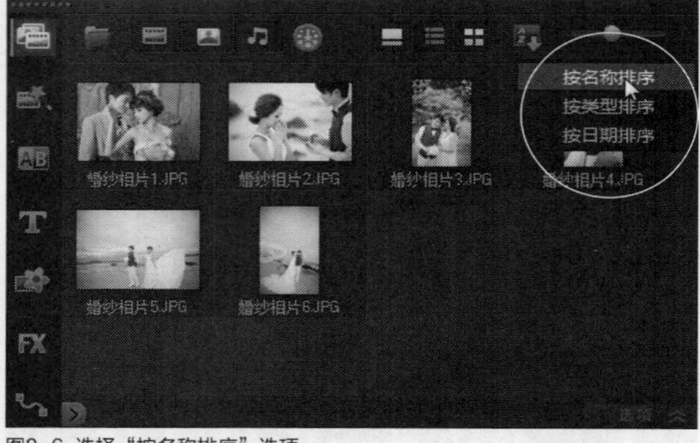

图8-6 选择“按名称排序”选项

STEP 02 执行上述操作后，素材库中的素材即可按照素材的名称进行排序，如图8-7所示。

图8-7 按照素材的名称进行排序

实战130 按类型排序素材

▶实例位置：无
▶素材位置：无
▶视频位置：光盘\视频\第8章\实战130.mp4

• 实例介绍 •

按类型排序是指按照素材的类型排序媒体素材的顺序。

• 操作步骤 •

STEP 01 单击素材库上方的“对素材库中的素材排序”按钮，在弹出的列表框中选择“按类型排序”选项，如图8-8所示。

STEP 02 执行上述操作后，素材库中的素材即可按照素材的类型进行排序，如图8-9所示。

图8-8 选择“按类型排序”选项

图8-9 按照素材的类型进行排序

实战 131 按日期排序素材

▶实例位置：无
▶素材位置：无
▶视频位置：光盘\视频\第8章\实战131.mp4

• 实例介绍 •

按日期排序是指按照素材的使用与编辑日期排序媒体素材的顺序。

• 操作步骤 •

STEP 01 单击素材库上方的“对素材库中的素材排序”按钮，在弹出的列表框中选择“按日期排序”选项，如图8-10所示。

STEP 02 执行上述操作后，素材库中的素材即可按照素材的日期进行排序，如图8-11所示。

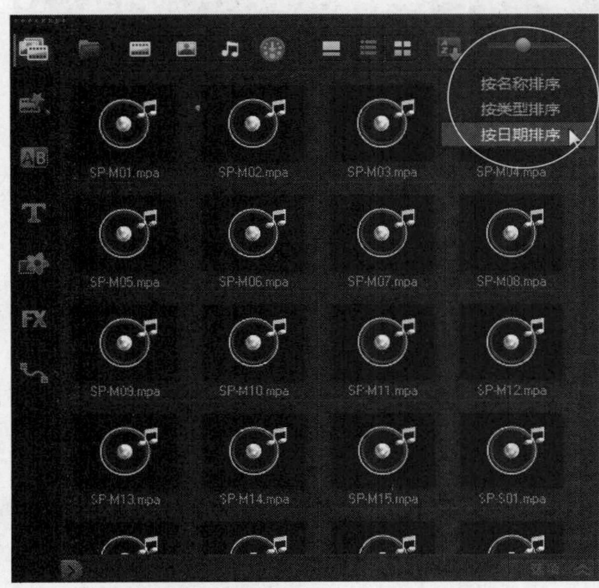

图8-10 选择“按日期排序”选项

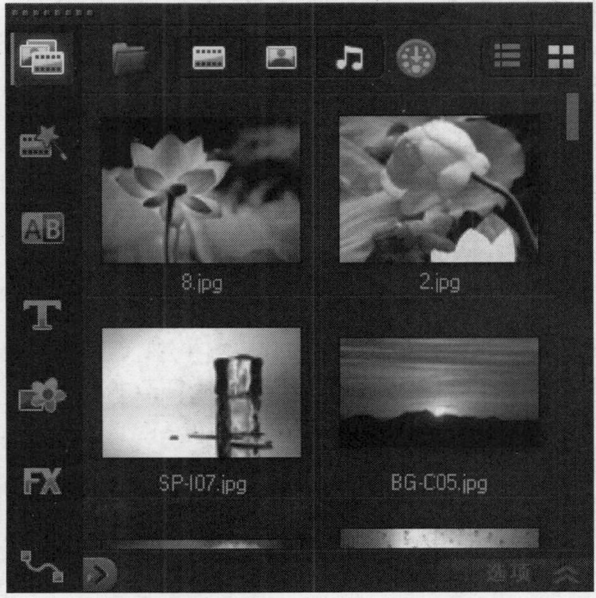

图8-11 按照素材的日期进行排序

知识拓展

在排序素材时，有“按名称排序”、“按类型排序”以及“按日期排序”3种排序方式，用户可以根据习惯选择不同的排序方式。

实战132 设置素材库中缩略图的大小

▶实例位置：无
▶素材位置：无
▶视频位置：光盘\视频\第8章\实战132.mp4

• 实例介绍 •

会声会影X7素材库中会显示素材的缩略图，当用户觉得缩略图大小不合适时，可以根据自己的习惯设置缩略图的大小。

• 操作步骤 •

STEP 01 将鼠标移至素材库右上方的滑块上，如图8-12所示。

图8-12 移动鼠标

STEP 02 单击鼠标左键并向右拖曳，执行操作后，即可随意设置缩略图的大小，如图8-13所示。

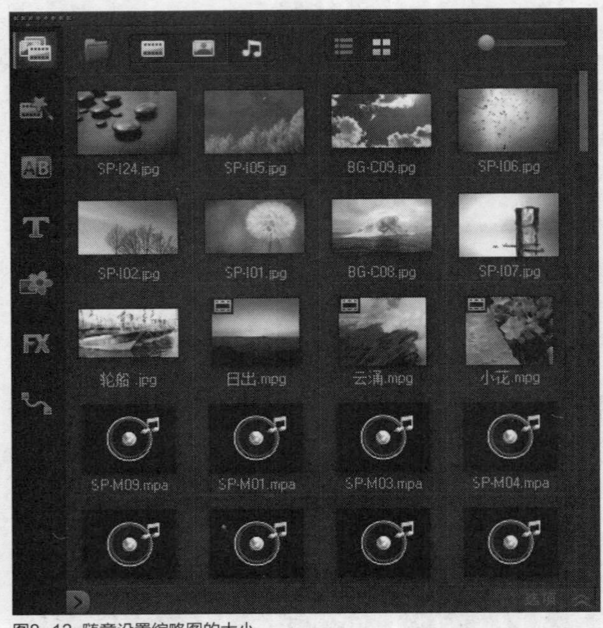

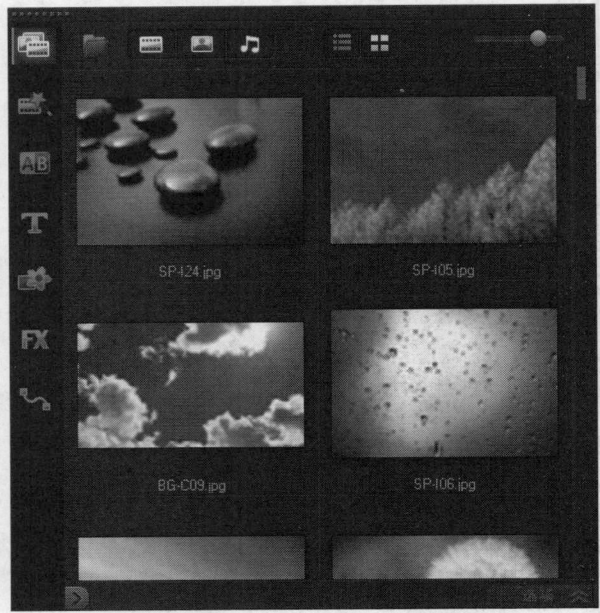

图8-13 随意设置缩略图的大小

知识拓展

设置素材库中缩略图大小时，将滑块往右拖曳，可将缩略图放大；将滑块往左拖曳，可将缩略图缩小。拖曳滑块时，用户还可以参照滑块上方的数值来确定缩略图大小。

实战 133 重命名素材文件

▶实例位置：无
▶素材位置：无
▶视频位置：光盘\视频\第8章\实战133.mp4

• 实例介绍 •

为了便于辨认与管理，用户可以将素材库中的素材文件进行重命名操作。

• 操作步骤 •

STEP 01 在会声会影编辑器的素材库中，选择需要进行重命名的素材，在该素材名称处单击鼠标左键，素材的名称文本框中出现闪烁的光标，如图8-14所示。

STEP 02 删除素材本身的名称，输入新的名称“许愿瓶”，如图8-15所示，按【Enter】键确定，即可重命名该素材文件。

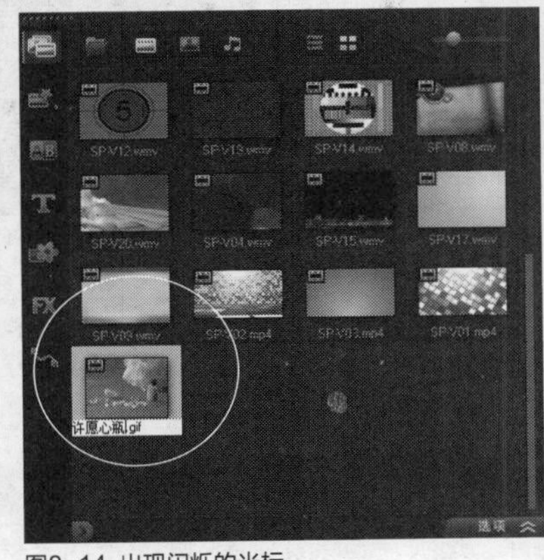

图8-14 出现闪烁的光标

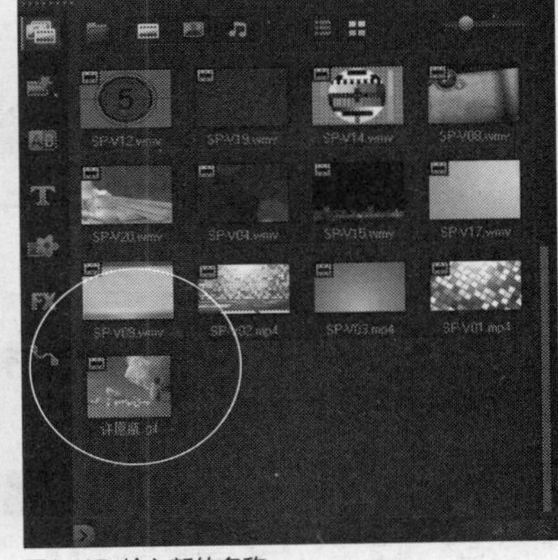

图8-15 输入新的名称

知识拓展

用户在素材库中更改素材的名称后，该名称仅在会声会影软件中被修改，而素材源文件的名称依然是修改之前的名称。

实战 134 通过命令删除素材文件

▶实例位置：无
▶素材位置：光盘\素材\第8章\海边风光.jpg
▶视频位置：光盘\视频\第8章\实战134.mp4

• 实例介绍 •

当素材库中的素材过多，或者不再需要某些素材时，用户便可以将此类素材进行删除操作，以提高工作效率，使素材库保持整洁。下面向读者介绍删除素材文件的操作方法。在会声会影X7中，用户可以通过“删除”命令，删除素材库中不需要的素材文件。

• 操作步骤 •

STEP 01 在素材库中选择需要删除的素材文件，如图8-16所示。

STEP 02 在菜单栏中单击“编辑”|“删除”命令，如图8-17所示。

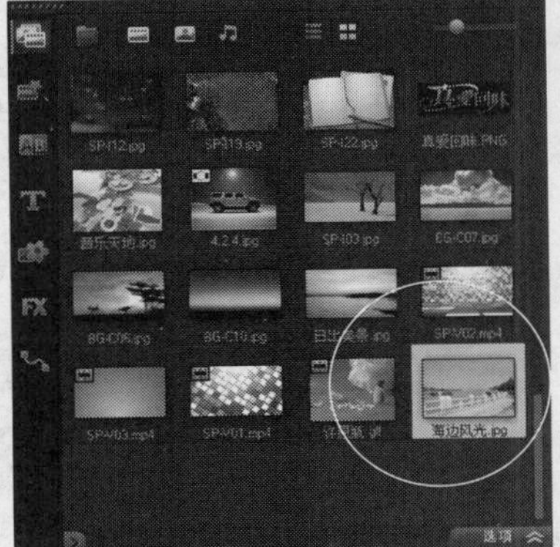

图8-16 选择需要删除的素材文件

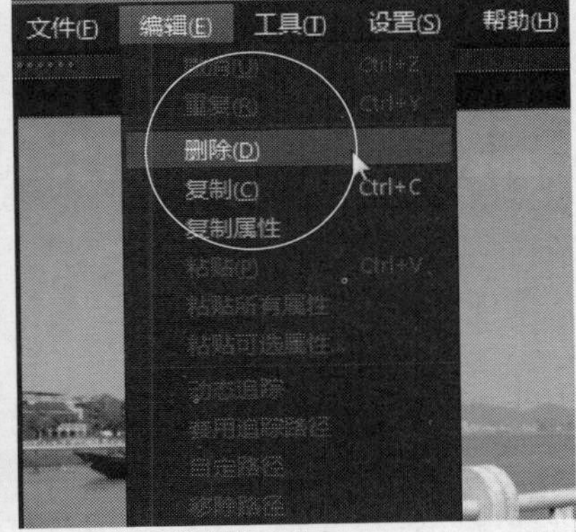

图8-17 单击“删除”命令

STEP 03 执行操作后，弹出提示信息框，提示用户是否删除此缩略图，如图8-18所示。

STEP 04 单击“是”按钮，即可删除选择的素材文件，此时该素材文件将不显示在素材库中，如图8-19所示。

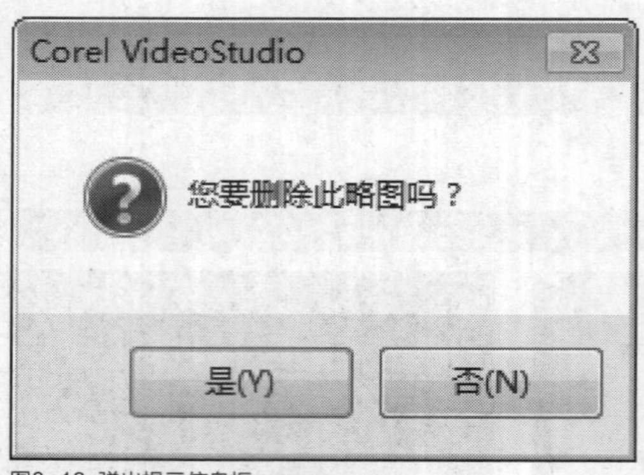

图8-18 弹出提示信息框

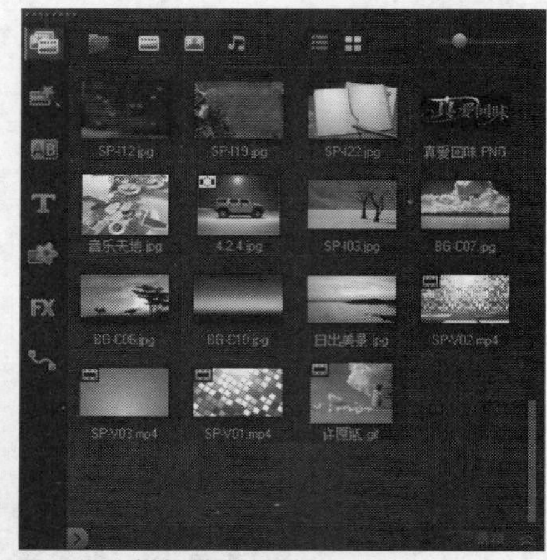

图8-19 该素材不显示在素材库

实战135 通过选项删除素材文件

▶实例位置：无
▶素材位置：光盘\素材\第8章\琴园.jpg
▶视频位置：光盘\视频\第8章\实战135.mp4

• 实例介绍 •

在会声会影X7中，用户可以通过“删除”选项，删除素材库中不需要的素材文件。

• 操作步骤 •

STEP 01 在素材库中选择需要删除的素材文件，如图8-20所示。

STEP 02 在选择的素材文件上，单击鼠标右键，在弹出的快捷菜单中选择“删除”选项，如图8-21所示。

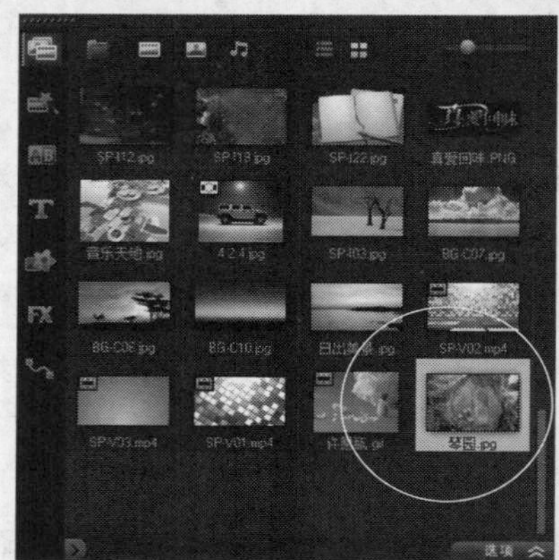

图8-20 选择要删除的素材文件

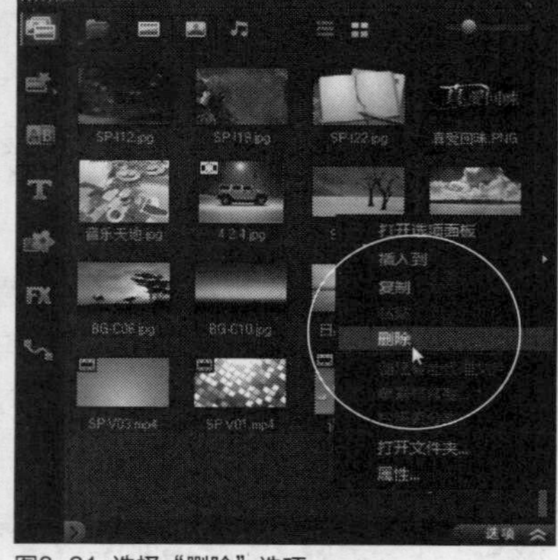

图8-21 选择“删除”选项

STEP 03 执行操作后，弹出提示信息框，提示用户是否删除此缩略图，如图8-22所示。

STEP 04 单击“是”按钮，即可删除选择的素材文件，此时该素材文件将不显示在素材库中，如图8-23所示。

图8-22 弹出提示信息框

图8-23 该素材不显示在素材库

技巧点拨

在会声会影X7的素材库中，选择需要删除的素材文件，按【Delete】键，可以快速删除选择的素材文件。

8.2 库文件的基本操作

在会声会影X7中，用户可以根据需要对库文件进行导入、导出以及重置操作，使库文件在操作上更加符合用户的需求。下面向读者介绍管理库文件的操作方法。

实战 136 导出库文件

▶实例位置：无
▶素材位置：无
▶视频位置：光盘\视频\第8章\实战136.mp4

• 实例介绍 •

在会声会影X7中，用户可以将素材库中的文件进行导出操作。下面向读者介绍导出库文件的操作方法。

• 操作步骤 •

STEP 01 在菜单栏中，单击“设置”|“素材库管理器”|“导出库”命令，如图8-24所示。

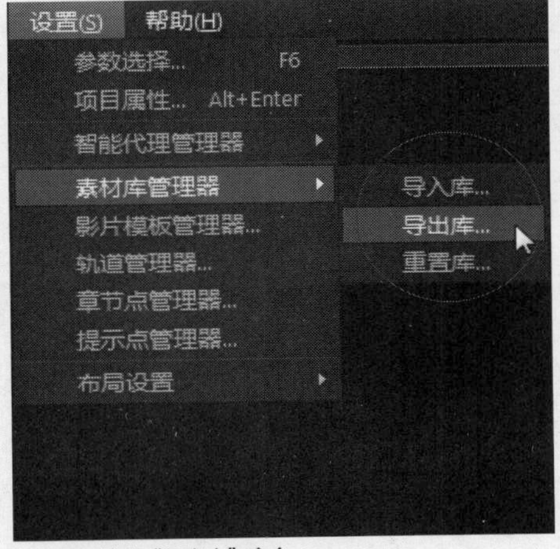

图8-24 单击“导出库”命令

STEP 02 执行操作后，弹出“浏览文件夹”对话框，在其中选择需要导出库的文件夹位置，如图8-25所示。

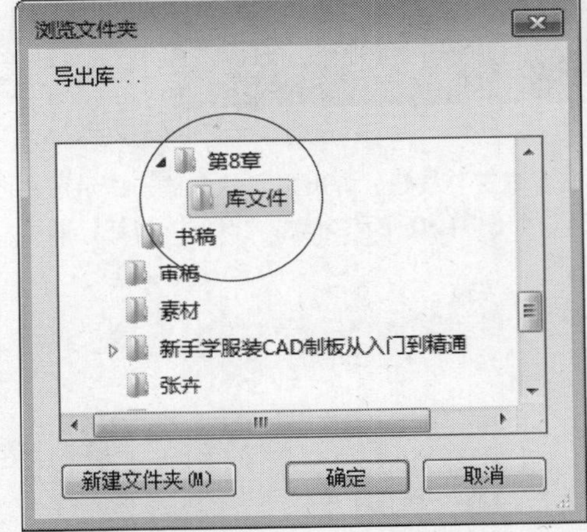

图8-25 选择文件夹位置

STEP 03 设置完成后，单击“确定”按钮，弹出提示信息框，提示用户媒体库已导出，如图8-26所示，单击“确定”按钮，即可导出媒体库文件。

STEP 04 在计算机中的相应文件夹中，可以查看导出的媒体库文件，如图8-27所示。

图8-26 弹出提示信息框

图8-27 查看媒体库文件

实战 137 导入库文件

▶实例位置：无
▶素材位置：无
▶视频位置：光盘\视频\第8章\实战137.mp4

• 实例介绍 •

在会声会影X7中，用户还可以将外部库文件导入到素材库中进行使用，对于一些特殊的视频操作，导入库文件功能十分有用。下面向读者介绍导入库文件的操作方法。

• 操作步骤 •

STEP 01 进入会声会影编辑器，在菜单栏中单击“设置”菜单，在弹出的菜单列表中单击“素材库管理器”|“导入库”命令，如图8-28所示。

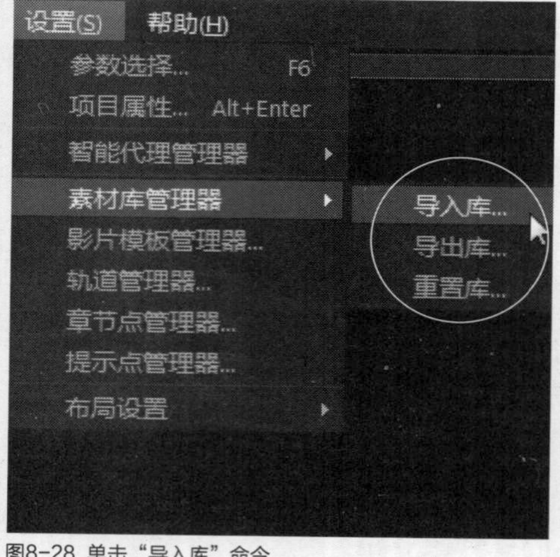

图8-28 单击“导入库”命令

STEP 02 执行操作后，弹出“浏览文件夹”对话框，在“视频”|“我的视频”中选择“库文件”对象，如图8-29所示。

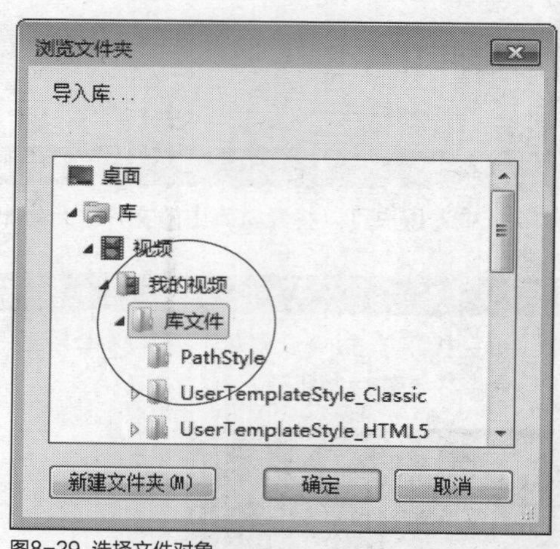

图8-29 选择文件对象

STEP 03 单击“确定”按钮，弹出提示信息框，提示用户媒体库已导入，如图8-30所示，单击“确定”按钮，即可导入媒体库文件。

图8-30 提示信息框

实战 138 重置库文件

▶实例位置：无
▶素材位置：无
▶视频位置：光盘\视频\第8章\实战138.mp4

• 实例介绍 •

在会声会影X7中，用户还可以对库文件进行重置操作。下面向读者介绍重置库文件的具体操作方法。

• 操作步骤 •

STEP 01 在菜单栏中单击“设置”|“素材库管理”|“重置库”命令，如图8-31所示。

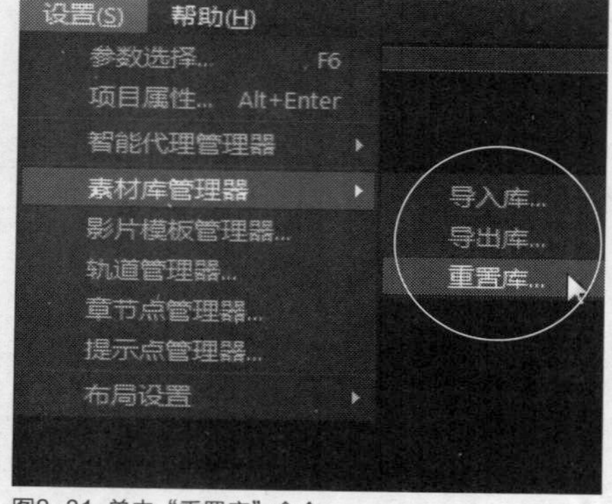

图8-31 单击“重置库”命令

STEP 02 执行操作后，弹出提示信息框，提示用户是否确定要重置媒体库，如图8-32所示。

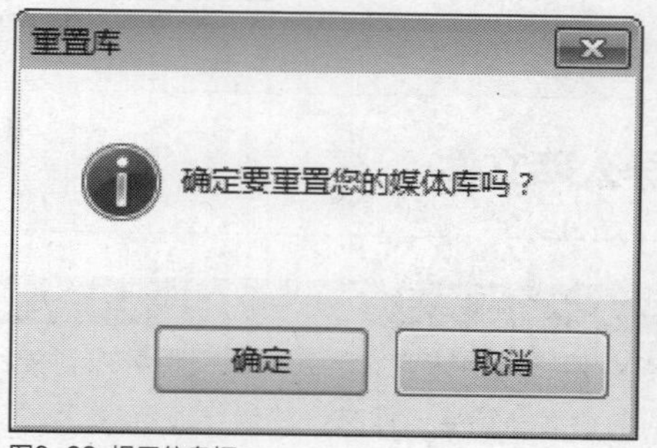

图8-32 提示信息框

STEP 03 单击“确定”按钮，即可重置会声会影X7中的媒体库文件。当用户重置媒体库文件后，之前所做的媒体库操作均已无效。

8.3 设置素材重新采样比例

在会声会影X7中应用图像素材时，用户还可以设置素材重新采样比例，如调到项目大小或保持宽高比等采样比例等。本节主要向读者介绍设置素材重新采样比例的操作方法。

实战139 调到项目大小

▶实例位置：光盘\素材\第8章\水果鲜橙.VSP
▶素材位置：光盘\素材\第8章\水果鲜橙.jpg
▶视频位置：光盘\视频\第8章\实战139.mp4

• 实例介绍 •

在会声会影X7中，用户可以对素材文件进行调到项目大小操作。下面向读者介绍调到项目大小的操作方法。

• 操作步骤 •

STEP 01 进入会声会影编辑器，在时间轴面板的视频轨中插入一幅素材图像，如图8-33所示。

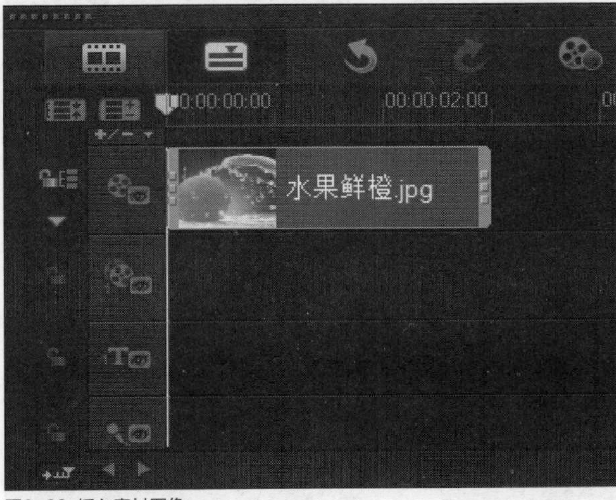

图8-33 插入素材图像

STEP 02 在预览窗口中预览图像素材效果，如图8-34所示。

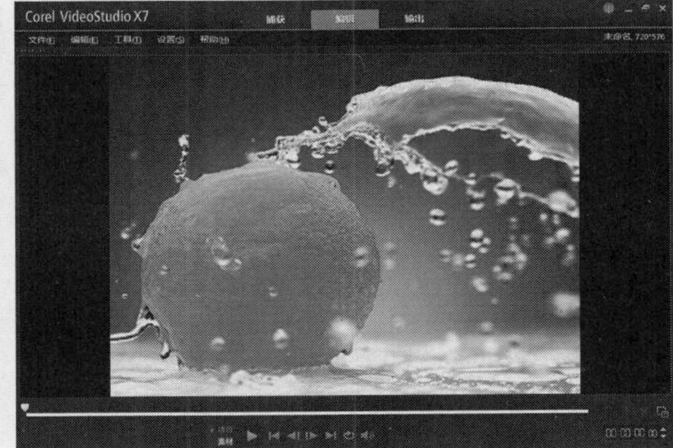

图8-34 预览图像素材效果

STEP 03 单击“选项”按钮，弹出“照片”选项面板，在该选项面板中单击“重新采样选项”下拉按钮，在弹出的列表框中选择“调到项目大小”选项，如图8-35所示。

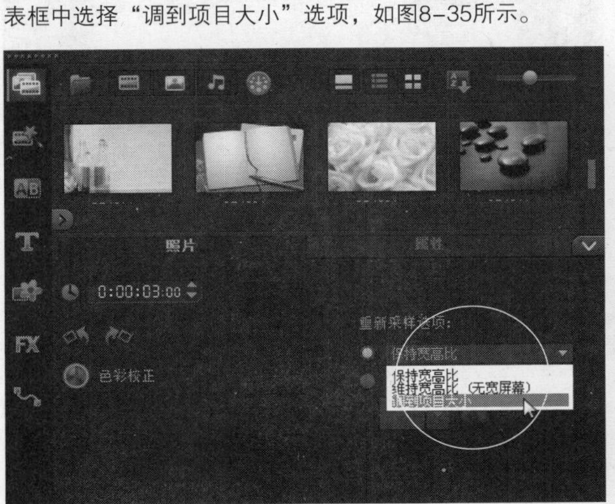

图8-35 选择“调到项目大小”选项

STEP 04 执行上述操作后，即可将图像素材设置为调到项目大小，如图8-36所示。会声会影将会更改素材的宽高比，从而覆盖预览窗口的背景色，只显示素材。

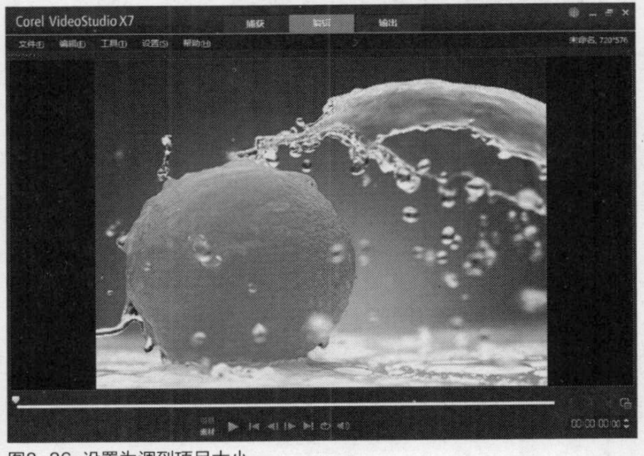

图8-36 设置为调到项目大小

实战 140 保持宽高比

▶ 实例位置：光盘\效果\第8章\树.VSP
▶ 素材位置：光盘\素材\第8章\树.VSP
▶ 视频位置：光盘\视频\第8章\实战140.mp4

• 实例介绍 •

设置为保持宽高比，可以使图像素材保持其本身的宽高比。下面介绍在会声会影X7中，将图像素材设置为保持宽高比的操作方法。

• 操作步骤 •

STEP 01 进入会声会影编辑器，单击“文件”|“打开项目”命令，打开一个项目文件，如图8-37所示。

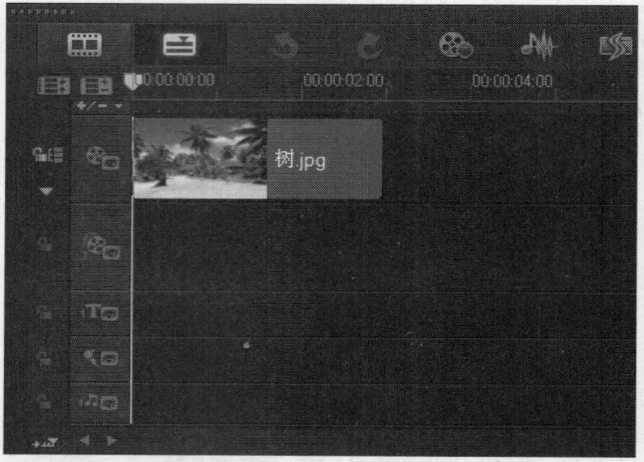

图8-37 打开项目文件

STEP 02 在预览窗口中预览图像素材效果，如图8-38所示。

图8-38 预览图像素材效果

STEP 03 单击“选项”按钮，弹出“照片”选项面板，在该选项面板中单击“重新采样选项”下拉按钮，在弹出的列表框中选择“保持宽高比”选项，如图8-39所示。

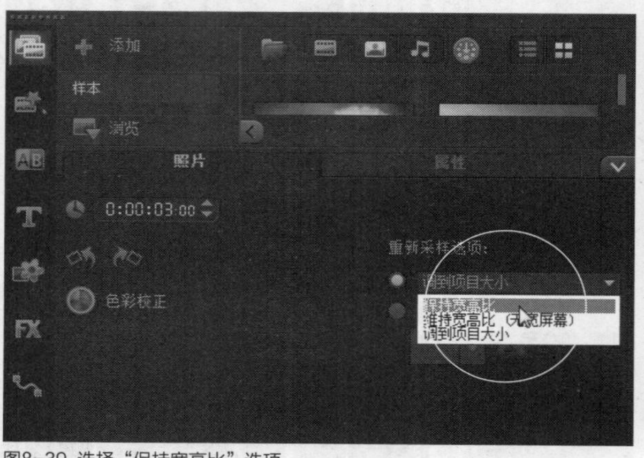

图8-39 选择“保持宽高比”选项

STEP 04 执行上述操作后，即可将图像素材设置为保持宽高比，如图8-40所示。

图8-40 设置为保持宽高比

技巧点拨

将预览窗口中的素材设置为“保持宽高比”，调入素材将会自动匹配预览窗口的宽高比，保持调入的素材不会变形。

8.4 设置素材的显示模式

会声会影X7中包含3种素材显示模式，如仅略图显示、仅文件名显示以及设置略图和文件名显示模式等。本节主要向读者介绍设置素材显示模式的操作方法。

实战 141 仅略图显示

▶实例位置：光盘\效果\第8章\航天飞机.VSP
▶素材位置：光盘\素材\第8章\航天飞机.jpg
▶视频位置：光盘\视频\第8章\实战141.mp4

• 实例介绍 •

在会声会影X7中修整素材前，用户可以根据自己的需要将时间面板中的轴缩略图设置不同的显示模式，如仅略图显示模式、仅文件名显示模式以及缩略图和文件名显示模式。下面向读者详细介绍设置素材为仅缩略图显示模式的操作方法。

• 操作步骤 •

STEP 01 进入会声会影编辑器，在时间轴面板的视频轨中插入一幅素材图像，如图8-41所示。

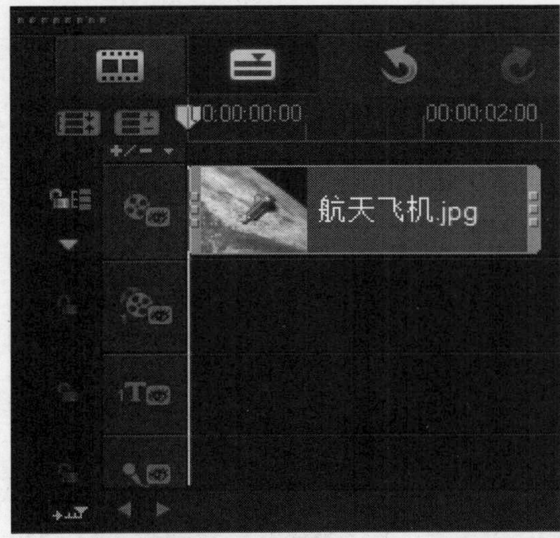

图8-41 插入素材图像

STEP 02 此时，视频轨中的素材是以缩略图和文件名的方式显示的，在菜单栏中单击“设置”|“参数选择”命令，如图8-42所示。

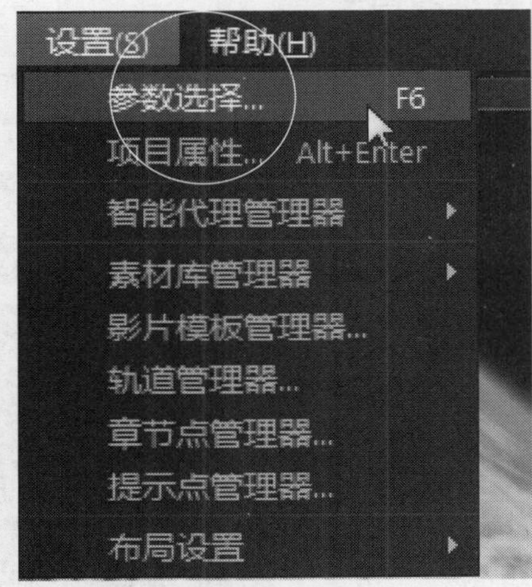

图8-42 单击“参数选择”命令

STEP 03 弹出“参数选择”对话框，单击“素材显示模式”右侧的下拉按钮，在弹出的列表框中选择“仅略图”选项，如图8-43所示。

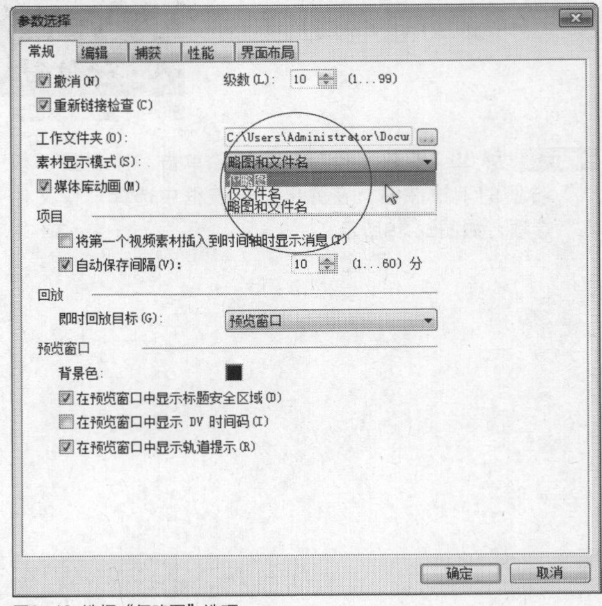

图8-43 选择“仅略图”选项

STEP 04 单击“确定”按钮，即可将图像设置为仅缩略图显示模式，如图8-44所示。

STEP 05 在预览窗口中，可以预览图像的画面效果，如图8-45所示。

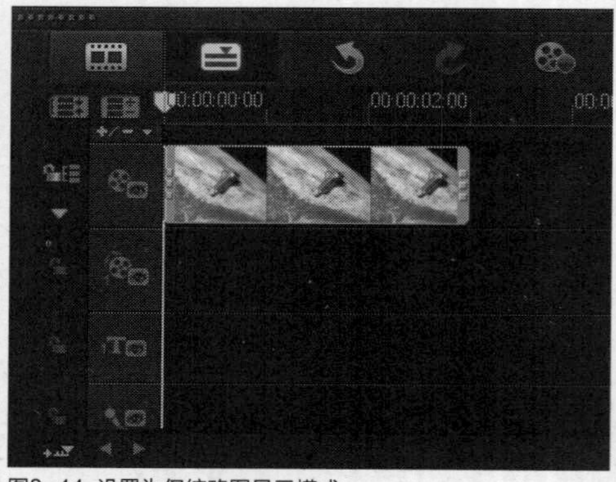
图8-44 设置为仅缩略图显示模式

图8-45 预览图像画面效果

实战142 仅文件名显示

▶实例位置：光盘\效果\第8章\巧克力糖.VSP
▶素材位置：光盘\素材\第8章\巧克力糖.jpg
▶视频位置：光盘\视频\第8章\实战142.mp4

• 实例介绍 •

会声会影X7中还可以仅文件名显示素材文件。下面向读者介绍在视频轨中仅文件名显示素材文件的操作方法。

• 操作步骤 •

STEP 01 进入会声会影编辑器，在时间轴面板的视频轨中插入一幅素材图像，如图8-46所示。

STEP 02 此时，视频轨中的素材是以缩略图的方式显示的，在菜单栏中单击“设置”|“参数选择”命令，如图8-47所示。

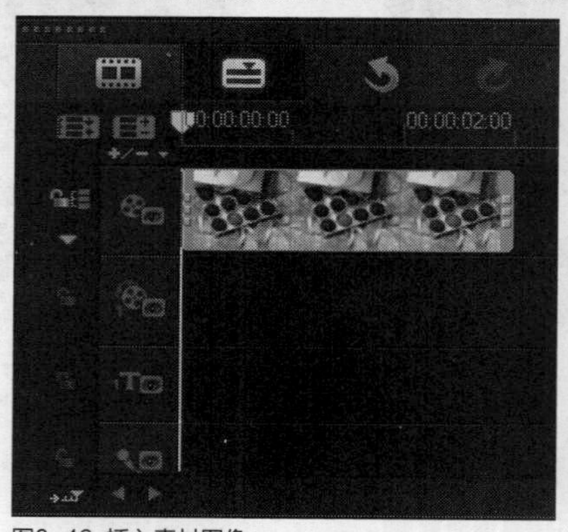
图8-46 插入素材图像

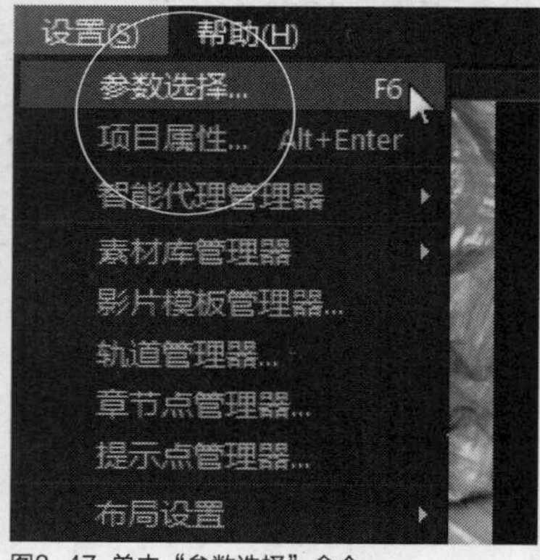

图8-47 单击“参数选择”命令

STEP 03 弹出“参数选择”对话框，单击“素材显示模式”右侧的下拉按钮，在弹出的列表框中选择“仅文件名”选项，如图8-48所示。

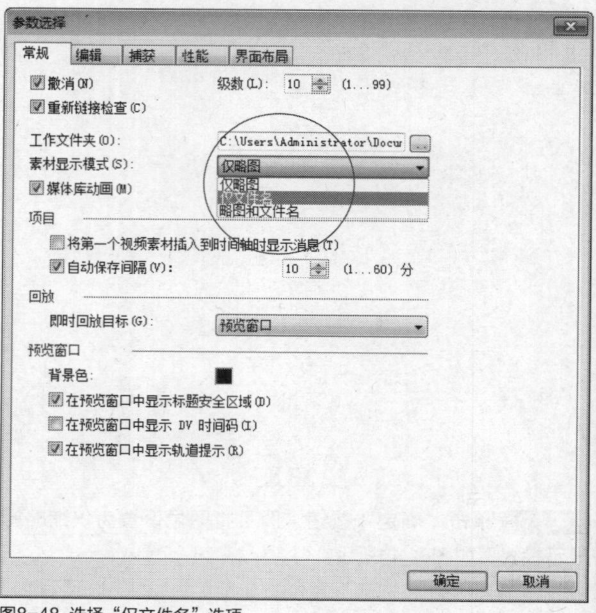

图8-48 选择“仅文件名”选项

STEP 04 单击“确定”按钮，即可将图像设置为仅文件名显示模式，如图8-49所示。

图8-49 设置为仅文件名显示模式

STEP 05 在预览窗口中，可以预览图像的画面效果，如图8-50所示。

图8-50 预览图像画面效果

实战143 略图和文件名显示模式

▶实例位置：光盘\效果\第8章\巧克力糖1.VSP
▶素材位置：光盘\素材\第8章\巧克力糖.jpg
▶视频位置：光盘\视频\第8章\实战143.mp4

• 实例介绍 •

在会声会影X7中，以略图和文件名显示素材文件的模式是软件的默认模式。在该模板下，用户不仅可以查看素材的缩略图，还可以查看素材的名称。下面向读者介绍在视频轨中仅文件名显示素材文件的操作方法。

• 操作步骤 •

STEP 01 在“参数选择”对话框的“素材显示模式”列表框中，选择“略图和文件名”选项，如图8-51所示。

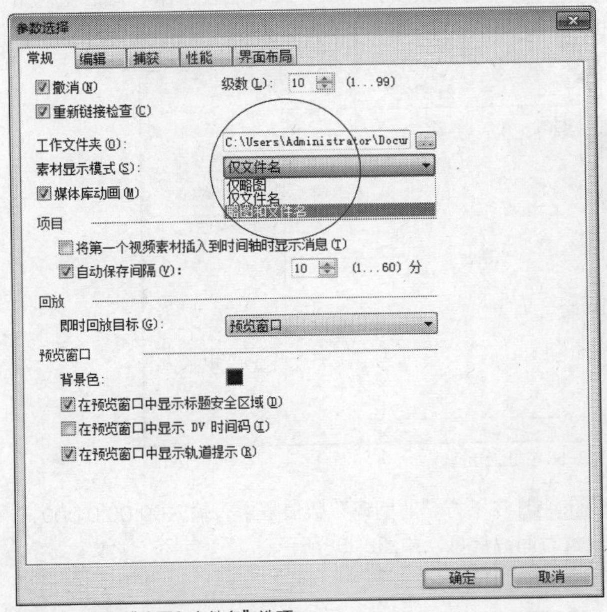

图8-51 选择“略图和文件名”选项

STEP 02 单击“确定”按钮，即可将素材显示模式切换至略图和文件名模式下，如图8-52所示。

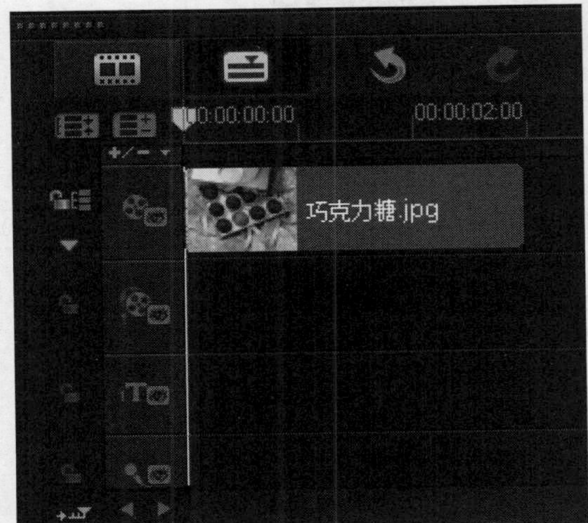

图8-52 略图和文件名模式

8.5 编辑素材的章节点

用户在会声会影X7中制作视频画面时，可以将视频分为多个不同的章节，只需在相应的视频位置添加章节点，即可按章节将视频画面分开。本节主要向读者介绍编辑素材章节点的操作方法，希望读者熟练掌握本节内容。

实战 144 添加项目章节点

▶ 实例位置：光盘\效果\第8章\美食广告.VSP
▶ 素材位置：光盘\素材\第8章\美食广告.jpg
▶ 视频位置：光盘\视频\第8章\实战144.mp4

• 实例介绍 •

在会声会影X7中，用户可以通过“章节点管理器”对话框来添加项目中的章节点。下面向读者介绍添加项目章节点的操作方法。

• 操作步骤 •

STEP 01 进入会声会影编辑器，在时间轴面板的视频轨中插入一幅素材图像，如图8-53所示。

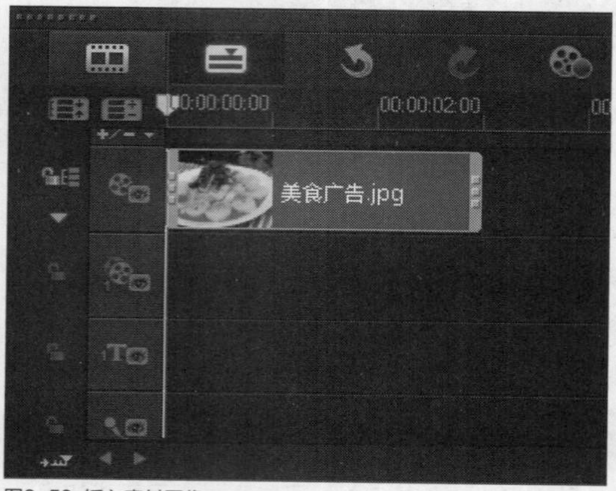

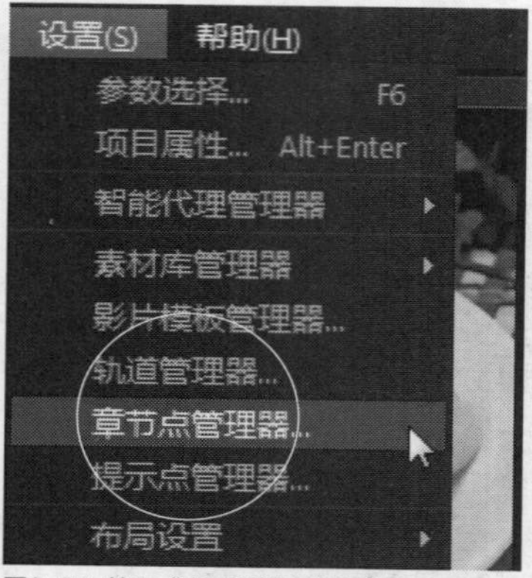

图8-53 插入素材图像

STEP 02 在预览窗口中，可以预览素材的画面效果，如图8-54所示。

图8-54 预览素材画面效果

STEP 03 在菜单栏中，单击“设置”|“章节点管理器”命令，如图8-55所示。

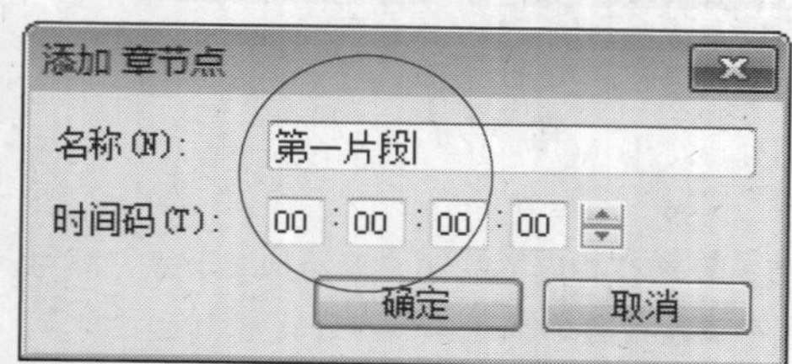

图8-55 单击“章节点管理器”命令

STEP 04 执行操作后，弹出“章节点管理器”对话框，如图8-56所示。

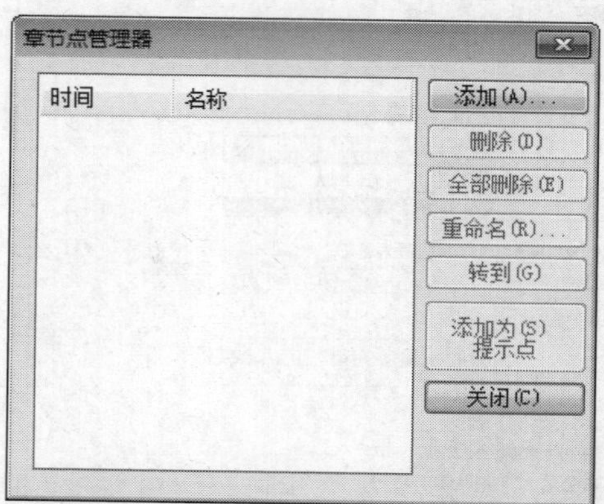

图8-56 弹出对话框

STEP 05 在对话框中，单击“添加”按钮，弹出“添加章节点”对话框，在其中设置“名称”为“第一片段”，如图8-57所示。

图8-57 设置“名称”

STEP 06 在下方“时间码”数值框中，输入00:00:01:00，设置时间码信息，如图8-58所示。

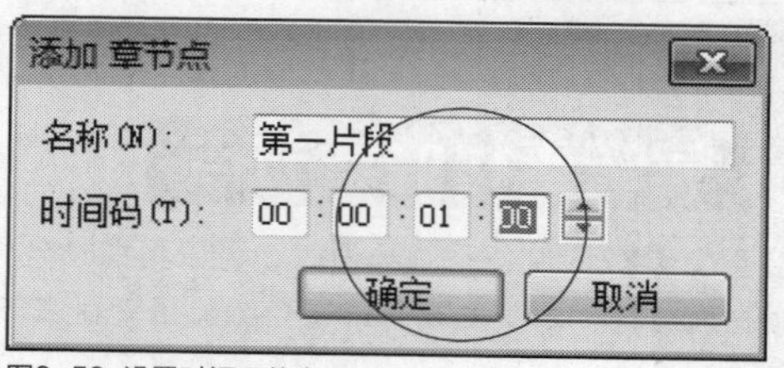

图8-58 设置时间码信息

STEP 07 单击“确定”按钮，返回“章节点管理器”对话框，其中显示了刚添加的章节点信息，如图8-59所示。

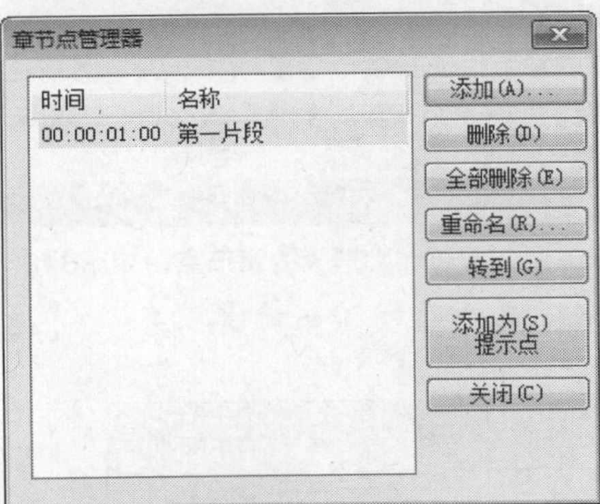

图8-59 显示了章节点信息

STEP 09 设置完成后，单击“关闭”按钮，退出“章节点管理器”对话框，在时间轴面板的视频轨上方，将显示添加的4个章节点，以绿色三角形状表示，如图8-61所示。

STEP 08 用与上同样的方法，在“章节点管理器”对话框中，分别在00:00:01:15的位置添加“第二片段”、00:00:02:00的位置添加“第三片段”、00:00:02:15的位置添加“第四片段”这3个章节点，如图8-60所示。

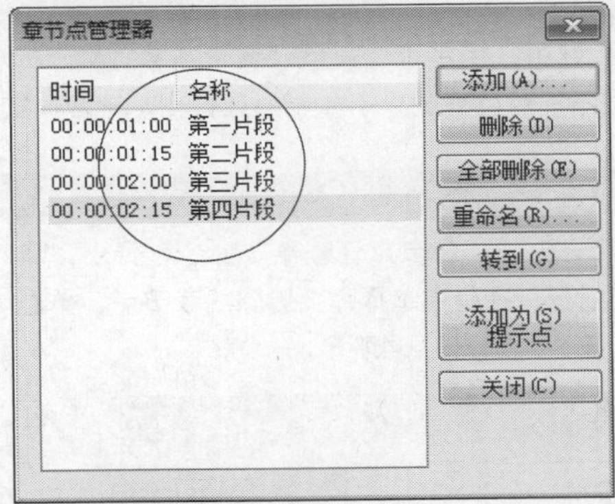

图8-60 添加章节点

图8-61 显示添加的4个章节点

知识拓展

在会声会影X7中，用户还可以在时间轴面板上方，通过鼠标单击的方式，添加视频章节点。该方法操作非常简单，用户首先将鼠标移至视频轨上方位置，此时鼠标指针呈带圆形的三角形状，如图8-62所示。

单击鼠标左键，即可在视频轨上方位置添加一个章节点，如图8-63所示。

用户可以使用上述相同的方法，通过鼠标单击的方式，在时间轴面板的视频轨上方，多次单击鼠标左键，添加多个章节点对象。

图8-62 鼠标指针呈带圆形的三角形状

图8-63 添加一个章节点

实战 145 通过对话框删除章节点

▶实例位置：光盘\效果\第8章\美食广告1.VSP
▶素材位置：光盘\效果\第8章\美食广告.VSP
▶视频位置：光盘\视频\第8章\实战145.mp4

• 实例介绍 •

在会声会影X7中，用户可以通过“章节点管理器”对话框来添加项目中的章节点。在会声会影X7中，用户可以通过“章节点管理器”对话框删除不需要的章节点。下面向读者介绍添加项目章节点的操作方法。

• 操作步骤 •

STEP 01 单击“设置”|“章节点管理器”命令，弹出“章节点管理器”对话框，在其中选择需要删除的章节点，单击右侧的“删除”按钮，如图8-64所示。

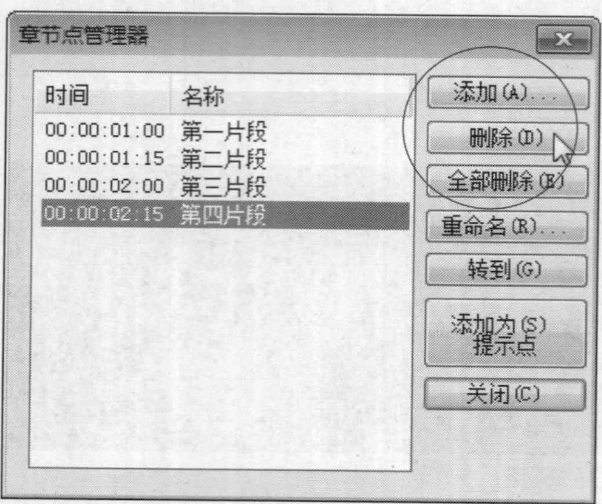

图8-64 单击右侧的“删除”按钮

STEP 02 执行操作后，即可删除选择的章节点，如图8-65所示。

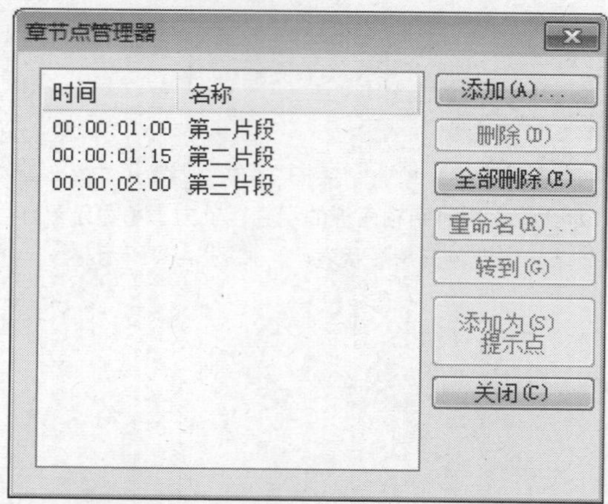

图8-65 删除选择的章节点

知识拓展

在“章节点管理器”对话框中删除相应的章节点后，在时间轴面板的视频轨上方，相对应的章节点也会被删除。

实战 146 通过鼠标拖曳删除章节点

▶实例位置：光盘\效果\第8章\纸笔.VSP
▶素材位置：光盘\素材\第8章\纸笔.VSP
▶视频位置：光盘\视频\第8章\实战146.mp4

• 实例介绍 •

用户还可以通过在时间轴面板上方，通过拖曳章节点的方式来删除章节点。

• 操作步骤 •

STEP 01 在视频轨上方，选择相应的章节点，如图8-66所示。

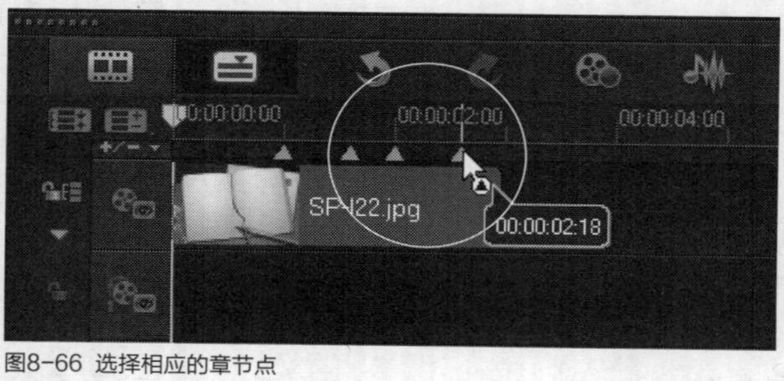

图8-66 选择相应的章节点

STEP 02 单击鼠标左键并向轨道的外侧拖曳，如图8-67所示，即可删除相应的章节点。

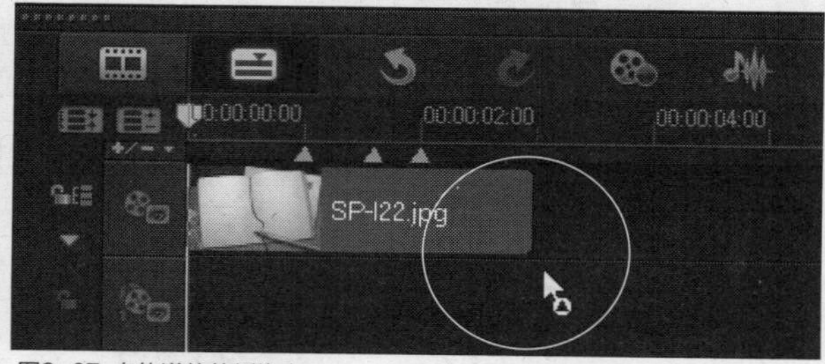

图8-67 向轨道的外侧拖曳

实战147　重命名章节点的名称

▶实例位置：光盘\效果\第8章\纸笔1.VSP
▶素材位置：光盘\效果\第8章\纸笔.VSP
▶视频位置：光盘\视频\第8章\实战147.mp4

• 实例介绍 •

如果章节点的名称不符合用户的视频要求，此时用户可以更改章节点的名称。

• 操作步骤 •

STEP 01 打开“章节点管理器”对话框，在其中选择需要重命名的章节点选项，单击右侧的“重命名”按钮，如图8-68所示。

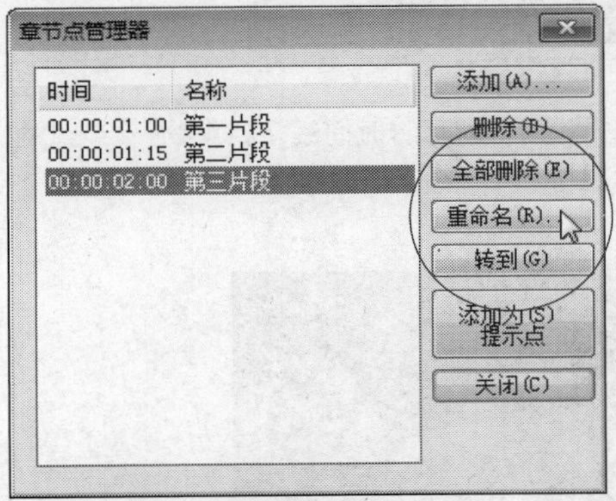

图8-68 单击“重命名”按钮

STEP 02 弹出“重命名章节点”对话框，选择一种合适的输入法，重新在“名称”右侧的文本框中输入章节点的名称为“纸笔一”，如图8-69所示。

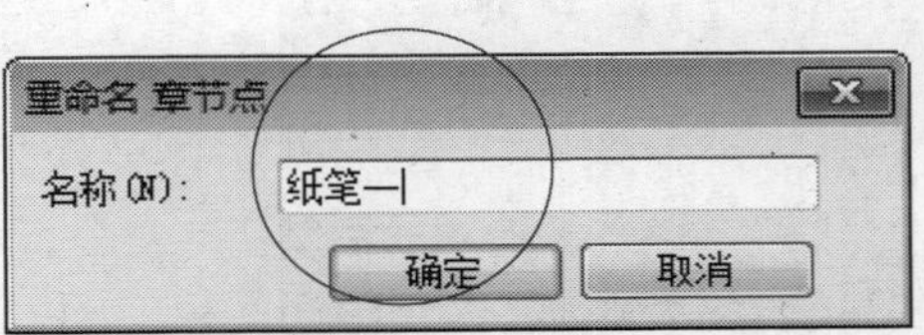

图8-69 输入章节点的名称

STEP 03 输入完成后，单击“确定”按钮，返回“章节点管理器”对话框，在其中可以查看更改名称后的章节点信息，如图8-70所示。

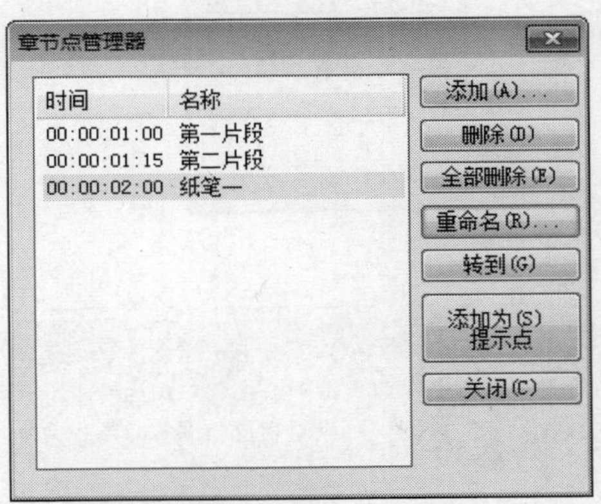

图8-70 查看章节点信息

实战148　转到特定的章节点

▶实例位置：光盘\效果\第8章\爱在天涯.VSP
▶素材位置：光盘\素材\第8章\爱在天涯.VSP
▶视频位置：光盘\视频\第8章\实战148.mp4

• 实例介绍 •

在会声会影X7中，用户可以将时间轴面板中的时间线快速定位到特定的章节点时间码的位置。下面向读者介绍转到特定章节点时间码的方法。

• 操作步骤 •

STEP 01 进入会声会影编辑器，单击“文件”|“打开项目”命令，打开一个项目文件，此时时间线定位在第1个章节点的位置，如图8-71所示。

STEP 02 在菜单栏中，单击“设置”|“章节点管理器”命令，如图8-72所示。

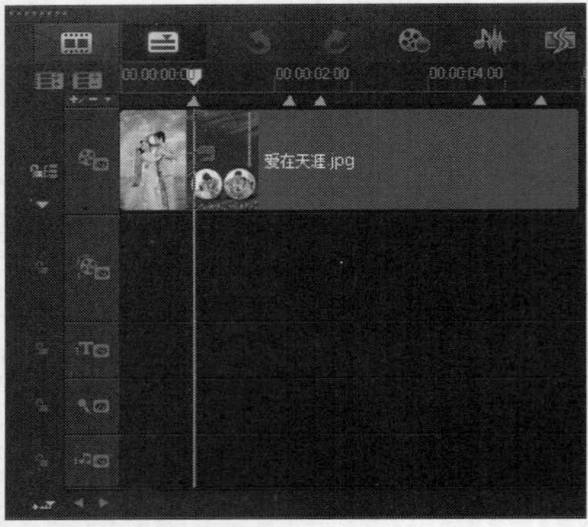

图8-71 打开项目文件

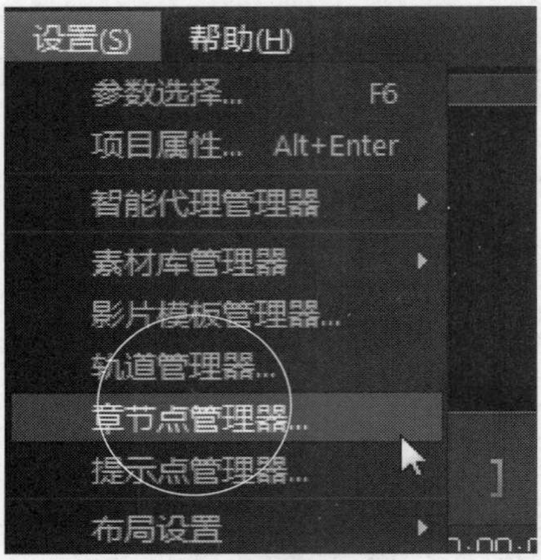

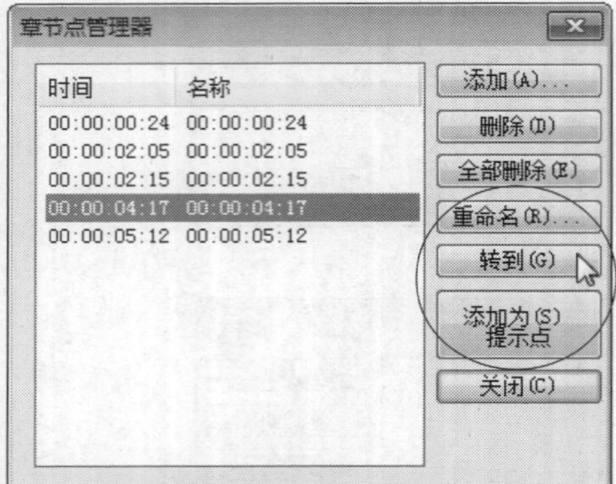

图8-72 单击“章节点管理器”命令

STEP 03 执行操作后，弹出“章节点管理器”对话框，在其中选择00:00:04:17章节点，在右侧单击“转到”按钮，如图8-73所示。

STEP 04 执行操作后，即可将时间线转到第4个章节点的位置，如图8-74所示。

图8-73 单击“转到”按钮

图8-74 转到第4个章节点的位置

知识拓展

在“章节点管理器”对话框中，部分按钮含义如下。

- “全部删除”按钮：可以删除项目文件中的全部章节点信息。
- “添加为提示点”按钮：可以将相应的章节点添加为提示点。

STEP 05 返回“章节点管理器”对话框，单击“关闭”按钮，如图8-75所示，退出“章节点管理器”对话框。

STEP 06 在预览窗口中，可以预览素材的画面效果，如图8-76所示。

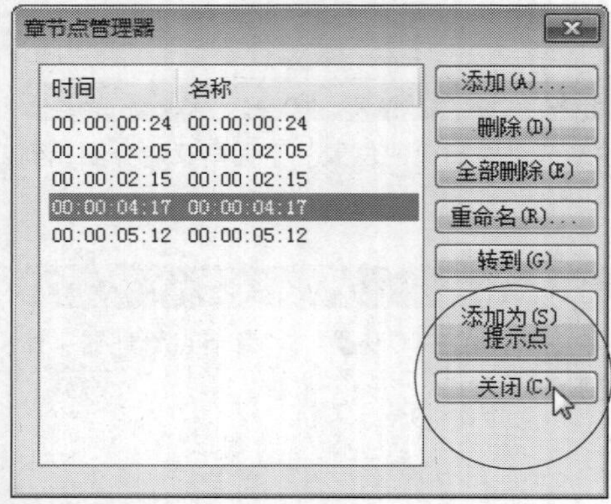

图8-75 单击“关闭”按钮

图8-76 预览素材画面效果

8.6 编辑素材的提示点

在会声会影X7中，用户可以根据需要在项目文件中添加提示点，提示点主要用来提示用户视频片段的时间码位置，与章节点不同的是，提示点在时间轴面板上方没有任何标记。本节主要向读者介绍编辑素材提示点的操作方法。

实战149 添加项目提示点

▶实例位置：光盘\效果\第8章\旅游专题.VSP
▶素材位置：光盘\素材\第8章\旅游专题.VSP
▶视频位置：光盘\视频\第8章\实战149.mp4

• 实例介绍 •

在会声会影X7中，用户可以通过“提示点管理器”对话框来添加项目中的提示点。下面向读者介绍添加项目提示点的操作方法。

• 操作步骤 •

STEP 01 进入会声会影编辑器，单击“文件”|“打开项目”命令，打开一个项目文件，如图8-77所示。

图8-77 打开项目文件

STEP 02 在预览窗口中，可以预览素材的画面效果，如图8-78所示。

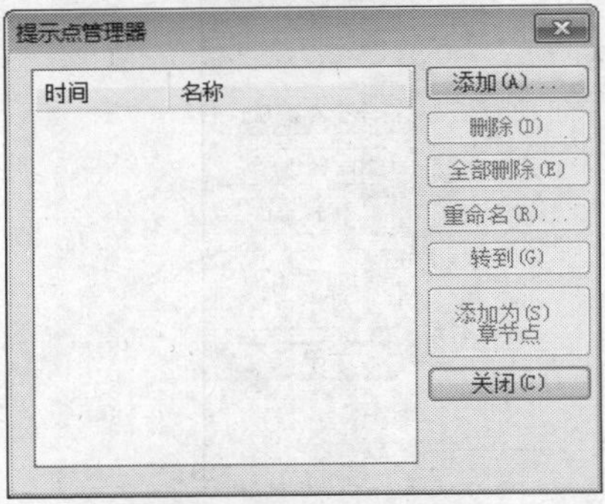
图8-78 预览素材画面效果

STEP 03 在菜单栏中，单击“设置”|“提示点管理器”命令，如图8-79所示。

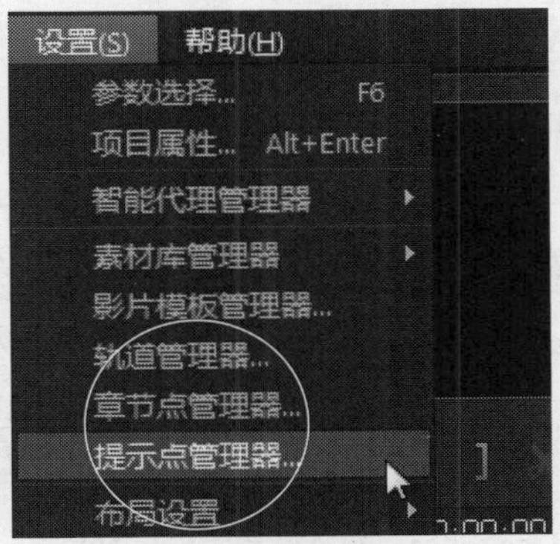

图8-79 单击“提示点管理器”命令

STEP 04 执行操作后，弹出“提示点管理器”对话框，如图8-80所示。

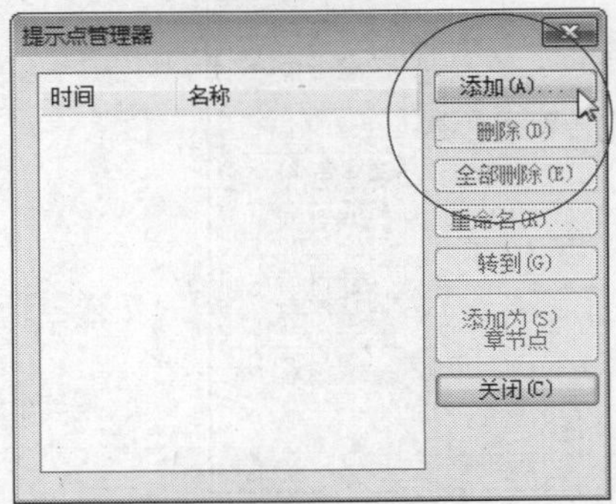

图8-80 弹出“提示点管理器”对话框

STEP 05 在对话框中，单击“添加”按钮，如图8-81所示。

图8-81 单击“添加”按钮

STEP 06 弹出“添加提示点”对话框，在其中设置“名称”为“特效位置1”，如图8-82所示。

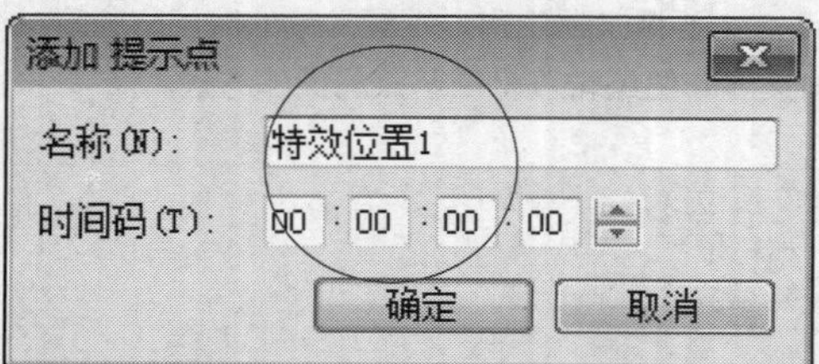

图8-82 设置“名称”

STEP 07 在下方“时间码”数值框中，输入00:00:02:00，设置时间码信息，如图8-83所示。

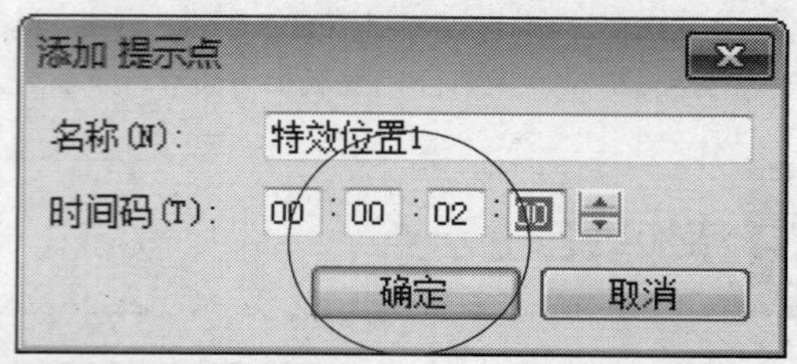

图8-83 设置时间码信息

STEP 08 单击“确定”按钮，返回“提示点管理器”对话框，其中显示了刚添加的提示点信息，如图8-84所示。

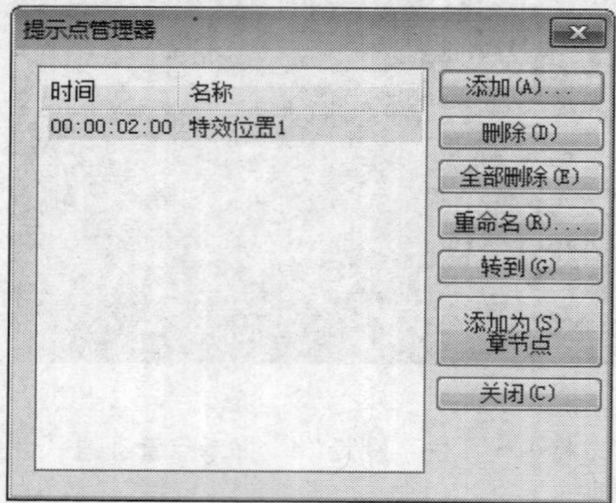

图8-84 显示提示点信息

STEP 09 用与上面同样的方法，在“提示点管理器”对话框中，分别在00:00:03:00的位置添加“特效位置2”、00:00:05:00的位置添加“特效位置3”这两个提示点，如图8-85所示，完成提示点的添加操作，单击“关闭”按钮。

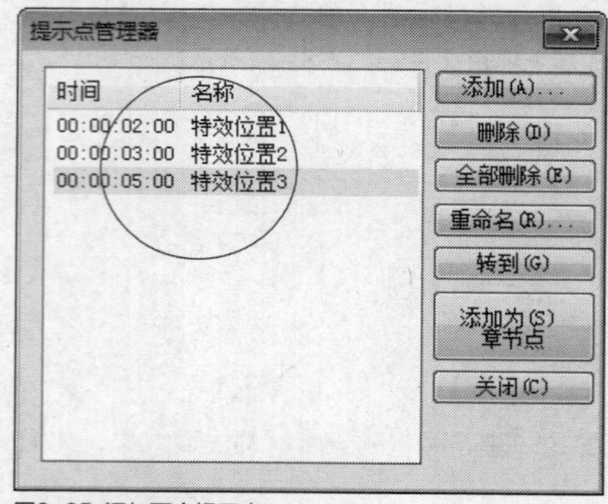

图8-85 添加两个提示点

实战150 删除不需要的提示点

▶实例位置：光盘\效果\第8章\旅游专题1.VSP
▶素材位置：光盘\效果\第8章\旅游专题.VSP
▶视频位置：光盘\视频\第8章\实战150.mp4

• 实例介绍 •

在会声会影X7中，用户还可以根据需要删除不需要的视频提示点。下面向读者介绍删除项目提示点的操作方法。

• 操作步骤 •

STEP 01 打开“提示点管理器”对话框，在其中选择需要删除的提示点对象，单击右侧的“删除”按钮，如图8-86所示。

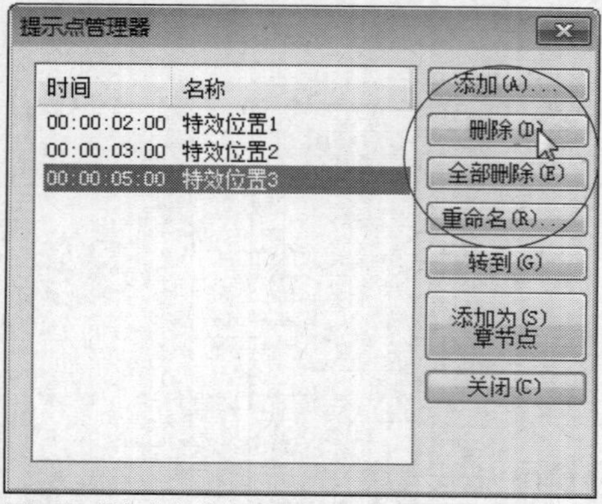

图8-86 单击“删除”按钮

STEP 02 执行操作后，即可删除不需要的提示点，如图8-87所示。

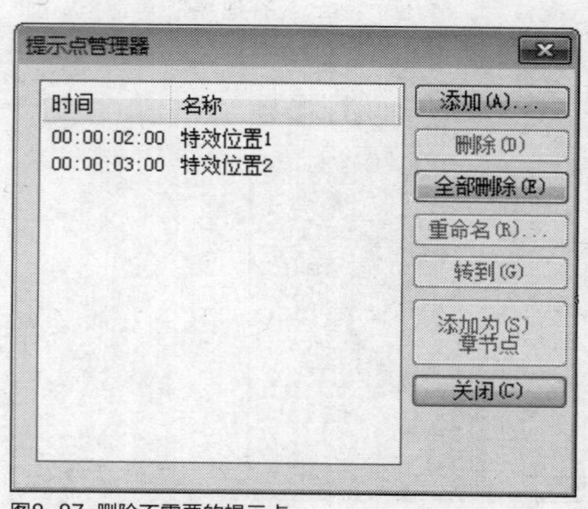

图8-87 删除不需要的提示点

STEP 03 在“提示点管理器”对话框中，单击“全部删除”按钮，如图8-88所示。

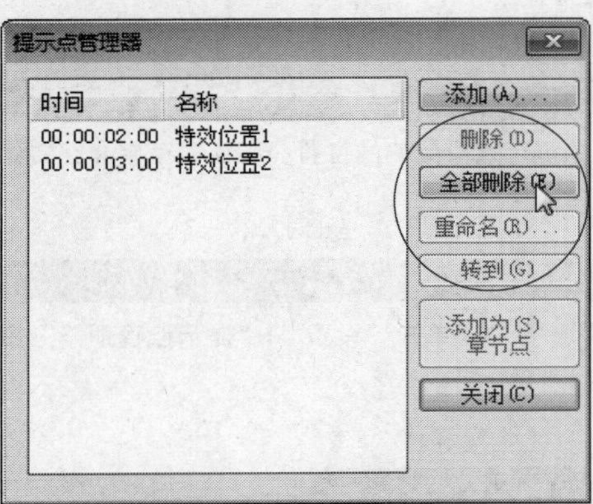

图8-88 单击“全部删除”按钮

STEP 04 执行操作后，即可删除“提示点管理器”对话框中的所有提示点对象，如图8-89所示。

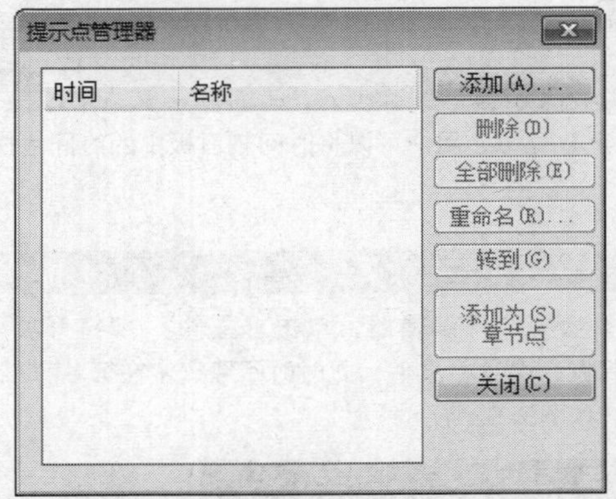

图8-89 删除所有提示点对象

实战 151 重命名提示点的名称

▶ 实例位置：光盘\效果\第8章\旅游专题2.VSP
▶ 素材位置：光盘\效果\第8章\旅游专题.VSP
▶ 视频位置：光盘\视频\第8章\实战151.mp4

• 实例介绍 •

如果提示点的名称不符合用户的视频要求，此时用户可以更改提示点的名称。

• 操作步骤 •

STEP 01 打开“提示点管理器”对话框，在其中选择需要重命名的提示点选项，单击右侧的“重命名”按钮，如图8-90所示。

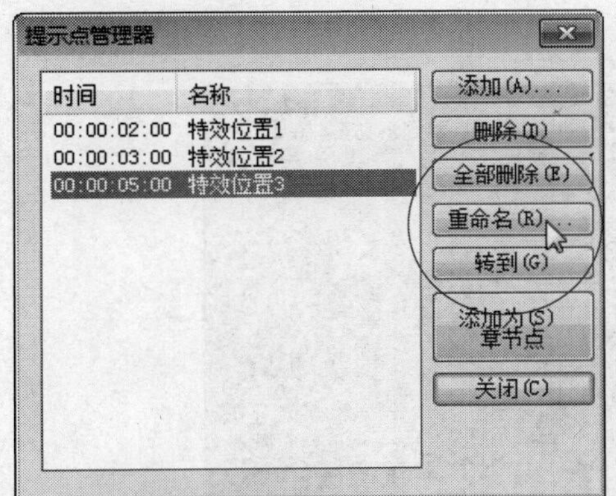

图8-90 单击“重命名”按钮

STEP 02 弹出“重命名提示点”对话框，选择一种合适的输入法，重新在“名称”右侧的文本框中输入提示点的名称“旅游专题一”，如图8-91所示。

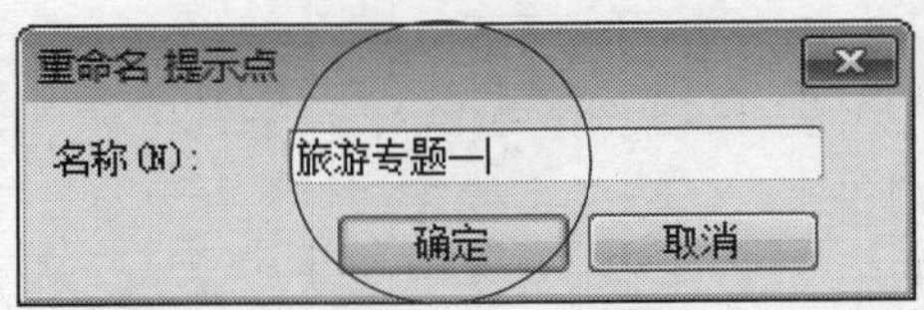

图8-91 输入名称

STEP 03 输入完成后，单击“确定”按钮，返回“提示点管理器”对话框，在其中可以查看更改名称后的提示点信息，如图8-92所示。

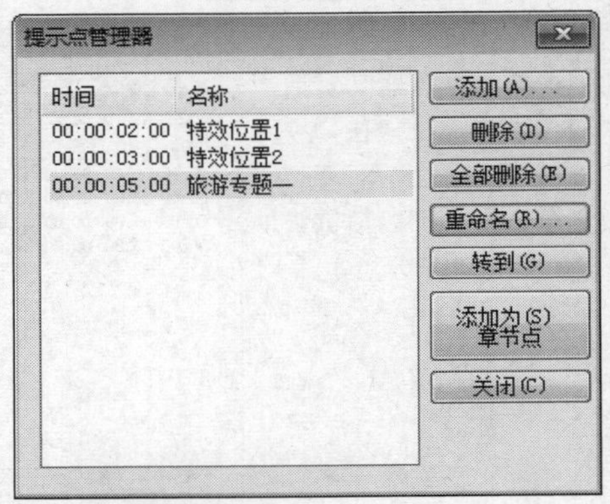

图8-92 查看提示点信息

实战152 转到特定的提示点

▶实例位置：光盘\效果\第8章\酒.VSP
▶素材位置：光盘\素材\第8章\酒.VSP
▶视频位置：光盘\视频\第8章\实战152.mp4

• 实例介绍 •

在会声会影X7中，用户可以将时间轴面板中的时间线快速定位到特定的提示点时间码的位置。下面向读者介绍转到特定提示点时间码的方法。

• 操作步骤 •

STEP 01 进入会声会影编辑器，单击“文件”|“打开项目”命令，打开一个项目文件，此时时间线定位在第1个提示点的位置，如图8-93所示。

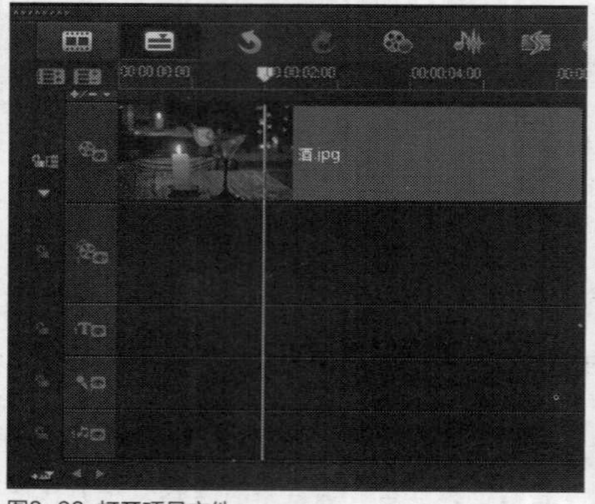
图8-93 打开项目文件

STEP 02 在菜单栏中，单击“设置”|“提示点管理器”命令，如图8-94所示。

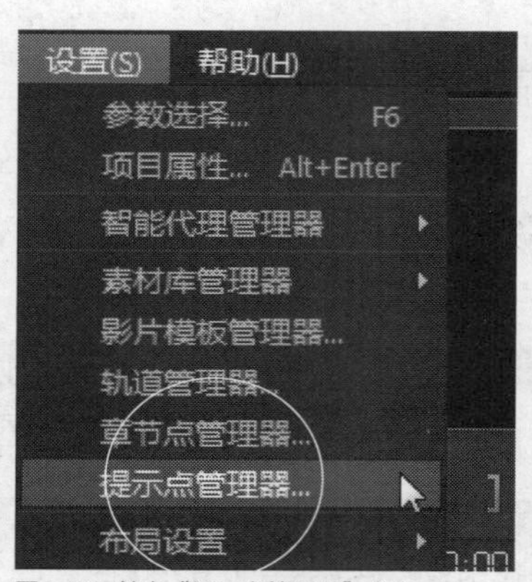

图8-94 单击“提示点管理器”命令

STEP 03 执行操作后，弹出“提示点管理器”对话框，在其中选择第4个提示点，在右侧单击“转到”按钮，如图8-95所示。

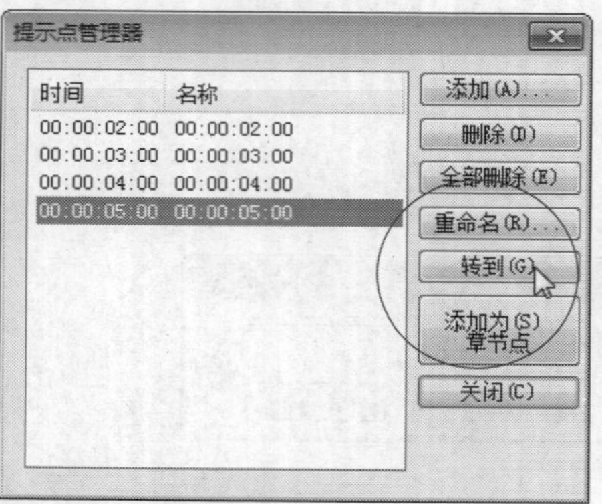

图8-95 单击“转到”按钮

STEP 04 执行操作后，即可将时间线转到第4个提示点的位置，如图8-96所示。

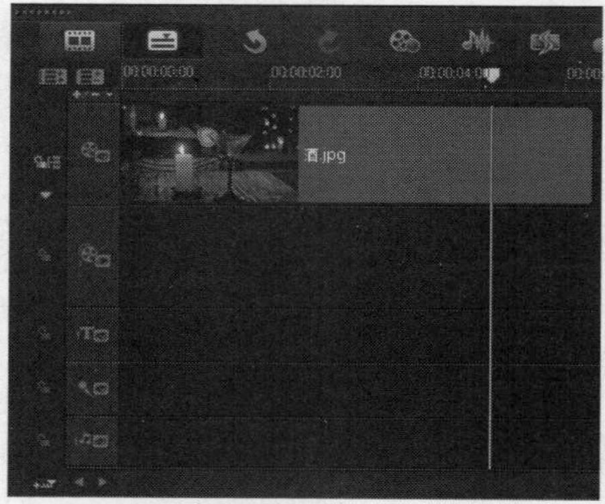
图8-96 转到第4个提示点的位置

STEP 05 返回“提示点管理器”对话框，单击“关闭”按钮，如图8-97所示。

STEP 06 在预览窗口中，可以预览素材的画面效果，如图8-98所示。

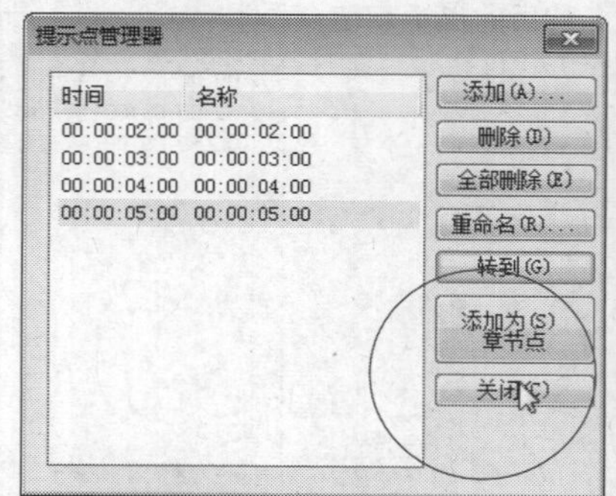

图8-97 退出对话框

图8-98 预览素材画面效果

8.7 素材的智能代理管理器

在会声会影X7中，所谓的智能代理，是指通过创建智能代理，用创建的低解析度视频替代原来的高解析度视频，进行编辑。本节主要向读者介绍使用素材智能代理管理器的操作方法，希望读者熟练掌握本节内容。

实战153 启用智能代理

▶实例位置：无
▶素材位置：无
▶视频位置：光盘\视频\第8章\实战153.mp4

• 实例介绍 •

在会声会影X7中，用户可以通过“提示点管理器”对话框来添加项目中的提示点。下面向读者介绍添加项目提示点的操作方法。

• 操作步骤 •

STEP 01 在会声会影X7中，在菜单栏中，单击“设置”|“智能代理管理器”|“启用智能代理”命令，如图8-99所示。

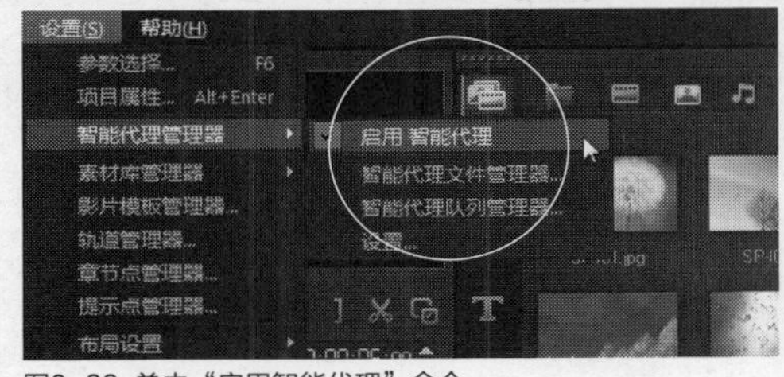

图8-99 单击“启用智能代理”命令

STEP 02 执行操作后，即可为视频素材启用智能代理功能。

实战154 创建智能代理文件

▶实例位置：光盘\效果\第8章\厦门大学.VSP
▶素材位置：光盘\素材\第8章\厦门大学.VSP
▶视频位置：光盘\视频\第8章\实战154.mp4

• 实例介绍 •

当用户在会声会影X7中启用智能代理功能后，接下来即可为相应的视频创建智能代理文件。下面向读者介绍创建智能代理文件的操作方法。

• 操作步骤 •

STEP 01 进入会声会影编辑器，单击“文件”|“打开项目”命令，打开一个项目文件，如图8-100所示。

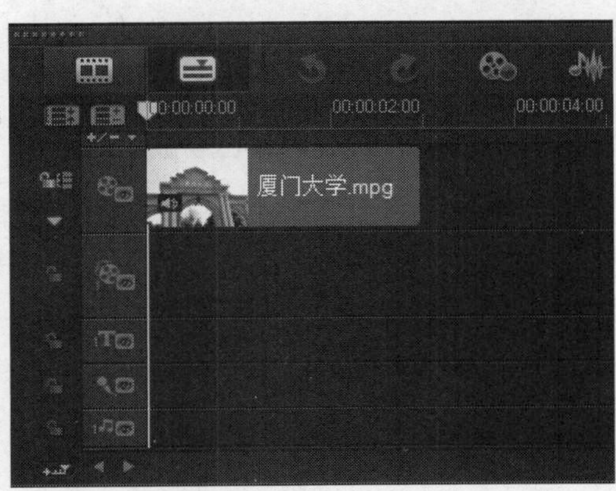

图8-100 打开项目文件

STEP 02 在预览窗口中，可以预览视频的画面效果，如图8-101所示。

图8-101 预览视频画面效果

STEP 03 在视频轨中，选择需要创建智能代理文件的视频，单击鼠标右键，在弹出的快捷菜单中选择“创建智能代理文件”选项，如图8-102所示。

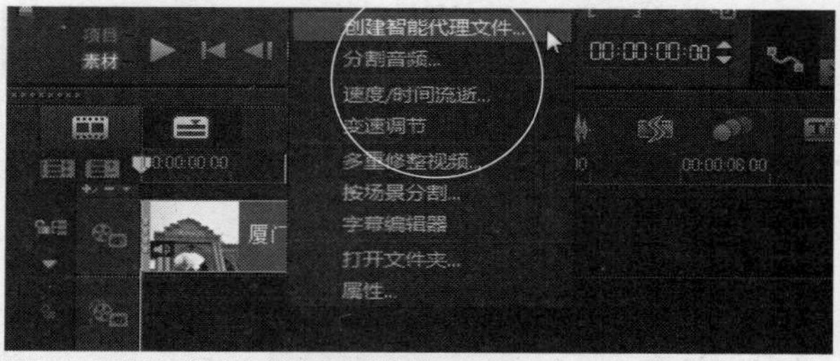

图8-102 选择“创建智能代理文件”选项

STEP 04 执行操作后，弹出“创建智能代理文件”对话框，如图8-103所示。

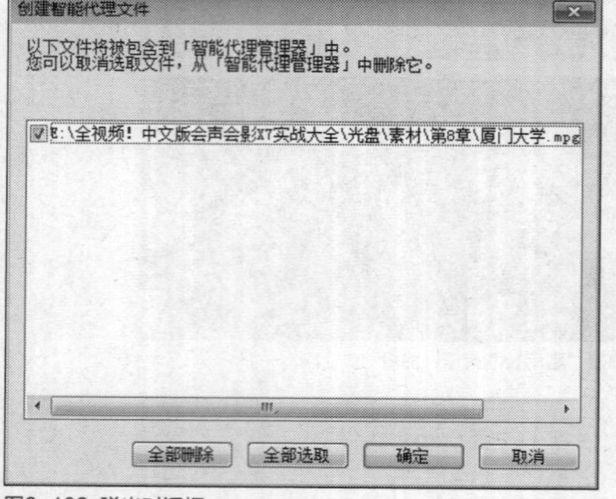

图8-103 弹出对话框

STEP 05 选中相应的视频文件复选框，单击“确定”按钮，如图8-104所示，即可为选择的视频文件创建智能代理。

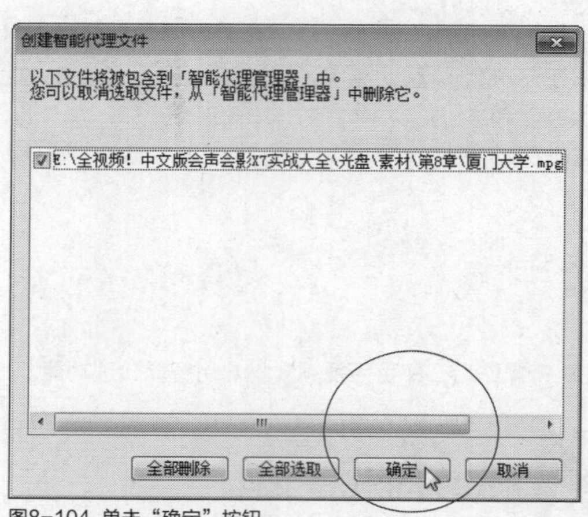

图8-104 单击“确定”按钮

技巧点拨

在会声会影X7中，用户还可以同时为视频轨中的多个视频文件创建智能代理文件，操作方法非常简单，用户首先在视频轨中按住【Shift】键的同时，选择多个需要创建智能代理文件的视频，如图8-105所示。

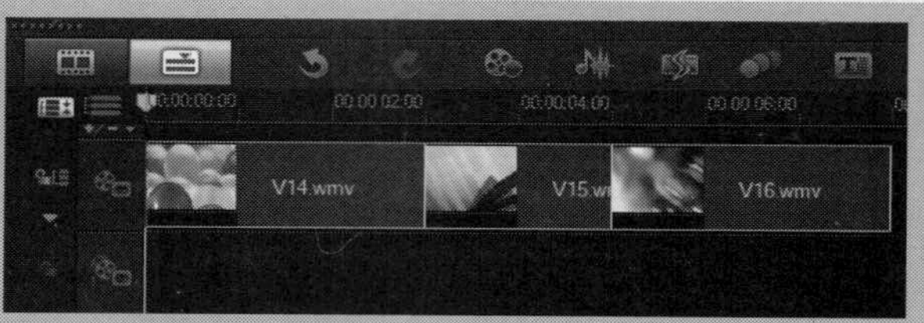

图8-105 选择多个视频

在选择的多个视频文件上，单击鼠标右键，在弹出的快捷菜单中选择“创建智能代理文件”选项，弹出“创建智能代理文件”对话框，其中显示了多个视频的路径复选框，如图8-106所示。

单击“全部选取”按钮，选中所有复选框对象，然后单击对话框下方的“确定”按钮，如图8-107所示。

执行操作后，即可为视频轨中的多个视频文件创建智能代理文件。

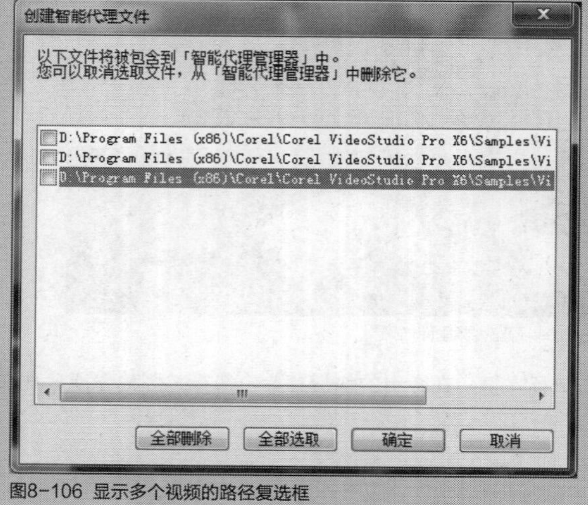

图8-106 显示多个视频的路径复选框

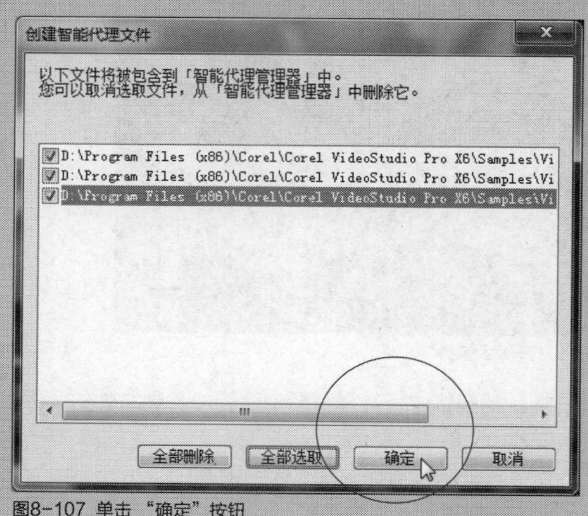

图8-107 单击“确定”按钮

实战 155 设置智能代理选项

▶ 实例位置：无
▶ 素材位置：光盘\素材\第8章\厦门大学.VSP
▶ 视频位置：光盘\视频\第8章\实战155.mp4

• 实例介绍 •

在会声会影X7中，当用户为视频创建智能代理文件后，接下来用户可以设置智能代理选项，使制作的视频更符合用户的需求。

• 操作步骤 •

STEP 01 在菜单栏中单击“设置”|“智能代理管理器”|“设置”命令，如图8-108所示。

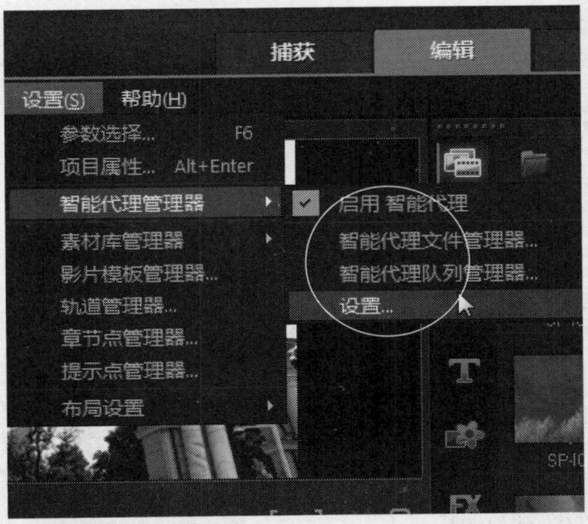

图8-108 单击“设置”命令

STEP 02 执行操作后，弹出“参数选择”对话框，在“智能代理”选项区中，根据需要设置智能代理各选项，包括视频被创建代理后的尺寸，以及代理文件夹的位置等属性，如图8-109所示。

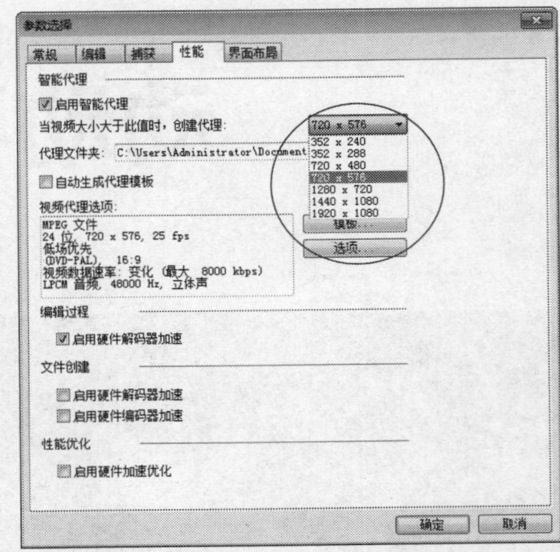

图8-109 设置参数

第 章

动动手指，绘制视频

本章导读

在会声会影X7中，用户通过“定格动画”功能，可以亲手将多张静态照片制作成动态视频；用户通过“绘图创建器”功能，可以手动绘制视频画面，制作动态视频效果。本章主要向读者介绍亲手制作与绘制视频画面的方法。

要点索引

- 运用定格动画与画笔
- 运用绘图创建器
- 设置绘图属性
- 手绘与编辑视频文件

9.1 运用定格动画与画笔

在会声会影X7中，用户可以用照片制作定格动画。画笔主要用于绘制图形、手绘图涂鸦，而且还能将绘制的图形转换为静态图像或动态视频效果。本节将向读者介绍进入“绘图创建器窗口”、设置画笔的颜色、设置画笔的纹理、设置笔刷的宽度以及设置笔刷的高度等内容的操作方法。

实战 156 制作定格动画

▶实例位置：光盘\效果\第9章\烟花.VSP
▶素材位置：光盘\素材\第9章\烟花1-5.jpg
▶视频位置：光盘\视频\第9章\实战156.mp4

• 实例介绍 •

在会声会影X7中，用户可以运用“定格动画”功能。下面向读者介绍在会声会影X7中，通过定格动画功能将照片制作成动画视频的操作方法。

• 操作步骤 •

STEP 01 进入会声会影编辑器，在工作界面的上方单击“捕获”标签，如图9-1所示。

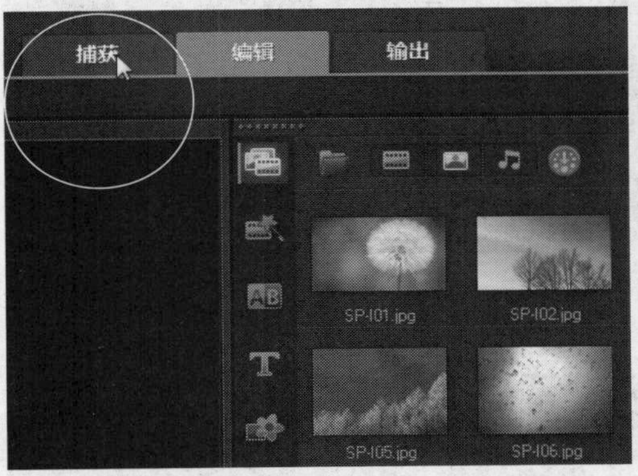

图9-1 单击“捕获”标签

STEP 02 进入“捕获”步骤面板，在“捕获”选项面板中单击“定格动画”按钮，如图9-2所示。

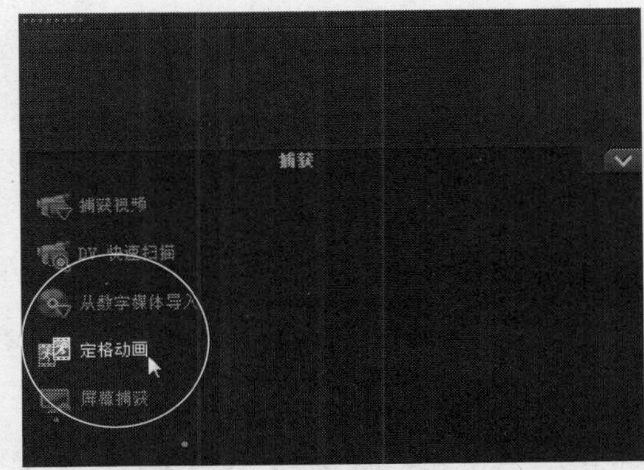

图9-2 单击“定格动画”按钮

STEP 03 执行操作后，即可打开“定格动画”窗口，如图9-3所示。

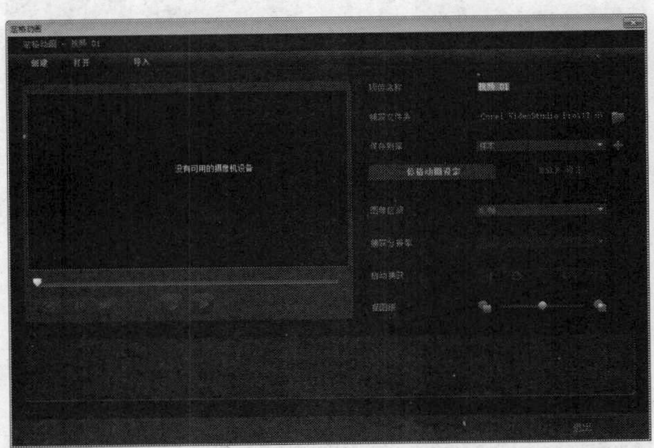

图9-3 打开“定格动画”窗口

STEP 04 在“定格动画”窗口中，单击上方的“导入”按钮，如图9-4所示。

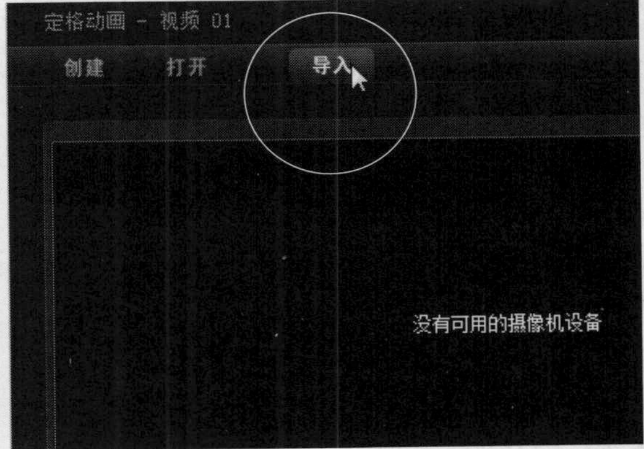

图9-4 单击“导入”按钮

STEP 05 弹出“导入图像”对话框，在其中选择需要制作定格动画的照片素材，如图9-5所示。

STEP 06 单击“打开”按钮，即可将选择的照片素材导入到“定格动画”窗口中，如图9-6所示。

图9-5 选择照片素材

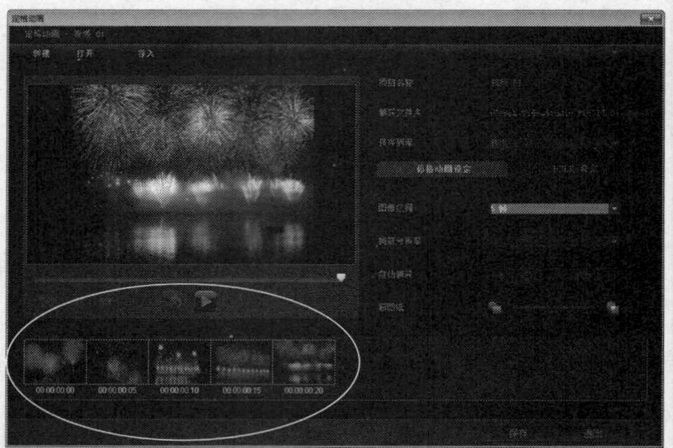

图9-6 导入到窗口

STEP 07 导入照片素材后，在预览窗口的下方单击“播放”按钮，如图9-7所示。

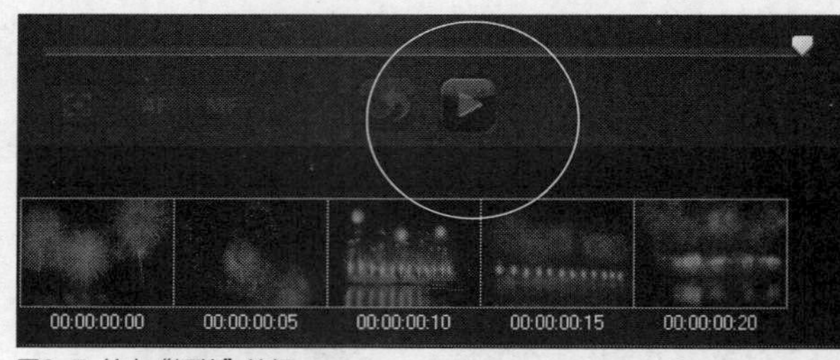

图9-7 单击“播放”按钮

STEP 08 开始播放定格动画画面，在预览窗口中可以预览视频画面效果，如图9-8所示。

图9-8 预览视频画面效果

STEP 09 单击“图像区间”右侧的下三角按钮，在弹出的列表框中选择“30帧”选项，如图9-9所示。

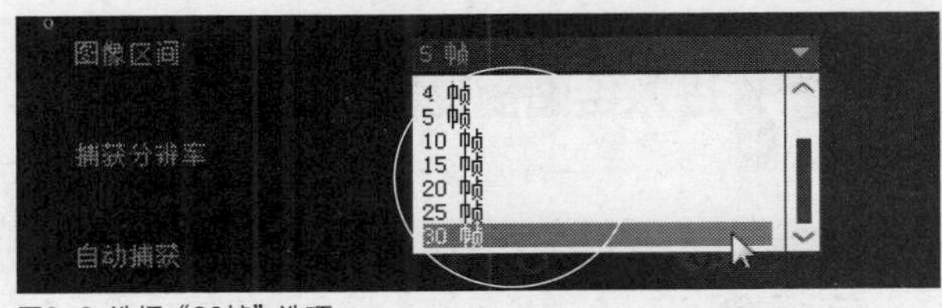

图9-9 选择“30帧”选项

STEP 10 依次单击“保存”和“退出”按钮，退出“定格动画”窗口，此时在素材库中显示了刚创建的定格动画文件，如图9-10所示。

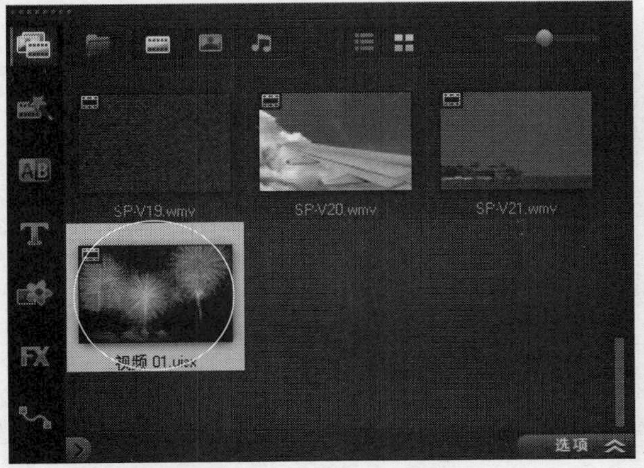

图9-10 显示定格动画文件

STEP 11 将素材库中创建的定格动画文件拖曳至时间轴面板的视频轨中，应用定格动画，如图9-11所示。

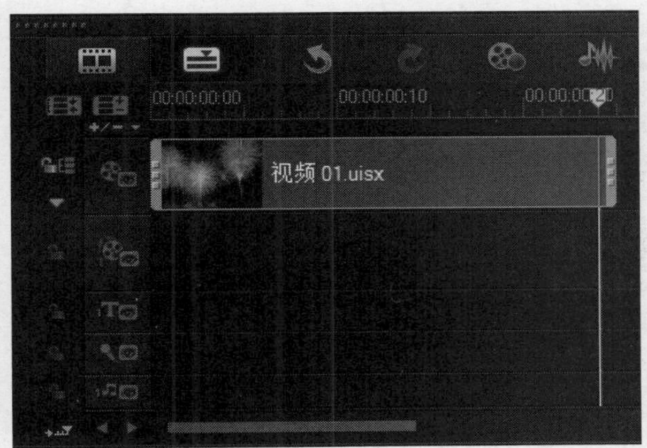

图9-11 拖曳至时间轴面板

知识拓展

在会声会影X7工作界面中，可以从数码相机中导入照片，或者从DV中捕获所需要的视频，然后使用动画定格摄影功能，使渐次变化的图像生动地表现在画面上，产生栩栩如生的动画效果。很多经典的动画片、木偶电影、剪纸电影都采用了这种技术，有兴趣的用户不妨试一试。图9-12所示为会声会影X7的定格动画窗口。

图9-12 会声会影X7的定格动画窗口

在“定格动画”窗口中，各主要选项含义如下。

➢ “项目名称”：在该文本框中，用户可以为制作的定格动画设置项目的名称。

➢ “捕获文件夹”：单击该选项右侧的“捕获文件夹”按钮，在弹出的对话框中可以设置捕获文件的保存位置。

➢ “保存到库”：单击该选项右侧的“添加新文件夹”按钮，可以新建素材库，用户可根据需要将定格动画素材保存到不同的素材库中。

➢ “图像区间”：单击该选项右侧的下拉按钮，可以在弹出的列表框中选择所需的图像区间长度。

➢ “捕获分辨率”：单击该选项右侧的下拉按钮，可以在弹出的列表框中设置捕获视频的分辨率大小。

➢ “自动捕获”：在该选项右侧，可以设置自动捕获的相关选项。

➢ “洋葱皮”：拖曳该滑块，可快速预览定格动画的动态效果。

技巧点拨

在“定格动画”窗口中，用户在导入照片素材之前，可以先设置定格动画文件的保存位置，只需单击“捕获文件夹”右侧的按钮，在弹出的对话框中即可进行设置。

实战 157 进入绘图创建器

▶实例位置：无
▶素材位置：无
▶视频位置：光盘\视频\第9章\实战157.mp4

• 实例介绍 •

在会声会影X7中使用绘图创建器绘制图形前，首先要启动“绘图创建器”窗口。

• 操作步骤 •

STEP 01 在菜单栏上单击“工具”|“绘图创建器”命令，如图9-13所示。

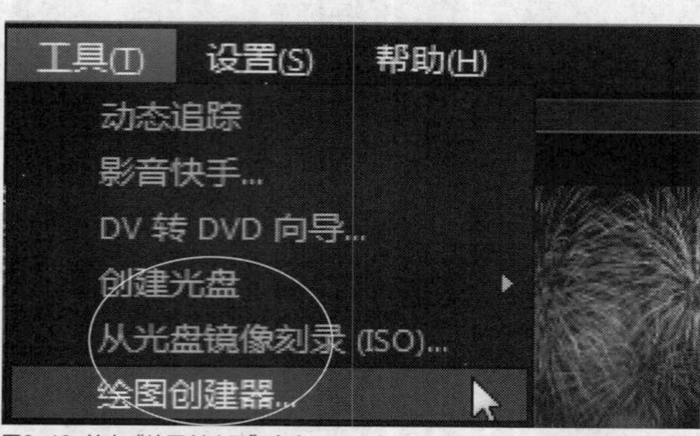

图9-13 单击“绘图创建器”命令

STEP 02 执行操作后，即可进入“绘图创建器”窗口，如图9-14所示。

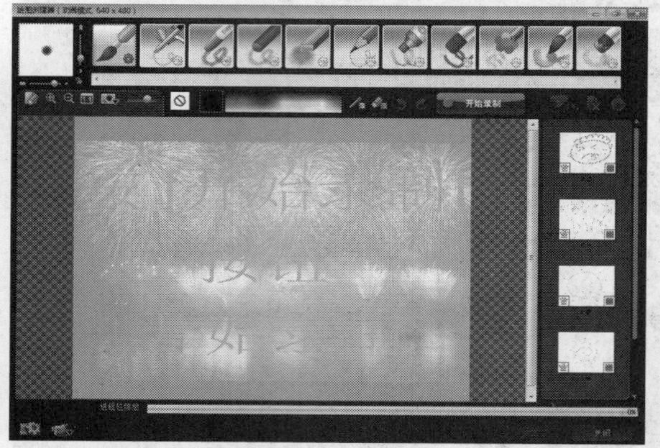

图9-14 进入“绘图创建器”窗口

知识拓展

在“绘图创建器”窗口中，最上方一排是画笔的样式，左上角的位置可以设置画笔的大小，右侧则显示绘制的成品视频。

实战 158 设置笔刷的宽度

▶实例位置：无
▶素材位置：无
▶视频位置：光盘\视频\第9章\实战158.mp4

• 实例介绍 •

在“绘图创建器”窗口中，用户如果对现有笔刷的宽度不满意，可以运用鼠标拖曳的方法进行设置。

• 操作步骤 •

STEP 01 进入“绘图创建器”窗口，将鼠标移至“笔刷宽度”滑块上，鼠标指针呈手形，如图9-15所示。

STEP 02 单击鼠标左键的同时向左拖曳鼠标至合适的位置后，释放鼠标左键，即可设置笔刷的宽度，如图9-16所示。

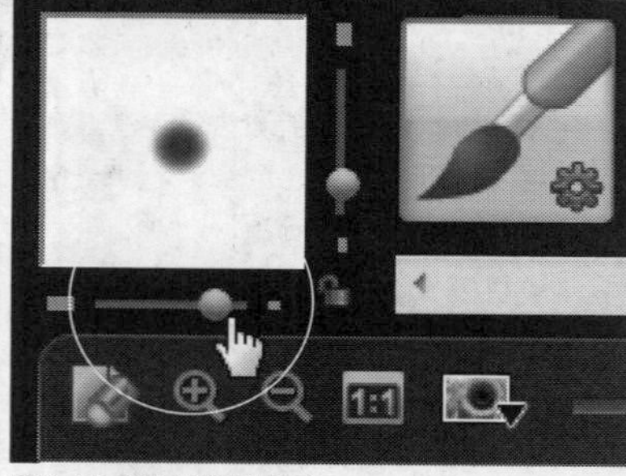

图9-15 鼠标指针呈手形

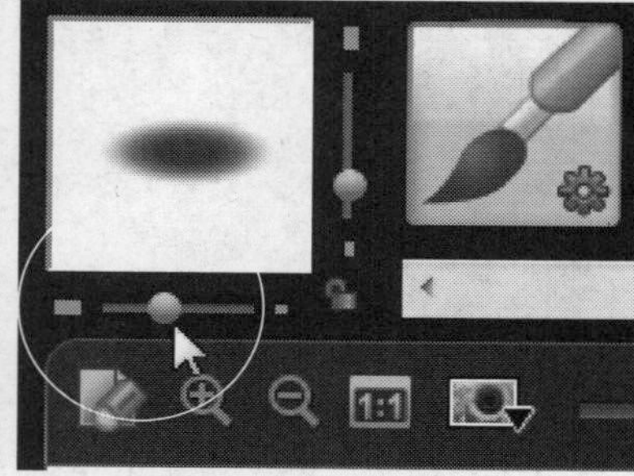

图9-16 设置笔刷的宽度

STEP 03 预览设置笔刷宽度前后的图像画面对比效果，如图9-17所示。

图9-17 图像画面对比效果

实战 159　设置笔刷的高度

▶实例位置：无
▶素材位置：无
▶视频位置：光盘\视频\第9章\实战159.mp4

• 实例介绍 •

在会声会影X7中，用户不仅可以设置笔刷的宽度，同样可以自由设置笔刷的高度。

• 操作步骤 •

STEP 01 进入“绘图创建器”窗口，将鼠标移至“笔刷高度”滑块上，鼠标指针呈手形，如图9-18所示。

STEP 02 单击鼠标左键的同时向上拖曳至合适的位置后，释放鼠标左键，即可设置笔刷的高度，如图9-19所示。

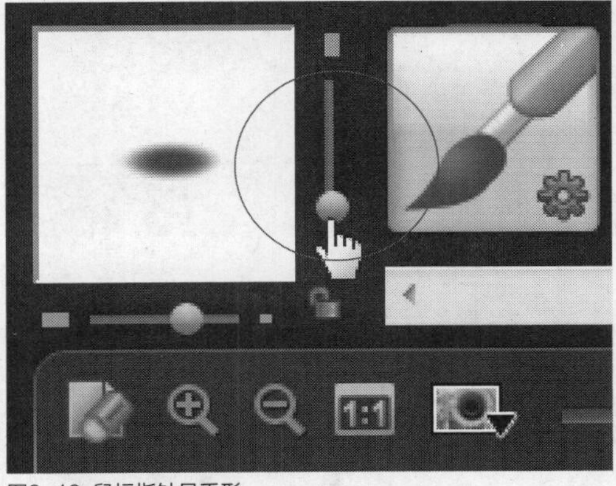

图9-18 鼠标指针呈手形

图9-19 设置笔刷的高度

知识拓展

将鼠标移至“笔刷高度”滑块上，单击鼠标左键的同时向下拖曳，至合适位置后释放鼠标左键，可以缩小笔刷的高度。

技巧点拨

在“绘图创建器”窗口中，按住【Shift】键的同时，在“笔刷宽度”或者“笔刷高度”滑块上，单击鼠标左键上下拖曳滑块，即可同时调节笔刷的宽度和高度，如图9-20所示，使笔刷等比例放大或缩小。

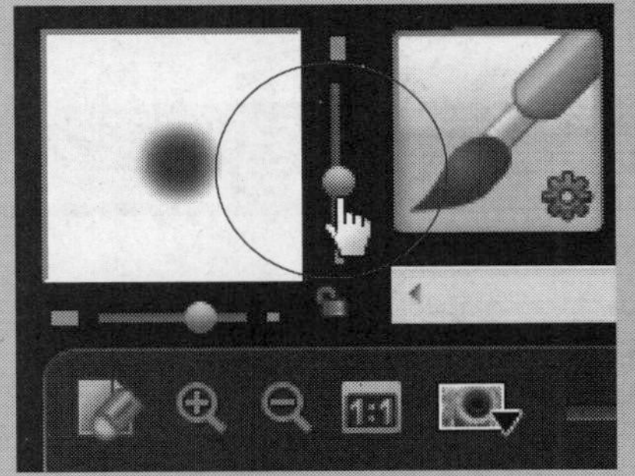

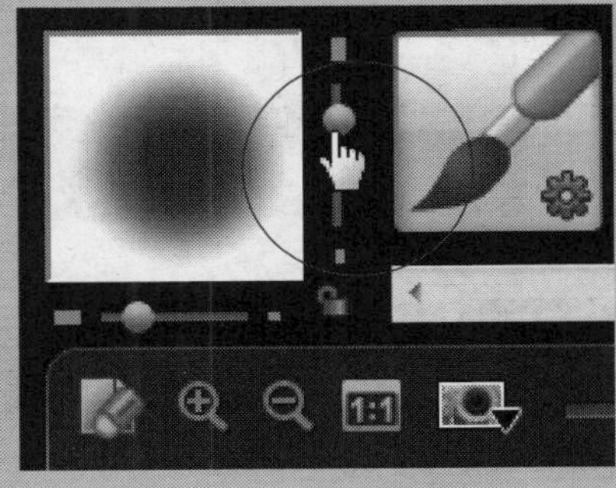

图9-20 同时调节笔刷的宽度和高度

实战 160　改变笔刷的颜色

▶实例位置：无
▶素材位置：无
▶视频位置：光盘\视频\第9章\实战160.mp4

• 实例介绍 •

在会声会影X7中，用户如果需要更换画笔的颜色，只需在“色彩选取器”中进行选择即可。

• 操作步骤 •

STEP 01 进入“绘图创建器”窗口，单击“色彩选取器”色块，如图9-21所示。

STEP 02 在弹出的颜色面板中选择玫红色，如图9-22所示，执行操作后，即可更改画笔的颜色。

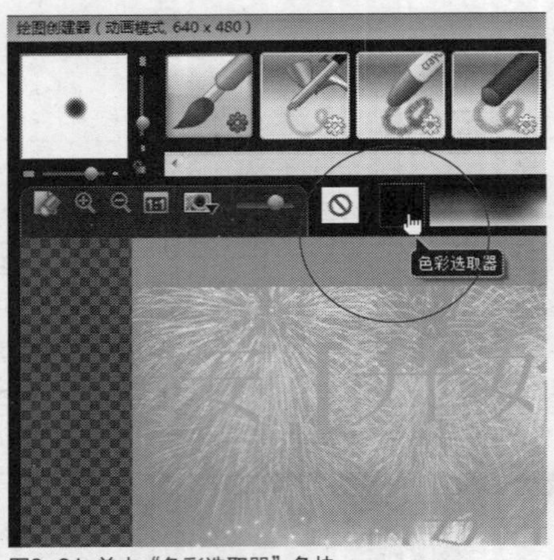

图9-21 单击“色彩选取器”色块

图9-22 选择玫红色

知识拓展

在颜色面板中，还可以选择Corel Color Picker选项，在弹出的对话框中更细致地设置笔刷颜色。

STEP 03 预览设置笔刷颜色后的视频画面前后对比效果，如图9-23所示。

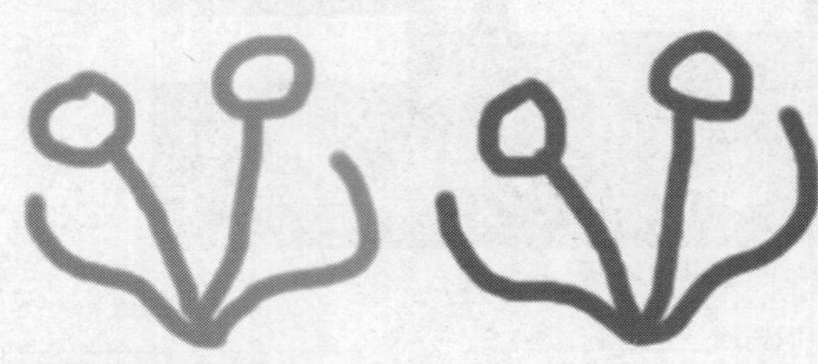
图9-23 视频画面对比效果

知识拓展

在“色彩选取器”的右侧，有一个颜色渐变条，单击颜色渐变条右侧的“吸管工具”，然后将鼠标移至颜色渐变条上，此时鼠标即可呈吸管形状，在相应的颜色位置上，单击鼠标左键，即可吸取需要的颜色，改变“色彩选取器”色块的颜色，如图9-24所示。

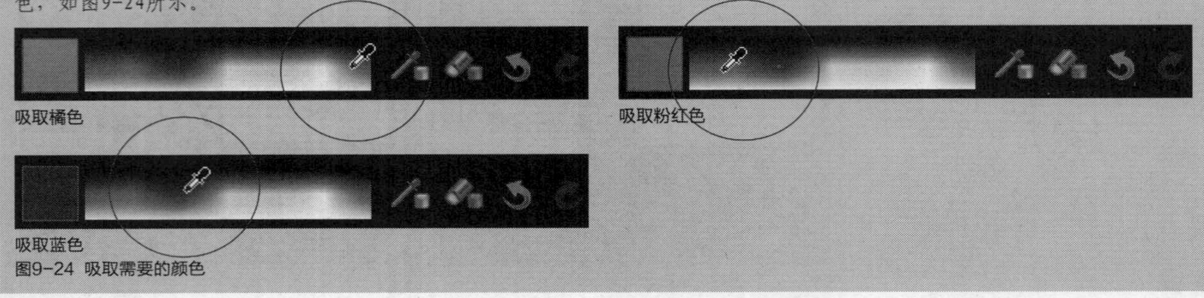

图9-24 吸取需要的颜色

实战161 设置画笔的纹理

- 实例位置：无
- 素材位置：无
- 视频位置：光盘\视频\第9章\实战161.mp4

• 实例介绍 •

在会声会影X7中，在“纹理选项”下拉列表框中包括30多种纹理可供用户参考，下面向读者介绍设置画笔纹理的方法。

• 操作步骤 •

STEP 01 进入“绘图创建器”窗口，单击“纹理选项”色块，如图9-25所示。

STEP 02 执行操作后，弹出“纹理选项”对话框，在“纹理选项”下拉列表框中选择“纹理14”选项，如图9-26所示。

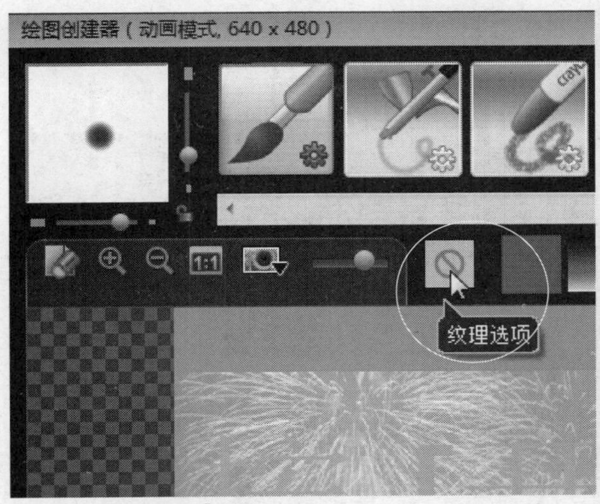

图9-25 单击“纹理选项”色块

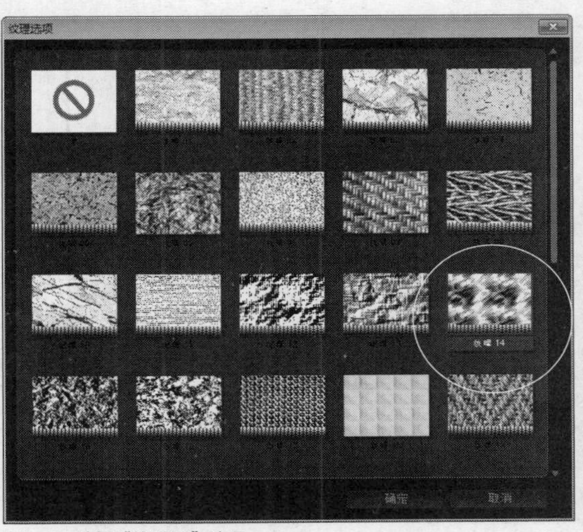

图9-26 选择“纹理14”选项

STEP 03 单击“确定”按钮，即可完成画笔纹理的设置，如图9-27所示。

图9-27 完成画笔纹理的设置

STEP 04 预览设置画笔纹理后的视频画面前后对比效果，如图9-28所示。

图9-28 视频画面前后对比效果

9.2 运用绘图创建器

在会声会影X7中，用户可以对绘图创建器中的笔刷进行相应设置，并对其窗口进行调整以及其他工具的应用。本节主要向读者介绍调整蜡笔笔刷样式的属性、应用蜡笔笔刷、清除预览窗口、放大预览窗口、缩小预览窗口已经恢复默认属性等内容。

实战 162 设置画笔笔刷样式

▶实例位置：无
▶素材位置：无
▶视频位置：光盘\视频\第9章\实战162.mp4

• 实例介绍 •

在会声会影X7的“绘图创建器”窗口中，选择不同的笔刷选项，笔刷样式的属性也不一样。

• 操作步骤 •

STEP 01 进入会声会影编辑器，打开“绘图创建器”窗口，单击“画笔”笔刷右下角的图标，如图9-29所示。

STEP 02 在弹出的属性面板中，设置“柔化边缘”为75，如图9-30所示，单击“确定”按钮，即可调整画笔笔刷样式的属性。

技巧点拨

在会声会影X7中，选择不同的笔刷选项时，笔刷样式的属性面板也会不一样，但设置的方法都大同小异。

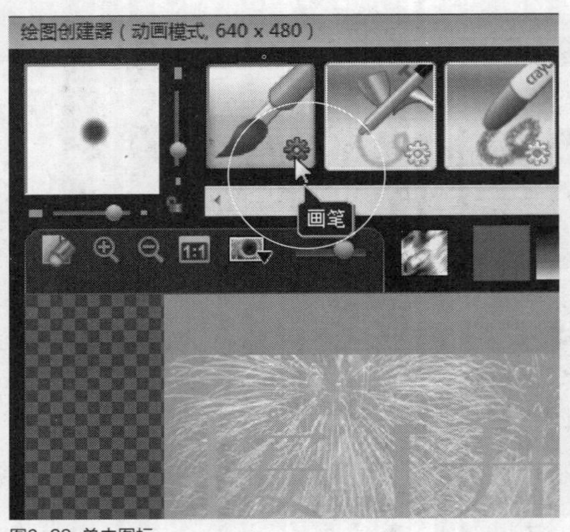

图9-29 单击图标

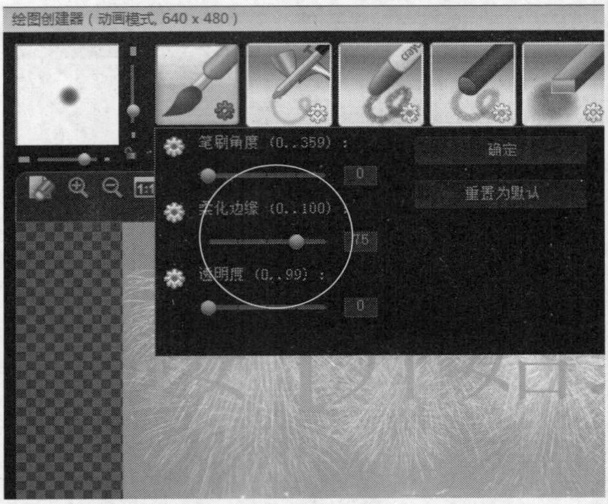

图9-30 设置各项参数

知识拓展

在画笔属性面板中，各选项含义如下。

➢ “刷角”：拖曳该选项下方的滑块，可以设置画笔的刷角样式，参数设置范围为0~359。

➢ “软边”：拖曳该选项下方的滑块，可以设置画笔的软边样式，数值越大，画笔边缘越柔软；数值越小，画笔边缘越硬。参数设置范围为0~100。

➢ “透明度”：拖曳该选项下方的滑块，可以设置画笔在绘图过程中的透明度，数值越大，画笔越透明；数值越小，画笔越不透明。参数设置范围为0~99。

➢ “重置为默认”：单击该按钮，可以将用户所有的画笔属性设置重置为软件默认的选项。

实战163 应用蜡笔笔刷绘图

▶实例位置：无
▶素材位置：无
▶视频位置：光盘\视频\第9章\实战163.mp4

• 实例介绍 •

在“绘图创建器”窗口中，用户运用蜡笔笔刷可以绘制出色彩鲜艳、线条浑厚的图像对象。下面向读者介绍应用蜡笔笔刷绘制图形的操作方法。

• 操作步骤 •

STEP 01 进入“绘图创建器”窗口，在窗口的最上方位置，选择相应的蜡笔笔刷样式，在下方色块位置，设置蜡笔笔刷的颜色为蓝色，如图9-31所示。

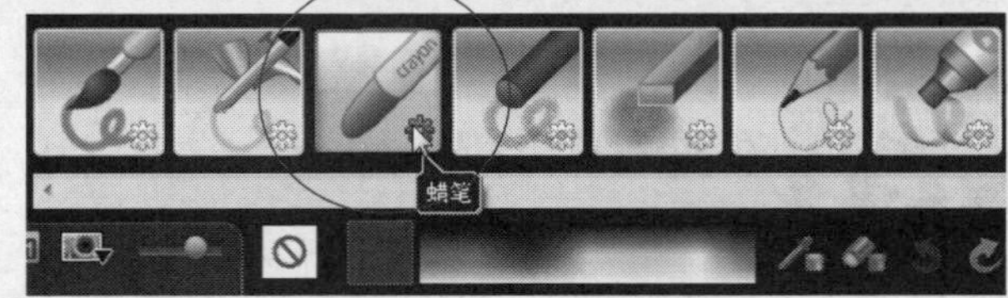

图9-31 设置蜡笔笔刷的颜色

知识拓展

在“绘图创建器”窗口中，除了“蜡笔”笔刷外，还包括“画笔”笔刷、“喷枪”笔刷、“炭笔”笔刷、“粉笔”笔刷、“铅笔”笔刷以及“标记”笔刷等10种笔刷。

STEP 02 蜡笔的样式与颜色属性设置完成后，将鼠标移至预览窗口中的适当位置，单击鼠标左键的同时拖曳鼠标，至合适位置后释放鼠标左键，即可绘制一个三角形图形，如图9-32所示。

STEP 03 用与上面相同的方法，绘制图形中的其他部分，即可完成应用蜡笔笔刷绘制图形的操作，如图9-33所示。

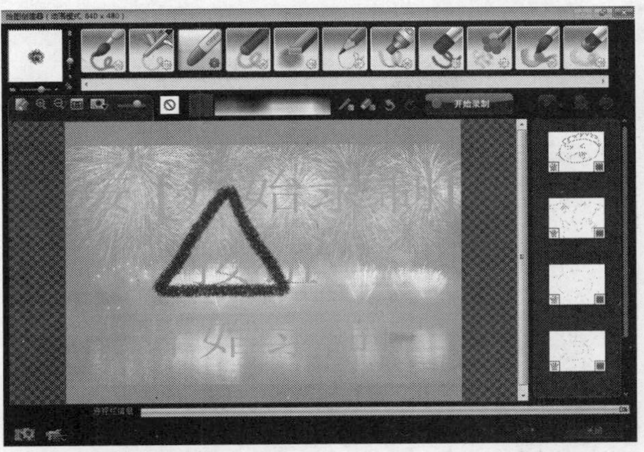

图9-32 绘制三角形图形

图9-33 绘制图形中的其他部分

实战 164 重置蜡笔为默认属性

- ▶实例位置：无
- ▶素材位置：无
- ▶视频位置：光盘\视频\第9章\实战164.mp4

• 实例介绍 •

在“绘图创建器”窗口中，单击“蜡笔”笔刷右下角的图标，在弹出的面板中，可以对刷子的角度、透明度、重量和分布进行设置。如果用户对设置的属性不满意，可以重置蜡笔为默认属性，然后再重新设置各参数。重置蜡笔为默认属性的方法很简单，下面进行简单介绍。

• 操作步骤 •

STEP 01 进入“绘图创建器”窗口，单击“蜡笔”笔刷右下角的图标，在弹出的面板中单击“重置为默认”按钮，如图9-34所示。

STEP 02 此时笔刷的属性重置为默认属性，如图9-35所示。

图9-34 单击“重置为默认”按钮

图9-35 重置为默认属性

知识拓展

在“蜡笔”属性面板中，用户不仅可以拖曳滑块来设置蜡笔的参数，还可以直接在右侧的数值框中，手动输入蜡笔的相关参数，来设置蜡笔的属性。

实战 165 清除预览窗口

- ▶实例位置：无
- ▶素材位置：无
- ▶视频位置：光盘\视频\第9章\实战165.mp4

• 实例介绍 •

在“绘图创建器”窗口中，用户如果对绘制的图形不满意，可以在绘图创建器中运用“清除预览窗口”按钮将其清除。下面向读者介绍清除预览窗口的操作方法。

• 操作步骤 •

STEP 01 进入“绘图创建器”窗口，运用蜡笔笔刷工具，在预览窗口中绘制相应的图形对象，如图9-36所示。

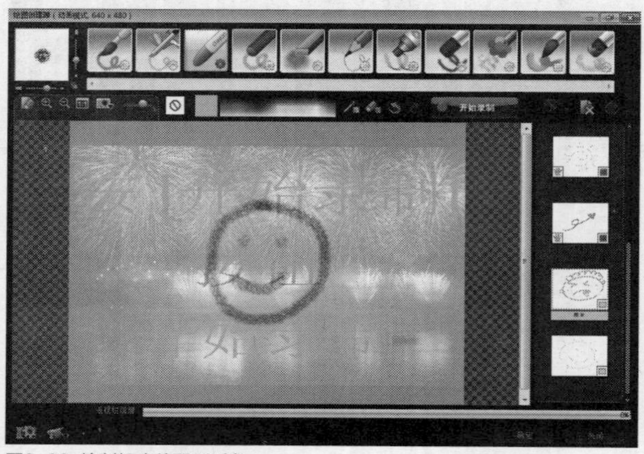

图9-36 绘制相应的图形对象

STEP 02 单击预览窗口左上方的“清除预览窗口”按钮，如图9-37所示。

图9-37 单击“清除预览窗口”按钮

STEP 03 执行操作后，即可清除预览窗口，如图9-38所示。

图9-38 清除预览窗口

知识拓展

在“绘图创建器”窗口中，若用户不需要全部清除预览窗口，可以单击预览窗口上方的“撤销”按钮，一步一步清除。

实战 166 放大预览窗口

- 实例位置：无
- 素材位置：无
- 视频位置：光盘\视频\第9章\实战166.mp4

• 实例介绍 •

如果用户绘制的图形过大，占用的空间较多，可以选择将预览窗口。下面向读者介绍放大预览窗口的操作方法。

• 操作步骤 •

STEP 01 进入“绘图创建器”窗口，运用蜡笔笔刷工具，在预览窗口中绘制相应的图形对象，如图9-39所示。

STEP 02 单击预览窗口左上方的“放大”按钮，如图9-40所示。

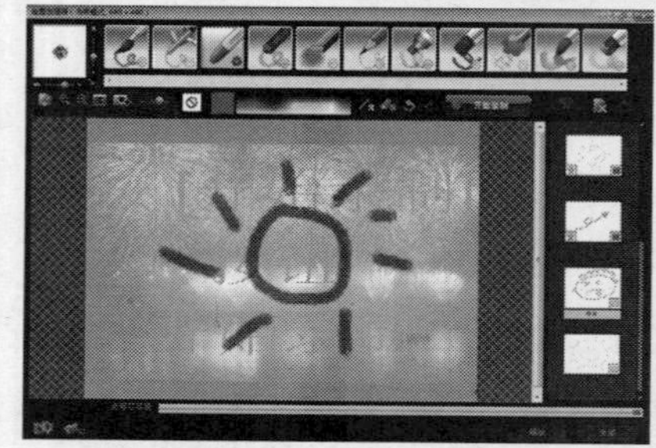

图9-39 绘制相应的图形对象

图9-40 单击“放大”按钮

STEP 03 执行操作后，即可放大预览窗口，如图9-41所示。

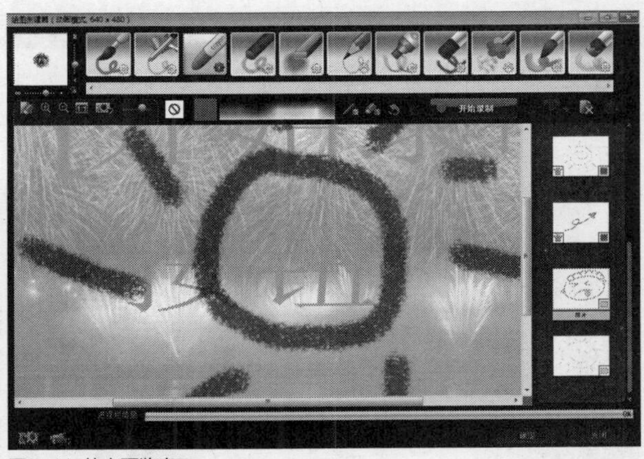
图9-41 放大预览窗口

技巧点拨

在放大预览窗口后，单击“缩小”按钮右侧的“实际大小”按钮，如图9-42所示，即可恢复预览窗口到实际大小。

图9-42 单击“实际大小”按钮

实战 167 缩小预览窗口

▶实例位置：无
▶素材位置：上一例效果
▶视频位置：光盘\视频\第9章\实战167.mp4

• 实例介绍 •

在“绘图创建器”窗口中，通过缩小按钮可以缩小预览窗口中的显示效果。

• 操作步骤 •

STEP 01 以上一例的效果为例，单击“缩小”按钮，如图9-43所示。

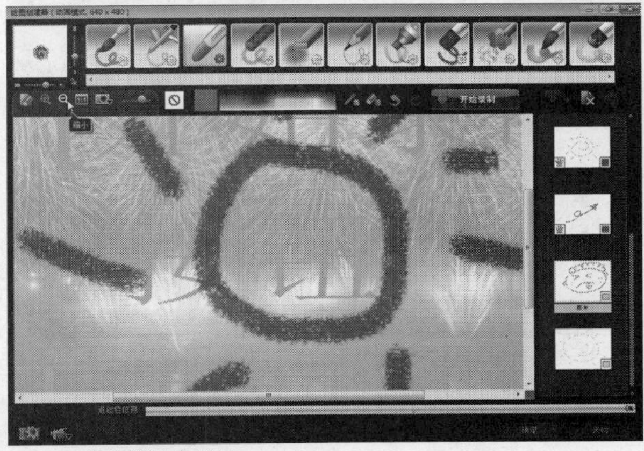
图9-43 单击“缩小”按钮

STEP 02 执行操作后，即可缩小预览窗口，如图9-44所示。

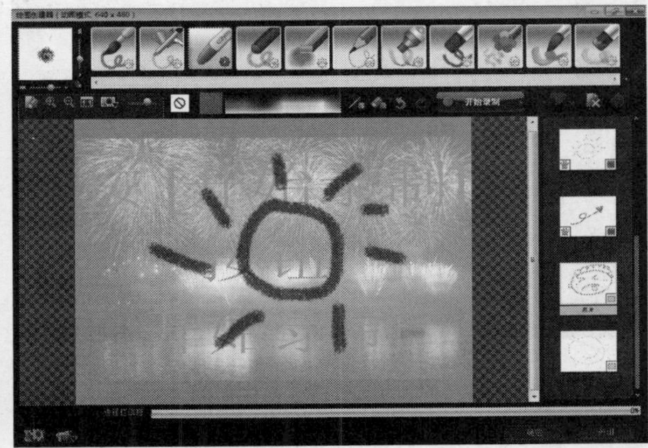
图9-44 缩小预览窗口

知识拓展

在“绘图创建器”窗口中，用户可以根据需要对预览窗口进行多次缩小操作，但不能缩到无限小。

实战 168 应用擦除模式工具

▶实例位置：无
▶素材位置：无
▶视频位置：光盘\视频\第9章\实战168.mp4

• 实例介绍 •

在“绘图创建器”窗口中，绘制图形后，如果用户对绘制的某个局部图形不满意，则可以运用擦除模式工具，擦除视频画面中的部分图形对象。下面向读者介绍应用擦除模式工具擦除图形的操作方法。

• 操作步骤 •

STEP 01 进入“绘图创建器”窗口，运用蜡笔笔刷工具，在预览窗口中绘制相应的图形对象，如图9-45所示。

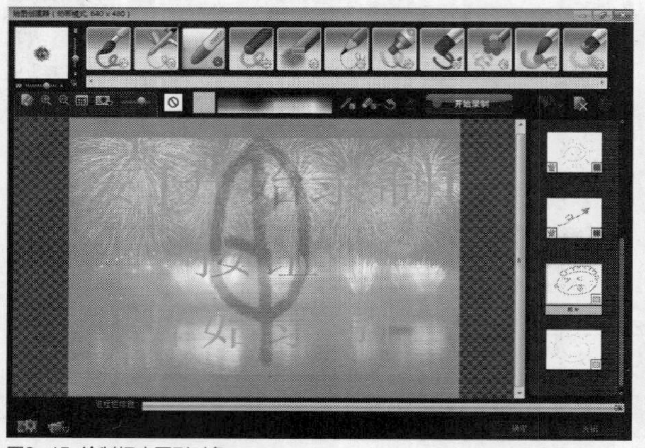

图9-45 绘制相应图形对象

STEP 02 在窗口中的工具栏上，单击“橡皮擦模式”按钮，如图9-46所示。

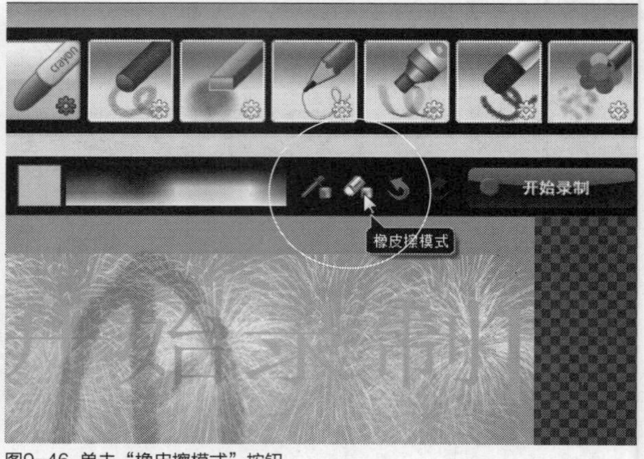

图9-46 单击“橡皮擦模式”按钮

STEP 03 拖曳鼠标指针至预览窗口绘制的图形上，单击鼠标左键的同时对图形进行擦拭，如图9-47所示。

图9-47 对图形进行擦拭

STEP 04 用与上述相同的方法，在预览窗口中其他的图形位置上，单击鼠标左键并拖曳，擦除其他的部分图形，效果如图9-48所示。

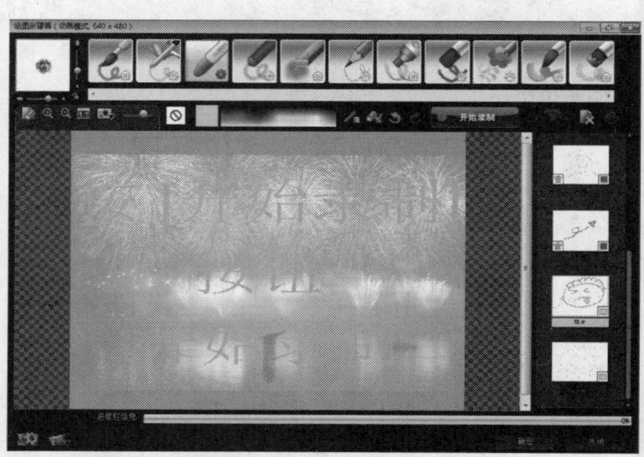

图9-48 擦除其他的部分图形

实战169 自定义图像画面

- 实例位置：无
- 素材位置：光盘\素材\第9章\风景画面.jpg
- 视频位置：光盘\视频\第9章\实战169.mp4

• 实例介绍 •

在“绘图创建器”窗口中，用户可以根据自身的喜好，自行设置背景图像。下面向读者介绍自定义图像画面的操作方法。

• 操作步骤 •

STEP 01 进入“绘图创建器”窗口，在工具栏上单击“背景图像选项”按钮，如图9-49所示。

STEP 02 弹出“背景图像选项”对话框，选中“自定图像”单选按钮，如图9-50所示。

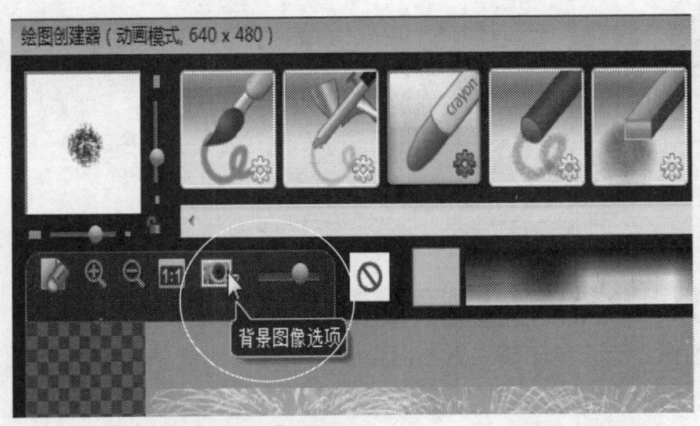

图9-49 单击“背景图像选项”按钮

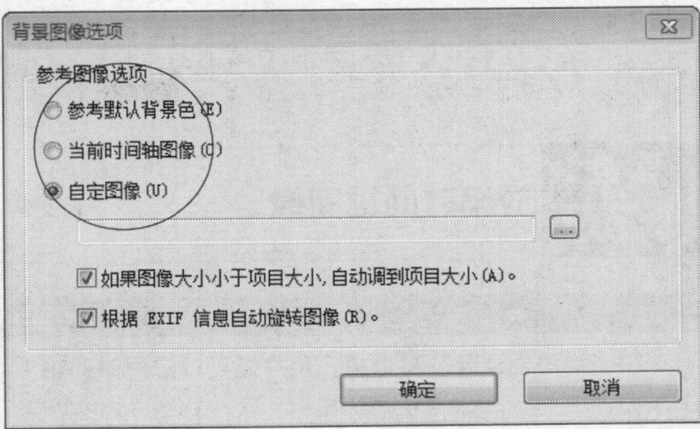

图9-50 选中单选按钮

知识拓展

在“背景图像选项”对话框中，各单选按钮含义如下。

- “参考默认背景色”单选按钮：选中该单选按钮，可以参考软件默认的背景色来设置画面背景效果。
- “当前时间轴图像”单选按钮：选中该单选按钮，可以应用当前时间轴中的图像效果。
- “自定图像”单选按钮：选中该单选按钮，可以自定义外部图像作为图形的背景效果。

STEP 03 单击右侧的按钮，弹出“打开图像文件”对话框，在其中选择需要导入的背景图像文件，如图9-51所示。

图9-51 选择背景图像文件

STEP 04 单击“打开”按钮，返回“背景图像选项”对话框，在“自定图像”下方的文本框中，显示了需要导入的图像位置，单击“确定”按钮，如图9-52所示。

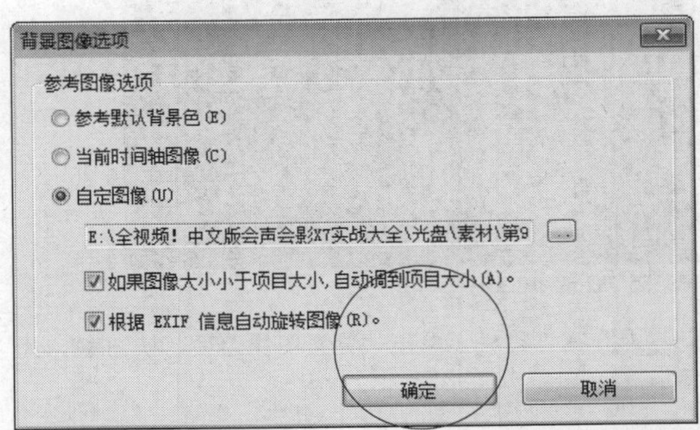

图9-52 单击“确定”按钮

STEP 05 返回“绘图创建器”窗口，在预览窗口中可以查看导入的背景图像画面效果，如图9-53所示。

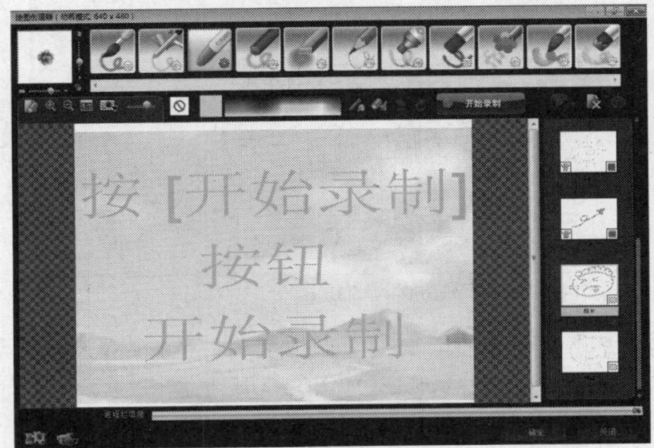

图9-53 查看背景图像画面效果

STEP 06 运用蜡笔笔刷工具，在预览窗口中的背景图像上绘制相应的图形对象，效果如图9-54所示。

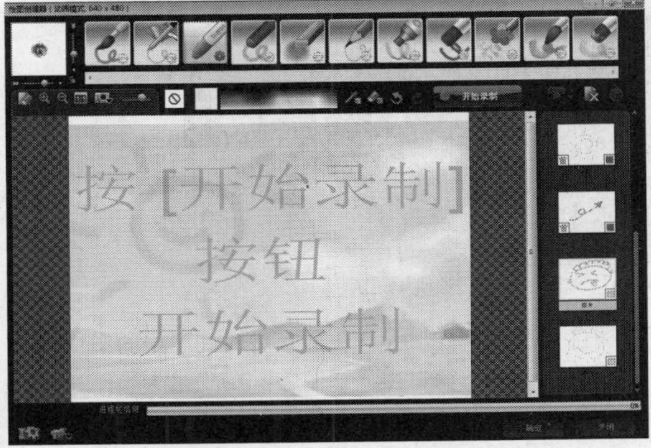

图9-54 绘制相应的图形对象

知识拓展

在“打开图像文件”对话框中，除了可以打开JPG格式的文件外，还可以打开GIF、BMP和COM等格式的图像文件。

实战170 应用时间轴图像

▶实例位置：无
▶素材位置：光盘\素材\第9章\胡杨林.jpg
▶视频位置：光盘\视频\第9章\实战170.mp4

• 实例介绍 •

在“绘图创建器”窗口中，用户还可以应用时间轴中的图像作为背景画面。下面向读者介绍应用时间轴中图像的操作方法。

• 操作步骤 •

STEP 01 进入会声会影编辑器，在时间轴面板的视频轨中插入一幅素材图像，如图9-55所示。

图9-55 插入素材图像

STEP 02 在菜单栏中，单击“工具”|“绘图创建器”命令，如图9-56所示。

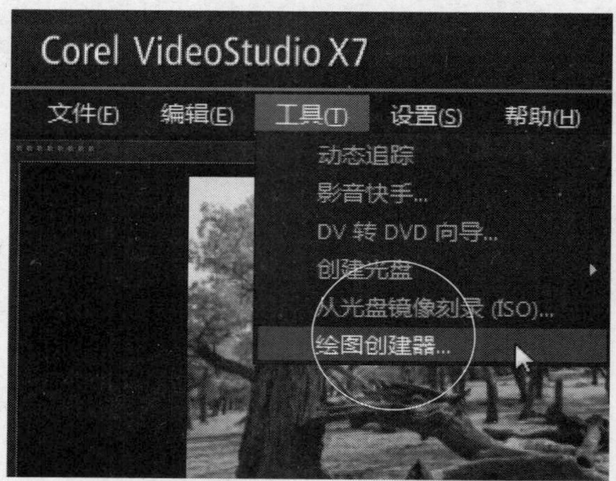

图9-56 单击“绘图创建器”命令

STEP 03 在工具栏上单击“背景图像选项”按钮，如图9-57所示。

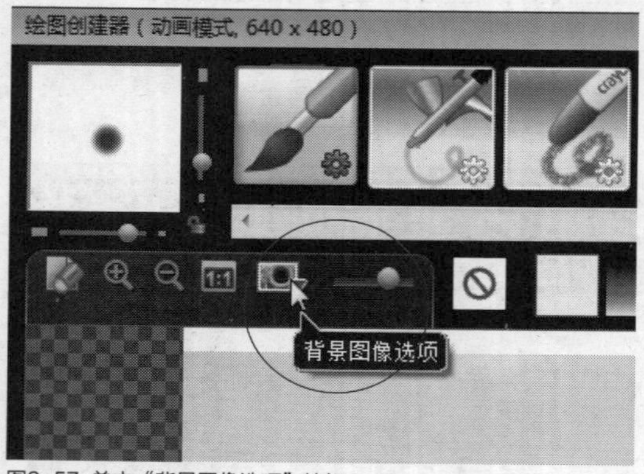

图9-57 单击“背景图像选项”按钮

STEP 04 弹出“背景图像选项”对话框，选中“当前时间轴图像”单选按钮，如图9-58所示。

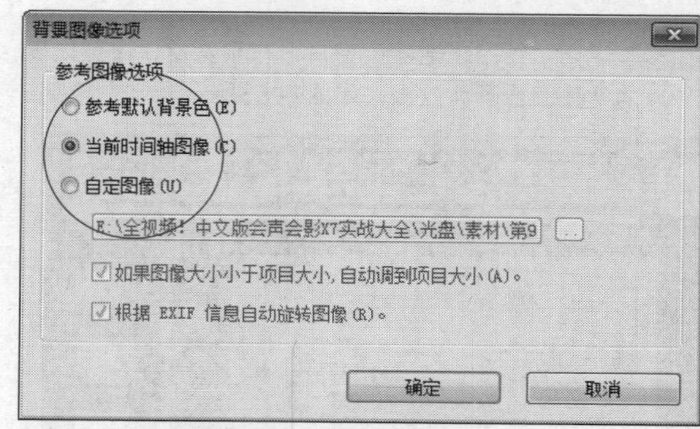

图9-58 选中“当前时间轴图像”单选按钮

STEP 05 单击“确定”按钮，即可将时间轴中的图像导入到“绘图创建器”窗口中，如图9-59所示。

STEP 06 运用画笔笔刷工具，在预览窗口中的背景图像上绘制相应的图形对象，效果如图9-60所示。

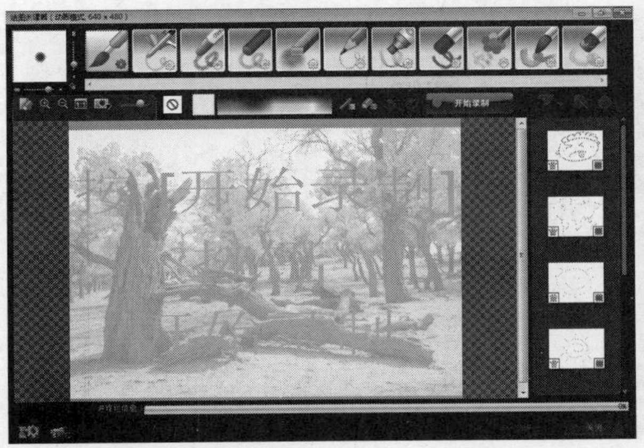
图9-59 导入到窗口中

图9-60 绘制相应的图形对象

知识拓展

如果时间轴中没有任何图像文件，在“背景图像选项”对话框中选中“当前时间轴图像”单选按钮，单击“确定”按钮，预览窗口中将不会显示任何图像。

9.3 设置绘图属性

在会声会影X7中，用户还可以在“绘图创建器”窗口中设置绘图属性，如更改默认录制区间、更改默认背景色、应用静态模式、添加静态图像以及应用动态模式等。本节主要向读者介绍设置绘图属性的操作方法，希望读者可以熟练掌握本节内容。

实战171 更改默认录制区间

▶实例位置：无
▶素材位置：无
▶视频位置：光盘\视频\第9章\实战171.mp4

• 实例介绍 •

在会声会影X7中，用户可以在“偏好设定”对话框中，更改视频默认的录制区间，使录制的视频更加符合用户的需求。

• 操作步骤 •

STEP 01 进入“绘图创建器”窗口，单击左下角的“偏好设定”按钮，如图9-61所示。

STEP 02 执行操作后，弹出“偏好设定”对话框，在“默认录制区间”数值框中输入数值6，如图9-62所示，单击“确定”按钮，即可更改默认录制区间。

图9-61 单击“偏好设定”按钮

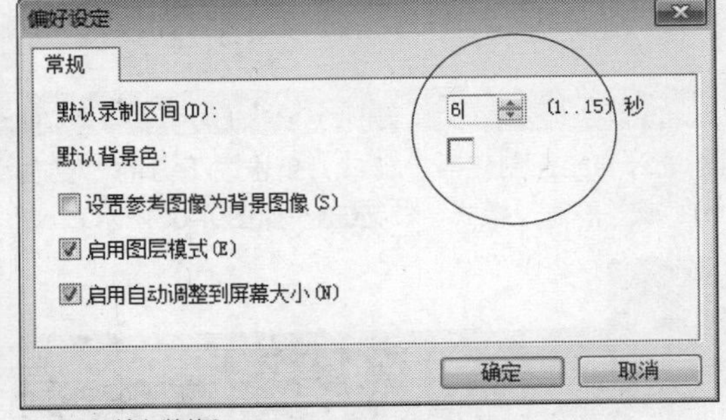

图9-62 输入数值6

知识拓展

在“偏好设定”对话框中，各选项含义如下。

- “默认录制区间”：在该选项右侧的数值框中，可以输入视频录制的区间长度。
- “默认背景色”：单击该选项右侧的色块，可以设置背景色效果。
- “设置参考图像为背景图像”：选中该复选框，可以设置软件参考的图像为背景图像。
- “启用图层模式”：选中该复选框，可以启用素材文件中的图层模式。
- “启用自动调整到屏幕大小”：选中该复选框，当图像导入到窗口中时，将自动调整到屏幕大小。

实战 172 更改默认背景色效果

- 实例位置：无
- 素材位置：无
- 视频位置：光盘\视频\第9章\实战172.mp4

• 实例介绍 •

在“偏好设定”对话框中，用户还可以对软件的默认背景色进行设置。

• 操作步骤 •

STEP 01 进入“绘图创建器”窗口，单击左下角的“偏好设定”按钮，弹出“偏好设定”对话框，单击“默认背景色”色块，在弹出的颜色面板中选择黄色色块，如图9-63所示。

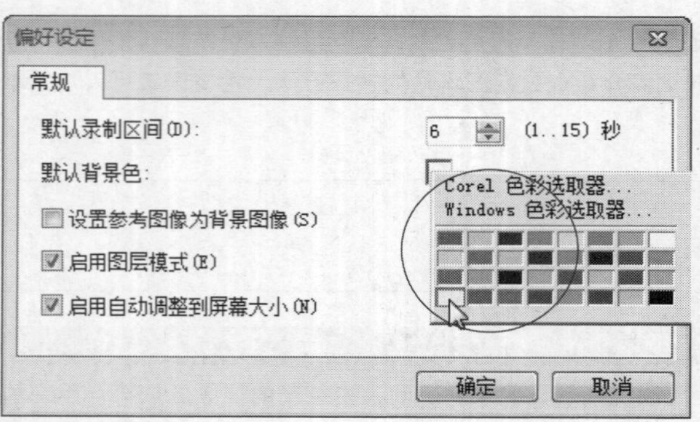

图9-63 选择黄色色块

STEP 02 单击“确定”按钮，即可更改默认的背景色，效果如图9-64所示。

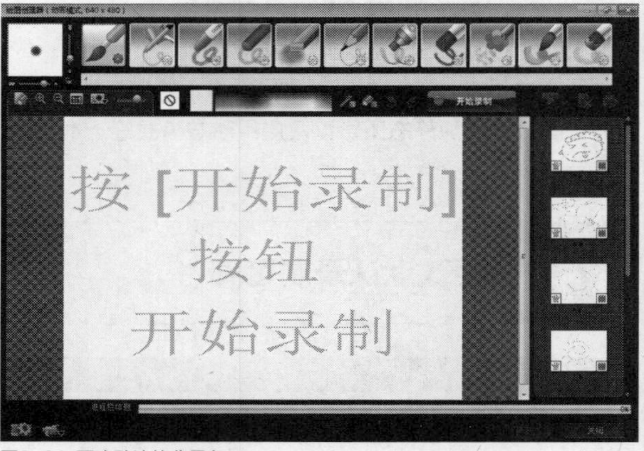

图9-64 更改默认的背景色

实战 173 应用静态模式

- 实例位置：无
- 素材位置：无
- 视频位置：光盘\视频\第9章\实战173.mp4

• 实例介绍 •

在“绘图创建器”窗口中，设置静态模式后，绘出的图像将不能设置帧集。

• 操作步骤 •

STEP 01 进入“绘图创建器”窗口，单击左下方的“更改为‘动画’或‘静态’模式”按钮，如图9-65所示。

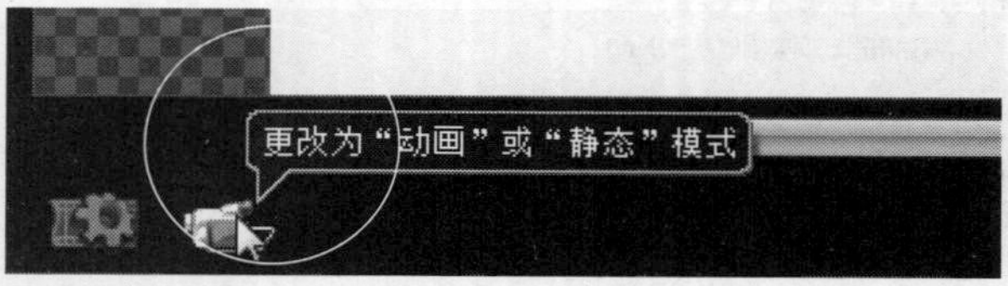

图9-65 单击按钮

STEP 02 在弹出的列表框中选择“静态模式”选项，即可应用静态模式，如图9-66所示。

图9-66 选择“静态模式”选项

实战 174 添加静态图像

▶实例位置：无
▶素材位置：无
▶视频位置：光盘\视频\第9章\实战174.mp4

• 实例介绍 •

在会声会影X7中，添加静态图像后，静态文件不具备播放预览功能。

• 操作步骤 •

STEP 01 进入“绘图创建器”窗口，运用“画笔”笔刷在预览窗口中绘制一个图形，单击“快照”按钮，如图9-67所示。

STEP 02 执行操作后，即可在右侧的“动画类型”下拉列表框中显示添加的静态图像，效果如图9-68所示。

图9-67 单击“快照”按钮

图9-68 显示添加的静态图像

知识拓展

“绘图创建器”窗口中，只有当用户设置为“静态模式”后，才会显示“快照”按钮，抓拍快照图像。

实战 175 应用动画模式

▶实例位置：无
▶素材位置：无
▶视频位置：光盘\视频\第9章\实战175.mp4

• 实例介绍 •

在“绘图创建器”窗口，用户还可以将绘图的对象设置为动画模式，动画模式具有帧集，可以进行播放。

• 操作步骤 •

STEP 01 进入“绘图创建器”窗口，单击左下方的“更改为‘动画’或‘静态’模式”按钮，如图9-69所示。

STEP 02 在弹出的列表框中选择“动画模式”选项，如图9-70所示，即可应用动画模式绘制图形。

图9-69 单击“更改为‘动画’或‘静态’模式”按钮

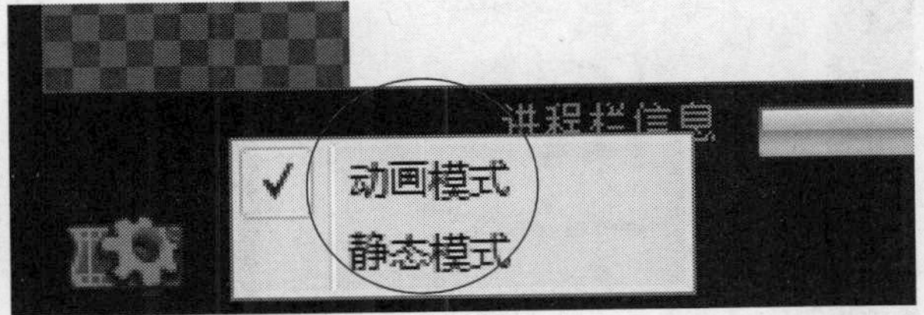

图9-70 选择“动画模式”选项

知识拓展

在“绘图创建器”窗口中，当用户从静态模式转换为动画模式后，工具栏右侧的“快照”按钮将变为“开始录制”按钮。

9.4 手绘与编辑视频文件

在会声会影X7中，用户可以将绘制的图形设置为动画模式，视频文件主要是在动态模式下手绘创建的。本节主要向读者介绍创建视频文件的方法，以及对创建完成的视频进行播放与编辑操作，使手绘的视频更加符合用户的需求。本节主要向读者介绍手绘与编辑视频文件的操作方法。

实战 176 录制视频文件

▶实例位置：无
▶素材位置：无
▶视频位置：光盘\视频\第9章\实战176.mp4

• 实例介绍 •

在会声会影X7中，只有在“动画模式”下，才能将绘制的图形进行录制，然后创建为视频文件。下面向读者介绍录制视频文件的操作方法。

• 操作步骤 •

STEP 01 进入“绘图创建器”窗口，单击左下方的“更改为‘动画’或‘静态’模式”按钮，在弹出的列表框中选择“动画模式”选项，如图9-71所示，应用动画模式。

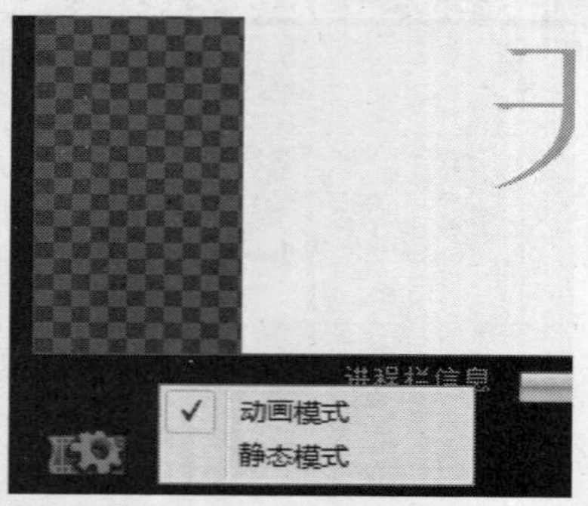

图9-71 选择“动画模式”选项

STEP 02 在工具栏的右侧，单击“开始录制”按钮，如图9-72所示。

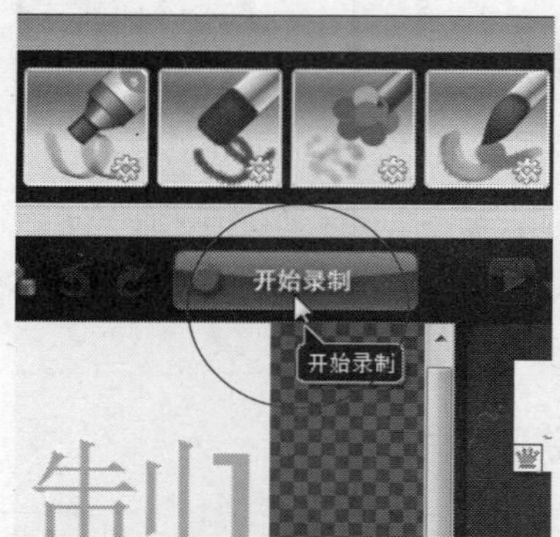

图9-72 单击“开始录制”按钮

STEP 03 开始录制视频文件，运用“画笔”笔刷工具，设置画笔的颜色属性，在预览窗口中绘制一个图形，当用户绘制完成后，单击“停止录制”按钮，如图9-73所示。

图9-73 单击“停止录制”按钮

STEP 04 执行操作后，即可停止视频的录制，绘制的动态图形即可自动保存到“动画类型”下拉列表框中，如图9-74所示。

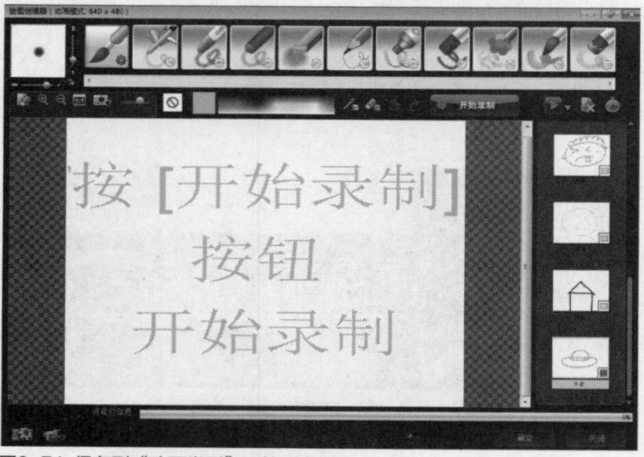

图9-74 保存到“动画类型”下拉列表框

STEP 05 在工具栏右侧，单击“播放选中的画廊条目”按钮，如图9-75所示。

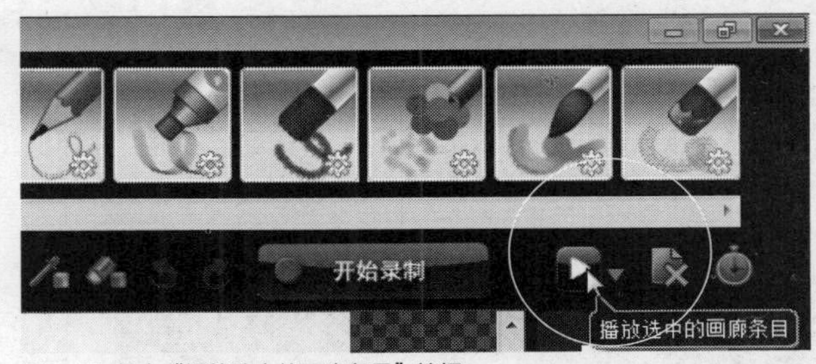

图9-75 单击“播放选中的画廊条目”按钮

STEP 06 执行操作后，即可播放录制完成的视频画面，如图9-76所示。

图9-76 播放视频画面

实战 177 更改视频的区间长度

▶实例位置：无
▶素材位置：无
▶视频位置：光盘\视频\第9章\实战177.mp4

• 实例介绍 •

在会声会影X7中，更改视频动画的区间是指调整动画的时间长度。下面向读者介绍更改视频区间长度的操作方法。

• 操作步骤 •

STEP 01 进入“绘图创建器”窗口，选择需要更改区间的视频动画，在动画文件上，单击鼠标右键，在弹出的快捷菜单中选择“更改区间”选项，如图9-77所示。

STEP 02 执行操作后，弹出“区间”对话框，在“区间”数值框中输入数值8，如图9-78所示，单击“确定”按钮，即可更改视频文件的区间长度。

图9-77 选择“更改区间”选项

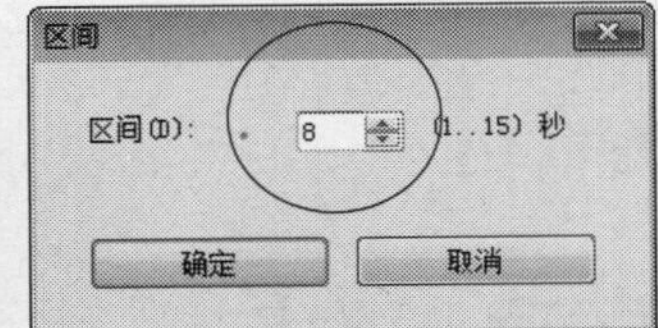

图9-78 输入数值

实战 178 将视频转换为静态图像

▶实例位置：无
▶素材位置：无
▶视频位置：光盘\视频\第9章\实战178.mp4

• 实例介绍 •

在“绘图创建器”窗口中的“动画类型”中，用户可以将视频动画效果转换为静态图像效果。

• 操作步骤 •

STEP 01 进入“绘图创建器”窗口，在“动画类型”下拉列表框中任意选择一个视频动画文件，单击鼠标右键，在弹出的快捷菜单中选择“将动画效果转换为静态”选项，如图9-79所示。

图9-79 选择“将动画效果转换为静态”选项

STEP 02 执行操作后，即可在“动画类型”下拉列表框中显示转换为静态图像的文件，如图9-80所示。

图9-80 转换为静态图像文件

实战179 删除录制的视频文件

▶实例位置：无
▶素材位置：无
▶视频位置：光盘\视频\第9章\实战179.mp4

• 实例介绍 •

在“绘图创建器”窗口中，如果用户对录制的视频动画文件不满意，可以将录制完成的视频文件进行删除操作。

• 操作步骤 •

STEP 01 进入“绘图创建器”窗口，选择需要删除的视频动画文件，在动画文件上，单击鼠标右键，在弹出的快捷菜单中选择“删除画廊条目”选项，如图9-81所示。

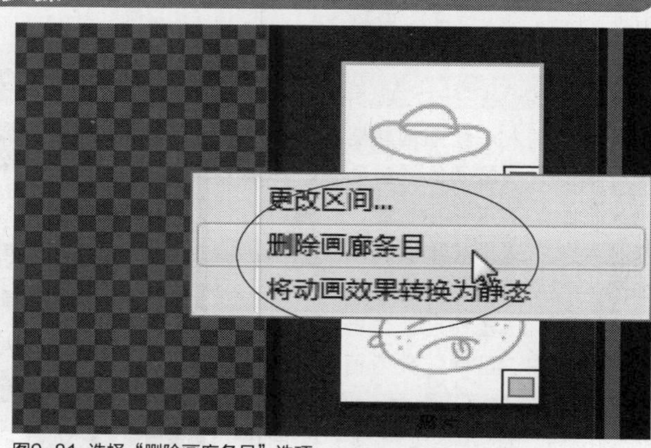

图9-81 选择“删除画廊条目”选项

STEP 02 执行操作后，即可删除选择的视频动画文件。

第 10 章

调整修整，画面精修

本章导读

在会声会影X7编辑器中，用户可以对素材进行修整，使制作的影片更为生动、美观。本章主要向读者介绍影视素材的修整操作，主要包括编辑素材对象、修整视频素材、撤销与恢复操作、使用运动跟踪视频画面以及添加路径运动效果等。

要点索引

- 编辑项目中的素材对象
- 编辑项目中的视频素材
- 使用动态追踪视频画面
- 添加路径运动效果
- 添加摇动与缩放效果

10.1 编辑项目中的素材对象

在会声会影X7中对视频素材进行编辑时，用户可根据编辑需要对视频轨中的素材进行相应的管理，如选择、删除、移动、替换、复制以及粘贴等。本节主要向读者介绍编辑项目中素材对象的操作方法。

实战180 选择单个素材

▶实例位置：无
▶素材位置：光盘\素材\第10章\SP-I07.jpg
▶视频位置：光盘\视频\第10章\实战180.mp4

• 实例介绍 •

在会声会影X7中编辑素材之前，首先需要选取相应的视频素材，选取素材是编辑素材的前提，用户可以根据需要选择单个素材文件或多个素材文件。在时间轴面板中，如果用户需要编辑某一个视频素材，首先需要选择该素材文件。下面向读者介绍选取单个素材的操作方法。

• 操作步骤 •

STEP 01 进入会声会影编辑器，将鼠标移至需要选择的素材缩略图上方，此时鼠标指针呈✥形状，如图10-1所示。

STEP 02 单击鼠标左键，即可选择该视频素材，被选择的素材四周呈黄色显示，如图10-2所示。

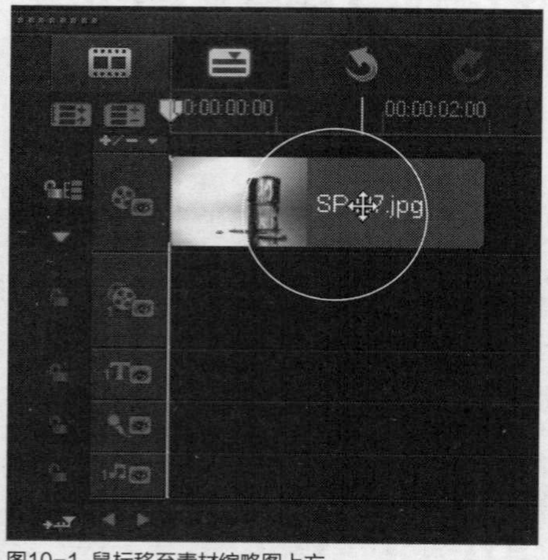

图10-1 鼠标移至素材缩略图上方

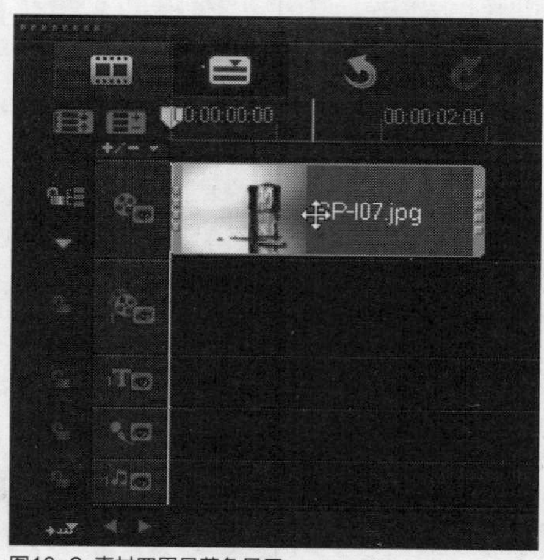

图10-2 素材四周呈黄色显示

实战181 选择连续的多个素材

▶实例位置：无
▶素材位置：光盘\素材\第10章\SP-I07.jpg
▶视频位置：光盘\视频\第10章\实战181.mp4

• 实例介绍 •

在时间轴面板的视频轨中，用户根据需要可以选择连续的多个素材文件同时进行相关编辑操作。下面向读者介绍选择连续的多个素材的操作方法。

• 操作步骤 •

STEP 01 进入会声会影编辑器，选择第一段素材，按住【Shift】键的同时，选择最后一段素材，此时两段素材之间的所有素材都将被选中，被选中的素材四周呈黄色显示，如图10-3所示。

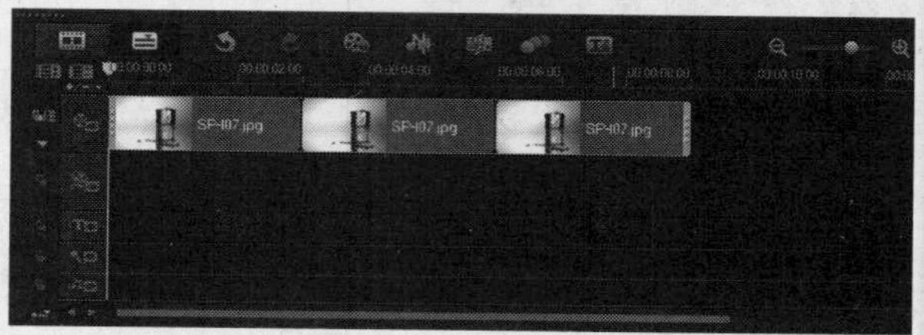
图10-3 素材四周呈黄色显示

STEP 02 执行上述操作后，即可选择连续的多个素材。

实战 182 通过选项删除素材

▶实例位置：光盘\效果\第10章\夜景.VSP
▶素材位置：光盘\素材\第10章\SP-V15.wmv、SP-V16.wmv
▶视频位置：光盘\视频\第10章\实战182.mp4

• 实例介绍 •

在会声会影X7中编辑视频时，当插入到时间轴面板中的素材不符合用户的要求时，用户可以将不需要的素材进行删除操作。在会声会影X7中，用户可以通过"删除"选项来删除不需要的素材文件。下面向读者介绍通过选项删除素材的操作方法。

• 操作步骤 •

STEP 01 进入会声会影编辑器，在时间轴面板中选择需要删除的素材文件，如图10-4所示。

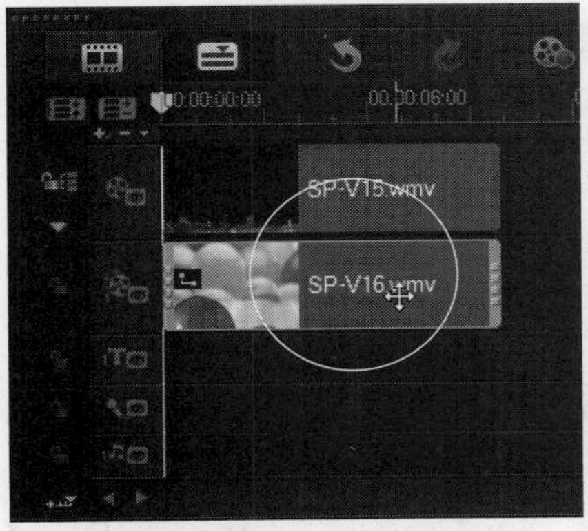

图10-4 选择素材文件

STEP 02 单击鼠标右键，在弹出的快捷菜单中选择"删除"选项，如图10-5所示。

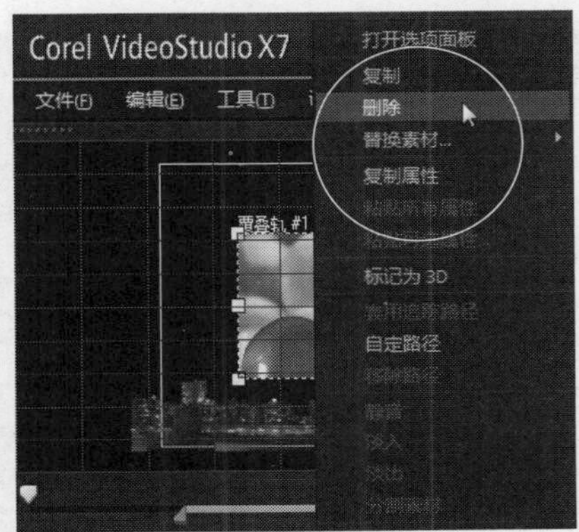

图10-5 选择"删除"选项

STEP 03 执行操作后，即可在时间轴面板中，删除选择的视频素材，如图10-6所示。

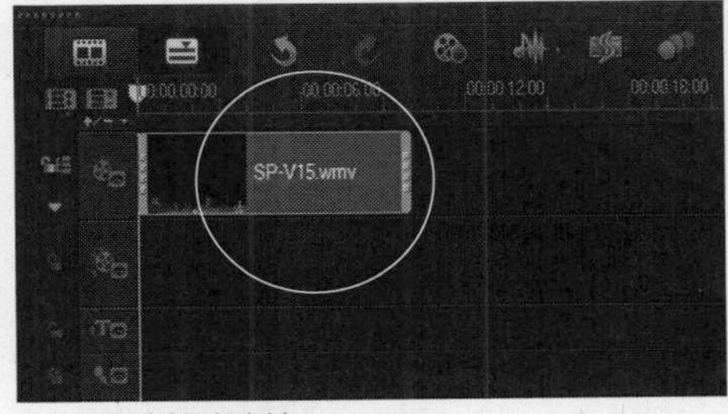

图10-6 删除视频素材

实战 183 通过命令删除素材

▶实例位置：无
▶素材位置：无
▶视频位置：光盘\视频\第10章\实战183.mp4

• 实例介绍 •

在会声会影X7中，用户可以通过菜单栏中的"删除"命令来删除不需要的素材文件。下面向读者介绍通过菜单栏中的"删除"命令删除素材的操作方法。

• 操作步骤 •

STEP 01 在时间轴面板中选择需要删除的素材文件，在菜单栏中单击"编辑"|"删除"命令，如图10-7所示。

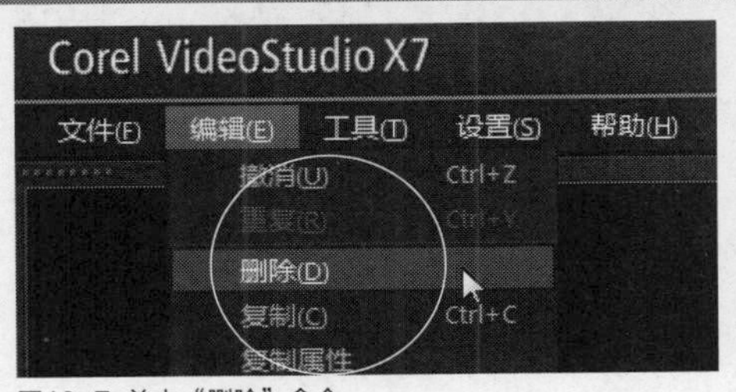

图10-7 单击"删除"命令

STEP 02 执行操作后，即可删除时间轴面板中选择的素材文件。

技巧点拨

在会声会影X7的时间轴面板中，选择需要删除的素材文件后，按键盘上的【Delete】键，也可以快速删除选择的素材文件。

实战184 移动素材

▶实例位置：光盘\效果\第10章\海边景色.VSP
▶素材位置：光盘\素材\第10章\海边景色.VSP
▶视频位置：光盘\视频\第10章\实战184.mp4

• 实例介绍 •

如果用户对视频轨中素材的位置和顺序不满意，可以通过移动素材的方式调整素材的播放顺序。下面向读者介绍移动素材文件的方法。

• 操作步骤 •

STEP 01 进入会声会影编辑器，单击"文件"|"打开项目"命令，打开一个项目文件，如图10-8所示。

STEP 02 移动鼠标指针至时间轴面板中素材"海边景色2.JPG"上，单击鼠标左键，选取该素材，单击鼠标左键，并将其拖曳至素材"海边景色1.JPG"的前方，如图10-9所示。

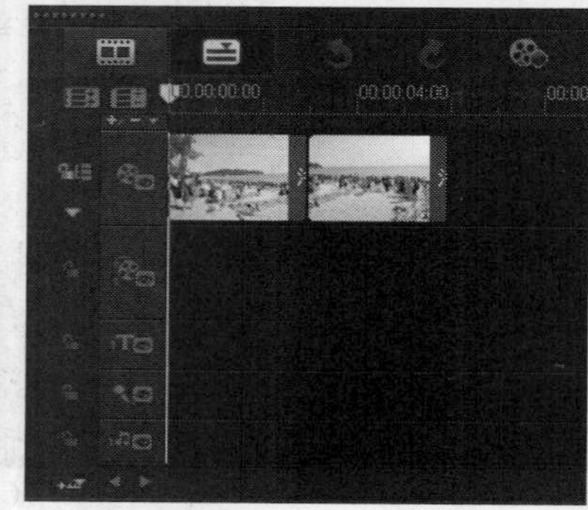

图10-8 打开项目文件

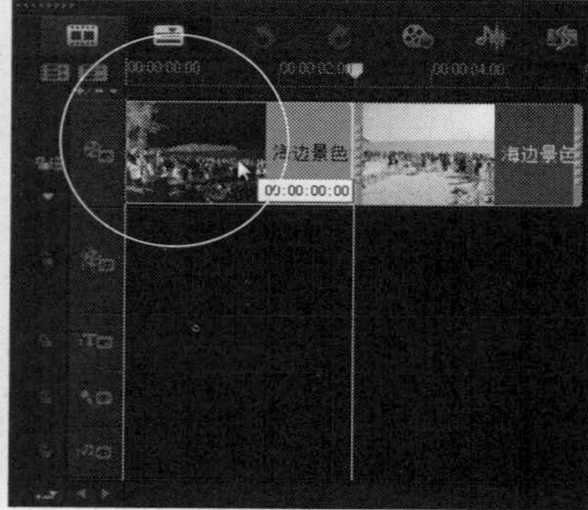

图10-9 拖曳至素材"海边景色1.JPG"前方

STEP 03 执行操作后，即可调整两段素材的播放顺序，如图10-10所示。

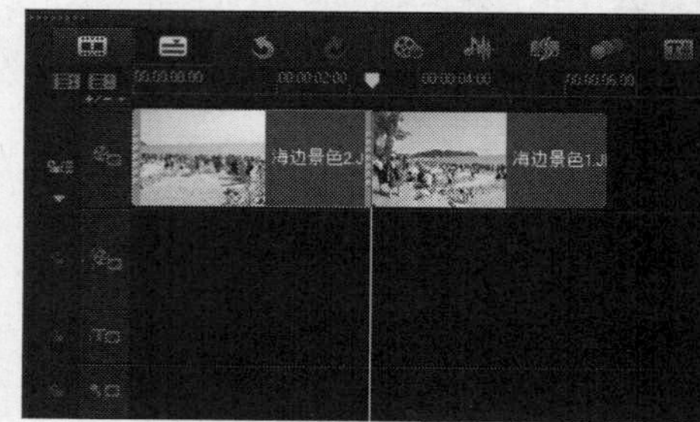

图10-10 调整播放顺序

STEP 04 单击导览面板中的"播放"按钮，预览调整顺序后的视频画面效果，如图10-11所示。

图10-11 预览视频画面效果

技巧点拨

上述向读者介绍的是在时间轴面板中移动素材的方法，用户还可以通过故事板视图来移动素材，达到调整视频播放顺序的目的。

通过故事板视图移动素材的方法很简单，用户首先选择需要移动的素材，单击鼠标左键并拖曳至第一幅素材的前面，拖曳的位置处将会显示一条竖线，表示素材将要放置的位置，如图10-12所示。释放鼠标左键，即可移动素材位置，调整视频播放顺序，如图10-13所示。

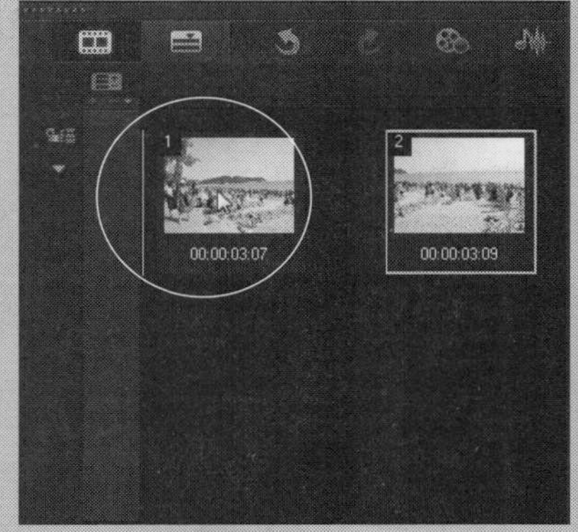

图10-12 显示一条竖线

图10-13 调整视频播放顺序

实战 185 替换视频素材

- 实例位置：光盘\效果\第10章\厦门大学.VSP
- 素材位置：光盘\素材\第10章\厦门大学.VSP、电视画面.mpg
- 视频位置：光盘\视频\第10章\实战185.mp4

• 实例介绍 •

在会声会影X7中，如果用户对制作完成的视频画面不满意，可以将不满意的视频替换为用户需要的视频文件。下面向读者介绍替换视频素材的操作方法。

• 操作步骤 •

STEP 01 进入会声会影编辑器，单击“文件”|“打开项目”命令，打开一个项目文件，如图10-14所示。

图10-14 打开项目文件

STEP 02 在视频轨中，选择需要替换的视频素材，如图10-15所示。

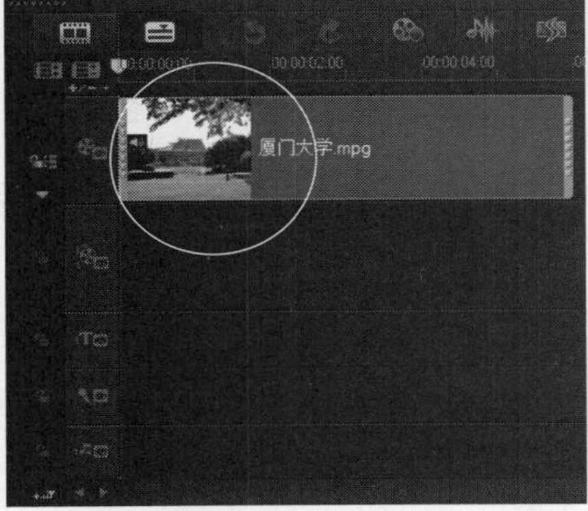

图10-15 选择视频素材

STEP 03 在视频素材上，单击鼠标右键，在弹出的快捷菜单中选择“替换素材”|“视频”选项，如图10-16所示。

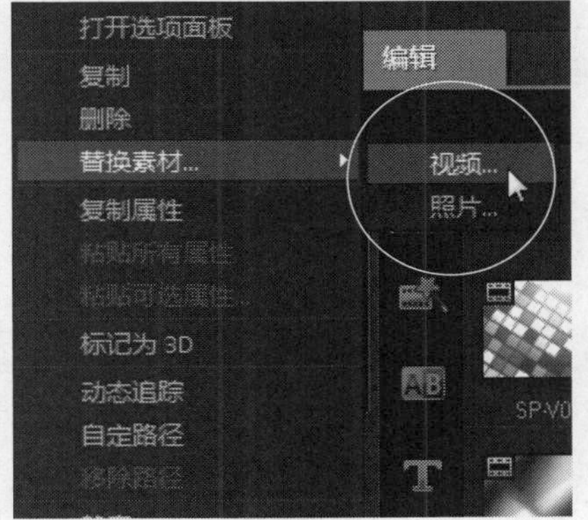

图10-16 选择“视频”选项

STEP 04 执行操作后，弹出“替换/重新链接素材”对话框，在其中选择需要的视频素材，如图10-17所示。

图10-17 选择视频素材

STEP 05 单击“打开”按钮，即可替换视频轨中的视频素材，如图10-18所示。

图10-18 替换视频素材

STEP 06 单击导览面板中的“播放”按钮，预览替换视频后的画面效果，如图10-19所示。

图10-19 预览视频画面效果

知识拓展

在会声会影X7中替换视频素材时，用户需要注意的是，如果用户准备替换的视频素材比原来的视频区间长度要短，则不能对视频进行替换操作。在以下两种情况下，视频素材才能被顺利替换。

- 替换之后的素材与替换之前的素材区间等长。
- 替换之后的素材比替换之前的素材区间要长。

实战 186 替换照片素材

▶ **实例位置：** 光盘\效果\第10章\别墅风情.VSP
▶ **素材位置：** 光盘\素材\第10章\别墅风情.VSP、别墅风情(b).jpg
▶ **视频位置：** 光盘\视频\第10章\实战186.mp4

• 实例介绍 •

在会声会影X7中用照片制作电子相册视频时，如果用户对视频轨中的照片素材不满意，此时可以将照片素材替换为用户满意的素材。下面向读者介绍替换照片素材的方法。

• 操作步骤 •

STEP 01 进入会声会影编辑器，单击“文件”|“打开项目”命令，打开一个项目文件，如图10-20所示。

图10-20 打开项目文件

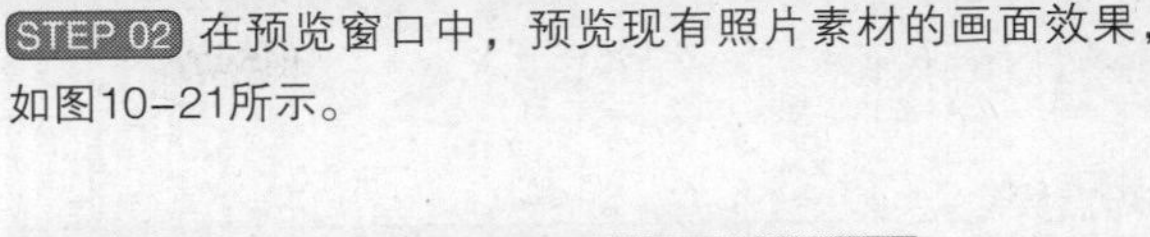

STEP 02 在预览窗口中，预览现有照片素材的画面效果，如图10-21所示。

图10-21 预览素材画面效果

STEP 03 在故事板中，选择需要替换的照片素材，在照片素材上，单击鼠标右键，在弹出的快捷菜单中选择“替换素材”|“照片”选项，如图10-22所示。

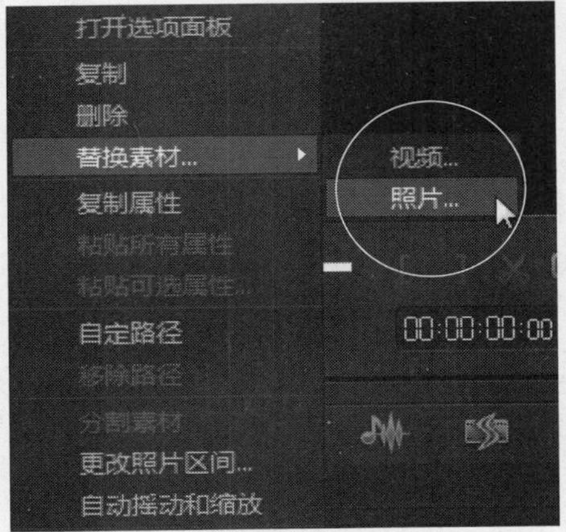

图10-22 选择“照片”选项

STEP 04 执行操作后，弹出“替换/重新链接素材”对话框，在其中选择需要的照片素材，如图10-23所示。

图10-23 选择需要的照片素材

STEP 05 单击“打开”按钮，即可替换故事板中的照片素材，如图10-24所示。

图10-24 替换照片素材

STEP 06 在预览窗口中，预览替换照片后的画面效果，如图10-25所示。

图10-25 预览画面效果

知识拓展

因为照片素材是静态的图像，所以用户在替换照片素材时，不管替换之前的照片素材区间有多长，用户都可以将照片素材顺利进行替换。

技巧点拨

在会声会影X7中，还有一种比较快捷的替换素材的方法，是使用【Ctrl】键对素材进行替换操作。首先介绍在故事板视图中替换素材的方法，用户在素材库中选择替换之后的照片素材，单击鼠标左键并拖曳至故事板中需要替换的照片素材上方，拖曳鼠标的同时必须按住【Ctrl】键，此时鼠标处将显示“替换素材”字样，如图10-26所示。释放鼠标左键，即可替换故事板视图中的照片素材。

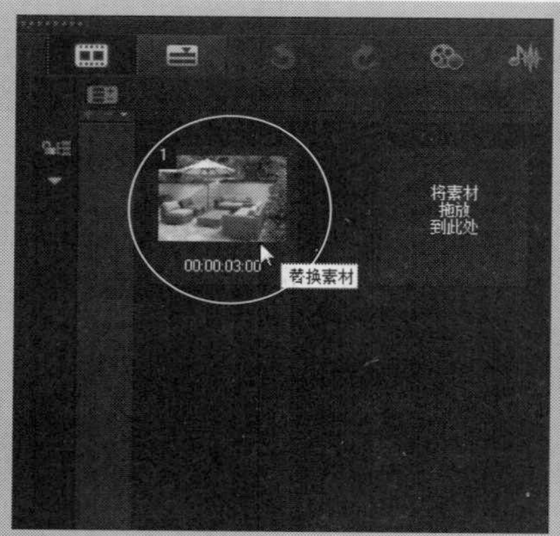

图10-26 显示“替换素材”字样

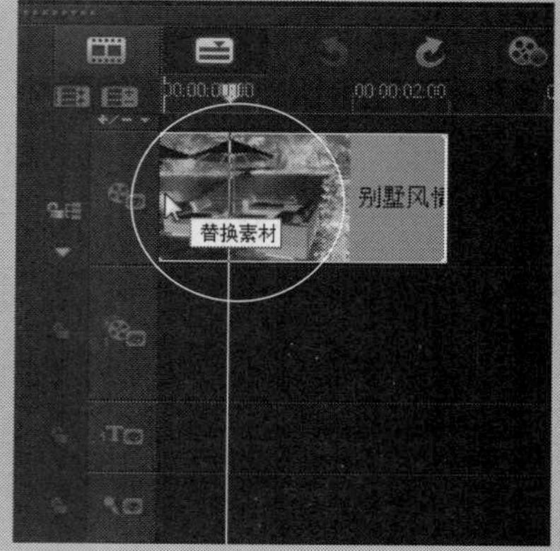

图10-27 显示“替换素材”字样

在时间轴面板中替换素材的操作与在故事板视图中替换素材的操作类似，在素材库中选择替换之后的照片素材，单击鼠标左键并拖曳至视频轨中需要替换的照片素材上方，拖曳鼠标的同时必须按住【Ctrl】键，此时鼠标处将显示“替换素材”字样，如图10-27所示，释放鼠标左键，即可替换视频轨中的照片素材。

会声会影X7中“替换素材”的功能十分强大，使用也非常方便，可以提高用户编辑视频的效率。用户还可以使用同样的替换素材方法，替换覆叠轨中的画中画素材、替换标题轨中的字幕素材，或者替换音乐轨中的背景音乐素材等。

实战187 复制时间轴素材

▶实例位置：光盘\效果\第10章\心心相印.VSP
▶素材位置：光盘\素材\第10章\心心相印.jpg
▶视频位置：光盘\视频\第10章\实战187.mp4

• 实例介绍 •

在时间轴面板中，如果用户需要制作多处相同的视频画面，可以使用复制功能，对视频画面进行多次复制操作，这样可以提高用户制作视频的效率。下面向读者介绍复制时间轴中素材的操作方法，希望读者熟练掌握该操作。

• 操作步骤 •

STEP 01 进入会声会影编辑器，在时间轴面板的视频轨中插入一幅素材图像，如图10-28所示。

图10-28 插入素材图像

STEP 02 在视频轨中，选择需要复制的素材文件，如图10-29所示。

图10-29 选择素材文件

STEP 03 在菜单栏中，单击“编辑”|“复制”命令，如图10-30所示。

STEP 04 复制素材文件，在视频轨中向右移动鼠标，此时鼠标指针处呈白色色块，表示素材将要粘贴的位置，如图10-31所示。

图10-30 单击“复制”命令

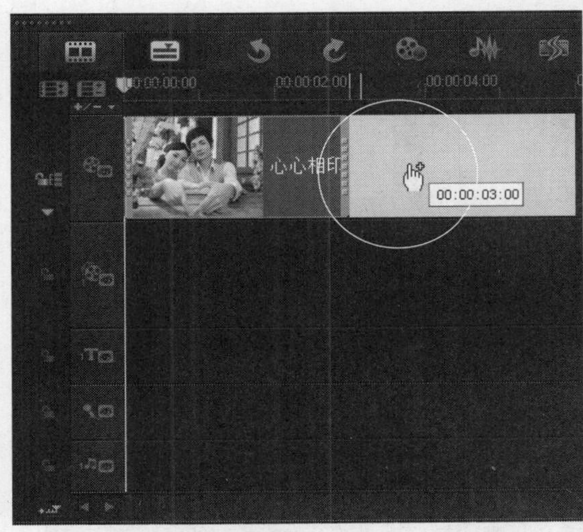

图10-31 表示素材将要粘贴的位置

STEP 05 在合适位置上，单击鼠标左键，即可粘贴之前复制的素材，如图10-32所示。

图10-32 粘贴之前复制的素材

技巧点拨

在会声会影X7中，用户还可以在需要复制的素材文件上单击鼠标右键，在弹出的快捷菜单中选择“复制”选项，如图10-33所示。执行操作后，即可复制视频轨中的素材文件。

在视频轨中，选择需要复制的素材文件，按【Ctrl+C】组合键，也可以快速对视频轨或覆盖轨中的素材进行复制操作。

图10-33 选择“复制”选项

实战188 复制素材库素材

- 实例位置：光盘\效果\第10章\美食.VSP
- 素材位置：光盘\素材\第10章\美食.jpg
- 视频位置：光盘\视频\第10章\实战188.mp4

• 实例介绍 •

在会声会影X7中，用户还可以将素材库中的素材文件复制到视频轨中。下面向读者介绍复制素材库中素材文件的操作方法。

• 操作步骤 •

STEP 01 进入会声会影编辑器，在素材库中，选择需要复制的素材文件，如图10-34所示。

STEP 02 在选择的素材文件上，单击鼠标右键，在弹出的快捷菜单中选择“复制”选项，如图10-35所示。

图10-34 选择素材文件

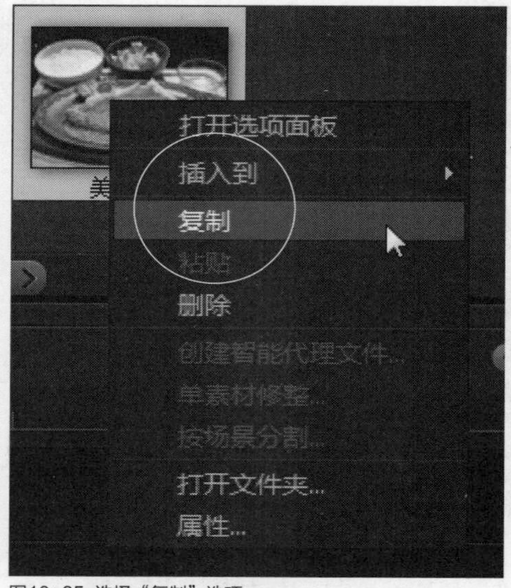

图10-35 选择“复制”选项

STEP 03 即可复制素材文件，将鼠标移至视频轨中的开始位置，显示白色区域，如图10-36所示。

STEP 04 单击鼠标左键，即可将复制的素材进行粘贴操作，如图10-37所示。

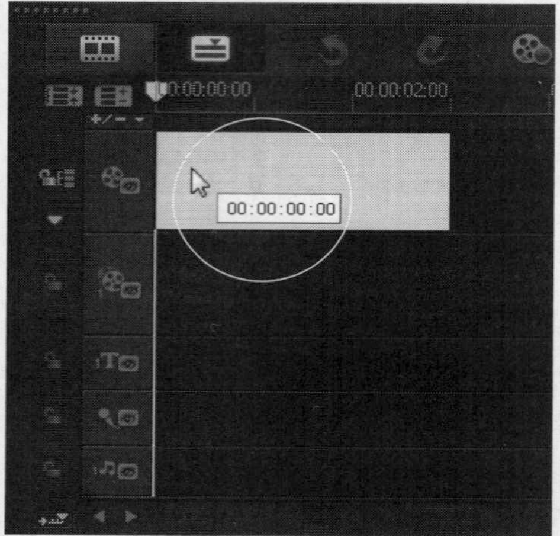

图10-36 显示白色区域

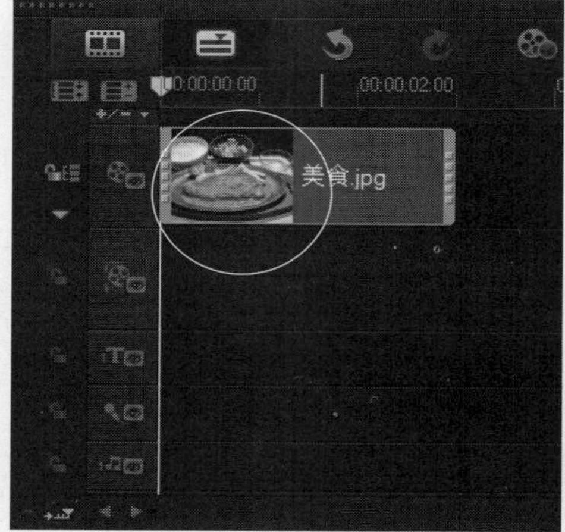

图10-37 将复制的素材进行粘贴操作

STEP 05 在预览窗口中，可以预览复制与粘贴后的素材画面，如图10-38所示。

图10-38 预览素材画面

技巧点拨

在会声会影X7中，用户还可以将视频轨中的素材复制与粘贴到素材库面板中。在视频轨中选择需要复制的素材文件，单击鼠标右键，在弹出的快捷菜单中选择“复制”选项，复制素材。然后将鼠标移至素材库中，选择相应素材文件，单击鼠标右键，在弹出的快捷菜单中选择“粘贴”选项。还可以在菜单栏中，单击“编辑”|“粘贴”命令，即可粘贴之前复制的素材文件。

实战 189 粘贴所有属性至另一素材

▶实例位置：光盘\效果\第10章\美食大餐.VSP
▶素材位置：光盘\素材\第10章\美食大餐.VSP
▶视频位置：光盘\视频\第10章\实战189.mp4

• 实例介绍 •

在会声会影X7中，如果用户需要制作多种相同的视频特效，可以将已经制作好的特效直接复制与粘贴到其他素材上，这样做可以提高用户编辑视频的效率。下面向读者介绍粘贴所有素材属性的方法。

• 操作步骤 •

STEP 01 进入会声会影编辑器，单击“文件”|“打开项目”命令，打开一个项目文件，如图10-39所示。

图10-39 打开项目文件

STEP 02 在视频轨中，选择需要复制属性的素材文件，如图10-40所示。

STEP 03 在菜单栏中，单击“编辑”|“复制属性”命令，如图10-41所示。

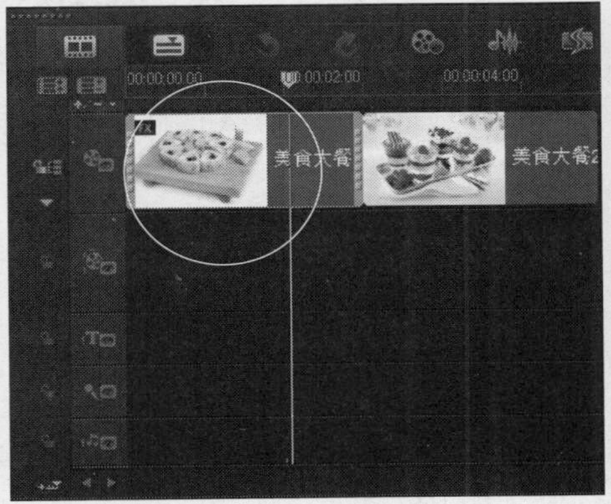

图10-40 选择素材文件

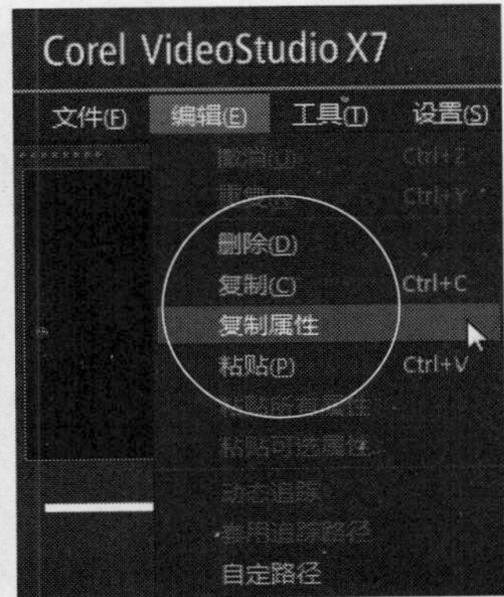

图10-41 单击“复制属性”命令

STEP 04 执行操作后，即可复制素材的属性，在视频轨中选择需要粘贴属性的素材文件，如图10-42所示。

STEP 05 在菜单栏中，单击“编辑”|“粘贴所有属性”命令，如图10-43所示。

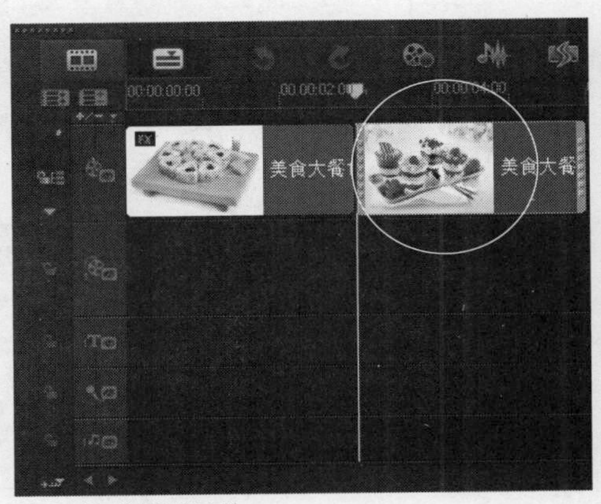

图10-42 选择素材文件

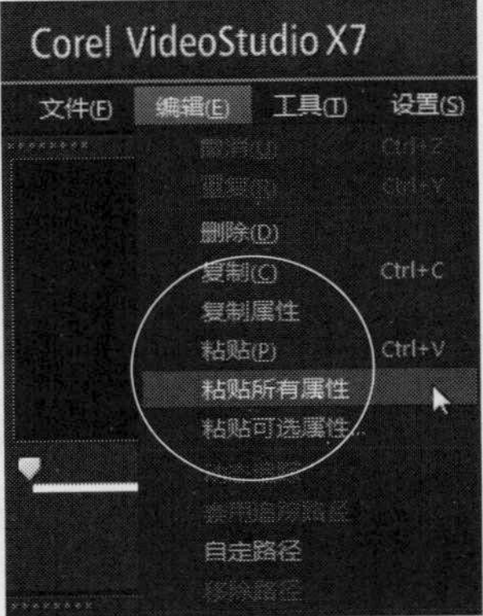

图10-43 单击“粘贴所有属性”命令

STEP 06 执行操作后，即可粘贴素材的所有属性特效，在导览面板中单击“播放”按钮，预览视频画面效果，如图10-44所示。

图10-44 预览视频画面效果

技巧点拨

在会声会影X7中，用户还可以在时间轴中的素材文件上单击鼠标右键，在弹出的快捷菜单中选择“粘贴所有属性”选项，如图10-45所示，即可将复制的所有属性进行粘贴操作。

图10-45 选择“粘贴所有属性”选项

知识拓展

用户使用时间轴中的“粘贴所有属性”选项进行操作时，用户需要注意的是，粘贴至视频素材上与粘贴至照片素材上所弹出的快捷菜单是不一样的，但同样会有“粘贴所有属性”选项。只有粘贴到视频素材上时，弹出的快捷菜单中的选项会多一些。

实战190 粘贴可选属性至另一素材

▶实例位置：光盘\效果\第10章\山中鲜花.VSP
▶素材位置：光盘\素材\第10章\山中鲜花.VSP
▶视频位置：光盘\视频\第10章\实战190.mp4

• 实例介绍 •

用户制作视频的过程中，还可以将第一段视频上的部分特效粘贴至第二段视频素材上，节省重复操作的时间。下面向读者介绍粘贴可选属性至另一素材的操作方法。

• 操作步骤 •

STEP 01 进入会声会影编辑器，单击“文件”|“打开项目”命令，打开一个项目文件，如图10-46所示。

图10-46 打开项目文件

图10-46 打开项目文件（续）

STEP 02 在视频轨中，选择需要复制属性的素材文件，如图10-47所示。

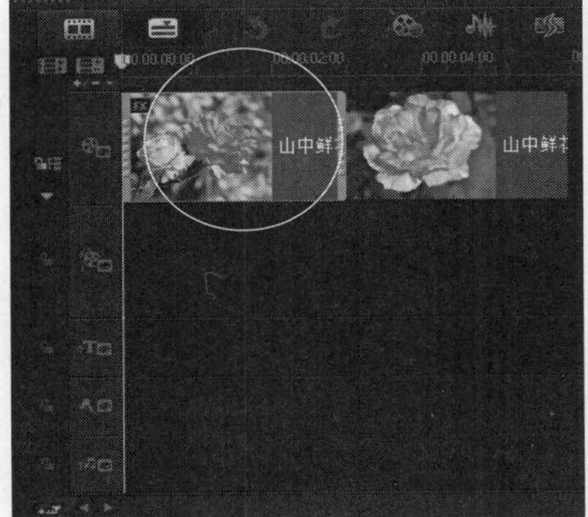

图10-47 选择素材文件

STEP 03 在菜单栏中，单击“编辑”|“复制属性”命令，如图10-48所示。

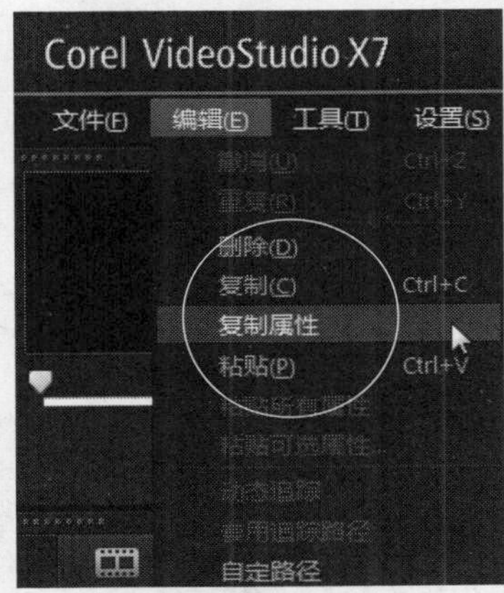

图10-48 单击“复制属性”命令

技巧点拨

在视频轨中，选择需要粘贴可选属性的素材文件，单击鼠标右键，在弹出的快捷菜单中选择“粘贴可选属性”选项，也可以快速弹出“粘贴可选属性”对话框。

STEP 04 执行操作后，即可复制素材的属性，在视频轨中选择需要粘贴可选属性的素材文件，如图10-49所示。

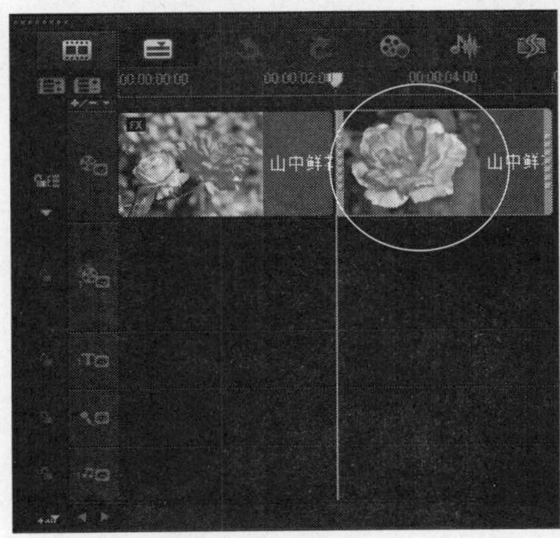

图10-49 选择素材文件

STEP 05 在菜单栏中，单击“编辑”|“粘贴可选属性”命令，如图10-50所示。

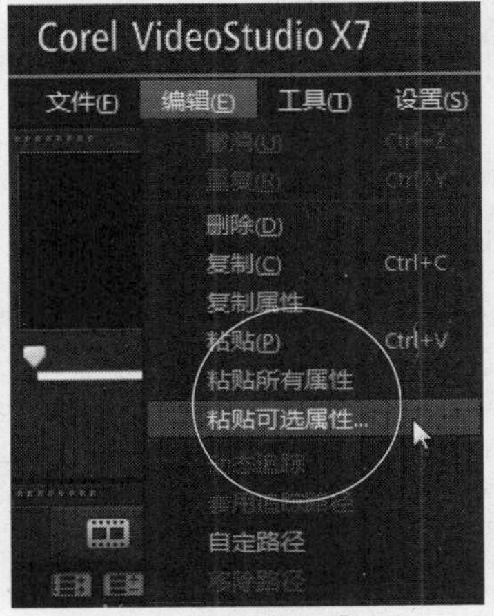

图10-50 单击“粘贴可选属性”命令

STEP 06 执行操作后，弹出“粘贴可选属性”对话框，如图10-51所示。

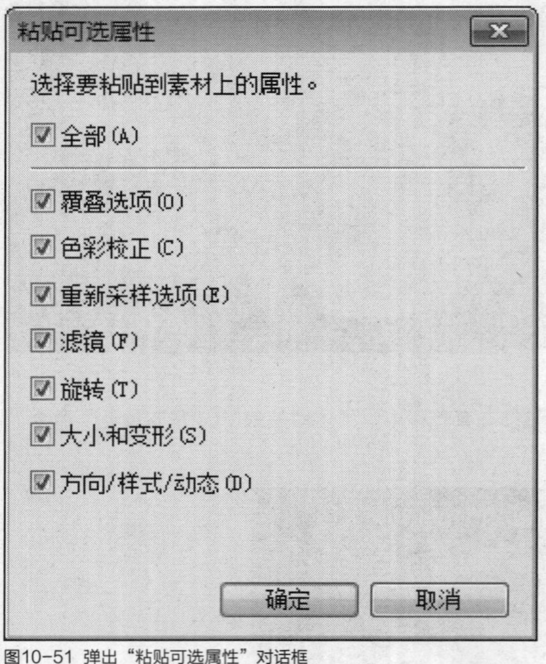

图10-51 弹出“粘贴可选属性”对话框

STEP 07 在对话框中，取消选中“大小和变形”所对应的复选框，如图10-52所示。

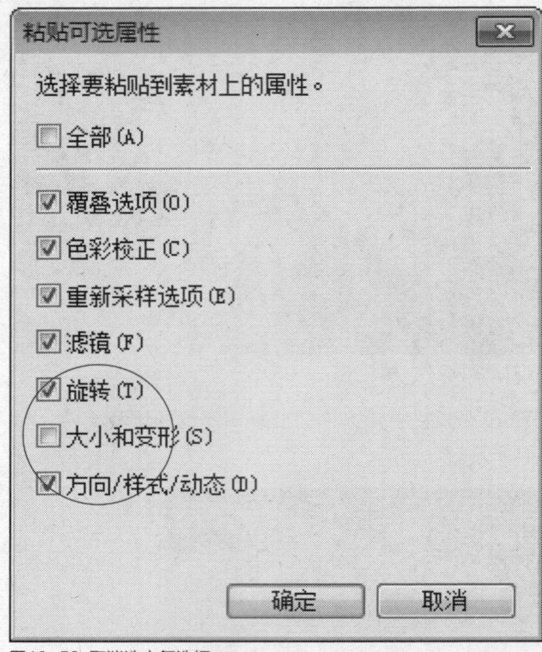

图10-52 取消选中复选框

STEP 08 设置完成后，单击“确定”按钮，即可粘贴素材中的可选属性。在导览面板中单击“播放”按钮，预览粘贴可选属性后的视频画面效果，如图10-53所示。

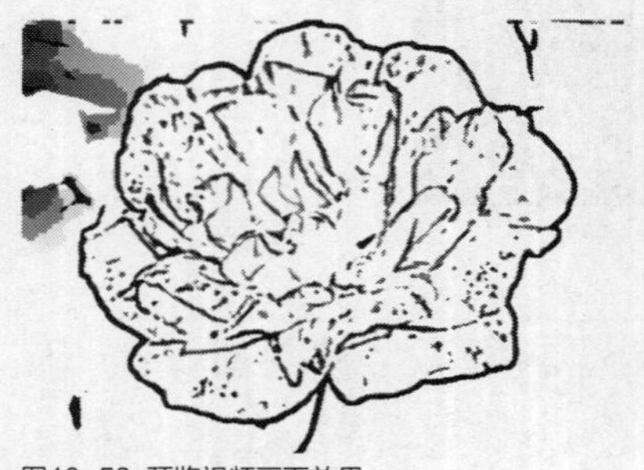

图10-53 预览视频画面效果

技巧点拨

在会声会影X7中，当用户对时间轴面板中的素材按【Ctrl＋C】组合键的时候，在复制素材的同时，连同素材属性已经一起进行了复制操作。

知识拓展

在“粘贴可选属性”对话框中，各主要选项含义如下。

➢ 全部：选中该复选框，可以粘贴之前复制的素材所有属性和特效。

➢ 覆叠选项：选中该复选框，可以粘贴素材的覆叠选项，包括覆叠特效等。

➢ 色彩校正：选中该复选框，可以粘贴素材的色彩校正属性，可以将其他素材中的画面色调与所复制的素材画面色调保持一致。

➢ 重新采样选项：选中该复选框，可以设置素材的宽高比显示。

➢ 滤镜：选中该复选框，可以粘贴之前所复制的素材中的所有滤镜特效，而且还包括了滤镜参数的设置。

➢ 旋转：选中该复选框，可以粘贴之前所复制的素材旋转特效。

➢ 大小和变形：选中该复选框，可以粘贴之前所复制的素材的大小和变形属性。

➢ 方向/样式/运动：选中该复选框，可以粘贴素材的方向/样式/运动属性与动画特效。

10.2 编辑项目中的素材对象

在会声会影X7中添加视频素材后，可以根据需要对视频素材进行修整操作，以便满足影片的需要。本节主要向读者介绍修整项目中视频素材的操作方法，主要包括反转视频素材、变形视频素材、分割多段视频、抓拍视频快照以及调整素材持续时间等内容。

实战 191 反转视频素材

▶ 实例位置：光盘\效果\第10章\焰火晚会.VSP
▶ 素材位置：光盘\素材\第10章\焰火晚会.VSP
▶ 视频位置：光盘\视频\第10章\实战191.mp4

• 实例介绍 •

在电影中经常可以看到物品破碎后又复原的效果，要在会声会影X7中制作出这种效果是非常简单的，用户只要逆向播放一次影片即可。下面向读者介绍反转视频素材的操作方法。

• 操作步骤 •

STEP 01 进入会声会影编辑器，单击“文件”|“打开项目”命令，打开一个项目文件，如图10-54所示。

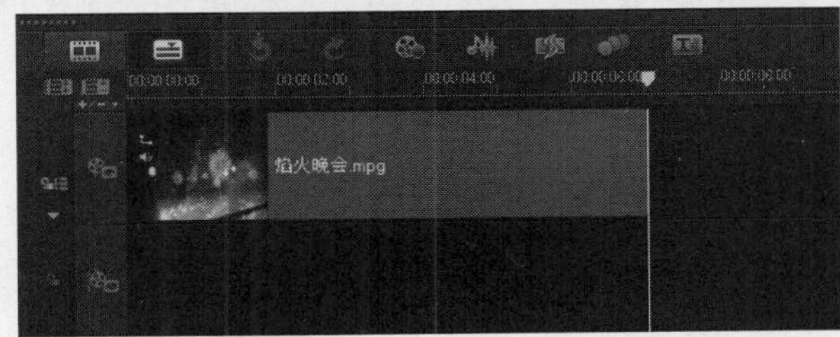

图10-54 打开项目文件

知识拓展

在会声会影X7中，用户只能对视频素材进行反转操作，无法对照片素材进行反转操作。

STEP 02 单击导览面板中的“播放”按钮，预览视频效果，如图10-55所示。

图10-55 预览视频效果

STEP 03 在视频轨中，选择插入的视频素材，使用鼠标左键双击视频轨中的视频素材，在“视频”选项面板中选中“反转视频”复选框，如图10-56所示。

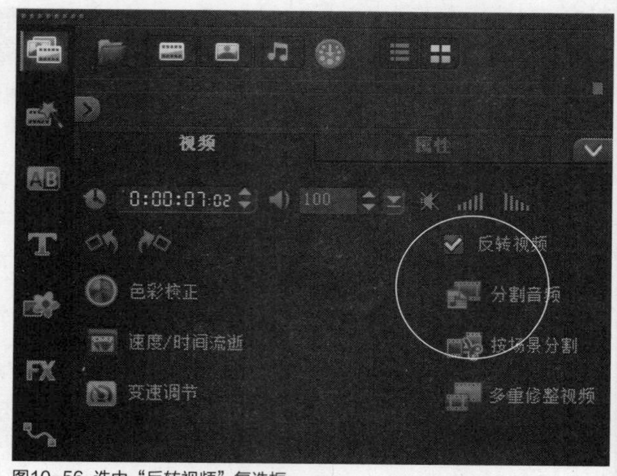

图10-56 选中“反转视频”复选框

STEP 04 执行操作后，即可反转视频素材，单击导览面板中的“播放”按钮，即可在预览窗口中观看视频反转后的效果，如图10-57所示。

图10-57 观看视频反转后的效果

实战192 变形视频素材

▶实例位置：光盘\效果\第10章\车流.VSP
▶素材位置：光盘\素材\第10章\车流.VSP
▶视频位置：光盘\视频\第10章\实战192.mp4

• 实例介绍 •

使用会声会影X7的“变形素材”功能，可以任意倾斜或者扭曲视频素材，变形视频素材配合倾斜或扭曲的重叠画面，使视频应用变得更加自由。下面向读者介绍变形视频素材的操作方法。

• 操作步骤 •

STEP 01 进入会声会影编辑器，单击“文件”|“打开项目”命令，打开一个项目文件，在视频轨中选择需要变形的视频素材，如图10-58所示。

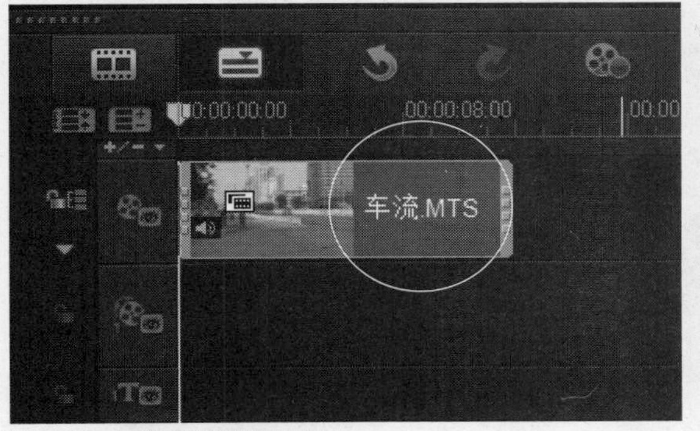

图10-58 选择需要变形的视频素材

STEP 02 在视频素材上，双击鼠标左键，展开“属性”选项面板，选中“变形素材”复选框，如图10-59所示。

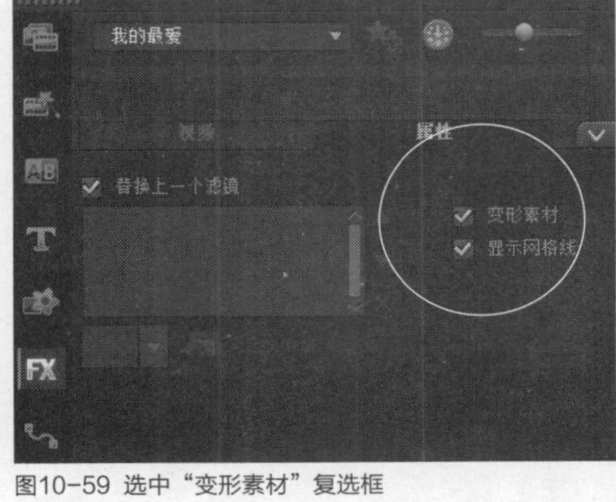

图10-59 选中“变形素材”复选框

STEP 03 此时，预览窗口中的视频素材四周将出现黄色控制柄，将鼠标指针移至右下角的黄色控制柄上，鼠标指针呈双向箭头形状，如图10-60所示。

图10-60 鼠标指针呈双向箭头形状

STEP 04 单击鼠标左键并向右下角拖曳，变形视频素材，如图10-61所示。

图10-61 变形视频素材

STEP 05 将鼠标指针移至左上角的黄色控制柄上，鼠标指针呈双向箭头形状，如图10-62所示。

图10-62 鼠标指针呈双向箭头形状

STEP 06 单击鼠标左键并向左上角拖曳，变形视频素材，使其全屏显示在预览窗口中，如图10-63所示。

图10-63 全屏显示在预览窗口中

STEP 07 变形视频素材后，单击导览面板中的“播放”按钮，预览变形后的视频画面效果，如图10-64所示。

图10-64 预览变形后的视频画面效果

知识拓展

在会声会影X7中，如果用户对变形后的视频效果不满意，可以还原对视频素材的变形操作。可以在“属性”选项面板中，取消选中“变形素材”复选框，还可以在预览窗口中的视频素材上，单击鼠标右键，在弹出的快捷菜单中选择“默认大小”选项，即可还原被变形后的视频素材。

技巧点拨

在会声会影X7中，用户可以通过“变形素材”功能将视频素材调至全屏大小，使其覆盖整个视频画面。将视频背景调至全屏大小的方法很简单，在预览窗口中需要变形的视频素材上单击鼠标右键，在弹出的快捷菜单中选择“调整到屏幕大小”选项，如图10-65所示。执行操作后，即可将视频素材调整到全屏大小。

在会声会影X7中变形视频素材时，用户只有在“属性”选项面板被展开的时候，才能对视频轨中的素材进行变形操作。如果用户切换至“视频”选项面板或者“照片”选项面板，则无法对预览窗口中的素材进行变形操作。

图10-65 选择“调整到屏幕大小”选项

实战193 分割多段视频

▶实例位置：光盘\效果\第10章\城市建筑.VSP
▶素材位置：光盘\素材\第10章\城市建筑.mpg
▶视频位置：光盘\视频\第10章\实战193.mp4

• 实例介绍 •

在会声会影X7中，用户可以将视频轨中的视频素材进行分割操作，使其变为多个小段的视频，然后为每个小段视频制作相应特效。下面向读者介绍分割多段视频素材的操作方法。

• 操作步骤 •

STEP 01 进入会声会影编辑器，在时间轴面板的视频轨中插入一段视频素材，如图10-66所示。

STEP 02 在视频轨中，将时间线移至00:00:02:00的位置，如图10-67所示。

图10-66 插入视频素材

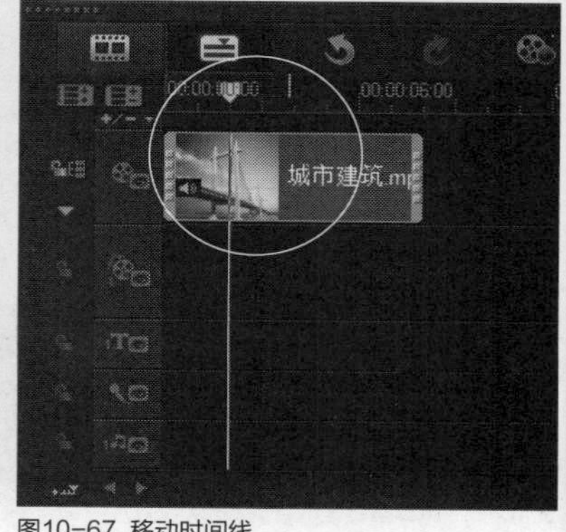

图10-67 移动时间线

STEP 03 在菜单栏中，单击“编辑”|“分割素材”命令，如图10-68所示。

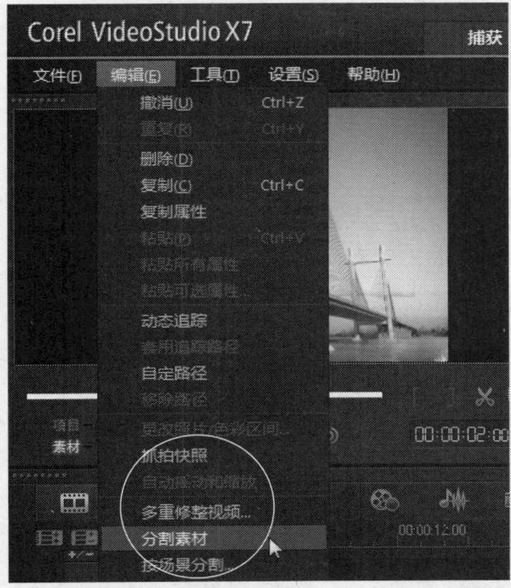

图10-68 单击命令

STEP 04 或者在视频轨中的视频素材上，单击鼠标右键，在弹出的快捷菜单中选择“分割素材”选项，如图10-69所示。

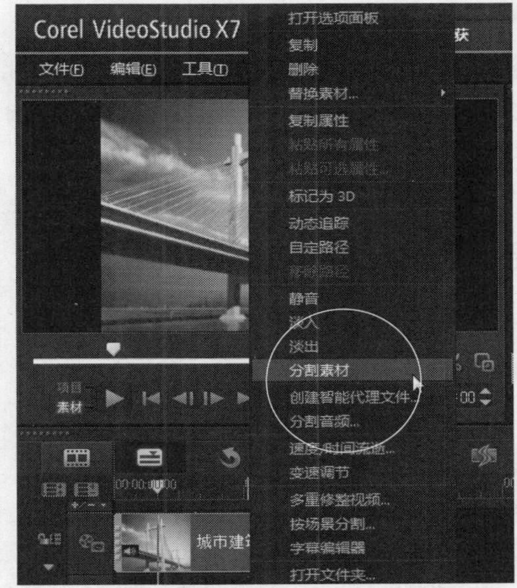

图10-69 选择“分割素材”选项

STEP 05 执行操作后，即可在时间轴面板中的时间线位置，对视频素材进行分割操作，分割为两段，如图10-70所示。

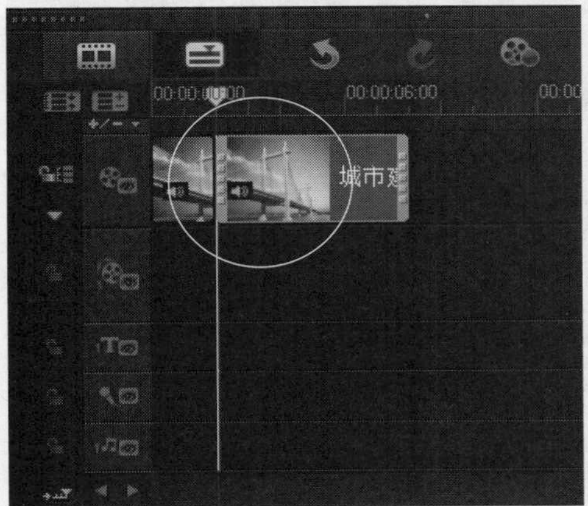

图10-70 分割为两段

STEP 06 用与上面相同的操作方法，再次对视频轨中的视频素材进行分割操作，如图10-71所示。

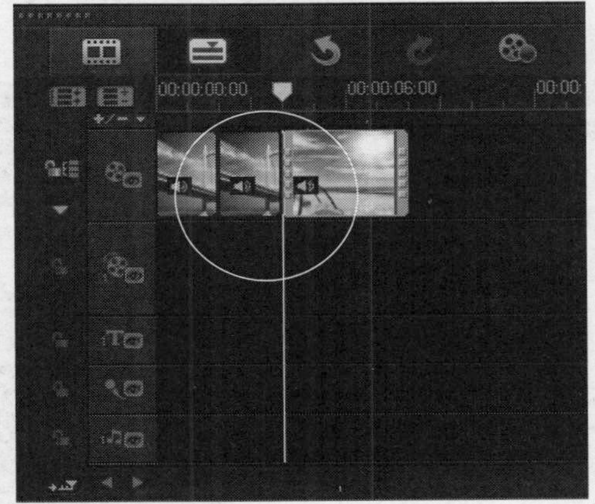

图10-71 再次分割

STEP 07 素材分割完成后，单击导览面板中的“播放”按钮，预览分割视频后的画面效果，如图10-72所示。

图10-72 预览分割视频后的画面效果

实战194 抓拍视频快照

▶实例位置：光盘\效果\第10章\绘画春天.VSP
▶素材位置：光盘\素材\第10章\绘画春天.mpg
▶视频位置：光盘\视频\第10章\实战194.mp4

• 实例介绍 •

制作视频画面特效时，如果用户比较喜欢某个视频画面，可以将该视频画面抓拍下来，存于素材库面板中。下面向读者介绍抓拍视频快照的操作方法。

• 操作步骤 •

STEP 01 进入会声会影编辑器，在时间轴面板的视频轨中插入一段视频素材，如图10-73所示。

图10-73 插入视频素材

STEP 02 在时间轴面板中，选择需要抓拍照片的视频文件，如图10-74所示。

STEP 03 将时间线移至00:00:02:00的位置，如图10-75所示。

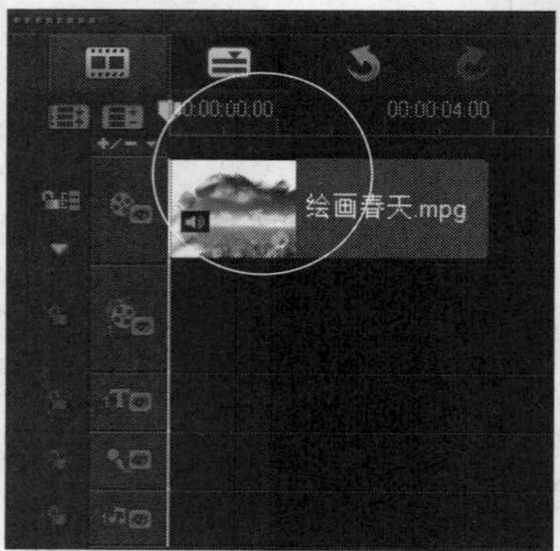

图10-74 选择视频文件

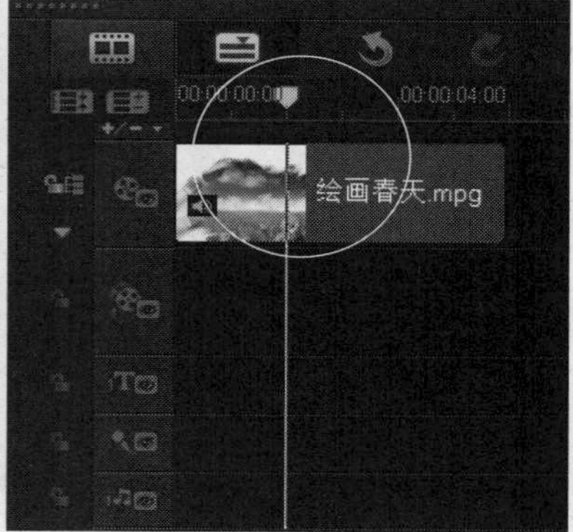

图10-75 移动时间线

STEP 04 在菜单栏中，单击"编辑"|"抓拍快照"命令，如图10-76所示。

STEP 05 执行操作后，即可抓拍视频快照，被抓拍的视频快照将显示在"照片"素材库中，如图10-77所示。

图10-76 单击"抓拍快照"命令

图10-77 显示在"照片"素材库

技巧点拨

在会声会影X7之前的软件版本中，“抓拍快照”功能存在于“视频”选项面板中，而在会声会影X7软件中，“抓拍快照”功能存在于“编辑”菜单下，用户在操作时需要找对“抓拍快照”功能的位置。

实战 195 通过命令调整照片区间

▶实例位置：光盘\效果\第10章\童年记忆.VSP
▶素材位置：光盘\素材\第10章\童年记忆.jpg
▶视频位置：光盘\视频\第10章\实战195.mp4

• 实例介绍 •

在会声会影X7中，对于所编辑的照片素材，用户可以根据实际情况调整照片的播放长度。下面向读者介绍调整照片区间的操作方法。在会声会影X7中，用户可以通过“更改照片/色彩区间”命令来调整照片的区间长度。

• 操作步骤 •

STEP 01 进入会声会影编辑器，在时间轴面板的视频轨中插入一幅素材图像，如图10-78所示。

图10-78 插入素材图像

STEP 02 在视频轨中，选择需要调整区间长度的照片素材，如图10-79所示。

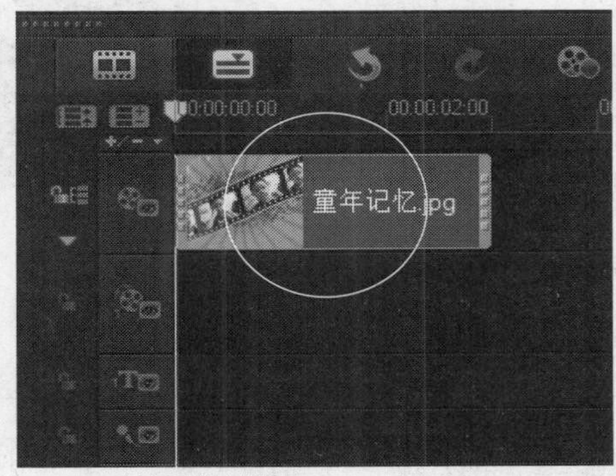

图10-79 选择照片素材

STEP 03 在菜单栏中，单击“编辑”|“更改照片/色彩区间”命令，如图10-80所示。

图10-80 单击命令

STEP 04 执行操作后，弹出“区间”对话框，在其中设置“区间”为0:0:6:0，如图10-81所示。

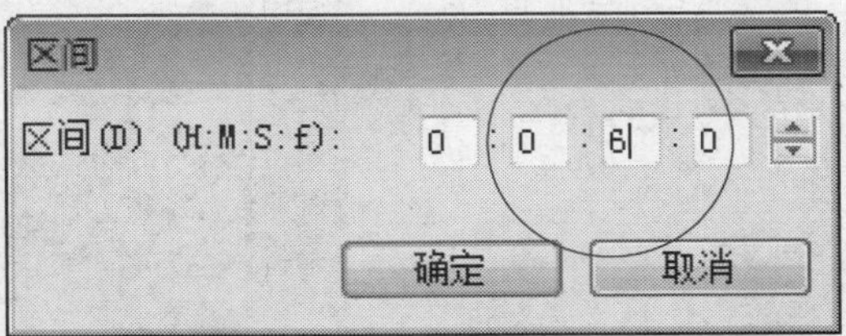

图10-81 设置“区间”

STEP 05 单击“确定”按钮，即可更改照片素材的区间长度，如图10-82所示。

图10-82 更改照片素材的区间长度

实战 196 通过选项调整照片区间

▶实例位置：无
▶素材位置：光盘\素材\第10章\童年记忆.jpg
▶视频位置：光盘\视频\第10章\实战196.mp4

• 实例介绍 •

在会声会影X7中，用户可以通过选择快捷菜单中的选项来调整照片的区间长度。下面向读者介绍通过选项调整照片区间的操作方法。

• 操作步骤 •

STEP 01 在时间轴面板的视频轨中，选择需要调整区间的照片素材，在照片素材上单击鼠标右键，在弹出的快捷菜单中选择“更改照片区间”选项，如图10-83所示。

STEP 02 弹出“区间”对话框，设置“区间”为0:0:6:0，单击“确定”按钮，即可更改照片素材的区间长度，如图10-84所示。

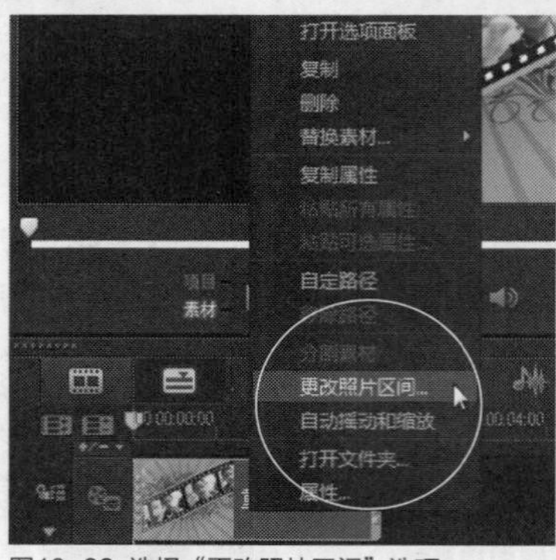

图10-83 选择“更改照片区间”选项

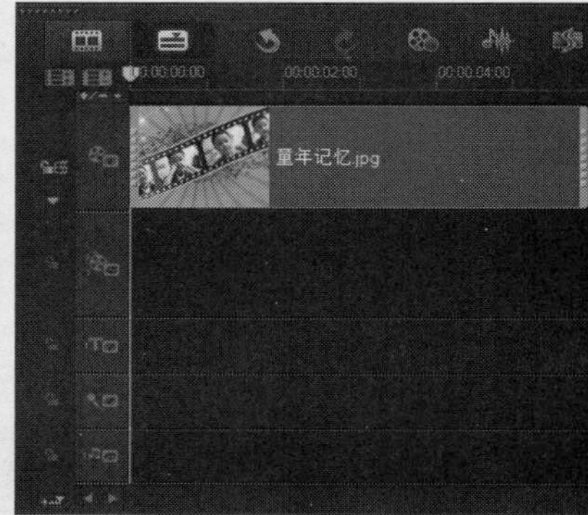

图10-84 更改照片素材的区间长度

实战 197 通过数值框调整照片区间

▶实例位置：无
▶素材位置：光盘\素材\第10章\童年记忆.jpg
▶视频位置：光盘\视频\第10章\实战197.mp4

• 实例介绍 •

在会声会影X7中，用户可以通过在“照片区间”数值框中输入数值来调整照片的区间长度。下面向读者介绍通过数值框调整照片区间的操作方法。

• 操作步骤 •

STEP 01 在会声会影X7中，选择需要调整区间长度的照片素材，展开“照片”选项面板，在“照片区间”数值框中输入“区间”为0:0:6:0，如图10-85所示。

STEP 02 按【Enter】键确认，即可调整视频轨中照片素材的区间长度，如图10-86所示。

技巧点拨

在“照片”选项面板中，用户还可以单击“照片区间”右侧的上下微调按钮，来微调照片素材的区间参数值。

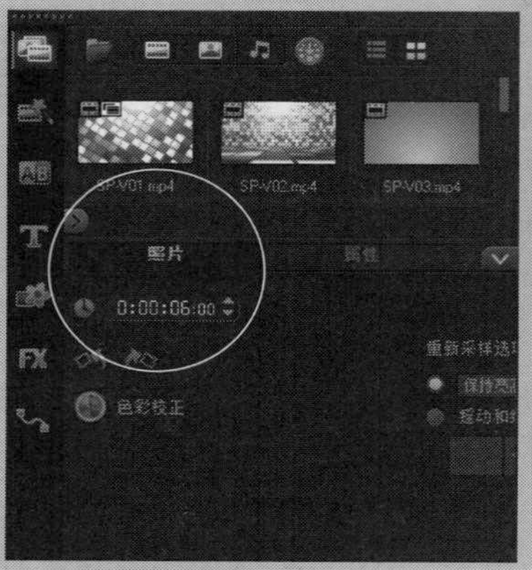

图10-85 输入“区间”

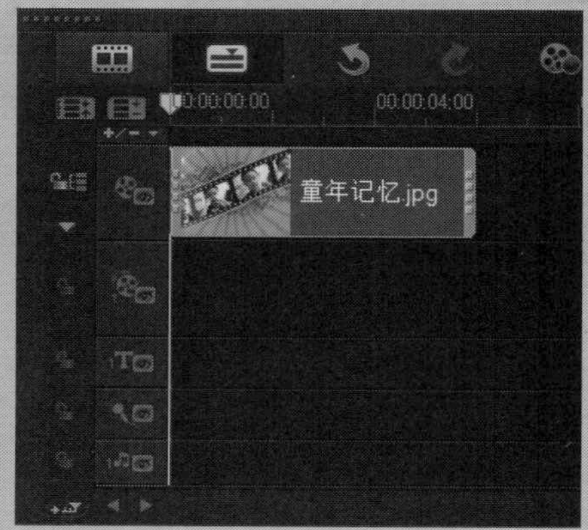

图10-86 调整区间长度

实战 198 通过命令调整视频区间

▶ 实例位置：光盘\效果\第10章\落叶.VSP
▶ 素材位置：光盘\素材\第10章\落叶.mpg
▶ 视频位置：光盘\视频\第10章\实战198.mp4

• 实例介绍 •

在会声会影X7中编辑视频素材时，用户可以调整视频素材的区间长短，使调整后的视频素材更好地适用于所编辑的项目。在会声会影X7中，用户可以通过“速度/时间流逝”命令来调整视频素材的区间长度。

• 操作步骤 •

STEP 01 进入会声会影编辑器，在时间轴面板的视频轨中插入一段视频素材，如图10-87所示。

图10-87 插入视频素材

STEP 02 在视频轨中，选择需要调整区间长度的视频素材，如图10-88所示。

STEP 03 在菜单栏中，单击“编辑”|“速度/时间流逝”命令，如图10-89所示。

STEP 04 执行操作后，弹出“速度/时间流逝”对话框，在其中设置“新素材区间”为0:0:4:0，如图10-90所示。

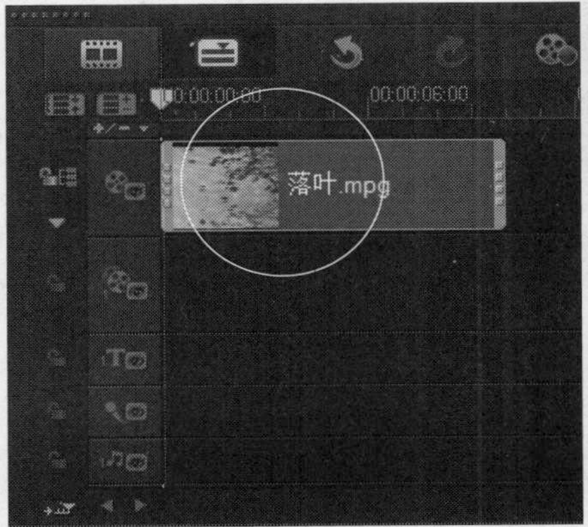

图10-88 选择视频素材

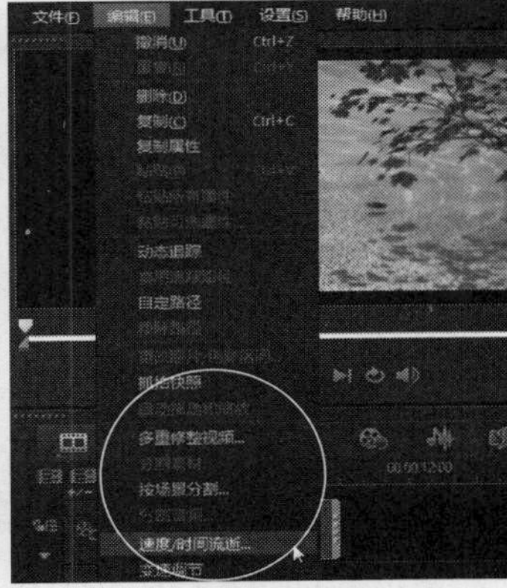

图10-89 单击“深度时间流逝”命令

STEP 05 设置完成后，单击“确定”按钮，即可更改视频的区间长度，如图10-91所示。

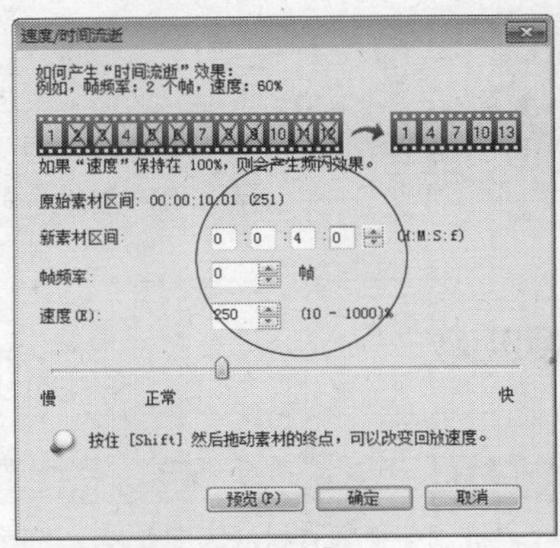

图10-90 设置“新素材区间”

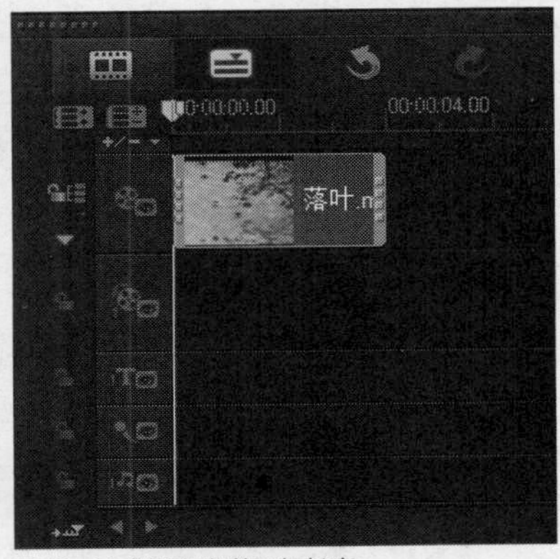

图10-91 更改视频的区间长度

知识拓展

在“速度/时间流逝”对话框中，各主要选项含义如下。

- 原始素材区间：在该选项的右侧，显示了视频素材的原始区间长度。
- 新素材区间：在该选项右侧的数值框中，可以输入需要调整的视频区间参数。
- 帧频率：可以设置视频的帧频率。
- 速度：可以设置视频的播放速度，参数设置在10～1000%之间。
- 预览：可以预览设置后的视频区间。

实战199 通过选项调整视频区间

- 实例位置：无
- 素材位置：光盘\素材\第10章\落叶.mpg
- 视频位置：光盘\视频\第10章\实战199.mp4

• 实例介绍 •

在会声会影X7中，用户可以通过选项调整视频区间，下面向读者介绍通过选项调整视频区间的操作方法。

• 操作步骤 •

STEP 01 在时间轴面板的视频轨中，选择需要调整区间的视频素材。在视频素材上单击鼠标右键，在弹出的快捷菜单中选择“速度/时间流逝”选项，如图10-92所示。

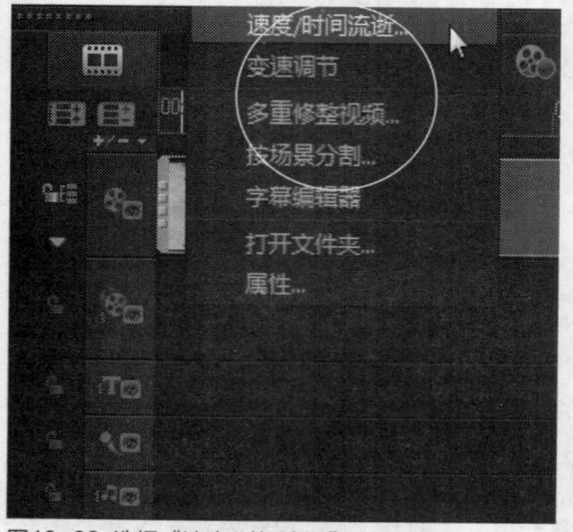

图10-92 选择“速度/时间流逝”选项

STEP 02 即可弹出“速度/时间流逝”对话框，在其中设置“新素材区间”为0:0:4:0，如图10-93所示。单击“确定”按钮，即可更改视频素材的区间长度。

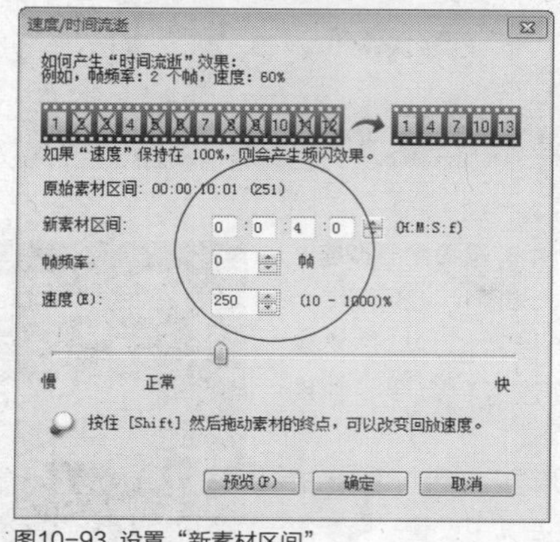

图10-93 设置“新素材区间”

技巧点拨

在电影中，用户常常可以看见视频画面时而播放速度特别快，时而播放速度又特别慢，这种视频播放效果用户可以在会声会影中制作出来。

制作方法很简单，用户只需在“速度/时间流逝”对话框中，更改“速度”右侧的参数即可。当用户将参数设定在100以下时，视频播放速度将会以慢速度进行播放；当用户将参数设定在100以上时，视频播放速度将会以快进速度进行播放。用户还可以拖曳下方“正常”选项上的滑块，来设定视频的参数，如图10-94所示。设置完成后，单击“确定”按钮，即可完成操作。

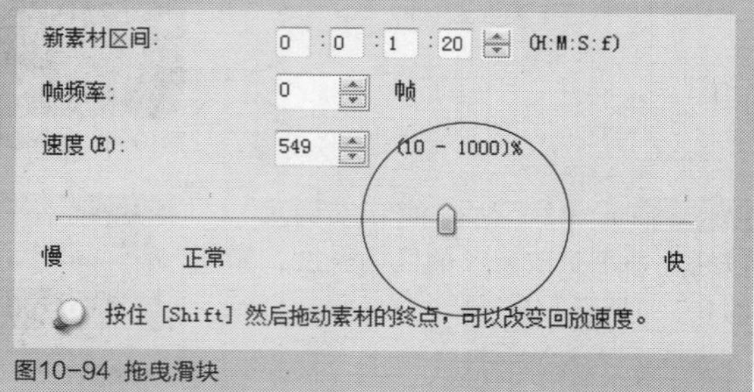

图10-94 拖曳滑块

实战200 通过数值框调整视频区间

- 实例位置：无
- 素材位置：无
- 视频位置：光盘\视频\第10章\实战200.mp4

• 实例介绍 •

在会声会影X7中，用户还可以通过数值框调整视频素材的区间长度。下面向读者介绍通过数值框调整视频区间的操作方法。

• 操作步骤 •

STEP 01 在会声会影X7中，选择需要调整区间长度的视频素材，展开“视频”选项面板，在“视频区间”数值框中输入0:00:10:00，如图10-95所示。

STEP 02 按【Enter】键确认，即可调整视频轨中视频素材的区间长度。

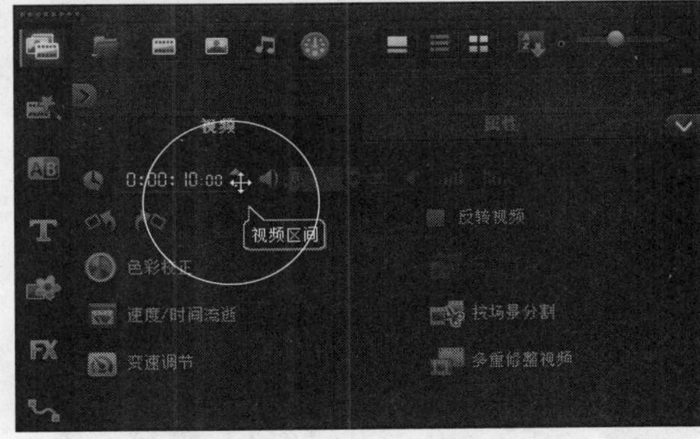

图10-95 输入数值

知识拓展

当用户使用“视频区间”数值框来更改视频的区间长度时，如果重新设置的视频区间比原始视频的区间要长，则无法进行区间的修改。只有当重新设置的视频区间比原始视频区间短的时候，才能对视频区间进行更改。

实战201 调整素材声音大小

▶实例位置：光盘\效果\第10章\兔子.VSP
▶素材位置：光盘\素材\第10章\兔子.mpg
▶视频位置：光盘\视频\第10章\实战201.mp4

• 实例介绍 •

在会声会影X7中，当用户进行视频编辑时，对视频素材的音量进行调整，可以使视频与画外音、背景音乐更加协调。下面向读者介绍调整素材声音大小的操作方法。

• 操作步骤 •

STEP 01 进入会声会影编辑器，在故事板中插入一段视频素材，如图10-96所示。

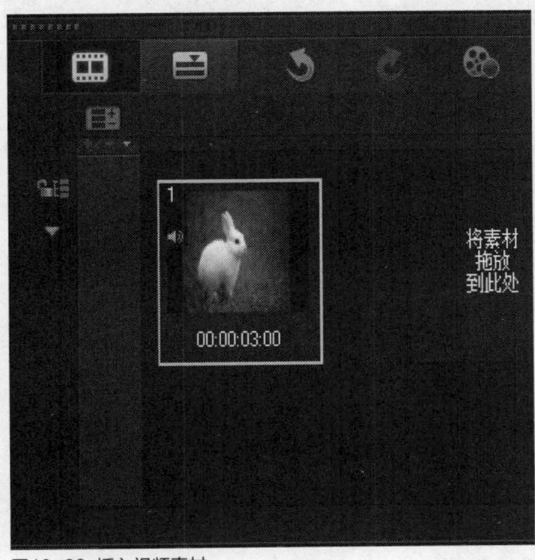

图10-96 插入视频素材

STEP 02 在窗口的右侧，单击“选项”按钮，如图10-97所示。

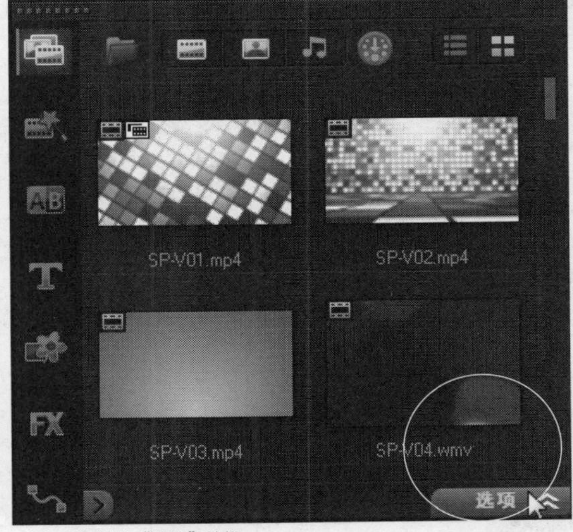

图10-97 单击“选项”按钮

STEP 03 展开“选项”面板，单击“素材音量”右侧的下拉按钮，如图10-98所示。

STEP 04 在弹出的列表框中，拖曳滑块调节音量，直至参数显示为250，如图10-99所示。

图10-98 单击下拉按钮

图10-99 参数显示为250

STEP 05 视频素材的音量设置完成后，单击导览面板中的“播放”按钮，查看视频画面并聆听音频效果，如图10-100所示。

图10-100 查看视频画面并聆听音频效果

技巧点拨

在会声会影X7中对视频进行编辑时，如果用户不需要使用视频的背景音乐，而需要重新添加一段音乐作为视频的背景音乐，可以将视频现有的背景音乐调整为静音。操作方法很简单，用户首先选择视频轨中需要调整为静音的视频素材，展开“视频”选项面板，单击“素材音量”右侧的“静音”按钮，如图10-101所示。执行操作后，即可设置视频素材的背景音乐为静音。

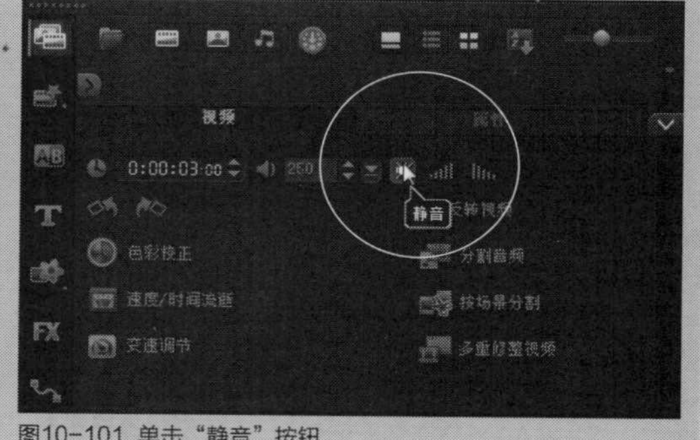

图10-101 单击“静音”按钮

实战202 通过命令分割视频与音频

▶ 实例位置：光盘\效果\第10章\情侣视频.VSP
▶ 素材位置：光盘\素材\第10章\情侣视频.mpg
▶ 视频位置：光盘\视频\第10章\实战202.mp4

• 实例介绍 •

在会声会影中进行视频编辑时，有时需要将视频素材的视频部分和音频部分进行分割，然后替换成其他音频或对音频部分做进一步的调整。下面向读者介绍将视频与音频分割的操作方法。在会声会影X7中，通过“分割音频”命令来分割视频与音频的操作方法。

• 操作步骤 •

STEP 01 进入会声会影编辑器，在时间轴面板的视频轨中插入一段视频素材，如图10-102所示。

图10-102 插入视频素材

STEP 02 在时间轴面板的视频轨中，选择需要分割音频的视频素材，如图10-103所示。

图10-103 选择视频素材

STEP 03 在菜单栏中，单击“编辑”|“分割音频”命令，如图10-104所示。

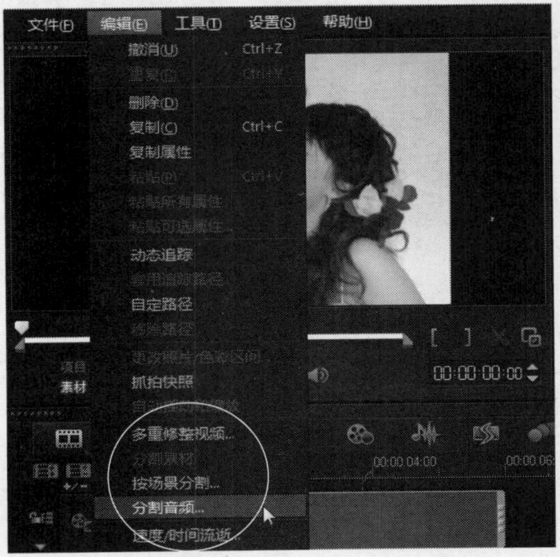

图10-104 单击命令

STEP 04 执行操作后，即可将视频中的背景音乐分割出来，显示在声音轨中，如图10-105所示。

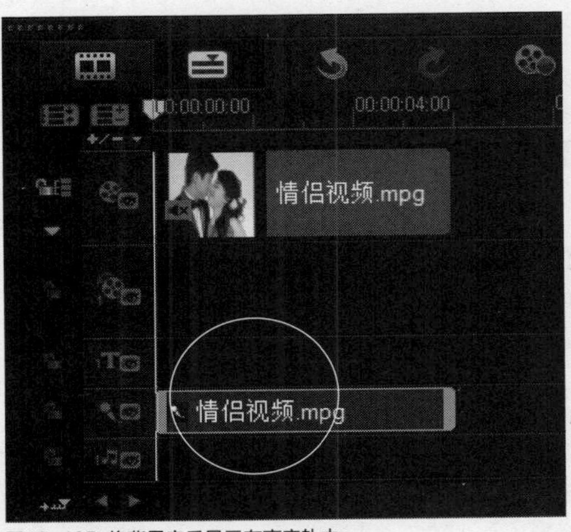

图10-105 将背景音乐显示在声音轨中

实战 203 通过选项分割视频与音频

▶实例位置：无
▶素材位置：光盘\素材\第10章\情侣视频.mpg
▶视频位置：光盘\视频\第10章\实战203.mp4

• 实例介绍 •

在会声会影X7中，用户可以通过选项分割视频与音频。下面向读者介绍通过选项分割视频与音频的操作方法。

• 操作步骤 •

STEP 01 在时间轴面板的视频轨中，选择需要分割音频的视频素材，在视频素材上单击鼠标右键，在弹出的快捷菜单中选择“分割音频”选项，如图10-106所示。

图10-106 选择“分割音频”选项

STEP 02 执行操作后，即可将视频与背景声音进行分割操作。

实战 204 通过按钮分割视频与音频

▶实例位置：无
▶素材位置：光盘\素材\第10章\情侣视频.mpg
▶视频位置：光盘\视频\第10章\实战204.mp4

• 实例介绍 •

在会声会影X7中，用户可以通过按钮分割视频与音频。下面向读者介绍通过按钮分割视频与音频的操作方法。

• 操作步骤 •

STEP 01 在时间轴面板的视频轨中，选择需要分割音频的视频素材，展开“视频”选项面板，在其中单击“分割音频”按钮，如图10-107所示。

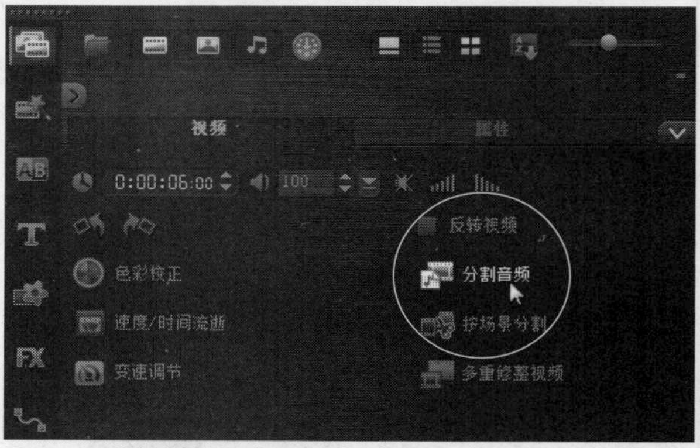

图10-107 单击“分割音频”按钮

STEP 02 执行操作后，即可将视频与背景声音进行分割操作。

实战 205 通过命令变速调节

▶实例位置：光盘\效果\第10章\竹林.VSP
▶素材位置：光盘\素材\第10章\竹林.mpg
▶视频位置：光盘\视频\第10章\实战205.mp4

• 实例介绍 •

使用会声会影X7中的变速调节功能，可以使用慢动作唤起视频中的剧情，或加快实现独特的缩时效果。下面向读者介绍在会声会影X7中，通过“变速调节”命令来编辑视频播放速度的操作方法。

● 操作步骤 ●

STEP 01 进入会声会影编辑器，在时间轴面板的视频轨中插入一段视频素材，如图10-108所示。

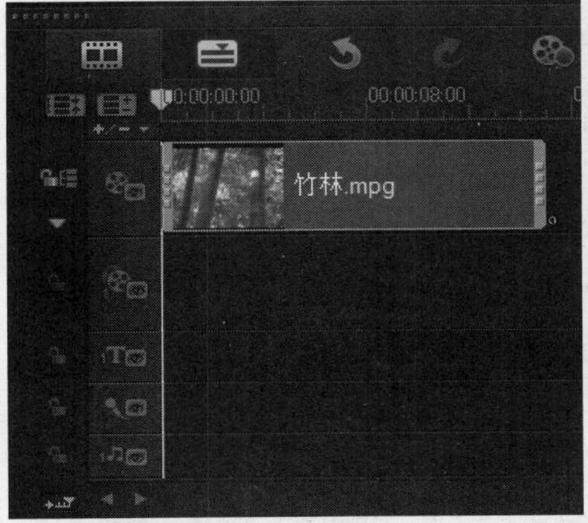

图10-108 插入视频素材

STEP 02 在菜单栏中，单击“编辑”|“变速调节”命令，如图10-109所示。

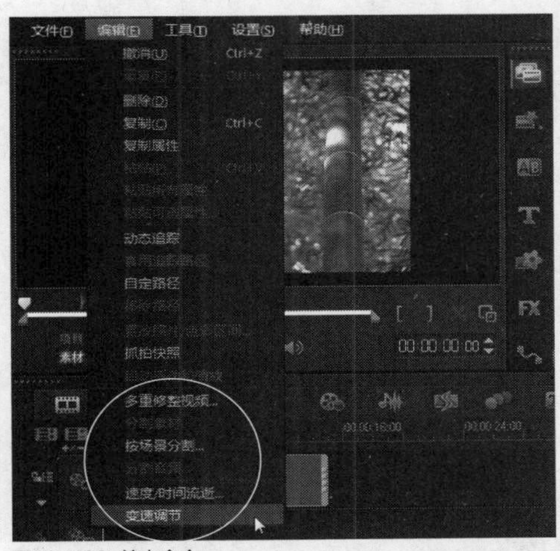

图10-109 单击命令

STEP 03 执行操作后，弹出“变速”对话框，如图10-110所示。

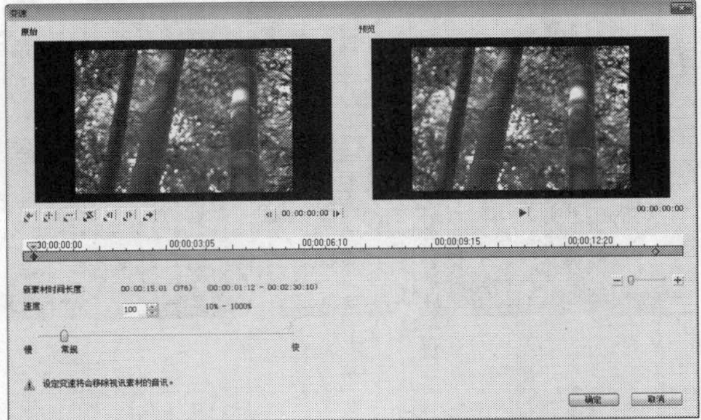

图10-110 弹出“变速”对话框

STEP 04 在中间的时间轴上，将时间线移至00:00:01:00的位置，如图10-111所示。

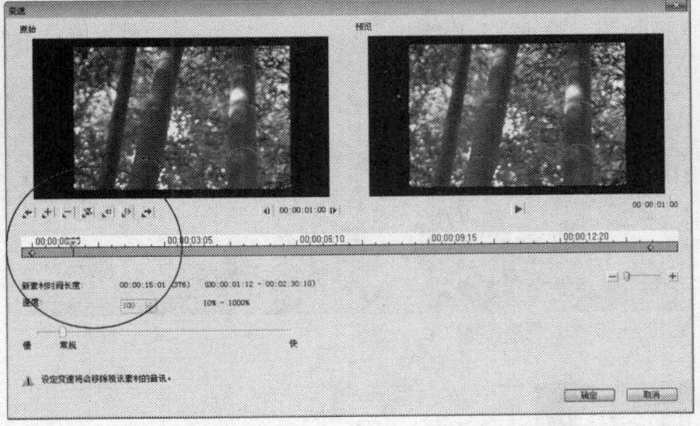

图10-111 移动时间线

STEP 05 单击“新增主画格”按钮，在时间线位置添加一个关键帧，如图10-112所示。

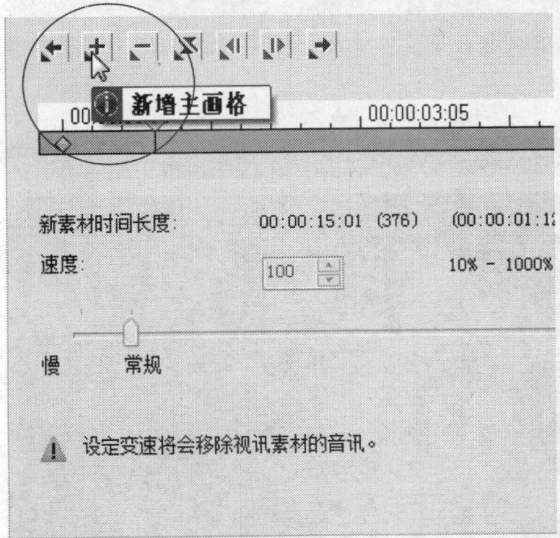

图10-112 添加一个关键帧

STEP 06 在“速度”右侧的数值框中，输入500，设置第一段区域中的视频以快进的速度进行播放，如图10-113所示。

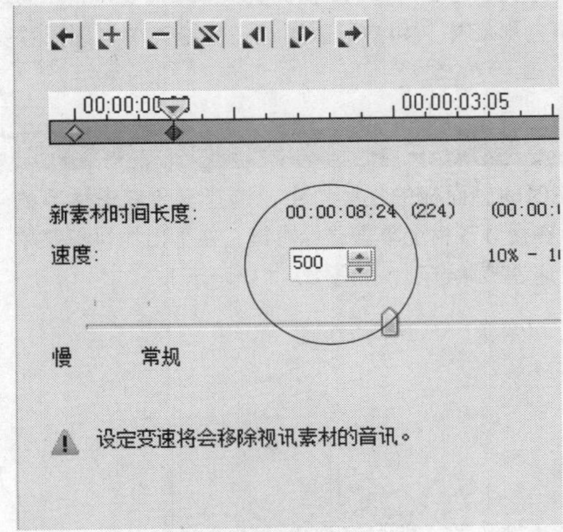

图10-113 以快进的速度进行播放

STEP 07 在中间的时间轴上，将时间线移至00:00:03:00的位置，如图10-114所示。

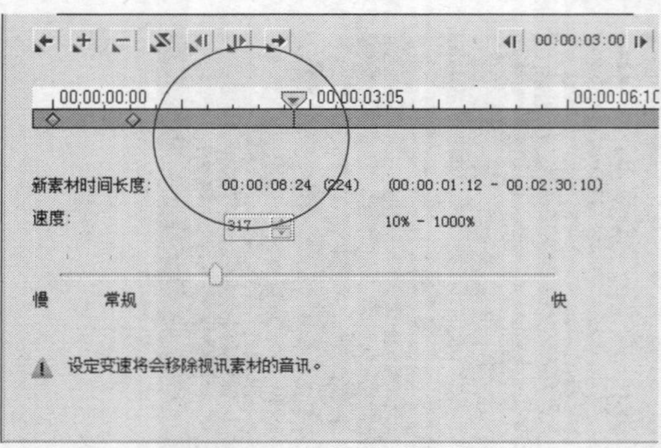

图10-114 移动时间线

STEP 08 单击“新增主画格”按钮，在时间线位置添加第2个关键帧，在“速度”右侧的数值框中，输入50，设置第2段区域中的视频以缓慢的速度进行播放，如图10-115所示。

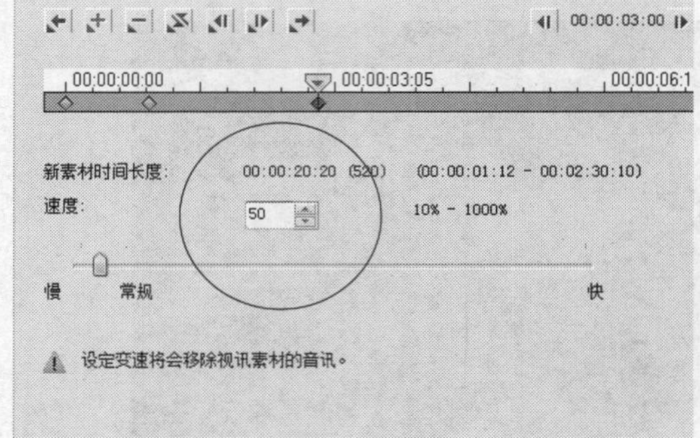

图10-115 以缓慢的速度进行播放

STEP 09 设置完成后，单击“确定”按钮，即可调整视频的播放速度，单击导览面板中的“播放”按钮，预览视频画面效果，如图10-116所示。

图10-116 预览视频画面效果

实战206 通过选项变速调节

▶实例位置：无
▶素材位置：光盘\素材\第10章\竹林.mpg
▶视频位置：光盘\视频\第10章\实战206.mp4

• 实例介绍 •

在会声会影X7中，用户可以通过在快捷菜单中选择“变速调节”选项调速。下面向读者介绍通过选项变速调节的操作方法。

• 操作步骤 •

STEP 01 在时间轴面板的视频轨中，选择需要变速调节的视频素材，在视频素材上单击鼠标右键，在弹出的快捷菜单中选择“变速调节”选项，如图10-117所示。

图10-117 选择“变速调节”选项

STEP 02 执行操作后，即可在弹出的对话框中对视频进行变速调节操作。

实战 207 通过按钮分割视频与音频

▶ 实例位置：无
▶ 素材位置：光盘\素材\第10章\竹林.mpg
▶ 视频位置：光盘\视频\第10章\实战207.mp4

• 实例介绍 •

在会声会影X7中，用户可以在“视频”选项面板中单击“变速调节”按钮调速。下面向读者介绍通过按钮变速调节的操作方法。

• 操作步骤 •

STEP 01 在时间轴面板的视频轨中，选择需要变速调节的视频素材，展开“视频”选项面板，在其中单击“变速调节”按钮，如图10-118所示。

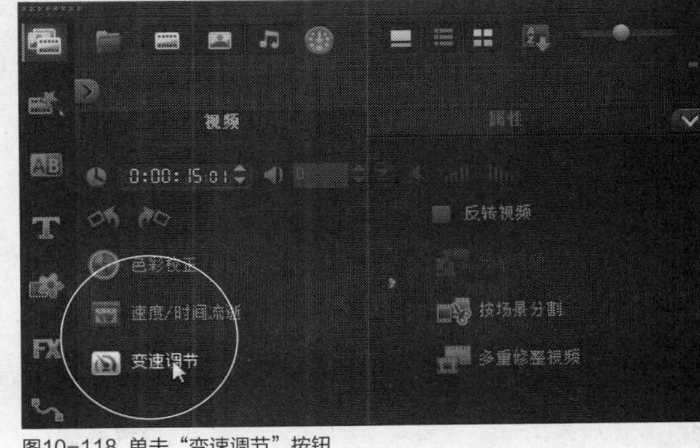

图10-118 单击“变速调节”按钮

STEP 02 执行操作后，即可在弹出的对话框中对视频进行变速调节操作。

实战 208 素材的撤销操作

▶ 实例位置：光盘\效果\第10章\风景.VSP
▶ 素材位置：光盘\素材\第10章\风景.mpg
▶ 视频位置：光盘\视频\第10章\实战208.mp4

• 实例介绍 •

在会声会影X7中编辑视频的过程中，用户可以对已完成的操作进行撤销操作，熟练地运用撤销功能将会给工作带来极大的方便。如果用户对视频素材进行了错误操作，此时可以对错误的操作进行撤销，撤销至之前正确的状态。下面向读者介绍撤销视频操作的方法。

• 操作步骤 •

STEP 01 进入会声会影编辑器，在时间轴面板的视频轨中插入一段视频素材，如图10-119所示。

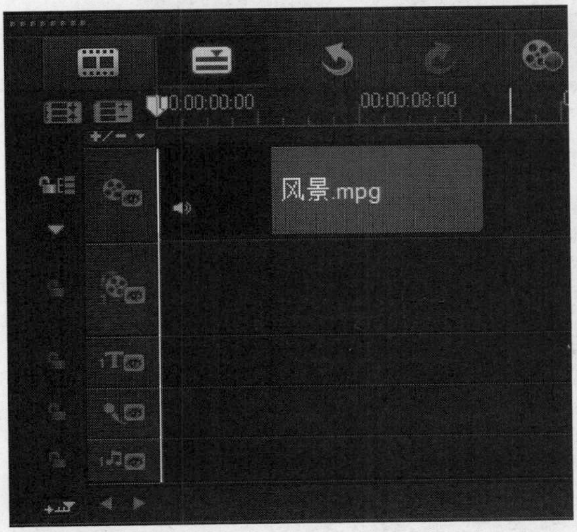

图10-119 插入视频素材

STEP 02 在时间轴面板中，将时间线移至00:00:04:00的位置处，如图10-120所示。

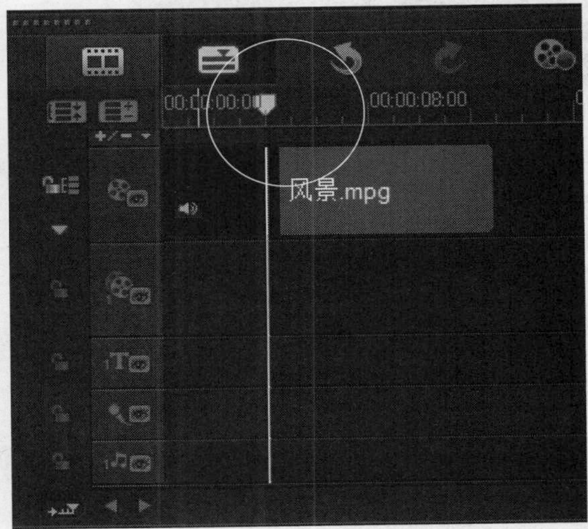

图10-120 移动时间线

STEP 03 在菜单栏中，单击“编辑”|“分割素材”命令，如图10-121所示。

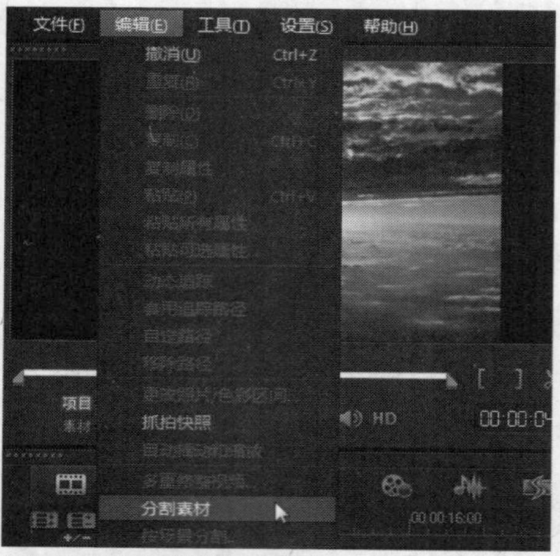

图10-121 单击“分割素材”命令

STEP 04 执行操作后，即可将视频素材分割为两段，如图10-122所示。

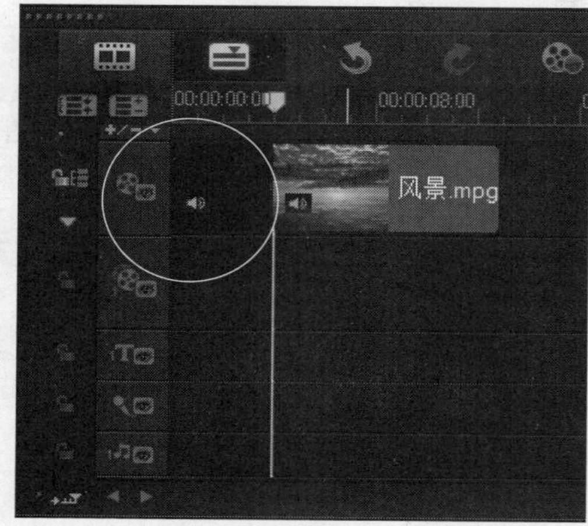

图10-122 分割为两段

技巧点拨

在会声会影X7中，选择需要分割的视频文件后，按【Ctrl + I】组合键，也可以快速分割视频。

STEP 05 如果用户不需要对视频进行分割，此时需要撤销素材被分割前的状态，在菜单栏中单击“编辑”|“撤销”命令，如图10-123所示。

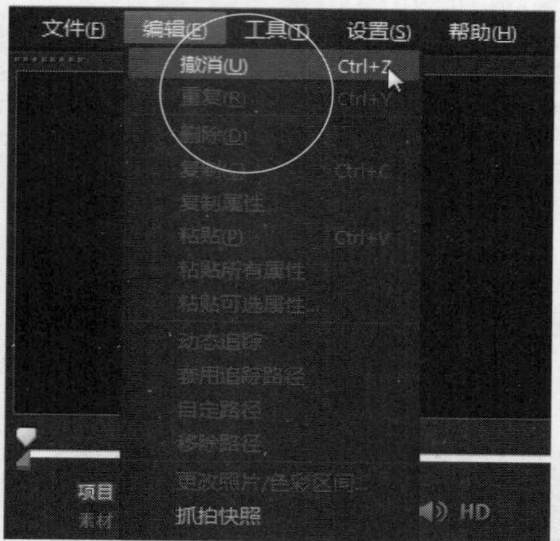

图10-123 单击“编辑”|“撤销”命令

STEP 06 执行操作后，即可将视频撤销至之前的状态，如图10-124所示，撤销视频的分割操作。

图10-124 撤销至之前的状态

STEP 07 单击导览面板中的“播放”按钮，预览视频画面效果，如图10-125所示。

图10-125 预览视频画面效果

图10-125 预览视频画面效果（续）

10.3 使用动态追踪视频画面

在会声会影X7中，视频画面的“动态追踪”功能是软件的一个新增功能，该功能可以瞄准并跟踪屏幕上移动的物体，然后对视频画面进行相应编辑操作。本节主要向读者介绍使用动态追踪视频画面的操作方法。

实战 209 动态追踪画面

▶实例位置：光盘\效果\第10章\植物.VSP
▶素材位置：光盘\素材\第10章\植物.mpg
▶视频位置：光盘\视频\第10章\实战209.mp4

• 实例介绍 •

在会声会影X7中，用户可以使用“动态追踪”功能。下面向读者介绍在会声会影X7中，使用“动态追踪”功能跟踪屏幕物体的操作方法。

• 操作步骤 •

STEP 01 进入会声会影X7编辑器，单击“工具”|“动态追踪”命令，如图10-126所示。

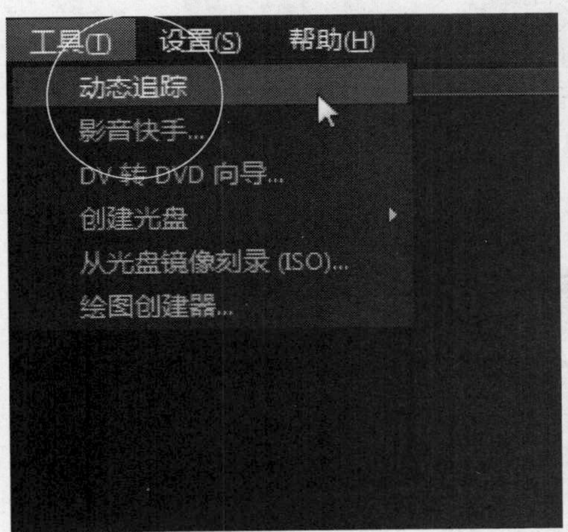

图10-126 单击“工具”|“动态追踪”命令

STEP 02 弹出相应对话框，选择需要进行动态追踪的视频文件，如图10-127所示。

图10-127 选择视频文件

STEP 03 单击“打开”按钮，弹出“动态追踪”对话框，如图10-128所示。

STEP 04 在对话框下方，单击“设定追踪范围为区域”按钮，然后在上方窗格中指定追踪区域，如图10-129所示。

图10-128 弹出“动态追踪”对话框

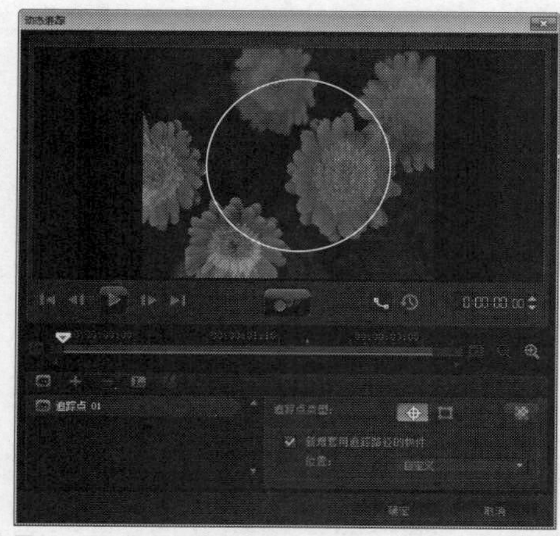

图10-129 指定追踪区域

技巧点拨

在会声会影X7中，用户还可以在视频轨中选择需要动态追踪的视频文件，然后单击“编辑”|“动态追踪”命令，也可以弹出“动态追踪”对话框。

STEP 05 设定完成后，单击“动态追踪”按钮，如图10-130所示。

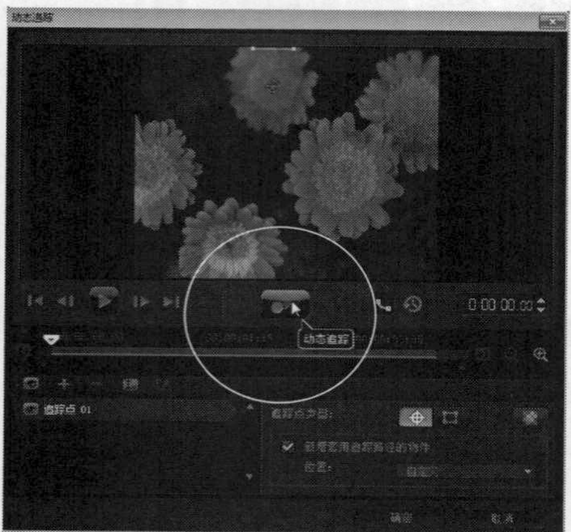

图10-130 单击“动态追踪”按钮

STEP 06 执行操作后，即可开始播放视频文件，并显示动态追踪信息，如图10-131所示。

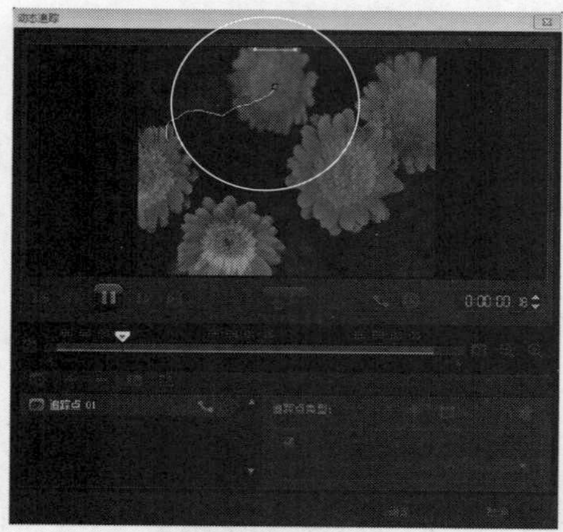

图10-131 显示动态追踪信息

STEP 07 待视频播放完成后，在上方窗格中即可显示动态追踪路径，路径线条以青色线表示，如图10-132所示。

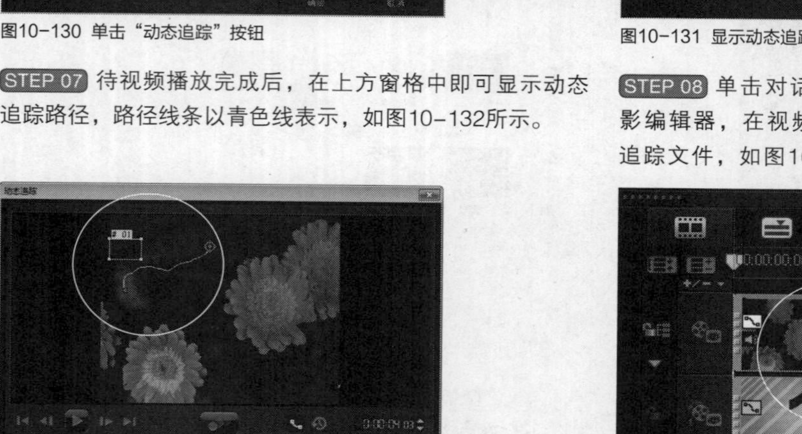

图10-132 路径线条以青色线表示

STEP 08 单击对话框下方的“确定”按钮，返回会声会影编辑器，在视频轨和覆叠轨中显示了视频文件与动态追踪文件，如图10-133所示，完成视频动态追踪操作。

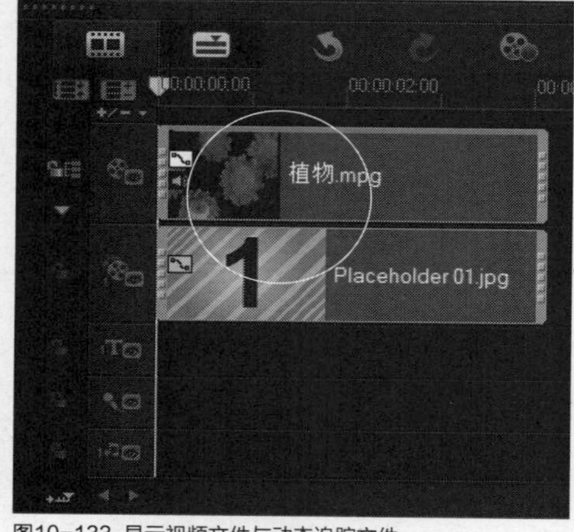

图10-133 显示视频文件与动态追踪文件

STEP 09 单击“播放”按钮，预览视频画面动态追踪效果，如图10–134所示。

图10–134 预览视频画面动态追踪效果

实战 210 匹配动态追踪

▶ 实例位置：光盘\效果\第10章\视频背景.VSP
▶ 素材位置：光盘\素材\第10章\视频背景.VSP、跑步前进.jpg
▶ 视频位置：光盘\视频\第10章\实战210.mp4

• 实例介绍 •

在会声会影X7的“自定路径”对话框中，用户可以设置视频的动画属性和运动效果。下面向读者介绍匹配动态追踪的操作方法。

• 操作步骤 •

STEP 01 进入会声会影编辑器，单击“文件”|“打开项目”命令，打开一个项目文件，如图10–135所示。

STEP 02 在预览窗口中，可以预览视频画面效果，如图10–136所示。

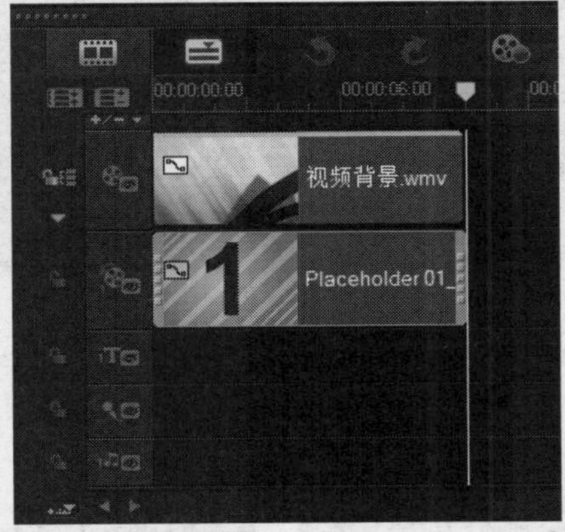

图10–135 打开项目文件

图10–136 预览视频画面效果

STEP 03 在时间轴面板的覆叠轨中，选择相应素材文件，如图10–137所示。

STEP 04 在素材文件上，单击鼠标右键，在弹出的快捷菜单中选择“替换素材”|“照片”选项，如图10–138所示。

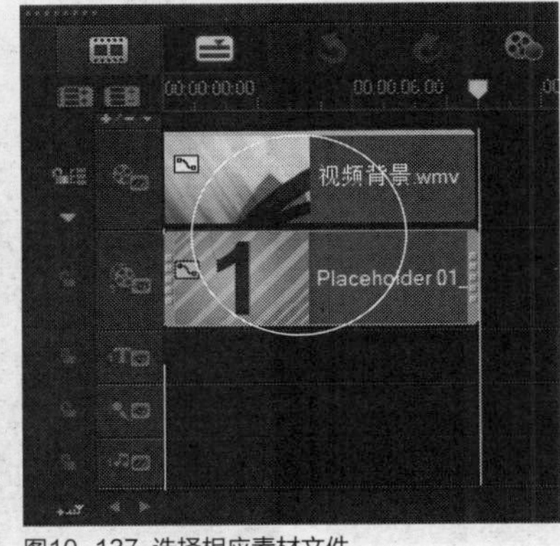

图10–137 选择相应素材文件

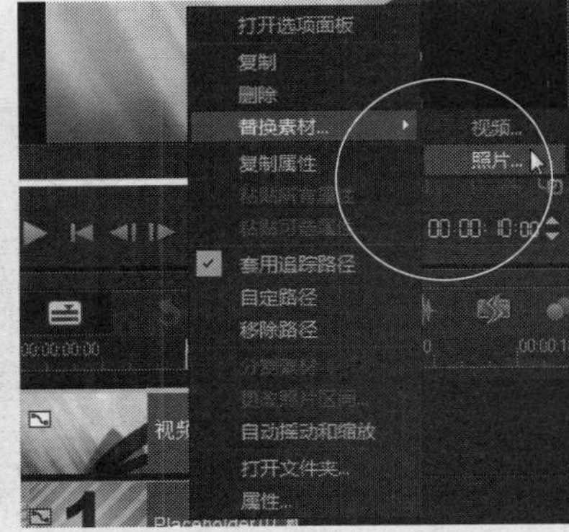

图10–138 选择“替换素材”|“照片”选项

STEP 05 弹出“替换/重新链接素材”对话框，在其中选择需要的照片素材，如图10-139所示。

图10-139 选择需要的照片素材

STEP 06 单击“打开”按钮，即可替换照片素材，如图10-140所示。

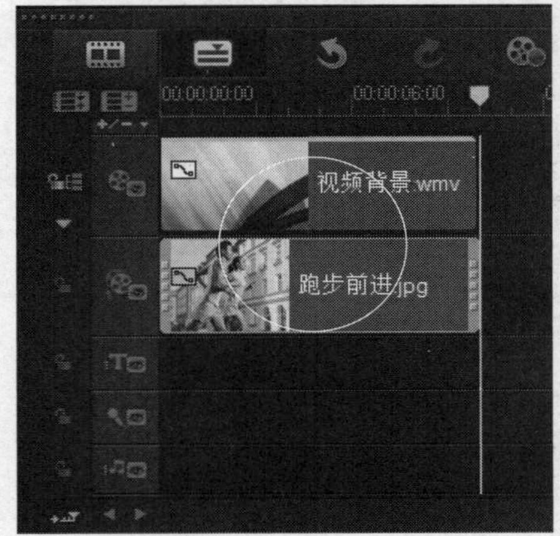

图10-140 替换照片素材

STEP 07 在菜单栏中，单击“编辑”|“自定路径”命令，如图10-141所示。

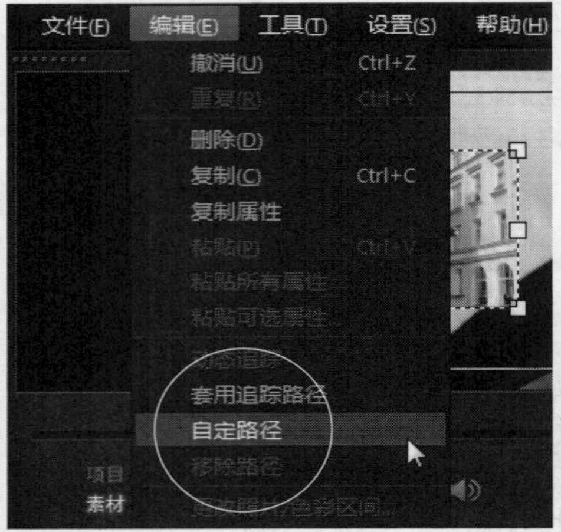

图10-141 单击命令

STEP 08 执行操作后，弹出“自定路径”对话框，如图10-142所示。

图10-142 “自定路径”对话框

STEP 09 在“位置”选项区中，设置X为-70，Y为8；在“大小”选项区中，设置X为54，Y为48。然后在预览窗口中对素材画面进行扭曲变形操作，如图10-143所示。

图10-143 对素材画面进行扭曲变形操作

STEP 10 在“自定路径”对话框中，选择最后一个关键帧，显示视频效果，如图10-144所示。

图10-144 显示视频效果

STEP 11 在“位置”选项区中，设置X为0，Y为0；在“大小”选项区中，设置X为58，Y为52。然后在预览窗口中对素材画面进行扭曲变形操作，如图10-145所示。

图10-145 对素材画面进行扭曲变形操作

STEP 12 运动效果制作完成后，单击“确定”按钮，返回会声会影编辑器，单击“播放”按钮，预览视频画面效果，如图10-146所示。

图10-146 预览视频画面效果

10.4 添加路径运动效果

在会声会影X7中，新增了一项路径动画功能，用户将软件自带的路径动画添加至视频画面上，可以制作出视频的画中画效果，可以增强视频的感染力。本节主要向读者介绍为素材添加路径运动效果的操作方法。

实战 211 导入路径

- ▶实例位置：无
- ▶素材位置：光盘\素材\第10章\UserPathStyle.vps
- ▶视频位置：光盘\视频\第10章\实战211.mp4

• 实例介绍 •

在会声会影X7中，用户可以使用软件自带的路径动画效果，还可以导入外部的路径动画效果。下面向读者介绍在会声会影X7中，导入外部的路径动画效果的操作方法。

• 操作步骤 •

STEP 01 切换至“路径”素材库，单击“导入路径”按钮，如图10-147所示。

STEP 02 执行操作后，弹出“浏览”对话框，在其中用户可根据需要选择要导入的路径文件，如图10-148所示。单击“打开”按钮，即可将路径文件导入“路径”面板中。

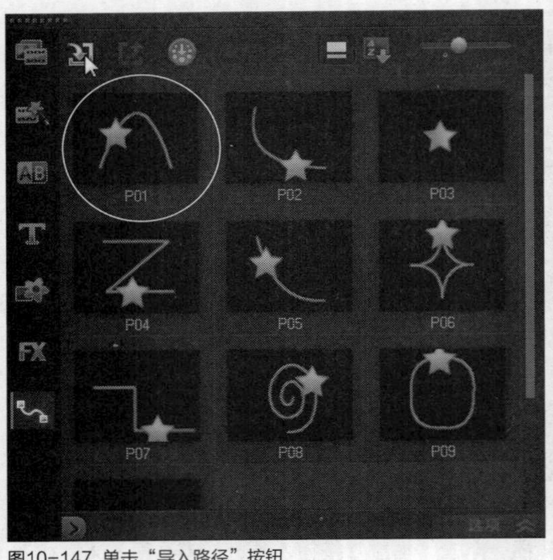

图10-147 单击“导入路径”按钮

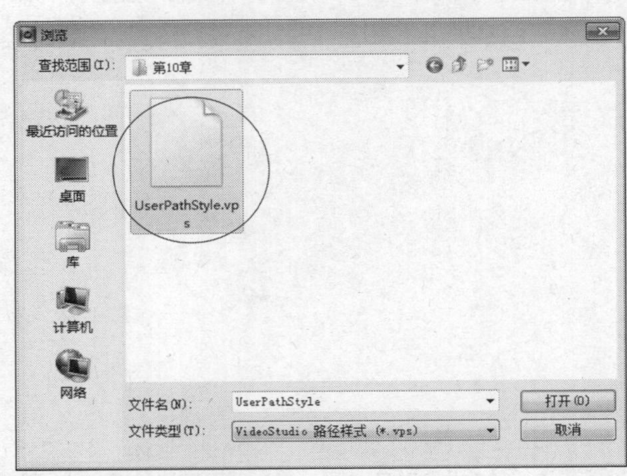

图10-148 选择要导入的路径文件

技巧点拨

在“路径”素材库中的空白位置上单击鼠标右键，在弹出的快捷菜单中选择“导入路径”选项，也可以弹出“浏览”对话框，导入外部路径文件。

实战 212 为视频添加路径

▶实例位置：光盘\效果\第10章\饮料.VSP
▶素材位置：光盘\素材\第10章\饮料.VSP
▶视频位置：光盘\视频\第10章\实战212.mp4

• 实例介绍 •

在会声会影X7中，可以为视频轨中的视频或图像素材添加路径运动效果，使视频更有吸引力。

• 操作步骤 •

STEP 01 进入会声会影编辑器，单击“文件”|“打开项目”命令，打开一个项目文件，如图10-149所示。

STEP 02 在预览窗口中，可以预览视频的画面效果，如图10-150所示。

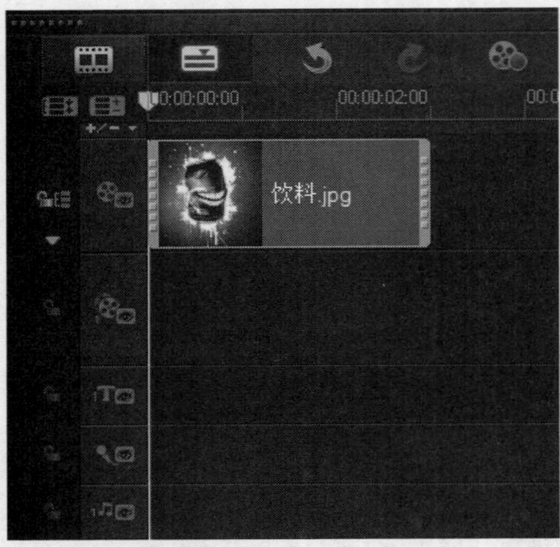

图10-149 打开项目文件

图10-150 预览视频画面效果

STEP 03 在素材库的左侧，单击“路径”按钮，如图10-151所示。

STEP 04 进入“路径”素材库，在其中选择P07路径运动效果，如图10-152所示。

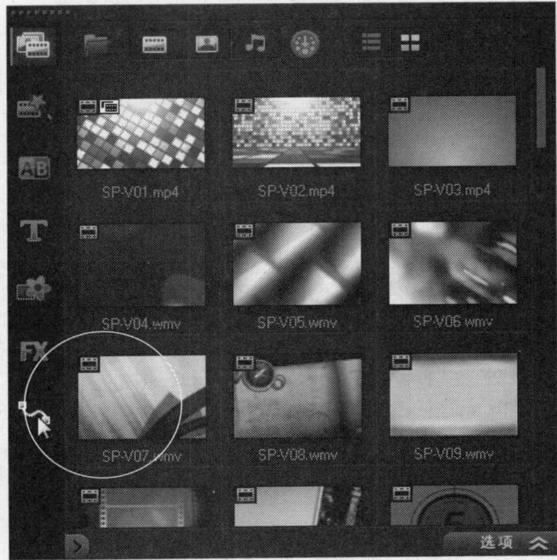

图10-151 单击"路径"按钮

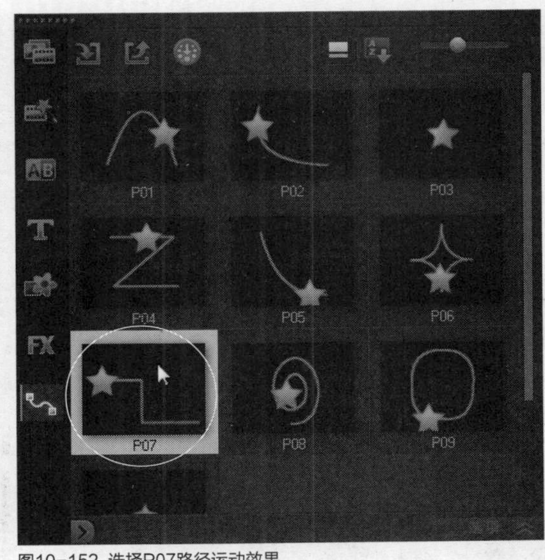

图10-152 选择P07路径运动效果

STEP 05 将选择的路径运动效果拖曳至视频轨中的素材图像上，如图10-153所示。

STEP 06 释放鼠标左键，即可为素材添加路径运动效果，在预览窗口中可以预览素材画面，如图10-154所示。

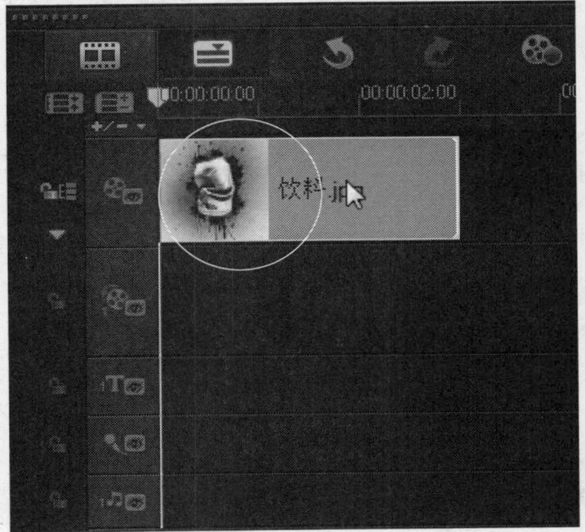

图10-153 拖曳至素材图像

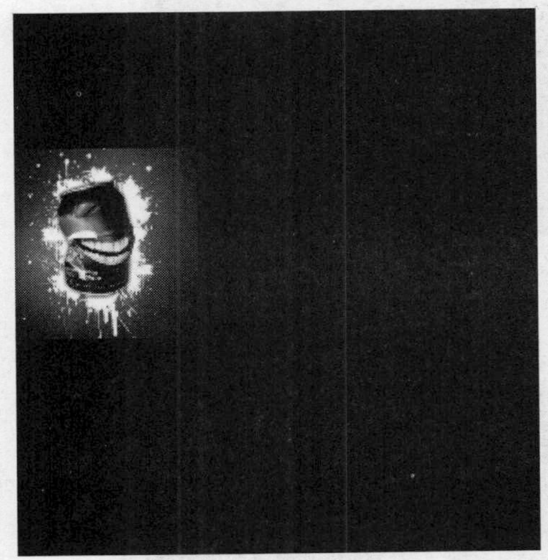
图10-154 在预览窗口中可以预览素材画面

STEP 07 单击导览面板中的"播放"按钮，预览添加路径运动效果后的视频画面，如图10-155所示。

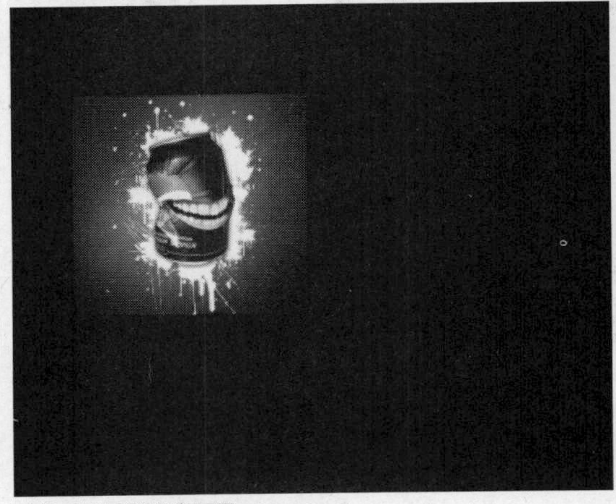

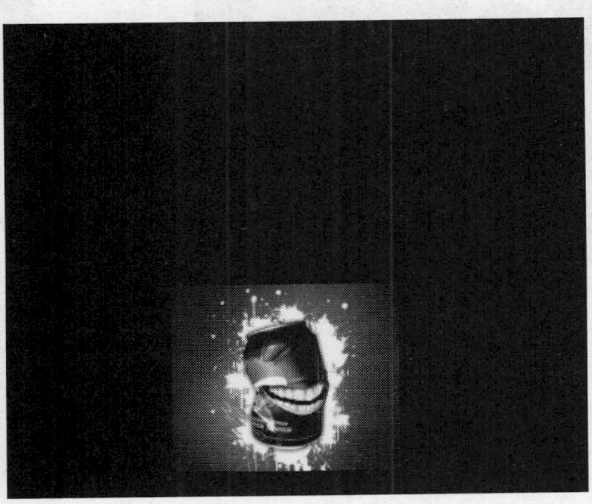
图10-155 预览视频画面

实战213 为覆叠添加路径

▶实例位置：光盘\效果\第10章\非主流画面.VSP
▶素材位置：光盘\素材\第10章\非主流画面.VSP
▶视频位置：光盘\视频\第10章\实战213.mp4

• 实例介绍 •

在会声会影X7中，用户可根据需要为覆叠轨中的素材添加路径效果，以制作出类似电视中的画中画特效。下面向读者介绍为覆叠素材添加路径动画的操作方法。

• 操作步骤 •

STEP 01 进入会声会影编辑器，单击“文件”|“打开项目”命令，打开一个项目文件，如图10-156所示。

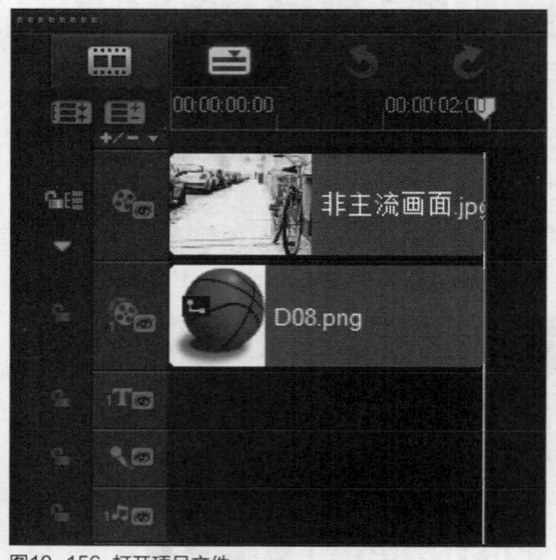

图10-156 打开项目文件

STEP 02 在预览窗口中，可以预览视频的画面效果，如图10-157所示。

图10-157 预览视频画面效果

STEP 03 在时间轴面板中，选择覆叠轨中需要添加路径动画的素材，如图10-158所示。

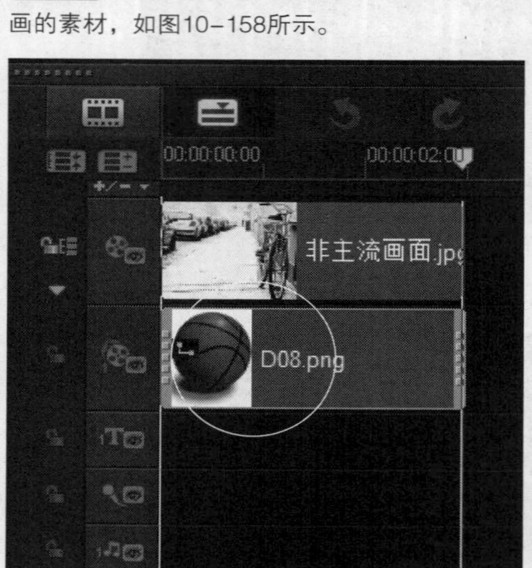

图10-158 选择需要添加路径动画的素材

STEP 04 此时，预览窗口中的覆叠素材将被选中，如图10-159所示。

图10-159 预览窗口中的素材被选中

STEP 05 在素材库的左侧，单击“路径”按钮，进入“路径”素材库，在其中选择P09路径运动效果，如图10-160所示。

STEP 06 将选择的路径运动效果拖曳至覆叠轨中的素材图像上，如图10-161所示，释放鼠标左键，即可为素材添加路径运动效果。

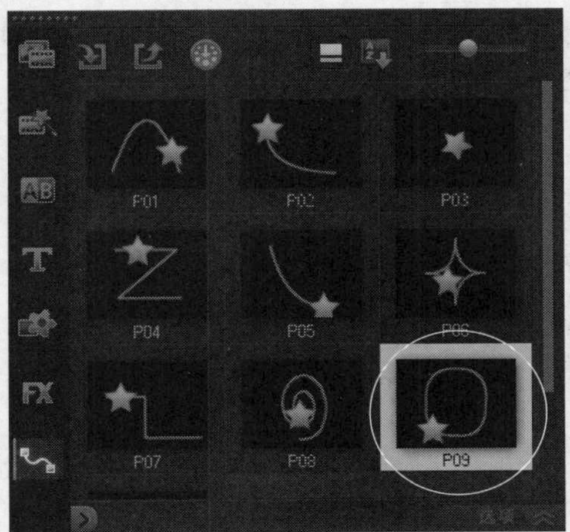

图10-160 选择P09路径运动效果

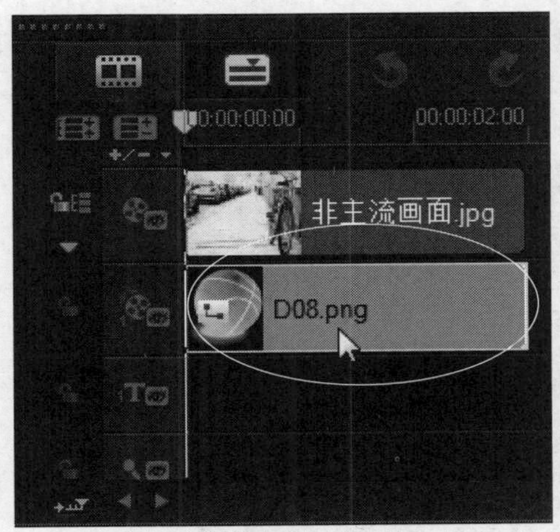

图10-161 拖曳至素材图像

STEP 07 单击导览面板中的"播放"按钮，预览添加路径运动效果后的视频画面，如图10-162所示。

图10-162 预览视频画面

实战 214 自定路径效果

▶ 实例位置：光盘\效果\第10章\真爱回味.VSP
▶ 素材位置：光盘\素材\第10章\真爱回味.jpg、真爱回味.png
▶ 视频位置：光盘\视频\第10章\实战214.mp4

• 实例介绍 •

在会声会影X7中，当用户为视频或图像素材添加路径效果后，还可以对路径的运动路径进行编辑和修改操作，使制作的路径效果更加符合用户的需求。下面向读者介绍自定路径效果的方法。

• 操作步骤 •

STEP 01 进入会声会影X7编辑器，在视频轨中插入一幅素材图像，如图10-163所示。

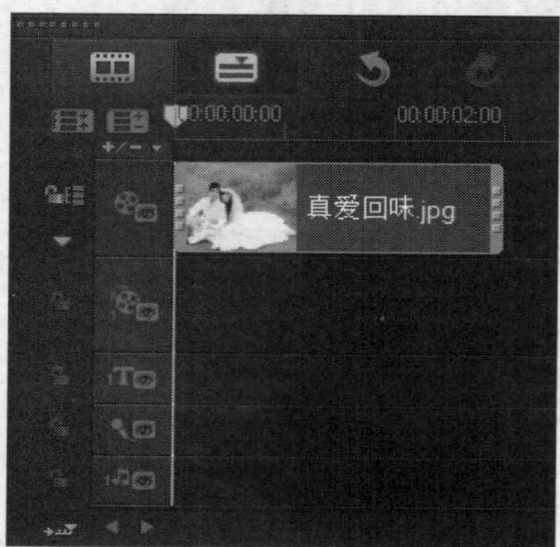

图10-163 插入素材图像

STEP 02 在预览窗口中，可以预览视频轨中的素材画面，如图10-164所示。

图10-164 预览素材画面

STEP 03 用相同的方法，在覆叠轨中插入一幅素材图像，如图10-165所示。

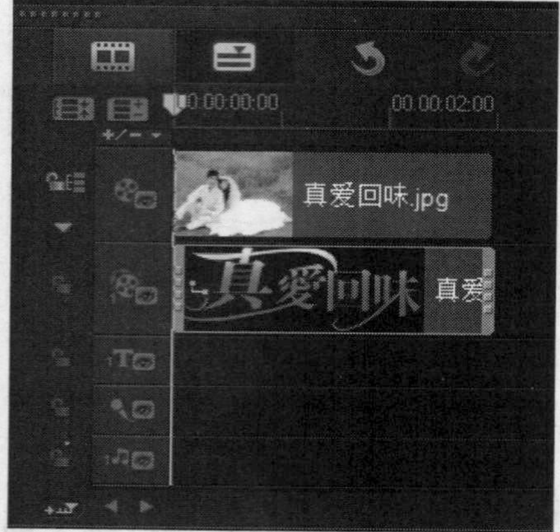

图10-165 插入素材图像

STEP 04 在预览窗口中，可以预览覆叠轨中的素材画面，如图10-166所示。

图10-166 预览覆叠轨中的素材画面

STEP 05 在菜单栏中，单击"编辑"|"自定路径"命令，如图10-167所示。

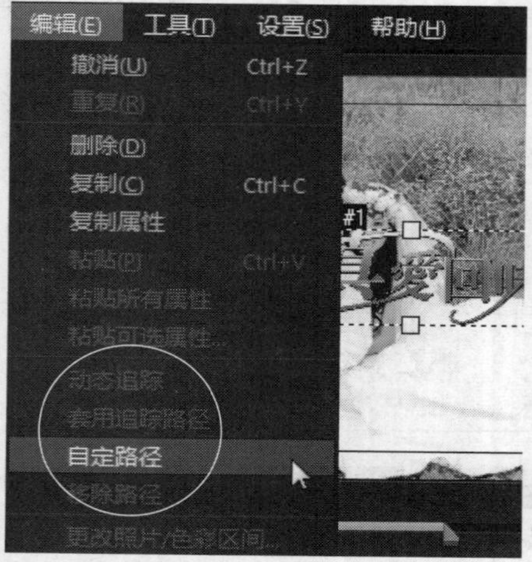

图10-167 单击"自定路径"命令

STEP 06 执行操作后，弹出"自定路径"对话框，如图10-168所示。

图10-168 弹出"自定路径"对话框

STEP 07 在“位置”选项区中，设置X为-60，Y为72；在“大小”选项区中，设置X和Y均为33，并在对话框上方调整素材起始关键帧位置，如图10-169所示。

图10-169 调整素材起始关键帧位置

STEP 08 将时间线移至0:00:00:22的位置处，添加一个关键帧，在“位置”选项区中，设置X为-46，Y为-72；在“大小”选项区中，设置X和Y均为47，如图10-170所示。

图10-170 设置各参数

STEP 09 将时间线移至0:00:01:22的位置处，添加一个关键帧，在“位置”选项区中，设置X为42，Y为-74；在“大小”选项区中，设置X和Y均为48，如图10-171所示。

图10-171 设置X和Y均为48

STEP 10 选择最后一个关键帧，在“位置”选项区中，设置X为46，Y为68；在“大小”选项区中，设置X和Y均为50，如图10-172所示。

图10-172 设置X和Y均为50

STEP 11 参数设置完成后，在对话框上方的预览窗口中，拖曳各关键帧之间的青色线条，使线条变得平滑、柔软，调整覆叠素材的运动路径，如图10-173所示。

图10-173 调整覆叠素材的运动路径

技巧点拨

在覆叠轨中选择需要自定义路径效果的素材，在素材上单击鼠标右键，在弹出的快捷菜单中选择“自定义运动”选项，也可以快速弹出“自定义运动”对话框。

STEP 12 设置完成后，单击“确定”按钮，即可自定义路径动画，单击导览面板中的“播放”按钮，预览视频画面效果，如图10-174所示。

视频画面（1）

视频画面（2）

视频画面（3）

视频画面（4）

图10-174 预览视频画面效果

知识拓展

在“自定义运动”对话框中，中间一排按钮的含义如下。

- “前面”按钮：将时间线定位到时间轴中第一个关键帧的位置。
- “上一个关键帧”按钮：将时间线定位到上一个关键帧的位置。
- “播放”按钮：播放或暂停视频运动效果。
- “下一个关键帧”按钮：将时间线定位到下一个关键帧的位置。
- “后面”按钮：将时间线定位到时间轴中最后一个关键帧的位置。
- “添加关键帧”按钮：可以添加一个关键帧。
- “删除关键帧”按钮：可以删除一个关键帧。
- “转到前一个关键帧”按钮：将时间线转到前一个关键帧所在的位置。
- “反向关键帧”按钮：反向调整关键帧位置。
- “将关键帧移动到左侧”按钮：向左侧移动关键帧的位置，每单击一次，可以移动一帧的位置。
- “将关键帧移动到右侧”按钮：向右侧移动关键帧的位置，每单击一次，可以移动一帧的位置。
- “转到下一个关键帧帧”按钮：将时间线转到下一个关键帧所在的位置。

实战215 通过命令移除路径效果

- 实例位置：无
- 素材位置：光盘\效果\第10章\真爱回味.VSP
- 视频位置：光盘\视频\第10章\实战215.mp4

• 实例介绍 •

在会声会影X7中，如果用户不需要在图像中添加路径效果，可以将路径效果进行删除，撤销图像至原始状态。在会声会影X7中，通过菜单栏中的“移除路径”命令删除路径效果的方法很简单。

• 操作步骤 •

STEP 01 在视频轨或覆叠轨中，选择需要删除路径效果的素材文件，在菜单栏中单击“编辑”|“移除路径”命令，如图10-175所示。

STEP 02 执行操作后，即可删除素材中已添加的路径运动效果。

图10-175 单击“编辑”|“移除路径”命令

实战 216 通过选项移除路径效果

▶ 实例位置：无
▶ 素材位置：光盘\效果\第10章\真爱回味.VSP
▶ 视频位置：光盘\视频\第10章\实战216.mp4

• 实例介绍 •

在会声会影X7中，通过快捷菜单中的“移除路径”选项删除路径效果的方法很简单。下面向读者介绍移除路径效果的操作方法。

• 操作步骤 •

STEP 01 在视频轨或覆叠轨中，选择需要删除路径效果的素材文件，在素材文件上，单击鼠标右键，在弹出的快捷菜单中选择“移除路径”选项，如图10-176所示。

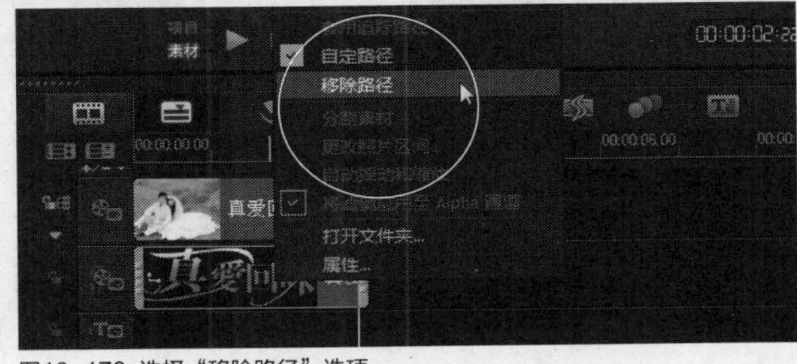

图10-176 选择“移除路径”选项

STEP 02 执行操作后，即可移除素材中已添加的路径运动效果。

10.5 添加摇动与缩放效果

在会声会影X7中，摇动与缩放效果是针对图像而言的。在时间轴面板中添加图像文件后，即可在选项面板中为图像添加摇动和缩放效果，使静态的图像运动起来，增强画面的视觉感染力。本节主要向读者介绍为素材添加摇动与缩放效果的操作方法。

实战 217 通过命令添加动画效果

▶ 实例位置：光盘\效果\第10章\美丽青春.VSP
▶ 素材位置：光盘\素材\第10章\美丽青春.jpg
▶ 视频位置：光盘\视频\第10章\实战217.mp4

• 实例介绍 •

使用会声会影X7默认提供的摇动和缩放功能，可以使静态图像产生动态的效果，使制作出来的影片更加生动、形象。下面向读者介绍在会声会影X7中，通过“自动摇动和缩放”命令来制作图像摇动和缩放效果的操作方法。

• 操作步骤 •

STEP 01 进入会声会影X7编辑器，在视频轨中插入一幅素材图像，如图10-177所示。

STEP 02 在菜单栏中，单击“编辑”|“自动摇动和缩放”命令，如图10-178所示。

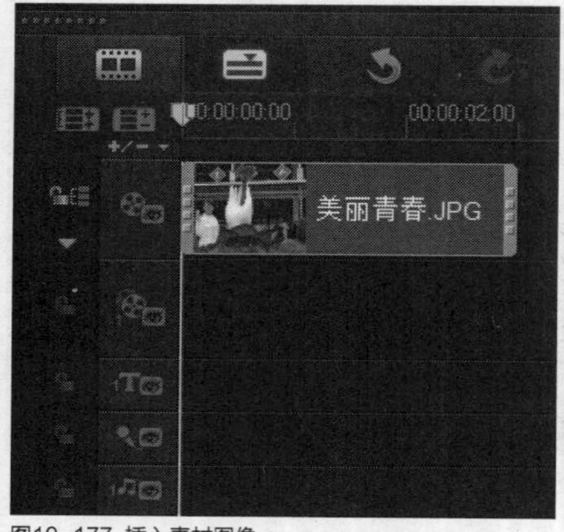

图10-177 插入素材图像

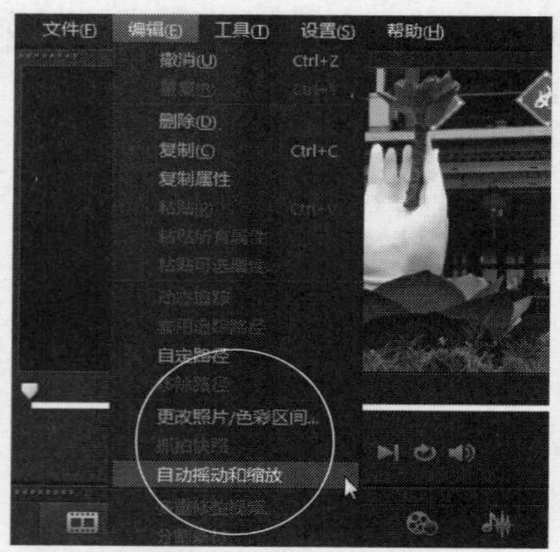

图10-178 单击命令

STEP 03 执行操作后，即可添加自动摇动和缩放效果，单击导览面板中的“播放”按钮，即可预览添加的摇动和缩放效果，如图10-179所示。

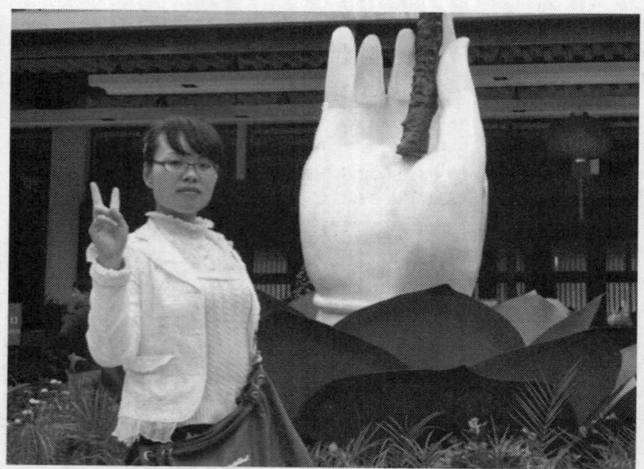

图10-179 预览添加的摇动和缩放效果

实战218 通过选项添加动画效果

▶实例位置：光盘\效果\第10章\旅游照片.VSP
▶素材位置：光盘\素材\第10章\旅游照片.jpg
▶视频位置：光盘\视频\第10章\实战218.mp4

• 实例介绍 •

使用会声会影X7默认提供的摇动和缩放功能，可以使静态图像产生动态的效果，使制作出来的影片更加生动、形象。下面向读者介绍通过“自动摇动和缩放”选项添加图像动画效果的具体操作方法。

• 操作步骤 •

STEP 01 进入会声会影X7编辑器，在视频轨中插入一幅素材图像，如图10-180所示。

STEP 02 在素材图像上，单击鼠标右键，在弹出的快捷菜单中选择“自动摇动和缩放”选项，如图10-181所示。

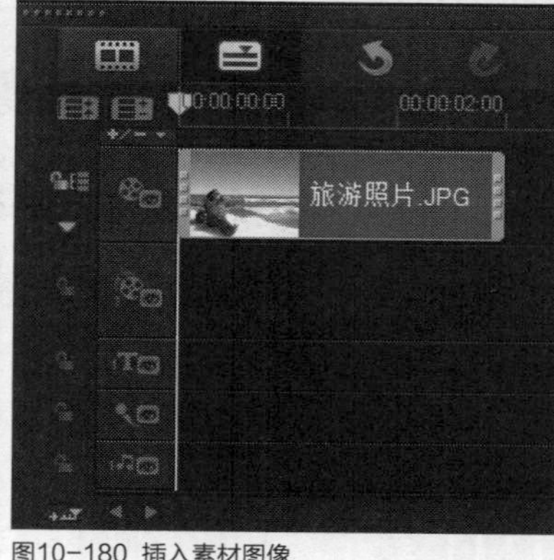

图10-180 插入素材图像

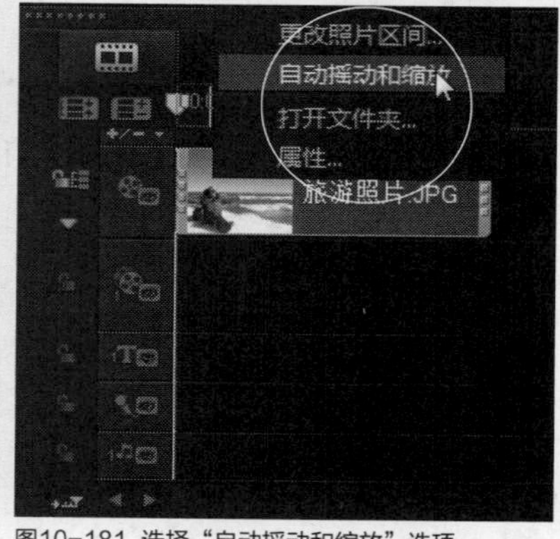

图10-181 选择“自动摇动和缩放”选项

STEP 03 执行操作后，即可添加自动摇动和缩放效果，单击导览面板中的“播放”按钮，即可预览添加的摇动和缩放效果，如图10-182所示。

图10-182 预览添加的摇动和缩放效果

实战 219 通过面板添加动画效果

▶实例位置：光盘\效果\第10章\棉花糖.VSP
▶素材位置：光盘\素材\第10章\棉花糖.jpg
▶视频位置：光盘\视频\第10章\实战219.mp4

• 实例介绍 •

在会声会影X7中，用户可以通过面板添加动画效果。下面向读者介绍在“照片”选项面板中，添加自动摇动和缩放动画效果的操作方法。

• 操作步骤 •

STEP 01 进入会声会影X7编辑器，在视频轨中插入一幅素材图像，如图10-183所示。

STEP 02 在“照片”选项面板中，选中“摇动和缩放”单选按钮，如图10-84所示。

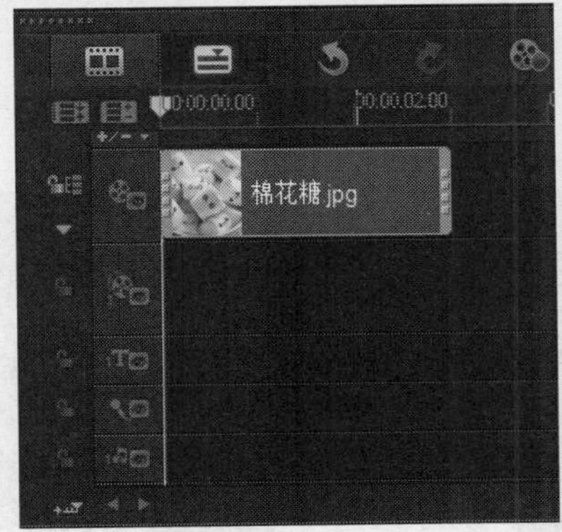

图10-183 插入素材图像

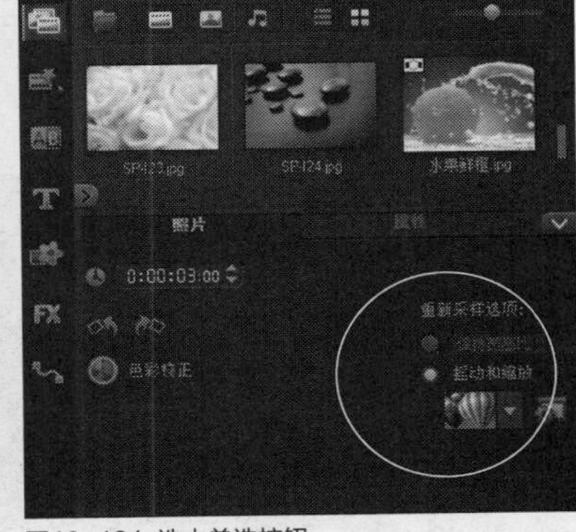

图10-184 选中单选按钮

STEP 03 执行操作后，即可添加自动摇动和缩放效果，单击导览面板中的“播放”按钮，即可预览添加的摇动和缩放效果，如图10-185所示。

图10-185 预览添加的摇动和缩放效果

实战220 添加预设的摇动和缩放效果

▶实例位置：光盘\效果\第10章\可爱宝贝.VSP
▶素材位置：光盘\素材\第10章\可爱宝贝.jpg
▶视频位置：光盘\视频\第10章\实战220.mp4

• 实例介绍 •

在会声会影X7中，向读者提供了多种预设的摇动和缩放效果，用户可根据实际需要进行相应选择和应用。下面向读者介绍添加预设的摇动和缩放效果的方法。

• 操作步骤 •

STEP 01 进入会声会影X7编辑器，在视频轨中插入一幅素材图像，如图10-186所示。

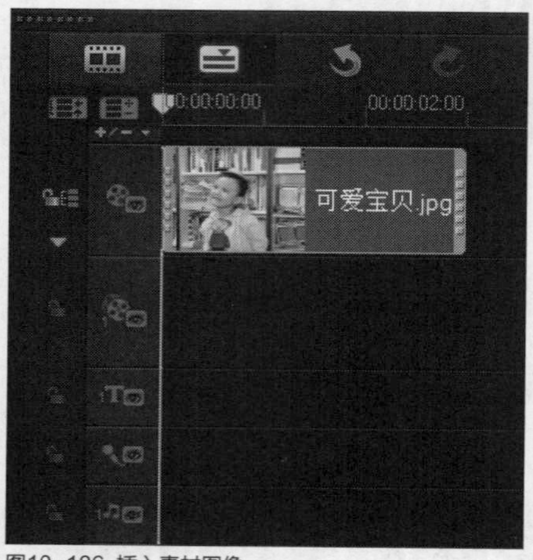

图10-186 插入素材图像

STEP 02 在预览窗口中，可以预览视频的画面效果，如图10-187所示。

图10-187 预览视频画面效果

STEP 03 打开“照片”选项面板，选中“摇动和缩放”单选按钮，如图10-188所示。

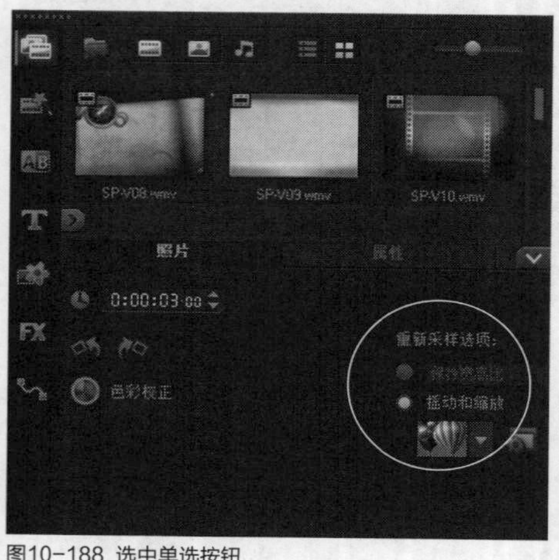

图10-188 选中单选按钮

STEP 04 单击“自定义”按钮左侧的下三角按钮，在弹出的列表框中选择第4排第1个摇动和缩放预设样式，如图10-189所示。

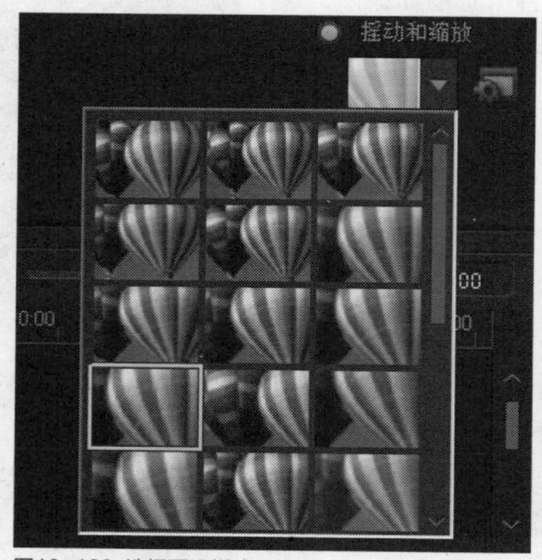

图10-189 选择预设样式

知识拓展

会声会影X7中向读者提供了16种不同的摇动和缩放预设样式，用户可以根据需要将相应的预设样式应用于图像上。

STEP 05 单击导览面板中的“播放”按钮，预览预设的摇动和缩放效果，如图10-190所示。

图10-190 预览预设的摇动和缩放效果

实战 221 自定义摇动和缩放效果

▶实例位置：光盘\效果\第10章\影视频道.VSP
▶素材位置：光盘\素材\第10章\影视频道.jpg
▶视频位置：光盘\视频\第10章\实战221.mp4

• 实例介绍 •

在会声会影X7中，除了可以使用软件预置的摇动和缩放效果外，用户还可以根据需要对摇动和缩放属性进行自定义设置。下面向读者介绍自定义摇动和缩放效果的操作方法。

• 操作步骤 •

STEP 01 进入会声会影X7编辑器，在视频轨中插入一幅素材图像，如图10-191所示。

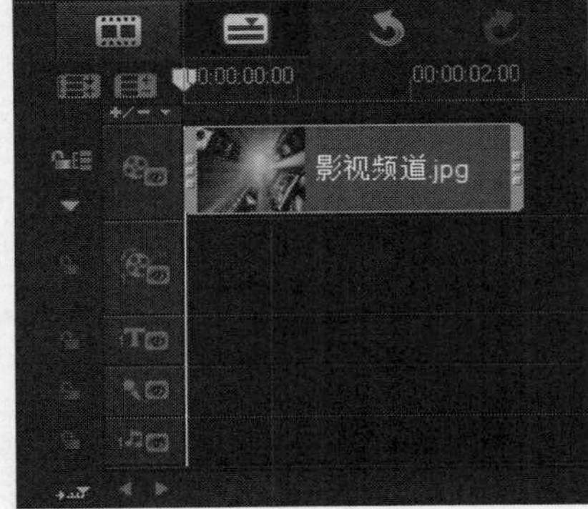

图10-191 插入素材图像

STEP 02 在预览窗口中，可以预览视频的画面效果，如图10-192所示。

图10-192 预览视频画面效果

STEP 03 打开“照片”选项面板，选中“摇动和缩放”单选按钮，单击“自定义”按钮，如图10-193所示。

图10-193 单击“自定义”按钮

STEP 04 执行操作后，弹出“摇动和缩放”对话框，如图10-194所示。

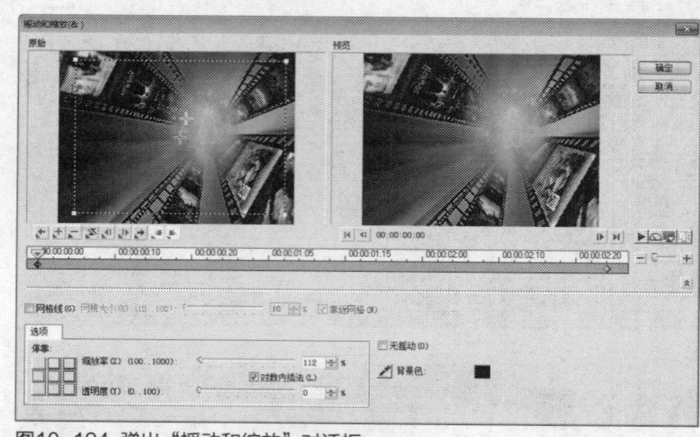

图10-194 弹出“摇动和缩放”对话框

STEP 05 在对话框下方，设置“缩放率”为220，在左侧预览窗口中调整图像缩放位置，如图10-195所示。

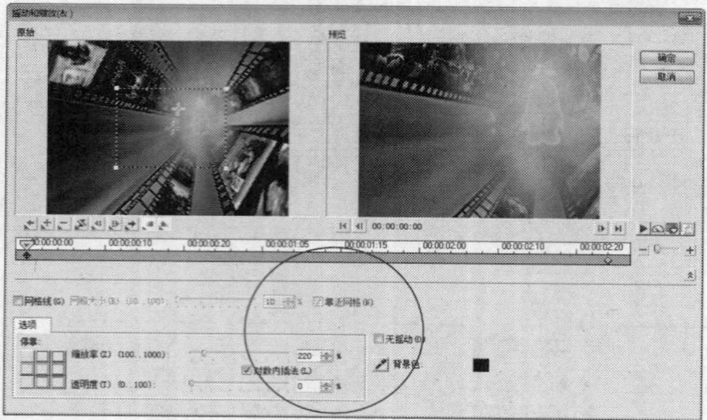

图10-195 调整图像缩放位置（1）

STEP 06 将时间线移至00:00:01:07的位置，添加一个关键帧，设置“缩放率”为184，在左侧预览窗口中调整图像缩放位置，如图10-196所示。

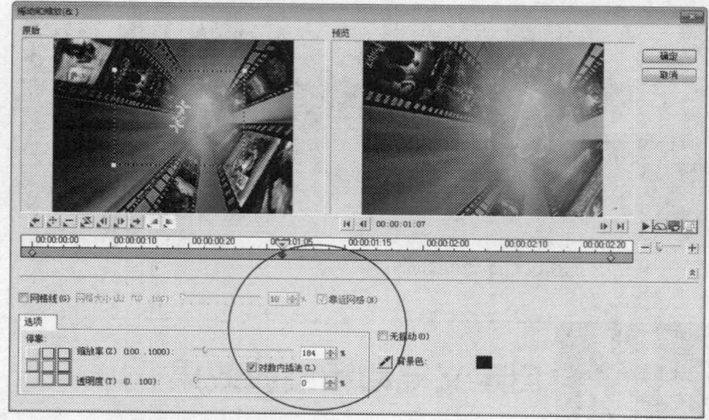

图10-196 调整图像缩放位置（2）

STEP 07 将时间线移至00:00:02:07的位置，添加一个关键帧，设置“缩放率”为160，在左侧预览窗口中调整图像缩放位置，如图10-197所示。

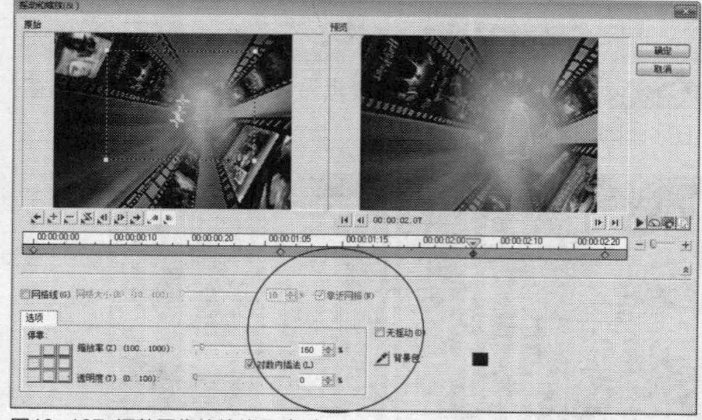

图10-197 调整图像缩放位置（3）

STEP 08 选择最后一个关键帧，设置“缩放率”为100，在左侧预览窗口中调整图像缩放位置，如图10-198所示。

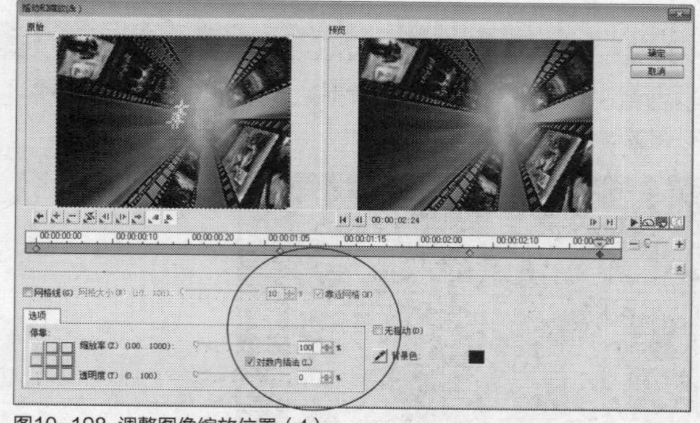

图10-198 调整图像缩放位置（4）

STEP 09 设置完成后，单击“确定”按钮，返回会声会影编辑器，单击“播放”按钮，即可预览自定义的摇动和缩放效果，如图10-199所示。

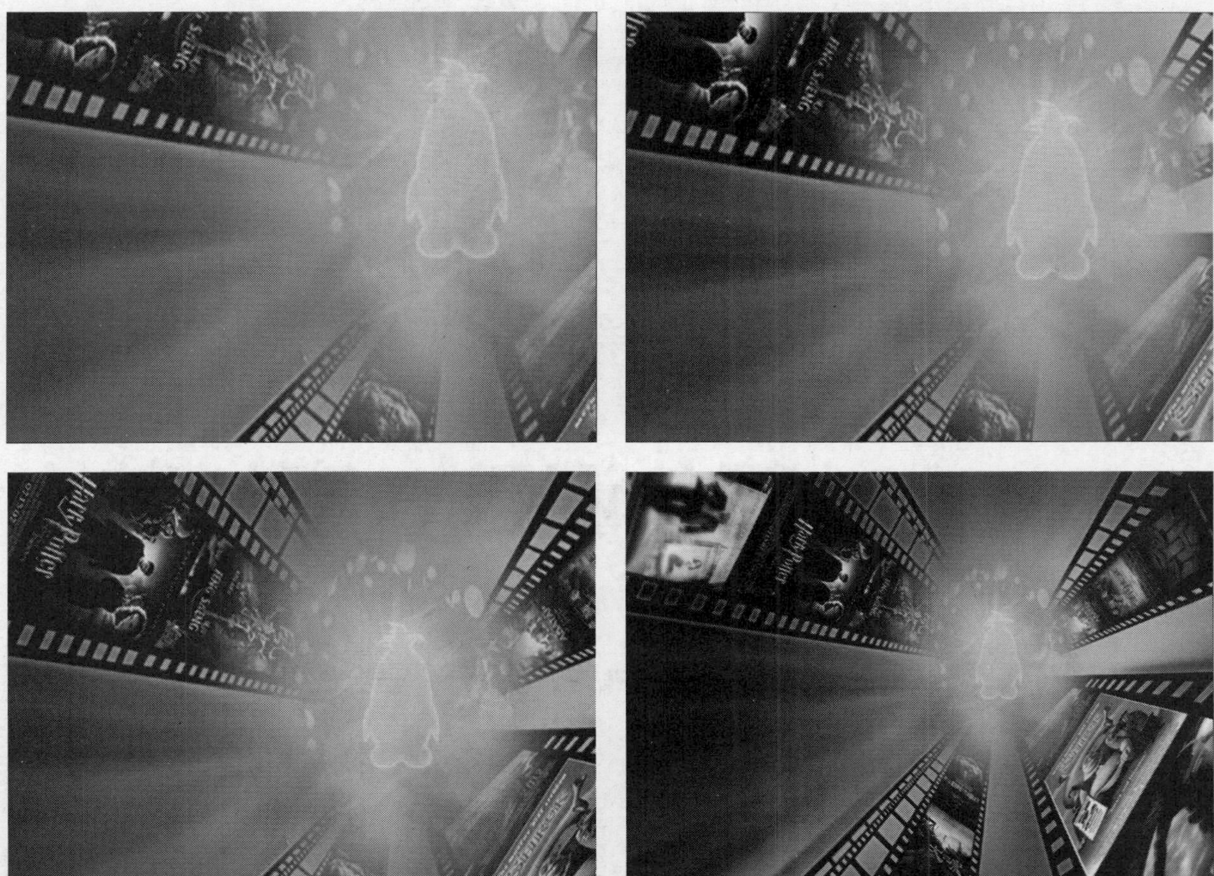

图10-199 预览自定义的摇动和缩放效果

第11章

颜色调整，素材装饰

本章导读

在会声会影X7中提供了专业的色彩校正功能，用户可以轻松调整素材的亮度、对比度以及饱和度等，甚至还可以将影片调成具有艺术效果的色彩。本章主要介绍色彩校正素材图像的操作方法。

要点索引

- 对素材进行色彩校正
- 设置白平衡特效
- 剪辑视频素材的多种方式
- 按场景分割视频
- 视频素材的多重修整

11.1 对素材进行色彩校正

在会声会影X7中，用户可以根据需要为视频素材调色，还可以对相应视频素材进行剪辑操作，或者对视频素材进行多重修整操作，使制作的视频更加符合用户的需求。本节主要向读者介绍对素材进行色彩校正的操作方法。

实战 222 调整色调

▶ 实例位置：光盘\效果\第11章\环保.VSP
▶ 素材位置：光盘\素材\第11章\环保.jpg
▶ 视频位置：光盘\视频\第11章\实战222.mp4

• 实例介绍 •

在会声会影X7中，如果用户对照片的色调不太满意，此时可以重新调整照片的色调。下面向读者介绍调整素材画面色调的操作方法。

• 操作步骤 •

STEP 01 进入会声会影编辑器，在时间轴面板的视频轨中插入一幅素材图像，如图11–1所示。

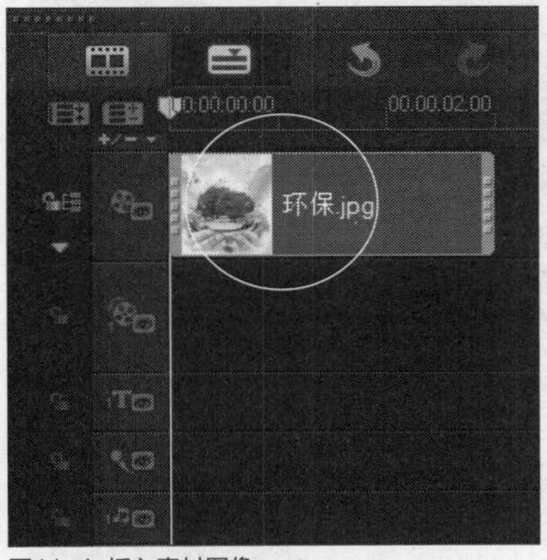

图11–1 插入素材图像

STEP 02 在预览窗口中，可以预览素材的画面效果，如图11–2所示。

图11–2 预览素材的画面效果

知识拓展

在图11-4所示的选项面板中，各主要选项含义如下。

- 色调：拖曳该选项右侧的滑块，可以调整素材画面的色调。
- 饱和度：拖曳该选项右侧的滑块，可以调整素材画面的饱和度。
- 亮度：拖曳该选项右侧的滑块，可以调整素材画面的亮度。
- 对比度：拖曳该选项右侧的滑块，可以调整素材画面的对比度。
- Gamma：拖曳该选项右侧的滑块，可以调整素材画面的Gamma参数。

STEP 03 打开“照片”选项面板，单击“色彩校正”按钮，如图11–3所示。

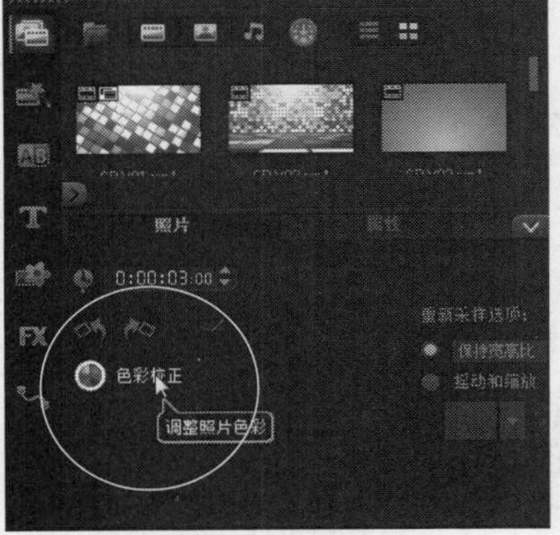

图11–3 单击“色彩校正”按钮

STEP 04 执行操作后，打开相应选项面板，如图11–4所示。

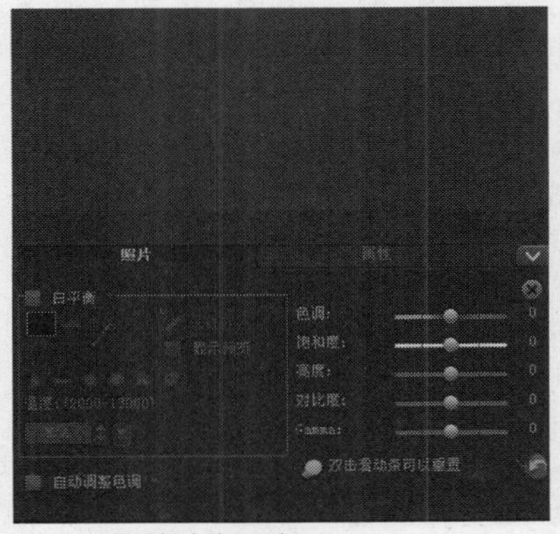

图11–4 打开相应选项面板

STEP 05 在选项面板中，拖曳“色调”选项右侧的滑块，直至参数显示为-11，如图11-5所示。

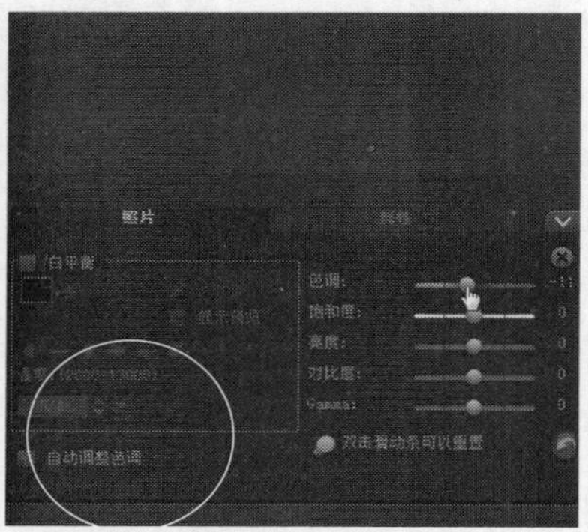

图11-5 参数显示为-11

STEP 06 在预览窗口中，可以预览更改色调后的图像素材效果，如图11-6所示。

图11-6 预览更改色调后的图像素材效果

技巧点拨

拖曳“色调”右侧的滑块至相应参数位置，可以调出素材画面的特殊色彩，参数可以设置在-100~100之间。使用“色调”功能，还可以更改画面中某一部分或局部的色调，如图11-7所示。

图11-7 更改画面中某一部分或局部的色调

知识拓展

在调整素材色调时，若需要返回默认值，可使用以下两种方法。

- 滑块：双击“色调”选项右侧的滑块，即可返回默认值0。
- 按钮：单击选项面板右下角的“将滑动条重置为默认值”按钮，即可返回默认值0。

实战223 自动调整色调

- 实例位置：光盘\效果\第11章\岁月痕迹.VSP
- 素材位置：光盘\素材\第11章\岁月痕迹.jpg
- 视频位置：光盘\视频\第11章\实战223.mp4

• 实例介绍 •

在会声会影X7中，用户还可以运用软件自动调整素材画面的色调。下面向读者介绍自动调整素材色调的操作方法。

• 操作步骤 •

STEP 01 进入会声会影X7编辑器，在视频轨中插入一幅素材图像，如图11-8所示。

图11-8 插入素材图像

STEP 02 在预览窗口中，可以预览素材画面效果，如图11-9所示。

图11-9 预览素材画面效果

STEP 03 在的“照片”选项面板中，单击“色彩校正”按钮，弹出相应选项面板，选中“自动调整色调”复选框，如图11–10所示。

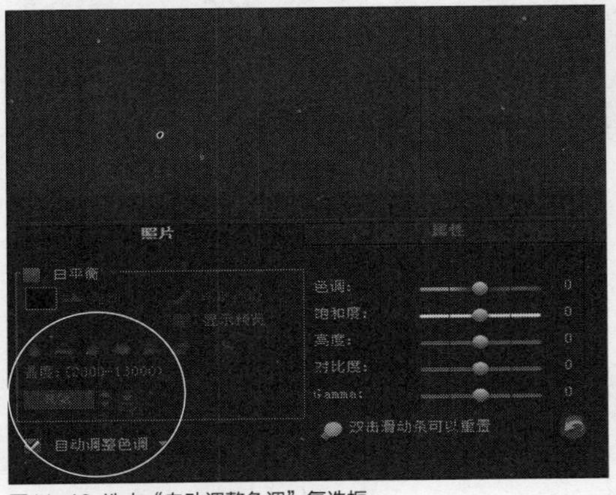

图11–10 选中“自动调整色调”复选框

STEP 04 执行操作后，即可调整图像的色调，效果如图11–11所示。

图11–11 调整图像色调

知识拓展

在选项面板中，单击“自动调整色调”右侧的下三角按钮，在弹出的列表框中，包含5个不同的选项，分别为“最亮”、“较亮”、“一般”、“较暗”、“最暗”选项，如图11-12所示，默认情况下，软件将使用“一般”选项为自动调整素材色调。

下面向读者展示，选择不同的选项，图像画面色彩的变化程度。

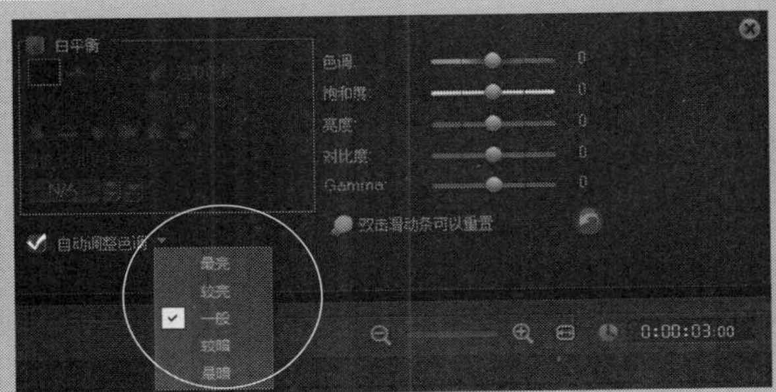

图11–12 5个不同的选项

➢ 选择“最亮”选项时，图像画面色彩效果如图11-13所示。

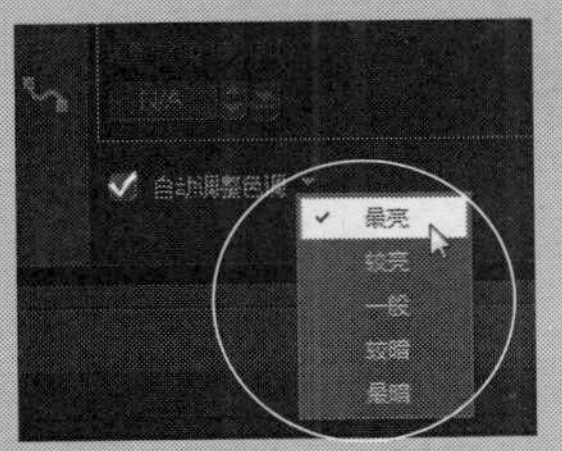

图11–13 “最亮”选项效果图

➢ 选择“较亮”选项时，图像画面色彩效果如图11-14所示。

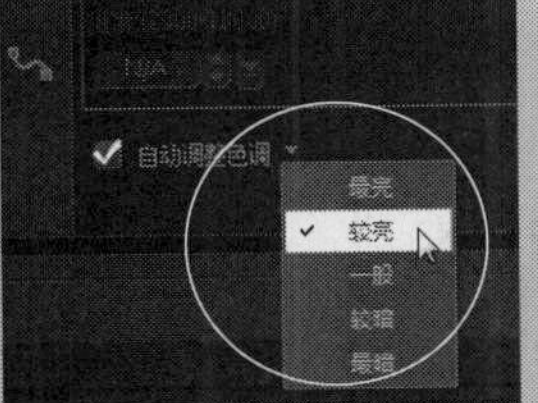

图11–14 “较亮”选项效果图

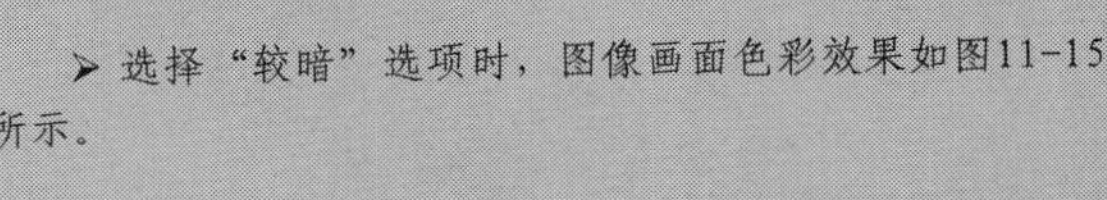

➢ 选择“较暗”选项时，图像画面色彩效果如图11-15所示。

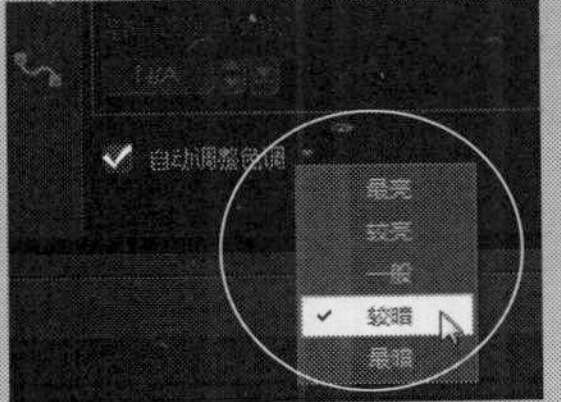

图11–15 “较暗”选项效果图

➢ 选择“最暗”选项时，图像画面色彩效果如图11-16所示。

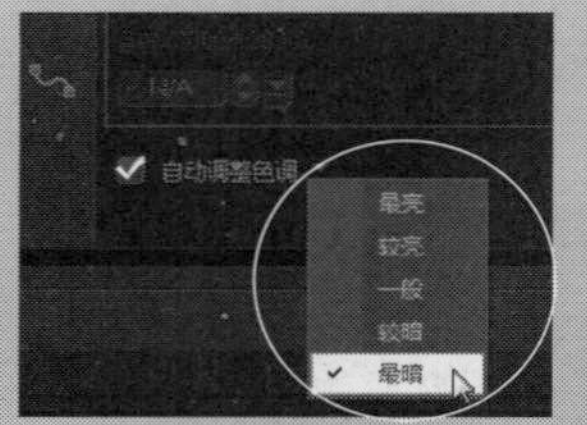

图11-16 “最暗”选项效果图

实战224 调整饱和度

▶ 实例位置：光盘\效果\第11章\光盘特效.VSP
▶ 素材位置：光盘\素材\第11章\光盘特效.jpg
▶ 视频位置：光盘\视频\第11章\实战224.mp4

• 实例介绍 •

在会声会影X7中使用饱和度功能，可以调整整张照片或单个颜色分量的色相、饱和度和亮度值，还可以同步调整照片中所有的颜色。下面介绍调整图像的饱和度的操作方法。

• 操作步骤 •

STEP 01 进入会声会影X7编辑器，在视频轨中插入一幅素材图像，如图11-17所示。

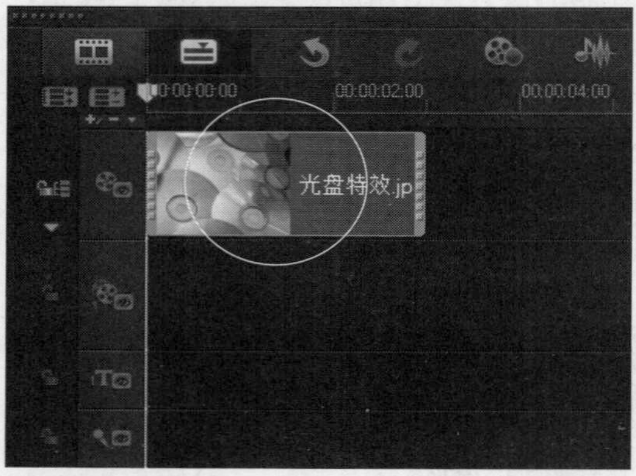

图11-17 插入素材图像

STEP 02 在预览窗口中，可以预览素材画面效果，如图11-18所示。

图11-18 预览素材画面效果

STEP 03 在“照片”选项面板中，单击“色彩校正”按钮，弹出相应选项面板，拖曳“饱和度”选项右侧的滑块，直至参数显示为46，如图11-19所示。

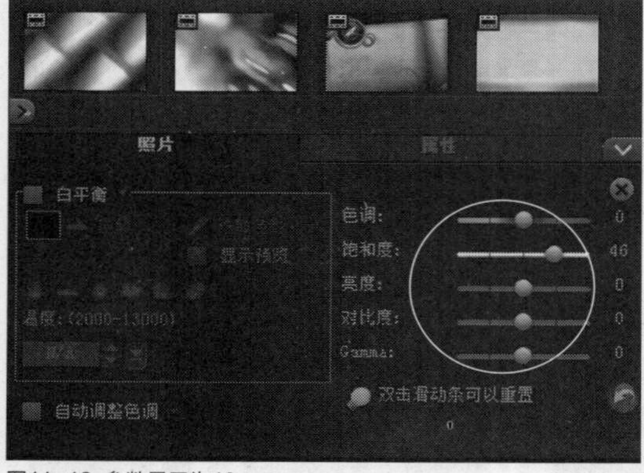

图11-19 参数显示为46

STEP 04 执行操作后，即可调整图像的饱和度，效果如图11-20所示。

图11-20 调整图像的饱和度

技巧点拨

在会声会影X7中，如果用户需要去除视频画面中的色彩，此时可以将“饱和度”参数设置为-100，即可去除视频素材的画面色彩，如图11-21所示。

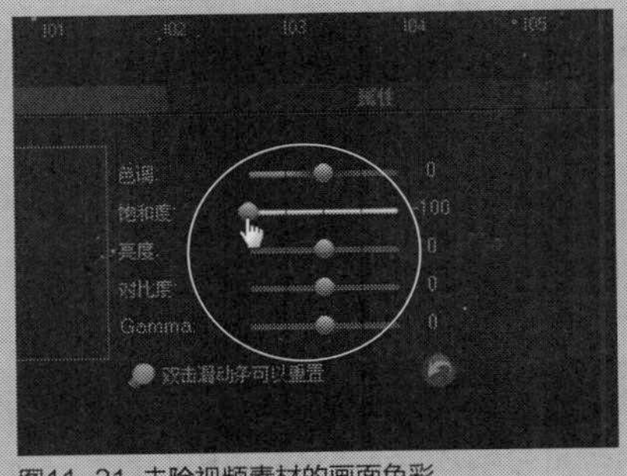

图11-21 去除视频素材的画面色彩

实战 225 调整亮度

▶ **实例位置：** 光盘\效果\第11章\首饰.VSP
▶ **素材位置：** 光盘\素材\第11章\首饰.jpg
▶ **视频位置：** 光盘\视频\第11章\实战225.mp4

• 实例介绍 •

在会声会影X7中，当素材亮度过暗或者太亮时，用户可以调整素材的亮度。下面向读者介绍调整素材画面亮度的操作方法。

• 操作步骤 •

STEP 01 进入会声会影X7编辑器，在故事板中插入一幅素材图像，如图11-22所示。

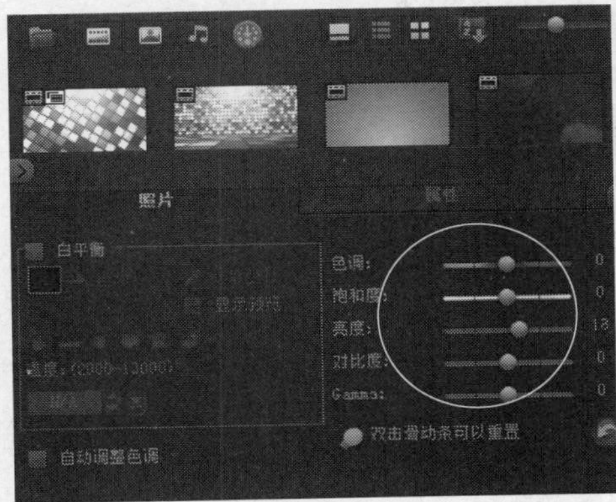

图11-22 插入素材图像

STEP 02 在预览窗口中，可以预览素材画面效果，如图11-23所示。

图11-23 预览素材画面效果

STEP 03 在“照片”选项面板中，单击“色彩校正”按钮，弹出相应选项面板，拖曳“亮度”选项右侧的滑块，直至参数显示为18，如图11-24所示。

图11-24 参数显示为18

STEP 04 执行操作后，即可调整图像的亮度，效果如图11-25所示。

图11-25 调整图像的亮度

知识拓展

亮度是指颜色的明暗程度，它通常使用从-100~100之间的整数来度量。在正常光线下照射的色相被定义为标准色相。一些亮度高于标准色相的称为该色相的高度；反之称为该色相的阴影。

实战 226 调整对比度

▶实例位置：光盘\效果\第11章\胡杨树.VSP
▶素材位置：光盘\素材\第11章\胡杨树.jpg
▶视频位置：光盘\视频\第11章\实战226.mp4

• 实例介绍 •

对比度是指图像中阴暗区域最亮的白与最暗的黑之间不同亮度范围的差异。在会声会影X7中，用户可以轻松对素材的对比度进行调整。

• 操作步骤 •

STEP 01 进入会声会影X7编辑器，在故事板中插入一幅素材图像，如图11-26所示。

图11-26 插入素材图像

STEP 02 在预览窗口中，可以预览素材画面效果，如图11-27所示。

图11-27 调整图像的对比度

STEP 03 在“照片”选项面板中，单击“色彩校正”按钮，弹出相应选项面板，拖曳“对比度”选项右侧的滑块，直至参数显示为38，如图11-28所示。

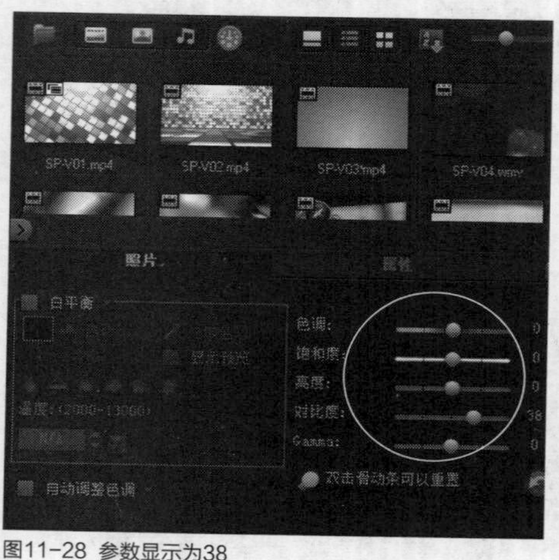

图11-28 参数显示为38

STEP 04 执行操作后，即可调整图像的对比度，效果如图11-29所示。

图11-29 调整图像的对比度

知识拓展

在会声会影X7中，“对比度”选项用于调整素材的对比度，其取值范围为~100 ~ 100之间的整数。数值越高，素材对比度越大；反之则降低素材的对比度。

实战 227 Gamma

▶实例位置：光盘\效果\第11章\眼镜湖.VSP
▶素材位置：光盘\素材\第11章\眼镜湖.jpg
▶视频位置：光盘\视频\第11章\实战227.mp4

• 实例介绍 •

在会声会影X7中，用户可以通过设置画面的Gamma值来更改画面的色彩灰阶。下面向读者介绍调整素材画面色彩灰阶的操作方法。

• 操作步骤 •

STEP 01 进入会声会影X7编辑器，在故事板中插入一幅素材图像，如图11-30所示。

图11-30 插入素材图像

STEP 02 在预览窗口中，可以预览素材画面效果，如图11-31所示。

图11-31 预览素材画面效果

STEP 03 在“照片”选项面板中，单击“色彩校正”按钮，弹出相应选项面板，拖曳Gamma选项右侧的滑块，直至参数显示为18，如图11-32所示。

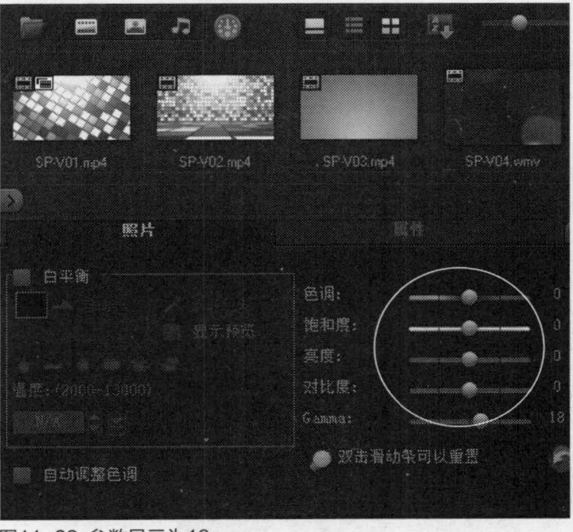

图11-32 参数显示为18

STEP 04 执行操作后，即可调整图像的Gamma色调，效果如图11-33所示。

图11-33 调整图像的Gamma色调

知识拓展

会声会影中的Gamma，翻译成中文是“灰阶”的意思，是指液晶屏幕上人们肉眼所见的一个点，即一个像素，它是由红、绿、蓝三个子像素组成的。每一个子像素其背后的光源都可以显现出不同的亮度级别。而灰阶代表了由最暗到最亮之间不同亮度的层次级别，中间的层级越多，所能够呈现的画面效果也就越细腻。

11.2 设置白平衡特效

在会声会影X7中，用户可以通过调整图像素材和视频素材的白平衡，使画面达到不同的色调效果。本节主要向读者介绍在会声会影X7中设置素材白平衡的操作方法，主要包括添加钨光效果、添加荧光效果、添加日光效果以及添加云彩效果等。

实战228 添加钨光效果

▶实例位置：光盘\效果\第11章\可爱小孩.VSP
▶素材位置：光盘\素材\第11章\可爱小孩.jpg
▶视频位置：光盘\视频\第11章\实战228.mp4

• 实例介绍 •

钨光白平衡也称为“白炽灯”或“室内光”，可以修正偏黄或者偏红的画面，一般适用于在钨光灯环境下拍摄的照片或者视频素材。下面向读者介绍添加钨光效果的操作方法。

• 操作步骤 •

STEP 01 进入会声会影X7编辑器，在故事板中插入一幅素材图像，如图11-34所示。

图11-34 插入素材图像

STEP 02 在预览窗口中，可以预览素材画面效果，如图11-35所示。

图11-35 预览素材画面效果

STEP 03 打开“照片”选项面板，单击“色彩校正”按钮，如图11-36所示。

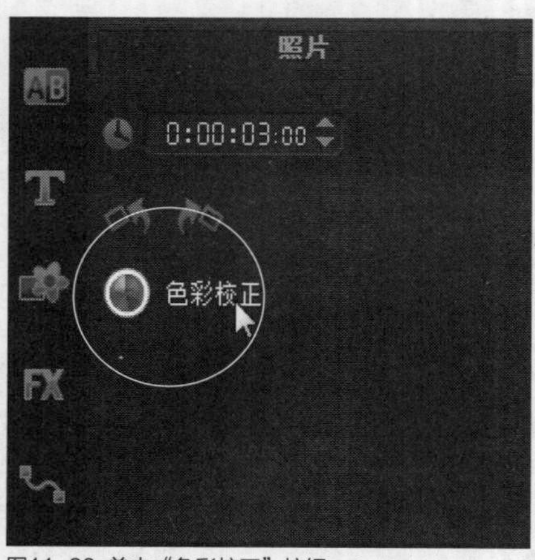

图11-36 单击“色彩校正”按钮

STEP 04 执行操作后，打开相应选项面板，在左侧选中“白平衡”复选框，如图11-37所示。

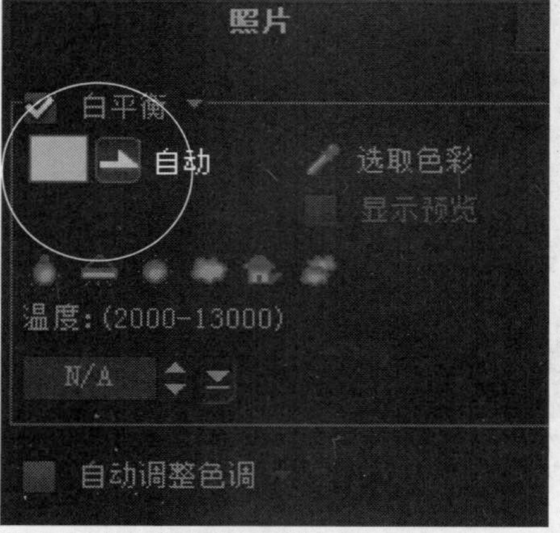

图11-37 选中“白平衡”复选框

STEP 05 在“白平衡”复选框下方，单击“钨光”按钮，添加钨光效果，如图11-38所示。

STEP 06 在预览窗口中，可以预览添加钨光效果后的素材画面，效果如图11-39所示。

图11-38 添加钨光效果

图11-39 预览素材画面

技巧点拨

在选项面板的“白平衡”选项区中，用户还可以手动选取色彩来设置素材画面的白平衡效果。

在“白平衡”选项区中，单击“选取色彩”按钮，在预览窗口中需要的颜色上，单击鼠标左键，如图11-40所示，即可吸取颜色，用吸取的颜色改变素材画面的白平衡效果，如图11-41所示。

图11-40 单击鼠标左键

图11-41 改变素材画面的白平衡效果

在选项面板中，当用户手动吸取画面颜色后，选中“显示预览”按钮，在选项面板的右侧，将显示素材画面的原图，如图11-42所示，在预览窗口中显示了素材画面添加白平衡后的效果，用户可以查看图像对比效果。

图11-42 显示素材画面的原图

实战229 添加荧光效果

▶ **实例位置**：光盘\效果\第11章\人物跳跃.VSP
▶ **素材位置**：光盘\素材\第11章\人物跳跃.jpg
▶ **视频位置**：光盘\视频\第11章\实战229.mp4

• 实例介绍 •

在会声会影X7中，为图像应用荧光效果可以使素材画面呈现偏蓝的冷色调，同时可以修正偏黄的照片。下面向读者介绍在会声会影X7中为素材画面添加荧光效果的操作方法。

• 操作步骤 •

STEP 01 进入会声会影X7编辑器，在故事板中插入一幅素材图像，如图11-43所示。

图11-43 插入素材图像

STEP 02 在预览窗口中，可以预览素材画面效果，如图11-44所示。

图11-44 预览素材画面效果

STEP 03 打开“照片”选项面板，单击“色彩校正”按钮，打开相应选项面板，选中“白平衡”复选框，在下方单击“荧光”按钮，如图11-45所示。

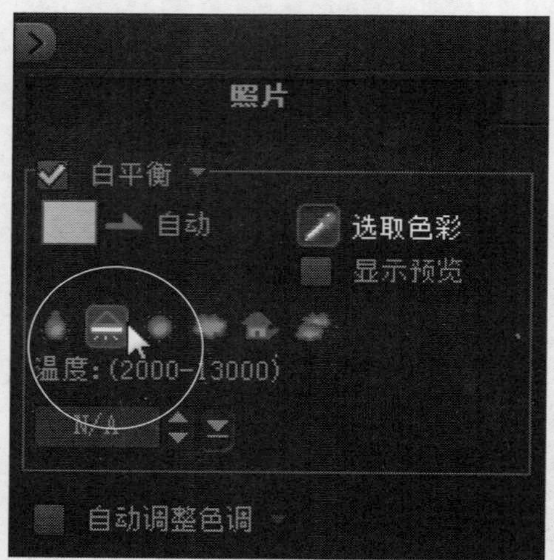

图11-45 单击“荧光”按钮

STEP 04 在预览窗口中，可以预览添加荧光效果后的素材画面，效果如图11-46所示。

图11-46 预览素材画面

知识拓展

荧光效果适合于在荧光下做白平衡调节，因为荧光的类型有很多种，如冷白和暖白，因而有些相机不只一种荧光白平衡调节。

如果用户对于设置的素材画面白平衡效果不满意，此时可以在选项面板中，取消选中“白平衡”复选框，将素材画面还原至本身色彩。

实战 230 添加日光效果

▶ 实例位置：光盘\效果\第11章\风车.VSP
▶ 素材位置：光盘\素材\第11章\风车.jpg
▶ 视频位置：光盘\视频\第11章\实战230.mp4

• 实例介绍 •

日光效果可以修正色调偏红的视频或照片素材，一般适用于灯光夜景、日出、日落以及焰火等。下面向读者介绍在会声会影X7中为素材画面添加日光效果的操作方法。

• 操作步骤 •

STEP 01 进入会声会影X7编辑器，在故事板中插入一幅素材图像，如图11-47所示。

图11-47 插入素材图像

STEP 02 在预览窗口中，可以预览素材画面效果，如图11-48所示。

图11-48 预览素材画面效果

STEP 03 打开“照片”选项面板，单击“色彩校正”按钮，打开相应选项面板，选中“白平衡”复选框，在下方单击“日光”按钮，如图11-49所示。

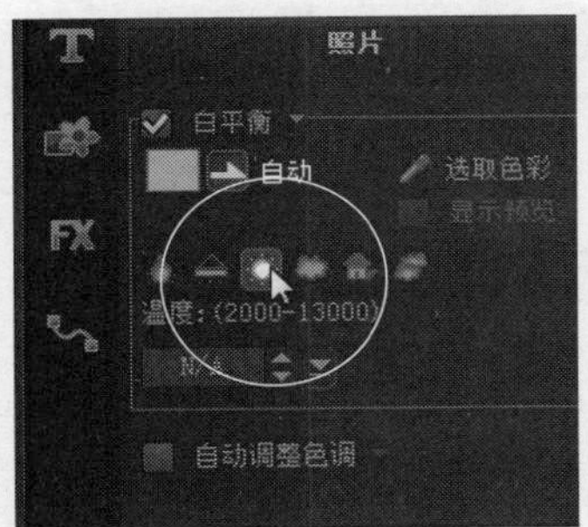

图11-49 单击“日光”按钮

STEP 04 在预览窗口中，可以预览添加日光效果后的素材画面，效果如图11-50所示。

图11-50 预览素材画面

实战 231 添加云彩效果

▶ 实例位置：光盘\效果\第11章\阳光特效.VSP
▶ 素材位置：光盘\素材\第11章\阳光特效.jpg
▶ 视频位置：光盘\视频\第11章\实战231.mp4

• 实例介绍 •

在会声会影X7中，应用云彩效果可以使素材画面呈现偏黄的暖色调，同时可以修正偏蓝的照片。下面向读者介绍添加云彩效果的操作方法。

• 操作步骤 •

STEP 01 进入会声会影X7编辑器，在故事板中插入一幅素材图像，如图11-51所示。

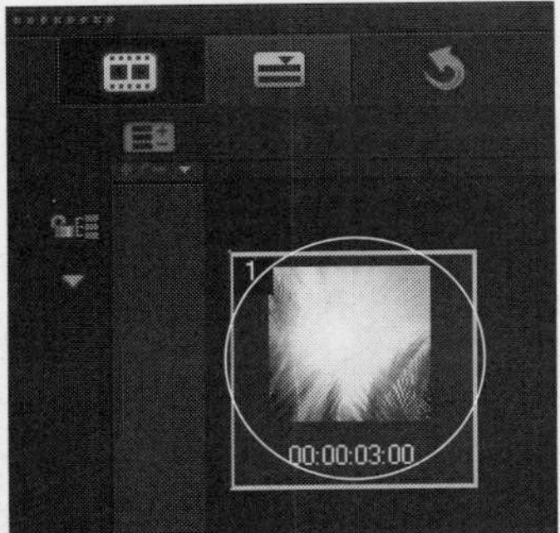

图11-51 插入素材图像

STEP 02 在预览窗口中，可以预览素材画面效果，如图11-52所示。

图11-52 预览素材画面效果

STEP 03 打开“照片”选项面板，单击“色彩校正”按钮，打开相应选项面板，选中“白平衡”复选框，在下方单击“云彩”按钮，如图11-53所示。

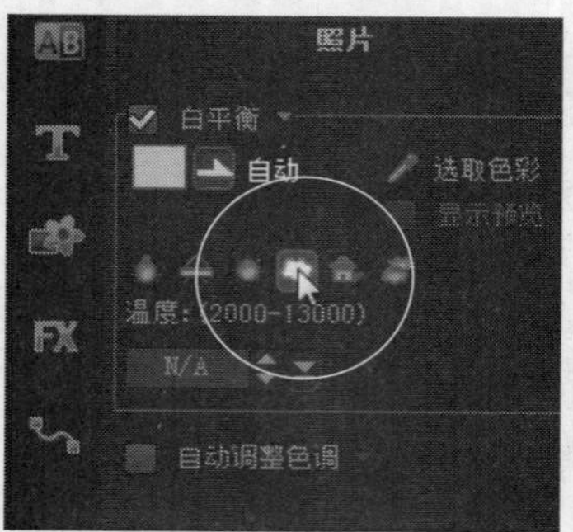

图11-53 单击“云彩”按钮

STEP 04 在预览窗口中，可以预览添加云彩效果后的素材画面，效果如图11-54所示。

图11-54 预览添加云彩效果后的素材画面

实战232 添加阴影效果

▶实例位置：光盘\效果\第11章\绿色果汁.VSP
▶素材位置：光盘\素材\第11章\绿色果汁.VSP
▶视频位置：光盘\视频\第11章\实战232.mp4

• 实例介绍 •

在会声会影X7中，用户还可以通过添加阴影效果调整照片的色调。下面向读者介绍在会声会影X7中为素材画面添加阴影效果的操作方法。

• 操作步骤 •

STEP 01 进入会声会影X7编辑器，单击“文件”|“打开项目”命令，打开一个项目文件，如图11-55所示。

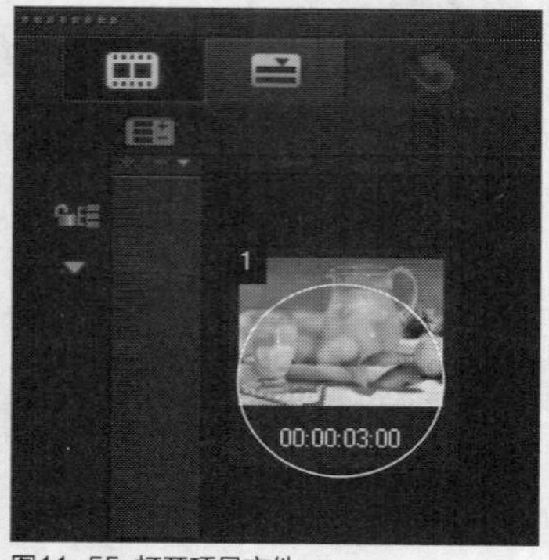

图11-55 打开项目文件

STEP 02 在预览窗口中，可以预览素材画面效果，如图11-56所示。

图11-56 预览素材画面效果

STEP 03 打开“照片”选项面板，单击“色彩校正”按钮，打开相应选项面板，选中“白平衡”复选框，在下方单击“阴影”按钮，如图11-57所示。

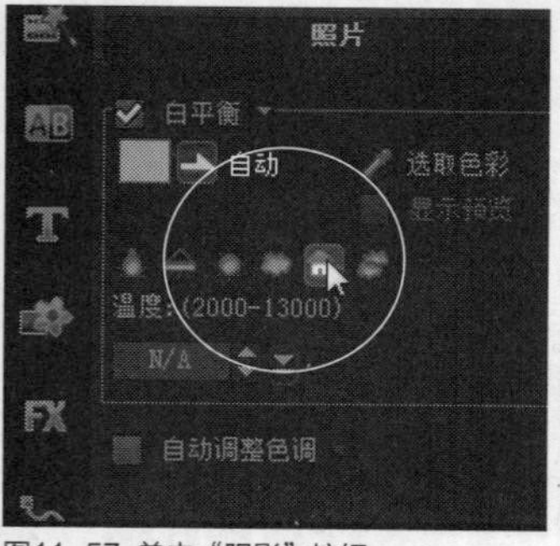

图11-57 单击“阴影”按钮

STEP 04 在预览窗口中，可以预览添加阴影效果后的素材画面，效果如图11-58所示。

图11-58 预览添加阴影效果后的素材画面

实战 233 添加阴暗效果

▶实例位置：光盘\效果\第11章\小黄花.VSP
▶素材位置：光盘\素材\第11章\小黄花.jpg
▶视频位置：光盘\视频\第11章\实战233.mp4

• 实例介绍 •

在会声会影X7中，为图像应用阴暗效果可以使素材画面呈现偏黄的暖色调，同时可以修正偏蓝的照片。下面向读者介绍在会声会影X7中为素材画面添加阴暗效果的操作方法。

• 操作步骤 •

STEP 01 进入会声会影X7编辑器，在故事板中插入一幅素材图像，如图11-59所示。

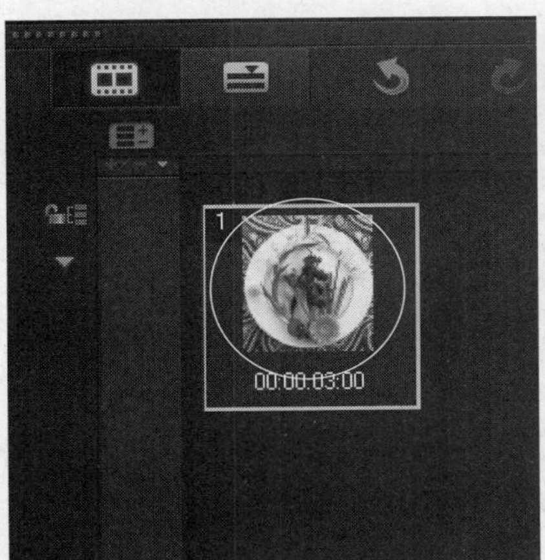

图11-59 插入素材图像

STEP 02 在预览窗口中，可以预览素材画面效果，如图11-60所示。

图11-60 预览素材画面效果

STEP 03 打开“照片”选项面板，单击“色彩校正”按钮，打开相应选项面板，选中“白平衡”复选框，在下方单击“阴暗”按钮，如图11-61所示。

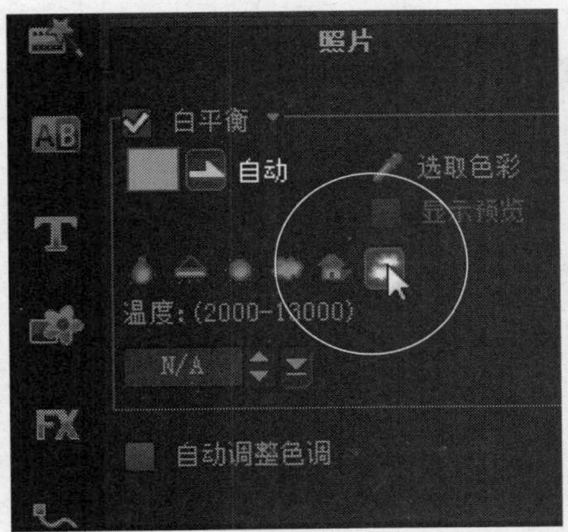

图11-61 单击“阴暗”按钮

STEP 04 在预览窗口中，可以预览添加阴暗效果后的素材画面，效果如图11-62所示。

图11-62 预览添加阴暗效果后的素材画面

11.3 剪辑视频素材的多种方式

在会声会影X7中，用户可以对视频素材进行相应的剪辑，剪辑视频素材在视频制作中起着极为重要的作用，用户可以去除视频素材中不需要的部分，并将最精彩的部分应用到视频中。掌握一些常用视频剪辑的方法，可以制作出更为流畅、完美的影片。本节主要向读者介绍在会声会影X7中剪辑视频素材的方法。

实战234 用按钮剪辑视频

▶实例位置：光盘\效果\第11章\风景.VSP
▶素材位置：光盘\素材\第11章\风景.mpg
▶视频位置：光盘\视频\第11章\实战234.mp4

• 实例介绍 •

在会声会影X7中，用户可以通过“按照飞梭栏的位置分割素材”按钮剪辑视频素材。下面介绍通过按钮剪辑视频素材的操作方法。

• 操作步骤 •

STEP 01 进入会声会影X7编辑器，在视频轨中插入一段视频素材，在视频轨中，将时间线移至00:00:02:00的位置处，如图11-63所示。

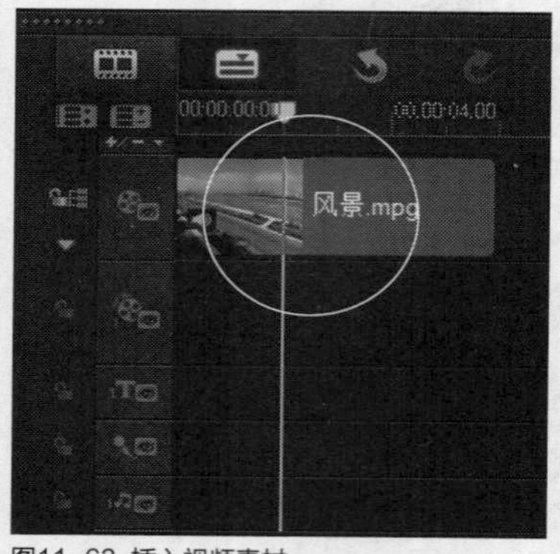

图11-63 插入视频素材

STEP 02 在导览面板中，单击“按照飞梭栏的位置分割素材”按钮，如图11-64所示。

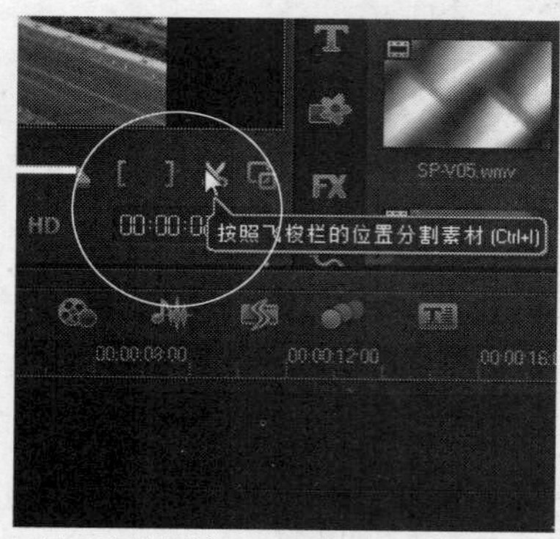

图11-64 单击按钮

技巧点拨

在会声会影X7中，将时间线移至需要分割视频片段的位置，按【Ctrl＋I】组合键，也可以快速对视频素材进行分割操作。

STEP 03 执行操作后，即可将视频素材分割为两段，如图11-65所示。

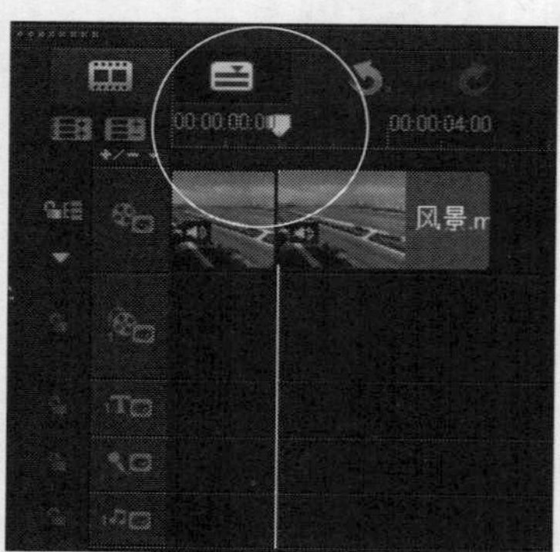

图11-65 将视频素材分割为两段

STEP 04 在时间轴面板的视频轨中，再次将时间线移至00:00:04:00的位置处，如图11-66所示。

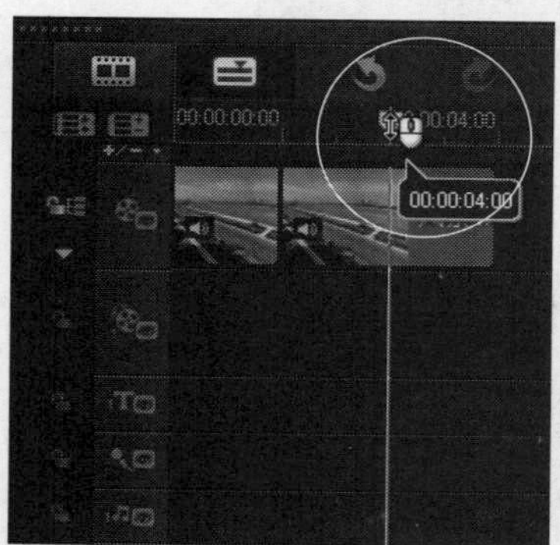

图11-66 移动时间线

STEP 05 在导览面板中，单击“按照飞梭栏的位置分割素材”按钮，再次对视频素材进行分割操作，如图11-67所示。

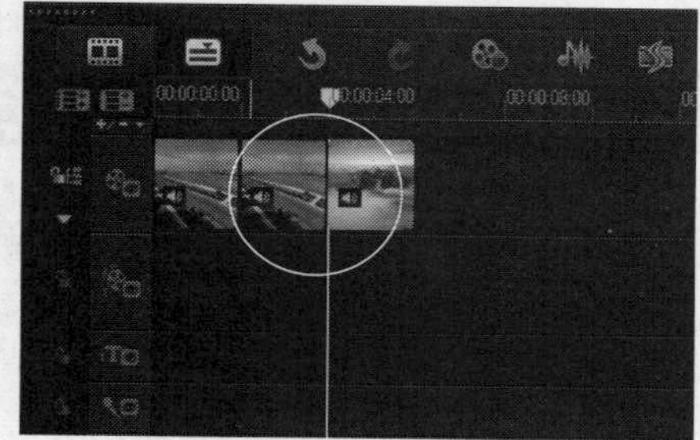

图11-67 对视频素材进行分割操作

STEP 06 在导览面板中单击“播放”按钮，预览剪辑后的视频画面效果，如图11-68所示。

图11-68 预览剪辑后的视频画面效果

知识拓展

将鼠标移至预览窗口下方的飞梭栏“滑轨”上，单击鼠标左键并向右拖曳，拖曳至合适位置后释放鼠标，然后单击预览窗口右侧的“按照飞梭栏的位置分割素材”按钮，也可以对视频素材进行相应的分割操作。

技巧点拨

在视频轨中，当用户对视频素材进行多次分割操作后，此时可以选取视频片段中不需要的部分，如图11-69所示。按【Delete】键，进行删除操作，对不需要的视频片段进行剪辑，如图11-70所示。

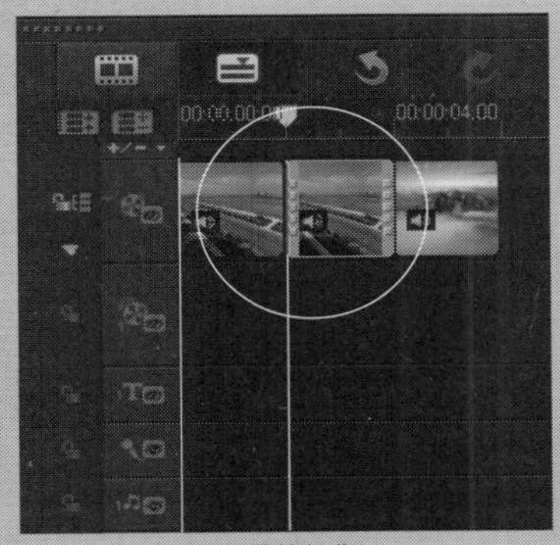

图11-69 选取不需要的部分

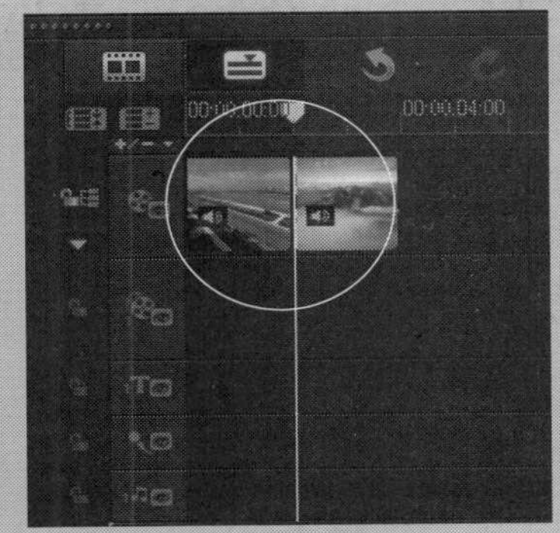

图11-70 对视频片段进行剪辑

实战 235 用时间轴剪辑视频

▶实例位置：光盘\效果\第11章\水果.VSP
▶素材位置：光盘\素材\第11章\水果.mpg
▶视频位置：光盘\视频\第11章\实战235.mp4

• 实例介绍 •

在会声会影X7中，通过时间轴剪辑视频素材也是一种常用的方法，该方法主要通过“开始标记”按钮和“结束标记”按钮来实现对视频素材的剪辑操作。下面介绍通过时间轴剪辑视频素材的操作方法。

• 操作步骤 •

STEP 01 进入会声会影X7编辑器，在视频轨中插入一段视频素材，如图11-71所示。

STEP 02 在时间轴面板中，将时间线移至00:00:02:00的位置处，如图11-72所示。

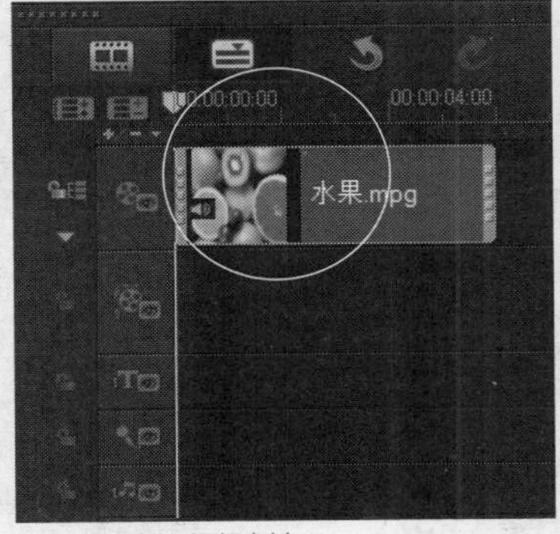

图11-71 插入视频素材

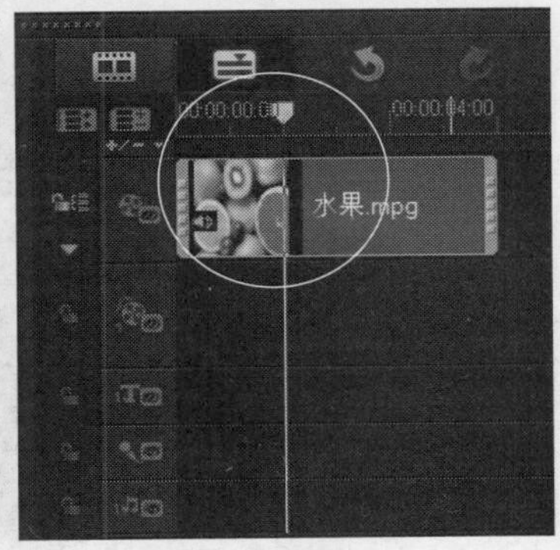

图11-72 移动时间线

STEP 03 在导览面板中，单击“开始标记”按钮[，如图11-73所示。

图11-73 单击“开始标记”按钮

STEP 04 此时，在时间轴上方会显示一条橘红色线条，如图11-74所示。

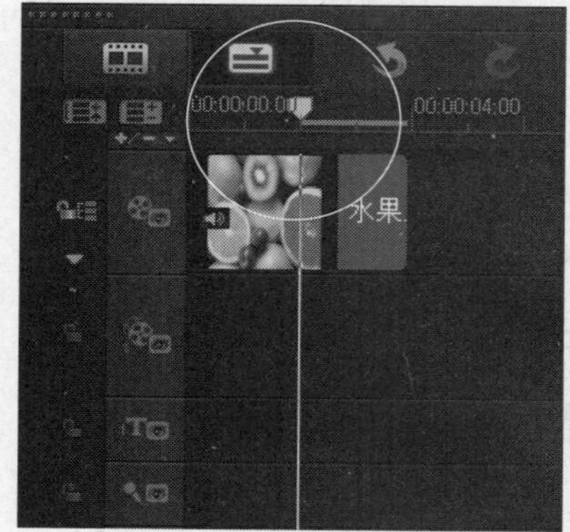

图11-74 显示一条橘红色线条

STEP 05 在时间轴面板中，再次将时间线移至00:00:04:00的位置处，如图11-75所示。

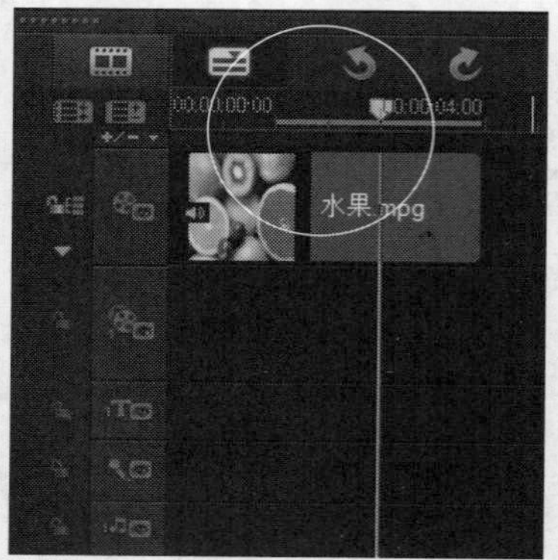

图11-75 移动时间线

STEP 06 在导览面板中，单击“结束标记”按钮]，确定视频的终点位置，如图11-76所示。

图11-76 确定视频的终点位置

STEP 07 此时，视频片段中选定的区域将以橘红色线条表示，如图11-77所示。

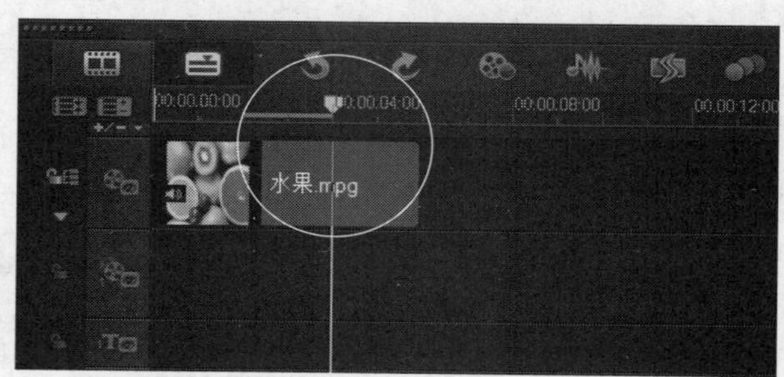

图11-77 以橘红色线条表示

STEP 08 在导览面板中单击“播放”按钮，预览剪辑后的视频画面效果，如图11-78所示。

图11-78 预览剪辑后的视频画面效果

技巧点拨

在时间轴面板中，将时间线定位到视频片段中的相应位置，按【F3】键，可以快速设定标记开始时间；按【F4】键，可以快速设定标记结束时间。

知识拓展

在会声会影X7中设置视频开始标记与结束标记时，如果按快捷键【F3】、【F4】没反应，可能是会声会影软件的快捷键与其他应用程序的快捷键发生冲突所导致的情况，此时用户需要关闭目前打开的所有应用程序，然后重新启动会声会影软件，即可激活软件中的快捷键。

实战 236 用修整标记剪辑视频

▶实例位置：光盘\效果\第11章\天长地久.VSP
▶素材位置：光盘\素材\第11章\天长地久.avi
▶视频位置：光盘\视频\第11章\实战236.mp4

• 实例介绍 •

在会声会影X7的飞梭栏中，有两个修整标记，在标记之间的部分代表素材被选取的部分，拖动修整标记，即可对素材进行相应的剪辑，在预览窗口中将显示与修整标记相对应的帧画面。下面向读者介绍通过修整标记剪辑视频素材的操作方法，希望读者熟练掌握该剪辑方法。

• 操作步骤 •

STEP 01 进入会声会影X7编辑器，在视频轨中插入一段视频素材，在视频轨中可以查看视频素材的长度，如图11-79所示。

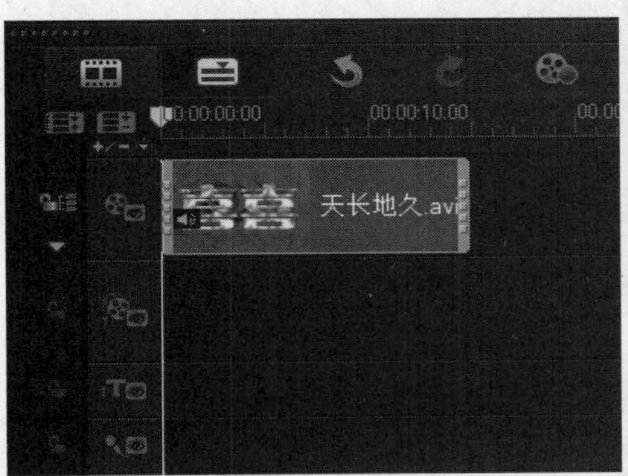

图11-79 查看视频素材的长度

STEP 02 在导览面板中，将鼠标移至飞梭栏起始修整标记上，此时鼠标指针呈双向箭头形状，如图11-80所示。

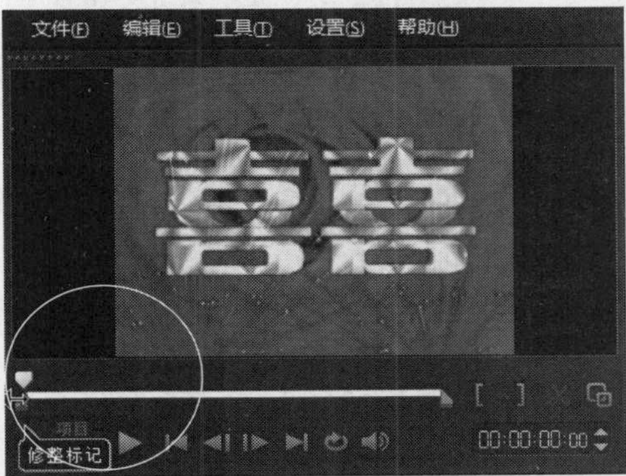

图11-80 鼠标指针呈双向箭头形状

STEP 03 在起始修整标记上，单击鼠标左键并向右拖曳至00:00:03:00的位置处释放鼠标左键，即可剪辑视频的起始片段，如图11-81所示。

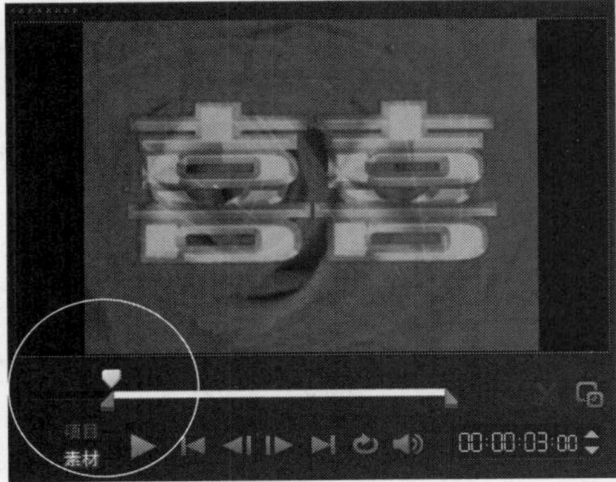

图11-81 剪辑视频的起始片段

STEP 04 在导览面板中，将鼠标移至飞梭栏结束修整标记上，此时鼠标指针呈双向箭头形状，如图11-82所示。

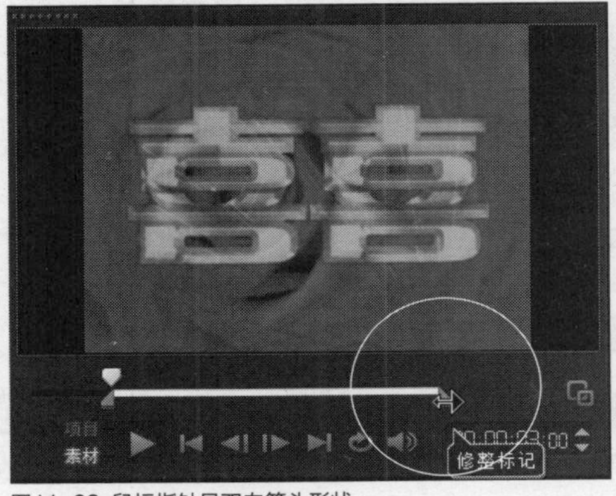

图11-82 鼠标指针呈双向箭头形状

STEP 05 在结束修整标记上，单击鼠标左键并向左拖曳至00:00:11:01的位置处释放鼠标左键，即可剪辑视频的结束片段，如图11-83所示。

图11-83 剪辑视频的结束片段

STEP 06 在时间轴面板的视频轨中，将显示被修整标记剪辑留下来的视频片段，视频长度也将发生变化，如图11-84所示。

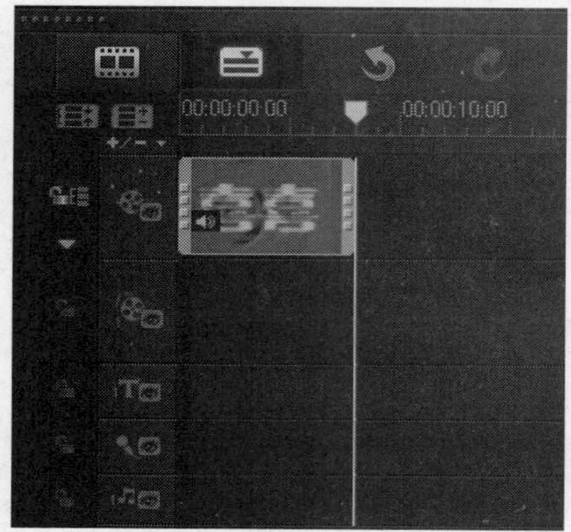

图11-84 视频长度发生变化

STEP 07 在导览面板中单击“播放”按钮，预览剪辑后的视频画面效果，如图11-85所示。

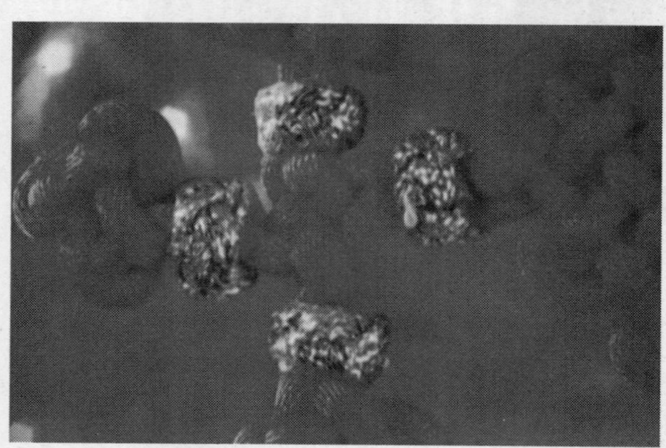

图11-85 预览视频画面效果

实战237 直接拖曳剪辑视频

▶实例位置：光盘\效果\第11章\观赏鱼.VSP
▶素材位置：光盘\素材\第11章\观赏鱼.mpg
▶视频位置：光盘\视频\第11章\实战237.mp4

• 实例介绍 •

在会声会影X7中，最快捷、最直观的视频剪辑方式是在素材缩略图上直接对视频素材进行剪辑。下面向读者介绍通过直接拖曳的方式剪辑视频的方法。

• 操作步骤 •

STEP 01 进入会声会影X7编辑器，在视频轨中插入一段视频素材，在视频轨中可以查看视频素材的长度，如图11-86所示。

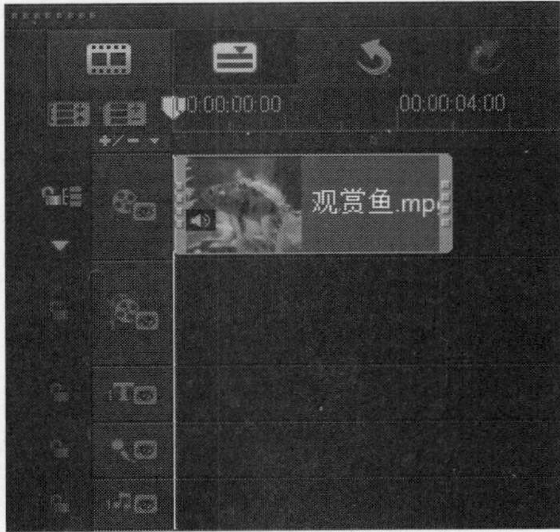

图11-86 查看视频素材的长度

STEP 02 在视频轨中，将鼠标拖曳至时间轴面板中的视频素材的末端位置，此时鼠标指针呈双向箭头形状，如图11-87所示。

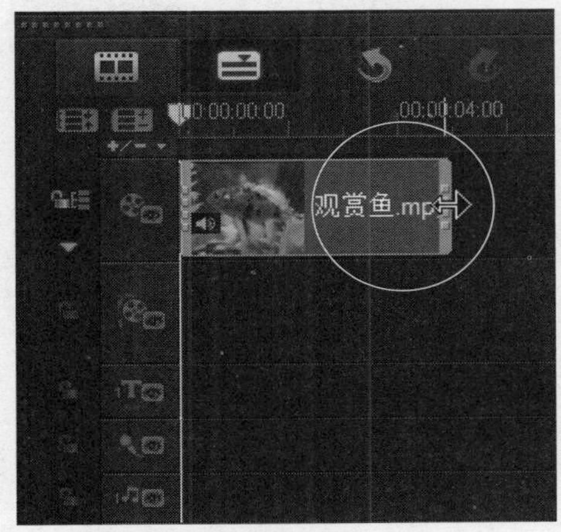

图11-87 鼠标指针呈双向箭头形状

STEP 03 在视频末端位置处，单击鼠标左键并向左拖曳至00:00:04:00的位置处，显示虚线框，表示视频将要剪辑的部分，如图11-88所示。

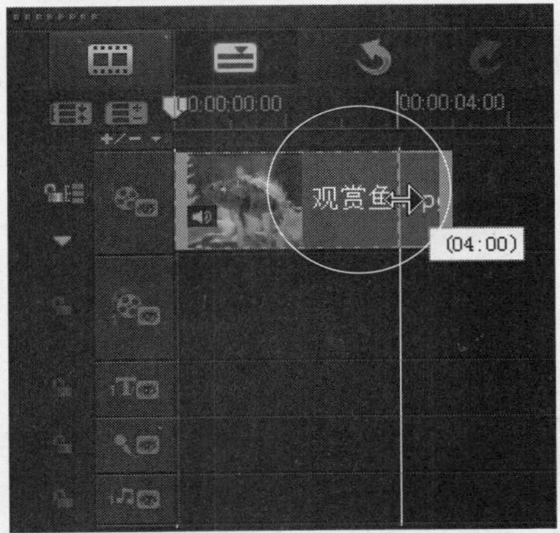

图11-88 显示虚线框

STEP 04 释放鼠标左键，即可剪辑视频末端位置的片段，如图11-89所示。

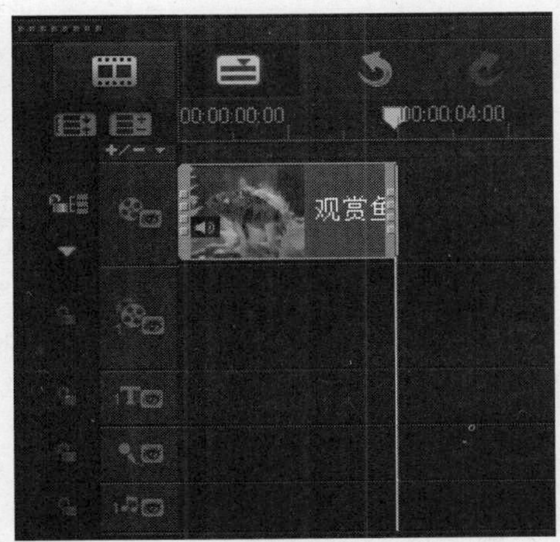

图11-89 剪辑视频末端位置的片段

STEP 05 在导览面板中单击“播放”按钮，预览剪辑后的视频画面效果，如图11-90所示。

图11-90 预览视频画面效果

技巧点拨

在会声会影X7中，用户还可以通过鼠标拖曳的方式剪辑视频的片头部分。首先将鼠标拖曳至时间轴面板中的视频素材的开始位置，此时鼠标指针呈双向箭头形状，如图11-91所示。

单击鼠标左键并向右拖曳，如图11-92所示，至合适位置后释放鼠标左键，即可剪辑视频片头部分片段。

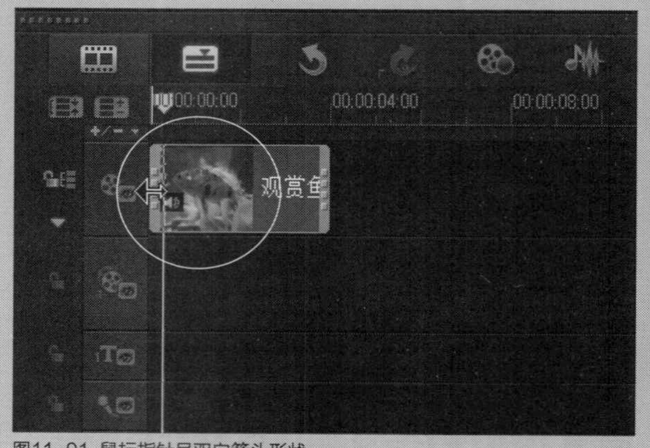

图11-91 鼠标指针呈双向箭头形状

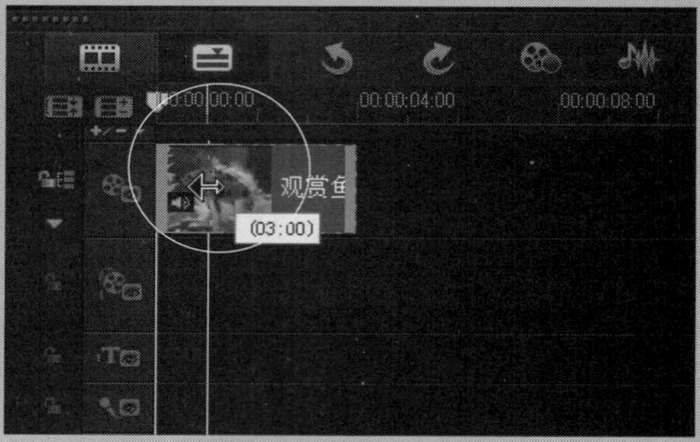

图11-92 单击鼠标左键并向右拖曳

如果用户需要剪掉视频中间部分不需要的片段，可以通过按钮剪辑的方式将中间部分删除。

实战238 保存修整后的视频素材

▶实例位置：无
▶素材位置：光盘\效果\第11章\观赏鱼.VSP
▶视频位置：光盘\视频\第11章\实战238.mp4

• 实例介绍 •

在会声会影X7中，用户可以将剪辑后的视频片段保存到媒体素材库中，方便以后对视频进行调用，或者将剪辑后的视频片段与其他视频片段进行合成应用。

• 操作步骤 •

STEP 01 对视频进行剪辑操作后，在菜单栏中单击“文件”|“保存修整后的视频”命令，如图11-93所示。

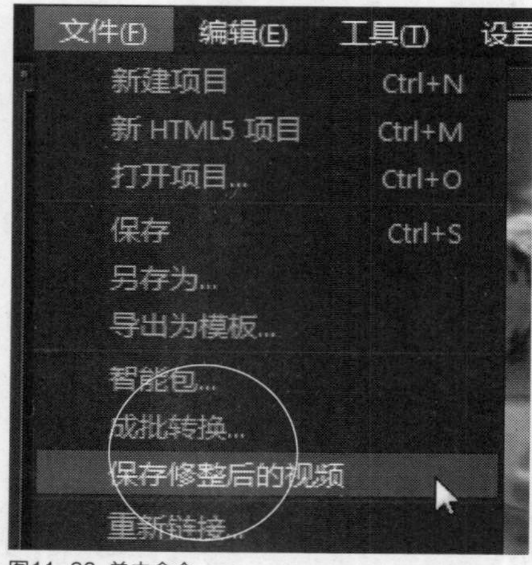

图11-93 单击命令

STEP 02 执行操作后，即可将剪辑后的视频保存到媒体素材库中，如图11-94所示。

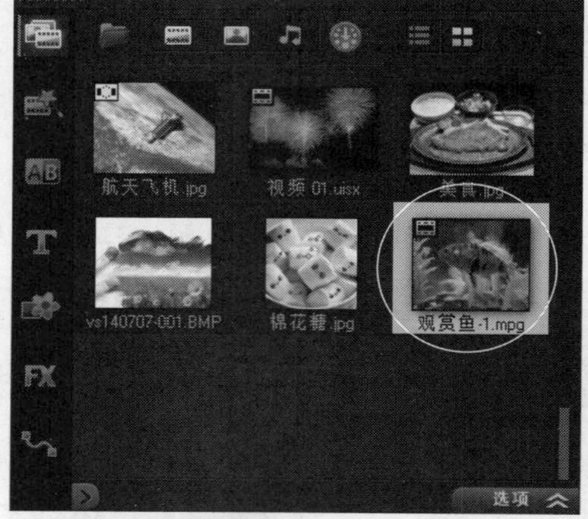

图11-94 保存到媒体素材库

11.4 按场景分割视频

在会声会影X7中，使用按场景分割功能，可以将不同场景下拍摄的视频内容分割成多个不同的视频片段。对于不同类型的文件，场景检测也有所不同，如DV AVI文件，可以根据录制时间以及内容结构来分割场景；而MPEG-1和MPEG-2文件，只能按照内容结构来分割视频文件。本节主要向读者介绍按场景分割视频素材的操作方法。

实战 239 了解按场景分割视频

- 实例位置：无
- 素材位置：无
- 视频位置：光盘\视频\第11章\实战239.mp4

• 实例介绍 •

在会声会影X7中，按场景分割视频功能非常强大，它可以将视频画面中的多个场景分割为多个不同的小片段，也可以将多个不同的小片段场景进行合成操作。

• 操作步骤 •

STEP 01 进入会声会影X7编辑器，选择需要按场景分割的视频素材后，在菜单栏中单击“编辑”|“按场景分割”命令，如图11-95所示。

图11-95 单击命令

STEP 02 即可弹出“场景”对话框，如图11-96所示。

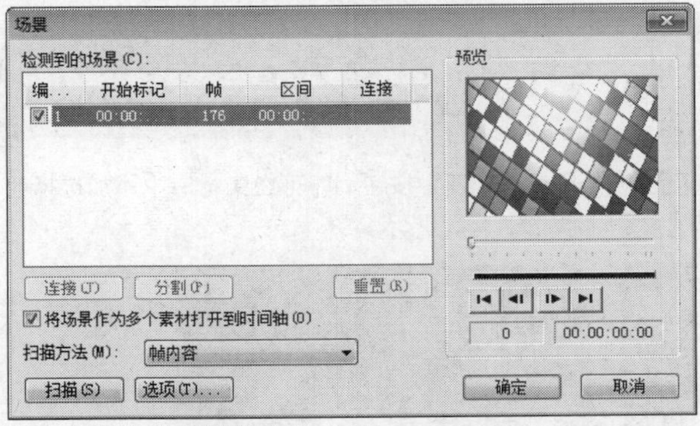

图11-96 弹出“场景”对话框

知识拓展

在“场景”对话框中，各主要选项含义如下。

- “连接”按钮：可以将多个不同的场景进行连接、合成操作。
- “分割”按钮：可以将多个不同的场景进行分割操作。
- “重置”按钮：单击该按钮，可将已经扫描的视频场景恢复到未分割前状态。
- “将场景作为多个素材打开到时间轴”：可以将场景片段作为多个素材插入到时间轴面板中进行应用。
- “扫描方法”：在该列表框中，用户可以选择视频扫描的方法，默认选项为“帧内容”。
- “扫描”：单击该按钮，可以开始对视频素材进行扫描操作。
- “选项”：单击该按钮，可以设置视频检测场景时的敏感度值。
- “预览”：在预览区域内，可以预览扫描的视频场景片段。

实战 240 在素材库中分割场景

- 实例位置：光盘\效果\第11章\树木.VSP
- 素材位置：光盘\素材\第11章\树木.mpg
- 视频位置：光盘\视频\第11章\实战240.mp4

• 实例介绍 •

在会声会影X7中，用户可以在素材库中分割场景。下面向读者介绍在会声会影X7的素材库中分割视频场景的操作方法。

• 操作步骤 •

STEP 01 进入媒体素材库，在素材库中的空白位置上，单击鼠标右键，在弹出的快捷菜单中选择“插入媒体文件”选项，如图11-97所示。

STEP 02 弹出“浏览媒体文件”对话框，在其中选择需要按场景分割的视频素材文件，如图11-98所示。

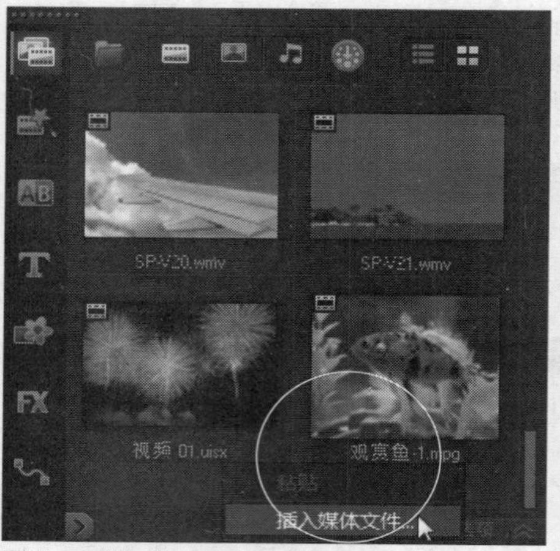
图11-97 选择“插入媒体文件”选项

图11-98 选择视频素材文件

知识拓展

在素材库中的视频素材上，单击鼠标右键，在弹出的快捷菜单中选择“按场景分割”选项，也可以弹出“场景”对话框。

STEP 03 单击“打开”按钮，即可在素材库中添加选择的视频素材，如图11-99所示。

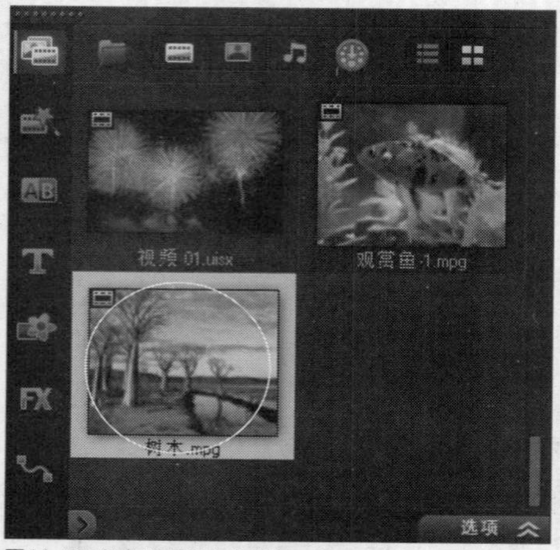

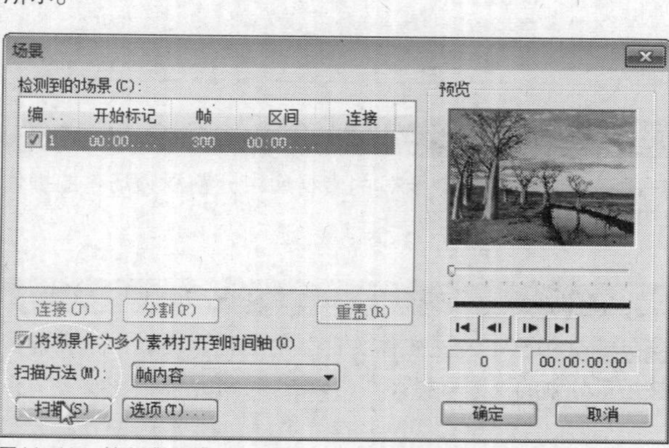
图11-99 添加选择的视频素材

STEP 04 在菜单栏中，单击“编辑”|“按场景分割”命令，如图11-100所示。

图11-100 单击命令

STEP 05 执行操作后，弹出“场景”对话框，其中显示了一个视频片段，单击左下角的“扫描”按钮，如图11-101所示。

图11-101 单击“扫描”按钮

STEP 06 稍等片刻，即可扫描出视频中的多个不同场景，如图11-102所示。

图11-102 扫描多个不同场景

STEP 07 执行上述操作后，单击“确定”按钮，即可在素材库中显示按照场景分割的4个视频素材，如图11-103所示。

图11-103　显示4个视频素材

STEP 08 选择相应的场景片段，在预览窗口中可以预览视频的场景画面，效果如图11-104所示。

图11-104　预览视频的场景画面

知识拓展

在“场景”对话框中，单击“选项”按钮，在弹出的“场景扫描敏感度”对话框中，通过拖曳“敏感度”选项区中的滑块，来设置场景检测的敏感度的值，如图11-105所示。敏感度数值越高，场景检测越精确。

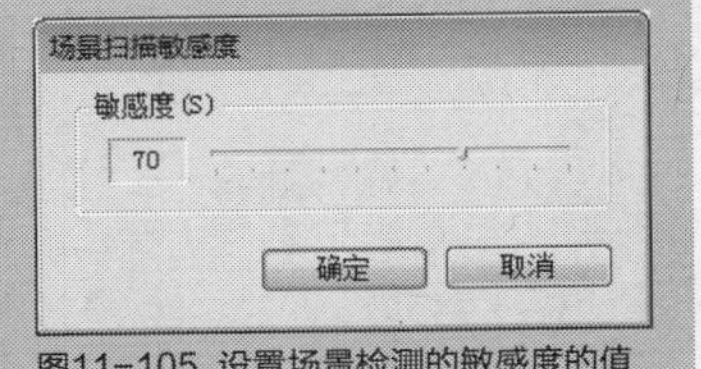

图11-105　设置场景检测的敏感度的值

技巧点拨

在会声会影X7中，用户无法对已经剪辑过的视频片段再按场景进行分割操作，当用户执行“按场景分割”命令时，软件将弹出提示信息框，提示用户在使用按场景分割之前，必须先重置素材的开始标记和结束标记，如图11-106所示。

当用户重置了素材的开始标记和结束标记后，用户就可以对视频按场景进行分割操作了。

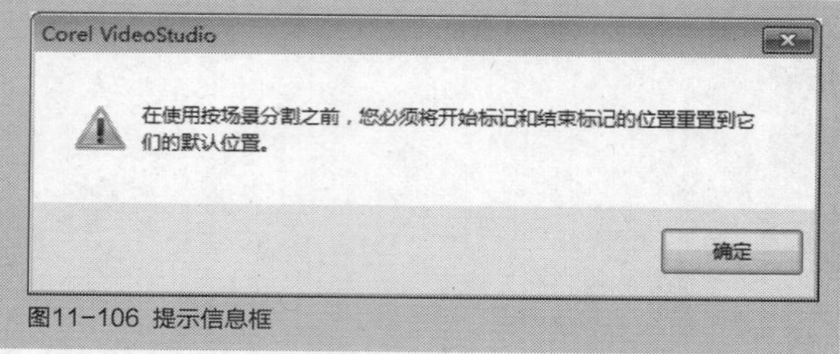

图11-106 提示信息框

实战241 在故事板中分割场景

▶实例位置：光盘\效果\第11章\海滩风情.VSP
▶素材位置：光盘\素材\第11章\海滩风情.mpg
▶视频位置：光盘\视频\第11章\实战241.mp4

• 实例介绍 •

在会声会影X7中，用户还可以在故事版中分割场景。下面向读者介绍在会声会影X7的故事板中按场景分割视频片段的操作方法。

• 操作步骤 •

STEP 01 进入会声会影X7编辑器，在故事板中插入一段视频素材，如图11-107所示。

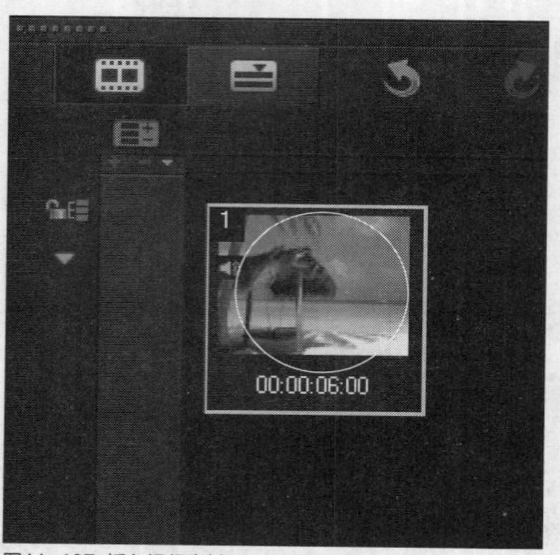

图11-107 插入视频素材

STEP 02 选择需要分割的视频文件，单击鼠标右键，在弹出的快捷菜单中选择“按场景分割”选项，如图11-108所示。

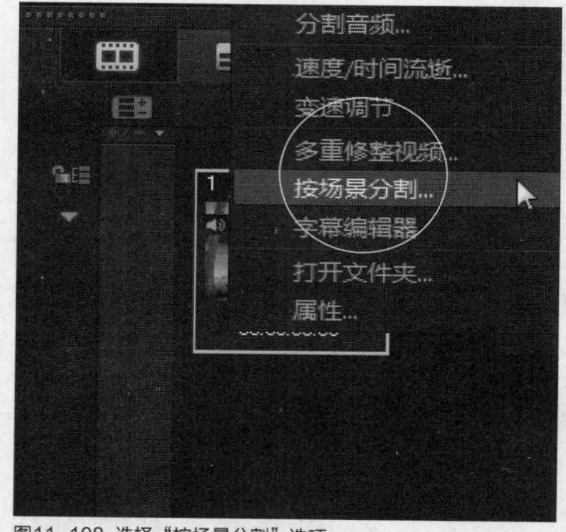

图11-108 选择“按场景分割”选项

STEP 03 弹出“场景”对话框，单击“扫描”按钮，如图11-109所示。

图11-109 单击“扫描”按钮

STEP 04 执行操作后，即可根据视频中的场景变化开始扫描，扫描结束后将按照编号显示出分割的视频片段，如图11-110所示。

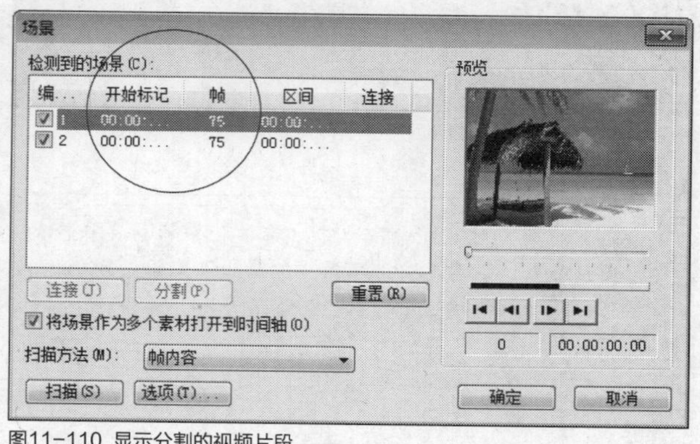

图11-110 显示分割的视频片段

STEP 05 分割完成后，单击“确定”按钮，返回会声会影编辑器，在故事板中显示了分割的多个场景片段，如图11-111所示。

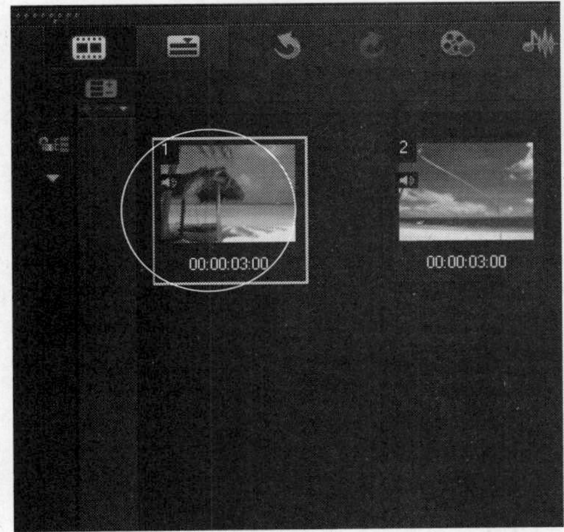

图11-111 显示分割的多个场景片段

STEP 06 切换至时间轴视图，在视频轨中也可以查看分割的视频效果，如图11-112所示。

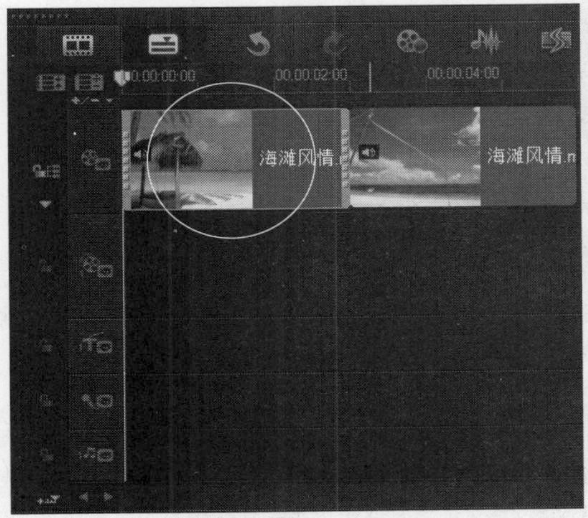

图11-112 查看分割的视频效果

STEP 07 选择相应的场景片段，在预览窗口中可以预览视频的场景画面，效果如图11-113所示。

图11-113 预览视频的场景画面

技巧点拨

在会声会影X7中，用户不仅可以在故事板中按场景分割视频，还可以在时间轴中按场景分割视频。

在视频轨中选择需要分割的视频，单击鼠标右键，在弹出的快捷菜单中选择“按场景分割”选项，如图11-114所示。即可弹出“场景”对话框。

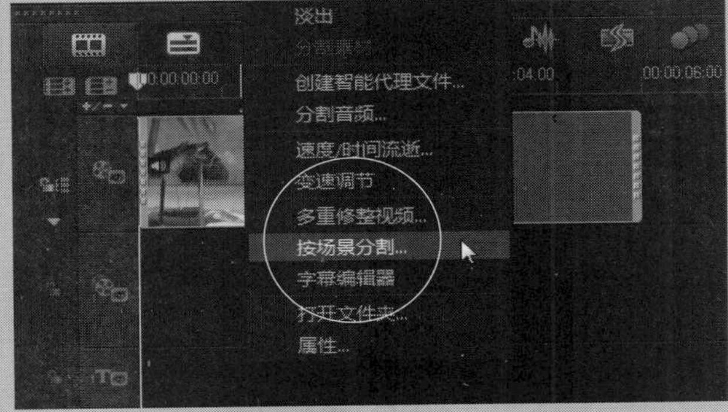

图11-114 选择“按场景分割”选项

11.5 视频素材的多重修整

用户如果需要从一段视频中间一次修整出多个片段，可以使用“多重修剪视讯”功能。该功能相对于“按场景分割”功能而言更为灵活，用户还可以在已经标记了起始点和终点的修整素材上进行更为精细的修整。本节主要向读者介绍多重修剪视讯素材的操作方法。

实战242 了解多重修剪视讯

▶实例位置：无
▶素材位置：光盘\素材\第11章\光芒.mp4
▶视频位置：光盘\视频\第11章\实战242.mp4

• 实例介绍 •

在进行多重修剪视讯操作之前，首先需要打开“多重修剪视讯”对话框，其方法很简单，只需在菜单栏中单击“多重修整视频”命令即可。

• 操作步骤 •

STEP 01 进入会声会影X7编辑器，将视频素材添加至素材库中，然后将素材拖曳至故事板中，在视频素材上单击鼠标右键，在弹出的快捷菜单中选择“多重修整视频”选项，如图11-115所示。

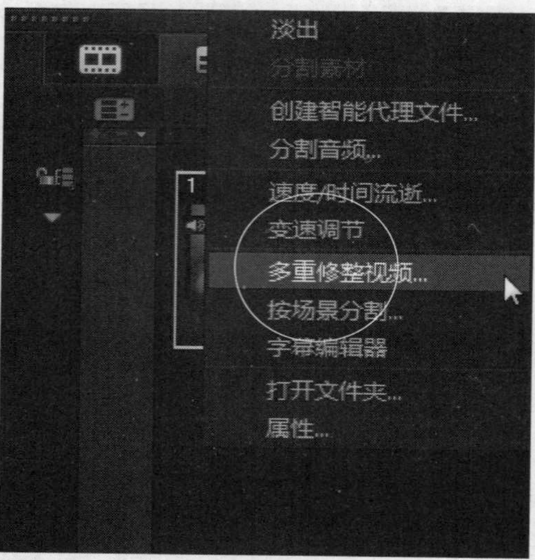

图11-115 选择“多重修整视频”选项

STEP 02 或者在菜单栏中单击“编辑”|“多重修整视频”命令，如图11-116所示。

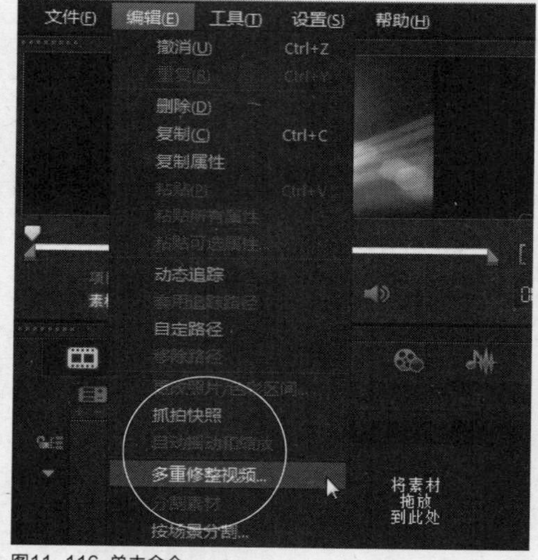

图11-116 单击命令

STEP 03 执行操作后，即可弹出“多重修剪视讯”对话框，拖曳对话框下方的滑块，即可预览视频画面，如图11-117所示。

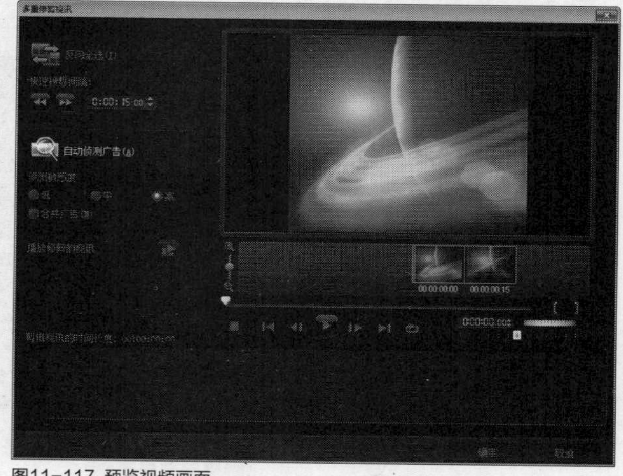

图11-117 预览视频画面

知识拓展

在“多重修剪视讯”对话框中，各主要选项含义如下。

“反转选取”按钮：可以反转选取视频素材的片段。

“向后搜索”按钮：可以将时间线定位到视频第1帧的位置。

“向前搜索”按钮：可以将时间线定位到视频最后1帧的位置。

“自动检测电视广告”按钮：可以自动检测视频片段中的电视广告。

“检测敏感度”选项区：在该选项区中，包含低、中、高3种敏感度设置，用户可根据实际需要进行相应选择。

“播放修整的视频”按钮：可以播放修整后的视频片段。

“修整的视频区间”面板：在该面板中，显示了修整的多个视频片段文件。

“设定标记开始时间”按钮：可以设置视频的开始标记位置。

“设定标记结束时间”按钮：可以设置视频的结束标记位置。

“移至特定时间码”：可以移至特定时间码位置，用于精确剪辑视频帧位置时非常有效。

实战 243 快速搜索间隔

- 实例位置：无
- 素材位置：光盘\素材\第11章\光芒.mp4
- 视频位置：光盘\视频\第11章\实战243.mp4

• 实例介绍 •

在会声会影X7中，打开“多重修剪视讯”对话框后，用户可以对视频进行快速搜索间隔的操作，该操作可以快速在两个场景之间进行切换。

• 操作步骤 •

STEP 01 以上一例的素材为例，在“多重修剪视讯”对话框中，设置“快速搜索间隔”为0:00:05:00，如图11-118所示。

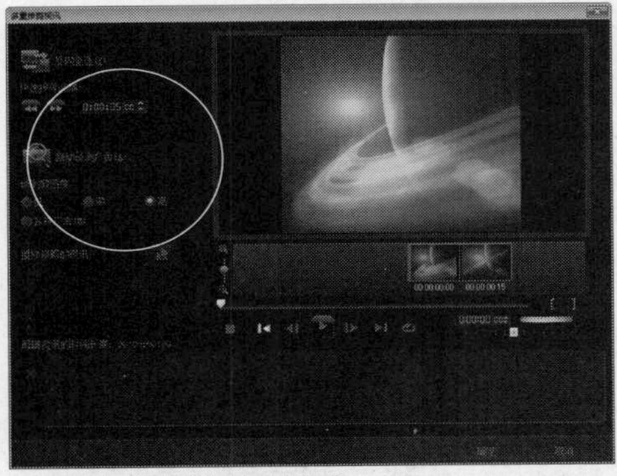

图11-118 设置“快速搜索间隔”

STEP 02 单击“往前搜索”按钮，即可快速搜索视频间隔，如图11-119所示。

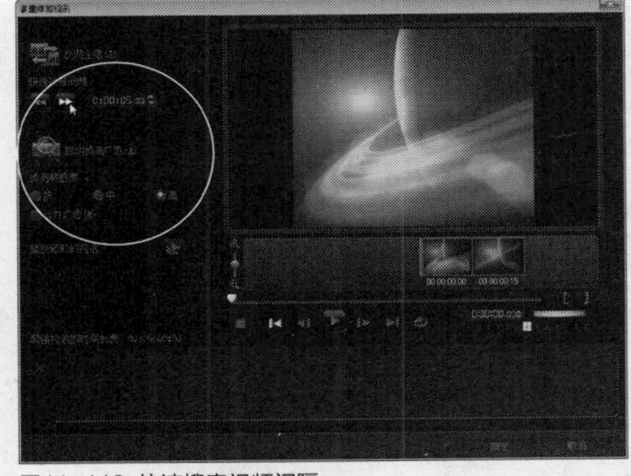

图11-119 快速搜索视频间隔

实战 244 标记视频片段

- 实例位置：光盘\效果\第11章\烟花.VSP
- 素材位置：光盘\素材\第11章\烟花.mpg
- 视频位置：光盘\视频\第11章\实战244.mp4

• 实例介绍 •

在“多重修剪视讯”对话框中进行相应的设置，可以标记视频片段的起点和终点以修剪视频素材。下面向读者介绍标记视频片段的操作方法。

• 操作步骤 •

STEP 01 进入会声会影X7编辑器，在视频轨中插入一段视频素材，在“多重修剪视讯”对话框中，将滑块拖曳移至00:00:00:10的位置处，单击“设定标记开始时间”按钮，如图11-120所示，确定视频的起始点。

STEP 02 单击预览窗口下方的“播放”按钮，播放视频素材至00:00:02:00的位置处，单击“暂停”按钮，如图11-121所示。

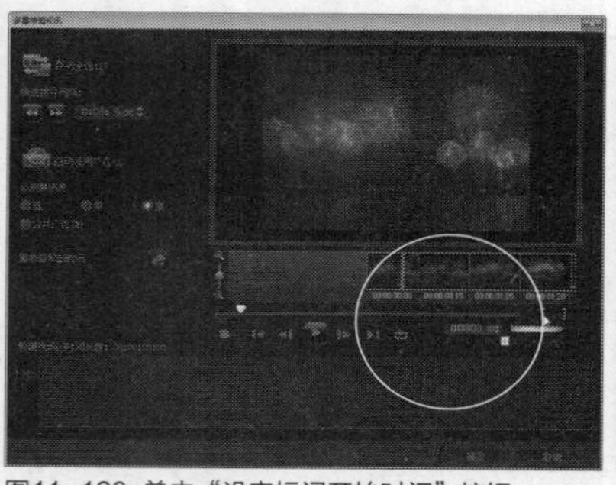
图11-120 单击“设定标记开始时间”按钮

图11-121 单击“暂停”按钮

STEP 03 单击“设定标记结束时间”按钮■，确定视频的终点位置，此时选定的区间即可显示在对话框下方的列表框中，完成标记第一个修整片段起点和终点的操作，如图11-122所示。

STEP 04 单击“确定”按钮，返回会声会影编辑器，在导览面板中单击“播放”按钮，即可预览标记的视频片段效果，如图11-123所示。

图11-122 显示区间

图11-123 预览标记的视频片段效果

知识拓展

在“多重修剪视讯”对话框中，标记的多个片段是以个体的形式单独存在的。

实战 245 删除所选素材

▶实例位置：无
▶素材位置：光盘\素材\第11章\烟花.mpg
▶视频位置：光盘\视频\第11章\实战245.mp4

• 实例介绍 •

在“多重修剪视讯”对话框中，用户不再需要使用提取的片段时，可以对不需要的片段进行删除操作。

• 操作步骤 •

STEP 01 以上一例的素材为例，在“多重修剪视讯”对话框中，将滑块拖曳移至00:00:01:00的位置处，单击“设定标记开始时间”按钮■，如图11-124所示，确定视频的起始点。

STEP 02 单击预览窗口下方的“播放”按钮，播放视频素材至00:00:03:02的位置处，单击“暂停”按钮，如图11-125所示。

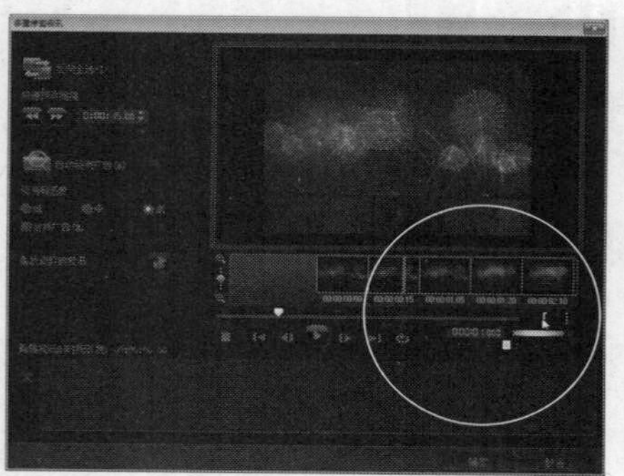
图11-124 单击“设定标记开始时间”按钮

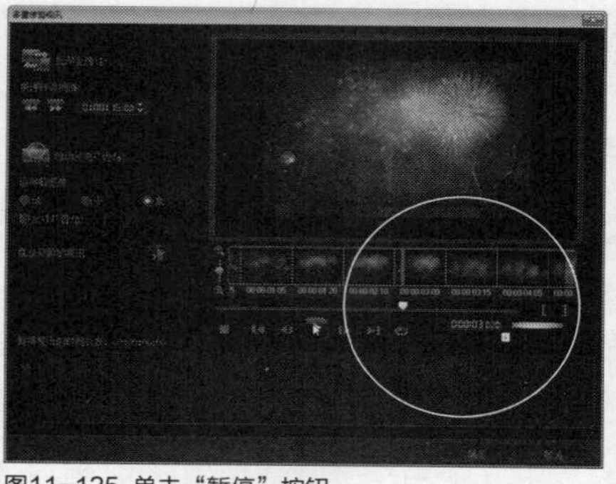
图11-125 单击“暂停”按钮

STEP 03 单击“设定标记结束时间”按钮，确定视频的终点位置，此时选定的区间即可显示在对话框下方的列表框中，完成标记第一个修整片段起点和终点的操作，如图11-126所示。

STEP 04 单击“移除所选素材”按钮，如图11-127所示，执行上述操作后，即可删除所选素材片段。

图11-126 显示区间

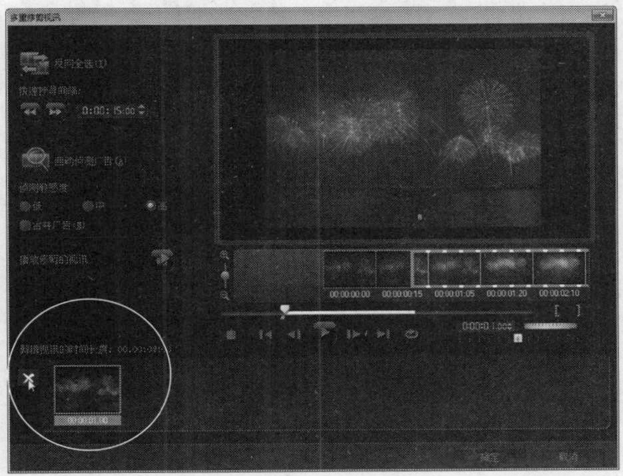
图11-127 单击“移除所选素材”按钮

实战246 修整更多片段

▶实例位置：光盘\效果\第11章\张家界美景.VSP
▶素材位置：光盘\素材\第11章\张家界美景.mpg
▶视频位置：光盘\视频\第11章\实战246.mp4

• 实例介绍 •

在“多重修剪视讯”对话框中，用户可根据需要标记更多的修整片段，标记出来的片段将以蓝色显示在修整栏上。下面向读者介绍在“多重修剪视讯”对话框中修整多个视频片段的操作方法。

• 操作步骤 •

STEP 01 进入会声会影X7编辑器，在视频轨中插入一段视频素材，如图11-128所示。

STEP 02 选择视频轨中插入的视频素材，在菜单栏中单击“编辑”|“多重修整视频”命令，如图11-129所示。

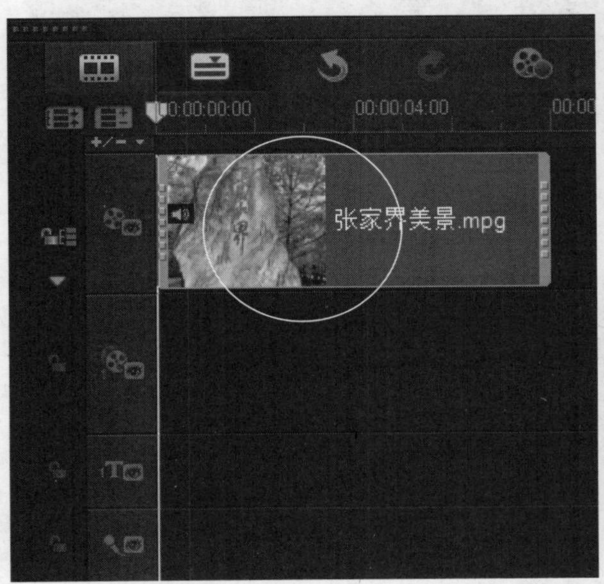

图11-128 插入视频素材

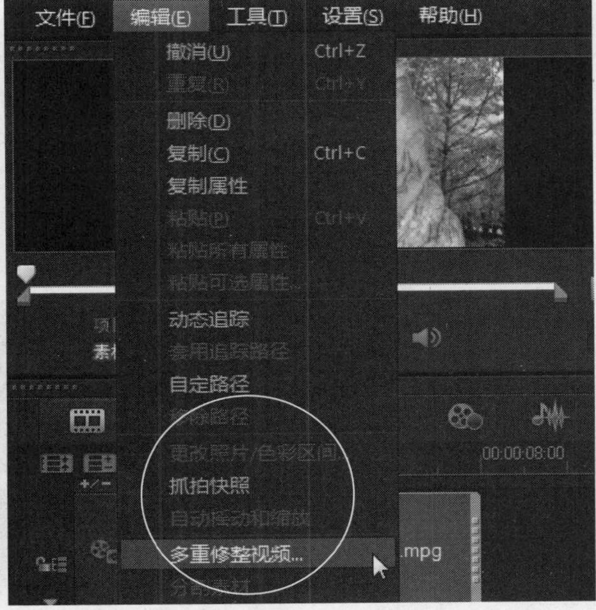

图11-129 单击命令

STEP 03 执行操作后，弹出“多重修剪视讯”对话框，单击右下角的“设定标记开始时间”按钮，标记视频的起始位置，如图11-130所示。

图11-130 标记视频的起始位置

STEP 04 单击“播放”按钮，播放至00:00:04:00的位置处，单击“暂停”按钮，单击“设定标记结束时间”按钮，选定的区间将显示在对话框下方的列表框中，如图11-131所示。

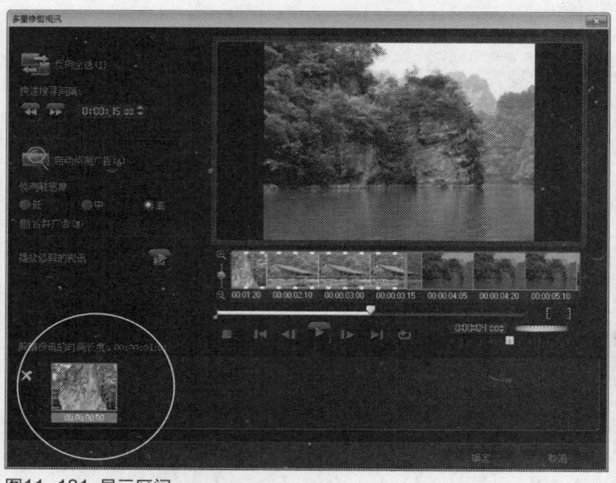

图11-131 显示区间

STEP 05 单击预览窗口下方的“播放”按钮，查找下一个区间的起始位置，至00:00:05:00的位置处单击“暂停”按钮，单击“设定标记开始时间”按钮，标记素材开始位置，如图11-132所示。

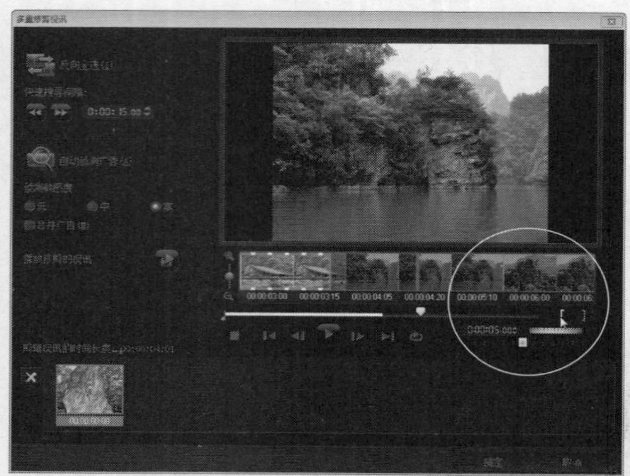

图11-132 标记素材开始位置

STEP 06 单击“播放”按钮，查找区间的结束位置，至00:00:07:07的位置处单击“暂停”按钮，然后单击“设定标记结束时间”按钮，确定素材结束位置，在“修整的视频区间”列表框中将显示选定的区间，如图11-133所示。

图11-133 显示选定的区间

技巧点拨

在视频轨中选择需要多重修整的视频素材，打开“视频”选项面板，在其中单击“多重修整视频”按钮，如图11-134所示，即可打开“多重修剪视讯”对话框。

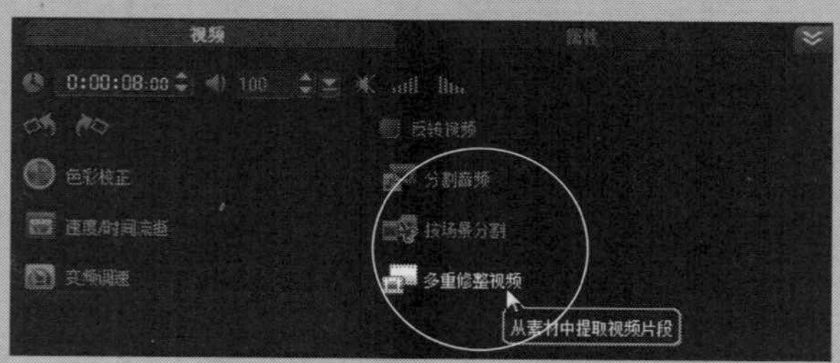

图11-134 单击“多重修剪视频”按钮

STEP 07 单击“确定”按钮，返回会声会影编辑器，在视频轨中显示了刚剪辑的两个视频片段，如图11-135所示。

STEP 08 切换至故事板视图，在其中可以查看剪辑的视频区间参数，如图11-136所示。

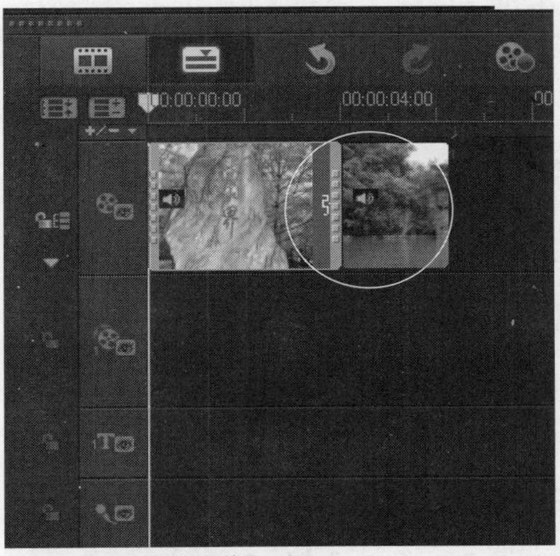

图11-135 显示两个视频片段

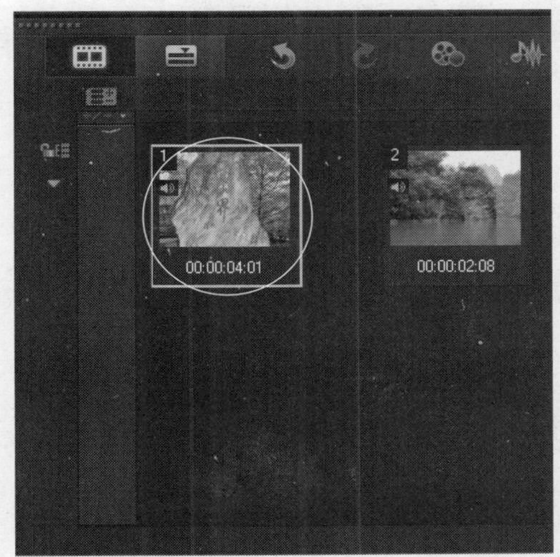

图11-136 查看视频区间参数

STEP 09 在导览面板中单击“播放”按钮，预览剪辑后的视频画面效果，如图11-137所示。

图11-137 预览视频画面效果

实战 247 精确标记片段

▶实例位置：光盘\效果\第11章\溪水流淌.VSP
▶素材位置：光盘\素材\第11章\溪水流淌.mpg
▶视频位置：光盘\视频\第11章\实战247.mp4

• 实例介绍 •

前面所讲的标记修整片段都是用户凭自己的感观来标记起点和终点的，下面向读者介绍在“多重修剪视讯”对话框中，通过精确标记视频片段进行剪辑的操作方法。

• 操作步骤 •

STEP 01 进入会声会影X7编辑器，在视频轨中插入一段视频素材，如图11-138所示。

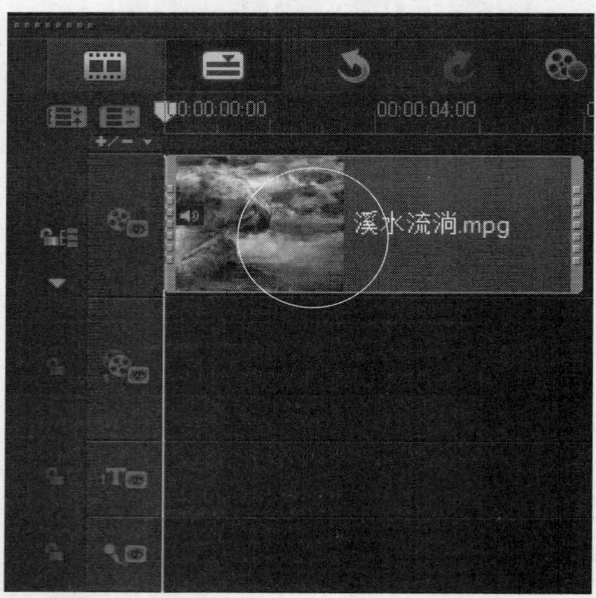

图11-138 插入视频素材

STEP 02 在视频素材上，单击鼠标右键，在弹出的快捷菜单中选择“多重修整视频”选项，如图11-139所示。

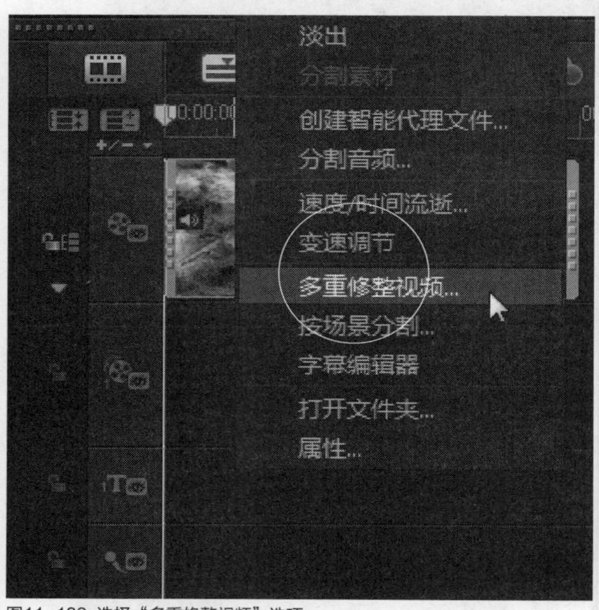

图11-139 选择“多重修整视频”选项

STEP 03 执行操作后，弹出“多重修剪视讯”对话框，单击右下角的“设定标记开始时间”按钮■，标记视频的起始位置，如图11-140所示。

图11-140 标记视频的起始位置

STEP 04 在“移至特定时间码”文本框中输入0:00:03:00，即可将时间线定位到视频中第3秒的位置处，如图11-141所示。

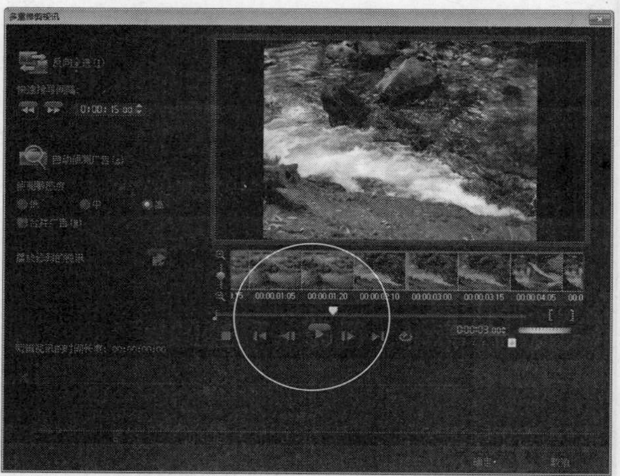

图11-141 移动时间线

知识拓展

在“多重修剪视讯”对话框中，用户通过单击“转到上一帧”按钮◀和“转到下一帧”按钮▶，也可以精确定位时间线的位置，对视频素材进行多重修整操作。

STEP 05 单击“设定标记结束时间”按钮■，选定的区间将显示在对话框下方的列表框中，如图11-142所示。

STEP 06 继续在“移至特定时间码”文本框中输入0:00:05:00，即可将时间线定位到视频中第5秒的位置处，单击“设定标记开始时间”按钮■，标记第二段视频的起始位置，如图11-143所示。

图11-142 显示区间

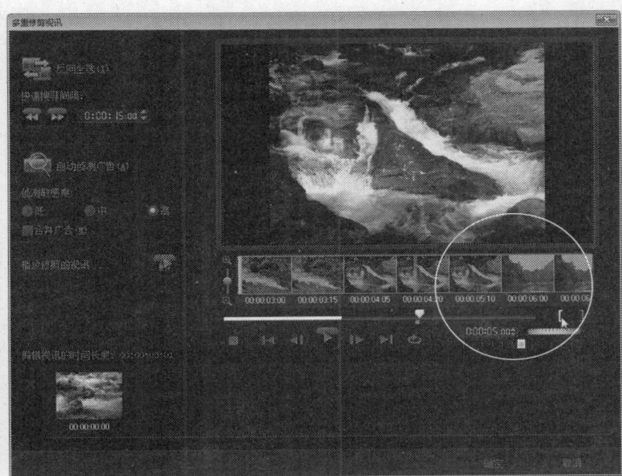

图11-143 标记第二段视频的起始位置

STEP 07 继续在“移至特定时间码”文本框中输入0:00:07:00，即可将时间线定位到视频中第7秒的位置处，单击“设定标记结束时间”按钮，标记第二段视频的结束位置，选定的区间将显示在对话框下方的列表框中，如图11-144所示。

图11-144 显示区间

STEP 08 单击“确定”按钮，返回会声会影编辑器，在视频轨中显示了刚剪辑的两个视频片段，如图11-145所示。

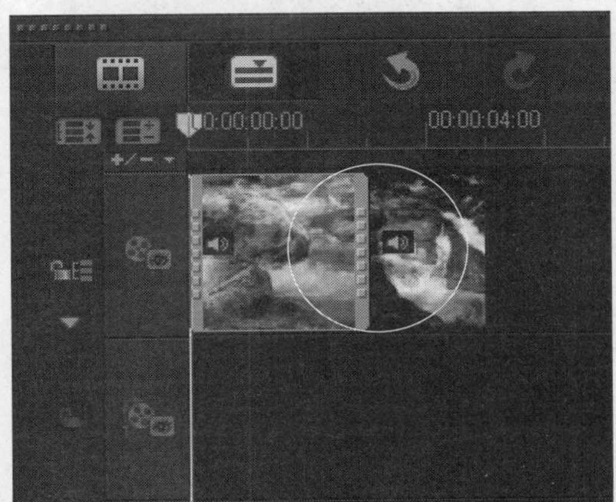

图11-145 显示两个视频片段

STEP 09 切换至故事板视图，在其中可以查看剪辑的视频区间参数，如图11-146所示。

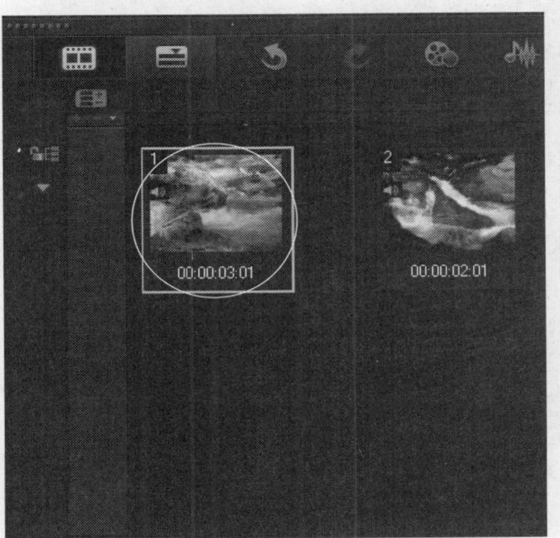

图11-146 查看视频区间参数

STEP 10 在导览面板中单击“播放”按钮，预览剪辑后的视频画面效果，如图11-147所示。

图11-147 预览视频画面效果

实战 248 素材的单修整操作

▶实例位置：光盘\效果\第11章\自然风光.VSP
▶素材位置：光盘\素材\第11章\自然风光.mpg
▶视频位置：光盘\视频\第11章\实战248.mp4

• 实例介绍 •

在会声会影X7中，用户可以对媒体素材库中的视频素材进行单修整操作，然后将修整后的视频插入视频轨中。进行多重修剪视讯操作之前，首先需要打开“多重修剪视讯”对话框，其方法很简单，只需在菜单栏中单击“多重修剪视讯”命令即可。

• 操作步骤 •

STEP 01 进入会声会影X7编辑器，在素材库中插入一段视频素材，如图11-148所示。

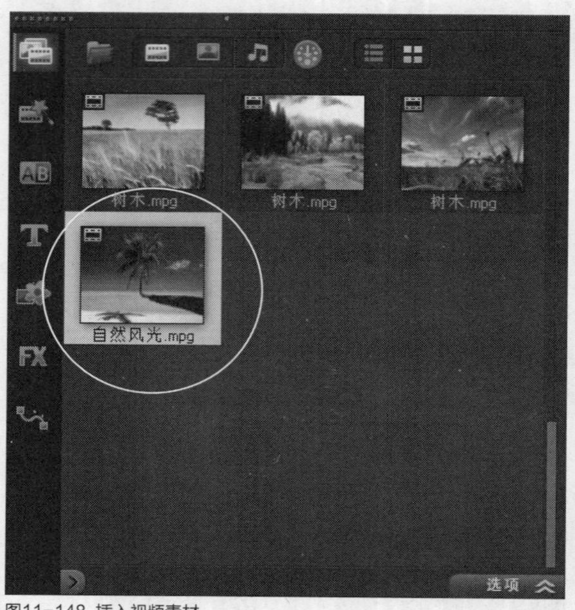

图11-148 插入视频素材

STEP 02 在视频素材上，单击鼠标右键，在弹出的快捷菜单中选择“单素材修整”选项，如图11-149所示。

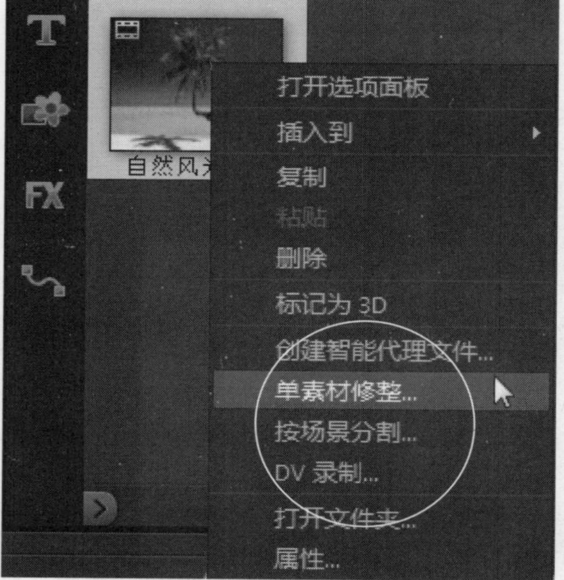

图11-149 选择“单素材修整”选项

STEP 03 执行操作后，弹出“单一素材剪辑”对话框，如图11-150所示。

STEP 04 在“移至特定时间码”文本框中输入0:00:03:00，即可将时间线定位到视频中第3秒的位置处，单击“设定标记开始时间”按钮，标记视频开始位置，如图11-151所示。

图11-150 弹出对话框

图11-151 标记视频开始位置

STEP 05 继续在“移至特定时间码”文本框中输入0:00:07:00，即可将时间线定位到视频中第7秒的位置处，如图11-152所示。

图11-152 移动时间线

STEP 06 单击“设定标记结束时间”按钮■，标记视频结束位置，如图11-153所示。

图11-153 标记视频结束位置

STEP 07 视频修整完成后，单击“确定”按钮，返回会声会影编辑器，将素材库中剪辑后的视频添加至视频轨中，在导览面板中单击“播放”按钮，预览剪辑后的视频画面效果，如图11-154所示。

图11-154 预览视频画面效果

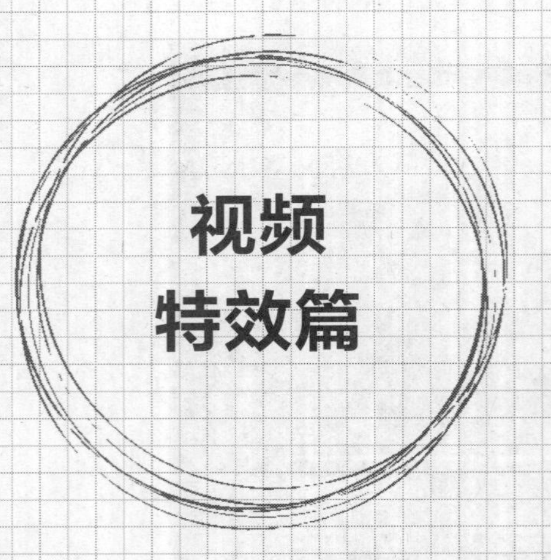

第12章 神奇特效——滤镜特效制作

本章导读

会声会影X7为用户提供了多种滤镜效果，在对视频素材进行编辑时，可以将它应用到视频素材中。通过视频滤镜不仅可以掩饰视频素材的瑕疵，还可以令视频产生绚丽的视觉效果，使制作出来的视频更具表现力。本章主要介绍制作视频滤镜特效的方法。

要点索引

- 了解视频滤镜
- 添加、删除与替换滤镜
- 自定义视频滤镜的样式
- 应用“2D对映”滤镜
- 应用“3D材质对映”滤镜
- 应用“调整”滤镜
- 应用“相机镜头”滤镜
- 应用Corel FX滤镜
- 应用“暗房”滤镜
- 应用“焦距”滤镜
- 应用“自然绘图”滤镜
- 应用“NewBlue样式特效”滤镜
- 应用“情境滤镜”滤镜

12.1 了解视频滤镜

会声会影X7为用户提供了多种滤镜效果，对视频素材进行编辑时，可以将它应用到视频素材上。本节主要向读者介绍视频滤镜的基础内容，主要包括了解视频滤镜、掌握视频选项面板，以及熟悉常用滤镜属性设置等。

实战249 掌握“属性”选项面板

▶实例位置：无
▶素材位置：光盘\素材\第12章\指针.VSP
▶视频位置：光盘\视频\第12章\实战249.mp4

• 实例介绍 •

在会声会影X7中，用户可以使用滤镜特效功能，在此之前，要先了解“属性”选项面板。

• 操作步骤 •

STEP 01 进入会声会影X7编辑器，按【Ctrl+O】组合键，打开一个项目文件，展开滤镜“属性”选项面板，如图12-1所示。

STEP 02 执行操作后，即可在其中设置相关的滤镜属性。

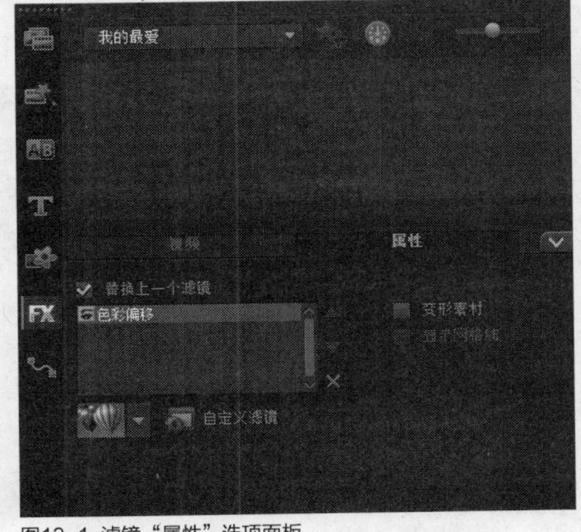

图12-1 滤镜“属性”选项面板

知识拓展

在“属性”选项面板中，各选项含义如下。

➢ 替换上一个滤镜：选中该复选框，将新滤镜应用到素材中时，将替换素材中已经应用的滤镜。如果希望在素材中应用多个滤镜，则不选中此复选框。

➢ 已用滤镜：显示已经应用到素材中的视频滤镜列表。

➢ 上移滤镜▲：单击该按钮可以调整视频滤镜在列表中的位置，使当前选择的滤镜提前应用。

➢ 下移滤镜▼：单击该按钮可以调整视频滤镜在列表中的显示位置，使当前所选择的滤镜延后应用。

➢ 删除滤镜☒：选中已经添加的视频滤镜，单击该按钮可以从视频滤镜列表中删除所选择的视频滤镜。

➢ 预设：会声会影为滤镜效果预设了多种不同的类型，单击右侧的下三角按钮，从弹出的下拉列表中可以选择不同的预设类型，并将其应用到素材中。

➢ 自定义滤镜：单击“自定义滤镜”按钮，在弹出的对话框中可以自定义滤镜属性。根据所选滤镜类型的不同，在弹出的对话框中设置不同的选项参数。

➢ 变形素材：选中该复选框，可以拖动控制点任意倾斜或者扭曲视频轨中的素材，使视频应用变得更加自由。

➢ 显示网格线：选中该复选框，可以在预览窗口中显示网格线效果。

实战250 “云雾”属性设置

▶实例位置：光盘\效果\第12章\绿色家园.VSP
▶素材位置：光盘\素材\第12章\绿色家园.jpg
▶视频位置：光盘\视频\第12章\实战250.mp4

• 实例介绍 •

当用户为视频添加相应的滤镜效果后，单击选项面板中的“自定义滤镜”按钮，在弹出的对话框中可以设置滤镜特效的相关属性，使制作的视频滤镜更符合用户的需求。

• 操作步骤 •

STEP 01 进入会声会影X7编辑器，在故事板中插入一幅素材图像，应用“云雾”滤镜后，在“属性”选项面板中单击“自定义滤镜”按钮，弹出“云彩”对话框，如图12-2所示。

图12-2 “云彩”对话框

STEP 02 在其中设置相关的滤镜属性后，在预览窗口中可以查看图像素材效果，如图12-3所示。

图12-3 查看图像素材效果

知识拓展

在“云彩”对话框中，各主要选项含义如下。

- 原图：该区域显示的是图像未应用视频滤镜前的效果。
- 预览：该区域显示的是图像应用视频滤镜后的效果。
- 转到上一个关键帧：单击该按钮，可以使上一个关键帧处于编辑状态。
- 添加关键帧：单击该按钮，可以将当前帧设置为关键帧。
- 删除关键帧：单击该按钮，可以删除已经存在的关键帧。
- 翻转关键帧：单击该按钮，可以翻转时间轴中关键帧的顺序。视频序列将从终止关键帧开始到起始关键帧结束。
- 将关键帧移到左边：单击该按钮，可以将关键帧向左侧移动一帧。
- 将关键帧移到右边：单击该按钮，可以将关键帧向右侧移动一帧。
- 转到下一个关键帧：单击该按钮，可以使下一个关键帧处于编辑状态。
- 淡入：单击该按钮，可以设置视频滤镜的淡入效果。
- 淡出：单击该按钮，可以设置视频滤镜的淡出效果。
- 密度：在该数值框中输入相应参数后，可以设置云彩的显示数目、密度。
- 大小：在该数值框中输入相应参数后，可以设置单个云彩大小的上限。
- 变化：在该数值框中输入相应参数后，可以控制云彩大小的变化。
- 反相：选中该复选框，可以使云彩的透明和非透明区域反相。
- 阻光度：在该数值框中输入相应参数后，可以控制云彩的透明度。
- X比例：在该数值框中输入相应参数后，可以控制水平方向的平滑程度。设置的值越低，图像显得越破碎。
- Y比例：在该数值框中输入相应参数后，可以控制垂直方向的平滑程度。设置的值越低，图像显得越破碎。
- 频率：在该数值框中输入相应参数后，可以设置破碎云彩或颗粒的数目。设置的值越高，破碎云彩的数量就越多；设置的值越低，云彩就越大，越平滑。

实战 251 “泡泡”属性设置

▶ 实例位置：光盘\效果\第12章\白菜.VSP
▶ 素材位置：光盘\素材\第12章\白菜.jpg
▶ 视频位置：光盘\视频\第12章\实战251.mp4

• 实例介绍 •

在会声会影X7中，用户可以对素材添加“泡泡”滤镜特效。下面向读者介绍设置“泡泡”滤镜属性的操作方法。

• 操作步骤 •

STEP 01 进入会声会影X7编辑器，在故事板中插入一幅素材图像，对素材应用“泡泡”滤镜后，单击“属性”选项面板中的“自定义滤镜”按钮，弹出“气泡”滤镜对话框，如图12-4所示。

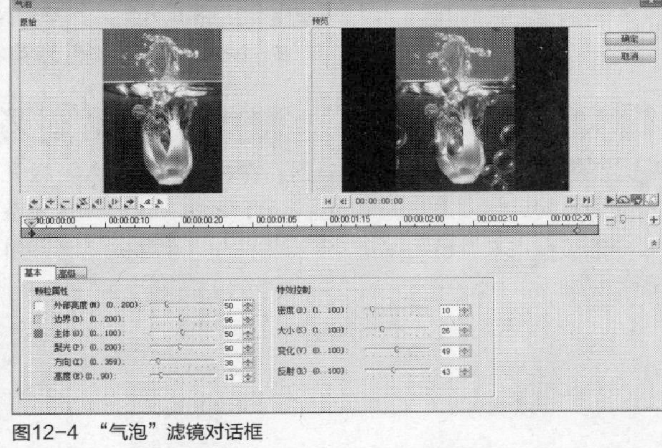

图12-4 “气泡”滤镜对话框

STEP 02 在其中设置相关的滤镜属性后，在预览窗口中可以查看图像素材效果，如图12-5所示。

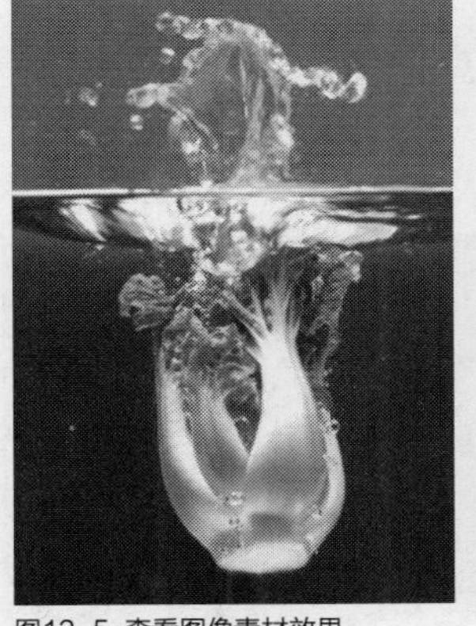

图12-5 查看图像素材效果

知识拓展

在“气泡”对话框的“基本”选项卡中，各选项含义如下。

➢ 外部：在该数值框中输入相应参数后，可以控制外部光线。

➢ 边界：在该数值框中输入相应参数后，可以设置边缘或边框的色彩。

➢ 主体：在该数值框中输入相应参数后，可以设置内部或主体的色彩。

➢ 聚光：在该数值框中输入相应参数后，可以设置聚光的强度。

➢ 方向：在该数值框中输入相应参数后，可以设置光线照射的角度。

➢ 高度：在该数值框中输入相应参数后，可以调整光源相对于Z轴的高度。

➢ 密度：在该数值框中输入相应参数后，可以控制气泡的数量。

➢ 大小：在该数值框中输入相应参数后，可以设置最大气泡的尺寸上限。

➢ 变化：在该数值框中输入相应参数后，可以控制气泡大小的变化。

➢ 反射：在该数值框中输入相应参数后，可以调整强光在气泡表面的反射方式。

在“气泡”对话框中，单击下方的“高级”标签，切换至“高级”选项卡，如图12-6所示。

图12-6 “高级”选项卡

在“气泡”对话框的“高级”选项卡中，各选项含义如下。

➢ 方向：选中该单选按钮，气泡随机运动。

➢ 发散：选中该单选按钮，气泡从中央区域向外发散运动。

➢ 调整大小的类型：在该数值框中输入相应参数后，可以指定发散时气泡大小的变化。

➢ 速度：在该数值框中输入相应参数后，可以控制气泡的加速度。

➢ 移动方向：在该数值框中输入相应参数后，可以指定气泡的移动角度。

➢ 湍流：在该数值框中输入相应参数后，可以控制气泡从移动方向上偏离的变化程度。

➢ 振动：在该数值框中输入相应参数后，可以控制气泡摇摆运动的强度。

➢ 区间：在该数值框中输入相应参数后，可以为每个气泡指定动画周期。

➢ 发散宽度：在该数值框中输入相应参数后，可以控制气泡发散的区域宽度。

➢ 发散高度：在该数值框中输入相应参数后，可以控制气泡发散的区域高度。

技巧点拨

在“气泡”对话框的“高级”选项卡中，用户需要选中“动作类型”选项区中的“发散”单选按钮，这3个选项才处于可设置状态。

实战 252 “闪电”属性设置

- ▶实例位置：光盘\效果\第12章\夜景.VSP
- ▶素材位置：光盘\素材\第12章\夜景.jpg
- ▶视频位置：光盘\视频\第12章\实战252.mp4

• 实例介绍 •

在会声会影X7中，用户可以对素材应用“闪电”滤镜特效，下面向读者介绍设置“闪电”滤镜属性的操作方法。

• 操作步骤 •

STEP 01 进入会声会影X7编辑器，在故事板中插入一幅素材图像，对素材应用“闪电”滤镜后，单击“属性”选项面板中的“自定义滤镜”按钮，弹出“闪电”滤镜对话框，如图12-7所示。

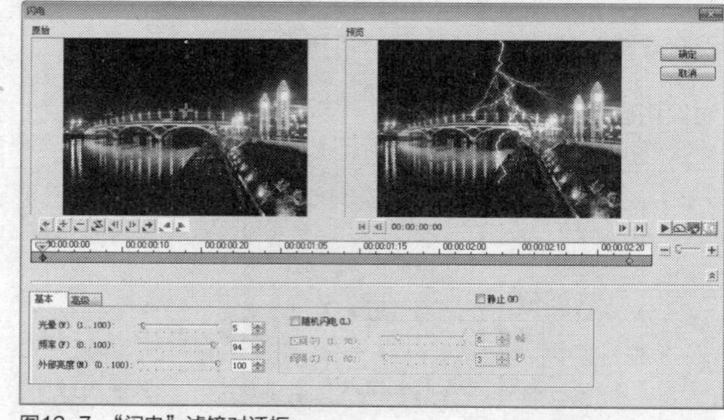

图12-7 “闪电”滤镜对话框

STEP 02 在其中设置相关的滤镜属性后，在预览窗口中可以查看图像素材效果，如图12-8所示。

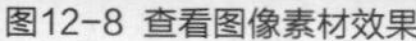

图12-8 查看图像素材效果

知识拓展

在“闪电”对话框的“基本”选项卡中，各选项含义如下。

- ➢ 原图：拖动“原图”窗口中的十字标记，可以调整闪电的中心位置和方向。
- ➢ 光晕：在该数值框中输入相应参数后，可以设置闪电发散出的光晕大小。
- ➢ 频率：在该数值框中输入相应参数后，可以设置闪电旋转扭曲的次数，较高的值可以产生较多的分叉。
- ➢ 外部光线：在该数值框中输入相应参数后，可以设置闪电对周围环境的照亮程度，数值越大，环境光越强。
- ➢ 随机闪电：选中该复选框，将随机地生成动态的闪电效果。
- ➢ 区间：在该数值框中输入相应参数后，可以以“帧”为单位设置闪电的出现频率。
- ➢ 间隔：在该数值框中输入相应参数后，可以以“秒”为单位设置闪电的出现频率。
- ➢ 在“闪电”对话框的“高级”选项卡中，各选项含义如下。
- ➢ 闪电色彩：单击右侧的色块，在弹出的“Corel Color Picker”对话框中可以设置闪电的颜色（默认色为白色）。

➢ 因子：拖动滑块可以随机改变闪电的方向。

➢ 幅度：在该数值框中输入相应参数后，可以调整闪电振幅，从而设置分支移动的范围。

➢ 亮度：向右拖动滑块可以增强闪电的亮度。

➢ 阻光度：在该数值框中输入相应参数后，可以设置闪电混合到图像上的方式。较低的值使闪电更透明，较高的值使其更不透明。

➢ 长度：在该数值框中输入相应参数后，可以设置闪电中分支的大小，选取较高的值可以增加其尺寸。

对素材应用“自动素描”滤镜后，单击“属性”选项面板中的“自定义滤镜”按钮，弹出“自动素描”对话框，如图12-9所示。

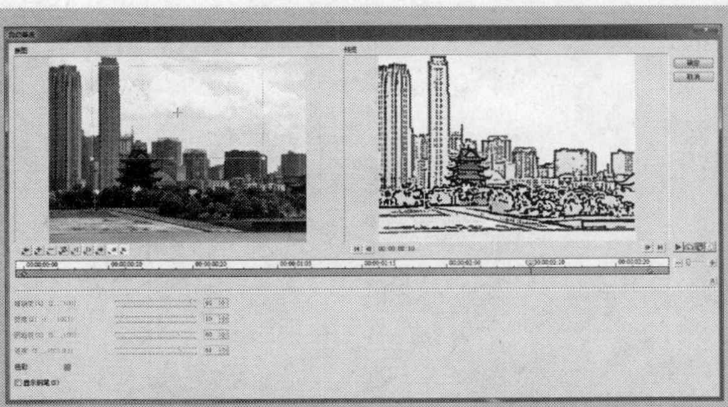

图12-9 “自动素描”对话框

在“自动素描”对话框中，各主要选项含义如下。

➢ 精确度：在该数值框中输入相应参数后，可以调整绘制笔触的精细程度，数值越大，线条越细，效果越接近于原始画面。

➢ 宽度：在该数值框中输入相应参数后，可以调整绘制的线条宽度，数值越大，线条越粗。

➢ 阴暗度：在该数值框中输入相应参数后，可以调整画面的线条明暗比例，数值越大，暗色区域越多，阴影越浓重。

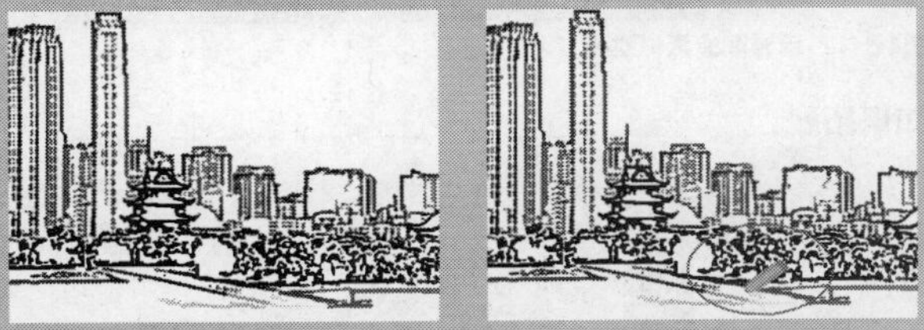

图12-10 显示钢笔绘图

➢ 进度：在该数值框中输入相应参数后，可以设置滤镜的运动进度。

➢ 色彩：单击右侧的色块，在弹出的“Corel Color Picker”对话框中可以选择使用的画笔色彩。

➢ 显示钢笔：选中该复选框，可以在自动素描的过程中显示钢笔绘图，如图12-10所示。

实战253 “视频平移和缩放”属性设置

▶ 实例位置：光盘\效果\第12章\布偶.VSP
▶ 素材位置：光盘\素材\第12章\布偶.jpg
▶ 视频位置：光盘\视频\第12章\实战253.mp4

• 实例介绍 •

在会声会影X7中，用户可以对素材应用“视频平移和缩放”滤镜特效。下面向读者介绍设置“视频平移和缩放”滤镜属性的操作方法。

• 操作步骤 •

STEP 01 进入会声会影X7编辑器，在故事板中插入一幅素材图像，对视频素材应用“视频平移和缩放”滤镜后，单击“属性”面板中的“自定义滤镜”按钮，弹出“视频摇动和缩放”对话框，如图12-11所示。

图12-11 “视频摇动和缩放”对话框

STEP 02 在其中设置相关的滤镜属性后，在预览窗口中可以查看图像素材效果，如图12-12所示。

图12-12 查看图像素材效果

知识拓展

在“视频摇动和缩放”对话框中，各主要选项含义如下。

- “原图”窗口中的红色十字标记：表示当前位置的设置可以调整，以产生摇动和缩放效果。
- “原图”窗口中的黄色控制点：拖曳“原图”窗口中的黄色控制点，可以调整要缩放的主题区域。
- 网格线：选中“网格线”复选框，可以在原图窗口中显示网格效果，以便于用户更精确的定位视频画面的位置。
- 停靠：单击“停靠”框中的一个小方格，可以在固定方位移动“原图”窗口中的选取框。
- 缩放率：指定一个关键帧后，调整该窗口下方的参数可以自定义缩放效果。
- 透明度：要同时实现淡入效果或淡出效果，应调整“透明度”参数，这样，图像将淡化到背景色。
- 无摇动：要放大或缩小固定区域而不摇动图像，应选中“无摇动”复选框。
- 背景色：单击“背景色”右侧的色块，可以设置背景色。

技巧点拨

视频滤镜是指可以应用到视频素材中的效果，它可以改变视频文件的外观和样式。会声会影X7提供了多达13大类70多种滤镜效果以供用户选择，如图12-13所示。

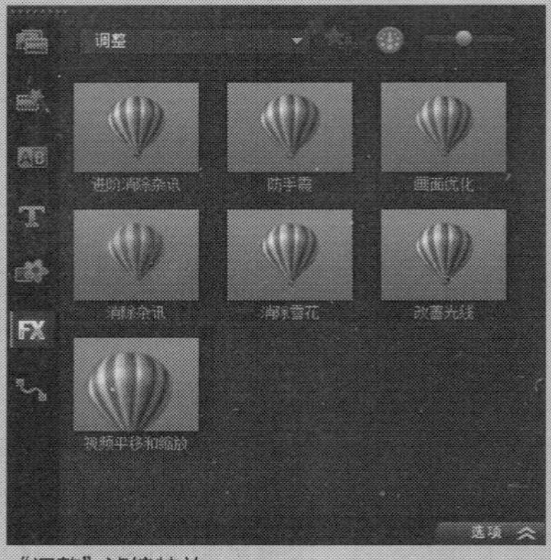

“调整”滤镜特效

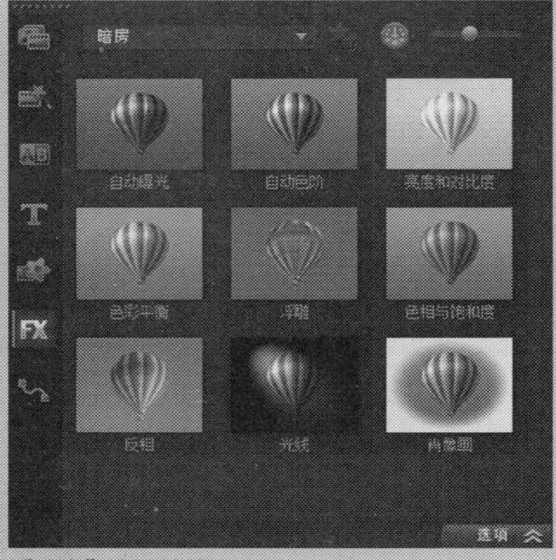

“暗房”滤镜特效

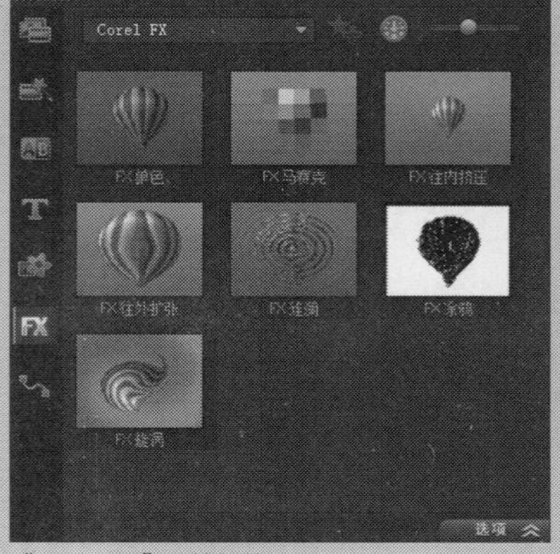

“Corel FX”滤镜特效

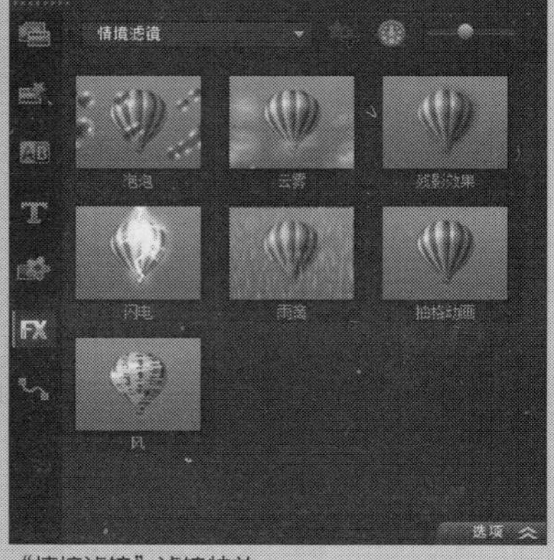

“情境滤镜”滤镜特效

图12-13 滤镜效果

运用视频滤镜对视频进行处理，可以掩盖一些由于拍摄造成的缺陷，并可以使画面更加生动。通过这些滤镜效果，可以模拟各种艺术效果，并对素材进行美化。图12-14所示为原图与应用滤镜后的效果。

“雨滴”视频滤镜特效

“闪电”视频滤镜特效

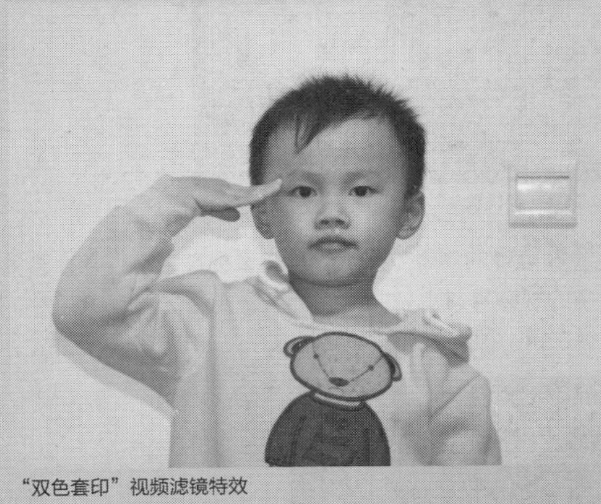

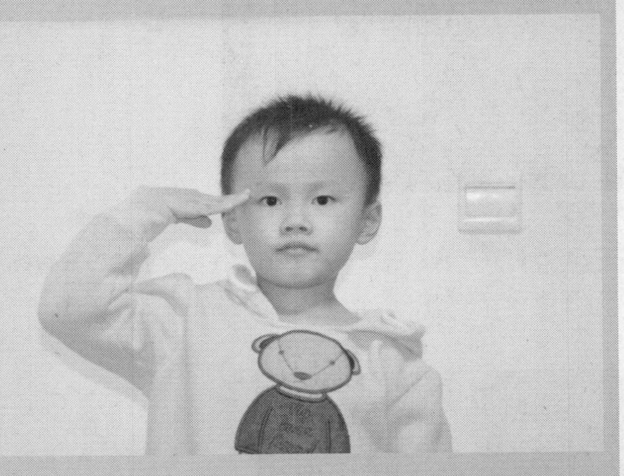

“双色套印”视频滤镜特效

图12-14　原图与应用滤镜后的效果

12.2 添加、删除与替换滤镜

会声会影X7中为用户提供了多种滤镜效果，对视频素材进行编辑时，可以将它应用到视频素材上。本节主要向读者介绍视频滤镜的基础内容，主要包括了解视频滤镜、掌握视频选项面板，以及熟悉常用滤镜属性设置等。

实战254 添加滤镜效果

▶实例位置：光盘\效果\第12章\枫叶.VSP
▶素材位置：光盘\素材\第12章\枫叶.mpg
▶视频位置：光盘\视频\第12章\实战254.mp4

• 实例介绍 •

若用户需要制作情境滤镜的视频效果，则可以为视频素材添加相应的视频滤镜，使视频素材产生符合用户需要的效果。下面向读者介绍添加滤镜效果的操作方法。

• 操作步骤 •

STEP 01 进入会声会影X7编辑器，在故事板中插入一段视频素材，如图12-15所示。

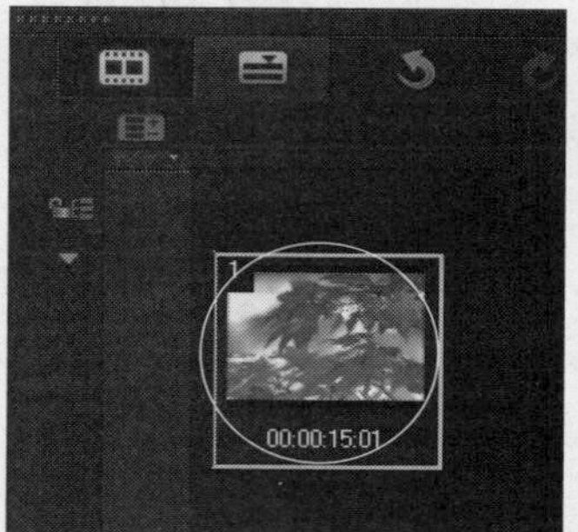

图12-15 插入视频素材

STEP 02 在预览窗口中，可以预览视频的画面效果，如图12-16所示。

图12-16 预览视频画面效果

STEP 03 在素材库的左侧，单击“滤镜”按钮，如图12-17所示。

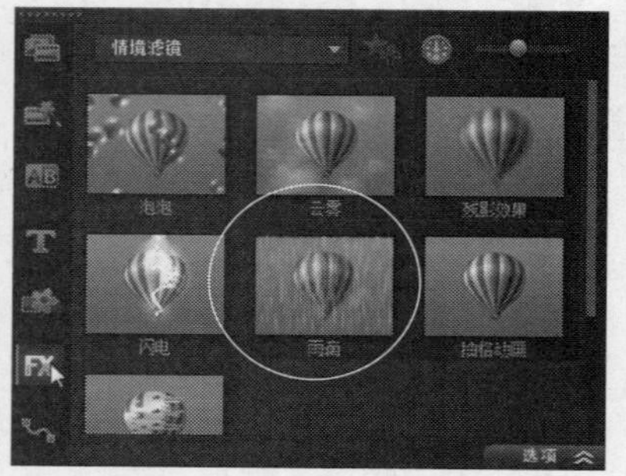

图12-17 单击“滤镜”按钮

STEP 04 切换至“滤镜”选项卡，单击窗口上方的“画廊”按钮，在弹出的列表框中选择“相机镜头”选项，如图12-18所示。

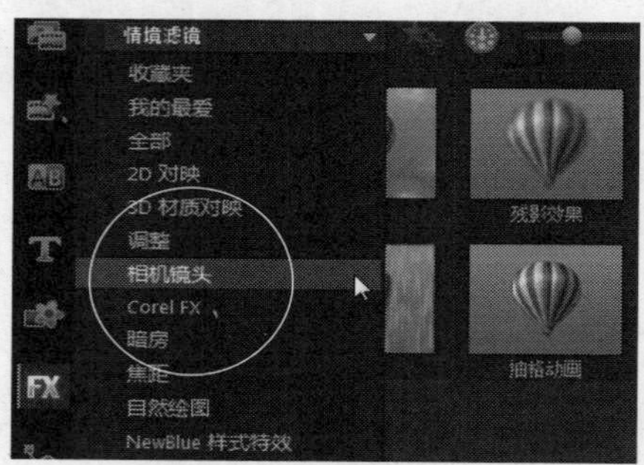

图12-18 选择“相机镜头”选项

STEP 05 打开“相机镜头”素材库，选择“光芒”滤镜效果，如图12-19所示。

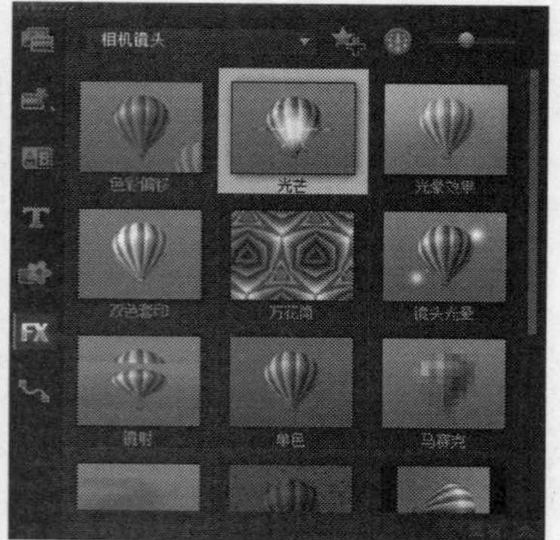

图12-19 选择“光芒”滤镜效果

STEP 06 在选择的滤镜效果上，单击鼠标左键并将其拖曳至故事板中的视频素材上，此时鼠标右下角将显示一个加号，释放鼠标左键，即可添加视频滤镜效果，如图12-20所示。

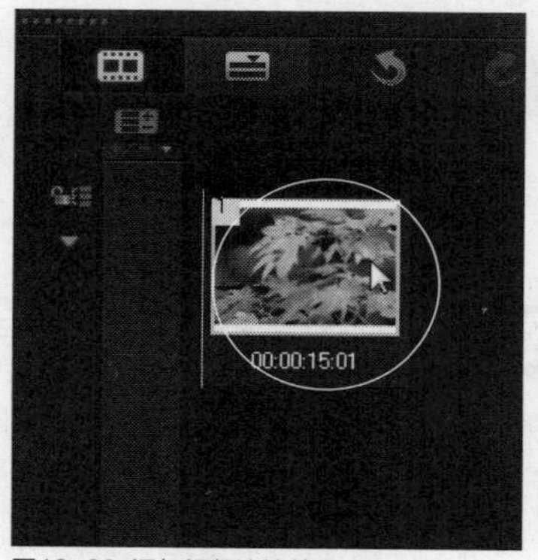

图12-20 添加视频滤镜效果

STEP 07 在导览面板中单击“播放”按钮，预览添加的视频滤镜效果，如图12-21所示。

图12-21 预览视频滤镜效果

实战 255 添加多个滤镜效果

▶ 实例位置：光盘\效果\第12章\飞鸽.VSP
▶ 素材位置：光盘\素材\第12章\飞鸽.jpg
▶ 视频位置：光盘\视频\第12章\实战255.mp4

• 实例介绍 •

在会声会影X7中，当一个图像素材应用多个视频滤镜时，所产生的效果是多个视频滤镜效果的叠加。下面向读者介绍添加多个视频滤镜的方法。

• 操作步骤 •

STEP 01 进入会声会影X7编辑器，在故事板中插入一幅素材图像，如图12-22所示。

STEP 02 在预览窗口中，可以预览视频的画面效果，如图12-23所示。

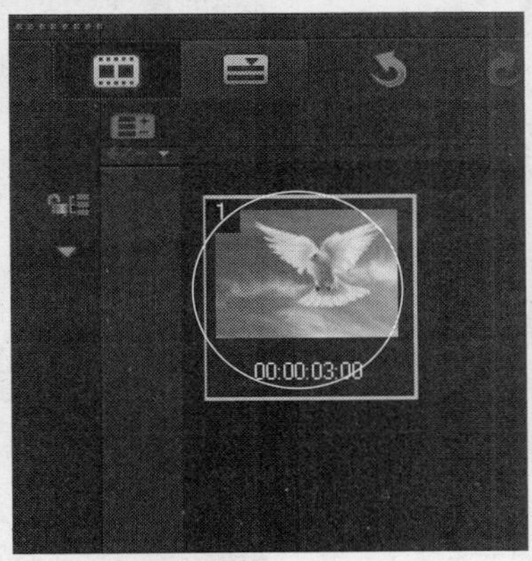

图12-22 插入素材图像

图12-23 预览视频画面效果

STEP 03 切换至“滤镜”选项卡，单击窗口上方的“画廊”按钮，在弹出的列表框中选择“相机镜头”选项，如图12-24所示。

STEP 04 打开“相机镜头”素材库，选择“镜头光晕”滤镜效果，如图12-25所示。

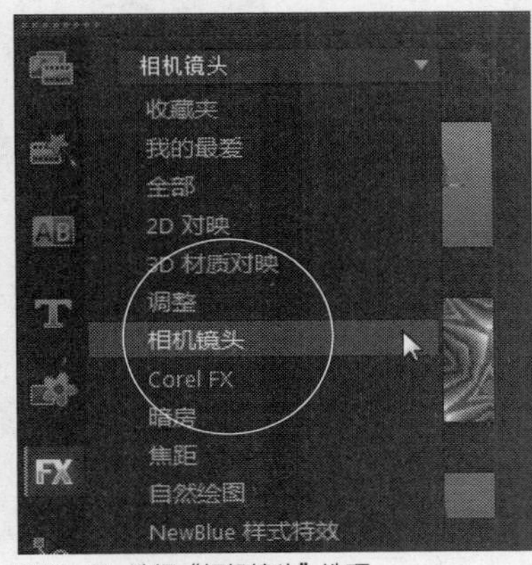

图12-24 选择“相机镜头”选项

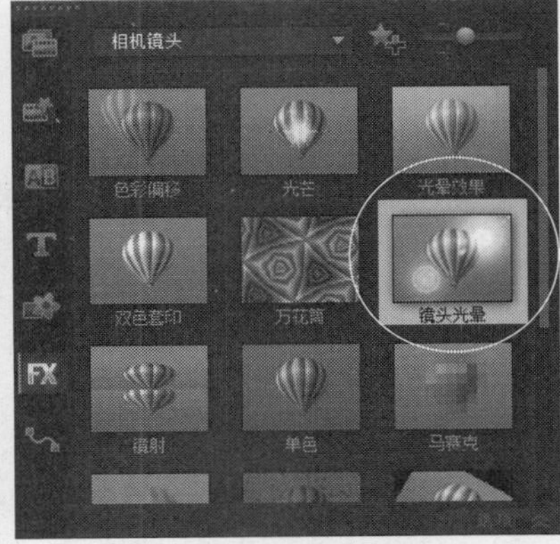

图12-25 选择“镜头光晕”滤镜效果

STEP 05 在选择的滤镜效果上，单击鼠标左键并将其拖曳至故事板中的视频素材上，此时鼠标右下角将显示一个加号，释放鼠标左键，即可添加“镜头光晕”滤镜效果，如图12-26所示。

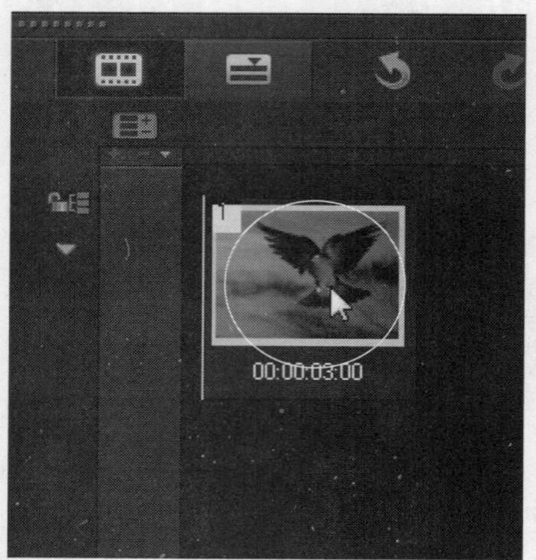

图12-26 添加“镜头光晕”滤镜效果

STEP 06 打开“属性”选项面板，在“可用滤镜”列表框中显示了添加的“镜头光晕”滤镜效果，如图12-27所示。

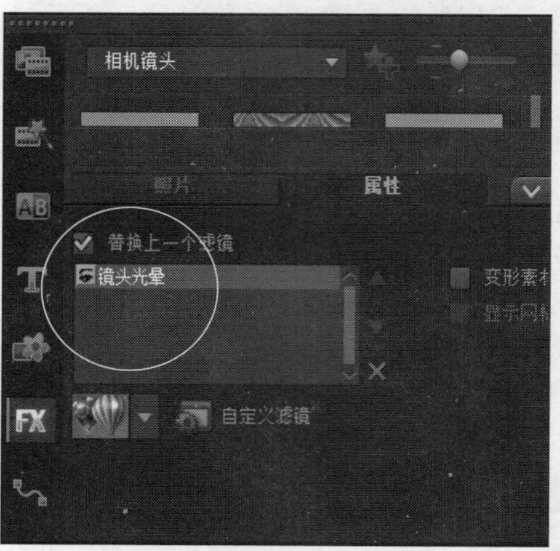

图12-27 显示添加的滤镜效果

STEP 07 单击窗口上方的“画廊”按钮，在弹出的列表框中选择“情境滤镜”选项，如图12-28所示。

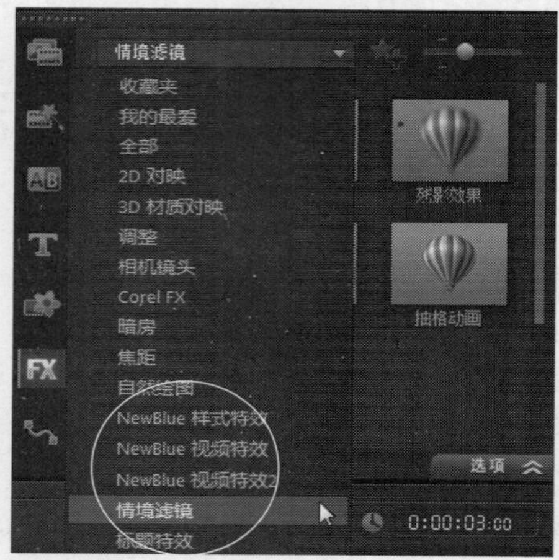

图12-28 选择“情境滤镜”选项

STEP 08 打开“情境滤镜”素材库，选择“泡泡”滤镜效果，如图12-29所示。

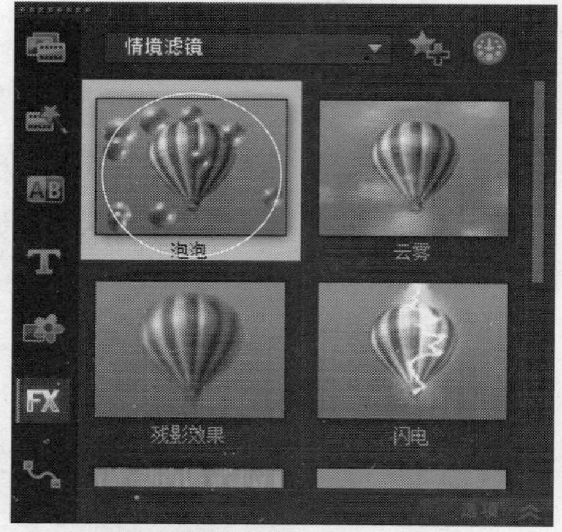

图12-29 选择“泡泡”滤镜效果

STEP 09 将选择的滤镜效果添加至故事板中的素材上，在“属性”选项面板的“可用滤镜”列表框中显示了刚添加的“泡泡”视频滤镜，如图12-30所示。

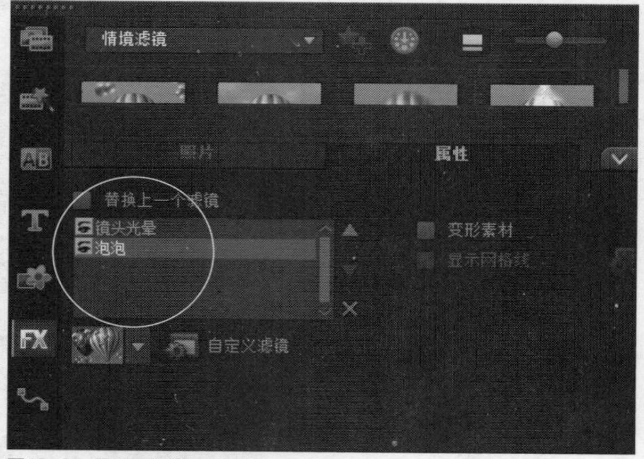

图12-30 显示添加的视频滤镜

STEP 10 在导览面板中单击“播放”按钮，预览添加的多个视频滤镜效果，如图12-31所示。

图12-31 预览多个视频滤镜效果

技巧点拨

“属性”选项面板中有一个“替换上一个滤镜”复选框，当用户选中该复选框时，再次添加的新视频滤镜将替换之前添加的视频滤镜。如果用户需要在视频中添加多个视频滤镜效果，此时应该取消选中“替换上一个滤镜”复选框，这样用户就可以在视频中添加多个视频滤镜效果了。

实战 256 删除滤镜效果

▶ 实例位置：光盘\效果\第12章\小镇美景.VSP
▶ 素材位置：光盘\素材\第12章\小镇美景.VSP
▶ 视频位置：光盘\视频\第12章\实战256.mp4

• 实例介绍 •

当用户为一个视频素材添加了多个滤镜效果后，若发现某个滤镜并未达到自己所需要的效果，此时可以将该滤镜效果删除。下面向读者介绍删除视频滤镜效果的操作方法。

• 操作步骤 •

STEP 01 进入会声会影编辑器，单击“文件”|“打开项目”命令，打开一个项目文件，单击“播放”按钮，预览视频画面效果，如图12-32所示。

图12-32 预览视频画面效果

STEP 02 在故事板中，使用鼠标左键双击需要删除视频滤镜的素材文件，如图12-33所示。

STEP 03 展开“属性”选项面板，在滤镜列表框中选择“裁剪”视频滤镜，单击滤镜列表框右下方的“删除滤镜”按钮，如图12-34所示。

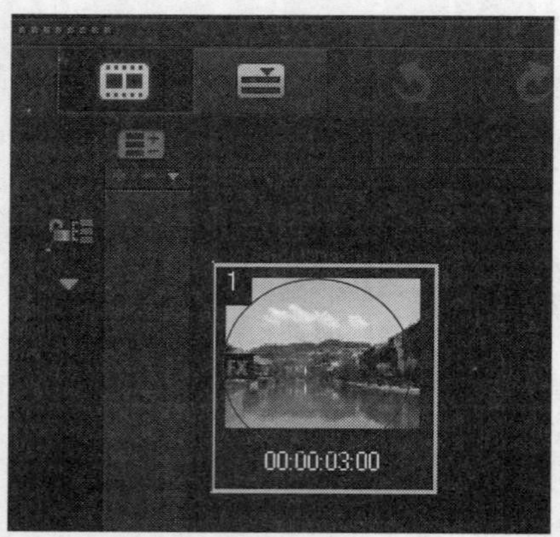

图12-33 双击素材文件

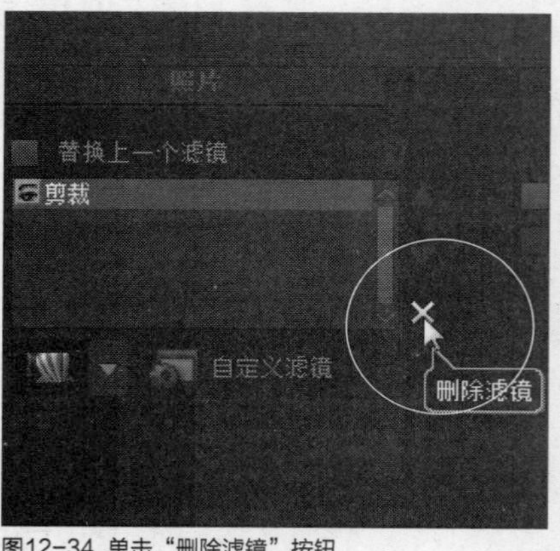

图12-34 单击"删除滤镜"按钮

STEP 04 执行操作后，即可删除选择的滤镜效果，如图12-35所示。

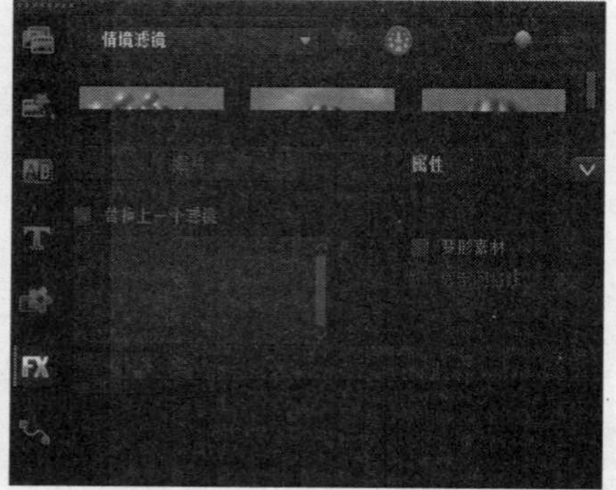

图12-35 删除选择的滤镜效果

STEP 05 在预览窗口中，可以预览删除视频滤镜后的视频画面效果，如图12-36所示。

图12-36 预览视频画面效果

实战257 替换滤镜效果

▶ 实例位置：光盘\效果\第12章\超萌娃娃.VSP
▶ 素材位置：光盘\素材\第12章\超萌娃娃.VSP
▶ 视频位置：光盘\视频\第12章\实战257.mp4

• 实例介绍 •

用户为视频素材添加视频滤镜后，如果发现素材添加的滤镜所产生的效果并不是自己所需要的，此时可以选择其他视频滤镜来替换现有的视频滤镜。下面向读者介绍替换视频滤镜的操作方法。

• 操作步骤 •

STEP 01 进入会声会影编辑器，单击"文件"|"打开项目"命令，打开一个项目文件，如图12-37所示。

图12-37 打开项目文件

STEP 02 单击"播放"按钮，预览视频画面效果，如图12-38所示。

图12-38 预览视频画面效果

STEP 03 打开“属性”选项面板，选中“替换上一个滤镜”复选框，如图12-39所示。

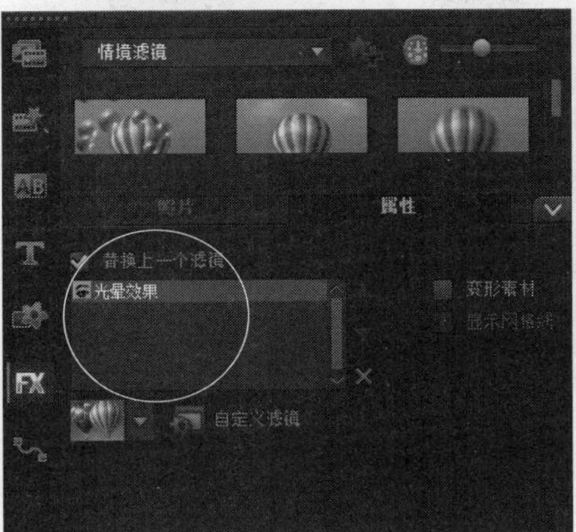

图12-39 选中复选框

STEP 04 打开“自然绘图”滤镜组，在其中选择“自动素描”滤镜效果，如图12-40所示。

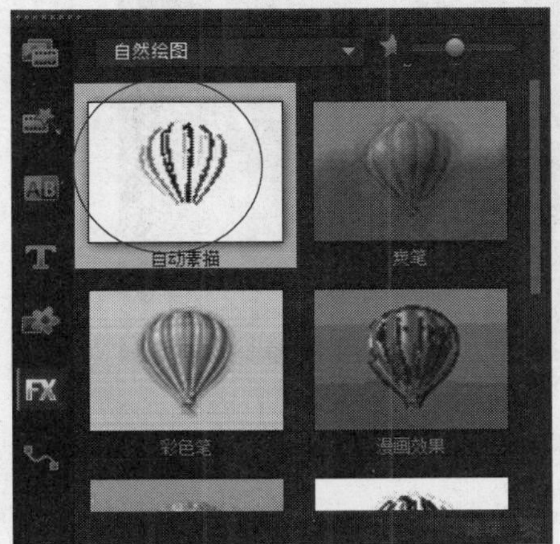

图12-40 选择滤镜效果

STEP 05 将选择的滤镜效果添加至故事板中的素材上，在导览面板中单击“播放”按钮，预览替换的视频滤镜效果，如图12-41所示。

图12-41 预览替换的视频滤镜效果

12.3 自定义视频滤镜的样式

在会声会影X7中，为素材图像添加需要的视频滤镜后，用户还可以为视频滤镜指定滤镜预设模式或者自定义视频滤镜效果，使制作的视频画面更加专业、美观，使视频更具吸引力。本节主要向读者介绍自定义视频滤镜样式的操作方法。

实战258 选择预设模式

- 实例位置：光盘\效果\第12章\海底.VSP
- 素材位置：光盘\素材\第12章\海底.VSP
- 视频位置：光盘\视频\第12章\实战258.mp4

• 实例介绍 •

在会声会影X7中，每一个视频滤镜都会提供多个预设的滤镜样式。下面介绍选择滤镜预设样式的操作方法。

• 操作步骤 •

STEP 01 进入会声会影编辑器，单击“文件”|“打开项目”命令，打开一个项目文件，如图12-42所示。

图12-42 打开项目文件

STEP 02 在故事板中，选择需要设置滤镜样式的素材文件，如图12-43所示。

STEP 03 在“属性”选项面板中，单击“自定义滤镜”左侧的下三角按钮，在弹出的列表框中选择第1排的第3个滤镜预设样式，如图12-44所示。

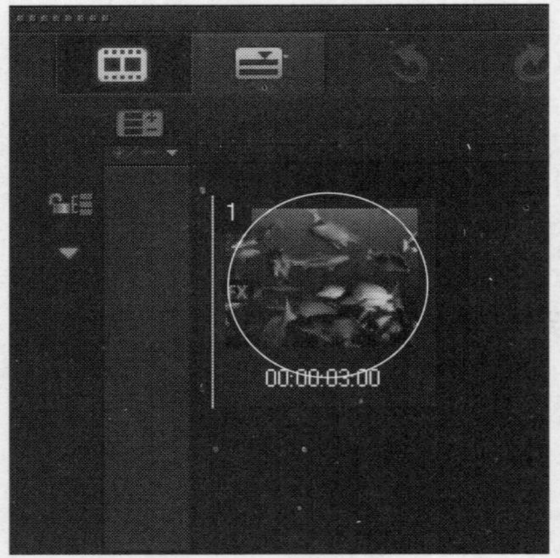

图12-43 选择素材文件

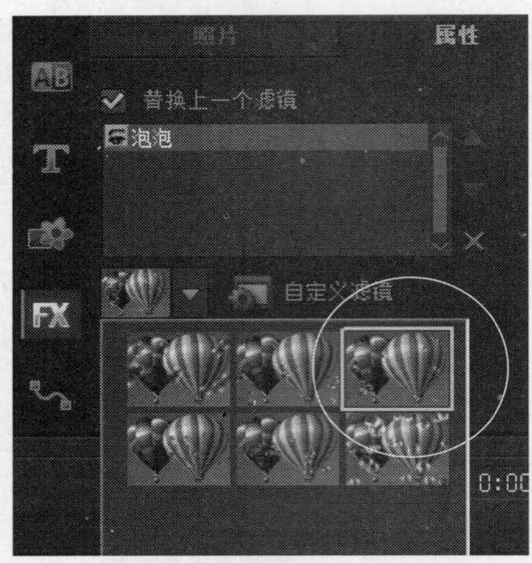

图12-44 选择滤镜预设样式

STEP 04 执行上述操作后，即可为素材图像指定滤镜预设模式，单击导览面板中的“播放”按钮，预览视频滤镜预设样式，如图12-45所示。

图12-45 预览视频滤镜预设样式

实战259 自定义滤镜样式

▶实例位置：光盘\效果\第12章\蝴蝶.VSP
▶素材位置：光盘\素材\第12章\蝴蝶.jpg
▶视频位置：光盘\视频\第12章\实战259.mp4

• 实例介绍 •

在会声会影X7中，对视频滤镜效果进行自定义操作，可以制作出更加精美的画面效果。下面向读者介绍自定义视频滤镜效果的操作方法。

• 操作步骤 •

STEP 01 进入会声会影X7编辑器，在故事板中插入一幅素材图像，如图12-46所示。

图12-46 插入素材图像

STEP 02 为图像素材添加“光芒”滤镜效果，如图12-47所示。

图12-47 添加“光芒”滤镜效果

STEP 03 展开“属性”选项面板，单击“自定义滤镜”按钮，如图12-48所示。

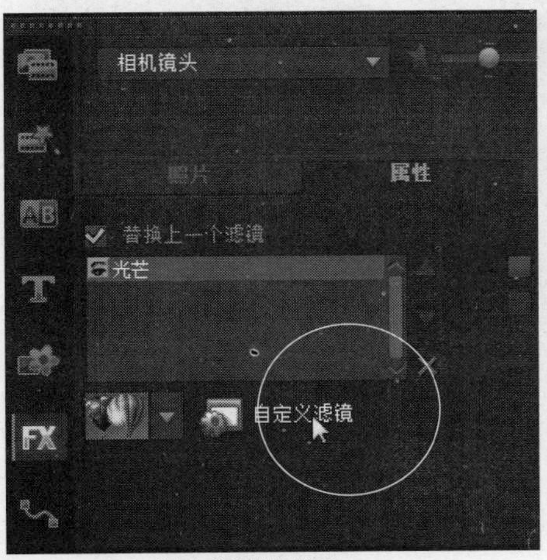

图12-48 单击“自定义滤镜”按钮

STEP 04 弹出“光芒”对话框，选择第1个关键帧，设置“半径”为26，“长度”为56，“宽度”为5，“阻光度”为80，如图12-49所示。

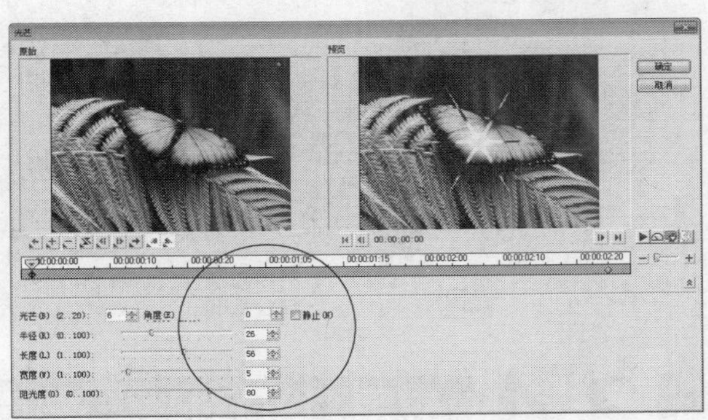

图12-49 设置参数（1）

STEP 05 选择第2个关键帧，设置“半径”为60，“长度”为40，“宽度”为10，“阻光度”为70，如图12-50所示。

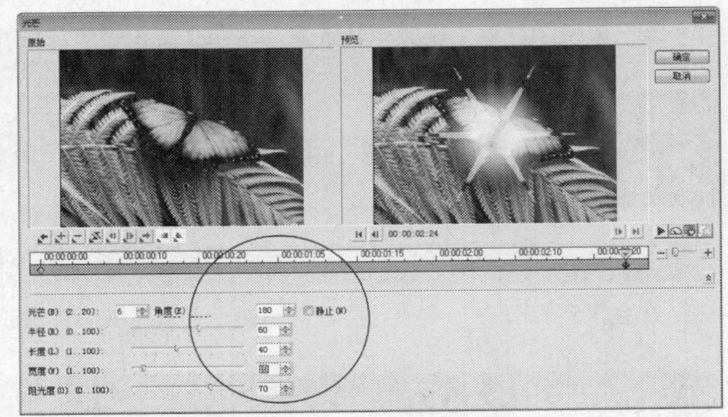

图12-50 设置参数（2）

STEP 06 设置完成后，单击“确定”按钮，即可自定义滤镜效果，单击导览面板中的“播放”按钮，预览视频滤镜预设样式，如图12-51所示。

图12-51 预览视频滤镜预设样式

技巧点拨

默认情况下，光芒滤镜效果是六角的形状，用户可以在“光芒”对话框中，设置“光芒”的数量，来增加或减少光芒发光的形状，制作多角光芒特效。图12-52为4角与10角的光芒形状。

图12-52 4角与10角的光芒形状

12.4 应用“2D对映”滤镜

在会声会影X7的“2D对映”滤镜组中，包括6种视频滤镜特效，如“剪裁”、“翻转”、“涟漪”、“丢掷石块”、“水流”以及“漩涡”视频滤镜效果。本节主要向读者详细介绍应用“2D对映”视频滤镜效果的操作方法。

实战260 应用“剪裁”滤镜

- ▶**实例位置**：光盘\效果\第12章\建筑.VSP
- ▶**素材位置**：光盘\素材\第12章\建筑.jpg
- ▶**视频位置**：光盘\视频\第12章\实战260.mp4

• 实例介绍 •

在会声会影X7中，应用“剪裁”滤镜，可以对视频素材或图像素材进行剪裁。下面介绍应用“剪裁”滤镜的操作方法。

• 操作步骤 •

STEP 01 进入会声会影X7编辑器，在故事板中插入一幅素材图像，如图12-53所示。

STEP 02 在预览窗口中，可以预览视频的画面效果，如图12-54所示。

图12-53 插入素材图像

图12-54 预览视频画面效果

STEP 03 单击“滤镜”按钮，切换至“滤镜”选项卡，单击“画廊”按钮，在弹出的列表框中选择“2D对映”选项，如图12-55所示。

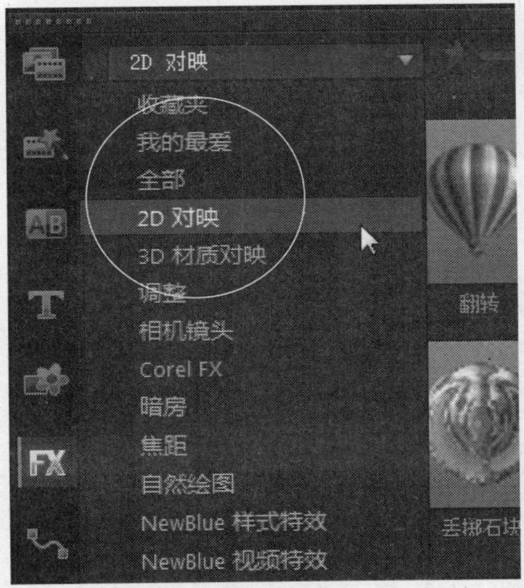

图12-55 选择“2D对映”选项

STEP 04 在“2D对映”滤镜组中选择“剪裁”滤镜，如图12-56所示。

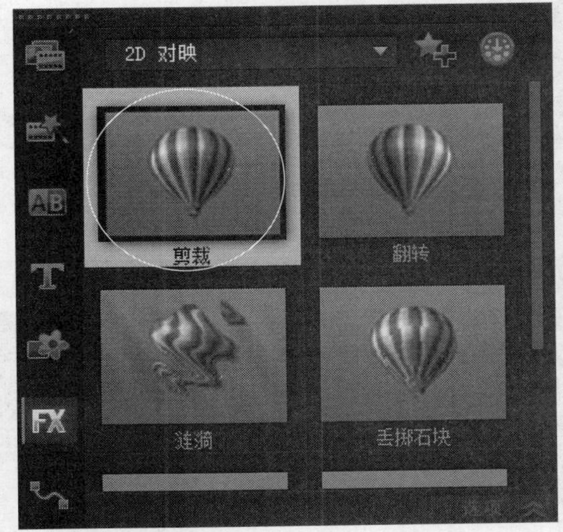

图12-56 选择“剪裁”滤镜

STEP 05 单击鼠标左键，并将其拖曳至视频轨中的素材上，释放鼠标左键，即可添加“剪裁”滤镜，单击导览面板中的“播放”按钮，即可预览“剪裁”滤镜效果，如图12-57所示。

图12-57 预览“剪裁”滤镜效果

技巧点拨

在“属性”选项面板中，单击“自定义滤镜”左侧的下三角按钮，在弹出的列表框中，提供了多种“剪裁”预设滤镜样式，选择相应的滤镜样式，将显示不同的视频剪裁特效，如图12-58所示。

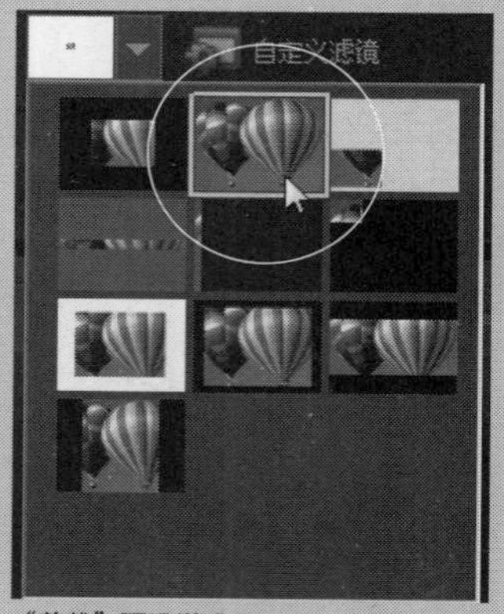

“剪裁”预设样式一

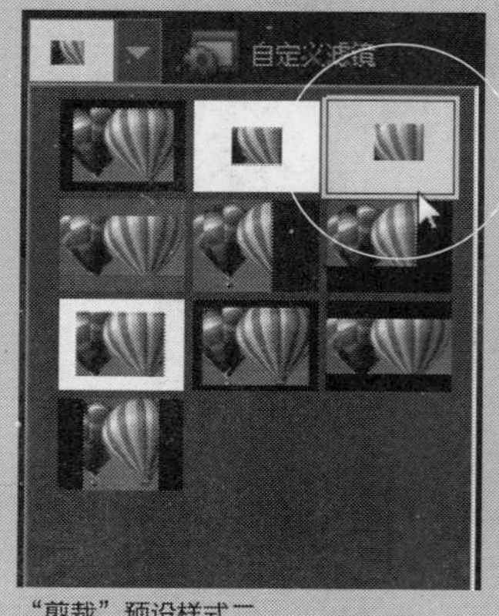

“剪裁”预设样式二

图12-58 显示不同的视频剪裁特效

实战 261 应用“翻转”滤镜

▶实例位置：光盘\效果\第12章\守望木筏.VSP
▶素材位置：光盘\素材\第12章\守望木筏.jpg
▶视频位置：光盘\视频\第12章\实战261.mp4

• 实例介绍 •

在会声会影X7中，添加“翻转”滤镜后并不会影响到原来的视频影片，只是将素材的方向翻转。下面介绍应用“翻转”滤镜的操作方法。

• 操作步骤 •

STEP 01 进入会声会影X7编辑器，在故事板中插入一幅素材图像，如图12-59所示。

STEP 02 在预览窗口中，可以预览视频的画面效果，如图12-60所示。

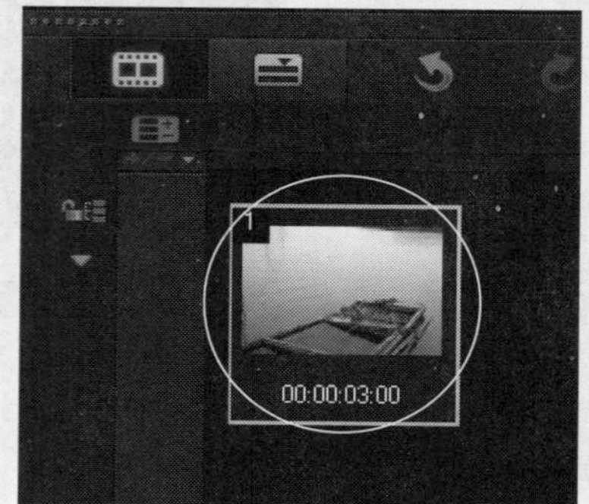

图12-59 插入素材图像

图12-60 预览视频画面效果

STEP 03 单击“滤镜”按钮，切换至“滤镜”选项卡，在“2D对映”滤镜组中选择“翻转”滤镜，如图12-61所示。

STEP 04 单击鼠标左键，并将其拖曳至故事板中的素材上，如图12-62所示。

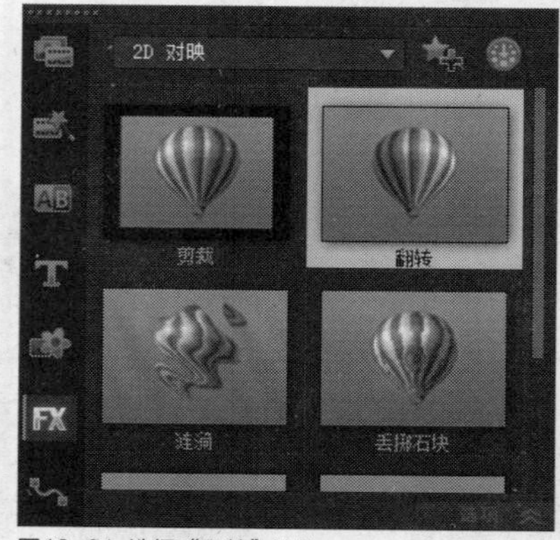

图12-61 选择“翻转”滤镜

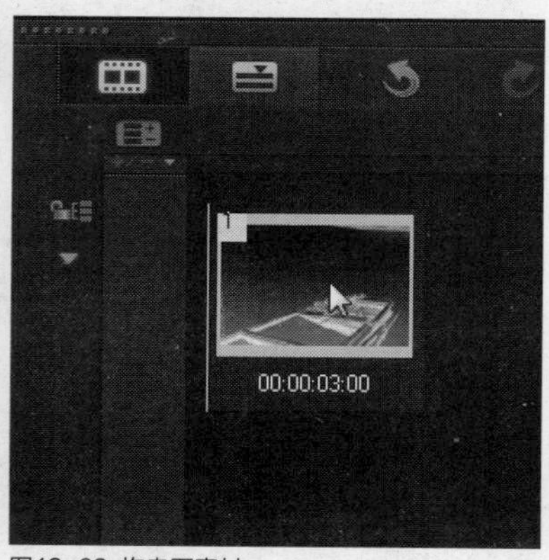

图12-62 拖曳至素材

STEP 05 释放鼠标左键，即可添加“翻转”滤镜，单击导览面板中的“播放”按钮，即可预览“翻转”滤镜效果，如图12-63所示。

图12-63 预览“翻转”滤镜效果

知识拓展

在会声会影X7中，“翻转”视频滤镜没有任何预设样式供用户选择。

实战262 应用“涟漪”滤镜

▶实例位置：光盘\效果\第12章\胡杨林.VSP
▶素材位置：光盘\素材\第12章\胡杨林.jpg
▶视频位置：光盘\视频\第12章\实战262.mp4

• 实例介绍 •

“涟漪”滤镜用于在图像上添加丢掷石块，从而产生仿佛是通过水面来查看画面的效果，类似于水流动时产生的涟漪效果。

• 操作步骤 •

STEP 01 进入会声会影X7编辑器，在故事板中插入一幅素材图像，如图12-64所示。

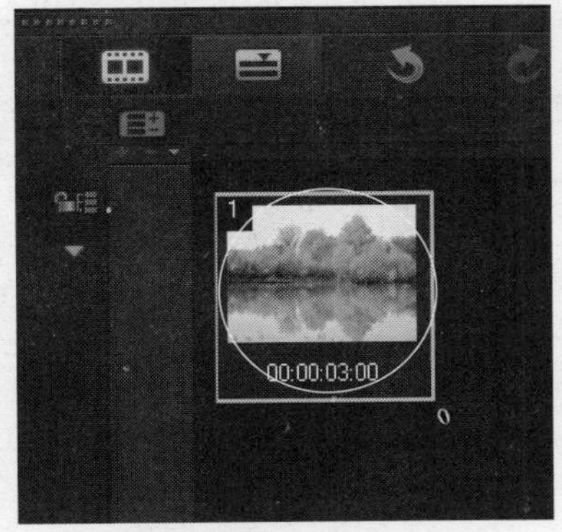

图12-64 插入素材图像

STEP 02 在预览窗口中，可以预览视频的画面效果，如图12-65所示。

图12-65 预览视频画面效果

STEP 03 单击“滤镜”按钮，切换至“滤镜”选项卡，在“2D对映”滤镜组中选择“涟漪”滤镜，如图12-66所示。

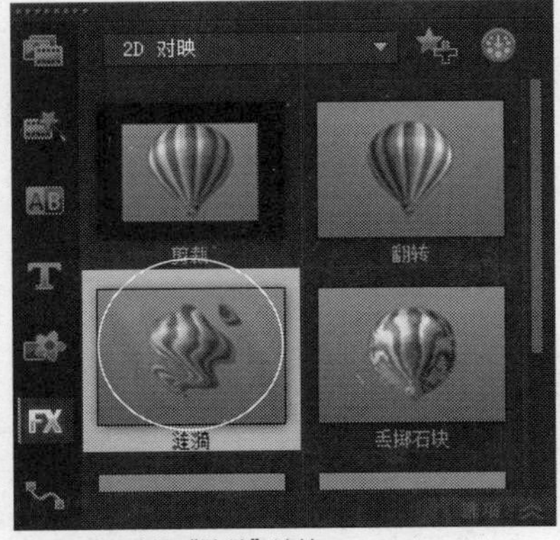

图12-66 选择“涟漪”滤镜

STEP 04 单击鼠标左键，并将其拖曳至故事板中的素材上，如图12-67所示。

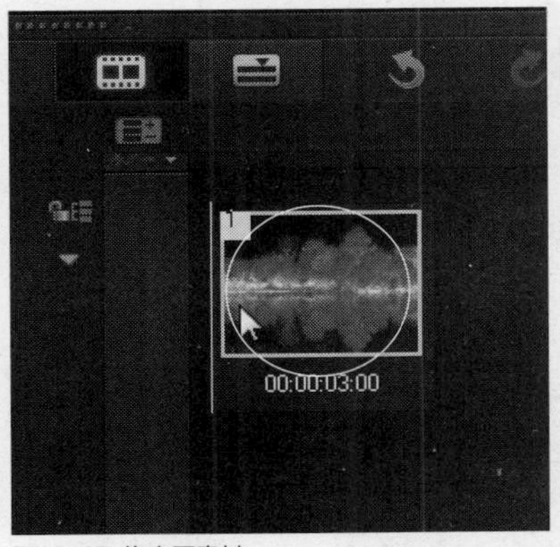

图12-67 拖曳至素材

STEP 05 释放鼠标左键，即可添加“涟漪”滤镜，单击导览面板中的“播放”按钮，即可预览“涟漪”滤镜效果，如图12-68所示。

图12-68 预览“涟漪”滤镜效果

技巧点拨

在“属性”选项面板中，单击“自定义滤镜”左侧的下三角按钮，在弹出的列表框中，提供了多种“涟漪”预设滤镜样式，选择相应的滤镜样式，将显示不同的视频涟漪特效，如图12-69所示。

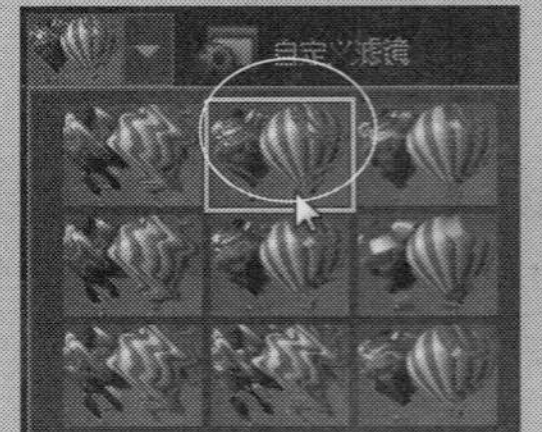

“涟漪”预设样式一

“涟漪”预设样式二

图12-69 显示不同的视频涟漪特效

实战263 应用“丢掷石块”滤镜

▶实例位置：光盘\效果\第12章\水波.VSP
▶素材位置：光盘\素材\第12章\水波.jpg
▶视频位置：光盘\视频\第12章\实战263.mp4

• 实例介绍 •

在会声会影X7中，“丢掷石块”滤镜主要用于在图像上添加丢掷石块，从而产生类似于透过滚动的水珠查看画面的效果。

• 操作步骤 •

STEP 01 进入会声会影X7编辑器，在故事板中插入一幅素材图像，如图12-70所示。

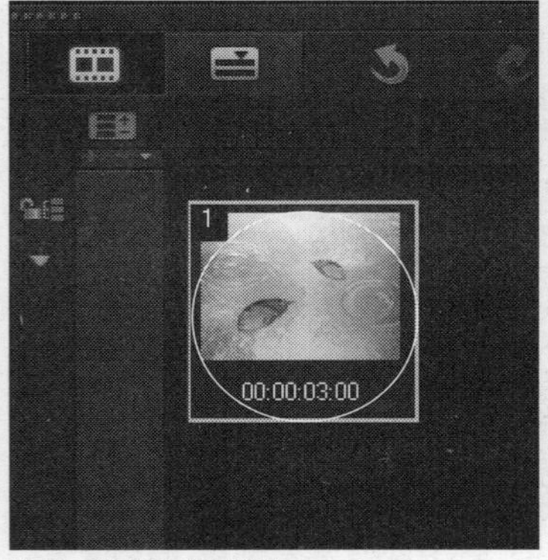

图12-70 插入素材图像

STEP 02 在预览窗口中，可以预览视频的画面效果，如图12-71所示。

图12-71 预览视频画面效果

STEP 03 单击“滤镜”按钮，切换至“滤镜”选项卡，在“2D对映”滤镜组中选择“丢掷石块”滤镜，如图12-72所示。

STEP 04 单击鼠标左键，并将其拖曳至故事板中的素材上，如图12-73所示。

STEP 05 释放鼠标左键，即可添加“丢掷石块”滤镜，单击导览面板中的“播放”按钮，即可预览“丢掷石块”滤镜效果，如图12-74所示。

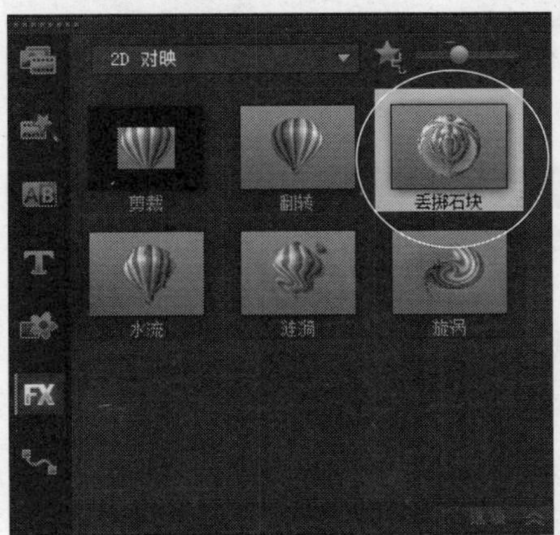

图12-72 选择“丢掷石块”滤镜

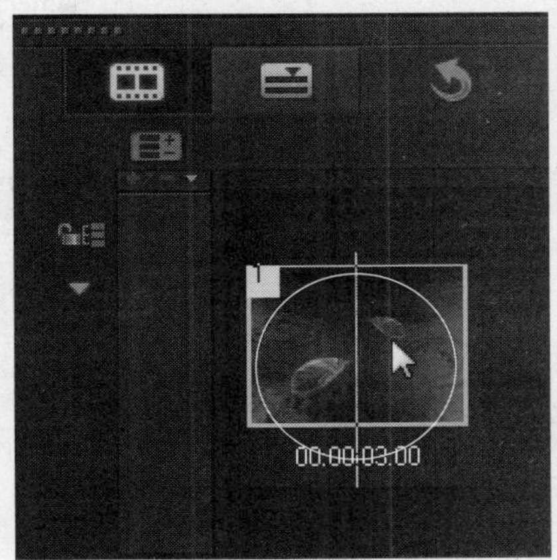

图12-73 拖曳至素材上

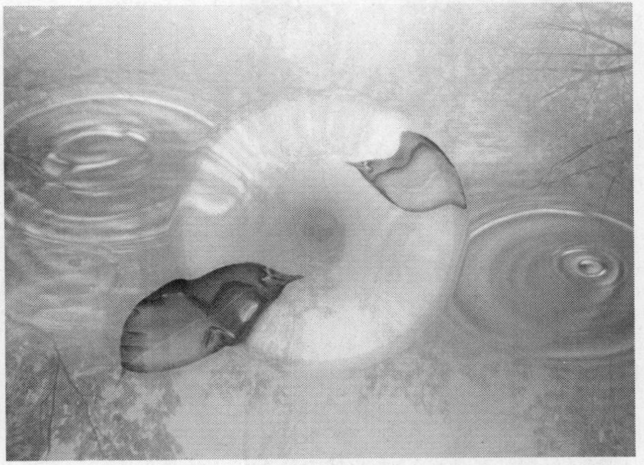
图12-74 预览“丢掷石块”滤镜效果

知识拓展

在“属性”选项面板中，单击“自定义滤镜”左侧的下三角按钮，在弹出的列表框中，提供了多种“丢掷石块”预设滤镜样式，选择相应的滤镜样式，将显示不同的视频丢掷石块特效，如图12-75所示。

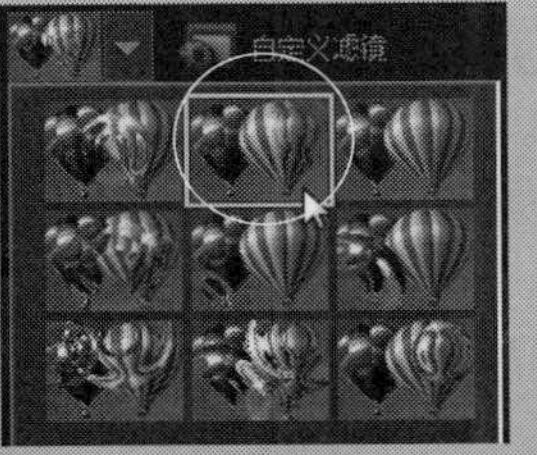

“丢掷石块”预设样式一

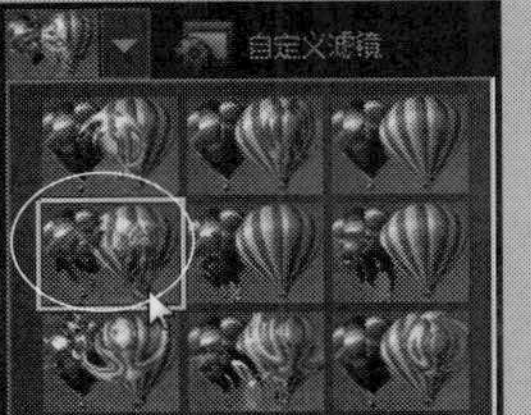

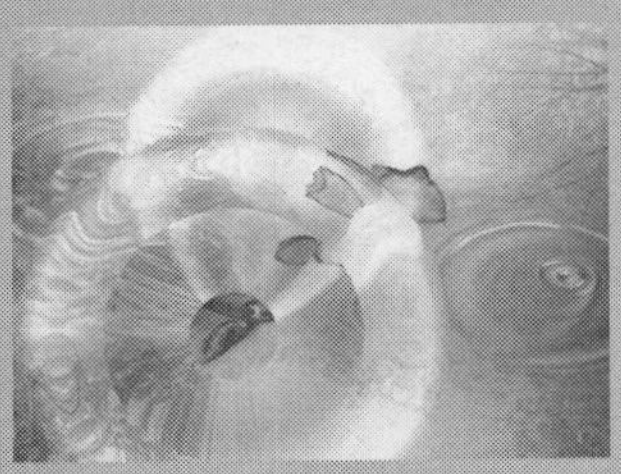
“丢掷石块”预设样式二

“丢掷石块”预设样式三

图12-75 显示不同的视频丢掷石块特效

实战264 应用"水流"滤镜

▶实例位置：光盘\效果\第12章\流水效果.VSP
▶素材位置：光盘\素材\第12章\流水效果.jpg
▶视频位置：光盘\视频\第12章\实战264.mp4

• 实例介绍 •

在会声会影X7中，"水流"滤镜主要用于在视频画面上添加流水效果，仿佛通过流动的水观看图像。下面向读者介绍添加滤镜效果的操作方法。

• 操作步骤 •

STEP 01 进入会声会影X7编辑器，在故事板中插入一幅素材图像，如图12-76所示。

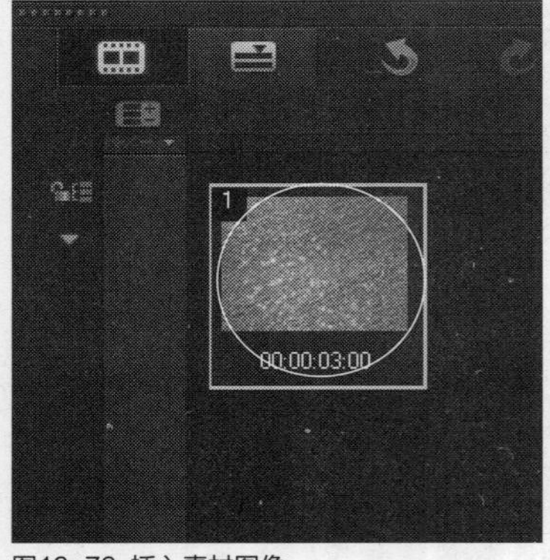

图12-76 插入素材图像

STEP 02 在预览窗口中，可以预览视频的画面效果，如图12-77所示。

图12-77 预览视频画面效果

STEP 03 单击"滤镜"按钮，切换至"滤镜"选项卡，在"2D对映"滤镜组中选择"水流"滤镜，如图12-78所示。

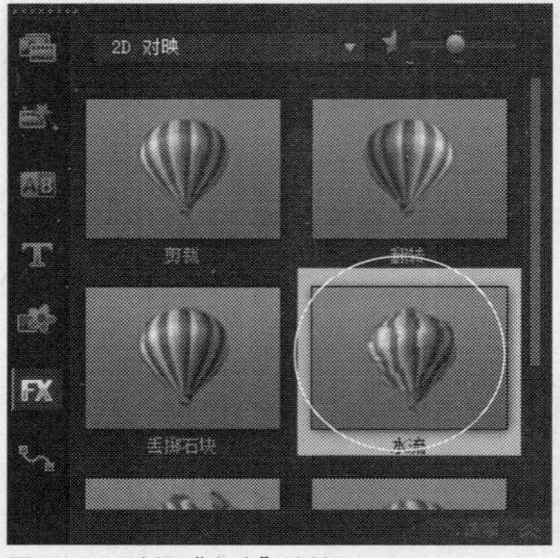

图12-78 选择"水流"滤镜

STEP 04 单击鼠标左键，并将其拖曳至故事板中的素材上，如图12-79所示。

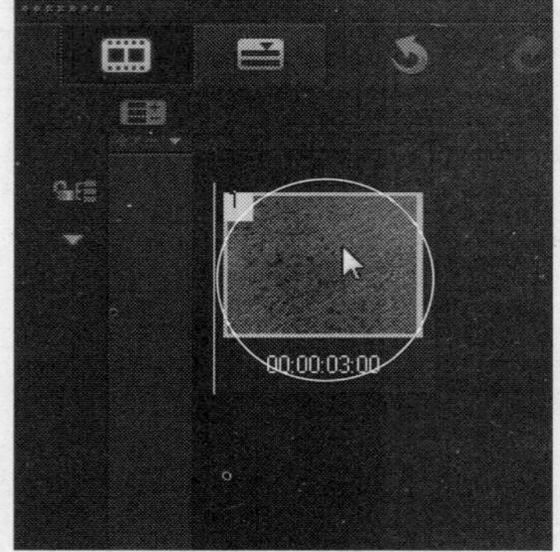

图12-79 拖曳至素材上

STEP 05 释放鼠标左键，即可添加"水流"滤镜，单击导览面板中的"播放"按钮，即可预览"水流"滤镜效果，如图12-80所示。

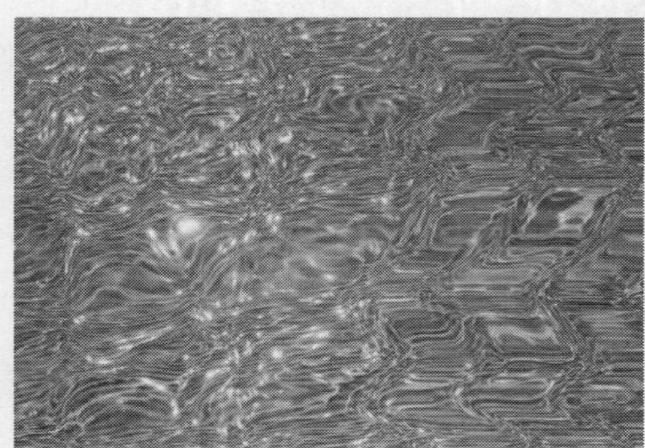

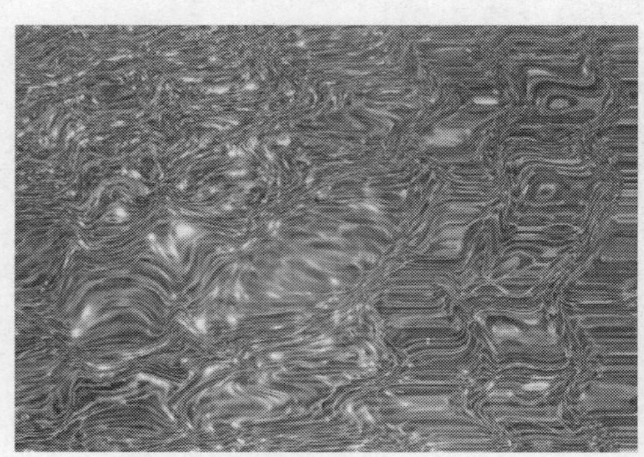

图12-80 预览"水流"滤镜效果

实战 265 应用“旋涡”滤镜

▶实例位置：光盘\效果\第12章\瓷器.VSP
▶素材位置：光盘\素材\第12章\瓷器.jpg
▶视频位置：光盘\视频\第12章\实战265.mp4

• 实例介绍 •

“旋涡”滤镜是指为素材添加一个螺旋形的水涡，按顺时针方向旋转的一种效果，主要是运用旋转扭曲的效果来制作梦幻般的彩色旋涡画面。

• 操作步骤 •

STEP 01 进入会声会影X7编辑器，在故事板中插入一幅素材图像，如图12-81所示。

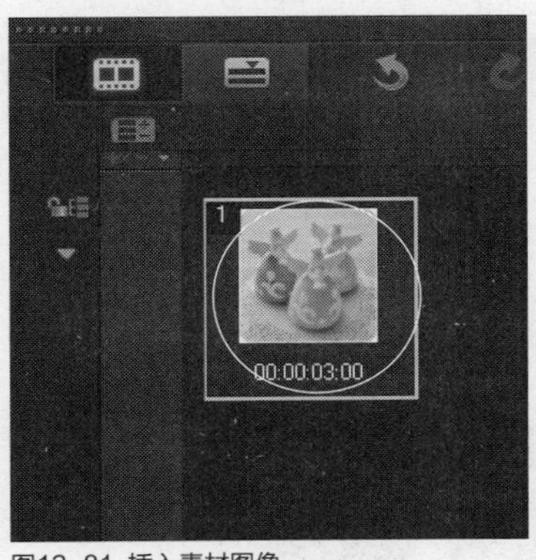

图12-81 插入素材图像

STEP 02 在预览窗口中，可以预览视频的画面效果，如图12-82所示。

图12-82 预览视频画面效果

STEP 03 单击“滤镜”按钮，切换至“滤镜”选项卡，在“2D对映”滤镜组中选择“旋涡”滤镜，如图12-83所示。

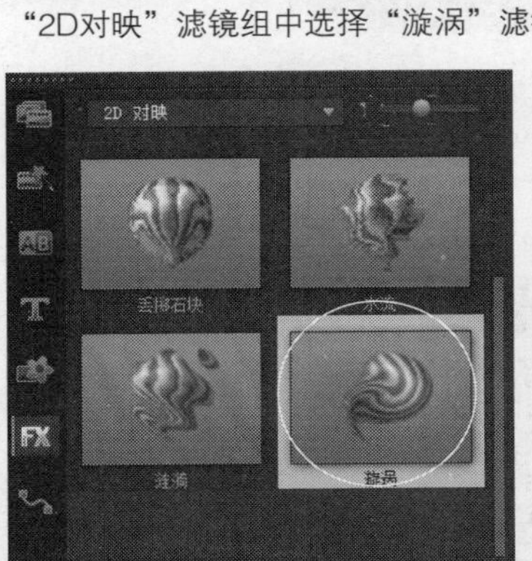

图12-83 选择“旋涡”滤镜

STEP 04 单击鼠标左键，并将其拖曳至故事板中的素材上，如图12-84所示。

图12-84 拖曳至素材上

STEP 05 释放鼠标左键，即可添加“旋涡”滤镜，单击导览面板中的“播放”按钮，即可预览“旋涡”滤镜效果，如图12-85所示。

图12-85 预览“旋涡”滤镜效果

12.5 应用“3D材质对映”滤镜

在会声会影X7的“3D材质对映”滤镜组中，包括3种视频滤镜特效，如“鱼眼”、“往内挤压”以及“往外扩张”视频滤镜效果。本节主要向读者详细介绍应用“3D材质对映”视频滤镜效果的操作方法。

实战266 应用“鱼眼”滤镜

▶实例位置：光盘\效果\第12章\虫类素材.VSP
▶素材位置：光盘\素材\第12章\虫类素材.jpg
▶视频位置：光盘\视频\第12章\实战266.mp4

• 实例介绍 •

在会声会影X7中，“鱼眼”滤镜主要是模仿鱼眼，当素材图像添加该效果后，会像鱼眼一样放大突出显示出来。

• 操作步骤 •

STEP 01 进入会声会影X7编辑器，在故事板中插入一幅素材图像，如图12-86所示。

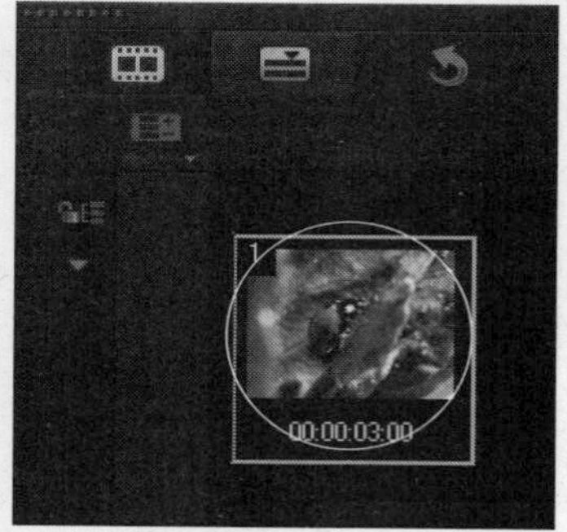

图12-86 插入素材图像

STEP 02 在预览窗口中，可以预览视频的画面效果，如图12-87所示。

图12-87 预览视频画面效果

STEP 03 单击“滤镜”按钮，切换至“滤镜”选项卡，在“3D材质对映”滤镜组中选择“鱼眼”滤镜，如图12-88所示。

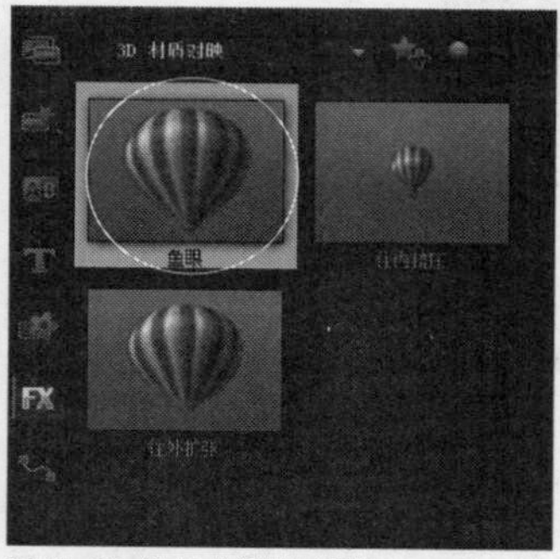

图12-88 选择“鱼眼”滤镜

STEP 04 单击鼠标左键，并将其拖曳至故事板中的素材上，如图12-89所示。

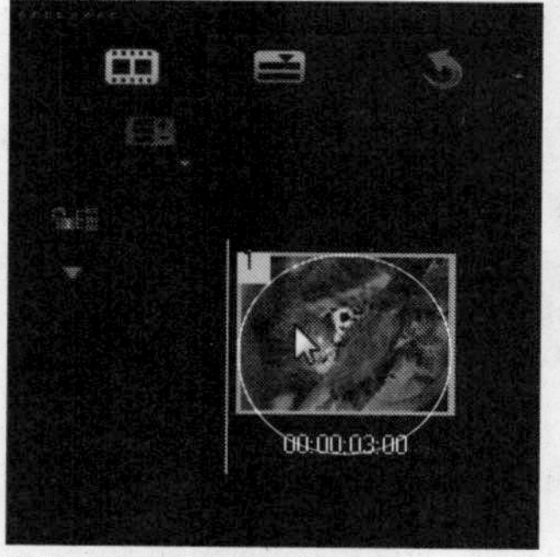

图12-89 拖曳至素材上

STEP 05 释放鼠标左键，即可添加“鱼眼”滤镜，单击导览面板中的“播放”按钮，即可预览“鱼眼”滤镜效果，如图12-90所示。

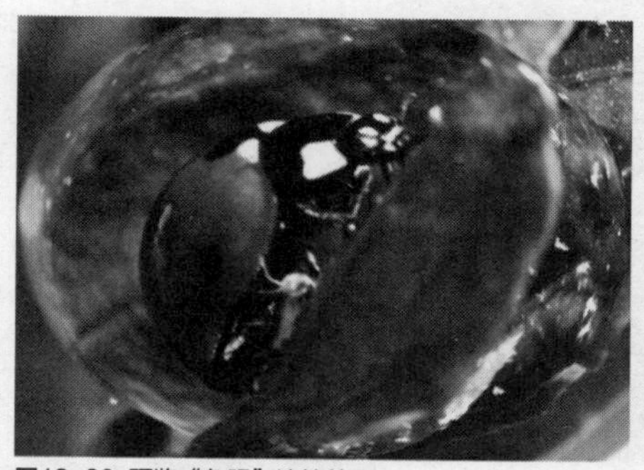
图12-90 预览“鱼眼”滤镜效果

实战 267 应用“往内挤压”滤镜

▶实例位置：光盘\效果\第12章\蛋糕.VSP
▶素材位置：光盘\素材\第12章\蛋糕.jpg
▶视频位置：光盘\视频\第12章\实战267.mp4

• 实例介绍 •

在会声会影X7中，“往内挤压”滤镜主要作用是将视频画面制作出类似往内挤压的效果。下面向读者介绍应用“往内挤压”视频滤镜的操作方法。

• 操作步骤 •

STEP 01 进入会声会影X7编辑器，在故事板中插入一幅素材图像，如图12-91所示。

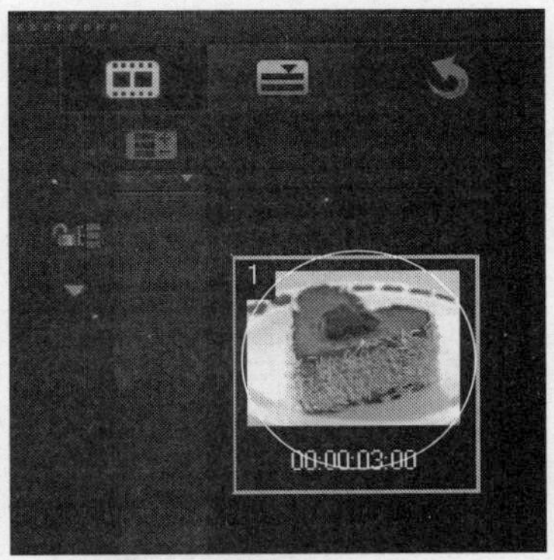

图12-91 插入素材图像

STEP 02 在预览窗口中，可以预览视频的画面效果，如图12-92所示。

图12-92 预览视频画面效果

STEP 03 单击“滤镜”按钮，切换至“滤镜”选项卡，在“3D材质对映”滤镜组中选择“往内挤压”滤镜，如图12-93所示。

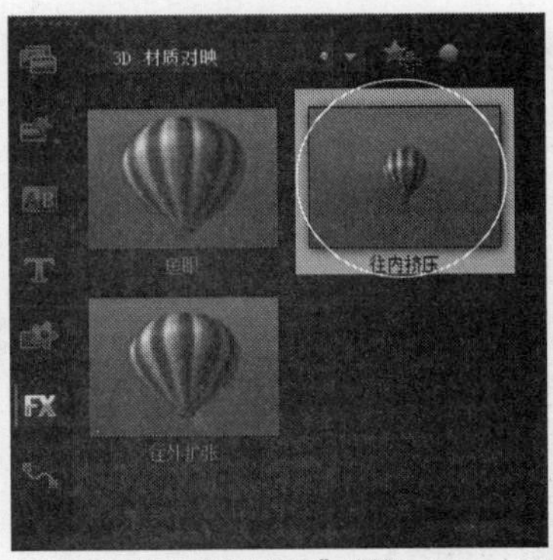

图12-93 选择“往内挤压”滤镜

STEP 04 单击鼠标左键，并将其拖曳至故事板中的素材上，如图12-94所示。

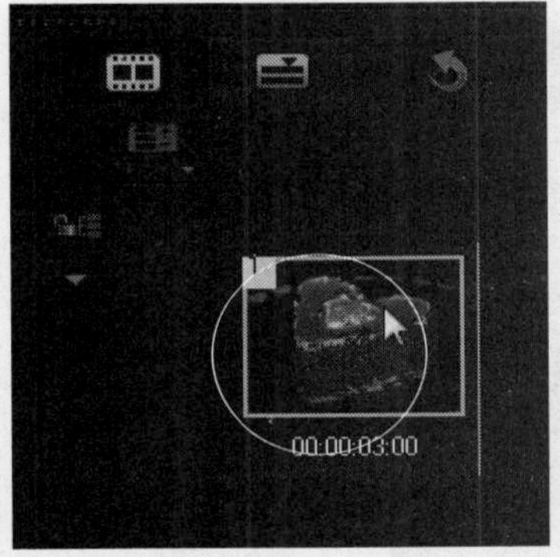

图12-94 拖曳至素材上

STEP 05 释放鼠标左键，即可添加“往内挤压”滤镜，单击导览面板中的“播放”按钮，即可预览“往内挤压”滤镜效果，如图12-95所示。

图12-95 预览“往内挤压”滤镜效果

实战 268 应用“往外扩张”滤镜

▶实例位置：光盘\效果\第12章\河床干裂.VSP
▶素材位置：光盘\素材\第12章\河床干裂.jpg
▶视频位置：光盘\视频\第12章\实战268.mp4

• 实例介绍 •

在会声会影X7中，“往外扩展”滤镜主要是指从图像中心向外扩张变形，给人带来强烈的视觉冲击。下面向读者介绍应用“往外扩张”视频滤镜的操作方法。

• 操作步骤 •

STEP 01 进入会声会影X7编辑器，在故事板中插入一幅素材图像，如图12-96所示。

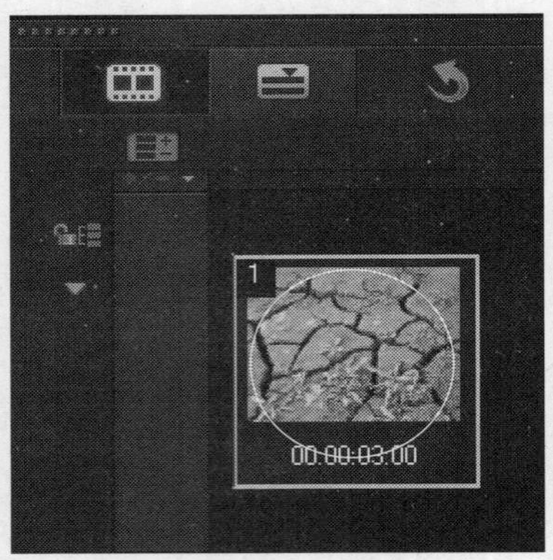

图12-96 插入素材图像

STEP 02 在预览窗口中，可以预览视频的画面效果，如图12-97所示。

图12-97 预览视频画面效果

STEP 03 单击“滤镜”按钮，切换至“滤镜”选项卡，在“3D材质对映”滤镜组中选择“往外扩张”滤镜，如图12-98所示。

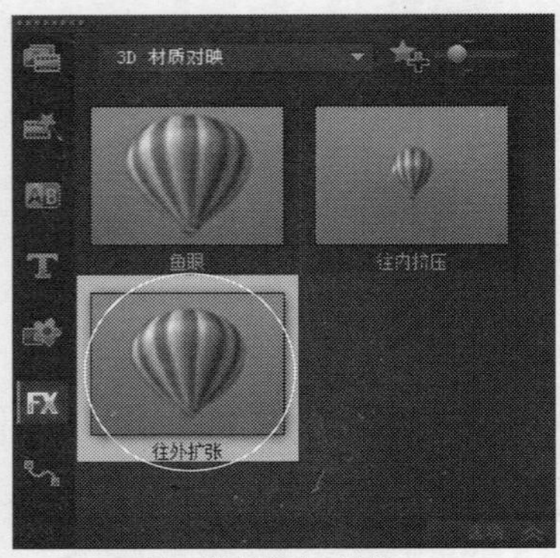

图12-98 选择“往外扩张”滤镜

STEP 04 单击鼠标左键，并将其拖曳至故事板中的素材上，如图12-99所示。

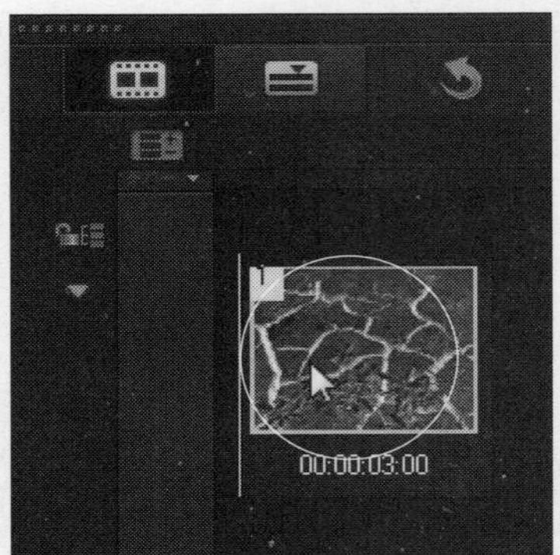

图12-99 拖曳至素材上

STEP 05 释放鼠标左键，即可添加“往外扩张”滤镜，单击导览面板中的“播放”按钮，即可预览“往外扩张”滤镜效果，如图12-100所示。

图12-100 预览“往外扩张”滤镜效果

12.6 应用"调整"滤镜

会声会影X7的"调整"滤镜组中包括7种视频滤镜特效，如"进阶消除杂讯"、"防手震"、"画面优化"、"消除杂讯"、"消除雪花"、"改善光线"以及"视频平移和缩放"视频滤镜效果。本节主要向读者详细介绍"调整"滤镜组中两种视频滤镜效果的应用方法。

实战 269 应用"消除杂讯"滤镜

▶实例位置：光盘\效果\第12章\枫叶红了.VSP
▶素材位置：光盘\素材\第12章\枫叶红了.jpg
▶视频位置：光盘\视频\第12章\实战269.mp4

• 实例介绍 •

在会声会影X7中，"消除杂讯"视频滤镜可以去除视频中的噪点，使画面更加柔和。下面向读者介绍应用"消除杂讯"视频滤镜的操作方法。

• 操作步骤 •

STEP 01 进入会声会影X7编辑器，在故事板中插入一幅素材图像，如图12-101所示。

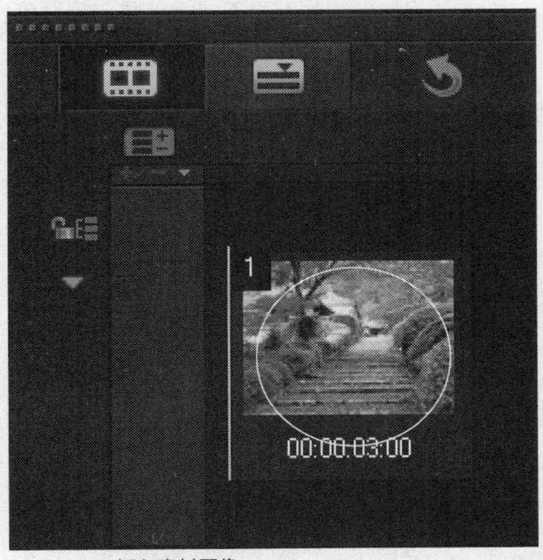

图12-101 插入素材图像

STEP 02 在预览窗口中，可以预览视频的画面效果，如图12-102所示。

图12-102 预览视频画面效果

STEP 03 单击"滤镜"按钮，切换至"滤镜"选项卡，在"调整"滤镜组中选择"消除杂讯"滤镜，如图12-103所示。

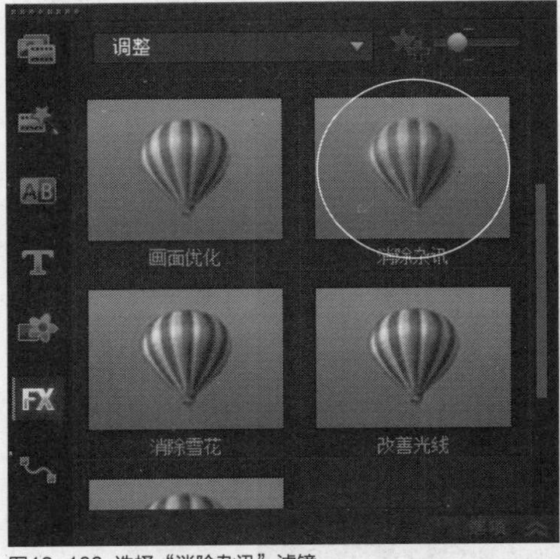

图12-103 选择"消除杂讯"滤镜

STEP 04 单击鼠标左键，并将其拖曳至故事板中的素材上，如图12-104所示。

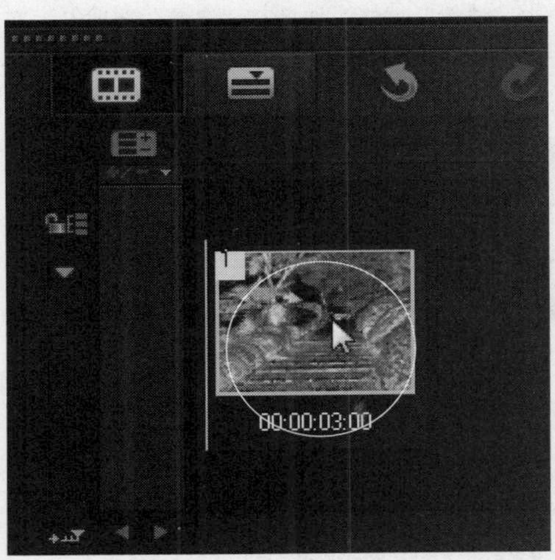

图12-104 拖曳至素材上

STEP 05 释放鼠标左键，即可添加“消除杂讯”滤镜，单击导览面板中的“播放”按钮，即可预览“消除杂讯”滤镜效果，如图12-105所示。

图12-105 预览“消除杂讯”滤镜效果

实战270 应用“视频平移和缩放”滤镜

▶实例位置：光盘\效果\第12章\花朵.VSP
▶素材位置：光盘\素材\第12章\花朵.jpg
▶视频位置：光盘\视频\第12章\实战270.mp4

• 实例介绍 •

在会声会影X7中，运用“视频平移和缩放”滤镜可以使图像显出由于镜头运动而产生的摇动和缩放的效果，让用户产生视觉上的缩放感。下面介绍应用“视频平移和缩放”滤镜的操作方法。

• 操作步骤 •

STEP 01 进入会声会影X7编辑器，在故事板中插入一幅素材图像，如图12-106所示。

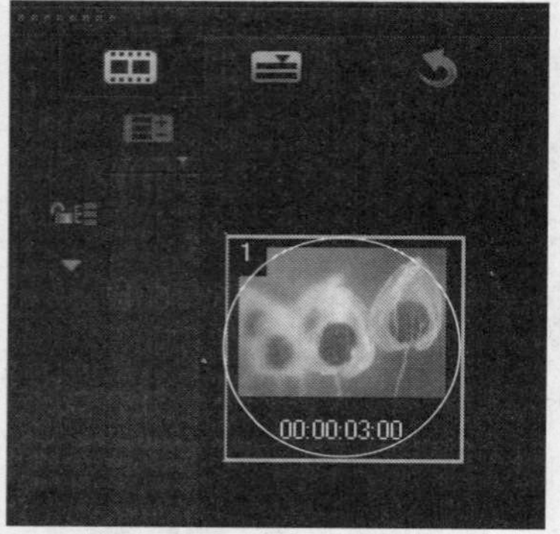

图12-106 插入素材图像

STEP 02 在预览窗口中，可以预览视频的画面效果，如图12-107所示。

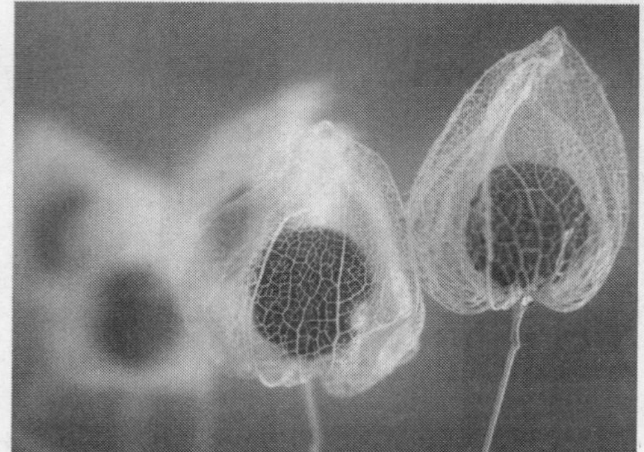

图12-107 预览视频画面效果

STEP 03 单击“滤镜”按钮，切换至“滤镜”选项卡，在“调整”滤镜组中选择“视频平移和缩放”滤镜，如图12-108所示。

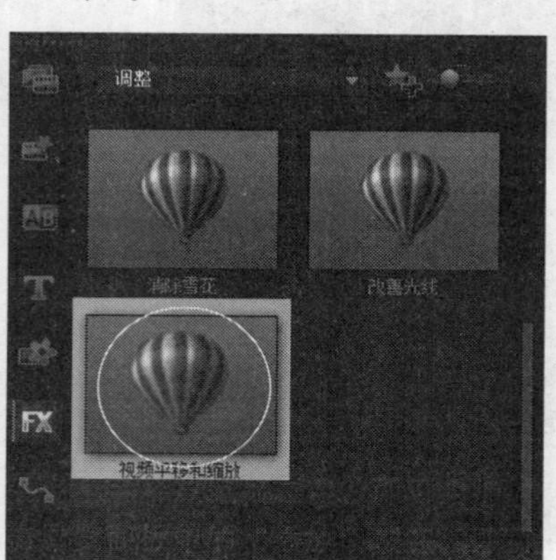

图12-108 选择“视频平移和缩放”滤镜

STEP 04 单击鼠标左键，并将其拖曳至故事板中的素材上，如图12-109所示，释放鼠标左键。

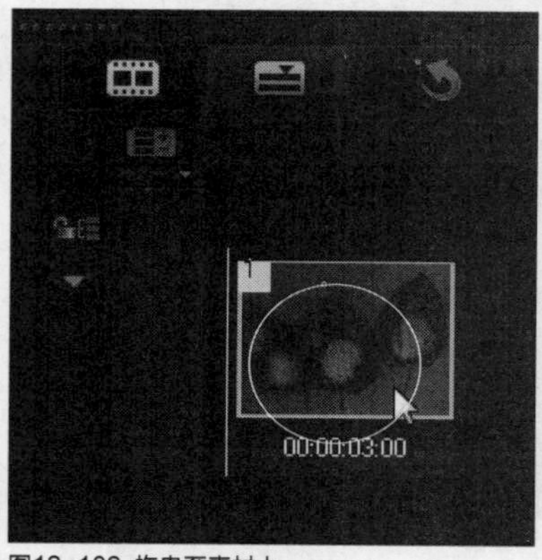

图12-109 拖曳至素材上

STEP 05 添加“视频平移和缩放”滤镜，单击导览面板中的“播放”按钮，即可预览“视频平移和缩放”滤镜效果，如图12-110所示。

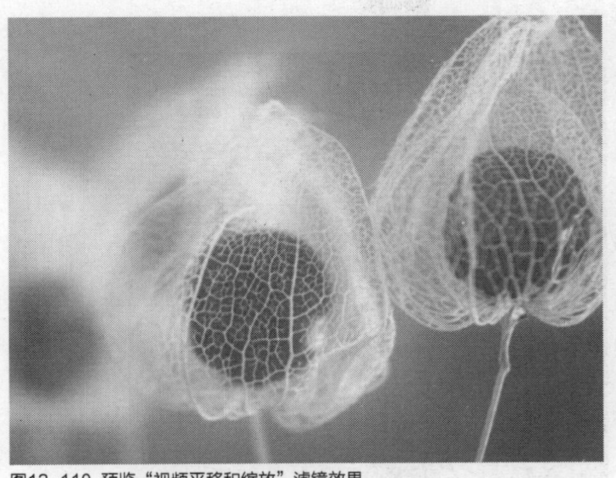
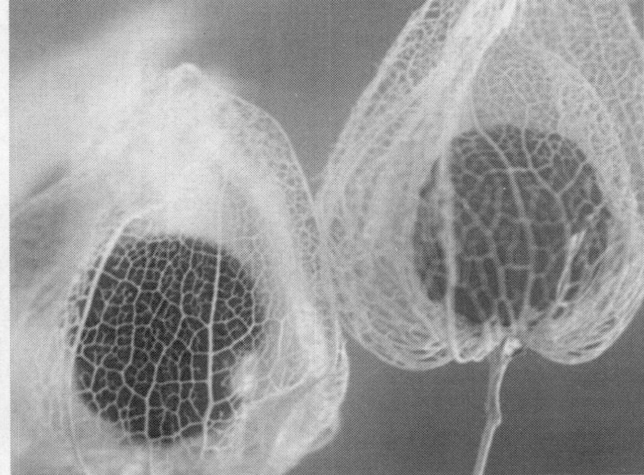

图12-110 预览“视频平移和缩放”滤镜效果

12.7 应用“相机镜头”滤镜

会声会影X7的“相机镜头”滤镜组中包括14种视频滤镜特效，如“色彩偏移”、“光芒”、“光晕效果”、“双色套印”、“万花筒”、“镜头光晕”以及“镜射”等视频滤镜效果。本节主要向读者详细介绍“相机镜头”滤镜组中部分视频滤镜效果的应用方法。

实战 271 应用“双色套印”滤镜

▶实例位置：光盘\效果\第12章\香脆炸鱼.VSP
▶素材位置：光盘\素材\第12章\香脆炸鱼.jpg
▶视频位置：光盘\视频\第12章\实战271.mp4

• 实例介绍 •

在会声会影X7中，应用“双色套印”滤镜可以将视频图像转换为双色套印模式。下面介绍应用“双色套印”滤镜的操作方法。

• 操作步骤 •

STEP 01 进入会声会影X7编辑器，在故事板中插入一幅素材图像，如图12-111所示。

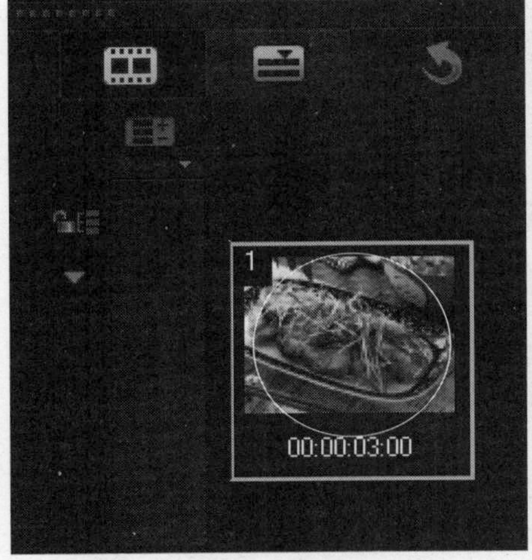

图12-111 插入素材图像

STEP 02 在预览窗口中，可以预览视频的画面效果，如图12-112所示。

图12-112 预览视频画面效果

STEP 03 单击“滤镜”按钮，切换至“滤镜”选项卡，在“相机镜头”滤镜组中选择“双色套印”滤镜，如图12-113所示。

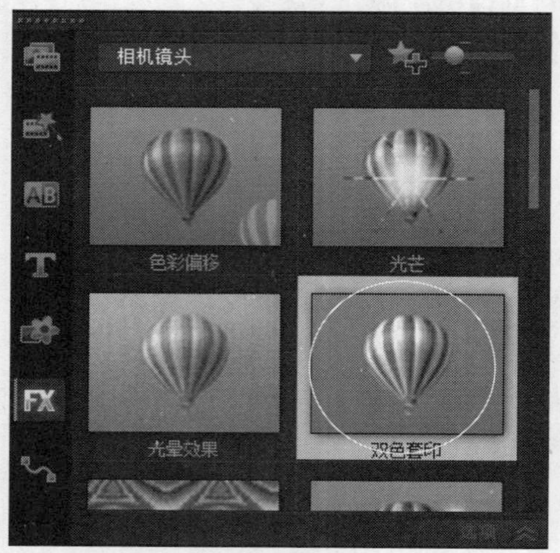

图12-113 选择“双色套印”滤镜

STEP 04 单击鼠标左键，并将其拖曳至故事板中的素材上，如图12-114所示。

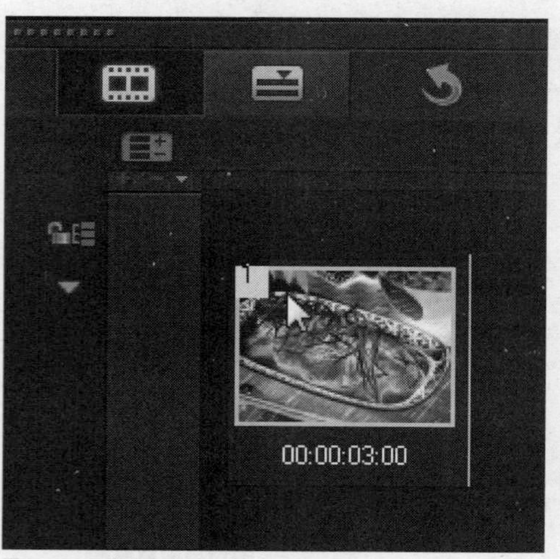

图12-114 拖曳至素材上

STEP 05 释放鼠标左键，即可添加“双色套印”滤镜，单击导览面板中的“播放”按钮，即可预览“双色套印”滤镜效果，如图12-115所示。

图12-115 预览“双色套印”滤镜效果

知识拓展

在“双色套印”预设滤镜列表框中，选择相应的滤镜样式，将显示不同的视频双色套印特效，如图12-116所示。

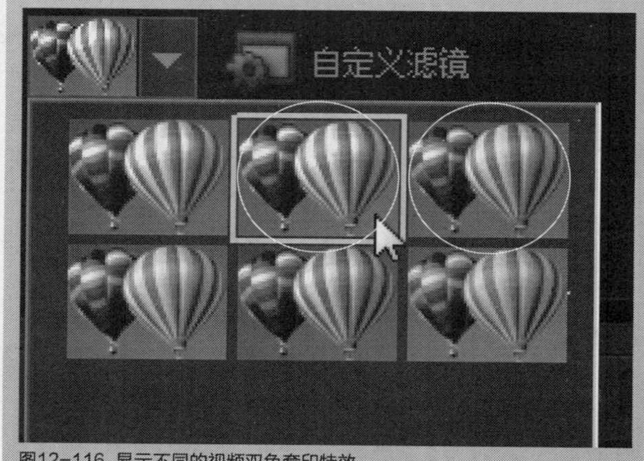

图12-116 显示不同的视频双色套印特效

实战272 应用“光晕效果”滤镜

- ▶实例位置：光盘\效果\第12章\羊群.VS
- ▶素材位置：光盘\素材\第12章\羊群.jpg
- ▶视频位置：光盘\视频\第12章\实战272.mp4

• 实例介绍 •

在会声会影X7中，应用“光晕效果”滤镜可以制作出视频画面的光晕特效。下面向读者介绍应用“光晕效果”滤镜的操作方法。

• 操作步骤 •

STEP 01 进入会声会影X7编辑器，在故事板中插入一幅素材图像，如图12-117所示。

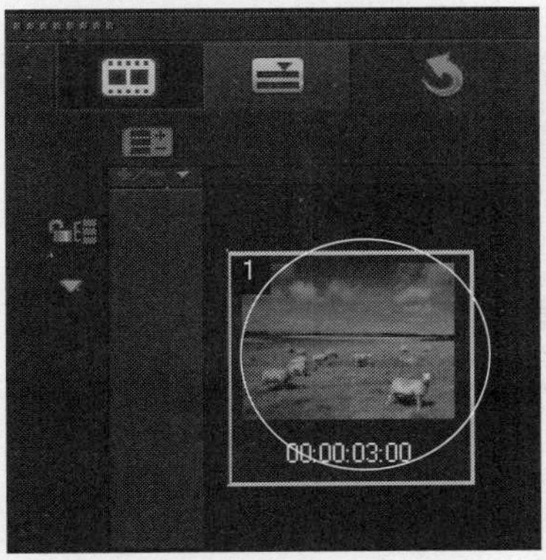

图12-117 插入素材图像

STEP 02 在预览窗口中，可以预览视频的画面效果，如图12-118所示。

图12-118 预览视频画面效果

STEP 03 单击“滤镜”按钮，切换至“滤镜”选项卡，在“相机镜头”滤镜组中选择“光晕效果”滤镜，如图12-119所示。

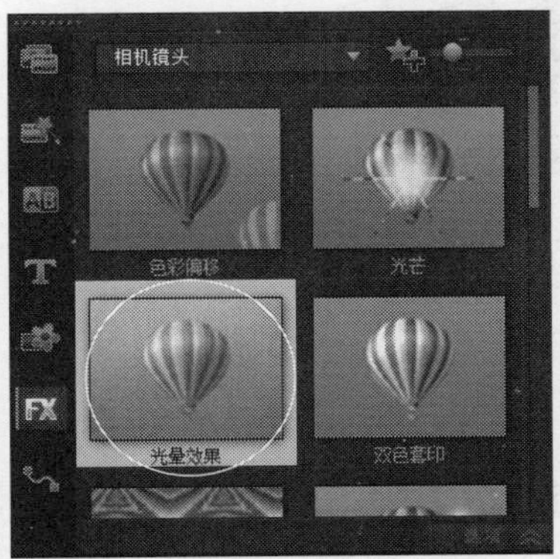

图12-119 选择“光晕效果”滤镜

STEP 04 单击鼠标左键，并将其拖曳至故事板中的素材上，如图12-120所示。

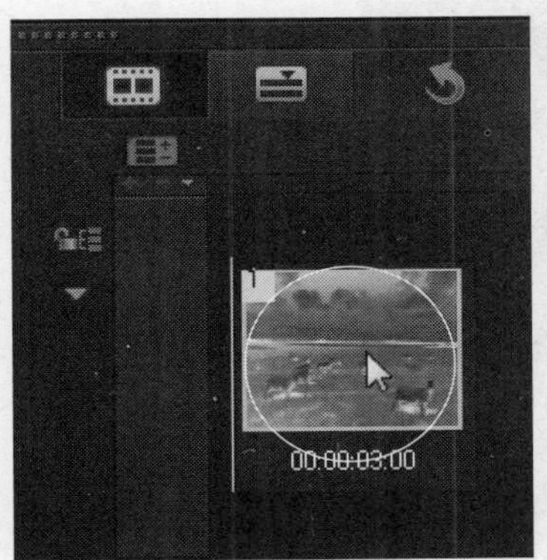

图12-120 拖曳至素材上

STEP 05 释放鼠标左键，即可添加“光晕效果”滤镜，单击导览面板中的“播放”按钮，即可预览“光晕效果”滤镜效果，如图12-121所示。

图12-121 预览“光晕效果”滤镜效果

实战 273 应用“万花筒”滤镜

▶实例位置：光盘\效果\第12章\花香.VSP
▶素材位置：光盘\素材\第12章\花香.jpg
▶视频位置：光盘\视频\第12章\实战273.mp4

• 实例介绍 •

在会声会影X7中，应用“万花筒”滤镜可以制作出视频画面呈万花筒的特效。下面向读者介绍应用“万花筒”滤镜的操作方法。

• 操作步骤 •

STEP 01 进入会声会影X7编辑器，在故事板中插入一幅素材图像，如图12-122所示。

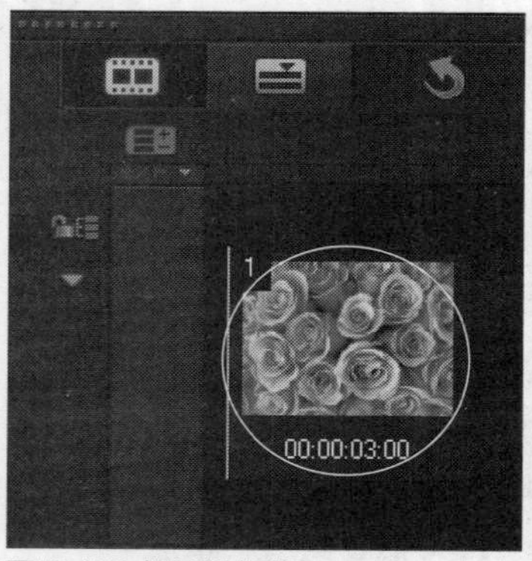

图12-122 插入素材图像

STEP 02 在预览窗口中，可以预览视频的画面效果，如图12-123所示。

图12-123 预览视频画面效果

STEP 03 单击“滤镜”按钮，切换至“滤镜”选项卡，在“相机镜头”滤镜组中选择“万花筒”滤镜，如图12-124所示。

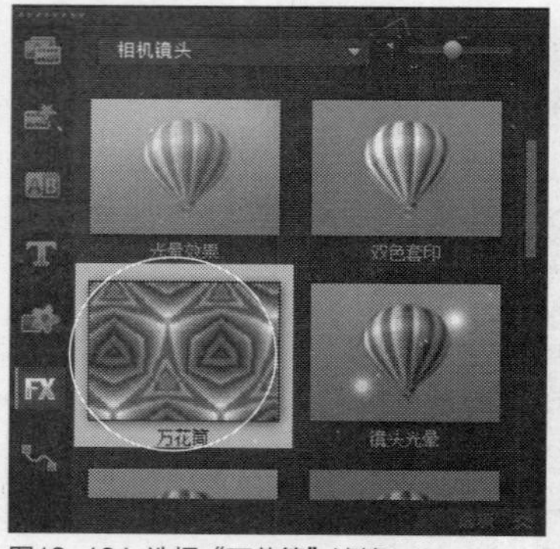

图12-124 选择“万花筒”滤镜

STEP 04 单击鼠标左键，并将其拖曳至故事板中的素材上，如图12-125所示。

图12-125 拖曳至素材上

STEP 05 释放鼠标左键，即可添加“万花筒”滤镜，单击导览面板中的“播放”按钮，即可预览“万花筒”滤镜效果，如图12-126所示。

图12-126 预览“万花筒”滤镜效果

实战 274 应用“镜射”滤镜

▶实例位置：光盘\效果\第12章\寿司.VSP
▶素材位置：光盘\素材\第12章\寿司.jpg
▶视频位置：光盘\视频\第12章\实战274.mp4

• 实例介绍 •

在会声会影X7中，“镜射”滤镜可以将画面分割、重复，在同一画面上显示多个副本。下面向读者介绍应用“镜射”滤镜的操作方法。

• 操作步骤 •

STEP 01 进入会声会影X7编辑器，在故事板中插入一幅素材图像，如图12-127所示。

STEP 02 在预览窗口中，可以预览视频的画面效果，如图12-128所示。

STEP 03 单击“滤镜”按钮，切换至“滤镜”选项卡，在“相机镜头”滤镜组中选择“镜射”滤镜，如图12-129所示。

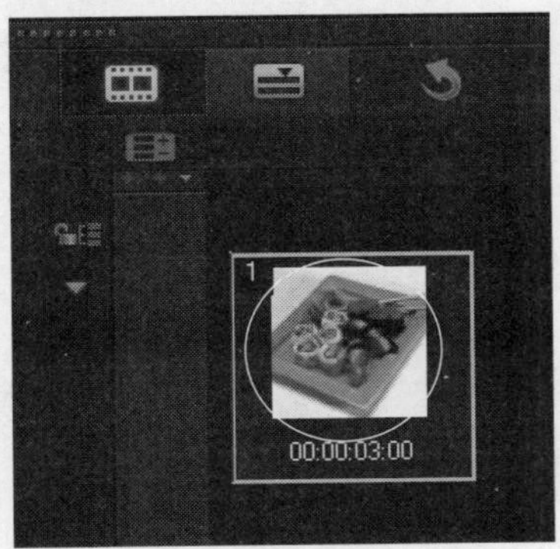

图12-127 插入素材图像

图12-128 预览视频画面效果

STEP 04 单击鼠标左键，并将其拖曳至故事板中的素材上，如图12-130所示。

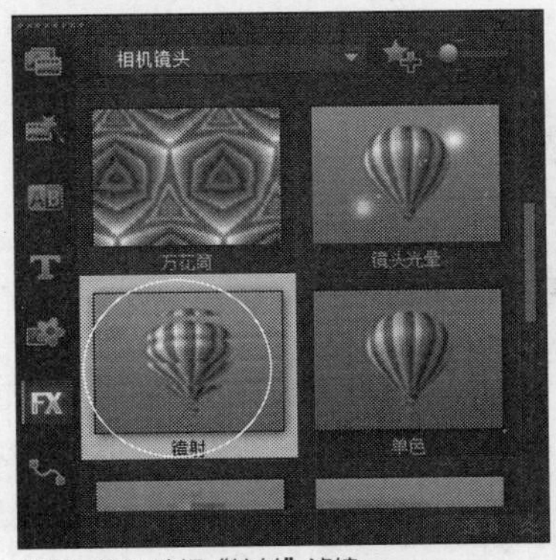

图12-129 选择“镜射”滤镜

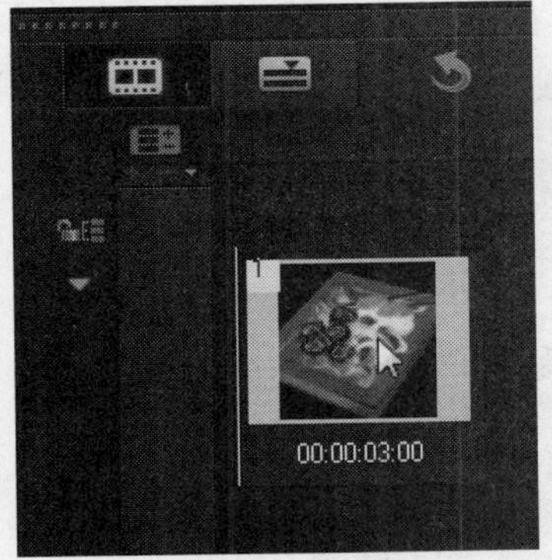

图12-130 拖曳至素材上

STEP 05 释放鼠标左键，即可添加“镜射”滤镜，单击导览面板中的“播放”按钮，即可预览“镜射”滤镜效果，如图12-131所示。

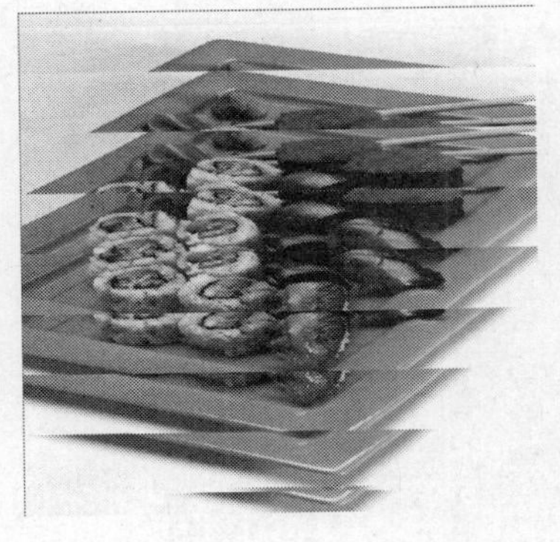

图12-131 预览“镜射”滤镜效果

实战275 应用“单色”滤镜

▶实例位置：光盘\效果\第12章\城墙.VSP
▶素材位置：光盘\素材\第12章\城墙.jpg
▶视频位置：光盘\视频\第12章\实战275.mp4

• 实例介绍 •

在会声会影X7中，“单色”滤镜可以将画面颜色变为单色呈现给观众。下面向读者介绍应用“单色”滤镜的操作方法。

• 操作步骤 •

STEP 01 进入会声会影X7编辑器，在故事板中插入一幅素材图像，如图12-132所示。

图12-132 插入素材图像

STEP 02 在预览窗口中可以预览视频的画面效果，如图12-133所示。

图12-133 预览视频画面效果

STEP 03 单击“滤镜”按钮，切换至“滤镜”选项卡，在“相机镜头”滤镜组中选择“单色”滤镜，如图12-134所示。

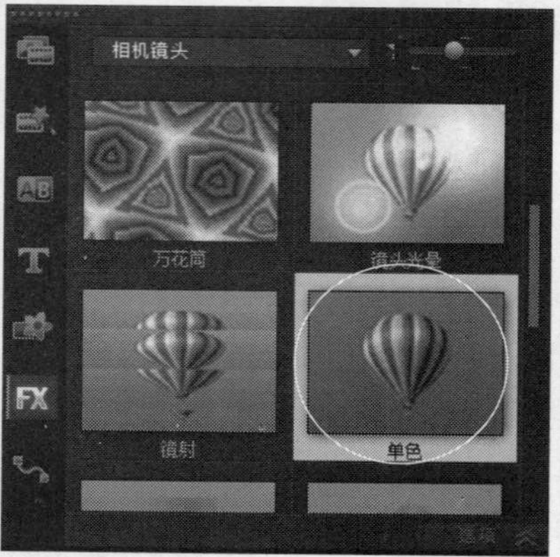

图12-134 选择“单色”滤镜

STEP 04 单击鼠标左键，并将其拖曳至故事板中的素材上，如图12-135所示。

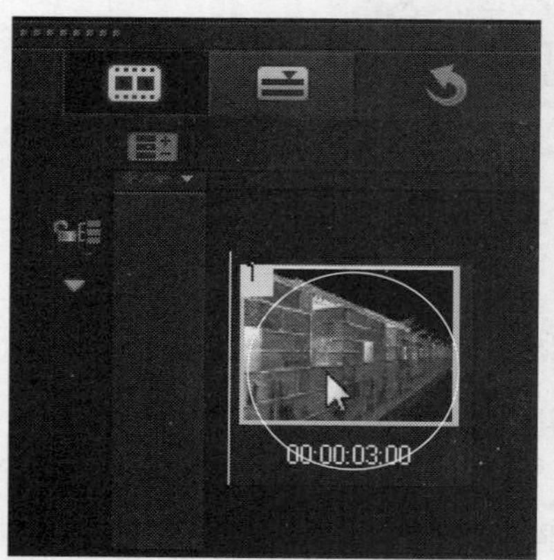

图12-135 拖曳至素材上

STEP 05 释放鼠标左键，即可添加“单色”滤镜，单击导览面板中的“播放”按钮，即可预览“单色”滤镜效果，如图12-136所示。

图12-136 预览“单色”滤镜效果

实战 276 应用“马赛克”滤镜

▶ 实例位置：光盘\效果\第12章\盘子.VSP
▶ 素材位置：光盘\素材\第12章\盘子.jpg
▶ 视频位置：光盘\视频\第12章\实战276.mp4

• 实例介绍 •

在会声会影X7中，“马赛克”滤镜可以使视频画面产生马赛克的效果。下面向读者介绍应用“马赛克”滤镜的操作方法。

• 操作步骤 •

STEP 01 进入会声会影X7编辑器，在故事板中插入一幅素材图像，如图12-137所示。

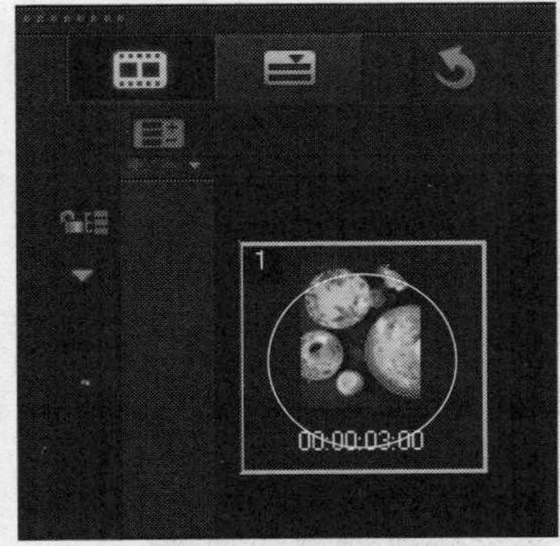

图12-137 插入素材图像

STEP 02 在预览窗口中可以预览视频的画面效果，如图12-138所示。

图12-138 预览视频画面效果

STEP 03 单击“滤镜”按钮，切换至“滤镜”选项卡，在“相机镜头”滤镜组中选择“马赛克”滤镜，如图12-139所示。

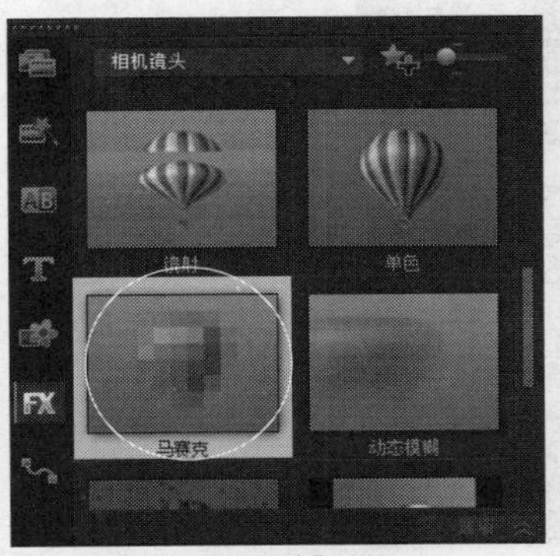

图12-139 选择“马赛克”滤镜

STEP 04 单击鼠标左键，并将其拖曳至故事板中的素材上，如图12-140所示。

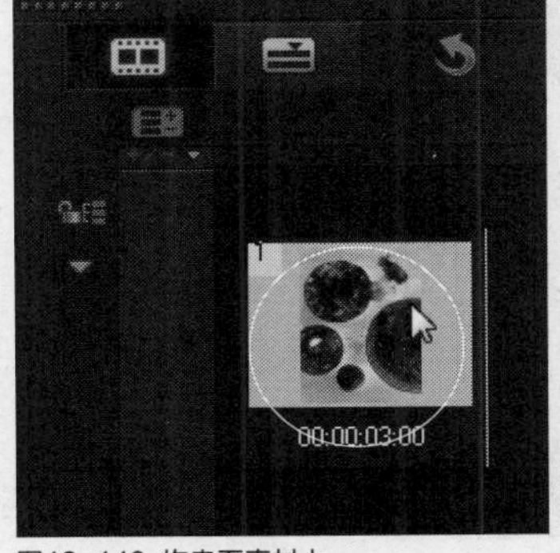

图12-140 拖曳至素材上

STEP 05 释放鼠标左键，即可添加“马赛克”滤镜，单击导览面板中的“播放”按钮，即可预览“马赛克”滤镜效果，如图12-141所示。

图12-141 预览“马赛克”滤镜效果

实战 277 应用“旧底片”滤镜

▶ 实例位置：光盘\效果\第12章\塔.VSP
▶ 素材位置：光盘\素材\第12章\塔.jpg
▶ 视频位置：光盘\视频\第12章\实战277.mp4

• 实例介绍 •

应用“旧底片”滤镜可以创建色彩单一的画面，播放时会出现抖动、刮痕以及光线变化忽明忽暗的画面效果，使制作的影片充满怀旧的气氛。

• 操作步骤 •

STEP 01 进入会声会影X7编辑器，在故事板中插入一幅素材图像，如图12-142所示。

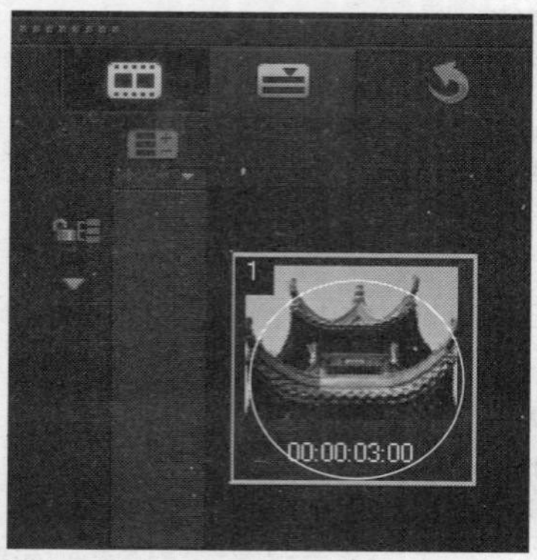

图12-142 插入素材图像

STEP 02 在预览窗口中，可以预览视频的画面效果，如图12-143所示。

图12-143 预览视频画面效果

STEP 03 单击“滤镜”按钮，切换至“滤镜”选项卡，在“相机镜头”滤镜组中选择“旧底片”滤镜，如图12-144所示。

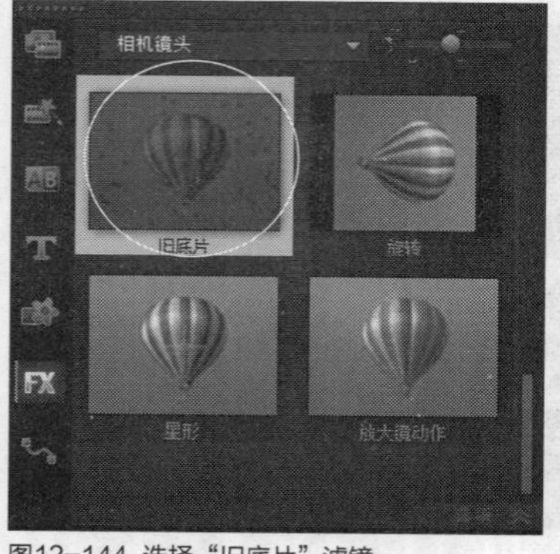

图12-144 选择“旧底片”滤镜

STEP 04 单击鼠标左键，并将其拖曳至故事板中的素材上，如图12-145所示。

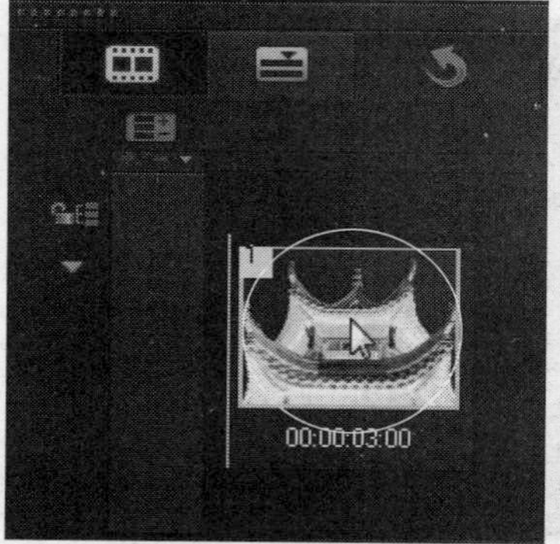

图12-145 拖曳至素材上

STEP 05 释放鼠标左键，即可添加“旧底片”滤镜，单击导览面板中的“播放”按钮，即可预览“旧底片”滤镜效果，如图12-146所示。

图12-146 预览“旧底片”滤镜效果

实战 278 应用“镜头光晕”滤镜

▶ 实例位置：光盘\效果\第12章\荷叶.VSP
▶ 素材位置：光盘\素材\第12章\荷叶.jpg
▶ 视频位置：光盘\视频\第12章\实战278.mp4

• 实例介绍 •

在会声会影X7中，应用“镜头光晕”滤镜可以制作出类似镜头光晕的视频特效。下面向读者介绍应用“镜头光晕”滤镜的操作方法。

• 操作步骤 •

STEP 01 进入会声会影X7编辑器，在故事板中插入一幅素材图像，如图12-147所示。

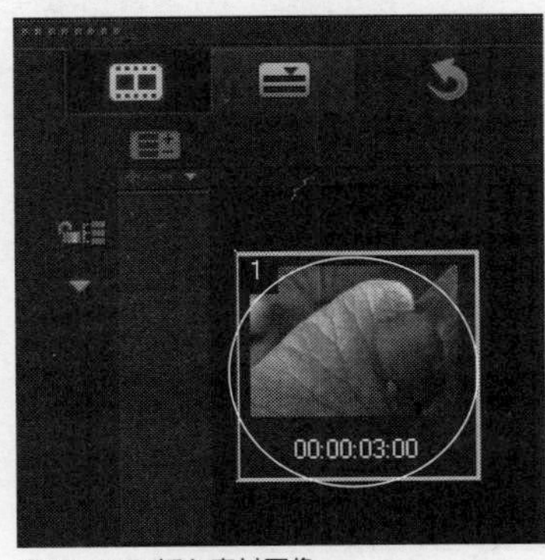

图12-147 插入素材图像

STEP 02 在预览窗口中可以预览视频的画面效果，如图12-148所示。

图12-148 预览视频画面效果

STEP 03 单击“滤镜”按钮，切换至“滤镜”选项卡，在“相机镜头”滤镜组中选择“镜头光晕”滤镜，如图12-149所示。

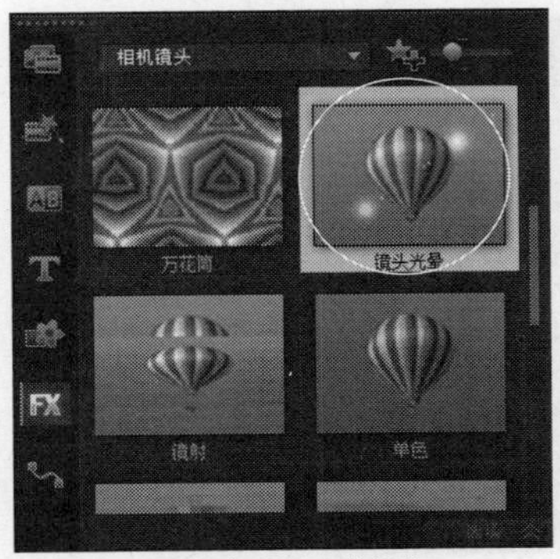

图12-149 选择“镜头光晕”滤镜

STEP 04 单击鼠标左键，并将其拖曳至故事板中的素材上，如图12-150所示。

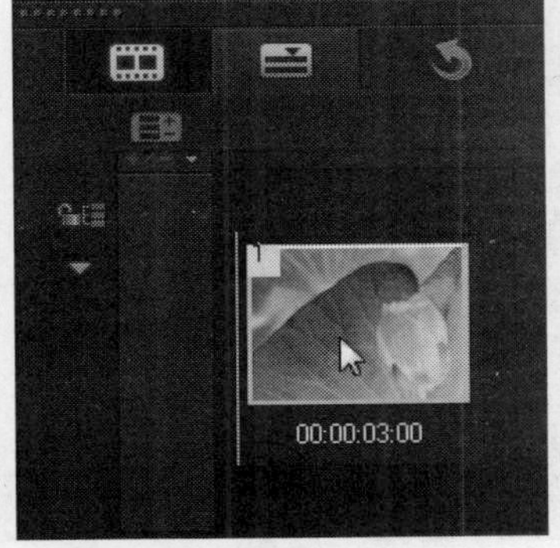

图12-150 拖曳至素材上

STEP 05 释放鼠标左键，即可添加“镜头光晕”滤镜，单击导览面板中的“播放”按钮，即可预览“镜头光晕”滤镜效果，如图12-151所示。

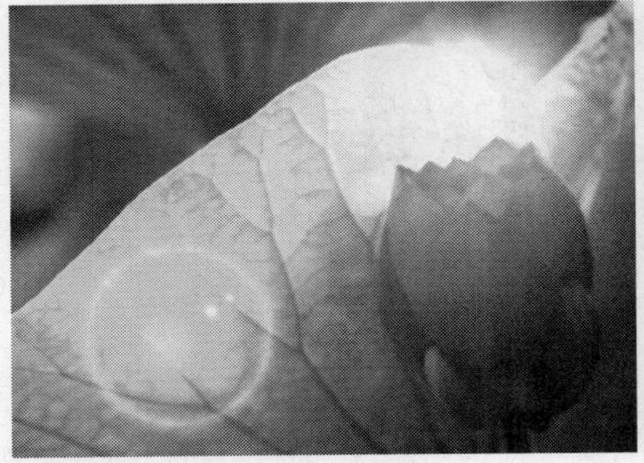

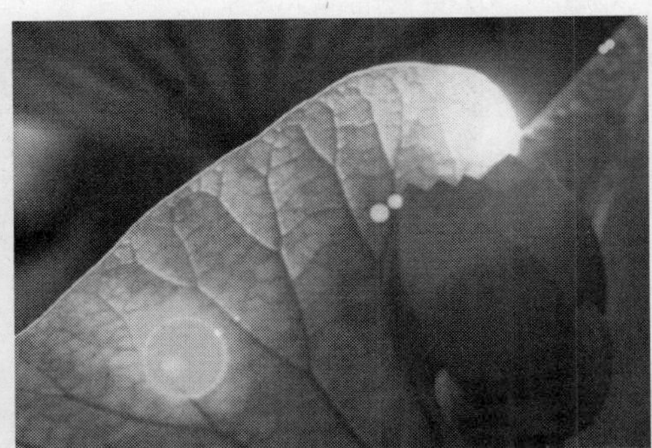

图12-151 预览“镜头光晕”滤镜效果

实战279 应用“放大镜动作”滤镜

▶实例位置：光盘\效果\第12章\周年庆典.VSP
▶素材位置：光盘\素材\第12章\周年庆典.jpg
▶视频位置：光盘\视频\第12章\实战279.mp4

• 实例介绍 •

在会声会影X7中，应用“放大镜动作”滤镜可以制作出视频画面缩放的运动特效。下面向读者介绍应用“放大镜动作”滤镜的操作方法。

• 操作步骤 •

STEP 01 进入会声会影X7编辑器，在故事板中插入一幅素材图像，如图12-152所示。

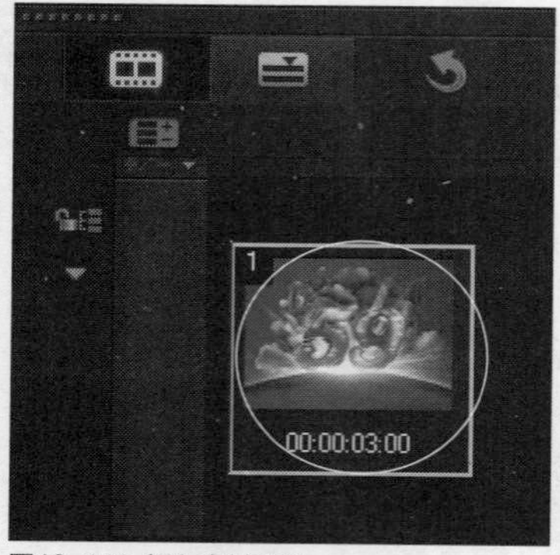

图12-152 插入素材图像

STEP 02 在预览窗口中，可以预览视频的画面效果，如图12-153所示。

图12-153 预览视频画面效果

STEP 03 单击“滤镜”按钮，切换至“滤镜”选项卡，在“相机镜头”滤镜组中选择“放大镜动作”滤镜，如图12-154所示。

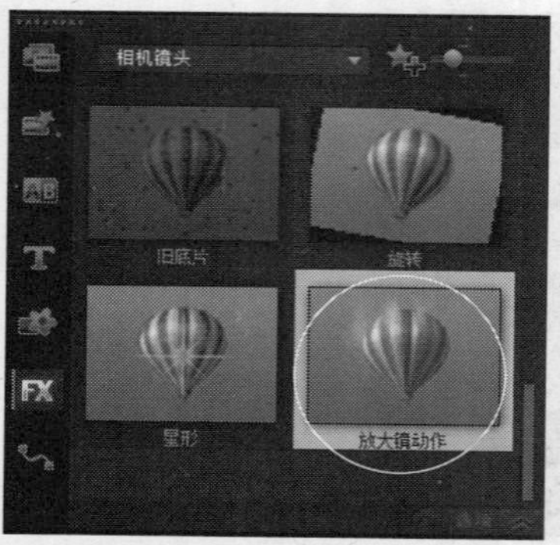

图12-154 选择“放大镜动作”滤镜

STEP 04 单击鼠标左键，并将其拖曳至故事板中的素材上，如图12-155所示。

图12-155 拖曳至素材上

STEP 05 释放鼠标左键，即可添加“放大镜动作”滤镜，单击导览面板中的“播放”按钮，即可预览“放大镜动作”滤镜效果，如图12-156所示。

图12-156 预览“放大镜动作”滤镜效果

12.8 应用Corel FX滤镜

会声会影X7的Corel FX滤镜组中包括多种视频滤镜特效，如“FX单色”、“FX马赛克”、“FX往内挤压”、“FX往外扩张”、“FX涟漪”、“FX速写”以及“FX漩涡”等视频滤镜效果。本节主要向读者详细介绍Corel FX滤镜组中部分视频滤镜效果的应用方法。

实战280 应用“FX马赛克”滤镜

▶实例位置：光盘\效果\第12章\迸发.VSP
▶素材位置：光盘\素材\第12章\迸发.jpg
▶视频位置：光盘\视频\第12章\实战280.mp4

• 实例介绍 •

在会声会影X7中，应用“FX马赛克”滤镜可以在视频画面中应用马赛克效果。下面介绍应用“FX马赛克”滤镜的操作方法。

• 操作步骤 •

STEP 01 进入会声会影X7编辑器，在故事板中插入一幅素材图像，如图12-157所示。

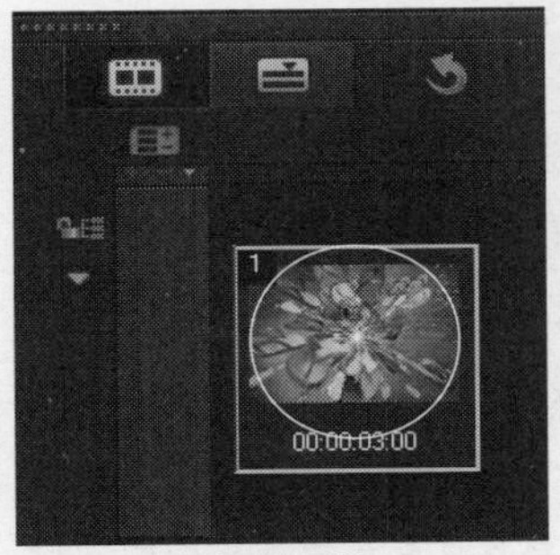

图12-157 插入素材图像

STEP 02 在预览窗口中可以预览视频的画面效果，如图12-158所示。

图12-158 预览视频画面效果

STEP 03 单击“滤镜”按钮，切换至“滤镜”选项卡，在Corel FX滤镜组中选择“FX马赛克”滤镜，如图12-159所示。

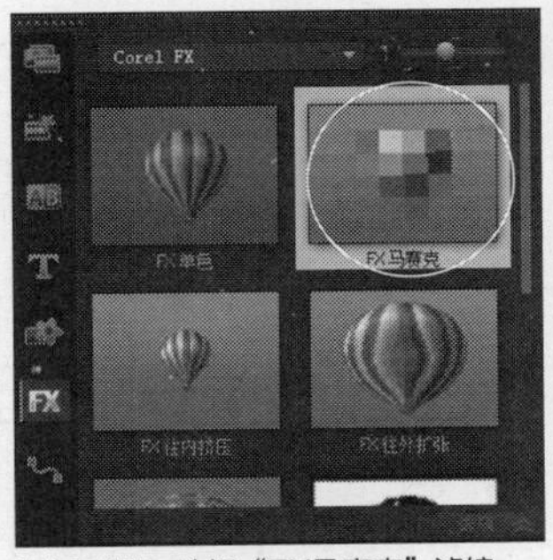

图12-159 选择“FX马赛克”滤镜

STEP 04 单击鼠标左键，并将其拖曳至故事板中的素材上，如图12-160所示。

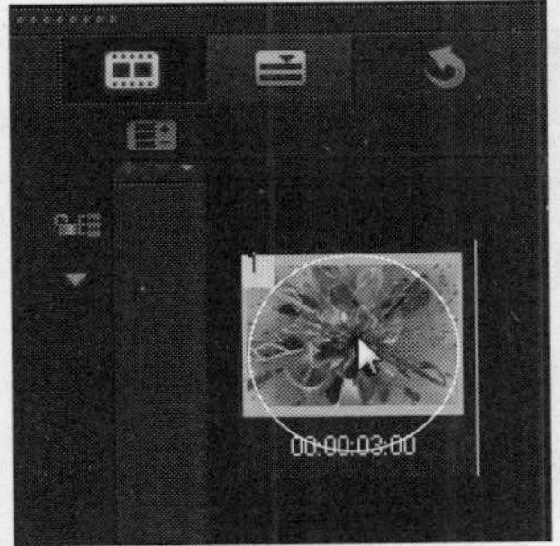

图12-160 拖曳至素材上

STEP 05 释放鼠标左键，即可添加“FX马赛克”滤镜，单击导览面板中的“播放”按钮，即可预览“FX马赛克”滤镜效果，如图12-161所示。

图12-161 预览“FX马赛克”滤镜效果

知识拓展

Corel FX滤镜组中的“FX马赛克”滤镜与“相机镜头”滤镜组中的“马赛克”滤镜效果类似，都是为视频画面添加马赛克效果。

实战281 应用“FX往外扩张”滤镜

▶实例位置：光盘\效果\第12章\古堡建筑.VSP
▶素材位置：光盘\素材\第12章\古堡建筑.jpg
▶视频位置：光盘\视频\第12章\实战281.mp4

• 实例介绍 •

在会声会影X7中，应用“FX往外扩张”滤镜可以将视频从中心位置往外扩张画面。下面介绍应用“FX往外扩张”滤镜的操作方法。

• 操作步骤 •

STEP 01 进入会声会影X7编辑器，在故事板中插入一幅素材图像，如图12-162所示。

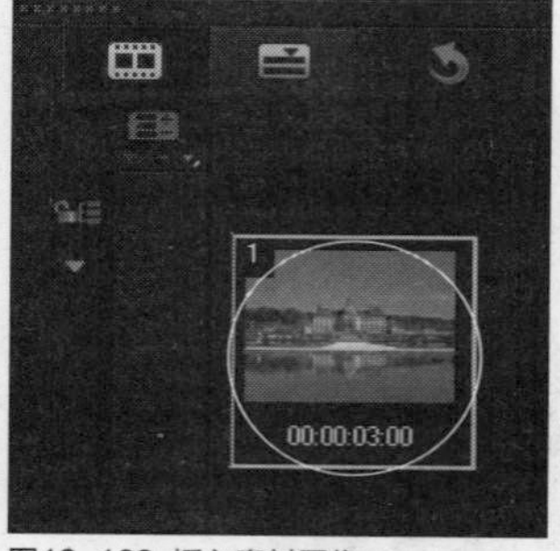

图12-162 插入素材图像

STEP 02 在预览窗口中可以预览视频的画面效果，如图12-163所示。

图12-163 预览视频画面效果

STEP 03 单击“滤镜”按钮，切换至“滤镜”选项卡，在Corel FX滤镜组中选择“FX往外扩张”滤镜，如图12-164所示。

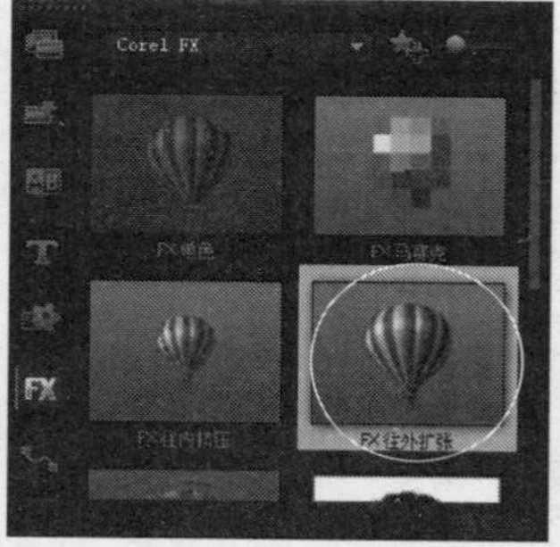

图12-164 选择“FX往外扩张”滤镜

STEP 04 单击鼠标左键，并将其拖曳至故事板中的素材上，如图12-165所示。

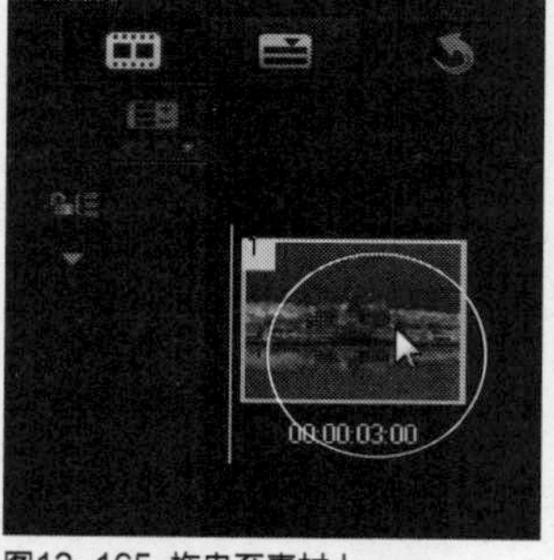

图12-165 拖曳至素材上

STEP 05 释放鼠标左键，即可添加“FX往外扩张”滤镜，单击导览面板中的“播放”按钮，即可预览“FX往外扩张”滤镜效果，如图12-166所示。

图12-166 预览“FX往外扩张”滤镜效果

实战 282 应用“FX旋涡”滤镜

▶实例位置：光盘\效果\第12章\壁纸效果.VSP
▶素材位置：光盘\素材\第12章\壁纸效果.jpg
▶视频位置：光盘\视频\第12章\实战282.mp4

• 实例介绍 •

在会声会影X7中，应用“FX旋涡”滤镜可以在视频画面中制作类似旋涡的效果。下面介绍应用“FX旋涡”滤镜的操作方法。

• 操作步骤 •

STEP 01 进入会声会影X7编辑器，在故事板中插入一幅素材图像，如图12-167所示。

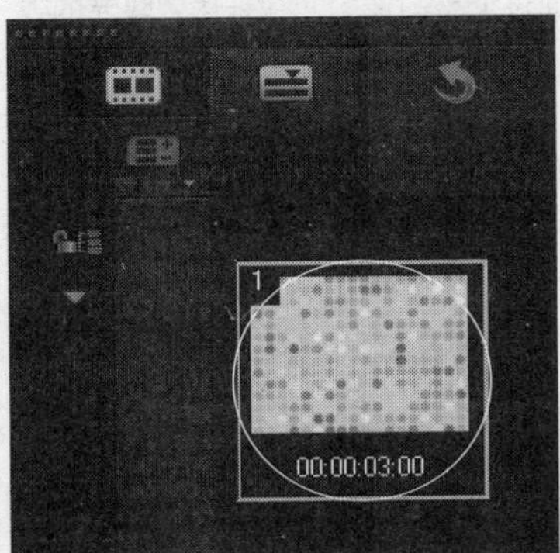

图12-167 插入素材图像

STEP 02 在预览窗口中可以预览视频的画面效果，如图12-168所示。

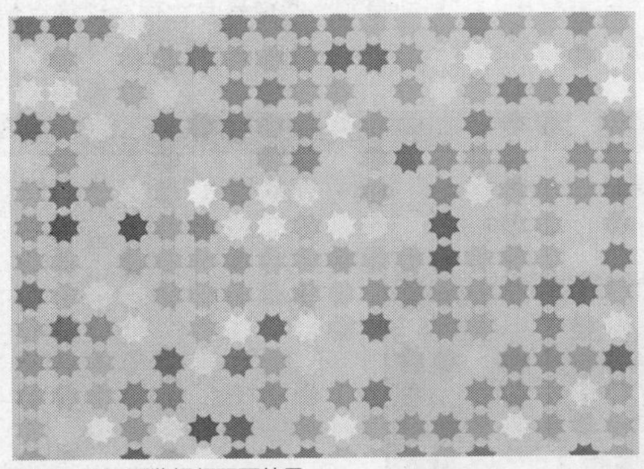

图12-168 预览视频画面效果

STEP 03 单击“滤镜”按钮，切换至“滤镜”选项卡，在Corel FX滤镜组中选择“FX旋涡”滤镜，如图12-169所示。

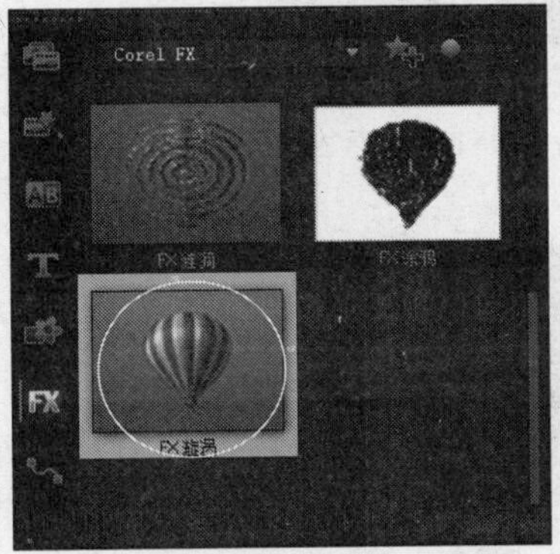

图12-169 选择“FX旋涡”滤镜

STEP 04 单击鼠标左键，并将其拖曳至故事板中的素材上，如图12-170所示。

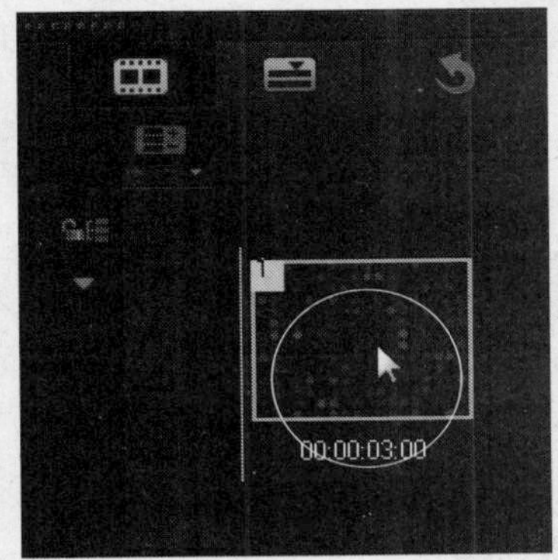

图12-170 拖曳至素材上

STEP 05 释放鼠标左键，即可添加“FX旋涡”滤镜，单击导览面板中的“播放”按钮，即可预览“FX旋涡”滤镜效果，如图12-171所示。

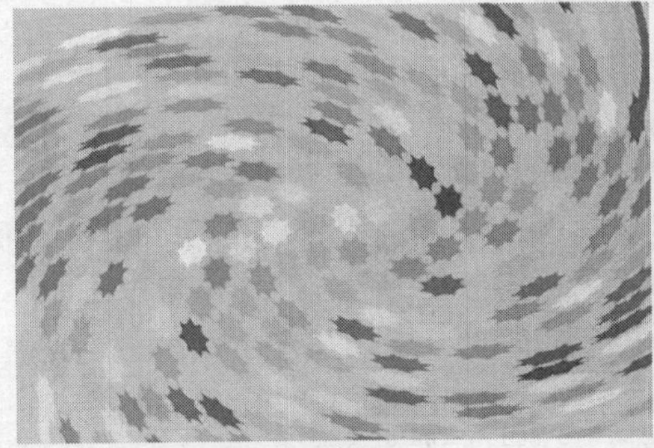

图12-171 预览“FX旋涡”滤镜效果

12.9 应用“暗房”滤镜

会声会影X7的“暗房”滤镜组中包括9种视频滤镜特效，如“自动曝光”、“自动调配”、“亮度和对比度”、“色彩平衡”、“浮雕”、“光线”以及“肖像画”等视频滤镜效果。本节主要向读者详细介绍“暗房”滤镜组中部分视频滤镜效果的应用方法。

实战283 应用“自动曝光”滤镜

▶实例位置：光盘\效果\第12章\大桥.VSP
▶素材位置：光盘\素材\第12章\大桥.jpg
▶视频位置：光盘\视频\第12章\实战283.mp4

• 实例介绍 •

在会声会影X7中，“自动曝光”滤镜只有一种滤镜预设模式，它最主要的作用便是通过调整图像的光线来达到曝光的效果，主要适合在光线比较暗的视频素材画面上使用。

• 操作步骤 •

STEP 01 进入会声会影X7编辑器，在故事板中插入一幅素材图像，如图12-172所示。

图12-172 插入素材图像

STEP 02 在预览窗口中可以预览视频的画面效果，如图12-173所示。

图12-173 预览视频画面效果

STEP 03 单击“滤镜”按钮，切换至“滤镜”选项卡，在“暗房”滤镜组中选择“自动曝光”滤镜，如图12-174所示。

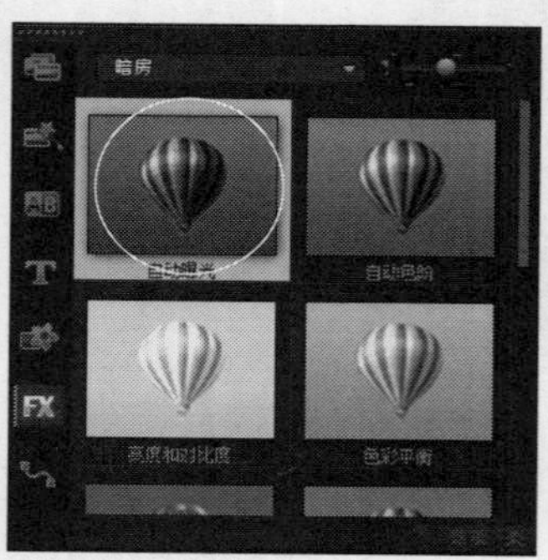

图12-174 选择“自动曝光”滤镜

STEP 04 单击鼠标左键，并将其拖曳至故事板中的素材上，如图12-175所示。

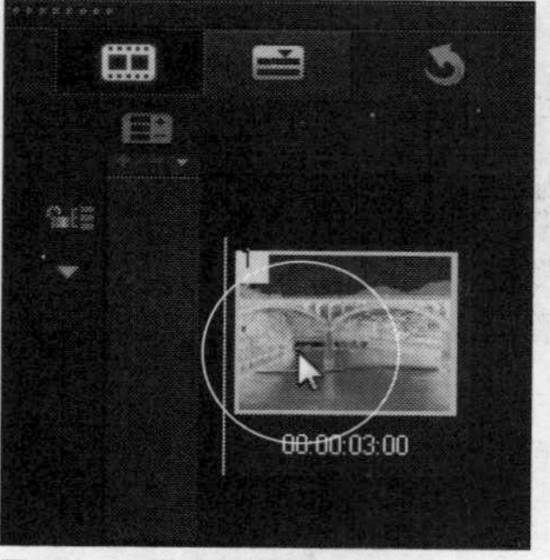

图12-175 拖曳至素材上

STEP 05 释放鼠标左键，即可添加“自动曝光”滤镜，单击导览面板中的“播放”按钮，即可预览“自动曝光”滤镜效果，如图12-176所示。

图12-176 预览“自动曝光”滤镜效果

实战284 应用“亮度和对比度”滤镜

▶实例位置：光盘\效果\第12章\大声歌唱.VSP
▶素材位置：光盘\素材\第12章\大声歌唱.jpg
▶视频位置：光盘\视频\第12章\实战284.mp4

• 实例介绍 •

电视机屏幕中播放的画面要比电脑屏幕中的亮一些，若制作的影片最终在电视机中播放，用户需要应用“亮度和对比度”滤镜对视频进行调节。

• 操作步骤 •

STEP 01 进入会声会影X7编辑器，在故事板中插入一幅素材图像，如图12-177所示。

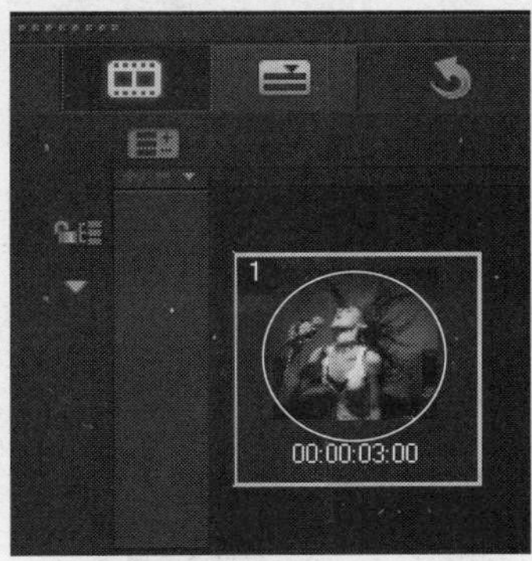

图12-177 插入素材图像

STEP 02 在预览窗口中可以预览视频的画面效果，如图12-178所示。

图12-178 预览视频画面效果

STEP 03 单击“滤镜”按钮，切换至“滤镜”选项卡，在“暗房”滤镜组中选择“亮度和对比度”滤镜，如图12-179所示。

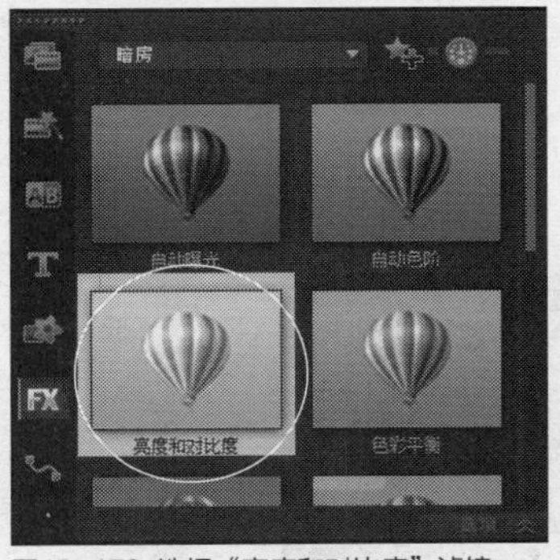

图12-179 选择“亮度和对比度”滤镜

STEP 04 单击鼠标左键，并将其拖曳至故事板中的素材上，如图12-180所示。

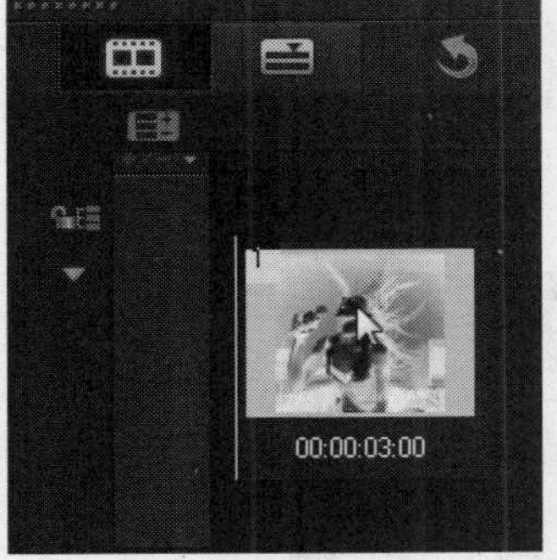

图12-180 拖曳至素材上

STEP 05 释放鼠标左键，即可添加“亮度和对比度”滤镜，单击导览面板中的“播放”按钮，即可预览“亮度和对比度”滤镜效果，如图12-181所示。

图12-181 预览“亮度和对比度”滤镜效果

知识拓展

在选项面板中，软件提供了8种“亮度和对比度”预设样式，用户可根据需要进行选择与应用。

实战285 应用“色相与饱和度”滤镜

▶实例位置：光盘\效果\第12章\砂锅粉.VSP
▶素材位置：光盘\素材\第12章\砂锅粉.jpg
▶视频位置：光盘\视频\第12章\实战285.mp4

• 实例介绍 •

在会声会影X7中，应用“色相与饱和度”滤镜可以改变素材画面的色相与饱和度效果。下面向读者介绍应用“色相与饱和度”滤镜的方法。

• 操作步骤 •

STEP 01 进入会声会影X7编辑器，在故事板中插入一幅素材图像，如图12-182所示。

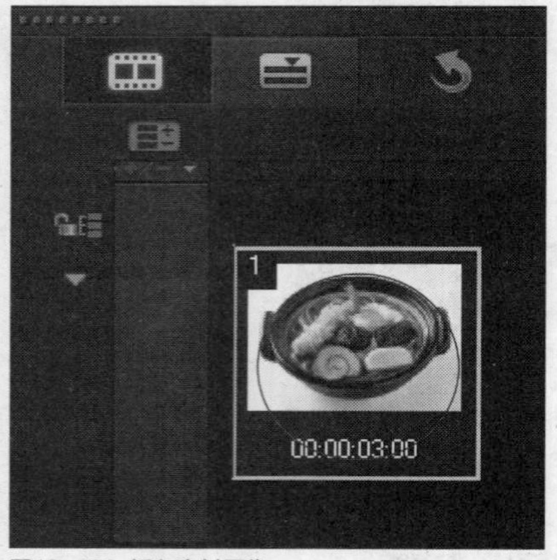

图12-182 插入素材图像

STEP 02 在预览窗口中，可以预览视频的画面效果，如图12-183所示。

图12-183 预览视频画面效果

STEP 03 单击“滤镜”按钮，切换至“滤镜”选项卡，在“暗房”滤镜组中选择“色相与饱和度”滤镜，如图12-184所示。

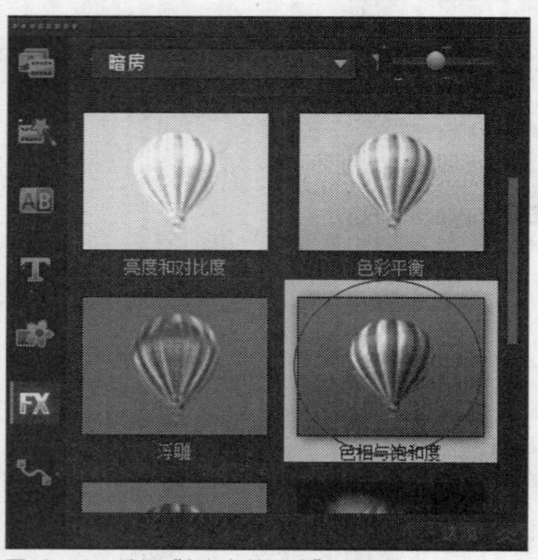

图12-184 选择“色相与饱和度”滤镜

STEP 04 单击鼠标左键，并将其拖曳至故事板中的素材上，如图12-185所示。

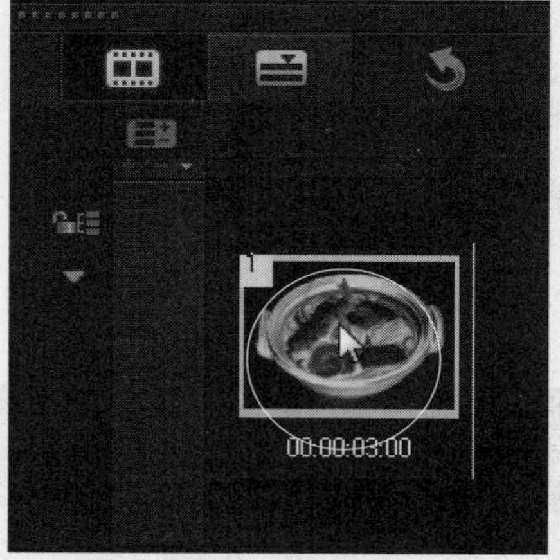

图12-185 拖曳至素材上

STEP 05 释放鼠标左键，即可添加“色相与饱和度”滤镜，单击导览面板中的“播放”按钮，即可预览“色相与饱和度”滤镜效果，如图12-186所示。

图12-186 预览“色相与饱和度”滤镜效果

实战286 应用“反相”滤镜

▶实例位置：光盘\效果\第12章\盆栽.VSP
▶素材位置：光盘\素材\第12章\盆栽.jpg
▶视频位置：光盘\视频\第12章\实战286.mp4

• 实例介绍 •

在会声会影X7中，应用“反相”滤镜可以反相素材画面的颜色，制作出类似底片的效果。下面向读者介绍应用“反相”滤镜的方法。

• 操作步骤 •

STEP 01 进入会声会影X7编辑器，在故事板中插入一幅素材图像，如图12-187所示。

STEP 02 在预览窗口中可以预览视频的画面效果，如图12-188所示。

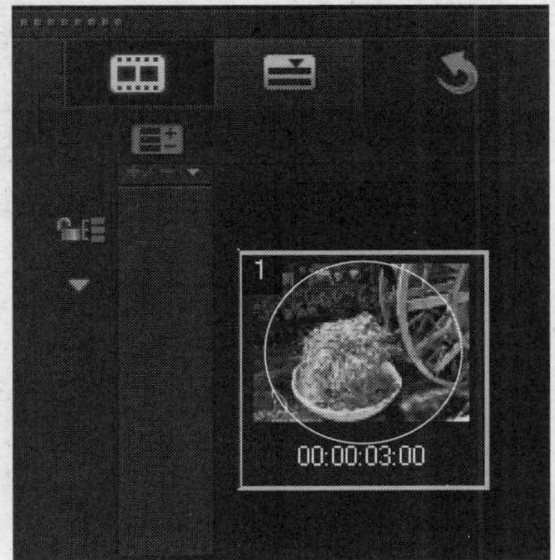

图12-187 插入素材图像

图12-188 预览视频画面效果

STEP 03 单击“滤镜”按钮，切换至“滤镜”选项卡，在“暗房”滤镜组中选择“反相”滤镜，如图12-189所示。

STEP 04 单击鼠标左键，并将其拖曳至故事板中的素材上，如图12-190所示。

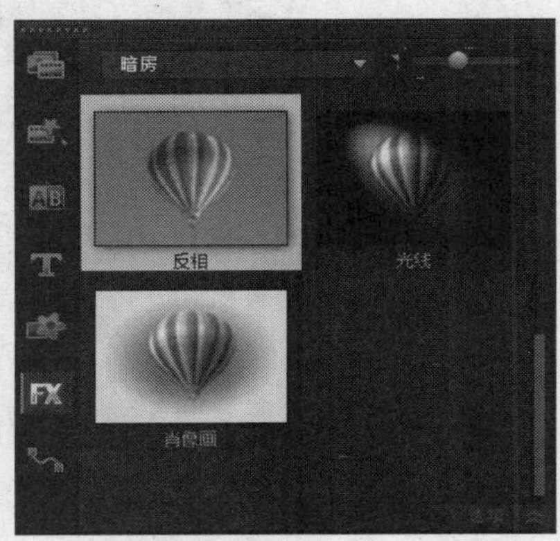

图12-189 选择“反相”滤镜

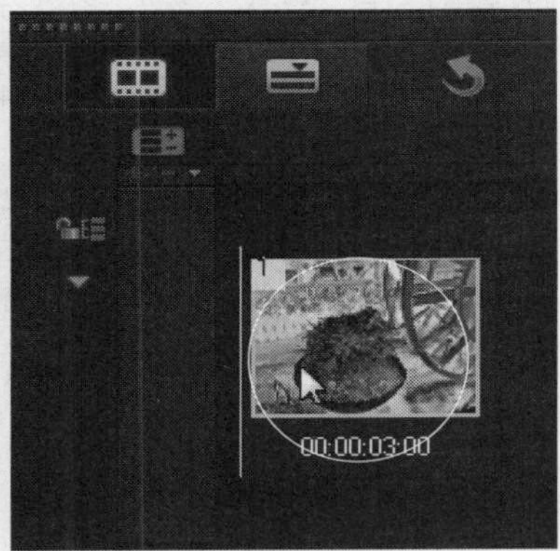

图12-190 拖曳至素材上

STEP 05 释放鼠标左键，即可添加“反相”滤镜，单击导览面板中的“播放”按钮，即可预览“反相”滤镜效果，如图12-191所示。

图12-191 预览“反相”滤镜效果

实战287 应用“光线”滤镜

▶实例位置：光盘\效果\第12章\点心.VSP
▶素材位置：光盘\素材\第12章\点心.jpg
▶视频位置：光盘\视频\第12章\实战287.mp4

• 实例介绍 •

在会声会影X7中，应用“光线”滤镜可以在视频画面中制作类似于光线照耀的效果。下面向读者介绍应用“光线”滤镜的方法。

• 操作步骤 •

STEP 01 进入会声会影X7编辑器，在故事板中插入一幅素材图像，如图12-192所示。

STEP 02 在预览窗口中可以预览视频的画面效果，如图12-193所示。

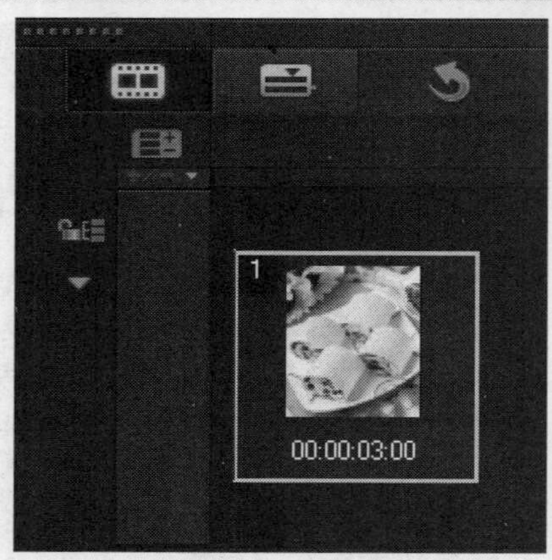

图12-192 插入素材图像

图12-193 预览视频画面效果

STEP 03 单击“滤镜”按钮，切换至“滤镜”选项卡，在“暗房”滤镜组中选择“光线”滤镜，如图12-194所示。

STEP 04 单击鼠标左键，并将其拖曳至故事板中的素材上，释放鼠标左键，即可添加“光线”滤镜，预览窗口中的画面效果如图12-195所示。

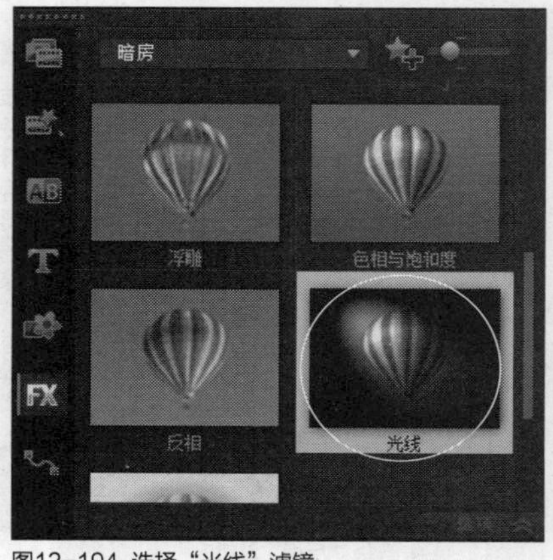

图12-194 选择“光线”滤镜

图12-195 预览画面效果

STEP 05 在"属性"选项面板中，单击"自定义滤镜"左侧的下三角按钮，在弹出的列表框中选择第1排第3个预设滤镜样式，如图12-196所示。

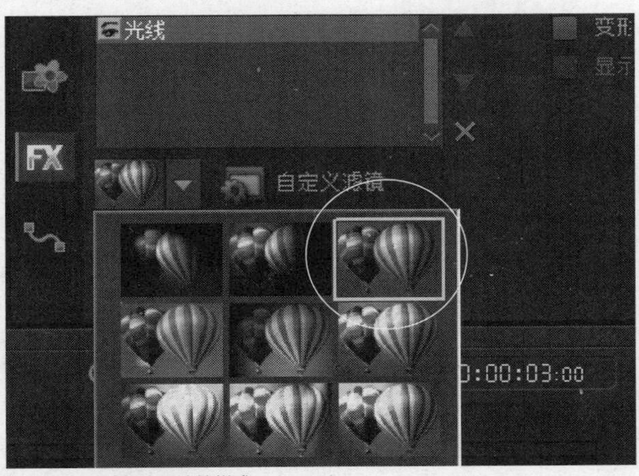

图12-196 选择预设滤镜样式

STEP 06 在导览面板中单击"播放"按钮，预览"光线"视频滤镜效果，如图12-197所示。

图12-197 预览"光线"视频滤镜效果

实战 288 应用"肖像画"滤镜

▶实例位置：光盘\效果\第12章\清新美女.VSP
▶素材位置：光盘\素材\第12章\清新美女.jpg
▶视频位置：光盘\视频\第12章\实战288.mp4

• 实例介绍 •

在会声会影X7中，"肖像画"滤镜主要用于描述人物肖像画。运用该滤镜，不仅可以产生唯美、浪漫的感觉，还可以使画面更加简洁，从而起到突出人物主体的作用。下面向读者介绍应用"肖像画"滤镜的方法。

• 操作步骤 •

STEP 01 进入会声会影X7编辑器，在故事板中插入一幅素材图像，如图12-198所示。

STEP 02 在预览窗口中可以预览视频的画面效果，如图12-199所示。

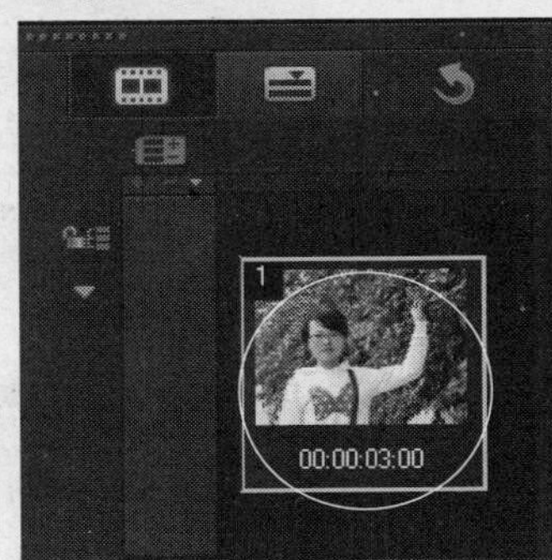

图12-198 插入素材图像

图12-199 预览视频画面效果

STEP 03 单击"滤镜"按钮，切换至"滤镜"选项卡，在"暗房"滤镜组中选择"肖像画"滤镜，如图12-200所示。

STEP 04 单击鼠标左键，并将其拖曳至故事板中的素材上，释放鼠标左键，即可添加"肖像画"滤镜，在预览窗口中可以预览"肖像画"视频滤镜效果，如图12-201所示。

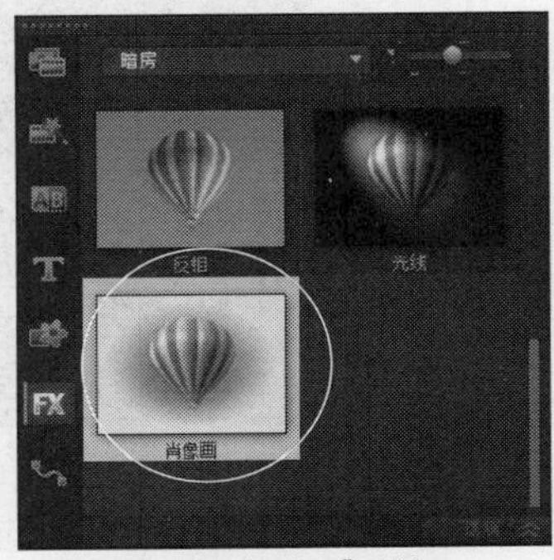

图12-200 选择"肖像画"滤镜

图12-201 预览"肖像画"视频滤镜效果

知识拓展

在选项面板中，单击“自定义滤镜”按钮，在弹出的“肖像画”对话框中，可以对镂空罩色彩、形状、柔和度进行设置。

12.10 应用“焦距”滤镜

会声会影X7的“焦距”滤镜组中包括3种视频滤镜特效，如“平均”、“模糊”以及“锐利化”等画面焦距类视频滤镜，主要是使视频画面产生像素化、模糊以及锐利化的效果。本节主要向读者详细介绍“焦距”滤镜组中视频滤镜效果的应用方法。

实战289 应用“平均”滤镜

- ▶实例位置：光盘\效果\第12章\水果.VSP
- ▶素材位置：光盘\素材\第12章\水果.jpg
- ▶视频位置：光盘\视频\第12章\实战289.mp4

• 实例介绍 •

在会声会影X7中，应用“平均”滤镜可以平均视频画面中的像素，产生模糊的画面效果。

• 操作步骤 •

STEP 01 进入会声会影X7编辑器，在故事板中插入一幅素材图像，如图12-202所示。

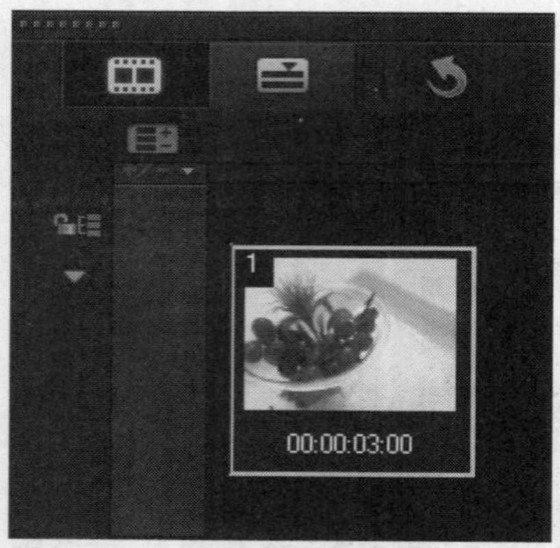

图12-202 插入素材图像

STEP 02 在预览窗口中，可以预览视频的画面效果，如图12-203所示。

图12-203 预览视频画面效果

STEP 03 单击“滤镜”按钮，切换至“滤镜”选项卡，在“焦距”滤镜组中选择“平均”滤镜，如图12-204所示。

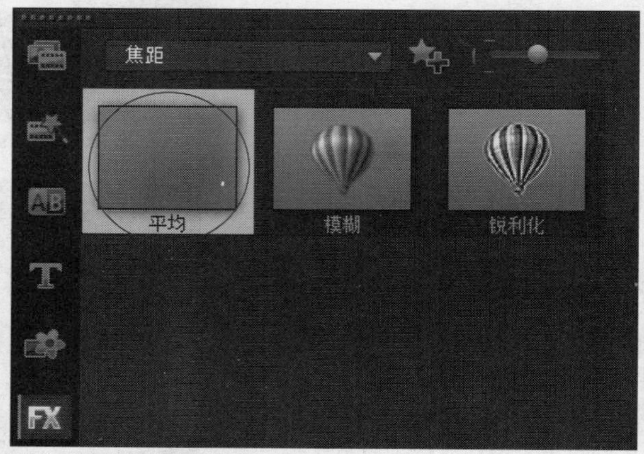

图12-204 选择“平均”滤镜

STEP 04 单击鼠标左键，并将其拖曳至故事板中的素材上，释放鼠标左键，即可添加“平均”滤镜，在导览面板中单击“播放”按钮，预览“平均”视频滤镜效果，如图12-205所示。

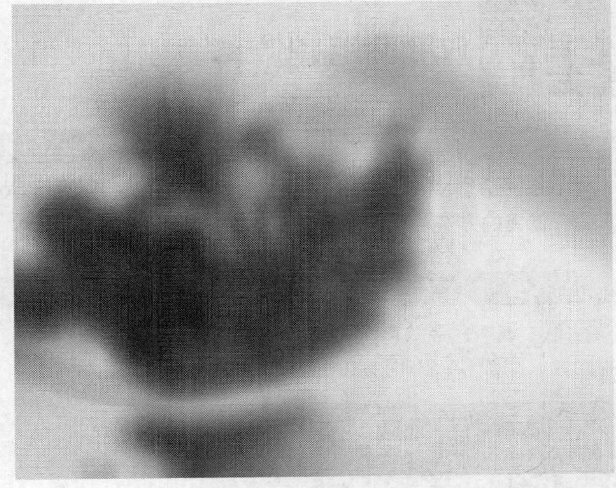

图12-205 预览“平均”视频滤镜效果

实战 290 应用“模糊”滤镜

▶实例位置：光盘\效果\第12章\黄色花朵.VSP
▶素材位置：光盘\素材\第12章\黄色花朵.jpg
▶视频位置：光盘\视频\第12章\实战290.mp4

• 实例介绍 •

在会声会影X7中，应用“模糊”滤镜可以模糊视频画面中的像素，产生模糊效果。下面向读者介绍应用“模糊”滤镜的方法。

• 操作步骤 •

STEP 01 进入会声会影X7编辑器，在故事板中插入一幅素材图像，如图12-206所示。

STEP 02 在预览窗口中可以预览视频的画面效果，如图12-207所示。

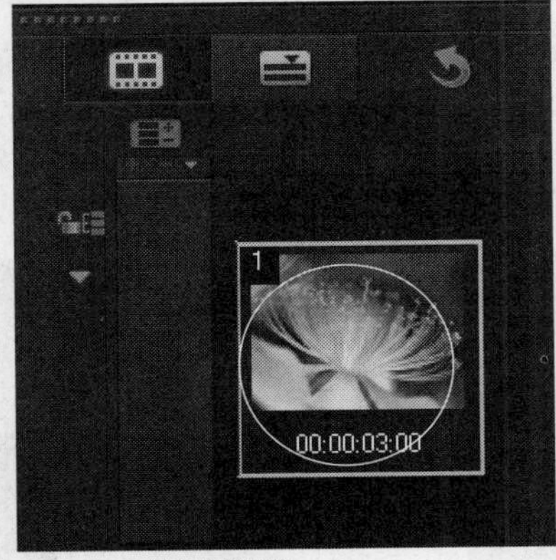

图12-206 插入素材图像

图12-207 预览视频画面效果

STEP 03 单击“滤镜”按钮，切换至“滤镜”选项卡，在“焦距”滤镜组中选择“模糊”滤镜，如图12-208所示。

STEP 04 单击鼠标左键，并将其拖曳至故事板中的素材上，释放鼠标左键，即可添加“模糊”滤镜，在导览面板中单击“播放”按钮，预览“模糊”视频滤镜效果，如图12-209所示。

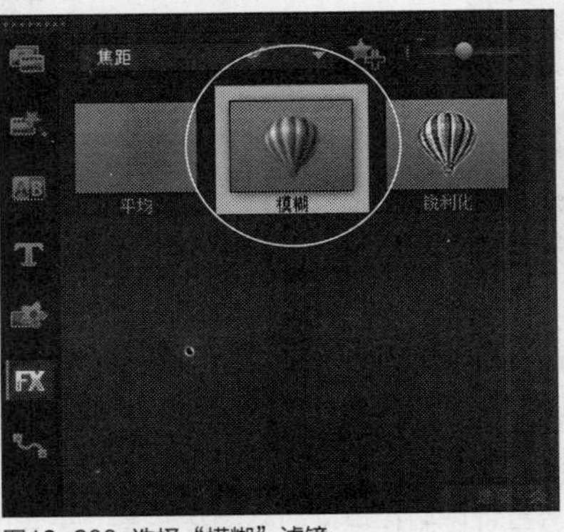

图12-208 选择“模糊”滤镜

图12-209 预览“模糊”视频滤镜效果

实战291 应用“锐利化”滤镜

▶实例位置：光盘\效果\第12章\旅游景区.VSP
▶素材位置：光盘\素材\第12章\旅游景区.jpg
▶视频位置：光盘\视频\第12章\实战291.mp4

• 实例介绍 •

在会声会影X7中，应用“锐利化”滤镜可以锐利化视频画面中的像素，使画面产生清晰效果。下面向读者介绍应用“锐利化”滤镜的方法。

• 操作步骤 •

STEP 01 进入会声会影X7编辑器，在故事板中插入一幅素材图像，如图12-210所示。

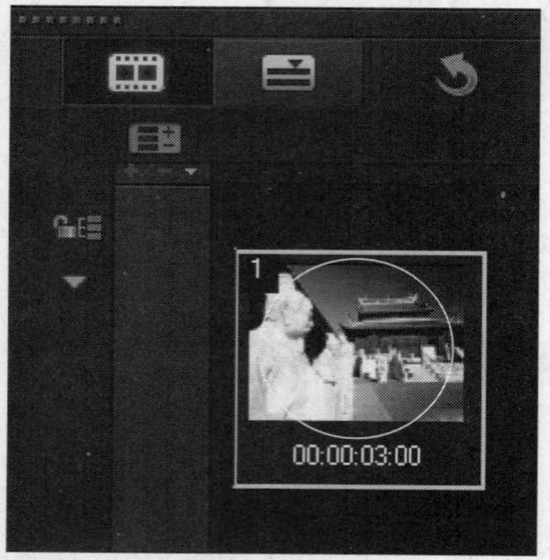

图12-210 插入素材图像

STEP 02 在预览窗口中可以预览视频的画面效果，如图12-211所示。

图12-211 预览视频画面效果

STEP 03 单击“滤镜”按钮，切换至“滤镜”选项卡，在“焦距”滤镜组中选择“锐利化”滤镜，如图12-212所示。

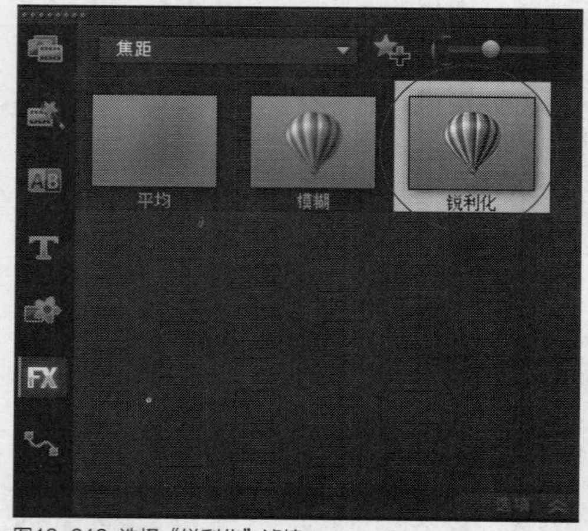

图12-212 选择“锐利化”滤镜

STEP 04 单击鼠标左键，并将其拖曳至故事板中的素材上，释放鼠标左键，即可添加“锐利化”滤镜，在导览面板中单击“播放”按钮，预览“锐利化”视频滤镜效果，如图12-213所示。

图12-213 预览“锐利化”视频滤镜效果

12.11 应用“自然绘图”滤镜

在会声会影X7的“自然绘图”滤镜组中，包括7种视频滤镜特效，如“自动素描”“炭笔”“彩色笔”“旋转草绘”以及“水彩”等视频滤镜效果，这些滤镜效果可以制作出类似绘图的效果。本节主要向读者详细介绍“自然绘图”滤镜组中部分视频滤镜效果的应用方法。

实战 292 应用“自动素描”滤镜

▶实例位置：光盘\效果\第12章\生日蛋糕.VSP
▶素材位置：光盘\素材\第12章\生日蛋糕.jpg
▶视频位置：光盘\视频\第12章\实战292.mp4

• 实例介绍 •

“自动素描”滤镜主要展现的是绘画的过程，即素描到初步上色，最后到定色绘画完成。下面向读者介绍应用“自动素描”滤镜的方法。

• 操作步骤 •

STEP 01 进入会声会影X7编辑器，在故事板中插入一幅素材图像，如图12-214所示。

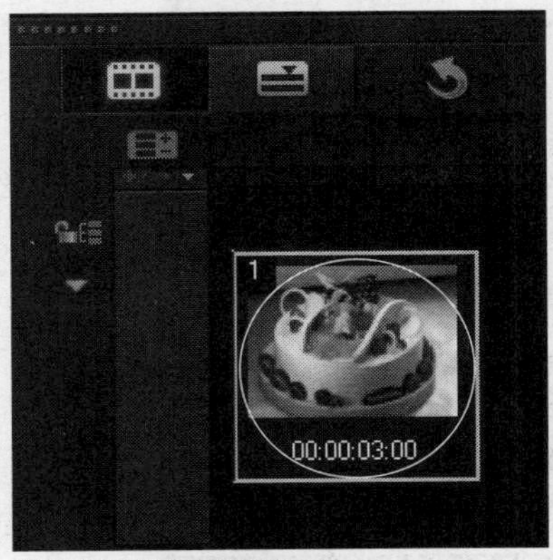

图12-214 插入素材图像

STEP 02 在预览窗口中可以预览视频的画面效果，如图12-215所示。

图12-215 预览视频画面效果

STEP 03 单击“滤镜”按钮，切换至“滤镜”选项卡，在“自然绘图”滤镜组中选择“自动素描”滤镜，如图12-216所示。

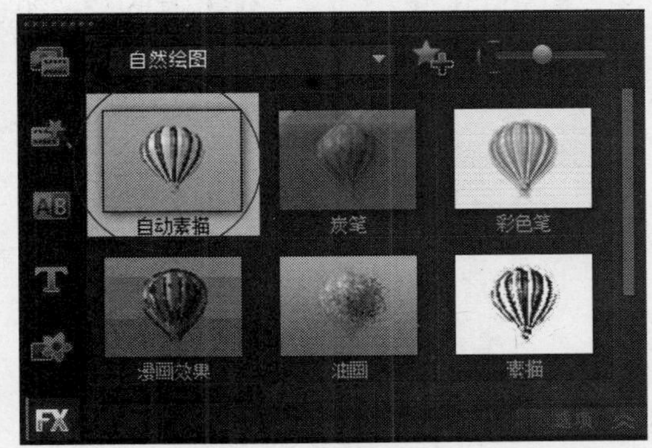

图12-216 选择“自动素描”滤镜

STEP 04 单击鼠标左键，并将其拖曳至故事板中的素材上，释放鼠标左键，即可添加“自动素描”滤镜，在导览面板中单击“播放”按钮，预览“自动素描”视频滤镜效果，如图12-217所示。

图12-217 预览“自动素描”视频滤镜效果

实战 293 应用“彩色笔”滤镜

▶实例位置：光盘\效果\第12章\城市夜景.VSP
▶素材位置：光盘\素材\第12章\城市夜景.jpg
▶视频位置：光盘\视频\第12章\实战293.mp4

• 实例介绍 •

在会声会影X7中，“彩色笔”滤镜是展现运用彩色铅笔绘画的效果。下面向读者介绍应用“彩色笔”滤镜的方法。

• 操作步骤 •

STEP 01 进入会声会影X7编辑器，在故事板中插入一幅素材图像，如图12-218所示。

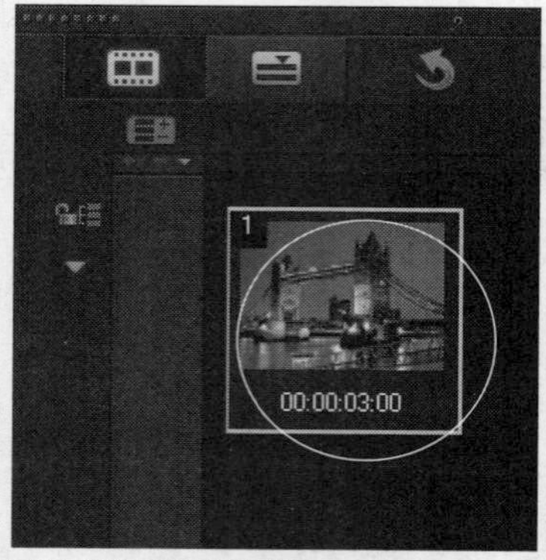

图12-218 插入素材图像

STEP 02 在预览窗口中，可以预览视频的画面效果，如图12-219所示。

图12-219 预览视频画面效果

STEP 03 单击“滤镜”按钮，切换至“滤镜”选项卡，在“自然绘图”滤镜组中选择“彩色笔”滤镜，如图12-220所示。

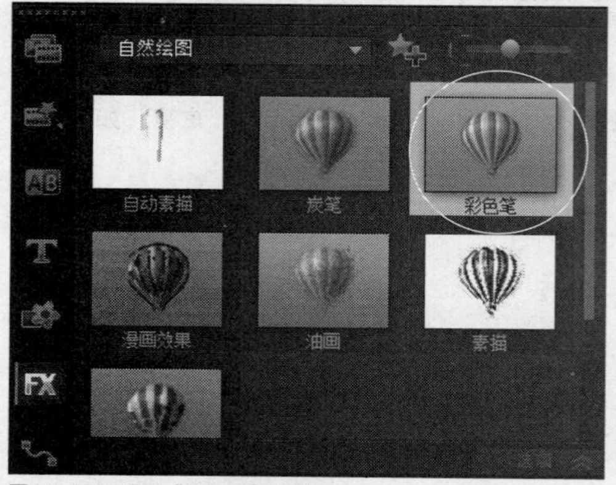

图12-220 选择“彩色笔”滤镜

STEP 04 单击鼠标左键，并将其拖曳至故事板中的素材上，释放鼠标左键，即可添加“彩色笔”滤镜，在导览面板中单击“播放”按钮，预览“彩色笔”视频滤镜效果，如图12-221所示。

图12-221 预览“彩色笔”视频滤镜效果

实战 294 应用“油画”滤镜

▶实例位置：光盘\效果\第12章\海南景区.VSP
▶素材位置：光盘\素材\第12章\海南景区.jpg
▶视频位置：光盘\视频\第12章\实战294.mp4

• 实例介绍 •

在会声会影X7中，使用“油画”滤镜效果可以为画面带来一种朦胧的意境美。下面向读者介绍应用“油画”滤镜的方法。

• 操作步骤 •

STEP 01 进入会声会影X7编辑器，在故事板中插入一幅素材图像，如图12-222所示。

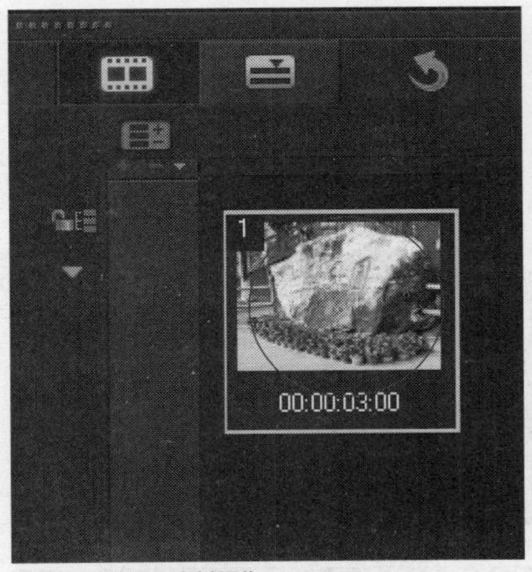

图12-222 插入素材图像

STEP 02 在预览窗口中，可以预览视频的画面效果，如图12-223所示。

图12-223 预览视频画面效果

STEP 03 单击“滤镜”按钮，切换至“滤镜”选项卡，在“自然绘图”滤镜组中选择“油画”滤镜，如图12-224所示。

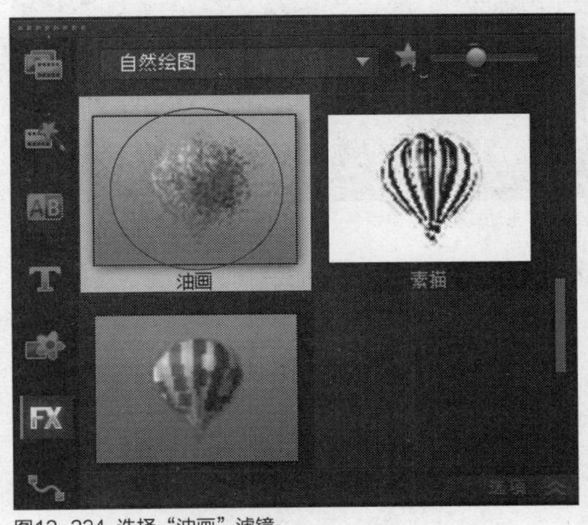

图12-224 选择“油画”滤镜

STEP 04 单击鼠标左键，并将其拖曳至故事板中的素材上，释放鼠标左键，即可添加“油画”滤镜，在导览面板中单击“播放”按钮，预览“油画”视频滤镜效果，如图12-225所示。

图12-225 预览“油画”视频滤镜效果

12.12 应用“NewBlue样式特效”滤镜

在会声会影X7的“NewBlue样式特效”滤镜组中，包括5种视频滤镜特效，如“主动式相机”“喷刷”“裁剪边框”“强化细部”以及“水彩”等视频滤镜效果。本节主要向读者详细介绍“NewBlue样式特效”滤镜组中部分视频滤镜效果的应用方法。

实战 295 应用“主动式相机”滤镜

▶实例位置：光盘\效果\第12章\蜡烛.VSP
▶素材位置：光盘\素材\第12章\蜡烛.jpg
▶视频位置：光盘\视频\第12章\实战295.mp4

• 实例介绍 •

在会声会影X7中，“主动式相机”滤镜主要展现的是摄影机在拍摄的过程中不断活动，从而导致影片效果不断晃动。下面向读者介绍应用“主动式相机”滤镜的方法。

• 操作步骤 •

STEP 01 进入会声会影X7编辑器，在故事板中插入一幅素材图像，如图12-226所示。

图12-226 插入素材图像

STEP 02 在预览窗口中，可以预览视频的画面效果，如图12-227所示。

图12-227 预览视频画面效果

STEP 03 单击“滤镜”按钮，切换至“滤镜”选项卡，在“NewBlue样式特效”滤镜组中选择“主动式相机”滤镜，如图12-228所示。

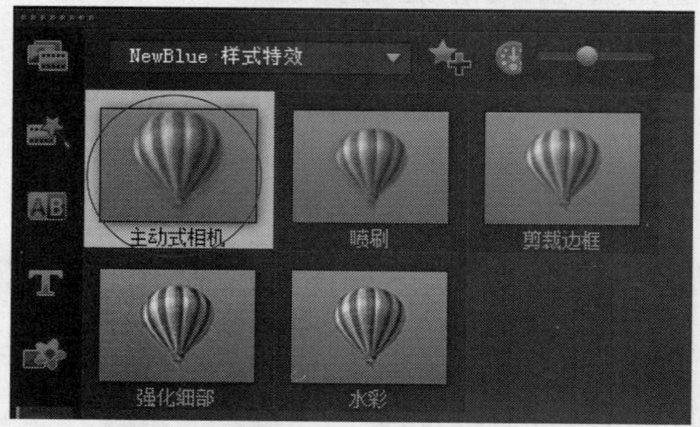

图12-228 选择“主动式相机”滤镜

STEP 04 单击鼠标左键，并将其拖曳至故事板中的素材文件上，释放鼠标左键，即可添加“主动式相机”滤镜，在导览面板中单击“播放”按钮，预览“主动式相机”视频滤镜效果，如图12-229所示。

图12-229 预览“主动式相机”视频滤镜效果

实战 296 应用“喷刷”滤镜

▶实例位置：光盘\效果\第12章\咖啡.VSP
▶素材位置：光盘\素材\第12章\咖啡.jpg
▶视频位置：光盘\视频\第12章\实战296.mp4

• 实例介绍 •

在会声会影X7中，“喷刷”滤镜主要是在视频画面中制作类似喷刷的效果。下面向读者介绍应用“喷刷”滤镜的方法。

• 操作步骤 •

STEP 01 进入会声会影X7编辑器，在故事板中插入一幅素材图像，如图12-230所示。

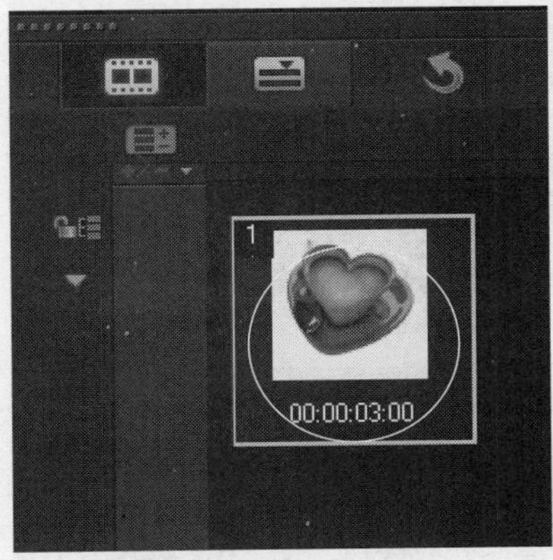

图12-230 插入素材图像

STEP 02 在预览窗口中，可以预览视频的画面效果，如图12-231所示。

图12-231 预览视频画面效果

STEP 03 单击“滤镜”按钮，切换至“滤镜”选项卡，在“NewBlue样式特效”滤镜组中选择“喷刷”滤镜，如图12-232所示。

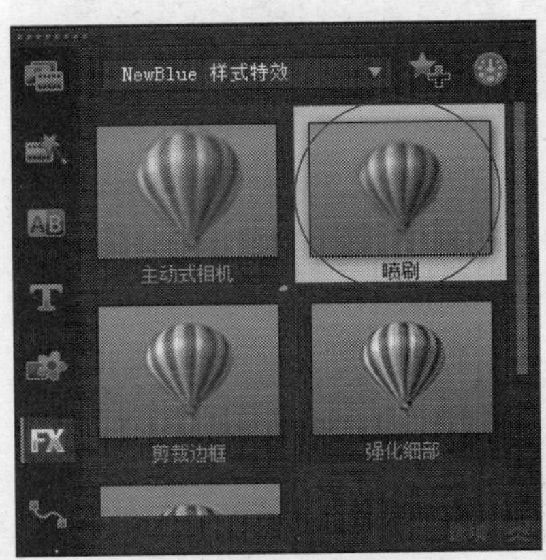

图12-232 选择“喷刷”滤镜

STEP 04 单击鼠标左键，并将其拖曳至故事板中的素材上，释放鼠标左键，即可添加“喷刷”滤镜，在导览面板中单击“播放”按钮，预览“喷刷”视频滤镜效果，如图12-233所示。

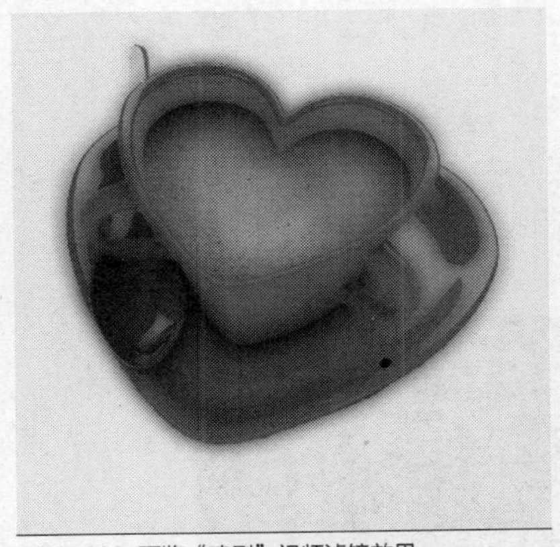

图12-233 预览“喷刷”视频滤镜效果

实战 297 应用“强化细部”滤镜

▶实例位置：光盘\效果\第12章\一束花.VSP
▶素材位置：光盘\素材\第12章\一束花.jpg
▶视频位置：光盘\视频\第12章\实战297.mp4

• 实例介绍 •

在会声会影X7中，“强化细部”滤镜主要是用来增强素材画面中的细节部分，使画面纹理更清晰。下面向读者介绍应用“强化细部”滤镜的方法。

• 操作步骤 •

STEP 01 进入会声会影X7编辑器，在故事板中插入一幅素材图像，如图12-234所示。

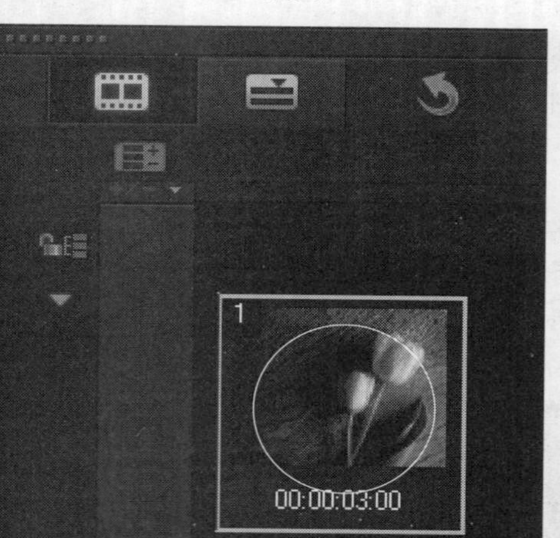

图12-234 插入素材图像

STEP 02 在预览窗口中，可以预览视频的画面效果，如图12-235所示。

图12-235 预览视频画面效果

STEP 03 单击“滤镜”按钮，切换至“滤镜”选项卡，在“NewBlue样式特效”滤镜组中选择“强化细部”滤镜，如图12-236所示。

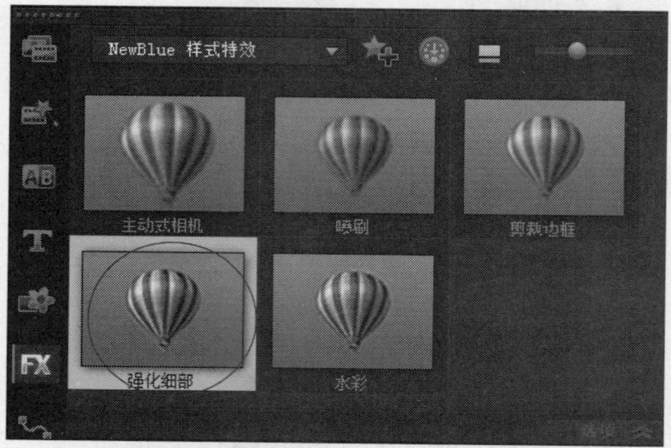

图12-236 选择“强化细部”滤镜

STEP 04 单击鼠标左键，并将其拖曳至故事板中的素材上，如图12-237所示。

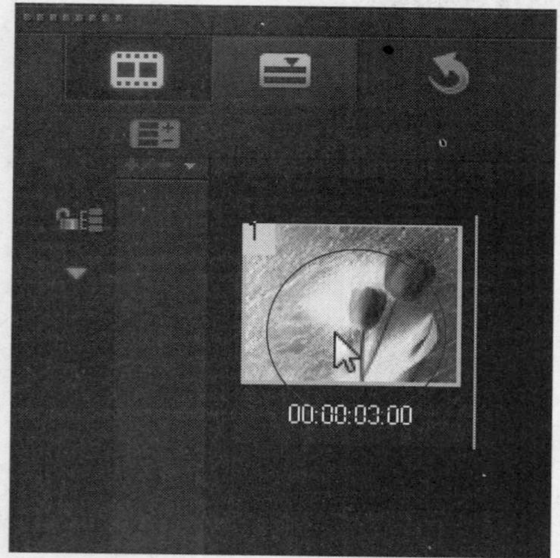

图12-237 拖曳至素材上

STEP 05 释放鼠标左键，即可添加“强化细部”滤镜，在导览面板中单击“播放”按钮，预览“强化细部”视频滤镜效果，如图12-238所示。

图12-238 预览“强化细部”视频滤镜效果

实战 298 应用“水彩”滤镜

▶实例位置：光盘\效果\第12章\房间布局.VSP
▶素材位置：光盘\素材\第12章\房间布局.jpg
▶视频位置：光盘\视频\第12章\实战298.mp4

• 实例介绍 •

在会声会影X7中，“水彩”滤镜主要是在视频画面中制作类似水彩的效果。下面向读者介绍添加滤镜效果的操作方法。

• 操作步骤 •

STEP 01 进入会声会影X7编辑器，在故事板中插入一幅素材图像，如图12-239所示。

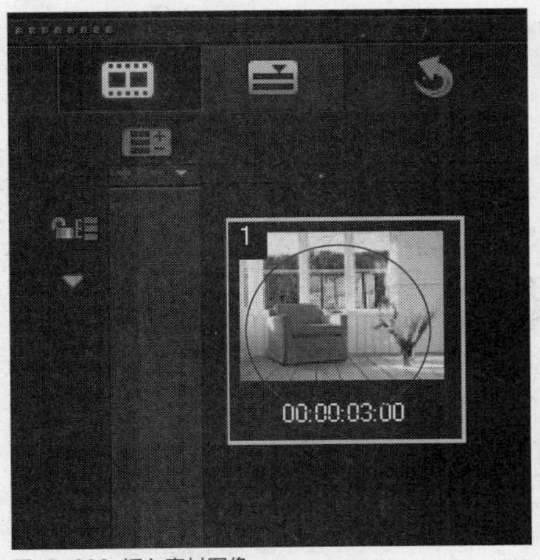

图12-239 插入素材图像

STEP 02 在预览窗口中，可以预览视频的画面效果，如图12-240所示。

图12-240 预览视频画面效果

STEP 03 单击“滤镜”按钮，切换至“滤镜”选项卡，在“NewBlue样式特效”滤镜组中选择“水彩”滤镜，如图12-241所示。

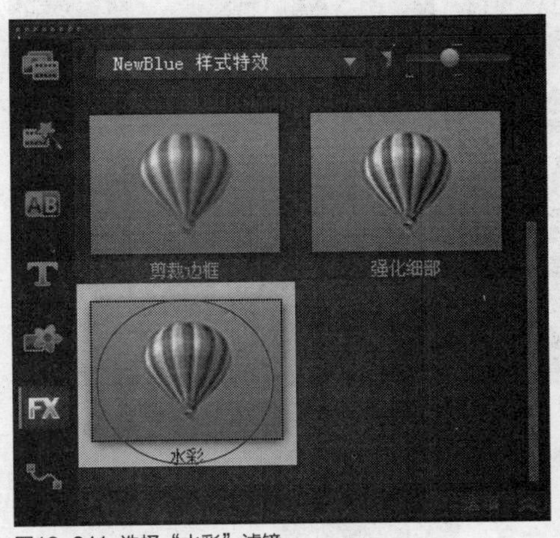

图12-241 选择“水彩”滤镜

STEP 04 单击鼠标左键，并将其拖曳至故事板中的素材上，释放鼠标左键，即可添加“水彩”滤镜，在导览面板中单击“播放”按钮，预览“水彩”视频滤镜效果，如图12-242所示。

图12-242 预览“水彩”视频滤镜效果

12.13 应用“情境滤镜”滤镜

在会声会影X7的“情境滤镜”滤镜组中，包括7种视频滤镜特效，如“泡泡”“云雾”“残影效果”“闪电”以及“雨滴”等视频滤镜效果。本节主要向读者详细介绍“情境滤镜”滤镜组中部分视频滤镜效果的应用方法。

实战 299 应用“泡泡”滤镜

▶实例位置：光盘\效果\第12章\新鲜水果.VSP
▶素材位置：光盘\素材\第12章\新鲜水果.jpg
▶视频位置：光盘\视频\第12章\实战299.mp4

• 实例介绍 •

在会声会影X7中，应用“泡泡”滤镜，可以在画面中添加许多气泡。下面向读者介绍应用“泡泡”滤镜的操作方法。

• 操作步骤 •

STEP 01 进入会声会影X7编辑器，在故事板中插入一幅素材图像，如图12-243所示。

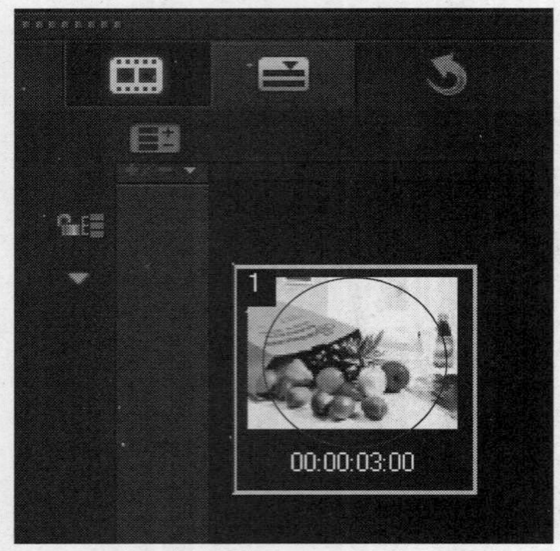

图12-243 插入素材图像

STEP 02 在预览窗口中，可以预览视频的画面效果，如图12-244所示。

图12-244 预览视频画面效果

STEP 03 单击“滤镜”按钮，切换至“滤镜”选项卡，在“情境滤镜”滤镜组中选择“泡泡”滤镜，如图12-245所示。

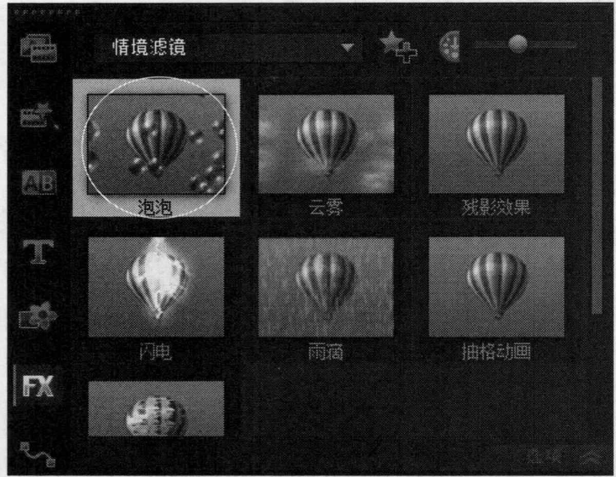

图12-245 选择“泡泡”滤镜

知识拓展

“泡泡”滤镜适合用在有水的视频场景中。

STEP 04 单击鼠标左键，并将其拖曳至故事板中的素材上，释放鼠标左键，即可添加“泡泡”滤镜，在导览面板中单击“播放”按钮，预览“泡泡”视频滤镜效果，如图12-246所示。

图12-246 预览“泡泡”视频滤镜效果

知识拓展

在选项面板中，软件向用户提供了6种“泡泡”预设滤镜效果，用户可根据实际需要进行应用。

实战 300 应用“云雾”滤镜

▶实例位置：光盘\效果\第12章\幸福时刻.VSP
▶素材位置：光盘\素材\第12章\幸福时刻.jpg
▶视频位置：光盘\视频\第12章\实战300.mp4

• 实例介绍 •

在会声会影X7中，“云雾”滤镜用于在视频画面上添加流动的云彩效果，可以模仿天空中的云彩。下面向读者介绍应用“云雾”滤镜的操作方法。

• 操作步骤 •

STEP 01 进入会声会影X7编辑器，在故事板中插入一幅素材图像，如图12-247所示。

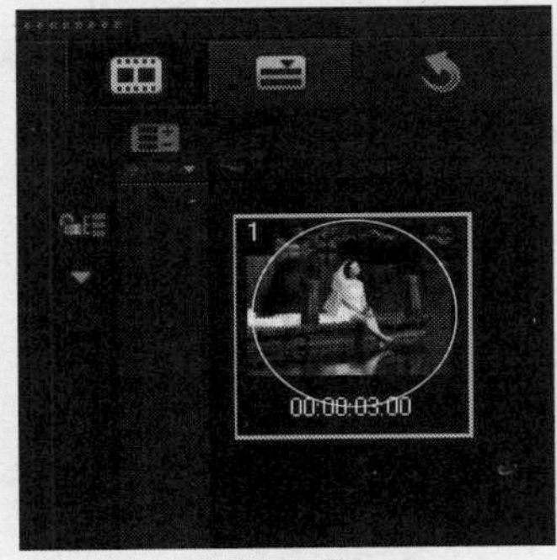

图12-247 插入素材图像

STEP 02 在预览窗口中，可以预览视频的画面效果，如图12-248所示。

图12-248 预览视频画面效果

STEP 03 单击“滤镜”按钮，切换至“滤镜”选项卡，在“情境滤镜”滤镜组中选择“云雾”滤镜，如图12-249所示。

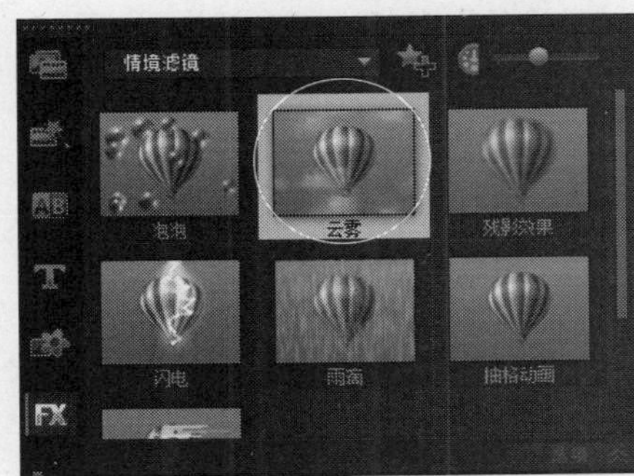

图12-249 选择“云雾”滤镜

STEP 04 单击鼠标左键，并将其拖曳至故事板中的素材上，释放鼠标左键，即可添加“云雾”滤镜，在导览面板中单击“播放”按钮，预览“云雾”视频滤镜效果，如图12-250所示。

图12-250 预览“云雾”视频滤镜效果

知识拓展

在选项面板中，软件向用户提供了12种不同的“云雾”预设滤镜效果，每种预设效果都有云彩流动的特色，用户可根据实际需要进行应用。

实战301 应用“残影效果”滤镜

▶实例位置：光盘\效果\第12章\汽车画面.VSP
▶素材位置：光盘\素材\第12章\汽车画面.jpg
▶视频位置：光盘\视频\第12章\实战301.mp4

• 实例介绍 •

在会声会影X7中，“残影效果”滤镜用于在视频画面上添加残影的效果。下面向读者介绍应用“残影效果”滤镜的操作方法。

• 操作步骤 •

STEP 01 进入会声会影X7编辑器，在故事板中插入一幅素材图像，如图12-251所示。

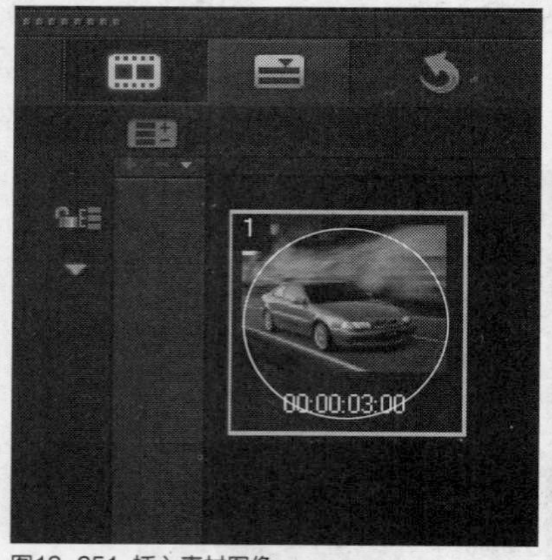

图12-251 插入素材图像

STEP 02 在预览窗口中，可以预览视频的画面效果，如图12-252所示。

图12-252 预览视频画面效果

STEP 03 单击“滤镜”按钮，切换至“滤镜”选项卡，在“情境滤镜”滤镜组中选择“残影效果”滤镜，如图12-253所示。

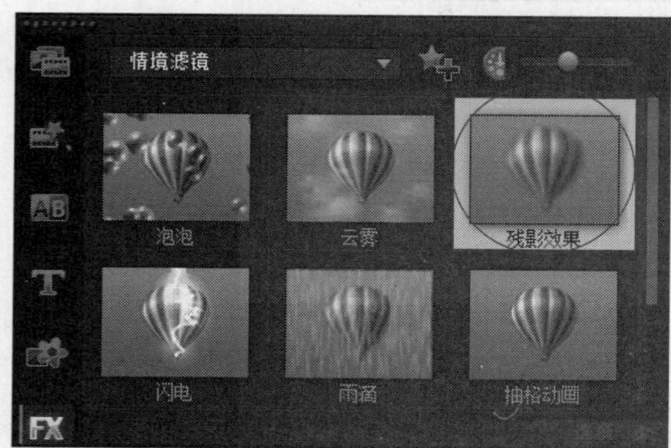

图12-253 选择“残影效果”滤镜

STEP 04 单击鼠标左键，并将其拖曳至故事板中的素材上，释放鼠标左键，即可添加“残影效果”滤镜，在导览面板中单击“播放”按钮，预览“残影效果”视频滤镜效果，如图12-254所示。

图12-254 预览“残影效果”视频滤镜效果

实战 302 应用“闪电”滤镜

▶实例位置：光盘\效果\第12章\灰暗天空.VSP
▶素材位置：光盘\素材\第12章\灰暗天空.jpg
▶视频位置：光盘\视频\第12章\实战302.mp4

• 实例介绍 •

在会声会影X7中，“闪电”滤镜可以模仿大自然中闪电照射的效果。下面向读者介绍应用“闪电”滤镜的操作方法。

• 操作步骤 •

STEP 01 进入会声会影X7编辑器，在故事板中插入一幅素材图像，如图12-255所示。

图12-255 插入素材图像

STEP 02 在预览窗口中，可以预览视频的画面效果，如图12-256所示。

图12-256 预览视频画面效果

STEP 03 单击“滤镜”按钮，切换至“滤镜”选项卡，在“情境滤镜”滤镜组中选择“闪电”滤镜，如图12-257所示。

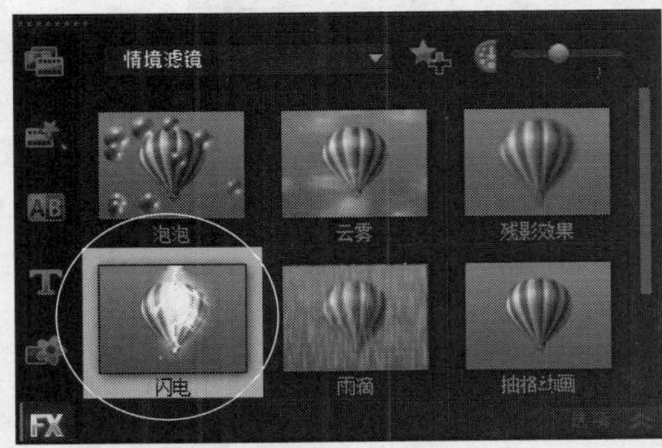

图12-257 选择“闪电”滤镜

STEP 04 单击鼠标左键，并将其拖曳至故事板中的素材上，释放鼠标左键，即可添加“闪电”滤镜，在导览面板中单击“播放”按钮，预览“闪电”视频滤镜效果，如图12-258所示。

图12-258 预览“闪电”视频滤镜效果

实战 303 应用“雨滴”滤镜

▶实例位置：光盘\效果\第12章\破旧老街.VSP
▶素材位置：光盘\素材\第12章\破旧老街.jpg
▶视频位置：光盘\视频\第12章\实战303.mp4

• 实例介绍 •

在会声会影X7中，应用“雨滴”滤镜，可以在画面上添加雨丝的效果，模仿大自然中下雨的场景。下面向读者介绍应用“雨滴”滤镜的操作方法。

• 操作步骤 •

STEP 01 进入会声会影X7编辑器，在故事板中插入一幅素材图像，如图12-259所示。

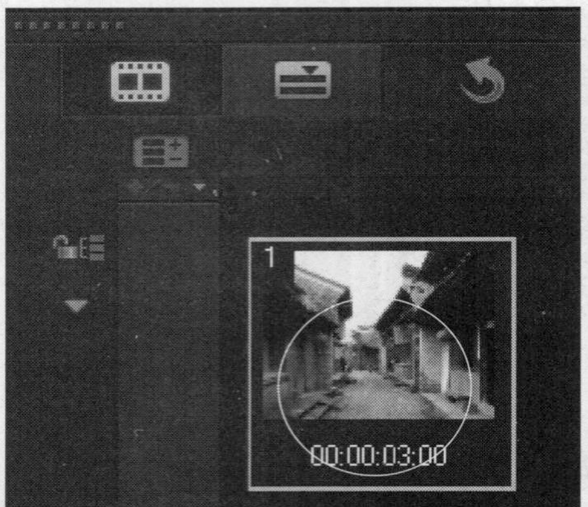

图12-259 插入素材图像

STEP 02 在预览窗口中，可以预览视频的画面效果，如图12-260所示。

图12-260 预览视频画面效果

STEP 03 单击“滤镜”按钮，切换至“滤镜”选项卡，在“情境滤镜”滤镜组中选择“雨滴”滤镜，如图12-261所示。

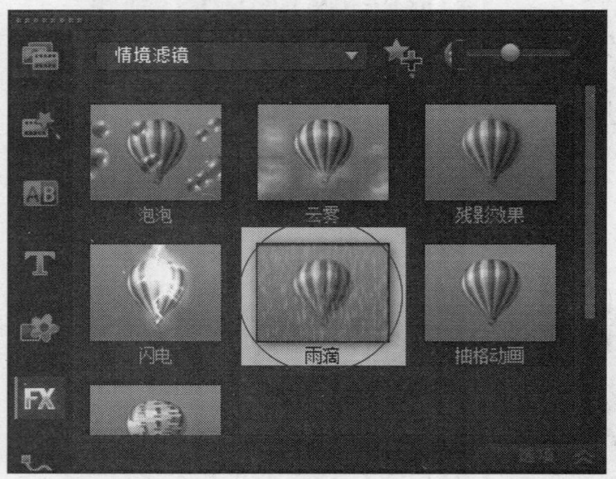

图12-261 选择“雨滴”滤镜

STEP 04 单击鼠标左键，并将其拖曳至故事板中的素材上，释放鼠标左键，即可添加“雨滴”滤镜，在导览面板中单击“播放”按钮，预览“雨滴”视频滤镜效果，如图12-262所示。

图12-262 预览“雨滴”视频滤镜效果

第13章

神奇特效——转场特效制作

本章导读

镜头之间的过渡或者素材之间的转换称为转场，它使用一些特殊的效果，在素材与素材之间产生自然、流畅和平滑的过渡。会声会影X7为用户提供了上百种转场效果，运用这些转场效果，可以让素材之间过渡更加完美，从而制作出绚丽多彩的视频作品。

要点索引

- 添加视频转场效果
- 编辑视频转场效果
- 设置转场边框属性与方向
- 应用“收藏夹”转场效果
- 应用3D转场效果
- 应用“置换”转场效果
- 应用“小时钟”转场效果
- 应用“筛选”转场效果
- 应用“底片”转场效果
- 应用“剥落”转场效果
- 应用“擦拭”转场效果

13.1 添加视频转场效果

在会声会影X7中，影片剪辑就是选取要用的视频片段并重新排列组合，而转场就是连接两段视频的方式，所以转场效果的应用在视频编辑领域中占有很重要的地位。本节主要向读者介绍添加视频转场效果的操作方法，希望读者熟练掌握本节内容。

实战304 自动添加转场

▶实例位置：光盘\效果\第13章\高级跑车.VSP
▶素材位置：光盘\素材\第13章\高级跑车1、2.jpg
▶视频位置：光盘\视频\第13章\实战304.mp4

• 实例介绍 •

自动添加转场效果是指将照片或视频素材导入会声会影项目中时，软件已经在各段素材中添加了转场效果。当用户需要将大量的静态图像制作成视频相册时，使用自动添加转场效果最为方便。下面向读者介绍自动添加转场效果的操作方法。

• 操作步骤 •

STEP 01 进入会声会影编辑器，单击“设置”|“参数选择”命令，如图13-1所示。

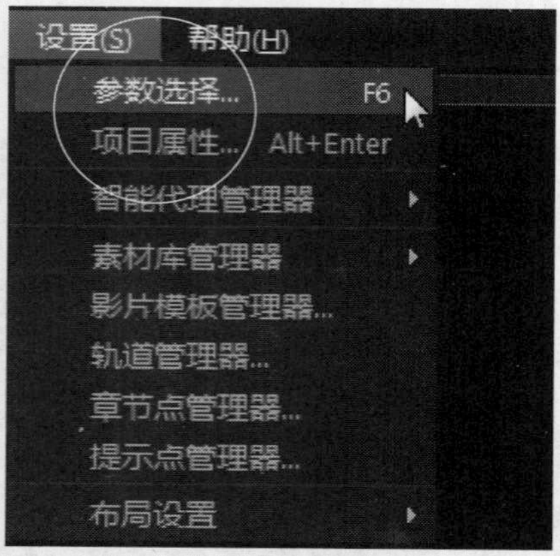

图13-1 单击“设置”|“参数选择”命令

STEP 02 弹出“参数选择”对话框，单击“编辑”标签，如图13-2所示。

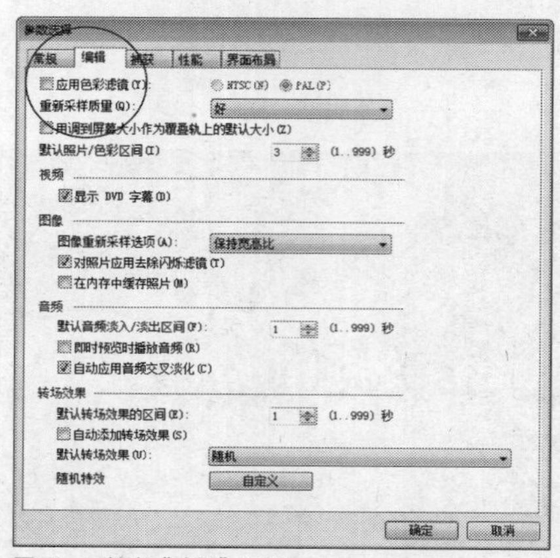

图13-2 单击“编辑”标签

知识拓展

在“转场效果”选项区中，“默认转场效果的区间”选项是指自动添加转场效果后的转场区间长度，在右侧的数值框中手动输入转场效果区间长度即可，单位为秒。

STEP 03 切换至“编辑”选项卡，选中“自动添加转场效果”复选框，单击“自定义”按钮，如图13-3所示。

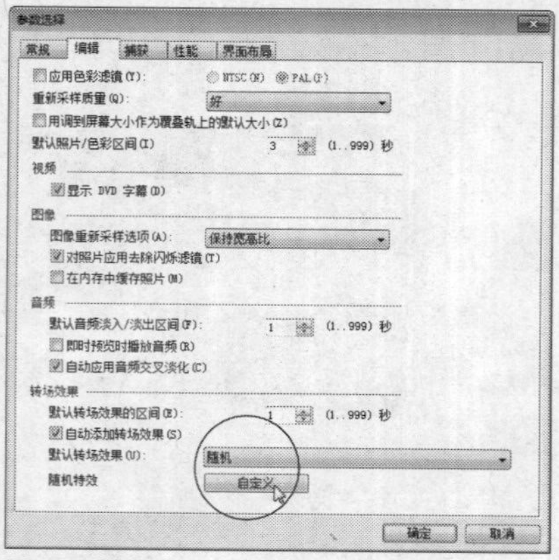

图13-3 单击“自定义”按钮

STEP 04 弹出“自定随机转场”对话框，在中间的下拉列表框中选择“复叠转场-马赛克”复选框，如图13-4所示。

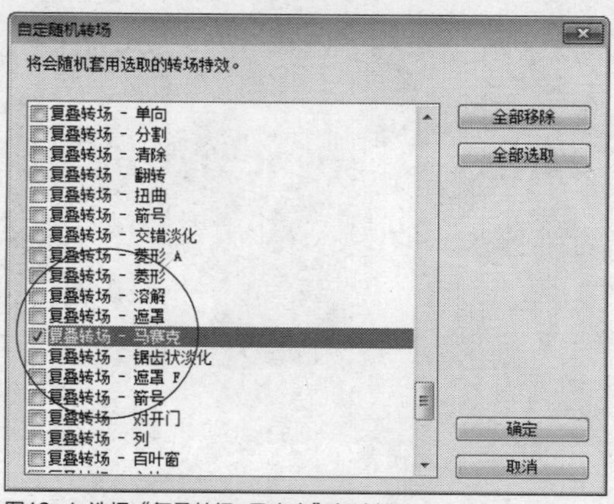

图13-4 选择“复叠转场-马赛克”复选框

知识拓展

在“自定随机转场”对话框中，右侧的按钮含义如下。

- “全部移除”按钮：单击该按钮，可以取消下拉列表框中用户之前选择的任何转场效果，使随机特效呈空白状态。
- “全部选取”按钮：单击该按钮，可以选择下拉列表框中列出的所有转场效果，都列为可自动添加的随机转场效果。

STEP 05 自定义转场设置完成后，依次单击“确定”按钮，返回会声会影编辑器，在故事板中的空白位置上，单击鼠标右键，在弹出的快捷菜单中选择“插入照片”选项，如图13-5所示。

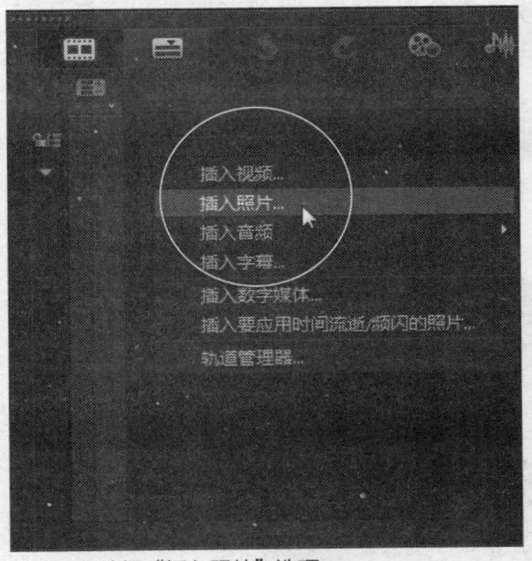

图13-5 选择“插入照片”选项

STEP 06 弹出“浏览照片”对话框，在其中选择需要添加的媒体素材，如图13-6所示。

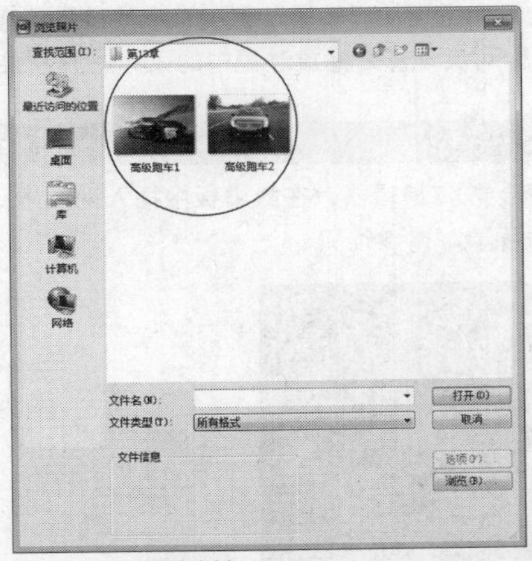

图13-6 选择媒体素材

技巧点拨

自动添加转场效果的优点是提高了添加转场效果的操作效率，而缺点是转场效果添加后，部分转场效果可能会与画面有些不协调，没有将两个画面很好地融合在一起。

STEP 07 单击“打开”按钮，即可导入媒体素材到故事板中，此时素材之间已经添加了默认的转场效果，如图13-7所示。

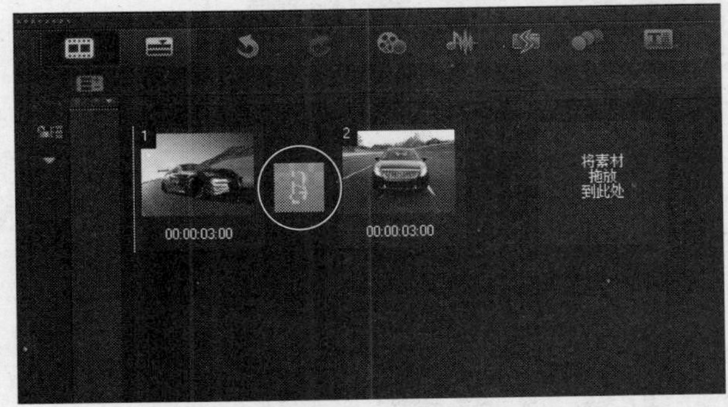

图13-7 添加默认转场效果

STEP 08 在导览面板中单击“播放”按钮，预览自动添加的转场效果，如图13-8所示。

图13-8 预览自动添加的转场效果

知识拓展

使用默认的转场效果主要用于帮助初学者快速且方便地添加转场效果，若要灵活地控制转场效果，则需取消选中“自动添加转场效果”复选框。

实战 305 手动添加转场

▶ **实例位置**：光盘\效果\第13章\纯白蒲公英.VSP
▶ **素材位置**：光盘\素材\第13章\纯白蒲公英1、2.jpg
▶ **视频位置**：光盘\视频\第13章\实战305.mp4

• 实例介绍 •

手动添加转场效果是指从“转场”素材库中通过手动拖曳的方式，将转场效果拖曳至视频轨中的两段素材之间，然后释放鼠标左键，即可实现影片播放过程中的柔和过渡效果。下面向读者介绍手动添加转场效果的操作方法。

• 操作步骤 •

STEP 01 进入会声会影X7编辑器，在故事板中插入两幅素材图像，如图13-9所示。

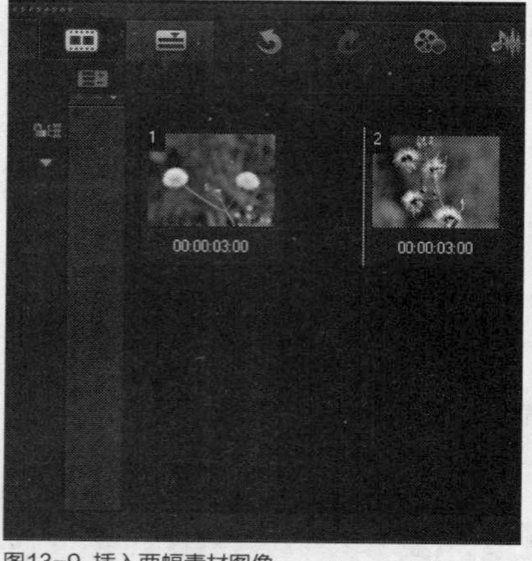

图13-9 插入两幅素材图像

STEP 02 在素材库的左侧，单击“转场”按钮，如图13-10所示。

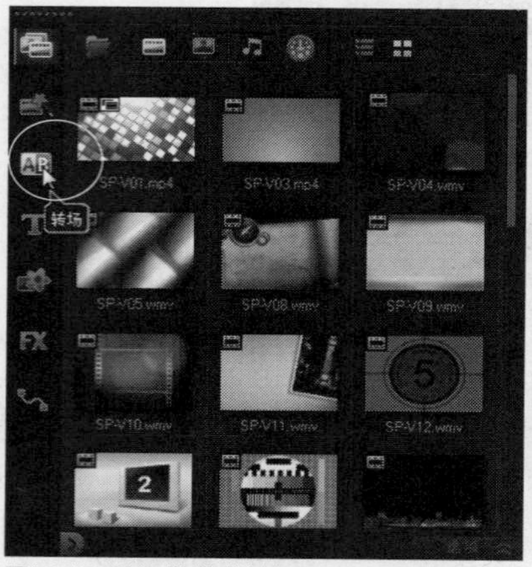

图13-10 单击“转场”按钮

STEP 03 切换至“转场”素材库，单击素材库上方的“画廊”按钮，在弹出的下拉列表中选择3D选项，如图13-11所示。

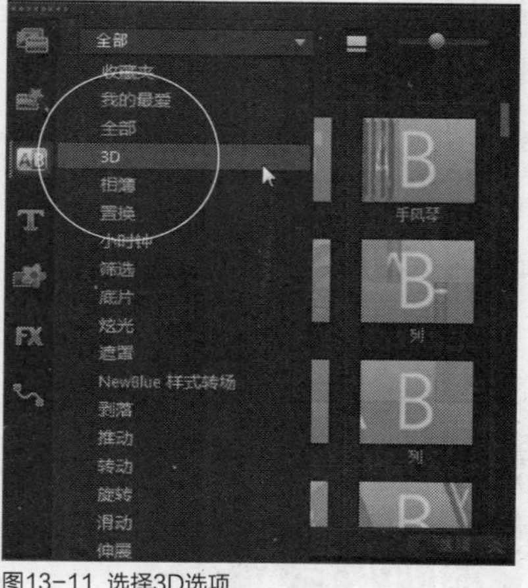

图13-11 选择3D选项

STEP 04 打开3D转场组，在其中选择“对开门”转场效果，如图13-12所示。

图13-12 选择“对开门”转场效果

知识拓展

进入“转场”素材库后，默认状态下显示“收藏夹”转场组，用户可以将其他类别中常用的转场效果添加至“收藏夹”转场组中，方便以后调用到其他视频素材之间，提高视频编辑效率。

STEP 05 单击鼠标左键并将其拖曳至故事板中两幅素材图像之间的方格中，如图13-13所示。

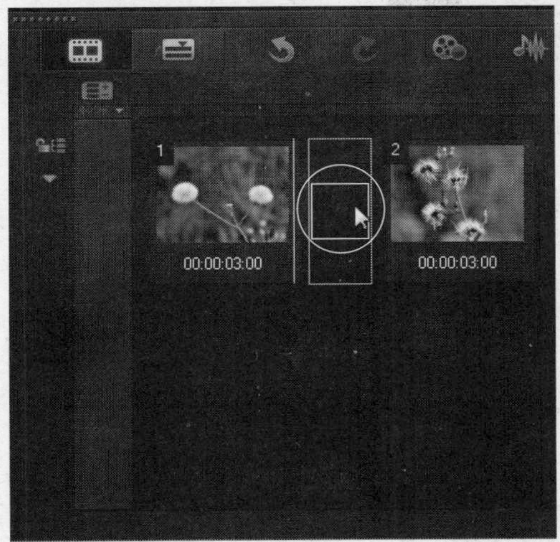

图13-13 拖曳至两幅素材图像之间

STEP 06 释放鼠标左键，即可添加“对开门”转场效果，如图13-14所示。

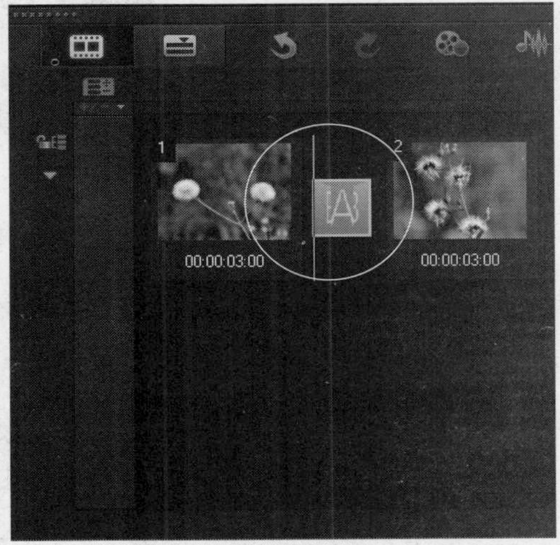

图13-14 添加“对开门”转场效果

STEP 07 在导览面板中单击“播放”按钮，预览手动添加的转场效果，如图13-15所示。

图13-15 预览手动添加的转场效果

知识拓展

每一个非线性编辑软件都很重视视频转场效果的设计，若转场效果运用得当，可以增加影片的观赏性和流畅性，从而提高影片的艺术档次。

在视频编辑工作中，素材与素材之间的连接称为切换。最常用的切换方法是一个素材与另一个素材紧密连接，使其直接过渡，这种方法称为"硬切换"；另一种方法称为"软切换"，它是使用一些特殊的效果，在素材与素材之间产生自然、流畅和平滑的过渡，如图13-16所示。

"圆形"转场效果

"菱形"转场效果

"交叉"转场效果

"剥落"转场效果

图13-16 "软切换"

在"转场"选项面板中，各选项主要用于编辑视频转场效果，可以调整各转场效果的区间长度，设置转场的边框效果、边框色彩以及柔化边缘等属性，如图13-17所示。

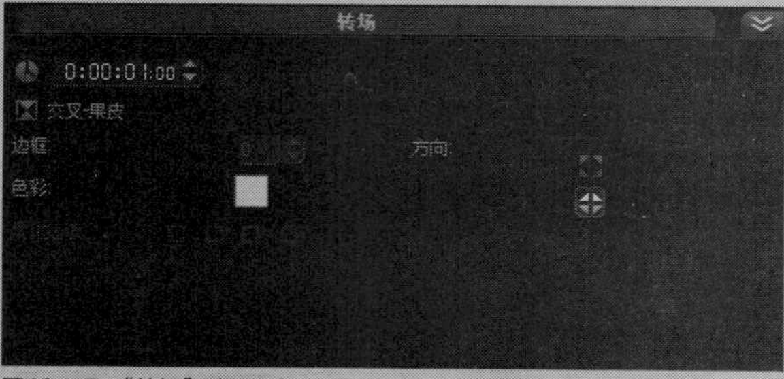

图13-17 "转场"选项面板

在"转场"选项面板中，各主要选项的具体含义如下。

➢ "区间"数值框 0:00:01:00：该数值框用于调整转场播放时间的长度，显示当前播放所选转场所需的时间，时间码上的数字代表"小时：分钟：秒：帧"，单击其右侧的微调按钮，可以调整数值的大小，也可以单击时间码上的数字，待数字处于闪烁状态时，输入新的数字后按【Enter】键确认，即可改变原来视频转场的播放时间长度。

➢ 在会声会影X7中，除了通过"区间"数值框更改转场效果的区间长度外，用户还可以在视频轨中，选择需要调整区间的转场效果，将鼠标移至右端的黄色竖线上，待鼠标指针呈双向箭头形状时，单击鼠标左键并向左或向右拖曳，如图13-18所示，也可以手动调整转场的区间长度，如图13-19所示。

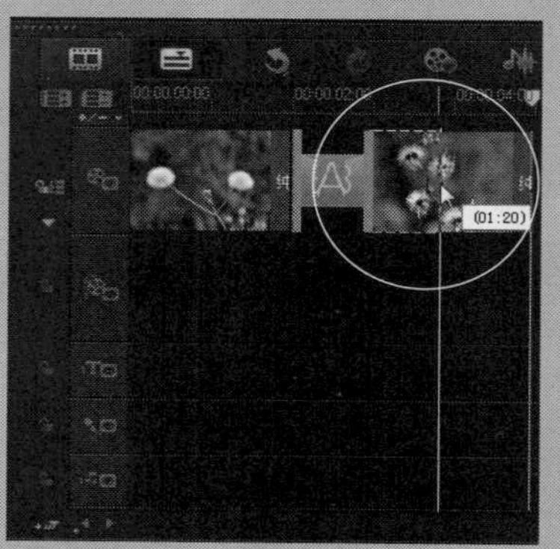

图13-18 单击鼠标左键向右拖曳

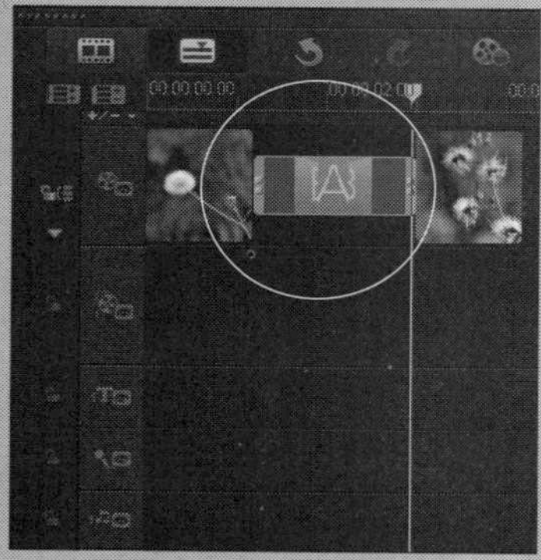

图13-19 手动调整转场的区间长度

➢ "边框"数值框：在"边框"右侧的数值框中，用户可以输入相应的数值来改变转场边框的宽度，也可以单击其右侧的微调按钮调整数值的大小。图13-20所示为调整转场边框宽度后的前后对比效果。

图13-20 调整转场边框宽度后的前后对比效果

➢ "色彩"色块：单击"色彩"右侧的色块，在弹出的颜色面板中，用户可以根据需要改变转场边框的颜色。图13-21所示为改变转场边框颜色后的视频画面效果。

➢ "柔化边缘"按钮：该选项右侧有4个按钮，代表转场的4种柔化边缘程度，用户可以根据需要单击相应的柔化边框按钮，设置视频的转场柔化边缘效果。

➢ "方向"按钮：单击"方向"选项组中的按钮，可以决定转场效果的播放方向，根据用户添加的转场效果不同，转场方向可供使用的数量也会不同。

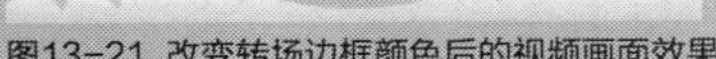

图13-21 改变转场边框颜色后的视频画面效果

实战 306 应用随机转场

▶ 实例位置：光盘\效果\第13章\花样茶杯.VSP
▶ 素材位置：光盘\素材\第13章\花样茶杯1、2.jpg
▶ 视频位置：光盘\视频\第13章\实战306.mp4

• 实例介绍 •

在会声会影X7中，将随机效果应用于整个项目时，程序将随机挑选转场效果，并应用到当前项目的素材之间。下面向读者介绍应用随机转场效果的操作方法。

• 操作步骤 •

STEP 01 进入会声会影X7编辑器，在故事板中插入两幅素材图像，如图13-22所示。

图13-22 插入两幅素材图像

STEP 02 在素材库的左侧，单击"转场"按钮，如图13-23所示。

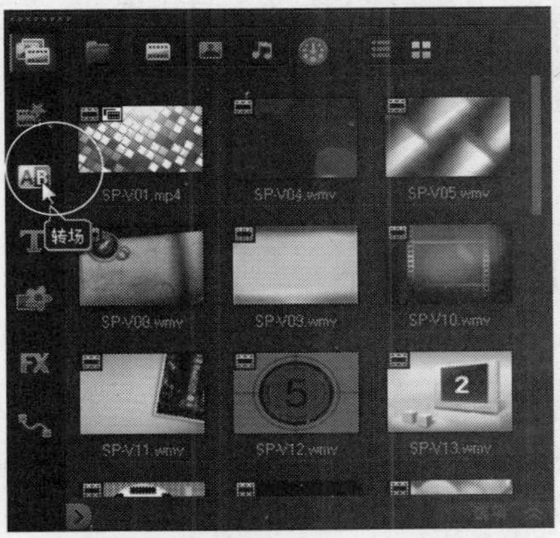

图13-23 单击"转场"按钮

STEP 03 切换至"转场"素材库，单击"对视频轨应用随机效果"按钮，如图13-24所示。

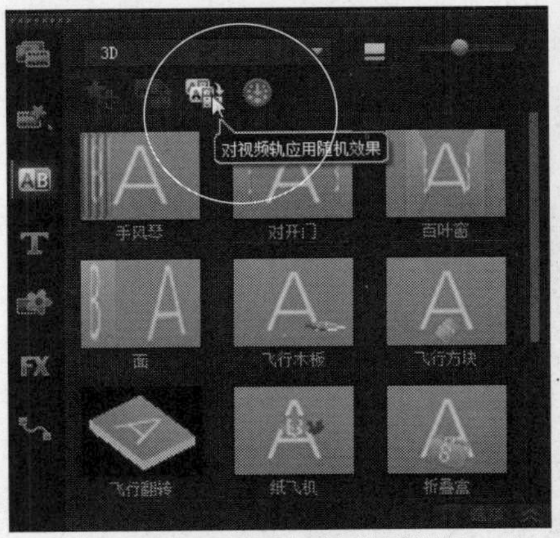

图13-24 单击"对视频轨应用随机效果"按钮

STEP 04 执行操作后，即可在素材图像之间添加随机转场效果，如图13-25所示。

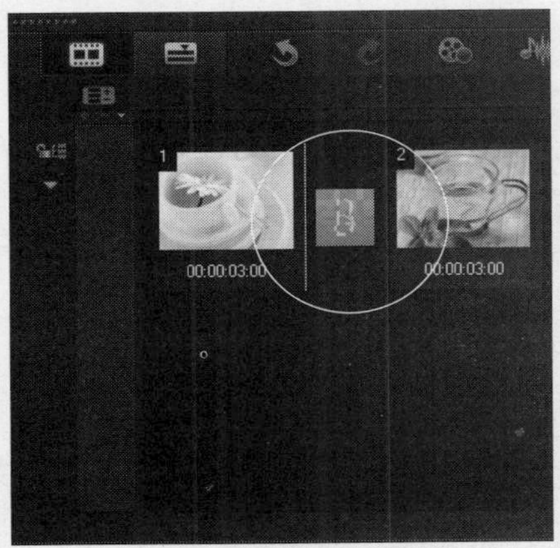

图13-25 添加随机转场效果

STEP 05 在导览面板中单击“播放”按钮，预览随机添加的转场效果，如图13-26所示。

图13-26 预览随机添加的转场效果

知识拓展

用户每一次单击“对视频轨应用随机效果”按钮时，每一次在素材之间添加的转场效果都会不一样，因为这是软件随机挑选的转场效果。

技巧点拨

在会声会影X7中，若项目之间已经添加转场效果，再应用随机效果，则会弹出信息提示对话框，如图13-27所示。

若要替换原有的转场效果，单击“是”按钮即可；若单击“否”按钮，则保留原先的转场效果，并在其他素材之间添加选择的转场效果。

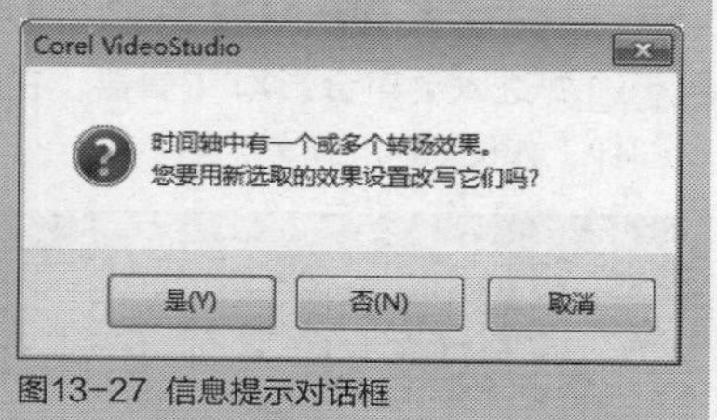

图13-27 信息提示对话框

实战307 应用当前转场

▶实例位置：光盘\效果\第13章\教学楼.VSP
▶素材位置：光盘\素材\第13章\教学楼1、2.jpg
▶视频位置：光盘\视频\第13章\实战307.mp4

• 实例介绍 •

单击“对视频轨应用当前效果”按钮，程序将把当前选中的转场效果应用到当前项目的所有素材之间。下面向读者介绍应用当前转场效果的操作方法。

• 操作步骤 •

STEP 01 进入会声会影X7编辑器，在故事板中插入两幅素材图像，如图13-28所示。

图13-28 插入两幅素材图像

STEP 02 切换至“转场”素材库，单击素材库上方的“画廊”按钮，在弹出的下拉列表中选择“筛选”选项，如图13-29所示。

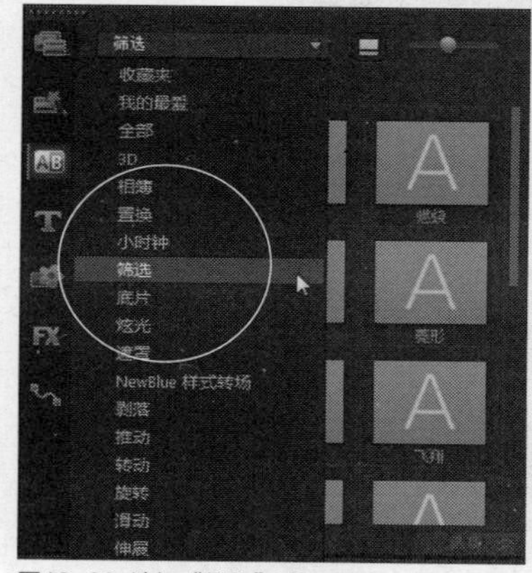

图13-29 选择“筛选”选项

STEP 03 打开“筛选”转场组，在其中选择“交错淡化”转场效果，如图13-30所示。

图13-30 选择“交错淡化”转场效果

STEP 04 单击素材库上方的“对视频轨应用当前效果”按钮，如图13-31所示。

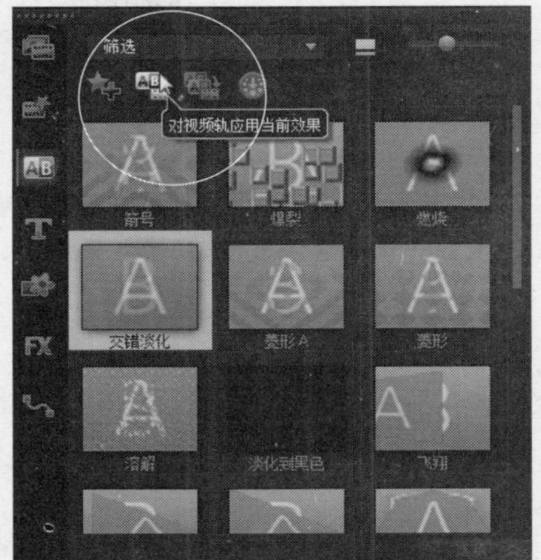

图13-31 单击“对视频轨应用当前效果”按钮

STEP 05 在导览面板中单击“播放”按钮，预览添加的转场效果，如图13-32所示。

图13-32 预览添加的转场效果

技巧点拨

当用户在“转场”素材库中选择需要的转场效果后，单击鼠标右键，在弹出的快捷菜单中选择“对视频轨应用当前效果”选项，如图13-33所示，也可以快速在各视频中间添加选择的转场效果。

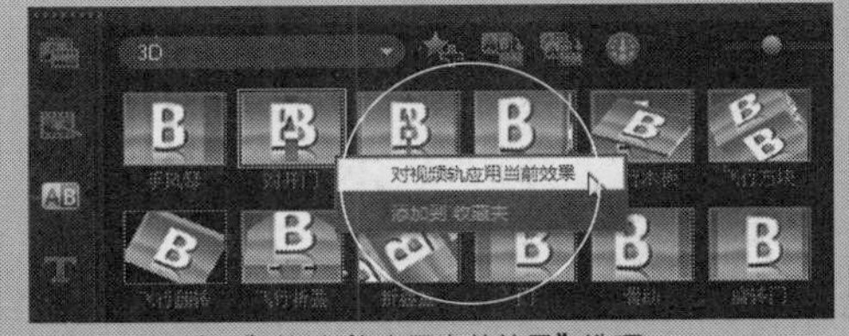

图13-33 选择“对视频轨应用当前效果”选项

知识拓展

在会声会影X7中，用户在“转场”素材库中选择相应的转场效果后，还可以直接拖曳当前选择的转场效果到故事板中的两段素材之间，直接应用。

13.2 编辑视频转场效果

在会声会影X7中，用户不仅可以根据自己的意愿快速替换或删除转场效果，还可以将常用的转场效果添加至收藏夹中，在需要运用的时候，可以快速从收藏夹中找到所需的转场，并将其运用到视频编辑中。本节主要向读者介绍管理转场效果的操作方法。

实战308 添加到收藏夹

▶实例位置：无
▶素材位置：无
▶视频位置：光盘\视频\第13章\实战308.mp4

• 实例介绍 •

在会声会影X7中，如果用户需要经常使用某个转场效果，可以将其添加到收藏夹中，以便日后使用。下面介绍添加到收藏夹的操作方法。

• 操作步骤 •

STEP 01 进入会声会影编辑器，单击“转场”按钮，切换至“转场”素材库，单击窗口上方的“画廊”按钮，在弹出的列表框中选择“底片”选项，如图13-34所示。

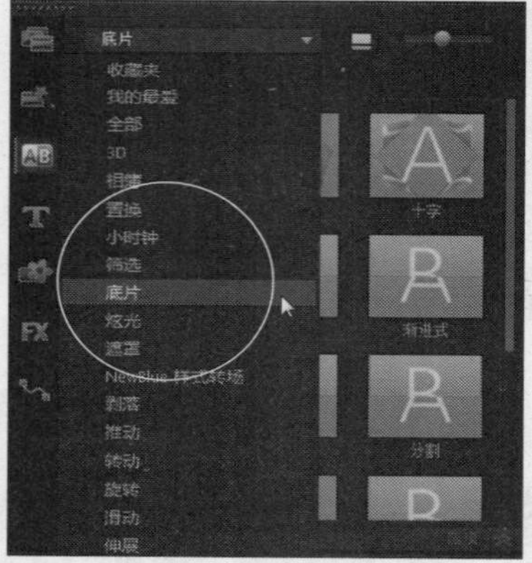

图13-34 选择“底片”选项

STEP 02 打开“底片”素材库，在其中选择“对开门”转场效果，如图13-35所示。

图13-35 选择“对开门”转场效果

STEP 03 单击窗口上方的“添加到收藏夹”按钮，如图13-36所示。

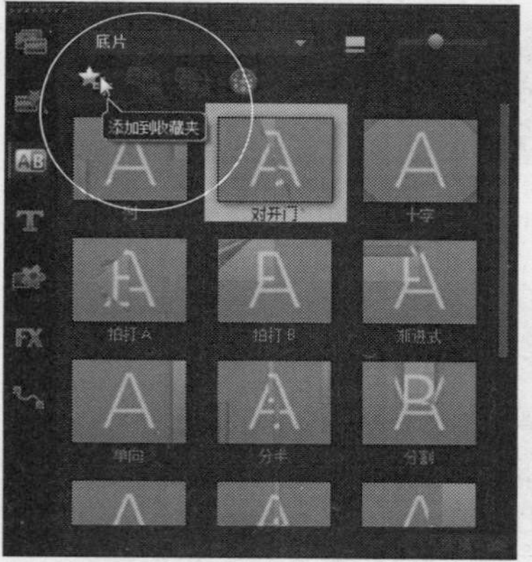

图13-36 单击“添加到收藏夹”按钮

STEP 04 执行操作后，打开“收藏夹”素材库，可以查看添加的“对开门”转场效果，如图13-37所示。

图13-37 查看“对开门”转场效果

知识拓展

在会声会影X7编辑器中，默认的“收藏夹”选项卡中包含“溶解”、“交错淡化”以及“单向”3个转场效果。

技巧点拨

在会声会影X7中，选择需要添加到收藏夹的转场效果后，单击鼠标右键，在弹出的快捷菜单中选择“添加到收藏夹”选项，也可将转场效果添加至收藏夹中。

实战 309 从收藏夹中删除转场

▶ 实例位置：无
▶ 素材位置：无
▶ 视频位置：光盘\视频\第13章\实战309.mp4

• 实例介绍 •

在会声会影X7中，将转场效果添加至收藏夹后，如果不再需要该转场效果，可以将其从收藏夹中删除。下面向读者介绍自动添加转场效果的操作方法。

• 操作步骤 •

STEP 01 进入会声会影编辑器，切换至“转场”素材库，进入“收藏夹”素材库，在其中选择需要删除的转场效果，单击鼠标右键，在弹出的快捷菜单中选择“删除”选项，如图13-38所示。

STEP 02 执行操作后，弹出提示信息框，提示是否删除此略图，如图13-39所示，单击“是”按钮，即可从收藏夹中删除该转场效果。

图13-38 选择“删除”选项

图13-39 弹出提示信息框

技巧点拨

在会声会影X7中，除了可以运用以上方法删除转场效果外，用户还可以在“收藏夹”转场素材库中选择相应转场效果，然后按【Delete】键，也可以快速从收藏夹中删除选择的转场效果。

实战 310 替换转场效果

▶ 实例位置：光盘\效果\第13章\小鸟.VSP
▶ 素材位置：光盘\素材\第13章\小鸟.VSP
▶ 视频位置：光盘\视频\第13章\实战310.mp4

• 实例介绍 •

在会声会影X7中，在图像素材之间添加相应的转场效果后，如果用户对该转场效果不满意，此时可以对其进行替换。下面介绍替换转场效果的操作方法。

• 操作步骤 •

STEP 01 进入会声会影编辑器，单击“文件”|“打开项目”命令，打开一个项目文件，如图13-40所示。

图13-40 打开项目文件

STEP 02 在导览面板中单击“播放”按钮，预览现有的转场效果，如图13-41所示。

图13-41 预览现有的转场效果

知识拓展

在“转场”素材库中选择相应转场效果后，单击鼠标右键，在弹出的快捷菜单中选择“对视频轨应用当前效果”选项，弹出提示信息框，提示用户是否要替换已添加的转场效果，单击“是”按钮，也可以快速替换视频轨中的转场效果。

STEP 03 切换至“转场”素材库，单击窗口上方的“画廊”按钮，在弹出的列表框中选择“筛选”选项，如图13-42所示。

STEP 04 打开“筛选”转场组，在其中选择“爆裂”转场效果，如图13-43所示。

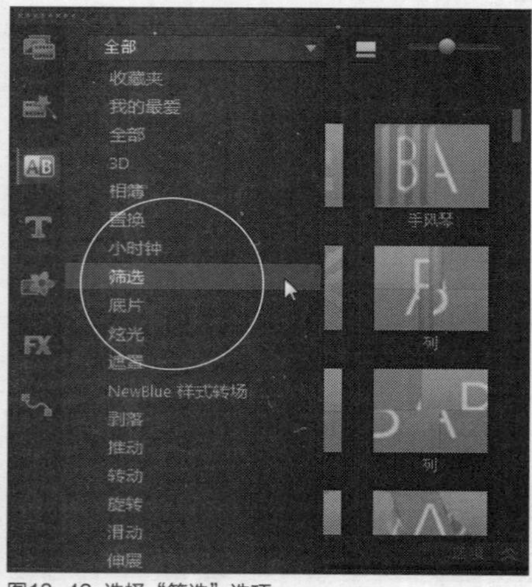

图13-42 选择“筛选”选项

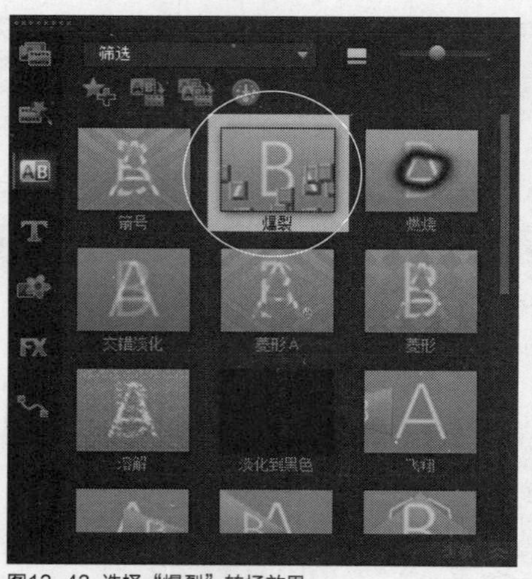

图13-43 选择“爆裂”转场效果

STEP 05 在选择的转场效果上，单击鼠标左键并拖曳至视频轨中两幅图像素材之间已有的转场效果上方，如图13-44所示。

图13-44 拖曳至两幅图像素材之间

STEP 06 释放鼠标左键，即可替换之前添加的转场效果，如图13-45所示。

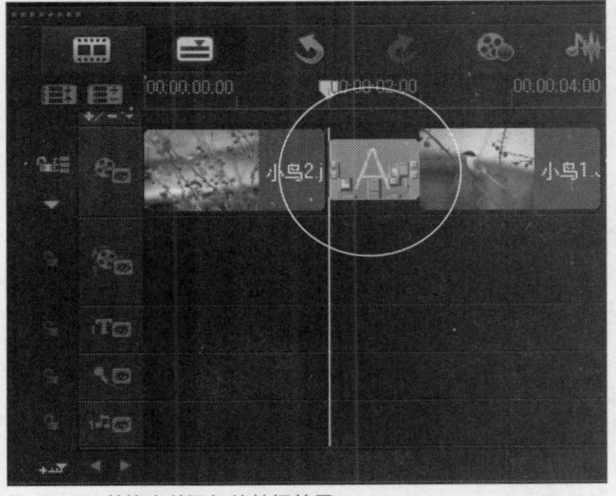

图13-45 替换之前添加的转场效果

STEP 07 在导览面板中单击“播放”按钮，预览替换之后的转场效果，如图13-46所示。

图13-46 预览替换之后的转场效果

实战 311 移动转场效果

▶ 实例位置：光盘\效果\第13章\伴侣.VSP
▶ 素材位置：光盘\素材\第13章\伴侣.VSP
▶ 视频位置：光盘\视频\第13章\实战311.mp4

• 实例介绍 •

在会声会影X7中，若用户需要调整转场效果的位置，则可先选择需要移动的转场效果，然后再将其拖曳至合适位置。下面介绍移动转场效果的操作方法。

• 操作步骤 •

STEP 01 进入会声会影编辑器，单击“文件”|“打开项目”命令，打开一个项目文件，如图13-47所示。

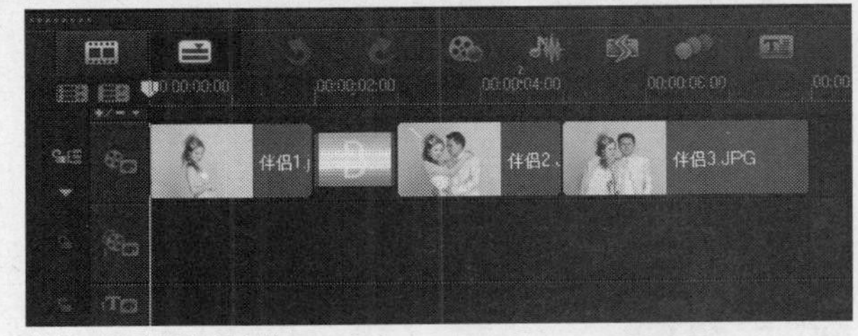

图13-47 打开项目文件

STEP 02 在导览面板中单击“播放”按钮，预览视频转场效果，如图13-48所示。

图13-48 预览视频转场效果

STEP 03 在视频轨中选择第1张图像与第2张图像之间的转场效果，单击鼠标左键并拖曳至第2张图像与第3张图像之间，如图13-49所示。

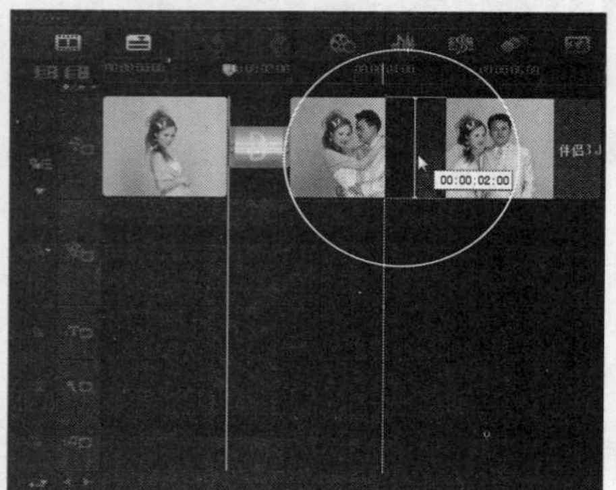

图13-49 拖曳至第2张图像与第3张图像之间

STEP 04 释放鼠标左键，即可移动转场效果，如图13-50所示。

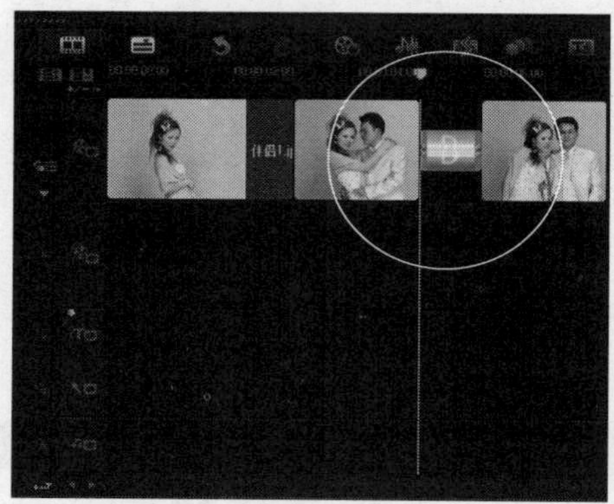

图13-50 移动转场效果

STEP 05 在导览面板中单击“播放”按钮，预览移动转场效果后的视频画面，如图13-51所示。

图13-51 预览移动转场效果后的视频画面

图13-51 预览移动转场效果后的视频画面（续）

实战 312 删除转场效果

▶ 实例位置：光盘\效果\第13章\伴侣1.VSP
▶ 素材位置：光盘\效果\第13章\伴侣.VSP
▶ 视频位置：光盘\视频\第13章\实战312.mp4

• 实例介绍 •

在会声会影X7中，为素材添加转场效果后，若用户对添加的转场效果不满意，用户可以将其删除。下面向读者介绍自动添加转场效果的操作方法。

• 操作步骤 •

STEP 01 以上一例的效果为例，在视频轨中，选择需要删除的转场效果，单击鼠标右键，在弹出的快捷菜单中选择“删除”选项，如图13-52所示。

STEP 02 执行操作后，即可删除选择的转场效果，如图13-53所示。

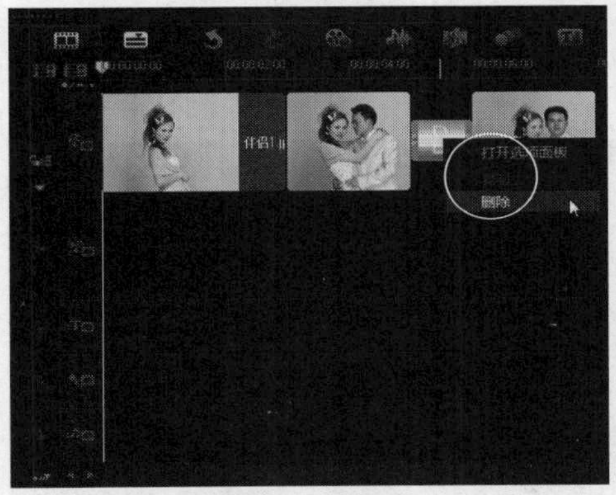

图13-52 选择“删除”选项

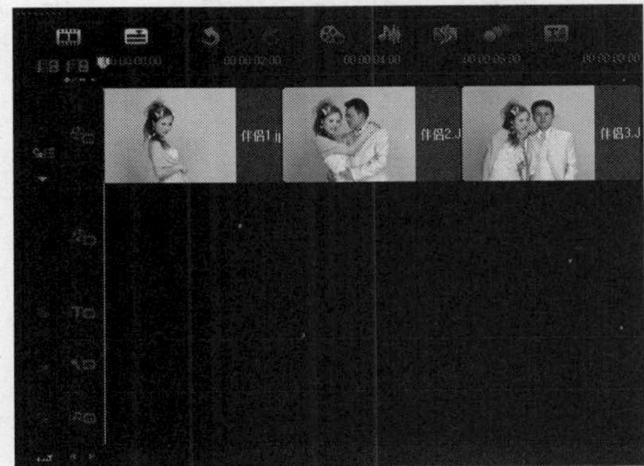

图13-53 删除选择的转场效果

13.3 设置转场边框属性与方向

在会声会影X7中，在图像素材之间添加转场效果后，可以通过选项面板设置转场的属性，如设置转场边框效果、改变转场边框色彩以及调整转场的时间长度等。本节主要向读者介绍设置转场边框属性与方向的操作方法。

实战 313 设置转场的边框

▶ 实例位置：光盘\效果\第13章\动物世界.VSP
▶ 素材位置：光盘\素材\第13章\动物世界1、2.jpg
▶ 视频位置：光盘\视频\第13章\实战313.mp4

• 实例介绍 •

在会声会影X7中，可以为转场效果设置相应的边框样式，从而为转场效果锦上添花，加强效果的审美度。下面向读者介绍设置转场边框的方法。

● 操作步骤 ●

STEP 01 进入会声会影X7编辑器，在故事板中插入两幅素材图像，如图13-54所示。

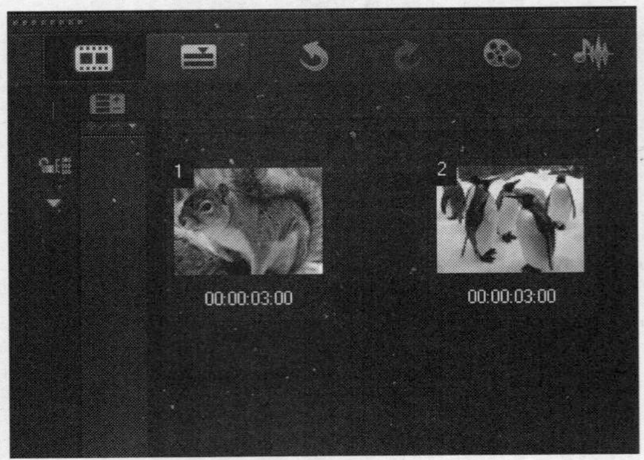

图13-54 插入两幅素材图像

STEP 02 在两幅素材图像之间添加“虹膜-筛选”转场效果，如图13-55所示。

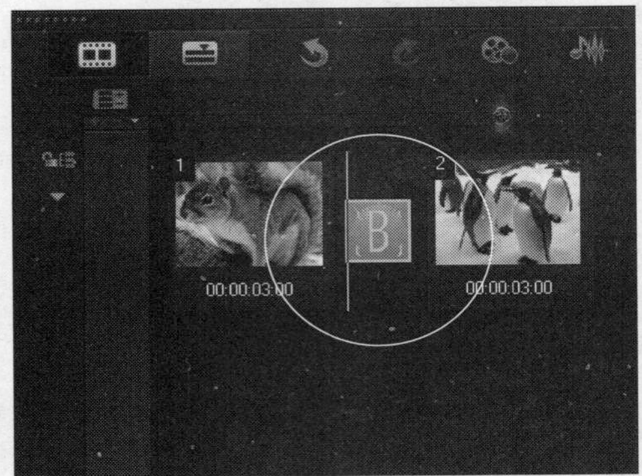

图13-55 添加“虹膜-筛选”转场效果

STEP 03 在导览面板中单击“播放”按钮，预览视频转场效果，如图13-56所示。

图13-56 预览视频转场效果

STEP 04 在“转场”选项面板的“边框”数值框中，输入2，设置边框大小，如图13-57所示。

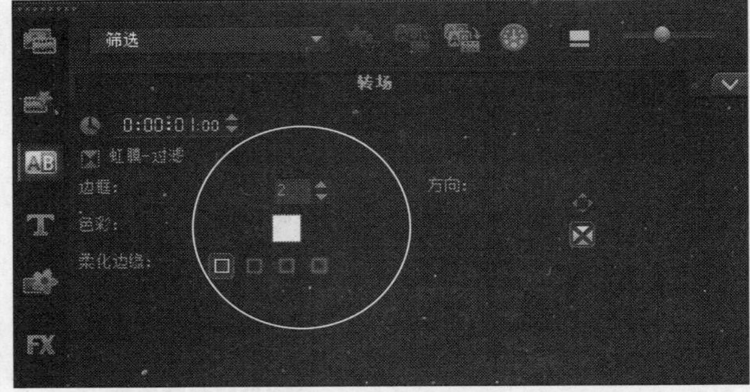

图13-57 设置边框大小

知识拓展

在会声会影X7中，转场边框宽度的取值范围为0～10。

STEP 05 在导览面板中单击“播放”按钮，预览设置边框后的转场效果，如图13-58所示。

图13-58 预览设置边框后的转场效果

图13-58 预览设置边框后的转场效果（续）

实战 314 设置边框的颜色

▶实例位置：光盘\效果\第13章\树林.VSP
▶素材位置：光盘\素材\第13章\树林.VSP
▶视频位置：光盘\视频\第13章\实战314.mp4

• 实例介绍 •

在会声会影X7中，“转场”选项面板中的“色彩”选项区主要用于设置转场效果的边框颜色。该选项提供了多种颜色样式，用户可根据需要进行相应的选择。下面向读者介绍改变转场边框色彩的操作方法。

• 操作步骤 •

STEP 01 进入会声会影编辑器，单击“文件”|“打开项目”命令，打开一个项目文件，如图13-59所示。

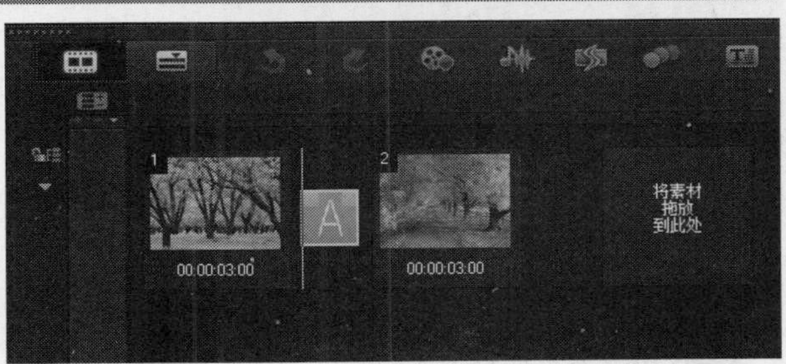

图13-59 打开项目文件

STEP 02 在导览面板中单击“播放”按钮，预览视频转场效果，如图13-60所示。

图13-60 预览视频转场效果

STEP 03 在故事板中选择需要设置的转场效果，如图13-61所示。

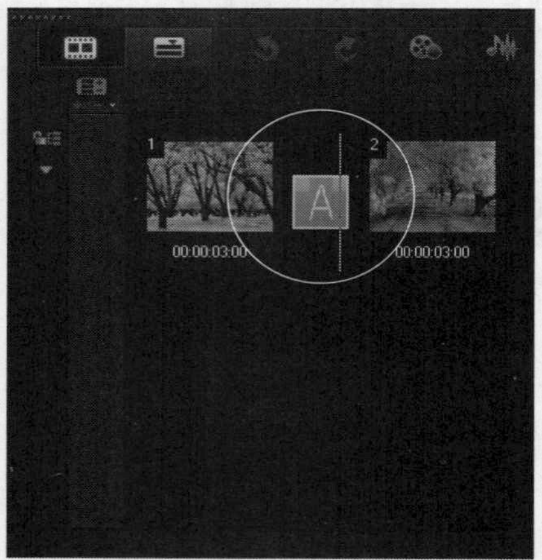

图13-61 选择需要设置的转场效果

STEP 04 在"转场"选项面板中，单击"色彩"选项右侧的色块，在弹出的颜色面板中选择"Corel色彩选取器"选项，如图13-62所示。

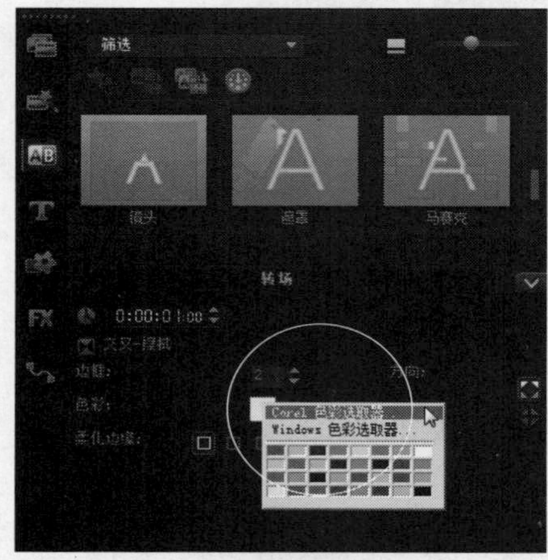

图13-62 选择"Corel色彩选取器"选项

STEP 05 执行操作后，弹出"Corel Color Picker"对话框，如图13-63所示。

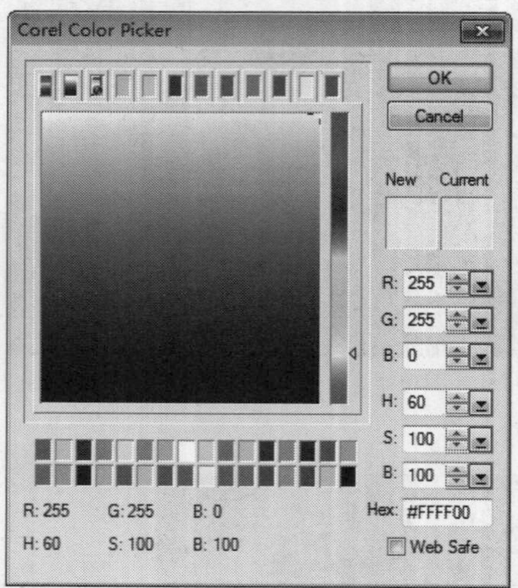

图13-63 弹出"Corel Color Picker"对话框

STEP 06 在对话框上方单击绿色色块，在中间的颜色方格中选择第1排最后一个青色，如图13-64所示。

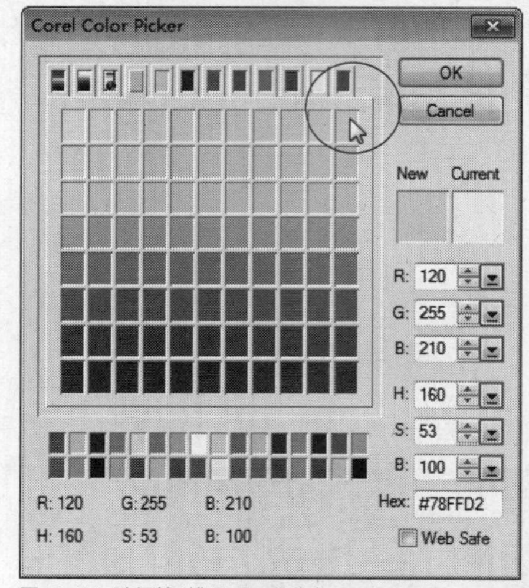

图13-64 选择第1排最后一个青色

STEP 07 设置完成后，单击"OK"按钮，即可设置转场边框的颜色，在导览面板中单击"播放"按钮，预览设置转场边框颜色后的视频画面，如图13-65所示。

图13-65 预览视频画面

实战 315 改变转场的方向

▶实例位置：光盘\效果\第13章\古典美女.VSP
▶素材位置：光盘\素材\第13章\古典美女.VSP
▶视频位置：光盘\视频\第13章\实战315.mp4

• 实例介绍 •

在会声会影X7中，选择不同的转场效果，其“方向”选项区中的转场“方向”选项会不一样。下面向读者介绍改变转场方向的操作方法。

• 操作步骤 •

STEP 01 进入会声会影编辑器，单击“文件”|“打开项目”命令，打开一个项目文件，如图13-66所示。

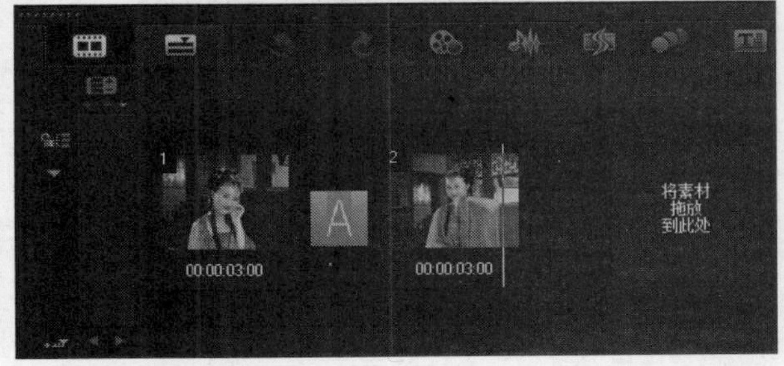

图13-66 打开项目文件

STEP 02 在导览面板中单击“播放”按钮，预览视频转场效果，如图13-67所示。

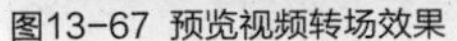
图13-67 预览视频转场效果

STEP 03 在故事板中选择需要设置方向的转场效果，如图13-68所示。

STEP 04 在“转场”选项面板的“方向”选项区中，单击“打开-水平分割”按钮，如图13-69所示。

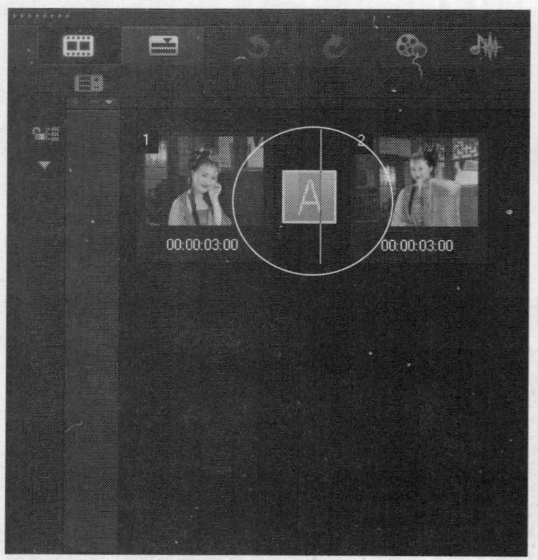

图13-68 选择需要设置方向的转场效果

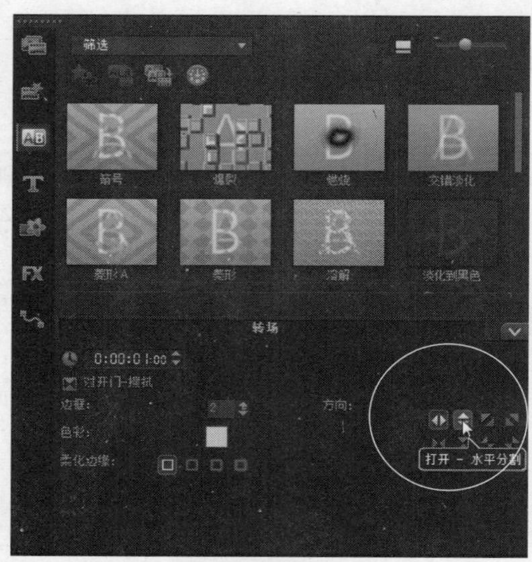

图13-69 单击“打开-水平分割”按钮

STEP 05 执行操作后，即可改变转场效果的运动方向，在导览面板中单击“播放”按钮，预览更改方向后的转场效果，如图13-70所示。

图13-70 预览更改方向后的转场效果

STEP 06 在“转场”选项面板中，单击“打开-对角分割”按钮，将以对角分割的方式改变转场效果的运动方向，效果如图13-71所示。

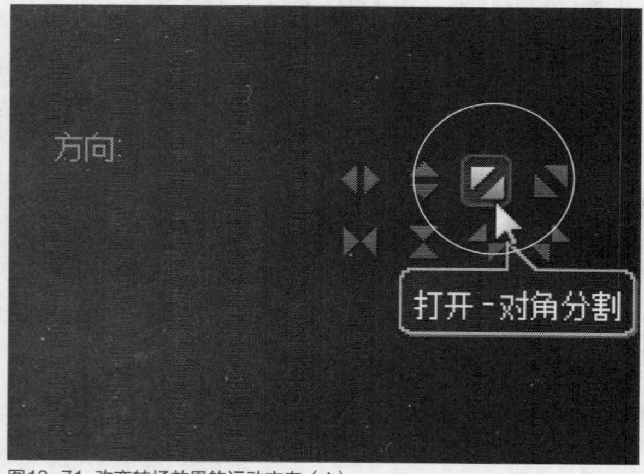

图13-71 改变转场效果的运动方向（1）

STEP 07 在“转场”选项面板中，单击“打开-对角分割”按钮，将以对角相反的方向分割画面，从而改变转场效果的运动方向，如图13-72所示。

图13-72 改变转场效果的运动方向（2）

13.4 应用“收藏夹”转场效果

在会声会影X7中，“收藏夹”转场组中包含“溶解”、“交错淡化”以及“单向”3个转场效果，这些转场效果是会声会影用户使用最为频繁的三类转场效果，因此被会声会影X7默认存放在“收藏夹”转场组中。本节主要向读者介绍应用“收藏夹”转场效果的操作方法。

实战316 应用“溶解”转场

▶实例位置：光盘\效果\第13章\高原风景.VSP
▶素材位置：光盘\素材\第13章\高原风景1、2.jpg
▶视频位置：光盘\视频\第13章\实战316.mp4

• 实例介绍 •

在会声会影X7中，“溶解”转场效果是指素材A和素材B以溶解的方式进行切换。下面向读者介绍应用“溶解”转场的方法。

• 操作步骤 •

STEP 01 进入会声会影X7编辑器，在故事板中插入两幅素材图像，如图13-73所示。

STEP 02 单击“转场”按钮，切换至“转场”素材库，在“收藏夹”转场组中选择“溶解”转场效果，如图13-74所示。

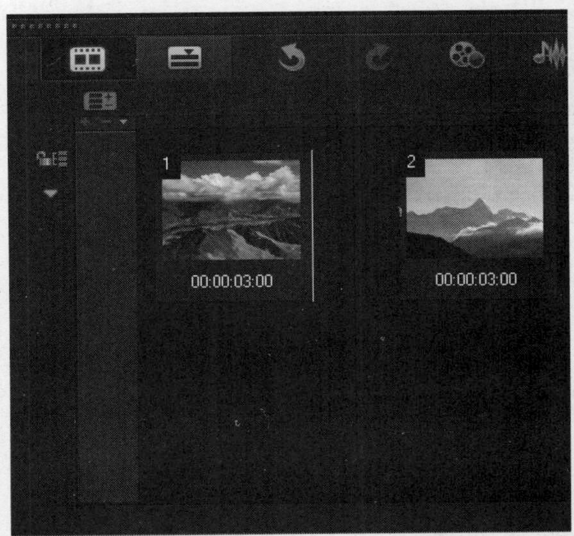

图13-73 插入两幅素材图像

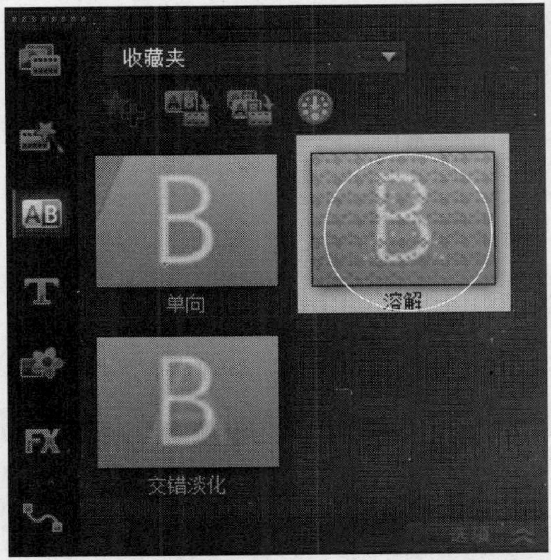

图13-74 选择“溶解”转场效果

STEP 03 单击鼠标左键并拖曳至故事板中的两幅图像素材之间，如图13-75所示。

STEP 04 释放鼠标左键，即可添加“溶解”转场效果，如图13-76所示。

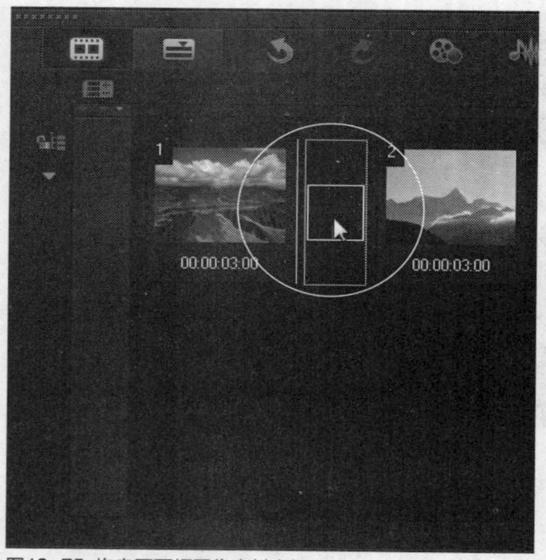

图13-75 拖曳至两幅图像素材之间

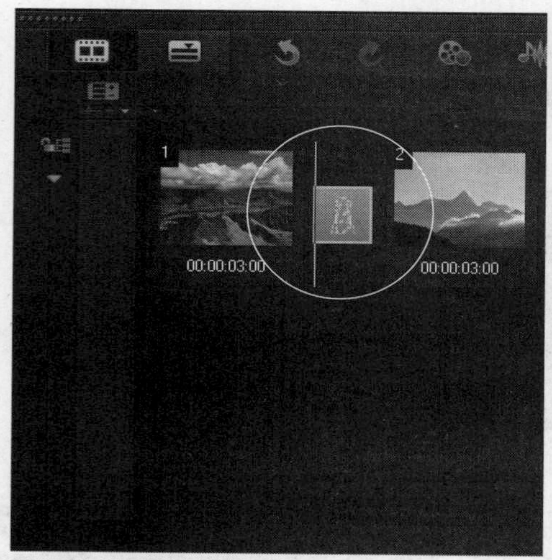

图13-76 添加“溶解”转场效果

STEP 05 在导览面板中单击“播放”按钮，预览“溶解”转场效果，如图13-77所示。

图13-77 预览“溶解”转场效果

实战317 应用“交错淡化”转场

▶实例位置：光盘\效果\第13章\画面.VSP
▶素材位置：光盘\素材\第13章\画面1、2.jpg
▶视频位置：光盘\视频\第13章\实战317.mp4

• 实例介绍 •

在会声会影X7中，“交错淡化”的转场效果是指素材A的透明度由100%转变到0%，素材B的透明度由0%转变到100%的一个过程。

• 操作步骤 •

STEP 01 进入会声会影X7编辑器，在故事板中插入两幅素材图像，如图13-78所示。

STEP 02 单击“转场”按钮，切换至”转场”素材库，在“收藏夹”转场组中选择“交错淡化”转场效果，如图13-79所示。

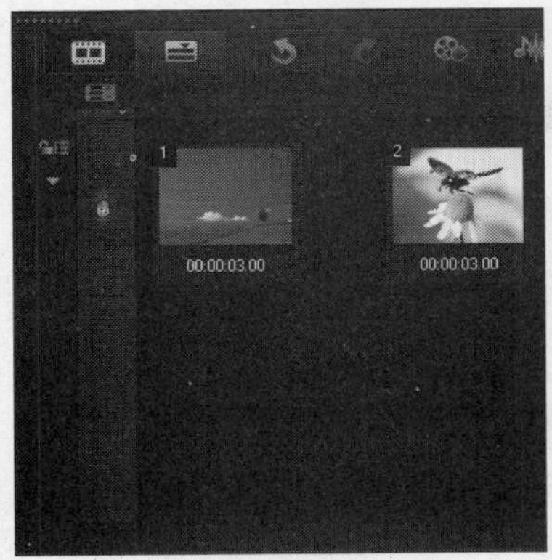
图13-78 插入两幅素材图像

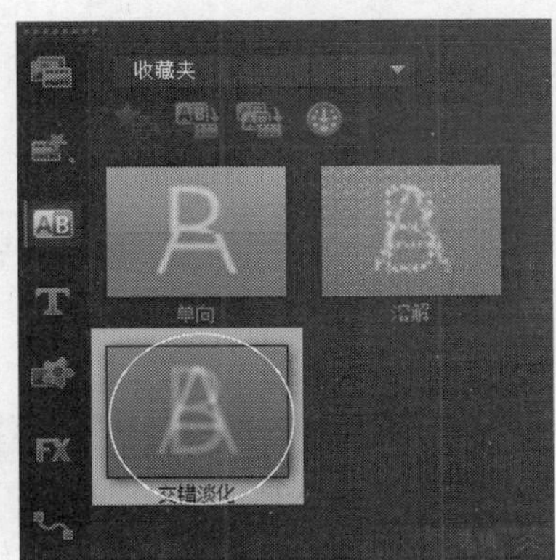

图13-79 选择“交错淡化”转场效果

STEP 03 单击鼠标左键并拖曳至故事板中的两幅图像素材之间，如图13-80所示。

STEP 04 释放鼠标左键，即可添加“交错淡化”转场效果，如图13-81所示。

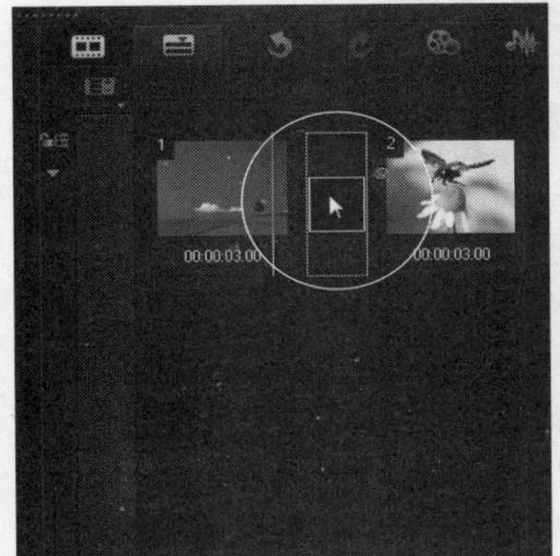
图13-80 拖曳至两幅图像素材之间

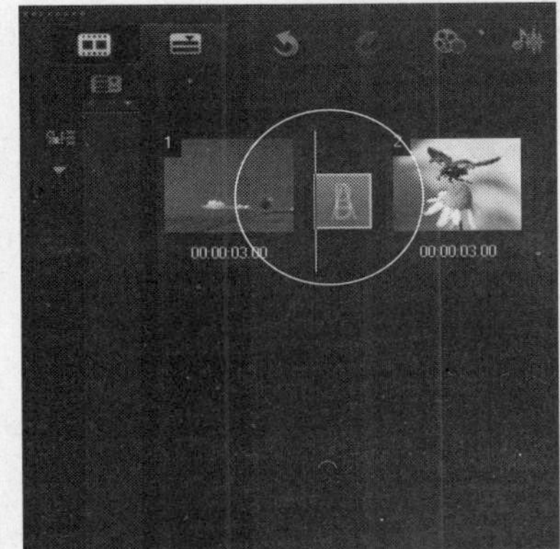
图13-81 添加“交错淡化”转场效果

STEP 05 在导览面板中单击“播放”按钮，预览“交错淡化”转场效果，如图13-82所示。

图13-82 预览“交错淡化”转场效果

知识拓展

在会声会影X7中，用户不仅可以为视频轨中的素材添加转场效果，还可以为覆叠轨中的素材添加转场效果，制作出视频画面如海市蜃楼般的效果，如图13-83所示。

图13-83 海市蜃楼般的效果

实战318 应用“单向”转场

- ▶实例位置：光盘\效果\第13章\花儿.VSP
- ▶素材位置：光盘\素材\第13章\花儿1、2.jpg
- ▶视频位置：光盘\视频\第13章\实战318.mp4

• 实例介绍 •

在会声会影X7中，“单向”转场效果是指素材A以单向卷动并逐渐显示素材B。下面向读者介绍应用“单向”转场的操作方法。

• 操作步骤 •

STEP 01 进入会声会影X7编辑器，在故事板中插入两幅素材图像，如图13-84所示。

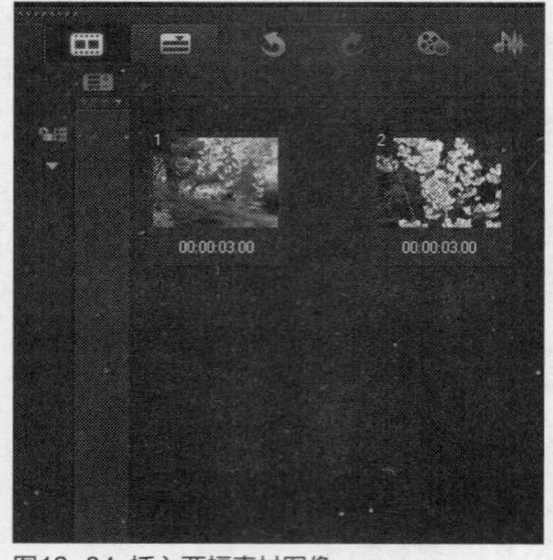

图13-84 插入两幅素材图像

STEP 02 单击“转场”按钮，切换至“转场”素材库，在“收藏夹”转场组中选择“单向”转场效果，如图13-85所示。

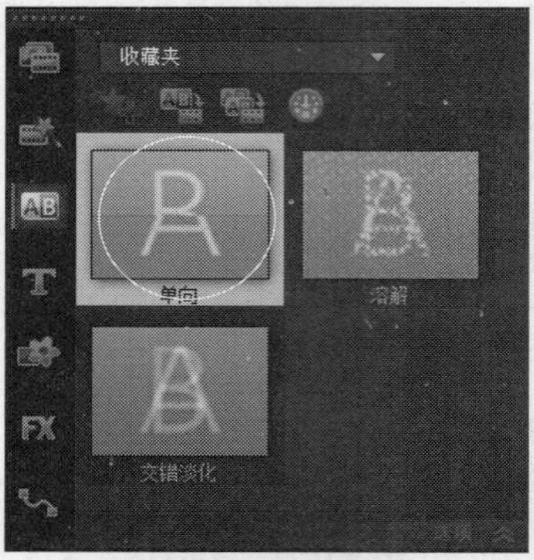

图13-85 选择“单向”转场效果

STEP 03 单击鼠标左键并拖曳至故事板中的两幅图像素材之间，如图13-86所示。

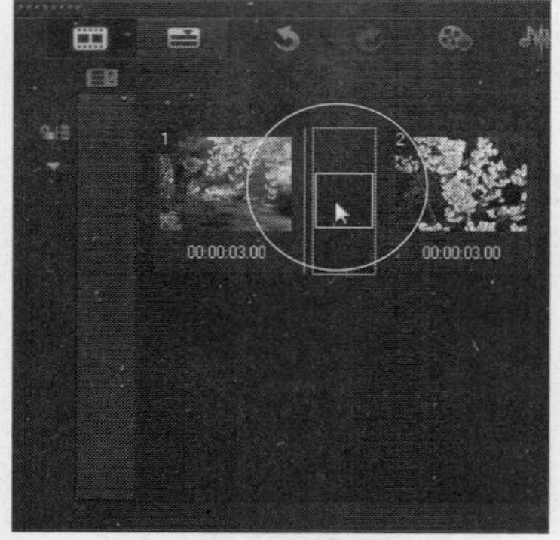

图13-86 拖曳至两幅图像素材之间

STEP 04 释放鼠标左键，即可添加“单向”转场效果，如图13-87所示。

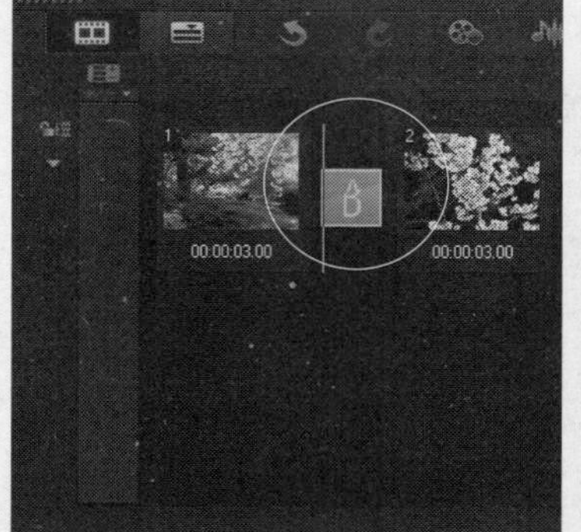

图13-87 添加“单向”转场效果

STEP 05 在导览面板中单击“播放”按钮，预览“单向”转场效果，如图13-88所示。

图13-88 预览“单向”转场效果

图13-88 预览“单向”转场效果（续）

13.5 应用3D转场效果

在会声会影X7的3D转场组中，包括15种视频转场特效，如“手风琴”、“对开门”、“百叶窗”、“外观”、“飞行木板”、“飞行翻转”以及“折叠盒”等。本节主要向读者详细介绍应用3D视频转场效果的操作方法。

实战 319 应用“飞行方块”转场

▶ **实例位置**：光盘\效果\第13章\神奇海底.VSP
▶ **素材位置**：光盘\素材\第13章\神奇海底1、2.jpg
▶ **视频位置**：光盘\视频\第13章\实战319.mp4

• 实例介绍 •

在会声会影X7中，“飞行方块”转场效果是将素材A以飞行方块的形式显示素材B画面。下面向读者介绍应用“飞行方块”转场的方法。

• 操作步骤 •

STEP 01 进入会声会影X7编辑器，在故事板中插入两幅素材图像，如图13-89所示。

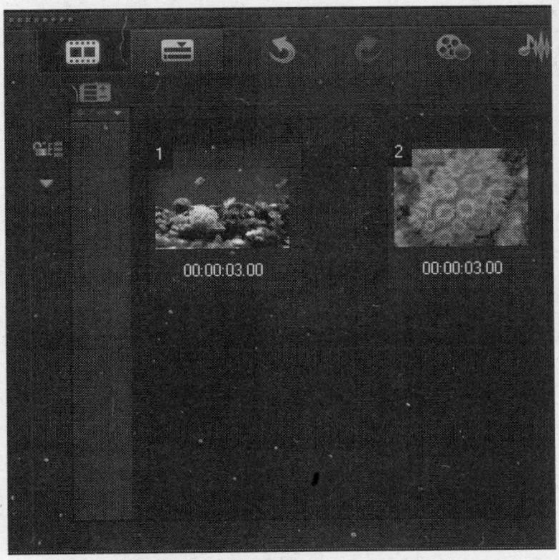

图13-89 插入两幅素材图像

STEP 02 单击“转场”按钮，切换至“转场”素材库，单击窗口上方的“画廊”按钮，在弹出的列表框中选择3D选项，如图13-90所示。

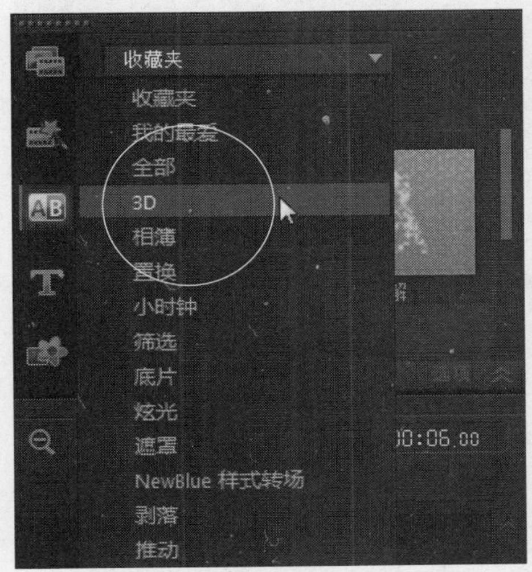

图13-90 选择3D选项

STEP 03 打开3D转场组，在其中选择“飞行方块”转场效果，如图13-91所示。

STEP 04 单击鼠标左键并拖曳至故事板中的两幅图像素材之间，添加“飞行方块”转场效果，如图13-92所示。

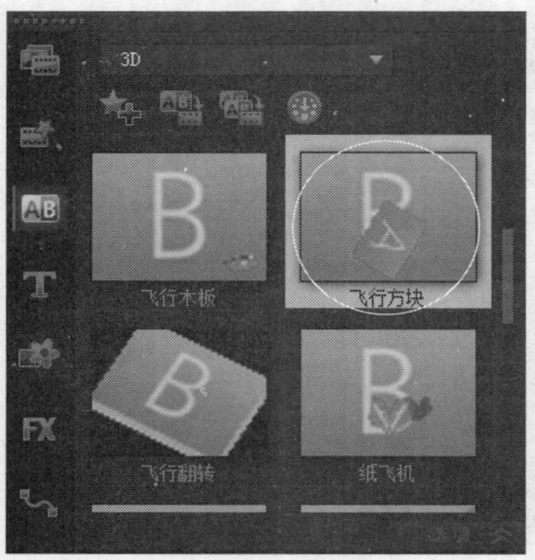

图13-91 选择“飞行方块”转场效果

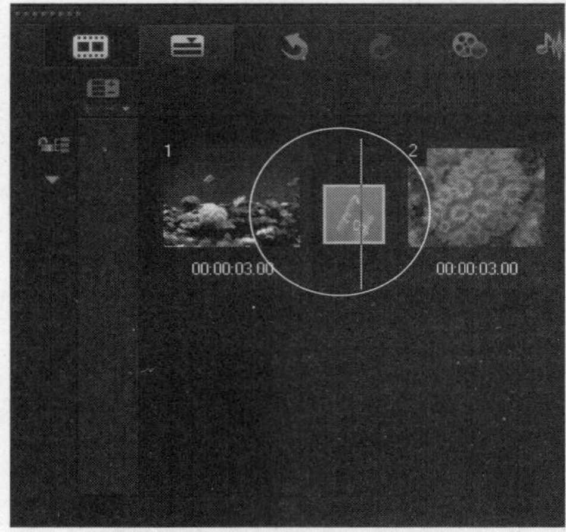

图13-92 添加“飞行方块”转场效果

STEP 05 在导览面板中单击“播放”按钮，预览“飞行方块”转场效果，如图13-93所示。

图13-93 预览“飞行方块”转场效果

实战320 应用“折叠盒”转场

▶实例位置：光盘\效果\第13章\家用品.VSP
▶素材位置：光盘\素材\第13章\家用品1、2.jpg
▶视频位置：光盘\视频\第13章\实战320.mp4

• 实例介绍 •

在会声会影X7中，运用“折叠盒”转场是将素材A以折叠的形式折成立体的长方体盒子，然后再显示素材B。下面向读者介绍应用“折叠盒”转场的方法。

• 操作步骤 •

STEP 01 进入会声会影X7编辑器，在故事板中插入两幅素材图像，如图13-94所示。

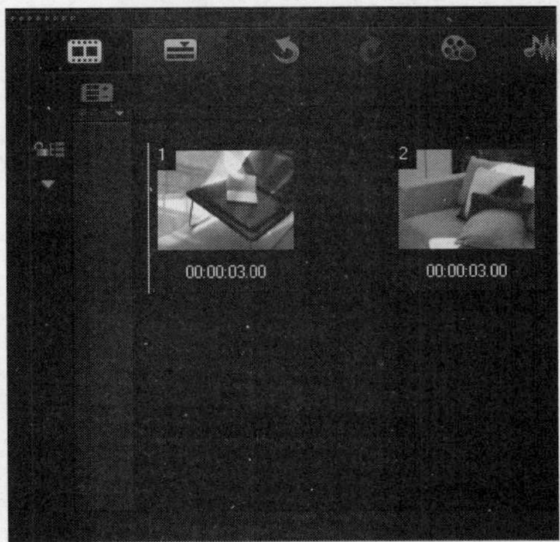

图13-94 插入两幅素材图像

STEP 02 单击“转场”按钮，切换至“转场”素材库，在3D转场组中选择“折叠盒”转场效果，如图13-95所示。

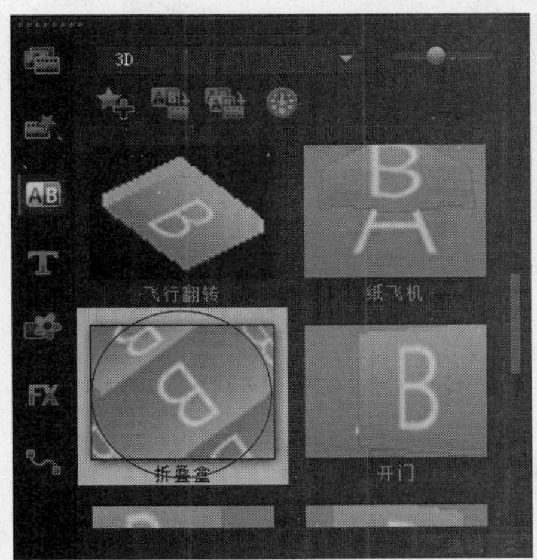

图13-95 选择“折叠盒”转场效果

STEP 03 单击鼠标左键并拖曳至故事板中的两幅图像素材之间，如图13-96所示。

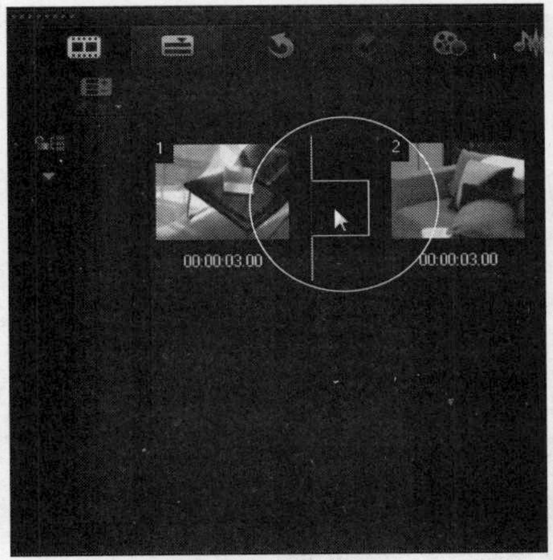

图13-96 拖曳至两幅图像素材之间

STEP 04 释放鼠标左键，即可添加“折叠盒”转场效果，如图13-97所示。

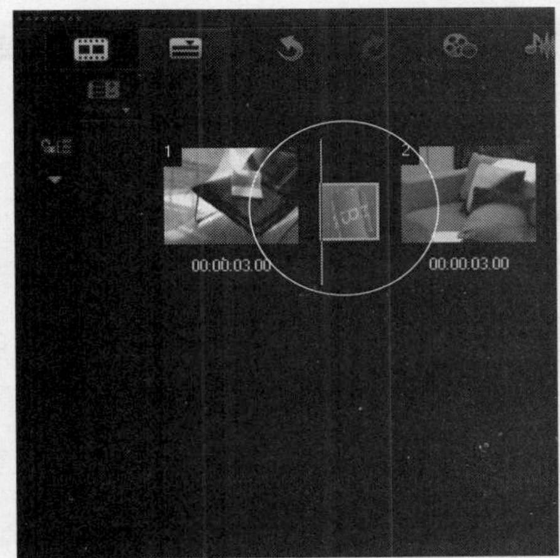

图13-97 添加“折叠盒”转场效果

STEP 05 在导览面板中单击“播放”按钮，预览“折叠盒”转场效果，如图13-98所示。

图13-98 预览“折叠盒”转场效果

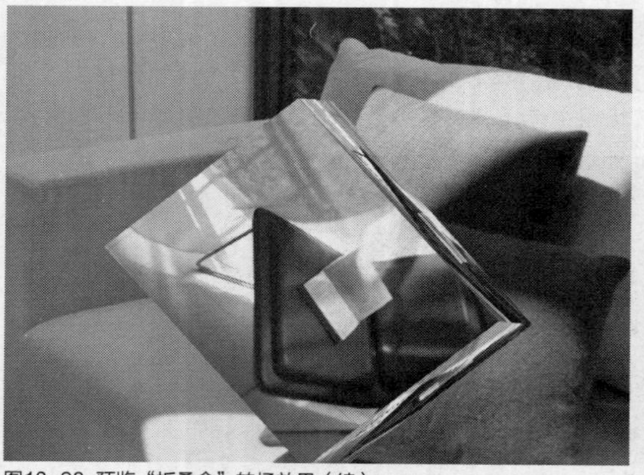

图13-98 预览“折叠盒”转场效果（续）

实战321 应用“飞行翻转”转场

▶实例位置：光盘\效果\第13章\婚纱画面.VSP
▶素材位置：光盘\素材\第13章\婚纱画面1、2.jpg
▶视频位置：光盘\视频\第13章\实战321.mp4

• 实例介绍 •

在会声会影X7中，运用“飞行翻转”转场是将素材A以飞行翻转的形式显示素材B的画面。下面向读者介绍应用“飞行翻转”转场的方法。

• 操作步骤 •

STEP 01 进入会声会影X7编辑器，在故事板中插入两幅素材图像，如图13-99所示。

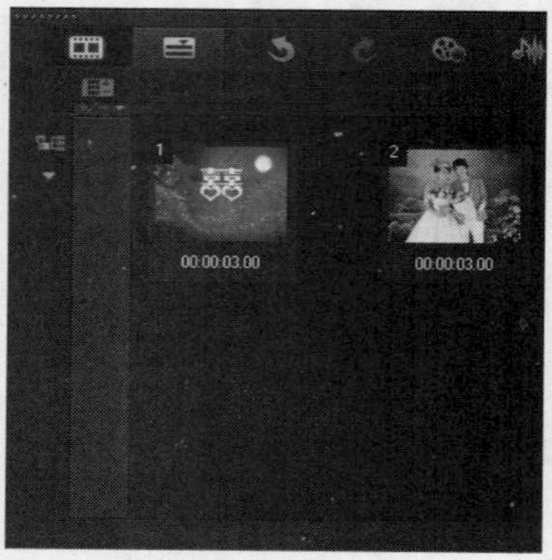

图13-99 插入两幅素材图像

STEP 02 单击“转场”按钮，切换至“转场”素材库，在3D转场组中选择“飞行翻转”转场效果，如图13-100所示。

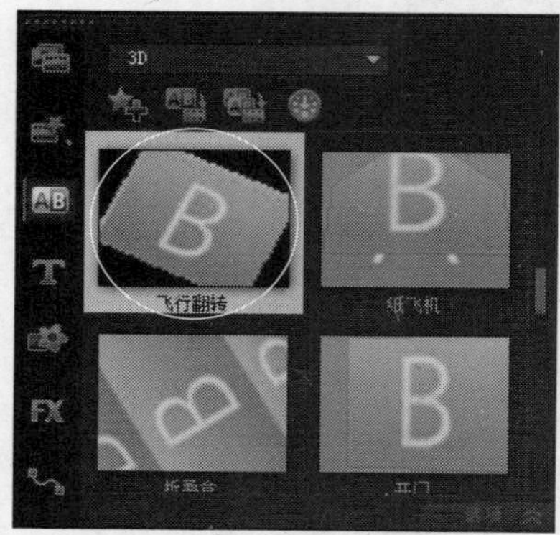

图13-100 选择“飞行翻转”转场效果

STEP 03 单击鼠标左键并拖曳至故事板中的两幅图像素材之间，如图13-101所示。

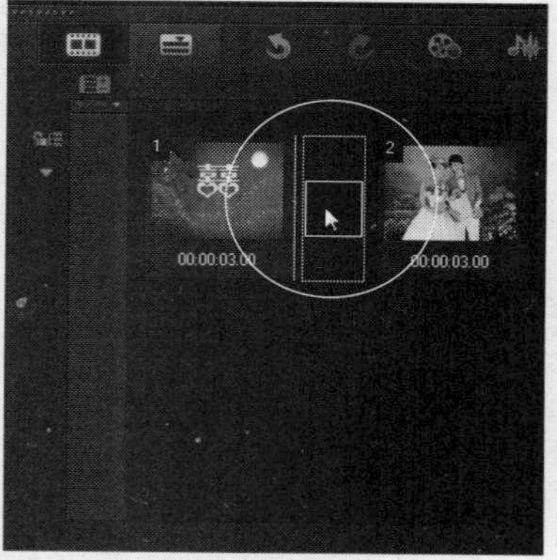

图13-101 拖曳至两幅图像素材之间

STEP 04 释放鼠标左键，即可添加“飞行翻转”转场效果，如图13-102所示。

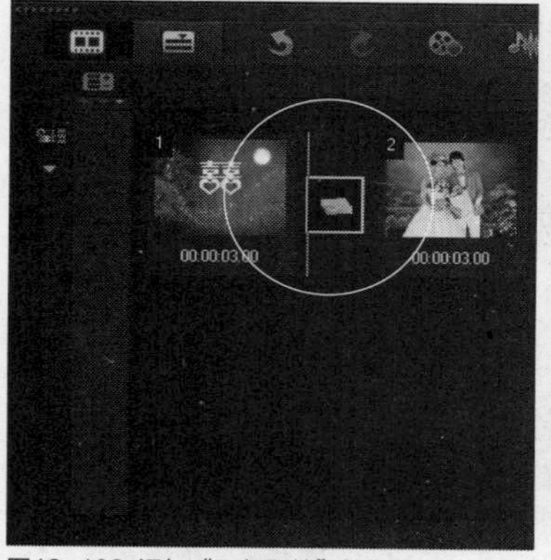

图13-102 添加“飞行翻转”转场效果

STEP 05 在导览面板中单击“播放”按钮，预览“飞行翻转”转场效果，如图13-103所示。

图13-103 预览“飞行翻转”转场效果

实战 322 应用“开门”转场

- ▶实例位置：光盘\效果\第13章\植物生长.VSP
- ▶素材位置：光盘\素材\第13章\植物生长1、2.jpg
- ▶视频位置：光盘\视频\第13章\实战322.mp4

• 实例介绍 •

在会声会影X7中，运用“开门”转场是将素材A以开门运动的形式显示素材B的画面。下面向读者介绍应用“开门”转场的方法。

• 操作步骤 •

STEP 01 进入会声会影X7编辑器，在故事板中插入两幅素材图像，如图13-104所示。

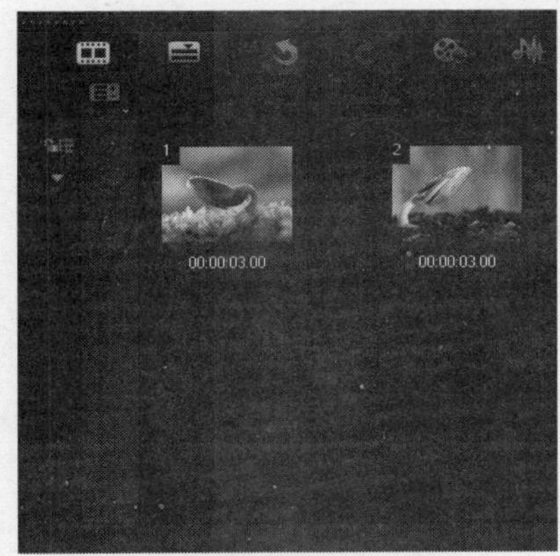

图13-104 插入两幅素材图像

STEP 02 单击“转场”按钮，切换至“转场”素材库，在3D转场组中选择“开门”转场效果，如图13-105所示。

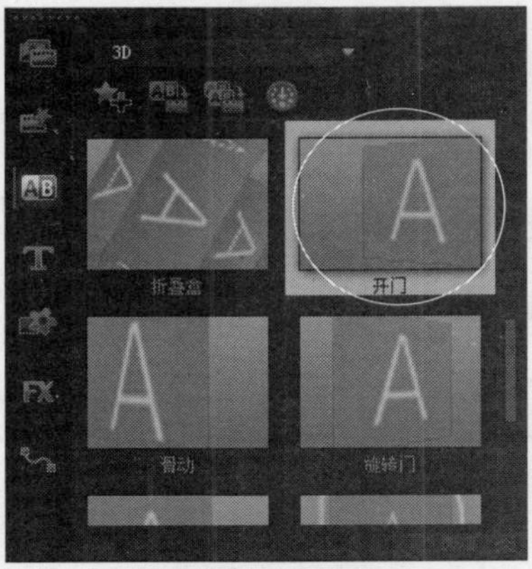

图13-105 选择“开门”转场效果

STEP 03 单击鼠标左键并拖曳至故事板中的两幅图像素材之间，如图13-106所示。

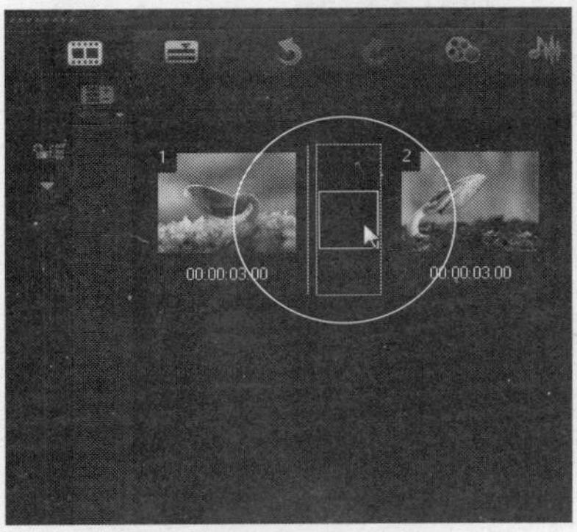

图13-106 拖曳至两幅图像素材之间

STEP 04 释放鼠标左键，即可添加“开门”转场效果，如图13-107所示。

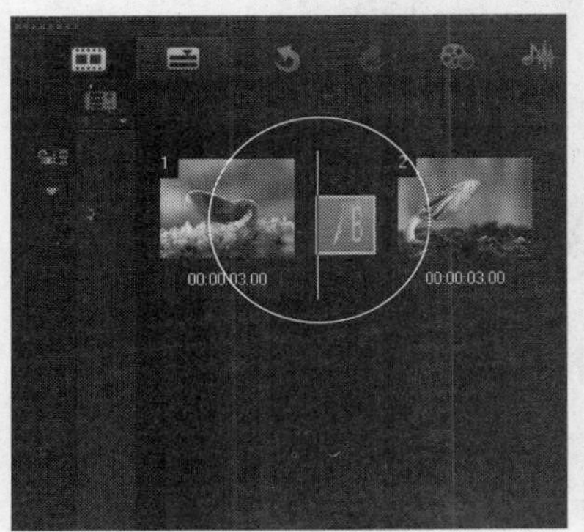

图13-107 添加“开门”转场效果

STEP 05 在导览面板中单击“播放”按钮，预览“开门”转场效果，如图13-108所示。

图13-108 预览“开门”转场效果

实战323 应用“旋转门”转场

▶实例位置：光盘\效果\第13章\简约艺术.VSP
▶素材位置：光盘\素材\第13章\简约艺术1、2.jpg
▶视频位置：光盘\视频\第13章\实战323.mp4

• 实例介绍 •

在会声会影X7中，运用“旋转门”转场是将素材A以旋转门运动的形式显示素材B的画面。下面向读者介绍应用“旋转门”转场的方法。

• 操作步骤 •

STEP 01 进入会声会影X7编辑器，在故事板中插入两幅素材图像，如图13-109所示。

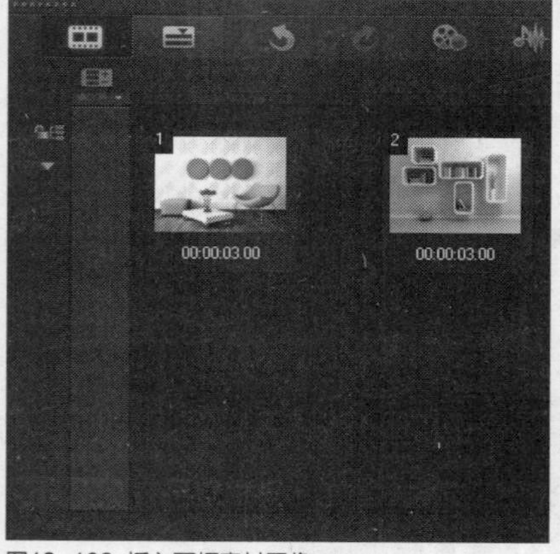

图13-109 插入两幅素材图像

STEP 02 单击“转场”按钮，切换至“转场”素材库，在3D转场组中选择“旋转门”转场效果，如图13-110所示。

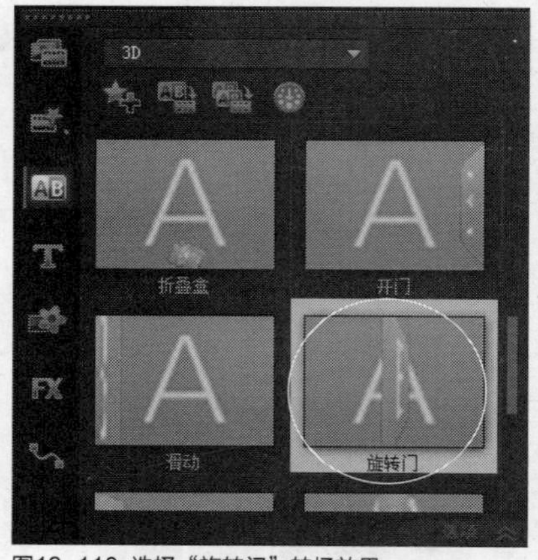

图13-110 选择“旋转门”转场效果

STEP 03 单击鼠标左键并拖曳至故事板中的两幅图像素材之间，如图13-111所示。

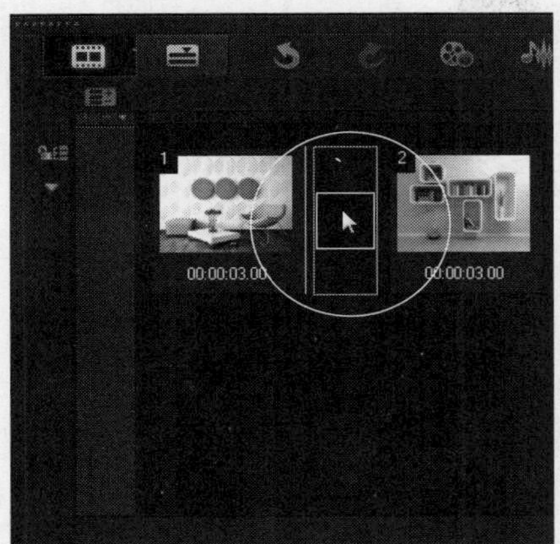

图13-111 拖曳至两幅图像素材之间

STEP 04 释放鼠标左键，即可添加“旋转门”转场效果，如图13-112所示。

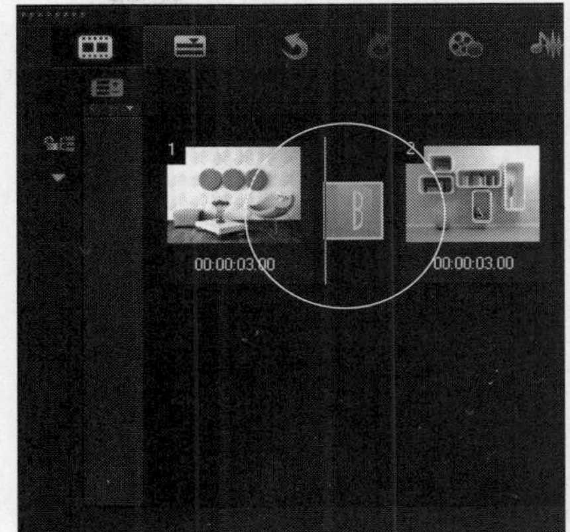

图13-112 添加“旋转门”转场效果

STEP 05 在导览面板中单击“播放”按钮，预览“旋转门”转场效果，如图13-113所示。

图13-113 预览“旋转门”转场效果

实战324 应用“漩涡”转场

▶实例位置：光盘\效果\第13章\蝴蝶飞舞.VSP
▶素材位置：光盘\素材\第13章\蝴蝶飞舞、海纳百川.jpg
▶视频位置：光盘\视频\第13章\实战324.mp4

• 实例介绍 •

在会声会影X7中，“漩涡”转场是将素材A以类似于碎片飘落的方式飞行，然后再显示素材B。下面向读者介绍应用“漩涡”转场的方法。

• 操作步骤 •

STEP 01 进入会声会影X7编辑器，在故事板中插入两幅素材图像，如图13-114所示。

图13-114 插入两幅素材图像

STEP 02 单击“转场”按钮，切换至“转场”素材库，在3D转场组中选择“旋涡”转场效果，如图13-115所示。

图13-115 选择“旋涡”转场效果

STEP 03 单击鼠标左键并拖曳至故事板中的两幅图像素材之间，如图13-116所示。

图13-116 拖曳至两幅图像素材之间

STEP 04 释放鼠标左键，即可添加“旋涡”转场效果，如图13-117所示。

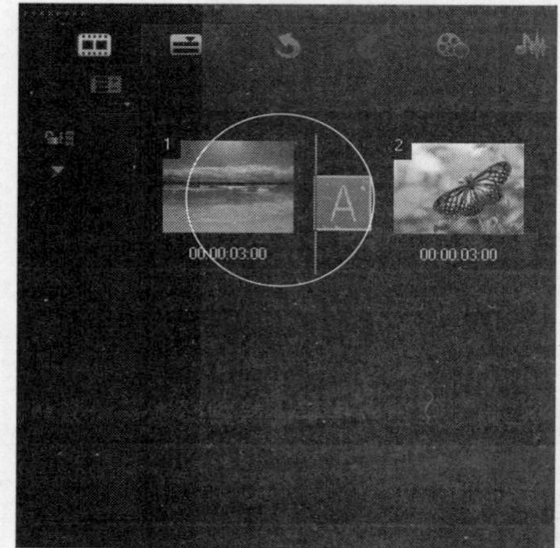

图13-117 添加“旋涡”转场效果

STEP 05 在导览面板中单击“播放”按钮，预览“旋涡”转场效果，如图13-118所示。

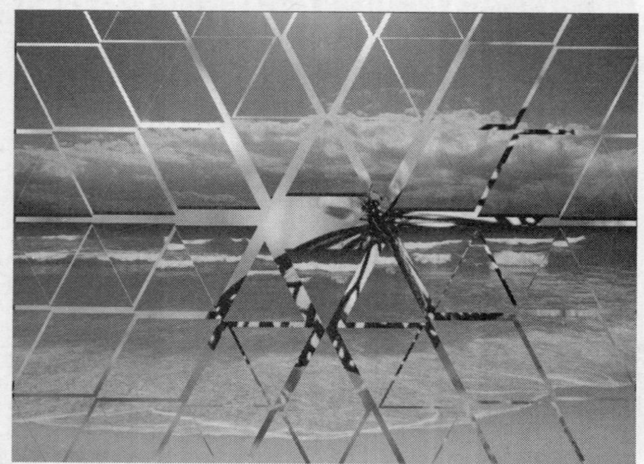

图13-118 预览“旋涡”转场效果

13.6 应用“置换”转场效果

在会声会影X7的“置换”转场组中，包括5种视频转场特效，如“棋盘”、“对角”、“螺旋”、“交错”以及“墙壁”等。本节主要向读者详细介绍应用“置换”视频转场效果的操作方法。

实战325 应用“棋盘”转场

▶实例位置：光盘\效果\第13章\室内装饰.VSP
▶素材位置：光盘\素材\第13章\室内装饰1、2.jpg
▶视频位置：光盘\视频\第13章\实战325.mp4

• 实例介绍 •

在会声会影X7中，运用“棋盘”转场效果是将素材B以国际棋盘样式逐渐置换素材A。下面向读者介绍应用“棋盘”转场的方法。

• 操作步骤 •

STEP 01 进入会声会影X7编辑器，在故事板中插入两幅素材图像，如图13-119所示。

图13-119 插入两幅素材图像

STEP 02 单击“转场”按钮，切换至“转场”素材库，在“置换”转场组中选择“棋盘”转场效果，如图13-120所示。

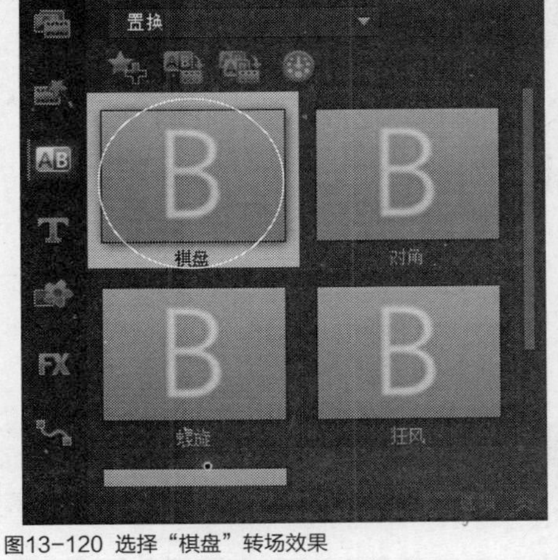

图13-120 选择“棋盘”转场效果

STEP 03 单击鼠标左键并拖曳至故事板中的两幅图像素材之间，如图13-121所示。

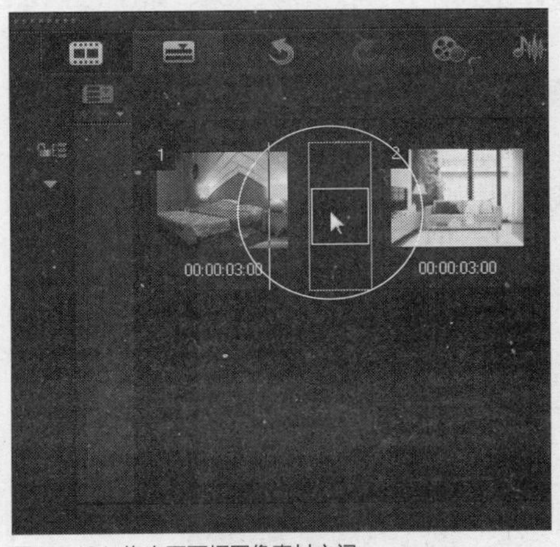

图13-121 拖曳至两幅图像素材之间

STEP 04 释放鼠标左键，即可添加“棋盘”转场效果，如图13-122所示。

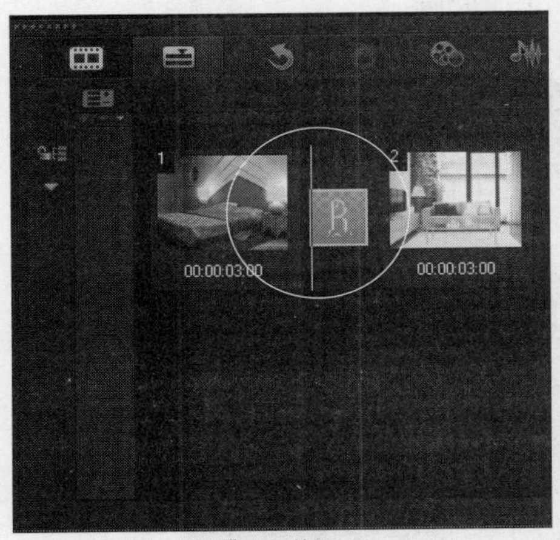

图13-122 添加“棋盘”转场效果

STEP 05 在导览面板中单击“播放”按钮，预览“棋盘”转场效果，如图13-123所示。

图13-123 预览“棋盘”转场效果

实战326 应用“对角”转场

▶实例位置：光盘\效果\第13章\大象画面.VSP
▶素材位置：光盘\素材\第13章\大象画面1、2.jpg
▶视频位置：光盘\视频\第13章\实战326.mp4

• 实例介绍 •

在会声会影X7中，“对角”转场效果是指素材A由某一方以方块的形式消失到对立的另一方，从而显示素材B。

• 操作步骤 •

STEP 01 进入会声会影X7编辑器，在故事板中插入两幅素材图像，如图13-124所示。

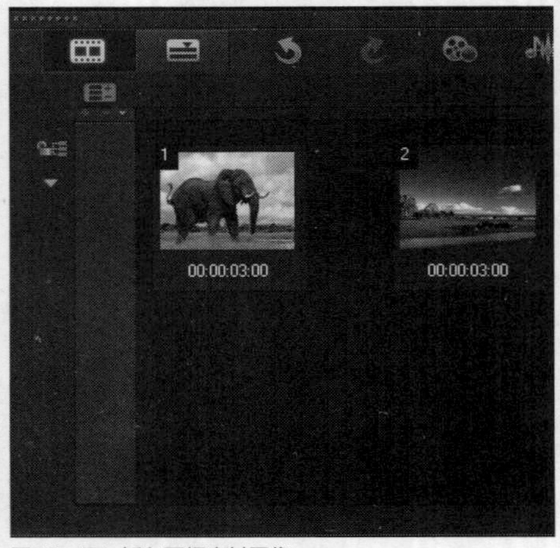

图13-124 插入两幅素材图像

STEP 02 单击“转场”按钮，切换至“转场”素材库，在“置换”转场组中选择“对角”转场效果，如图13-125所示。

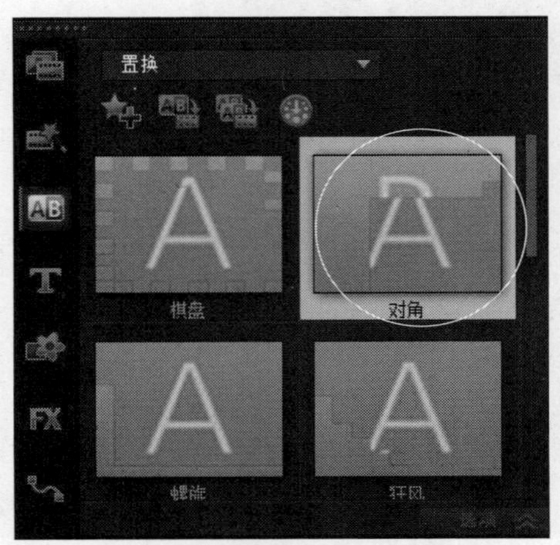

图13-125 选择“对角”转场效果

STEP 03 单击鼠标左键并拖曳至故事板中的两幅图像素材之间，如图13-126所示。

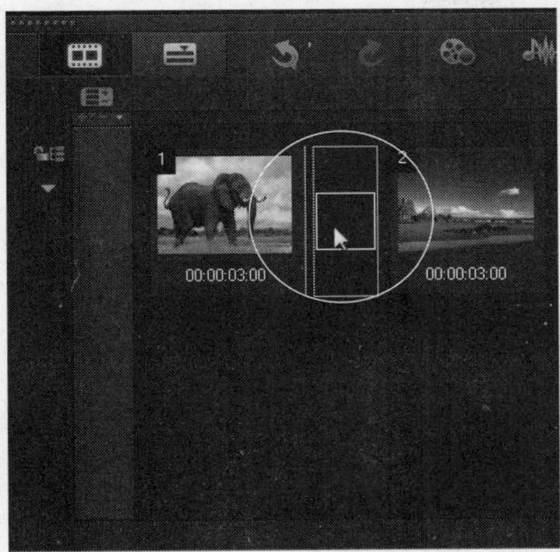

图13-126 拖曳至两幅图像素材之间

STEP 04 释放鼠标左键，即可添加“对角”转场效果，如图13-127所示。

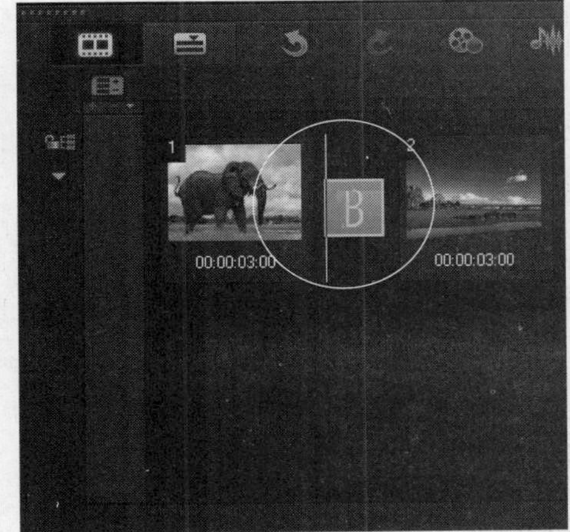

图13-127 添加“对角”转场效果

STEP 05 在导览面板中单击“播放”按钮，预览“对角”转场效果，如图13-128所示。

图13-128 预览“对角”转场效果

实战 327 应用“螺旋”转场

▶实例位置：光盘\效果\第13章\可爱小狗.VSP
▶素材位置：光盘\素材\第13章\可爱小狗1、2.jpg
▶视频位置：光盘\视频\第13章\实战327.mp4

• 实例介绍 •

在会声会影X7中，“螺旋”转场效果是指素材A由某一方以方块的形式呈蛇螺旋一样逐渐消失，从而显示素材B。

• 操作步骤 •

STEP 01 进入会声会影X7编辑器，在故事板中插入两幅素材图像，如图13-129所示。

图13-129 插入两幅素材图像

STEP 02 单击“转场”按钮，切换至“转场”素材库，在“置换”转场组中选择“螺旋”转场效果，如图13-130所示。

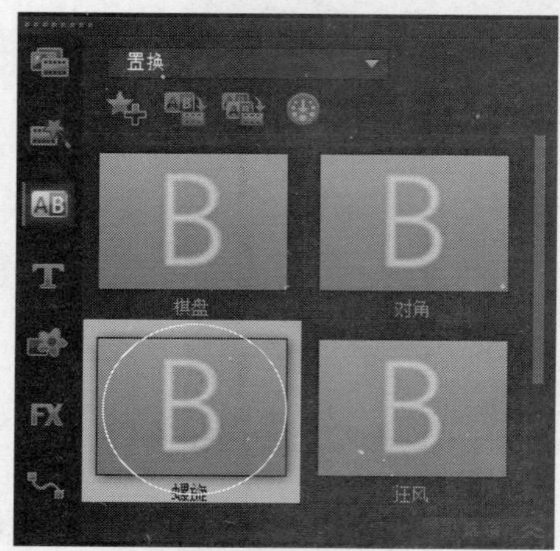

图13-130 选择“螺旋”转场效果

STEP 03 单击鼠标左键并拖曳至故事板中的两幅图像素材之间，如图13-131所示。

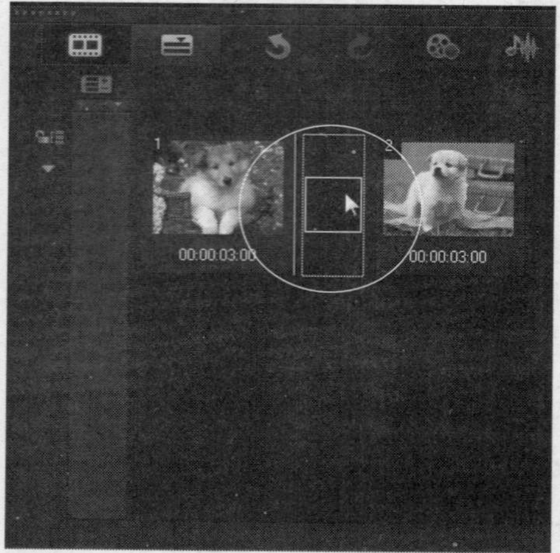

图13-131 拖曳至两幅图像素材之间

STEP 04 释放鼠标左键，即可添加“螺旋”转场效果，如图13-132所示。

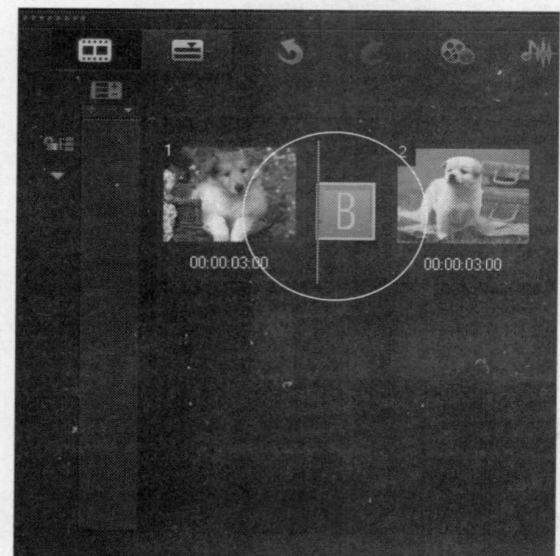

图13-132 添加“螺旋”转场效果

STEP 05 在导览面板中单击“播放”按钮，预览“螺旋”转场效果，如图13-133所示。

图13-133 预览“螺旋”转场效果

实战 328 应用“狂风”转场

▶实例位置：光盘\效果\第13章\绿色地带.VSP
▶素材位置：光盘\素材\第13章\绿色地带1、2.jpg
▶视频位置：光盘\视频\第13章\实战328.mp4

• 实例介绍 •

在会声会影X7中，“狂风”转场效果是指素材B以海浪前进的形式覆盖素材A的运动效果。下面向读者介绍自动添加转场效果的操作方法。

• 操作步骤 •

STEP 01 进入会声会影X7编辑器，在故事板中插入两幅素材图像，如图13-134所示。

STEP 02 单击“转场”按钮，切换至“转场”素材库，在“置换”转场组中选择“狂风”转场效果，如图13-135所示。

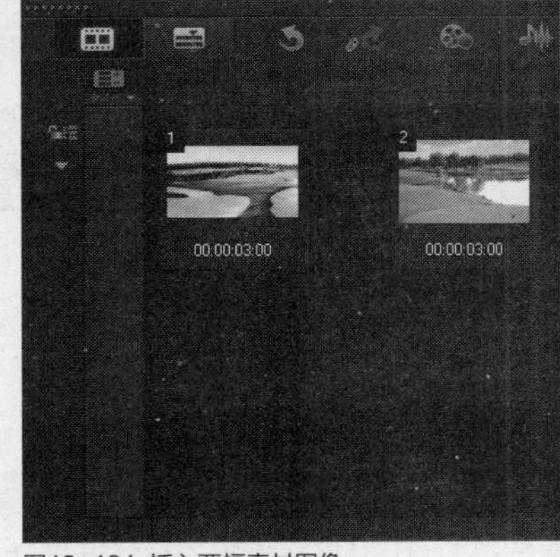

图13-134 插入两幅素材图像

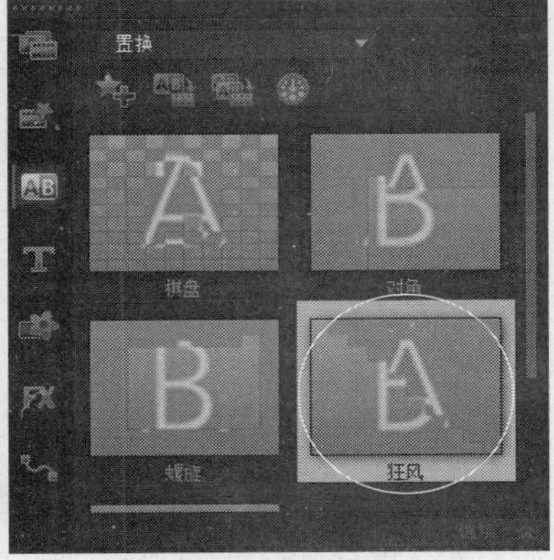

图13-135 选择“狂风”转场效果

STEP 03 单击鼠标左键并拖曳至故事板中的两幅图像素材之间，如图13-136所示。

STEP 04 释放鼠标左键，即可添加“狂风”转场效果，如图13-137所示。

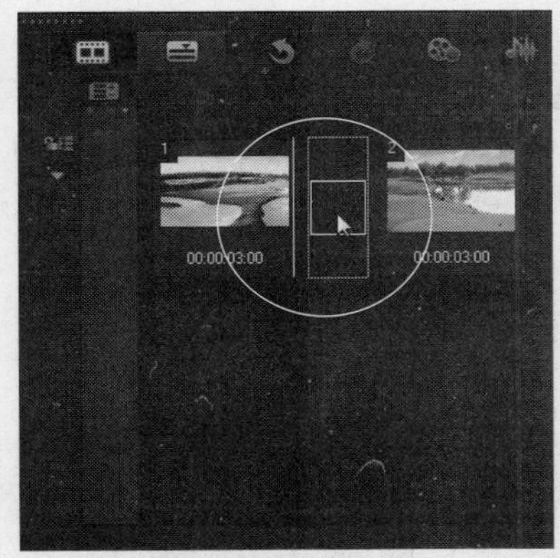

图13-136 拖曳至两幅图像素材之间

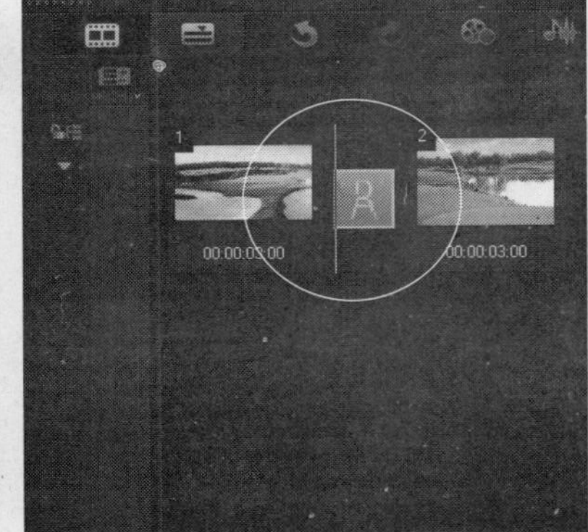

图13-137 添加“狂风”转场效果

STEP 05 在导览面板中单击“播放”按钮，预览“狂风”转场效果，如图13-138所示。

图13-138 预览“狂风”转场效果

图13-138 预览“狂风”转场效果（续）

实战 329 应用“墙”转场

▶实例位置：光盘\效果\第13章\小红花.VSP
▶素材位置：光盘\素材\第13章\小红花1、2.jpg
▶视频位置：光盘\视频\第13章\实战329.mp4

• 实例介绍 •

在会声会影X7中，“墙”转场效果是指素材B以墙壁堆积的形式覆盖素材A的运动效果。下面向读者介绍自动添加转场效果的操作方法。

• 操作步骤 •

STEP 01 进入会声会影X7编辑器，在故事板中插入两幅素材图像，如图13-139所示。

STEP 02 单击“转场”按钮，切换至“转场”素材库，在“置换”转场组中选择“墙”转场效果，如图13-140所示。

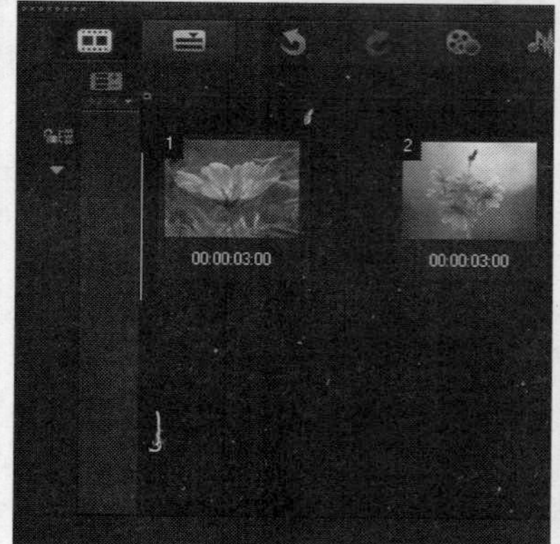

图13-139 插入两幅素材图像

图13-140 选择“墙”转场效果

STEP 03 单击鼠标左键并拖曳至故事板中的两幅图像素材之间，如图13-141所示。

STEP 04 释放鼠标左键，即可添加“墙”转场效果，如图13-142所示。

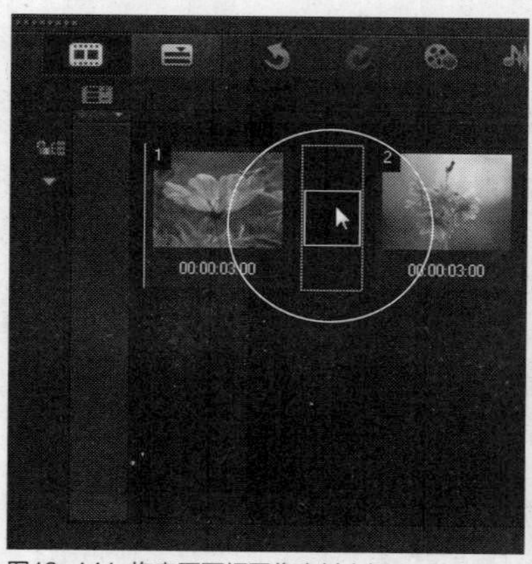

图13-141 拖曳至两幅图像素材之间

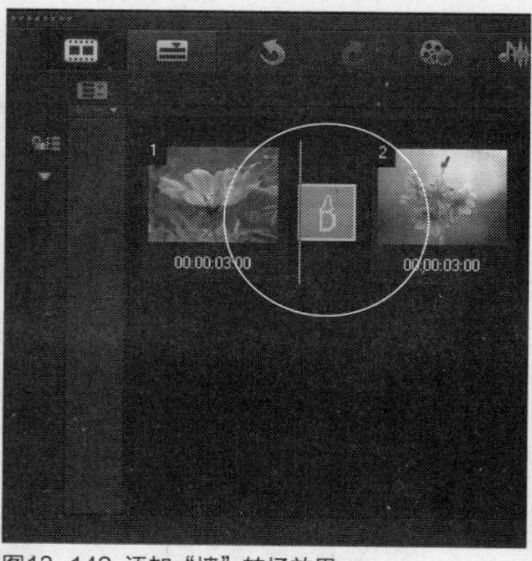

图13-142 添加“墙”转场效果

STEP 05 在导览面板中单击“播放”按钮，预览“墙”转场效果，如图13-143所示。

图13-143 预览“墙”转场效果

知识拓展

在会声会影X7中，当用户为素材图像添加“墙”转场效果后，此时在“转场”选项面板中，向读者提供了4种“墙”运动方向，用户可根据实际需要进行选择与应用。

13.7 应用“小时钟”转场效果

在会声会影X7的“小时钟”转场组中，包括7种视频转场特效，如“中央”、“四分之一”、“单向”、“分割”、“清除”、“转动”以及“扭曲”等。本节主要向读者详细介绍应用“小时钟”视频转场效果的操作方法。

实战330 应用“中央”转场

- 实例位置：光盘\效果\第13章\海边小孩.VSP
- 素材位置：光盘\素材\第13章\海边小孩1、2.jpg
- 视频位置：光盘\视频\第13章\实战330.mp4

• 实例介绍 •

在会声会影X7中，“中央”转场效果是将素材A分别以小时钟的12点和6点为中心，分别向两边旋转至3点和9点合并消失，从而显示素材B。

• 操作步骤 •

STEP 01 进入会声会影X7编辑器，在故事板中插入两幅素材图像，如图13-144所示。

STEP 02 单击“转场”按钮，切换至“转场”素材库，在“小时钟”转场组中选择“中央”转场效果，如图13-145所示。

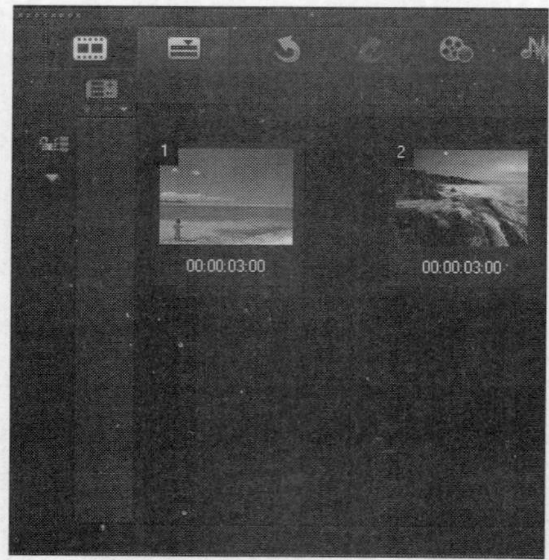

图13-144 插入两幅素材图像

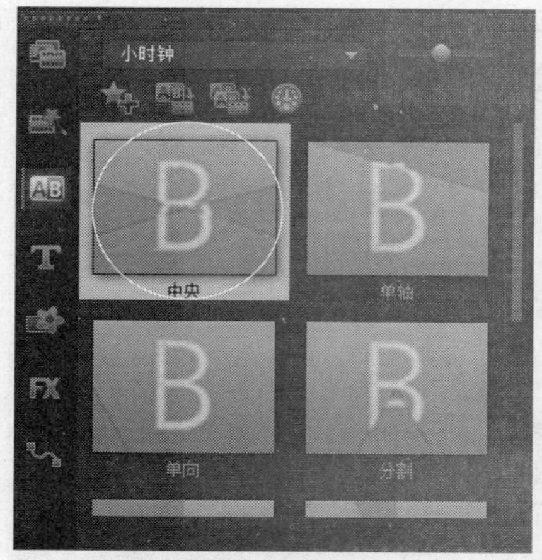

图13-145 选择“中央”转场效果

STEP 03 单击鼠标左键并拖曳至故事板中的两幅图像素材之间，如图13-146所示。

STEP 04 释放鼠标左键，即可添加“中央”转场效果，如图13-147所示。

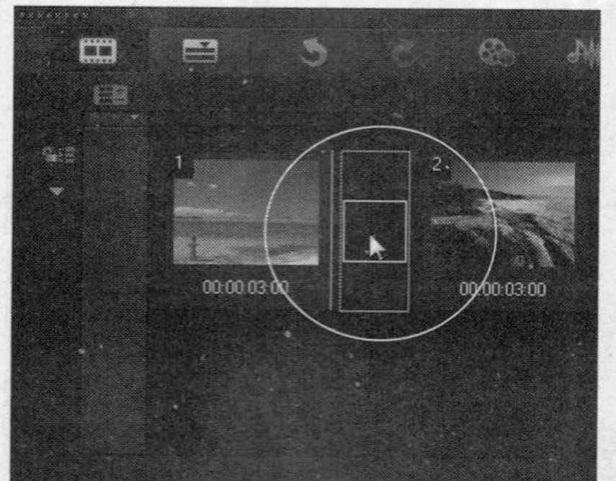

图13-146 拖曳至两幅图像素材之间

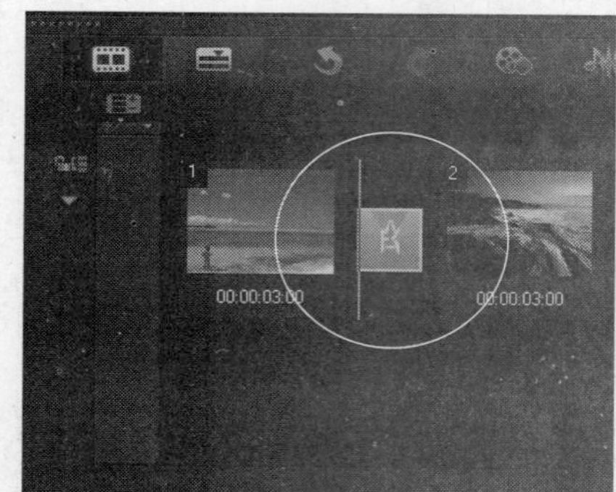

图13-147 添加“中央”转场效果

STEP 05 在导览面板中单击“播放”按钮，预览“中央”转场效果，如图13-148所示。

图13-148 预览“中央”转场效果

知识拓展

“中央”转场效果是“小时钟”转场效果中，除了“分割”转场效果以外没有方向选项的转场效果。

实战 331 应用“分割”转场

▶实例位置：光盘\效果\第13章\美丽画面.VSP
▶素材位置：光盘\素材\第13章\美丽画面1、2.jpg
▶视频位置：光盘\视频\第13章\实战331.mp4

• 实例介绍 •

“分割”转场是指素材A以小时钟的12点为中心分别向两边旋转至6点合并消失，显示素材B。下面向读者介绍自动添加转场效果的操作方法。

• 操作步骤 •

STEP 01 进入会声会影X7编辑器，在故事板中插入两幅素材图像，如图13-149所示。

图13-149 插入两幅素材图像

STEP 02 单击“转场”按钮，切换至“转场”素材库，在“小时钟”转场组中选择“分割”转场效果，如图13-150所示。

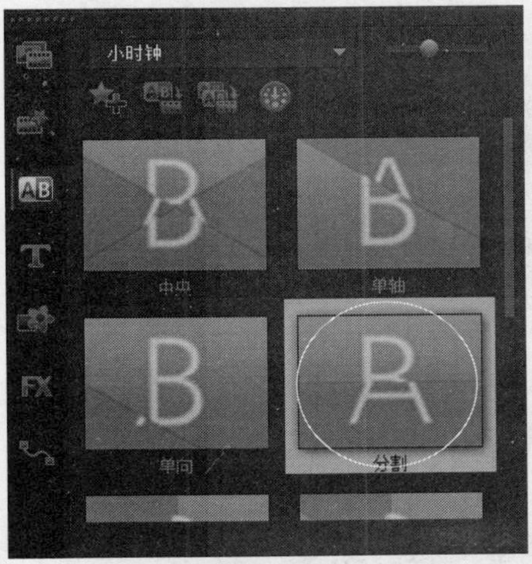

图13-150 选择“分割”转场效果

STEP 03 单击鼠标左键并拖曳至故事板中的两幅图像素材之间，如图13-151所示。

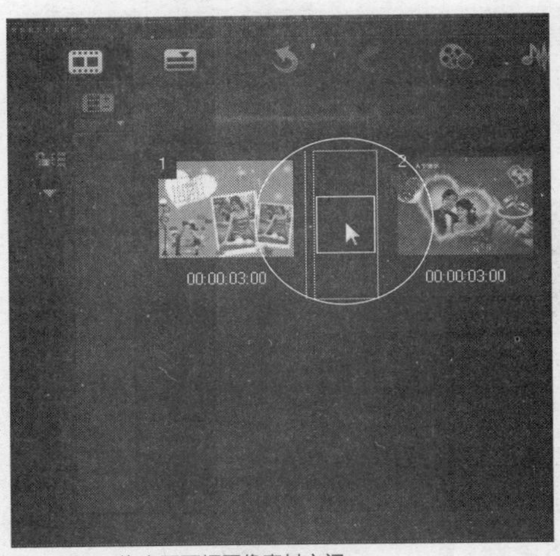

图13-151 拖曳至两幅图像素材之间

STEP 04 释放鼠标左键，即可添加“分割”转场效果，如图13-152所示。

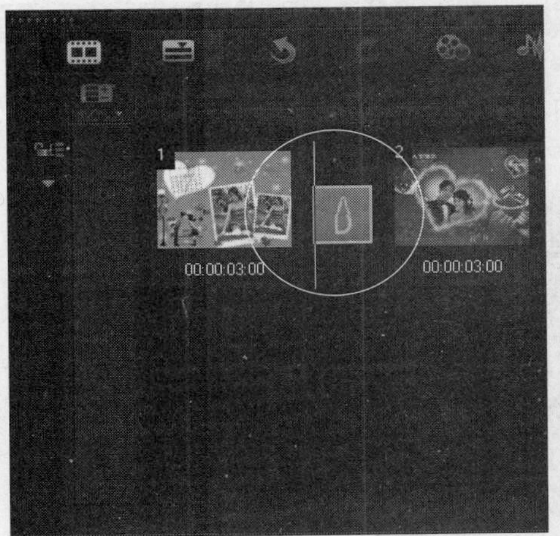

图13-152 拖曳至两幅图像素材之间

STEP 05 在导览面板中单击“播放”按钮，预览“分割”转场效果，如图13-153所示。

图13-153 预览“分割”转场效果

实战332 应用“清除”转场

▶实例位置：光盘\效果\第13章\美景.VSP
▶素材位置：光盘\素材\第13章\美景1、2.jpg
▶视频位置：光盘\视频\第13章\实战332.mp4

• 实例介绍 •

在会声会影X7中，“清除”转场效果是指素材A以擦除画面的方式消失，然后再显示素材B。下面向读者介绍自动添加转场效果的操作方法。

• 操作步骤 •

STEP 01 进入会声会影X7编辑器，在故事板中插入两幅素材图像，如图13-154所示。

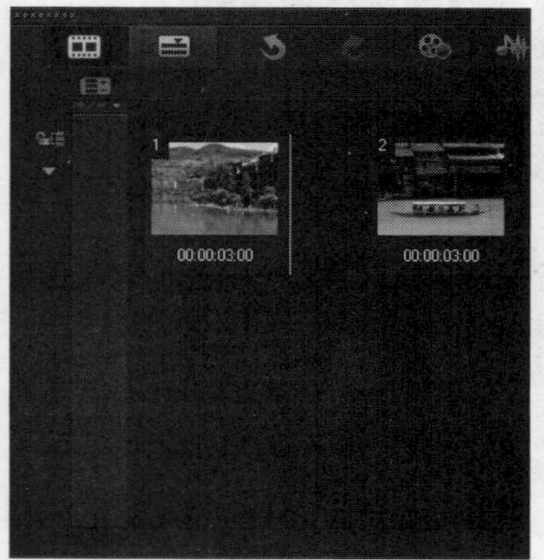

图13-154 插入两幅素材图像

STEP 02 单击“转场”按钮，切换至“转场”素材库，在“小时钟”转场组中选择“清除”转场效果，如图13-155所示。

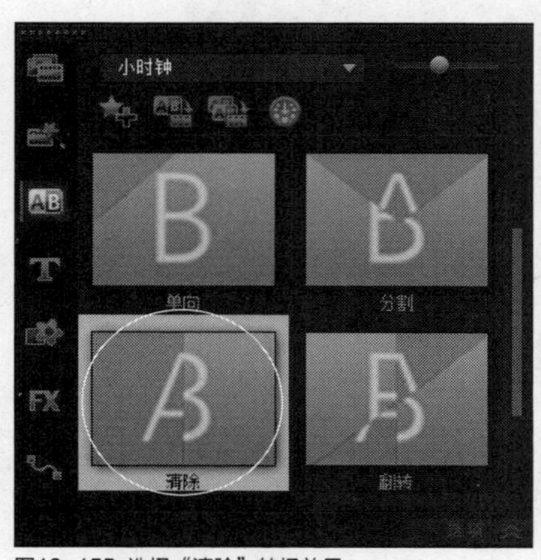

图13-155 选择“清除”转场效果

STEP 03 单击鼠标左键并拖曳至故事板中的两幅图像素材之间，如图13-156所示。

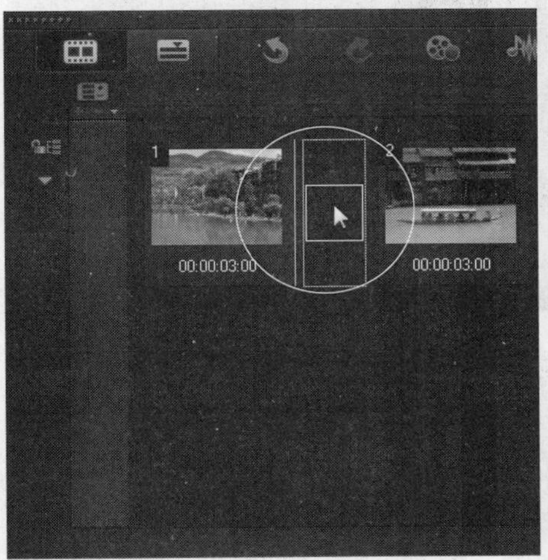

图13-156 拖曳至两幅图像素材之间

STEP 04 释放鼠标左键，即可添加“清除”转场效果，如图13-157所示。

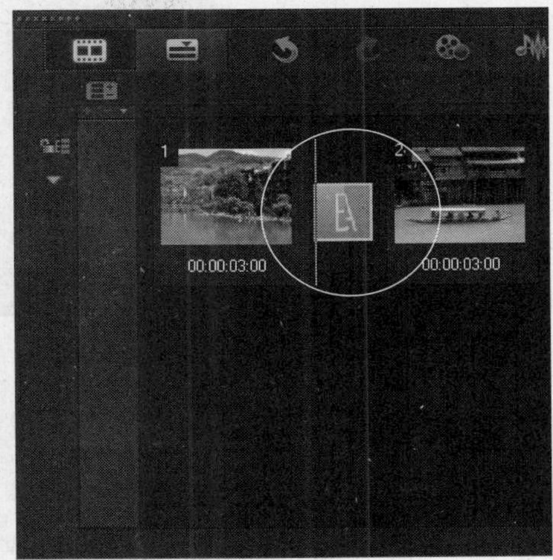

图13-157 添加“清除”转场效果

STEP 05 在导览面板中单击“播放”按钮，预览“清除”转场效果，如图13-158所示。

图13-158 预览“清除”转场效果

实战 333 应用“扭曲”转场

- 实例位置：光盘\效果\第13章\大床.VSP
- 素材位置：光盘\素材\第13章\大床1、2.jpg
- 视频位置：光盘\视频\第13章\实战333.mp4

• 实例介绍 •

“扭曲”转场效果是指素材A以风车的形式进行回旋，然后再显示素材B。下面向读者介绍自动添加转场效果的操作方法。

• 操作步骤 •

STEP 01 进入会声会影X7编辑器，在故事板中插入两幅素材图像，如图13-159所示。

STEP 02 单击“转场”按钮，切换至“转场”素材库，在“小时钟”转场组中选择“扭曲”转场效果，如图13-160所示。

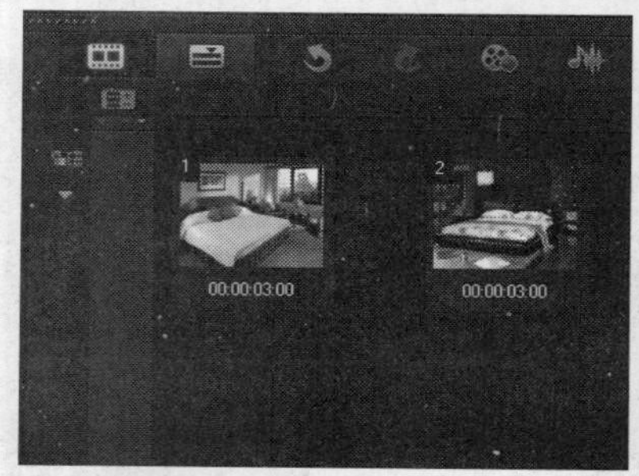
图13-159 插入两幅素材图像

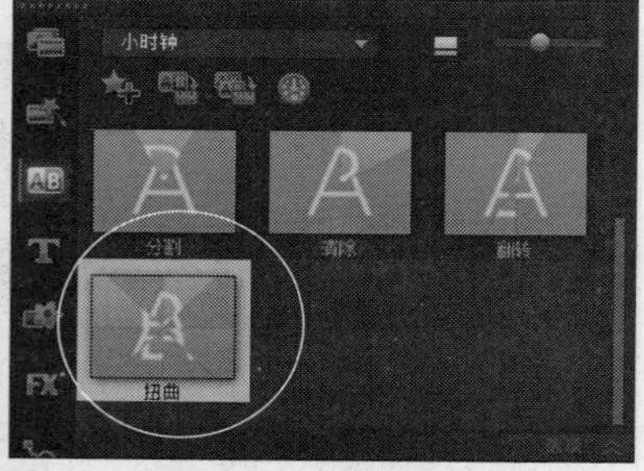

图13-160 选择“扭曲”转场效果

STEP 03 单击鼠标左键并拖曳至故事板中的两幅图像素材之间，如图13-161所示。

STEP 04 释放鼠标左键，即可添加“扭曲”转场效果，如图13-162所示。

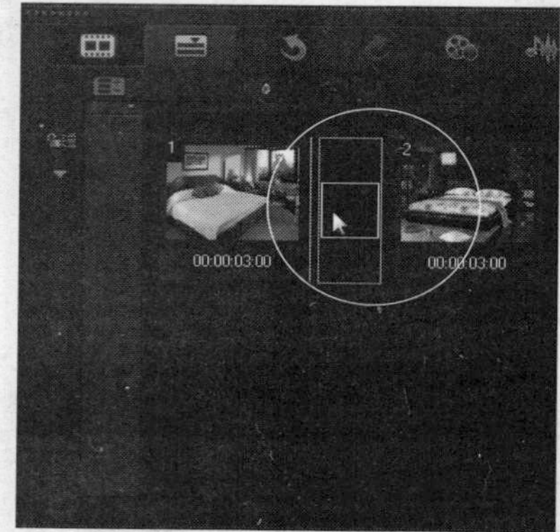
图13-161 拖曳至两幅图像素材之间

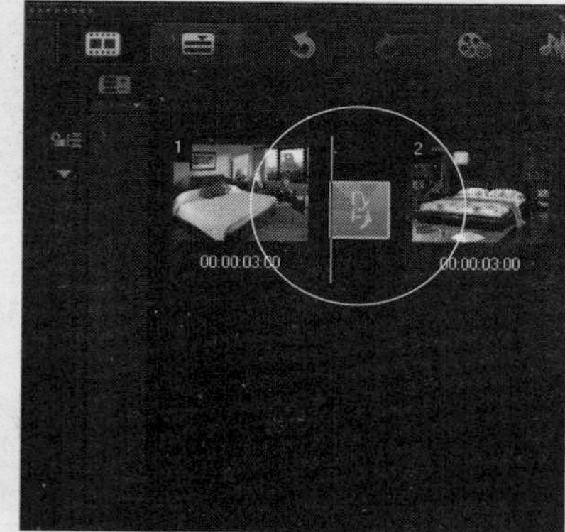
图13-162 添加“扭曲”转场效果

STEP 05 在导览面板中单击“播放”按钮，预览“扭曲”转场效果，如图13-163所示。

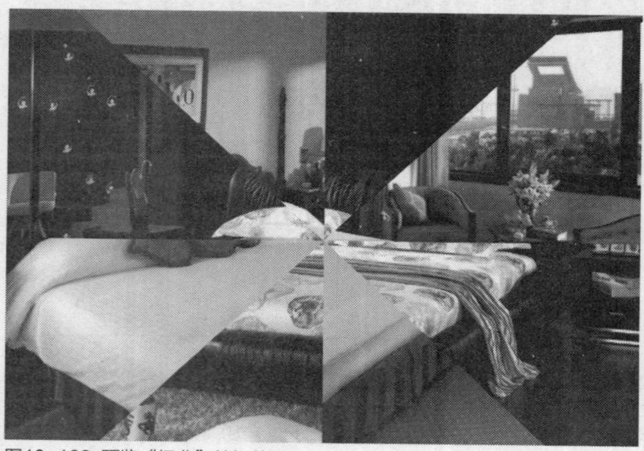

图13-163 预览“扭曲”转场效果

13.8 应用“筛选”转场效果

在会声会影X7的“筛选”转场组中，包括20种视频转场特效，如“箭头”、“爆裂”、“燃烧”、“交错淡化”、“遮罩”、“打碎”以及“曲线淡化”等。本节主要向读者详细介绍应用“筛选”视频转场效果的操作方法。

实战 334 应用“燃烧”转场

▶实例位置：光盘\效果\第13章\红色心形.VSP
▶素材位置：光盘\素材\第13章\红色心形1、2.jpg
▶视频位置：光盘\视频\第13章\实战334.mp4

• 实例介绍 •

在会声会影X7中，“燃烧”转场效果是指素材A以燃烧的形状过渡，然后再显示素材B。下面向读者介绍应用“燃烧”转场效果的操作方法。

• 操作步骤 •

STEP 01 进入会声会影X7编辑器，在故事板中插入两幅素材图像，如图13-164所示。

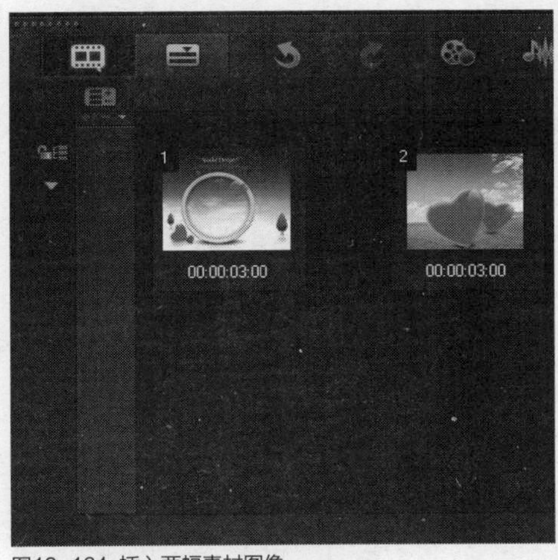

图13-164 插入两幅素材图像

STEP 02 单击“转场”按钮，切换至“转场”素材库，在“筛选”转场组中选择“燃烧”转场效果，如图13-165所示。

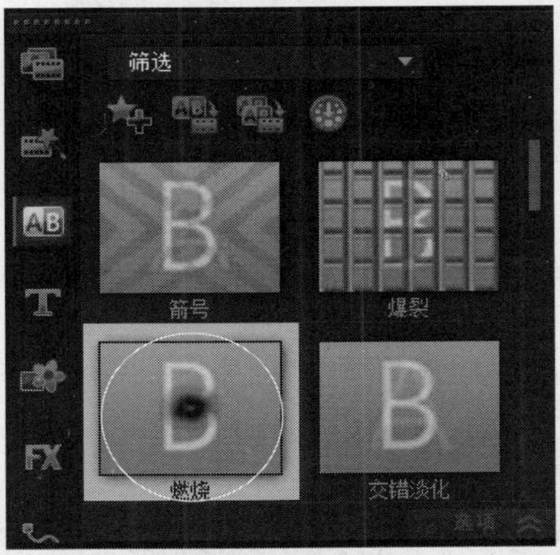

图13-165 选择“燃烧”转场效果

STEP 03 单击鼠标左键并拖曳至故事板中的两幅图像素材之间，如图13-166所示。

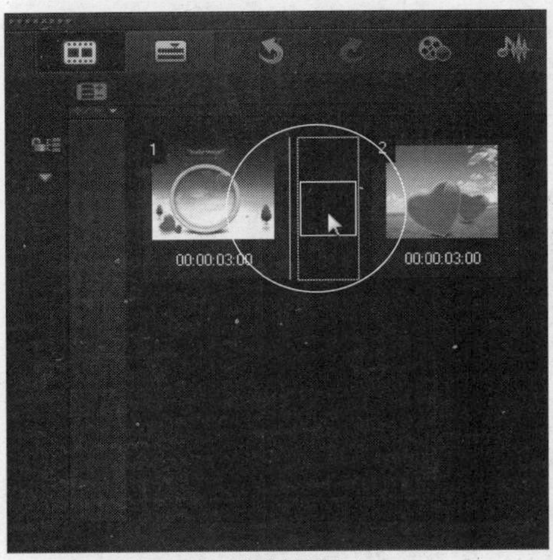

图13-166 拖曳至两幅图像素材之间

STEP 04 释放鼠标左键，即可添加“燃烧”转场效果，如图13-167所示。

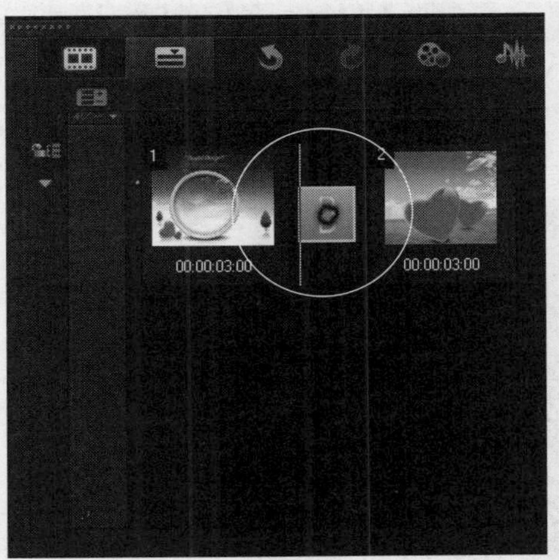

图13-167 添加“燃烧”转场效果

STEP 05 在导览面板中单击“播放”按钮，预览“燃烧”转场效果，如图13-168所示。

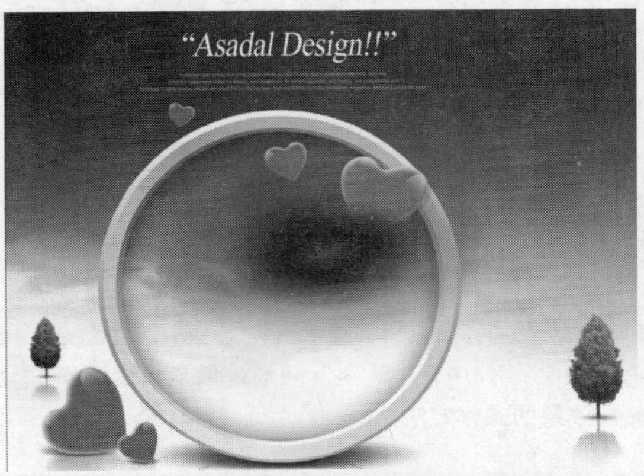

图13-168 预览“燃烧”转场效果

实战 335 应用“菱形”转场

▶实例位置：光盘\效果\第13章\乐器.VSP
▶素材位置：光盘\素材\第13章\乐器1、2.jpg
▶视频位置：光盘\视频\第13章\实战335.mp4

• 实例介绍 •

在会声会影X7中，“菱形”转场效果是指素材A以菱形的形状过渡，然后再显示素材B。下面向读者介绍应用“菱形”转场效果的操作方法。

• 操作步骤 •

STEP 01 进入会声会影X7编辑器，在故事板中插入两幅素材图像，如图13-169所示。

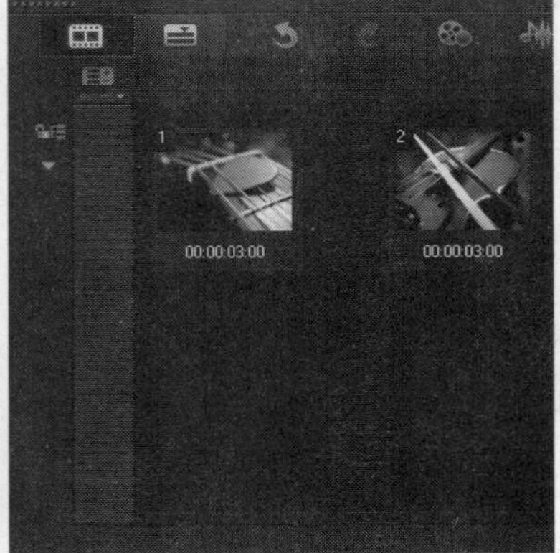

图13-169 插入两幅素材图像

STEP 02 单击“转场”按钮，切换至“转场”素材库，在“筛选”转场组中选择“菱形”转场效果，如图13-170所示。

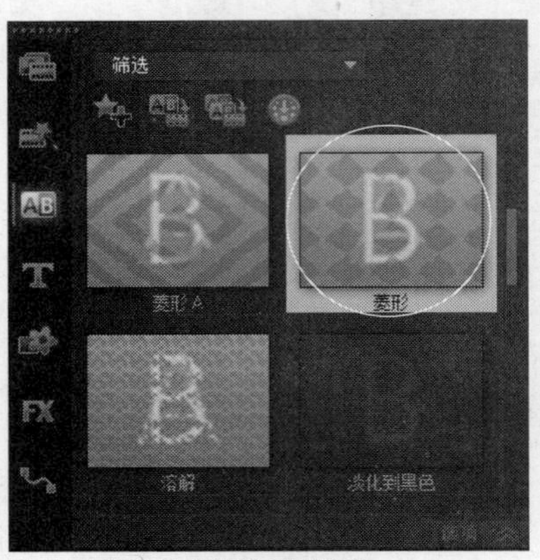

图13-170 选择“菱形”转场效果

STEP 03 单击鼠标左键并拖曳至故事板中的两幅图像素材之间，如图13-171所示。

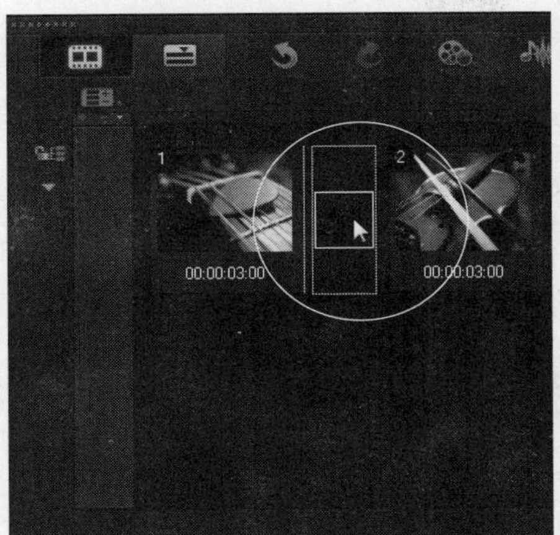

图13-171 拖曳至两幅图像素材之间

STEP 04 释放鼠标左键，即可添加“菱形”转场效果，如图13-172所示。

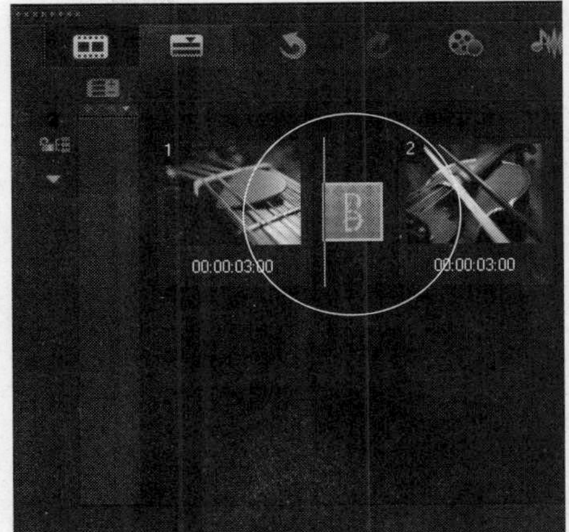

图13-172 添加“菱形”转场效果

STEP 05 在导览面板中单击“播放”按钮，预览“菱形”转场效果，如图13-173所示。

图13-173 预览“菱形”转场效果

实战336 应用“漏斗”转场

▶ 实例位置：光盘\效果\第13章\美味饭团.VSP
▶ 素材位置：光盘\素材\第13章\美味饭团1、2.jpg
▶ 视频位置：光盘\视频\第13章\实战336.mp4

• 实例介绍 •

在会声会影X7中，“漏斗”转场效果是指素材A以漏斗缩放的形状过渡，然后再显示素材B。下面向读者介绍应用“漏斗”转场效果的操作方法。

• 操作步骤 •

STEP 01 进入会声会影X7编辑器，在故事板中插入两幅素材图像，如图13-174所示。

图13-174 插入两幅素材图像

STEP 02 单击“转场”按钮，切换至“转场”素材库，在“筛选”转场组中选择“漏斗”转场效果，如图13-175所示。

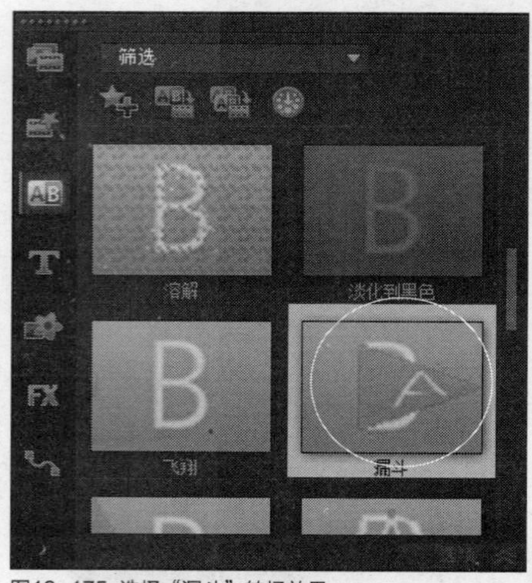

图13-175 选择“漏斗”转场效果

STEP 03 单击鼠标左键并拖曳至故事板中的两幅图像素材之间，如图13-176所示。

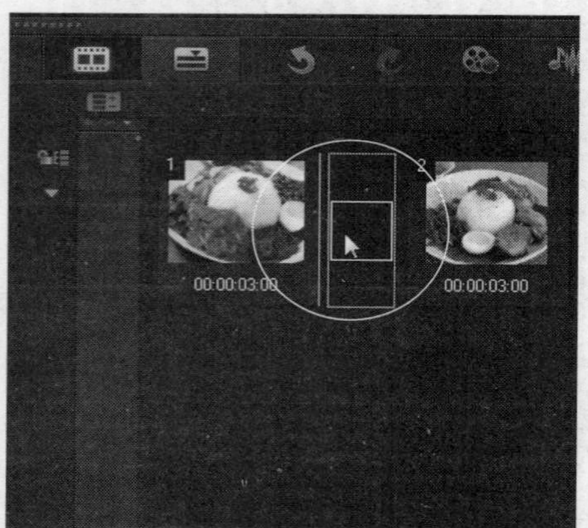

图13-176 拖曳至两幅图像素材之间

STEP 04 释放鼠标左键，即可添加“漏斗”转场效果，如图13-177所示。

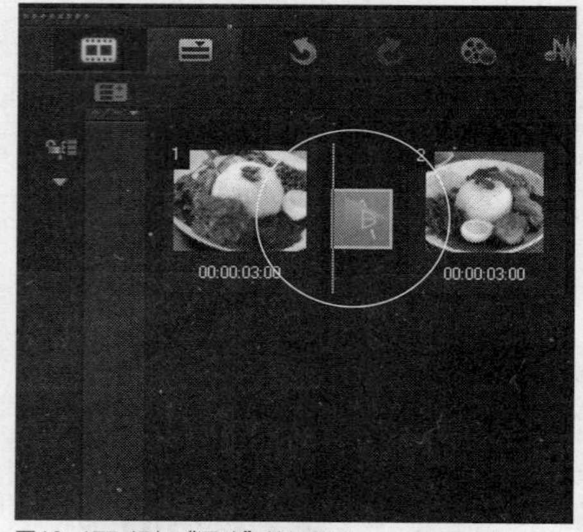

图13-177 添加“漏斗”转场效果

知识拓展

在会声会影X7中，“漏斗”转场效果默认的方向是由左到右，用户还可以选择由下到上等3种不同的方向。

STEP 05 在导览面板中单击“播放”按钮，预览“漏斗”转场效果，如图13-178所示。

图13-178 预览“漏斗”转场效果

图13-178 预览“漏斗”转场效果（续）

实战 337 应用“打碎”转场

▶实例位置：光盘\效果\第13章\婚庆模板.VSP
▶素材位置：光盘\素材\第13章\婚庆模板1、2.jpg
▶视频位置：光盘\视频\第13章\实战337.mp4

• 实例介绍 •

在会声会影X7中，“打碎”转场效果是指素材A以打碎缩放的形状过渡，然后再显示素材B。下面向读者介绍应用“打碎”转场效果的操作方法。

• 操作步骤 •

STEP 01 进入会声会影X7编辑器，在故事板中插入两幅素材图像，如图13-179所示。

STEP 02 单击“转场”按钮，切换至“转场”素材库，在“筛选”转场组中选择“打碎”转场效果，如图13-180所示。

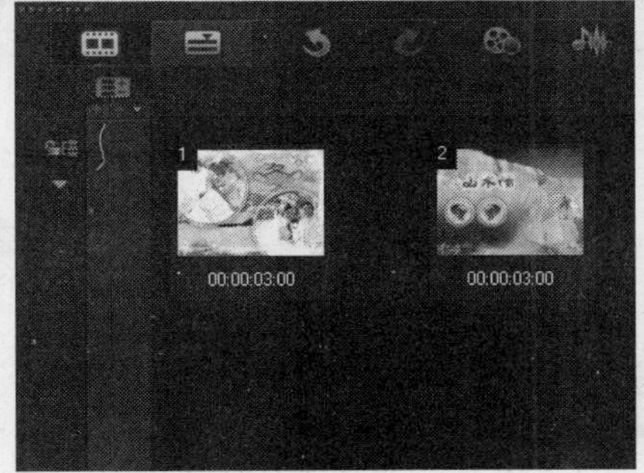

图13-179 插入两幅素材图像

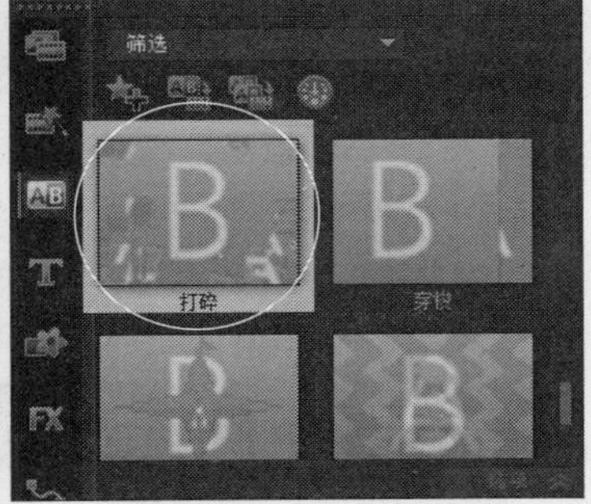

图13-180 选择“打碎”转场效果

STEP 03 单击鼠标左键并拖曳至故事板中的两幅图像素材之间，如图13-181所示。

STEP 04 释放鼠标左键，即可添加“打碎”转场效果，如图13-182所示。

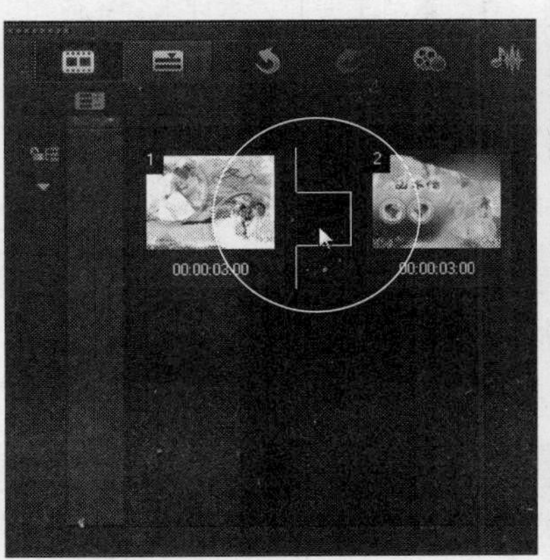

图13-181 拖曳至两幅图像素材之间

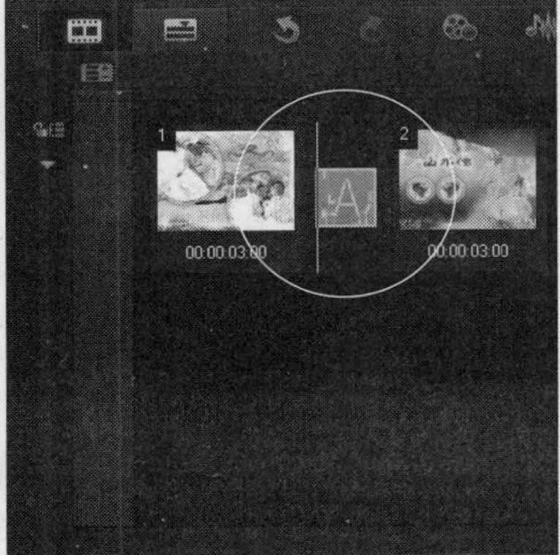

图13-182 添加“打碎”转场效果

STEP 05 在导览面板中单击“播放”按钮，预览“打碎”转场效果，如图13-183所示。

图13-183 预览“打碎”转场效果

知识拓展

为素材文件添加“打碎”转场效果后，在选项面板中无法设置转场的边框、柔化边缘以及方向等属性。

13.9 应用“底片”转场效果

在会声会影X7的“底片”转场组中，包括13种视频转场特效，如“横条”、“对开门”、“交叉”、“渐进”、“单向”、“分割”以及“扭曲”等。本节主要向读者详细介绍应用“底片”视频转场效果的操作方法。

实战338 应用“对开门”转场

▶实例位置：光盘\效果\第13章\婚纱模板.VSP
▶素材位置：光盘\素材\第13章\婚纱模板1、婚纱模板2.jpg
▶视频位置：光盘\视频\第13章\实战338.mp4

• 实例介绍 •

在会声会影X7中，“对开门”转场效果是指素材A以底片对开门的形状显示素材B。下面向读者介绍应用“对开门”转场效果的操作方法。

• 操作步骤 •

STEP 01 进入会声会影X7编辑器，在故事板中插入两幅素材图像，如图13-184所示。

STEP 02 单击“转场”按钮，切换至“转场”素材库，在“底片”转场组中选择“对开门”转场效果，如图13-185所示。

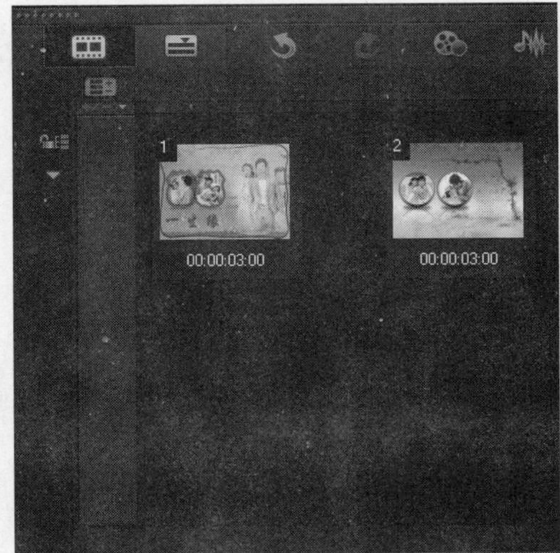
图13-184　插入两幅素材图像

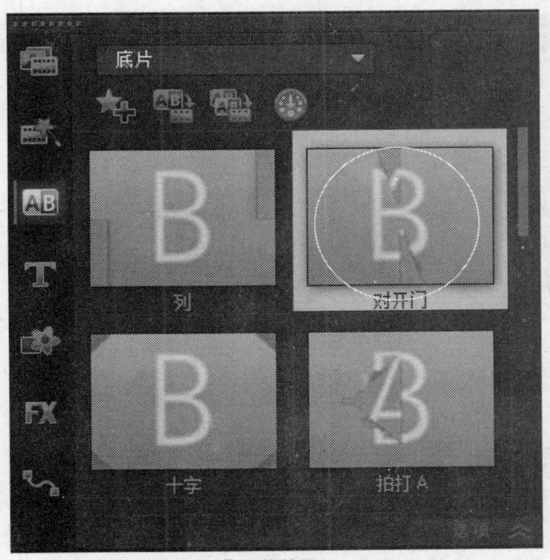

图13-185　选择"对开门"转场效果

STEP 03 单击鼠标左键并拖曳至故事板中的两幅图像素材之间，如图13-186所示。

STEP 04 释放鼠标左键，即可添加"对开门"转场效果，如图13-187所示。

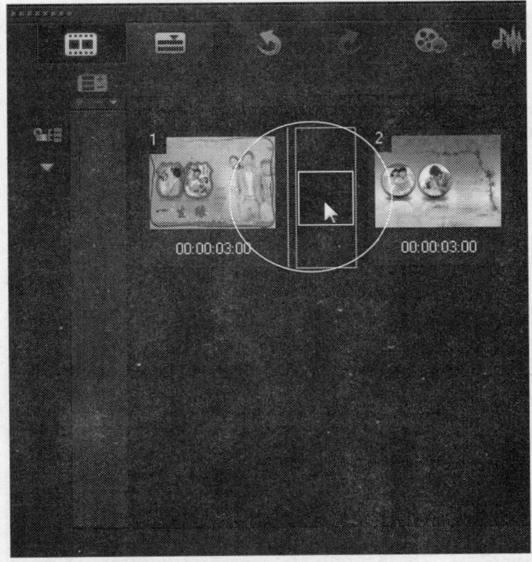

图13-186　拖曳至两幅图像素材之间

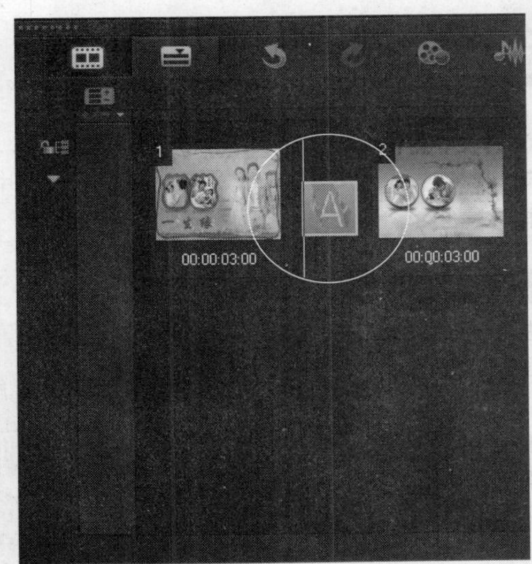

图13-187　添加"对开门"转场效果

STEP 05 在导览面板中单击"播放"按钮，预览"对开门"转场效果，如图13-188所示。

图13-188　预览"对开门"转场效果

图13-188 预览“对开门”转场效果（续）

知识拓展

在“转场”选项面板中，“对开门”转场效果有4种不同的方向供用户选择和使用。

实战 339 应用“分半”转场

▶ 实例位置：光盘\效果\第13章\劲爆足球.VSP
▶ 素材位置：光盘\素材\第13章\劲爆足球1、2.jpg
▶ 视频位置：光盘\视频\第13章\实战339.mp4

• 实例介绍 •

在会声会影X7中，“分半”转场效果是指素材A以底片分割的形状显示素材B。下面向读者介绍应用“分半”转场效果的操作方法。

• 操作步骤 •

STEP 01 进入会声会影X7编辑器，在故事板中插入两幅素材图像，如图13-189所示。

STEP 02 单击“转场”按钮，切换至“转场”素材库，在“底片”转场组中选择“分半”转场效果，如图13-190所示。

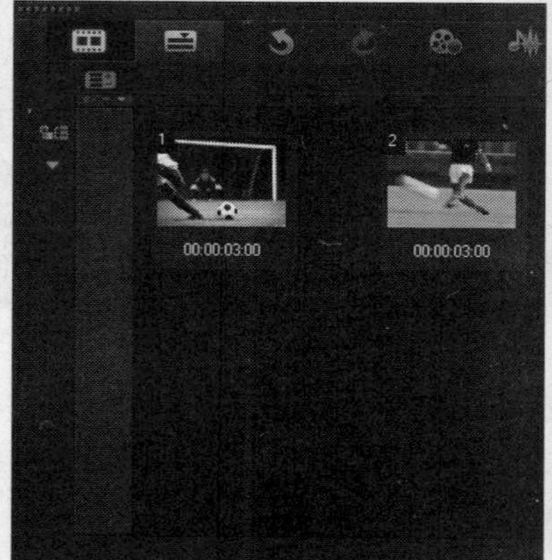

图13-189 插入两幅素材图像

图13-190 选择“分半”转场效果

STEP 03 单击鼠标左键并拖曳至故事板中的两幅图像素材之间，如图13-191所示。

STEP 04 释放鼠标左键，即可添加“分半”转场效果，如图13-192所示。

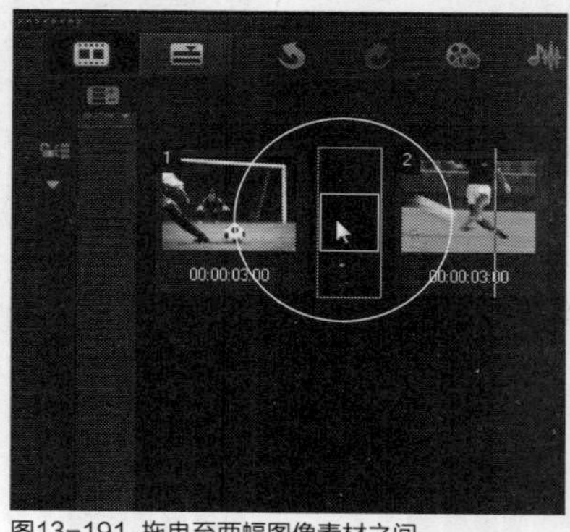

图13-191 拖曳至两幅图像素材之间

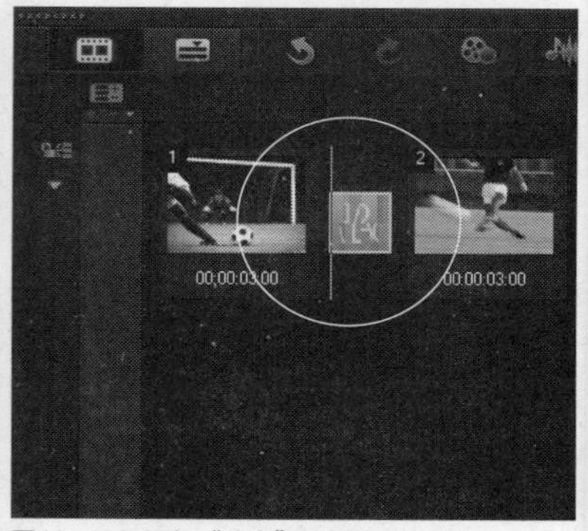

图13-192 添加“分半”转场效果

STEP 05 在导览面板中单击“播放”按钮，预览“分半”转场效果，如图13-193所示。

图13-193 预览“分半”转场效果

实战 340 应用“翻页”转场

▶实例位置：光盘\效果\第13章\餐点.VSP
▶素材位置：光盘\素材\第13章\餐点1、2.jpg
▶视频位置：光盘\视频\第13章\实战340.mp4

• 实例介绍 •

在会声会影X7中，“翻页”转场效果是指素材A以底片翻页的形状显示素材B。下面向读者介绍应用“翻页”转场效果的操作方法。

• 操作步骤 •

STEP 01 进入会声会影X7编辑器，在故事板中插入两幅素材图像，如图13-194所示。

STEP 02 单击“转场”按钮，切换至“转场”素材库，在“底片”转场组中选择“翻页”转场效果，如图13-195所示。

图13-194 插入两幅素材图像

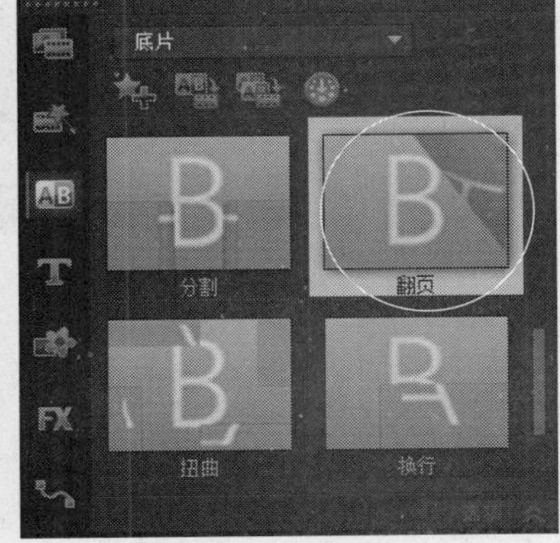

图13-195 选择“翻页”转场效果

STEP 03 单击鼠标左键并拖曳至故事板中的两幅图像素材之间，如图13-196所示。

STEP 04 释放鼠标左键，即可添加“翻页”转场效果，如图13-197所示。

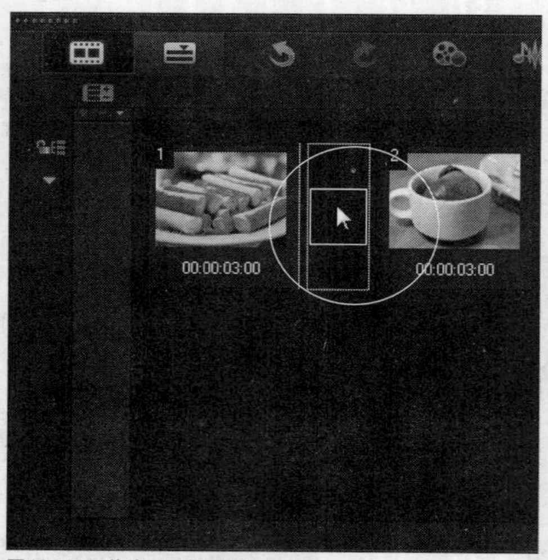

图13-196 拖曳至两幅图像素材之间

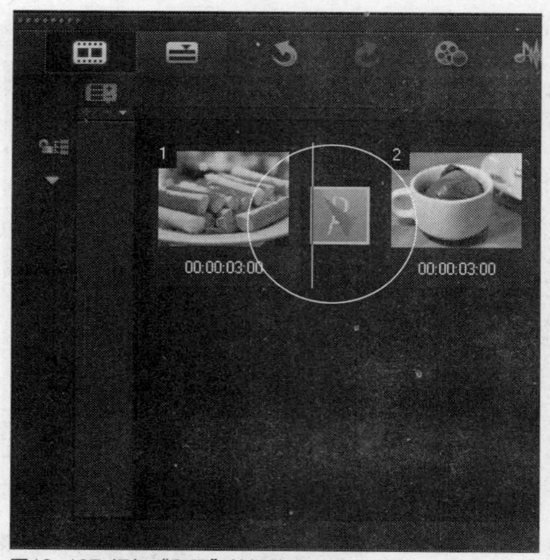

图13-197 添加"翻页"转场效果

STEP 05 在导览面板中单击"播放"按钮，预览"翻页"转场效果，如图13-198所示。

图13-198 预览"翻页"转场效果

实战 341 应用"扭曲"转场

▶实例位置：光盘\效果\第13章\水果.VSP
▶素材位置：光盘\素材\第13章\水果1、2.jpg
▶视频位置：光盘\视频\第13章\实战341.mp4

• 实例介绍 •

在会声会影X7中，"扭曲"转场效果是指素材A以底片翻转扭曲的形状显示素材B。下面向读者介绍应用"扭曲"转场效果的操作方法。

• 操作步骤 •

STEP 01 进入会声会影X7编辑器，在故事板中插入两幅素材图像，如图13-199所示。

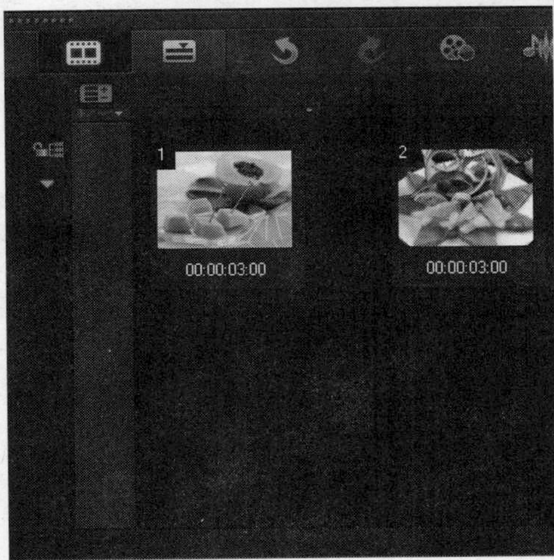

图13-199 插入两幅素材图像

STEP 02 单击“转场”按钮，切换至“转场”素材库，在“底片”转场组中选择“扭曲”转场效果，如图13-200所示。

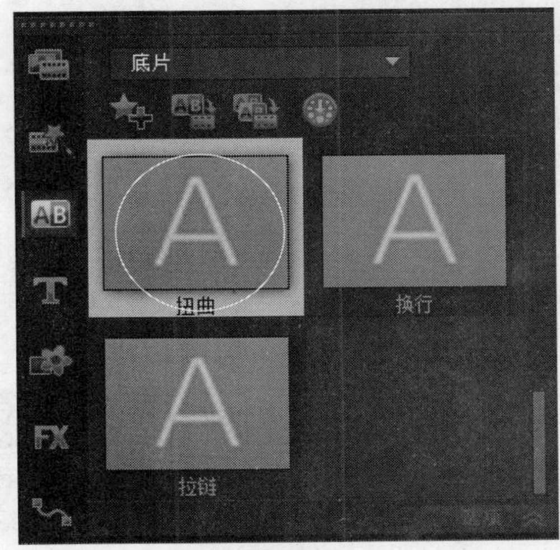

图13-200 选择“扭曲”转场效果

STEP 03 单击鼠标左键并拖曳至故事板中的两幅图像素材之间，如图13-201所示。

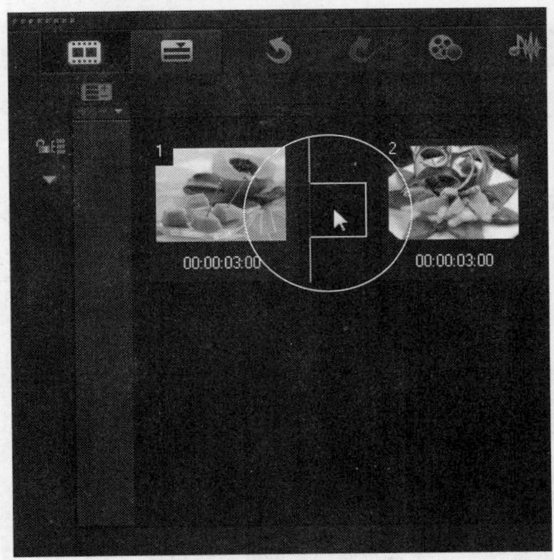

图13-201 拖曳至两幅图像素材之间

STEP 04 释放鼠标左键，即可添加“扭曲”转场效果，如图13-202所示。

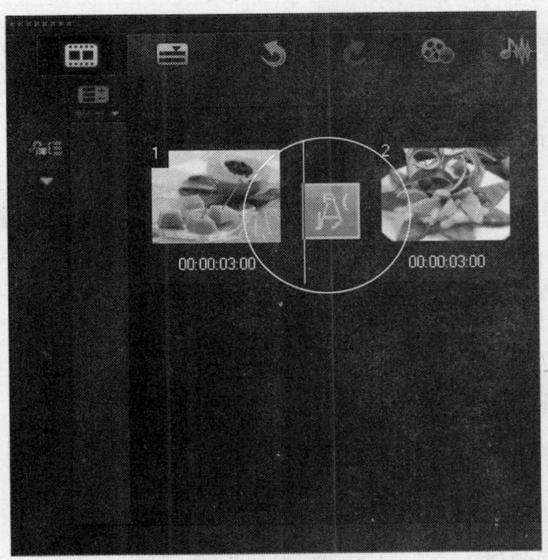

图13-202 添加“扭曲”转场效果

STEP 05 在导览面板中单击“播放”按钮，预览“扭曲”转场效果，如图13-203所示。

图13-203 预览“扭曲”转场效果

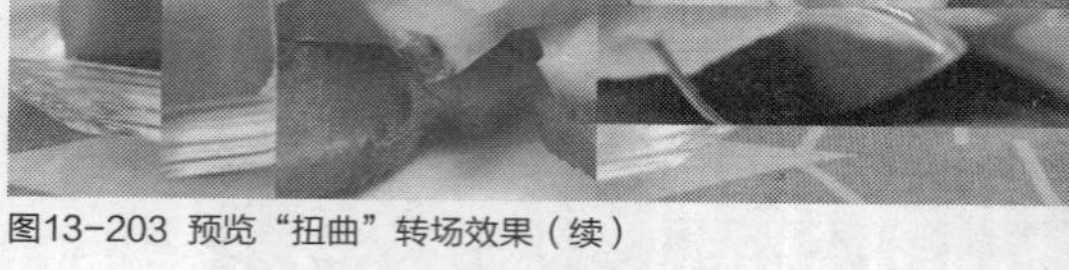

图13-203 预览“扭曲”转场效果（续）

13.10 应用“剥落”转场效果

在会声会影X7的“剥落”转场组中，包括6种视频转场特效，如“对开门”、“十字”、“拍打A”、“飞去B”、“翻页”以及“拉链”等。本节主要向读者详细介绍应用“剥落”视频转场效果的操作方法。

实战342 应用“十字”转场

- 实例位置：光盘\效果\第13章\美食美色.VSP
- 素材位置：光盘\素材\第13章\美食美色1、2.jpg
- 视频位置：光盘\视频\第13章\实战342.mp4

• 实例介绍 •

在会声会影X7中，“十字”转场效果是指素材A以剥落交叉的形状显示素材B。下面向读者介绍应用“十字”转场效果的操作方法。

• 操作步骤 •

STEP 01 进入会声会影X7编辑器，在故事板中插入两幅素材图像，如图13-204所示。

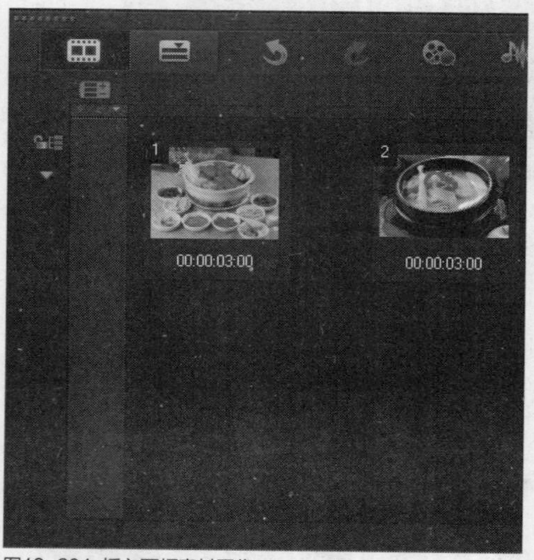

图13-204 插入两幅素材图像

STEP 02 单击“转场”按钮，切换至“转场”素材库，在“剥落”转场组中选择“十字”转场效果，如图13-205所示。

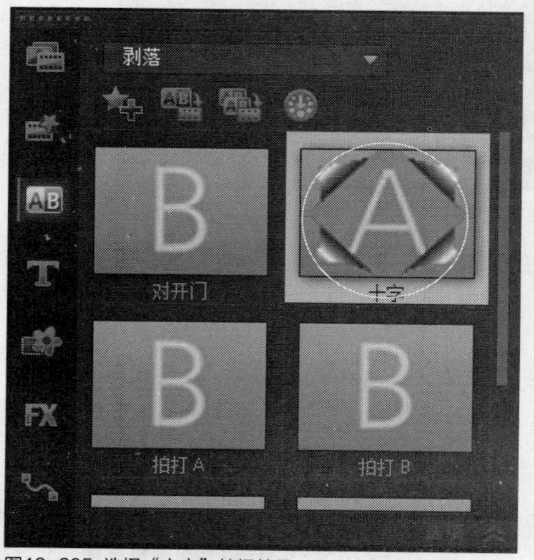

图13-205 选择“十字”转场效果

STEP 03 单击鼠标左键并拖曳至故事板中的两幅图像素材之间，如图13-206所示。

STEP 04 释放鼠标左键，即可添加“十字”转场效果，如图13-207所示。

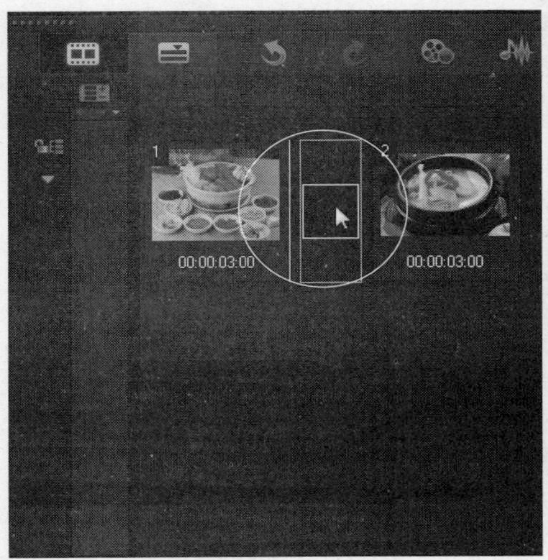

图13-206 拖曳至两幅图像素材之间

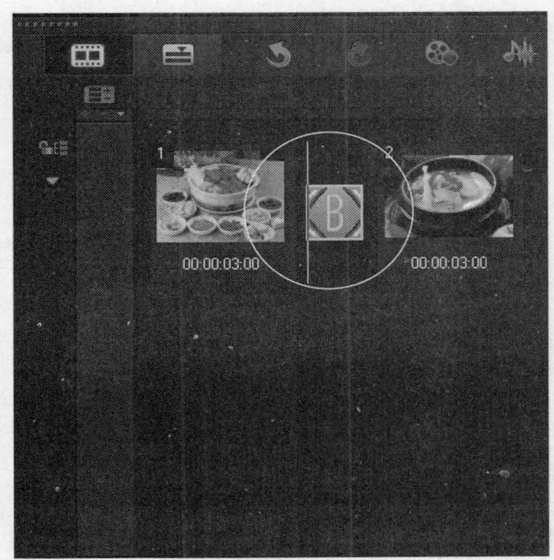

图13-207 添加“十字”转场效果

STEP 05 在导览面板中单击“播放”按钮，预览“十字”转场效果，如图13-208所示。

图13-208 预览“十字”转场效果

实战 343 应用“拍打A”转场

▶实例位置：光盘\效果\第13章\时尚家居.VSP
▶素材位置：光盘\素材\第13章\时尚家居1、2.jpg
▶视频位置：光盘\视频\第13章\实战343.mp4

• 实例介绍 •

在会声会影X7中，“拍打A”转场效果是指素材A以剥落从左至右飞走的形状显示素材B。下面向读者介绍应用“拍打A”转场效果的方法。

• 操作步骤 •

STEP 01 进入会声会影X7编辑器，在故事板中插入两幅素材图像，如图13-209所示。

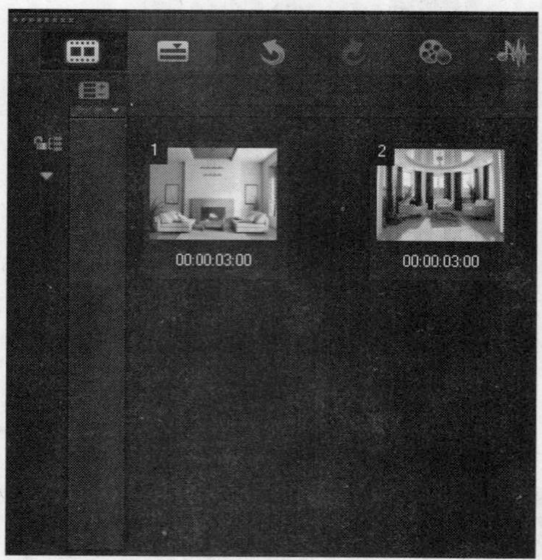

图13-209 插入两幅素材图像

STEP 02 单击“转场”按钮，切换至“转场”素材库，在“剥落”转场组中选择“拍打A”转场效果，如图13-210所示。

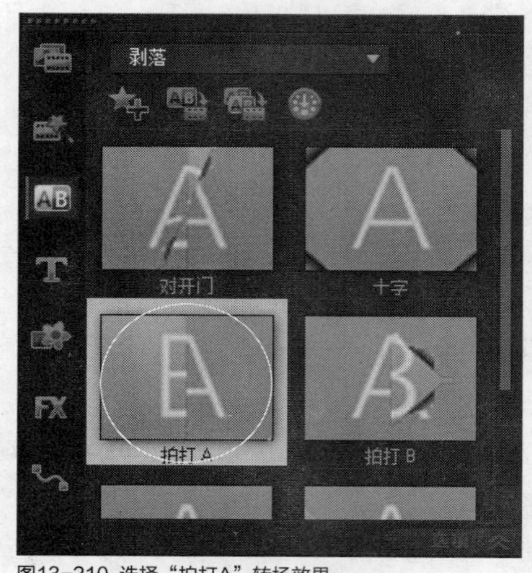

图13-210 选择“拍打A”转场效果

STEP 03 单击鼠标左键并拖曳至故事板中的两幅图像素材之间，如图13-211所示。

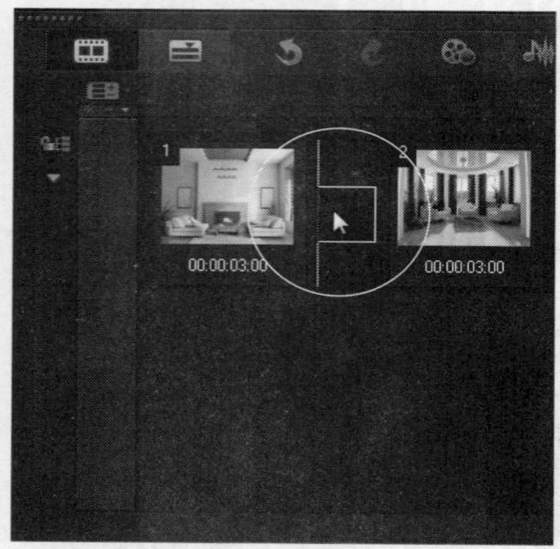

图13-211 拖曳至两幅图像素材之间

STEP 04 释放鼠标左键，即可添加“拍打A”转场效果，如图13-212所示。

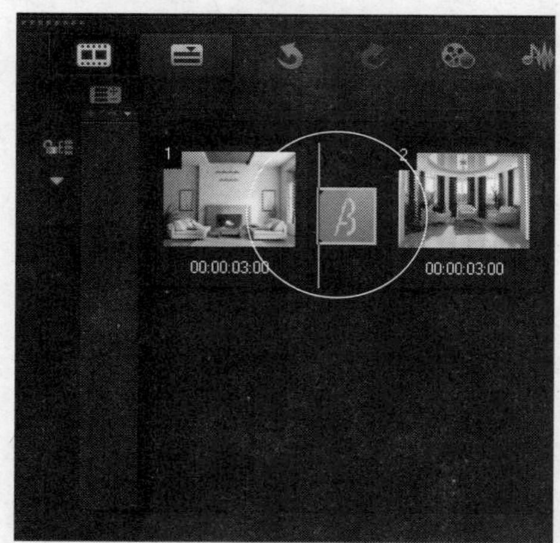

图13-212 添加“拍打A”转场效果

STEP 05 在导览面板中单击“播放”按钮，预览“拍打A”转场效果，如图13-213所示。

图13-213 预览“拍打A”转场效果

图13-213 预览"拍打A"转场效果（续）

知识拓展

在会声会影X7的"剥落"转场组中，还有一个"拍打B"转场效果，该转场效果的运动方式与"飞入A"转场效果的运动方式一样，都是以飞走的方式显示素材画面来进行筛选，只是"拍打B"转场效果是指素材A以剥落从右至左飞走的形状显示素材B。

实战 344 应用"拉链"转场

▶实例位置：光盘\效果\第13章\可爱猫咪.VSP
▶素材位置：光盘\素材\第13章\可爱猫咪1、2.jpg
▶视频位置：光盘\视频\第13章\实战344.mp4

• 实例介绍 •

在会声会影X7中，"拉链"转场效果是指素材A以拉链的运动形状显示素材B。下面向读者介绍应用"拉链"转场效果的方法。

• 操作步骤 •

STEP 01 进入会声会影X7编辑器，在故事板中插入两幅素材图像，如图13-214所示。

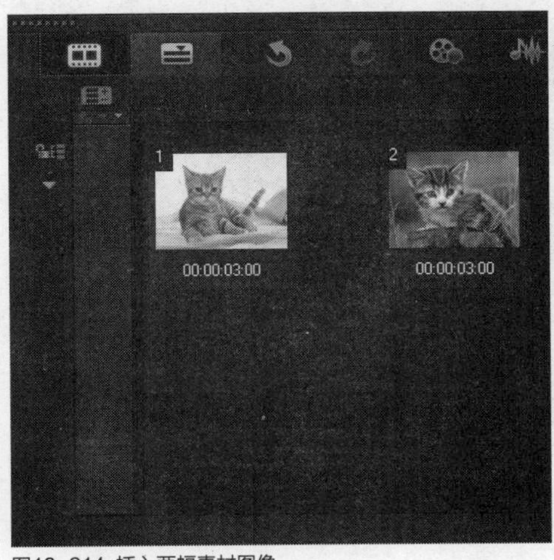

图13-214 插入两幅素材图像

STEP 02 单击"转场"按钮，切换至"转场"素材库，在"剥落"转场组中选择"拉链"转场效果，如图13-215所示。

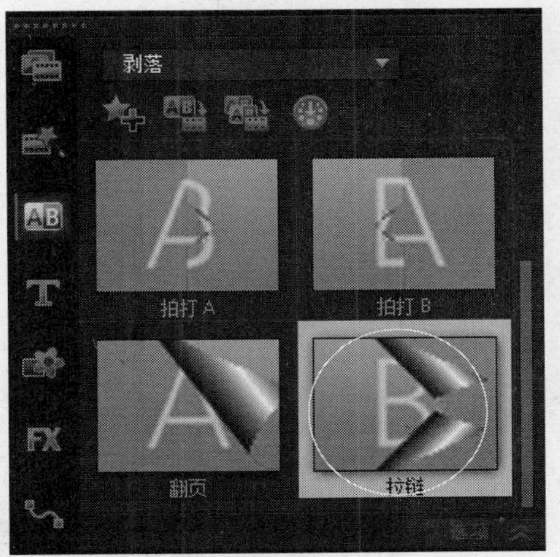

图13-215 选择"拉链"转场效果

STEP 03 单击鼠标左键并拖曳至故事板中的两幅图像素材之间，如图13-216所示。

STEP 04 释放鼠标左键，即可添加"拉链"转场效果，如图13-217所示。

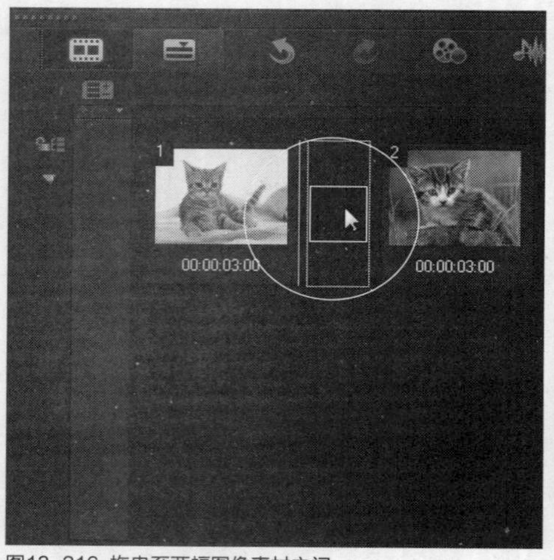

图13-216 拖曳至两幅图像素材之间

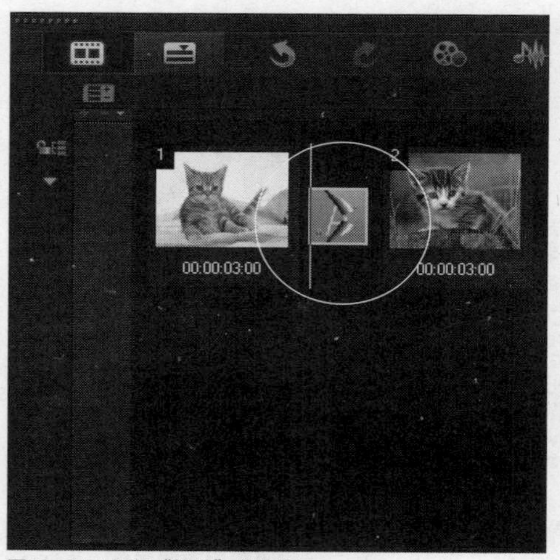

图13-217 添加“拉链”转场效果

STEP 05 在导览面板中单击“播放”按钮，预览“拉链”转场效果，如图13-218所示。

图13-218 预览“拉链”转场效果

13.11 应用“擦拭”转场效果

在会声会影X7的“擦拭”转场组中，包括19种视频转场特效，如“百叶窗”、“方盒”、“棋盘”、“圆形”、“交叉”以及“对角”等。本节主要向读者详细介绍应用“擦拭”视频转场效果的操作方法。

实战 345 应用“百叶窗”转场

▶实例位置：光盘\效果\第13章\樱桃.VSP
▶素材位置：光盘\素材\第13章\樱桃1、2.jpg
▶视频位置：光盘\视频\第13章\实战345.mp4

• 实例介绍 •

在会声会影X7中，“百叶窗”转场效果是指素材A以百叶窗运动的方式进行过渡，然而显示素材B。下面向读者介绍应用“百叶窗”转场效果的操作方法。

• 操作步骤 •

STEP 01 进入会声会影X7编辑器，在故事板中插入两幅素材图像，如图13-219所示。

STEP 02 单击“转场”按钮，切换至“转场”素材库，在“擦拭”转场组中选择“百叶窗”转场效果，如图13-220所示。

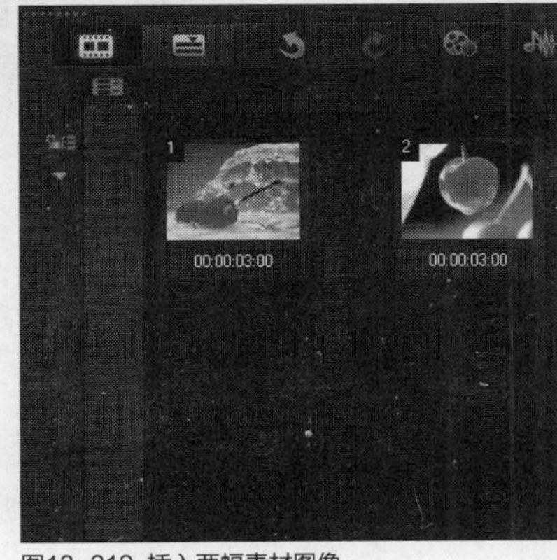

图13-219 插入两幅素材图像

图13-220 选择“百叶窗”转场效果

STEP 03 单击鼠标左键并拖曳至故事板中的两幅图像素材之间，如图13-221所示。

STEP 04 释放鼠标左键，即可添加“百叶窗”转场效果，如图13-222所示。

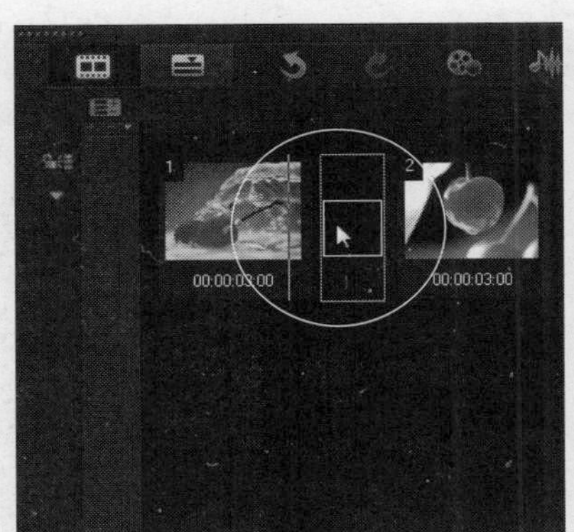

图13-221 拖曳至两幅图像素材之间

图13-222 添加“百叶窗”转场效果

STEP 05 在导览面板中单击“播放”按钮，预览“百叶窗”转场效果，如图13-223所示。

图13-223 预览“百叶窗”转场效果

图13-223 预览“百叶窗”转场效果（续）

实战 346 应用“圆形”转场

▶实例位置：光盘\效果\第13章\翩翩起舞.VSP
▶素材位置：光盘\素材\第13章\翩翩起舞1、2.jpg
▶视频位置：光盘\视频\第13章\实战346.mp4

• 实例介绍 •

在会声会影X7中，“圆形”转场效果是指素材A以圆形运动的方式进行过渡，然而显示素材B。下面向读者介绍应用“圆形”转场效果的操作方法。

• 操作步骤 •

STEP 01 进入会声会影X7编辑器，在故事板中插入两幅素材图像，如图13-224所示。

STEP 02 单击“转场”按钮，切换至“转场”素材库，在“擦拭”转场组中选择“圆形”转场效果，如图13-225所示。

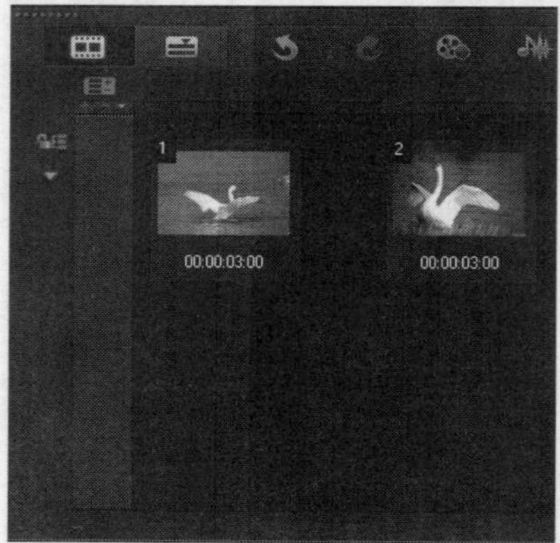

图13-224 插入两幅素材图像

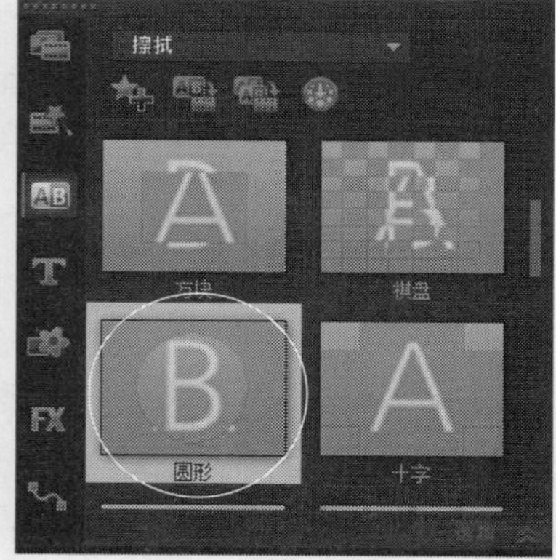

图13-225 选择“圆形”转场效果

STEP 03 单击鼠标左键并拖曳至故事板中的两幅图像素材之间，如图13-226所示。

STEP 04 释放鼠标左键，即可添加“圆形”转场效果，如图13-227所示。

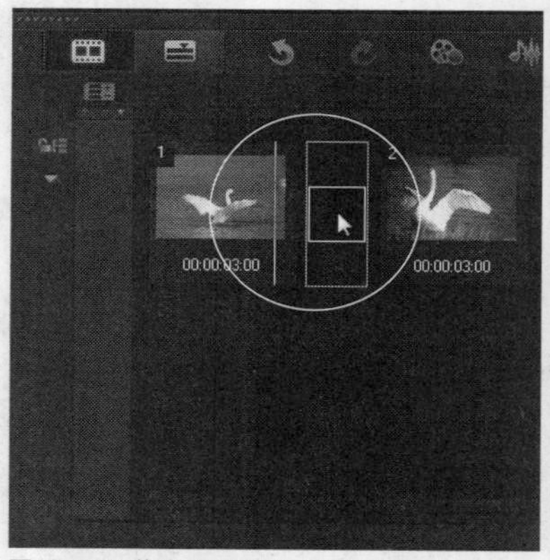

图13-226 拖曳至两幅图像素材之间

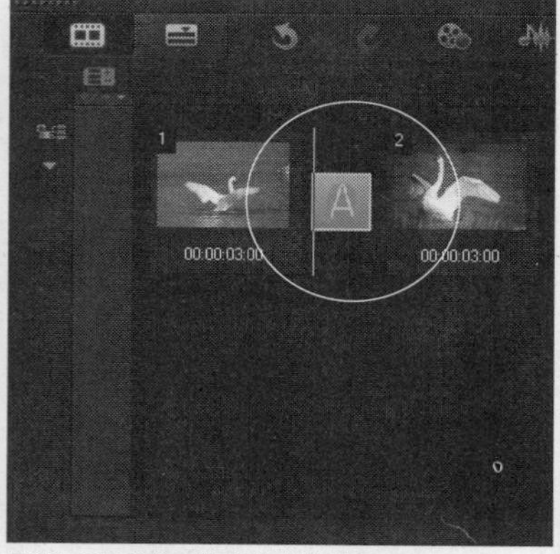

图13-227 添加“圆形”转场效果

STEP 05 在导览面板中单击“播放”按钮，预览“圆形”转场效果，如图13-228所示。

图13-228 预览“圆形”转场效果

实战347 应用“星形”转场

▶实例位置：光盘\效果\第13章\快乐小狗.VSP
▶素材位置：光盘\素材\第13章\快乐小狗1、2.jpg
▶视频位置：光盘\视频\第13章\实战347.mp4

• 实例介绍 •

在会声会影X7中，“星形”转场效果是指素材A以星形运动的方式进行过渡，然后显示素材B。下面向读者介绍应用“星形”转场效果的操作方法。

• 操作步骤 •

STEP 01 进入会声会影X7编辑器，在故事板中插入两幅素材图像，如图13-229所示。

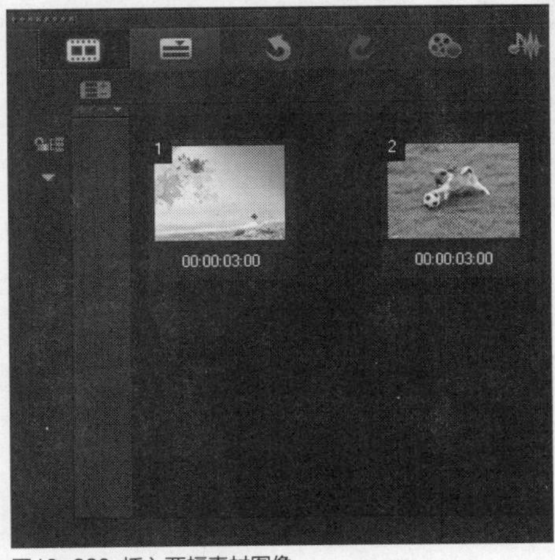

图13-229 插入两幅素材图像

STEP 02 单击“转场”按钮，切换至“转场”素材库，在“擦拭”转场组中选择“星形”转场效果，如图13-230所示。

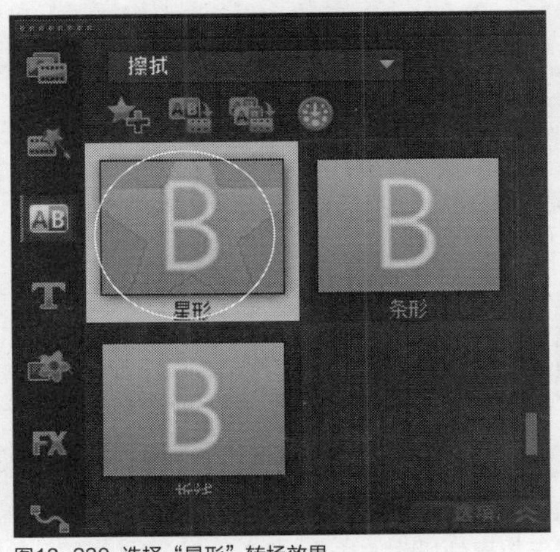

图13-230 选择“星形”转场效果

STEP 03 单击鼠标左键并拖曳至故事板中的两幅图像素材之间，如图13-231所示。

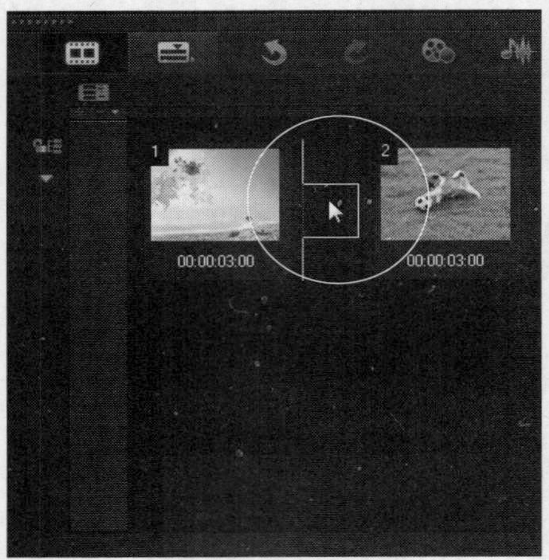

图13-231 拖曳至两幅图像素材之间

STEP 04 释放鼠标左键，即可添加“星形”转场效果，如图13-232所示。

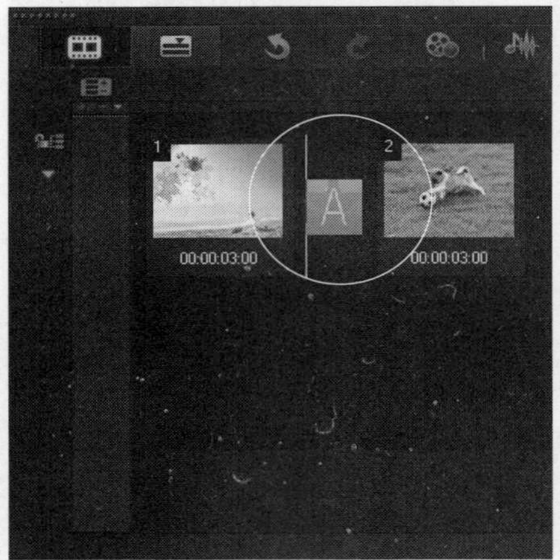

图13-232 添加“星形”转场效果

STEP 05 在导览面板中单击“播放”按钮，预览“星形”转场效果，如图13-233所示。

图13-233 预览“星形”转场效果

实战348 应用“条形”转场

▶实例位置：光盘\效果\第13章\字母.VSP
▶素材位置：光盘\素材\第13章\字母1、2.jpg
▶视频位置：光盘\视频\第13章\实战348.mp4

• 实例介绍 •

在会声会影X7中，“条形”转场效果是指素材A以条形运动的方式进行过渡，然后显示素材B。下面向读者介绍应用“条形”转场效果的操作方法。

• 操作步骤 •

STEP 01 进入会声会影X7编辑器，在故事板中插入两幅素材图像，如图13-234所示。

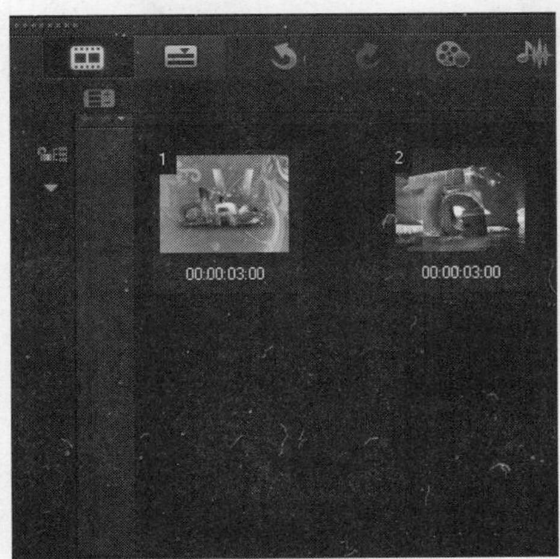

图13-234 插入两幅素材图像

STEP 02 单击“转场”按钮，切换至“转场”素材库，在“擦拭”转场组中选择“条形”转场效果，如图13-235所示。

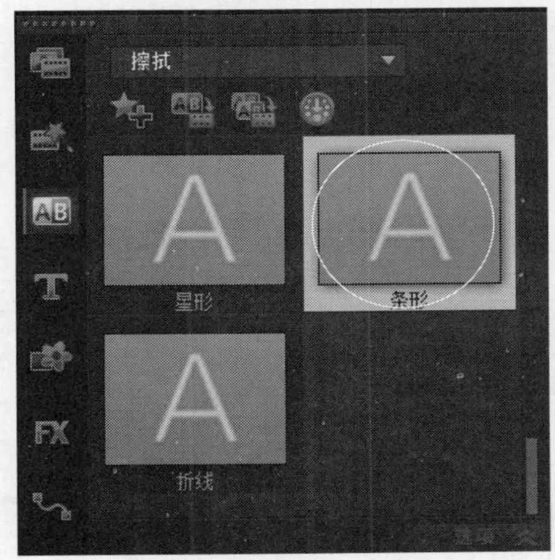

图13-235 选择“条形”转场效果

STEP 03 单击鼠标左键并拖曳至故事板中的两幅图像素材之间，如图13-236所示。

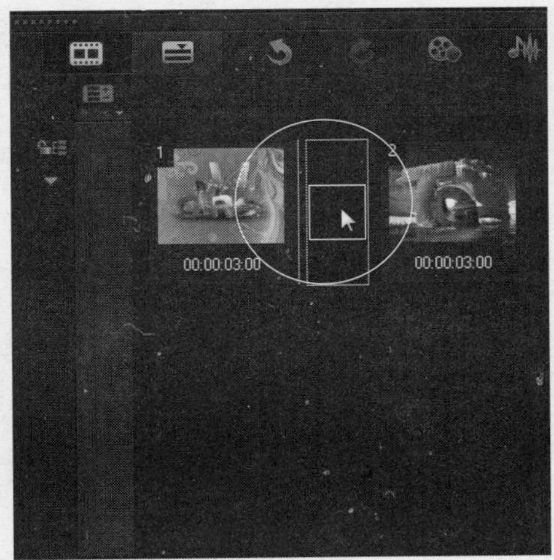

图13-236 拖曳至两幅图像素材之间

STEP 04 释放鼠标左键，即可添加“条形”转场效果，如图13-237所示。

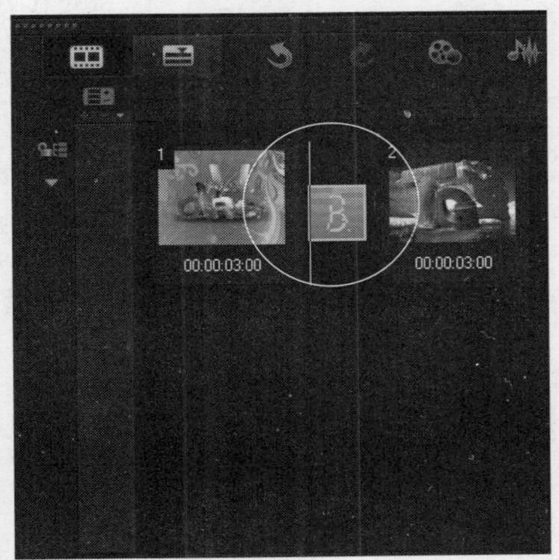

图13-237 添加“条形”转场效果

STEP 05 在导览面板中单击“播放”按钮，预览“条形”转场效果，如图13-238所示。

图13-238 预览“条形”转场效果

第 14 章

神奇特效——覆叠画面制作

本章导读

在电视或电影中，我们经常会看到在播放一段视频的同时，往往还嵌套播放另一段视频，这就是常说的画中画，即覆叠效果。在有限的画面空间中，画中画视频技术，创造了更加丰富的画面内容。通过会声会影X7中的覆叠功能，可以很轻松地制作出静态以及动态的画中画效果，从而使视频作品更具观赏性。

要点索引

- 添加与删除覆叠图像
- 设置覆叠的动画属性
- 设置覆叠的透明度与边框
- 设置与修剪覆叠素材
- 制作覆叠遮罩特效
- 制作视频合成特效

14.1 添加与删除覆叠图像

使用覆叠功能可以将视频素材添加到覆叠轨中，然后对视频素材的大小、位置以及透明度等属性进行调整，从而产生视频叠加效果。本节主要介绍添加与删除覆叠图像的方法。

实战 349 添加覆叠图像

▶实例位置：光盘\效果\第14章\小仓鼠.VSP
▶素材位置：光盘\素材\第14章\小仓鼠.jpg、星形装饰.png
▶视频位置：光盘\视频\第14章\实战349.mp4

• 实例介绍 •

在会声会影X7中，用户可以根据需要在视频轨中添加相应的覆叠素材，从而制作出更具观赏性的视频作品。下面介绍添加覆叠素材的操作方法。

• 操作步骤 •

STEP 01 进入会声会影X7编辑器，在视频轨中插入一幅素材图像，如图14-1所示。

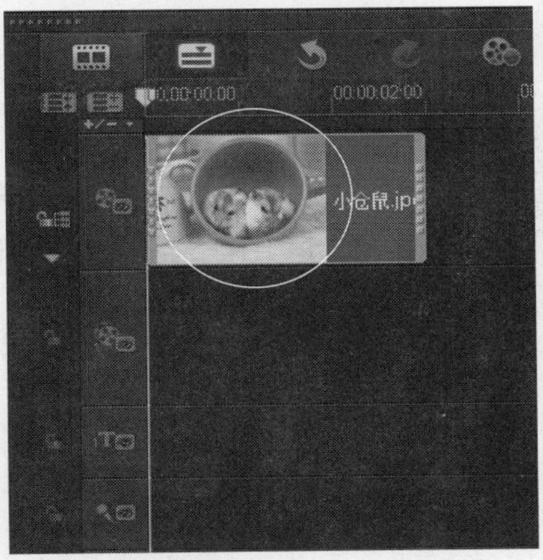

图14-1 插入素材图像

STEP 02 在覆叠轨中的适当位置，单击鼠标右键，在弹出的快捷菜单中选择“插入照片”选项，如图14-2所示。

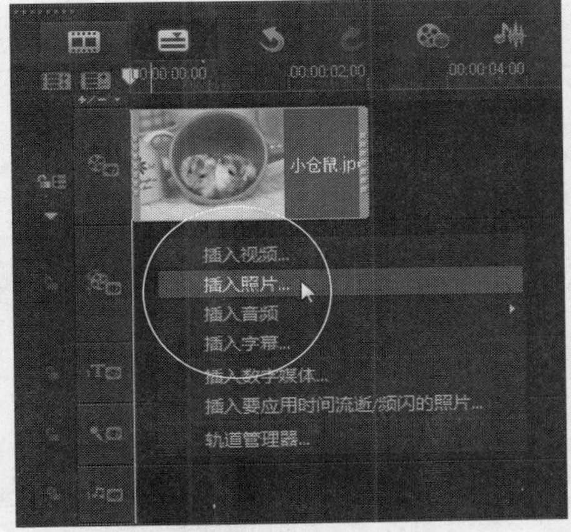

图14-2 选择“插入照片”选项

STEP 03 弹出“浏览照片”对话框，在其中选择相应的照片素材“星形装饰.png”文件，如图14-3所示。.

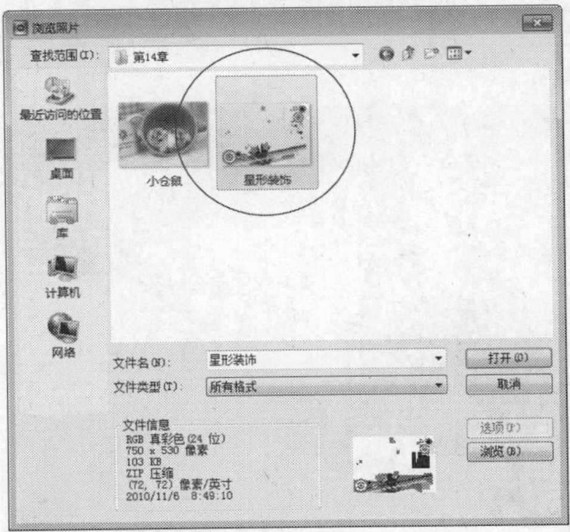

图14-3 选择照片素材文件

STEP 04 单击“打开”按钮，即可在覆叠轨中添加相应的覆叠素材，如图14-4所示。

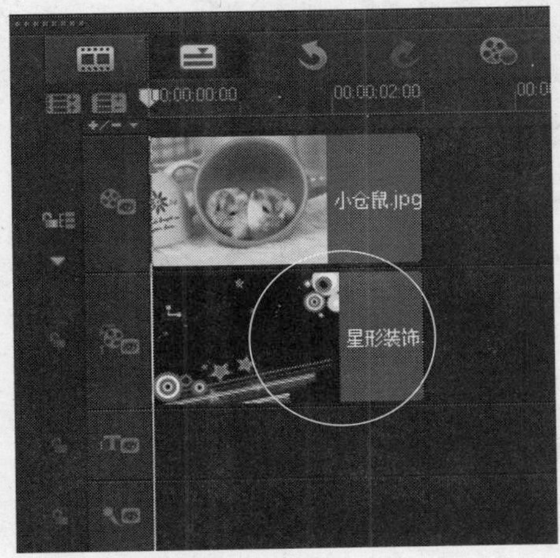

图14-4 添加覆叠素材

知识拓展

用户还可以直接将计算机中自己喜欢的素材图像直接拖曳至会声会影X7软件的覆叠轨中，释放鼠标左键，也可以快速添加覆叠素材。

STEP 05 在预览窗口中，拖曳素材四周的控制柄，调整覆叠素材的位置和大小，如图14-5所示。

图14-5 调整覆叠素材的位置和大小

STEP 06 执行上述操作后，即可完成覆叠素材的添加，单击导览面板中的"播放"按钮，预览覆叠效果，如图14-6所示。

图14-6 预览覆叠效果

知识拓展

所谓覆叠功能，是指会声会影X7提供的一种视频编辑方法，它将视频素材添加到时间轴视图中的覆叠轨之后，可以对视频素材进行淡入/淡出、进入/退出以及停靠位置等设置，从而产生视频叠加的效果，为影片增添更多精彩。

运用会声会影X7的覆叠功能，可以使用户在编辑视频的过程中具有更多的表现方式。选择覆叠轨中的素材，在"属性"选项面板中可以设置覆叠素材的相关属性与运动特效，如图14-7所示。

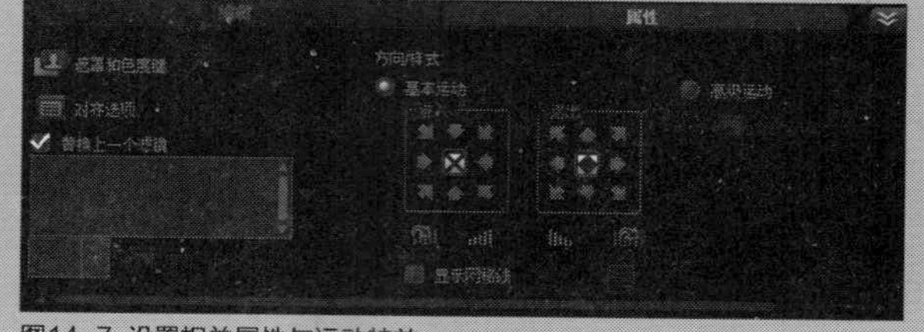

图14-7 设置相关属性与运动特效

在"属性"选项面板中，各主要选项的具体含义如下。

➢ 遮罩和色度键：单击该按钮，在弹出的选项面板中可以设置覆叠素材的透明度、边框、覆叠类型和相似度等。

➢ 对齐选项：单击该按钮，在弹出的下拉列表中可以设置当前视频的位置以及视频对象的宽高比。

➢ 替换上一个滤镜：选中该复选框，新的滤镜将替换素材原来的滤镜效果，并应用到覆叠素材上。若用户需要在覆叠素材中应用多个滤镜效果，则可取消选中该复选框。

➢ 自定义滤镜：单击该按钮，用户可以根据需要对当前添加的滤镜进行自定义设置。

➢ 进入/退出：设置素材进入和离开屏幕时的方向。

➢ 暂停区间前旋转/暂停区间后旋转：单击相应的按钮，可以在覆叠画面进入或离开屏幕时应用旋转效果，同时可在导览面板中设置旋转之前或之后的暂停区间。

➢ 淡入动画效果：单击该按钮，可以将淡入效果添加到当前素材中，覆叠淡入效果如图14-8所示。

图14-8 覆叠淡入效果

➢ 淡出动画效果▥：单击该按钮，可以将淡出效果添加到当前素材中，覆叠淡出效果如图14-9所示。

图14-9 覆叠淡出效果

➢ 显示网格线：选中该复选框，可以在视频中添加网格线。

➢ 高级运动：选中该单选按钮，可以设置覆叠素材的路径运动效果。

在选项面板的“方向/样式”选项区中，各主要按钮含义如下。

➢ “从左上方进入”按钮：单击该按钮，素材将从左上方进入视频动画。

➢ “进入”选项区中的“静止”按钮☒：单击该按钮，可以取消为素材添加的进入动画效果。

➢ “退出”选项区中的“静止”按钮：单击该按钮，可以取消为素材添加的退出动画效果。

➢ “从右上方进入”按钮：单击该按钮，素材将从右上方进入视频动画。

➢ “从左上方退出”按钮：单击该按钮，素材将从左上方退出视频动画。

➢ “从右上方退出”按钮：单击该按钮，素材将从右上方退出视频动画。

在“属性”选项面板中，单击“遮罩和色度键”按钮，将展开“遮罩和色度键”选项面板，在其中可以设置覆叠素材的透明度、边框和遮罩特效，如图14-10所示。

图14-10 设置参数

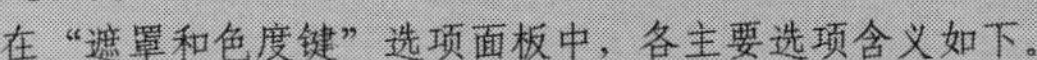

在“遮罩和色度键”选项面板中，各主要选项含义如下。

➢ 透明度：在该数值框中输入相应的参数，或者拖动滑块，可以设置素材的透明度。

➢ 边框：在该数值框中输入相应的参数，或者拖动滑块，可以设置边框的厚度，单击右侧的颜色色块，可以选择边框的颜色。

➢ 应用覆叠选项：选中该复选框，可以指定覆叠素材将被渲染的透明程度。

➢ 类型：选择是否在覆叠素材上应用预设的遮罩，或指定要渲染为透明的颜色。

➢ 相似度：指定要渲染为透明的色彩选择范围。单击右侧的颜色色块，可以选择要渲染为透明的颜色。单击按钮，可以在覆叠素材中选取色彩参数。

➢ 宽度/高度：从覆叠素材中修剪不需要的边框，可设置要修剪素材的高度和宽度。

➢ 覆叠预览：会声会影为覆叠选项窗口提供了预览功能，使用户能够同时查看素材调整之前的原貌，方便比较调整后的效果。

实战 350 删除覆叠图像

▶实例位置：光盘\效果\第14章\蝴蝶.VSP
▶素材位置：光盘\素材\第14章\蝴蝶.VSP
▶视频位置：光盘\视频\第14章\实战350.mp4

• 实例介绍 •

在会声会影X7中，如果用户不需要覆叠轨中的素材，可以将其删除。下面向读者介绍删除覆叠素材的操作方法。

• 操作步骤 •

STEP 01 进入会声会影编辑器，单击“文件”|“打开项目”命令，打开一个项目文件，如图14-11所示。

STEP 02 在预览窗口中，预览打开的项目效果，如图14-12所示。

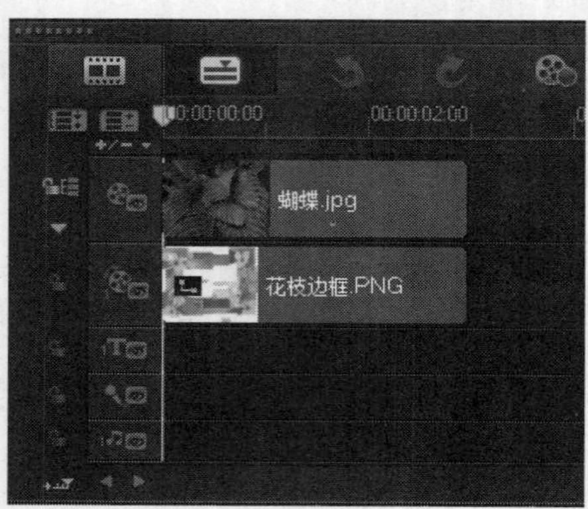

图14-11 打开项目文件

图14-12 预览打开的项目效果

STEP 03 在时间轴面板的覆叠轨中，选择需要删除的覆叠素材，如图14-13所示。

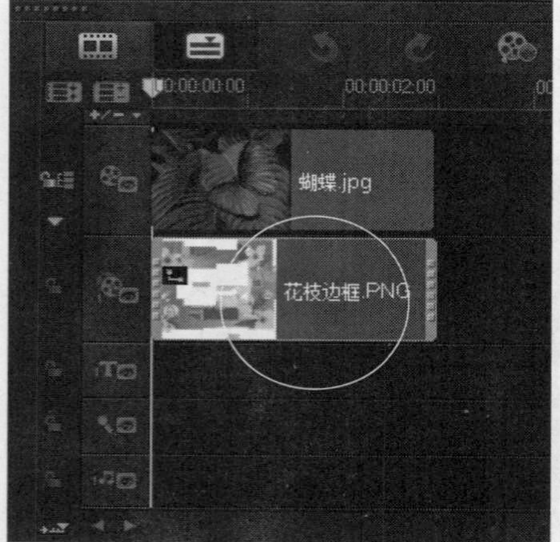

图14-13 选择需要删除的覆叠素材

STEP 04 单击鼠标右键，在弹出的快捷菜单中选择“删除”选项，如图14-14所示。

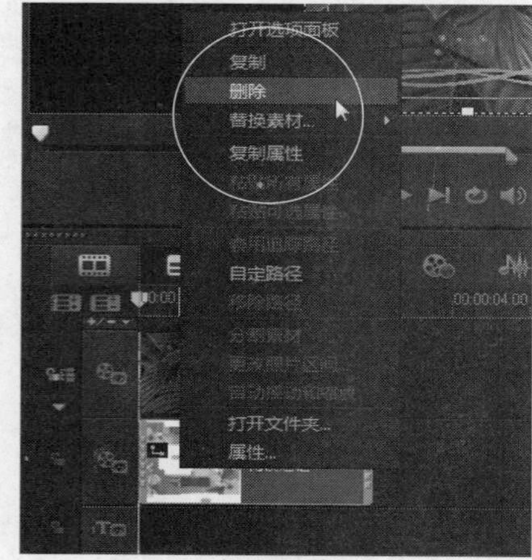

图14-14 选择“删除”选项

STEP 05 执行上述操作后，即可删除覆叠轨中的素材，如图14-15所示。

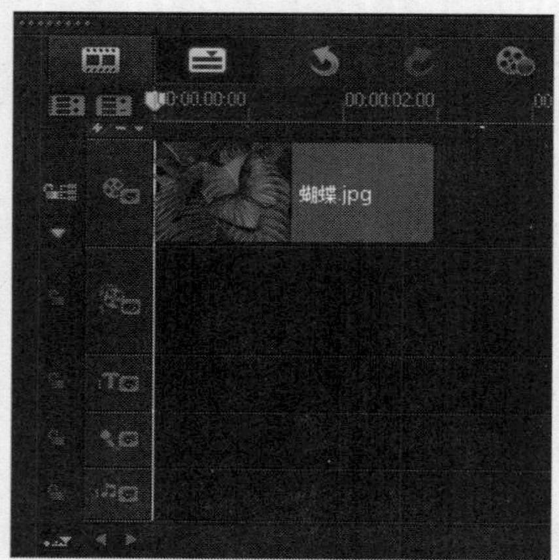

图14-15 删除覆叠轨中的素材

STEP 06 在预览窗口中，可以预览删除覆叠素材后的效果，如图14-16所示。

图14-16 预览删除覆叠素材后的效果

技巧点拨

在会声会影X7中，用户还可以通过以下两种方法删除覆叠素材。

➢ 选择需要删除的覆叠素材，在菜单栏中单击“编辑”|“删除”命令，即可删除覆叠素材。

➢ 选择需要删除的覆叠素材，按【Delete】键，即可删除覆叠素材。

14.2 设置覆叠的动画属性

使用覆叠功能可以将视频素材添加到覆叠轨中，然后对视频素材的大小、位置以及透明度等属性进行调整，从而产生视频叠加效果。本节主要介绍添加与删除覆叠图像的方法。

实战351 设置进入动画

▶ 实例位置：光盘\效果\第14章\天使爱人.VSP
▶ 素材位置：光盘\素材\第14章\天使爱人.VSP
▶ 视频位置：光盘\视频\第14章\实战351.mp4

• 实例介绍 •

在“进入”选项区中包括“从左上方进入”、“从上方进入”、“从右上方进入”等8个不同的进入方向和一个“静止”选项，用户可以设置覆叠素材的进入动画效果。

• 操作步骤 •

STEP 01 进入会声会影编辑器，单击“文件”|“打开项目”命令，打开一个项目文件，如图14-17所示。

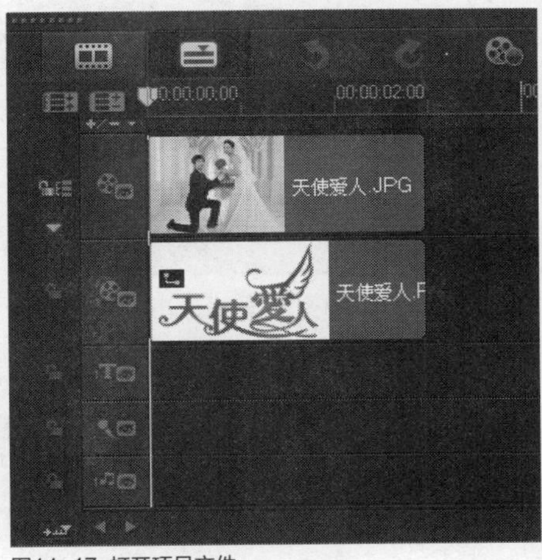

图14-17 打开项目文件

STEP 02 选择需要设置进入动画的覆叠素材，如图14-18所示。

图14-18 选择覆叠素材

STEP 03 单击“选项”按钮，如图14-19所示，即可打开“选项”面板。

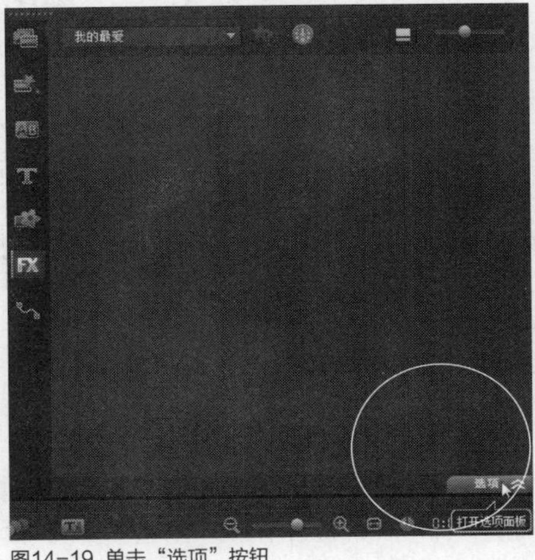

图14-19 单击“选项”按钮

STEP 04 在“属性”面板的“进入”选项区中，单击“从左边进入”按钮，即可设置覆叠素材的进入动画效果，如图14-20所示。

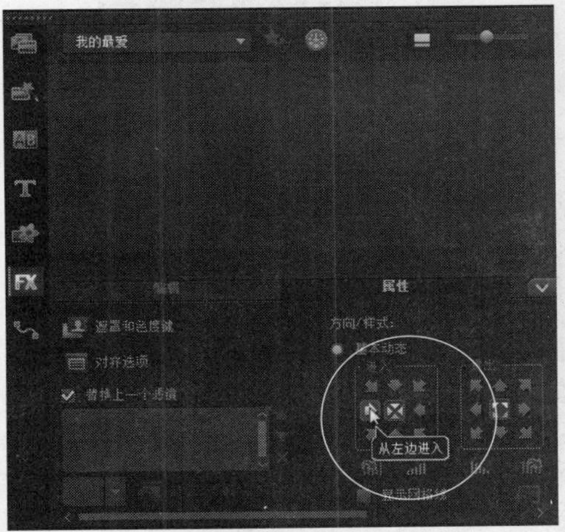

图14-20 单击“从左边进入”按钮

STEP 05 在导览面板中单击“播放”按钮，预览设置的进入动画，如图14-21所示。

图14-21 预览设置的进入动画

技巧点拨

在会声会影X7中，如果用户不需要为覆叠素材设置进入动画效果，此时可以在选项面板的“进入”选项区中，单击“静止”按钮☒，即可取消覆叠素材的进入动画效果。

实战352 设置退出动画

▶**实例位置：** 光盘\效果\第14章\爱的婚纱.VSP
▶**素材位置：** 光盘\素材\第14章\爱的婚纱.VSP
▶**视频位置：** 光盘\视频\第14章\实战352.mp4

• 实例介绍 •

在“退出”选项区中包括“从左上方退出”、“从上方退出”、“从右上方退出”等8个不同的退出方向和一个“静止”选项，用户可以设置覆叠素材的退出动画效果。

• 操作步骤 •

STEP 01 进入会声会影编辑器，单击“文件”|“打开项目”命令，打开一个项目文件，如图14-22所示。

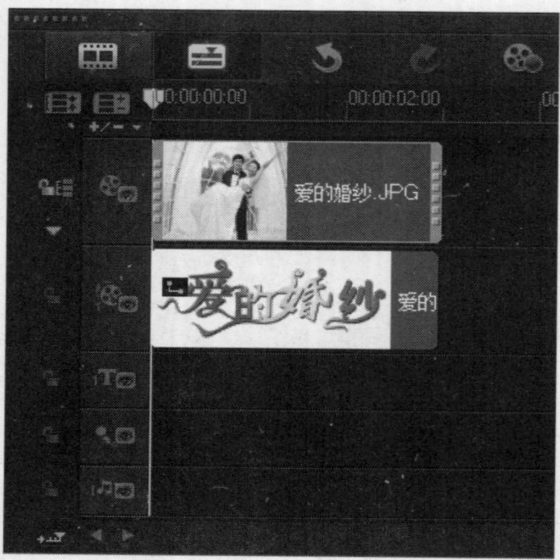

图14-22 打开项目文件

STEP 02 选择需要设置退出动画的覆叠素材，如图14-23所示。

图14-23 选择覆叠素材

STEP 03 单击“选项”按钮，如图14-24所示，即可打开“选项”面板。

STEP 04 在“属性”面板的“退出”选项区中，单击“从上方退出”按钮▲，即可设置覆素材的退出动画效果，如图14-25所示。

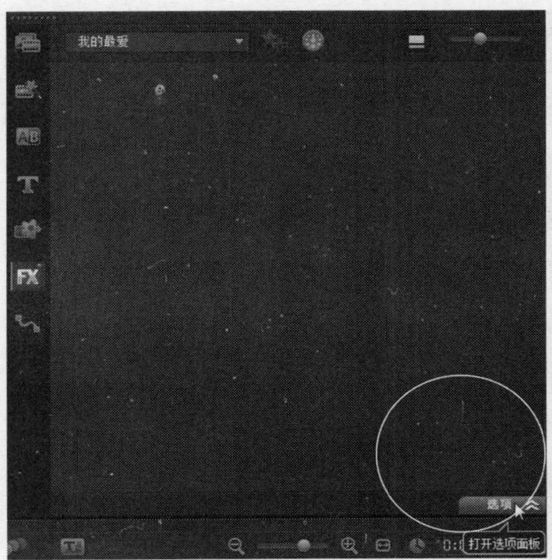

图14-24 单击“选项”按钮

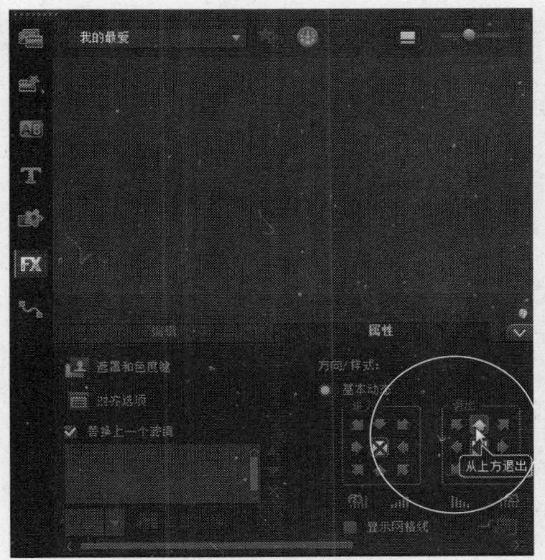

图14-25 单击“从上方退出”按钮

STEP 05 在导览面板中单击“播放”按钮，即可预览设置的退出动画，如图14-26所示。

图14-26 预览设置的退出动画

实战 353 添加淡入/淡出效果

▶ 实例位置：光盘\效果\第14章\幸福甜蜜.VSP
▶ 素材位置：光盘\素材\第14章\幸福甜蜜.VSP
▶ 视频位置：光盘\视频\第14章\实战353.mp4

• 实例介绍 •

在会声会影X7中，用户可以制作画中画视频的淡入/淡出效果，使视频画面播放起来更加协调、流畅。下面向读者介绍制作视频淡入/淡出特效的操作方法。

• 操作步骤 •

STEP 01 进入会声会影编辑器，单击“文件”|“打开项目”命令，打开一个项目文件，如图14-27所示。

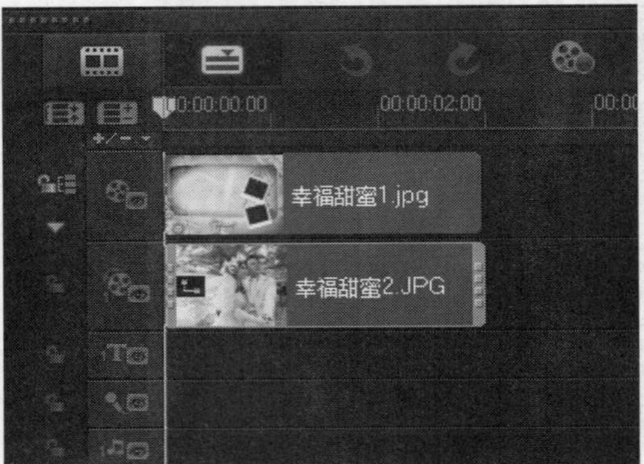

图14-27 打开项目文件

STEP 02 选择需要设置淡入与淡出动画的覆盖素材，如图14-28所示。

图14-28 选择覆叠素材

STEP 03 单击“选项”按钮，如图14-29所示，即可打开“选项”面板。

图14-29 单击“选项”按钮

STEP 04 在“属性”选项面板中，分别单击“淡入动画效果”按钮和“淡出动画效果”按钮，即可设置覆叠素材的淡入/淡出动画效果，如图14-30所示。

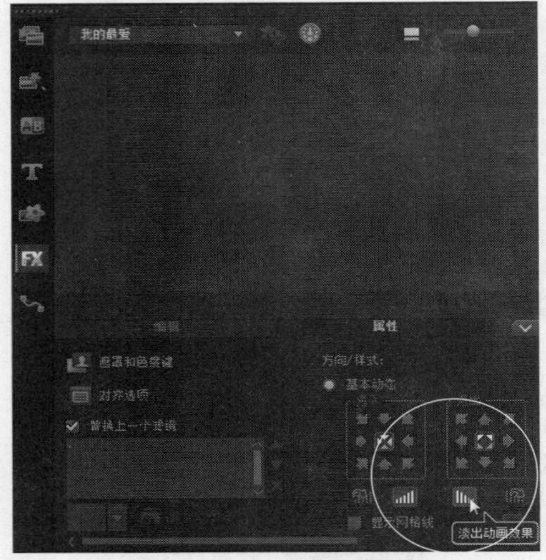

图14-30 单击“淡入动画效果”按钮和“淡出动画效果”按钮

STEP 05 在导览面板中单击“播放”按钮，即可预览设置的淡入/淡出动画效果，如图14-31所示。

图14-31 预览淡入/淡出动画效果

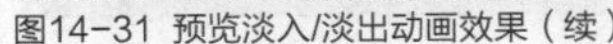

图14-31 预览淡入/淡出动画效果（续）

实战 354 设置覆叠对齐方式

▶实例位置：光盘\效果\第14章\绿叶.VSP
▶素材位置：光盘\素材\第14章\绿叶.VSP
▶视频位置：光盘\视频\第14章\实战354.mp4

• 实例介绍 •

在“属性”选项面板中，单击“对齐选项”按钮，在弹出的列表框中包含3种不同类型的对齐方式，用户可根据需要进行相应设置。下面向读者介绍设置覆叠对齐方式的操作方法。

• 操作步骤 •

STEP 01 进入会声会影编辑器，单击“文件”|“打开项目”命令，打开一个项目文件，如图14-32所示。

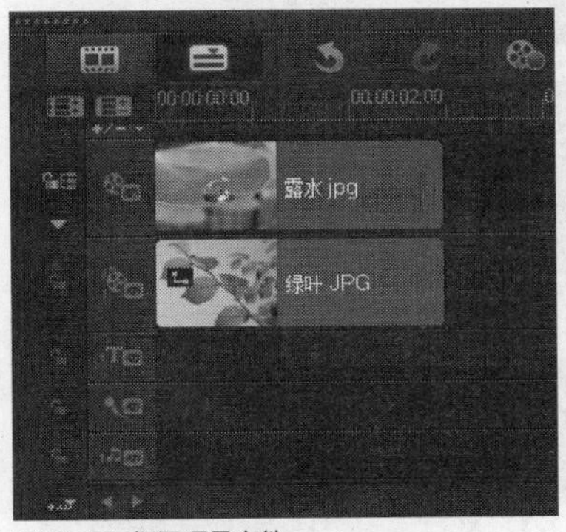

图14-32 打开项目文件

STEP 02 在预览窗口中，预览打开的项目效果，如图14-33所示。

图14-33 预览打开的项目效果

STEP 03 在覆叠轨中，选择需要设置对齐方式的覆叠素材，如图14-34所示。

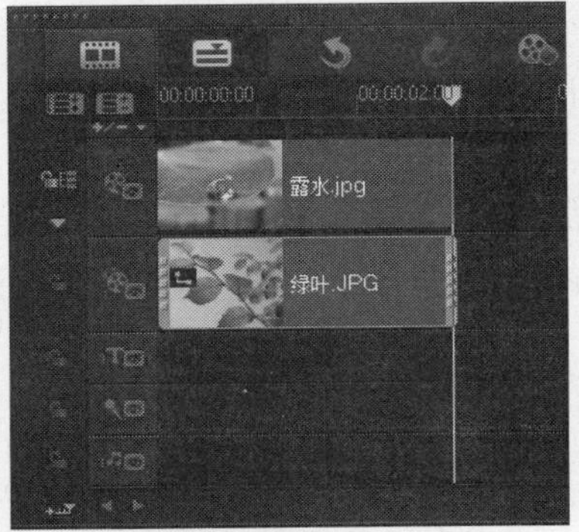

图14-34 选择覆叠素材

STEP 04 打开“属性”选项面板，单击“对齐选项”按钮，在弹出的列表框中选择“停靠在中央”|“居中”选项，即可设置覆盖素材的对齐方式，如图14-35所示。

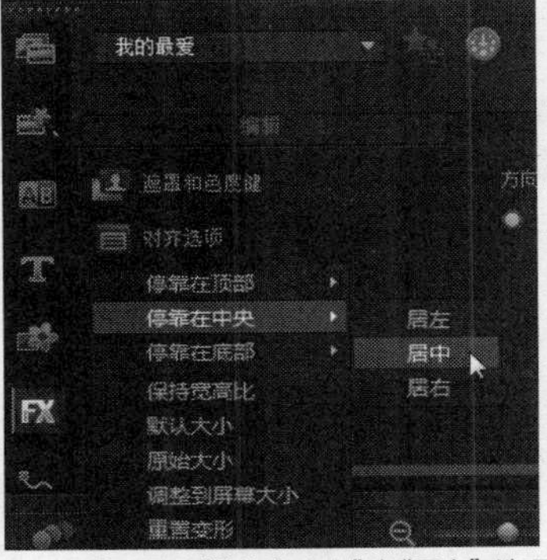

图14-35 选择“停靠在中央”|“居中”选项

STEP 05 在预览窗口中可以预览视频效果，如图14-36所示。

图14-36 预览视频效果

技巧点拨

在会声会影X7中，提供了多种不同位置的覆叠对齐方式，在“对齐选项”列表框中选择不同的选项，将显示不同的对齐效果，如图14-37所示。

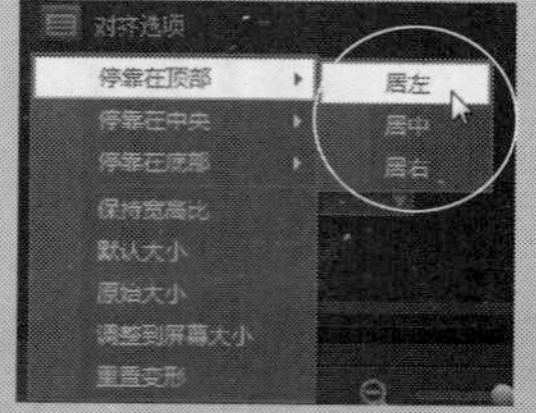

“停靠在顶部：居左”效果

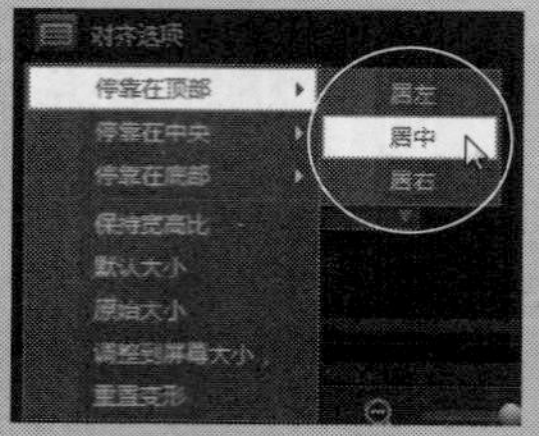

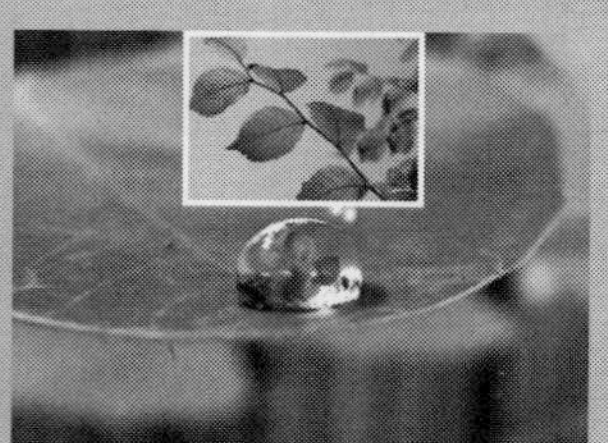
“停靠在顶部：居中”效果

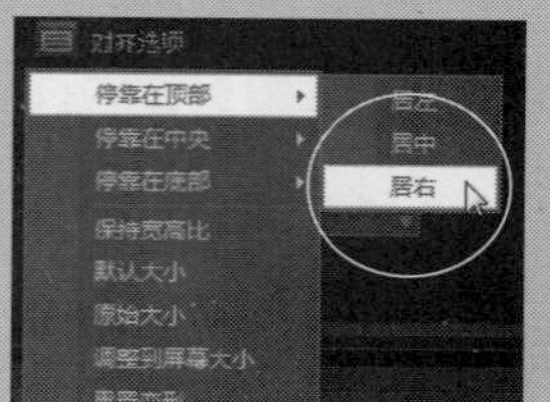

“停靠在顶部：居右”效果

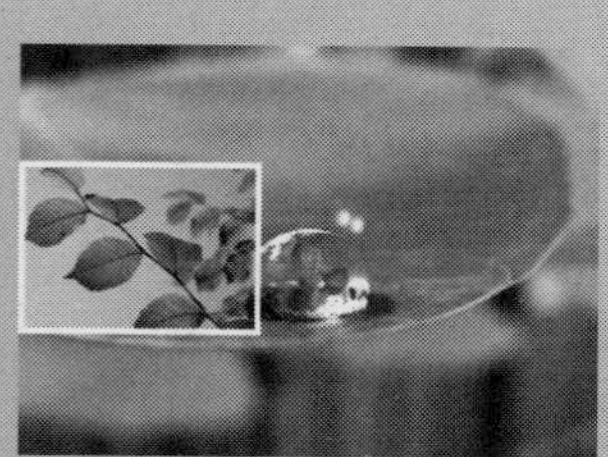
“停靠在中央：居左”效果

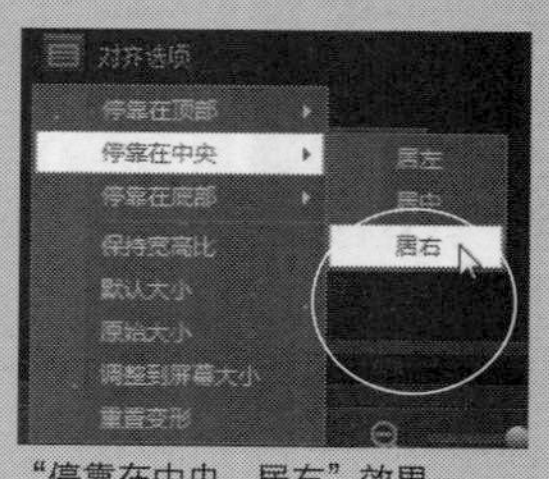

“停靠在中央：居右”效果

“停靠在底部：居中”效果

图14-37 显示不同的对齐效果

14.3 设置覆叠的透明度与边框

在会声会影X7中，用户还可以根据需要设置覆叠素材的透明度，将素材以半透明的形式进行重叠，从而显示出若隐若现的效果。边框是为影片添加装饰的另一种简单而实用的方式，它能够让枯燥的画面变得生动。本节主要向读者介绍设置覆叠素材透明度与边框效果的操作方法。

实战 355 设置覆叠透明度

▶实例位置：光盘\效果\第14章\蜻蜓.VSP
▶素材位置：光盘\素材\第14章\蜻蜓.VSP
▶视频位置：光盘\视频\第14章\实战355.mp4

• 实例介绍 •

在“透明度”数值框中输入相应的数值，即可设置覆叠素材的透明度效果。下面向读者介绍设置覆叠素材透明度的操作方法。

• 操作步骤 •

STEP 01 进入会声会影编辑器，单击“文件”|“打开项目”命令，打开一个项目文件，如图14-38所示。

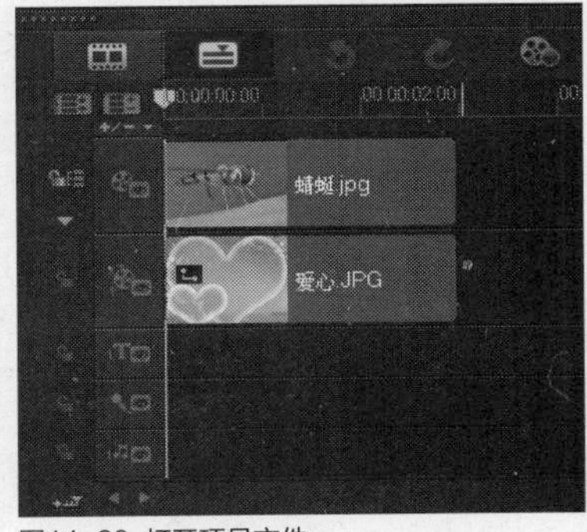

图14-38 打开项目文件

STEP 02 在预览窗口中，预览打开的项目效果，如图14-39所示。

图14-39 预览打开的项目效果

STEP 03 在覆叠轨中，选择需要设置透明度的覆叠素材，如图14-40所示。

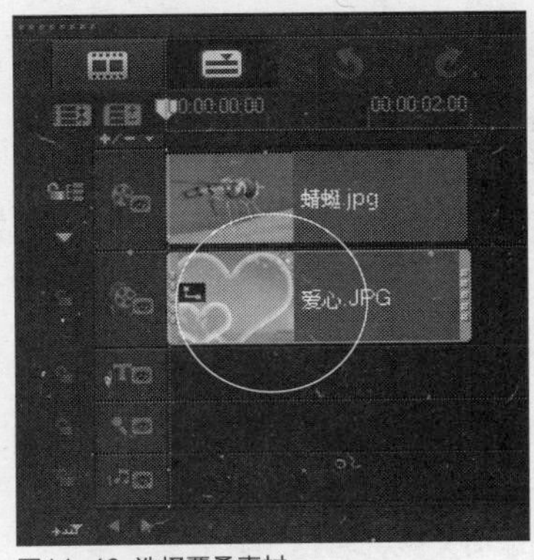

图14-40 选择覆叠素材

STEP 04 打开“属性”选项面板，单击“遮罩和色度键”按钮，如图14-41所示。

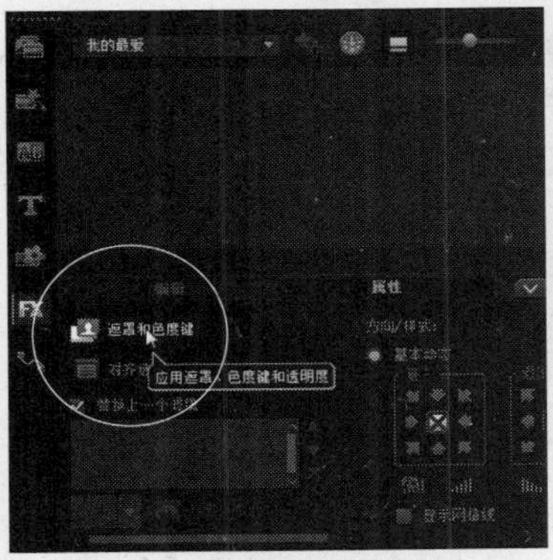

图14-41 单击“遮罩和色度键”按钮

STEP 05 执行操作后，打开“遮罩和色度键”选项面板，在“透明度”数值框中输入70，如图14-42所示，执行操作后，即可设置覆叠素材的透明度效果。

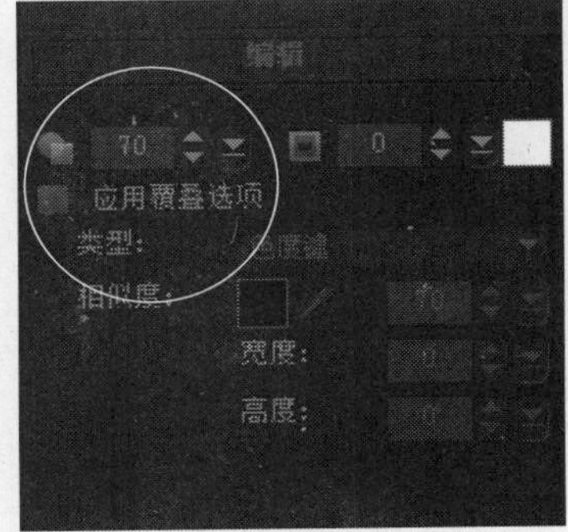

图14-42 输入“透明度”数值

STEP 06 在预览窗口中可以预览视频效果，如图14-43所示。

图14-43 预览视频效果

技巧点拨

单击“属性”选项面板中的“遮罩和色度键”按钮，在弹出的选项面板中单击“透明度”数值框右侧的下三角按钮，弹出透明度滑块，在滑块上单击鼠标左键的同时向右拖曳滑块，如图14-44所示。至合适的位置后释放鼠标左键，也可调整覆叠素材的透明度效果。

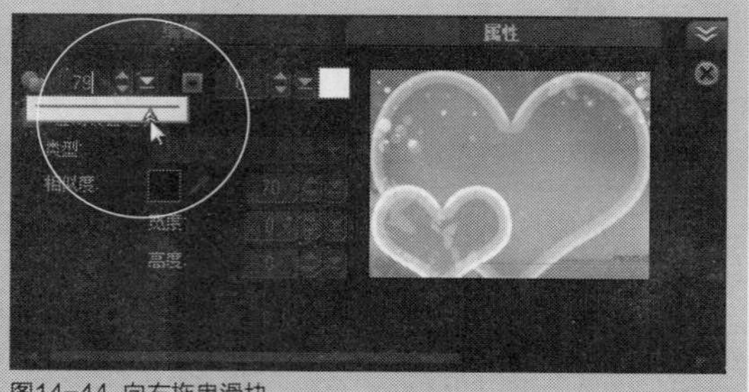

图14-44 向右拖曳滑块

实战356 设置覆叠的边框

▶实例位置：光盘\效果\第14章\公园.VSP
▶素材位置：光盘\素材\第14章\公园.VSP
▶视频位置：光盘\视频\第14章\实战356.mp4

• 实例介绍 •

为了更好地突出覆叠素材，可以为所添加的覆叠素材设置边框。下面介绍在会声会影X7中，设置覆叠素材边框的操作方法。

• 操作步骤 •

STEP 01 进入会声会影编辑器，单击“文件”|“打开项目”命令，打开一个项目文件，如图14-45所示。

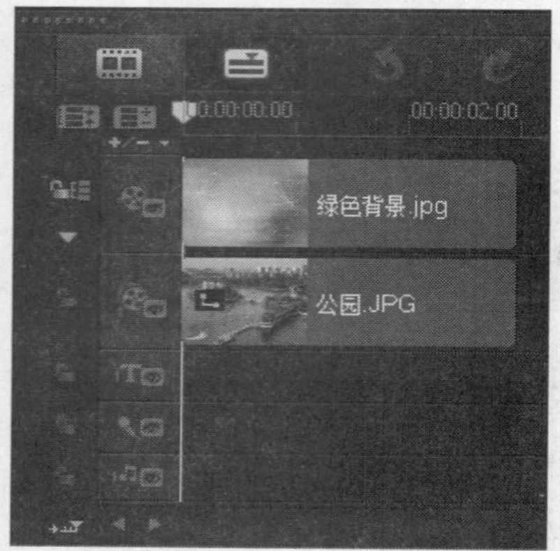

图14-45 打开项目文件

STEP 02 在预览窗口中，预览打开的项目效果，如图14-46所示。

图14-46 预览打开的项目效果

STEP 03 在覆叠轨中，选择需要设置边框效果的覆叠素材，如图14-47所示。

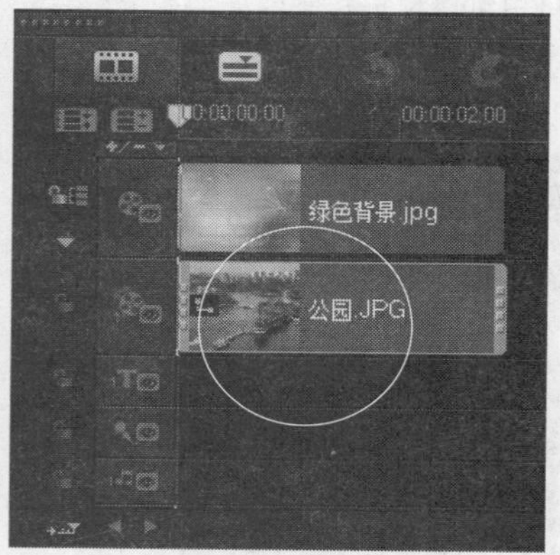

图14-47 选择覆叠素材

STEP 04 打开“属性”选项面板，单击“遮罩和色度键”按钮，如图14-48所示。

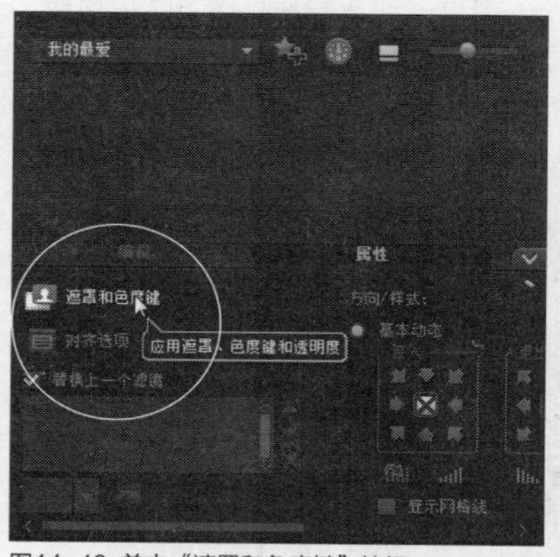

图14-48 单击“遮罩和色度键”按钮

STEP 05 打开"遮罩和色度键"选项面板，在"边框"数值框中输入4，如图14-49所示，执行操作后，即可设置覆叠素材的边框效果。

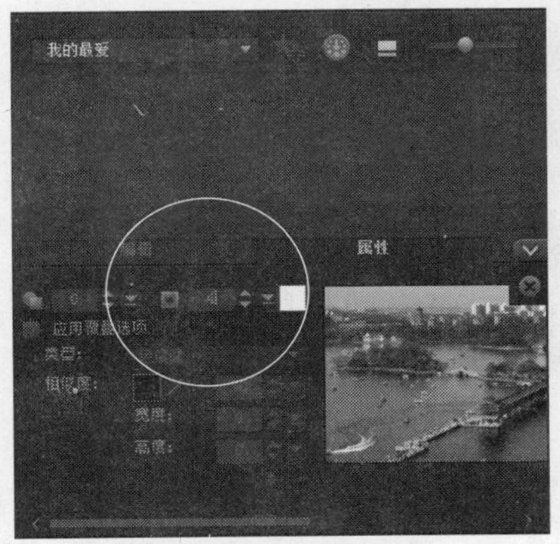

图14-49 在"边框"数值框中输入4

STEP 06 在预览窗口中可以预览视频效果，如图14-50所示。

图14-50 预览视频效果

知识拓展

用户在会声会影X7中设置覆叠素材边框效果时，在选项面板中的"边框"数值框中，用户只能输入0～10之间的整数。

实战 357 设置边框的颜色

▶实例位置：光盘\效果\第14章\闪光.VSP
▶素材位置：光盘\素材\第14章\闪光.VSP
▶视频位置：光盘\视频\第14章\实战357.mp4

• 实例介绍 •

为了使覆叠素材的边框效果更加丰富多彩，用户可以手动设置覆叠素材边框的颜色，使制作的视频画面更符合用户的要求。下面向读者介绍设置覆叠边框颜色的操作方法。

• 操作步骤 •

STEP 01 进入会声会影编辑器，单击"文件"|"打开项目"命令，打开一个项目文件，如图14-51所示。

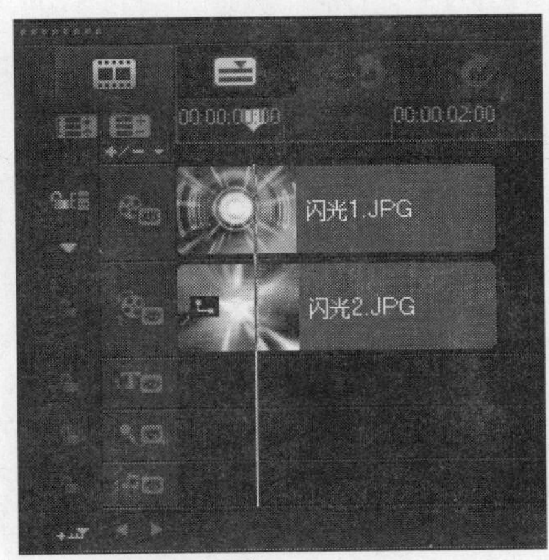

图14-51 打开项目文件

STEP 02 在预览窗口中，预览打开的项目效果，如图14-52所示。

图14-52 预览打开的项目效果

STEP 03 在覆叠轨中，选择需要设置边框颜色的覆叠素材，如图14-53所示。

STEP 04 打开"属性"选项面板，单击"遮罩和色度键"按钮，如图14-54所示。

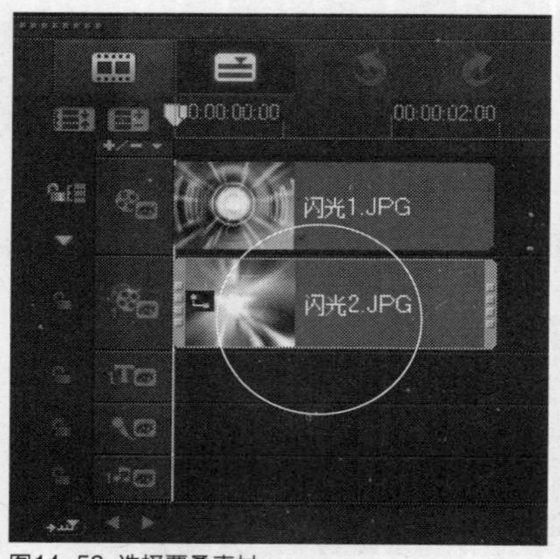

图14-53 选择覆叠素材

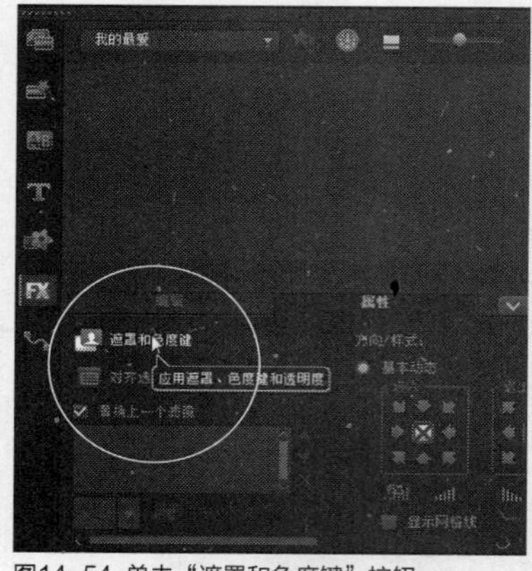

图14-54 单击“遮罩和色度键”按钮

STEP 05 打开“遮罩和色度键”选项面板，单击“边框色彩”色块，在弹出的颜色面板中选择黄色，如图14-55所示。

STEP 06 执行操作后，即可更改覆叠素材的边框颜色，在预览窗口中可以预览视频效果，如图14-56所示。

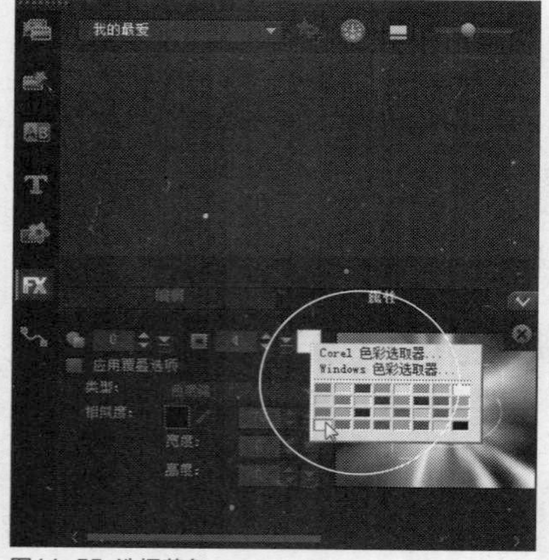
图14-55 选择黄色

图14-56 预览视频效果

14.4 设置与修剪覆叠素材

在会声会影X7中，当用户为视频添加覆叠素材后，可以对覆叠素材进行相应的编辑操作，包括设置覆叠遮罩的色彩、设置遮罩的色彩相似度、修剪覆叠素材的高度以及修剪覆叠素材的宽度等属性，使制作的覆叠素材更加美观。本节主要向读者介绍设置与修剪覆叠素材的操作方法。

实战358 设置遮罩的色彩

▶实例位置：光盘\效果\第14章\餐厅随拍.VSP
▶素材位置：光盘\素材\第14章\餐厅随拍.VSP
▶视频位置：光盘\视频\第14章\实战359.mp4

• 实例介绍 •

当用户为覆叠素材设置遮罩效果后，此时可以设置覆叠遮罩的色彩，使画面颜色更加协调。下面向读者介绍设置覆叠遮罩色彩的操作方法。

• 操作步骤 •

STEP 01 进入会声会影编辑器，单击“文件”|“打开项目”命令，打开一个项目文件，如图14-57所示。

STEP 02 在预览窗口中，预览打开的项目效果，如图14-58所示。

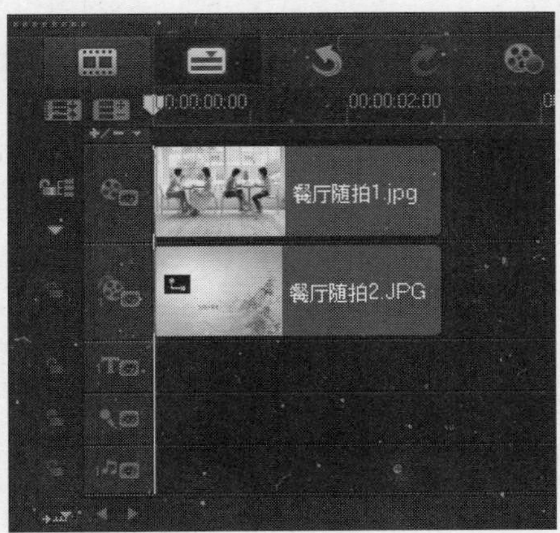

图14-57 打开项目文件

图14-58 预览打开的项目效果

STEP 03 在覆叠轨中，选择需要设置覆叠遮罩色彩的覆叠素材，如图14-59所示。

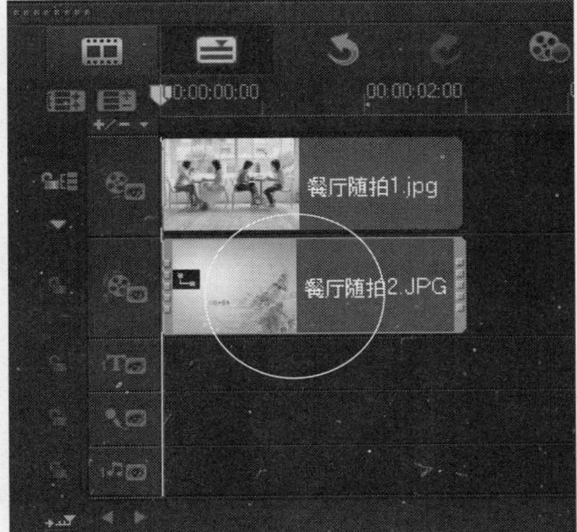

图14-59 选择覆叠素材

STEP 04 打开“属性”选项面板，单击“遮罩和色度键”按钮，如图14-60所示。

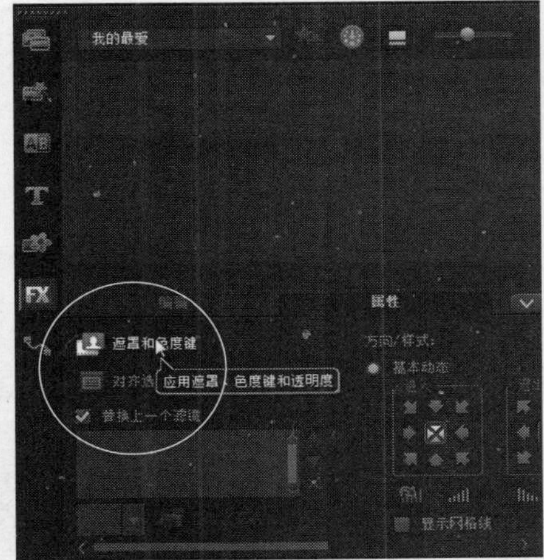

图14-60 单击“遮罩和色度键”按钮

STEP 05 打开“遮罩和色度键”选项面板，选中“应用覆叠选项”复选框，如图14-61所示。

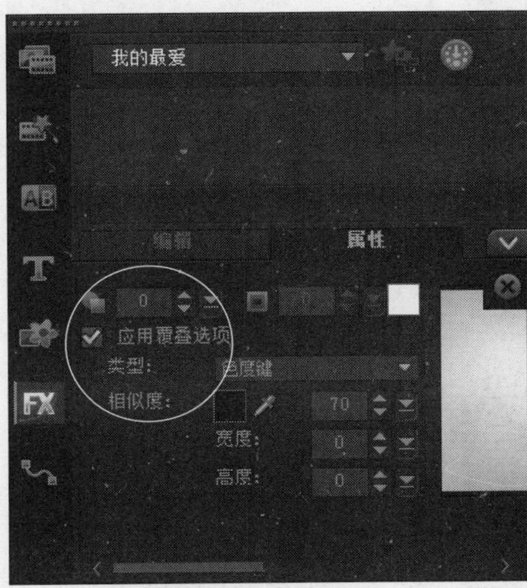

图14-61 选中“应用覆叠选项”复选框

STEP 06 单击“覆叠遮罩的色彩”色块右侧的吸管按钮，在预览窗口中的合适位置，单击鼠标左键吸取颜色，并设置“针对遮罩的色彩相似度”为70，如图14-62所示。

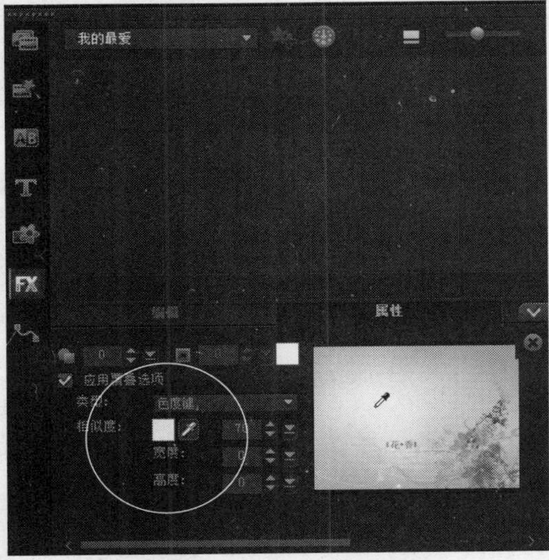

图14-62 设置“针对遮罩的色彩相似度”

STEP 07 执行操作后，即可将覆叠遮罩的色彩设置为吸取的颜色，效果如图14-63所示。

技巧点拨

用户可单击“覆叠遮罩的色彩”色块，在弹出的颜色面板中快速选择需要遮罩的颜色，如图14-64所示。

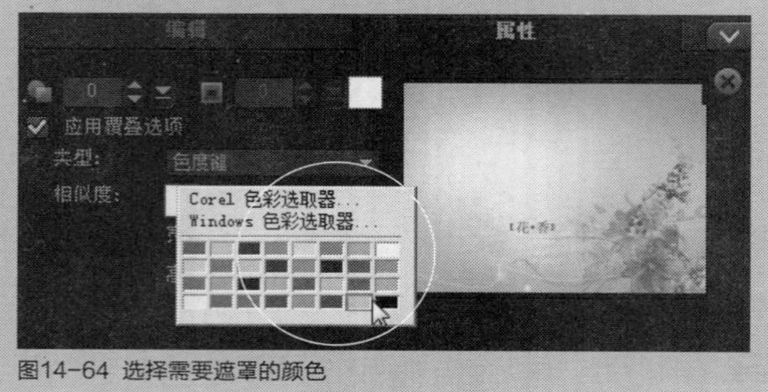

图14-64 选择需要遮罩的颜色

图14-63 将覆叠遮罩的色彩设置为吸取的颜色

实战 359 修剪覆叠的高度

▶实例位置：光盘\效果\第14章\树木.VSP
▶素材位置：光盘\素材\第14章\树木.VSP
▶视频位置：光盘\视频\第14章\实战359.mp4

• 实例介绍 •

在会声会影X7中，如果覆叠素材过高，此时用户可以修剪覆叠素材的高度，使其符合用户的需求。下面向读者介绍修剪素材高度的操作方法。

• 操作步骤 •

STEP 01 进入会声会影编辑器，单击“文件”|“打开项目”命令，打开一个项目文件，如图14-65所示。

STEP 02 在预览窗口中，预览打开的项目效果，如图14-66所示。

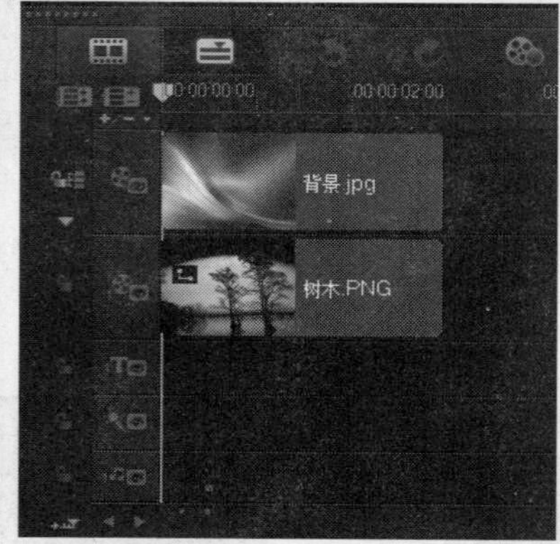

图14-65 打开项目文件

图14-66 预览打开的项目效果

STEP 03 在覆叠轨中，选择需要修剪高度的覆叠素材，如图14-67所示。

STEP 04 打开“属性”选项面板，单击“遮罩和色度键”按钮，打开相应选项面板，在“高度”右侧的数值框中输入30，如图14-68所示。

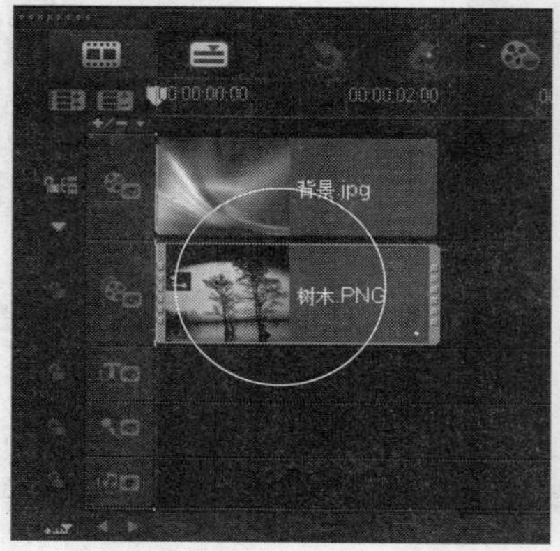

图14-67 选择覆叠素材

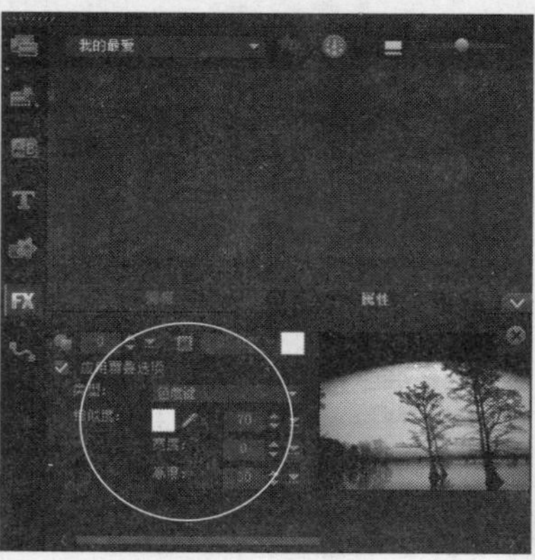

图14-68 输入数值

STEP 05 执行操作后，即可修剪覆叠素材的高度，在预览窗口中可以预览修剪后的视频效果，如图14-69所示。

技巧点拨

在“遮罩和色度键”选项面板中单击“高度”数值框右侧的下三角按钮，弹出高度滑块，单击鼠标左键的同时向右拖曳滑块至合适的位置后释放鼠标左键，也可以调整覆叠对象的高度。

用户还可以单击“高度”数值框右侧的上下微调按钮，对“高度”参数进行微调操作，使设置的参数更加精确。

图14-69 预览修剪后的视频效果

实战 360 修剪覆叠的宽度

- ▶实例位置：光盘\效果\第14章\可爱狗狗.VSP
- ▶素材位置：光盘\素材\第14章\可爱狗狗.VSP
- ▶视频位置：光盘\视频\第14章\实战360.mp4

• 实例介绍 •

在会声会影X7中，如果用户对覆叠素材的宽度不满意，可以对覆叠素材的宽度进行修剪操作。下面向读者介绍修剪覆叠素材宽度的方法。

• 操作步骤 •

STEP 01 进入会声会影编辑器，单击“文件”|“打开项目”命令，打开一个项目文件，如图14-70所示。

STEP 02 在预览窗口中，预览打开的项目效果，如图14-71所示。

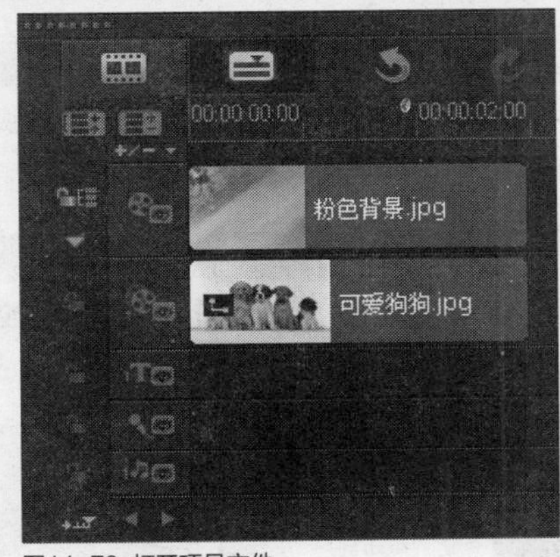

图14-70 打开项目文件

图14-71 预览打开的项目效果

STEP 03 在覆叠轨中，选择需要修剪宽度的覆叠素材，如图14-72所示。

STEP 04 打开“属性”选项面板，单击“遮罩和色度键”按钮，打开相应选项面板，在“宽度”右侧的数值框中输入50，如图14-73所示。

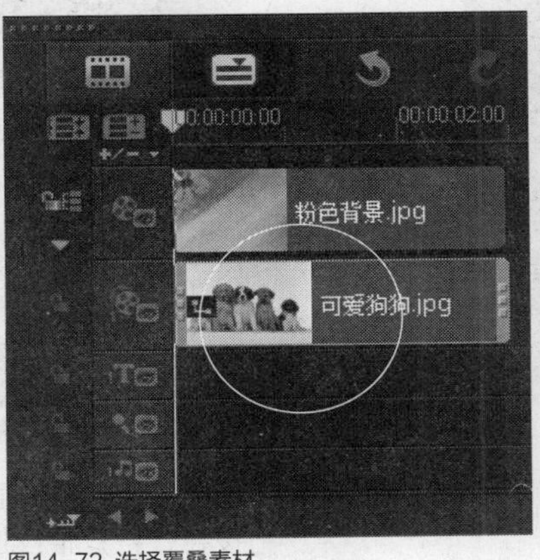

图14-72 选择覆叠素材

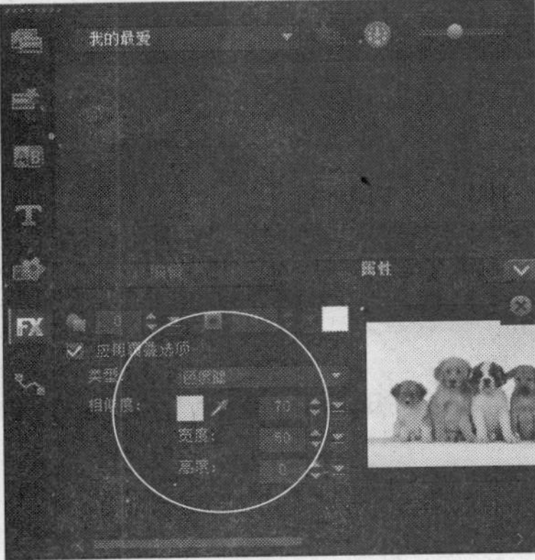

图14-73 输入数值

STEP 05 执行操作后，即可修剪覆盖素材的宽度，在预览窗口中可以预览修剪后的视频效果，如图14-74所示。

图14-74 预览修剪后的视频效果

14.5 制作覆叠遮罩特效

在会声会影X7中，用户还可以根据需要在覆叠轨中设置覆叠对象的遮罩效果，使制作的视频作品更美观。本节主要向读者详细介绍设置覆叠素材遮罩效果的方法，主要包括制作椭圆遮罩效果、矩形遮罩效果、日历遮罩效果以及胶卷遮罩效果等。

实战361 制作椭圆遮罩特效

▶ 实例位置：光盘\效果\第14章\小狗.VSP
▶ 素材位置：光盘\素材\第14章\小狗.VSP
▶ 视频位置：光盘\视频\第14章\实战361.mp4

• 实例介绍 •

在会声会影X7中，椭圆遮罩效果是指覆叠轨中的素材以椭圆的性质遮罩在视频轨中素材的上方。下面介绍设置椭圆遮罩效果的操作方法。

• 操作步骤 •

STEP 01 进入会声会影编辑器，单击“文件”|“打开项目”命令，打开一个项目文件，如图14-75所示。

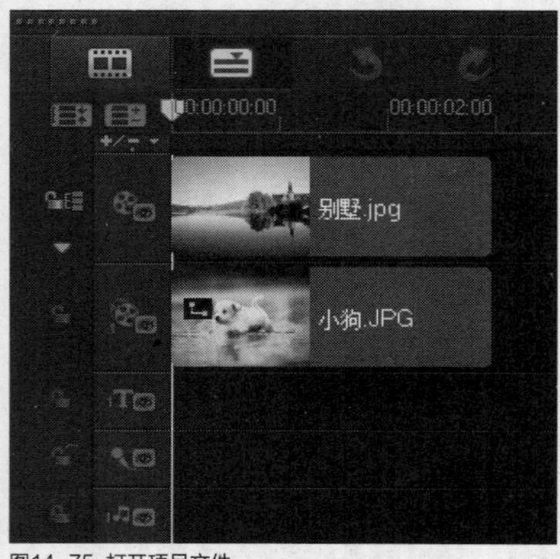

图14-75 打开项目文件

STEP 02 在预览窗口中，预览打开的项目效果，如图14-76所示。

图14-76 预览打开的项目效果

STEP 03 在覆叠轨中，选择需要设置椭圆遮罩特效的覆叠素材，如图14-77所示。

STEP 04 打开“属性”选项面板，单击“遮罩和色度键”按钮，打开相应选项面板，选中“应用覆叠选项”复选框，如图14-78所示。

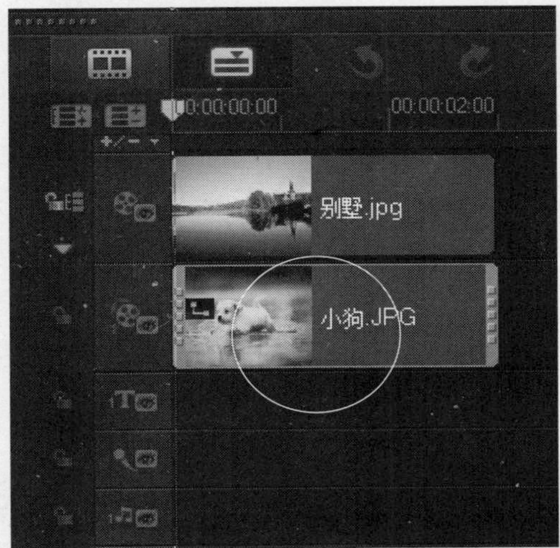

图14-77 选择覆叠素材

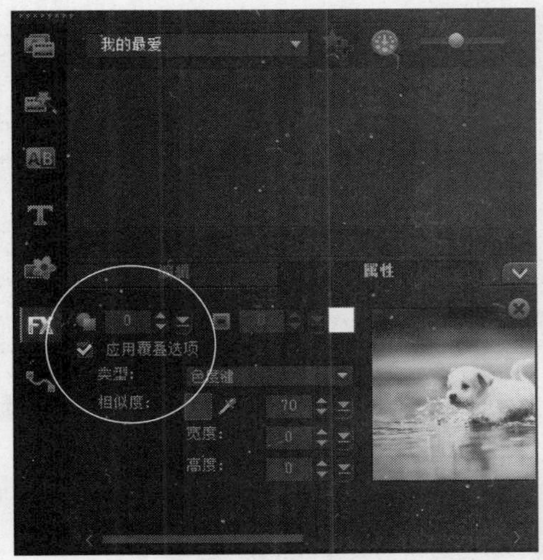

图14-78 选中"应用覆叠选项"复选框

STEP 05 单击"类型"下拉按钮，在弹出的列表框中选择"遮罩帧"选项，如图14-79所示。

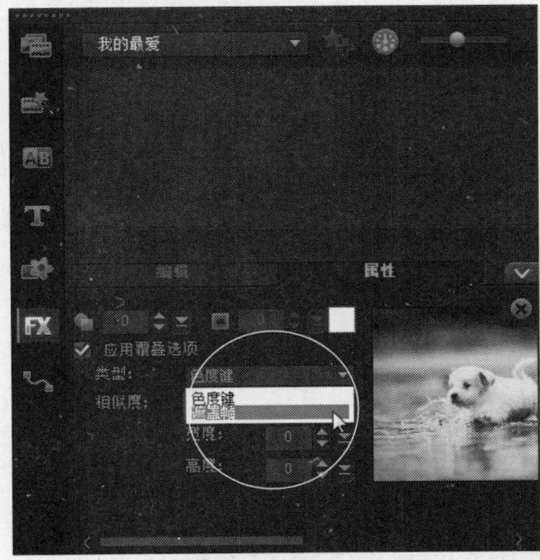

图14-79 选择"遮罩帧"选项

STEP 06 打开覆叠遮罩列表，在其中选择椭圆遮罩效果，如图14-80所示。

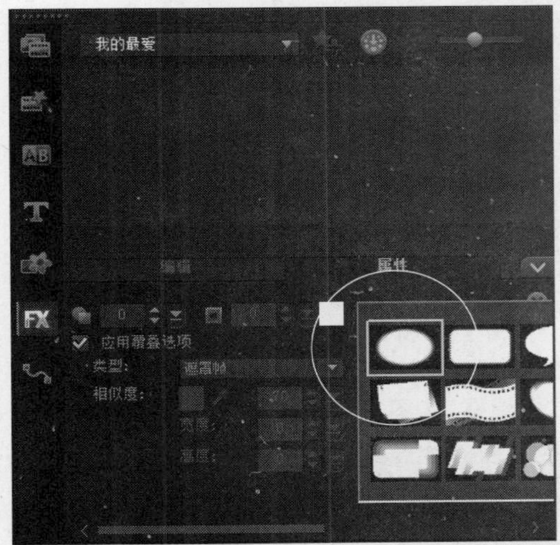

图14-80 选择椭圆遮罩效果

STEP 07 此时，即可设置覆叠素材为椭圆遮罩样式，如图14-81所示。

图14-81 设置椭圆遮罩样式

STEP 08 在导览面板中单击"播放"按钮，预览视频中的椭圆遮罩效果，如图14-82所示。

图14-82 预览椭圆遮罩效果

实战 362 制作矩形遮罩特效

▶实例位置：光盘\效果\第14章\蓝色浪漫.VSP
▶素材位置：光盘\素材\第14章\蓝色浪漫.VSP
▶视频位置：光盘\视频\第14章\实战362.mp4

• 实例介绍 •

在会声会影X7中，矩形遮罩效果是指覆叠轨中的素材以矩形的形状遮罩在视频轨中素材的上方。下面介绍设置圆角矩形遮罩效果的操作方法。

• 操作步骤 •

STEP 01 进入会声会影编辑器，单击“文件”|“打开项目”命令，打开一个项目文件，如图14-83所示。

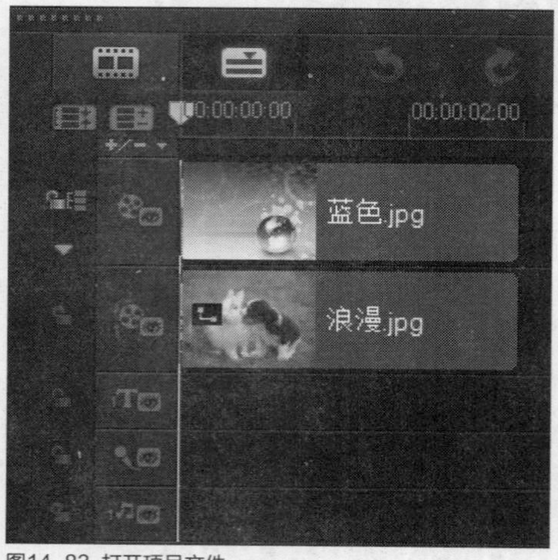

图14-83 打开项目文件

STEP 02 在预览窗口中，预览打开的项目效果，如图14-84所示。

图14-84 预览项目效果

STEP 03 选择覆叠素材，打开“属性”选项面板，单击“遮罩和色度键”按钮，打开相应的选项面板，选中“应用覆叠选项”复选框，如图14-85所示。

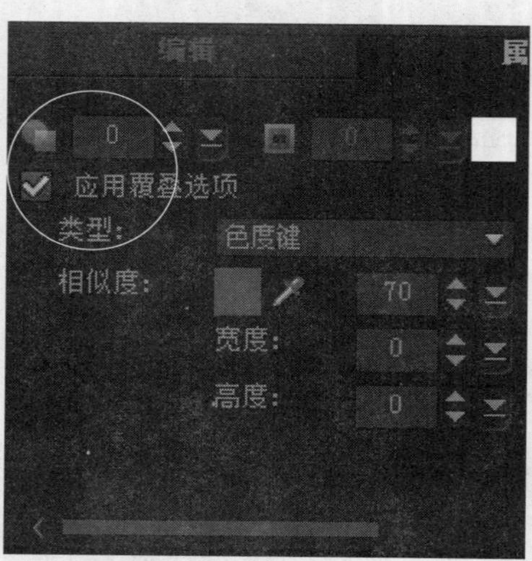

图14-85 选中“应用覆叠选项”复选框

STEP 04 单击“类型”下拉按钮，在弹出的列表框中选择“遮罩帧”选项，打开覆叠遮罩列表，在其中选择矩形遮罩效果，如图14-86所示。

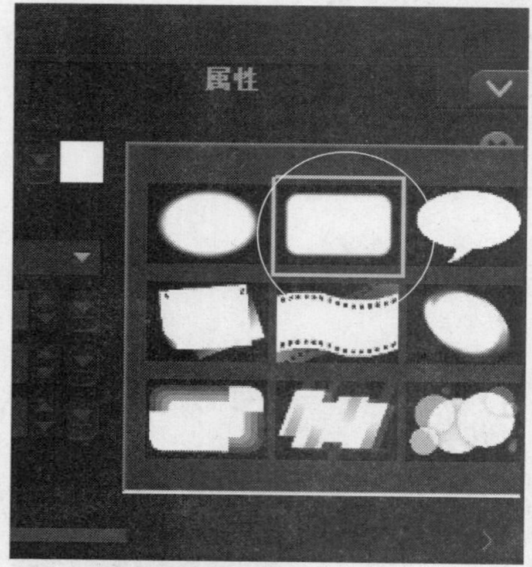

图14-86 选择矩形遮罩效果

STEP 05 此时，即可设置覆叠素材为矩形遮罩样式，如图14-87所示。

STEP 06 在导览面板中单击“播放”按钮，预览视频中的矩形遮罩效果，如图14-88所示。

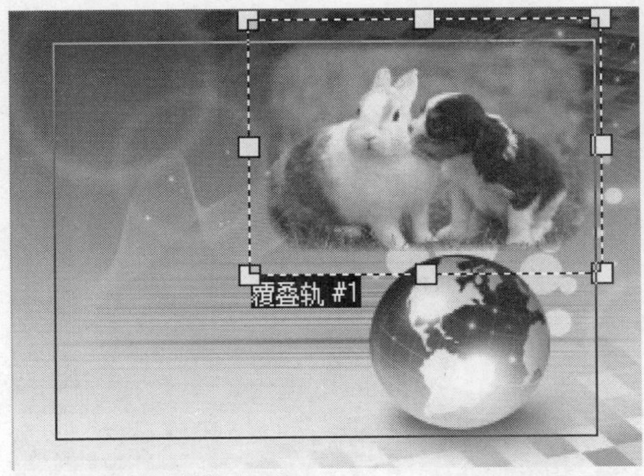

图14-87 设置矩形遮罩样式

图14-88 预览矩形遮罩效果

实战 363 制作花瓣遮罩特效

▶实例位置：光盘\效果\第14章\恋人.VSP
▶素材位置：光盘\素材\第14章\恋人.VSP
▶视频位置：光盘\视频\第14章\实战363.mp4

• 实例介绍 •

在会声会影X7中，花瓣遮罩效果是指覆叠轨中的素材以花瓣的性质遮罩在视频轨中素材的上方。下面介绍设置花瓣遮罩效果的操作方法。

• 操作步骤 •

STEP 01 进入会声会影编辑器，单击“文件”|“打开项目”命令，打开一个项目文件，如图14-89所示。

STEP 02 在预览窗口中，预览打开的项目效果，如图14-90所示。

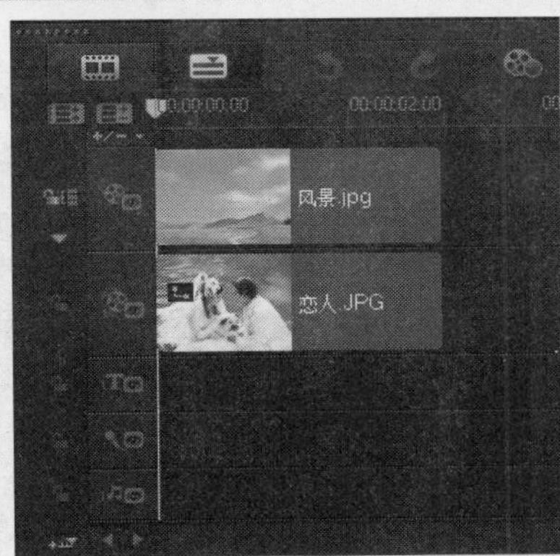

图14-89 打开项目文件

图14-90 预览项目效果

STEP 03 选择覆叠素材，打开“属性”选项面板，单击“遮罩和色度键”按钮，打开相应选项面板，选中“应用覆叠选项”复选框，如图14-91所示。

STEP 04 单击“类型”下拉按钮，在弹出的列表框中选择“遮罩帧”选项，打开覆叠遮罩列表，在其中选择花瓣遮罩效果，如图14-92所示。

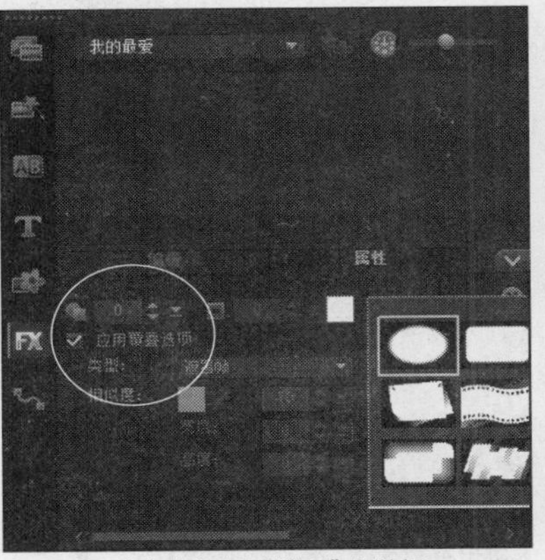

图14-91 选中“应用覆叠选项”复选框

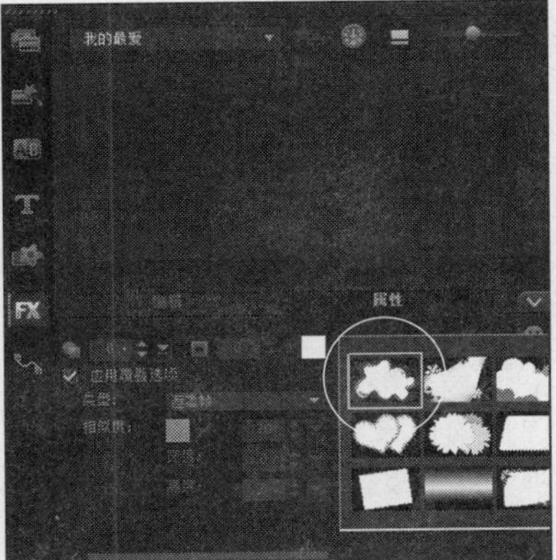

图14-92 选择花瓣遮罩效果

STEP 05 此时，即可设置覆叠素材为花瓣遮罩样式，如图14-93所示。

图14-93 设置为花瓣遮罩样式

STEP 06 在导览面板中单击“播放”按钮，预览视频中的花瓣遮罩效果，如图14-94所示。

图14-94 预览花瓣遮罩效果

实战364 制作心形遮罩特效

▶实例位置：光盘\效果\第14章\情侣.VSP
▶素材位置：光盘\素材\第14章\情侣.VSP
▶视频位置：光盘\视频\第14章\实战364.mp4

• 实例介绍 •

在会声会影X7中，心形遮罩效果是指覆叠轨中的素材以心形的形状遮罩在视频轨中素材的上方。下面介绍设置心形遮罩效果的操作方法。

• 操作步骤 •

STEP 01 进入会声会影编辑器，单击“文件”|“打开项目”命令，打开一个项目文件，如图14-95所示。

STEP 02 在预览窗口中，预览打开的项目效果，如图14-96所示。

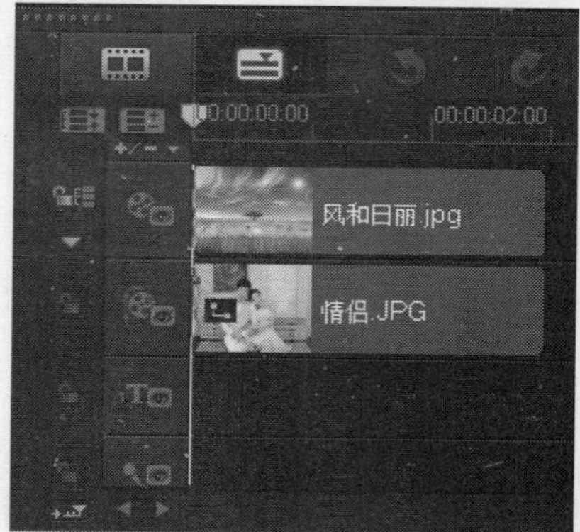

图14-95 打开项目文件

图14-96 预览项目效果

STEP 03 选择覆叠素材，打开“属性”选项面板，单击“遮罩和色度键”按钮，打开相应选项面板，选中“应用覆叠选项”复选框，如图14-97所示。

STEP 04 单击“类型”下拉按钮，在弹出的列表框中选择“遮罩帧”选项，打开覆叠遮罩列表，在其中选择心形遮罩效果，如图14-98所示。

STEP 05 此时，即可设置覆叠素材为心形遮罩样式，如图14-99所示。

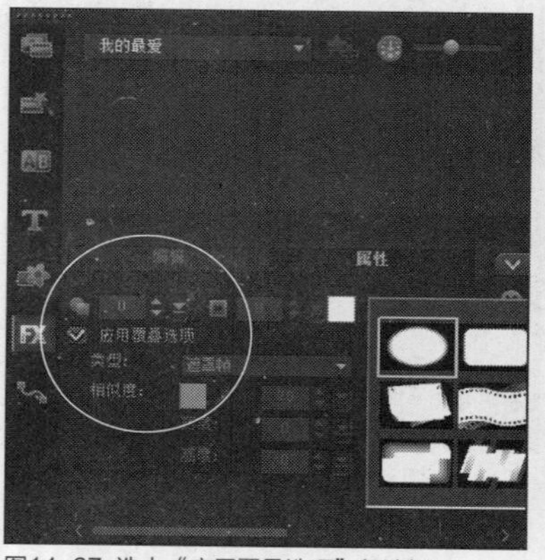

图14-97 选中“应用覆叠选项”复选框

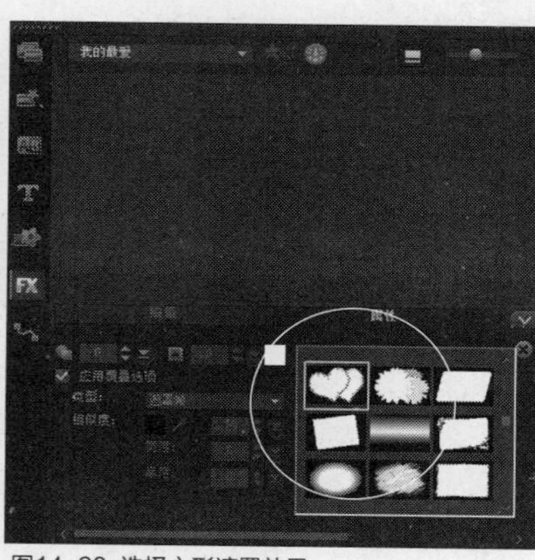

图14-98 选择心形遮罩效果

STEP 06 在导览面板中单击"播放"按钮，预览视频中的心形遮罩效果，如图14-100所示。

图14-99 设为心形遮罩样式

图14-100 预览心形遮罩效果

实战 365 制作涂抹遮罩特效

▶实例位置：光盘\效果\第14章\美女.VSP
▶素材位置：光盘\素材\第14章\美女.VSP
▶视频位置：光盘\视频\第14章\实战365.mp4

• 实例介绍 •

在会声会影X7中，涂抹遮罩效果是指覆叠轨中的素材以画笔涂抹的方式覆叠在视频轨中素材上方。下面介绍设置涂抹遮罩效果的操作方法。

• 操作步骤 •

STEP 01 进入会声会影编辑器，单击"文件"|"打开项目"命令，打开一个项目文件，如图14-101所示。

STEP 02 在预览窗口中，预览打开的项目效果，如图14-102所示。

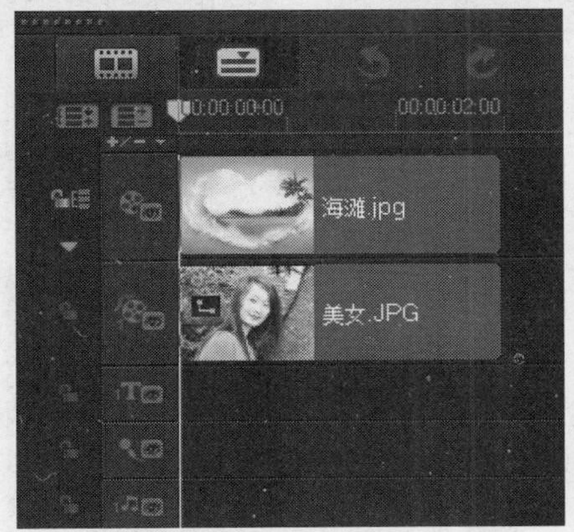

图14-101 打开项目文件

图14-102 预览项目效果

STEP 03 选择覆叠素材，打开"属性"选项面板，单击"遮罩和色度键"按钮，打开相应选项面板，选中"应用覆叠选项"复选框，如图14-103所示。

STEP 04 单击"类型"下拉按钮，在弹出的列表框中选择"遮罩帧"选项，打开覆叠遮罩列表，在其中选择涂抹遮罩效果，如图14-104所示。

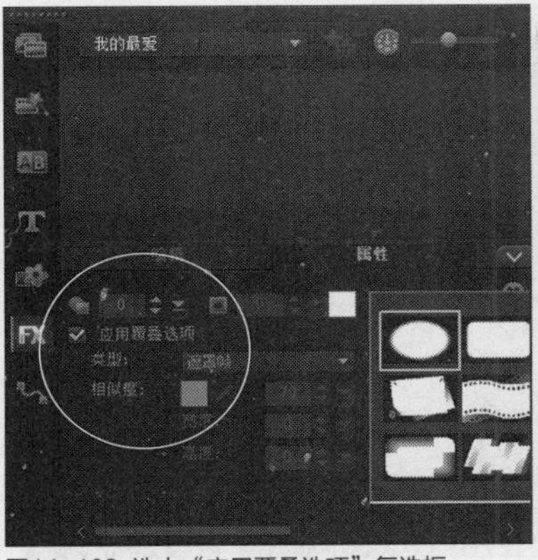

图14-103 选中"应用覆叠选项"复选框

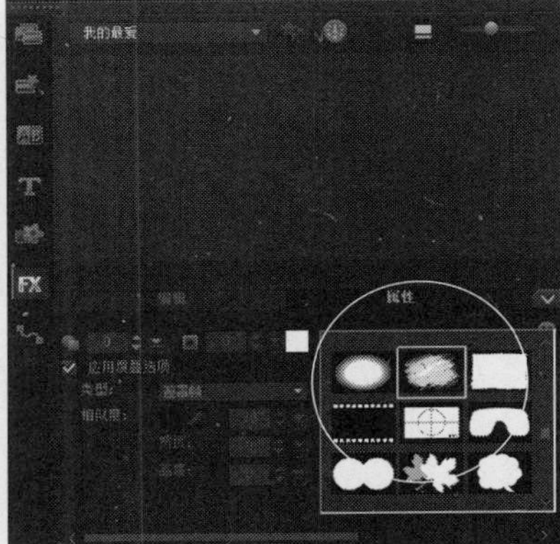

图14-104 选择涂抹遮罩效果

STEP 05 此时，即可设置覆叠素材为涂抹遮罩样式，如图14-105所示。

图14-105 设置为涂抹遮罩样式

STEP 06 在导览面板中单击“播放”按钮，预览视频中的涂抹遮罩效果，如图14-106所示。

图14-106 预览涂抹遮罩效果

实战366 制作水波遮罩特效

▶实例位置：光盘\效果\第14章\幸福.VSP
▶素材位置：光盘\素材\第14章\幸福.VSP
▶视频位置：光盘\视频\第14章\实战366.mp4

• 实例介绍 •

在会声会影X7中，水波遮罩效果是指覆叠轨中的素材以水波的方式覆叠在视频轨中的素材上方。下面介绍设置水波遮罩效果的操作方法。

• 操作步骤 •

STEP 01 进入会声会影编辑器，单击“文件”|“打开项目”命令，打开一个项目文件，如图14-107所示。

STEP 02 在预览窗口中，预览打开的项目效果，如图14-108所示。

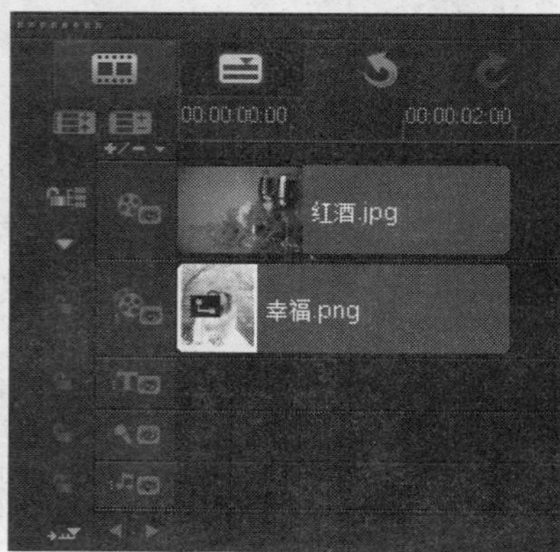

图14-107 打开项目文件

图14-108 预览项目效果

STEP 03 选择覆叠素材，打开“属性”选项面板，单击“遮罩和色度键”按钮，打开相应选项面板，选中“应用覆叠选项”复选框，如图14-109所示。

STEP 04 单击“类型”下拉按钮，在弹出的列表框中选择“遮罩帧”选项，打开覆叠遮罩列表，在其中选择水波遮罩效果，如图14-110所示。

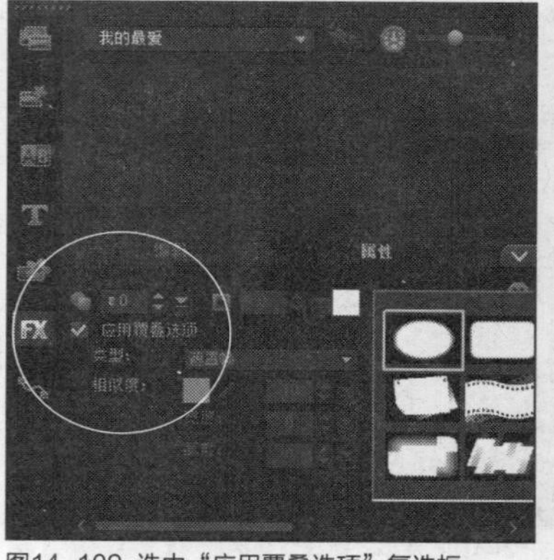

图14-109 选中“应用覆叠选项”复选框

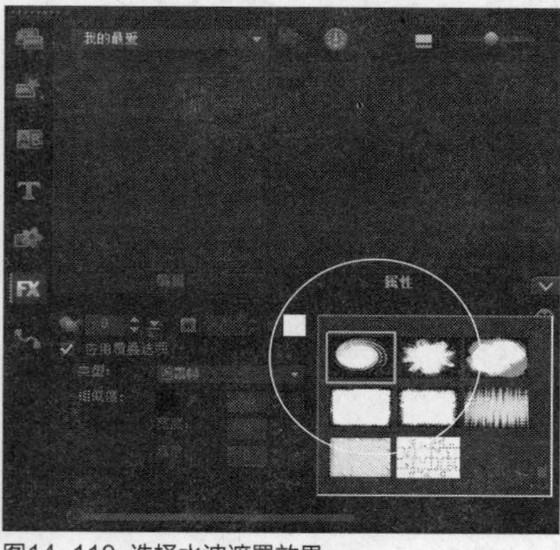

图14-110 选择水波遮罩效果

知识拓展

在会声会影X7中，用户还可以加载外部的遮罩样式，在覆叠遮罩列表的右侧，单击“添加遮罩项”按钮，弹出“浏览照片”对话框，在其中选择相应的遮罩素材，即可加载外部的遮罩样式。

STEP 05 此时，即可设置覆叠素材为水波遮罩样式，如图14-111所示。

图14-111 设置为水波遮罩样式

STEP 06 在导览面板中单击“播放”按钮，预览视频中的水波遮罩效果，如图14-112所示。

图14-112 预览水波遮罩效果

14.6 制作视频合成特效

在会声会影X7中，覆叠有多种编辑方式，如制作若隐若现效果、精美相册特效、覆叠转场特效、带边框画中画效果、装饰图案效果、覆叠遮罩特效以及覆叠滤镜特效等。本节主要向读者介绍通过覆叠功能制作视频合成特效的操作方法。

实战 367 制作若隐若现画面

- 实例位置：光盘\效果\第14章\喜迎中秋.VSP
- 素材位置：光盘\素材\第14章\喜迎中秋.jpg、喜迎中秋.png
- 视频位置：光盘\视频\第14章\实战367.mp4

• 实例介绍 •

在会声会影X7中，对覆叠轨中的图像素材应用淡入/淡出动画效果，可以使素材显示若隐若现效果。下面向读者介绍制作若隐若现叠加画面效果的操作方法。

• 操作步骤 •

STEP 01 进入会声会影X7编辑器，在视频轨中插入一幅素材图像，如图14-113所示。

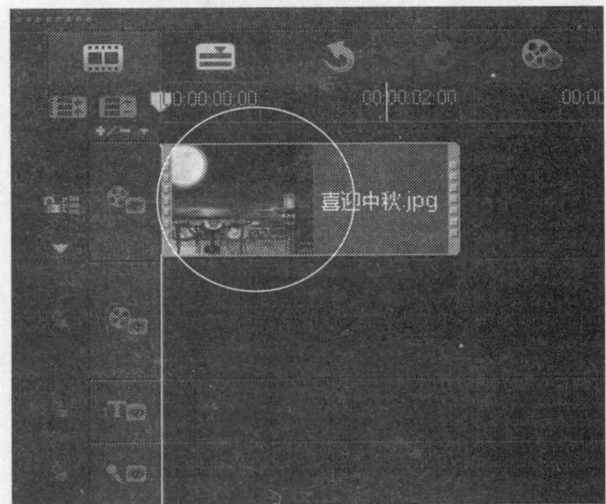

图14-113 插入素材图像

STEP 02 在预览窗口中，可以预览素材图像画面效果，如图14-114所示。

图14-114 预览素材图像画面效果

STEP 03 在覆叠轨中插入一幅素材图像“喜迎中秋.png”文件，如图14-115所示。

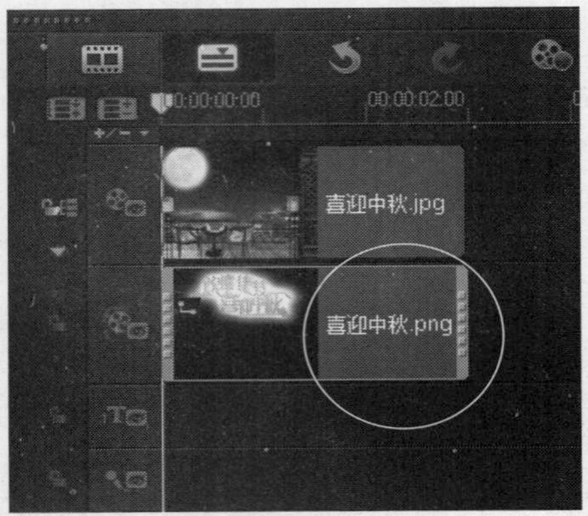

图14-115 插入素材图像

STEP 04 在预览窗口中，可以预览覆叠素材画面效果，如图14-116所示。

图14-116 预览覆叠素材画面效果

知识拓展

用户通过拖曳覆叠素材四周的黄色控制柄，也可以等比例对覆叠素材进行缩放操作。

STEP 05 在预览窗口中的覆叠素材上，单击鼠标右键，在弹出的快捷菜单中选择“调整到屏幕大小”选项，如图14-117所示。

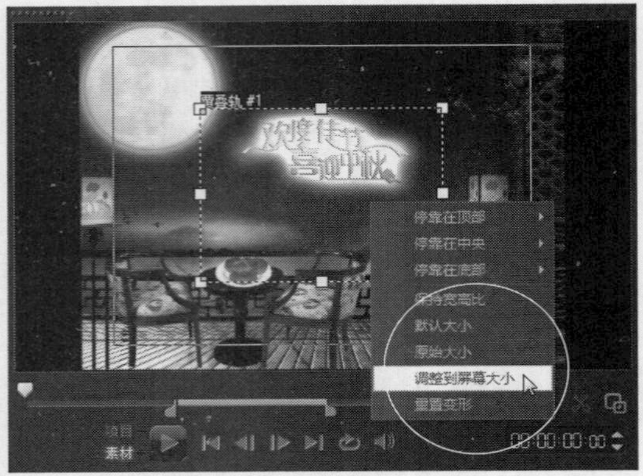

图14-117 选择“调整到屏幕大小”选项

STEP 06 执行操作后，即可调整覆叠素材的大小，如图14-118所示。

图14-118 调整覆叠素材的大小

STEP 07 在覆叠轨中，选择需要制作若隐若现画面的覆叠素材，如图14-119所示。

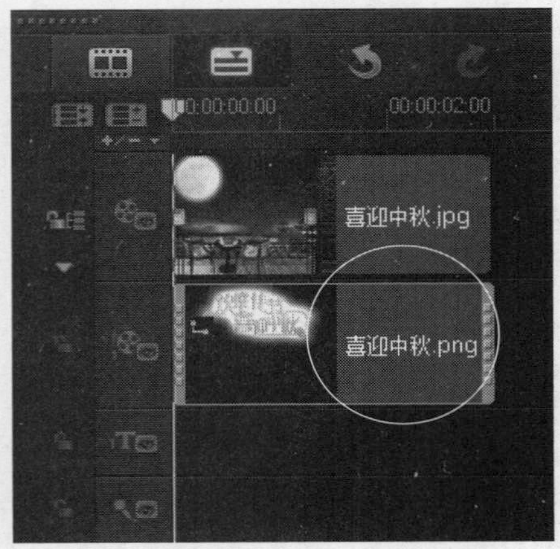

图14-119 选择覆叠素材

STEP 08 在“属性”选项面板中单击“淡入动画效果”按钮和“淡出动画效果”按钮，即可制作覆叠素材若隐若现效果，如图14-120所示。

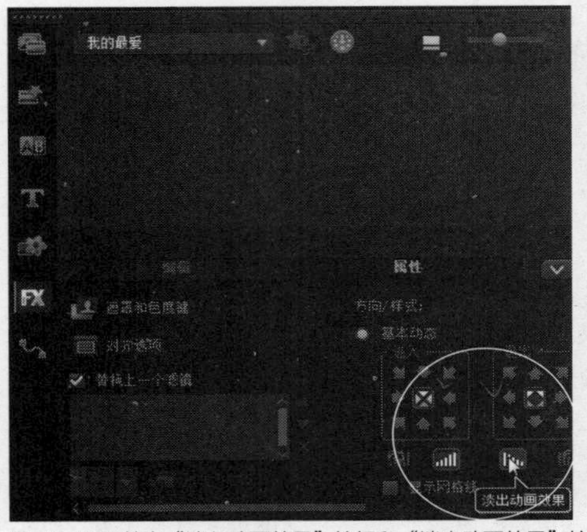

图14-120 单击“淡入动画效果”按钮和“淡出动画效果”按钮

STEP 09 在导览面板中单击“播放”按钮，即可预览制作的若隐若现动画效果，如图14-121所示。

图14-121 预览若隐若现动画效果

实战368 制作精美相框特效

▶ 实例位置：光盘\效果\第14章\狗狗.VSP
▶ 素材位置：光盘\素材\第14章\狗狗.jpg、狗狗.png
▶ 视频位置：光盘\视频\第14章\实战368.mp4

• 实例介绍 •

在会声会影X7中，为照片添加相框是一种简单而实用的装饰方式，可以使视频画面更具有吸引力和观赏性。下面向读者介绍制作精美相册特效的操作方法。

• 操作步骤 •

STEP 01 进入会声会影X7编辑器，在视频轨中插入一幅素材图像，如图14-122所示。

图14-122 插入素材图像

STEP 02 在预览窗口中，可以预览素材图像画面效果，如图14-123所示。

图14-123 预览素材图像画面效果

STEP 03 在覆叠轨中插入一幅素材图像“狗狗.png”文件，如图14-124所示。

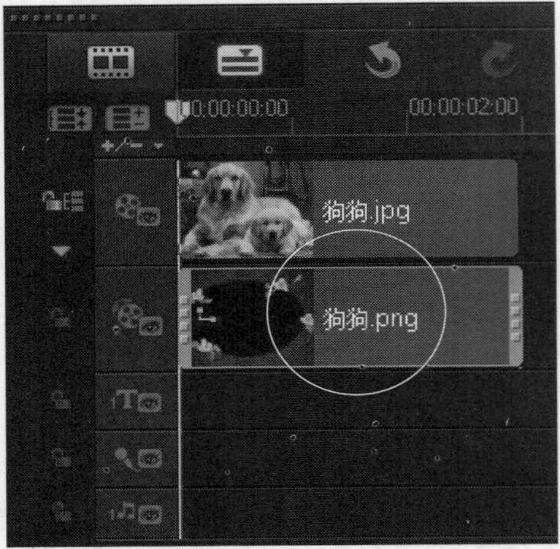

图14-124 插入素材图像

STEP 04 在预览窗口中，可以预览覆叠素材画面效果，如图14-125所示。

图14-125 预览覆叠素材画面效果

STEP 05 在预览窗口中的覆叠素材上，单击鼠标右键，在弹出的快捷菜单中选择“调整到屏幕大小”选项，如图14-126所示。

图14-126 选择“调整到屏幕大小”选项

STEP 06 执行操作后，即可调整覆叠素材的大小，如图14-127所示。

图14-127 调整覆叠素材的大小

STEP 07 在导览面板中单击“播放”按钮，预览制作的精美相框特效，如图14-128所示。

图14-128 预览精美相框特效

知识拓展

在会声会影X7中，用户制作精美相框特效时，建议用户使用的覆叠素材为.png格式的透明素材，这样覆叠素材与视频轨中的图像才能很好地合成一张画面。

实战 369 制作覆叠转场效果

▶实例位置：光盘\效果\第14章\实战021.VSP
▶素材位置：光盘\素材\第14章\背景1.jpg、景点1-2.jpg
▶视频位置：光盘\视频\第14章\实战369.mp4

• 实例介绍 •

在会声会影X7中，用户不仅可以为视频轨中的素材添加转场效果，还可以为覆叠轨中的素材添加转场效果。下面向读者介绍制作覆叠转场效果的操作方法。

• 操作步骤 •

STEP 01 进入会声会影X7编辑器，在视频轨中插入一幅素材图像，如图14-129所示。

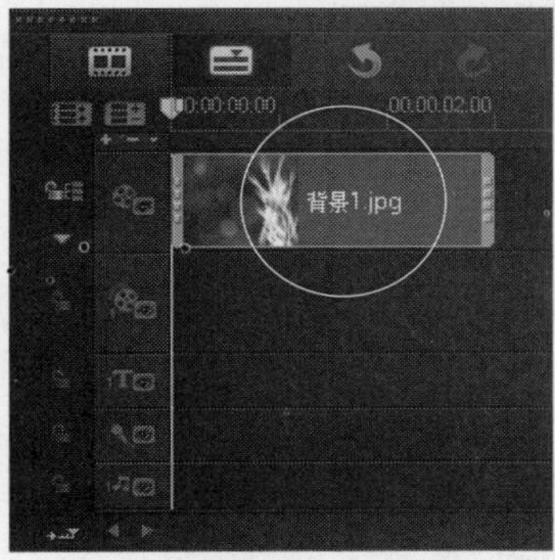

图14-129 插入素材图像

STEP 02 打开“照片”选项面板，在其中设置“照片区间”为0:00:05:00，如图14-130所示，更改素材区间长度。

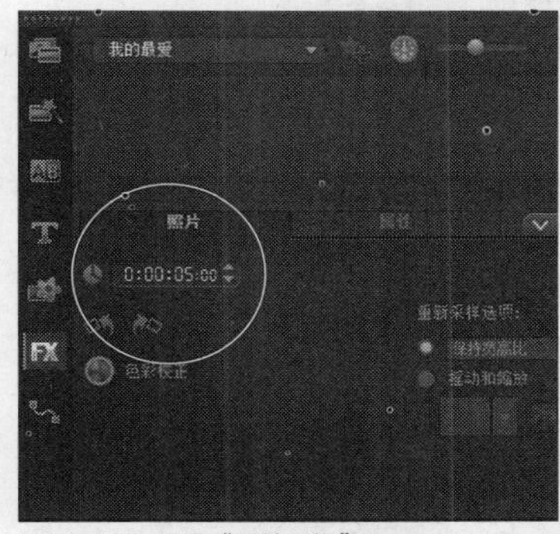

图14-130 设置“照片区间”

STEP 03 在时间轴面板的视频轨中，可以查看更改区间长度后的素材图像，如图14-131所示。

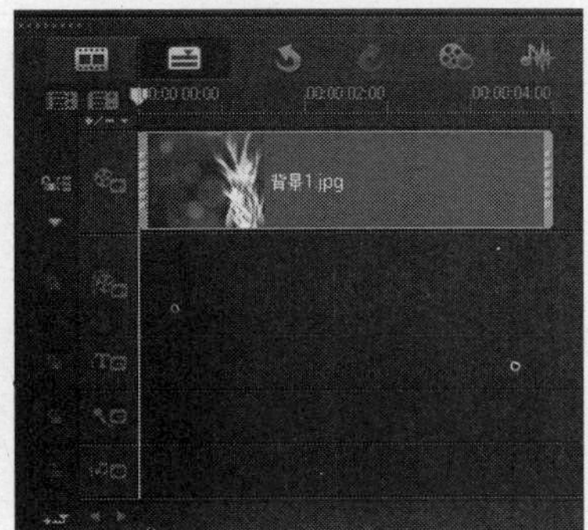

图14-131 查看素材图像

STEP 04 在覆叠轨中插入两幅素材图像“景点1.jpg、景点2.jpg”文件，如图14-132所示。

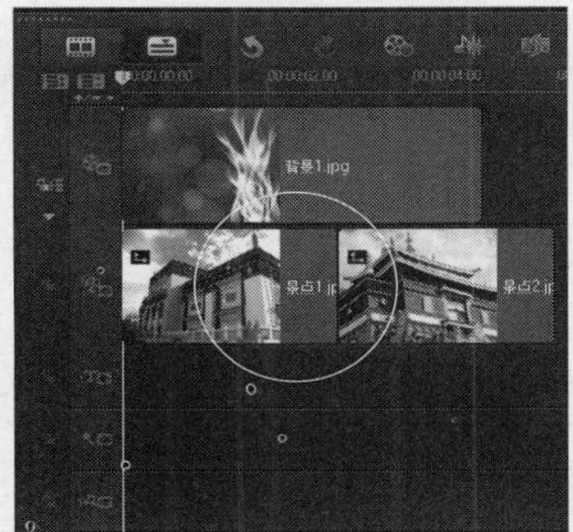

图14-132 插入两幅素材图像

STEP 05 在预览窗口中，可以预览覆叠素材画面效果，如图14-133所示。

图14-133 预览覆叠素材画面效果

STEP 06 打开“转场”素材库，单击窗口上方的“画廊”按钮，在弹出的列表框中选择“剥落”选项，进入“剥落”转场组，在其中选择“十字”转场效果，如图14-134所示。

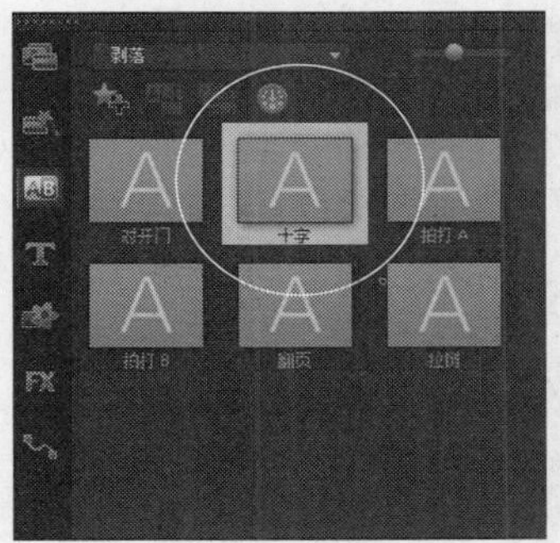

图14-134 选择“十字”转场效果

STEP 07 将选择的转场效果拖曳至时间轴面板的覆叠轨中两幅素材图像之间，如图14-135所示。

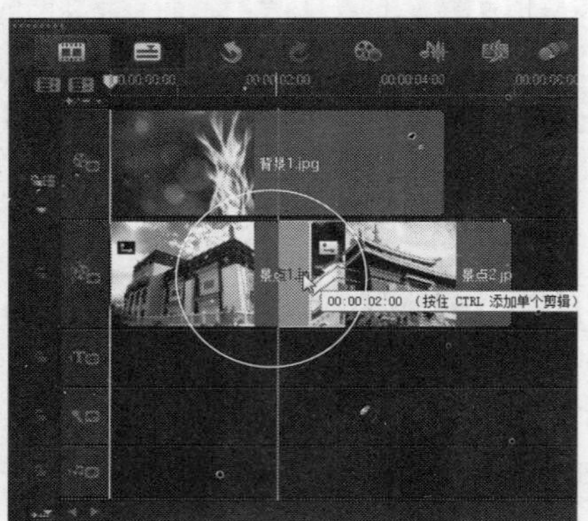

图14-135 拖曳至两幅素材图像之间

STEP 08 释放鼠标左键，即可在覆叠轨中为覆叠素材添加转场效果，如图14-136所示。

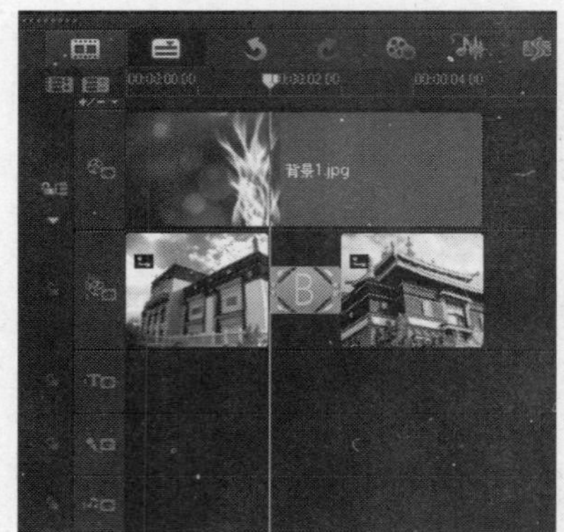

图14-136 为覆叠素材添加转场效果

STEP 09 在导览面板中单击“播放”按钮，预览制作的覆叠转场特效，如图14-137所示。

图14-137 预览覆叠转场特效

知识拓展

用户还可以手动拖曳视频轨中素材右侧的黄色标记来更改素材的区间长度。

实战370 制作带边框画中画

▶实例位置：光盘\效果\第14章\实战021.VSP
▶素材位置：光盘\素材\第14章\天空背景.jpg、莲花1-3.jpg
▶视频位置：光盘\视频\第14章\实战370.mp4

• 实例介绍 •

运用会声会影X7的覆叠功能，可以在画面中制作出多重画面的效果。用户还可以根据需要为画中画添加边框、透明度和动画等效果。下面向读者介绍制作带边框的画中画效果。

• 操作步骤 •

STEP 01 进入会声会影X7编辑器，在视频轨中插入一幅素材图像，如图14-138所示。

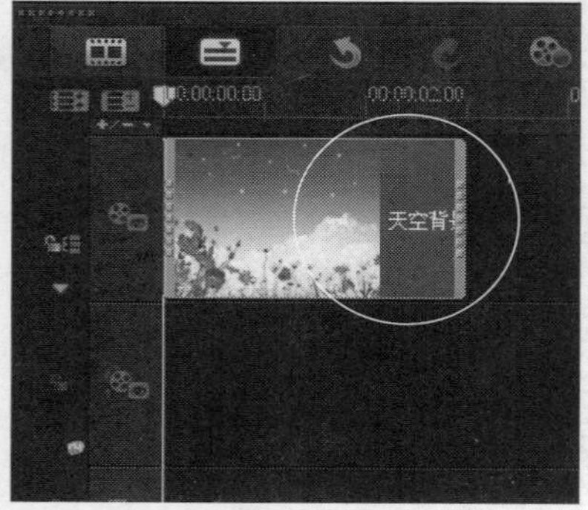

图14-138 插入素材图像

STEP 02 在预览窗口中，可以预览素材图像画面效果，如图14-139所示。

图14-139 预览素材图像画面效果

STEP 03 在覆叠轨中插入一幅素材图像“莲花1.jpg”文件，如图14-140所示。

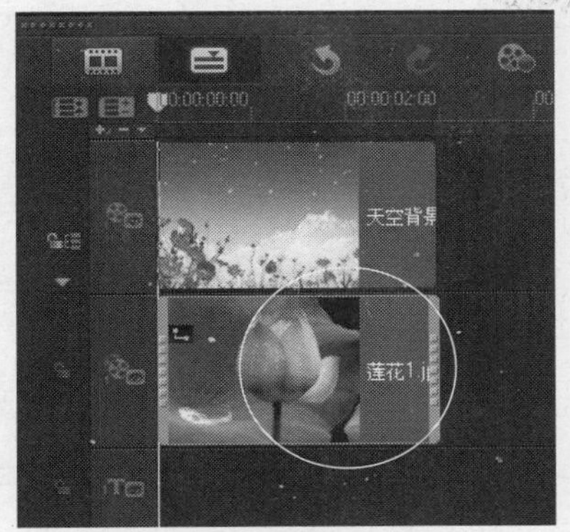

图14-140 插入素材图像

STEP 04 在预览窗口中，可以预览覆叠素材画面效果，如图14-141所示。

图14-141 预览覆叠素材画面效果

STEP 05 单击“选项”按钮，打开“选项”面板，展开“属性”选项面板，如图14-142所示。

STEP 06 在“进入”选项组中单击“从左边进入”按钮，如图14-143所示。

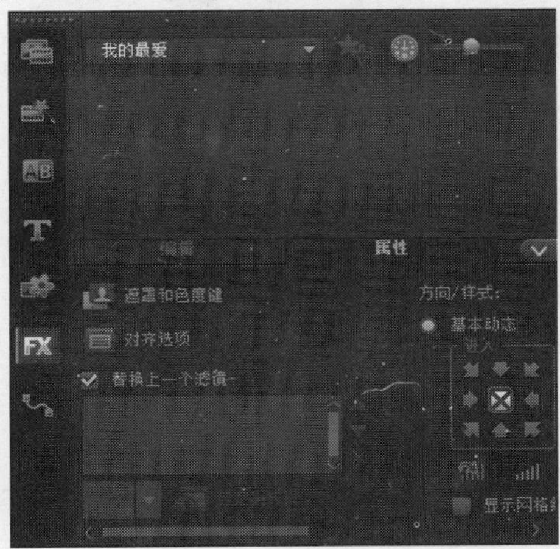

图14-142 展开“属性”选项面板

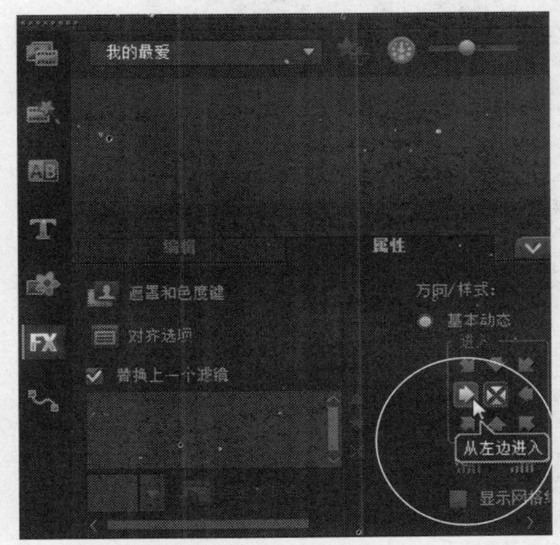

图14-143 单击“从左边进入”按钮

STEP 07 在预览窗口中，调整覆叠素材的大小，并拖曳素材至合适位置，如图14-144所示。

STEP 08 在导览面板中，调整覆叠素材暂停区间的长度，如图145所示。

图14-144 拖曳素材至合适位置

图14-145 调整覆叠素材暂停区间的长度

STEP 09 在菜单栏中，单击“设置”|“轨道管理器”命令，如图14-146所示。

STEP 10 弹出“轨道管理器”对话框，单击“覆叠轨”右侧的下拉按钮，在弹出的下拉列表中选择3选项，如图14-147所示。

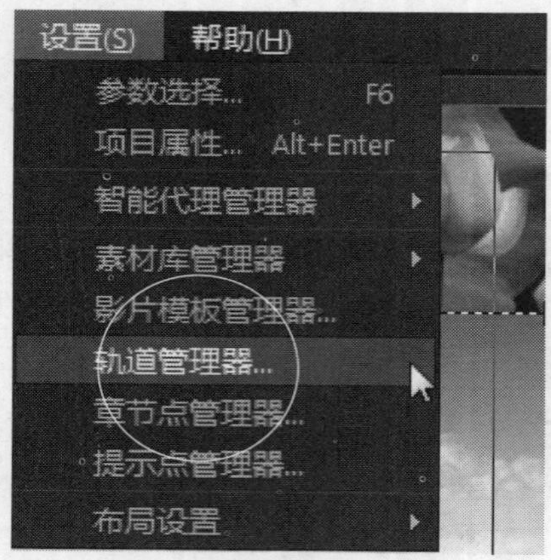

图14-146 单击"轨道管理器"命令

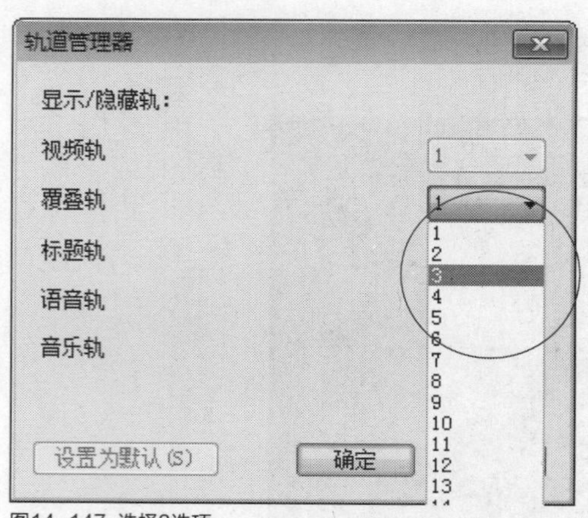

图14-147 选择3选项

STEP 11 单击"确定"按钮，即可在时间轴面板中新增3条覆叠轨道，如图14-148所示。

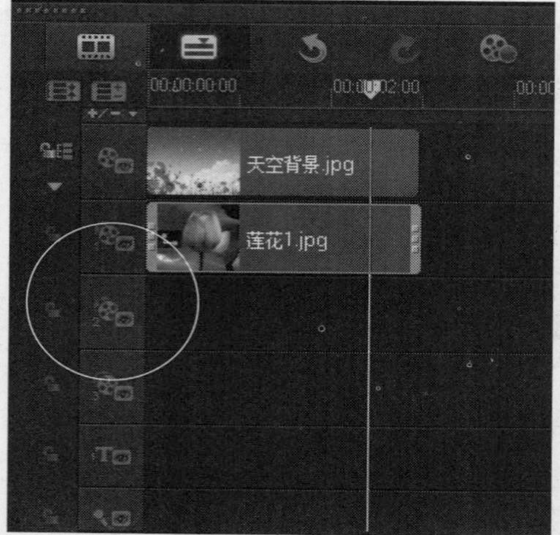

图14-148 新增3条覆叠轨道

STEP 12 选择覆叠轨1中的素材后，单击鼠标右键，在弹出的快捷菜单中选择"复制"选项，如图14-149所示。

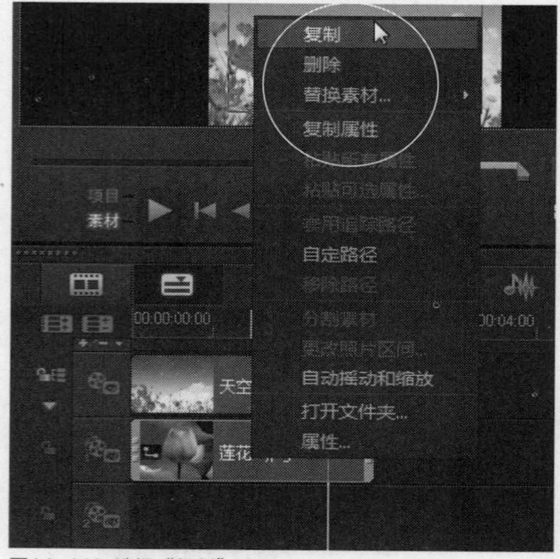

图14-149 选择"复制"选项

STEP 13 将复制的素材粘贴到覆叠轨2中的开始位置，如图14-150所示。

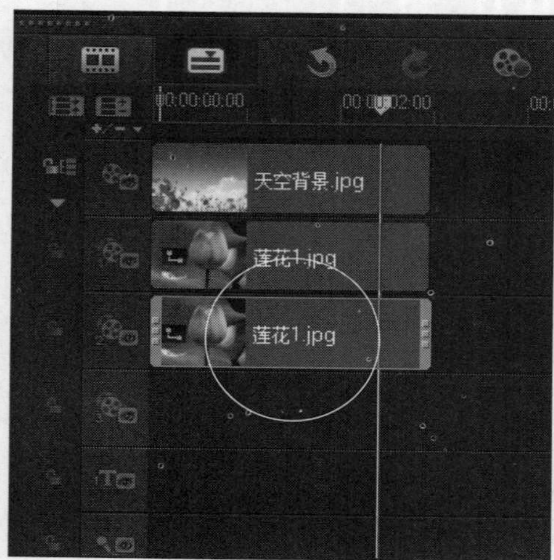

图14-150 粘贴到覆叠轨2中

STEP 14 用与上述相同的方法，将覆叠轨1中的素材粘贴到覆叠轨3中，如图14-151所示。

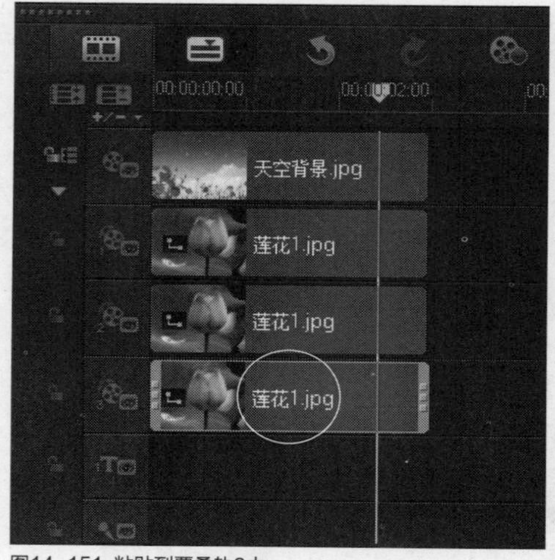

图14-151 粘贴到覆叠轨3中

STEP 15 选择覆叠轨2中的素材，单击鼠标右键，在弹出的快捷菜单中选择“替换素材”|“照片”选项，如图14-152所示。

图14-152 选择“替换素材”|“照片”选项

STEP 16 弹出相应对话框，在该对话框中选择需要替换的素材图像“莲花2.jpg”文件，如图14-153所示。

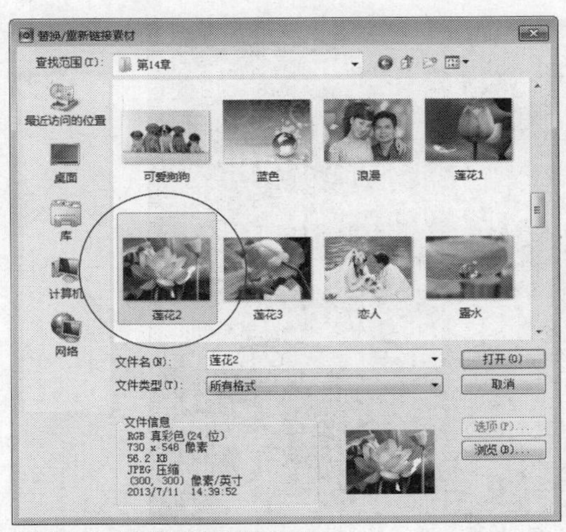

图14-153 选择需要替换的素材图像

STEP 17 单击“打开”按钮，即可替换覆叠轨2中的原素材，如图14-154所示。

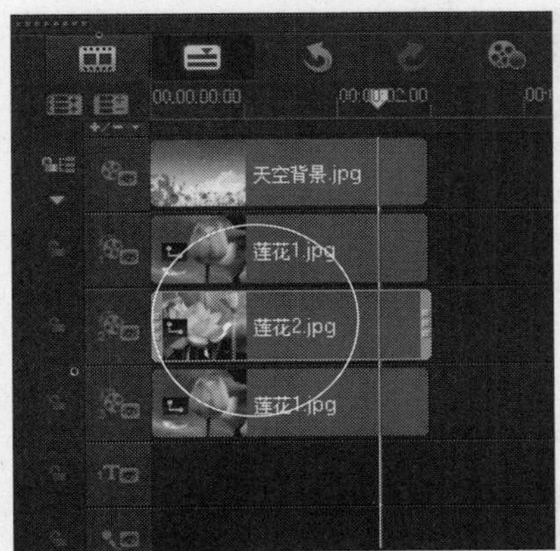

图14-154 替换原素材

STEP 18 在预览窗口中，将覆叠轨2中素材拖曳至合适位置，并调整素材的大小与暂停区间的长度，如图14-155所示。

图14-155 调整暂停区间长度

STEP 19 用与上述相同的方法，替换覆叠轨3中的素材图像为“莲花3.jpg”文件，如图14-156所示。

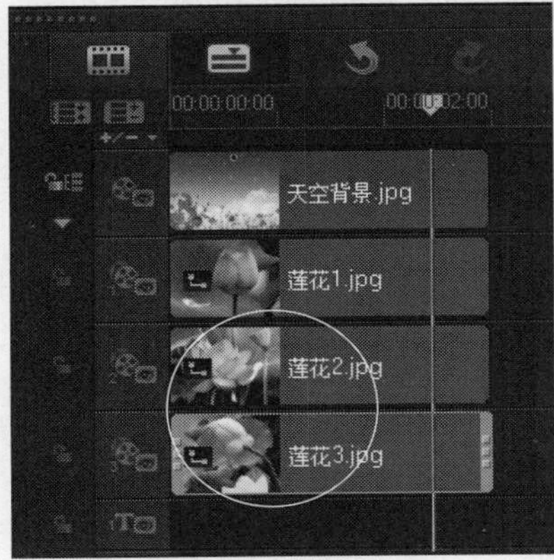

图14-156 替换覆叠轨3中的素材图像

STEP 20 在预览窗口中，将覆叠轨3中素材拖曳至合适位置，并调整素材的大小与暂停区间的长度，如图14-157所示。

图14-157 调整暂停区间长度

STEP 21 选择覆叠轨1中的素材，展开“属性”选项面板，单击“遮罩和色度键”按钮，在展开的选项面板中设置“边框”为3，如图14-158所示。

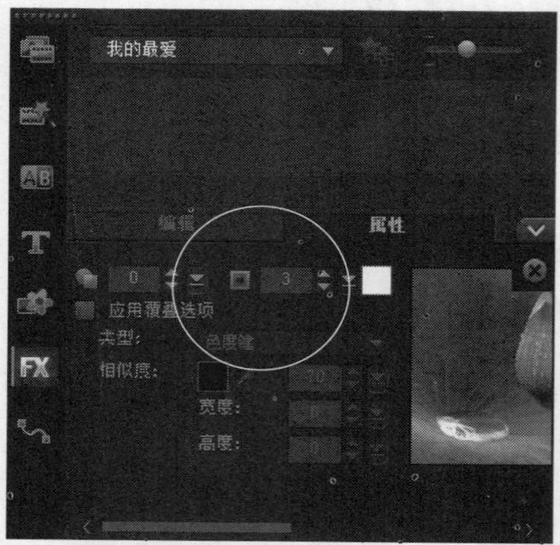

图14-158 设置“边框”为3

STEP 22 在预览窗口中，可以预览设置边框后的覆叠效果，如图14-159所示。

图14-159 预览设置边框后的覆叠效果（1）

STEP 23 用与上述相同的方法，在选项面板中设置覆叠轨2中的素材“边框”为3，在预览窗口中可以预览设置边框后的覆叠效果，如图14-160所示。

图14-160 预览设置边框后的覆叠效果（2）

STEP 24 用与上述相同的方法，在选项面板中设置覆叠轨3中的素材“边框”为3，在预览窗口中可以预览设置边框后的覆叠效果，如图14-161所示。

图14-161 预览设置边框后的覆叠效果（3）

STEP 25 在导览面板中单击“播放”按钮，预览制作的覆叠画中画特效，如图14-162所示。

图14-162 预览覆叠画中画特效

图14-162 预览覆叠画中画特效（续）

实战 371 制作装饰图案效果

▶实例位置：光盘\效果\第14章\影片.VSP
▶素材位置：光盘\素材\第14章\影片.jpg、装饰边框.png
▶视频位置：光盘\视频\第14章\实战371.mp4

• 实例介绍 •

在会声会影X7中，如果用户想使画面变得丰富多彩，则可在画面中添加符合视频的装饰图案。下面向读者介绍添加装饰图案的操作方法。

• 操作步骤 •

STEP 01 进入会声会影X7编辑器，在视频轨中插入一幅素材图像，如图14-163所示。

STEP 02 在预览窗口中，可以预览素材图像画面效果，如图14-164所示。

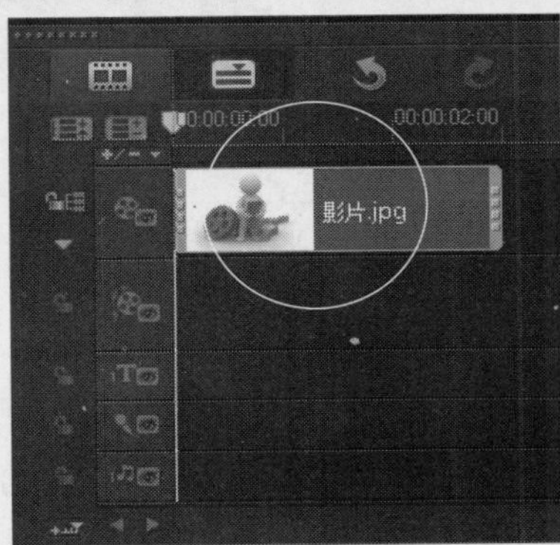

图14-163 插入素材图像

图14-164 预览素材图像画面效果

STEP 03 在覆叠轨中插入一幅素材图像“装饰边框.png”文件，如图14-165所示。

STEP 04 在预览窗口中，可以预览覆叠素材画面效果，如图14-166所示。

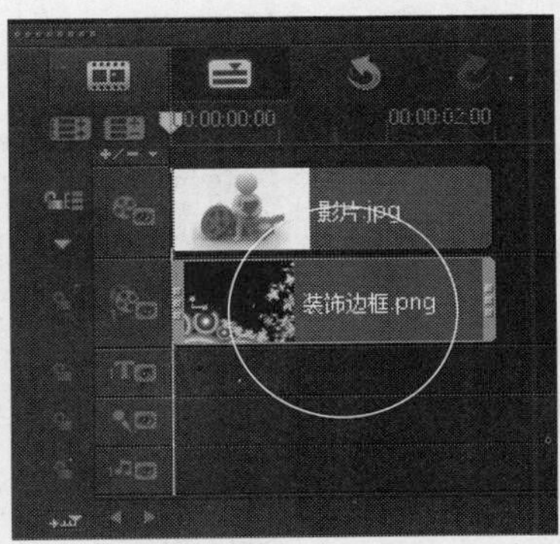

图14-165 插入素材图像

图14-166 预览覆叠素材画面效果

STEP 05 在预览窗口中的覆叠素材上，单击鼠标右键，在弹出的快捷菜单中选择“调整到屏幕大小”选项，如图14-167所示。

STEP 06 执行操作后，即可调整覆叠素材的大小，如图14-168所示。

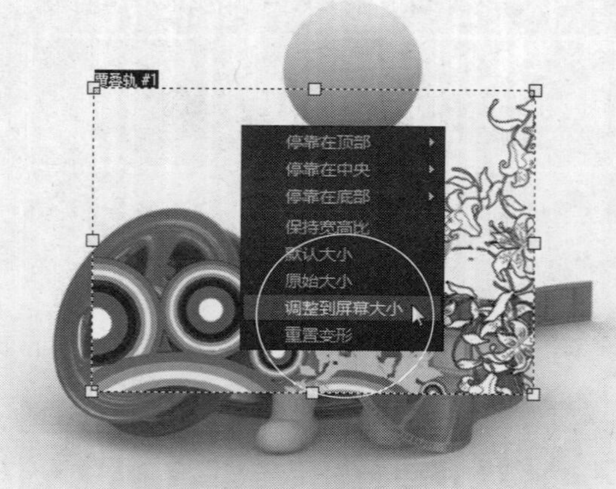

图14-167 选择"调整到屏幕大小"选项

图14-168 调整覆叠素材的大小

STEP 07 在导览面板中单击"播放"按钮，预览制作的装饰图案特效，如图14-169所示。

图14-169 预览装饰图案特效

实战372 制作覆叠遮罩特效

▶实例位置：光盘\效果\第14章\大草原.VSP
▶素材位置：光盘\素材\第14章\大草原.VSP
▶视频位置：光盘\视频\第14章\实战372.mp4

• 实例介绍 •

在会声会影X7中，遮罩可以使视频轨和覆叠轨中的素材局部透空叠加。下面向读者介绍制作覆叠遮罩特效的操作方法。

• 操作步骤 •

STEP 01 进入会声会影编辑器，单击"文件"|"打开项目"命令，打开一个项目文件，如图14-170所示。

图14-170 打开项目文件

STEP 02 在预览窗口中，预览打开的项目效果，如图14-171所示。

图14-171 预览打开的项目效果

STEP 03 在覆叠轨中，选择需要设置遮罩特效的覆叠素材，如图14-172所示。

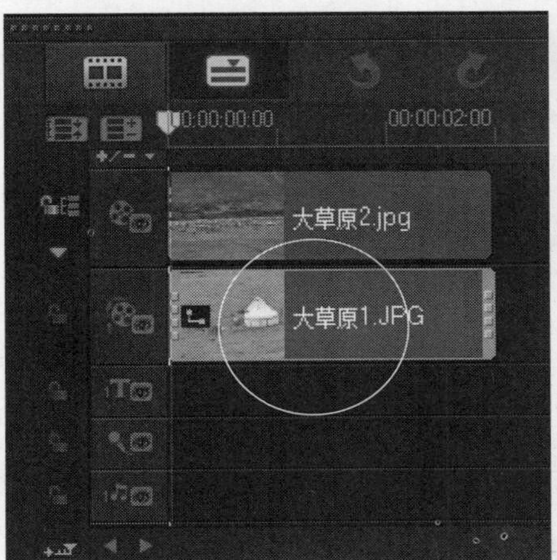

图14-172 选择覆叠素材

STEP 04 打开"属性"选项面板，单击"遮罩和色度键"按钮，打开相应选项面板，选中"应用覆叠选项"复选框，如图14-173所示。

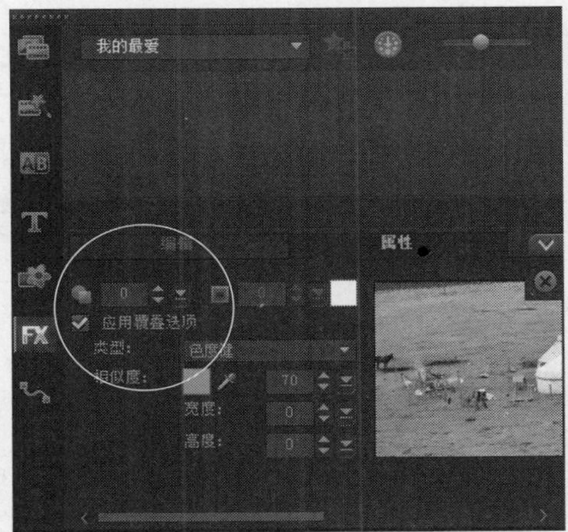

图14-173 选中"应用覆叠选项"复选框

STEP 05 单击"类型"下拉按钮，在弹出的列表框中选择"遮罩帧"选项，如图14-174所示。

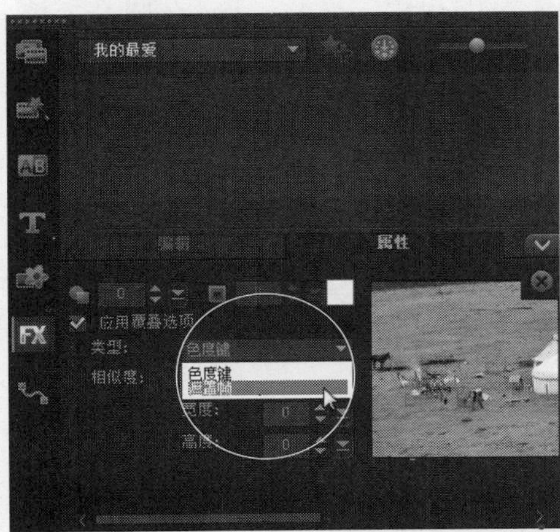

图14-174 选择"遮罩帧"选项

STEP 06 打开覆叠遮罩列表，在其中选择相应的遮罩效果，如图14-175所示。

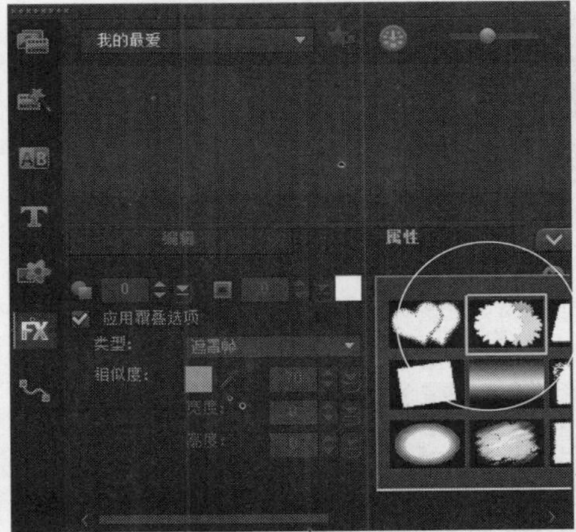

图14-175 选择相应的遮罩效果

STEP 07 此时，即可设置覆叠素材的遮罩样式，如图14-176所示。

图14-176 设置覆叠素材的遮罩样式

STEP 08 在导览面板中单击"播放"按钮，预览视频中的遮罩效果，如图14-177所示。

图14-177 预览遮罩效果

实战 373 制作覆叠滤镜特效

▶ 实例位置：光盘\效果\第14章\手机广告.VSP
▶ 素材位置：光盘\素材\第14章\手机广告1-2.jpg
▶ 视频位置：光盘\视频\第14章\实战373.mp4

• 实例介绍 •

在会声会影X7中，用户不仅可以为视频轨中的图像素材添加滤镜效果，还可以为覆叠轨中的图像素材应用多种滤镜特效。下面向读者介绍制作覆叠滤镜特效的操作方法。

• 操作步骤 •

STEP 01 进入会声会影X7编辑器，在视频轨中插入一幅素材图像，如图14-178所示。

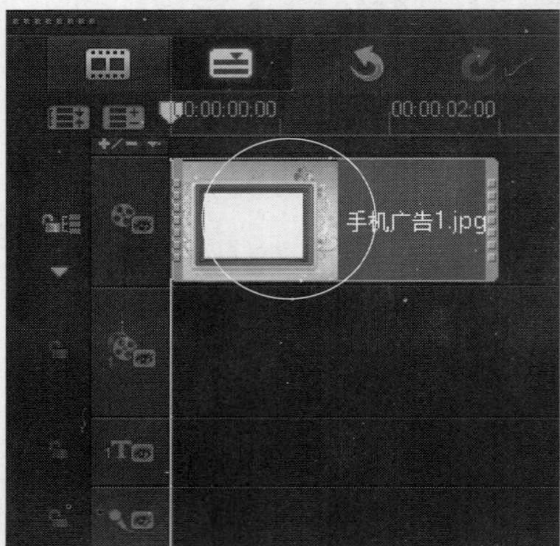

图14-178 插入素材图像

STEP 02 在预览窗口中，可以预览素材图像画面效果，如图14-179所示。

图14-179 预览素材图像画面效果

STEP 03 在覆叠轨中插入一幅素材图像“手机广告2.jpg”文件，如图14-180所示。

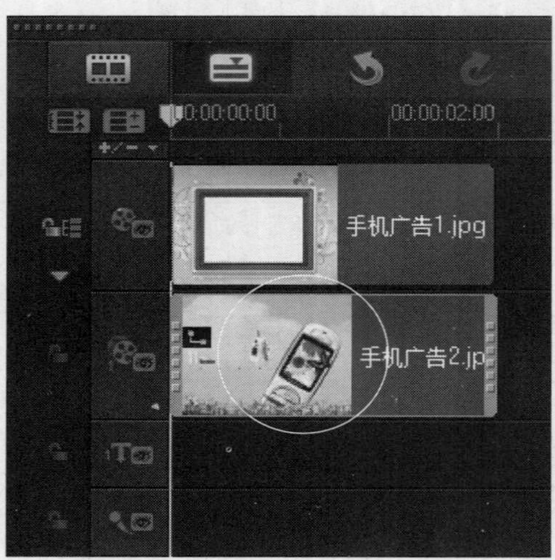

图14-180 插入一幅素材图像

STEP 04 在预览窗口中，可以预览覆叠素材画面效果，如图14-181所示。

图14-181 预览覆叠素材画面效果

STEP 05 在预览窗口中，拖曳覆叠素材四周的黄色控制柄，调整覆叠素材的大小和位置，如图14-182所示。

STEP 06 打开“滤镜”素材库，单击窗口上方的“画廊”按钮，在弹出的列表框中选择“情境滤镜”选项，如图14-183所示。

图14-182 调整覆叠素材的大小和位置

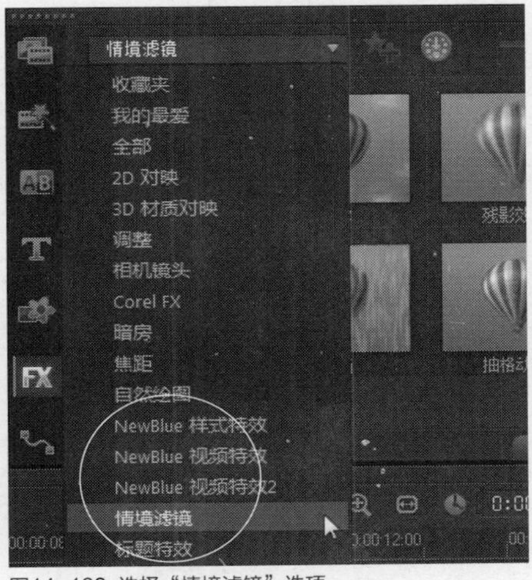

图14-183 选择"情境滤镜"选项

STEP 07 打开"情境滤镜"滤镜组，在其中选择"雨滴"滤镜效果，如图14-184所示。

STEP 08 将选择的滤镜效果拖曳至覆叠轨中的素材上，如图14-185所示，释放鼠标左键，即可添加"雨滴"滤镜。

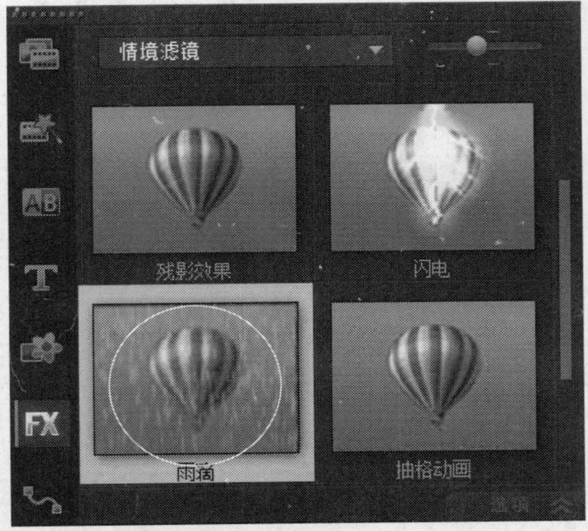

图14-184 选择"雨滴"滤镜效果

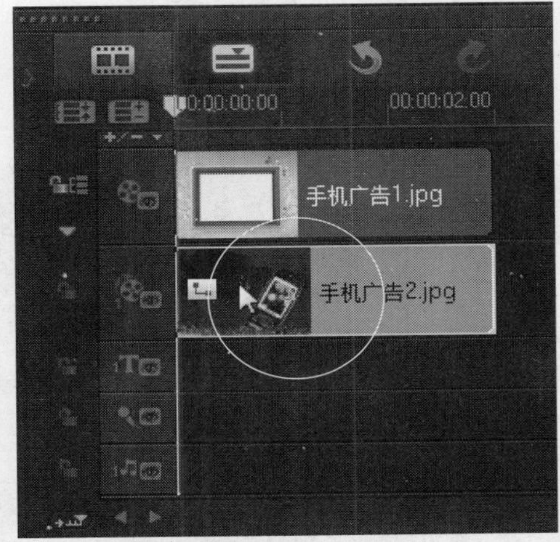

图14-185 拖曳至覆叠轨中的素材上

STEP 09 在导览面板中单击"播放"按钮，预览制作的覆叠滤镜特效，如图14-186所示。

图14-186 预览覆叠滤镜特效

第 15 章

神奇特效——影视字幕制作

本章导读

字幕是现代影片中的重要组成部分，其用途是向用户传递一些视频画面所无法表达或难以表现的内容，以便观众们能够更好地理解影片的含义。本章主要向读者介绍制作影片字幕特效的各种操作方法，希望读者学完以后，可以轻松制作出各种精美的字幕。

要点索引

- 添加与删除标题字幕
- 通过字幕编辑器创建文字
- 转换单个标题与多个标题
- 编辑影视中的标题字幕
- 制作视频中的特殊字幕效果
- 字幕动画特效精彩应用

15.1 添加与删除标题字幕

字幕是影视作品的重要组成部分，在影片中加入一些说明性文字，能够有效地帮助观众理解影片的内容；同时，字幕也是视频作品中一项重要的视觉元素。本节主要向读者介绍添加与删除标题字幕的操作方法，希望读者可以熟练掌握本节内容。

实战 374 添加单个标题

▶ **实例位置：** 光盘\效果\第15章\音乐之声.VSP
▶ **素材位置：** 光盘\素材\第15章\音乐之声.jpg
▶ **视频位置：** 光盘\视频\第15章\实战374.mp4

• 实例介绍 •

标题字幕设计与书写是视频编辑的艺术手段之一，好的标题字幕可以起到美化视频的作用。下面将向读者介绍创建单个标题字幕的方法。

• 操作步骤 •

STEP 01 进入会声会影X7编辑器，在视频轨中插入一幅素材图像，如图15-1所示。

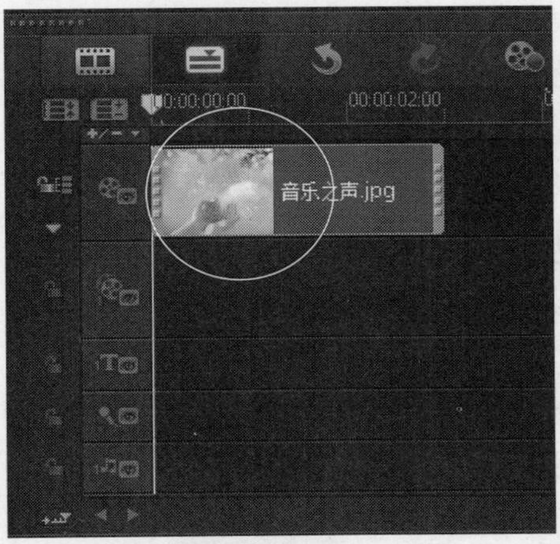

图15-1 插入一幅素材图像

STEP 02 在预览窗口中，可以预览素材图像画面效果，如图15-2所示。

图15-2 预览素材图像画面效果

STEP 03 在素材库的左侧，单击“标题”按钮，如图15-3所示。

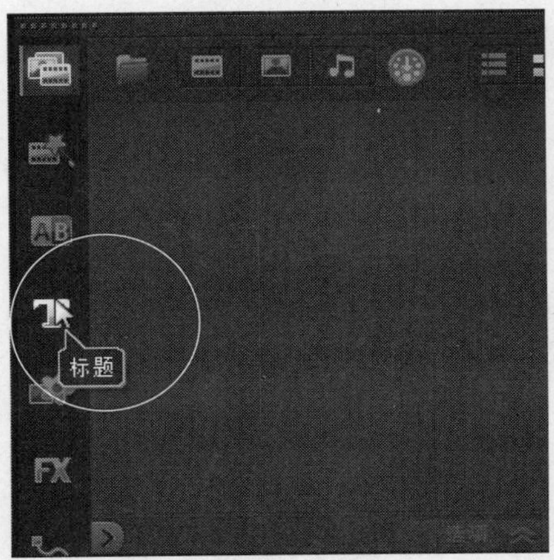

图15-3 单击“标题”按钮

STEP 04 切换至“标题”素材库，此时预览窗口中显示“双击这里可以添加标题”字样，如图15-4所示。

图15-4 显示“双击这里可以添加标题”字样

STEP 05 在显示的字样上，双击鼠标左键，出现一个文本输入框，其中有光标不停地闪烁，如图15-5所示。

STEP 06 在“编辑”选项面板中，选中“单个标题”单选按钮，如图15-6所示。

图15-5 光标不停地闪烁

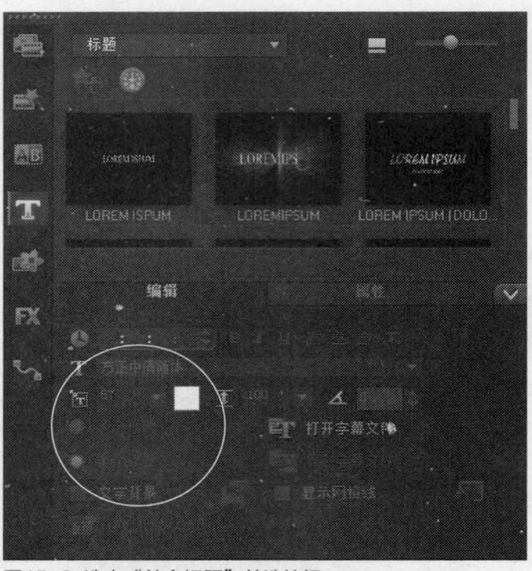

图15-6 选中“单个标题”单选按钮

STEP 07 在预览窗口中再次双击鼠标左键，输入文本“音乐之声”，如图15-7所示。

图15-7 输入文本“音乐之声”

STEP 08 在“编辑”选项面板中设置“字体”为“华康少女文字”，“字体大小”为57，“色彩”为粉红色（第三排第一个），如图15-8所示。

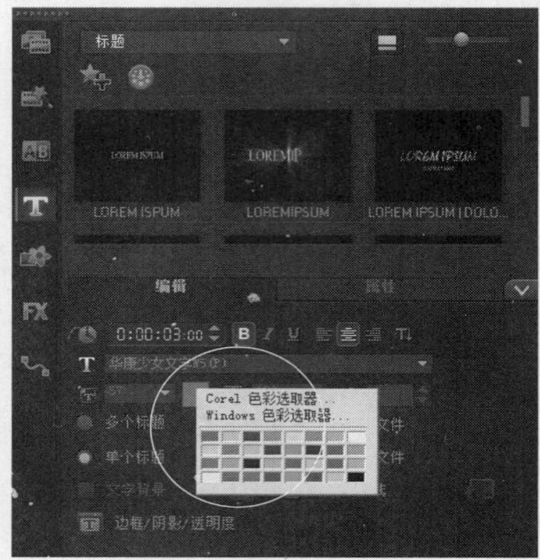

图15-8 设置参数

STEP 09 输入完成后，在标题轨中显示新建的字幕文件，如图15-9所示。

图15-9 显示新建的字幕文件

STEP 10 在导览面板中单击“播放”按钮，预览标题字幕效果，如图15-10所示。

图15-10 预览标题字幕效果

技巧点拨

在会声会影X7中，用户可根据画面的需要，在同一个视频画面中添加多种文字效果。其方法很简单，首先单击“设置”|“轨道管理器”命令，弹出“轨道管理器”对话框，在其中设置标题轨的数量，数量的多少代表标题轨在时间轴中总共的数量值。当用户增加了多条标题轨道后，就可以选择不同的轨道，然后切换至“标题”素材库，在预览窗口中视频的相应画面上输入相应的字幕内容，即可将输入的字幕创建至相应的标题轨道上，最终完成在同一个视频画面中添加多种文字的操作。

知识拓展

进入“标题”素材库，输入文字时，在预览窗口中有一个矩形框标出的区域，它表示标题的安全区域，即程序允许输入标题的范围，在该范围内输入的文字才能在电视上播放时正确显示，超出该范围的标题字幕将无法显示出来。

实战 375 添加多个标题

▶实例位置：光盘\效果\第15章\指示牌.VSP
▶素材位置：光盘\素材\第15章\指示牌.jpg
▶视频位置：光盘\视频\第15章\实战375.mp4

• 实例介绍 •

在会声会影X7中，多个标题不仅可以应用动画和背景效果，还可以在同一帧中建立多个标题字幕效果。下面介绍创建多个标题的操作方法。

• 操作步骤 •

STEP 01 进入会声会影X7编辑器，在视频轨中插入一幅素材图像，如图15-11所示。

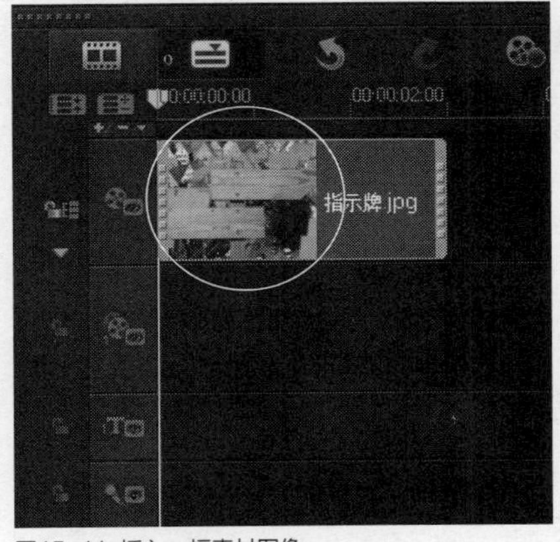

图15-11 插入一幅素材图像

STEP 02 在预览窗口中，可以预览素材图像画面效果，如图15-12所示。

图15-12 预览素材图像画面效果

STEP 03 切换至“标题”素材库，在“编辑”选项面板中，选中“多个标题”单选按钮，如图15-13所示。

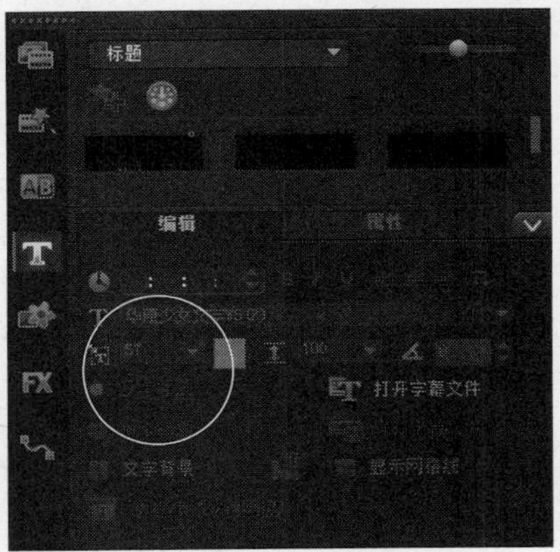

图15-13 选中“多个标题”单选按钮

STEP 04 在预览窗口中的适当位置，输入文本“影音留念”，如图15-14所示。

图15-14 输入文本“影音留念”

STEP 05 在“编辑”选项面板中设置“字体”为“黑体”，“字体大小”为57，“色彩”为白色，并移动文本至合适位置处，如图15-15所示。

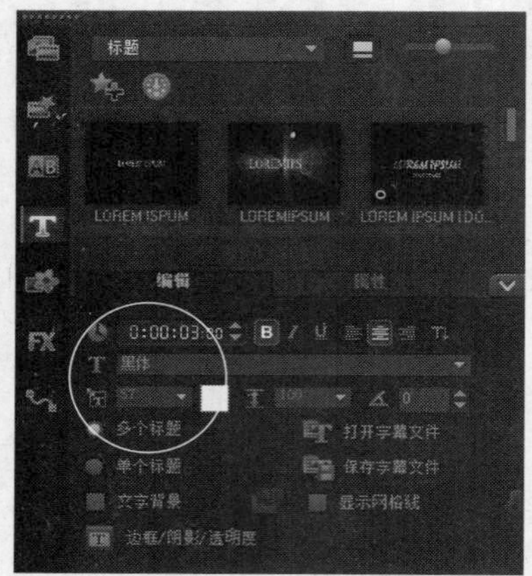

图15-15 设置参数

STEP 06 在预览窗口中预览创建的字幕效果，如图15-16所示。

图15-16 预览字幕效果

STEP 07 用与上述同样的方法，再次在预览窗口中输入文本内容为“旅游心得”，并设置相应的文本属性，效果如图15-17所示。

图15-17 设置参数

STEP 08 在导览面板中单击“播放”按钮，预览标题字幕效果，如图15-18所示。

图15-18 预览标题字幕效果

知识拓展

当用户在标题轨中创建好标题字幕文件之后，系统会为创建的标题字幕设置一个默认的播放时间长度，用户可以通过对标题字幕的调节，从而改变这一默认的播放时间长度来完善视频效果。

在预览窗口中，当用户创建好多个标题文字后，可以根据需要调整标题字幕的位置，使制作的视频更加符合用户的需求，用户只需要在要移动的标题文字上单击鼠标左键并拖曳，即可移动标题字幕的位置。

实战376 添加模板标题

▶实例位置：光盘\效果\第15章\美丽心情.VSP
▶素材位置：光盘\素材\第15章\美丽心情.jpg
▶视频位置：光盘\视频\第15章\实战376.mp4

• 实例介绍 •

会声会影X7的“标题”素材库提供了丰富的预设标题，用户可以直接将其添加到标题轨上，再根据需要修改标题的内容，使预设的标题能够与影片融为一体。下面向读者介绍添加模板标题字幕的操作方法。

• 操作步骤 •

STEP 01 进入会声会影X7编辑器，在视频轨中插入一幅素材图像，如图15-19所示。

STEP 02 在预览窗口中，可以预览素材图像画面效果，如图15-20所示。

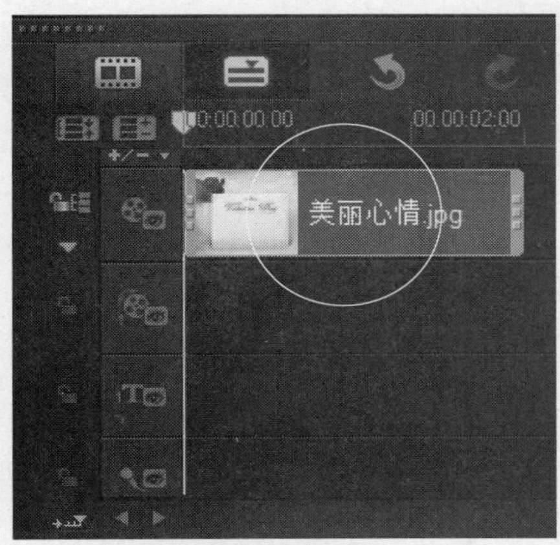

图15-19 插入一幅素材图像

图15-20 预览素材图像画面效果

STEP 03 单击“标题”按钮，切换至“标题”选项卡，在右侧的列表框中显示了多种标题预设样式，选择第1排第2个标题样式，如图15-21所示。

STEP 04 在预设标题字幕的上方，单击鼠标左键并拖曳至标题轨中的适当位置，释放鼠标左键，即可添加标题字幕，如图15-22所示。

图15-21 选择相应的标题样式

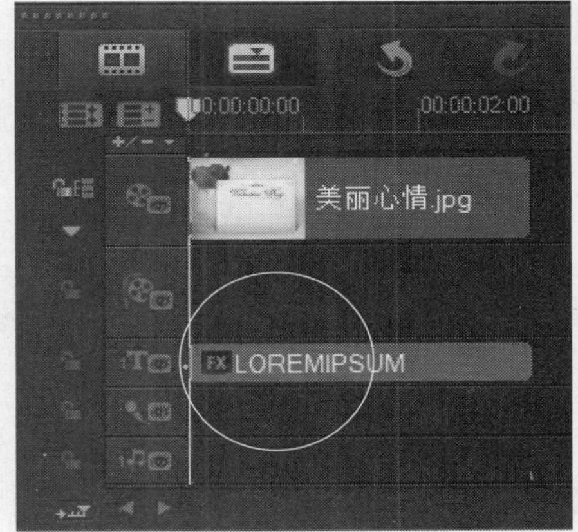

图15-22 添加标题字幕

STEP 05 在导览面板中，使用鼠标左键双击添加的标题字幕，将其进行选择，如图15-23所示。

STEP 06 在预览窗口中更改文本内容为“美丽心情”，并调整标题文本的位置，如图15-24所示。

图15-23 进行选择

图15-24 调整标题文本的位置

STEP 07 在导览面板中单击“播放”按钮，预览标题字幕效果，如图15-25所示。

图15-25 预览标题字幕效果

知识拓展

会声会影X7向读者提供了44种标题字幕的模板，每一种模板都有其相应的字体以及动画属性，用户可以将适合的标题字幕添加到视频中，从而可以提高用户编辑视频的效率。

实战377 删除标题字幕

▶实例位置：光盘\效果\第15章\美丽心情.VSP
▶素材位置：光盘\素材\第15章\美丽心情.JPg
▶视频位置：光盘\视频\第15章\实战377.mp4

• 实例介绍 •

在会声会影X7中，如果用户对添加的标题字幕不满意，此时可以将标题字幕进行删除操作，然后再重新创建满足的字幕内容。

• 操作步骤 •

STEP 01 以上一例的效果为例，在视频轨中，选择需要删除的标题字幕，单击鼠标右键，在弹出的快捷菜单中选择“删除”选项，如图15-26所示。

STEP 02 选择的标题字幕被删除，如图15-27所示。

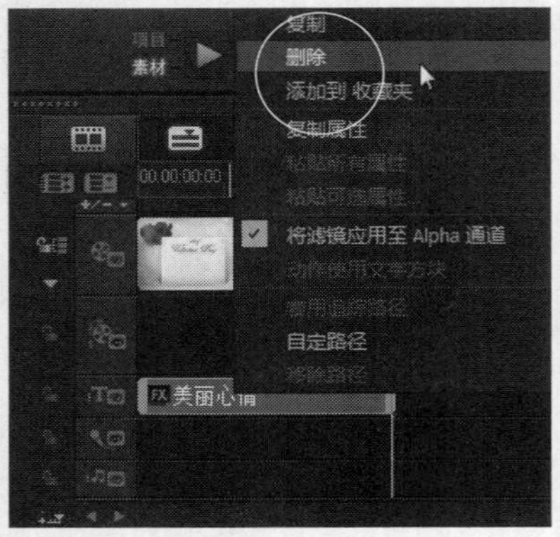

图15-26 选择“删除”选项

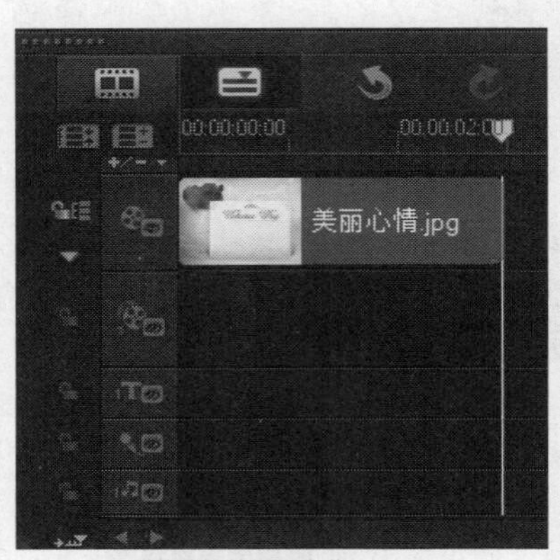

图15-27 删除选择的标题字幕

技巧点拨

在菜单栏中，单击“编辑”|“删除”命令，也可以快速删除选择的标题字幕。

知识拓展

在会声会影X7中，标题字幕是影片中必不可少的元素，好的标题不仅可以传送画面以外的信息，还可以增强影片的艺术效果。为影片设置漂亮的标题字幕，可以使影片更具有吸引力和感染力。“标题”素材库主要用于为影片添加文字说明，包括影片的片名、旁白及字幕等，如图15-28所示。

图15-28 添加文字说明

在“标题”素材库中，可以看到系统为用户提供的多种预设的标题样式，如图15-29所示，用户可根据需要选择相应的预设标题字幕。

图15-29 “标题”素材库

在“标题”素材库中，各主要部分含义如下。

➢ “标题”素材库：该素材库向读者提供了多达34种标题模板字幕动画特效，每一种字幕特效的动画样式都不同，用户可根据需要进行选择与应用。

➢ “添加到收藏夹”按钮：单击该按钮，可以将喜欢的字幕添加至收藏夹。

➢ “获取更多内容”按钮：单击该按钮，可以在官方网站中获取或下载会声会影自带的多种字体动画模板与字体包文件。

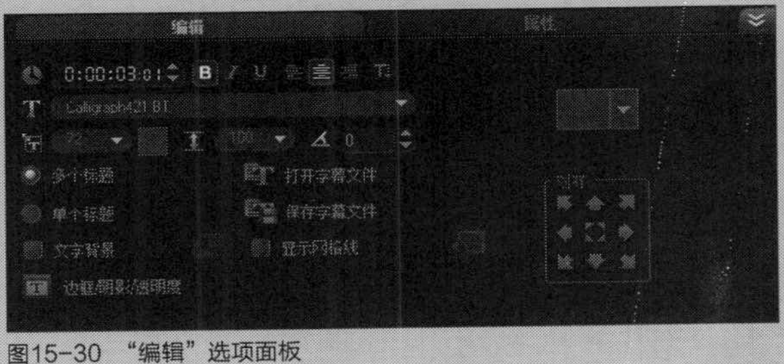

➢ 字幕特效文件：选择相应的字幕特效文件后，在预览窗口中可以预览该字幕的动画效果，单击鼠标左键并拖曳至时间轴面板中，即可应用字幕文件。

图15-30 “编辑”选项面板

在学习制作标题字幕前，先介绍一下“编辑”与“属性”选项面板中各选项的设置，熟悉这些设置对制作标题字幕有着事半功倍的效果。

“编辑”选项面板主要用于设置标题字幕的属性，如设置标题字幕的大小、颜色以及行间距等，如图15-30所示。

在“编辑”选项面板中，各主要选项的具体含义如下。

➢ “区间”数值框：该数值框用于调整标题字幕播放时间的长度，显示了当前播放所选标题字幕需需的时间，时间码上的数字代表“小时:分钟:秒:帧”，单击其右侧的微调按钮，可以调整数值的大小，也可以单击时间码上的数字，待数字处于闪烁状态时，输入新的数字后按【Enter】键确认，即可改变原来标题字幕的播放时间长度。图15-31所示为更改区间后的前后对比效果。

图15-31 更改区间后的前后对比效果

在会声会影X7中，用户除了可以通过“区间”数值框来更改字幕的时间长度，还可以将鼠标移至标题轨字幕右侧的黄色标记上，待鼠标指针呈双向箭头形状时，单击鼠标左键并向左或向右拖曳，即可手动调整标题字幕的时间长度。

➢ “字体”列表框：单击“字体”右侧的下拉按钮，在弹出的列表框中显示了系统中所有的字体类型，用户可以根据需要选择相应的字体选项。

➢ “字体大小”列表框：单击“字体大小”右侧的下拉按钮，在弹出的列表框中选择相应的大小选项，即可调整字体的大小。图15-32所示为调整字幕前后的对比效果。

图15-32 调整字幕前后的对比效果

➢ “色彩”色块：单击该色块，在弹出的颜色面板中，可以设置字体的颜色。

➢ “行间距”列表框：单击“行间距”右侧的下拉按钮，在弹出的列表框中选择相应的选项可以设置文本的行间距。图15-33所示为调整字幕行间距后的前后对比效果。

图15-33 调整字幕行间距后的前后对比效果

➢ “按角度旋转”数值框：该数值框主要用于设置文本的旋转角度。

➢ “多个标题”单选按钮：选中该单选按钮，即可在预览窗口中输入多个标题。

➢ “单个标题”单选按钮：选中该单选按钮，只能在预览窗口中输入单个标题。

➢ “文字背景”复选框：选中该复选框，可以为文字添加背景效果。

➢ “边框/阴影/透明度”按钮：单击该按钮，在弹出的对话框中用户可根据需要设置文本的边框、阴影以及透明度等效果。

单击“边框/阴影/透明度”按钮后，将弹出“边框/阴影/透明度”对话框，其中包含两个重要的选项卡，含义如下。

➢ “边框”选项卡：在该选项卡中，用户可以设置字幕的透明度、描边效果、描边线条样式以及线条颜色等属性。

➢ “阴影”选项卡：在该选项卡中，用户可以根据需要制作字幕的光晕效果、突起效果以及下垂阴影效果等。

➢ “将方向更改为垂直”按钮：单击该按钮，即可将文本进行垂直对齐操作，若再次单击该按钮，即可将文本进行水平对齐操作。

➢ “对齐”按钮组：该组中提供了3个对齐按钮，分别为“左对齐”按钮、“居中”按钮以及“右对齐”按钮，单击相应的按钮，即可将文本进行相应对齐操作。

在“属性”选项面板中，主要用于设置标题字幕的动画效果，如淡化、弹出、翻转、飞行、缩放以及下降等字幕动画效果，如图15-34所示。

在“属性”选项面板中，各主要选项的具体含义如下。

➢ “动画”单选按钮：选中该单选按钮，即可设置文本的动画效果。

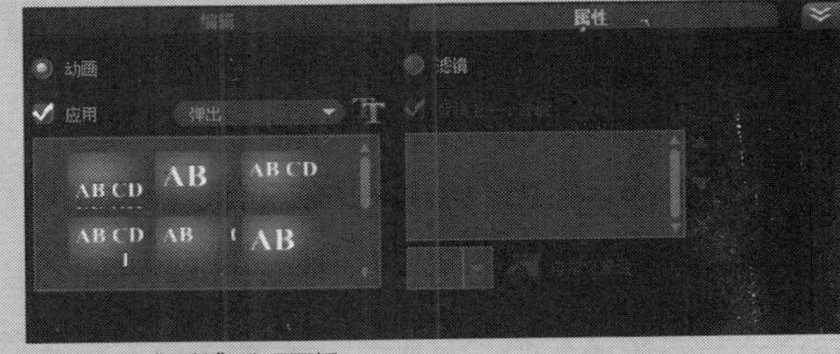

图15-34 “属性”选项面板

➢ “应用”复选框：选中该复选框，即可在下方设置文本的动画样式。图15-35所示为应用字幕动画后的特殊效果。

图15-35 应用字幕动画后的特殊效果

➢ “选取动画类型”列表框：单击“选取动画类型”右侧的下拉按钮，在弹出的列表框中选择相应的选项，如图15-36所示，即可显示相应的动画类型。

➢ “自定义动画属性”按钮：单击该按钮，在弹出的对话框中即可自定义动画的属性。

➢ “滤镜”单选按钮：选中该单选按钮，在下方即可为文本添加相应的滤镜效果。图15-37所示为应用滤镜后的字幕动画效果。

图15-36 单击下拉按钮

图15-37 应用滤镜后的字幕动画效果

➢ “替换上一个滤镜”复选框：选中该复选框后，如果用户再次为标题添加相应滤镜效果，系统将自动替换上一次添加的滤镜效果。如果不选中该复选框，则可以在“滤镜”列表框中添加多个滤镜。

在会声会影X7中，默认情况下，用户创建的字幕会自动添加到标题轨中，如果用户需要添加多个字幕，可以在时间轴面板中新增多条标题轨道。除此之外，用户还可以将字幕添加至覆叠轨中，进而对覆叠轨中的标题字幕进行编辑操作。

15.2 通过字幕编辑器创建文字

字幕编辑器是会声会影X7新增的功能，在字幕编辑器中用户可以更加精确的为视频素材添加字幕效果。用户需要注意的是，字幕编辑器不能使用在静态的素材图像上，只能使用在动态的媒体素材上。本节主要向读者介绍应用字幕编辑器制作文字效果的操作方法。

实战378 了解字幕编辑器

▶ 实例位置：无
▶ 素材位置：光盘\素材\第15章\童年记忆.VSP
▶ 视频位置：光盘\视频\第15章\实战378.mp4

• 实例介绍 •

在会声会影X7中，字幕编辑器是用来在视频中的帧位置创建字幕文件的。

• 操作步骤 •

STEP 01 进入会声会影X7编辑器，打开一个项目文件，在视频轨中选择需要创建字幕的视频文件，在时间轴面板上方单击“字幕编辑器”按钮，如图15-38所示。

STEP 02 执行操作后，即可打开“字幕编辑器”窗口，如图15-39所示。

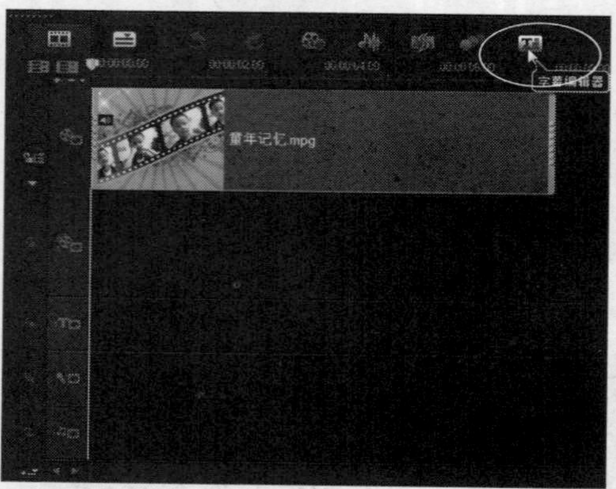

图15-38 单击“字幕编辑器”按钮

图15-39 打开“字幕编辑器”窗口

知识拓展

在“字幕编辑器”窗口中，各主要选项和按钮含义如下。

➢ “设置编辑开始时间”按钮：在视频中标记画面的开始时间位置。
➢ “设置标记结束时间”按钮：在视频中标记画面的结束时间位置。
➢ “分割”按钮：单击该按钮，将分割视频文件。
➢ “语音录音品质”选项：显示视频中的语音品质信息。
➢ “灵敏度”选项：设置扫描的灵敏度，包括高、中、低3个选项。
➢ “扫描”按钮：单击该按钮，可以扫描视频中需要添加的字幕数量。
➢ “波形显示”按钮：单击该按钮，可以在音乐波形与视频画面之间进行切换，如图15-40所示。

图15-40 视频画面缩略图与音频波形图

- "播放选定的字幕区域"按钮: 单击该按钮，可以播放当前选择的字幕文件。
- "新增字幕"按钮: 单击该按钮，可以在视频中新增一个字幕文件。
- "删除选定字幕"按钮: 单击该按钮，可以在视频中删除选择的字幕文件。
- "合并字幕"按钮: 单击该按钮，可以合并字幕文件。
- "时间偏移"按钮: 单击该按钮，可以设置字幕的时间偏移属性。
- "导入字幕文件"按钮: 单击该按钮，可以导入字幕文件。
- "导出字幕文件"按钮: 单击该按钮，可以导出字幕文件。
- "文本选项"按钮: 单击该按钮，在弹出的对话框中，用户可以设置文本的属性，包括字体类型、字幕大小、字幕颜色以及对齐方式等属性。

实战 379 在视频中插入字幕

- 实例位置：光盘\效果\第15章\非常喜庆.VSP
- 素材位置：光盘\素材\第15章\非常喜庆.mpg
- 视频位置：光盘\视频\第15章\实战379.mp4

• 实例介绍 •

在视频中插入字幕的方法很简单，首先用户需要选择相应的视频文件，这样才可以创建字幕。下面向读者介绍在"字幕编辑器"窗口中创建字幕文件的操作方法。

• 操作步骤 •

STEP 01 进入会声会影X7编辑器，在视频轨中插入一段视频素材，如图15-41所示。

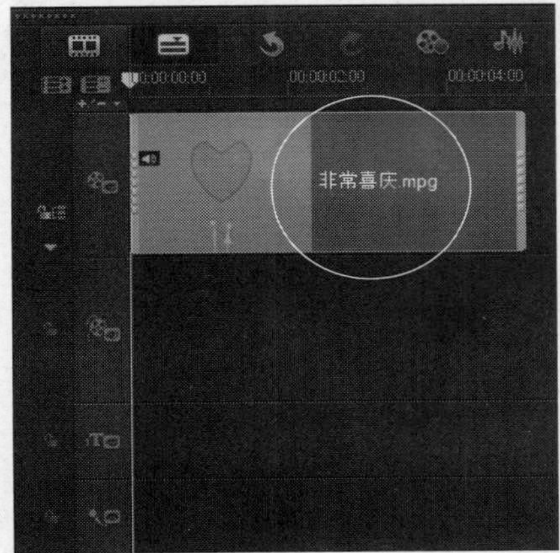

图15-41 插入一段视频素材

STEP 02 在预览窗口中，预览视频画面效果，如图15-42所示。

图15-42 预览视频画面效果

STEP 03 在时间轴面板的上方，单击"字幕编辑器"按钮，如图15-43所示。

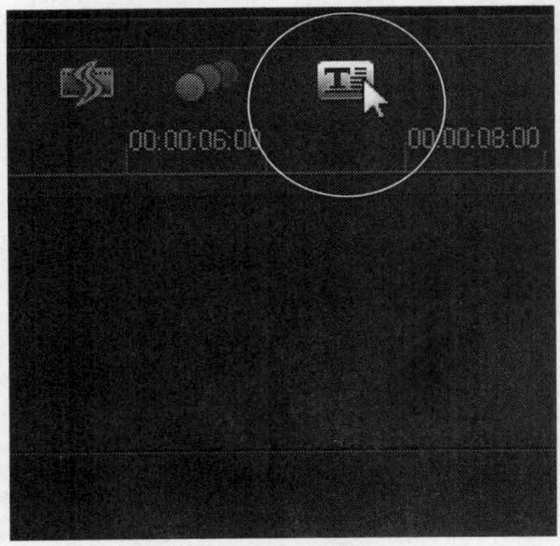

图15-43 单击"字幕编辑器"按钮

STEP 04 执行操作后，打开"字幕编辑器"窗口，如图15-44所示。

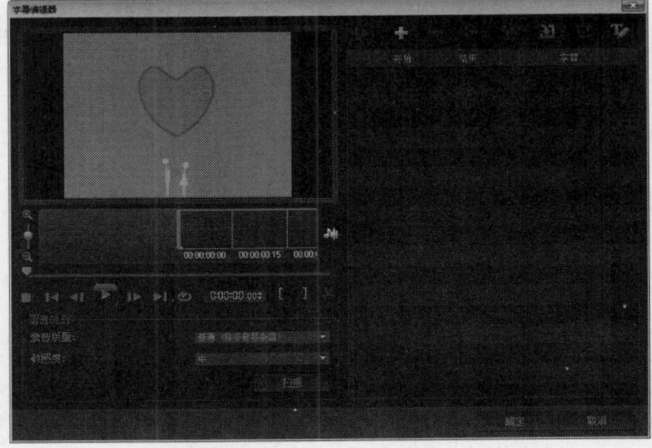

图15-44 打开"字幕编辑器"窗口

STEP 05 在窗口的右上方，单击“新增字幕”按钮，如图15-45所示。

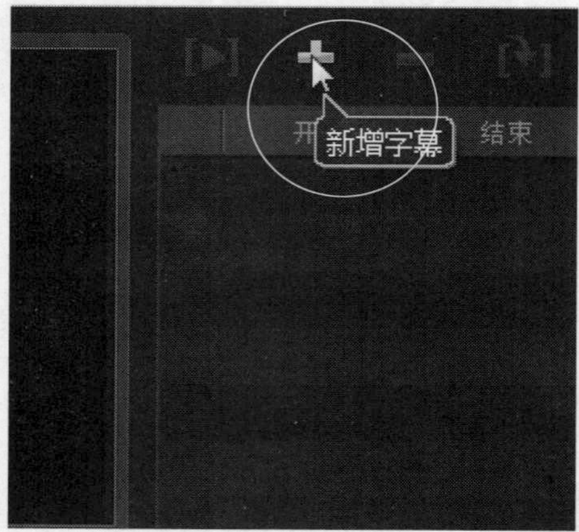

图15-45 单击“新增字幕”按钮

STEP 06 执行操作后，即可在下方新增一个标题字幕文件，如图15-46所示。

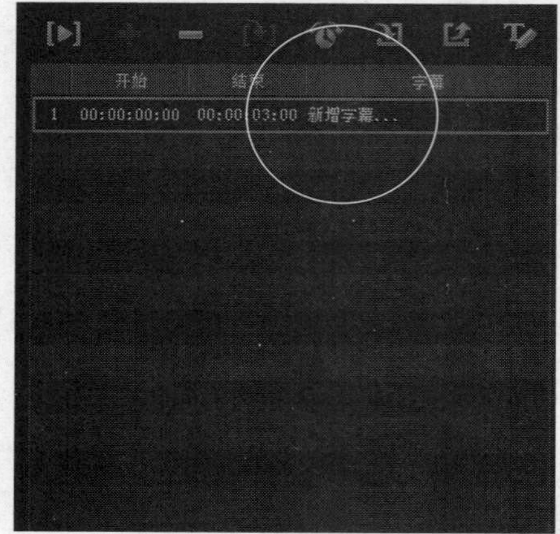

图15-46 新增标题字幕文件

STEP 07 在“字幕”一列中，单击鼠标左键，输入字幕内容“非常喜庆”，如图15-47所示。

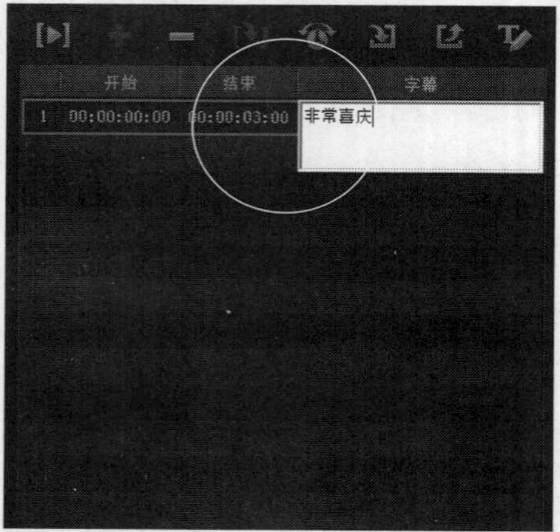

图15-47 输入字幕内容

STEP 08 在预览窗口中即可预览创建的标题字幕内容，如图15-48所示。

图15-48 预览创建的标题字幕内容

STEP 09 在“字幕编辑器”窗口中，单击“文字选项”按钮，如图15-49所示。

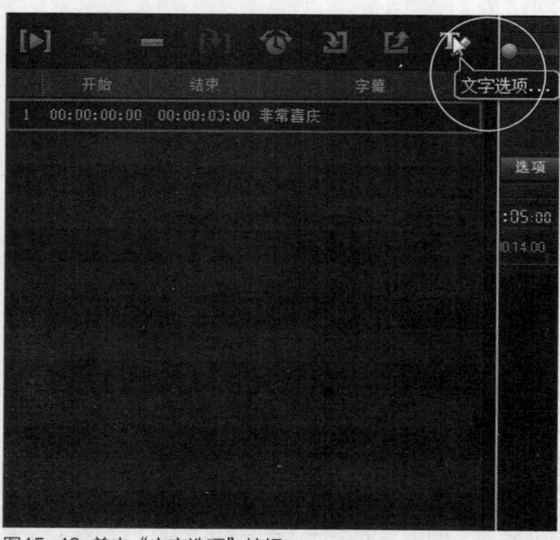

图15-49 单击“文字选项”按钮

STEP 10 执行操作后，弹出“文字选项”对话框，如图15-50所示。

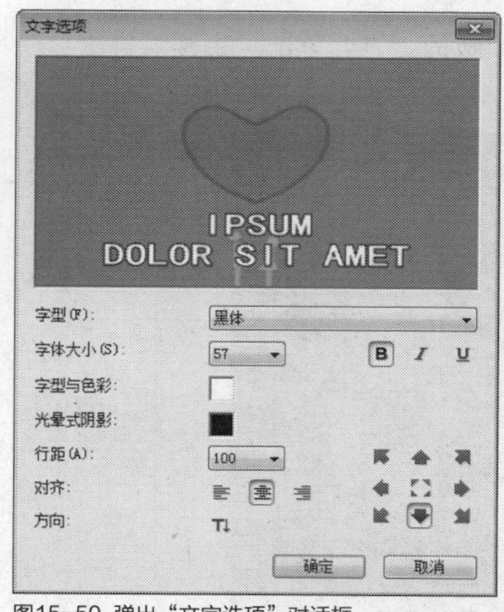

图15-50 弹出“文字选项”对话框

STEP 11 单击“字型”选项右侧的下三角按钮，在弹出的列表框中选择“方正卡通简体”选项，如图15-51所示。

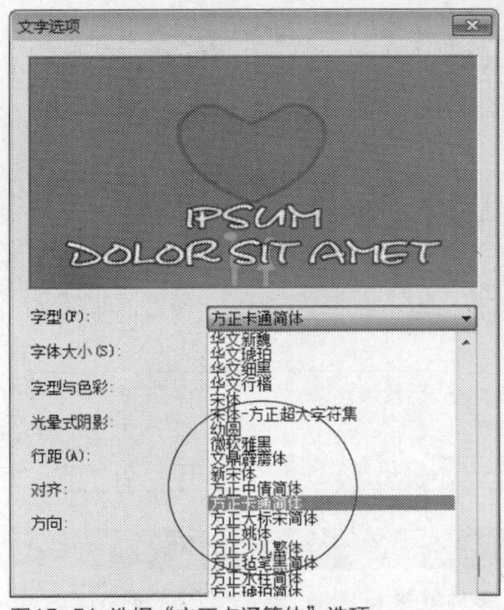

图15-51 选择“方正卡通简体”选项

STEP 12 单击“字体大小”选项右侧的下三角按钮，在弹出的列表框中选择68选项；单击“字型与色彩”右侧的色块，在弹出的颜色面板中选择黄色，如图15-52所示，设置标题字幕属性。

图15-52 选择黄色

STEP 13 单击“确定”按钮，返回“字幕编辑器”窗口，单击“确定”按钮，返回会声会影编辑器，在标题轨中显示了刚创建的字幕内容，如图15-53所示。

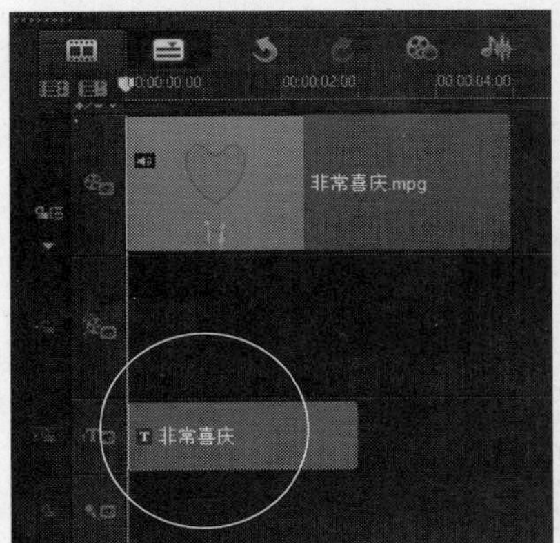

图15-53 显示刚创建的字幕内容

STEP 14 在导览面板中单击“播放”按钮，预览标题字幕效果，如图15-54所示。

图15-54 预览标题字幕效果

知识拓展

“字幕编辑器”窗口的“文字选项”对话框向读者提供了3种不同的对齐方式，如左对齐、居中对齐和右对齐，单击相应的按钮，可以将字幕放在视频中合适的位置。

➢ 左对齐字幕：在“文字选项”对话框中，单击“左对齐”按钮，即可将文本进行左对齐，如图15-55所示。

➢ 居中对齐字幕：在“文字选项”对话框中，单击“居中对齐”按钮，即可将文本进行居中对齐，如图15-56所示。

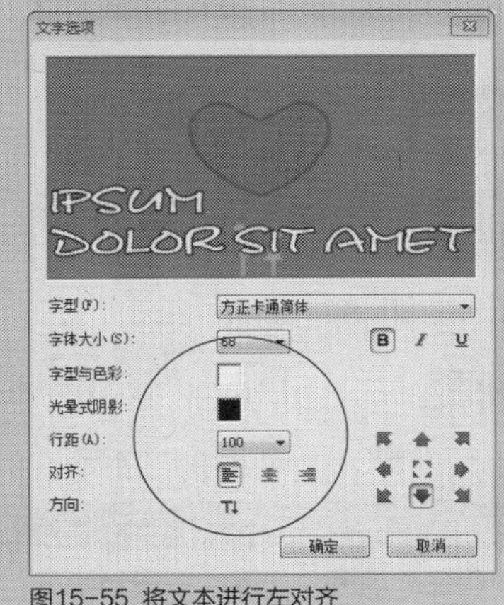

图15-55 将文本进行左对齐

➤ 右对齐字幕：在“文字选项”对话框中，单击“右对齐”按钮，即可将文本进行右对齐，如图15-57所示。

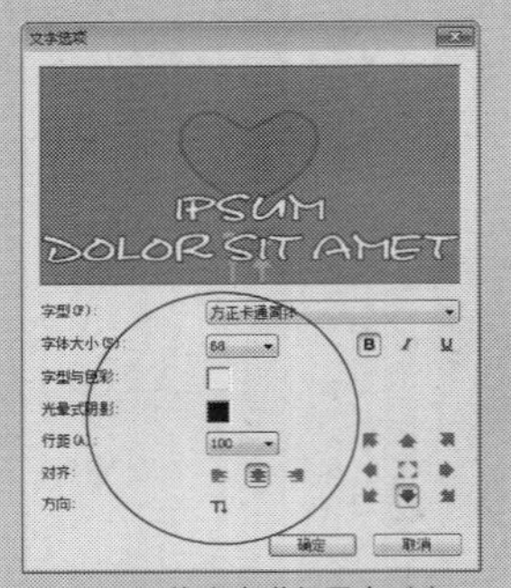

图15-56 将文本进行居中对齐

图15-57 将文本进行右对齐

实战380 删除选定字幕对象

▶实例位置：光盘\效果\第15章\非常喜庆.VSP
▶素材位置：无
▶视频位置：光盘\视频\第15章\实战380.mp4

• 实例介绍 •

在“字幕编辑器”窗口中，如果用户对于创建的字幕不满意，此时可以将字幕对象进行删除操作。下面将向读者介绍删除选定字幕对象的操作方法。

• 操作步骤 •

STEP 01 进入会声会影X7编辑器，打开“字幕编辑器”窗口，选择需要删除的字幕对象，单击“删除选取的字幕”按钮，如图15-58所示。

STEP 02 执行上述操作后即可删除字幕，如图15-59所示。

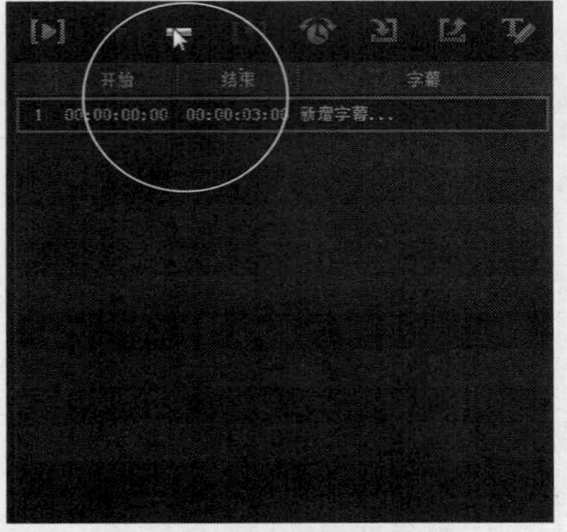

图15-58 单击“删除选取的字幕”按钮

图15-59 删除字幕

15.3 转换单个标题与多个标题

在会声会影X7中，用户还可以根据需要将单个标题与多个标题相互转换，从而得到用户想要的字幕效果。本节主要向读者介绍转换单个标题与多个标题的操作方法。

实战381 多个标题转换为单个标题

▶实例位置：光盘\效果\第15章\牵手.VSP
▶素材位置：光盘\素材\第15章\牵手.VSP
▶视频位置：光盘\视频\第15章\实战381.mp4

• 实例介绍 •

会声会影X7的单个标题功能主要用于制作片尾的长段字幕，一般情况下，建议用户使用多个标题功能。下面介绍将多个标题转换为单个标题的操作方法。

• 操作步骤 •

STEP 01 进入会声会影编辑器，单击“文件”|“打开项目”命令，打开一个项目文件，如图15-60所示。

图15-60 打开项目文件

STEP 02 在标题轨中，使用鼠标左键双击需要转换的标题字幕，如图15-61所示。

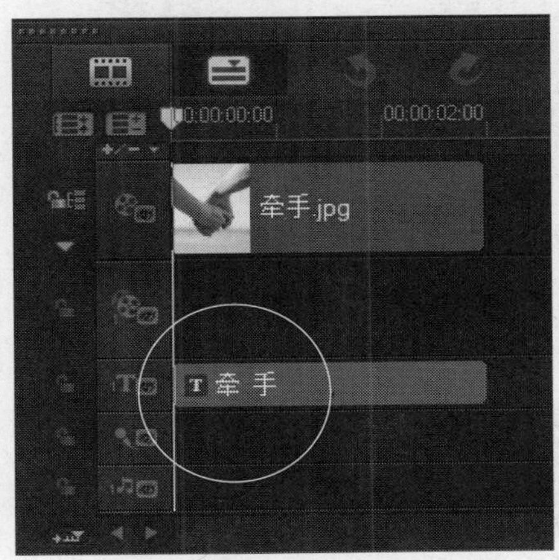

图15-61 双击需要转换的标题字幕

STEP 03 在“编辑”选项面板中选中“单个标题”单选按钮，如图15-62所示。

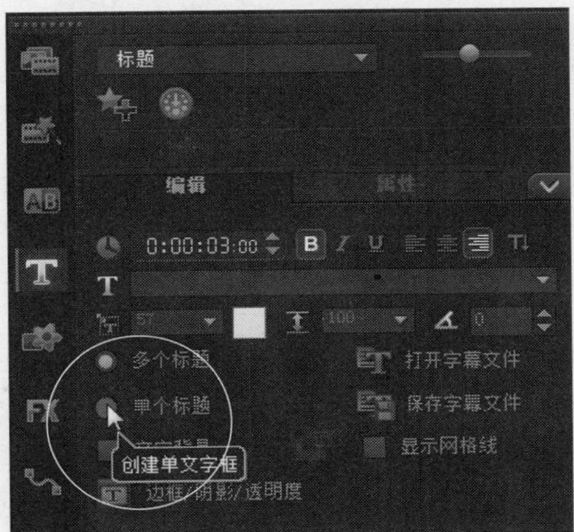

图15-62 选中“单个标题”单选按钮

STEP 04 弹出提示信息框，提示用户是否继续操作，如图15-63所示。

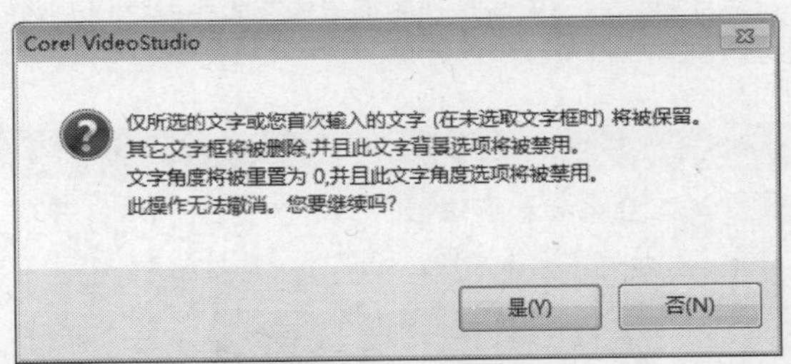

图15-63 弹出提示信息框

STEP 05 单击“是”按钮，即可将多个标题转换为单个标题，如图15-64所示。

图15-64 转换为单个标题

STEP 06 在标题前多次按【Enter】键，在“编辑”选项面板中单击“居中”按钮，如图15-65所示。

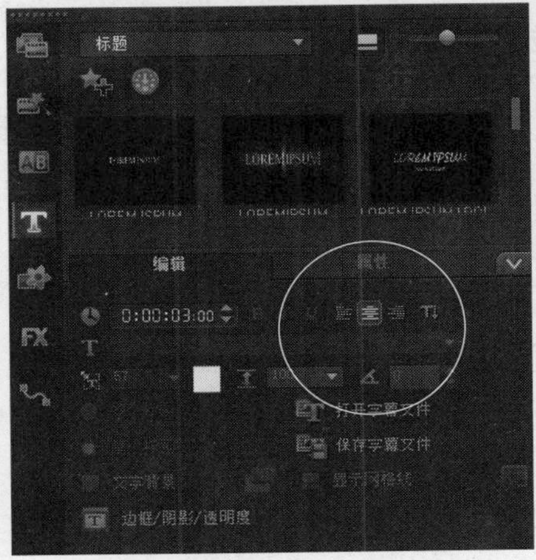

图15-65 单击“居中”按钮

STEP 07 设置单个标题的格式效果如图15-66所示，最终完成字幕的转换操作。

图15-66 设置单个标题的格式

STEP 08 在导览面板中单击"播放"按钮，预览标题字幕效果，如图15-67所示。

图15-67 预览标题字幕效果

技巧点拨

在会声会影X7中，无论标题文字有多长，单个标题都是一个标题，不能对单个标题应用背景效果，标题位置不能移动。

实战382 单个标题转换为多个标题

▶实例位置：光盘\效果\第15章\恭贺新年.VSP
▶素材位置：光盘\素材\第15章\恭贺新年.VSP
▶视频位置：光盘\视频\第15章\实战382.mp4

• 实例介绍 •

标题字幕设计与书写是视频编辑的艺术手段之一，好的标题字幕可以起到美化视频的作用。下面向读者介绍将单个标题转换为多个标题的操作方法。

• 操作步骤 •

STEP 01 进入会声会影编辑器，单击"文件"|"打开项目"命令，打开一个项目文件，如图15-68所示。

图15-68 打开项目文件

STEP 02 在标题轨中，使用鼠标左键双击需要转换的标题字幕，如图15-69所示。

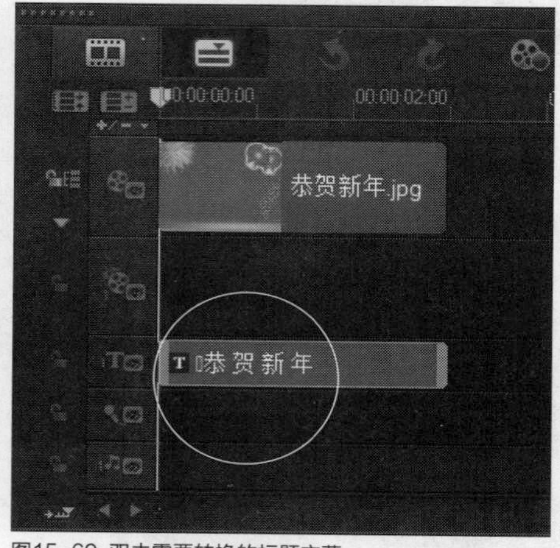

图15-69 双击需要转换的标题字幕

STEP 03 在"编辑"选项面板中选中"多个标题"单选按钮，如图15-70所示。

STEP 04 弹出提示信息框，提示用户是否继续操作，如图16-71所示。

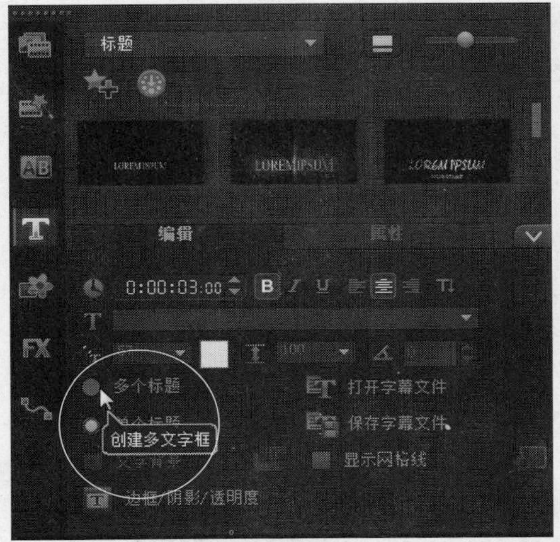

图15-70 选中“多个标题”单选按钮

图15-71 弹出提示信息框

STEP 05 单击“是”按钮，即可将单个标题转换为多个标题，如图15-72所示。

STEP 06 在导览面板中单击“播放”按钮，预览标题字幕效果，如图15-73所示。

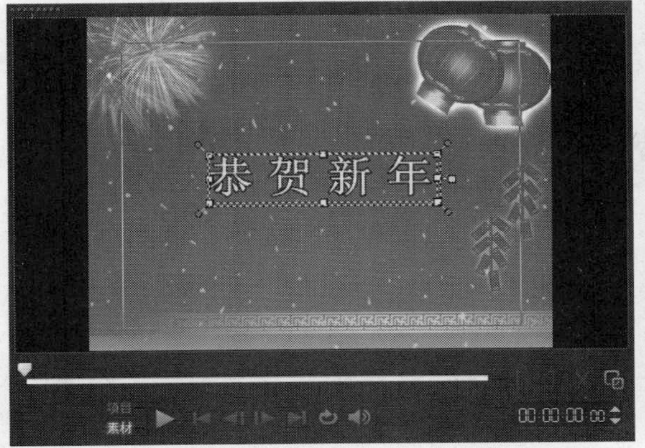

图15-72 转换为多个标题

图15-73 预览标题字幕效果

15.4 编辑影视中的标题字幕

会声会影X7中的字幕编辑功能与Word等文字处理软件相似，也提供了较为完善的字幕编辑和设置功能，用户可以对文本或其他字幕对象进行编辑和美化操作。本节主要向读者介绍编辑标题属性的各种操作方法。

实战 383 设置行间距

▶实例位置：光盘\效果\第15章\落幕文字.VSP
▶素材位置：光盘\素材\第15章\落幕文字.VSP
▶视频位置：光盘\视频\第15章\实战383.mp4

• 实例介绍 •

在会声会影X7中，用户可根据需要对标题字幕的行间距进行相应设置，行间距的取值范围为60～999之间的整数。下面向读者介绍设置字幕行间距的操作方法。

• 操作步骤 •

STEP 01 进入会声会影编辑器，单击“文件”|“打开项目”命令，打开一个项目文件，如图15-74所示。

STEP 02 在标题轨中，使用鼠标左键双击需要设置行间距的标题字幕，如图15-75所示。

图15-74 打开项目文件

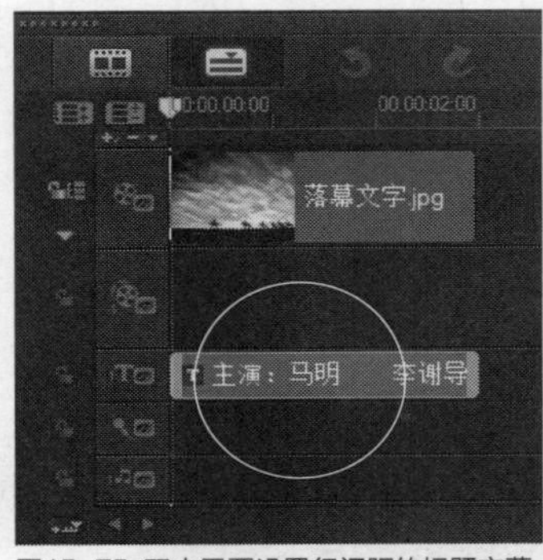

图15-75 双击需要设置行间距的标题字幕

STEP 03 单击“编辑”选项面板中的“行间距”按钮，在弹出的下拉列表框中选择160选项，如图15-76所示。

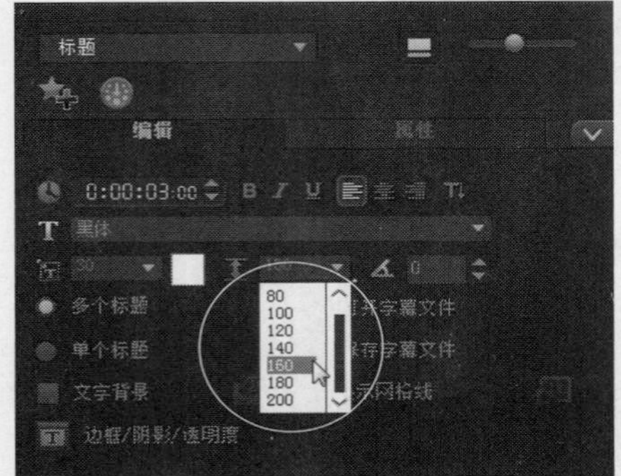

图15-76 选择160选项

STEP 04 执行操作后，即可设置标题字体的行间距，效果如图15-77所示。

图15-77 设置标题字体的行间距

知识拓展

在“编辑”选项面板中的“行间距”数值框中，用户还可以通过手动输入需要的参数来设置标题字幕的行间距效果。

实战384 设置标题区间

▶实例位置：光盘\效果\第15章\圣诞快乐.VSP
▶素材位置：光盘\素材\第15章\圣诞快乐.VSP
▶视频位置：光盘\视频\第15章\实战384.mp4

• 实例介绍 •

在会声会影X7中，为了使标题字幕与视频同步播放，用户可根据需要调整标题字幕的区间长度。下面向读者介绍设置标题区间的操作方法。

• 操作步骤 •

STEP 01 进入会声会影编辑器，单击“文件”|“打开项目”命令，打开一个项目文件，如图15-78所示。

图15-78 打开项目文件

STEP 02 在标题轨中，使用鼠标左键双击需要设置区间的标题字幕，如图15-79所示。

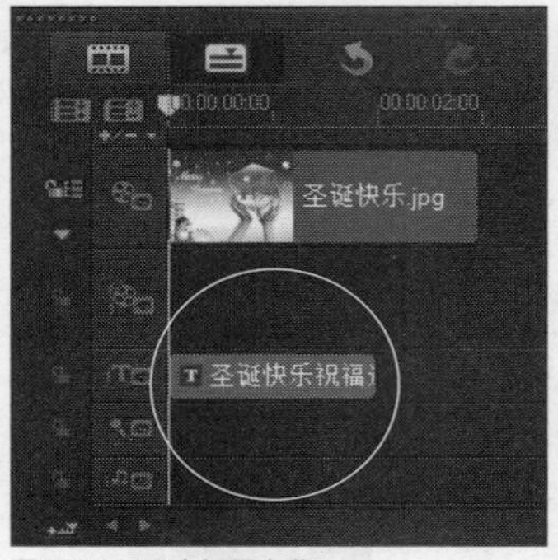

图15-79 双击标题字幕

STEP 03 在“编辑”选项面板中，设置标题字幕的“区间”为0:00:03:00，如图15-80所示。

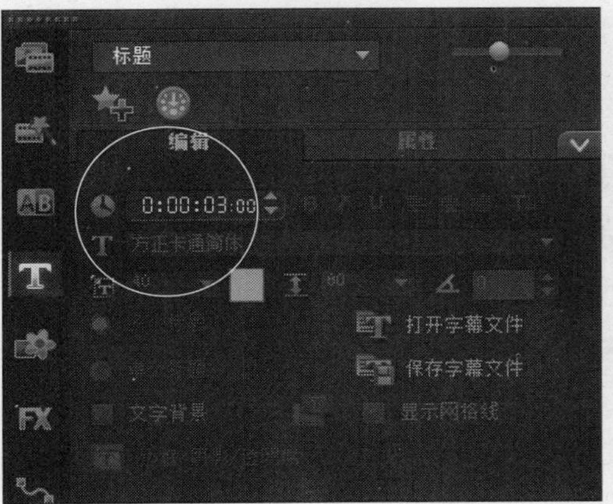

图15-80 设置标题字幕的“区间”

STEP 04 执行操作后，按【Enter】键确认，即可设置标题字幕的区间长度，如图15-81所示，单击“播放”按钮，预览字幕效果。

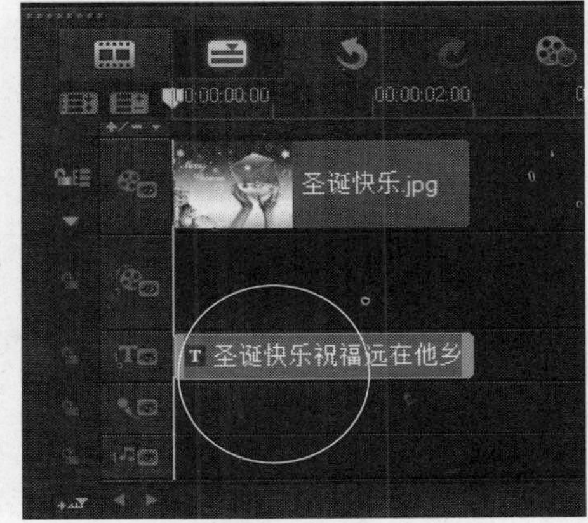

图15-81 设置标题字幕的区间长度

知识拓展

在会声会影X7中，拖曳标题轨中字幕文件右侧的黄色标记，拖曳的终点位置将会显示一条竖线，表示与视频轨中的素材在同一帧上，释放鼠标左键，即可调整标题字幕的区间长度，如图15-82所示。

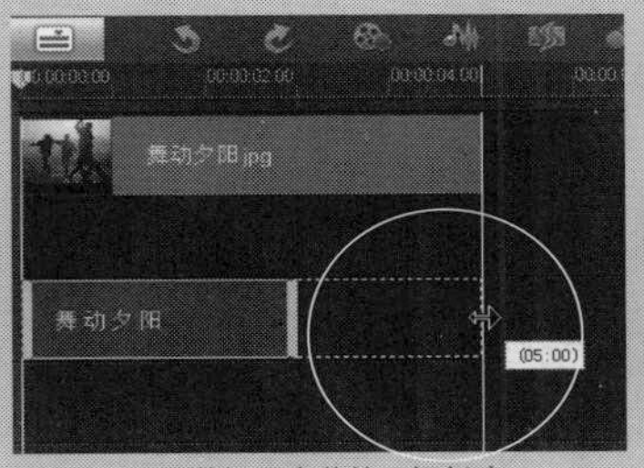

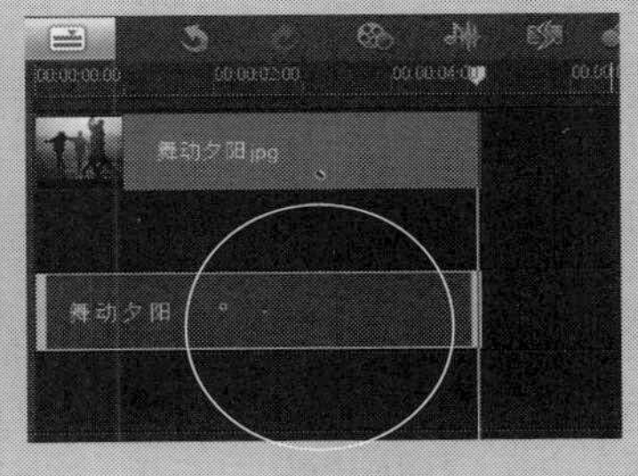

图15-82 调整标题字幕的区间长度

实战385 设置标题字体

- ▶实例位置：光盘\效果\第15章\大象.VSP
- ▶素材位置：光盘\素材\第15章\大象.VSP
- ▶视频位置：光盘\视频\第15章\实战385.mp4

• 实例介绍 •

在会声会影X7中，用户可根据需要对标题轨中的标题字体类型进行更改操作，使其在视频中显示效果更佳。下面向读者介绍设置标题字体类型的操作方法。

• 操作步骤 •

STEP 01 进入会声会影编辑器，单击“文件”|“打开项目”命令，打开一个项目文件，如图15-83所示。

图15-83 打开项目文件

STEP 02 在标题轨中，使用鼠标左键双击需要设置行间距的标题字幕，如图15-84所示。

图15-84 双击标题字幕

STEP 03 在“编辑”选项面板中，单击“字体”右侧的下三角按钮，在弹出的下拉列表框中选择“方正超粗黑简体”选项，如图15-85所示。

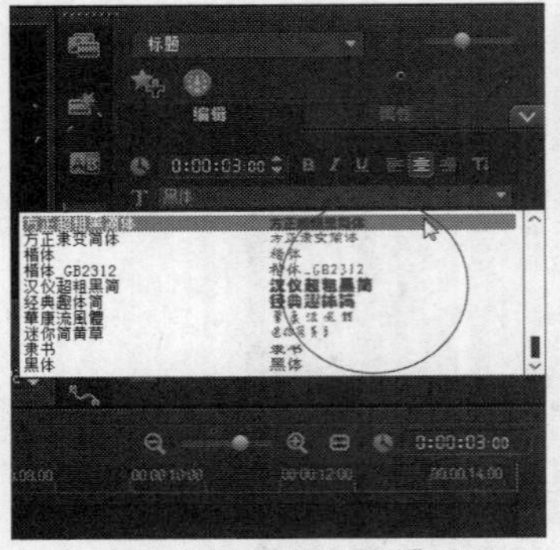

图15-85 选择“方正超粗黑简体”选项

STEP 04 执行操作后，即可更改标题字体，单击“播放”按钮，预览字幕效果，如图15-86所示。

图15-86 预览字幕效果

实战386 设置字体大小

▶实例位置：光盘\效果\第15章\骆驼行走.VSP
▶素材位置：光盘\素材\第15章\骆驼行走.VSP
▶视频位置：光盘\视频\第15章\实战386.mp4

• 实例介绍 •

在会声会影X7中，如果用户对标题轨中的字体大小不满意，则可以对其进行更改操作。下面向读者介绍设置标题字体大小的方法。

• 操作步骤 •

STEP 01 进入会声会影编辑器，单击“文件”|“打开项目”命令，打开一个项目文件，如图15-87所示。

图15-87 打开项目文件

STEP 02 在标题轨中，使用鼠标左键双击需要设置字体大小的标题字幕，如图15-88所示。

图15-88 双击标题字幕

STEP 03 此时，预览窗口中的标题字幕为选中状态，如图15-89所示。

图15-89 选中状态

STEP 04 在“编辑”选项面板的“字体大小”数值框中，输入60，按【Enter】键确认，如图15-90所示。

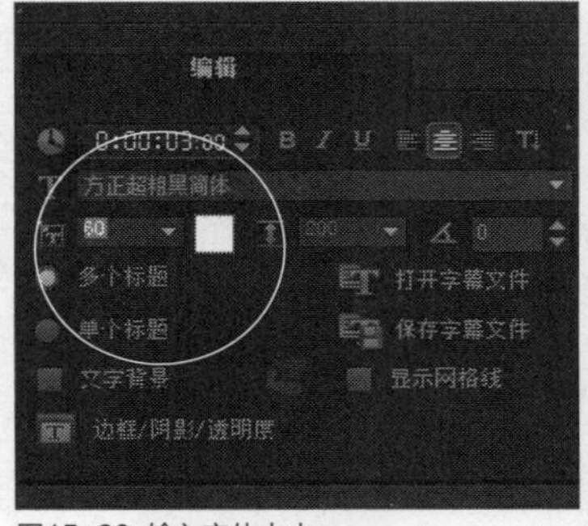

图15-90 输入字体大小

STEP 05 执行操作后，即可更改标题字体大小，如图15-91所示。

图15-91 更改标题字体大小

STEP 06 在导览面板中单击“播放”按钮，预览标题字幕效果，如图15-92所示。

图15-92 预览标题字幕效果

技巧点拨

在预览窗口中选择需要调整大小的标题字幕，拖曳标题四周的控制柄，也可以快速调整字体大小，如图15-93所示。

图15-93 快速调整字体大小

实战 387 设置字体颜色

▶ 实例位置：光盘\效果\第15章\爱情三角洲.VSP
▶ 素材位置：光盘\素材\第15章\爱情三角洲.VSP
▶ 视频位置：光盘\视频\第15章\实战387.mp4

• 实例介绍 •

在会声会影X7中，用户可根据素材与标题字幕的匹配程度，更改标题字体的颜色效果。除了可以运用色彩选项中的颜色，用户还可以运用Corel色彩选取器和Windows色彩选取器中的颜色。下面向读者介绍设置标题字体颜色的方法。

• 操作步骤 •

STEP 01 进入会声会影编辑器，单击“文件”|“打开项目”命令，打开一个项目文件，如图15-94所示。

图15-94 打开项目文件

STEP 02 在标题轨中，使用鼠标左键双击需要设置字体颜色的标题字幕，如图15-95所示。

图15-95 双击标题字幕

STEP 03 此时，预览窗口中的标题字幕为选中状态，如图15-96所示。

图15-96 选中状态

STEP 04 在“编辑”选项面板中单击“色彩”色块，在弹出的颜色面板中选择靛色（第1排第3个），如图15-97所示。

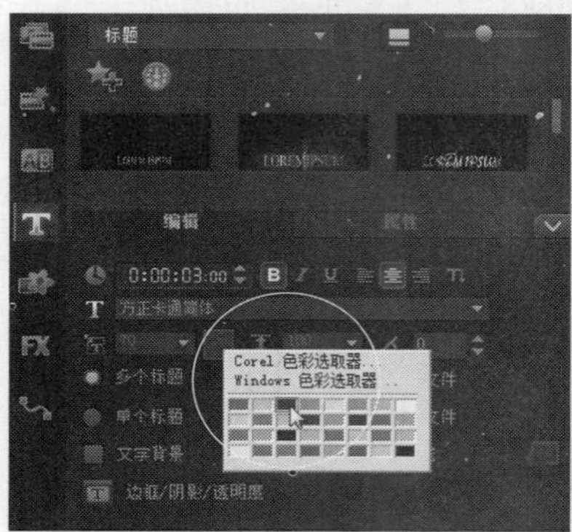

图15-97 选择靛色

STEP 05 执行操作后，即可更改标题字体颜色，如图15-98所示。

图15-98 更改标题字体颜色

STEP 06 在导览面板中单击“播放”按钮，预览标题字幕效果，如图15-99所示。

图15-99 预览标题字幕效果

实战 388 更改文本显示方向

▶ 实例位置：光盘\效果\第15章\中秋快乐.VSP
▶ 素材位置：光盘\素材\第15章\中秋快乐.VSP
▶ 视频位置：光盘\视频\第15章\实战388.mp4

• 实例介绍 •

在会声会影X7中，用户可以根据需要更改标题字幕的显示方向。下面介绍更改文本显示方向的操作方法。

• 操作步骤 •

STEP 01 进入会声会影编辑器，单击“文件”|“打开项目”命令，打开一个项目文件，如图15-100所示。

图15-100 打开项目文件

STEP 02 在标题轨中，使用鼠标左键双击需要设置文本显示方向的标题字幕，如图15-101所示。

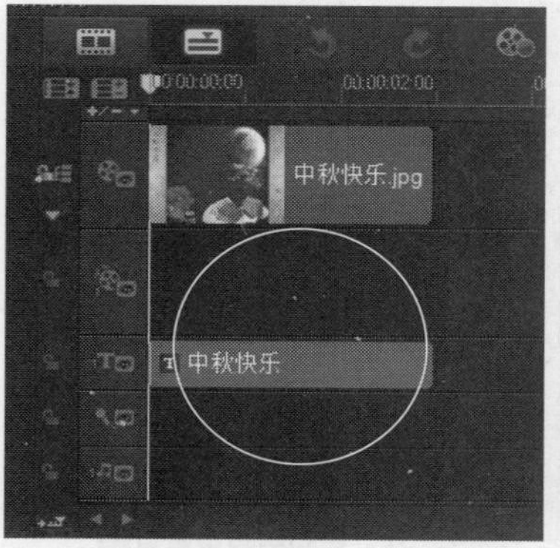

图15-101 双击标题字幕

STEP 03 此时，预览窗口中的标题字幕为选中状态，如图15-102所示。

STEP 04 在“编辑”选项面板中，单击“将方向更改为垂直”按钮，如图15-103所示。

图15-102 选中状态

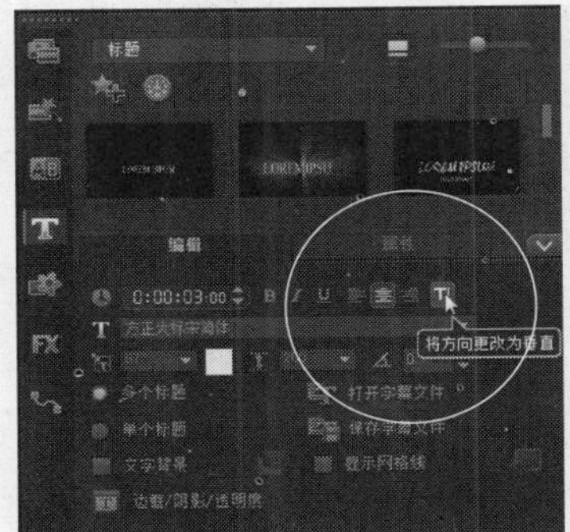

图15-103 单击“将方向更改为垂直”按钮

STEP 05 执行上述操作后，即可更改文本的显示方向，在预览窗口中调整字幕的位置，如图15-104所示。

STEP 06 在导览面板中单击“播放”按钮，预览标题字幕效果，如图15-105所示。

图15-104 调整字幕的位置

图15-105 预览标题字幕效果

实战 389 设置文本背景色

▶ 实例位置：光盘\效果\第15章\母亲节快乐.VSP
▶ 素材位置：光盘\素材\第15章\母亲节快乐.VSP
▶ 视频位置：光盘\视频\第15章\实战389.mp4

• 实例介绍 •

在会声会影X7中，用户可以根据需要设置标题字幕的背景颜色，使字幕更加显眼。下面向读者介绍设置文本背景色的操作方法。

• 操作步骤 •

STEP 01 进入会声会影编辑器，单击“文件”|“打开项目”命令，打开一个项目文件，如图15-106所示。

图15-106 打开项目文件

STEP 02 在标题轨中，使用鼠标左键双击需要设置文本背景色的标题字幕，如图15-107所示。

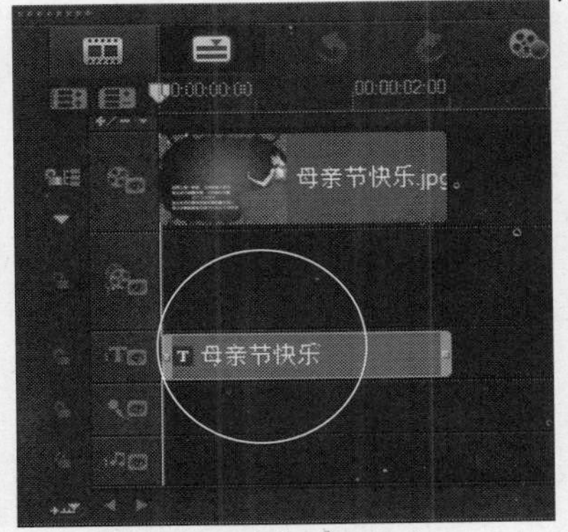

图15-107 双击标题字幕

STEP 03 此时，预览窗口中的标题字幕为选中状态，如图15-108所示。

图15-108 选中状态

STEP 04 在"编辑"选项面板中，选中"文字背景"复选框，如图15-109所示。

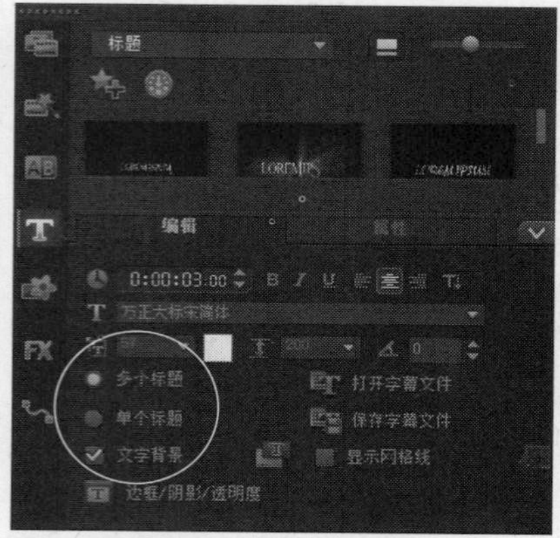

图15-109 选中"文字背景"复选框

STEP 05 单击"自定义文字背景的属性"按钮，如图15-110所示。

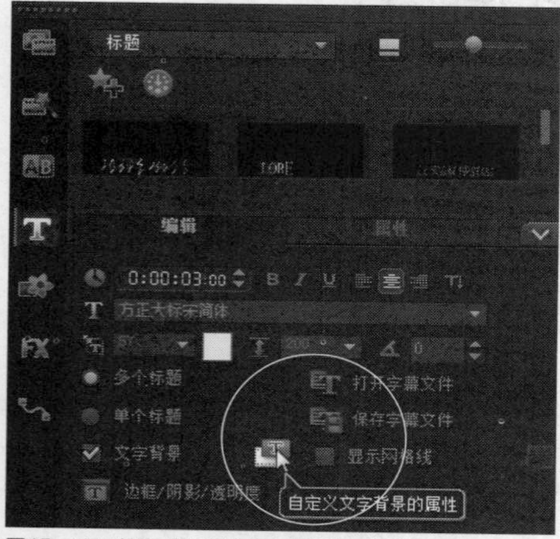

图15-110 单击"自定义文字背景的属性"按钮

STEP 06 在弹出"文字背景"对话框中，单击"随文字自动调整"下方的下拉按钮，在弹出的列表框中选择"椭圆"选项，如图15-111所示。

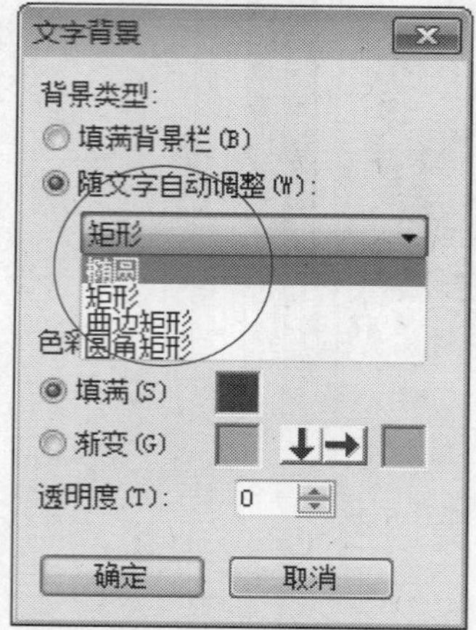

图15-111 选择"椭圆"选项

STEP 07 在"放大"右侧的数值框中输入10，如图15-112所示。

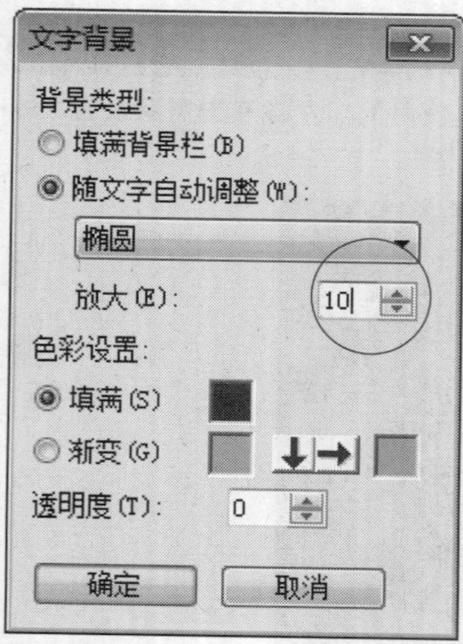

图15-112 输入10

STEP 08 在"色彩设置"选项区中，选中"渐变"单选按钮，如图15-113所示。

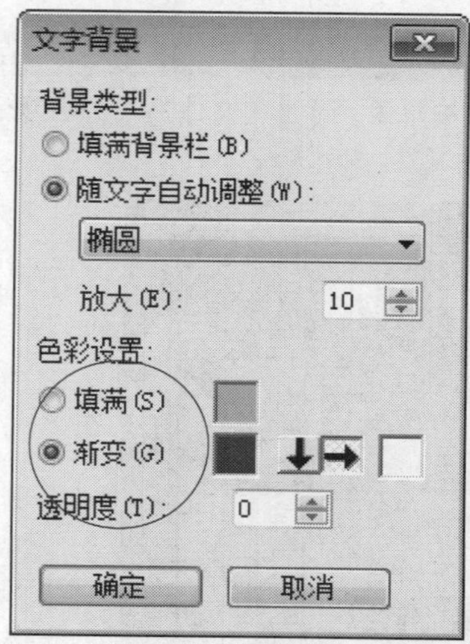

图15-113 选中"渐变"单选按钮

STEP 09 在右侧设置第1个色块的颜色为粉红色（第4排倒数第2个），在下方设置“透明度”为30，如图15-114所示。

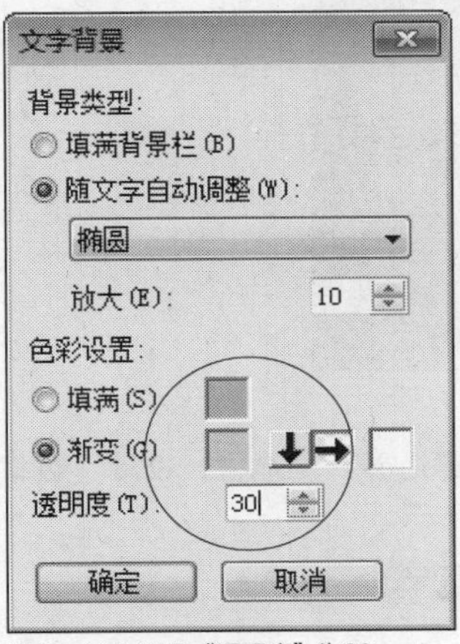

图15-114 设置“透明度”为30

STEP 10 设置完成后，单击“确定”按钮，即可设置文本背景色，单击“播放”按钮，预览标题字幕效果，如图15-115所示。

图15-115 预览标题字幕效果

15.5 制作视频中的特殊字幕效果

在会声会影X7中，除了可以改变文字的字体、大小和颜色等属性，还可以为文字添加一些装饰因素，从而使其更加出彩。本节主要向读者介绍制作视频中特殊字幕效果的操作方法，包括制作镂空字幕、突起字幕、描边字幕以及透明字幕特效等。

实战390 制作镂空字幕特效

- 实例位置：光盘\效果\第15章\池塘.VSP
- 素材位置：光盘\素材\第15章\池塘.VSP
- 视频位置：光盘\视频\第15章\实战390.mp4

实例介绍

镂空字体是指字体呈空心状态，只显示字体的外部边界。在会声会影X7中，运用“透明文字”复选框可以制作出镂空字体。

操作步骤

STEP 01 进入会声会影编辑器，单击“文件”|“打开项目”命令，打开一个项目文件，如图15-116所示。

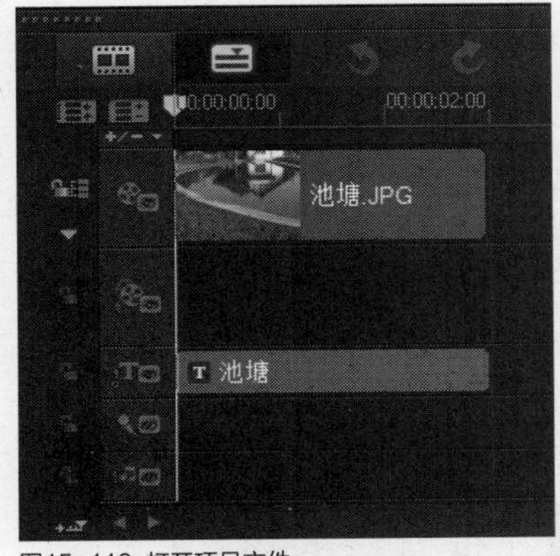

图15-116 打开项目文件

STEP 02 在预览窗口中，预览打开的项目效果，如图15-117所示。

图15-117 预览打开的项目效果

STEP 03 在标题轨中，使用鼠标左键双击需要制作镂空特效的标题字幕，此时预览窗口中的标题字幕为选中状态，如图15-118所示。

STEP 04 在“编辑”选项面板中单击“边框/阴影/透明度”按钮，如图15-119所示。

图15-118 标题字幕为选中状态

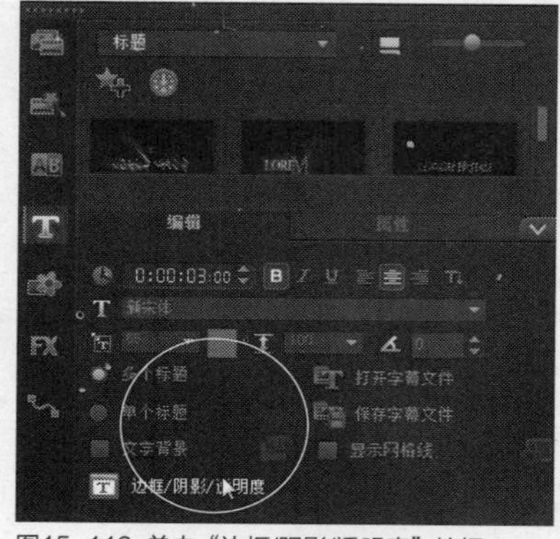

图15-119 单击“边框/阴影/透明度”按钮

STEP 05 执行操作后，弹出“边框/阴影/透明度”对话框，选中“透明文字”复选框，如图15-120所示。

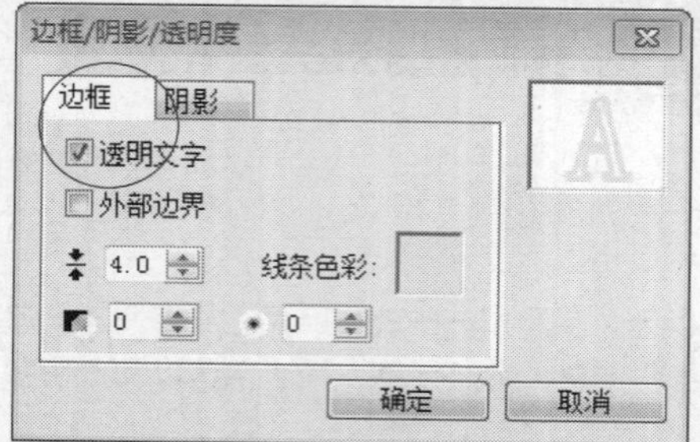

图15-120 选中“透明文字”复选框

STEP 06 在下方选中“外部边界”复选框，设置“边框宽度”为4，如图15-121所示。

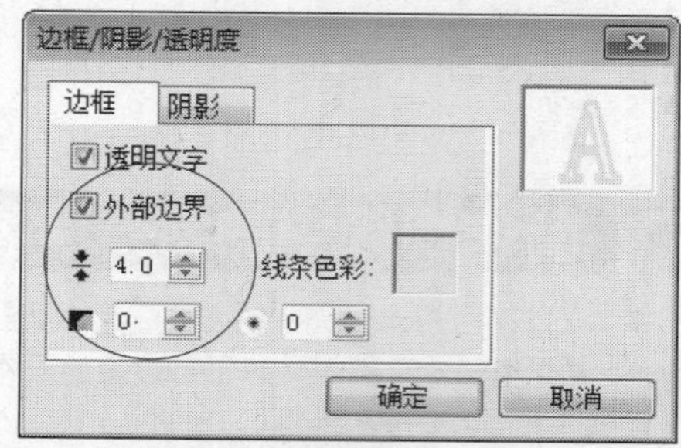

图15-121 设置“边框宽度”为4

知识拓展

在“边框/阴影/透明度”对话框中，各主要选项含义如下。

- “透明文字”复选框：选中该复选框，创建的标题文字将呈透明，只有边框可见。
- “外部边界”复选框：选中该复选框，创建的标题文字将显示边框。
- “边框宽度”数值框：在该选项右侧数值框中输入数值，可以设置文字边框线条的宽度。
- “文字透明度”数值框：在该选项右侧数值框中输入所需的数值，可以设置文字可见度。
- “线条色彩”选项：单击该选项右侧的色块，在弹出的颜色面板中，可以设置字体边框线条的颜色。
- “柔化边缘”数值框：在该选项右侧数值框中输入所需的数值，可以设置文字的边缘混合程度。

技巧点拨

打开“边框/阴影/透明度”对话框，在其中的“边框宽度”数值框中，只能输入0~99之间的整数。

STEP 07 执行上述操作后，单击“确定”按钮，即可设置镂空字体，如图15-122所示。

图15-122 设置镂空字体

STEP 08 在导览面板中单击“播放”按钮，预览标题字幕效果，如图15-123所示。

图15-123 预览标题字幕效果

实战 391 制作描边字幕特效

▶实例位置：光盘\效果\第15章\顽强生命力.VSP
▶素材位置：光盘\素材\第15章\顽强生命力.VSP
▶视频位置：光盘\视频\第15章\实战391.mp4

• 实例介绍 •

在会声会影X7中，为了使标题字幕样式丰富多彩，用户可以为标题字幕设置描边效果。下面向读者介绍制作描边字幕的操作方法。

• 操作步骤 •

STEP 01 进入会声会影编辑器，单击“文件”|“打开项目”命令，打开一个项目文件，如图15-124所示。

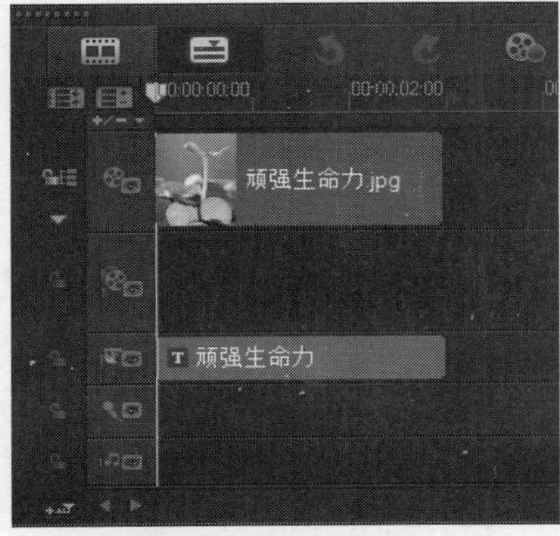

图15-124 打开项目文件

STEP 02 在预览窗口中，预览打开的项目效果，如图15-125所示。

图15-125 预览打开的项目效果

STEP 03 在标题轨中，使用鼠标左键双击需要制作描边特效的标题字幕，此时预览窗口中的标题字幕为选中状态，如图15-126所示。

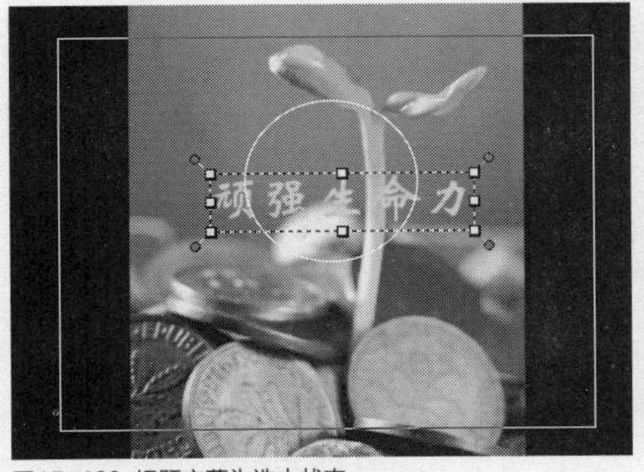

图15-126 标题字幕为选中状态

STEP 04 在“编辑”选项面板中单击“边框/阴影/透明度”按钮，如图15-127所示。

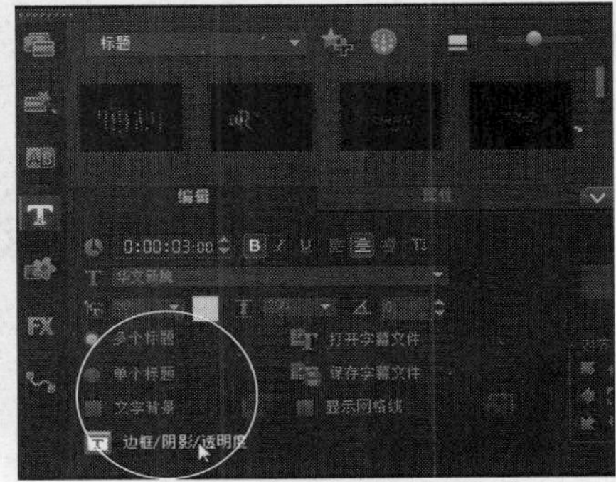

图15-127 单击“边框/阴影/透明度”按钮

STEP 05 弹出“边框/阴影/透明度”对话框，选中“外部边界”复选框，设置“边框宽度”为4.0，如图15-128所示。

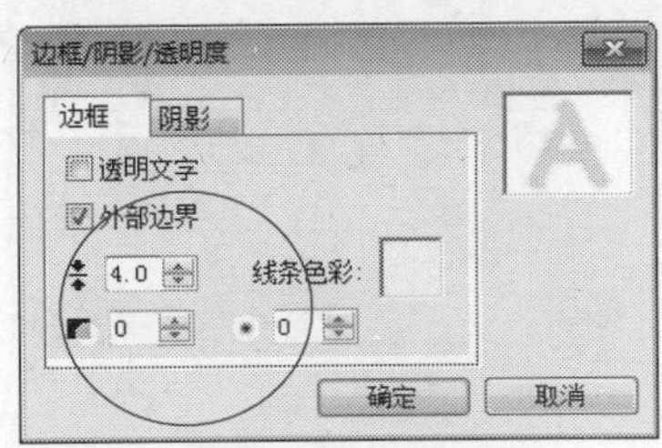

图15-128 设置“边框宽度”为4.0

STEP 06 在右侧设置“线条色彩”为黑色，如图15-129所示。

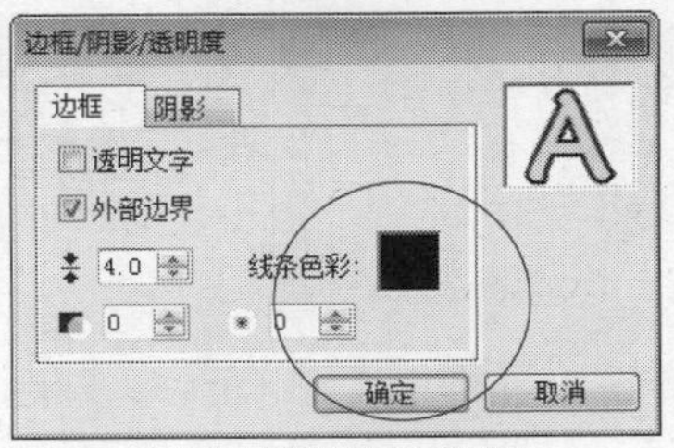

图15-129 设置“线条色彩”为黑色

STEP 07 执行上述操作后，单击“确定”按钮，即可设置描边字体，如图15-130所示。

图15-130 设置描边字体

STEP 08 在导览面板中单击“播放”按钮，预览描边标题字幕效果，如图15-131所示。

图15-131 预览描边字幕效果

实战392 制作突起字幕特效

- 实例位置：光盘\效果\第15章\新闻频道.VSP
- 素材位置：光盘\素材\第15章\新闻频道.VSP
- 视频位置：光盘\视频\第15章\实战392.mp4

• 实例介绍 •

在会声会影X7中，为标题字幕设置突起特效，使标题字幕在视频中更加突出、明显。下面向读者介绍制作突起字幕的操作方法。

• 操作步骤 •

STEP 01 进入会声会影编辑器，单击“文件”|“打开项目”命令，打开一个项目文件，如图15-132所示。

STEP 02 在预览窗口中，预览打开的项目效果，如图15-133所示。

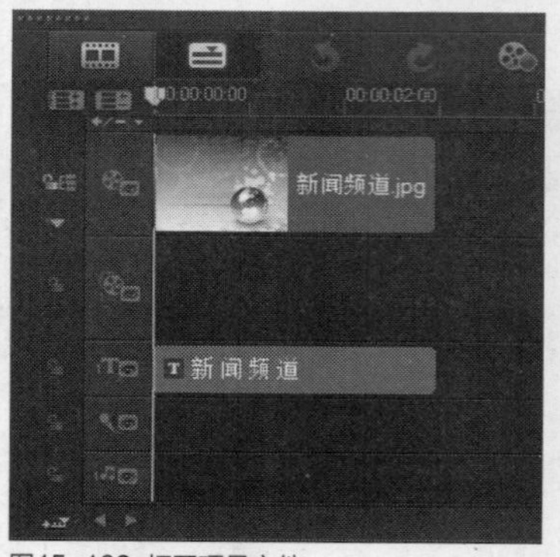

图15-132 打开项目文件

图15-133 预览打开的项目效果

STEP 03 在标题轨中，使用鼠标左键双击需要制作突起特效的标题字幕，此时预览窗口中的标题字幕为选中状态，如图15-134所示。

STEP 04 在“编辑”选项面板中单击“边框/阴影/透明度”按钮，弹出“边框/阴影/透明度”对话框，切换至“阴影”选项卡，如图15-135所示。

图15-134 标题字幕为选中状态

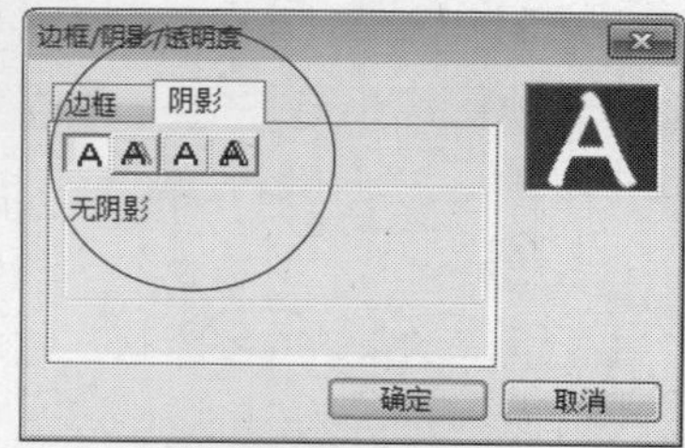

图15-135 “阴影”选项卡

STEP 05 在选项卡中单击“突起阴影”按钮，如图15-136所示。

STEP 06 在下方设置X为10.0，Y为10.0，“颜色”为黑色，如图15-137所示。

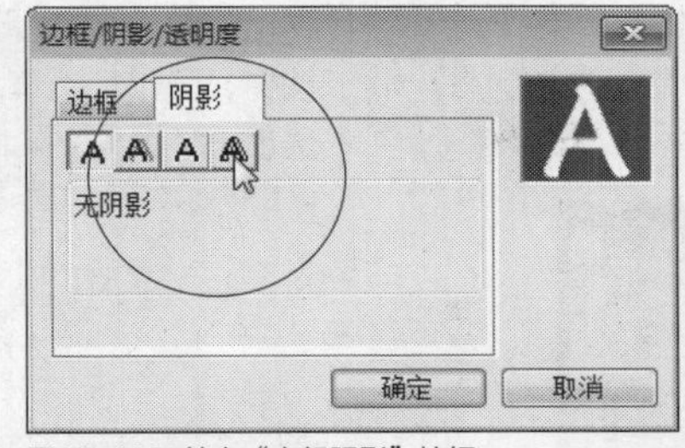

图15-136 单击“突起阴影”按钮

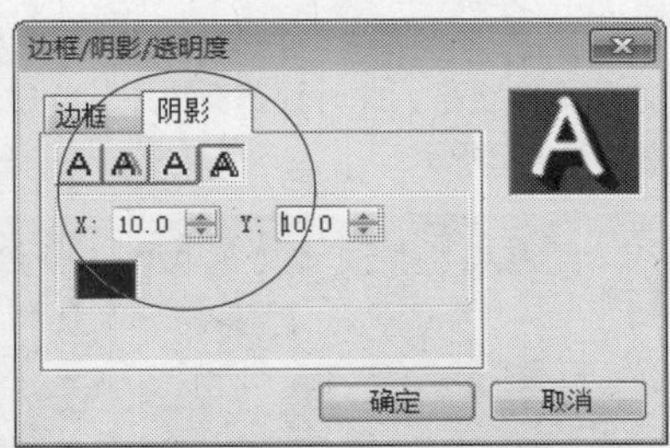

图15-137 设置参数

STEP 07 执行上述操作后，单击“确定”按钮，即可制作突起字幕，如图15-138所示。

STEP 08 在导览面板中单击“播放”按钮，预览突起字幕效果，如图15-139所示。

图15-138 制作突起字幕

图15-139 预览突起字幕效果

知识拓展

在“阴影”选项卡中，各主要选项含义如下。

- “无阴影”按钮：单击该按钮，可以取消设置文字的阴影效果。
- “下垂阴影”按钮：单击该按钮，可为文字设置下垂阴影效果。
- “光晕阴影”按钮：单击该按钮，可为文字设置光晕阴影效果。
- “水平阴影偏移量”数值框：在该选项右侧的数值框中输入相应的数值，可以设置水平阴影的偏移量。
- “垂直阴影偏移量”数值框：在该选项右侧的数值框中输入相应的数值，可以设置垂直阴影的偏移量。
- “突起阴影色彩”色块：单击该色块，在弹出的颜色面板中，可以设置字体突起阴影的颜色。

实战 393 制作光晕字幕特效

- 实例位置：光盘\效果\第15章\山脉风光.VSP
- 素材位置：光盘\素材\第15章\山脉风光.VSP
- 视频位置：光盘\视频\第15章\实战393.mp4

• 实例介绍 •

在会声会影X7中，用户可以为标题字幕添加光晕特效，使其更加精彩夺目。下面向读者介绍制作光晕字幕的操作方法。

• 操作步骤 •

STEP 01 进入会声会影编辑器，单击“文件”|“打开项目”命令，打开一个项目文件，如图15-140所示。

STEP 02 在预览窗口中，预览打开的项目效果，如图15-141所示。

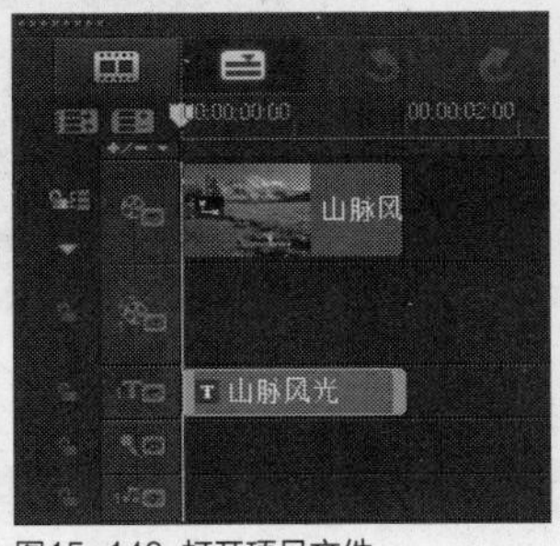

图15-140 打开项目文件

图15-141 预览打开的项目效果

STEP 03 在标题轨中，使用鼠标左键双击需要制作光晕特效的标题字幕，此时预览窗口中的标题字幕为选中状态，如图15-142所示。

图15-142 标题字幕为选中状态

STEP 04 在"编辑"选项面板中单击"边框/阴影/透明度"按钮，弹出"边框/阴影/透明度"对话框，切换至"阴影"选项卡，如图15-143所示。

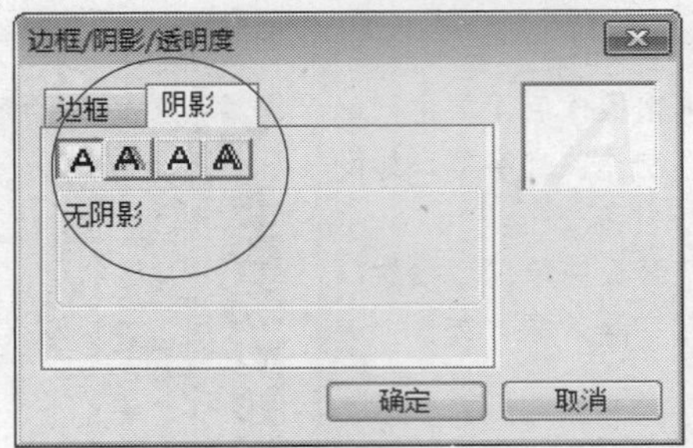

图15-143 切换至"阴影"选项卡

STEP 05 在选项卡中，单击"光晕阴影"按钮，在预览窗口中可以预览字幕效果，如图15-144所示。

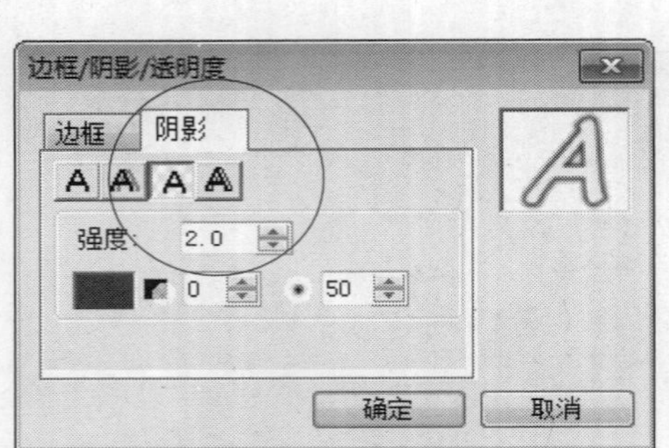

图15-144 预览字幕效果

STEP 06 在其中设置"强度"为10.0、"光晕阴影色彩"为棕色（第2排第4个）、"光晕阴影柔化"为60，对话框与字幕效果如图15-145所示。

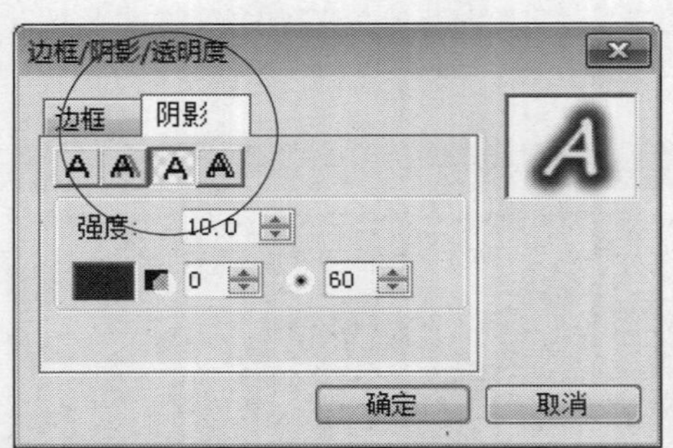

图15-145 对话框与字幕效果

知识拓展

打开"边框/阴影/透明度"对话框，进入"阴影"选项卡，在"光晕阴影柔化"数值框中，只能输入0~100之间的整数。

STEP 07 执行上述操作后，单击“确定”按钮，即可制作光晕字幕，如图15-146所示。

图15-146 制作光晕字幕

STEP 08 在导览面板中单击“播放”按钮，预览光晕字幕效果，如图15-147所示。

图15-147 预览光晕字幕效果

技巧点拨

当用户为字幕添加光晕特效后，在预览窗口中有一个蓝色的控制柄，在该控制柄上单击鼠标左键并拖曳，可以手动对字幕的光晕大小进行缩放操作，如图15-148所示。

图15-148 手动进行缩放操作

实战 394 制作下垂字幕特效

- 实例位置：光盘\效果\第15章\欢乐圣诞.VSP
- 素材位置：光盘\素材\第15章\欢乐圣诞.VSP
- 视频位置：光盘\视频\第15章\实战394.mp4

• 实例介绍 •

在会声会影X7中，为了让标题字幕更加美观，用户可以为标题字幕添加下垂阴影效果。下面向读者介绍制作下垂字幕的操作方法。

• 操作步骤 •

STEP 01 进入会声会影编辑器，单击“文件”|“打开项目”命令，打开一个项目文件，如图15-149所示。

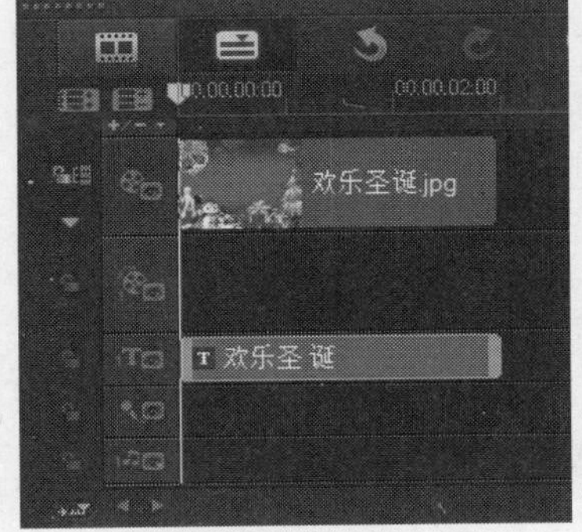

图15-149 打开项目文件

STEP 02 在预览窗口中，预览打开的项目效果，如图15-150所示。

图15-150 预览打开的项目效果

STEP 03 在标题轨中，使用鼠标左键双击需要制作下垂特效的标题字幕，此时预览窗口中的标题字幕为选中状态，如图15-151所示。

图15-151 标题字幕为选中状态

STEP 04 在“编辑”选项面板中单击“边框/阴影/透明度”按钮，弹出“边框/阴影/透明度”对话框，切换至“阴影”选项卡，如图15-152所示。

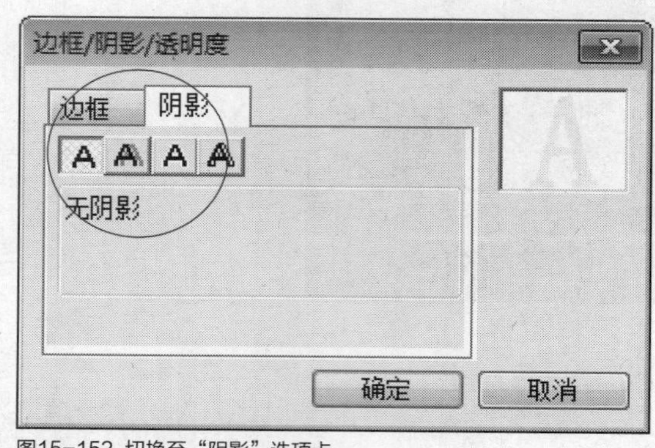

图15-152 切换至“阴影”选项卡

STEP 05 单击“下垂阴影”按钮，在其中设置X为5.0、Y为5.0、“下垂阴影色彩”为黑色，如图15-153所示。

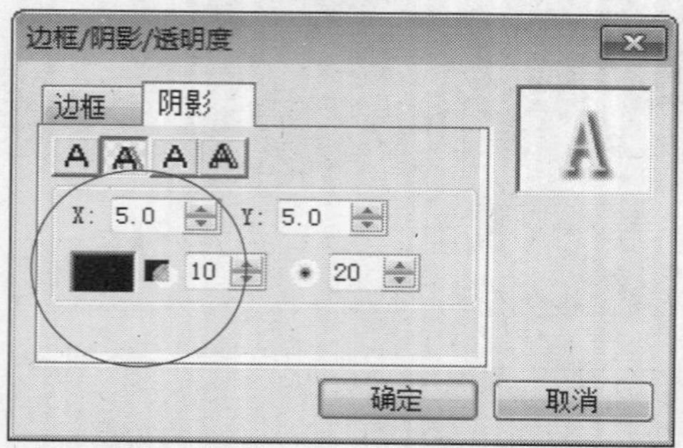

图15-153 设置参数

STEP 06 执行上述操作后，单击“确定”按钮，即可制作下垂字幕，在预览窗口中可以预览下垂字幕效果，如图15-154所示。

图15-154 预览下垂字幕效果

15.6 字幕动画特效精彩应用

在影片中创建标题后，会声会影X7还可以为标题添加动画效果。用户可套用83种生动活泼、动感十足的标题动画。本节主要向读者介绍字幕动画特效的制作方法，主要包括淡化动画、弹出动画、翻转动画、飞行动画、缩放动画以及下降动画等。

实战395 制作淡化动画特效

- ▶实例位置：光盘\效果\第15章\含羞待放.VSP
- ▶素材位置：光盘\素材\第15章\含羞待放.VSP
- ▶视频位置：光盘\视频\第15章\实战395.mp4

• 实例介绍 •

在会声会影X7中，淡入/淡出的字幕效果在当前的各种影视节目中是最常见的。下面介绍制作淡化动画的操作方法。

• 操作步骤 •

STEP 01 进入会声会影编辑器，单击“文件”|“打开项目”命令，打开一个项目文件，如图15-155所示。

STEP 02 在标题轨中，使用鼠标左键双击需要制作淡化特效的标题字幕，此时预览窗口中的标题字幕为选中状态，如图15-156所示。

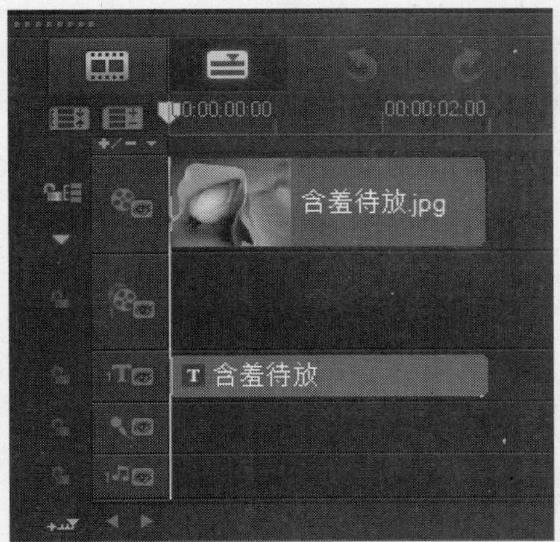

图15-155 打开项目文件

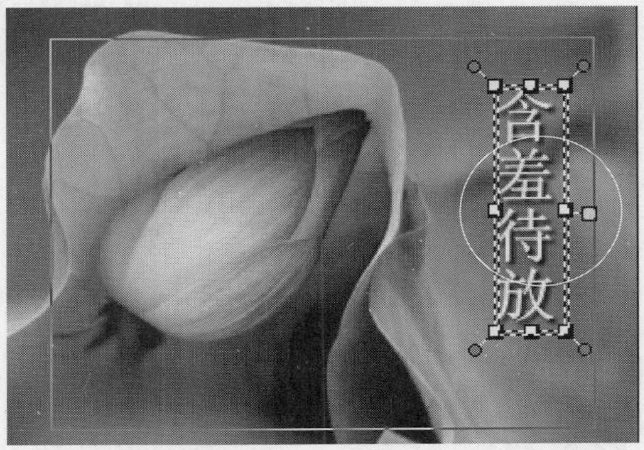

图15-156 标题字幕为选中状态

STEP 03 切换至“属性”选项面板，在其中选中“动画”单选按钮和“应用”复选框，如图15-157所示。

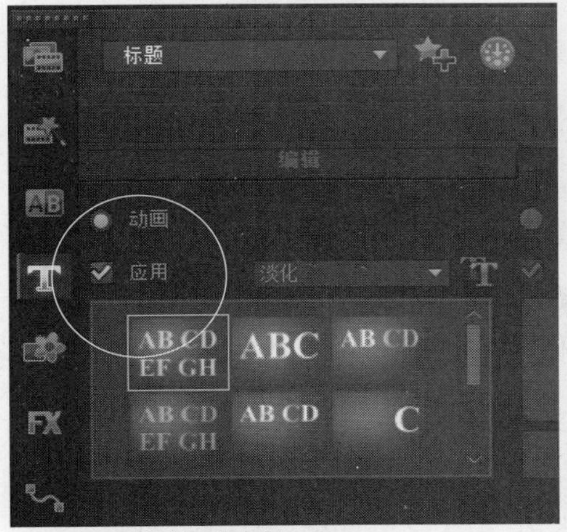

图15-157 选中“应用”复选框

STEP 04 在下方的预设动画类型中选择第1排第2个淡化样式，如图15-158所示。

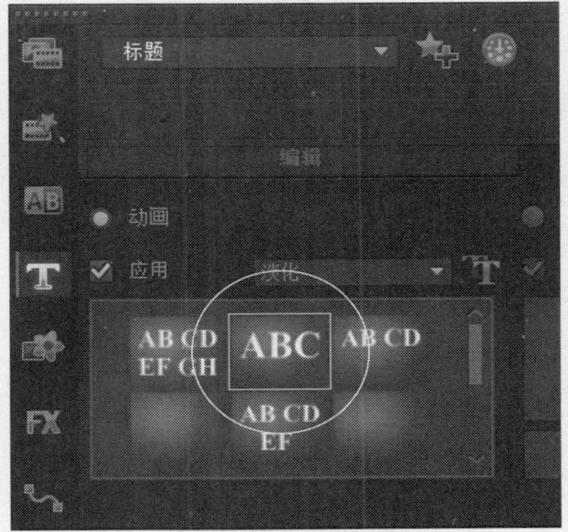

图15-158 选择相应的淡化样式

STEP 05 在导览面板中单击“播放”按钮，预览字幕淡化动画特效，如图15-159所示。

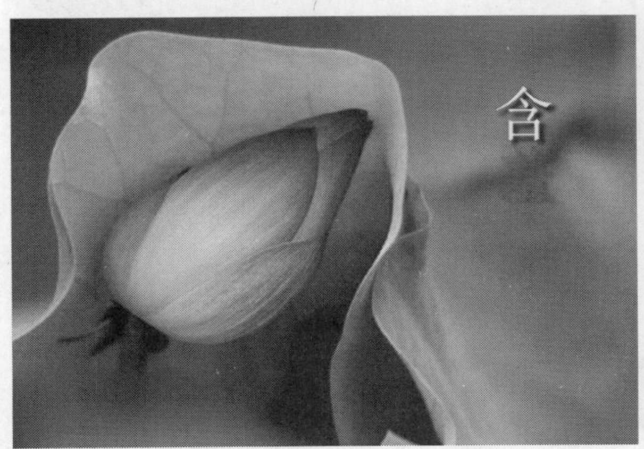

图15-159 预览字幕淡化动画特效

技巧点拨

在会声会影X7中，用户还可以运用淡化特效制作字幕交叉淡化效果。在“属性”选项面板中选择字幕淡化样式后，单击右侧的“自定义动画属性”按钮，如图15-160所示。

执行操作后，弹出“淡化动画”对话框，在“淡化样式”选项区中，选中“交叉淡化”单选按钮，如图15-161所示。

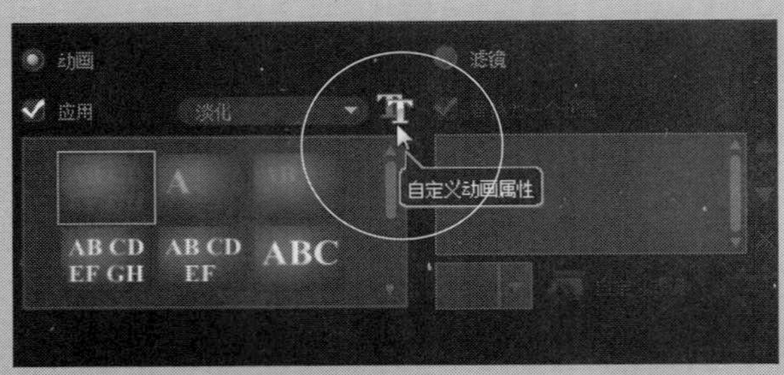

图15-160 单击“自定义动画属性”按钮

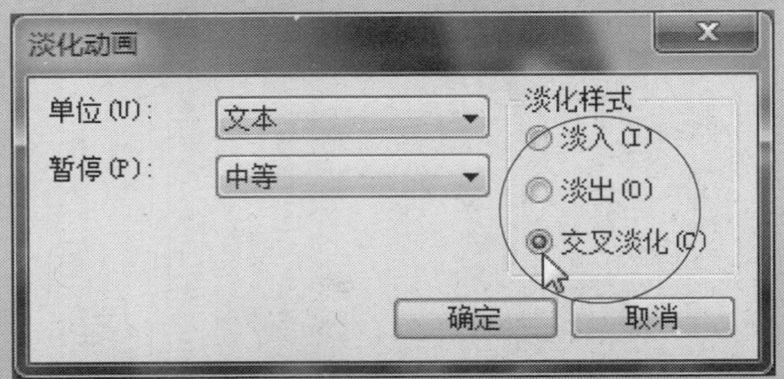

图15-161 选中“交叉淡化”单选按钮

制作后的字幕交叉淡化样式效果如图15-162所示。

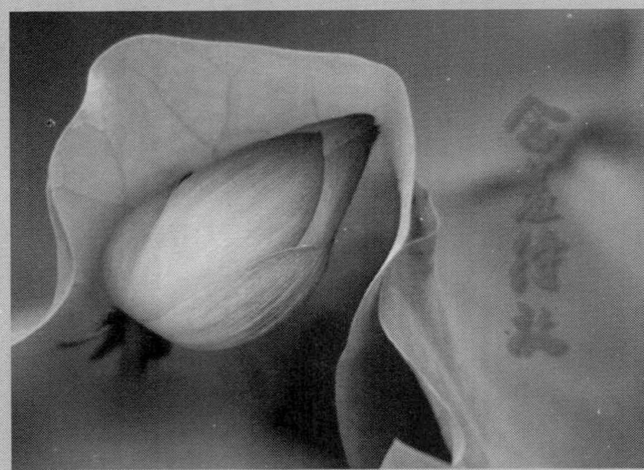

图15-162 字幕的交叉淡化样式

实战396 制作弹出动画特效

▶ 实例位置：光盘\效果\第15章\旅游随拍.VSP
▶ 素材位置：光盘\素材\第15章\旅游随拍.VSP
▶ 视频位置：光盘\视频\第15章\实战396.mp4

• 实例介绍 •

在会声会影X7中，弹出效果是指可以使文字产生由画面上的某个分界线弹出显示的动画效果。下面介绍制作弹出动画的操作方法。

• 操作步骤 •

STEP 01 进入会声会影编辑器，单击“文件”|“打开项目”命令，打开一个项目文件，如图15-163所示。

STEP 02 在标题轨中，使用鼠标左键双击需要制作弹出特效的标题字幕，此时预览窗口中的标题字幕为选中状态，如图15-164所示。

图15-163 打开项目文件

图15-164 标题字幕为选中状态

STEP 03 在“属性”选项面板中，选中“动画”单选按钮和“应用”复选框，单击“类型”右侧的下拉按钮，在弹出的列表框中选择“弹出”选项，如图15-165所示。

STEP 04 在下方的预设动画类型中选择第1排第2个弹出样式，如图15-166所示。

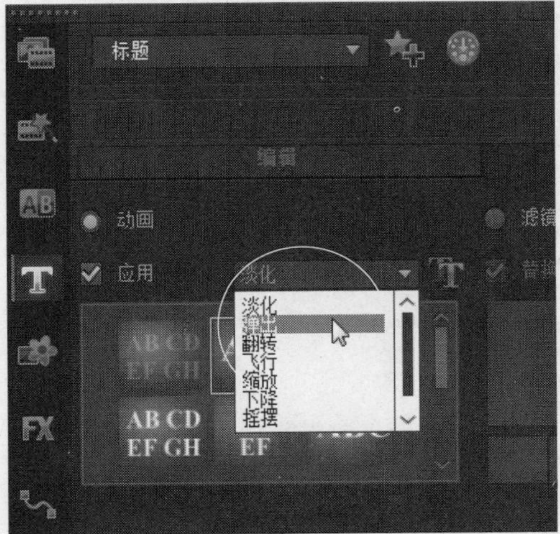

图15-165 选择“弹出”选项

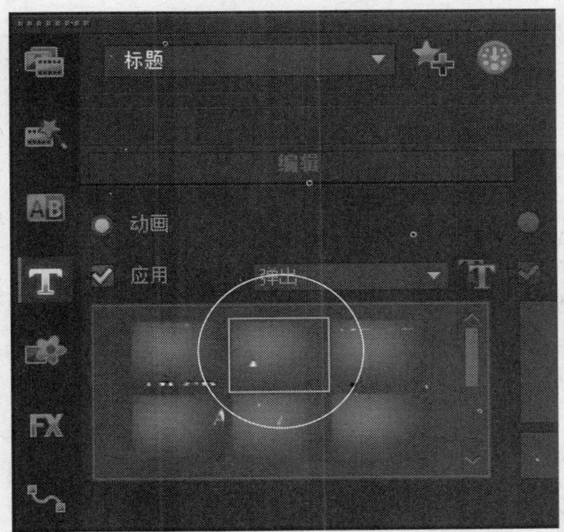

图15-166 选择相应的弹出样式

STEP 05 在导览面板中单击“播放”按钮，预览字幕弹出动画特效，如图15-167所示。

图15-167 预览字幕弹出动画特效

技巧点拨

当用户为字幕添加弹出动画特效后，在“属性”选项面板中单击“自定义动画属性”按钮，将弹出“弹出动画”对话框，在“方向”选项区中可以选择字幕弹出的方向，如图15-168所示。在“单位”和“暂停”列表框中，用户还可以设置字幕的单位属性和暂停时间等。

图15-169所示为更改字幕弹出方向后的字幕动画特效。

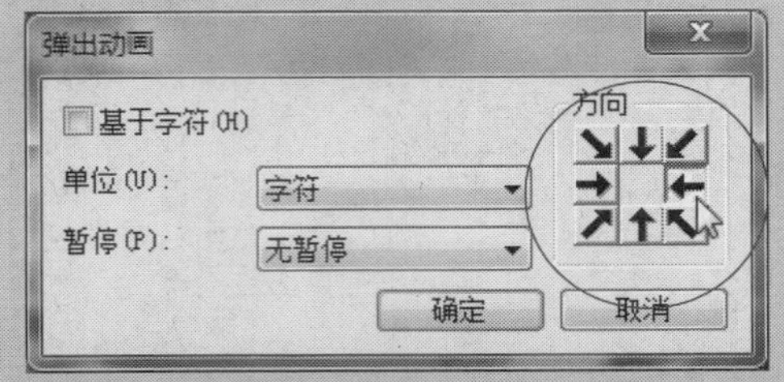

图15-168 选择字幕弹出的方向

图15-169 更改字幕弹出方向后的字幕动画特效

实战397 制作翻转动画特效

- ▶实例位置：光盘\效果\第15章\建筑.VSP
- ▶素材位置：光盘\素材\第15章\建筑.VSP
- ▶视频位置：光盘\视频\第15章\实战397.mp4

•实例介绍•

在会声会影X7中，翻转动画可以使文字产生翻转回旋的动画效果。下面向读者介绍制作翻转动画的操作方法。

•操作步骤•

STEP 01 进入会声会影编辑器，单击“文件”|“打开项目”命令，打开一个项目文件，如图15-170所示。

STEP 02 在标题轨中，使用鼠标左键双击需要制作翻转特效的标题字幕，此时预览窗口中的标题字幕为选中状态，如图15-171所示。

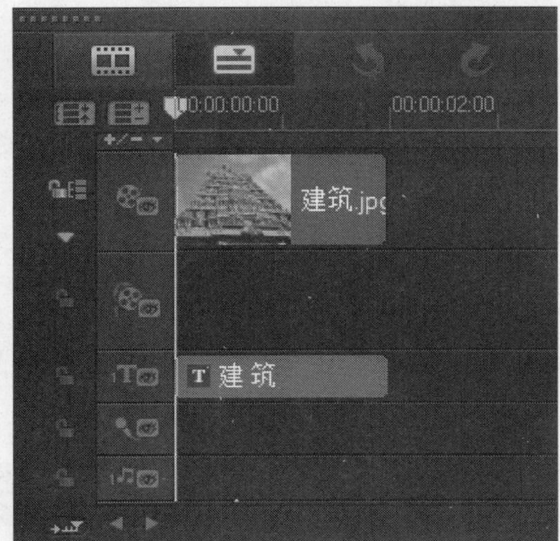

图15-170 打开项目文件

图15-171 标题字幕为选中状态

STEP 03 在“属性”选项面板中，选中“动画”单选按钮和“应用”复选框，单击“类型”右侧的下拉按钮，在弹出的列表框中选择“翻转”选项，如图15-172所示。

STEP 04 在下方的预设动画类型中，选择第1个翻转动画样式，如图15-173所示。

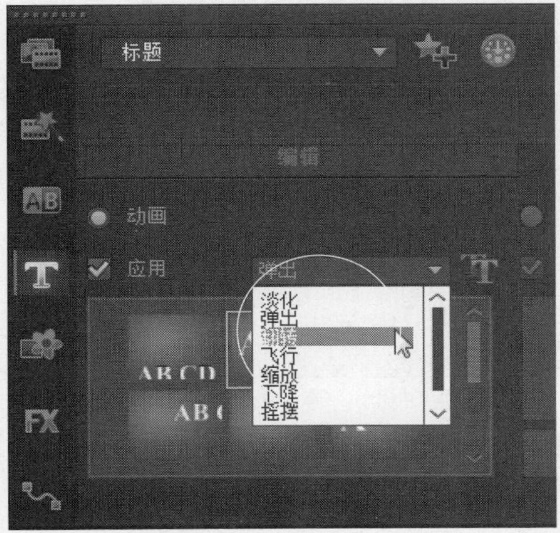

图15-172 选择“翻转”选项

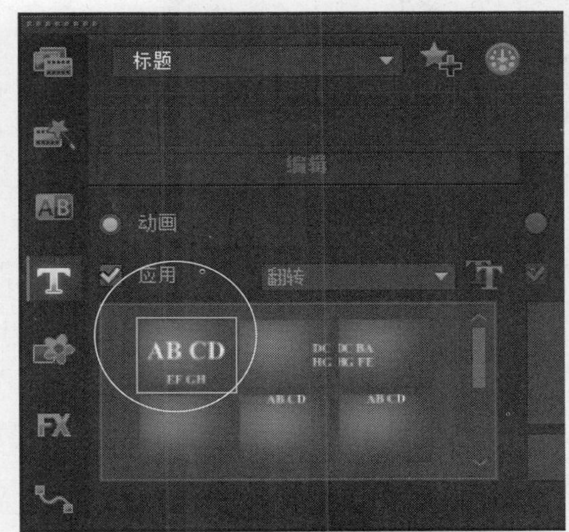

图15-173 选择相应的翻转动画样式

STEP 05 在导览面板中单击“播放”按钮，预览字幕翻转动画特效，如图15-174所示。

图15-174 预览字幕翻转动画特效

知识拓展

当用户为字幕添加翻转动画特效后，在“属性”选项面板中单击“自定义动画属性”按钮，在弹出的“翻转动画”对话框中，用户也可以设置字幕的翻转动画属性。

实战398 制作飞行动画特效

▶实例位置：光盘\效果\第15章\美丽凤凰.VSP
▶素材位置：光盘\素材\第15章\美丽凤凰.VSP
▶视频位置：光盘\视频\第15章\实战398.mp4

• 实例介绍 •

在会声会影X7中，飞行动画可以使视频效果中的标题字幕或者单词沿着一定的路径飞行。下面向读者介绍制作飞行动画的操作方法。

• 操作步骤 •

STEP 01 进入会声会影编辑器，单击“文件”|“打开项目”命令，打开一个项目文件，如图15-175所示。

图15-175 打开项目文件

STEP 02 在标题轨中，使用鼠标左键双击需要制作飞行特效的标题字幕，此时预览窗口中的标题字幕为选中状态，如图15-176所示。

图15-176 标题字幕为选中状态

STEP 03 在“属性”选项面板中，选中“动画”单选按钮和“应用”复选框，单击“类型”右侧的下拉按钮，在弹出的列表框中选择“飞行”选项，如图15-177所示。

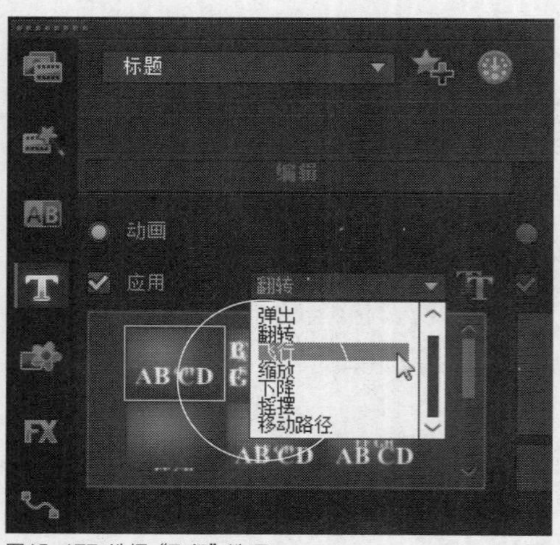

图15-177 选择“飞行”选项

STEP 04 在下方的预设动画类型中，选择第1排第2个飞行动画样式，如图15-178所示。

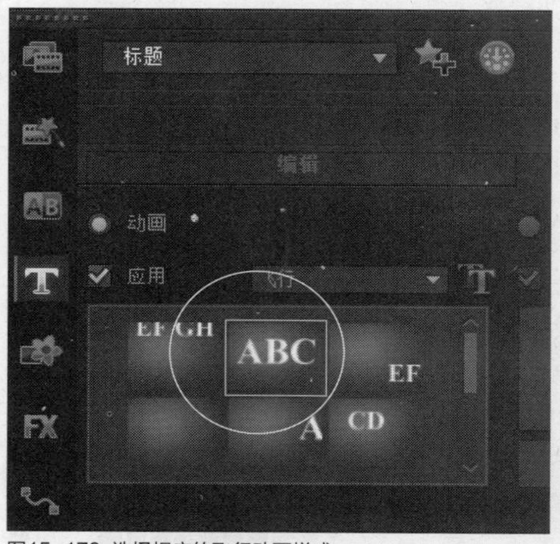

图15-178 选择相应的飞行动画样式

STEP 05 在导览面板中单击“播放”按钮，预览字幕飞行动画特效，如图15-179所示。

图15-179 预览字幕飞行动画特效

实战 399 制作缩放动画特效

▶实例位置：光盘\效果\第15章\成功的起点.VSP
▶素材位置：光盘\素材\第15章\成功的起点.VSP
▶视频位置：光盘\视频\第15章\实战399.mp4

• 实例介绍 •

在会声会影X7中，缩放动画可以使文字在运动的过程中产生放大或缩小的变化。下面向读者介绍制作缩放动画的操作方法。

• 操作步骤 •

STEP 01 进入会声会影编辑器，单击“文件”|“打开项目”命令，打开一个项目文件，如图15-180所示。

图15-180 打开项目文件

STEP 02 在标题轨中，使用鼠标左键双击需要制作缩放特效的标题字幕，此时预览窗口中的标题字幕为选中状态，如图15-181所示。

图15-181 标题字幕为选中状态

STEP 03 在“属性”选项面板中，选中“动画”单选按钮和“应用”复选框，单击“类型”右侧的下拉按钮，在弹出的列表框中选择“缩放”选项，如图15-182所示。

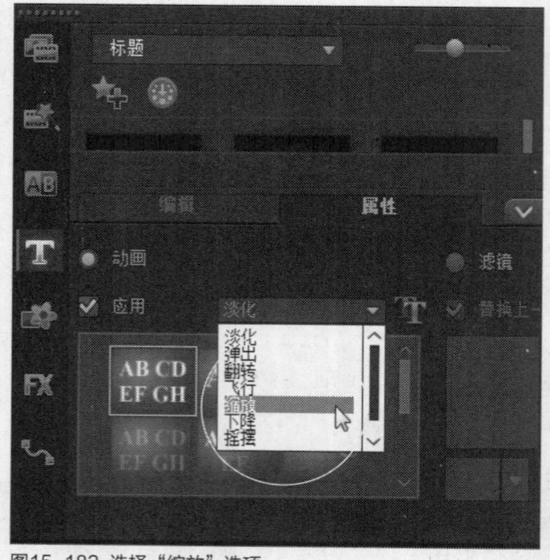

图15-182 选择“缩放”选项

STEP 04 在下方的预设动画类型中，选择第一个缩放动画样式，如图15-183所示。

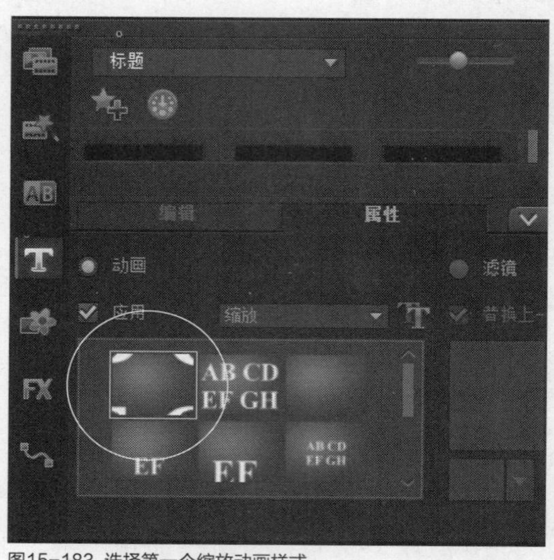

图15-183 选择第一个缩放动画样式

STEP 05 在导览面板中单击“播放”按钮，预览字幕缩放动画特效，如图15-184所示。

图15-184 预览字幕缩放动画特效

知识拓展

会声会影X7向读者提供了8种不同的缩放动画样式，用户可根据需要进行选择。

实战 400 制作下降动画特效

▶ 实例位置：光盘\效果\第15章\小熊.VSP
▶ 素材位置：光盘\素材\第15章\小熊.VSP
▶ 视频位置：光盘\视频\第15章\实战400.mp4

• 实例介绍 •

在会声会影X7中，下降动画可以使文字在运动过程中由大到小逐渐变化。下面向读者介绍制作下降动画的操作方法。

• 操作步骤 •

STEP 01 进入会声会影编辑器，单击“文件”|“打开项目”命令，打开一个项目文件，如图15-185所示。

图15-185 打开项目文件

STEP 02 在标题轨中，使用鼠标左键双击需要制作下降特效的标题字幕，此时预览窗口中的标题字幕为选中状态，如图15-186所示。

图15-186 标题字幕为选中状态

STEP 03 在“属性”选项面板中，选中“动画”单选按钮和“应用”复选框，单击“类型”右侧的下拉按钮，在弹出的列表框中选择“下降”选项，如图15-187所示。

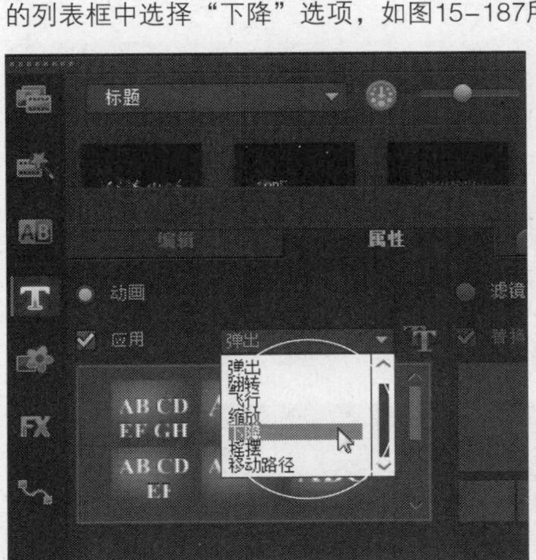

图15-187 选择“下降”选项

STEP 04 在下方的预设动画类型中，选择第1排第2个下降动画样式，如图15-188所示。

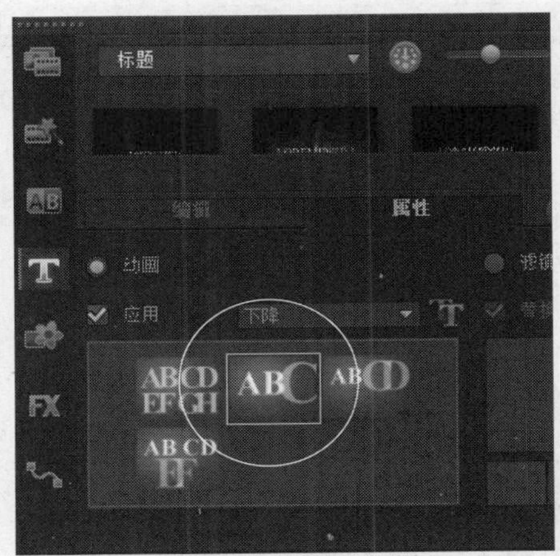

图15-188 选择相应的下降动画样式

知识拓展

会声会影X7向读者提供了4种不同的下降动画样式，用户可根据需要进行选择。

STEP 05 在导览面板中单击“播放”按钮，预览字幕下降动画特效，如图15-189所示。

图15-189 预览字幕下降动画特效

实战401 制作摇摆动画特效

▶实例位置：光盘\效果\第15章\景观欣赏.VSP
▶素材位置：光盘\素材\第15章\景观欣赏.VSP
▶视频位置：光盘\视频\第15章\实战401.mp4

• 实例介绍 •

在会声会影X7中，摇摆动画可以使视频效果中的标题字幕产生左右摇摆运动的效果。下面向读者介绍制作摇摆动画的操作方法。

• 操作步骤 •

STEP 01 进入会声会影编辑器，单击“文件”|“打开项目”命令，打开一个项目文件，如图15-190所示。

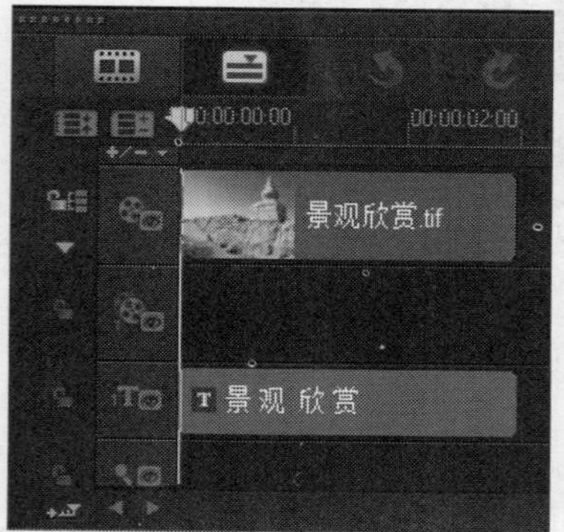

图15-190 打开项目文件

STEP 02 在标题轨中，使用鼠标左键双击需要制作摇摆特效的标题字幕，此时预览窗口中的标题字幕为选中状态，如图15-191所示。

图15-191 标题字幕为选中状态

STEP 03 在“属性”选项面板中，选中“动画”单选按钮和“应用”复选框，单击“类型”右侧的下拉按钮，在弹出的列表框中选择“摇摆”选项，如图15-192所示。

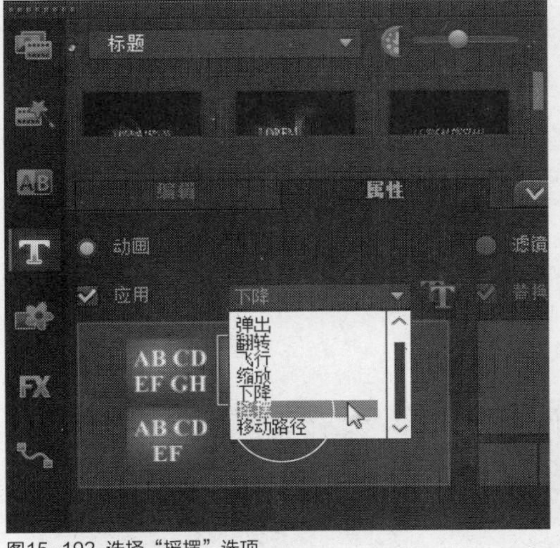

图15-192 选择“摇摆”选项

STEP 04 在下方的预设动画类型中，选择第一个摇摆动画样式，如图15-193所示。

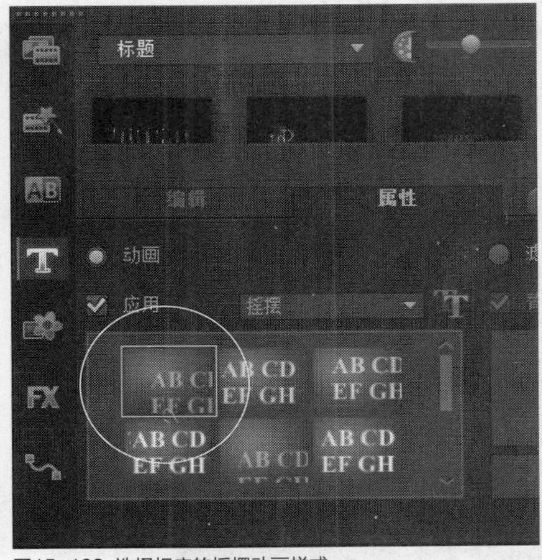

图15-193 选择相应的摇摆动画样式

STEP 05 在导览面板中单击“播放”按钮，预览字幕摇摆动画特效，如图15-194所示。

图15-194 预览字幕摇摆动画特效

知识拓展

当用户为字幕添加摇摆动画特效后，在“属性”选项面板中，单击“自定义动画属性”按钮，在弹出的“摇摆动画”对话框中，用户可以设置摇摆字幕动画的进入和离开方式，以及摇摆角度等属性。

实战402 制作移动路径特效

▶实例位置：光盘\效果\第15章\健康享受.VSP
▶素材位置：光盘\素材\第15章\健康享受.VSP
▶视频位置：光盘\视频\第15章\实战402.mp4

• 实例介绍 •

在会声会影X7中，移动路径动画可以使视频效果中的标题字幕产生沿指定路径运动的效果。下面向读者介绍制作移动路径动画的操作方法。

• 操作步骤 •

STEP 01 进入会声会影编辑器，单击“文件”|“打开项目”命令，打开一个项目文件，如图15-195所示。

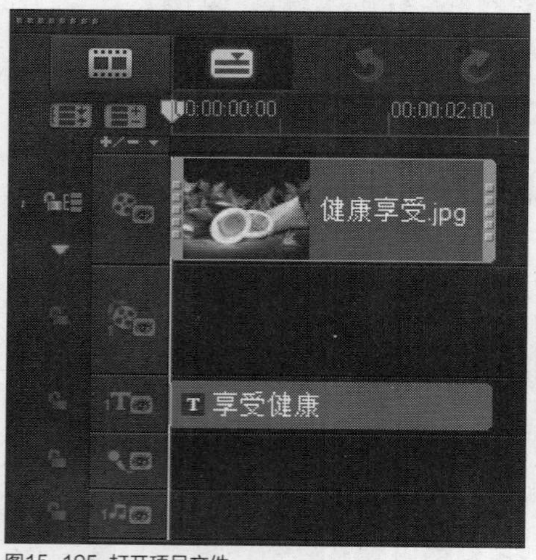

图15-195 打开项目文件

STEP 02 在标题轨中，使用鼠标左键双击需要制作移动路径特效的标题字幕，此时预览窗口中的标题字幕为选中状态，如图15-196所示。

图15-196 标题字幕为选中状态

STEP 03 在“属性”选项面板中，选中“动画”单选按钮和“应用”复选框，单击“类型”右侧的下拉按钮，在弹出的列表框中选择“移动路径”选项，如图15-197所示。

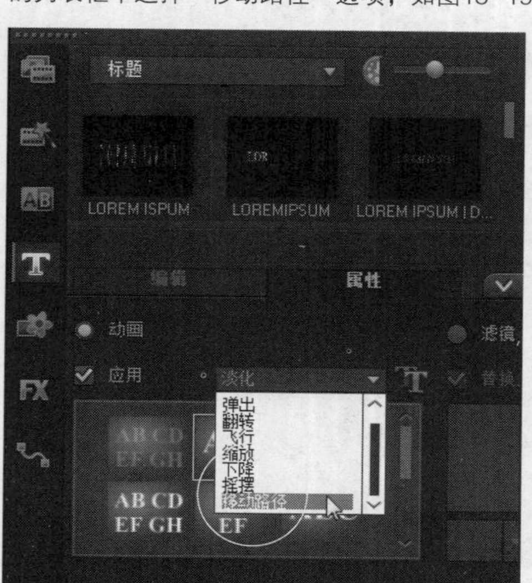

图15-197 选择“移动路径”选项

STEP 04 在下方的预设动画类型中，选择第一个移动路径动画样式，如图15-198所示。

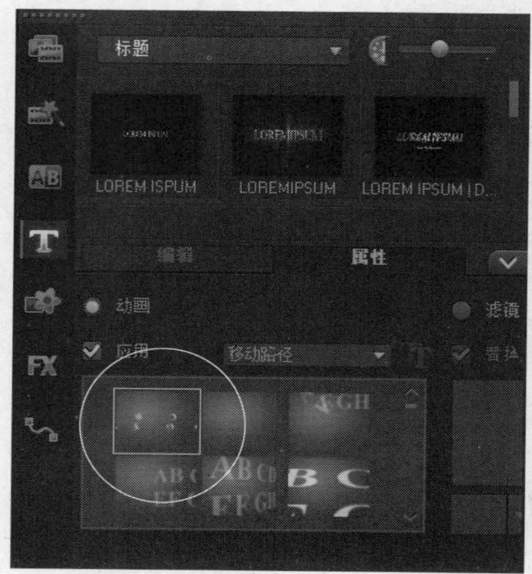

图15-198 选择移动路径动画样式

STEP 05 在导览面板中单击“播放”按钮，预览字幕移动路径动画特效，如图15-199所示。

图15-199 预览字幕移动路径动画特效

第16章

神奇特效——音乐特效制作

本章导读

音频特效，简单地说就是声音特效。影视作品是一门声画艺术，音频在影片中是一个不可或缺的元素。如果一部影片缺少了声音，再优美的画面也将是黯然失色，而优美动听的背景音乐和深情款款的配音不仅可以为影片锦上添花，更可使影片颇具感染力，从而使影片更上一个台阶。

要点索引

- 添加与录制音频素材
- 麦克风录制旁白的设置
- 音频素材库
- 编辑与修整音频素材
- 音频滤镜基本操作
- 音频滤镜精彩应用
- 音频混音器的运用

16.1 添加与录制音频素材

会声会影X7提供了向影片中加入背景音乐和语音的简单方法。用户可以首先将自己的音频文件添加到素材库扩充，以便以后能够快速调用。除此之外，用户还可以在会声会影X7中为视频录制旁白声音。本节主要向读者介绍添加与录制音频素材的操作方法。

实战 403 添加素材库声音

▶ 实例位置：光盘\效果\第16章\玫瑰花香.VSP
▶ 素材位置：光盘\素材\第16章\玫瑰花香.jpg
▶ 视频位置：光盘\视频\第16章\实战403.mp4

• 实例介绍 •

添加素材库中的音频是最常用的添加音频素材的方法，会声会影X7提供了多种不同类型的音频素材，用户可以根据需要从素材库中选择音频素材。

• 操作步骤 •

STEP 01 进入会声会影X7编辑器，在视频轨中插入一幅素材图像，如图16-1所示。

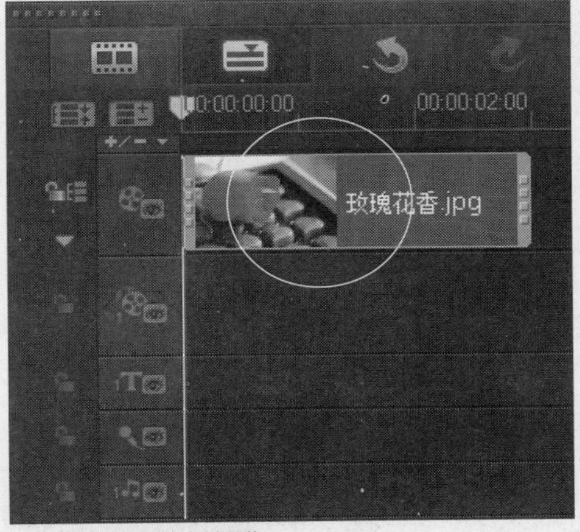

图16-1 插入一幅素材图像

STEP 02 在预览窗口中，可以预览插入的素材图像效果，如图16-2所示。

图16-2 预览素材图像效果

STEP 03 在"媒体"素材库中，单击"显示音频文件"按钮，如图16-3所示。

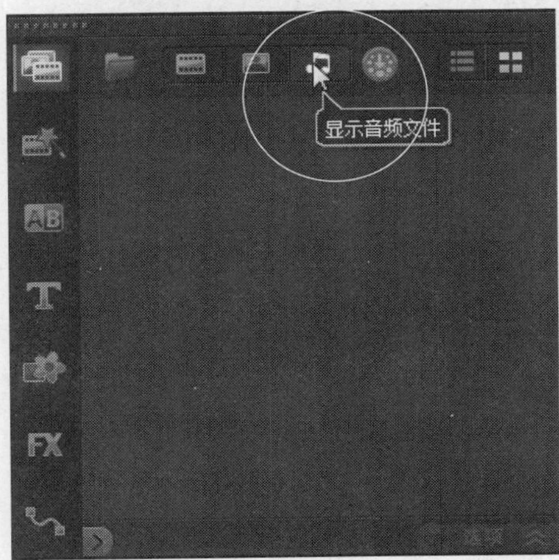

图16-3 单击"显示音频文件"按钮

STEP 04 执行操作后，即可显示素材库中的音频素材，选择第1排第1个音频素材，如图16-4所示。

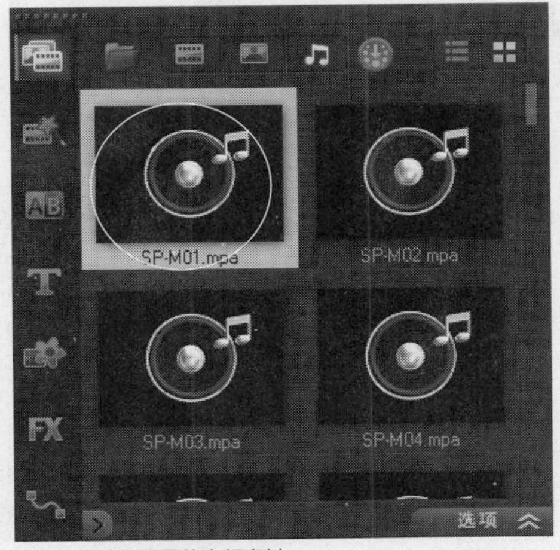

图16-4 选择需要的音频素材

STEP 05 在音频素材上，单击鼠标左键并拖曳至语音轨中的开始位置，如图16-5所示。

STEP 06 释放鼠标左键，即可添加音频素材文件，如图16-6所示，单击"播放"按钮，试听音频效果。

图16-5 拖曳至语音轨中的开始位置

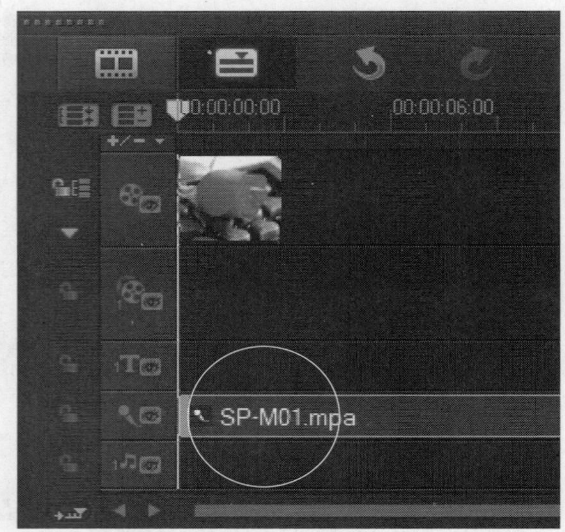

图16-6 添加音频素材

知识拓展

在会声会影X7中，音频视图中包括两个选项面板，分别为“音乐和语音”选项面板和“自动音乐”选项面板。在“音乐和语音”选项面板中，用户可以调整音频素材的区间长度、音量大小、淡入/淡出特效以及将音频滤镜应用到音乐轨等，如图16-7所示。

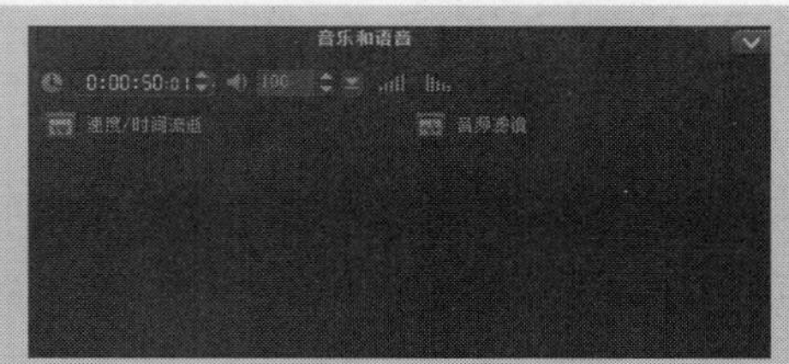

图16-7 “音乐和语音”选项面板

在“音乐和语音”选项面板中，各主要选项含义如下。

➢ “区间”数值框 0:00:50:01 ：该数值框以“时:分:秒:帧”的形式显示音频的区间。可以输入一个区间值来预设录音的长度或者调整音频素材的长度。单击其右侧的微调按钮，可以调整数值的大小，也可以单击时间码上的数字，待数字处于闪烁状态时，输入新的数字后按【Enter】键确认，即可改变原来音频素材的播放时间长度。图16-8所示为音频素材原图与调整区间长度后的音频效果。

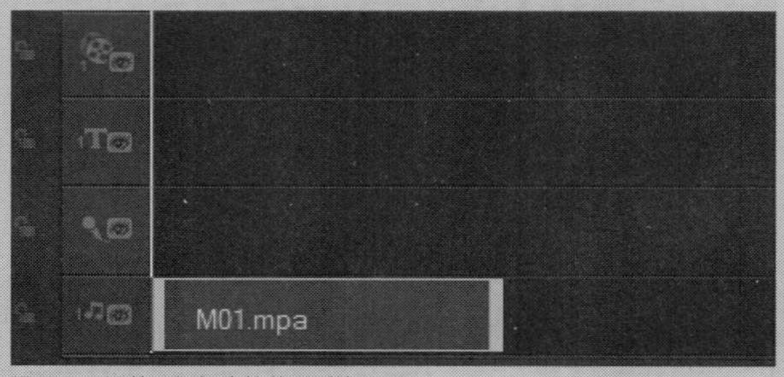

图16-8 调整区间长度的前后对比

➢ “素材音量”数值框 100 ：该数值框中的100表示原始声音的大小。单击右侧的下三角按钮，在弹出的音量调节器中可以通过拖曳滑块以百分比的形式调整视频和音频素材的音量；也可以直接在数值框中输入一个数值，调整素材的音量。

➢ “淡入”按钮：单击该按钮，可以使所选择的声音素材的开始部分音量逐渐增大。

➢ “淡出”按钮：单击该按钮，可以使所选择的声音素材的结束部分音量逐渐减小。

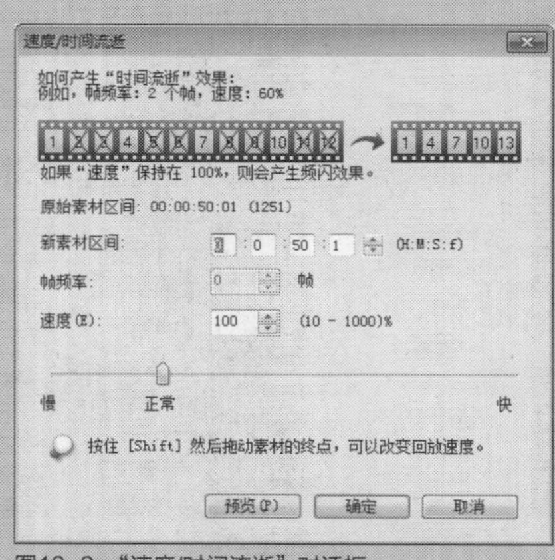

图16-9 “速度/时间流逝”对话框

图16-10 “音频滤镜”对话框

➢ “速度/时间流逝”按钮：单击该按钮，弹出“速度/时间流逝”对话框，如图16-9所示，在弹出的对话框中，用户可以根据需要调整视频的播放速度。

➢ “音频滤镜”按钮：单击该按钮，即可弹出“音频滤镜”对话框，如图16-10所示，通过该对话框可以将音频滤镜应用到所选的音频素材上。

在“自动音乐”选项面板中，用户可以根据需要在其中选择相应的选项，然后单击“添加到时间轴”按钮，将选择的音频素材添加至时间轴中。图16-11所示为“自动音乐”选项面板。

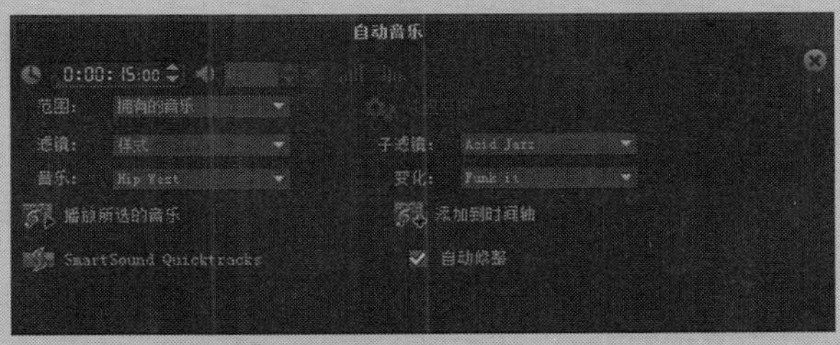

图16-11 “自动音乐”选项面板

在“自动音乐”选项面板中，各主要选项的具体含义如下。

➢ “区间”数值框：该数值框用于显示所选音乐的总长度。

➢ “素材音量”数值框：该数值框用于调整所选音乐的音量，当值为100时，则可以保留音乐的原始音量。

➢ “淡入”按钮：单击该按钮，可以使自动音乐的开始部分音量逐渐增大。

➢ “淡出”按钮：单击该按钮，可以使自动音乐的结束部分音量逐渐减小。

➢ “范围”列表框：用户指定SmartSound文件的方法。

➢ “音乐”列表框：单击右侧的下三角按钮，在弹出的下拉列表中可以选取用于添加到项目中的音乐。

➢ “变化”列表框：单击右侧的下三角按钮，在弹出的下拉列表中可以选择不同的乐器和节奏，并将它应用于所选择的音乐中。

➢ “播放所选的音乐”按钮：单击该按钮，可以播放应用了“变化”效果后的音乐。

➢ SmartSound Quicktracks按钮：单击该按钮，弹出SmartSound Quicktracks 5对话框，如图16-12所示，在其中可以查看和管理SmartSound素材库。

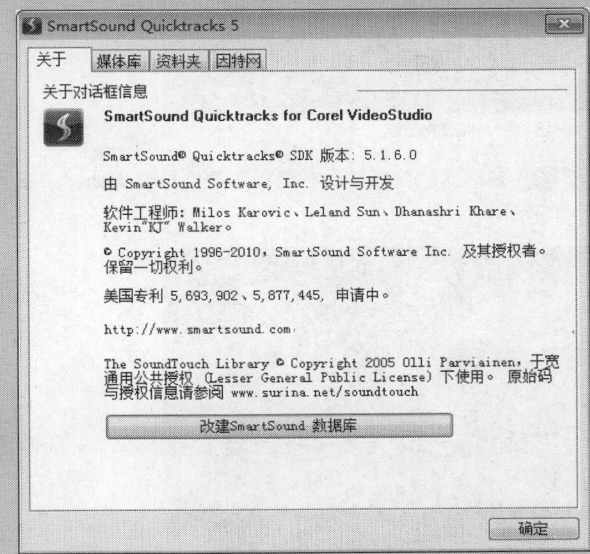

图16-12 SmartSound Quicktracks 5对话框

➢ “自动修整”复选框：选中该复选框，将基于飞梭栏的位置自动修整音频素材，使它与视频相配合。

➢ SmartSound是一种智能音频技术，只需要通过简单的曲风选择，就可以从无到有，自动生成符合影片长度的专业级的配乐，还可以实时、快速地改变和调整音乐的乐器和节奏。

技巧点拨

用户在媒体素材库中，选择需要添加到时间轴面板中的音频素材，在音频素材上，单击鼠标右键，在弹出的快捷菜单中选择“复制”选项，然后将鼠标移至语音轨或音乐轨中，单击鼠标左键，即可将素材库中的音频素材粘贴到时间轴面板的轨道中，并应用音频素材。

实战 404 添加硬盘中声音

▶ 实例位置：光盘\效果\第16章\景点拍摄.VSP
▶ 素材位置：光盘\素材\第16章\景点拍摄.jpg、蓝色多瑙河.mp3
▶ 视频位置：光盘\视频\第16章\实战404.mp4

• 实例介绍 •

在会声会影X7中，可以将硬盘中的音频文件直接添加至当前的语音轨或音乐轨中。下面向读者介绍从硬盘文件夹中添加音频的操作方法。

• 操作步骤 •

STEP 01 进入会声会影X7编辑器，在视频轨中插入一幅素材图像，如图16-13所示。

STEP 02 在预览窗口中，可以预览插入的素材图像效果，如图16-14所示。

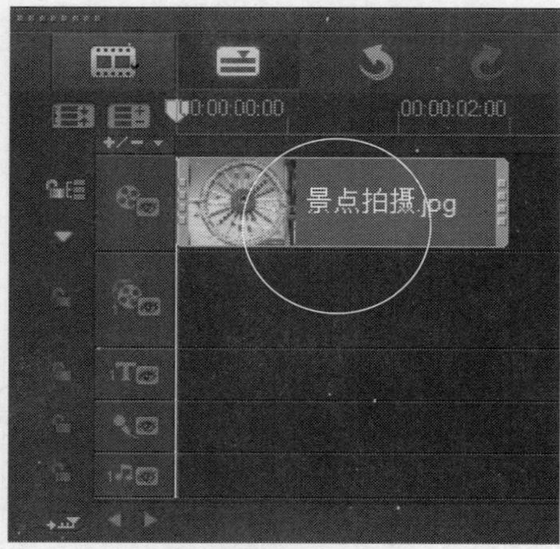

图16-13 插入一幅素材图像

图16-14 预览素材图像效果

STEP 03 在时间轴面板中，将鼠标移至空白位置处，如图16-15所示。

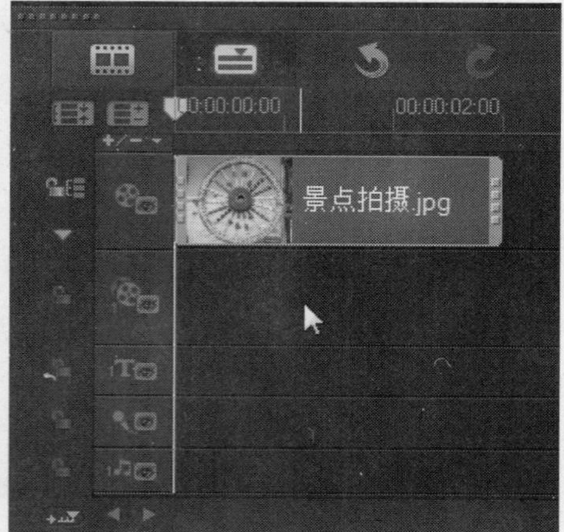

图16-15 移动鼠标

STEP 04 单击鼠标右键，在弹出的快捷菜单中选择“插入音频”|“到语音轨”选项，如图16-16所示。

图16-16 选择“插入音频”|“到语音轨”选项

知识拓展

在会声会影X7中的时间轴空白位置上，单击鼠标右键，在弹出的快捷菜单中选择“插入音频”|“到音乐轨”选项，还可以将硬盘中的音频文件添加至时间轴面板的音乐轨中。

STEP 05 弹出相应对话框，选择音频文件“蓝色多瑙河.mp3”文件，如图16-17所示。

图16-17 选择音频文件

STEP 06 单击“打开”按钮，即可从硬盘文件夹中将音频文件添加至语音轨中，如图16-18所示。

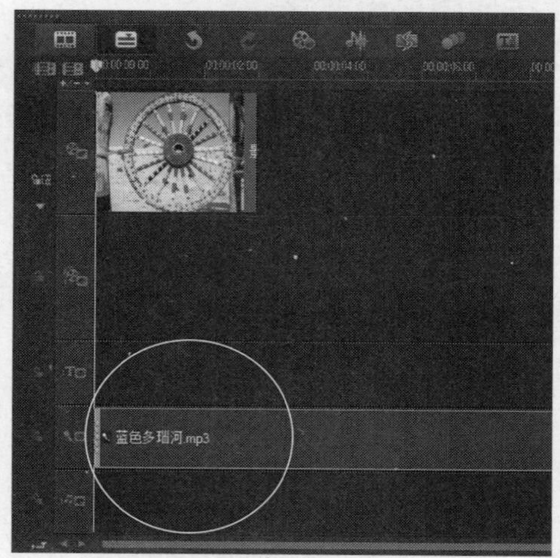

图16-18 将音频文件添加至语音轨中

实战405 添加自动音乐

▶ 实例位置：光盘\效果\第16章\添加自动音乐.VSP
▶ 素材位置：无
▶ 视频位置：光盘\视频\第16章\实战405.mp4

• 实例介绍 •

自动音乐是会声会影X7自带的一个音频素材库，同一个音乐有许多变化的风格供用户选择，从而使素材更加丰富。下面向读者介绍添加自动音乐的操作方法。

• 操作步骤 •

STEP 01 进入会声会影X7编辑器，单击“自动音乐”按钮，展开“自动音乐”选项面板，单击“音乐”右侧的下三角按钮，在弹出的下拉列表中选择一种音乐，如图16-19所示。

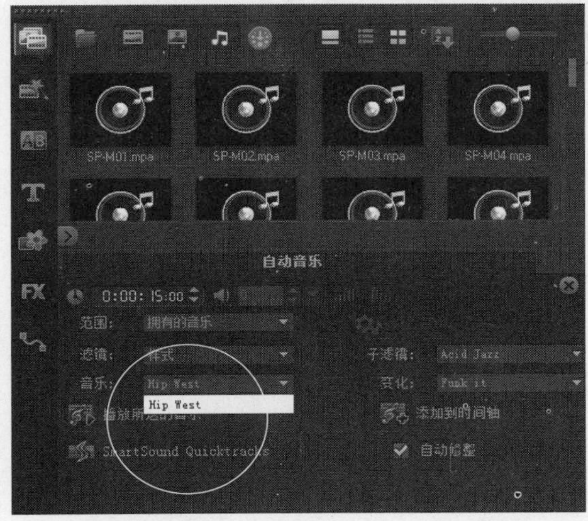

图16-19 选择一种音乐

STEP 02 单击“变化”右侧的下三角按钮，在弹出的下拉列表中选择Out there音频变化风格，如图16-20所示。

图16-20 选择音频变化风格

STEP 03 单击“自动音乐”选项面板中的“播放所选的音乐”按钮，如图16-21所示。

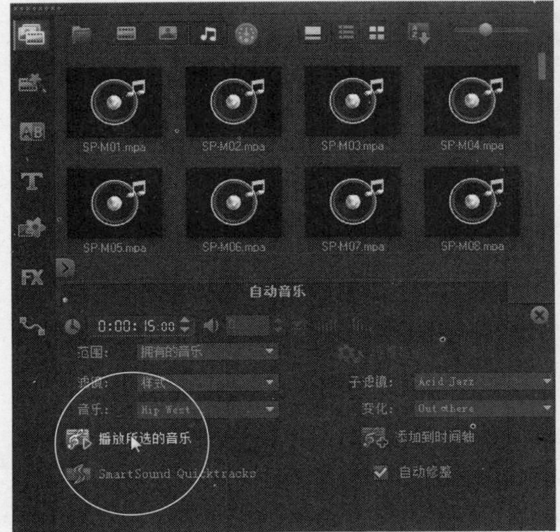

图16-21 单击“播放所选的音乐”按钮

STEP 04 播放至合适位置后，单击“停止”按钮，如图16-22所示。

图16-22 单击“停止”按钮

STEP 05 取消选中“自动音乐”选项面板中的“自动修整”复选框，然后单击“添加到时间轴”按钮，如图16-23所示。

STEP 06 执行上述操作后，即可在时间轴面板的音乐轨中添加自动音乐，如图16-24所示。

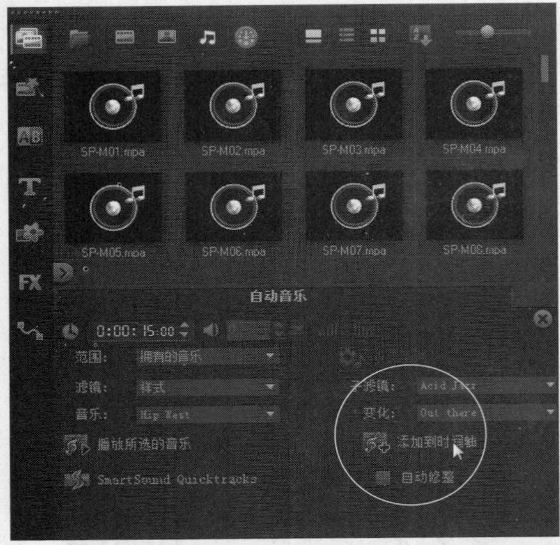

图16-23 单击“添加到时间轴”按钮

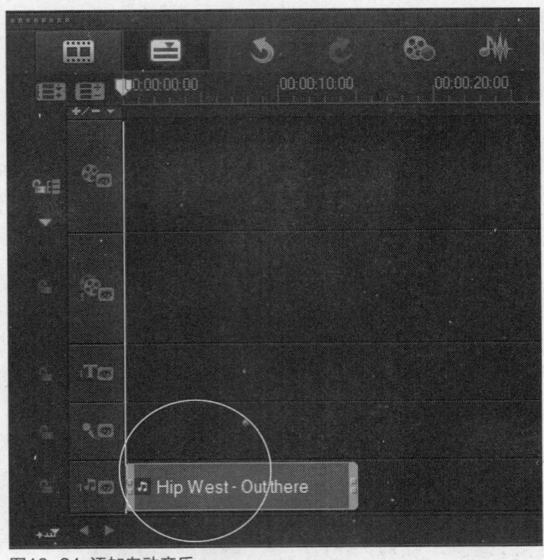

图16-24 添加自动音乐

实战406 添加U盘音乐

▶ 实例位置：光盘\效果\第16章\添加U盘音乐.VSP
▶ 素材位置：无
▶ 视频位置：光盘\视频\第16章\实战406.mp4

• 实例介绍 •

在会声会影X7中，用户不仅可以添加CD光盘中的音乐，还可以将移动U盘或移动硬盘中的背景音乐添加到影片中。下面向读者介绍添加U盘音乐的操作方法。

• 操作步骤 •

STEP 01 进入会声会影X7编辑器，在时间轴面板中，将鼠标移至空白位置处，如图16-25所示。

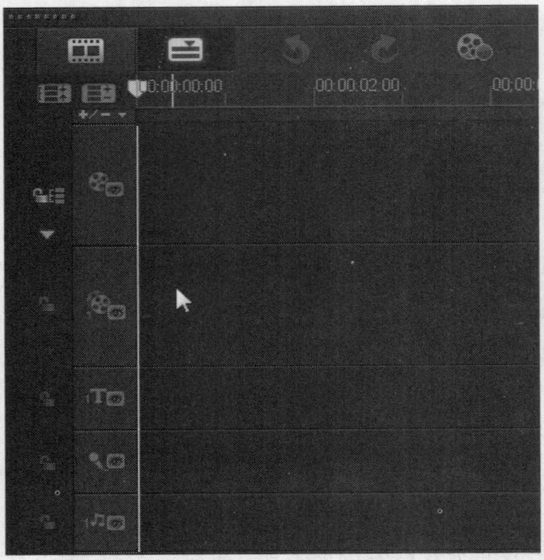

图16-25 将鼠标移至空白位置处

STEP 02 单击鼠标右键，在弹出的快捷菜单中选择“插入音频”|“到音乐轨”选项，如图16-26所示。

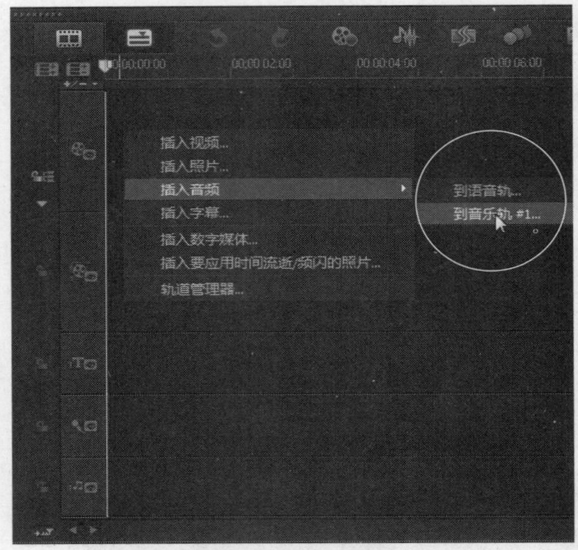

图16-26 选择“插入音频”|“到音乐轨”选项

STEP 03 执行操作后，弹出相应对话框，选择U盘中的音频文件，如图16-27所示。

STEP 04 单击“打开”按钮，即可从移动U盘中将音频文件添加至时间轴面板的音乐轨中，如图16-28所示。

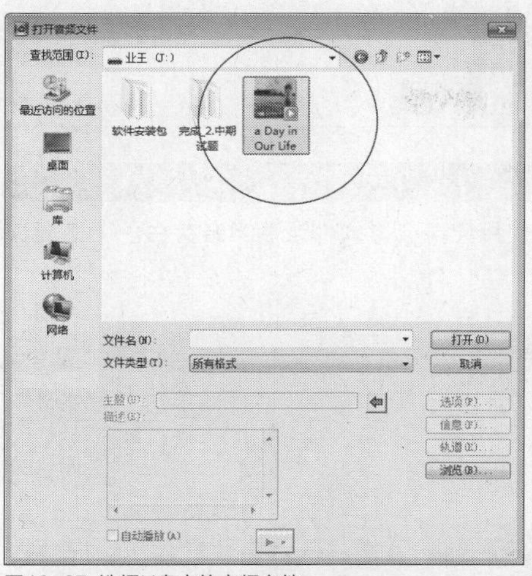
图16-27 选择U盘中的音频文件

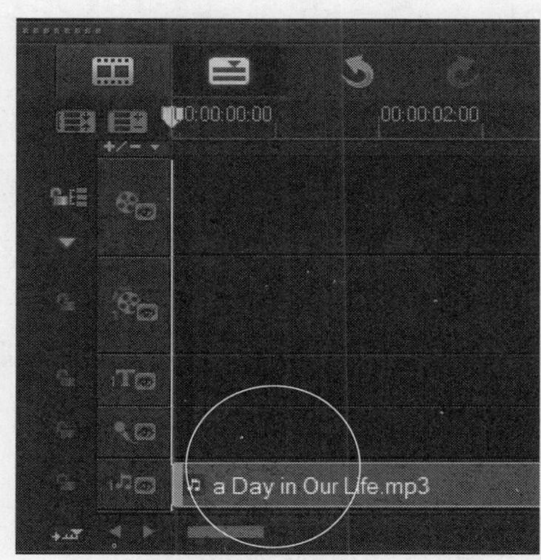

图16-28 添加至时间轴面板的音乐轨中

知识拓展

用户可以通过“计算机”窗口，打开U盘文件夹，在其中选择需要的音乐文件后，将音乐文件直接拖曳至会声会影X7编辑器的语音轨或音乐轨中，也可以快速应用音乐文件。

技巧点拨

在会声会影X7的“媒体”素材库中，显示素材库中的音频素材后，可以单击“导入媒体文件”按钮，在弹出的“浏览媒体文件”对话框中，选择硬盘中已经存在的音频文件，单击“打开”按钮，即可将需要的音频素材至“媒体”素材库中。

16.2 麦克风录制旁白的设置

在会声会影X7中，制作影片效果时，用户可以运用麦克风录制旁白。本节主要向读者介绍设置录音选项以及录制声音旁白的操作方法。

实战407 设置录音选项

- ▶实例位置：无
- ▶素材位置：无
- ▶视频位置：光盘\视频\第16章\实战407.mp4

• 实例介绍 •

在会声会影中录音前，用户需要将麦克风插入到Linein或Mic接口上，然后再对系统进行相应的设置。

• 操作步骤 •

STEP 01 将麦克风插头插入声卡的Linein或Mic接口后，使用鼠标右键单击Windows快捷方式栏中的音量图标，在弹出快捷菜单中选择“录音设备”选项，弹出“声音”对话框，选择“麦克风”选项，如图16-29所示。

STEP 02 单击“属性”按钮，弹出“麦克风属性”对话框，切换至“级别”选项卡，设置麦克风音量为50，即可完成录音选项的设置，如图16-30所示。

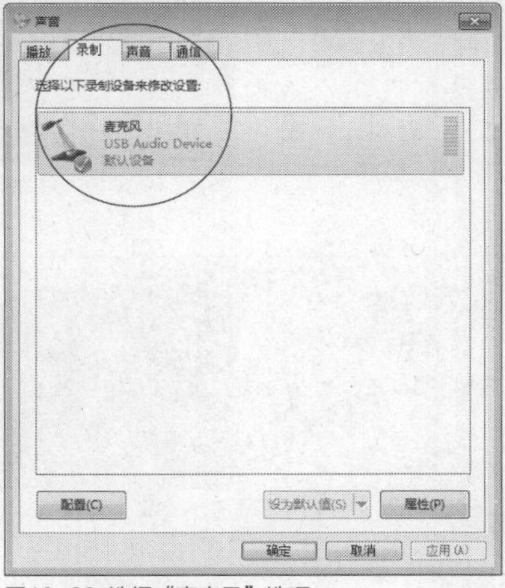

图16-29 选择“麦克风”选项

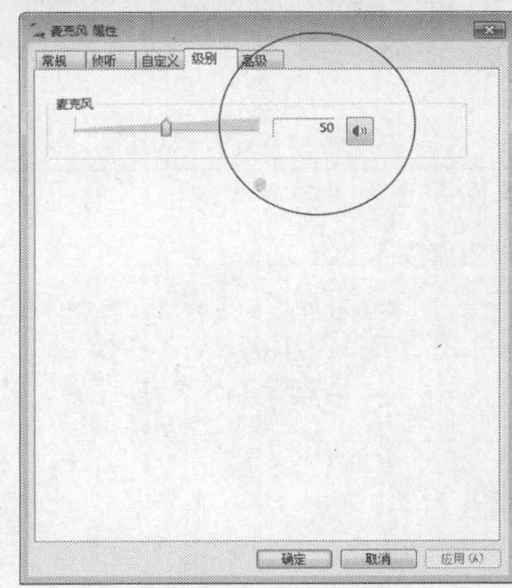

图16-30 设置录音选项

实战 408 录制声音旁白

▶实例位置：光盘\效果\第16章\实战021.VSP
▶素材位置：无
▶视频位置：光盘\视频\第16章\实战408.mp4

• 实例介绍 •

在会声会影X7中，用户不仅可以从硬盘或CD光盘中获取音频，还可以使用会声会影软件录制声音旁白。下面向读者介绍录制声音旁白的操作方法。

• 操作步骤 •

STEP 01 将麦克风插入用户的计算机中，进入会声会影编辑器，在时间轴面板上单击“录制/捕获选项”按钮，如图16-31所示。

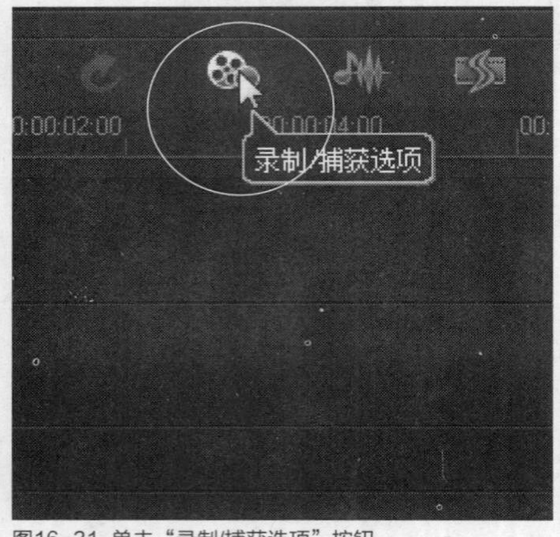

图16-31 单击“录制/捕获选项”按钮

STEP 02 弹出“录制/捕获选项”对话框，单击“画外音”按钮，如图16-32所示。

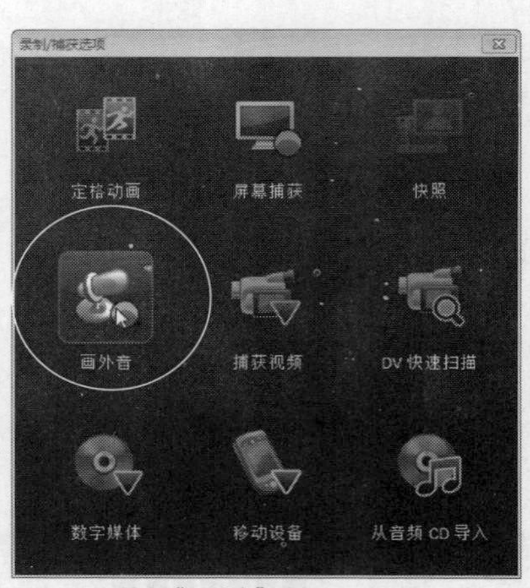

图16-32 单击“画外音”按钮

STEP 03 弹出“调整音量”对话框，单击“开始”按钮，如图16-33所示。

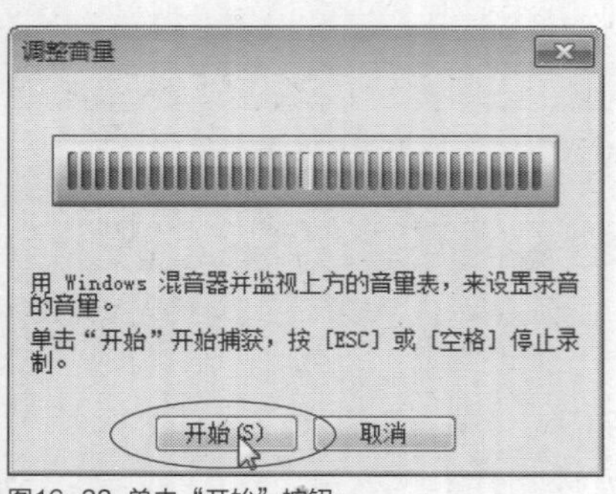

图16-33 单击“开始”按钮

STEP 04 执行操作后，开始录音，录制完成后，按【Esc】键停止录制，录制的音频即可添加至语音轨中，如图16-34所示。

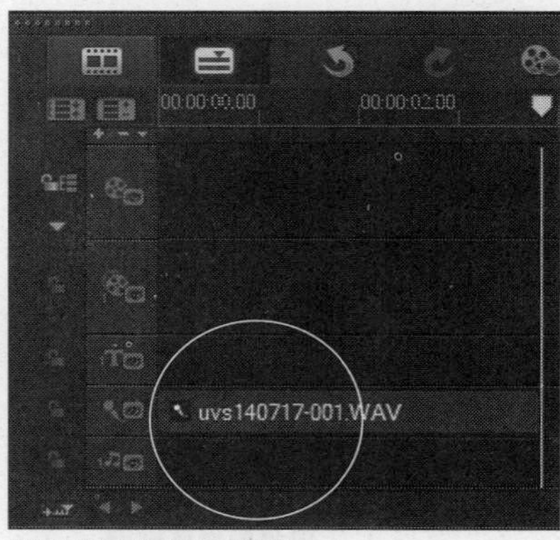

图16-34 添加至语音轨中

技巧点拨

在“音乐和语音”选项面板中，单击“素材音量”右侧的下三角按钮，在弹出的面板中拖曳滑块，可以调节整段音频的音量，如图16-35所示。

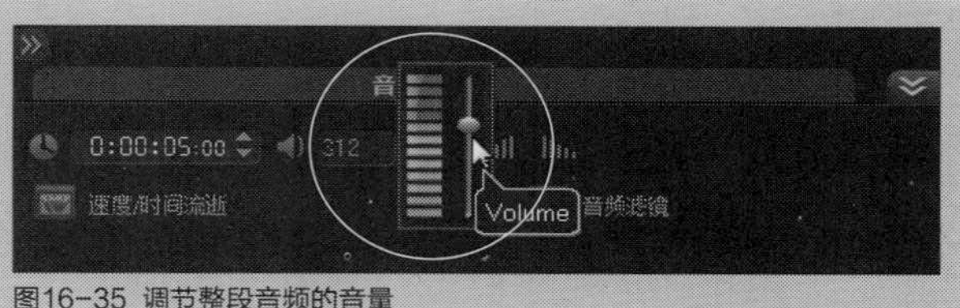

图16-35 调节整段音频的音量

16.3 音频素材库

通过对前面知识点的学习，读者已经基本掌握了音频素材的添加与修整方法。本节主要介绍管理音频素材的方法，包括重命名素材和删除音频素材的方法。

实战 409 重命名素材

▶ 实例位置：无
▶ 素材位置：无
▶ 视频位置：光盘\视频\第16章\实战409.mp4

• 实例介绍 •

在会声会影X7中，为了便于音频素材的管理，用户可以将素材库中的音频文件进行重命名操作。下面向读者介绍重命名素材的操作方法。

• 操作步骤 •

STEP 01 进入会声会影编辑器，在"媒体"素材库中，选择所需的音频素材，如图16-36所示，在音频素材的名称处，单击鼠标左键。

STEP 02 此时名称呈可编辑状态，输入文字"音乐01"，按【Enter】键确认，即可进行修改，如图16-37所示。

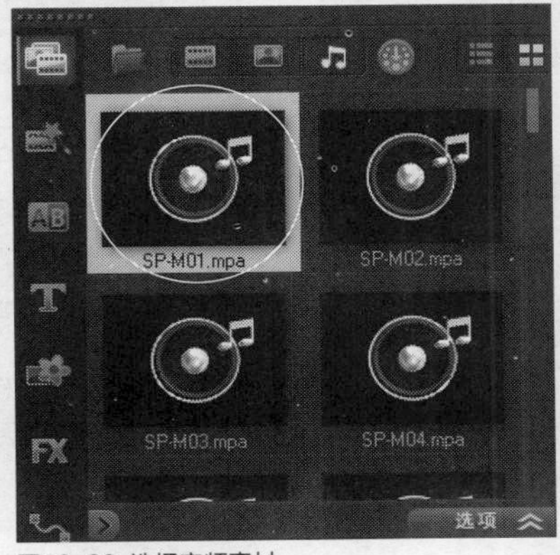

图16-36 选择音频素材

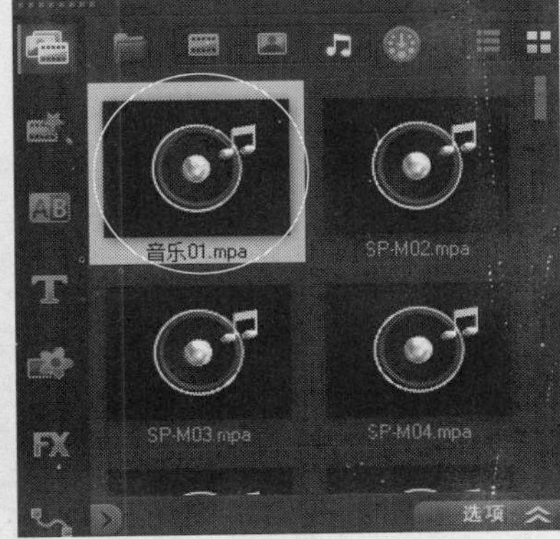

图16-37 修改文字

实战 410 删除音乐素材

▶ 实例位置：无
▶ 素材位置：无
▶ 视频位置：光盘\视频\第16章\实战410.mp4

• 实例介绍 •

在会声会影X7的音乐轨或语音轨中，用户可以根据需要将不常用的音频素材文件进行删除操作。下面向读者介绍删除音乐素材的操作方法。

• 操作步骤 •

STEP 01 进入会声会影编辑器，在"媒体"素材库中，选择需要删除的音频素材，如图16-38所示，单击鼠标右键。

STEP 02 在弹出的快捷菜单中选择"删除"选项，如图16-39所示，弹出信息提示框，提示用户是否删除此略图，单击"是"按钮，即可删除音乐素材。

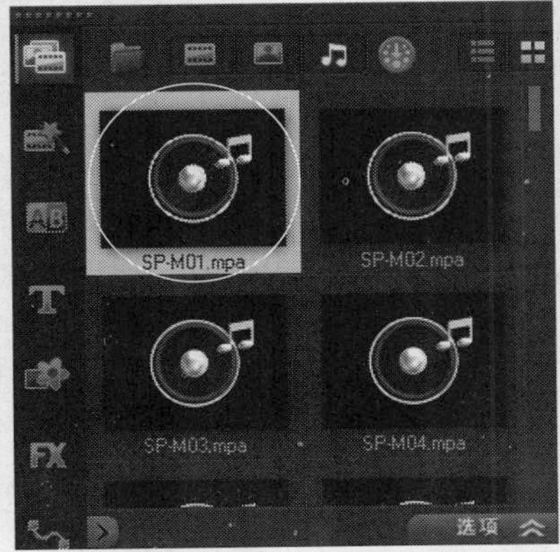

图16-38 选择音频素材

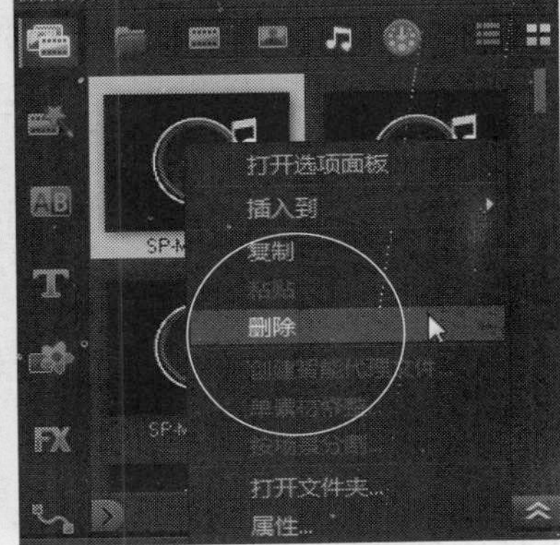

图16-39 选择"删除"选项

16.4 编辑与修整音频素材

在会声会影X7中，将声音或背景音乐添加到音乐轨或语音轨中后，用户可以根据需要对音频素材的音量进行调节，还可以对音频文件进行修整操作，使制作的背景音乐更加符合用户的需求。本节主要向读者介绍编辑与修整音频素材的操作方法。

实战411 调节整段音频音量

▶实例位置：光盘\效果\第16章\圣诞快乐.VSP
▶素材位置：光盘\素材\第16章\圣诞快乐.VSP
▶视频位置：光盘\视频\第16章\实战411.mp4

• 实例介绍 •

在会声会影X7中，调节整段素材音量，可分别选择时间轴中的各个轨，然后在选项面板中对相应的音量控制选项进行调节。下面介绍调节整段音频的音量的操作方法。

• 操作步骤 •

STEP 01 进入会声会影编辑器，单击“文件”|“打开项目”命令，打开一个项目文件，如图16-40所示。

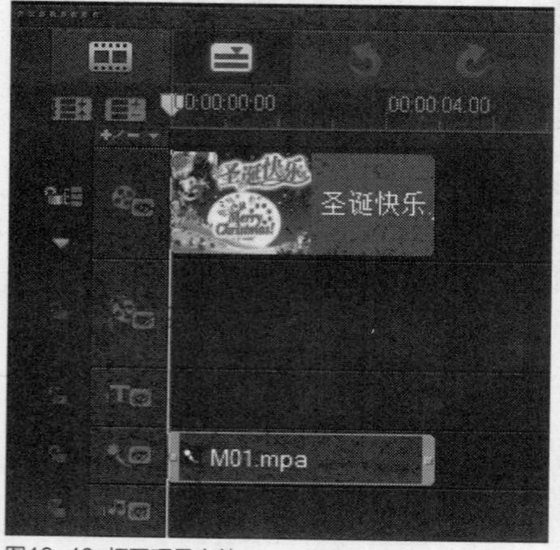

图16-40 打开项目文件

STEP 02 在预览窗口中预览打开的项目效果，如图16-41所示。

图16-41 预览打开的项目效果

STEP 03 在时间轴面板中，选择语音轨中的音频文件，如图16-42所示。

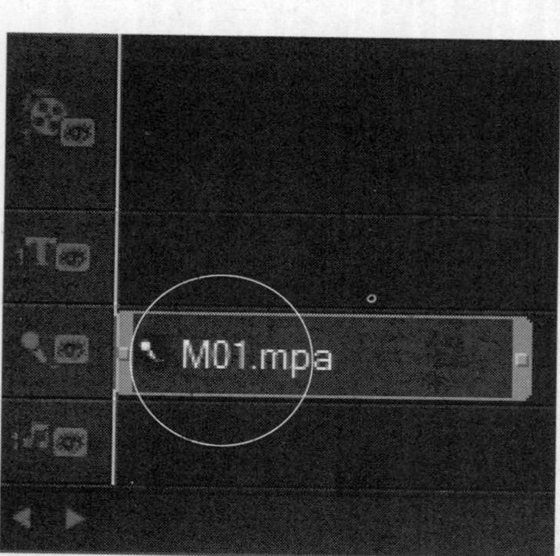

图16-42 选择音频文件

STEP 04 展开“音乐和语音”选项面板，在“素材音量”右侧的数值框中，输入200，如图16-43所示，即可调整素材音量，单击“播放”按钮，试听音频效果。

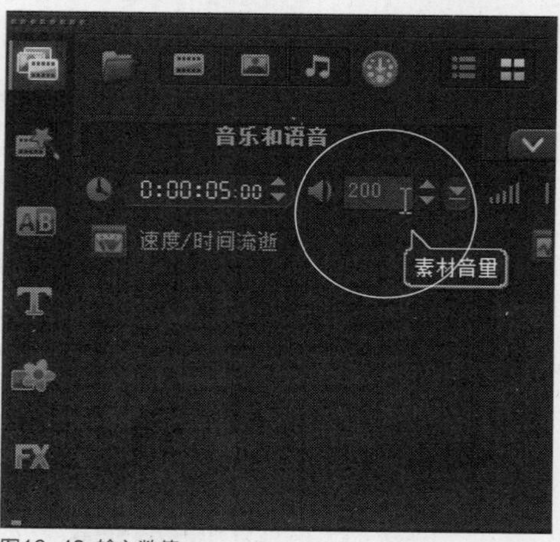

图16-43 输入数值

知识拓展

在会声会影X7中，音量素材本身的音量大小为100，如果用户需要还原素材本身的音量大小，此时可以在“素材音量”右侧的数值框中输入100，即可还原素材音量。

设置素材音量时，当用户设置为100以上的音量时，表示将整段音频音量放大；当用户设置为100以下的音量时，表示将整段音频音量调小。

实战412 用调节线调节音量

▶ 实例位置：光盘\效果\第16章\爱情见证.VSP
▶ 素材位置：光盘\素材\第16章\爱情见证.VSP
▶ 视频位置：光盘\视频\第16章\实战412.mp4

• 实例介绍 •

在会声会影X7中，用户不仅可以通过选项面板调整音频的音量，还可以通过调节线调整音量。下面介绍使用音量调节线调节音量的操作方法。

• 操作步骤 •

STEP 01 进入会声会影编辑器，单击“文件”|“打开项目”命令，打开一个项目文件，如图16-44所示。

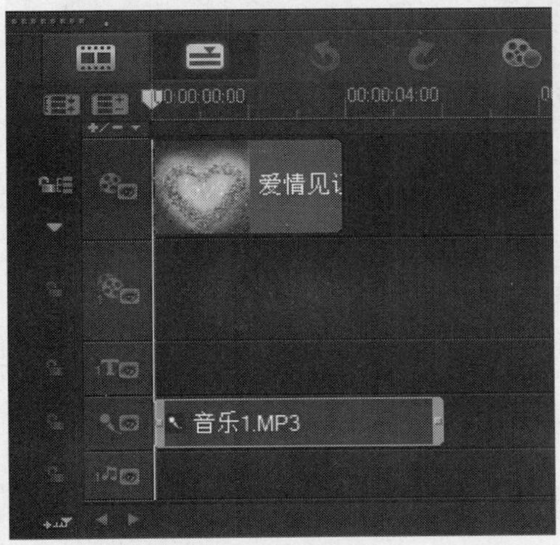

图16-44 打开项目文件

STEP 02 在预览窗口中预览打开的项目效果，如图16-45所示。

图16-45 预览打开的项目效果

STEP 03 在时间轴面板的语音轨中，选择音频文件，单击“混音器”按钮，如图16-46所示。

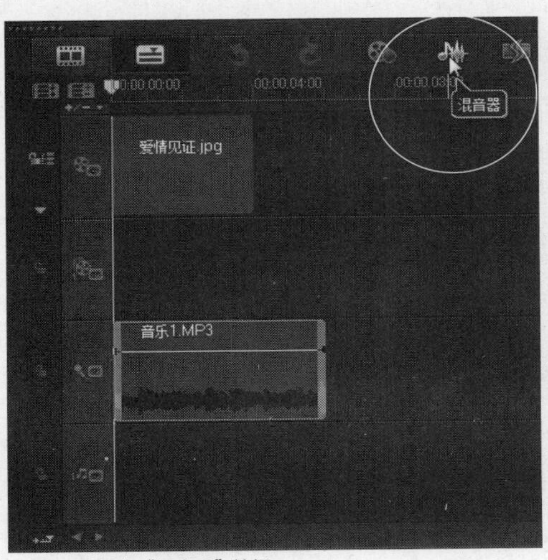

图16-46 单击“混音器”按钮

STEP 04 切换至混音器视图，将鼠标指针移至音频文件中间的黄色音量调节线上，此时鼠标指针呈向上箭头形状，如图16-47所示。

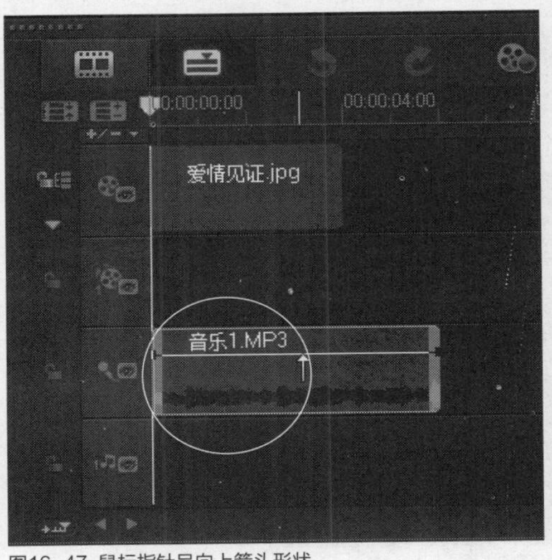

图16-47 鼠标指针呈向上箭头形状

STEP 05 单击鼠标左键并向上拖曳，至合适位置后释放鼠标左键，即可在音频中添加关键帧点，放大音频的音量，如图16-48所示。

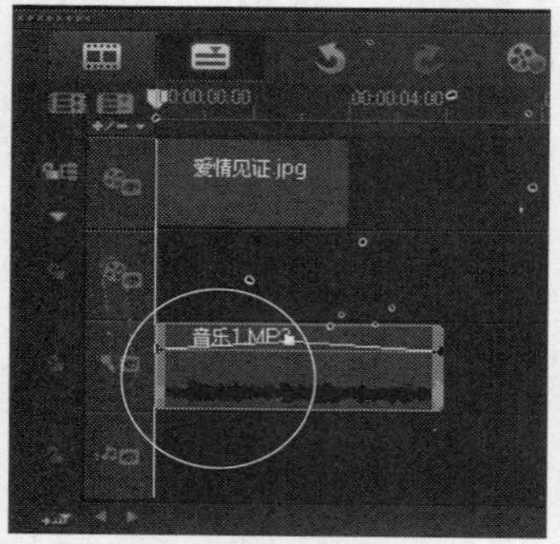

图16-48 添加关键帧点（1）

STEP 06 将鼠标移至另一个位置，单击鼠标左键并向下拖曳，添加第二个关键帧点，调小音频的音量，如图16-49所示。

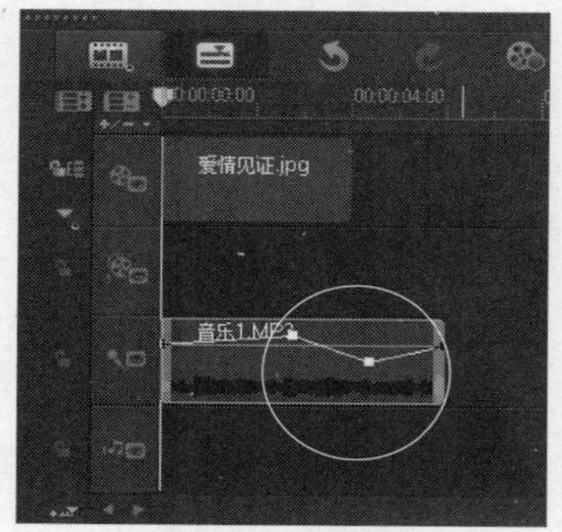

图16-49 添加关键帧点（2）

STEP 07 用与上述相同的方法，添加另外两个关键帧点，如图16-50所示，即可完成使用音量调节线调节音量的操作。

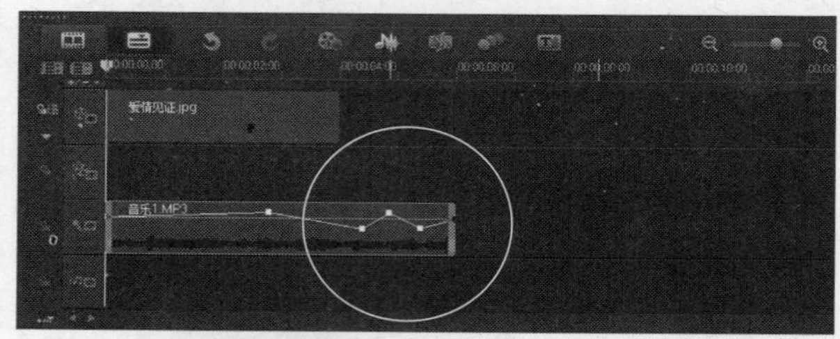

图16-50 添加另外两个关键帧点

知识拓展

在会声会影X7中，音量调节线是轨道中央的水平线条，仅在混音器视图中可以看到，在这条线上可以添加关键帧，关键帧点的高低决定着该处音频的音量大小。关键帧向上拖曳时，表示将音频的音量放大；关键帧向下拖曳时，表示将音频的音量调小。

实战 413 用混音器调节音量

▶实例位置：光盘\效果\第16章\旅游景点.VSP
▶素材位置：光盘\素材\第16章\旅游景点.VSP
▶视频位置：光盘\视频\第16章\实战413.mp4

• 实例介绍 •

在会声会影X7中，混音器可以动态调整音量调节线，它允许在播放影片项目的同时，实时调整某个轨道素材任意一点的音量。如果用户的乐感很好，借助混音器可以像专业混音师一样混合影片的精彩声响效果。下面介绍使用混音器调节素材音量的操作方法。

• 操作步骤 •

STEP 01 进入会声会影编辑器，单击“文件”|“打开项目”命令，打开一个项目文件，如图16-51所示。

图16-51 打开项目文件

STEP 02 在预览窗口中可以预览打开的项目效果，如图16-52所示。

图16-52 预览打开的项目效果

STEP 03 单击时间轴面板上方的“混音器”按钮，切换至混音器视图，在“环绕混音”选项面板中，单击“语音轨”按钮，如图16-53所示。

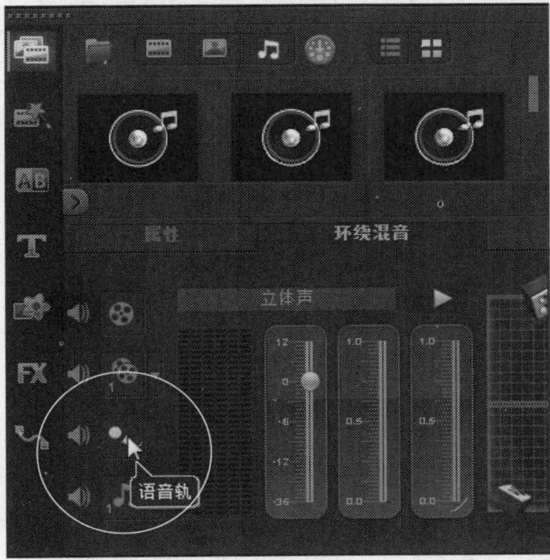

图16-53 单击“语音轨”按钮

STEP 04 执行上述操作后，即可选择要调节的音频轨道，在“环绕混音”选项面板中单击“播放”按钮，如图16-54所示。

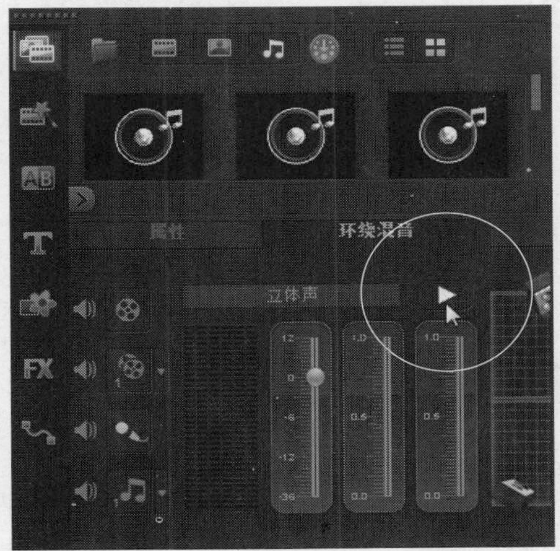

图16-54 单击“播放”按钮

STEP 05 开始试听选择的轨道中的音频效果，并且在混音器中可以查看音量起伏的变化，如图16-55所示。

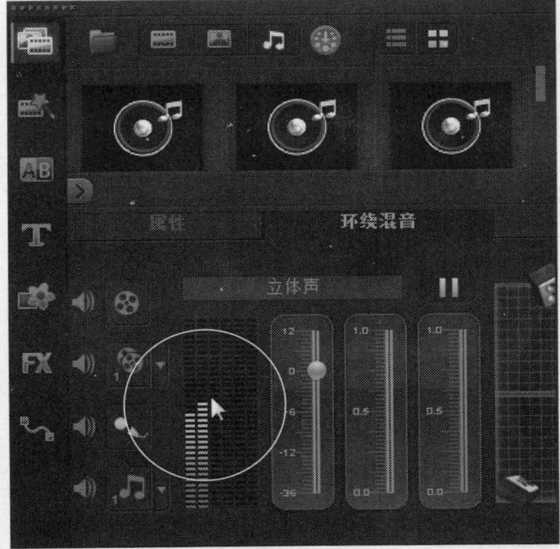

图16-55 查看音量起伏的变化

STEP 06 单击“环绕混音”选项面板的“音量”按钮，并向下拖曳鼠标，如图16-56所示。

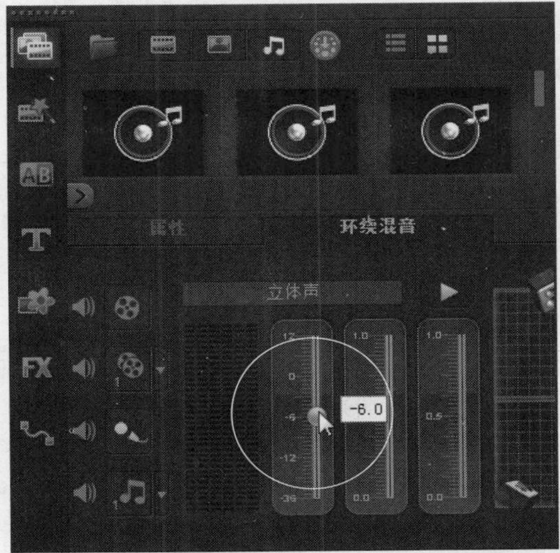

图16-56 向下拖曳鼠标

STEP 07 执行上述操作后，即可播放并实时调节音量，在语音轨中可查看音频调节效果，如图16-57所示。

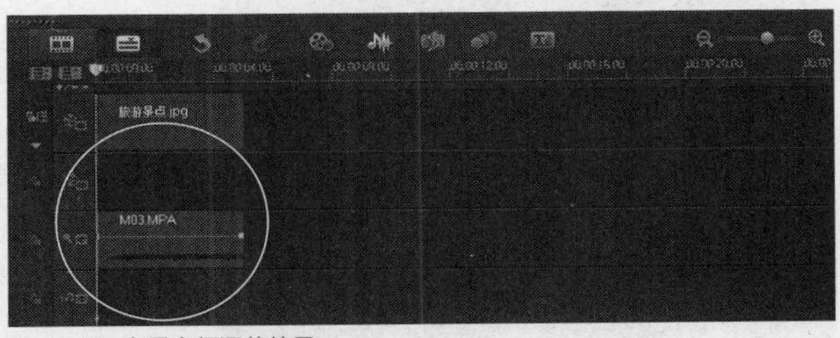

图16-57 查看音频调节效果

知识拓展

混音器是一种“动态”调整音量调节线的方式，它允许在播放影片项目的同时，实时调整音乐轨道素材任意一点的音量。

技巧点拨

在会声会影X7中，用户还可以根据需要调整音频左右声道的大小，调整音量后播放试听时音频会有所变化。调节左右声道大小的方法很简单，用户首先进入混音器视图，选择音频素材，在"环绕混音"选项面板中单击"播放"按钮，然后单击右侧窗口中的滑块并向左拖曳，如图16-58所示，表示调整左声道音量。

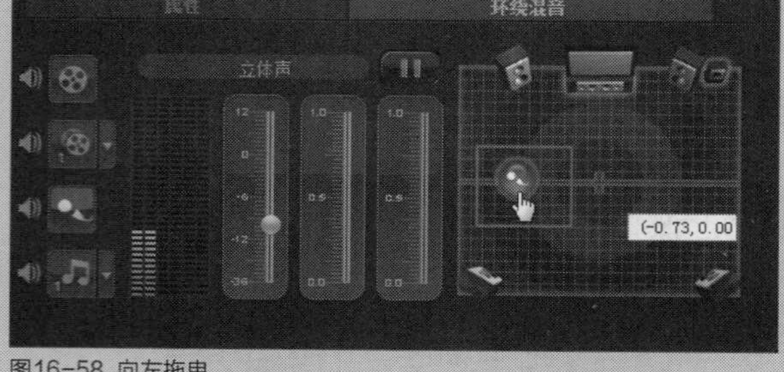

图16-58 向左拖曳

在滑块上单击鼠标左键并向右拖曳，如图16-59所示，表示调整右声道音量。

在会声会影X7中的"环绕混音"选项面板中，调整完音频文件的左声道后，可以重置音频文件，再调整其右声道的音量。

在立体声中左声道和右声道能够分别播出相同或不同的声音，产生从左到右或从右到左的立体声音变化效果。在卡拉OK中左声道和右声道分别是主音乐声道和主人声声道，关闭其中任何一个声道，用户将听到以音乐为主或以人声为主的声音。

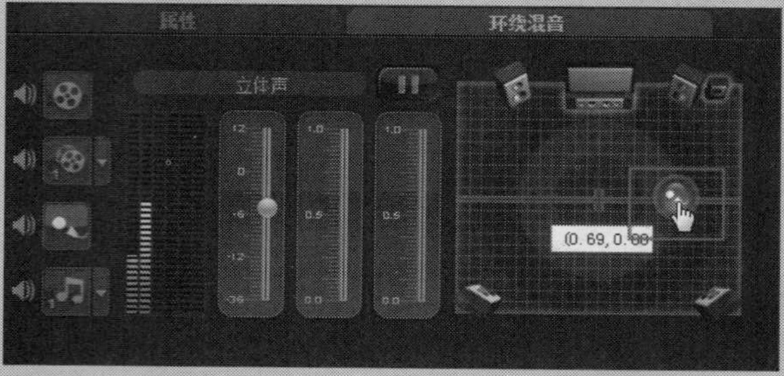

图16-59 向右拖曳

在单声道中左声道和右声道没有什么区别。在2.1、4.1、6.1等声场模式中左声道和右声道还可以分前置左、右声道，后置左、右声道，环绕左、右声道，以及中置和低音炮等。

实战414 用区间修整音频

▶ 实例位置：光盘\效果\第16章\戈壁地带.VSP
▶ 素材位置：光盘\素材\第16章\戈壁地带.VSP
▶ 视频位置：光盘\视频\第16章\实战414.mp4

• 实例介绍 •

在会声会影X7中，使用区间修整音频可以精确控制声音或音乐的播放时间。下面向读者介绍使用区间修整音频的操作方法。

• 操作步骤 •

STEP 01 进入会声会影编辑器，单击"文件"|"打开项目"命令，打开一个项目文件，如图16-60所示。

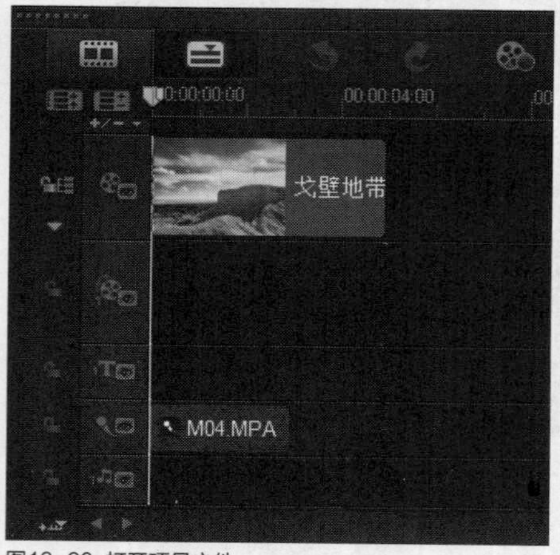

图16-60 打开项目文件

STEP 02 在预览窗口可以预览打开的项目效果，如图16-61所示。

图16-61 预览打开的项目效果

STEP 03 选择语音轨中的音频素材，在"音乐和语音"选项面板中设置"区间"为0:00:05:00，如图16-62所示。

STEP 04 执行上述操作后，即可使用区间修整音频，在时间轴面板中可以查看修整后的效果，如图16-63所示。

图16-62 设置“区间”

图16-63 查看修整后的效果

实战 415 用标记修整音频

▶ 实例位置：光盘\效果\第16章\草原骏马.VSP
▶ 素材位置：光盘\素材\第16章\草原骏马.VSP
▶ 视频位置：光盘\视频\第16章\实战415.mp4

• 实例介绍 •

在会声会影X7中，拖曳音频素材右侧的黄色标记来修整音频素材是最为快捷和直观的修整方式，但它的缺点是不容易精确地控制修剪的位置。下面向读者介绍使用标记修整音频的操作方法。

• 操作步骤 •

STEP 01 进入会声会影编辑器，单击“文件”|“打开项目”命令，打开一个项目文件，如图16-64所示。

STEP 02 在语音轨中，选择需要进行修整的音频素材，将鼠标移至素材右侧的黄色标记上，如图16-65所示。

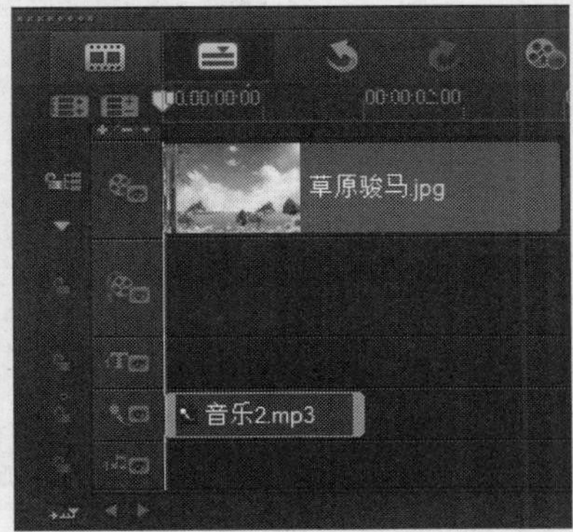

图16-64 打开项目文件

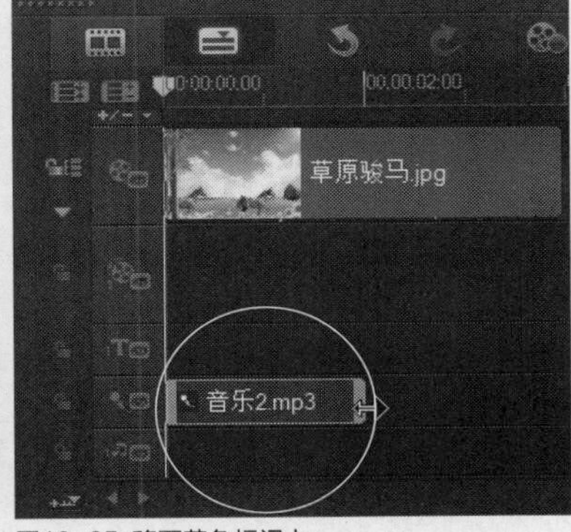

图16-65 移至黄色标记上

STEP 03 单击鼠标左键，并向右侧拖曳，如图16-66所示。

STEP 04 至合适位置后，释放鼠标左键，即可使用黄色标记修整音频，效果如图16-67所示。

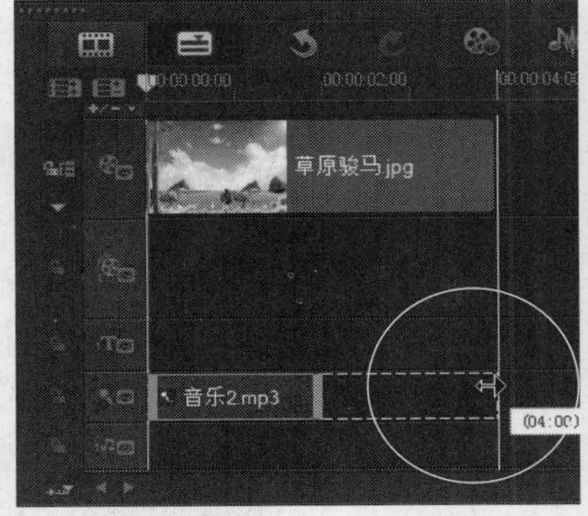

图16-66 向右侧拖曳

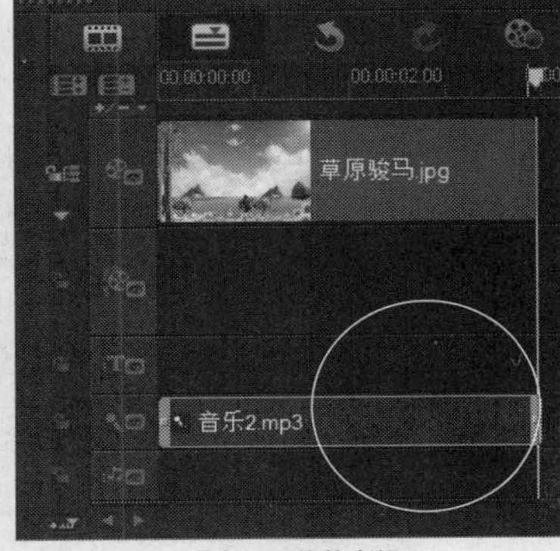

图16-67 使用黄色标记修整音频

STEP 05 单击“播放”按钮，试听修整后的音频文件，并查看视频画面效果，如图16-68所示。

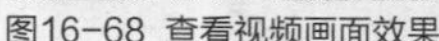

图16-68 查看视频画面效果

实战416 用修整栏修整音频

▶实例位置：光盘\效果\第16章\五彩岩石.VSP
▶素材位置：光盘\素材\第16章\五彩岩石.VSP
▶视频位置：光盘\视频\第16章\实战416.mp4

• 实例介绍 •

在会声会影X7中，用户还可以通过修整栏修整音频素材，下面向读者介绍使用修整栏修整音频素材的操作方法。

• 操作步骤 •

STEP 01 进入会声会影编辑器，单击“文件”|“打开项目”命令，打开一个项目文件，如图16-69所示。

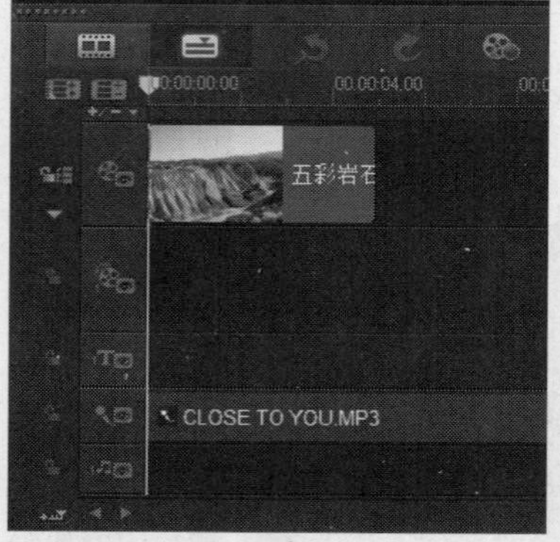

图16-69 打开项目文件

STEP 02 在导览面板中，将鼠标移至结束修整标记上，此时鼠标指针呈黑色双向箭头形状，如图16-70所示。

图16-70 鼠标指针呈黑色双向箭头形状

STEP 03 在结束修整标记上，单击鼠标左键并向左侧拖曳，直至时间标记显示为00:00:05:00为止，如图16-71所示，修整音频结束位置的区间长度。

图16-71 时间标记显示为00:00:05:00

STEP 04 将鼠标移至开始修整标记上，单击鼠标左键并向右拖曳，直至时间标记显示为00:00:01:00为止，如图16-72所示，修整音频开始区间长度。

图16-72 时间标记显示为00:00:01:00

STEP 05 在时间轴面板中，可以查看修整后的音频区间，如图16-73所示。

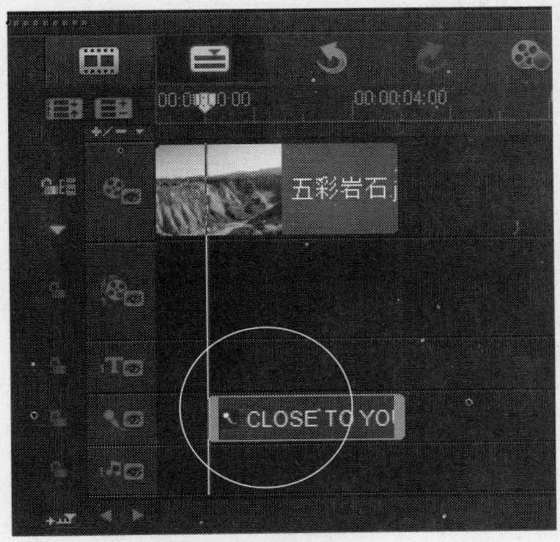

图16-73 查看修整后的音频区间

STEP 06 单击“播放”按钮，试听修整后的音频文件，并查看视频画面效果，如图16-74所示。

图16-74 查看视频画面效果

实战 417 调整音频播放速度

▶实例位置：光盘\效果\第16章\美丽景象.VSP
▶素材位置：光盘\素材\第16章\美丽景象.VSP
▶视频位置：光盘\视频\第16章\实战417.mp4

• 实例介绍 •

在会声会影X7中，用户可以设置音乐的速度和时间流逝，使它能够与影片更好地相配合。下面向读者介绍调整音频播放速度的操作方法。

• 操作步骤 •

STEP 01 进入会声会影编辑器，单击“文件”|“打开项目”命令，打开一个项目文件，如图16-75所示。

STEP 02 在语音轨中，使用鼠标左键双击音频文件，如图16-76所示。

图16-75 打开项目文件

图16-76 双击音频文件

STEP 03 即可展开“音乐和语音”选项面板，单击“速度/时间流逝”按钮，如图16-77所示。

STEP 04 弹出“速度/时间流逝”对话框，在其中设置“速度”为279，如图16-78所示。

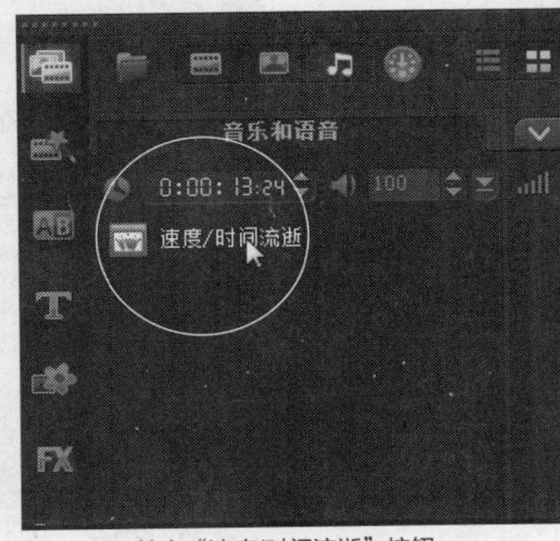

图16-77 单击“速度/时间流逝”按钮

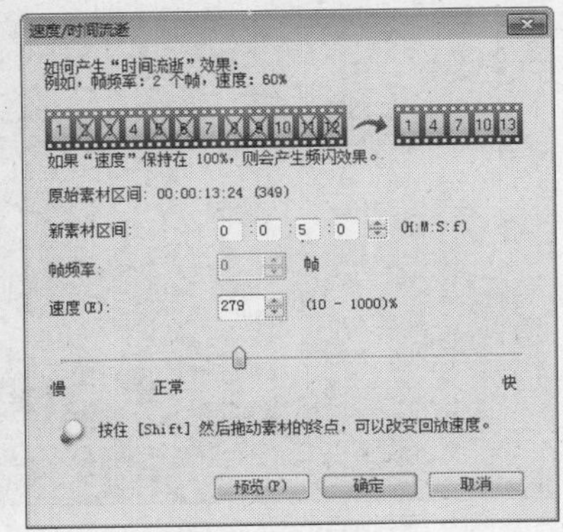

图16-78 设置参数值

STEP 05 单击“确定”按钮，即可调整音频的播放速度，如图16-79所示。

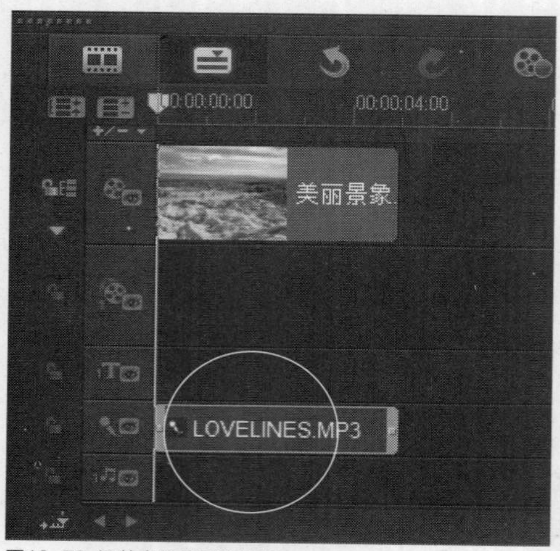

图16-79 调整音频的播放速度

STEP 06 单击“播放”按钮，试听修整后的音频文件，并查看视频画面效果，如图16-80所示。

图16-80 查看视频画面效果

16.5 音频滤镜基本操作

在会声会影X7中，用户可以根据需要将音乐滤镜添加到轨道中的音乐素材上，使制作的音乐声音效果更加动听、完美。添加音频滤镜后，如果音频滤镜的声效无法满足用户的需求，此时用户可以将添加的音频滤镜进行删除操作。本节主要向读者介绍添加与删除音频滤镜的操作方法。

实战418 添加淡入/淡出滤镜

- 实例位置：光盘\效果\第16章\添加淡入/淡出滤镜.VSP
- 素材位置：无
- 视频位置：光盘\视频\第16章\实战418.mp4

• 实例介绍 •

在会声会影X7中，使用淡入/淡出的音频效果，可以避免音乐的突然出现和突然消失，使音乐能够有一种自然的过渡效果。下面向读者介绍添加淡入与淡出音频滤镜的操作方法。

• 操作步骤 •

STEP 01 进入会声会影编辑器，打开媒体素材库，如图16-81所示。

图16-81 打开媒体素材库

STEP 02 单击“显示音频文件”按钮，在其中选择SP-M02音频素材，如图16-82所示。

图16-82 选择SP-M02音频素材

STEP 03 在选择的音频素材上，单击鼠标左键并拖曳至时间轴面板的语音轨道中，添加音频素材，如图16-83所示。

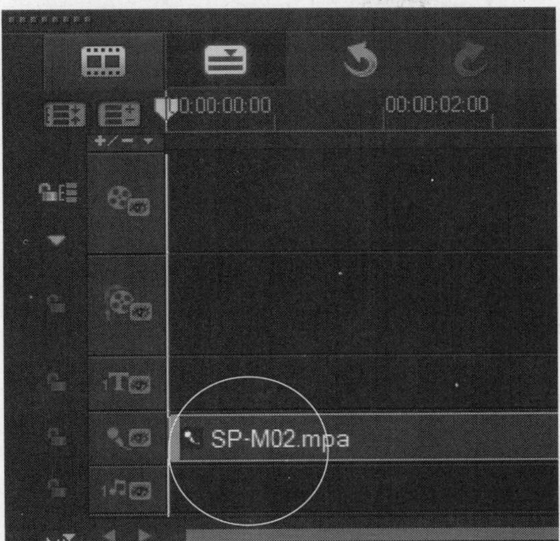

图16-83 添加音频素材

STEP 04 打开“音乐和语音”选项面板，在其中单击“淡入”按钮和“淡出”按钮，如图16-84所示。

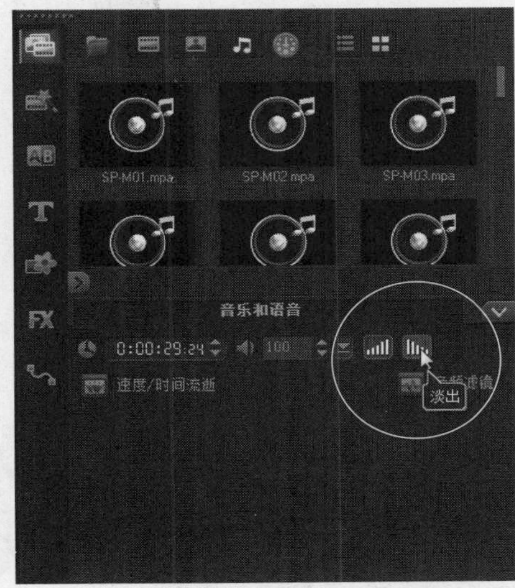

图16-84 单击“淡入”和“淡出”按钮

STEP 05 为音频添加淡入/淡出特效，在时间轴面板上方，单击“混音器”按钮，如图16-85所示。

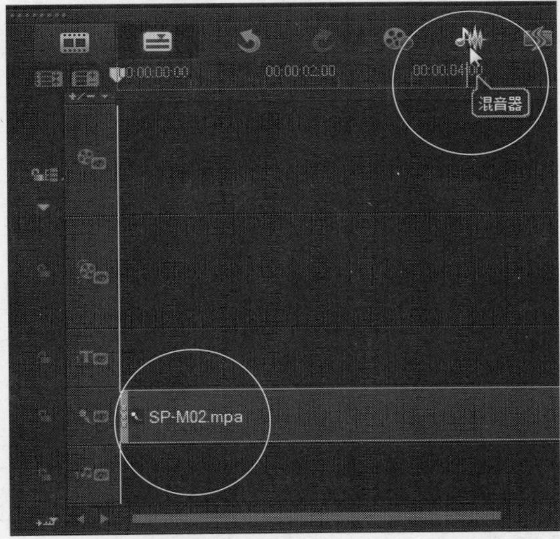

图16-85 单击“混音器”按钮

STEP 06 打开混音器视图，在其中可以查看淡入/淡出的两个关键帧，如图16-86所示。

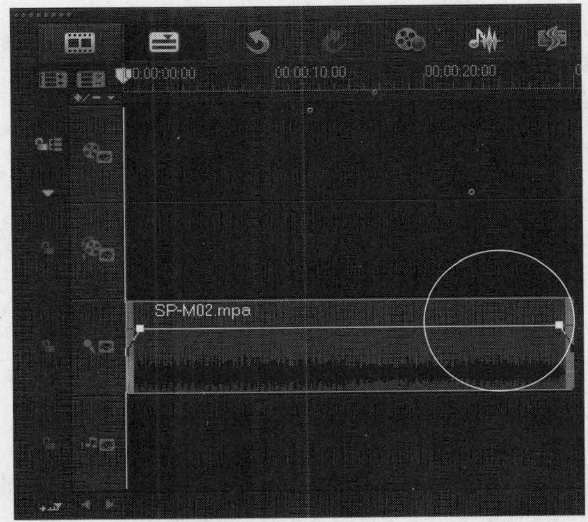

图16-86 查看两个关键帧

知识拓展

音乐的淡入/淡出效果是指一段音乐在开始时，音量由小渐大直到以正常的音量播放，而在即将结束时，则由正常的音量逐渐变小直至消失。这是一种常用的音频编辑效果，使用这种编辑效果，避免了音乐的突然出现和突然消失，使音乐能够有一种自然的过渡效果。

实战 419 添加音频滤镜

- 实例位置：光盘\效果\第16章\添加音频滤镜.VSP
- 素材位置：无
- 视频位置：光盘\视频\第16章\实战419.mp4

• 实例介绍 •

在会声会影X7中，除了淡入/淡出音频滤镜外，还向读者提供了多种其他的音频滤镜，下面向读者介绍添加其他滤镜的操作方法。

• 操作步骤 •

STEP 01 进入会声会影编辑器，打开媒体素材库，显示音频文件，在其中选择SP-M03音频素材，如图16-87所示。

图16-87 选择SP-M03音频素材

STEP 02 在选择的音频素材上，单击鼠标左键并拖曳至时间轴面板的语音轨道中，添加音频素材，如图16-88所示。

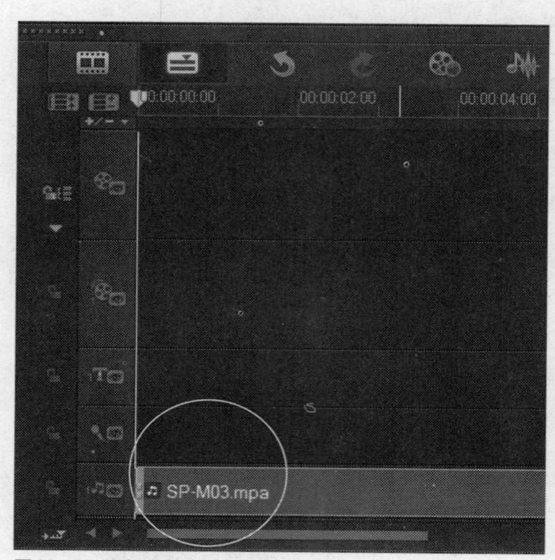

图16-88 添加音频素材

STEP 03 打开“音乐和语音”选项面板，单击“音频滤镜”按钮，如图16-89所示。

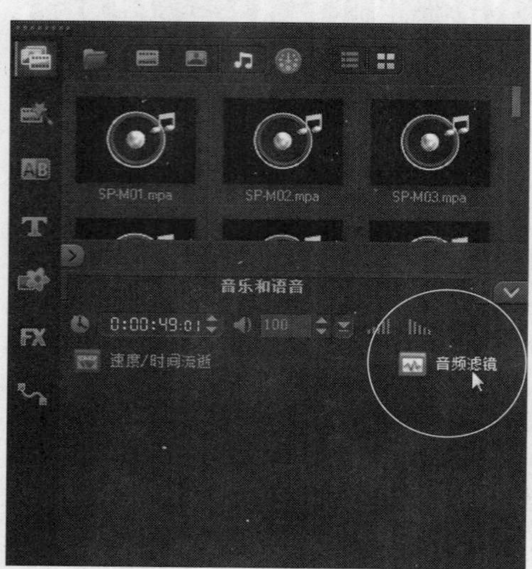

图16-89 单击“音频滤镜”按钮

STEP 04 执行操作后，弹出“音频滤镜”对话框，在“可用滤镜”列表框中选择“减弱杂讯”音频滤镜，如图16-90所示。

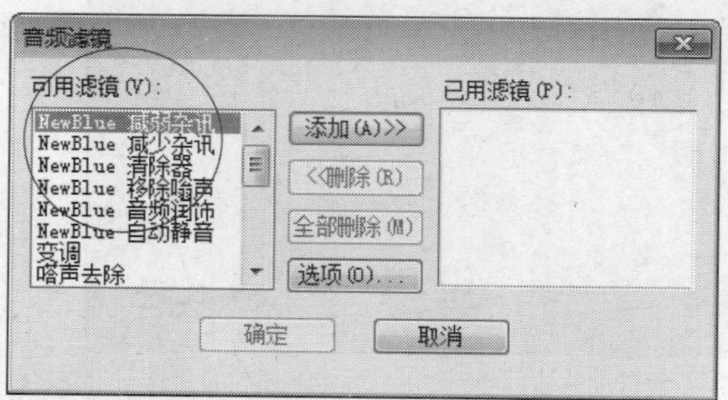

图16-90 选择“音频润饰”音频滤镜

STEP 05 单击中间的“添加”按钮，选择的音频滤镜样式即可显示在“已用滤镜”列表框中，如图16-91所示。

图16-91 显示在“已用滤镜”列表框中

STEP 06 继续在“可用滤镜”列表框中选择“音频润饰”音频滤镜，如图16-92所示。

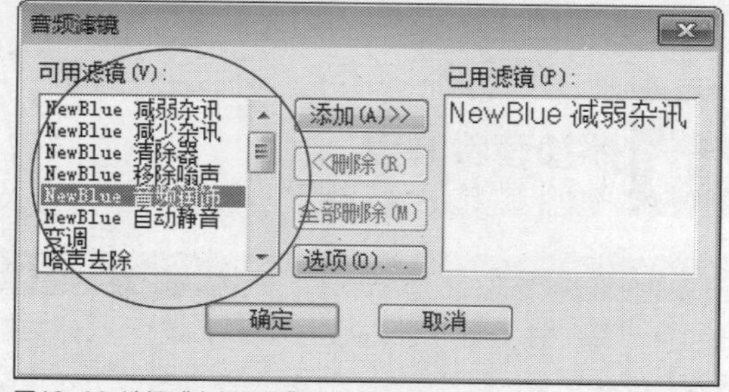

图16-92 选择“音频润饰”音频滤镜

STEP 07 单击中间的“添加”按钮，选择的第2个音频滤镜样式即可显示在“已用滤镜”列表框中，如图16-93所示。

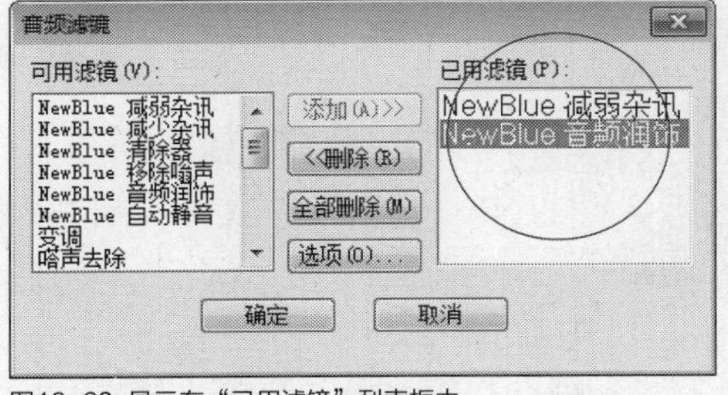

图16-93 显示在“已用滤镜”列表框中

STEP 08 滤镜添加完成后，单击“确定”按钮，即可为语音轨中的音频文件添加滤镜效果，此时音频文件的开始位置将显示滤镜图标，如图16-94所示，表示该音频文件已经添加了音频滤镜。

图16-94 显示滤镜图标

实战 420 设置滤镜选项

▶ 实例位置：光盘\效果\第16章\设置滤镜选项.VSP
▶ 素材位置：光盘\效果\第16章\添加音频滤镜.VSP
▶ 视频位置：光盘\视频\第16章\实战420.mp4

• 实例介绍 •

在“音频滤镜”对话框中，用户选择了相应的滤镜后，还可以设置所选滤镜的选项，下面向读者介绍设置滤镜选项的操作方法。

• 操作步骤 •

STEP 01 以上一例的效果为例，使用鼠标左键双击语音轨中的音频文件，在“音乐和语音”面板中单击“音频滤镜”按钮，弹出“音频滤镜”对话框，单击“选项”按钮，如图16-95所示。

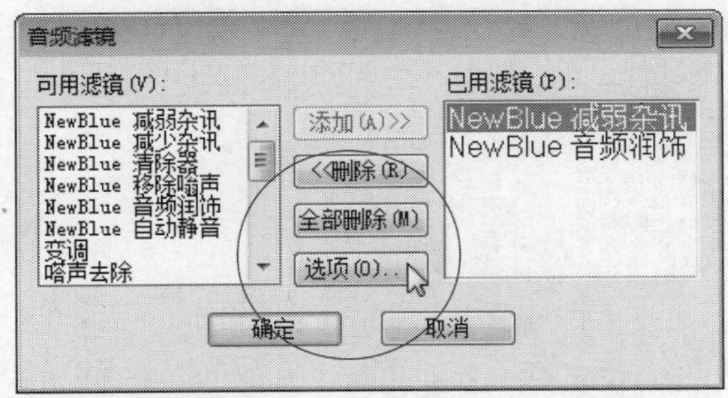

图16-95 单击“选项”按钮

STEP 02 弹出“减弱杂讯”对话框，设置“淡化”为50，如图16-96所示，单击“确定”按钮，返回到“音频滤镜”对话框，单击“确定”按钮，即可完成滤镜选项的设置。

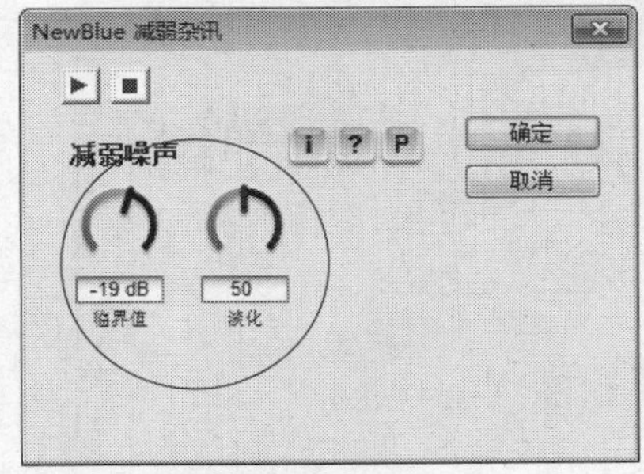

图16-96 设置比例值

知识拓展

在“音频滤镜”对话框中，有一个“选项”按钮，当用户在“已用滤镜”列表框中选择相应音频滤镜后，单击“选项”按钮将弹出相应对话框，在其中用户可以根据需要对添加的音频滤镜进行相关选项设置，使制作的音频更加符合用户的需求。

实战 421 删除音频滤镜

▶ 实例位置：无
▶ 素材位置：光盘\效果\第16章\设置滤镜选项.VSP
▶ 视频位置：光盘\视频\第16章\实战421.mp4

• 实例介绍 •

在会声会影X7中，如果用户对于添加的音频滤镜不满意，则可以对音频滤镜进行删除操作。下面向读者介绍删除音频滤镜的操作方法。

• 操作步骤 •

STEP 01 以上一例的效果为例，打开“音频滤镜”对话框，在“已用滤镜”列表框中选择需要删除的音频滤镜，如图16-97所示。

STEP 02 单击中间的“删除”按钮，即可删除选择的音频滤镜，如图16-98所示。

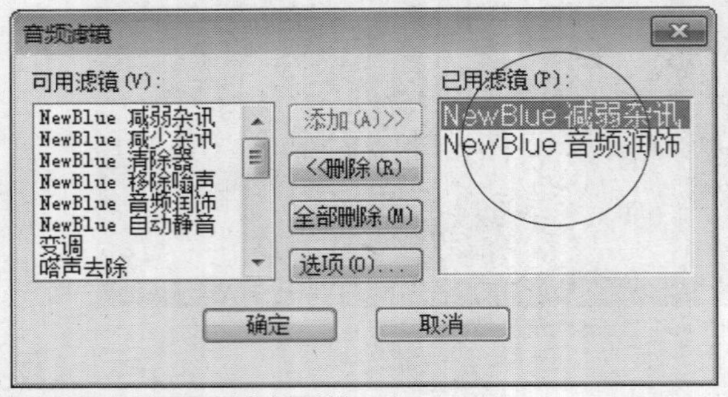

图16-97 选择需要删除的音频滤镜

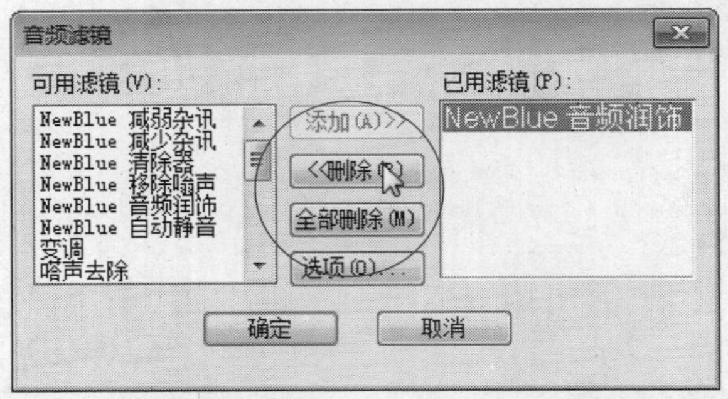

图16-98 删除选择的音频滤镜

实战422 删除全部音频滤镜

▶实例位置：无
▶素材位置：光盘\效果\第16章\设置滤镜选项.VSP
▶视频位置：光盘\视频\第16章\实战422.mp4

• 实例介绍 •

在会声会影X7中，用户还可以一次性删除音频素材中添加的所有音频滤镜。下面向读者介绍删除全部音频滤镜的操作方法。

• 操作步骤 •

STEP 01 以上一例的素材为例，打开“音频滤镜”对话框，单击中间的“全部删除”按钮，如图16-99所示。

STEP 02 执行操作后，即可删除“已用滤镜”列表框中添加的所有音频滤镜，此时该列表框为空，如图16-100所示。

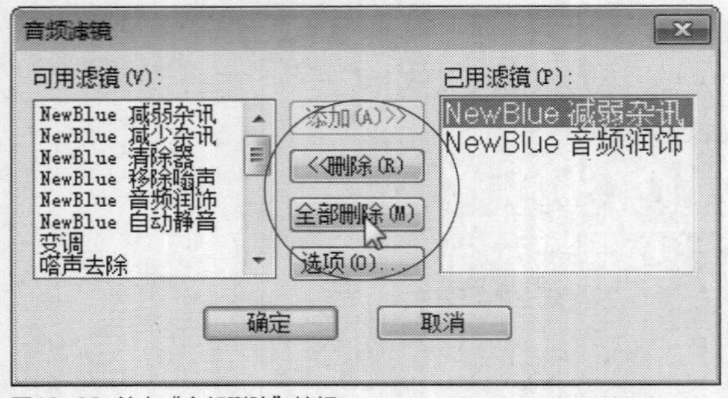

图16-99 单击“全部删除”按钮

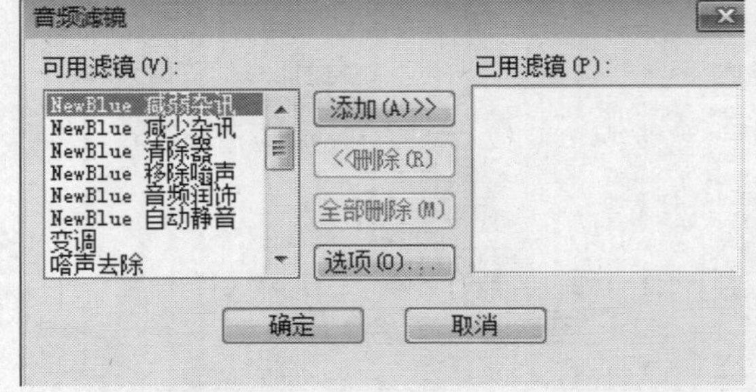

图16-100 列表框为空

16.6 音频滤镜精彩应用

在会声会影X7中，用户可以将音频滤镜添加到声音或音乐轨的音频素材上，如嘶声降低滤镜、放大滤镜、混响滤镜、延迟滤镜以及变声滤镜等，应用这些音频滤镜，可以使用户制作的背景音乐的音效更加完美、动听。本节主要向读者介绍应用音频滤镜的操作方法。

实战423 添加嘶声降低滤镜

▶实例位置：光盘\效果\第16章\魅力春天.VSP
▶素材位置：光盘\素材\第16章\魅力春天.VSP
▶视频位置：光盘\视频\第16章\实战423.mp4

• 实例介绍 •

在会声会影X7中，嘶声降低滤镜是指减少音频文件中的嘶嘶声，使音频听起来更加清晰。下面向读者介绍添加嘶声降低滤镜的操作方法。

• 操作步骤 •

STEP 01 进入会声会影编辑器，单击“文件”|“打开项目”命令，打开一个项目文件，如图16-101所示。

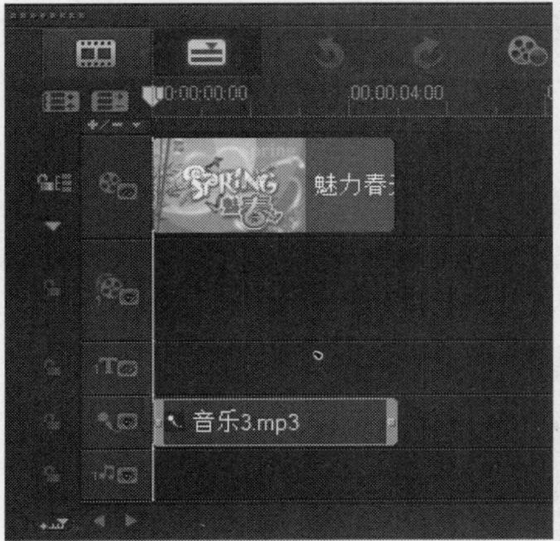

图16-101 打开项目文件

STEP 02 在语音轨中，使用鼠标左键双击需要添加音频滤镜的素材，如图16-102所示。

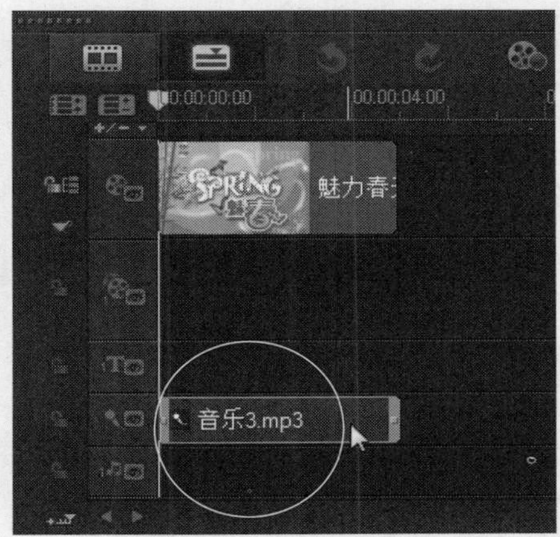

图16-102 双击音频素材

STEP 03 打开“音乐和语音”选项面板，单击“音频滤镜”按钮，如图16-103所示。

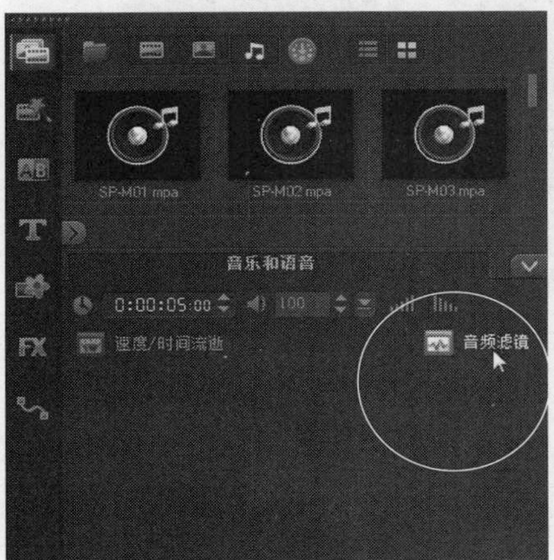

图16-103 单击“音频滤镜”按钮

STEP 04 弹出“音频滤镜”对话框，在“可用滤镜”列表框中选择“嘶声降低”选项，如图16-104所示。

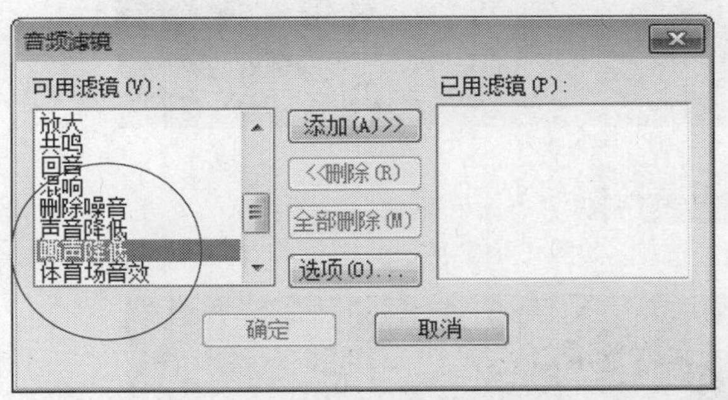

图16-104 选择“嘶声降低”选项

STEP 05 单击“添加”按钮，选择的滤镜即可显示在“已用滤镜”列表框中，如图16-105所示。

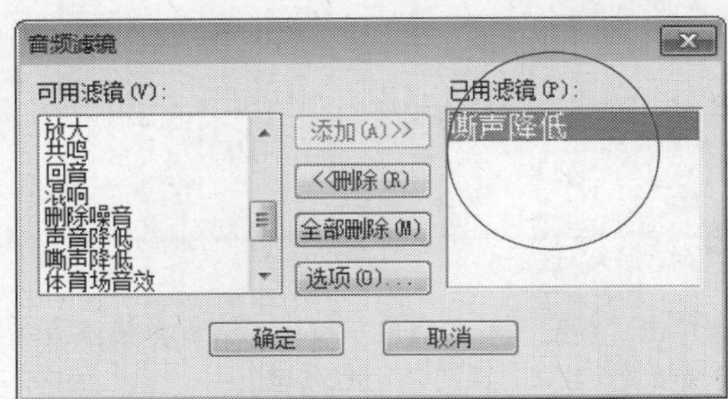

图16-105 显示在“已用滤镜”列表框中

STEP 06 单击“确定”和“播放”按钮，试听音频滤镜特效，查看视频画面效果，如图16-106所示。

图16-106 查看视频画面效果

实战 424 添加放大滤镜

▶实例位置：光盘\效果\第16章\山水美景.VSP
▶素材位置：光盘\素材\第16章\山水美景.VSP
▶视频位置：光盘\视频\第16章\实战424.mp4

• 实例介绍 •

在会声会影X7中，使用放大音频滤镜可以对音频文件的声音进行放大处理，该滤镜样式适合放在各种音频音量较小的素材中。

• 操作步骤 •

STEP 01 进入会声会影编辑器，单击“文件”|“打开项目”命令，打开一个项目文件，如图16-107所示。

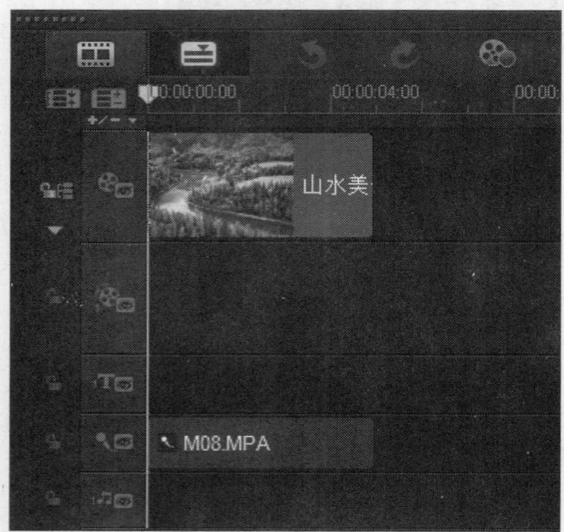

图16-107 打开项目文件

STEP 02 在语音轨中，使用鼠标左键双击需要添加音频滤镜的素材，如图16-108所示。

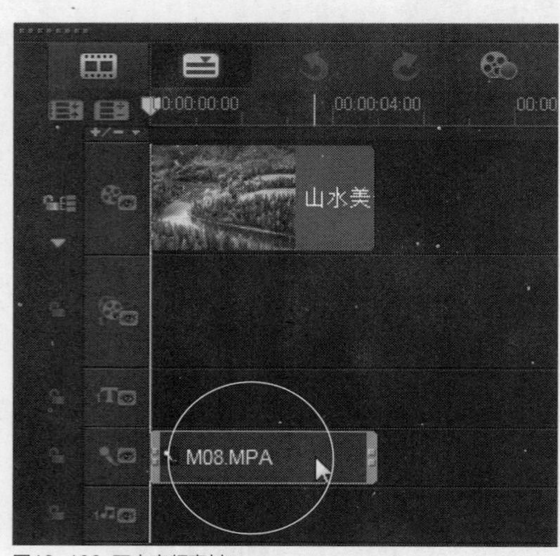

图16-108 双击音频素材

STEP 03 打开“音乐和语音”选项面板，单击“音频滤镜”按钮，如图16-109所示。

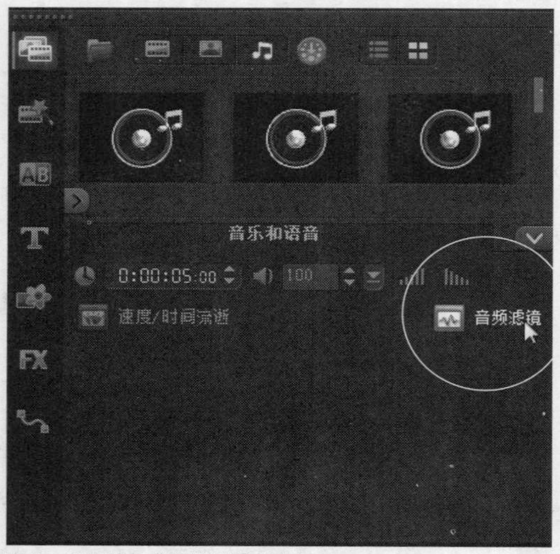

图16-109 单击“音频滤镜”按钮

STEP 04 弹出“音频滤镜”对话框，在“可用滤镜”列表框中选择“放大”选项，如图16-110所示。

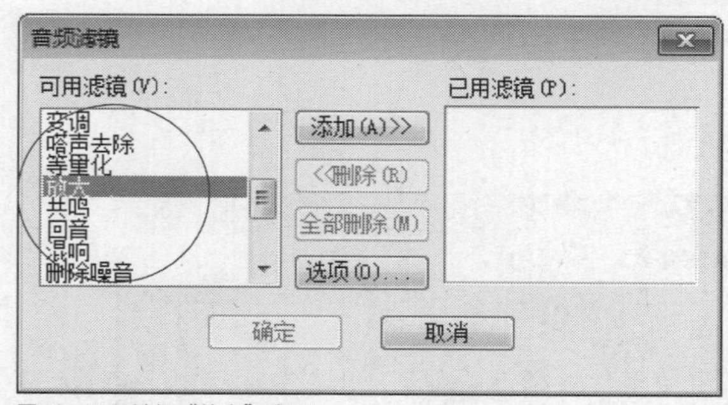

图16-110 选择“放大”选项

STEP 05 单击“添加”按钮，选择的滤镜即可显示在“已用滤镜”列表框中，如图16-111所示。

STEP 06 单击“确定”和“播放”按钮，试听音频滤镜特效，查看视频画面效果，如图16-112所示。

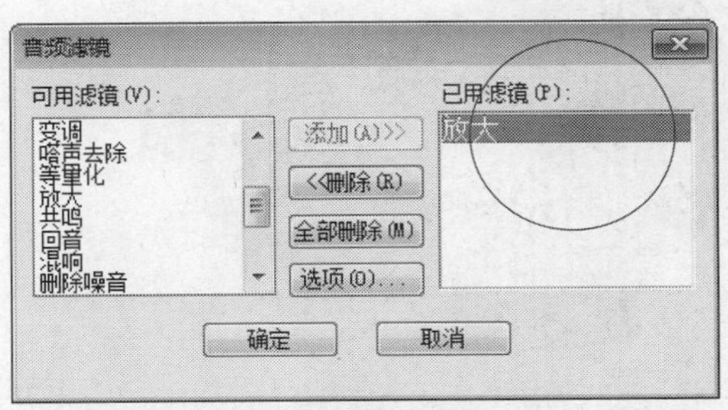

图16-111 显示在“已用滤镜”列表框中

图16-112 查看视频画面效果

实战 425 添加嗒声去除滤镜

▶实例位置：光盘\效果\第16章\景点建筑.VSP
▶素材位置：光盘\素材\第16章\景点建筑.jpg
▶视频位置：光盘\视频\第16章\实战425.mp4

• 实例介绍 •

在会声会影X7中，使用“嗒声去除”音频滤镜可以对音频文件中点击的声音进行清除处理。下面向读者介绍添加嗒声去除滤镜的操作方法。

• 操作步骤 •

STEP 01 进入会声会影编辑器，单击“文件”|“打开项目”命令，打开一个项目文件，如图16-113所示。

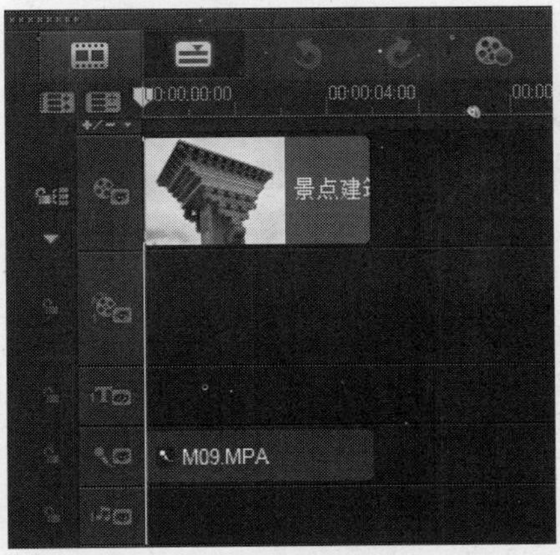

图16-113 打开项目文件

STEP 02 在语音轨中，使用鼠标左键双击需要添加音频滤镜的素材，如图16-114所示。

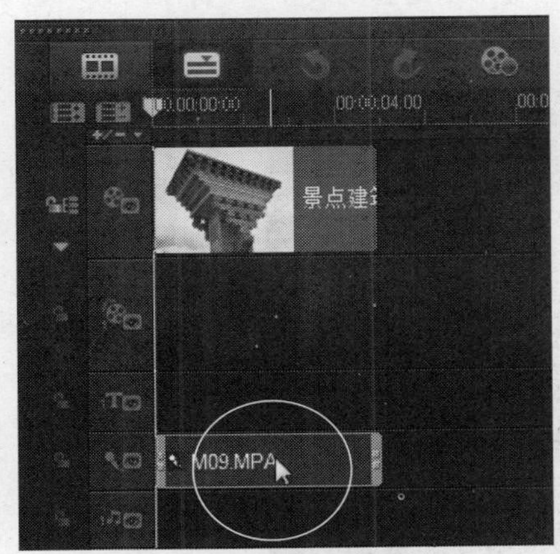

图16-114 双击需要添加音频滤镜的素材

STEP 03 打开“音乐和语音”选项面板，单击“音频滤镜”按钮，弹出“音频滤镜”对话框，在“可用滤镜”列表框中选择“嗒声去除”选项，如图16-115所示。

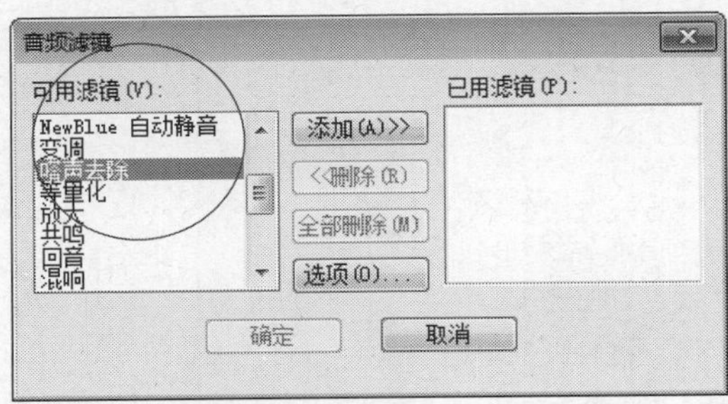

图16-115 选择“嗒声去除”选项

STEP 04 单击“添加”按钮，选择的滤镜即可显示在“已用滤镜”列表框中，如图16-116所示。

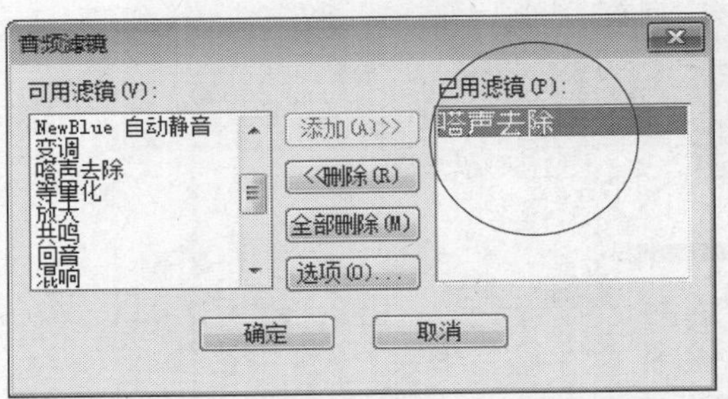

图16-116 显示在“已用滤镜”列表框中

STEP 05 单击“确定”和“播放”按钮，试听音频滤镜特效，查看视频画面效果，如图16-117所示。

图16-117 查看视频画面效果

实战426 添加回音滤镜

▶实例位置：光盘\效果\第16章\花样女孩.VSP
▶素材位置：光盘\素材\第16章\花样女孩.VSP
▶视频位置：光盘\视频\第16章\实战426.mp4

• 实例介绍 •

在会声会影X7中，使用“回音”音频滤镜可以在音频文件中添加回音特效。下面向读者介绍添加回音滤镜的操作方法。

• 操作步骤 •

STEP 01 进入会声会影编辑器，单击“文件”|“打开项目”命令，打开一个项目文件，如图16-118所示。

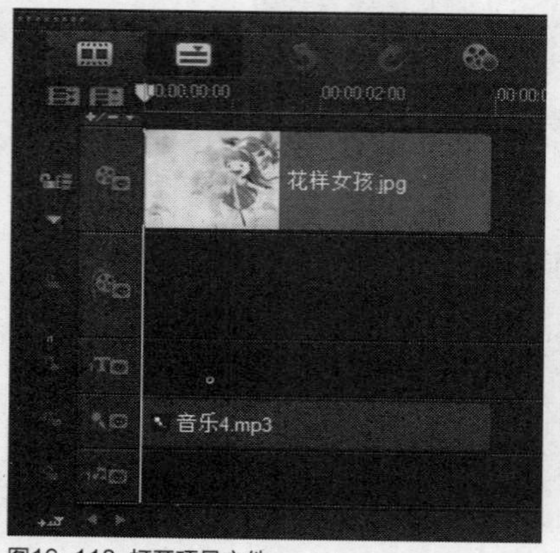

图16-118 打开项目文件

STEP 02 在语音轨中，使用鼠标左键双击需要添加音频滤镜的素材，如图16-119所示。

图16-119 双击需要添加音频滤镜的素材

STEP 03 打开“音乐和语音”选项面板，单击“音频滤镜”按钮，弹出“音频滤镜”对话框，在“可用滤镜”列表框中选择“回音”选项，如图16-120所示。

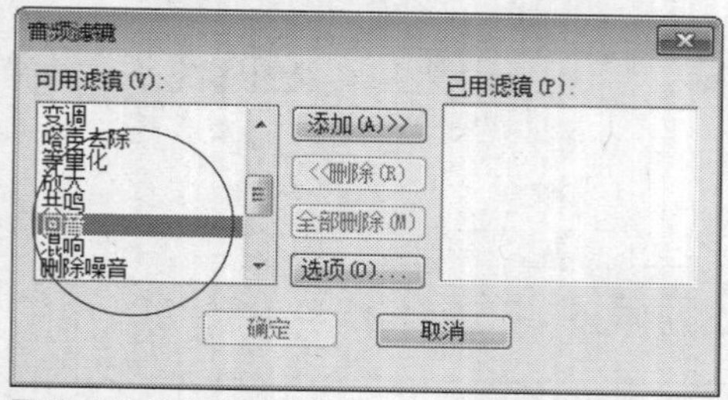

图16-120 选择“回音”选项

STEP 04 单击“添加”按钮，选择的滤镜即可显示在“已用滤镜”列表框中，如图16-121所示。

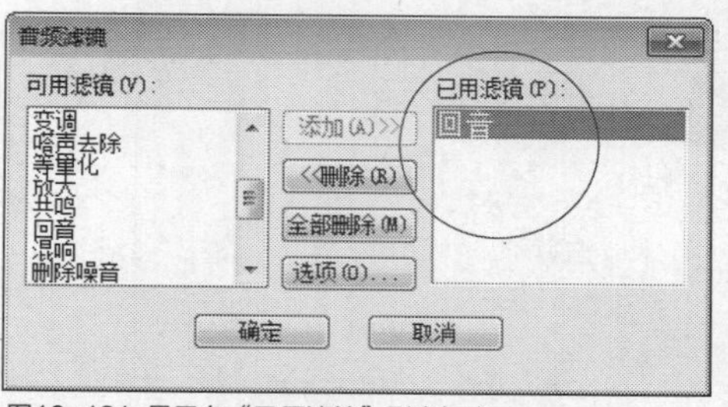

图16-121 显示在“已用滤镜”列表框中

STEP 05 单击“确定”和“播放”按钮，试听音频滤镜特效，查看视频画面效果，如图16-122所示。

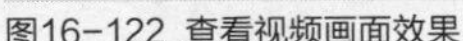
图16-122 查看视频画面效果

实战 427 添加长回音滤镜

▶ 实例位置：光盘\效果\第16章\城市风貌.VSP
▶ 素材位置：光盘\素材\第16章\城市风貌.VSP
▶ 视频位置：光盘\视频\第16章\实战427.mp4

• 实例介绍 •

在会声会影X7中，使用长回音音频滤镜样式可以为音频文件添加回音效果，该滤镜样式适合放在比较梦幻的视频素材当中。

• 操作步骤 •

STEP 01 进入会声会影编辑器，单击“文件”|“打开项目”命令，打开一个项目文件，如图16-123所示。

图16-123 打开项目文件

STEP 02 在语音轨中，使用鼠标左键双击需要添加音频滤镜的素材，如图16-124所示。

图16-124 双击需要添加音频滤镜的素材

STEP 03 打开“音乐和语音”选项面板，单击“音频滤镜”按钮，弹出“音频滤镜”对话框，在“可用滤镜”列表框中选择“长回音”选项，如图16-125所示。

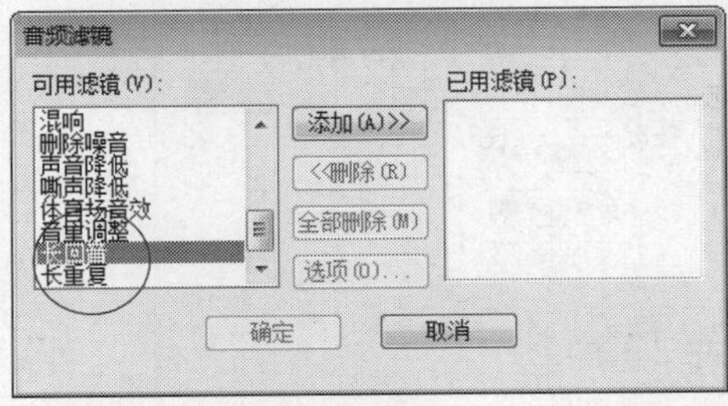

图16-125 选择“长回音”选项

STEP 04 单击“添加”按钮，选择的滤镜即可显示在“已用滤镜”列表框中，如图16-126所示。

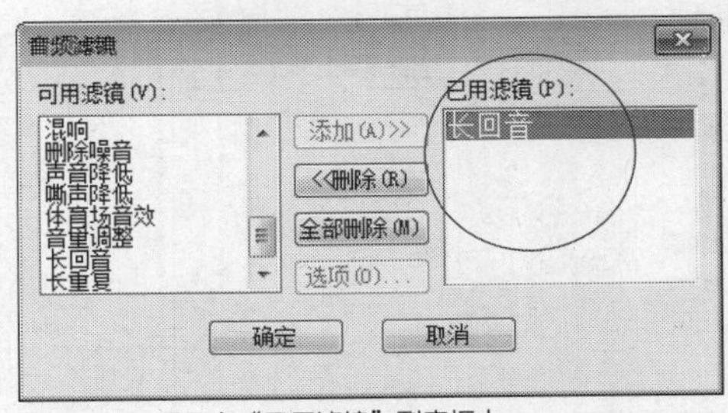

图16-126 显示在“已用滤镜”列表框中

STEP 05 单击“确定”和“播放”按钮，试听音频滤镜特效，查看视频画面效果，如图16-127所示。

图16-127 查看视频画面效果

实战 428 添加变调滤镜

▶实例位置：光盘\效果\第16章\湖中风景.VSP
▶素材位置：光盘\素材\第16章\湖中风景.VSP
▶视频位置：光盘\视频\第16章\实战428.mp4

• 实例介绍 •

在会声会影X7中，使用变调音频滤镜可以对现有的音频文件声音进行处理，使其变成另外一种声音特效，即声音变调处理。

• 操作步骤 •

STEP 01 进入会声会影编辑器，单击“文件”|“打开项目”命令，打开一个项目文件，如图16-128所示。

图16-128 打开项目文件

STEP 02 在语音轨中，使用鼠标左键双击需要添加音频滤镜的素材，如图16-129所示。

图16-129 双击需要添加音频滤镜的素材

STEP 03 打开“音乐和语音”选项面板，单击“音频滤镜”按钮，弹出“音频滤镜”对话框，在“可用滤镜”列表框中选择“变调”选项，如图16-130所示。

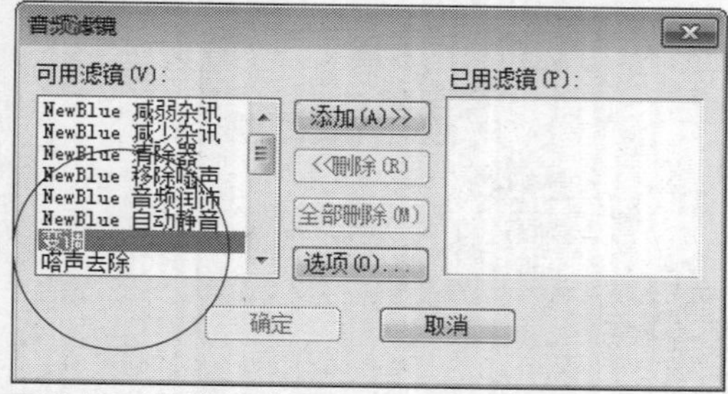

图16-130 选择“变调”选项

STEP 04 单击“添加”按钮，选择的滤镜即可显示在“已用滤镜”列表框中，如图16-131所示。

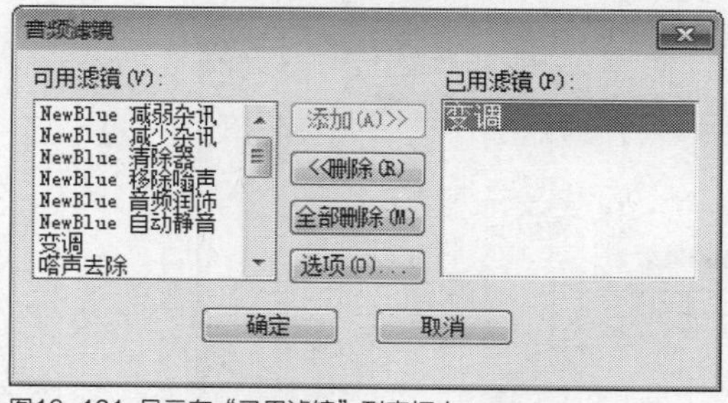

图16-131 显示在“已用滤镜”列表框中

STEP 05 单击“确定”和“播放”按钮，试听音频滤镜特效，查看视频画面效果，如图16-132所示。

图16-132 查看视频画面效果

实战 429 添加删除噪音滤镜

▶ 实例位置：光盘\效果\第16章\品味生活.VSP
▶ 素材位置：光盘\素材\第16章\品味生活.VSP
▶ 视频位置：光盘\视频\第16章\实战429.mp4

• 实例介绍 •

在会声会影X7中，使用“删除噪音”音频滤镜可以对音频文件中的噪声进行处理，该滤镜适合用在有噪音的音频文件中。

• 操作步骤 •

STEP 01 进入会声会影编辑器，单击“文件”|“打开项目”命令，打开一个项目文件，如图16-133所示。

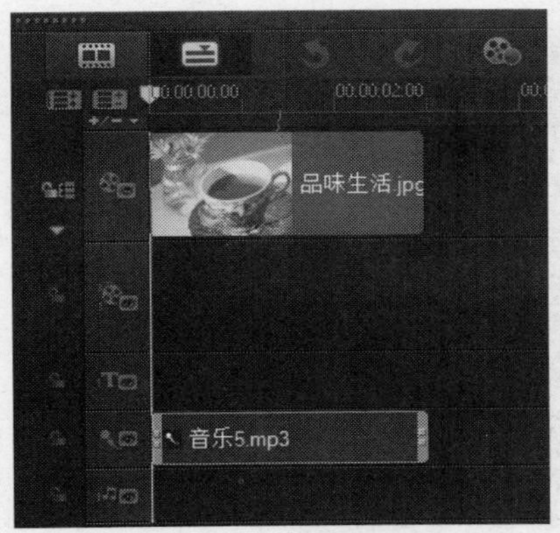

图16-133 打开项目文件

STEP 02 在语音轨中，使用鼠标左键双击需要添加音频滤镜的素材，如图16-134所示。

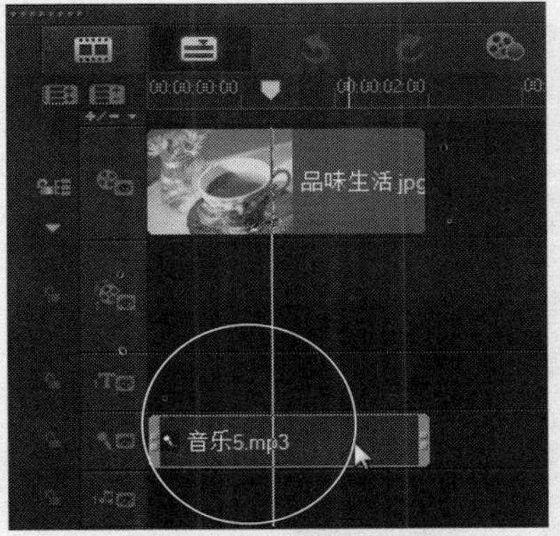

图16-134 双击需要添加音频滤镜的素材

STEP 03 打开“音乐和语音”选项面板，单击“音频滤镜”按钮，弹出“音频滤镜”对话框，在“可用滤镜”列表框中选择“删除噪音”选项，如图16-135所示。

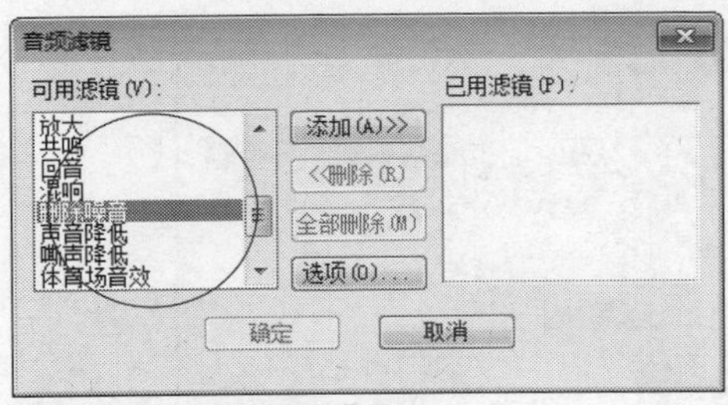

图16-135 选择“删除噪音”选项

STEP 04 单击“添加”按钮，选择的滤镜即可显示在“已用滤镜”列表框中，如图16-136所示。

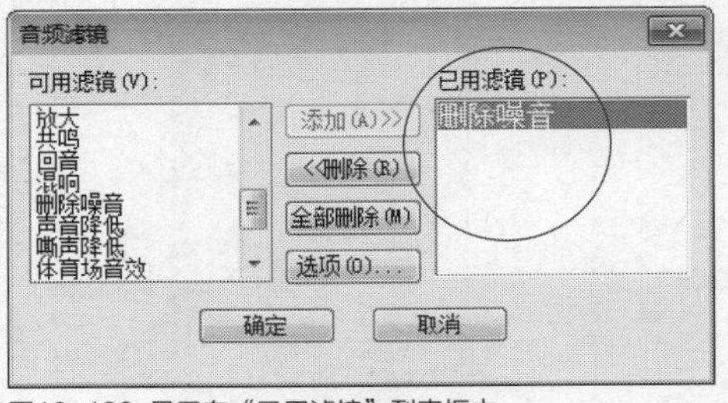

图16-136 显示在“已用滤镜”列表框中

STEP 05 单击“确定”和“播放”按钮，试听音频滤镜特效，查看视频画面效果，如图16-137所示。

图16-137 查看视频画面效果

实战 430 添加混响滤镜

▶实例位置：光盘\效果\第16章\儿时回忆.VSP
▶素材位置：光盘\素材\第16章\儿时回忆.VSP
▶视频位置：光盘\视频\第16章\实战430.mp4

• 实例介绍 •

在会声会影X7中，使用混响音频滤镜可以为音频文件添加混响效果，该滤镜样式适合放在比较热闹的视频场景中作为背景音效。

• 操作步骤 •

STEP 01 进入会声会影编辑器，单击“文件”|“打开项目”命令，打开一个项目文件，如图16-138所示。

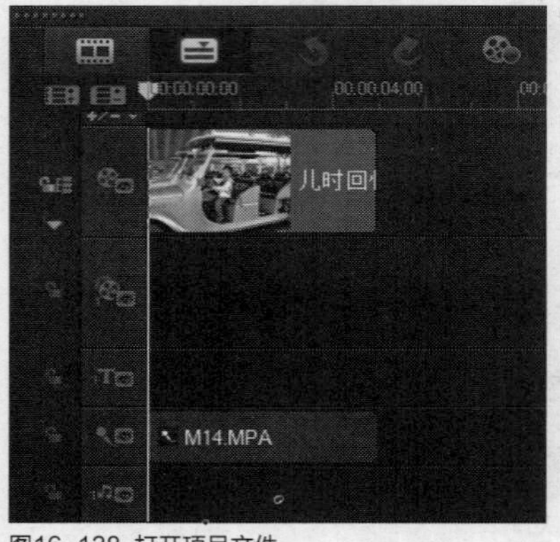

图16-138 打开项目文件

STEP 02 在语音轨中，使用鼠标左键双击需要添加音频滤镜的素材，如图16-139所示。

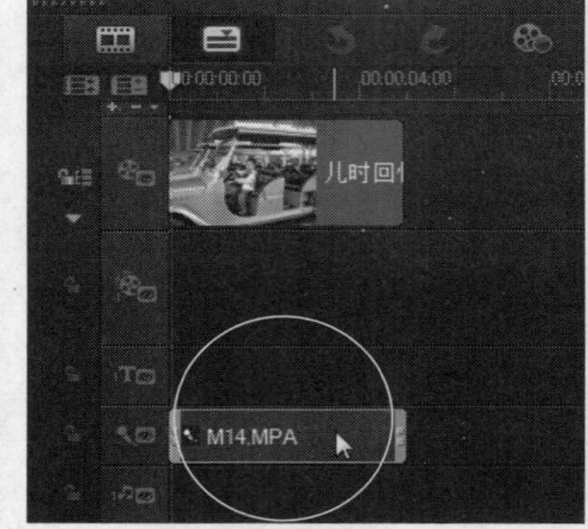

图16-139 双击需要添加音频滤镜的素材

STEP 03 打开“音乐和语音”选项面板，单击“音频滤镜”按钮，弹出“音频滤镜”对话框，在“可用滤镜”列表框中选择“混响”选项，如图16-140所示。

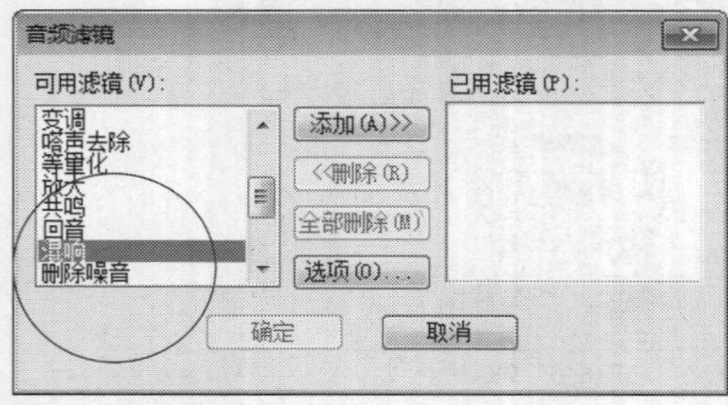

图16-140 选择“混响”选项

STEP 04 单击“添加”按钮，选择的滤镜即可显示在“已用滤镜”列表框中，如图16-141所示。

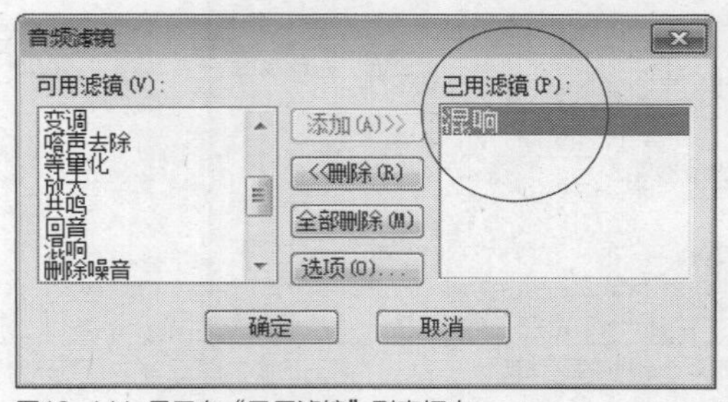

图16-141 显示在“已用滤镜”列表框中

STEP 05 单击“确定”和“播放”按钮，试听音频滤镜特效，查看视频画面效果，如图16-142所示。

图16-142 查看视频画面效果

实战 431 添加体育场音效滤镜

▶实例位置：光盘\效果\第16章\白色花朵.VSP
▶素材位置：光盘\素材\第16章\白色花朵.VSP
▶视频位置：光盘\视频\第16章\实战431.mp4

● 实例介绍 ●

在会声会影X7中，使用“体育场音效”音频滤镜可以为音频文件添加体育场音效特效。下面向读者介绍添加体育场音效滤镜的操作方法。

● 操作步骤 ●

STEP 01 进入会声会影编辑器，单击“文件”|“打开项目”命令，打开一个项目文件，如图16-143所示。

图16-143 打开项目文件

STEP 02 在语音轨中，使用鼠标左键双击需要添加音频滤镜的素材，如图16-144所示。

图16-144 双击需要添加音频滤镜的素材

STEP 03 打开“音乐和语音”选项面板，单击“音频滤镜”按钮，弹出“音频滤镜”对话框，在“可用滤镜”列表框中选择“体育场音效”选项，如图16-145所示。

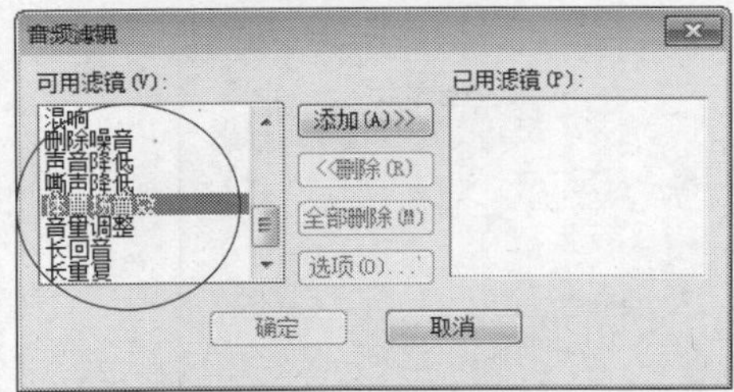

图16-145 选择“体育场音效”选项

STEP 04 单击“添加”按钮，选择的滤镜即可显示在“已用滤镜”列表框中，如图16-146所示。

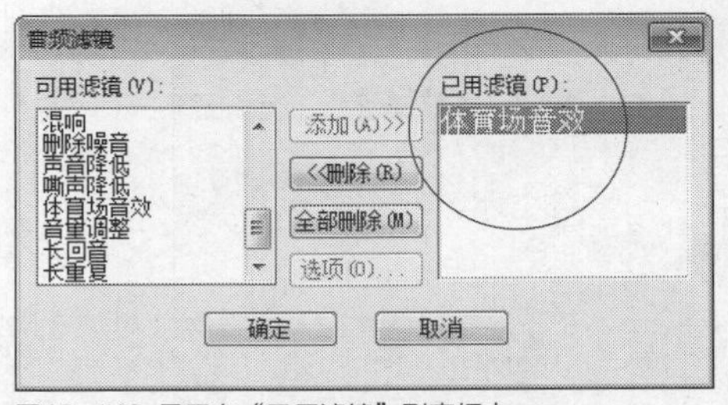

图16-146 显示在“已用滤镜”列表框中

STEP 05 单击“确定”和“播放”按钮，试听音频滤镜特效，查看视频画面效果，如图16-147所示。

图16-147 查看视频画面效果

实战432 添加自动静音滤镜

▶实例位置：光盘\效果\第16章\晚霞特效.VSP
▶素材位置：光盘\素材\第16章\晚霞特效.VSP
▶视频位置：光盘\视频\第16章\实战432.mp4

• 实例介绍 •

在会声会影X7中，使用自动静音音频滤镜可以对音频文件进行静音处理。下面向读者介绍添加自动静音滤镜的操作方法。

• 操作步骤 •

STEP 01 进入会声会影编辑器，单击“文件”|“打开项目”命令，打开一个项目文件，如图16-148所示。

图16-148 打开项目文件

STEP 02 在语音轨中，使用鼠标左键双击需要添加音频滤镜的素材，如图16-149所示。

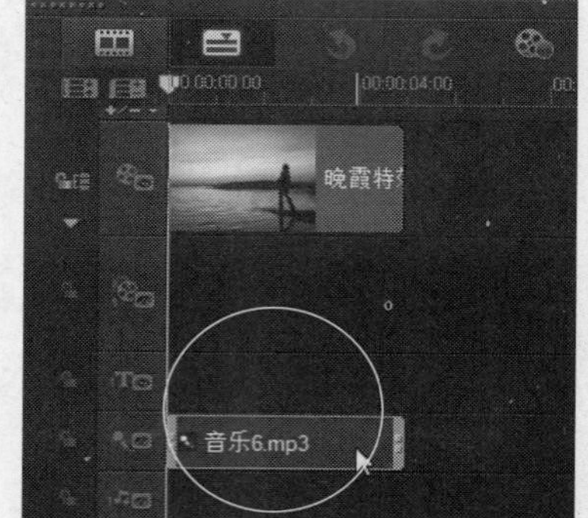

图16-149 双击需要添加音频滤镜的素材

STEP 03 打开“音乐和语音”选项面板，单击“音频滤镜”按钮，弹出“音频滤镜”对话框，在“可用滤镜”列表框中选择“NewBlue自动静音”选项，如图16-150所示。

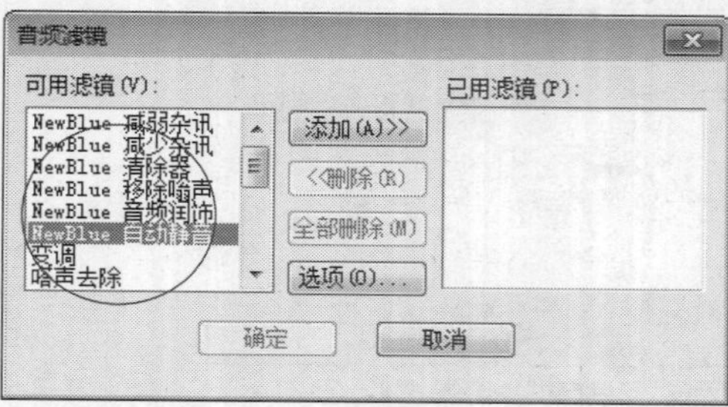

图16-150 选择“NewBlue自动静音”选项

STEP 04 单击“添加”按钮，选择的滤镜即可显示在“已用滤镜”列表框中，如图16-151所示。

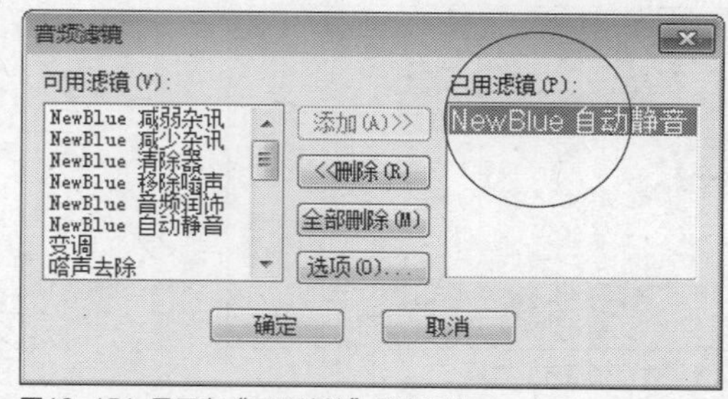

图16-151 显示在“已用滤镜”列表框中

STEP 05 单击“确定”和“播放”按钮，试听音频滤镜特效，查看视频画面效果，如图16-152所示。

图16-152 查看视频画面效果

16.7 音频混音器的运用

混音器可以动态调整音量调节线，允许在播放影片项目的同时，实时调整某个轨道素材任意一点的音量。如果用户的乐感很好，借助混音器可以像专业混音师一样混合影片的精彩声响效果。

实战433 选择需要调节的音频轨道

- 实例位置：无
- 素材位置：光盘\素材\第16章\长寿是福.VSP
- 视频位置：光盘\视频\第16章\实战433.mp4

• 实例介绍 •

在会声会影X7中使用混音器调节音量前，首先需要选择调节音量的音轨。

• 操作步骤 •

STEP 01 进入会声会影编辑器，打开一个项目文件，如图16-153所示。

图16-153 打开项目文件

STEP 02 单击时间轴面板上方的“混音器”按钮，如图16-154所示。

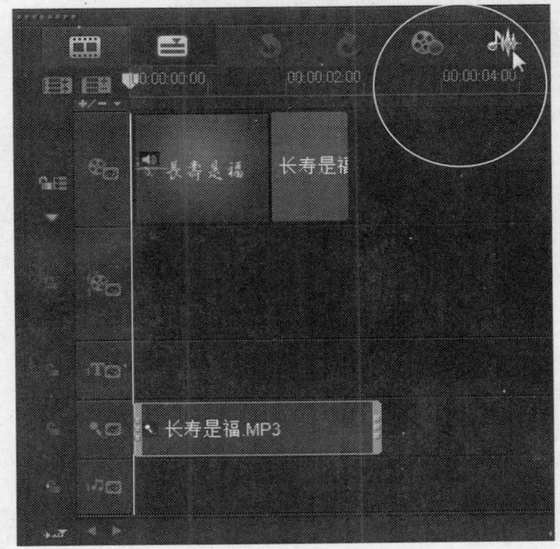

图16-154 单击“混音器”按钮

STEP 03 切换至混音器视图，在“环绕混音”选项面板中，单击“语音轨”按钮，如图16-155所示。

STEP 04 执行上述操作后，即可选择音频轨道，如图16-156所示。

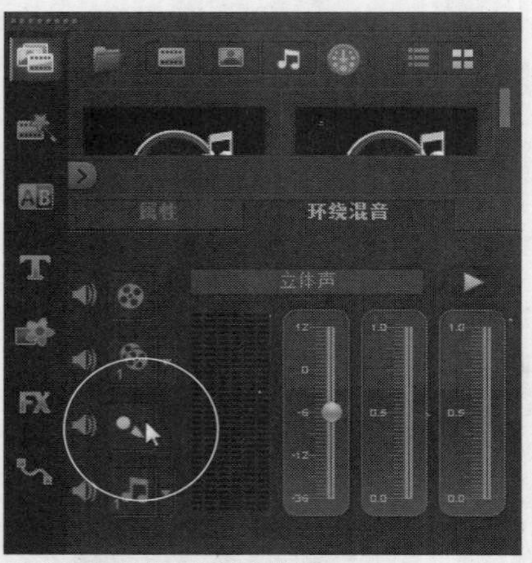

图16-155 单击"语音轨"按钮

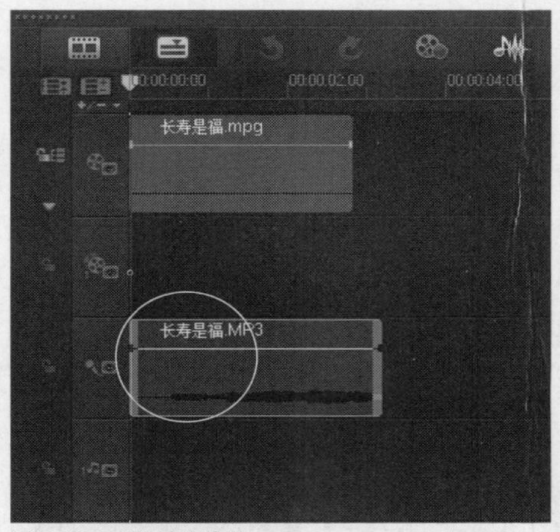

图16-156 选择音频轨道

实战434 设置音频素材为静音

▶ 实例位置：无
▶ 素材位置：光盘\素材\第16章\长寿是福.VSP
▶ 视频位置：光盘\视频\第16章\实战434.mp4

• 实例介绍 •

在会声会影X7中编辑视频文件时，用户可根据需要对语音轨中的音频文件执行静音操作。

• 操作步骤 •

STEP 01 以上一例的素材为例，如图16-157所示，进入混音器视图中的"环绕混音"选项面板。

STEP 02 单击"语音轨"按钮左侧的声音图标，执行上述操作后，即可将音频素材设置为静音，如图16-158所示。

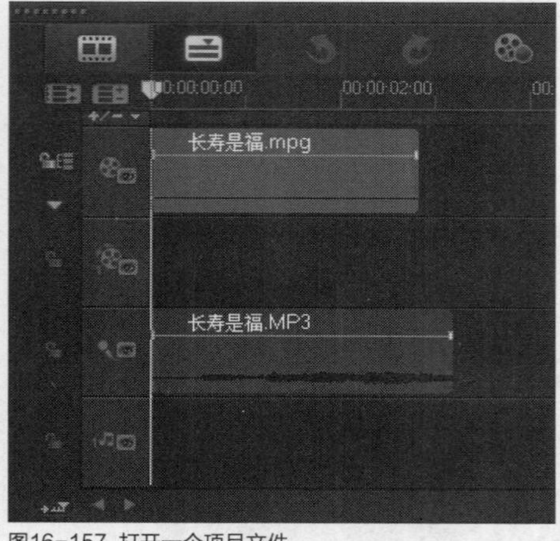

图16-157 打开一个项目文件

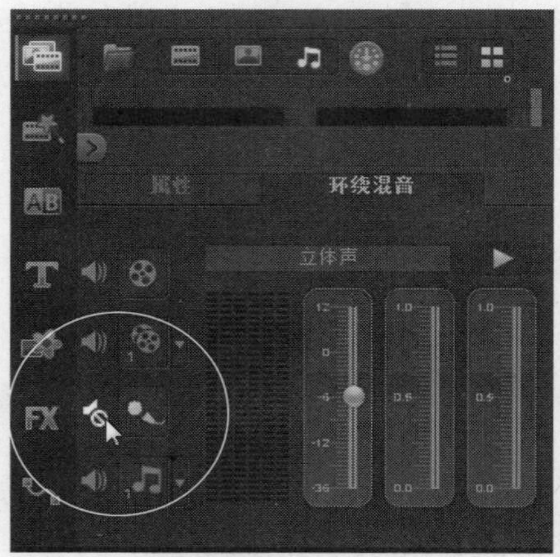

图16-158 将音频素材设置为静音

实战435 将音量调节线恢复原始状态

▶ 实例位置：光盘\效果\第16章\光芒四射.VSP
▶ 素材位置：光盘\素材\第16章\光芒四射.VSP
▶ 视频位置：光盘\视频\第16章\实战435.mp4

• 实例介绍 •

在会声会影X7中，使用混音器调节音乐轨道素材的音量后，如果用户不满意其效果，可以将其恢复至原始状态。

• 操作步骤 •

STEP 01 进入会声会影编辑器，打开一个项目文件，如图16-159所示。

STEP 02 在预览窗口中预览打开的项目效果，如图16-160所示。

图16-159 打开一个项目文件

图16-160 预览打开的项目效果

STEP 03 切换至混音器视图，在语音轨中选择音频文件，单击鼠标右键，在弹出的快捷菜单中选择“重置音量”选项，如图16-161所示。

STEP 04 执行上述操作后，即可将音量调节线恢复到原始状态，如图16-162所示。

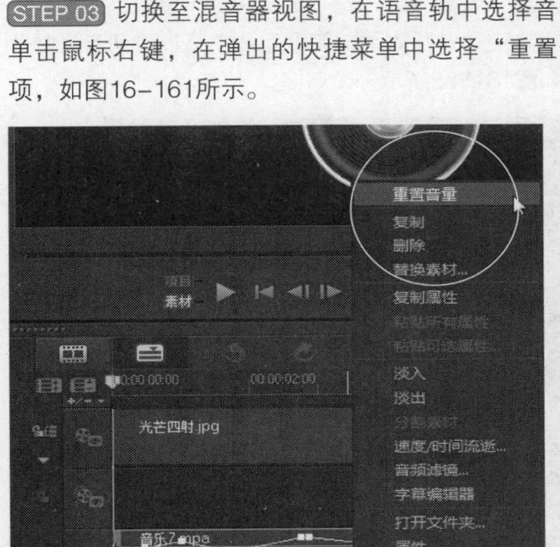

图16-161 选择“重置音量”选项

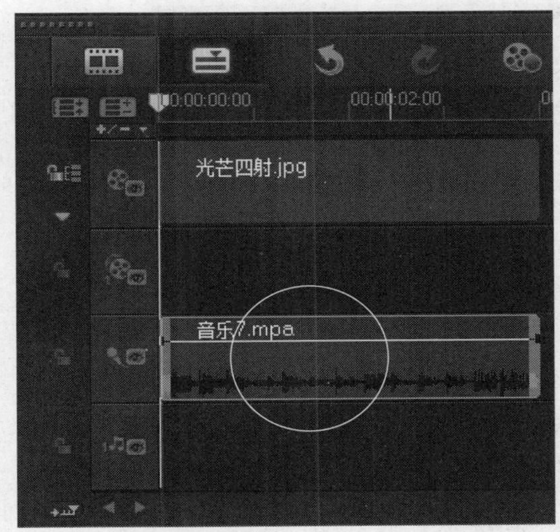

图16-162 恢复到原始状态

知识拓展

在语音轨的音频素材上，选择添加的关键帧，单击鼠标左键并向外拖曳，可以快速删除关键帧音量，将音量调节线恢复到原始状态。

实战 436 播放并实时调节音量

▶实例位置：光盘\效果\第16章\创意字母.VSP
▶素材位置：光盘\素材\第16章\创意字母.VSP
▶视频位置：光盘\视频\第16章\实战436.mp4

• 实例介绍 •

在会声会影X7的混音器视图中，播放音频文件时，用户可以对某个轨道上的音频进行音量的调整。

• 操作步骤 •

STEP 01 进入会声会影编辑器，打开一个项目文件，如图16-163所示。

STEP 02 在预览窗口中预览打开的项目效果，如图16-164所示。

图16-163 打开一个项目文件

图16-164 预览打开的项目效果

STEP 03 选择语音轨中的音频文件，切换至混音器视图，如图16-165所示。

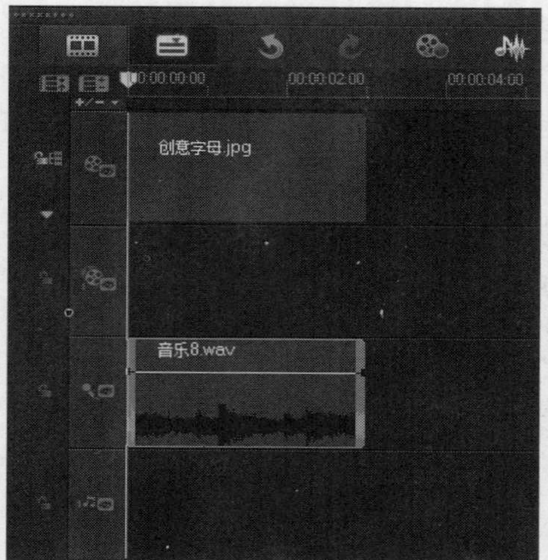
图16-165 混音器视图

STEP 04 单击“环绕混音”选项面板中的“播放”按钮，开始试听选择轨道的音频效果，在混音器中可以看到音量起伏的变化，如图16-166所示。

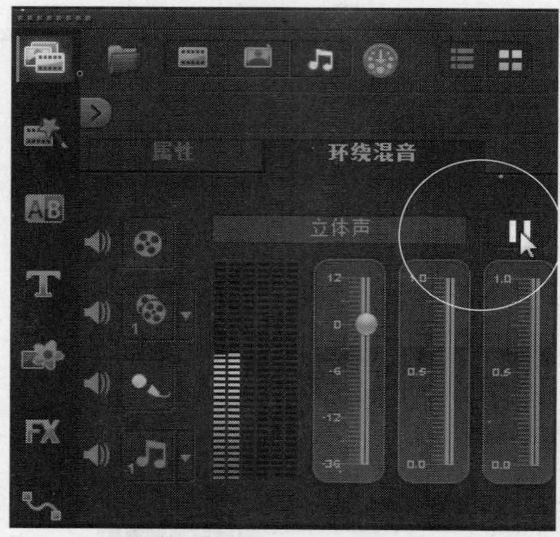
图16-166 单击“播放”按钮

STEP 05 单击“环绕混音”选项面板的“音量”按钮，并向下拖曳鼠标，如图16-167所示。

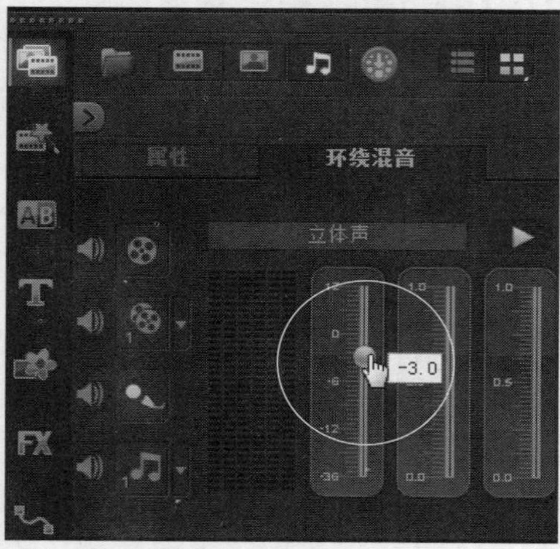
图16-167 向下拖曳鼠标

STEP 06 执行上述操作后，即可播放并实时调节音量，在语音轨中可查看音频调节效果，如图16-168所示。

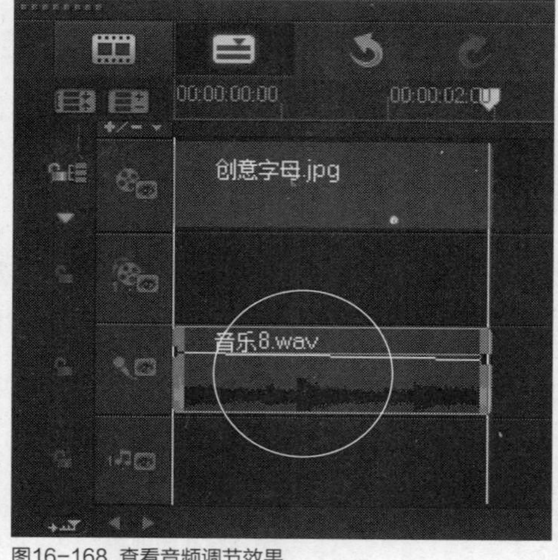
图16-168 查看音频调节效果

知识拓展

混音器是一种"动态"调整音量调节线的方式，它允许在播放影片项目的同时，实时调整音乐轨道素材任意一点的音量。

实战 437 调整左声道音量

▶实例位置：光盘\效果\第16章\创意字母1.VSP
▶素材位置：光盘\素材\第16章\创意字母.VSP
▶视频位置：光盘\视频\第16章\实战437.mp4

• 实例介绍 •

在会声会影X7中，如果音频素材播放时，其左声道的音量不能满足用户的需求，则可以调整左声道的音量。

• 操作步骤 •

STEP 01 以上一例的素材为例，选择已添加至语音轨中的音频文件，进入混音器视图，选择音频素材，如图16-169所示。

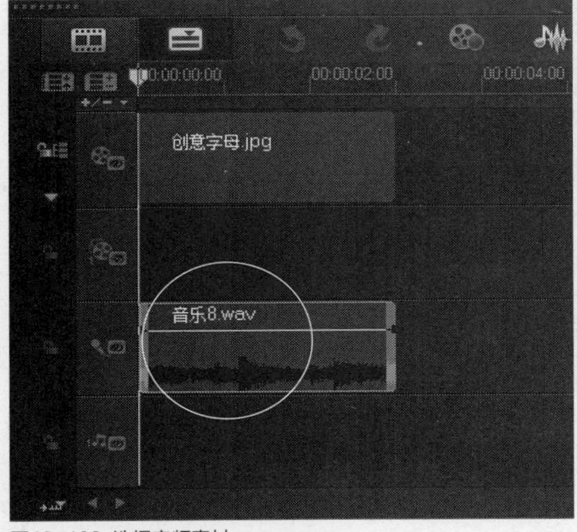

图16-169 选择音频素材

STEP 02 在"环绕混音"选项面板中单击"播放"按钮，如图16-170所示。

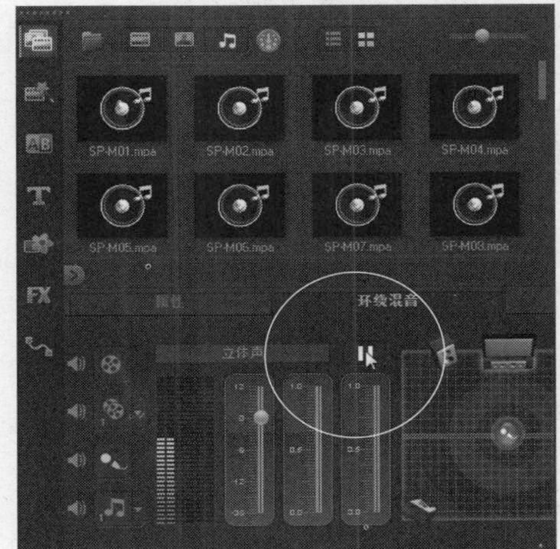

图16-170 单击"播放"按钮

STEP 03 单击右侧窗口中的滑块向左拖曳，执行操作后，即可调整左声道的音量大小，如图16-171所示。

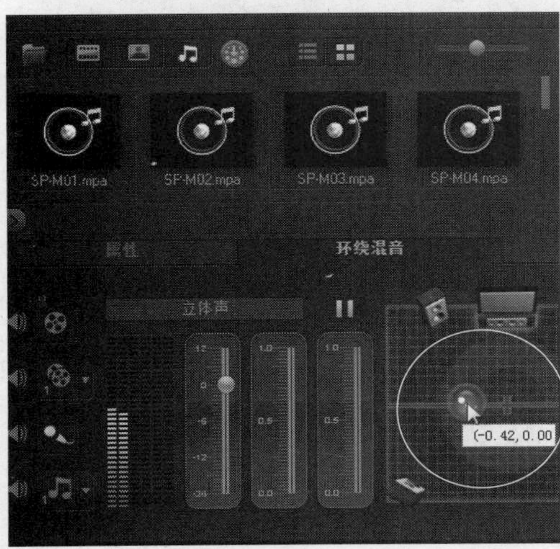

图16-171 调整左声道的音量大小

STEP 04 在语音轨中可查看音频调节效果，如图16-172所示。

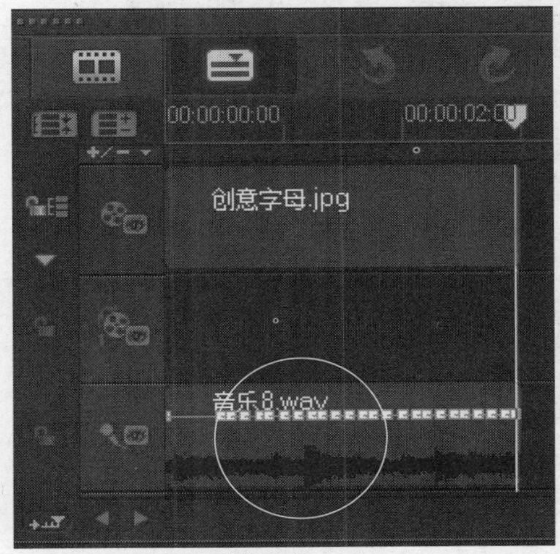

图16-172 查看音频调节效果

实战 438 调整右声道音量

▶实例位置：光盘\效果\第16章\创意字母2.VSP
▶素材位置：光盘\素材\第16章\创意字母.VSP
▶视频位置：光盘\视频\第16章\实战438.mp4

• 实例介绍 •

在会声会影X7中，用户还可以根据需要调整音频右声道音量的大小，调整后的音量在播放试听时会有所变化。

• 操作步骤 •

STEP 01 以上一例的素材为例，选择已添加至语音轨中的音频文件，进入混音器视图，选择音频素材，如图16-173所示。

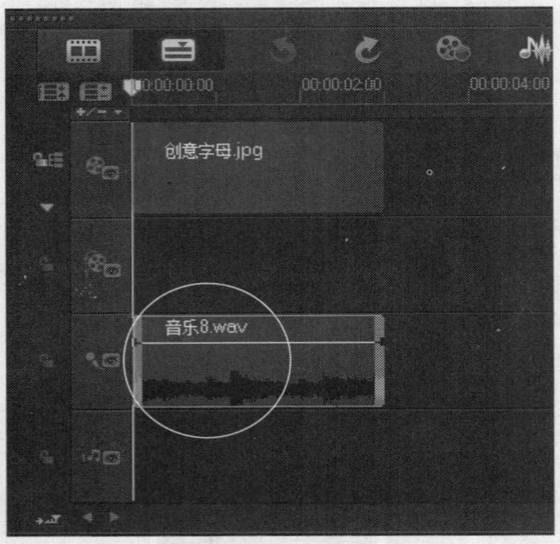

图16-173 选择音频素材

STEP 02 在“环绕混音”选项面板中单击“播放”按钮，如图16-174所示。

图16-174 单击“播放”按钮

STEP 03 单击右侧窗口中的滑块向右拖曳，执行操作后，即可调整右声道的音量大小，如图16-175所示。

图16-175 调整右声道的音量大小

STEP 04 在语音轨中可查看音频调节效果，如图16-176所示。

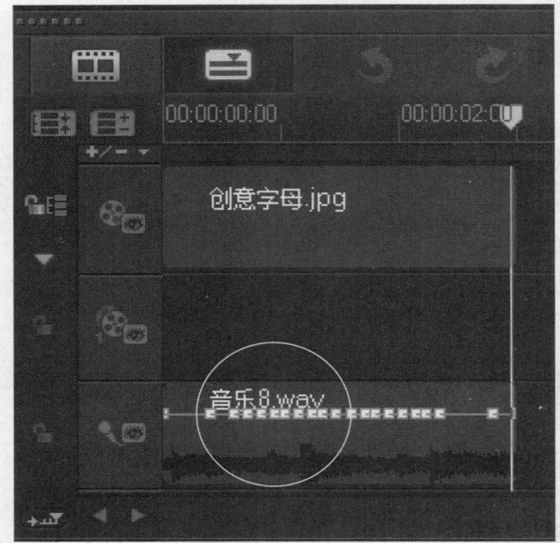

图16-176 查看音频调节效果

第17章 大功告成！输出影片

本章导读

通过会声会影X7中的“输出”步骤选项面板，可以将编辑完成的影片进行渲染以及输出成视频文件。本章主要介绍渲染与输出视频文件的各种操作方法，包括渲染输出影片、输出影片模板以及输出影片音频等内容。

要点索引

- 渲染输出视频
- 输出音频文件
- 输出视频模板
- 转换视频与音频格式

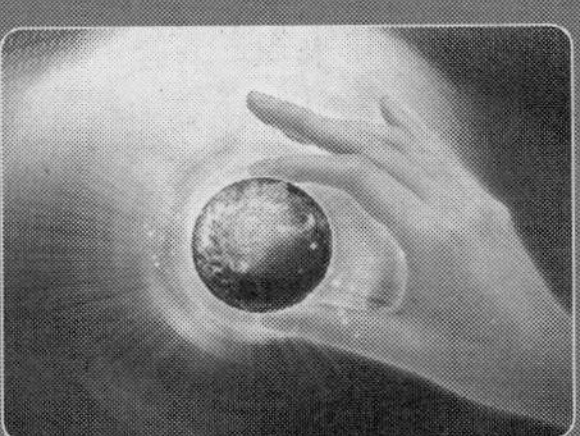

17.1 渲染输出视频

视频编辑完成后，最后的工作就是输出。会声会影X7提供了多种输出方式，以适合不同用户的需要。本节主要向读者介绍使用会声会影X7渲染与输出视频的各种操作方法，主要包括输出AVI视频、输出MPEG视频、输出MOV视频、输出MP4视频、输出WMV视频以及输出3GPP视频等内容，希望读者熟练掌握本节视频的输出技巧。

实战439 渲染输出视频

▶实例位置：光盘\效果\第17章\木制玩具.avi
▶素材位置：光盘\素材\第17章\木制玩具.VSP
▶视频位置：光盘\视频\第17章\实战439.mp4

• 实例介绍 •

AVI主要应用在多媒体光盘上，用来保存电视、电影等各种影像信息，它的优点是兼容性好，图像质量好，只是输出的尺寸和容量有点偏大。下面向读者介绍输出AVI视频文件的操作方法。

• 操作步骤 •

STEP 01 进入会声会影编辑器，单击“文件”|“打开项目”命令，打开一个项目文件，如图17-1所示。

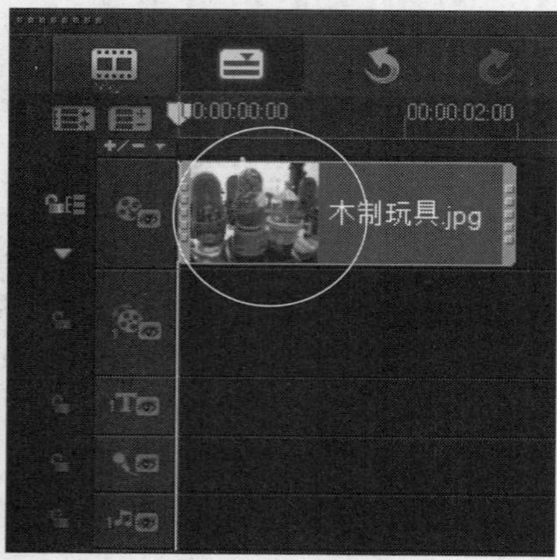

图17-1 打开一个项目文件

STEP 02 在导览面板中单击“播放”按钮，预览制作完成的视频画面效果，如图17-2所示。

图17-2 预览视频画面效果

知识拓展

默认情况下，当用户输出完成视频文件后，在预览窗口中会自动播放输出的视频文件画面，用户可以欣赏输出的视频画面效果。

STEP 03 在工作界面的上方，单击“输出”标签，执行操作后，即可切换至“输出”步骤面板，如图17-3所示。

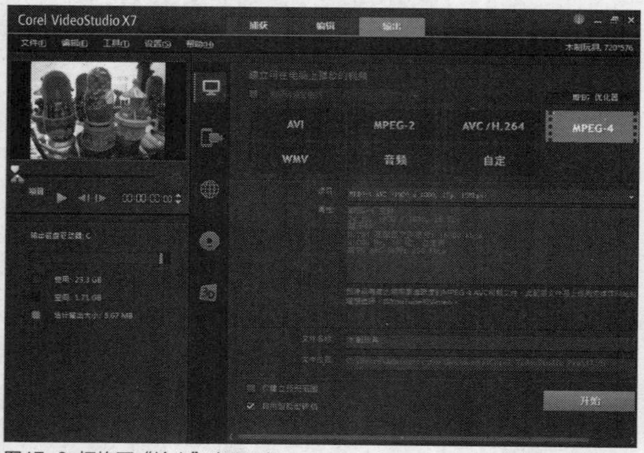

图17-3 切换至“输出”步骤面板

STEP 04 在上方面板中，选择AVI选项，如图17-4所示，输出AVI视频格式。

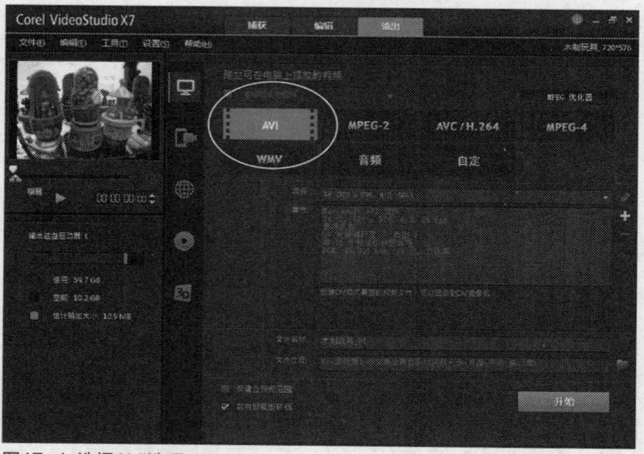

图17-4 选择AVI选项

STEP 05 在下方面板中，单击“文件位置”右侧的“浏览”按钮，如图17-5所示。

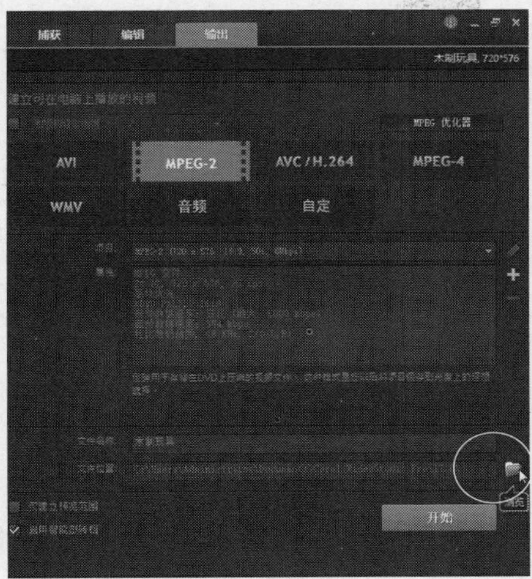

图17-5 单击“浏览”按钮

STEP 06 弹出“浏览”对话框，在其中设置视频文件的输出名称与输出位置，如图17-6所示。

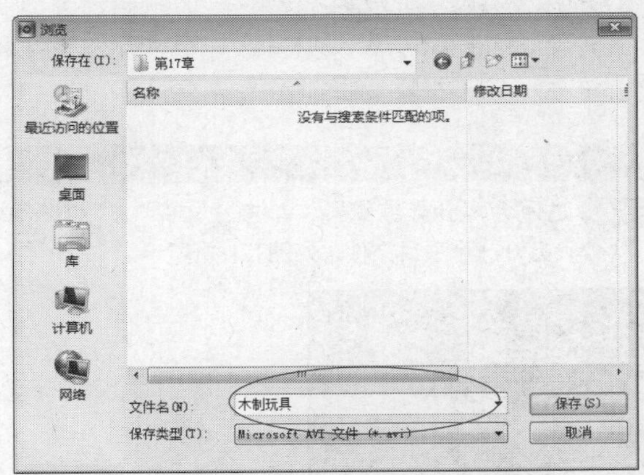

图17-6 设置输出名称与输出位置

STEP 07 设置完成后，单击“保存”按钮，返回会声会影编辑器，如图17-7所示。

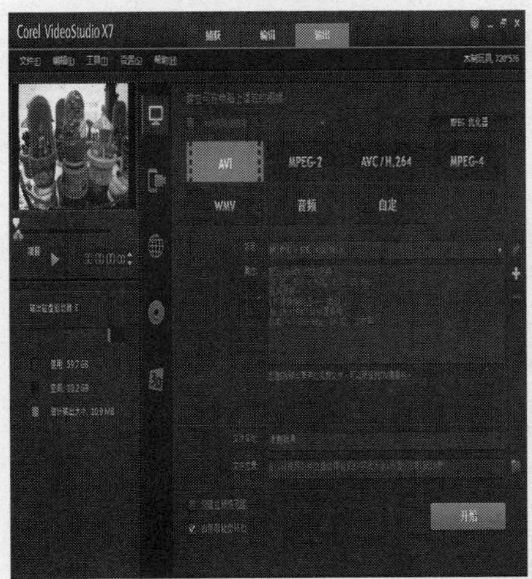

图17-7 返回会声会影编辑器

STEP 08 单击下方的“开始”按钮，开始渲染视频文件，并显示渲染进度，如图17-8所示。

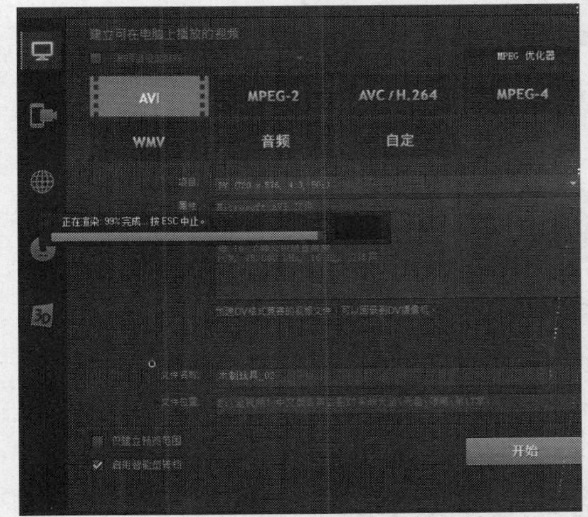

图17-8 显示渲染进度

STEP 09 稍等片刻待视频文件输出完成后，弹出信息提示框，提示用户视频文件建立成功，如图17-9所示。

图17-9 弹出信息提示框

STEP 10 单击“确定”按钮，完成输出整个项目文件的操作，在视频素材库中查看输出的AVI视频文件，如图17-10所示。

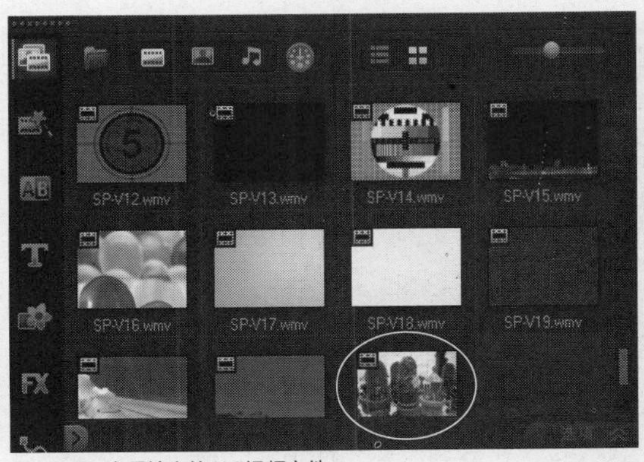

图17-10 查看输出的AVI视频文件

实战 440 输出MPEG视频

▶实例位置：光盘\效果\第17章\绿叶白花.mpg
▶素材位置：光盘\素材\第17章\绿叶白花.VSP
▶视频位置：光盘\视频\第17章\实战440.mp4

• 实例介绍 •

在影视后期输出中，有许多视频文件需要输出MPEG格式，网络上很多视频文件的格式也是MPEG格式的。下面向读者介绍输出MPEG视频文件的操作方法。

• 操作步骤 •

STEP 01 进入会声会影编辑器，单击“文件”|“打开项目”命令，打开一个项目文件，如图17-11所示。

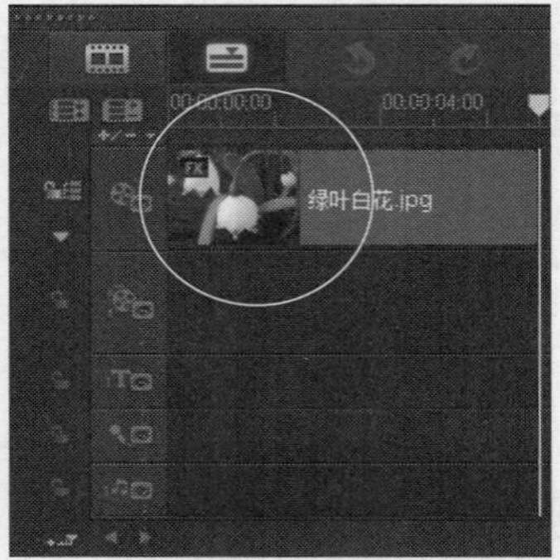

图17-11 打开一个项目文件

STEP 02 在导览面板中单击“播放”按钮，预览制作完成的视频画面效果，如图17-12所示。

图17-12 预览视频画面效果

STEP 03 在工作界面的上方，单击“输出”标签，执行操作后，即可切换至“输出”步骤面板，如图17-13所示。

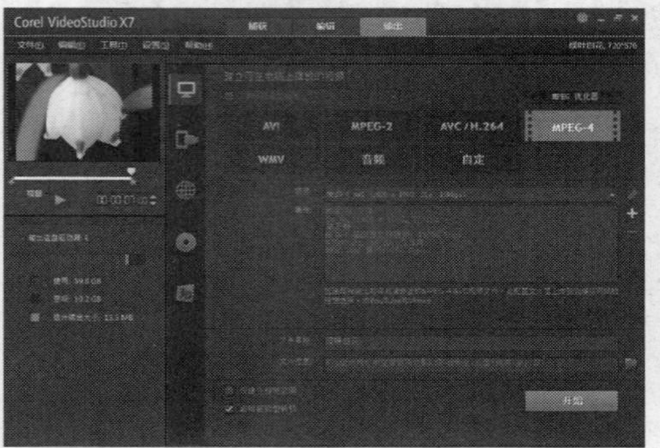

图17-13 切换至“输出”步骤面板

STEP 04 在上方面板中，选择MPEG-2选项，如图17-14所示，输出MPEG视频格式。

图17-14 选择MPEG-2选项

STEP 05 在下方面板中，单击“文件位置”右侧的“浏览”按钮，如图17-15所示。

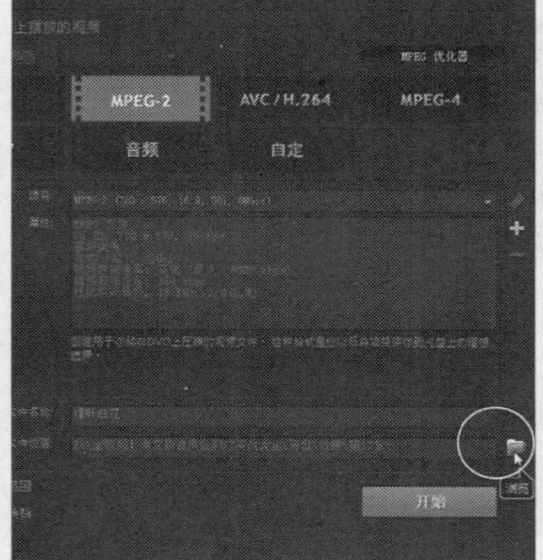

图17-15 单击“浏览”按钮

STEP 06 弹出“浏览”对话框，在其中设置视频文件的输出名称与输出位置，如图17-16所示。

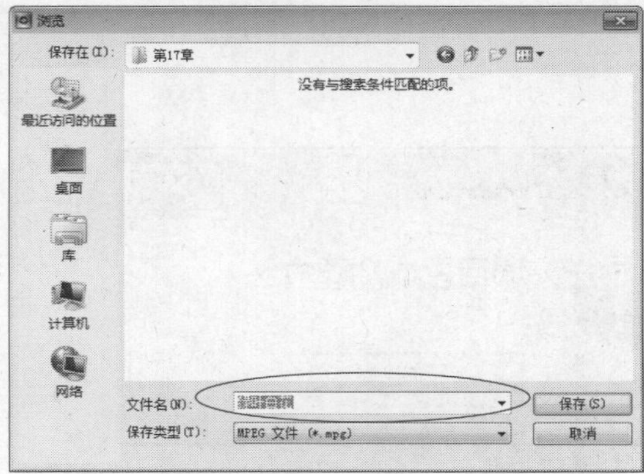

图17-16 设置输出名称与输出位置

STEP 07 设置完成后，单击“保存”按钮，返回会声会影编辑器，如图17-17所示。

图17-17 返回会声会影编辑器

STEP 08 单击下方的“开始”按钮，开始渲染视频文件，并显示渲染进度，如图17-18所示。

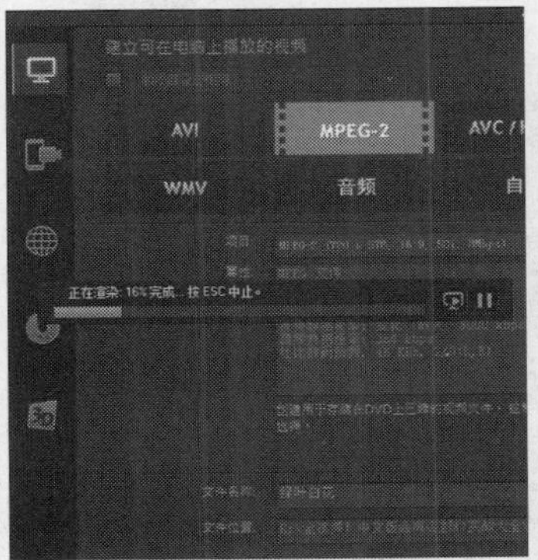

图17-18 显示渲染进度

STEP 09 稍等片刻，待视频文件输出完成后，弹出信息提示框，提示用户视频文件建立成功，如图17-19所示。

图17-19 弹出信息提示框

STEP10 单击“确定”按钮，完成输出整个项目文件的操作，在视频素材库中查看输出的MPEG视频文件，如图17-20所示。

图17-20 查看输出的MPEG视频文件

实战441 输出MOV视频

▶实例位置：光盘\效果\第17章\荷花盛开.mov
▶素材位置：光盘\素材\第17章\荷花盛开.VSP
▶视频位置：光盘\视频\第17章\实战441.mp4

• 实例介绍 •

MOV格式是指Quick Time格式，是苹果（Apple）公司创立的一种视频格式。下面向读者介绍输出MOV视频文件的操作方法。

• 操作步骤 •

STEP 01 进入会声会影编辑器，单击“文件”|“打开项目”命令，打开一个项目文件，如图17-21所示。

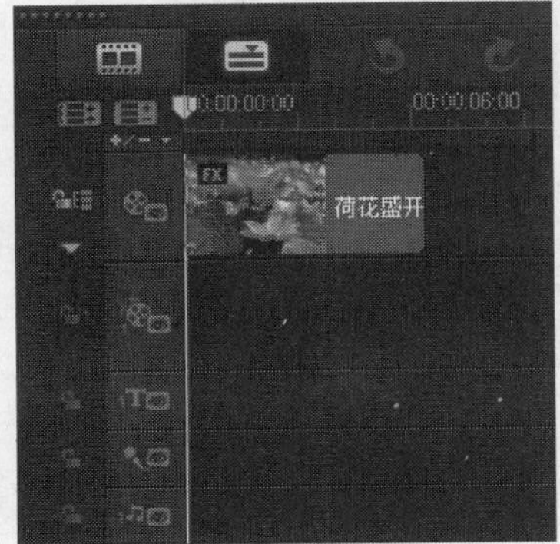

图17-21 打开一个项目文件

STEP 02 在导览面板中单击“播放”按钮，预览制作完成的视频画面效果，如图17-22所示。

图17-22 预览视频画面效果

STEP 03 在工作界面的上方，单击“输出”标签，执行操作后，即可切换至“输出”步骤面板，如图17-23所示。

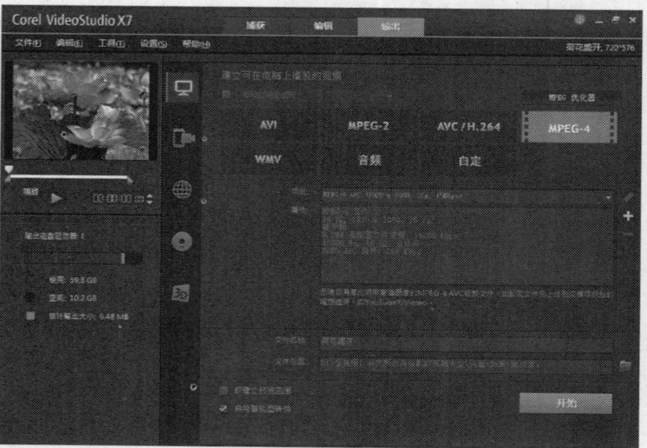

图17-23 切换至“输出”步骤面板

STEP 04 在上方面板中，单击“自定”按钮，单击“项目”右侧的下拉按钮，在其中选择MOV选项，如图17-24所示，输出MOV视频格式。

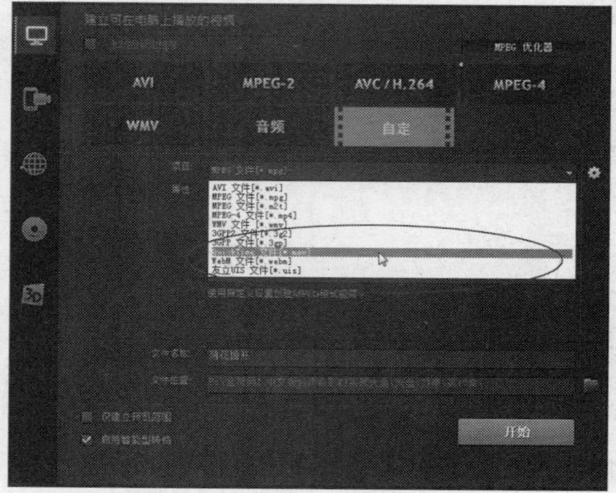

图17-24 选择MOV选项

STEP 05 在下方面板中，单击“文件位置”右侧的“浏览”按钮，如图17-25所示。

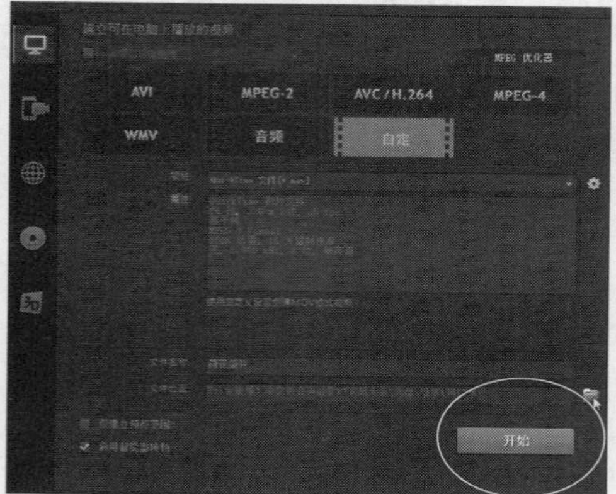

图17-25 单击“浏览”按钮

STEP 06 弹出“浏览”对话框，在其中设置视频文件的输出名称与输出位置，如图17-26所示。

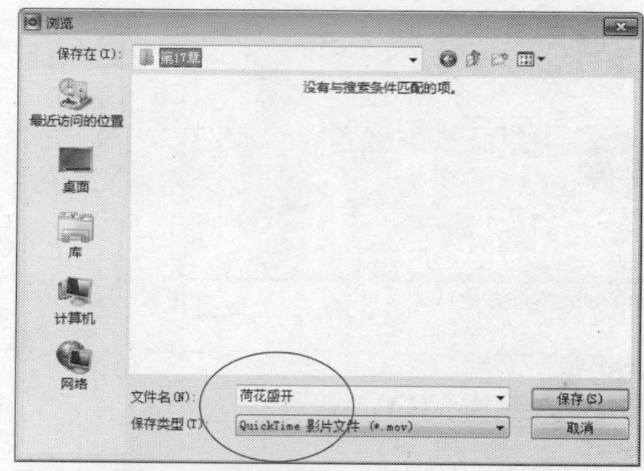

图17-26 设置输出名称与输出位置

STEP 07 设置完成后，单击“保存”按钮，返回会声会影编辑器，如图17-27所示。

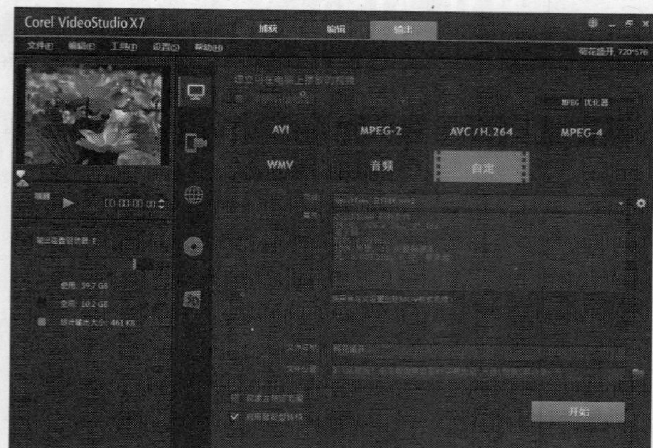

图17-27 返回会声会影编辑器

STEP 08 单击下方的“开始”按钮，开始渲染视频文件，并显示渲染进度，如图17-28所示。

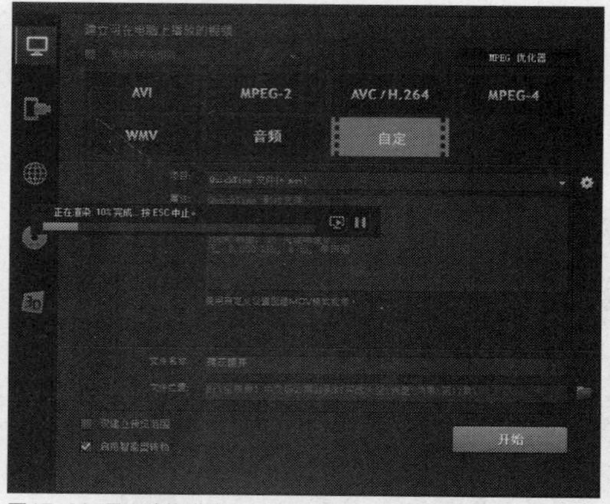

图17-28 显示渲染进度

STEP 09 稍等片刻，待视频文件输出完成后，弹出信息提示框，提示用户视频文件建立成功，如图17-29所示。

STEP 10 单击“确定”按钮，完成输出整个项目文件的操作，在视频素材库中查看输出的MOV视频文件，如图17-30所示。

图17-29 弹出信息提示框

图17-30 查看输出的MOV视频文件

实战 442 输出MP4视频

▶ 实例位置：光盘\效果\第17章\星球.mp4
▶ 素材位置：光盘\素材\第17章\星球.VSP
▶ 视频位置：光盘\视频\第17章\实战442.mp4

• 实例介绍 •

MP4全称MPEG-4 Part 14，是一种使用MPEG-4的多媒体电脑档案格式，文件格式名为.mp4。MP4格式的优点是应用广泛，这种格式在大多数播放软件、非线性编辑软件以及智能手机中都能播放。下面向读者介绍输出MP4视频文件的操作方法。

• 操作步骤 •

STEP 01 进入会声会影编辑器，单击“文件”|“打开项目”命令，打开一个项目文件，如图17-31所示。

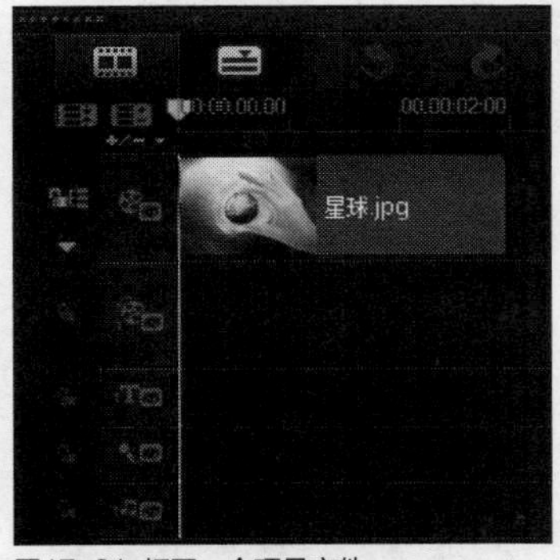

图17-31 打开一个项目文件

STEP 02 在导览面板中单击“播放”按钮，预览制作完成的视频画面效果，如图17-32所示。

图17-32 预览视频画面效果

STEP 03 在工作界面的上方，单击“输出”标签，执行操作后，即可切换至“输出”步骤面板，如图17-33所示。

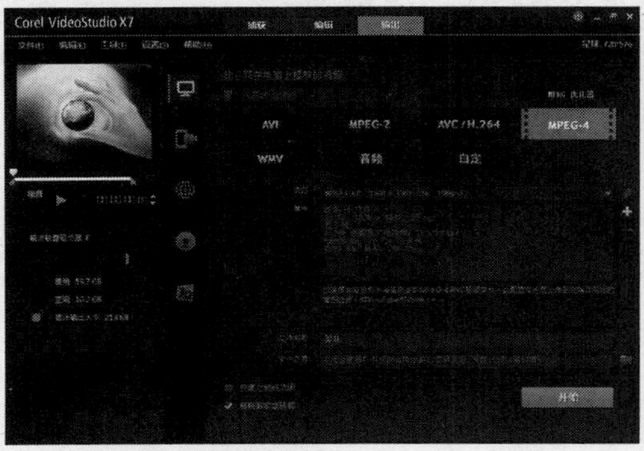

图17-33 切换至“输出”步骤面板

STEP 04 在上方面板中，单击“自定”按钮，单击“项目”右侧的下拉按钮，在其中选择MP4选项，如图17-34所示，输出MP4视频格式。

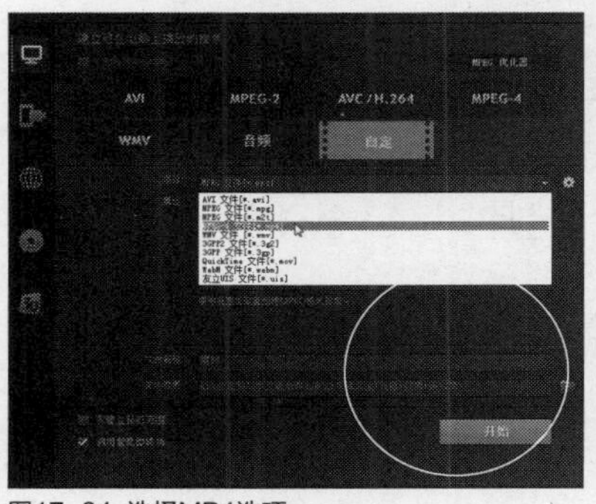

图17-34 选择MP4选项

STEP 05 在下方面板中，单击“文件位置”右侧的“浏览”按钮，如图17-35所示。

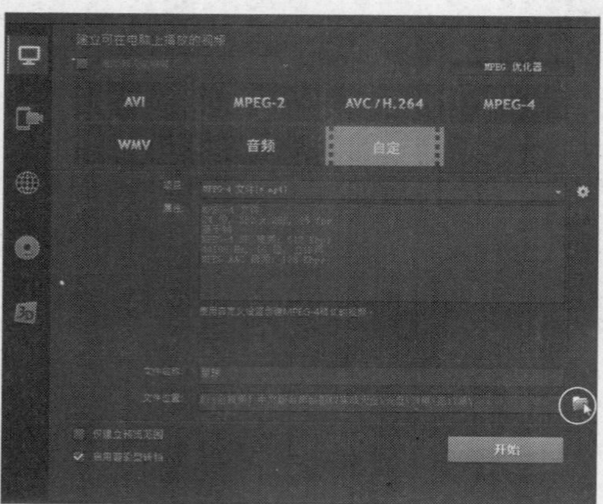

图17-35 单击“浏览”按钮

STEP 06 弹出“浏览”对话框，在其中设置视频文件的输出名称与输出位置，如图17-36所示。

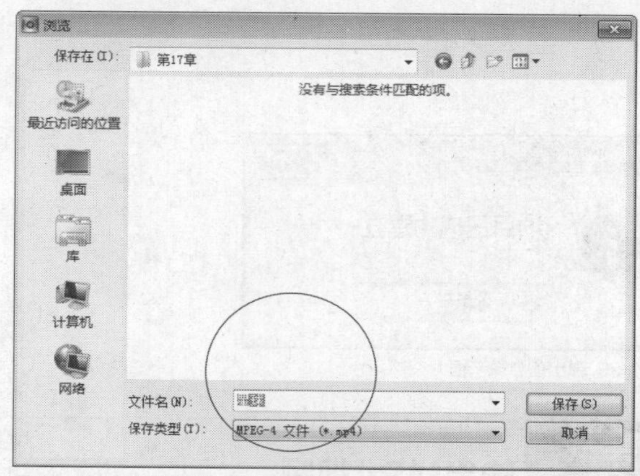

图17-36 设置输出名称与输出位置

STEP 07 设置完成后，单击“保存”按钮，返回会声会影编辑器，如图17-37所示。

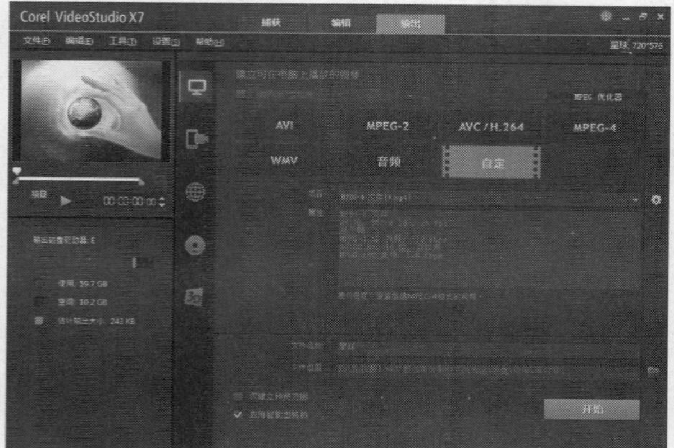

图17-37 返回会声会影编辑器

STEP 08 单击下方的“开始”按钮，开始渲染视频文件，并显示渲染进度，如图17-38所示。

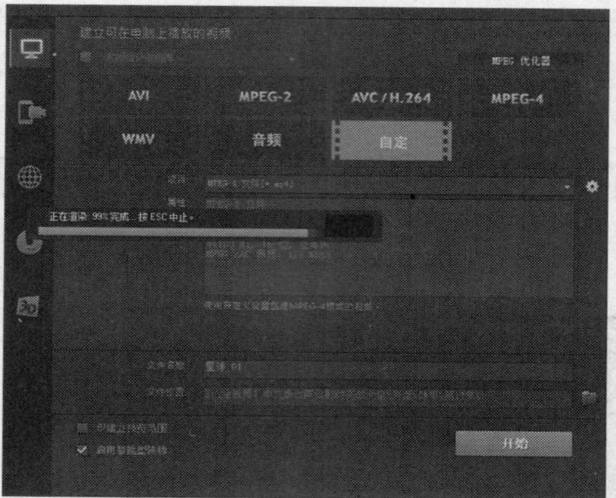

图17-38 显示渲染进度

STEP 09 稍等片刻，待视频文件输出完成后，弹出信息提示框，提示用户视频文件建立成功，如图17-39所示。

图17-39 弹出信息提示框

STEP 10 单击“确定”按钮，完成输出整个项目文件的操作，在视频素材库中查看输出的MP4视频文件，如图17-40所示。

图17-40 查看输出的MP4视频文件

知识拓展

在会声会影X7的“输出”面板中，用户还可以输出AVI、WMV以及MPEG-4视频格式，操作方法很简单，用户只需在“输出”面板中选择相应的输出格式即可。

实战443 输出WMV视频

▶实例位置：光盘\效果\第17章\美丽景色.wmv
▶素材位置：光盘\素材\第17章\美丽景色.VSP
▶视频位置：光盘\视频\第17章\实战443.mp4

• 实例介绍 •

WMV视频格式在互联网中使用非常频繁，深受广大用户喜爱。下面向读者介绍输出WMV视频文件的操作方法。

• 操作步骤 •

STEP 01 进入会声会影编辑器，单击“文件”|“打开项目”命令，打开一个项目文件，如图17-41所示。

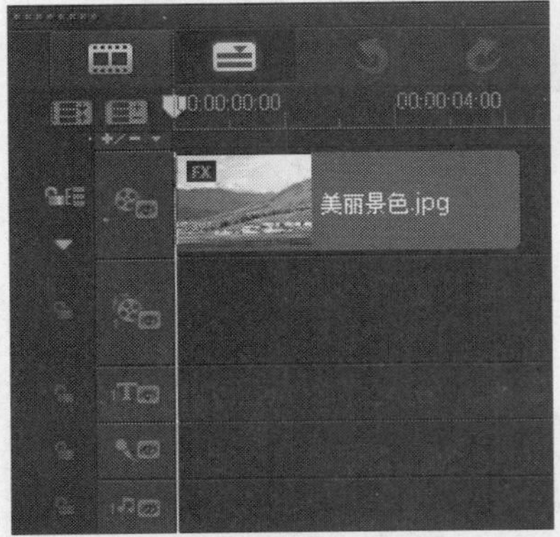

图17-41 打开一个项目文件

STEP 02 在导览面板中单击“播放”按钮，预览制作完成的视频画面效果，如图17-42所示。

图17-42 预览视频画面效果

STEP 03 在工作界面的上方，单击“输出”标签，执行操作后，即可切换至“输出”步骤面板，如图17-43所示。

图17-43 切换至“输出”步骤面板

STEP 04 在上方面板中选择WMV选项，如图17-44所示，输出WMV视频格式。

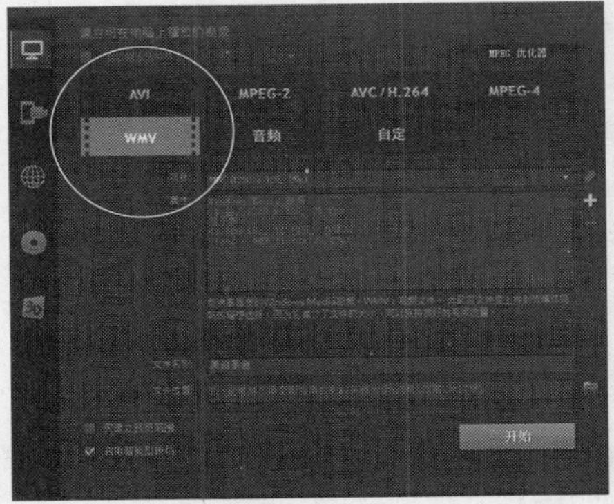

图17-44 选择WMV选项

STEP 05 在下方面板中，单击“文件位置”右侧的“浏览”按钮，如图17-45所示。

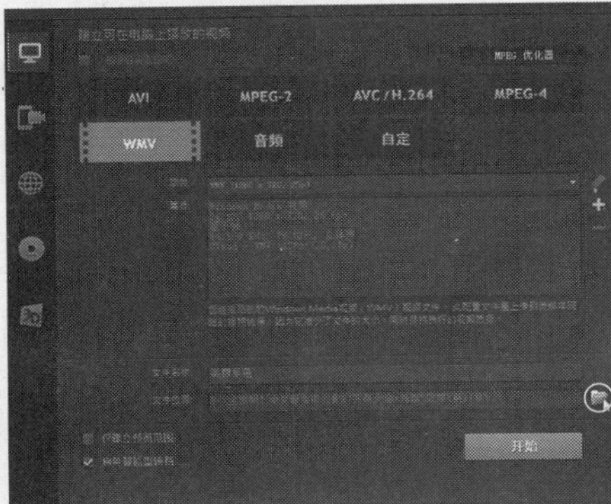

图17-45 单击“浏览”按钮

STEP 06 弹出“浏览”对话框，在其中设置视频文件的输出名称与输出位置，如图17-46所示。

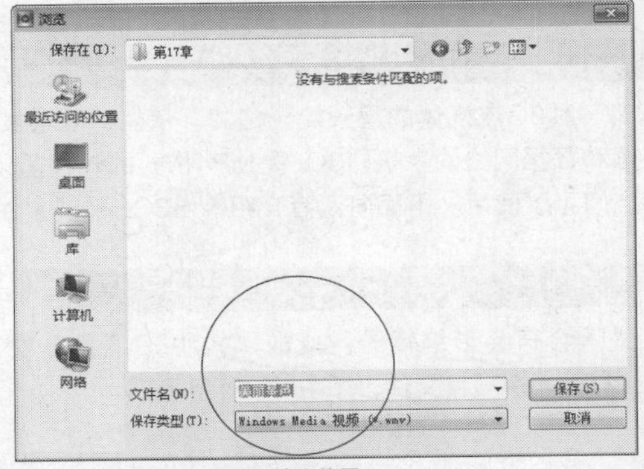

图17-46 设置输出名称与输出位置

STEP 07 设置完成后，单击“保存”按钮，返回会声会影编辑器，如图17-47所示。

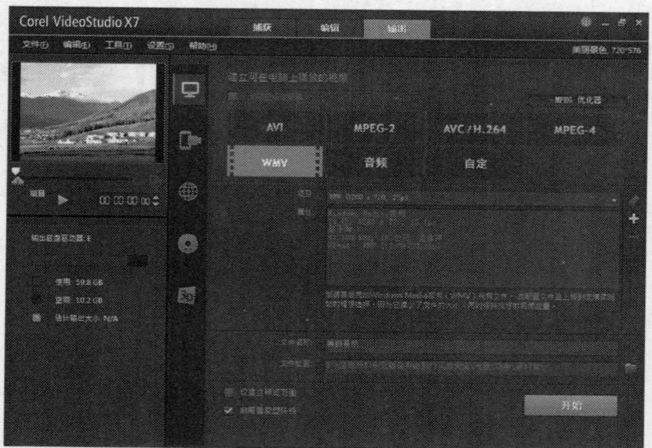

图17-47 返回会声会影编辑器

STEP 08 单击下方的“开始”按钮，开始渲染视频文件，并显示渲染进度，如图17-48所示。

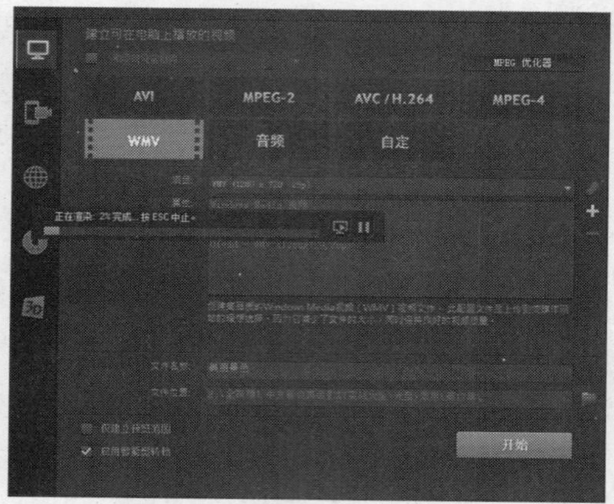

图17-48 显示渲染进度

STEP 09 稍等片刻，待视频文件输出完成后，弹出信息提示框，提示用户视频文件建立成功，如图17-49所示。

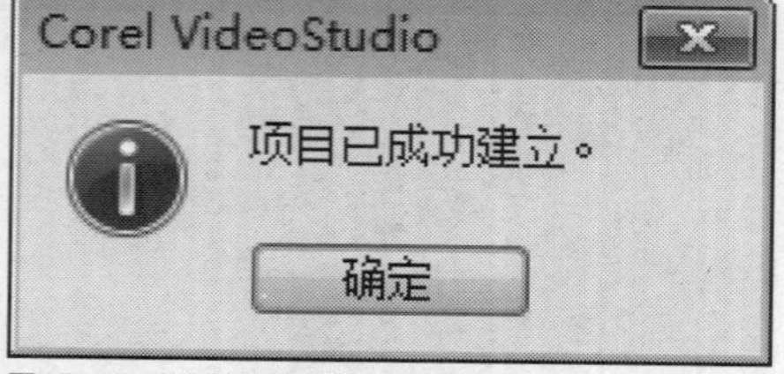

图17-49 弹出信息提示框

STEP 10 单击“确定”按钮，完成输出整个项目文件的操作，在视频素材库中查看输出的WMV视频文件，如图17-50所示。

图17-50 查看输出的WMV视频文件

知识拓展

在会声会影X7中，渲染输出指定范围影片时，用户还可以按“F3”键，来快速标记影片的开始位置。

实战444 输出3GP视频

- 实例位置：光盘\效果\第17章\天空特效.mp4
- 素材位置：光盘\素材\第17章\天空特效.VSP
- 视频位置：光盘\视频\第17章\实战444.mp4

• 实例介绍 •

3GP是一种3G流媒体的视频编码格式，使用户能够发送大量的数据到移动电话网络，从而明确传输大型文件，如音频、视频和数据网络的手机。3GP是MP4格式的一种简化版本，减少了储存空间，拥有较低的频宽需求，使手机上有限的储存空间可以使用。下面向读者介绍输出3GP视频文件的操作方法。

• 操作步骤 •

STEP 01 进入会声会影编辑器，单击“文件”|“打开项目”命令，打开一个项目文件，如图17-51所示。

STEP 02 在导览面板中单击“播放”按钮，预览制作完成的视频画面效果，如图17-52所示。

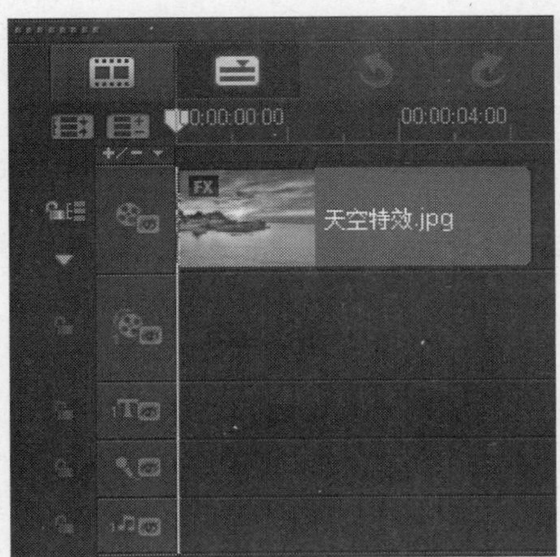

图17-51 打开一个项目文件

图17-52 预览视频画面效果

STEP 03 在工作界面的上方，单击“输出”标签，执行操作后，即可切换至“输出”步骤面板，如图17-53所示。

STEP 04 在上方面板中，单击“自定”按钮，单击“项目”右侧的下拉按钮，在其中选择3GP选项，如图17-54所示，输出3GP视频格式。

图17-53 切换至“输出”步骤面板

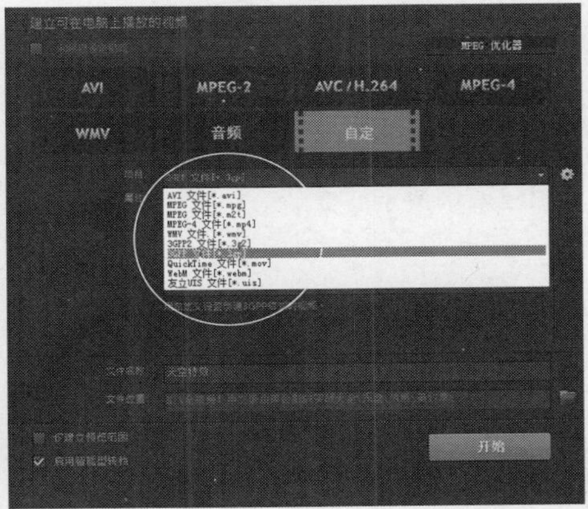

图17-54 选择3GP选项

STEP 05 在下方面板中，单击“文件位置”右侧的“浏览”按钮，如图17-55所示。

STEP 06 弹出“浏览”对话框，在其中设置视频文件的输出名称与输出位置，如图17-56所示。

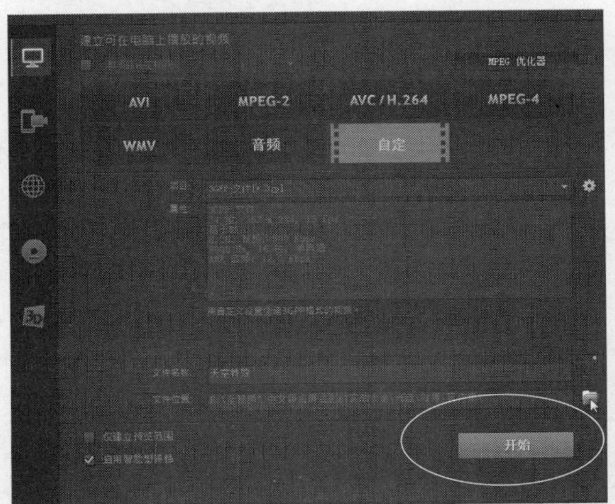

图17-55 单击“浏览”按钮

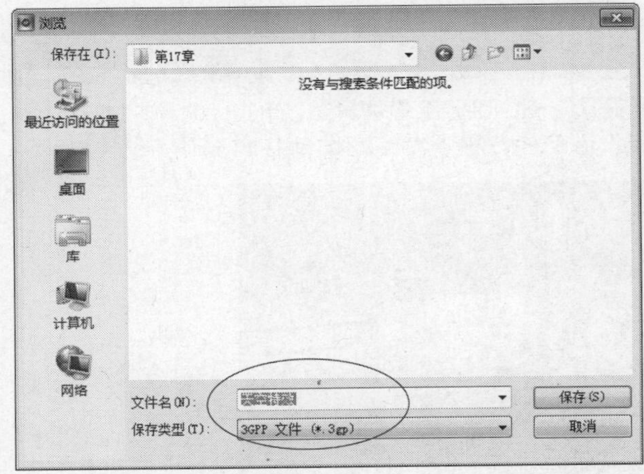

图17-56 设置输出名称与输出位置

STEP 07 设置完成后，单击“保存”按钮，返回会声会影编辑器，如图17-57所示。

STEP 08 单击下方的“开始”按钮，开始渲染视频文件，并显示渲染进度，如图17-58所示。

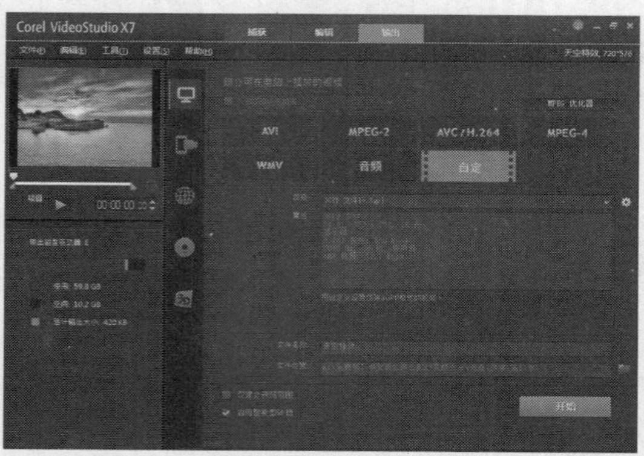
图17-57 返回会声会影编辑器

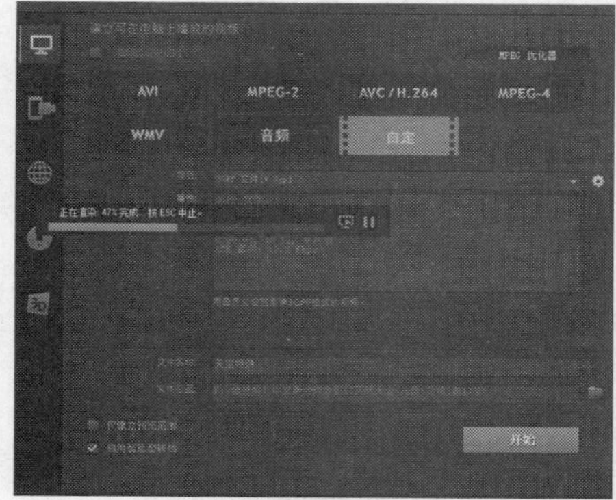
图17-58 显示渲染进度

STEP 09 稍等片刻，待视频文件输出完成后，弹出信息提示框，提示用户视频文件建立成功，如图17-59所示。

图17-59 弹出信息提示框

STEP 10 单击“确定”按钮，完成输出整个项目文件的操作，在视频素材库中查看输出的3GP视频文件，如图17-60所示。

图17-60 查看输出的3GP视频文件

实战445 输出部分视频

▶实例位置：光盘\效果\第17章\海上游船.mp4
▶素材位置：光盘\素材\第17章\海上游船.VSP
▶视频位置：光盘\视频\第17章\实战445.mp4

• 实例介绍 •

在会声会影X7中渲染视频时，为了更好地查看视频效果，常常需要渲染视频中的部分内容。下面向读者介绍渲染输出指定范围的视频内容的操作方法。

• 操作步骤 •

STEP 01 进入会声会影编辑器，单击“文件”|“打开项目”命令，打开一个项目文件，如图17-61所示。

图17-61 打开一个项目文件

STEP 02 在时间轴面板中，将时间线移至00:00:01:00的位置处，如图17-62所示。

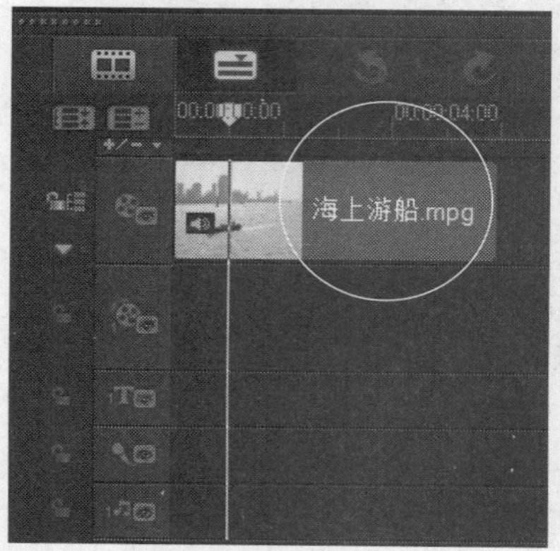

图17-62 移动时间线

STEP 03 在导览面板中，单击“开始标记”按钮，标记视频的起始点，如图17-63所示。

图17-63 标记视频的起始点

STEP 04 在时间轴面板中，将时间线移至00:00:04:00的位置处，如图17-64所示。

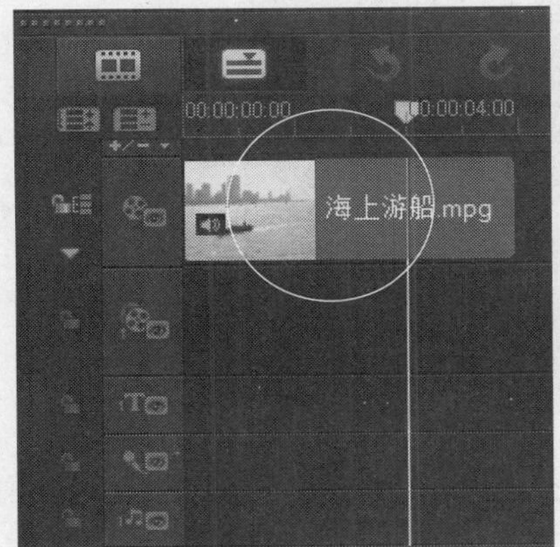

图17-64 移动时间线

STEP 05 在导览面板中，单击“结束标记”按钮，标记视频的结束点，如图17-65所示。

图17-65 标记视频的结束点

STEP 06 单击“输出”标签，切换至“输出”步骤面板，在上方面板中选择MPEG-4选项，是指输出MP4视频格式，如图17-66所示。

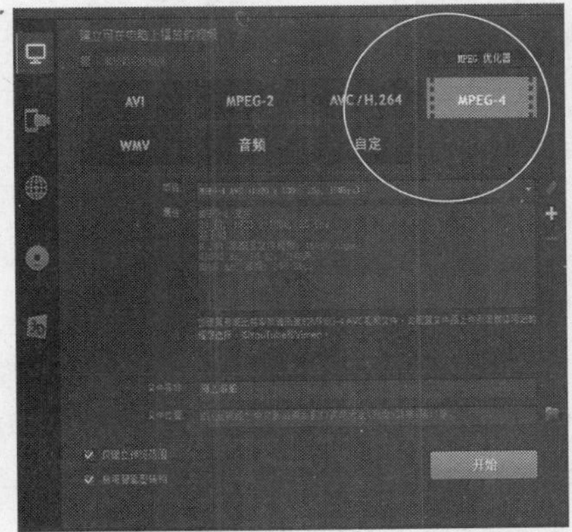

图17-66 选择MPEG-4选项

STEP 07 单击“文件位置”右侧的“浏览”按钮，弹出“浏览”对话框，在其中设置视频文件的输出名称与输出位置，如图17-67所示。

图17-67 设置输出名称与输出位置

STEP 08 设置完成后，单击“保存”按钮，返回会声会影编辑器，在面板下方选中“仅建立预览范围”复选框，如图17-68所示。

图17-68 选中“仅建立预览范围”复选框

STEP 09 单击“开始”按钮，开始渲染视频文件，并显示渲染进度，如图17-69所示。

STEP 10 稍等片刻待视频文件输出完成后，弹出信息提示框，提示用户视频文件建立成功，单击“确定”按钮，完成指定影片输出范围的操作，在视频素材库中查看输出的视频文件，如图17-70所示。

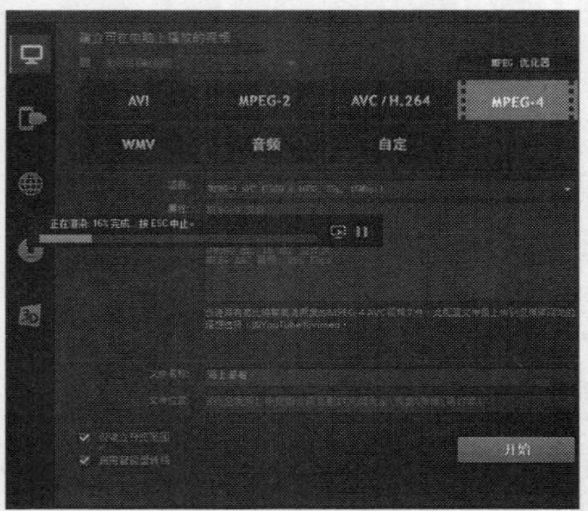

图17-69 显示渲染进度

图17-70 查看输出的视频文件

STEP 11 在导览面板中，可以预览输出的视频画面效果，如图17-71所示。

图17-71 预览输出的视频画面效果

17.2 输出音频文件

在会声会影X7中，用户可以单独输出项目文件中的背景音乐素材，并将视频文件中的音频素材单独保存，以便在音频编辑软件中处理或者应用到其他项目文件中。本节主要向读者介绍单独输出项目中的音频文件的操作方法。

实战446 输出WAV音频

- 实例位置：光盘\效果\第17章\幸福家园.wav
- 素材位置：光盘\素材\第17章\幸福家园.VSP
- 视频位置：光盘\视频\第17章\实战446.mp4

• 实例介绍 •

WAV格式是微软公司开发的一种声音文件格式，又称为波形声音文件。下面向读者介绍输出WAV音频文件的操作方法。

• 操作步骤 •

STEP 01 进入会声会影编辑器，单击“文件”|“打开项目”命令，打开一个项目文件，如图17-72所示。

图17-72 打开一个项目文件

STEP 02 在导览面板中单击“播放”按钮，预览制作完成的视频画面效果，如图17-73所示。

图17-73 预览视频画面效果

STEP 03 在工作界面的上方，单击“输出”标签，切换至“输出”步骤面板，选择“音频”选项，如图17-74所示。

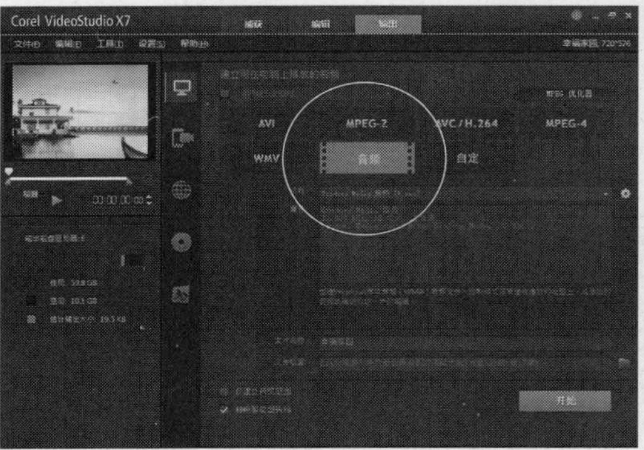

图17-74 选择“音频”选项

STEP 04 在下方的面板中单击“项目”右侧的下三角按钮，在弹出的列表框中选择WAV选项，如图17-75所示，是指输出WAV音频文件。

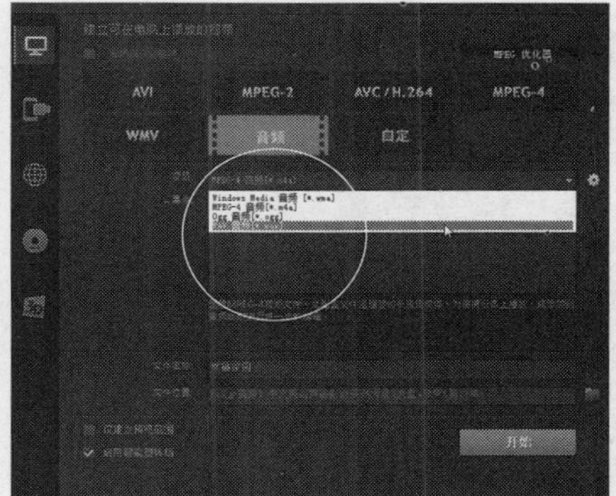

图17-75 选择WAV选项

STEP 05 在“音频”选项的下方面板中，单击“开始”按钮，如图17-76所示。

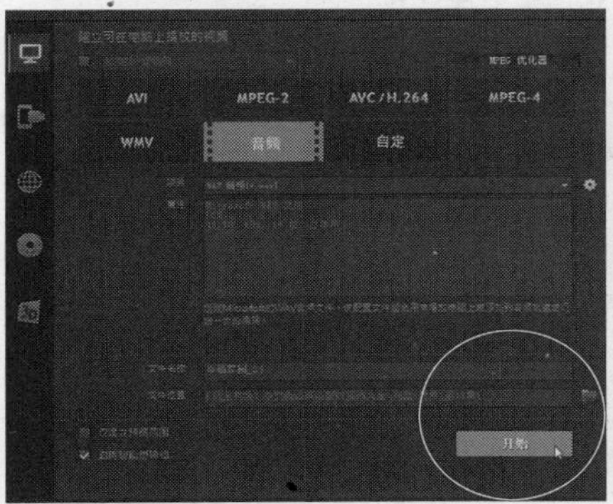

图17-76 单击“开始”按钮

STEP 06 执行上述操作后，开始渲染音频文件，并显示渲染进度，如图17-77所示。

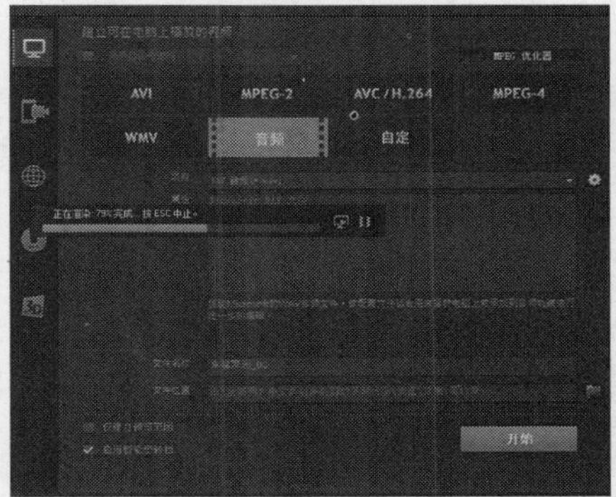

图17-77 显示渲染进度

STEP 07 待音频文件渲染完成后，弹出信息提示框，提示用户音频文件创建完成，如图17-78所示。

图17-78 弹出信息提示框

STEP 08 单击“确定”按钮，完成输出整个项目文件的操作，在视频素材库中查看输出的WAV音频文件，如图17-79所示。

图17-79 查看输出的WAV音频文件

实战447 输出WMA音频

▶实例位置：光盘\效果\第17章\黄昏天空.wma
▶素材位置：光盘\素材\第17章\黄昏天空.VSP
▶视频位置：光盘\视频\第17章\实战447.mp4

• 实例介绍 •

WMA格式可以通过减少数据流量但保持音质的方法来达到更高的压缩率目的。下面向读者介绍输出WMA音频文件的操作方法。

• 操作步骤 •

STEP 01 进入会声会影编辑器，单击“文件”|“打开项目”命令，打开一个项目文件，如图17-80所示。

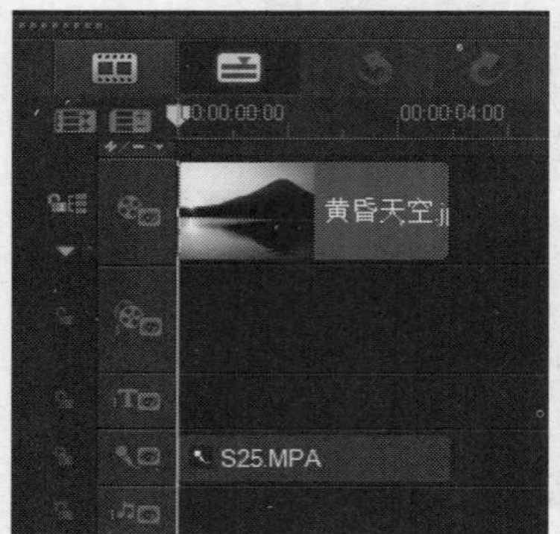

图17-80 打开一个项目文件

STEP 02 在导览面板中单击“播放”按钮，预览制作完成的视频画面效果，如图17-81所示。

图17-81 预览视频画面效果

STEP 03 在工作界面的上方，单击“输出”标签，切换至“输出”步骤面板，选择“音频”选项，如图17-82所示。

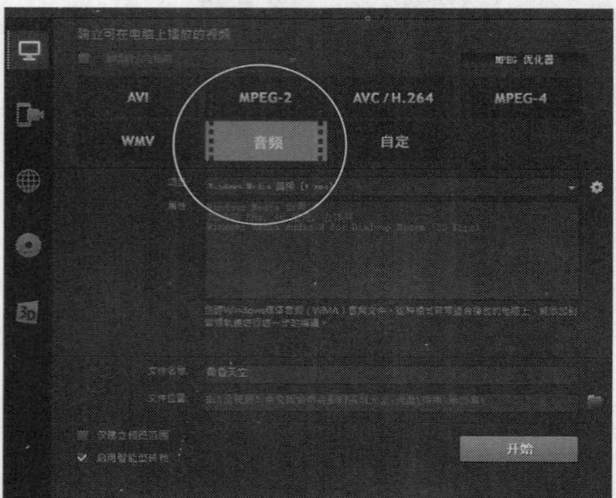

图17-82 选择“音频”选项

STEP 04 在下方的面板中单击“项目”右侧的下三角按钮，在弹出的列表框中选择WMA选项，如图17-83所示，输出WMA音频文件。

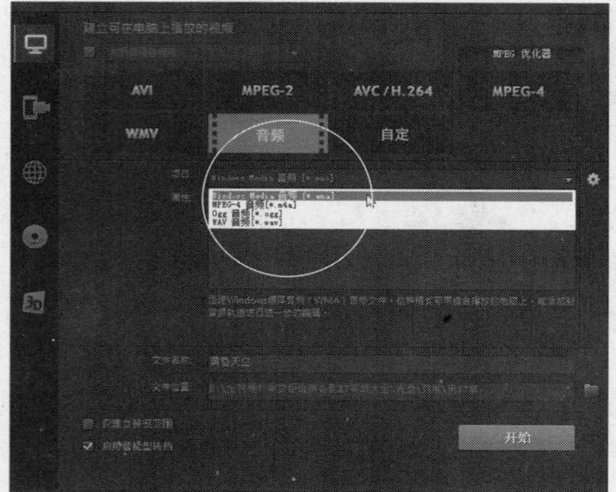

图17-83 选择WAV选项

STEP 05 在“音频”选项的下方面板中，单击“开始”按钮，如图17-84所示。

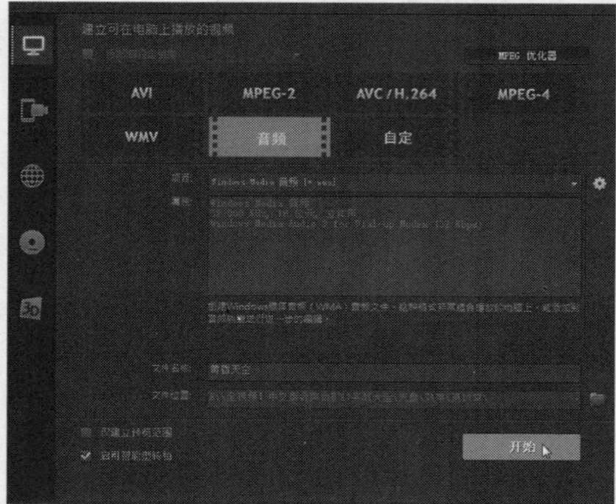

图17-84 单击“开始”按钮

STEP 06 执行上述操作后，开始渲染音频文件，并显示渲染进度，如图17-85所示。

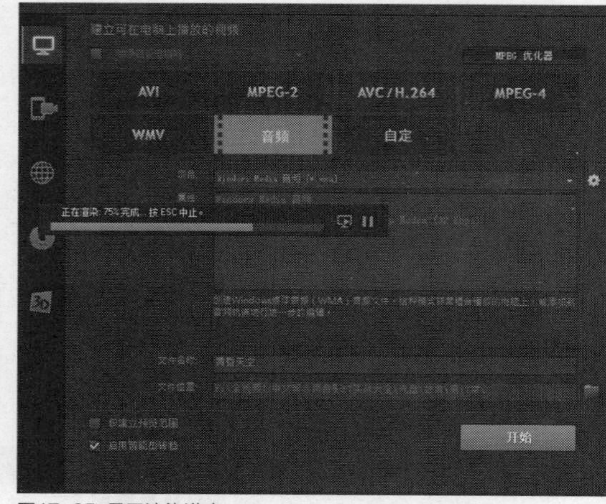

图17-85 显示渲染进度

STEP 07 待音频文件渲染完成后，弹出信息提示框，提示用户音频文件创建完成，如图17-86所示。

STEP 08 单击“确定”按钮，完成输出整个项目文件的操作，在视频素材库中查看输出的WMA音频文件，如图17-87所示。

图17-86 弹出信息提示框

图17-87 查看输出的WMA音频文件

知识拓展

在“输出”步骤面板中，设置“保存类型”为Windows Media Audio后，单击“选项”按钮，在弹出的对话框中，用户可以针对WMA音频格式的属性进行设置，包括输出的音频范围等。

实战 448 输出M4A音频

▶实例位置：光盘\效果\第17章\骏马特效.w4a
▶素材位置：光盘\素材\第17章\骏马特效.VSP
▶视频位置：光盘\视频\第17章\实战448.mp4

• 实例介绍 •

M4A是MPEG-4 音频标准的文件扩展名，普通的MPEG4文件扩展名是.mp4，使用.m4a以区别MPEG4的视频和音频文件。下面向读者介绍输出M4A音频文件的操作方法。

• 操作步骤 •

STEP 01 进入会声会影编辑器，单击“文件”|“打开项目”命令，打开一个项目文件，如图17-88所示。

STEP 02 在导览面板中单击“播放”按钮，预览制作完成的视频画面效果，如图17-89所示。

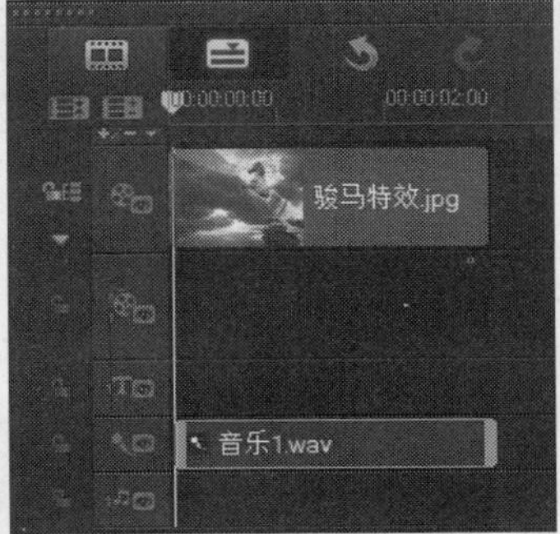

图17-88 打开一个项目文件

图17-89 预览视频画面效果

STEP 03 在工作界面的上方，单击“输出”标签，切换至“输出”步骤面板，选择“音频”选项，如图17-90所示。

STEP 04 在下方的面板中单击“项目”右侧的下三角按钮，在弹出的列表框中选择M4A选项，如图17-91所示，输出M4A音频文件。

图17-90 选择“音频”选项

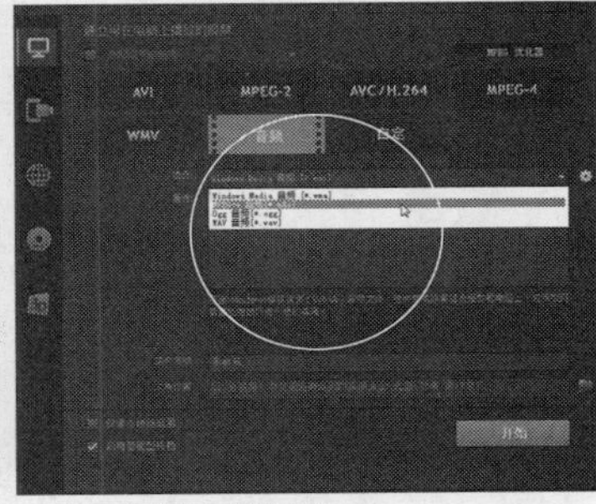

图17-91 选择M4A选项

STEP 05 在下方面板中，单击"文件位置"右侧的"浏览"按钮，如图17-92所示。

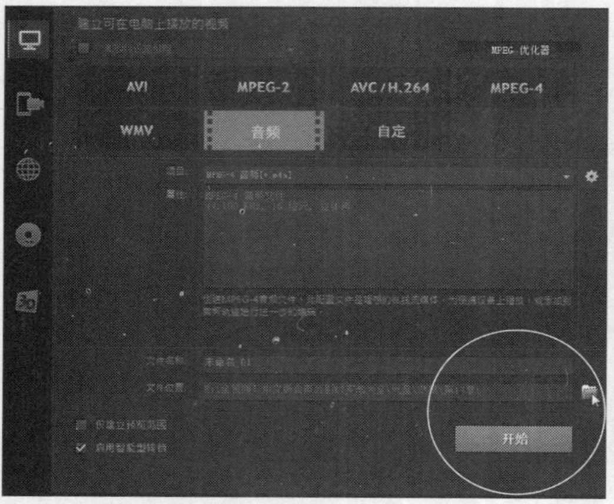

图17-92 单击"浏览"按钮

STEP 06 弹出"浏览"对话框，在其中设置音频文件的输出名称与输出位置，如图17-93所示。

图17-93 设置输出名称与输出位置

STEP 07 在"音频"选项的下方面板中，单击"开始"按钮，如图17-94所示。

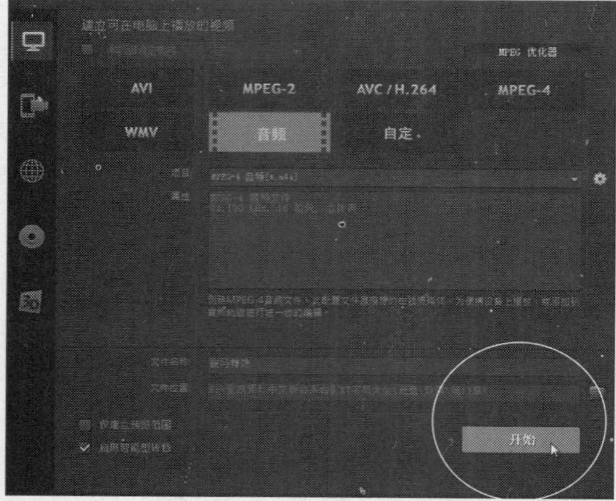

图17-94 单击"开始"按钮

STEP 08 执行上述操作后，开始渲染音频文件，并显示渲染进度，如图17-95所示。

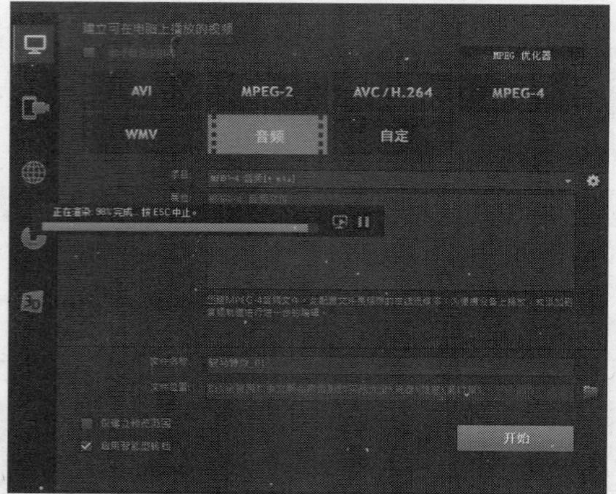

图17-95 显示渲染进度

STEP 09 待音频文件渲染完成后，弹出相应的信息提示框，提示用户音频文件创建完成，如图17-96所示。

图17-96 弹出信息提示框

STEP 10 单击"确定"按钮，完成输出整个项目文件的操作，在视频素材库中查看输出的M4A音频文件，如图17-97所示。

图17-97 查看输出的M4A音频文件

实战449 输出OGG音频

▶ 实例位置：光盘\效果\第17章\影视画面.ogg
▶ 素材位置：光盘\素材\第17章\影视画面.VSP
▶ 视频位置：光盘\视频\第17章\实战449.mp4

• 实例介绍 •

OGG的全称是OGG Vobis（Ogg Vorbis），是一种新的音频压缩格式，类似于MP3等的音乐格式。下面向读者介绍输出OGG音频文件的操作方法。

• 操作步骤 •

STEP 01 进入会声会影编辑器，单击“文件”|“打开项目”命令，打开一个项目文件，如图17-98所示。

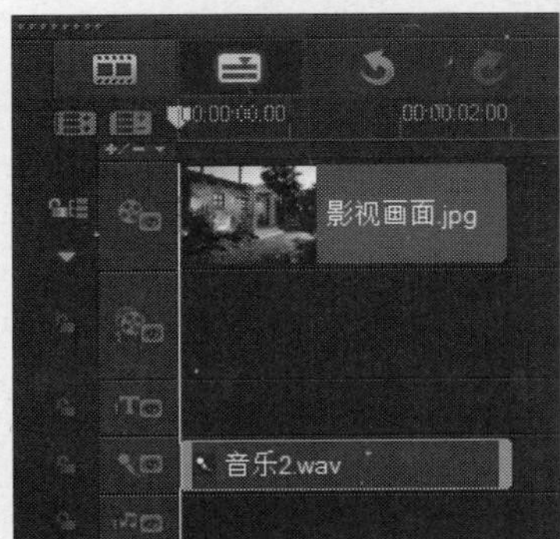

图17-98 打开一个项目文件

STEP 02 在导览面板中单击“播放”按钮，预览制作完成的视频画面效果，如图17-99所示。

图17-99 预览视频画面效果

STEP 03 在工作界面的上方，单击“输出”标签，切换至“输出”步骤面板，选择“音频”选项，如图17-100所示。

图17-100 选择“音频”选项

STEP 04 在下方的面板中单击“项目”右侧的下三角按钮，在弹出的列表框中选择OGG选项，如图17-101所示，输出OGG音频文件。

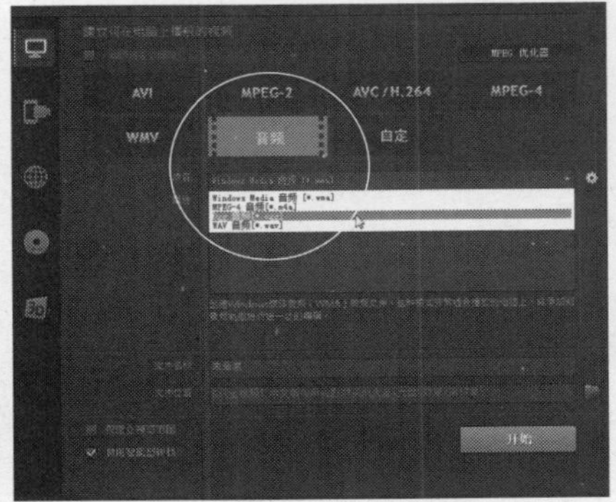

图17-101 选择OGG选项

STEP 05 在下方面板中，单击“文件位置”右侧的“浏览”按钮，如图17-102所示。

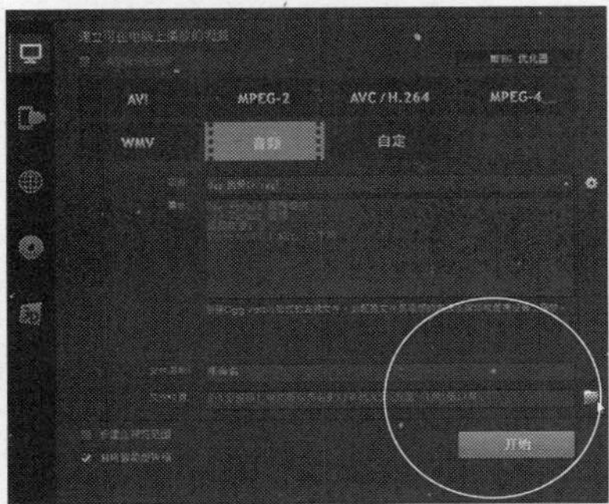

图17-102 单击“浏览”按钮

STEP 06 弹出“浏览”对话框，在其中设置音频文件的输出名称与输出位置，如图17-103所示。

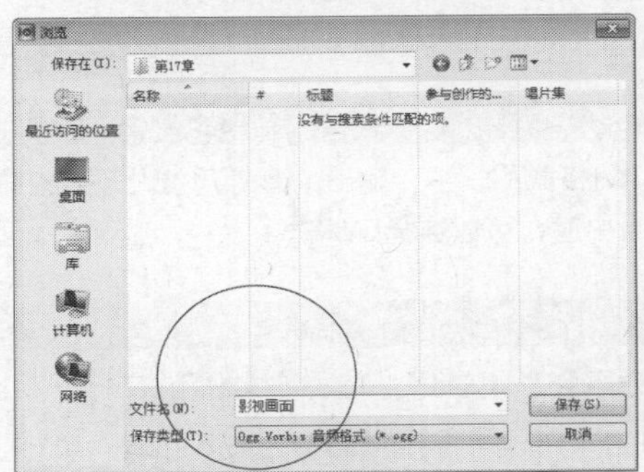

图17-103 设置输出名称与输出位置

STEP 07 在“音频”选项的下方面板中，单击“开始”按钮，如图17-104所示。

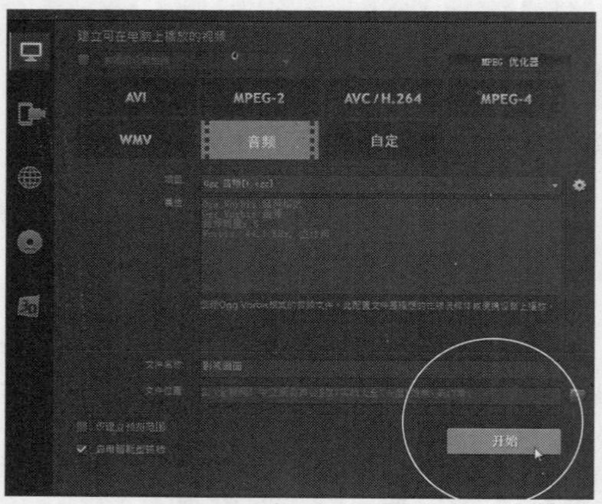

图17-104 单击“开始”按钮

STEP 08 执行上述操作后，开始渲染音频文件，并显示渲染进度，如图17-105所示。

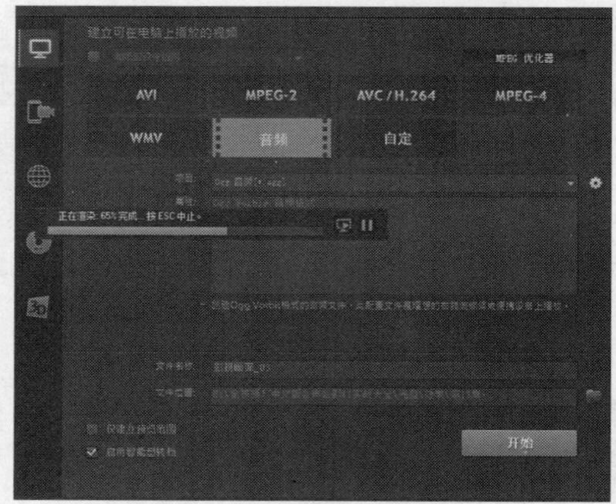

图17-105 显示渲染进度

STEP 09 待音频文件渲染完成后，弹出信息提示框，提示用户音频文件创建完成，如图17-106所示。

图17-106 弹出信息提示框

STEP 10 单击“确定”按钮，完成输出整个项目文件的操作，在音频素材库中查看输出的OGG音频文件，如图17-107所示。

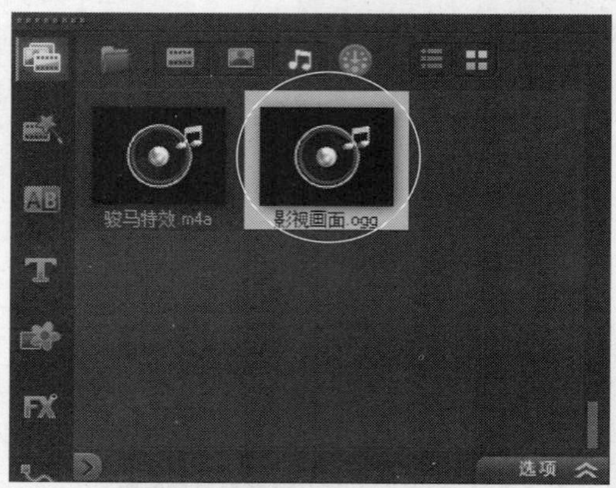

图17-107 查看输出的OGG音频文件

17.3 输出视频模板

会声会影X7预置了一些输出模板，以便于影片输出操作。这些模板定义了几种常用的输出文件格式及压缩编码和质量等输出参数。不过，在实际应用中，这些模板可能太少，无法满足用户的要求。虽然可以进行自定义设置，但是每次都需要打开几个对话框，操作未免太繁琐，此时就需要自定义视频文件输出模板，以便提高影片输出效率。

实战450 输出PAL DV模板

- 实例位置：无
- 素材位置：光盘\素材\第17章\柠檬水果.VSP
- 视频位置：光盘\视频\第17章\实战450.mp4

• 实例介绍 •

DV格式是AVI格式的一种，输出的影像质量几乎没有损失，但文件占用空间非常大。当要以最高质量输出影片时，或要回录到DV当中时，可以选择DV格式。

• 操作步骤 •

STEP 01 进入会声会影编辑器，单击“文件”|“打开项目”命令，打开一个项目文件，如图17-108所示。

STEP 02 执行菜单栏中的“设置”|“影片模板管理器”命令，如图17-109所示。

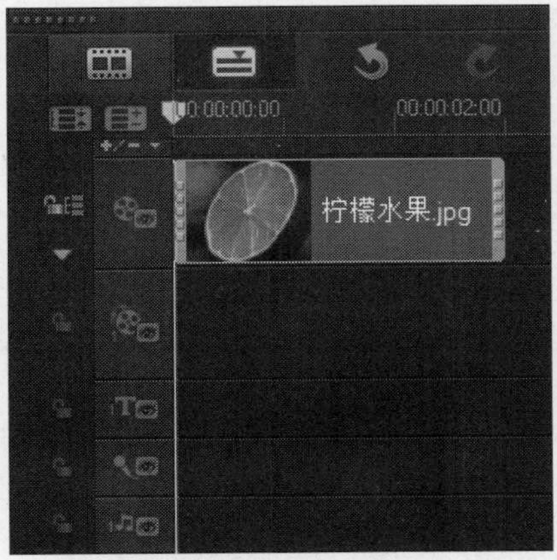

图17-108 打开项目文件

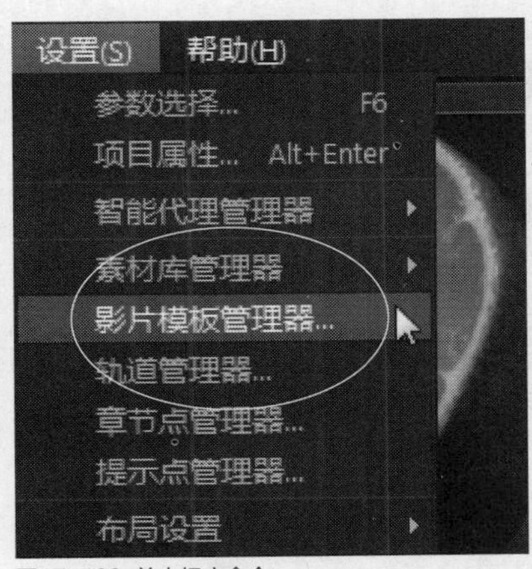

图17-109 单击相应命令

STEP 03 弹出“影片模板管理器”对话框，单击“添加”按钮，如图17-110所示。

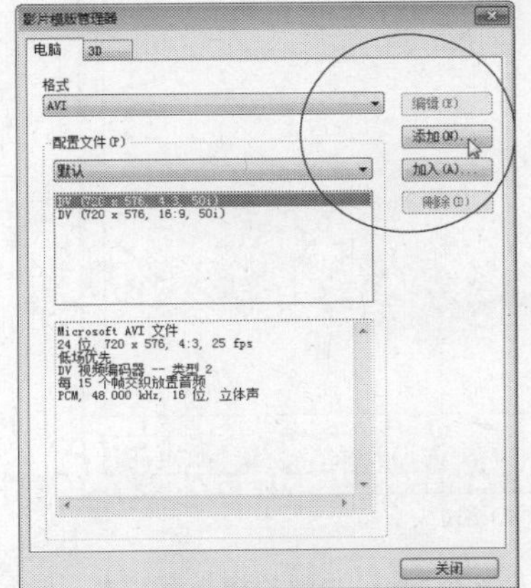
图17-110 单击“添加”按钮

STEP 04 弹出“开新设定文件选项”对话框，在“模板名称”文本框中，输入名称“PAL DV格式”，如图17-111所示。

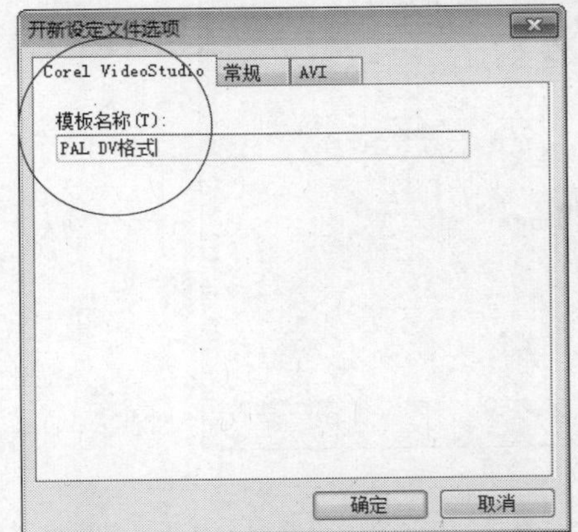

图17-111 输入名称“PAL DV格式”

知识拓展

在“影片模板管理器”对话框中，各按钮含义如下。

- 添加：单击该按钮，可以新建用户需要的影片模板。
- 编辑：单击该按钮，可以对已有的影片模板进行编辑操作。
- 删除：单击该按钮，可以对不需要的影片模板进行删除操作。
- 关闭：单击该按钮，可以关闭Make Movie Templates Manager对话框。
- 加入：单击该按钮，可以添加其他的影片模板类别。

STEP 05 单击“常规”标签，切换至“常规”选项卡，保持默认参数，如图17-112所示。

STEP 06 单击“确定”按钮，返回“影片模板管理器”对话框，此时新建的影片模板将出现在该对话框的“个人设定档”列表框中，如图17-113所示。单击“关闭”按钮，退出“影片模板管理器”对话框，完成设置。

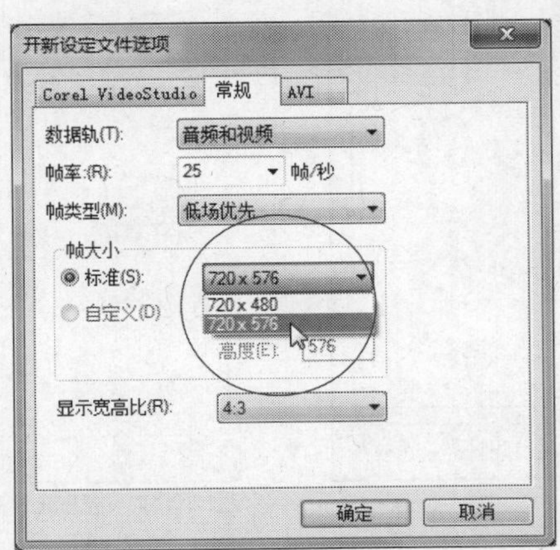

图17-112 “常规”选项卡

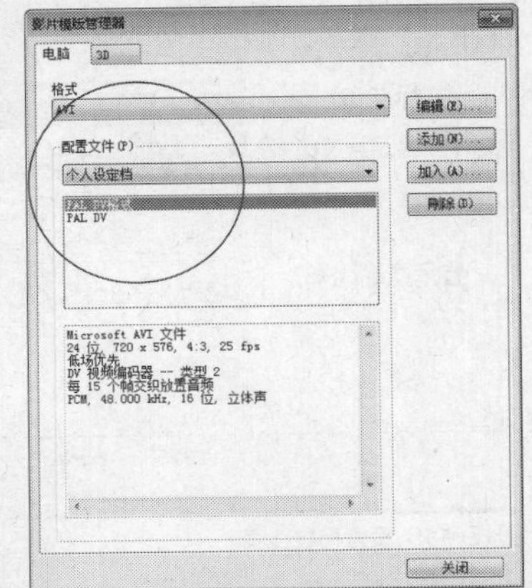
图17-113 显示新建的影片模板“PAL DV格式”

输出PAL DVD模板格式

▶实例位置：无
▶素材位置：无
▶视频位置：光盘\视频\第17章\实战451.mp4

• 实例介绍 •

在会声会影X7中，用户可以输出PAL DVD模板格式。下面向读者介绍输出PAL DVD模板格式的操作方法。

• 操作步骤 •

STEP 01 进入会声会影编辑器，执行菜单栏中的“设置”|“影片模板管理器”命令，弹出“影片模板管理器”对话框，单击“添加”按钮，图17-114所示。

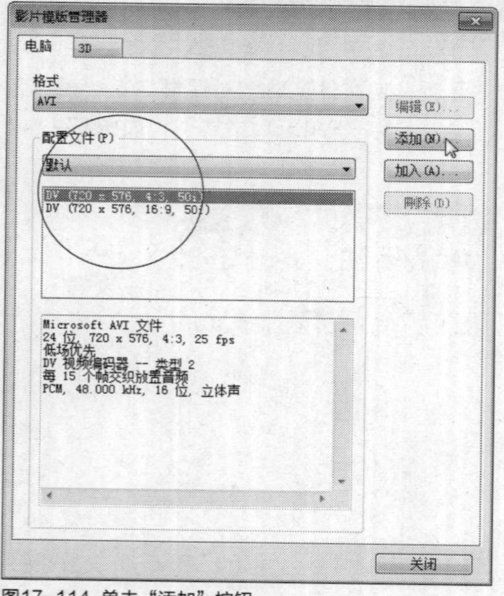

图17-114 单击“添加”按钮

STEP 02 弹出“开新设定文件选项”对话框，在“模板名称”文本框中输入名称“PAL DVD格式”，如图17-115所示。

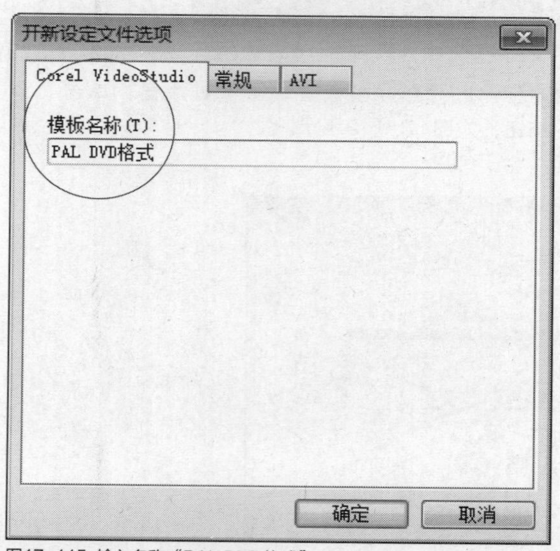

图17-115 输入名称“PAL DVD格式”

STEP 03 切换至“常规”选项卡，设置相应选项，如图17-116所示。

图17-116 设置相应选项

STEP 04 单击“确定”按钮，返回“影片模板管理器”对话框，即可在“个人设定档”列表框中，显示新建的影片模板，如图17-117所示。单击“关闭”按钮，退出“影片模板管理器”对话框，完成设置。

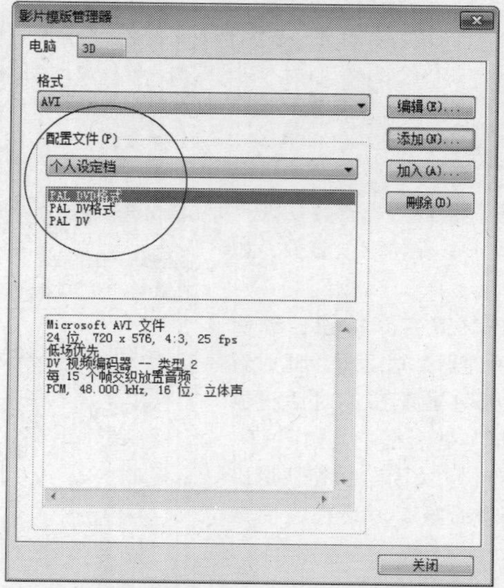

图17-117 显示新建的影片模板“PAL DVD格式”

实战 452 输出WMV模板格式

▶实例位置：无
▶素材位置：无
▶视频位置：光盘\视频\第17章\实战452.mp4

• 实例介绍 •

WMV也是一种流视频格式，由微软公司开发。WMV在编码速度、压缩比率、画面质量、兼容性等方面都具有相当明显的优势，WMV具有很多输出配置文件可供选择，版本越高或者kb/s越大，影像质量越高，文件也越大，还可以允许加入标题、作者、版权等信息。

• 操作步骤 •

STEP 01 进入会声会影编辑器，执行菜单栏中的“设置”|“影片模板管理器”命令，弹出“影片模板管理器”对话框，单击“添加”按钮，图17-118所示。

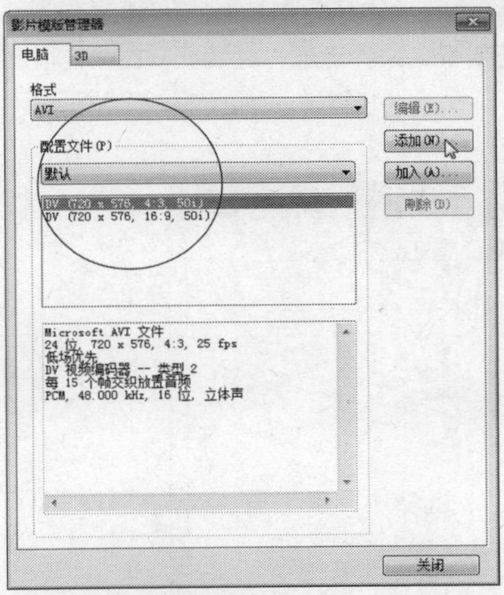

图17-118 单击“添加”按钮

STEP 02 弹出“开新设定文件选项”对话框，在“模板名称”文本框中输入名称“WMV格式”，如图17-119所示。

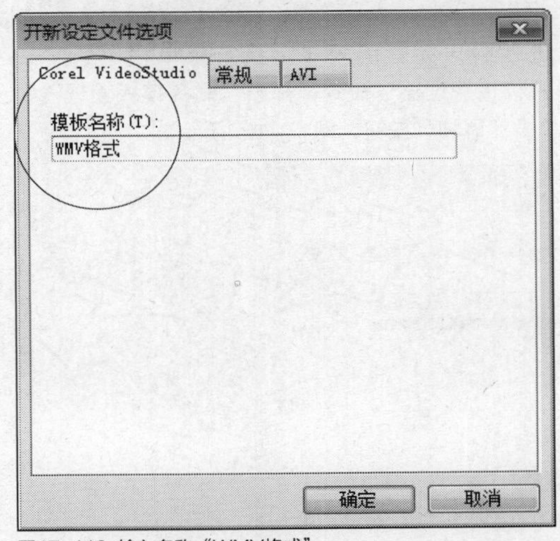

图17-119 输入名称“WMV格式”

STEP 03 切换至“常规”选项卡，设置相应选项，如图17-120所示。

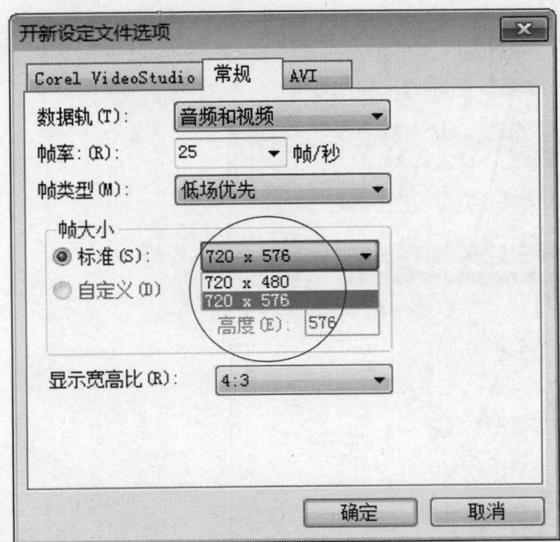

图17-120 设置相应选项

STEP 04 单击“确定”按钮，返回“影片模板管理器”对话框，即可在“个人设定档”列表框中，显示新建的影片模板，如图17-121所示。单击“关闭”按钮，退出“影片模板管理器”对话框，完成设置。

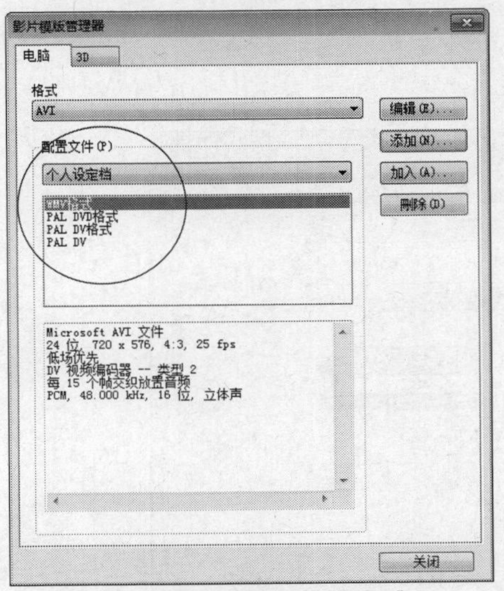

图17-121 显示新建的影片模板“WMV格式”

知识拓展

在会声会影X7的“影片模板管理器”对话框中，当用户不需要创建的模板时，可以选择该模板，然后单击对话框中的“删除”按钮即可。

实战453 输出RM模板格式

▶实例位置：无
▶素材位置：无
▶视频位置：光盘\视频\第17章\实战453.mp4

• 实例介绍 •

RM格式是一种流媒体视频文件格式，文件很小，适合网络实时传输，在Realone Player媒体播放器上播放。主要设置选择在“目标听众设置”中进行，28k Modem网速最慢，得到的文件最小，影像质量最差。“局域网”速度最快，得到的文件最大，影像质量最好。另外，还可以选择帧大小、音频、视频质量高的参数，得到的文件也就越大。

• 操作步骤 •

STEP 01 进入会声会影编辑器，执行菜单栏中的“设置”|“影片模板管理器”命令，弹出“影片模板管理器”对话框，单击“添加”按钮，图17-122所示。

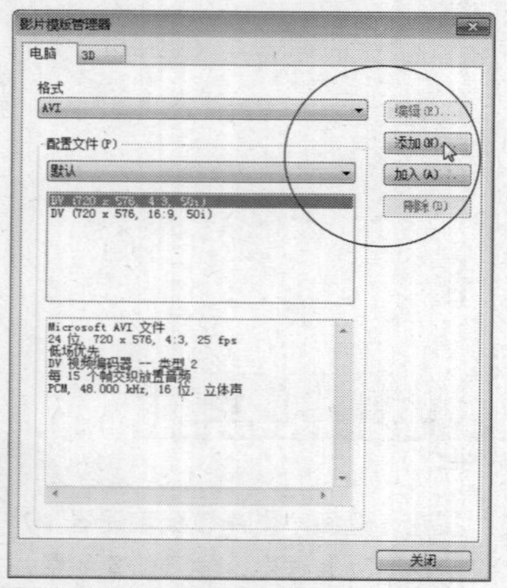

图17-122 单击“添加”按钮

STEP 02 弹出“开新设定文件选项”对话框，在“模板名称”文本框中输入名称“RM格式”，如图17-123所示。

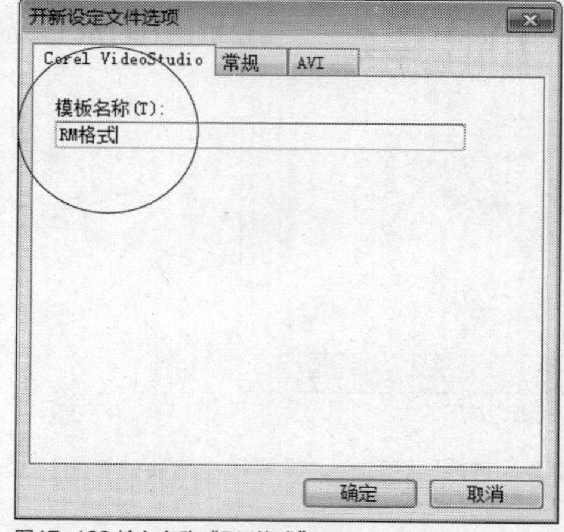

图17-123 输入名称“RM格式”

STEP 03 切换至“常规”选项卡，设置相应选项，如图17-124所示。

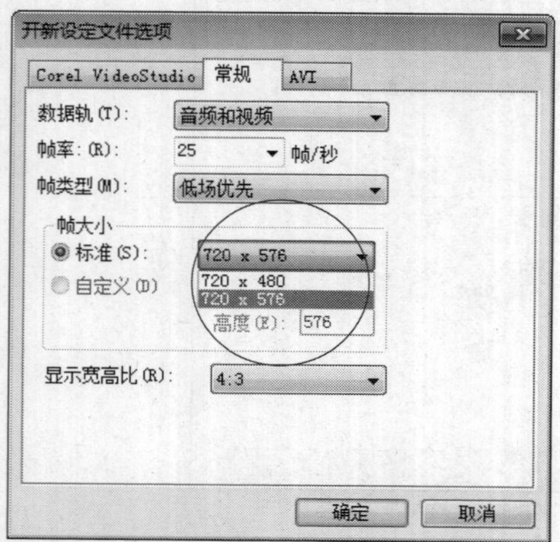

图17-124 设置相应选项

STEP 04 单击“确定”按钮，返回“影片模板管理器”对话框，即可在“个人设定档”列表框中，显示新建的影片模板，如图17-125所示。单击“关闭”按钮，退出“影片模板管理器”对话框，完成设置。

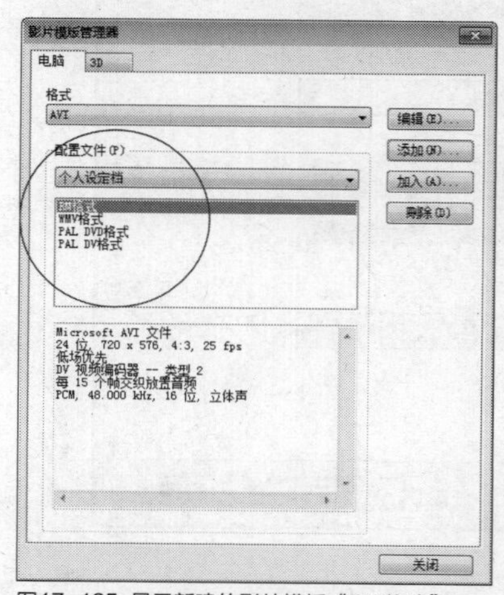

图17-125 显示新建的影片模板“RM格式”

实战454 输出MPEG-1模板格式

▶实例位置：无
▶素材位置：无
▶视频位置：光盘\视频\第17章\实战454.mp4

• 实例介绍 •

MPEG-1是MPEG组织制定的第一个视频和音频有损压缩标准，是为CD光碟介质定制的视频和音频压缩格式。

• 操作步骤 •

STEP 01 进入会声会影编辑器，执行菜单栏中的“设置”|“影片模板管理器”命令，弹出“影片模板管理器”对话框，单击“添加”按钮，如图17-126所示。

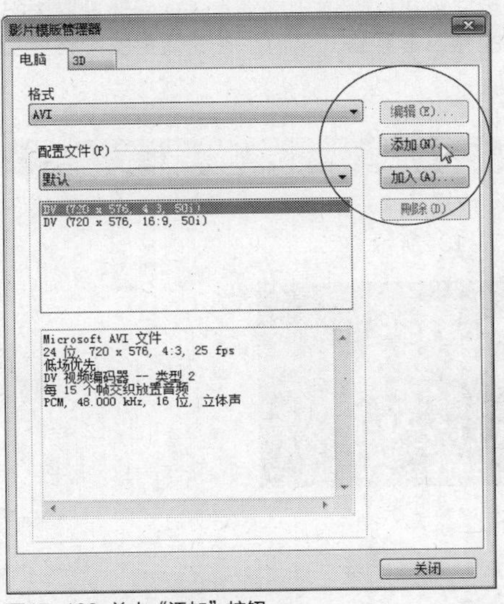

图17-126 单击“添加”按钮

STEP 02 弹出“开新设定文件选项”对话框，在“模板名称”文本框中输入名称“MPEG-1格式”，如图17-127所示。

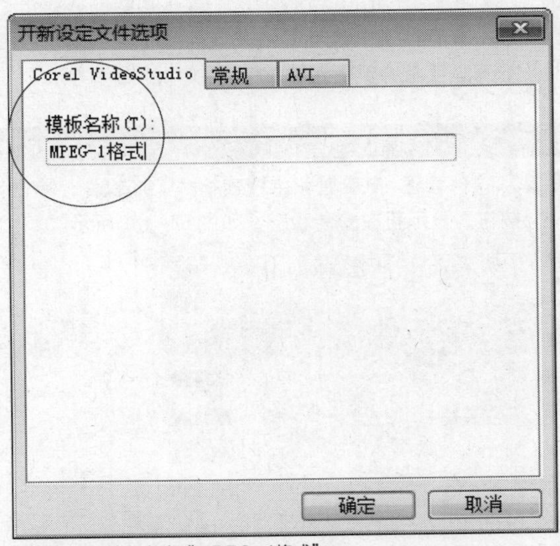

图17-127 输入名称“MPEG-1格式”

STEP 03 切换至“常规”选项卡，设置相应选项，如图17-128所示。

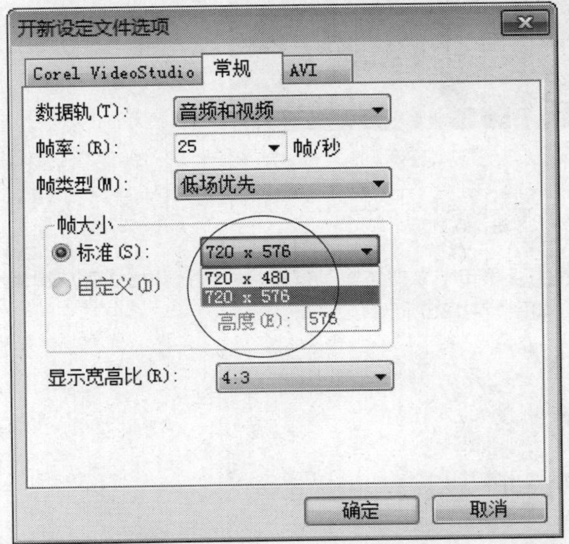

图17-128 设置相应选项

STEP 04 单击“确定”按钮，返回“影片模板管理器”对话框，即可在“个人设定档”列表框中，显示新建的影片模板，如图17-129所示。单击“关闭”按钮，退出“影片模板管理器”对话框，完成设置。

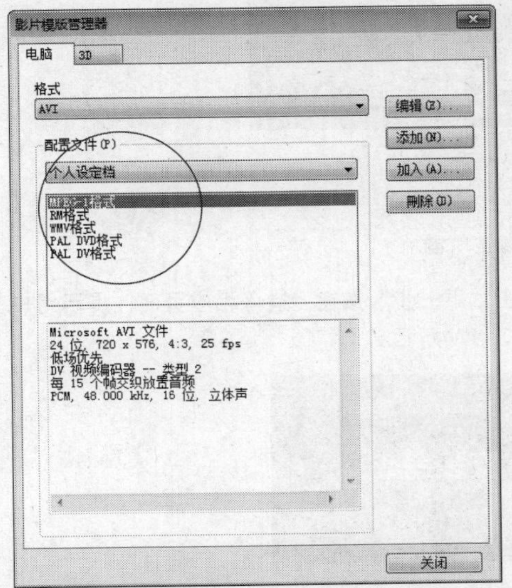

图17-129 显示新建的影片模板“MPEG-1格式”

17.4 转换视频与音频格式

在视频制作领域中，用户可能会用到一些会声会影不支持的视频文件或者音频文件，当导不进会声会影工作界面时，用户需要转换视频文件或者音频文件的格式，转成会声会影支持的视频或音频格式后，即可将视频或音频文件导入到会声会影工作界面中进行编辑与应用。本节主要向读者介绍转换视频与音频格式的操作方法。

实战455 安装格式转换软件

▶实例位置：无
▶素材位置：无
▶视频位置：光盘\视频\第17章\实战455.mp4

• 实例介绍 •

格式工厂（Format Factory）是一款多功能的多媒体格式转换软件，适用于Windows操作系统上。该软件可以实现大多数视频、音频以及图像不同格式之间的相互转换。在使用格式工厂转换视频与音频格式之前，首先需要安装格式工厂软件。下面向读者介绍安装格式工厂软件的操作方法。

• 操作步骤 •

STEP 01 从软件管理-电脑管家中搜索格式工厂软件，单击“安装”按钮，显示正在安装状态，如图17-130所示。

图17-130 显示正在安装状态

STEP 02 开始运行格式工厂安装程序，弹出“格式工厂”对话框，如图17-131所示。

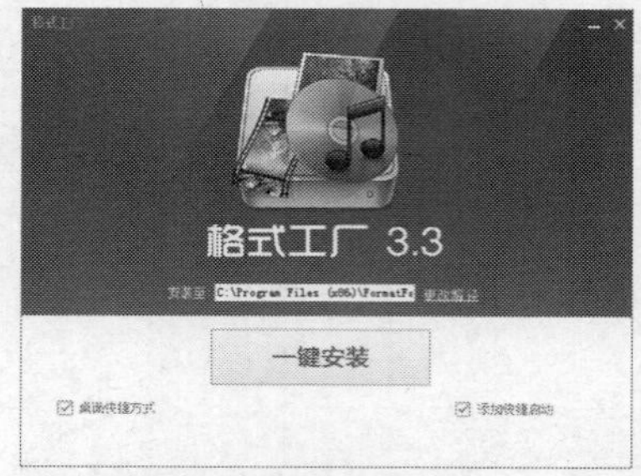

图17-131 弹出“格式工厂”对话框

STEP 03 单击“更改路径”超链接，将软件“安装至”D盘，如图17-132所示。

图17-132 “安装至”D盘

STEP 04 单击“一键安装”按钮，进入相应界面，如图17-133所示。

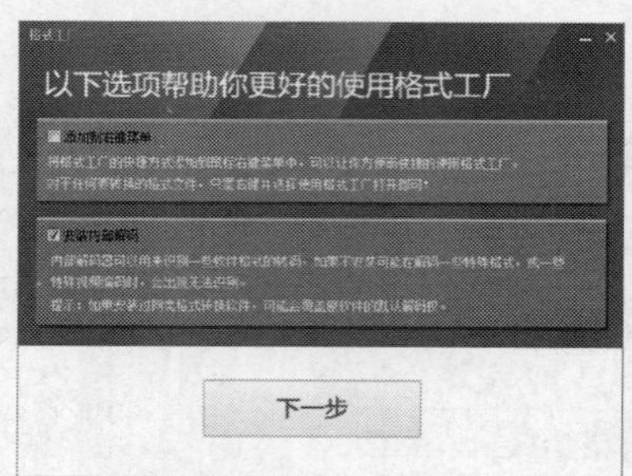

图17-133 进入相应页面

STEP 05 单击“下一步”按钮，进入相应页面，提示用户安装完成，17-134所示。

图17-134 提示用户安装完成

STEP 06 单击“立即体验”按钮，即可打开格式工厂编辑器，如图17-135所示。

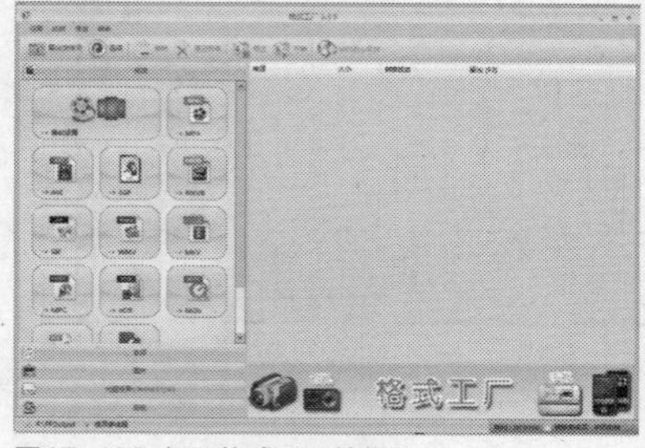

图17-135 打开格式工厂编辑器

转换RMVB视频

▶实例位置：光盘\效果\第17章\小狗.mpg
▶素材位置：光盘\素材\第17章\小狗.rmvb
▶视频位置：光盘\视频\第17章\实战456.mp4

• 实例介绍 •

RMVB是一种视频文件格式，RMVB中的VB指VBR Variable Bit Rate（可改变之比特率），较上一代RM格式画面清晰了很多，原因是降低了静态画面下的比特率，可以用RealPlayer、暴风影音、QQ影音等播放软件来播放。会声会影X7不支持导入RMVB格式的视频文件，因此用户在导入之前，需要将RMVB视频的格式转换为会声会影支持的视频格式。下面向读者介绍将RMVB视频格式转换为MPG视频格式的操作方法。

• 操作步骤 •

STEP 01 在系统桌面"格式工厂"图标上，单击鼠标右键，在弹出的快捷菜单中选择"打开"选项，即可打开"格式工厂"软件，进入工作界面，在"视频"列表框中，选择需要转换的视频目标格式，这里选择MPG选项，如图17-136所示。

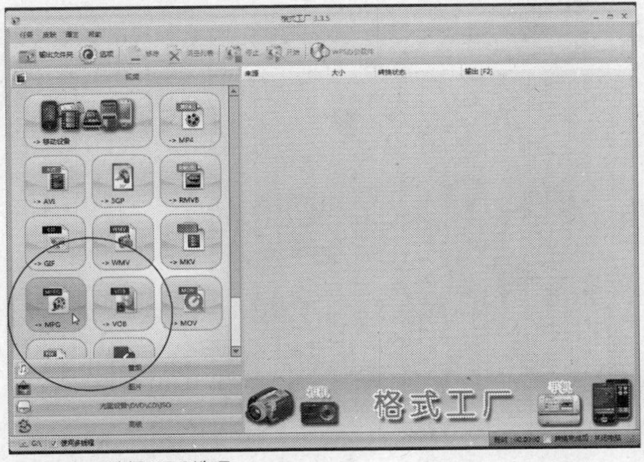

图17-136 选择MPG选项

STEP 02 弹出MPG对话框，单击右侧的"添加文件"按钮，如图17-137所示。

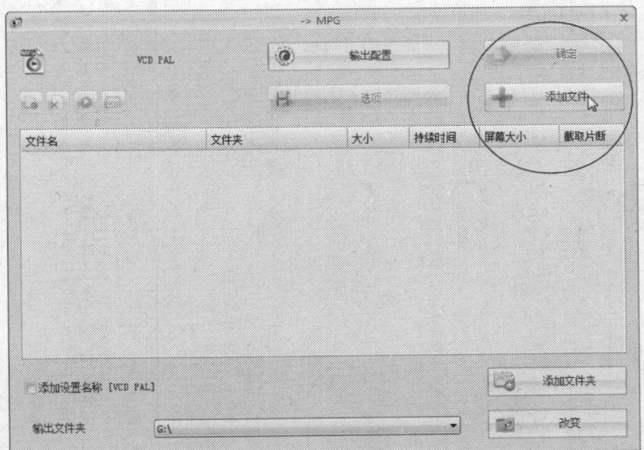

图17-137 单击"添加文件"按钮

STEP 03 弹出"打开"对话框，在其中选择需要转换为MPG格式的RMVB视频文件，如图17-138所示。

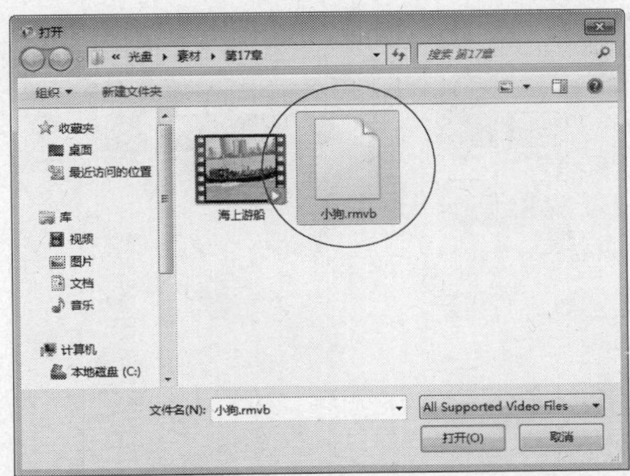

图17-138 选择视频文件

STEP 04 单击"打开"按钮，将RMVB视频文件添加到MPG对话框中，单击"改变"按钮，如图17-139所示。

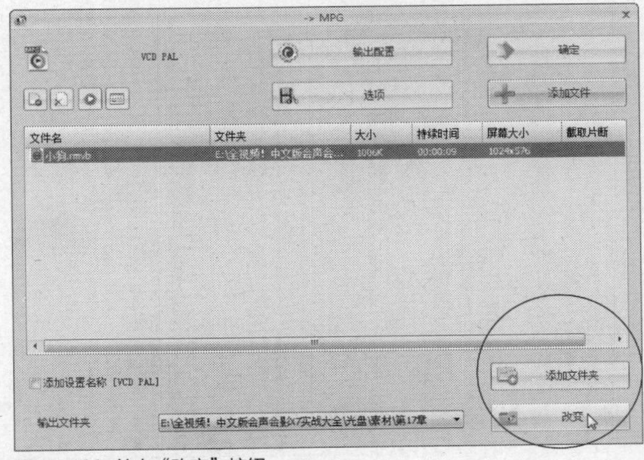

图17-139 单击"改变"按钮

STEP 05 弹出"浏览文件夹"对话框，在其中选择视频文件转换格式后存储的文件夹位置，如图17-140所示。

STEP 06 设置完成后，单击"确定"按钮，返回MPG对话框，在"输出文件夹"右侧显示了刚设置的文件夹位置，单击对话框上方的"确定"按钮，如图17-141所示。

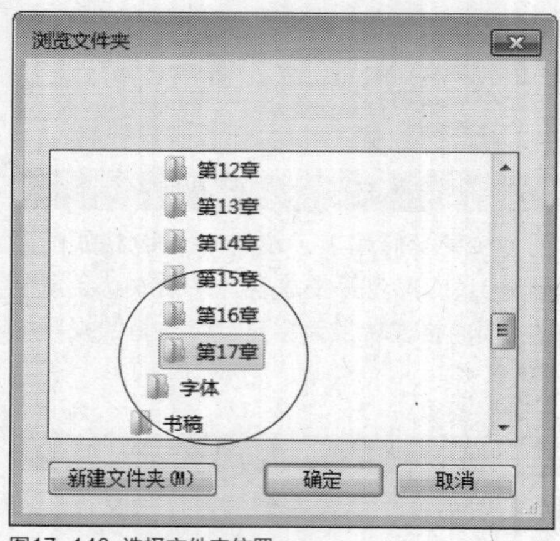

图17-140 选择文件夹位置

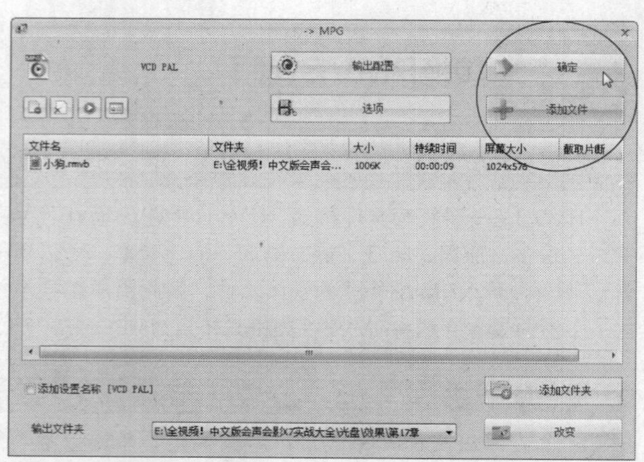

图17-141 单击“确定”按钮

STEP 07 返回“格式工厂”工作界面，在中间的列表框中，显示了需要转换格式的RMVB视频文件，单击“点击开始”按钮，如图17-142所示。

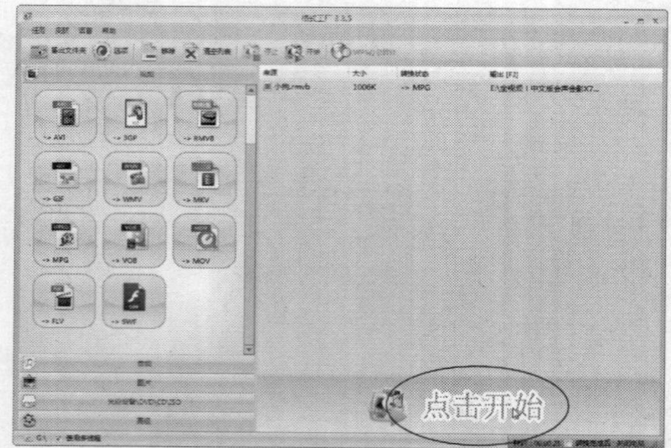

图17-142 单击“点击开始”按钮

STEP 08 开始转换RMVB视频文件，在“转换状态”一列中，显示了视频转换进度，如图17-143所示。

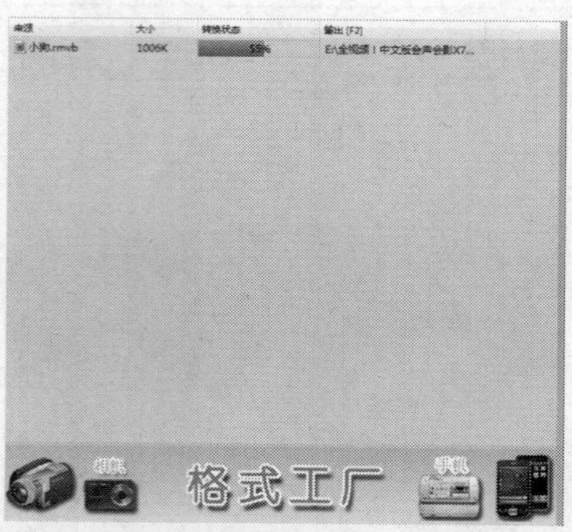

图17-143 显示视频转换进度

STEP 09 待视频转换完成后，在“转换状态”列将显示“完成”字样，表示视频文件格式已经转换完成，如图17-144所示。

图17-144 表示视频文件格式已经转换完成

STEP 10 打开相应文件夹，在其中可以查看转换格式后的视频文件，如图17-145所示，此时用户可以将转换格式后的视频文件导入到会声会影应用程序中进行编辑或应用。

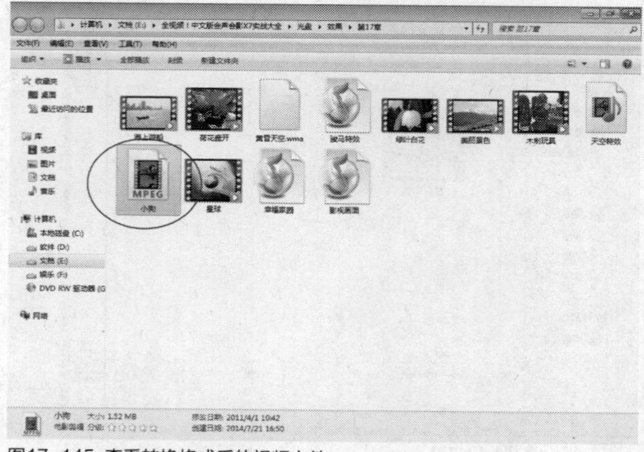

图17-145 查看转换格式后的视频文件

知识拓展

在格式工厂软件界面中，向用户提供了12种不同的视频格式供用户选择，用户可根据实际需要将会声会影不支持的视频格式转换为支持的视频格式。

实战 457 转换FLV视频

▶实例位置：光盘\效果\第17章\美食美色.mov
▶素材位置：光盘\素材\第17章\美食美色.flv
▶视频位置：光盘\视频\第17章\实战457.mp4

• 实例介绍 •

FLV格式是Flash Video的简称，FLV流媒体格式是随着Flash MX的推出发展而来的视频格式。由于它形成的文件极小、加载速度极快，使得网络观看视频文件成为可能，它的出现有效地解决了视频文件导入Flash后，使导出的SWF文件体积庞大，不能在网络上很好地使用等缺点。FLV格式是被众多新一代视频输出网站所采用的，是目前增长最快、最为广泛的视频传播格式。

在会声会影X7中，并不支持FLV格式的视频文件，如果用户需要导入FLV格式的视频，需要通过转换视频格式的软件，将FLV视频格式转换成会声会影支持的视频格式。下面向读者介绍将FLV视频格式转换为MOV视频格式的操作方法。

• 操作步骤 •

STEP 01 进入“格式工厂”工作界面，在“视频”列表框中，选择需要转换的视频目标格式，这里选择MOV选项，如图17-146所示。

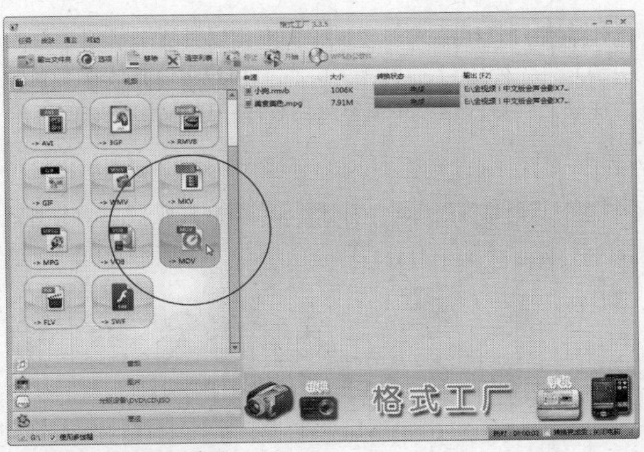

图17-146 选择MOV选项

STEP 02 弹出MOV对话框，单击“添加文件”按钮，如图17-147所示。

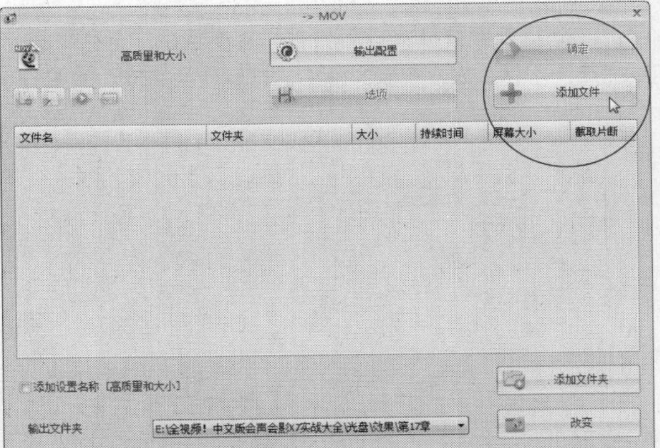

图17-147 单击“添加文件”按钮

STEP 03 弹出“打开”对话框，在其中选择需要转换为MOV视频格式的FLV视频文件，如图17-148所示。

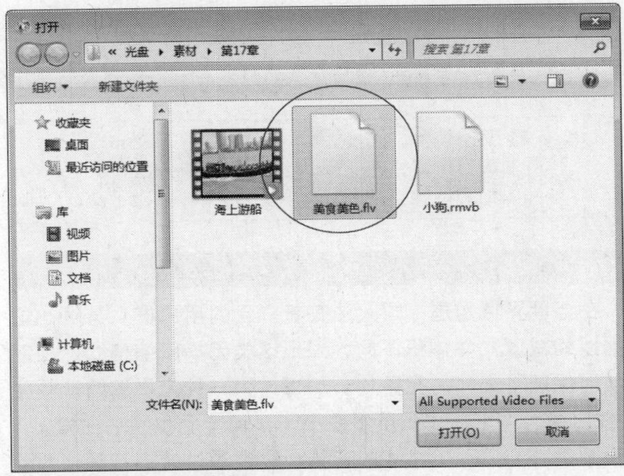

图17-148 选择FLV视频文件

STEP 04 单击“打开”按钮，将FLV视频文件添加到MOV对话框中，在下方设置视频文件存储位置，单击“确定”按钮，如图17-149所示。

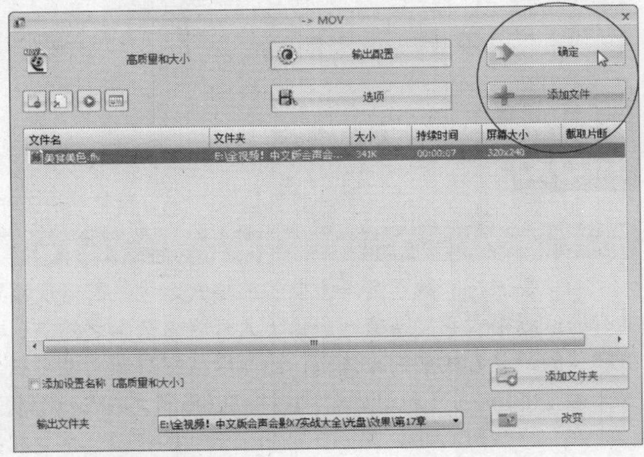

图17-149 单击“确定”按钮

STEP 05 返回“格式工厂”工作界面，在中间的列表框中，显示了需要转换格式的FLV视频文件，单击工具栏中的“开始”按钮，如图17-150所示。

STEP 06 开始转换FLV视频文件，在“转换状态”一列显示了视频转换进度，如图17-151所示。

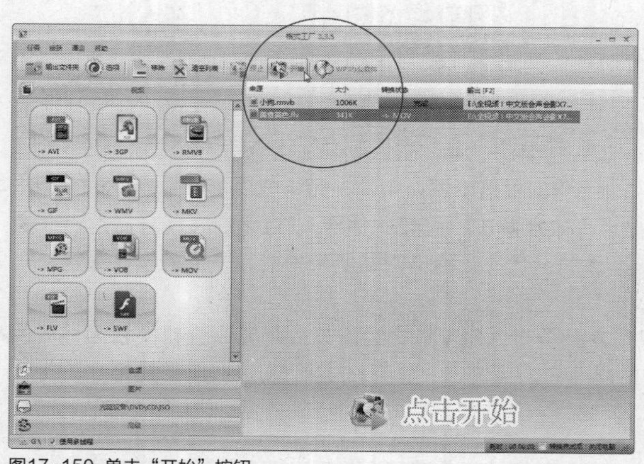

图17-150 单击“开始”按钮

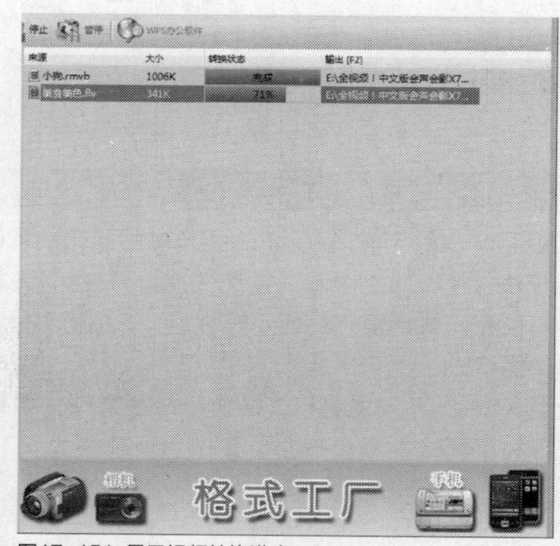

图17-151 显示视频转换进度

知识拓展

FLV视频格式被广泛应用于互联网中，该格式能起到保护版权的作用，并且可以不通过本地的微软或者Real播放器播放视频。

STEP 07 待视频转换完成后，在“转换状态”一列将显示“完成”字样，表示视频文件格式已经转换完成，如图17-152所示。

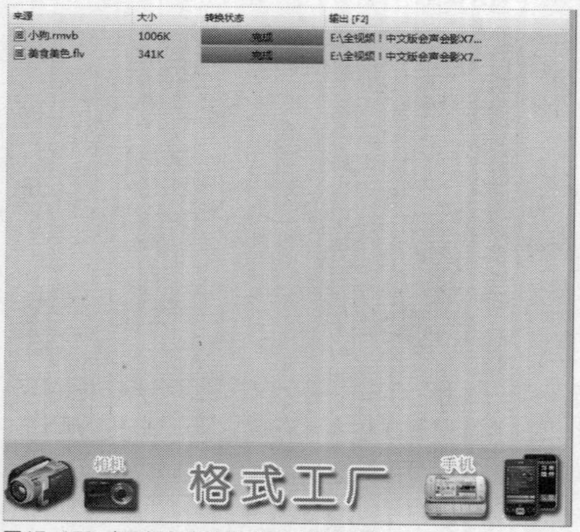

图17-152 表示视频文件格式已经转换完成

STEP 08 打开相应文件夹，在其中可以查看转换格式后的视频文件，如图17-153所示，此时用户可以将转换格式后的视频文件导入到会声会影应用程序中进行编辑或应用。

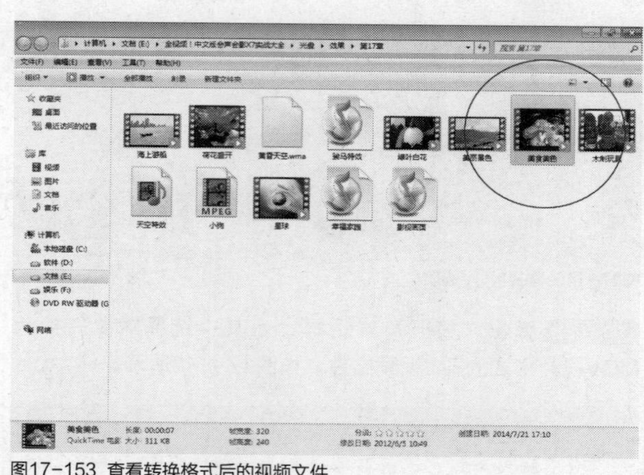
图17-153 查看转换格式后的视频文件

实战458 转换APE音频

▶ 实例位置：光盘\效果\第17章\音乐3.mp3
▶ 素材位置：光盘\素材\第17章\音乐3.ape
▶ 视频位置：光盘\视频\第17章\实战458.mp4

• 实例介绍 •

APE是流行的数字音乐无损压缩格式之一，因出现较早，在全世界特别是中国大陆有着广泛的用户群。与MP3这类有损压缩格式不可逆转地删除（人耳听力范围之外的）数据以缩减源文件体积不同，APE这类无损压缩格式，是以更精练的记录方式来缩减体积，还原后数据与源文件一样，从而保证了文件的完整性。APE作为一种无损压缩音频格式，通过Monkey's Audio这个软件可以将庞大的WAV音频文件压缩为APE，体积虽然变小了，但音质和原来一样。

在会声会影X7中，并不支持APE格式的音频文件，如果用户需要导入APE格式的音频，需要通过转换音频格式的软件，将APE格式转换成会声会影支持的音频格式才能使用。下面向读者介绍将APE音频格式转换为MP3音频格式的操作方法。

• 操作步骤 •

STEP 01 进入“格式工厂”工作界面，在“音频”列表框中，选择需要转换的音频目标格式，这里选择MP3选项，如图17-154所示。

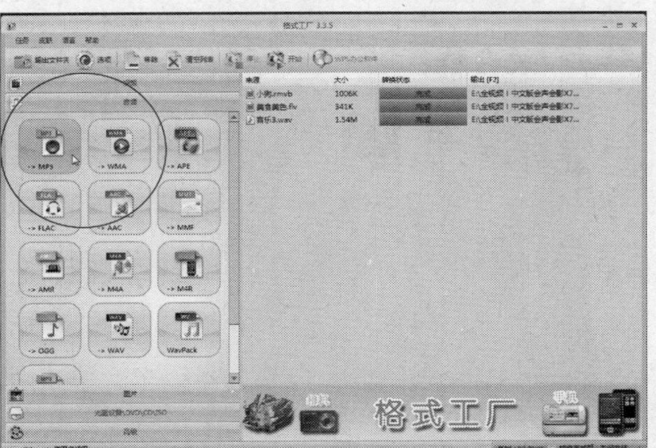

图17-154 选择MP3选项

STEP 02 弹出MP3对话框，单击“添加文件”按钮，如图17-155所示。

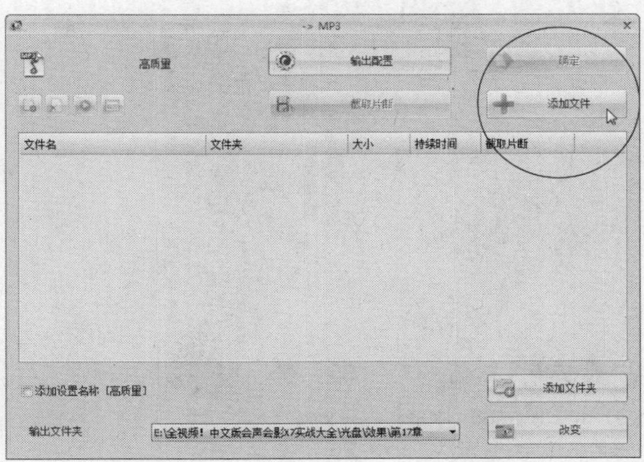

图17-155 单击“添加文件”按钮

STEP 03 弹出“打开”对话框，在其中选择需要转换为MP3音频格式的APE音频文件，如图17-156所示。

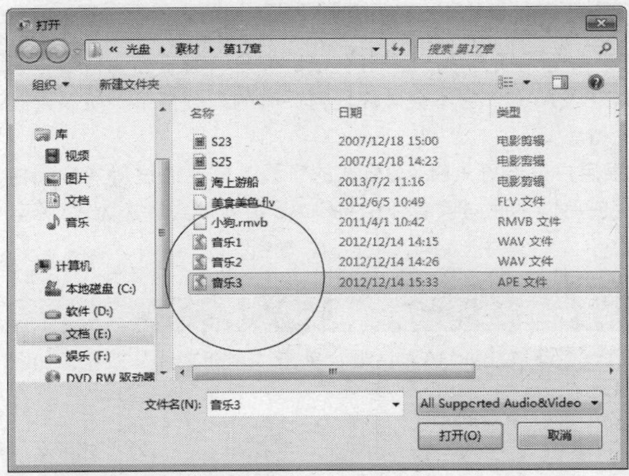

图17-156 选择APE音频文件

STEP 04 单击“打开”按钮，将APE音频文件添加到MOV对话框中，在下方设置音频文件存储位置，单击“确定”按钮，如图17-157所示。

图17-157 单击“确定”按钮

STEP 05 返回“格式工厂”工作界面，在中间的列表框中显示了需要转换格式的APE音频文件，单击工具栏中的“开始”按钮，如图17-158所示。

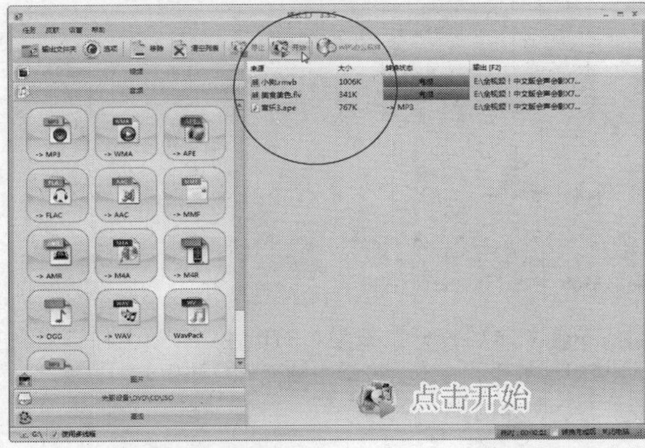

图17-158 单击“开始”按钮

STEP 06 开始转换APE音频文件，在“转换状态”一列显示了音频转换进度，如图17-159所示。

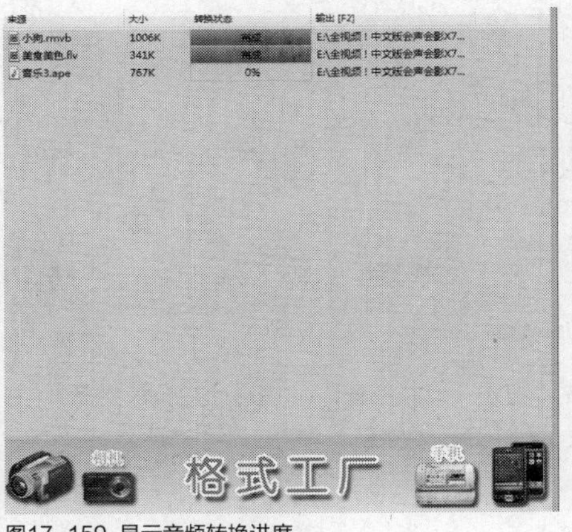

图17-159 显示音频转换进度

STEP 07 待音频转换完成后，在“转换状态”一列中，将显示“完成”字样，表示音频文件格式已经转换完成，如图17-160所示。

图17-160 表示音频文件格式已经转换完成

STEP 08 打开相应文件夹，在其中可以查看转换格式后的音频文件，如图17-161所示，此时用户可以将转换格式后的音频文件导入到会声会影应用程序中进行编辑或应用。

图17-161 查看转换格式后的音频文件

实战459 转换FLAC音频

▶实例位置：光盘\效果\第17章\音乐4.wma
▶素材位置：光盘\素材\第17章\音乐4.flac
▶视频位置：光盘\视频\第17章\实战459.mp4

• 实例介绍 •

FLAC即是Free Lossless Audio Codec的缩写，中文可理解为无损音频压缩编码。FLAC是一套著名的自由音频压缩编码，其特点是无损压缩。不同于其他有损压缩编码如MP3及AAC，它不会破坏任何原有的音频资讯，所以可以还原音乐光盘音质，现在它已被很多软件及硬件音频产品所支持。

在会声会影X7中，并不支持FLAC格式的音频文件，如果用户需要导入FLAC格式的音频，需要通过转换音频格式的软件，将FLAC格式转换成会声会影支持的音频格式才能使用。下面向读者介绍将FLAC音频格式转换为WMA音频格式的操作方法。

• 操作步骤 •

STEP 01 进入“格式工厂”工作界面，在“音频”列表框中，选择需要转换的音频目标格式，这里选择WMA选项，如图17-162所示。

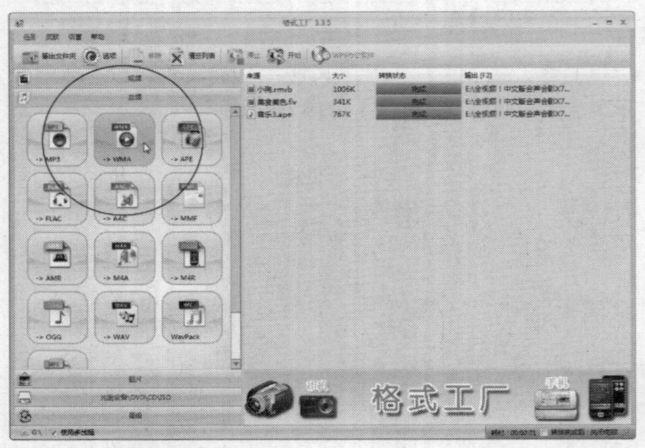

图17-162 选择WMA选项

STEP 02 弹出WMA对话框，单击“添加文件”按钮，如图17-163所示。

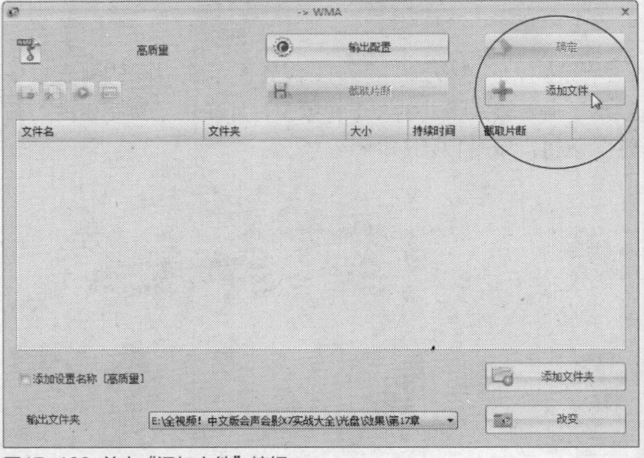

图17-163 单击“添加文件”按钮

STEP 03 弹出“打开”对话框，在其中选择需要转换为WMA音频格式的FLAC音频文件，如图17-164所示。

STEP 04 单击“打开”按钮，将FLAC音频文件添加到WMA对话框中，在下方设置音频文件存储位置，单击“确定”按钮，如图17-165所示。

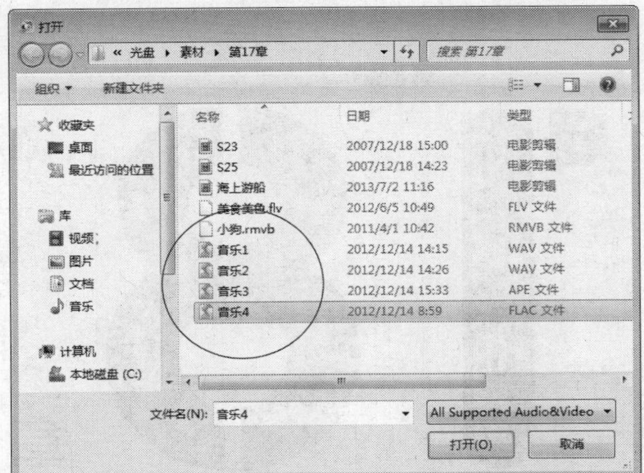

图17–164 选择FLAC音频文件

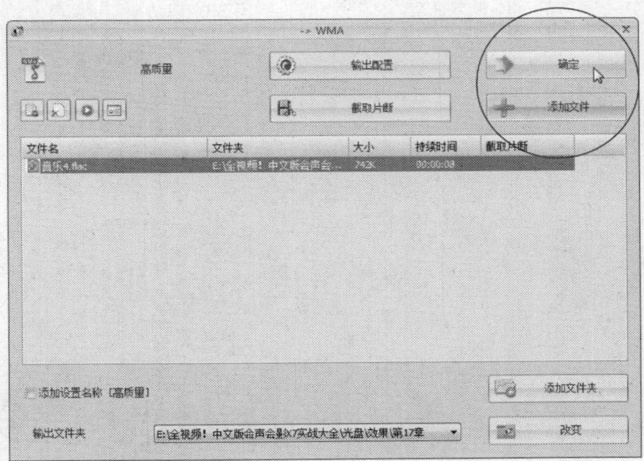

图17–165 单击“确定”按钮

STEP 05 返回“格式工厂”工作界面，在中间的列表框中显示了需要转换格式的FLAC音频文件，单击工具栏中的“开始”按钮，如图17–166所示。

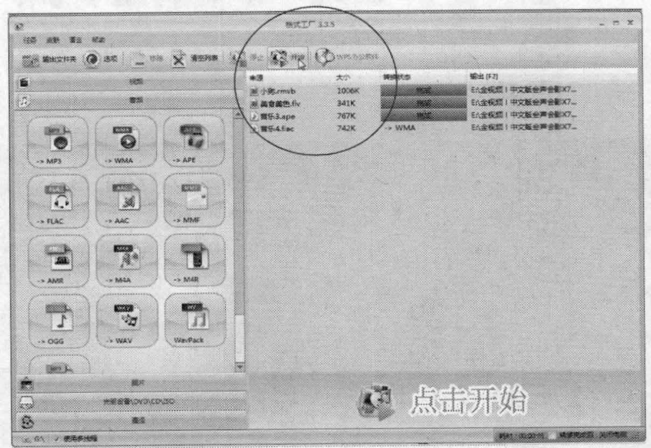

图17–166 单击“开始”按钮

STEP 06 开始转换FLAC音频文件，在“转换状态”一列显示了音频转换进度，如图17–167所示。

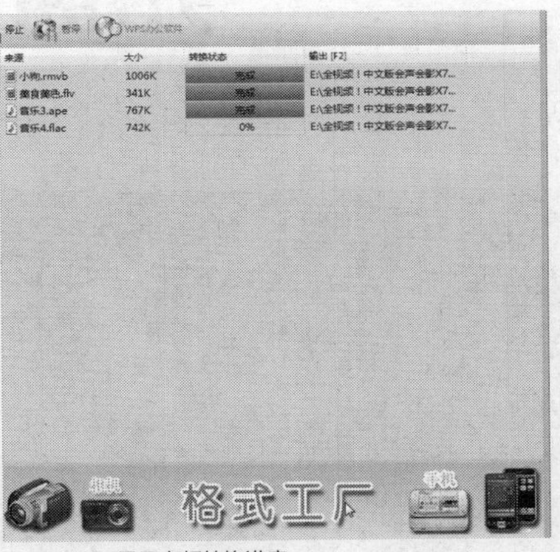

图17–167 显示音频转换进度

STEP 07 待音频转换完成后，在“转换状态”一列将显示“完成”字样，表示音频文件格式已经转换完成，如图17–168所示。

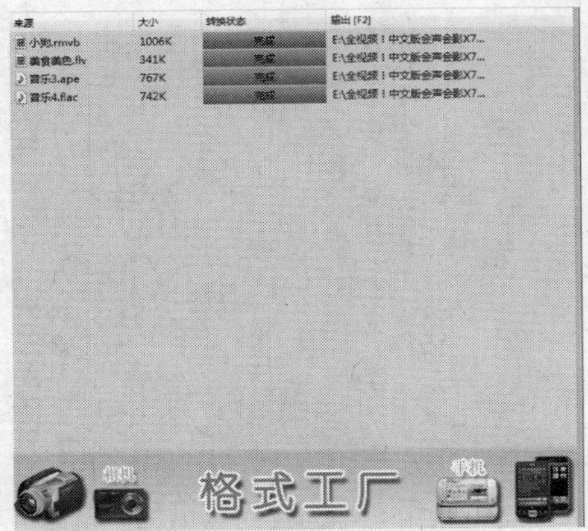

图17–168 表示音频文件格式已经转换完成

STEP 08 打开相应文件夹，在其中可以查看转换格式后的音频文件，如图17–169所示，此时用户可以将转换格式后的音频文件导入到会声会影应用程序中进行编辑或应用。

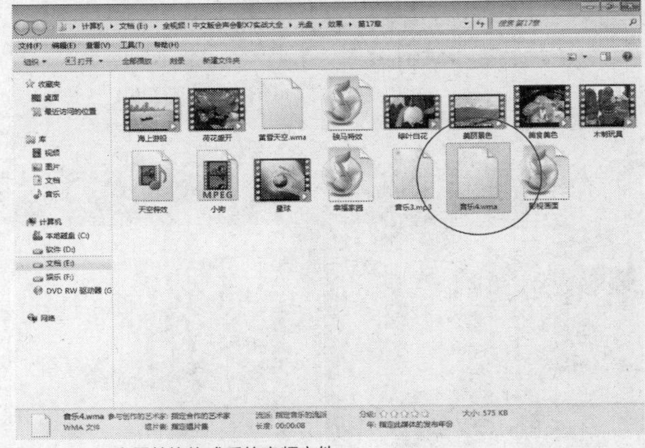

图17–169 查看转换格式后的音频文件

第 18 章

光盘共享！刻录视频

本章导读

在会声会影X7中，视频编辑完成后，最后的工作就是刻录了，会声会影X7中提供了多种刻录方式，以适合不同用户的需要。用户可以在会声会影X7中直接将视频刻录成光盘，如刻录DVD光盘、AVCHD光盘、蓝光光盘以及将视频镜像刻录ISO文件等，用户也可以使用专业的刻录软件进行光盘的刻录。

要点索引

- 刻录DVD光盘
- 刻录AVCHD光盘

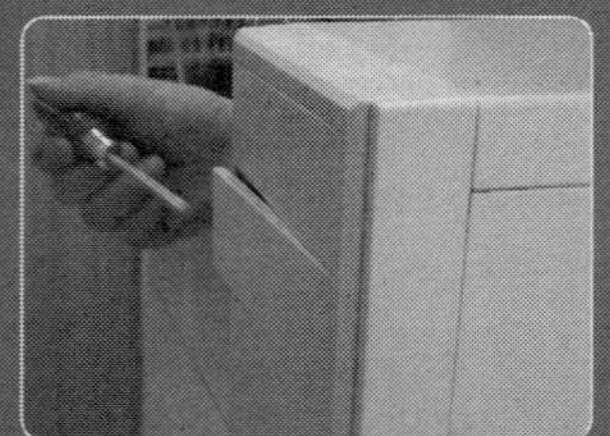

18.1 刻录DVD光盘

用户可以通过会声会影X7编辑器提供的刻录功能，直接将视频刻录为DVD光盘。这种刻录的光盘能够在计算机和影碟播放机中直接播放。本节主要向读者介绍运用会声会影X7编辑器直接将DV或视频刻录成DVD光盘的操作方法。

实战 460 安装刻录机

▶实例位置：无
▶素材位置：无
▶视频位置：光盘\视频\第18章\实战460.mp4

• 实例介绍 •

要使用刻录机刻录光盘，就必须先安装刻录机，才能进行刻录操作。下面主要介绍安装刻录机的方法。

• 操作步骤 •

STEP 01 使用螺丝刀将机箱表面的挡板撬开并取下，如图18-1所示。

图18-1 将机箱挡板撬开并取下

STEP 02 将刻录机正面朝向机箱外，用手托住刻录机从机箱前面的缺口插入托架中，如图18-2所示。

STEP 03 插好后，将刻录面板与机箱面板对齐，保持美观，如图18-3所示。

图18-2 插入托架中

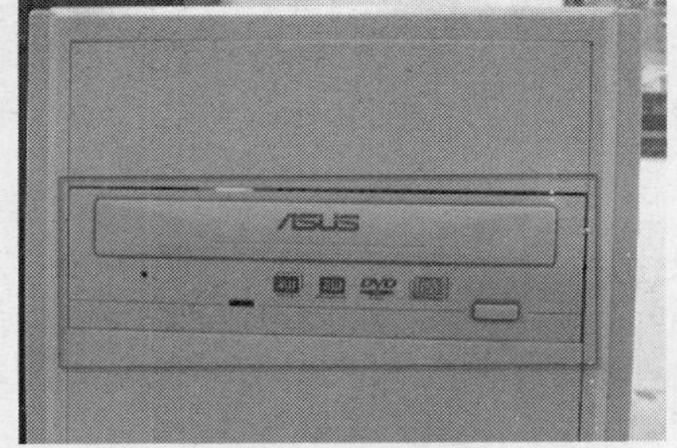

图18-3 将刻录面板与机箱面板对齐

STEP 04 调整好刻录机的位置，对齐刻录机上的螺丝孔与机箱上的螺丝孔，如图18-4所示。

STEP 05 使用磁性螺丝刀将螺丝拧入螺丝孔中，如图18-5所示。

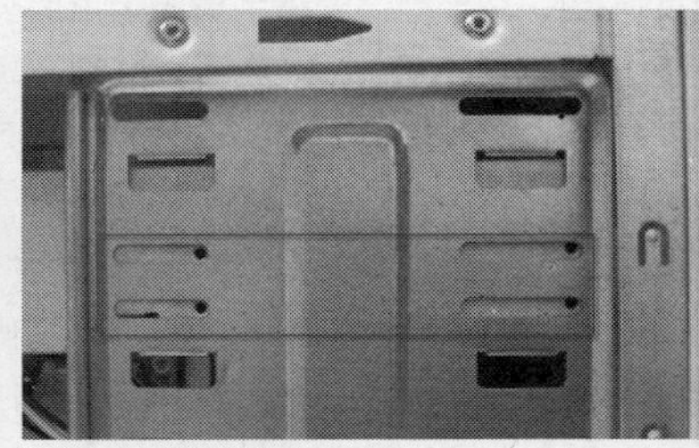

图18-4 对齐螺丝孔

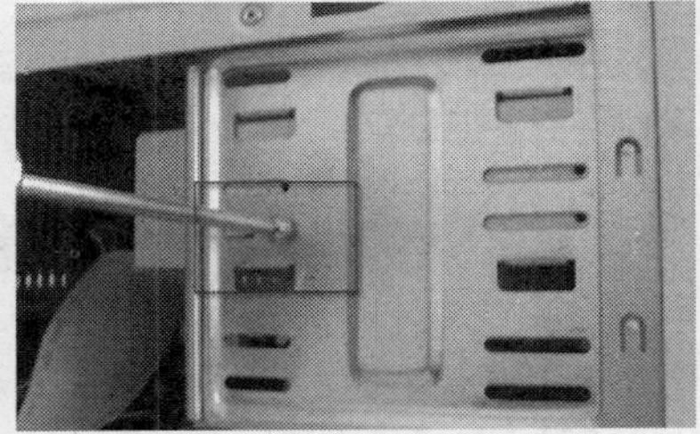

图18-5 将螺丝拧入螺丝孔中

知识拓展

数字多功能光盘（Digital Versatile Disc）简称DVD，是一种光盘存储器，通常用来播放标准电视机清晰度的电影、高质量的音乐，与作大容量存储数据的用途。

DVD与CD的外观极为相似，它们的直径都是120mm左右。最常见的DVD，即单面单层DVD的资料容量约为VCD的7倍，这是因为DVD和VCD虽然是使用相同的技术来读取深藏于光盘片中的资料（光学读取技术），但是由于DVD的光学读取头所产生的光点较小（将原本0.85μm的读取光点大小缩小到0.55μm），因此在同样大小的盘片面积上（DVD和VCD的外观大小是一样的），DVD资料储存的密度便可提高。

在会声会影X7中刻录DVD光盘之前，需要准备好以下事项。

➢ 检查是否有足够的压缩暂存空间。无论刻录光盘是否还可以创建光盘影像，都需要进行视频文件的压缩，压缩文件要有足够的硬盘空间存储，若空间不够，操作将半途而废。

➢ 准备好刻录机。如果暂时没有刻录机，可以创建光盘影像文件或DVD文件夹，然后复制到其他配有刻录机的计算机中，再刻录成光盘。

STEP 06 将螺丝拧入，但不要拧得太紧，如图18-6所示。

STEP 07 拧入另外的螺丝钉，如图18-7所示。至此，刻录机安装完毕。

图18-6 将螺丝拧入

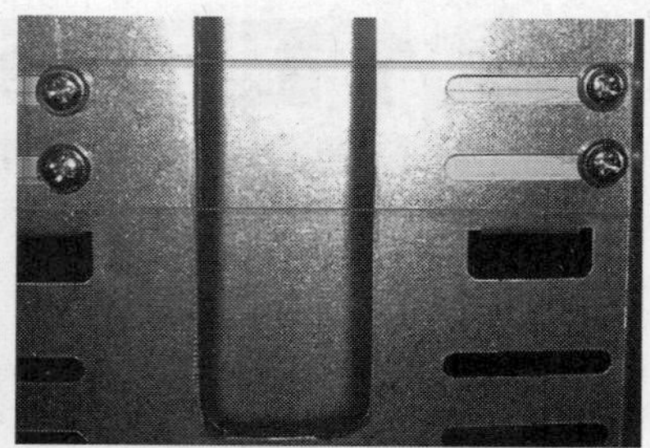
图18-7 拧入另外的螺丝钉

知识拓展

随着科学技术的发展，光盘刻录机已经越来越普及。刻录机能够在CD-R、CD-RW或DVD光盘上记录数据，可以在普通的DVD光驱上读取。因此，刻录机已经成为大容量数据备份的最佳选择。

刻录机的外观如图18-8所示。

图18-8 刻录机

当用户刻录DVD光盘时，刻录机会发出高功率的激光，聚集在DVD盘片某个特定部位上，使这个部位的有机染料层产生化学反应，其反光特性改变后，这个部位就不能反射光驱所发生的激光，这相当于传统DVD光盘上的凹面。没有被高功率激光照到的地方可以依靠黄金层反射激光。这样刻录的光盘与普通DVD光驱的读取原理基本相同，因而刻录盘也可以在普通光驱上读取。

目前，大部分刻录机除了支持整盘刻录（Disk at Once）方式外，还支持轨道刻录（Track at Once）方式。使用整盘刻录方式时，用户必须将所有数据一次性写入DVD光盘，如果准备的数据较少，刻录一张势必会造成很大的浪费，而使用轨道刻录方式就可以避免这种浪费，这种方式允许一张DVD盘在有多余空间的情况下进行多次刻录。

实战461 添加影片素材

- 实例位置：无
- 素材位置：光盘\素材\第18章\幸福爱人1-4.jpg
- 视频位置：光盘\视频\第18章\实战461.mp4

• 实例介绍 •

创建影片光盘主要有两种方法，一种是通过Nero等刻录软件把前面输出的各种视频文件直接刻录，这种方法刻录的光盘内容只能在电脑中播放；另一种是通过会声会影高级编辑器刻录，这种方法刻录的光盘能够同时在电脑和影碟播放机中播放。下面介绍如何运用会声会影X7高级编辑器，将DV影片或视频刻录成DVD光盘的方法。

• 操作步骤 •

STEP 01 进入会声会影编辑器，在时间轴面板中的空白位置上，单击鼠标右键，在弹出的快捷菜单中选择“插入照片”选项，如图18-9所示。

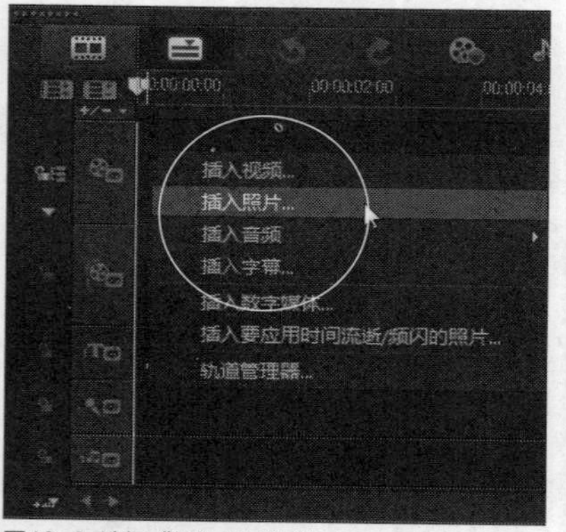

图18-9 选择“插入照片”选项

STEP 02 弹出“浏览照片”对话框，在其中选择需要插入的照片素材，如图18-10所示。

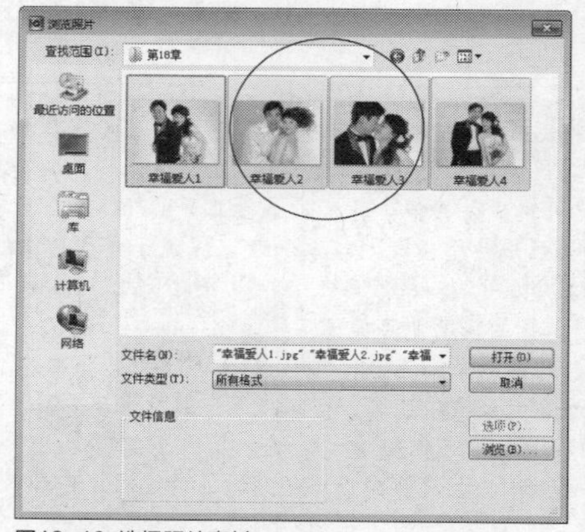

图18-10 选择照片素材

STEP 03 单击“打开”按钮，即可将照片素材添加至视频轨中，如图18-11所示。

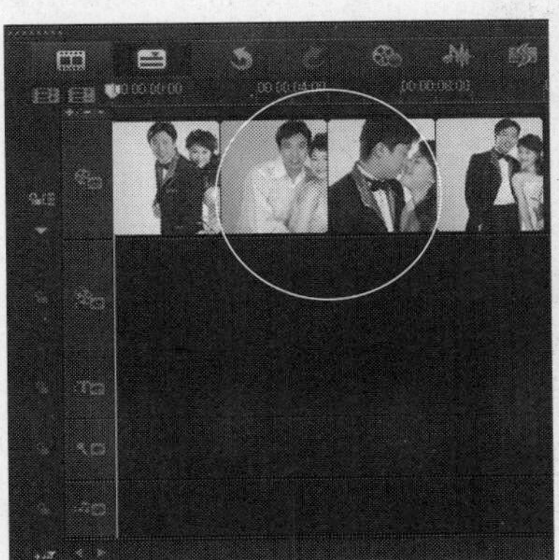

图18-11 添加照片素材

STEP 04 选择相应的照片素材，在预览窗口中可以预览照片效果，如图18-12所示。

图18-12 预览照片效果

实战 462 选择光盘类型

▶实例位置：无
▶素材位置：光盘\素材\第18章\幸福爱人1-4.jpg
▶视频位置：光盘\视频\第18章\实战462.mp4

• 实例介绍 •

添加影片素材后，则需要对刻录光盘的类型进行设置。会声会影X7中提供了多种光盘类型，用户可以根据需要选择对应的光盘类型。

• 操作步骤 •

STEP 01 在会声会影X7的工作界面中，单击“输出”标签，切换至“输出”步骤面板，如图18-13所示。

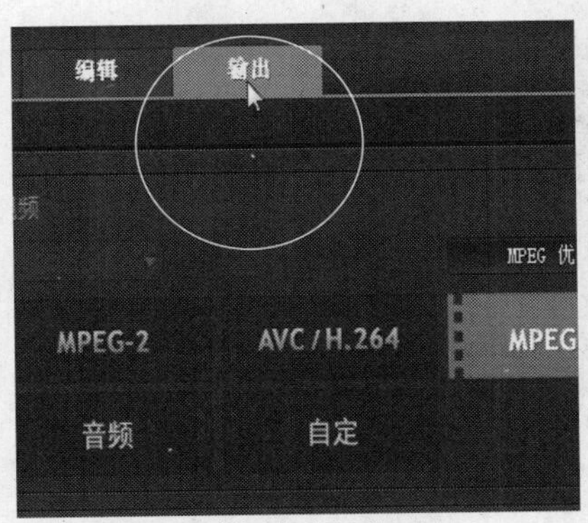

图18-13 切换至“输出”步骤面板

STEP 02 在“输出”选项面板中，单击左侧的“光盘”按钮，切换至“光盘”选项面板，在右侧选择DVD选项，如图18-14所示，即可设置光盘的类型为DVD。

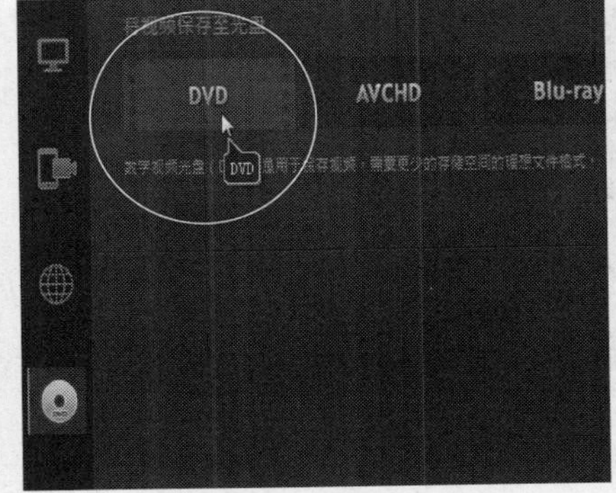

图18-14 选择DVD选项

知识拓展

会声会影X7中的“输出”面板与会声会影X6版本有很大的区别，以前在列表框中的设置，现在在新的X7版本中，都变成了面板，所有的输出功能在面板中都可以找到。

实战 463 为素材添加章节

▶实例位置：无
▶素材位置：光盘\素材\第18章\幸福爱人1-4.jpg
▶视频位置：光盘\视频\第18章\实战463.mp4

• 实例介绍 •

用户还可以为素材添加章节，下面介绍为素材添加章节的操作方法。

• 操作步骤 •

STEP 01 选择DVD选项，打开相应窗口，在窗口上方单击“添加/编辑章节”按钮，如图18-15所示。

图18-15 单击“添加/编辑章节”按钮

STEP 02 进入“添加/编辑章节”窗口，单击“自动添加章节”按钮，如图18-16所示。

图18-16 单击“自动添加章节”按钮

STEP 03 执行上述操作后，弹出“自动添加章节”对话框，如图18-17所示。

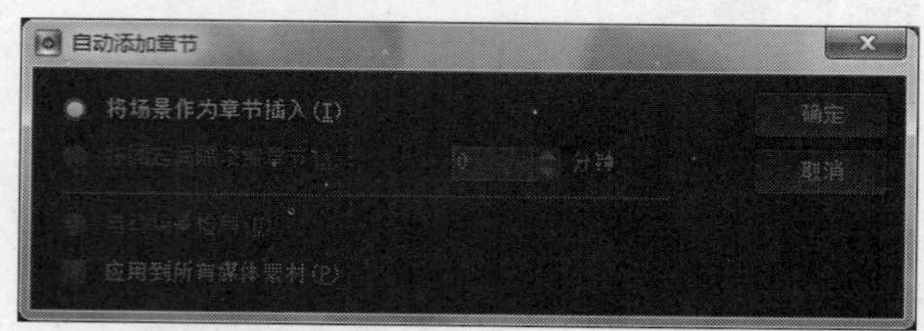

图18-17 “自动添加章节”对话框

STEP 04 单击“确定”按钮，即可为素材添加章节，如图18-18所示。

图18-18 为素材添加章节

STEP 05 在窗口的下方显示了章节的各个片段，如图18-19所示，单击“确定”按钮。

图18-19 显示章节片段

实战 464 设置菜单类型

▶ 实例位置：无
▶ 素材位置：光盘\素材\第18章\幸福爱人1-4.jpg
▶ 视频位置：光盘\视频\第18章\实战464.mp4

• 实例介绍 •

用户在创建光盘时，可以为光盘中的影片创建主菜单和子菜单。这是一种互动的缩略图样式选项列表。

• 操作步骤 •

STEP 01 添加章节后，返回相应窗口，单击“下一步”按钮，如图18-20所示。

图18-20 单击“下一步”按钮

STEP 02 进入菜单和预览界面，单击“智能场景菜单”右侧的下三角按钮，在弹出的列表框中选择“全部”选项，如图18-21所示。

图18-21 选择“全部”选项

STEP 03 执行上述操作后，即可显示系统中的全部菜单模板，在其中选择第2排第2个模板样式，如图18-22所示。

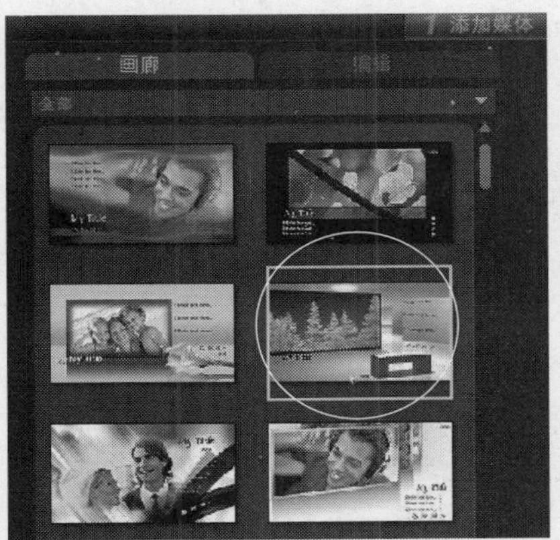

图18-22 选择模板样式

STEP 04 在预览窗口中可以预览模板效果，如图18-23所示。

图18-23 预览模板效果

实战 465 添加背景音乐

▶ 实例位置：无
▶ 素材位置：光盘\素材\第18章\配乐.mp3
▶ 视频位置：光盘\视频\第18章\实战465.mp4

• 实例介绍 •

用户还可以为制作的视频添加符合主题的背景音乐，音乐效果是影片的另一个非常重要的元素。

• 操作步骤 •

STEP 01 在Corel VideoStudio Pro对话框的左上方，切换至“编辑”选项卡，单击“设置背景音乐”按钮，在弹出的列表框中选择“为此菜单选取音乐”选项，如图18-24所示。

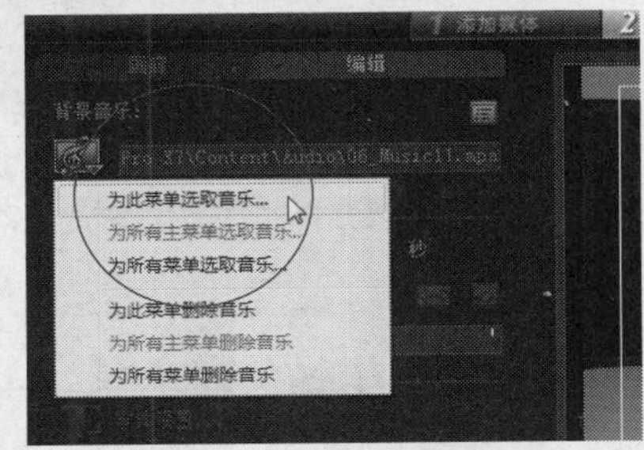

图18-24 选择“为此菜单选取音乐”选项

STEP 02 弹出“打开音频文件”对话框，在其中选择需要添加的音乐文件，如图18-25所示。

STEP 03 单击“打开”按钮，即可添加背景音乐，在“设置背景音乐”按钮的右侧可以看到添加的背景音乐路径，如图18-26所示。

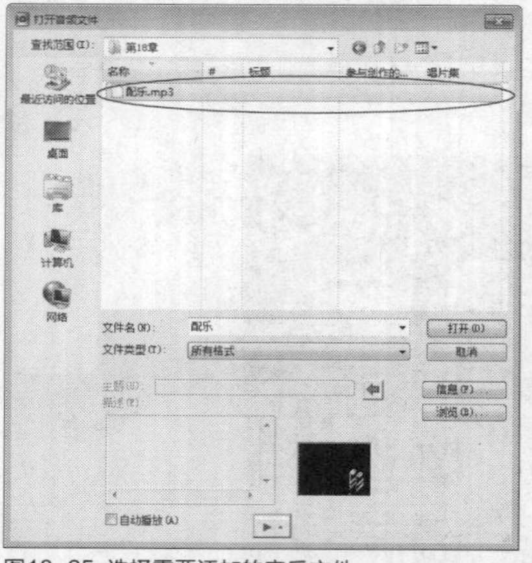

图18-25 选择需要添加的音乐文件

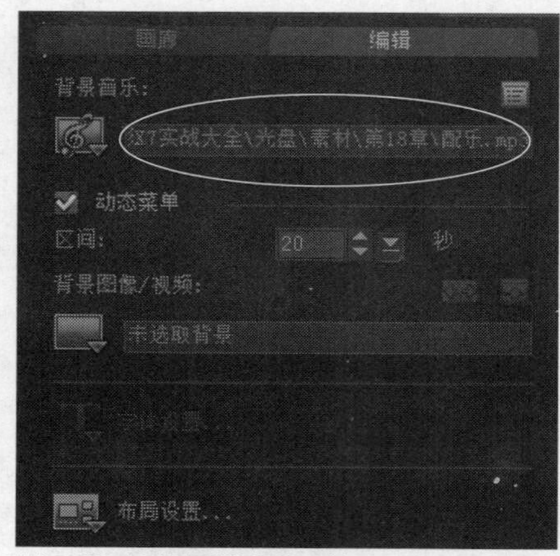

图18-26 查看添加的背景音乐路径

知识拓展

在"打开音频文件"对话框中，选择需要打开的音频文件，在该音频文件上双击鼠标左键，也可以快速添加音频文件至会声会影X7程序中。

实战466 预览影片效果

▶实例位置：无
▶素材位置：光盘\素材\第18章\幸福爱人1-4.jpg
▶视频位置：光盘\视频\第18章\实战466.mp4

• 实例介绍 •

当用户完成了光盘刻录的所有设置，便可以预览影片的效果。

• 操作步骤 •

STEP 01 在Corel VideoStudio Pro对话框中，单击下方的"预览"按钮，如图18-27所示。

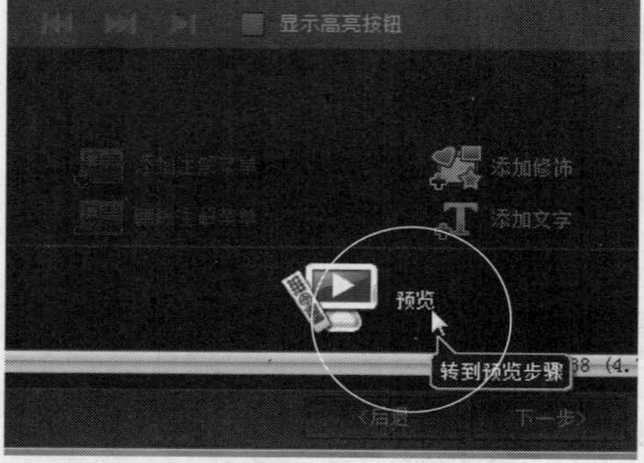

图18-27 单击"预览"按钮

STEP 02 执行上述操作后，进入预览界面，单击左侧的"播放"按钮，如图18-28所示。

图18-28 预览影片的动画效果

STEP 03 在预览窗口中即可预览影片的动画效果，如图18-29所示。

图18-29 预览影片效果

实战 467 刻录DVD影片

▶ 实例位置：无
▶ 素材位置：光盘\素材\第18章\幸福爱人1-4.jpg
▶ 视频位置：光盘\视频\第18章\实战467.mp4

• 实例介绍 •

为了便于查看和保存影片，用户可以将编辑完成的影片刻录成DVD光盘。下面向用户介绍运用会声会影X7自带的刻录功能完成DVD光盘刻录的操作方法。

• 操作步骤 •

STEP 01 视频画面预览完成后，单击界面下方的“后退”按钮，如图18-30所示。

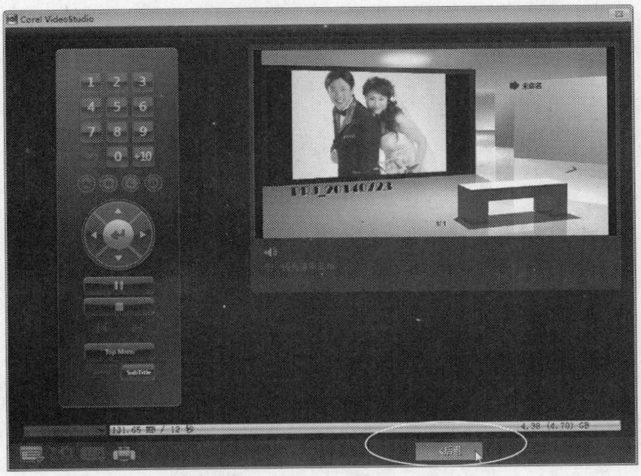

图18-30 单击“后退”按钮

STEP 02 返回“菜单和预览”界面，单击界面下方的“下一步”按钮，如图18-31所示。

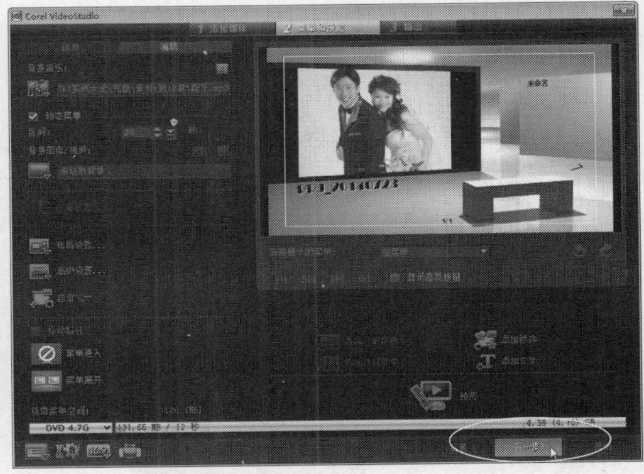

图18-31 单击“下一步”按钮

STEP 03 进入“输出”界面，用户可以根据需要设置DVD光盘的卷标、驱动器、份数以及刻录格式等选项，如图18-32所示。

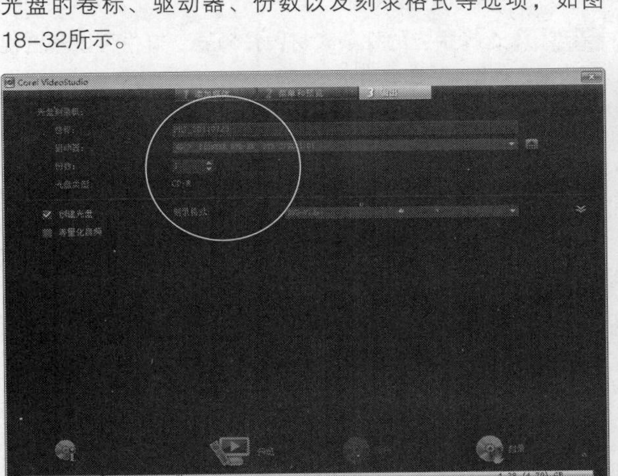

图18-32 设置各选项

STEP 04 刻录选项设置完成后，单击“输出”界面下方的“刻录”按钮，如图18-33所示，即可开始刻录DVD光盘。

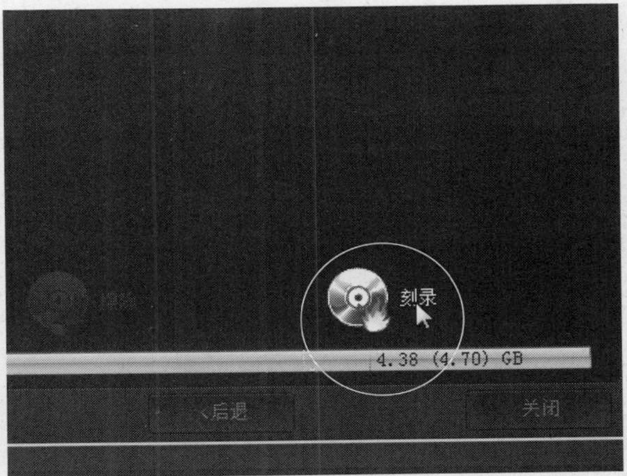

图18-33 单击“刻录”按钮

知识拓展

在会声会影X7中，用户还可以直接将计算机磁盘中的视频文件，直接拖曳至时间轴面板的视频轨中，应用视频文件。

18.2 刻录AVCHD光盘

在会声会影X7中，用户不仅可以将制作的视频文件刻录为DVD光盘，还可以将视频文件直接刻录为AVCHD格式的光盘。本节主要向读者介绍运用会声会影X7编辑器直接将DV或视频刻录成AVCHD光盘的操作方法。

实战468 添加影片素材

▶实例位置：无
▶素材位置：光盘\素材\第18章\植物摄影.mpg
▶视频位置：光盘\视频\第18章\实战468.mp4

• 实例介绍 •

使用会声会影自带的创建光盘功能，可以轻松完成AVCHD光盘的刻录操作，在刻录光盘之前，用户首先需要添加刻录的影片或项目文件。下面介绍如何运用会声会影X7高级编辑器，将DV影片或视频刻录成AVCHD光盘的方法。

• 操作步骤 •

STEP 01 进入会声会影编辑器，在时间轴面板中的空白位置上，单击鼠标右键，在弹出的快捷菜单中选择“插入视频”选项，如图18-34所示。

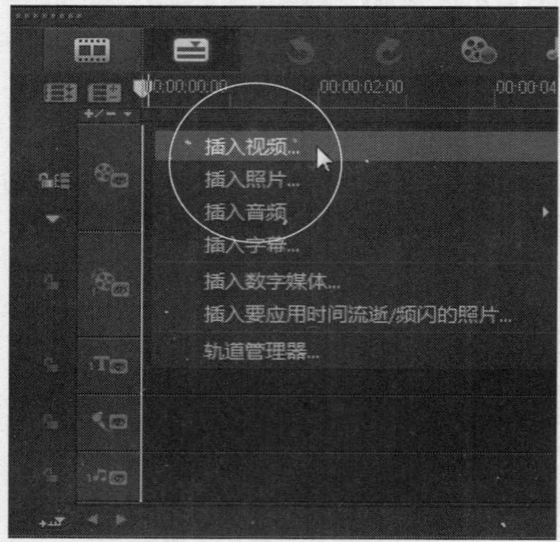

图18-34 选择“插入视频”选项

STEP 02 弹出“打开视频文件”对话框，在其中选择需要插入的视频素材，如图18-35所示。

图18-35 选择视频素材

STEP 03 单击“打开”按钮，即可将视频素材添加至视频轨中，如图18-36所示。

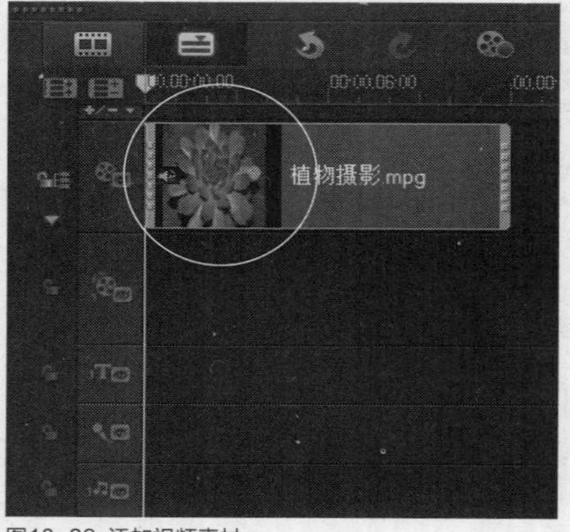

图18-36 添加视频素材

STEP 04 选择相应的视频素材，在预览窗口中可以预览视频效果，如图18-37所示。

图18-37 预览视频效果

实战469 选择光盘类型

▶实例位置：无
▶素材位置：光盘\素材\第18章\植物摄影.mpg
▶视频位置：光盘\视频\第18章\实战469.mp4

• 实例介绍 •

添加影片素材后，则需要对刻录光盘的类型进行设置。会声会影X7中提供了多种光盘类型，用户可以根据需要选择对应的光盘类型。

• 操作步骤 •

STEP 01 在会声会影X7的工作界面中，单击“输出”标签，切换至“输出”步骤面板，如图18-38所示。

STEP 02 在“输出”选项面板中，单击左侧的“光盘”按钮，切换至“光盘”选项面板，在右侧选择AVCHD选项，如图18-39所示，即可设置光盘的类型为AVCHD。

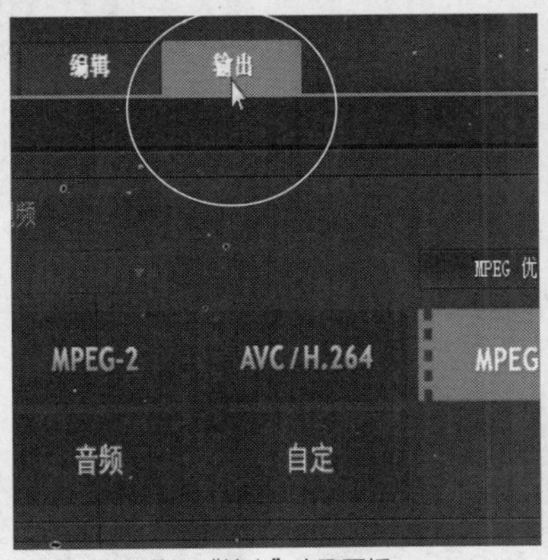

图18-38 切换至“输出”步骤面板

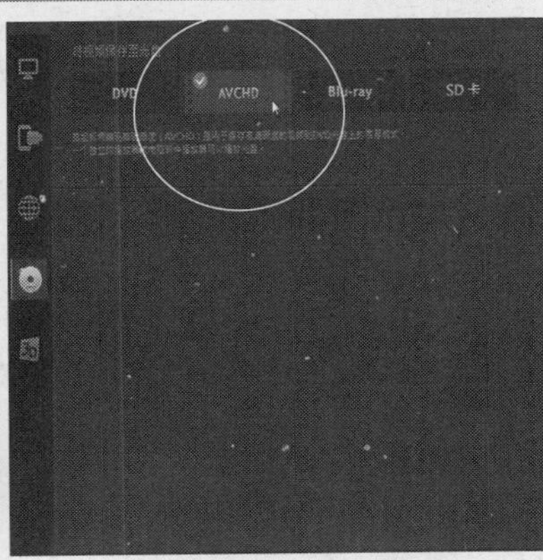

图18-39 选择AVCHD选项

知识拓展

AVCHD是索尼（Sony）公司与松下电器（Panasonic）于2006年5月联合发表的高画质光碟压缩技术，AVCHD标准基于MPEG-4 AVC/H.264视讯编码，支持480i、720p、1080i、1080p等格式，同时支持杜比数位5.1声道AC-3或线性PCM 7.1声道音频压缩。

AVCHD使用8cm的mini-DVD光碟，单张可存储大约20分钟的高解析度视讯内容，今后的双层和双面光碟可存储1小时以上，而没有AVCHD编码的mini-DVD光碟一般只能存储30分钟左右的480i视讯内容。

随着大屏幕高清电视（HDTV）越来越多地进入家庭，家用摄像机也面临着向高清升级的需求。对日本领先的消费电子设备制造商而言，向高清升级已成为必然趋势。在他们竞相推出的各种高清摄像机中，存储介质五花八门，包括DVD光盘、Mini DV磁带，以及闪存卡等。此时，松下电器和索尼联合推出一项高清视频摄像新格式——AVCHD，该格式将现有DVD架构（即8cm DVD光盘和红光）与一款基于MPEG-4 AVC/H.264先进压缩技术的编解码器整合在一起。H.264是广泛使用在高清DVD和下一代蓝光光盘格式中的压缩技术。由于AVCHD格式仅用于用户自己生成视频节目，因此AVCHD的制订者避免了复杂的版权保护问题。

实战470 为素材添加章节

▶实例位置：无
▶素材位置：光盘\素材\第18章\植物摄影.mpg
▶视频位置：光盘\视频\第18章\实战470.mp4

• 实例介绍 •

用户还可以为素材添加章节，下面介绍如何为素材添加章节的操作方法。

• 操作步骤 •

STEP 01 选择AVCHD选项，打开相应窗口，在窗口上方单击“添加/编辑章节”按钮，如图18-40所示。

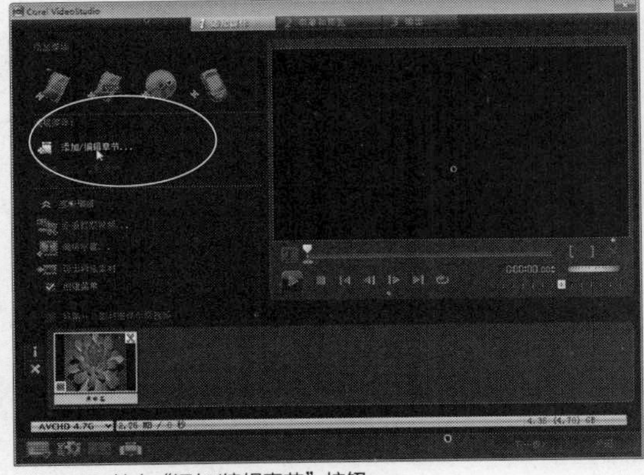
图18-40 单击“添加/编辑章节”按钮

STEP 02 弹出“添加/编辑章节”对话框，单击“播放”按钮，播放视频画面，至00:00:03:00位置后，单击“暂停”按钮，如图18-41所示。

图18-41 单击“暂停”按钮

STEP 03 在界面左侧，单击“添加章节”按钮，如图18-42所示。

图18-42 “单击添加章节”按钮

STEP 04 执行操作后，即可在时间线位置添加一个章节点，此时下方将出现添加的章节缩略图，如图18-43所示。

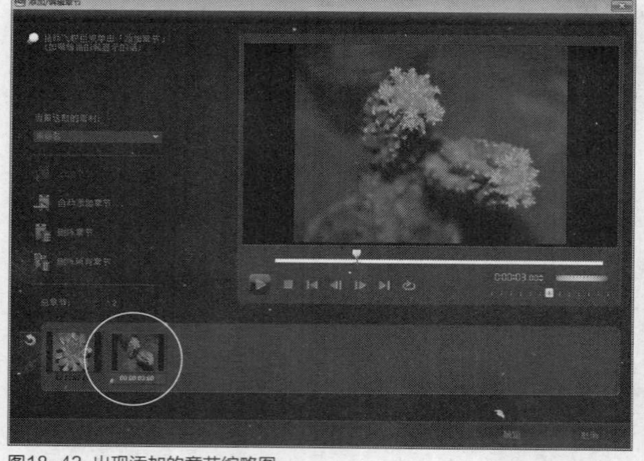
图18-43 出现添加的章节缩略图

STEP 05 用相同的方法，继续添加其他章节点，如图18-44所示。

图18-44 添加其他章节点

实战471 设置菜单类型

▶实例位置：无
▶素材位置：光盘\素材\第18章\植物摄影.mpg
▶视频位置：光盘\视频\第18章\实战471.mp4

• 实例介绍 •

用户为素材添加章节后，还需要设置菜单类型，下面介绍设置菜单类型的操作方法。

• 操作步骤 •

STEP 01 添加章节后，单击“确定”按钮，返回相应窗口，单击“下一步”按钮，如图18-45所示。

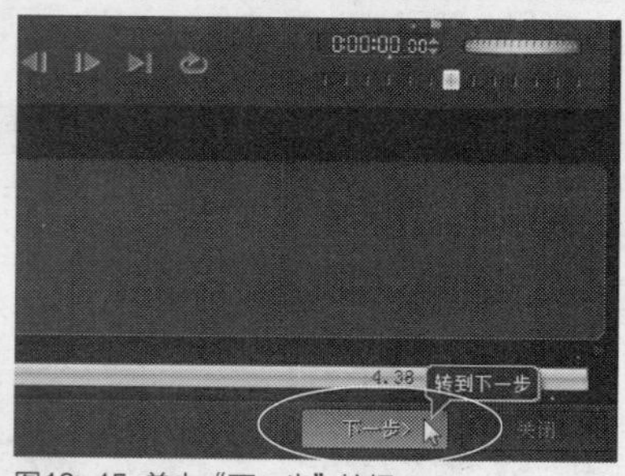

图18-45 单击“下一步”按钮

STEP 02 进入菜单和预览界面，单击“智能场景菜单”右侧的下三角按钮，在弹出的列表框中选择“全部”选项，如图18-46所示。

STEP 03 执行上述操作后，即可显示系统中的全部菜单模板，在其中选择第1排第2个模板样式，如图18-47所示。

图18-46 选择“全部”选项

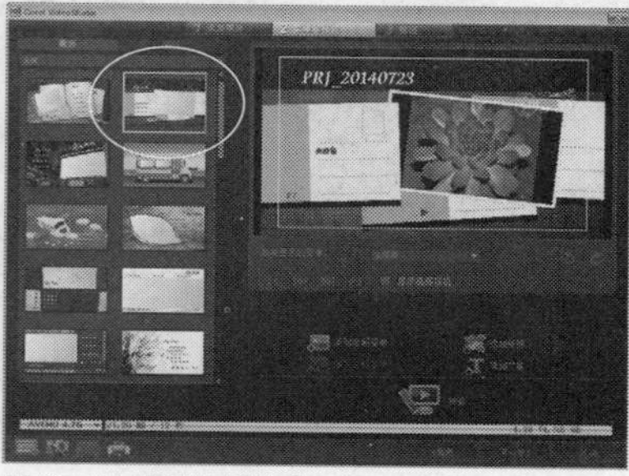

图18-47 选择模板样式

STEP 04 在预览窗口中可以预览模板效果，如图18-48所示。

图18-48 预览模板效果

实战 472 预览影片效果

▶ 实例位置：无
▶ 素材位置：光盘\素材\第18章\植物摄影.mpg
▶ 视频位置：光盘\视频\第18章\实战472.mp4

• 实例介绍 •

当用户完成了光盘刻录的所有设置，便可以预览影片的效果。

• 操作步骤 •

STEP 01 在Corel VideoStudio Pro对话框中，单击下方的“预览”按钮，如图18-49所示。

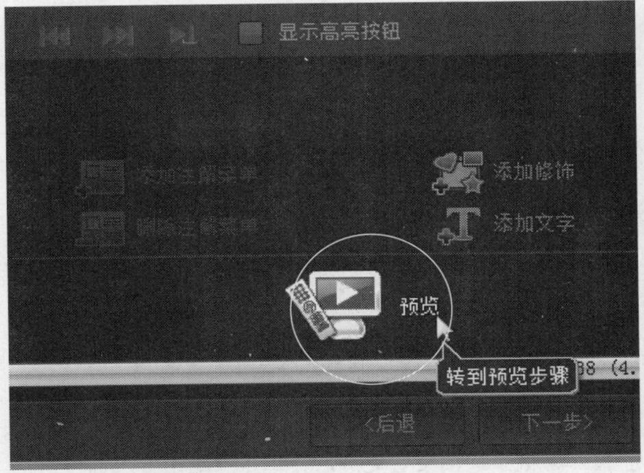

图18-49 单击“预览”按钮

STEP 02 执行上述操作后，进入预览界面，单击左侧的“播放”按钮，如图18-50所示。

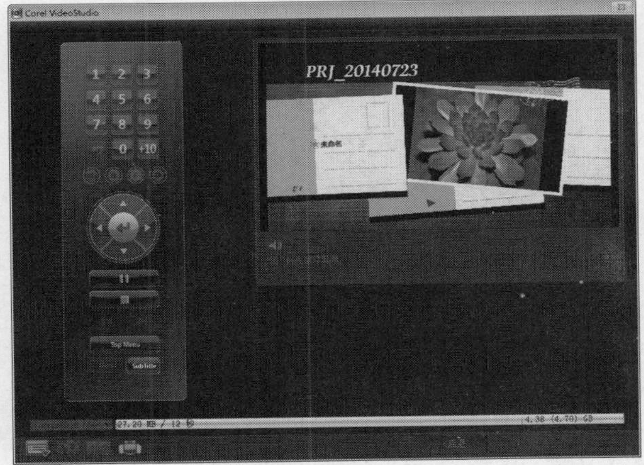

图18-50 预览影片的动画效果

STEP 03 在预览窗口中即可预览影片的动画效果，如图18-51所示。

图18-51 预览影片效果

图18-51 预览影片效果（续）

实战473 刻录AVCHD影片

▶实例位置：无
▶素材位置：光盘\素材\第18章\植物摄影.mpg
▶视频位置：光盘\视频\第18章\实战473.mp4

• 实例介绍 •

为了便于查看和保存影片，用户可以将编辑完成的影片刻录成AVCHD光盘。下面向用户介绍运用会声会影X7自带的刻录功能完成AVCHD光盘刻录的操作方法。

• 操作步骤 •

STEP 01 视频画面预览完成后，单击界面下方的“后退”按钮，如图18-52所示。

图18-52 单击“后退”按钮

STEP 02 返回“菜单和预览”界面，单击界面下方的“下一步”按钮，如图18-53所示。

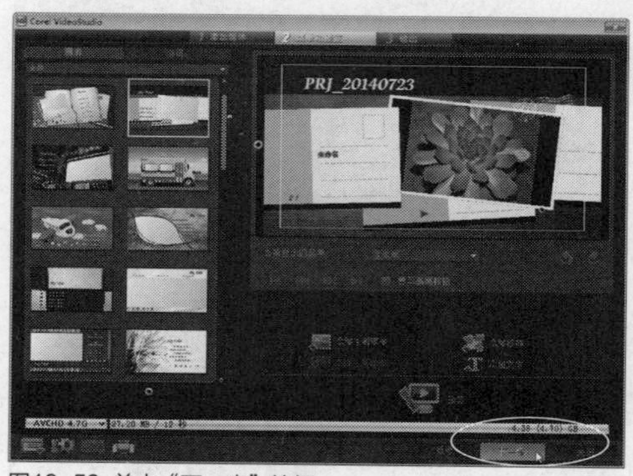

图18-53 单击“下一步”按钮

STEP 03 进入“输出”界面，用户可以根据需要设置AVCHD光盘的卷标、驱动器、份数以及刻录格式等选项，如图18-54所示。

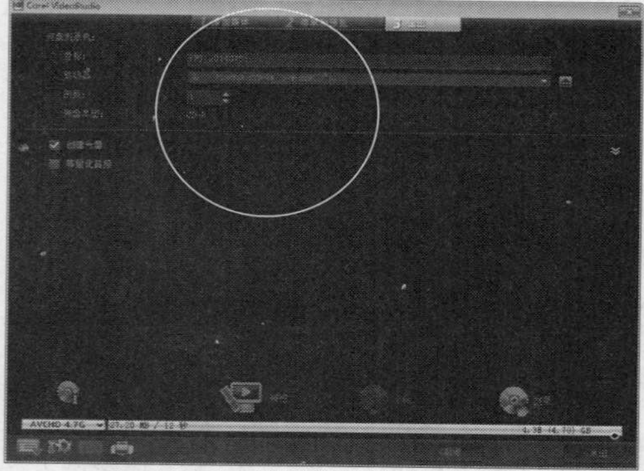

图18-54 设置各选项

STEP 04 刻录选项设置完成后，单击“输出”界面下方的“刻录”按钮，如图18-55所示，即可开始刻录AVCHD光盘。

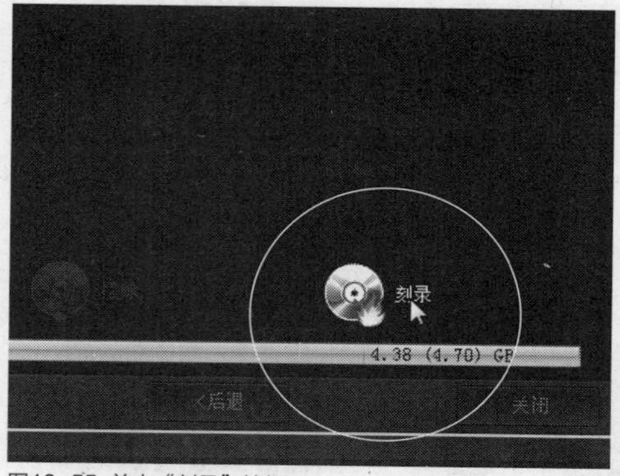

图18-55 单击“刻录”按钮

第19章 将视频分享至网络

本章导读

影片编辑完成后，就可以将影片导出，在会声会影X7中，提供了多种影片导出方式，例如，将影片视频导出为网页、电子邮件以及屏幕保护程序等。本章主要向读者介绍将视频分享至各大网站的设置。

要点索引

- 将视频分享至优酷网站
- 将视频分享至新浪微博
- 将视频分享至QQ空间

19.1 将视频分享至优酷网站

优酷网是中国领先的视频分享网站，是中国网络视频行业的第一品牌。在2006年6月21日创立，优酷网以“快者为王”为产品理念，注重用户体验，不断完善服务策略，其卓尔不群的“快速播放，快速发布，快速搜索”的产品特性，充分满足用户日益增长的多元化互动需求，使之成为中国视频网站中的领军势力。本节主要向读者介绍将视频分享至优酷网站的操作方法。

实战 474 添加视频效果

▶实例位置：无
▶素材位置：光盘\素材\第19章\水果.VSP
▶视频位置：光盘\视频\第19章\实战474.mp4

• 实例介绍 •

在导出为网页之前，首先要制作需要导出的项目文件。下面向读者介绍添加项目文件的方法。

• 操作步骤 •

STEP 01 进入会声会影编辑器，单击“文件”|“将媒体文件插入到素材库”|“插入视频”命令，如图19-1所示。

STEP 02 即可弹出“浏览视频”对话框，在其中选择需要打开的项目文件，如图19-2所示。

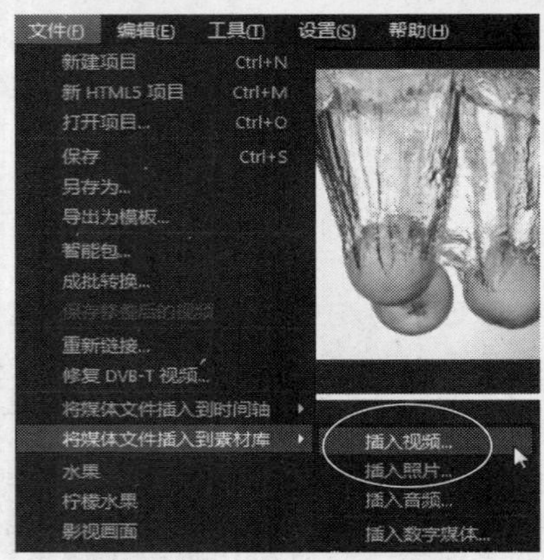

图19-1 单击“插入视频”命令

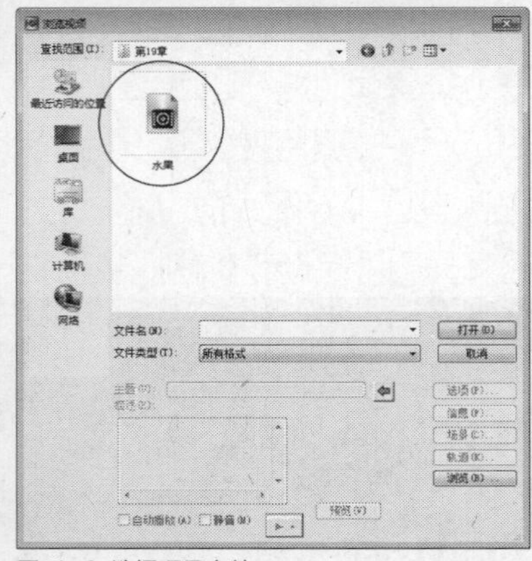

图19-2 选择项目文件

STEP 03 单击“打开”按钮，即可将项目文件添加到素材库中，如图19-3所示。

STEP 04 在素材库中选择添加的项目文件，单击鼠标左键并拖曳至时间轴面板中的视频轨中，如图19-4所示。

图19-3 添加到素材库

图19-4 拖曳至视频轨中

实战 475 输出适合的视频尺寸

▶实例位置：光盘\效果\第19章\水果.mp4
▶素材位置：光盘\素材\第19章\水果.VSP
▶视频位置：光盘\视频\第19章\实战475.mp4

• 实例介绍 •

将视频上传至优酷网站之前，首先需要在会声会影X7软件中将其调整为适合优酷网站的视频尺寸与视频格式。下面向读者介绍输出适合优酷网站的视频尺寸与格式的操作方法。

• 操作步骤 •

STEP 01 以上一例的素材为例，在导览面板中查看素材画面，如图19-5所示。

STEP 02 在工作界面的上方，单击“输出”标签，执行操作后，即可切换至“输出”步骤面板，如图19-6所示。

图19-5 查看素材画面

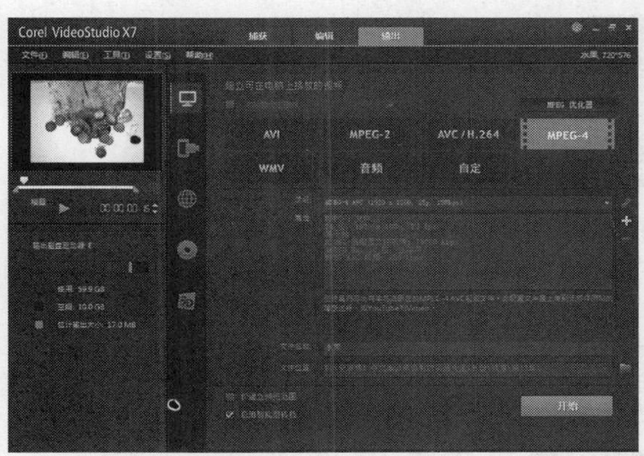
图19-6 切换至“输出”步骤面板

STEP 03 在上方面板中，选择MPEG-4选项，在“项目”右侧的下拉列表中选择MPEG-4 AVC（1280×720）选项，如图19-7所示。

STEP 04 在下方面板中，单击“文件位置”右侧的“浏览”按钮，如图19-8所示。

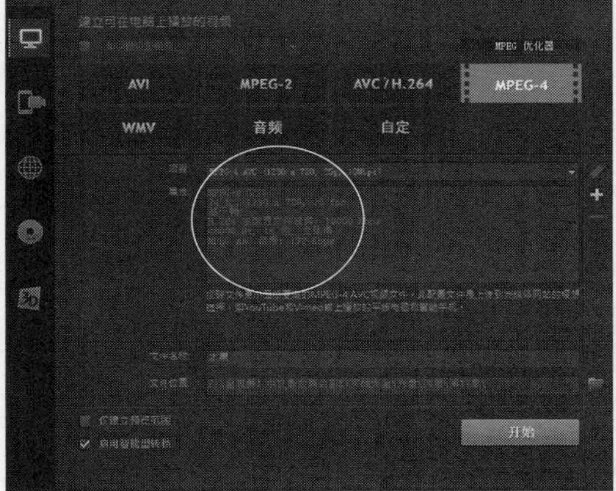

图19-7 选择相应选项

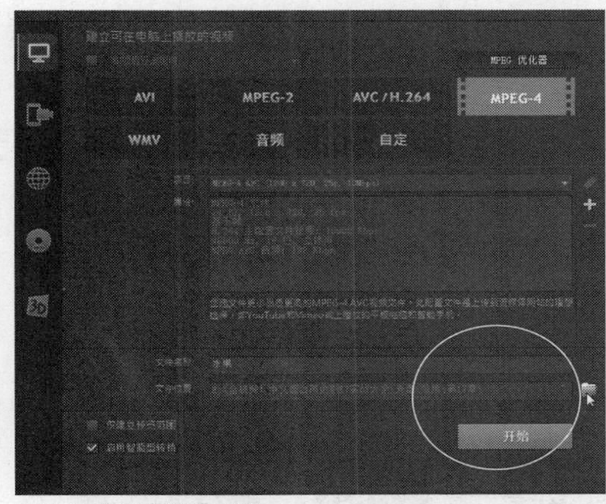

图19-8 单击“浏览”按钮

知识拓展

1280×720的帧尺寸是优酷网站视频的满屏尺寸。用户也可以设置视频的帧尺寸为960×720，这个尺寸也是满屏视频的尺寸，其他的视频尺寸在优酷网站播放时达不到满屏的效果，影响视频的整体美观度。

STEP 05 弹出“浏览”对话框，在其中设置视频文件的输出名称与输出位置，如图19-9所示。

STEP 06 设置完成后，单击“保存”按钮，返回会声会影编辑器，单击下方的“开始”按钮，如图19-10所示，开始渲染视频文件，并显示渲染进度。

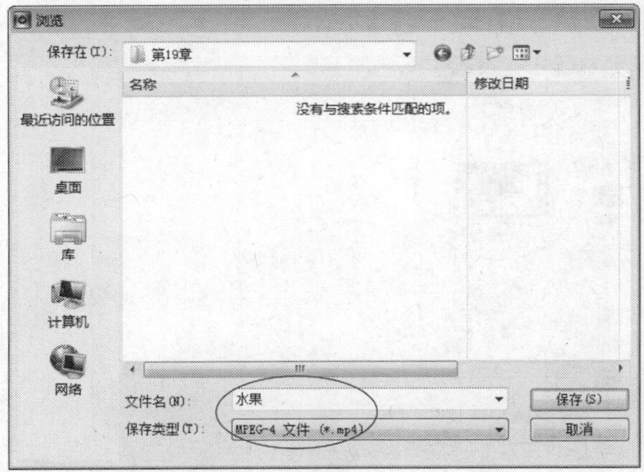

图19-9 设置输出名称与输出位置

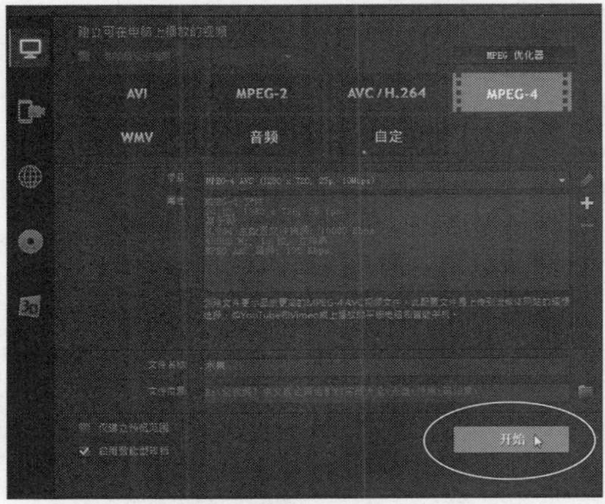

图19-10 单击“开始”按钮

STEP 07 稍等片刻待视频文件输出完成后，弹出信息提示框，提示用户视频文件建立成功，如图19-11所示。

STEP 08 单击“确定”按钮，完成输出整个项目文件的操作，在视频素材库中查看输出的MP4视频文件，如图19-12所示。

图19-11 弹出信息提示框

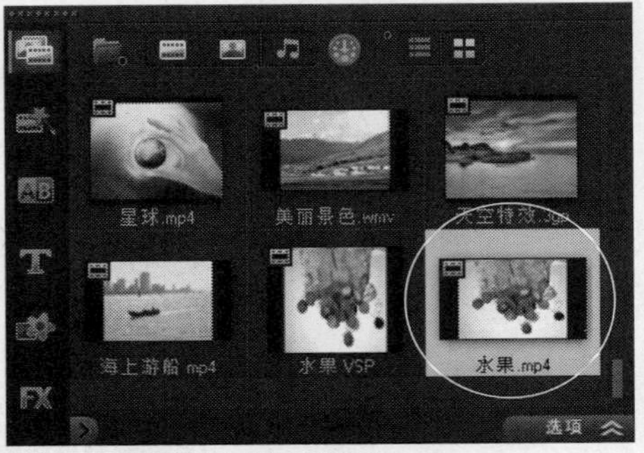

图19-12 设置输出名称与输出位置

实战476 上传视频至优酷网站

▶实例位置：无
▶素材位置：光盘\效果\第19章\水果.mp4
▶视频位置：光盘\视频\第19章\实战476.mp4

• 实例介绍 •

在会声会影X7软件中制作完合适尺寸的视频文件后，接下来向读者介绍将输出的视频上传至优酷网站的操作方法。

• 操作步骤 •

STEP 01 打开相应的浏览器，进入优酷视频首页，注册并登录优酷账号，如图19-13所示。

图19-13 登录优酷账号

STEP 02 在优酷首页的右上角位置，将鼠标移至“上传”文字上，在弹出的面板中单击“上传视频”文字链接，如图19-14所示。

图19-14 单击“上传视频”文字链接

STEP 03 执行操作后，打开“上传视频-优酷”网页，在页面的中间位置单击“上传视频”按钮，如图19-15所示。

图19-15 单击“上传视频”按钮

STEP 04 弹出“打开”对话框，在其中选择上一例中输出的视频文件，如图19-16所示。

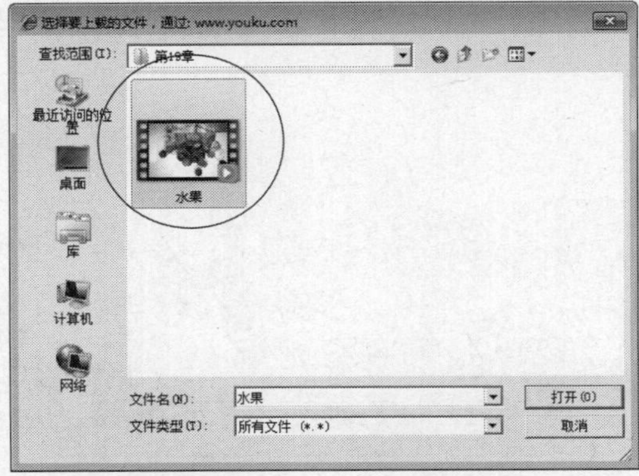

图19-16 选择视频文件

STEP 05 单击“打开”按钮，返回“上传视频-优酷”网页，在页面上方显示了视频上传进度，如图19-17所示。

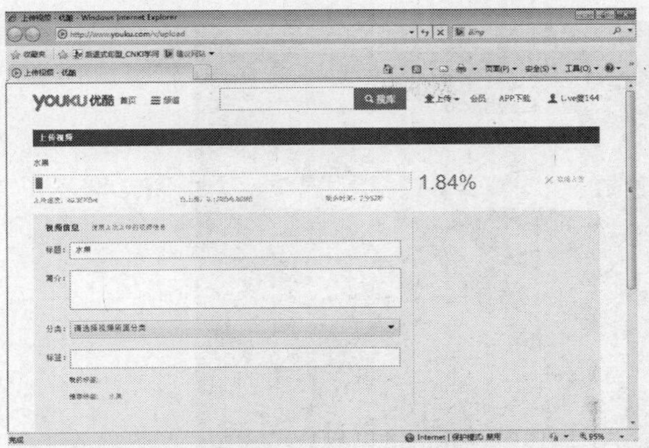

图19-17 显示视频上传进度

STEP 06 稍等片刻，待视频文件上传完成后，页面中会显示100%，在“视频信息”一栏中，设置视频的标题、简介、分类以及标签等内容，如图19-18所示。

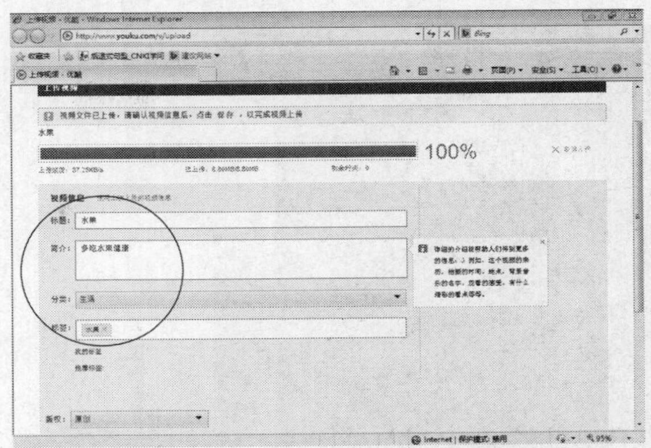

图19-18 设置各信息

STEP 07 设置完成后，滚动鼠标，单击页面最下方的“保存”按钮，即可成功上传视频文件，此时页面中提示视频上传成功，进入审核阶段，如图19-19所示。

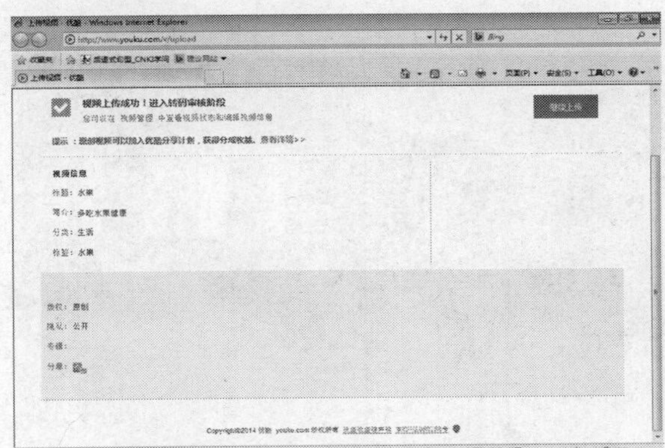

图19-19 进入审核阶段

STEP 08 在页面中单击“视频管理”超链接，进入“我的视频管理”网页，在“已上传”标签中，显示了刚上传的视频文件，如图19-20所示，待视频审核通过后，即可在优酷网站中与网友一起分享视频画面。

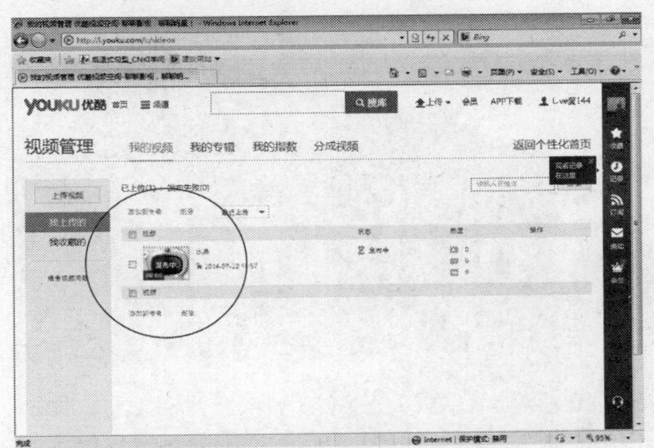

图19-20 显示刚上传的视频文件

知识拓展

在优酷网站上，支持上传的视频格式包括.avi、.dat、.mpg、.mpeg、.vob、.mkv、.mov、.wmv、.asf、.rm、.rmvb、.ram、.flv、.mp4、.3gp、.dv、.qt、.divx、.m4v等格式的文件。

19.2 将视频分享至新浪微博

微博，即微博客（MicroBlog）的简称，是一个基于用户关系信息分享、传播以及获取平台，用户可以通过WEB、WAP等各种客户端组建个人社区，以140字左右的文字更新信息，并实现即时分享。微博在这个时代是非常流行的一种社交工具，用户可以将自己制作的视频文件与微博好友一起分享。本节主要向读者介绍将视频分享至新浪微博的操作方法。

实战477 输出适合的视频尺寸

▶实例位置：光盘\效果\第19章\特色建筑.mp4
▶素材位置：光盘\素材\第19章\特色建筑.VSP
▶视频位置：光盘\视频\第19章\实战477.mp4

• 实例介绍 •

在新浪微博中，对上传的视频尺寸没有特别的要求，任何常见尺寸的视频都可以上传至新浪微博中。下面向读者介绍输出4K高清视频尺寸的操作方法，使用户制作的视频为高清视频，增强视频画面感。

• 操作步骤 •

STEP 01 进入会声会影编辑器，单击“文件”|“打开项目”命令，如图19-21所示。

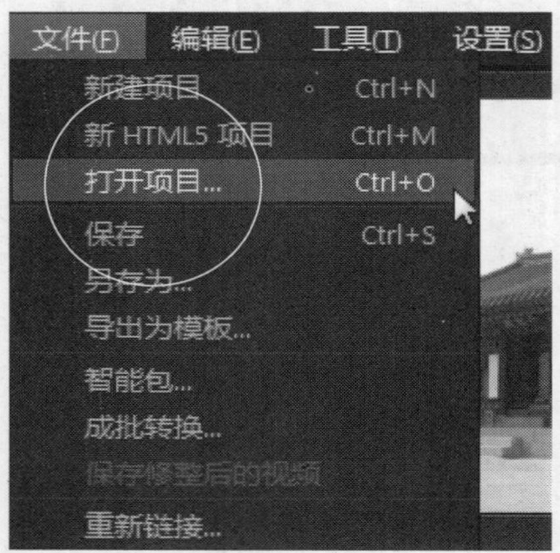

图19-21 单击“打开项目”命令

STEP 02 弹出“打开”对话框，选择需要打开的项目文件，单击“打开”按钮，即可打开项目文件，如图19-22所示。

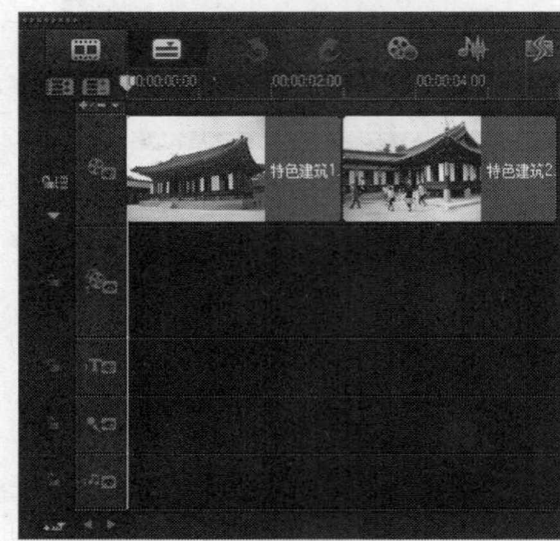

图19-22 打开项目文件

STEP 03 在导览面板中单击“播放”按钮，预览制作的成品视频画面，如图19-23所示。

图19-23 预览成品视频画面

STEP 04 在上方面板中，单击“输出”标签，执行操作后，即可切换至“输出”步骤面板，选择MPEG-4选项，在“项目”右侧的下拉列表中选择MPEG-4（4096×2160，50p）选项，如图19-24所示。

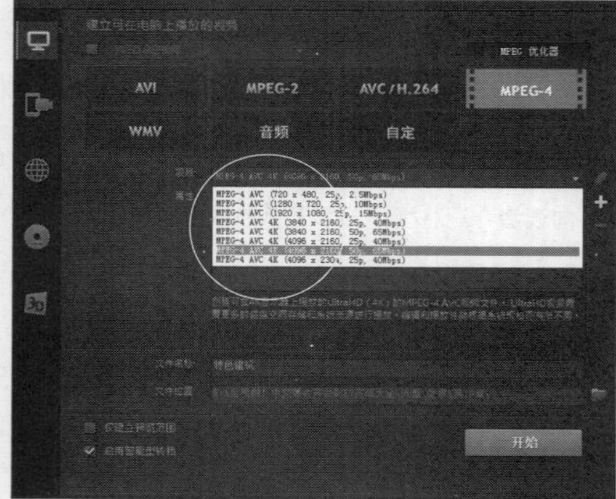

图19-24 切换至“输出”步骤面板

STEP 05 在下方面板中，单击“文件位置”右侧的“浏览”按钮，如图19-25所示。

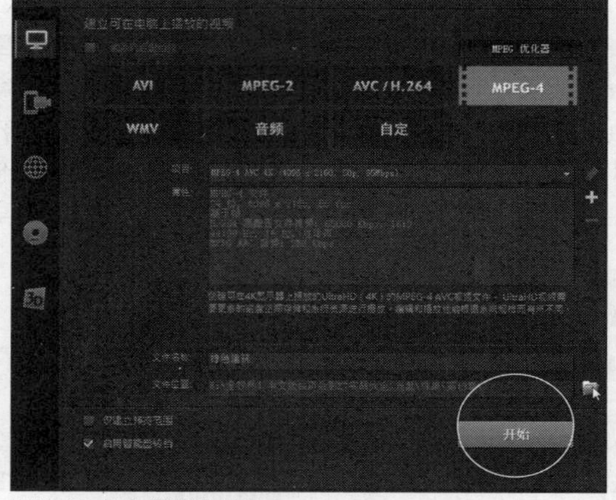

图19-25 单击“浏览”按钮

STEP 06 弹出“浏览”对话框，在其中设置视频文件的输出名称与输出位置，如图19-26所示。

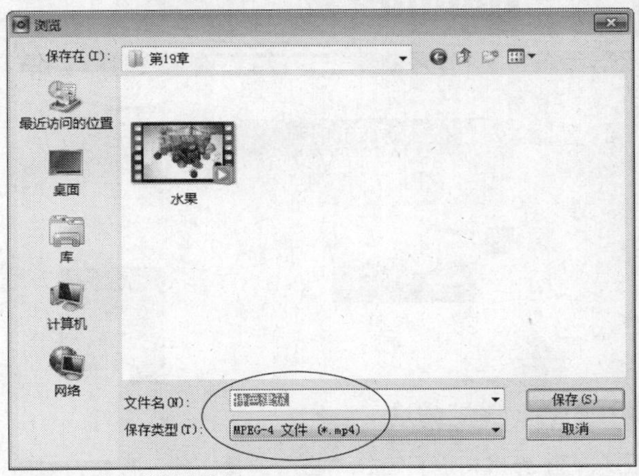

图19-26 单击“浏览”按钮

STEP 07 设置完成后，单击“保存”按钮，返回会声会影编辑器，单击下方的“开始”按钮，如图19-27所示，开始渲染视频文件，并显示渲染进度。

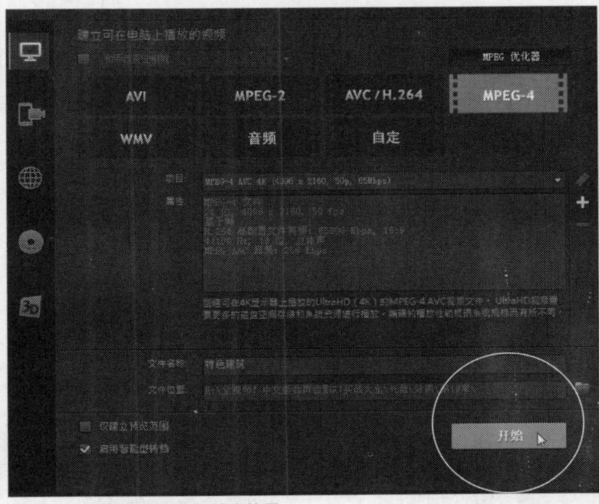

图19-27 设置输出名称与输出位置

STEP 08 稍等片刻待视频文件输出完成后，弹出信息提示框，提示用户视频文件建立成功，如图19-28所示。

图19-28 弹出信息提示框

STEP 09 单击“确定”按钮，完成输出整个项目文件的操作，在视频素材库中查看输出的MP4视频文件，如图19-29所示。

图19-29 设置输出名称与输出位置

知识拓展

用户需要注意的是，新浪微博对用户上传的视频容量大小也是有要求的，一段视频的容量不能超过500M。如果用户输出的高清视频容量超过了500M，此时用户可以考虑将视频输出为其他格式。

另外，用户上传的视频容量越大，上传的速度越慢；视频容量越小，上传的速度越快。

实战 478 上传视频至新浪微博

▶实例位置：无
▶素材位置：光盘\效果\第19章\特色建筑.mp4
▶视频位置：光盘\视频\第19章\实战478.mp4

• 实例介绍 •

当用户将高清视频输出完成后，接下来可以将视频分享至新浪微博。下面向读者介绍将视频成品分享至新浪微博的操作方法。

• 操作步骤 •

STEP 01 打开相应的浏览器，进入新浪微博首页，如图19-30所示。

图19-30 进入新浪微博首页

STEP 02 注册并登录新浪微博账号，在页面上方单击"视频"超链接，如图19-31所示。

图19-31 单击"视频"超链接

STEP 03 执行操作后，弹出相应面板，在"上传视频"选项卡中单击"本地上传"按钮，如图19-32所示。

图19-32 单击"本地上传"按钮

STEP 04 弹出相应页面，单击"选择文件"按钮，如图19-33所示。

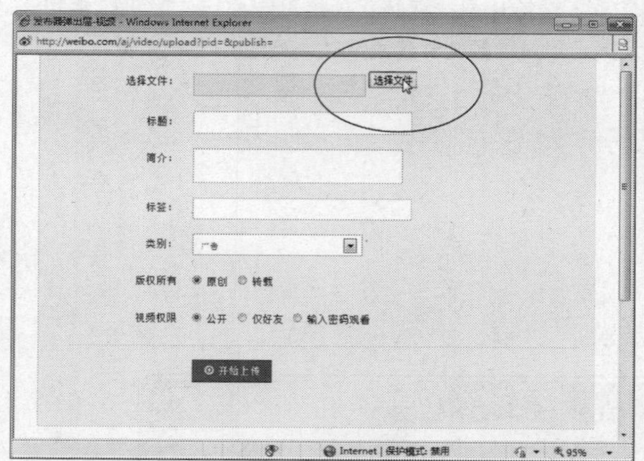

图19-33 单击"选择文件"按钮

STEP 05 弹出"打开"对话框，在其中选择用户上一例中输出的视频文件，如图19-34所示。

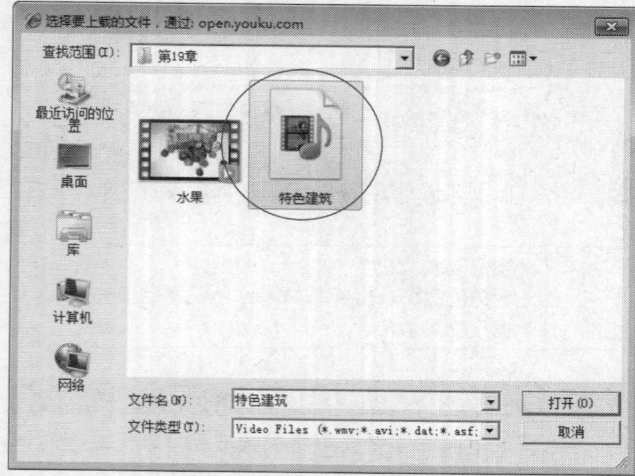

图19-34 选择视频文件

STEP 06 单击"打开"按钮，返回相应页面，设置"标签"信息为"视频"，单击"开始上传"按钮，显示高清视频上传进度，如图19-35所示。

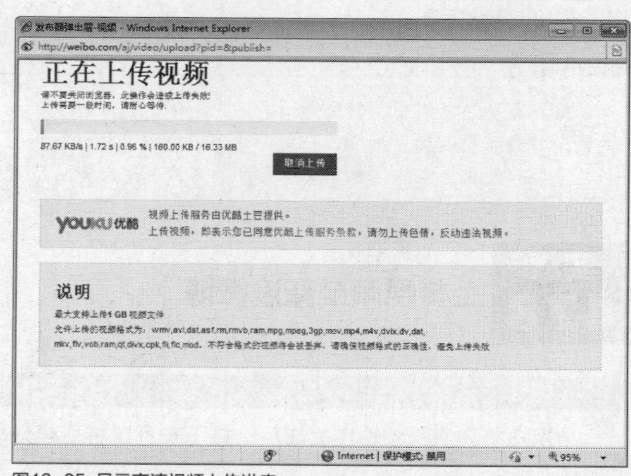

图19-35 显示高清视频上传进度

STEP 07 稍等片刻，页面中提示用户视频已经上传完成，如图19-36所示。

图19-36 提示用户视频已经上传完成

知识拓展

在图19-36页面中，单击“关闭窗口”按钮，将返回新浪微博主页，稍后可以查看发布的视频。在新浪微博上，用户还可以分享自己拍摄或制作的照片，与网友一起分享作品。

19.3 将视频分享至QQ空间

QQ空间（Qzone）是腾讯公司开发出来的一个个性空间，具有博客（Blog）的功能，自问世以来受到众多人的喜爱。在QQ空间上可以书写日记，上传自己的视频，听音乐，写心情，通过多种方式展现自己。除此之外，用户还可以根据自己的喜爱设定空间的背景、小挂件等，从而使每个空间都有自己的特色。本节主要向读者介绍在QQ空间中分享视频的操作方法。

实战 479 输出适合的视频尺寸

▶实例位置：光盘\效果\第19章\美丽海景.wmv
▶素材位置：光盘\素材\第19章\美丽海景.VSP
▶视频位置：光盘\视频\第19章\实战479.mp4

• 实例介绍 •

用户如果要在QQ空间中与好友一起分享制作的视频效果，首先需要输出视频文件。下面向读者介绍输出适合QQ空间视频尺寸的操作方法。

• 操作步骤 •

STEP 01 进入会声会影编辑器，单击“文件”|“打开项目”命令，如图19-37所示。

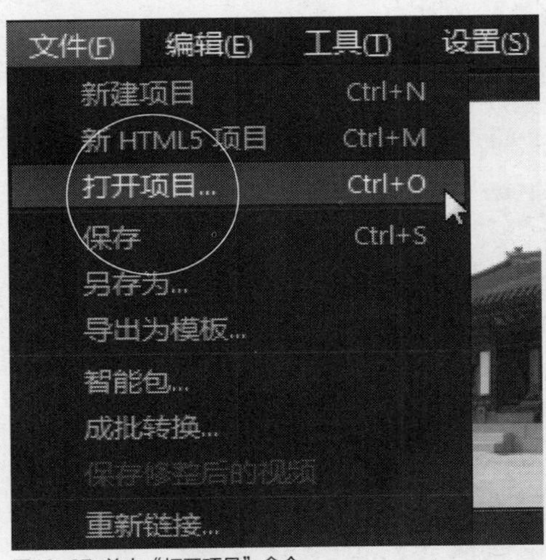

图19-37 单击“打开项目”命令

STEP 02 弹出“打开”对话框，选择需要打开的项目文件，单击“打开”按钮，即可打开项目文件，如图19-38所示。

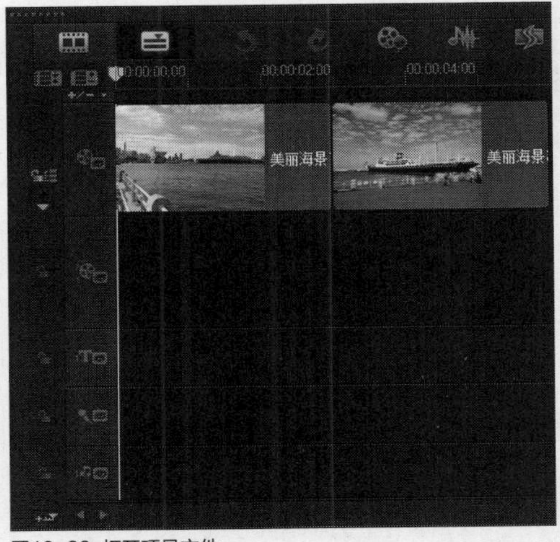

图19-38 打开项目文件

STEP 03 在导览面板中单击“播放”按钮，预览制作的成品视频画面，如图19-39所示。

图19-39 预览成品视频画面

知识拓展

QQ空间对于用户上传的视频文件尺寸没有特别的要求，一般的格式都适合上传至QQ空间中。

STEP 04 在会声会影编辑器上方面板中，单击“输出”标签，执行操作后，即可切换至“输出”步骤面板，选择WMV选项，在“项目”右侧的下拉列表中选择WMV（1920×1080，25p）选项，如图19-40所示。

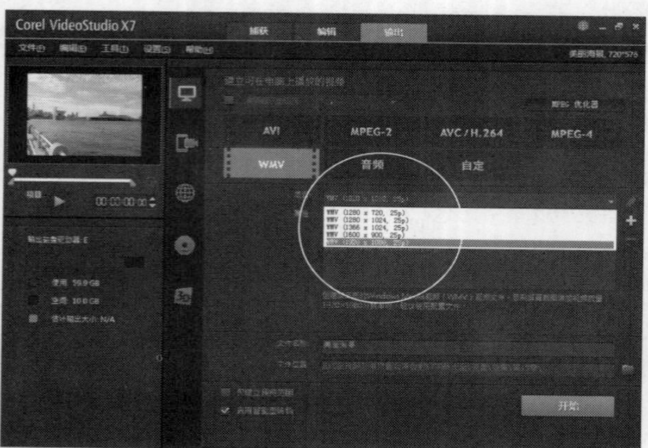

图19-40 切换至“输出”步骤面板

STEP 05 在下方面板中，单击“文件位置”右侧的“浏览”按钮，如图19-41所示。

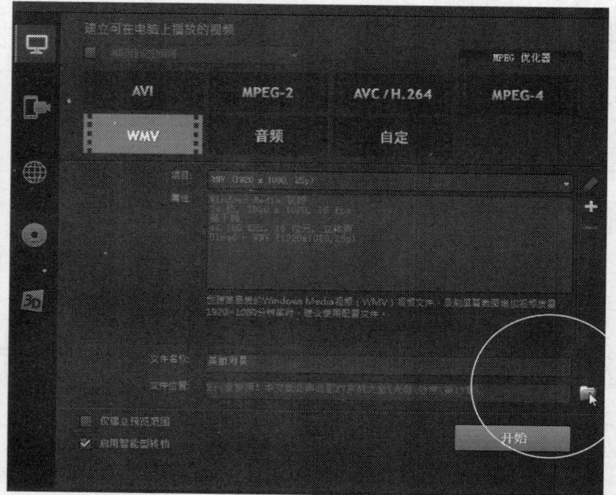

图19-41 单击“浏览”按钮

STEP 06 弹出“浏览”对话框，在其中设置视频文件的输出名称与输出位置，如图19-42所示。

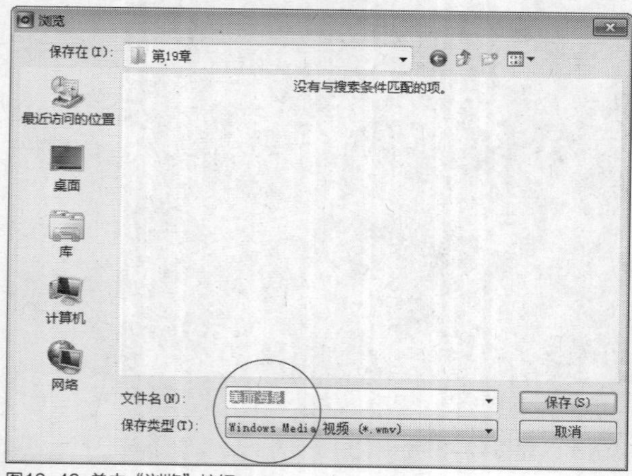

图19-42 单击“浏览”按钮

STEP 07 设置完成后，单击“保存”按钮，返回会声会影编辑器，单击下方的“开始”按钮，如图19-43所示，开始渲染视频文件，并显示渲染进度。

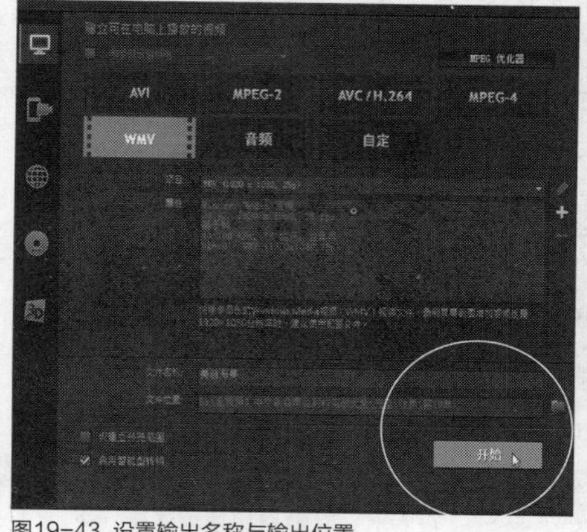

图19-43 设置输出名称与输出位置

STEP 08 稍等片刻待视频文件输出完成后，弹出信息提示框，提示用户视频文件建立成功，如图19-44所示。

STEP 09 单击“确定”按钮，完成输出整个项目文件的操作，在视频素材库中查看输出的WMV视频文件，如图19-45所示。

图19-44 弹出信息提示框

图19-45 设置输出名称与输出位置

实战 480 上传视频至QQ空间

- 实例位置：无
- 素材位置：光盘\效果\第19章\美丽海景.wmv
- 视频位置：光盘\视频\第19章\实战480.mp4

• 实例介绍 •

当用户将视频输出完成后，接下来可以将视频分享至QQ空间中。下面向读者介绍将视频成品分享至QQ空间的操作方法。

• 操作步骤 •

STEP 01 打开相应浏览器，进入QQ空间首页，如图19-46所示。

图19-46 进入QQ空间首页

STEP 02 注册并登录QQ空间账号，在页面上方单击“视频”超链接，如图19-47所示。

图19-47 单击“视频”超链接

STEP 03 弹出添加视频的面板，在面板中单击“本地上传”超链接，如图19-48所示。

图19-48 单击“本地上传”超链接

STEP 04 弹出相应对话框，在其中选择用户上一例中输出的视频文件，如图19-49所示。

图19-49 选择视频文件

STEP 05 单击“保存”按钮，开始上传选择的视频文件，并显示视频上传进度，如图19-50所示。

图19-50 显示视频上传进度

STEP 06 稍等片刻，视频即可上传成功，在页面中显示了视频上传的预览图标，单击上方的“发表”按钮，如图19-51所示。

图19-51 单击上方的“发表”按钮

STEP 07 执行操作后，即可发表用户上传的视频文件，下方显示了发表时间，单击视频文件中的“播放”按钮，如图19-52所示。

图19-52 单击“播放”按钮

STEP 08 即可开始播放用户上传的视频文件，如图19-53所示，与QQ好友一同分享制作的视频效果。

图19-53 播放上传的视频文件

知识拓展

在腾讯QQ空间中，只有黄钻用户才能上传本地电脑中的视频文件。如果用户不是黄钻用户，则不能上传本地视频，只能分享其他网页中的视频至QQ空间中。

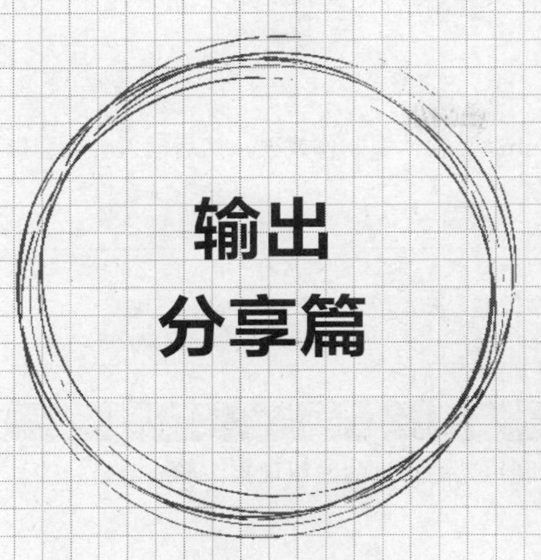

第20章 会声会影扩展软件

本章导读

本章主要介绍会声会影X7的扩展应用，内容包括在Flash CC中制作动画效果，然后将其应用至会声会影X7中；在Photoshop CC中制作图像背景效果，将其应用至会声会影X7的视频轨或覆叠轨中。

要点索引

- 在Flash中的运用
- 在Photoshop中的运用

20.1 在Flash中的运用

与会声会影的旧版本相比，会声会影X7对Flash的支持更加完善。在Flash动画软件中制作效果，然后插入会声会影中使用，可以令制作的视频更加专业化。

实战481 制作逐帧动画特效

▶实例位置：光盘\效果\第20章\中秋节.fla、中秋节.swf
▶素材位置：光盘\素材\第20章\中秋节.fla
▶视频位置：光盘\视频\第20章\实战481.mp4

• 实例介绍 •

逐帧动画，就是把运动过程附加在每个帧中，当影格快速移动的时候，利用人的视觉的残留现象，形成流畅的动画效果。

• 操作步骤 •

STEP 01 进入Flash操作界面，执行菜单栏中的“文件”|“打开”命令，打开一个素材文件，如图20-1所示。

图20-1 打开素材文件

STEP 02 选取工具箱中的文本工具，在“属性”面板中设置“系列”为“华文新魏”、“大小”为120.0磅、“颜色”为黄色（#FFFF00），如图20-2所示。

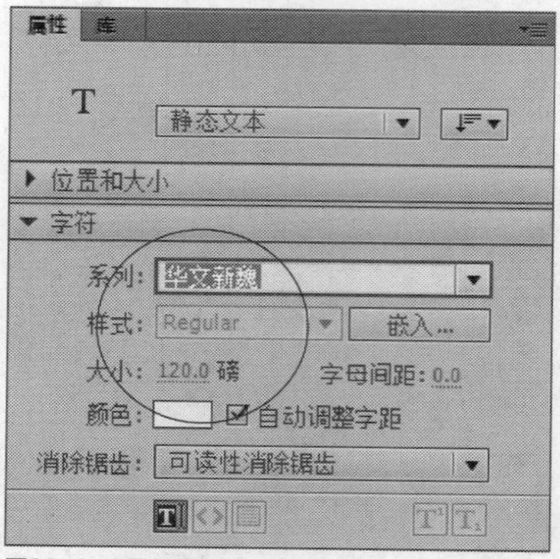

图20-2 设置相应属性

STEP 03 在舞台中的适当位置创建文本框，并在其中输入文本内容为“中”，如图20-3所示。

图20-3 输入文本内容

STEP 04 选取工具箱中的任意变形工具，适当旋转文本的角度，如图20-4所示。

图20-4 旋转文本角度

STEP 05 在“文本”图层的第8帧插入关键帧，如图20-5所示。

STEP 06 选取工具箱中的文本工具，在舞台中创建文本内容为“秋”，如图20-6所示。

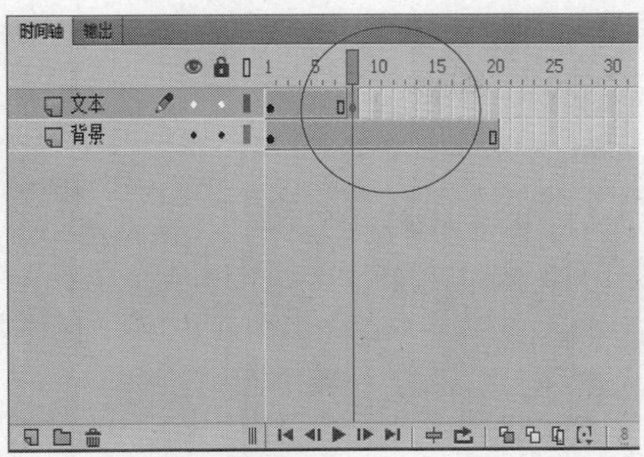

图20-5 在第8帧插入关键帧

图20-6 创建文本内容

STEP 07 在“文本”图层的第15帧插入关键帧，在第20帧插入帧，然后选择第15帧，如图20-7所示。

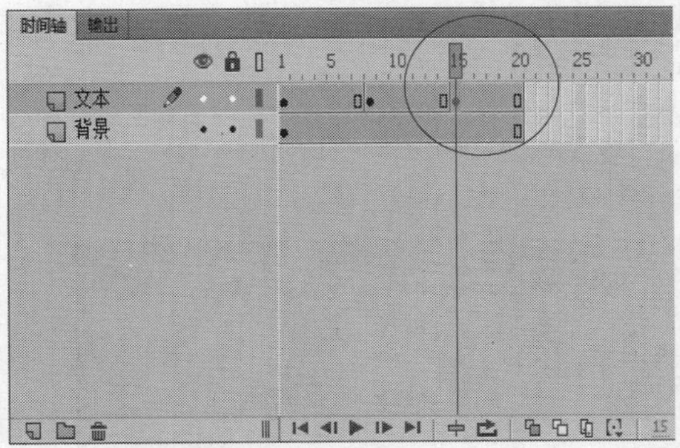

图20-7 在第15帧插入关键帧

STEP 08 选取工具箱中的文本工具，在舞台中创建文本内容为“节”，并调整其形状，如图20-8所示。完成上述操作后，执行菜单栏中的“控制”|“测试”命令，即可测试制作的逐帧动画。

图20-8 创建文本并调整其形状

实战482 制作颜色渐变动画

▶实例位置：光盘\效果\第20章\女孩.fla、女孩.swf
▶素材位置：光盘\素材\第20章\女孩.fla
▶视频位置：光盘\视频\第20章\实战482.mp4

• 实例介绍 •

颜色渐变动画是将色彩渐变动画与动作渐变动画、形状渐变动画结合起来制作更加丰富的动画效果。

• 操作步骤 •

STEP 01 进入Flash操作界面，执行菜单栏中的“文件”|“打开”命令，打开一个素材文件，如图20-9所示。

图20-9 打开素材文件女孩.fla

STEP 02 在“女孩”图层的第20帧插入关键帧，如图20-10所示。

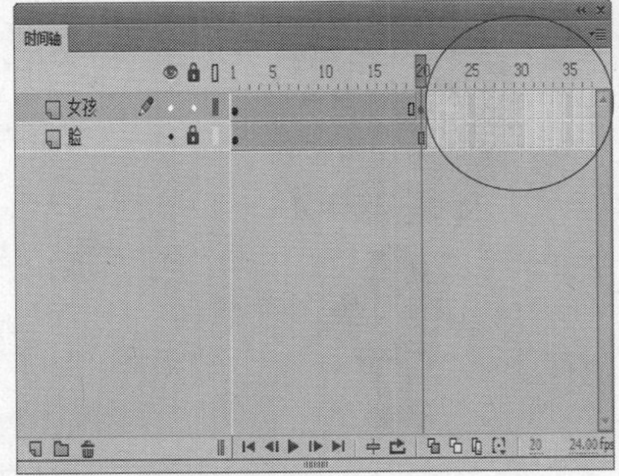

图20-10 在第20帧插入关键帧

STEP 03 在舞台中选择相应的元件，如图20-11所示。

图20-11 选择相应元件

STEP 04 在“属性”面板中，设置“样式”为“色调”，单击“颜色”按钮，在弹出的选项区中选择绿色。拖曳各选项右侧的滑块，设置“色调”为0%，“红”为0，“绿”为207，“蓝”为14，如图20-12所示。

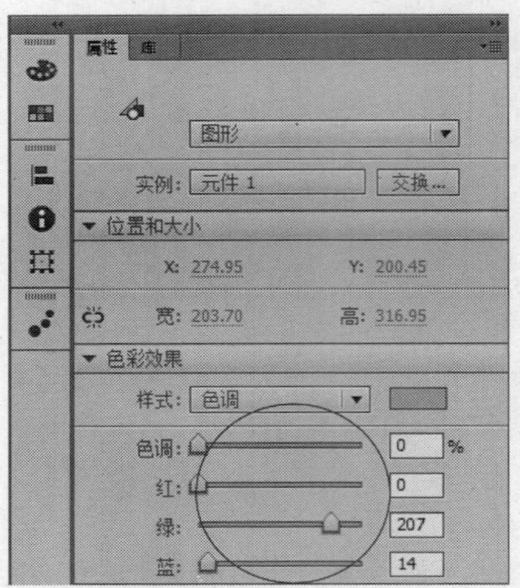

图20-12 设置相应选项

STEP 05 在“女孩”图层的第11帧上单击鼠标右键，在弹出的快捷菜单中选择“创建传统补间”选项，如图20-13所示。

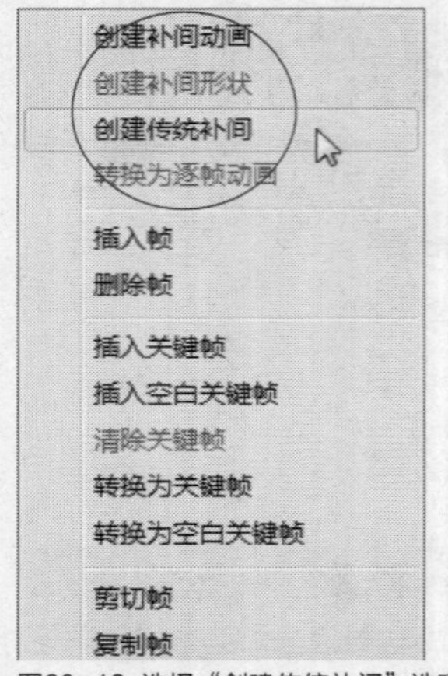

图20-13 选择“创建传统补间”选项

STEP 06 执行操作后，即可创建传统补间，如图20-14所示。执行菜单栏中的“控制”|“测试”命令，测试制作的动作渐变动画。

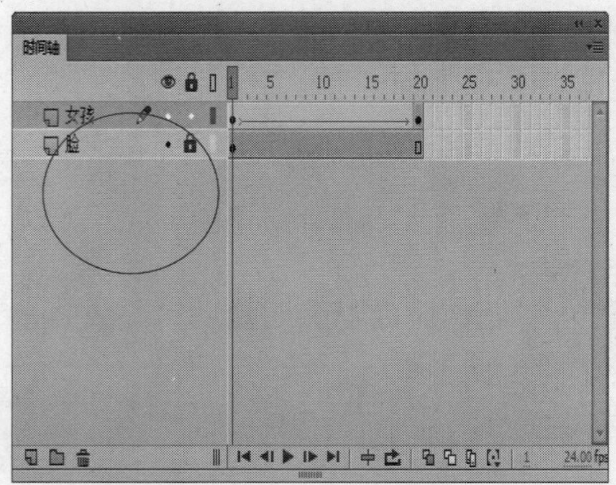

图20-14 创建传统补间

STEP 07 单击“播放”按钮，预览制作的动画效果，如图20-15所示。

图20-15 制作动作渐变动画

实战 483 制作多个引导动画

▶实例位置：光盘\效果\第20章\泡泡.fla、泡泡.swf
▶素材位置：光盘\素材\第20章\泡泡.fla
▶视频位置：光盘\视频\第20章\实战483.mp4

• 实例介绍 •

在Flash动画制作中经常碰到一个或多个对象沿曲线运动的问题，它是对运动对象沿直线运动动画的引申，用户通过学习引导层的使用，物体沿任意指定路径运动的问题迎刃而解。

• 操作步骤 •

STEP 01 进入Flash操作界面，执行菜单栏中的“文件”|“打开”命令，打开一个素材文件，如图20-16所示。

图20-16 打开素材文件泡泡.fla

STEP 02 为“红色”图层添加运动引导层，如图20-17所示。

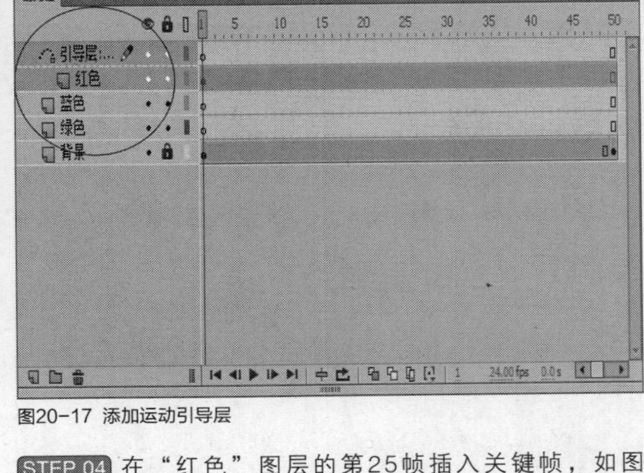

图20-17 添加运动引导层

STEP 03 选取工具箱中的钢笔工具，在舞台中绘制一条路径，如图20-18所示。

图20-18 绘制路径

STEP 04 在“红色”图层的第25帧插入关键帧，如图20-19所示。

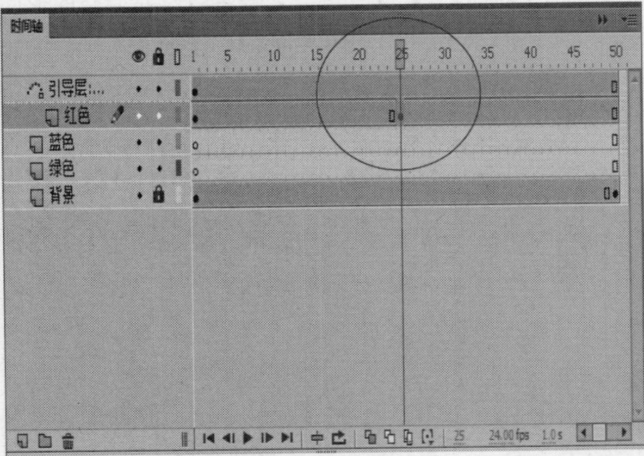

图20-19 在第25帧插入关键帧

STEP 05 选择“红色”图层的第1帧，选取工具箱中的选择工具，将舞台中的“红色”图形元件拖曳至绘制路径的开始位置，如图20-20所示。

STEP 06 选择“红色”图层的第25帧，将舞台中的“红色”图形元件拖曳至绘制路径的结束位置，如图20-21所示。

图20-20 拖曳元件至开始位置

图20-21 拖曳元件至结束位置

STEP 07 在“红色”图层的第1帧至第25帧的任意一帧上创建传统补间动画，如图20-22所示。

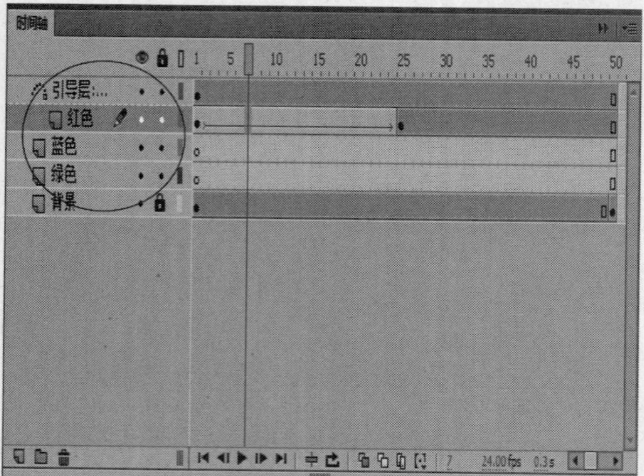

图20-22 创建传统补间动画

STEP 08 在“属性”面板的“补间”选项区中，选中“调整到路径”复选框，如图20-23所示。

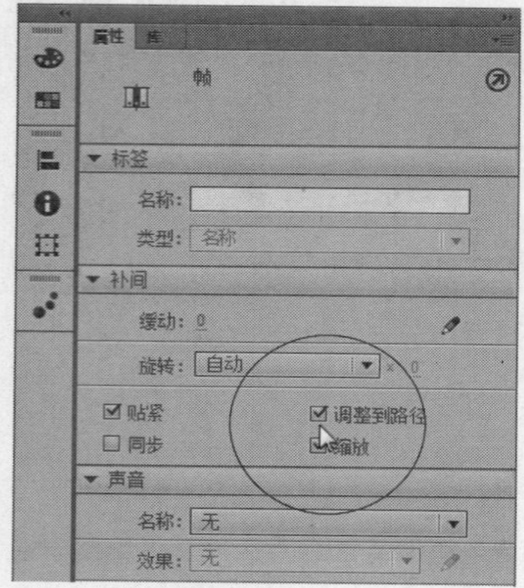

图20-23 选中相应复选框

STEP 09 在“蓝色”图层的第6帧插入关键帧，将“库”面板中的“蓝色”拖曳至舞台中，并调整图形的大小，此时“时间轴”面板如图20-24所示。

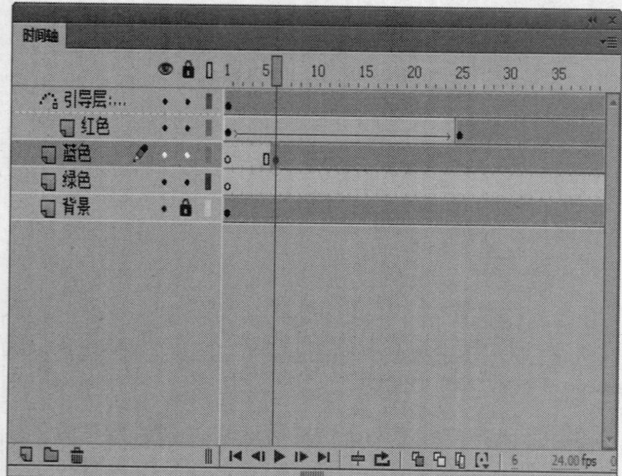

图20-24 “时间轴”面板

STEP 10 在“蓝色”图层的第32帧按【F6】键插入关键帧，第33帧按【F7】键插入空白关键帧，如图20-25所示。

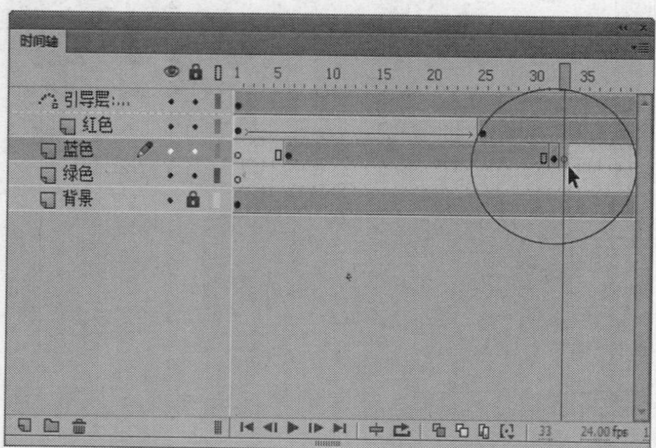

图20-25 插入相应的帧

STEP 11 选择“蓝色”图层，单击鼠标左键并拖曳至“红色”图层上方，此时出现一条黑色的线条，如图20-26所示。

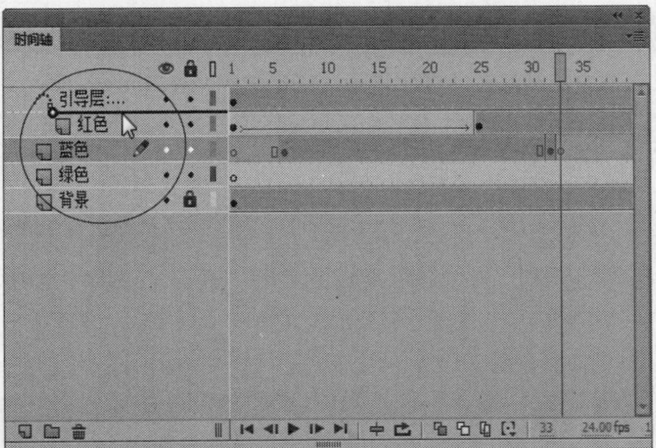

图20-26 拖曳“蓝色”图层

STEP 12 释放鼠标左键，即可将“蓝色”图层移至“红色”图层的上方，如图20-27所示。

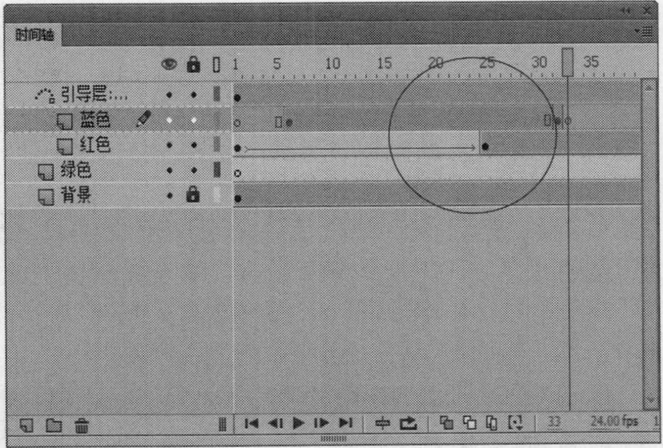

图20-27 移动“蓝色”图层

STEP 13 选择“蓝色”图层的第6帧，将舞台中相应的实例移至路径的开始位置，效果如图20-28所示。

图20-28 移动实例至开始位置

STEP 14 选择“蓝色”图层的第32帧，将舞台中相应的实例移至路径的结束位置，如图20-29所示。

图20-29 移动实例至结束位置

STEP 15 在“蓝色”图层的关键帧之间创建传统补间动画，如图20-30所示。

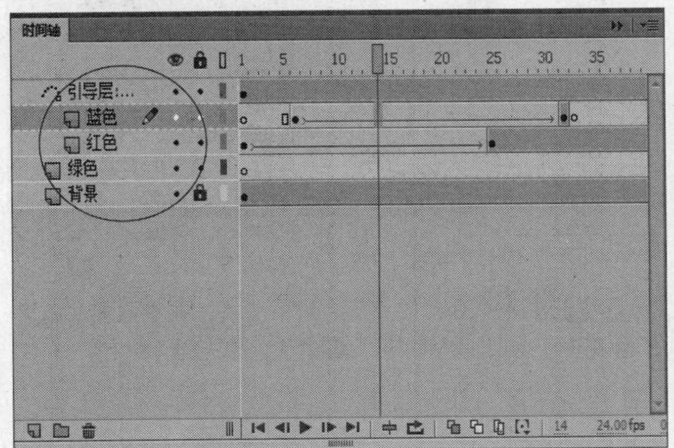

图20-30 创建传统补间动画

STEP 16 使用同样的方法，为“绿色”图层添加相应的实例并制作相应的效果，如图20-31所示。执行菜单栏中的“控制”|“测试”命令，测试制作的多个引导动画。

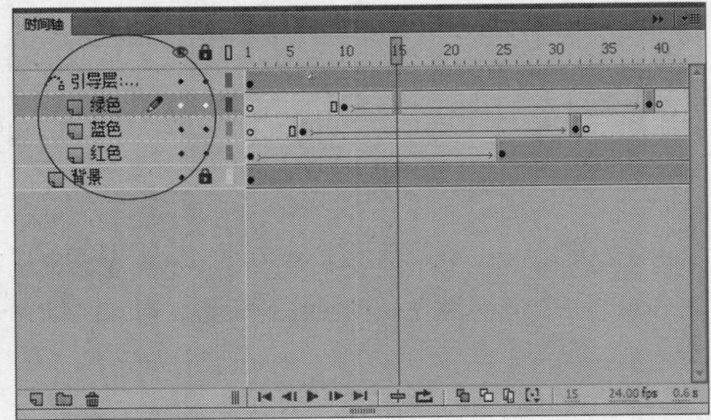

图20-31 制作“绿色”图层

实战 484 制作被遮罩层动画

▶实例位置：光盘\效果\第20章\字幕特效.fla、字幕特效.swf
▶素材位置：光盘\素材\第20章\字幕特效.fla
▶视频位置：光盘\视频\第20章\实战484.mp4

• 实例介绍 •

遮罩动画是Flash中的一个很重要的动画类型，很多效果丰富的动画都是通过遮罩动画来完成的。在Flash动画中，“遮罩”主要有2种用途，一个作用是用在整个场景或一个特定区域，使场景外的对象或特定区域外的对象不可见；另一个作用是用来遮罩住某一元件的一部分，从而实现一些特殊的效果。

• 操作步骤 •

STEP 01 进入Flash操作界面，执行菜单栏中的“文件”|“打开”命令，打开一个素材文件，如图20-32所示。

图20-32 打开素材文件字幕特效.fla

STEP 02 在“时间轴”面板中解锁“图层1”图层，如图20-33所示。

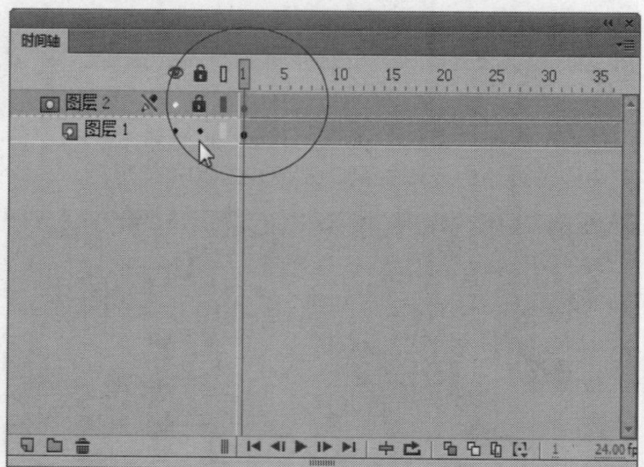

图20-33 解锁“图层1”图层

STEP 03 在“图层1”图层的第15帧、第30帧和第45帧插入关键帧，如图20-34所示。

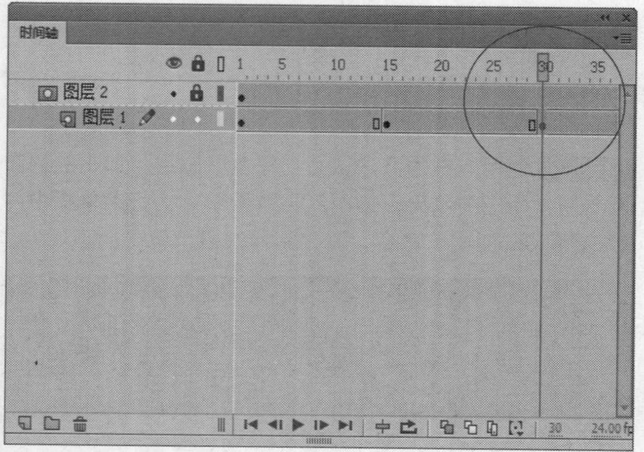

图20-34 插入关键帧

STEP 04 选择“图层1”图层的第15帧，在工具箱中选取任意变形工具，移动位图图像的位置，如图20-35所示。

图20-35 移动位图图像位置

STEP 05 选择“图层1”图层的第30帧，在工具箱中选取任意变形工具，调整位图图像的位置，如图20-36所示。

STEP 06 选择“图层1”图层的第45帧，在工具箱中选取任意变形工具，调整位图图像的大小和位置，如图20-37所示。

图20-36 调整位图图像位置

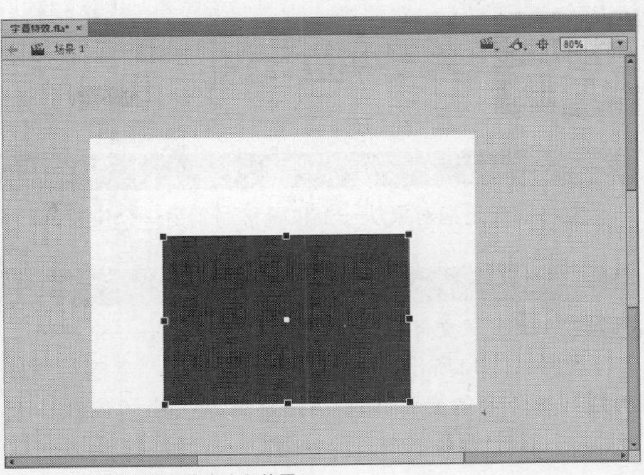
图20-37 调整位图图像大小和位置

STEP 07 在“图层1”图层的关键帧之间创建补间动画，如图20-38所示。

STEP 08 完成上述操作后，锁定“图层1”图层，如图20-39所示。执行菜单栏中的“控制”|“测试”命令，测试制作的被遮罩层动画。

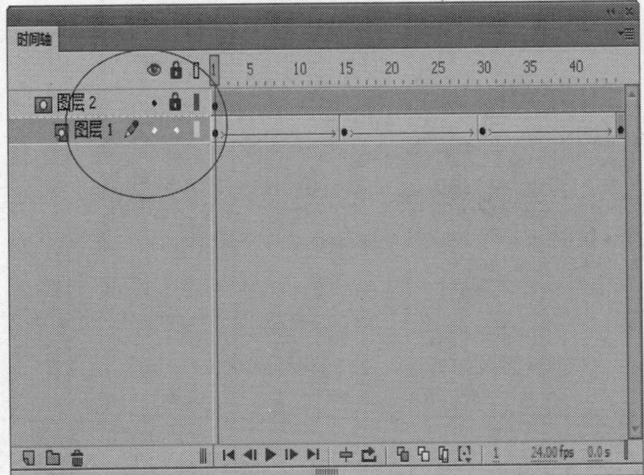
图20-38 创建补间动画

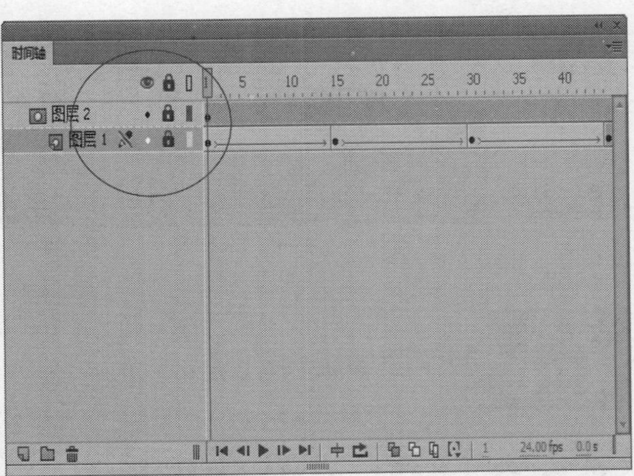
图20-39 锁定“图层1”图层

STEP 09 单击“播放”按钮，预览制作的动画效果，如图20-40所示。

图20-40 制作被遮罩层动画

实战485 制作图像位移动画

▶实例位置：光盘\效果\第20章\写毛笔字.fla
▶素材位置：光盘\素材\第20章\写毛笔字.fla
▶视频位置：光盘\视频\第20章\实战485.mp4

• 实例介绍 •

位移动画是指对象从一个位置移动到另一个位置的动画，即动画过程中对象元件的初状态和末状态的位置不同。

• 操作步骤 •

STEP 01 单击“文件”|“打开”命令，打开一个素材文件，如图20-41所示，在“库”面板中将“毛笔”元件拖曳至舞台区的合适位置，并调整其大小和位置，在“毛笔”图层的第30帧插入关键帧。

图20-41 打开素材文件写毛笔字.fla

STEP 02 在舞台区将毛笔移动至合适位置，在此图层的第1帧至第30帧中选任意一帧单击鼠标右键，在弹出的快捷菜单中选择“创建传统补间”命令，即可完成位移动画，如图20-42所示。

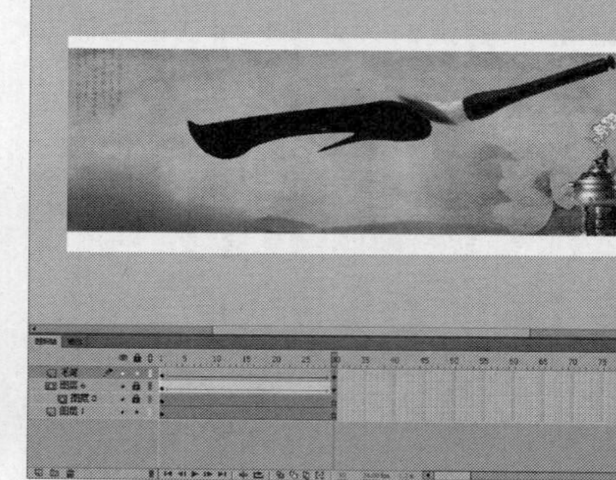

图20-42 完成位移动画

实战486 制作图像旋转动画

▶实例位置：光盘\效果\第20章\风车.fla
▶素材位置：光盘\素材\第20章\风车.fla
▶视频位置：光盘\视频\第20章\实战486.mp4

• 实例介绍 •

“旋转”在动画制作中运用非常广泛，生活有很多旋转物体，如风车、车轮、时钟等。旋转动画是动作补间动画的一种，在整个动画教学中属于基础知识。

• 操作步骤 •

STEP 01 进入Flash操作界面，单击“文件”|“打开”命令，打开一个素材文件，选择“图层2”图层的第30帧，单击鼠标右键，在弹出的快捷菜单中选择“插入关键帧”选项，插入一个关键帧，适当移动第30帧舞台中图像的位置，如图20-43所示。

STEP 02 在“图层2”图层的第1帧至第30帧之间的任意位置上，单击鼠标右键，在弹出的快捷菜单中选择“创建传统补间”选项，即可创建传统补间动画，在“属性”面板的“补间”选项区中设置“旋转”为“顺时针”，如图20-44所示，操作完成后即可获得旋转动画。

图20-43 插入关键帧并移动图像

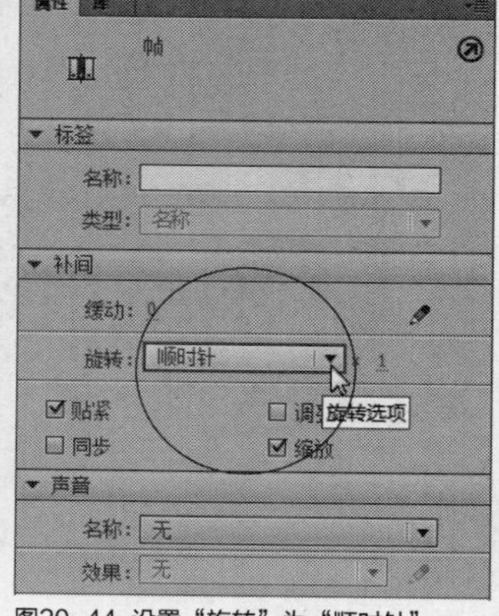

图20-44 设置“旋转”为“顺时针”

STEP 03 使用【Ctrl + Enter】组合键，测试制作的图像旋转动画，效果如图20-45所示。

图20-45 测试制作的图像旋转动画

20.2 在Photoshop中的运用

Photoshop的图像处理功能非常强大，在会声会影中无法处理的照片，可以在Photoshop中进行处理，然后再将处理后的照片应用至会声会影中，可以令制作的视频画面效果更加美观。本节主要介绍制作Photoshop背景图像应用至会声会影X7中的操作方法。

实战487 制作照片美白特效

- 实例位置：光盘\效果\第13章\恋人.psd
- 素材位置：光盘\素材\第13章\恋人.jpg
- 视频位置：光盘\视频\第20章\实战487.mp4

• 实例介绍 •

如果照片色彩太暗，用户可以使用Photoshop对照片制作美白特效。

• 操作步骤 •

STEP 01 进入Photoshop操作界面，执行菜单栏中的“文件”|“打开”命令，打开一副素材图像，如图20-46所示。

STEP 02 打开“图层”面板，复制“背景”图层，得到“背景 拷贝”图层，如图20-47所示。

图20-46 打开素材图像

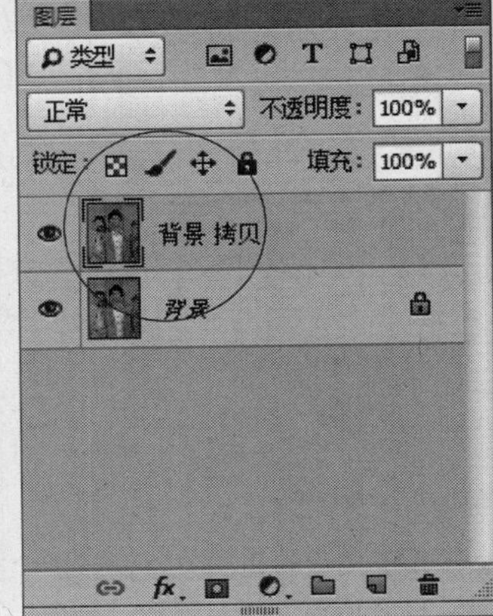

图20-47 得到“背景 拷贝”图层

STEP 03 执行菜单栏中的“滤镜”|“模糊”|“高斯模糊”命令，弹出“高斯模糊”对话框，设置“半径”为1.5，如图20-48所示。

STEP 04 单击“确定”按钮，即可应用高斯模糊滤镜模糊人物图像，选择“背景 拷贝”图层，单击面板底部的“添加图层蒙版”按钮，添加图层蒙版，如图20-49所示。

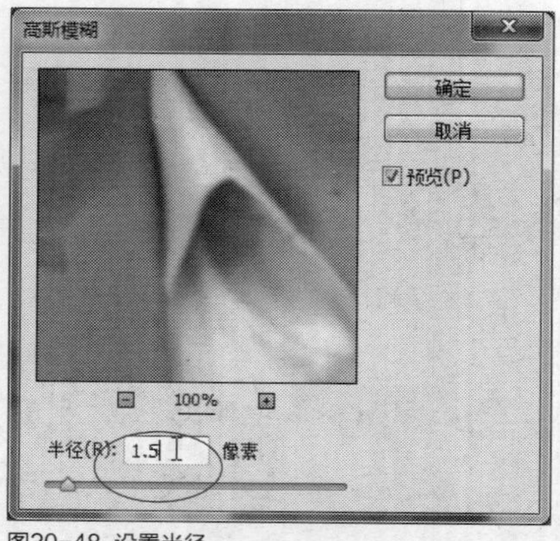

图20-48 设置半径

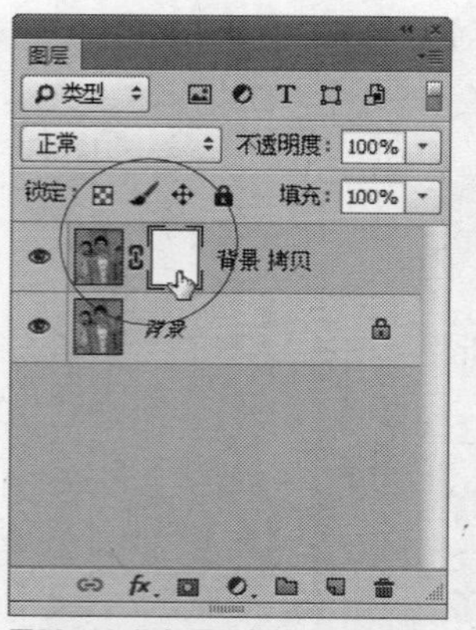

图20-49 添加图层蒙版

STEP 05 选取画笔工具，在工具属性栏上设置好画笔的属性，运用黑色画笔工具在人物五官图像区域涂抹，如图20-50所示。

图20-50 涂抹图像

STEP 06 执行菜单栏中的"图层"|"新建调整图层"|"可选颜色"命令，弹出"新建图层"对话框，保持默认设置，如图20-51所示。

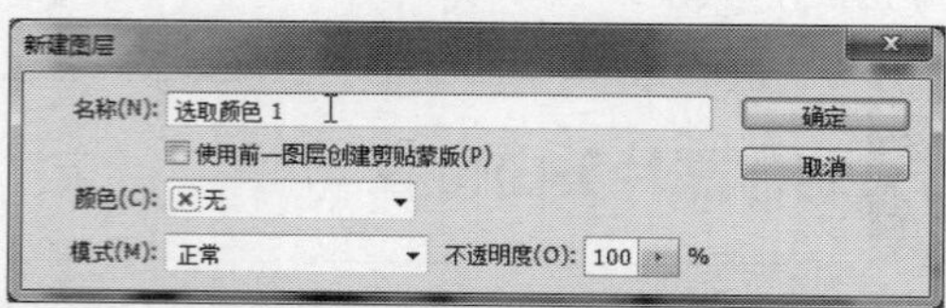

图20-51 保持默认设置

STEP 07 单击"确定"按钮，新建调整图层，展开"可选颜色"调整面板，设置"颜色"为"红色"，再依次设置各参数值为－60、－20、－18、－2，如图20-52所示。

图20-52 设置参数值

STEP 08 执行上述操作后，图像编辑窗口中人物图像的颜色随之变化，如图20-53所示。

图20-53 图像颜色变化

STEP 09 使用相同的方法，新建"亮度/对比度"调整图层，打开调整面板，设置"亮度"为60，"对比度"为－13，如图20-54所示。

STEP 10 然后运用黑色画笔工具并调整图层中的图层蒙版，在除人物脸部之外的图像区域进行涂抹，即可完成脸部美白特效的制作，效果如图20-55所示。

知识拓展

"亮度/对比度"对话框各选项含义如下。

- 亮度：用于调整图像的亮度。该值为正时增加图像亮度，为负时降低亮度。
- 对比度：用于调整图像的对比度。正值时增加图像对比度，负值时降低对比度。

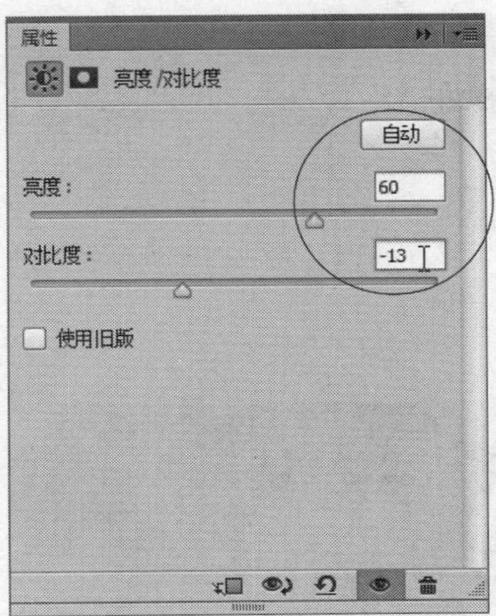

图20-54 设置亮度和对比度

图20-55 美白效果

实战 488 制作匹配颜色特效

▶实例位置：光盘\效果\第20章\倾听自然.jpg
▶素材位置：光盘\素材\第20章\倾听自然.jpg，背景画面.jpg
▶视频位置：光盘\视频\第20章\实战488.mp4

• 实例介绍 •

“匹配颜色”命令可以调整图像的明度、饱和度以及颜色平衡，还可以将两幅色调不同的图像自动调整统一成一个协调的色调。

• 操作步骤 •

STEP 01 进入Photoshop操作界面，执行菜单栏中的“文件”|“打开”命令，打开两幅素材图像，如图20-56所示。

图20-56 打开两幅素材图像

STEP 02 执行菜单栏中的“图像”|“调整”|“匹配颜色”命令，弹出“匹配颜色”对话框，如图20-57所示。

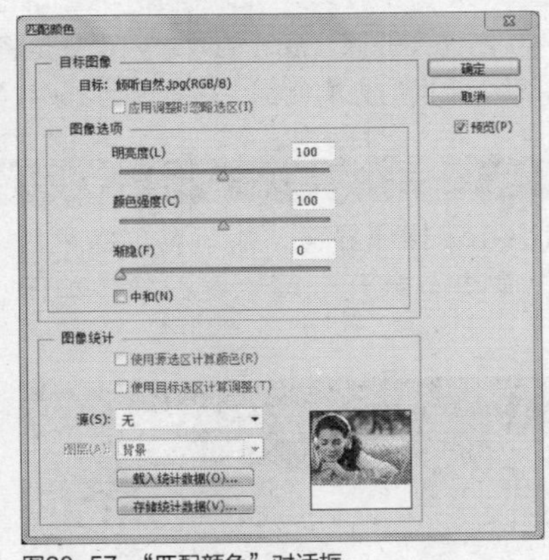

图20-57 “匹配颜色”对话框

知识拓展

在“匹配颜色”对话框中，各选项的含义如下。

➢ 目标：在该选项后面显示了当前操作的图像文件的名称、图层名称以及颜色模式。

➢ 应用调整时忽略选区：如果目标图像中存在选区，选中该复选框时，Photoshop将忽视选区的存在，将调整应用到整个图像。

➢ 明亮度：此参数可调整图像的亮度。数值越大，得到的图像亮度也越高，反之则越低。

➢ 颜色强度：此参数可调整图像的颜色饱和度。数值越大，得到的图像所匹配的颜色饱和度越高，反之则越低。

➢ 渐隐：此参数可调整图像颜色与图像原色相近的程度。数值越大，调整程度越小，反之则越大。

➢ 中和：选中该复选框可自动去除目标图像中的色痕。

➢ 使用源选区计算颜色：选中此复选框，在匹配颜色时仅计算源文件选区内的图像，选区外图像的颜色不计算在内。

> ➢ 使用目标选区计算调整：选中此复选框，在匹配颜色时仅计算目标文件选区内的图像，选区外图像的颜色不计算在内。
> ➢ 源：在该下拉列表框中可以选择源图像文件的名称。如果选择“无”选项，则目标图像与源图像相同。
> ➢ 图层：在该下拉列表框中将显示源图像文件中所具有的图层。如果选择“合并的”选项，则将源文件夹中的所有图层合并起来，再进行匹配颜色。

STEP 03 在“源”下拉列表框中选择“背景画面.jpg”选项，设置其他各选项，如图20-58所示。

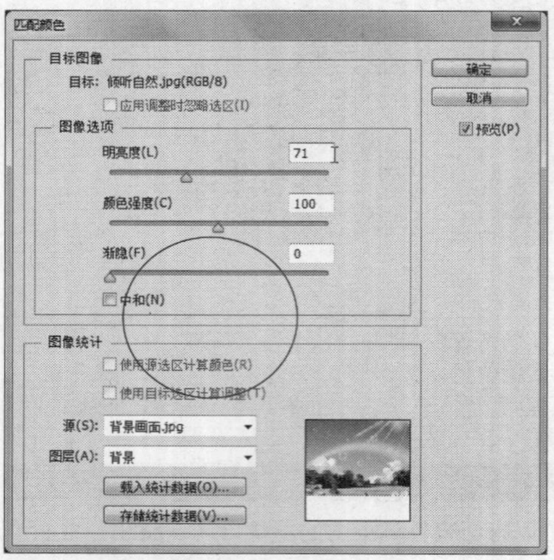

图20-58 设置相应选项

STEP 04 单击“确定”按钮，即可完成匹配颜色特效的制作，效果如图20-59所示。

图20-59 匹配颜色

实战489 制作反相图像特效

▶ 实例位置：光盘\效果\第20章\梦幻场景.jpg
▶ 素材位置：光盘\素材\第20章\梦幻场景.jpg
▶ 视频位置：光盘\视频\第20章\实战489.mp4

• 实例介绍 •

“反相”命令用于制作类似照片底片的效果，也就是将黑色变成白色，或者从扫描的黑白阴片中得到一个阳片。将图像反相时，通道中每个像素的亮度值都会被转换为256级颜色刻度上相反的值。

• 操作步骤 •

STEP 01 进入Photoshop操作界面，执行菜单栏中的“文件”|“打开”命令，打开一幅素材图像，如图20-60所示。

图20-60 打开素材图像梦幻场景.jpg

STEP 02 单击菜单栏中的“图像”|“调整”|“反相”命令，即可将图像呈反相模式显示，如图20-61所示。

图20-61 反相模式显示

实战 490 制作色彩平衡特效

▶实例位置：光盘\效果\第20章\美食.psd
▶素材位置：光盘\素材\第20章\美食.jpg
▶视频位置：光盘\视频\第20章\实战490.mp4

• 实例介绍 •

"色彩平衡"命令通过增加或减少处于高光、中间调及阴影区域中的特定颜色，改变图像的整体色调。

• 操作步骤 •

STEP 01 进入Photoshop操作界面，执行菜单栏中的"文件"|"打开"命令，打开一副素材图像，如图20-62所示。

STEP 02 打开"图层"面板，复制"背景"图层，得到"背景 拷贝"图层，如图20-63所示。

图20-62 打开素材图像美食.jpg

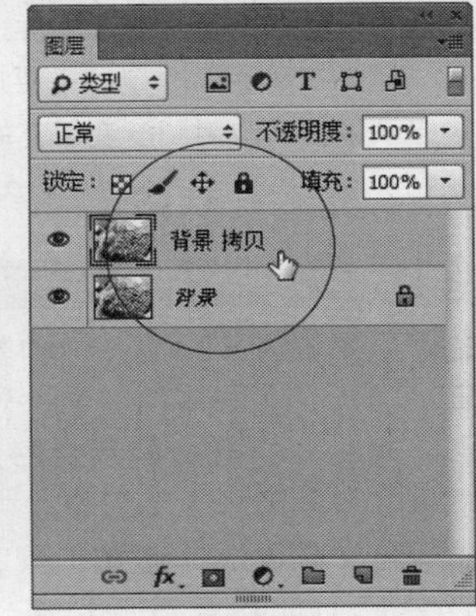

图20-63 得到"背景 拷贝"图层

STEP 03 执行菜单栏中的"图像"|"调整"|"色彩平衡"命令，弹出"色彩平衡"对话框，选中"中间调"单选按钮，依次设置"色阶"的参数值为100、-38、100，如图20-64所示。

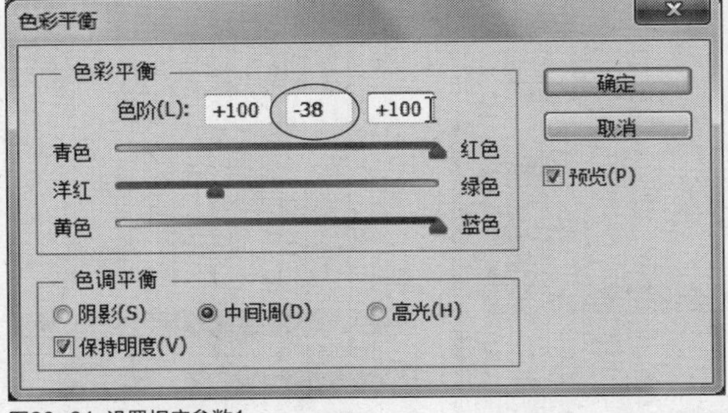

图20-64 设置相应参数1

STEP 04 选中"阴影"单选按钮，依次设置"色阶"的参数值为44、12、-100，如图20-65所示。

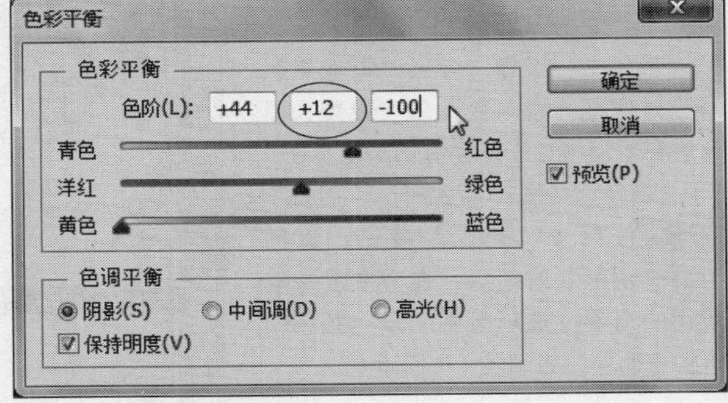

图20-65 设置相应参数2

STEP 05 选中"高光"单选按钮，依次设置"色阶"的参数值为25、-4、-24，如图20-66所示。

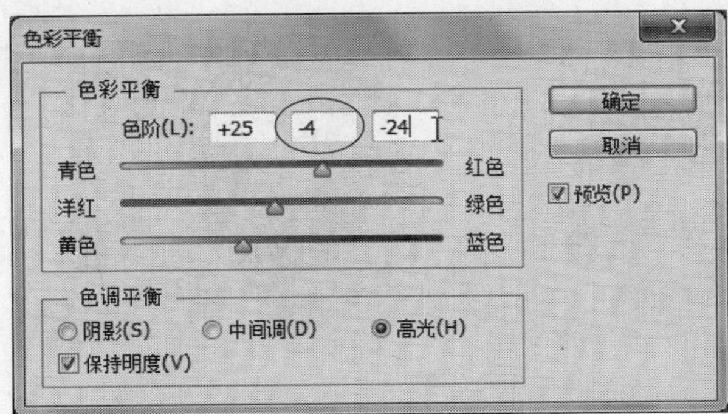

图20-66 设置相应参数3

STEP 06 单击"确定"按钮，素材图像的整体色彩随之改变，效果如图20-67所示。

图20-67 改变色彩效果

知识拓展

在Photoshop CC中，“色彩平衡”命令主要通过对处于高光、中间调及阴影区域中的指定颜色进行增加或减少，来改变图像的整体色调。

实战 491 制作渐变映射特效

▶实例位置：光盘\效果\第20章\钻戒.jpg
▶素材位置：光盘\素材\第20章\钻戒.jpg
▶视频位置：光盘\视频\第20章\实战491.mp4

• 实例介绍 •

“渐变映射”命令的主要功能是将图像灰度范围映射到指定的渐变填充色。如果指定双色渐变作为映射渐变，图像中暗调像素将映射到渐变填充的一个端点颜色，高光像素将映射到另一个端点颜色，中间调映射到两个端点之间的过渡颜色。

• 操作步骤 •

STEP 01 进入Photoshop操作界面，单击菜单栏中的“文件”|“打开”命令，打开一副素材图像，如图20-68所示。

STEP 02 选取快速选择工具，在紫色钻戒上创建合适的选区，如图20-69所示。

图20-68 打开素材图像钻戒.jpg

图20-69 创建选区

STEP 03 执行菜单栏中的“图像”|“调整”|“渐变映射”命令，弹出“渐变映射”对话框，单击“点按可编辑渐变”按钮。弹出“渐变编辑器”对话框，将渐变条依次设置为黑色、红色（RGB参数值为185、0、0）、白色，如图20-70所示。

STEP 04 单击“确定”按钮，返回“渐变映射”对话框，在“灰度映射所用的渐变”选项区中的渐变颜色即可发生改变，如图20-71所示。

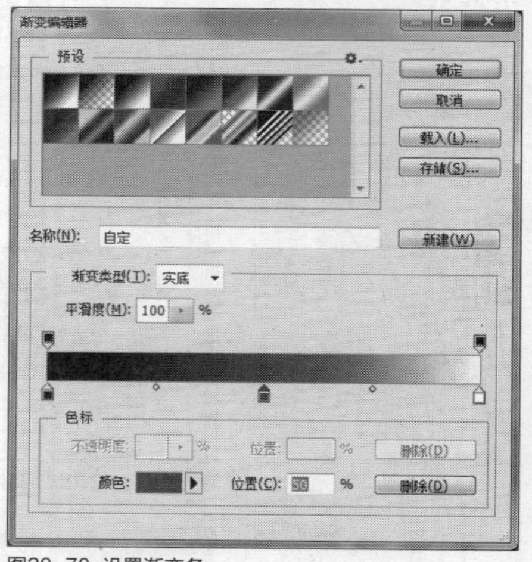

图20-70 设置渐变条

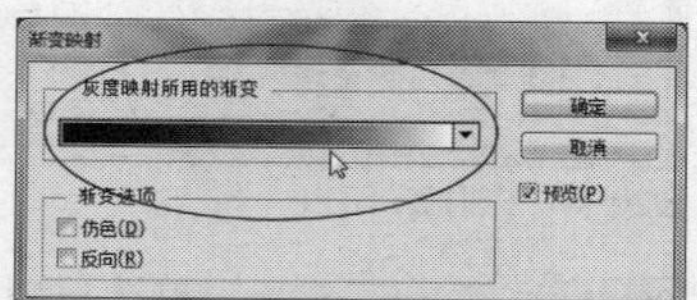

图20-71 渐变颜色发生改变

STEP 05 单击“确定”按钮，为选区内的图像填充渐变色，执行菜单栏中的“选择”|“取消选择”命令，取消选区，得到最终效果如图20-72所示。

图20-72 制作渐变映射特效

实战 492 制作智能滤镜特效

▶实例位置：光盘\效果\第20章\红叶.psd
▶素材位置：光盘\素材\第20章\红叶.jpg
▶视频位置：光盘\视频\第20章\实战492.mp4

• 实例介绍 •

智能滤镜像给图层加样式一样，可以把滤镜删除，或者重新修改滤镜的参数，可以关掉滤镜效果的小眼睛而显示原图，非常方便再次修改。

• 操作步骤 •

STEP 01 进入Photoshop操作界面，执行菜单栏中的“文件”|“打开”命令，打开一副素材图像，如图20-73所示。

STEP 02 按【F7】键，打开“图层”面板，选择并复制“背景”图层，得到“背景 拷贝”图层，如图20-74所示。

图20-73 打开素材图像红叶.jpg

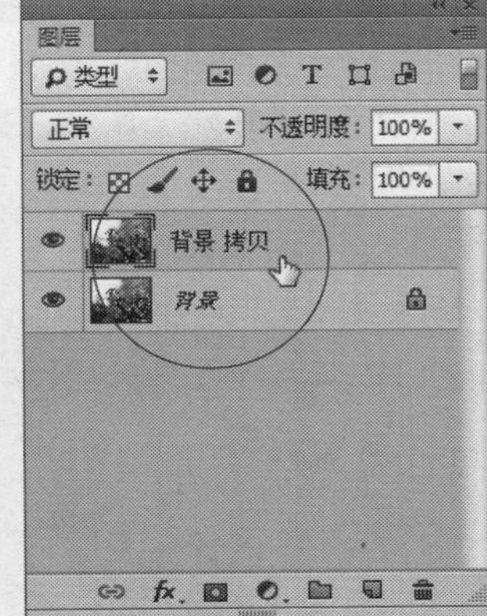

图20-74 得到“背景 拷贝”图层

STEP 03 在“背景 拷贝”图层上单击鼠标右键，在弹出的快捷菜单中选择“转换为智能对象”选项，将图像转换为智能对象，如图20-75所示。

STEP 04 执行菜单栏中的“滤镜”|“滤镜库”命令，弹出“滤镜库（100%）”对话框，单击“纹理”左侧的下三角按钮，在弹出的列表框中选择“马赛克拼贴”选项，并设置相应选项，如图20-76所示。

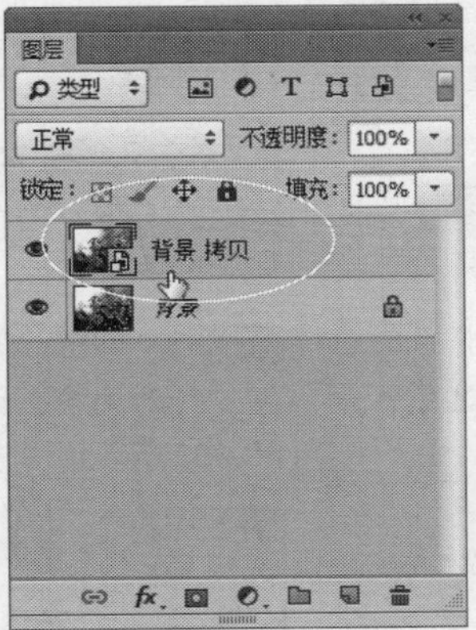

图20-75 将图像转换为智能对象

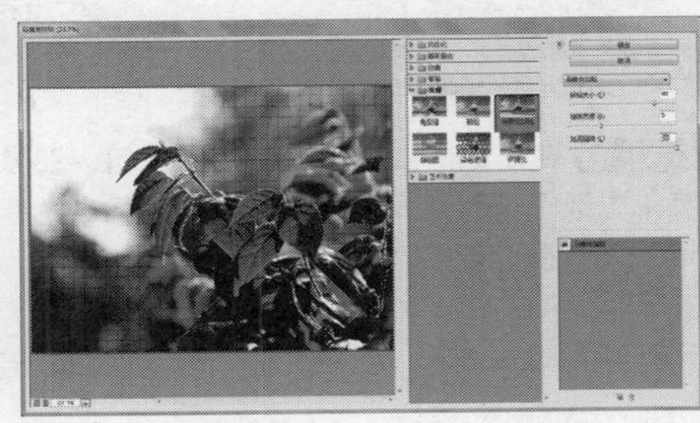

图20-76 设置相应选项

STEP 05 单击“确定”按钮，生成一个对应的智能滤镜图层，如图20-77所示。

STEP 06 执行上述操作后，图像编辑窗口中的图像效果随之改变，如图20-78所示。

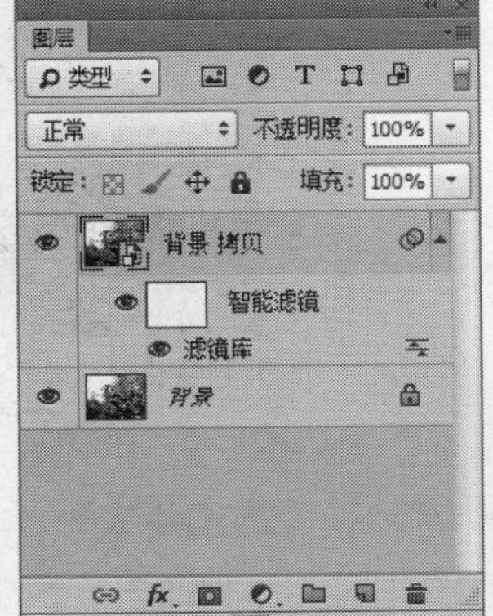

图20-77 生成智能滤镜图层

图20-78 图像效果

实战 493 制作专色通道特效

▶实例位置：光盘\效果\第20章\耳机.psd
▶素材位置：光盘\素材\第20章\耳机.jpg
▶视频位置：光盘\视频\第20章\实战493.mp4

• 实例介绍 •

专色通道可以保存专色信息的通道，即可以作为一个专色版应用到图像和印刷当中，这是它区别于Alpha通道的明显之处。同时，专色通道具有Alpha通道的一切特点：保存选区信息、透明度信息。每个专色通道只是一个以灰度图形式存储相应专色信息。

• 操作步骤 •

STEP 01 进入Photoshop操作界面，执行菜单栏中的“文件”|“打开”命令，打开一副素材图像，如图20-79所示。

图20-79 打开素材图像耳机.jpg

STEP 02 在工具箱中选取快速选择工具，在图像编辑窗口中的右上角进行涂抹，创建合适的选区，如图20-80所示。

图20-80 创建选区

STEP 03 在面板的右上方单击控制按钮，在弹出的快捷菜单中选择“新建专色通道”选项，弹出“新建专色通道”对话框，如图20-81所示。

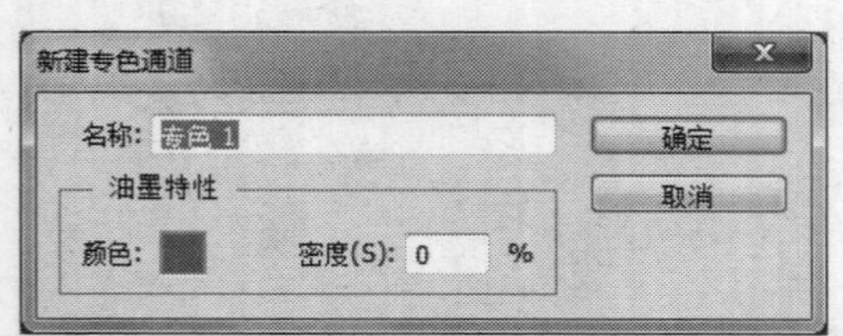

图20-81 “新建专色通道”对话框

STEP 04 单击“颜色”右侧的色块，弹出“拾色器（专色）”对话框，设置R为193，G为255，B为59，如图20-82所示。

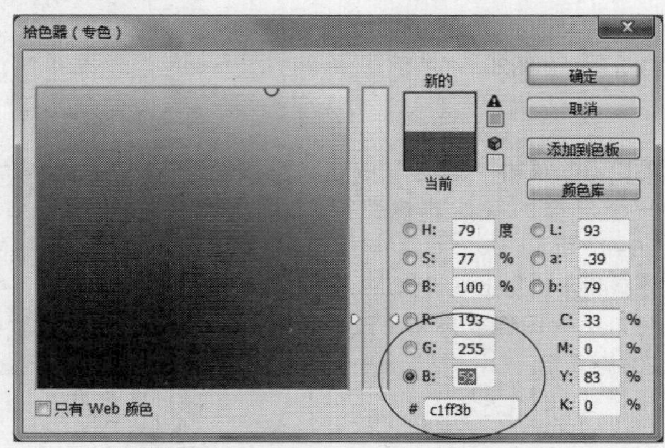

图20-82 设置参数值

STEP 05 单击“确定”按钮，返回“新建专色通道”对话框，改变油墨颜色，如图20-83所示。

STEP 06 单击“确定”按钮，新建一个名称为“专色1”的专色通道，如图20-84所示，图像编辑窗口中原选区内的图像颜色即可发生改变。

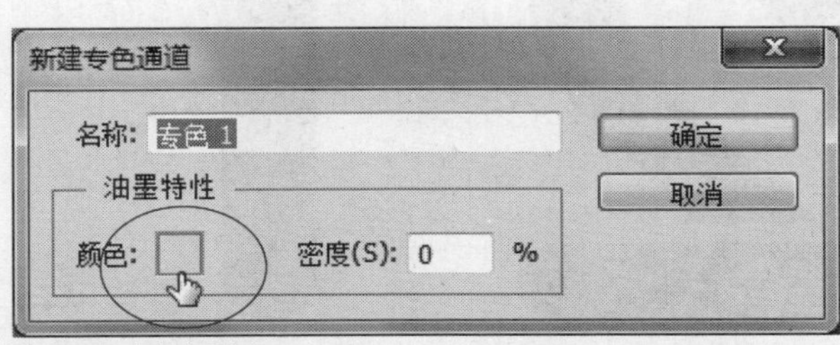

图20-83 改变油墨颜色

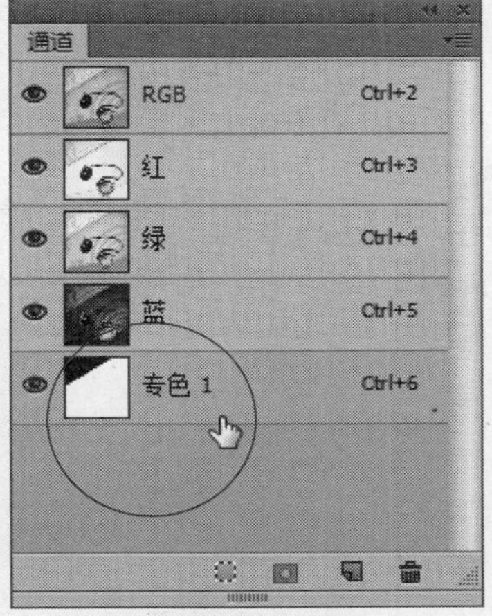

图20-84 新建专色通道“专色1”

STEP 07 执行上述操作后，即可制作专色通道特效，效果如图20-85所示。

图20-85 制作专色通道特效

第21章

视觉享受——《绚丽烟花》

本章导读

每当在节日的时候，总会有盛大的场面，如焰火晚会、演唱会等。用户可以通过DV摄像机、照相机或者手机等，记录下这些盛大的焰火绽放场面，然后使用会声会影X7软件，将拍摄的素材进行编辑，并制作成更具观赏价值的视频短片。本章主要向读者介绍制作绚丽烟花视频效果的方法。

要点索引

- 实例效果欣赏
- 视频制作过程
- 视频后期处理

21.1 实例效果欣赏

在制作视频短片之前，首先带领读者预览《绚丽烟花》视频的画面效果。

本实例主要介绍的是《视觉享受——绚丽烟花》，效果如图21-1所示。

图21-1 效果欣赏

21.2 视频制作过程

本节主要介绍“绚丽烟花”视频文件的制作过程，如导入媒体文件、制作摇动转场效果以及制作边框字幕动画效果等内容。

实战494 导入媒体文件

▶ 实例位置：无
▶ 素材位置：光盘\素材\第21章\1~10.jpg、边框.png、片头.wmv、片尾.wmv
▶ 视频位置：光盘\视频\第21章\实战494.mp4

• 实例介绍 •

在会声会影X7中，导入视频素材的方法有很多种，下面以通过“插入媒体文件”选项为例，介绍导入照片/视频素材的操作方法。

• 操作步骤 •

STEP 01 进入会声会影编辑器，在“媒体”素材库中单击“添加”按钮，添加一个“文件夹”，如图21-2所示。

STEP 02 在“文件夹”选项卡中，单击鼠标右键，在弹出的快捷菜单中选择“插入媒体文件”选项，如图21-3所示。

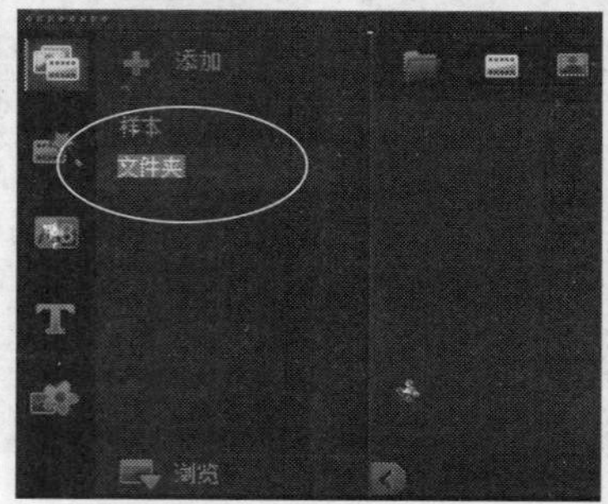
图21-2 添加一个“文件夹”

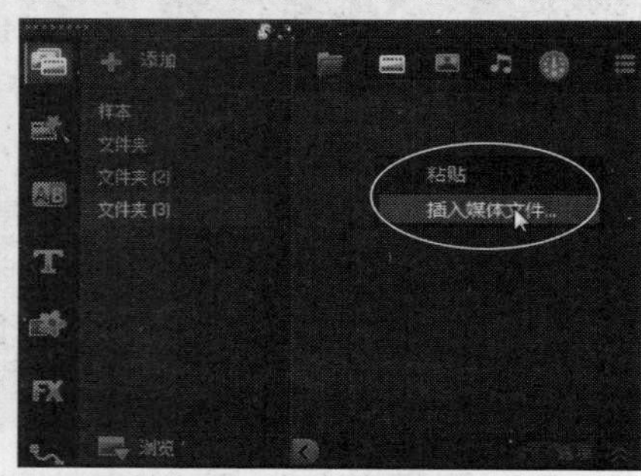
图21-3 选择“插入媒体文件”选项

STEP 03 弹出“浏览媒体文件”对话框，在其中选择需要插入的媒体文件，单击“打开”按钮，如图21-4所示。

STEP 04 执行上述操作后，即可将素材导入到“文件夹”选项卡中，如图21-5所示，在其中用户可查看导入的素材文件。

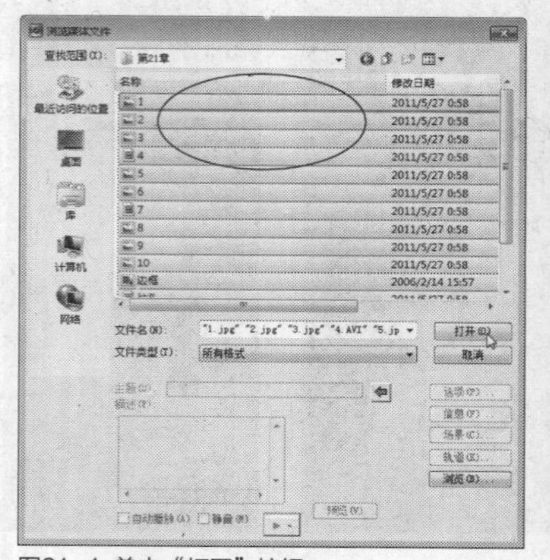
图21-4 单击“打开”按钮

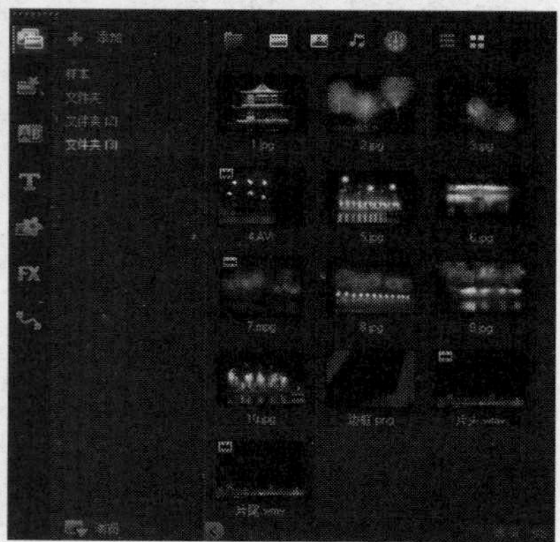
图21-5 导入媒体文件

实战495 调整视频画面大小

▶ 实例位置：无
▶ 素材位置：光盘\素材\第21章\1~10.jpg、片头.wmv、片尾.wmv
▶ 视频位置：光盘\视频\第21章\实战495.mp4

• 实例介绍 •

在会声会影X7中，导入媒体文件以后，接下来可以调整视频画面大小。

• 操作步骤 •

STEP 01 在“媒体”素材库的“文件夹”选项卡中，选择“片头.wmv”视频素材文件，如图21-6所示。

STEP 02 单击鼠标左键并将其拖曳至视频轨中的开始位置，添加视频素材，如图21-7所示。

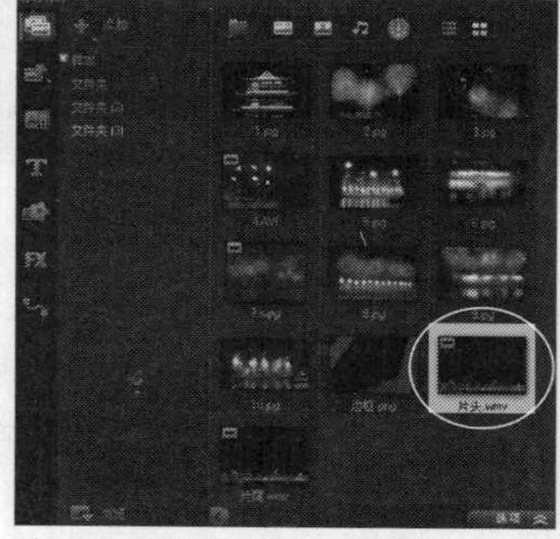
图21-6 选择“片头.wmv”视频素材

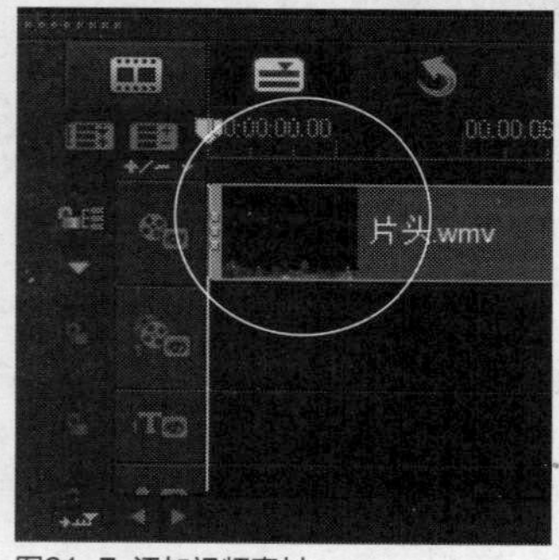

图21-7 添加视频素材

STEP 03 使用鼠标左键双击插入的媒体文件，在打开的“视频”选项面板中，设置“视频区间”的长度为0:00:06:13，如图21-8所示。

STEP 04 单击“图形”按钮，切换至“图形”选项卡，单击素材库上方“画廊”按钮▼，在弹出的列表框中选择“色彩”选项，在其中选择黑色色块，如图21-9所示。

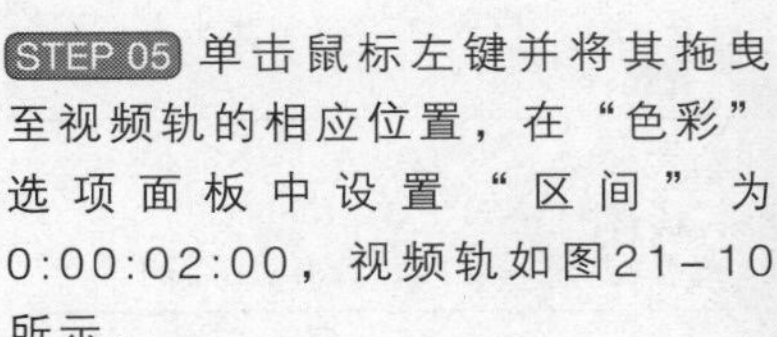

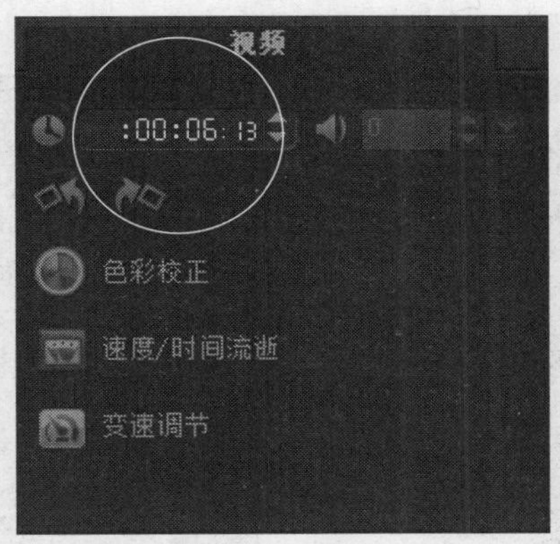

图21-8 设置“视频区间”的长度

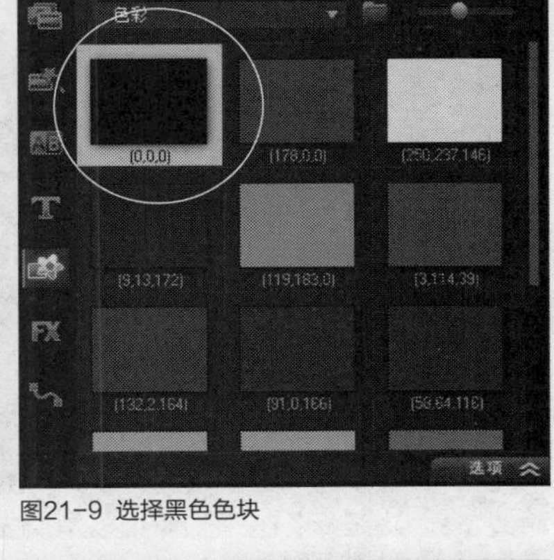

图21-9 选择黑色色块

STEP 05 单击鼠标左键并将其拖曳至视频轨的相应位置，在“色彩”选项面板中设置“区间”为0:00:02:00，视频轨如图21-10所示。

STEP 06 切换至“媒体”素材库，在“文件夹”选项卡中，选择1.jpg素材图像文件，如图21-11所示。

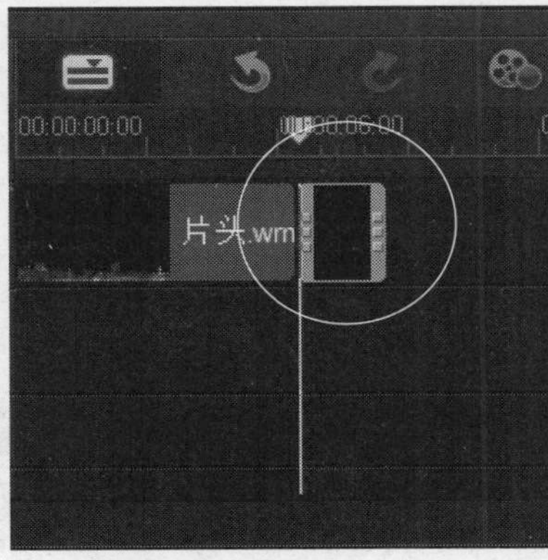

图21-10 设置区间长度

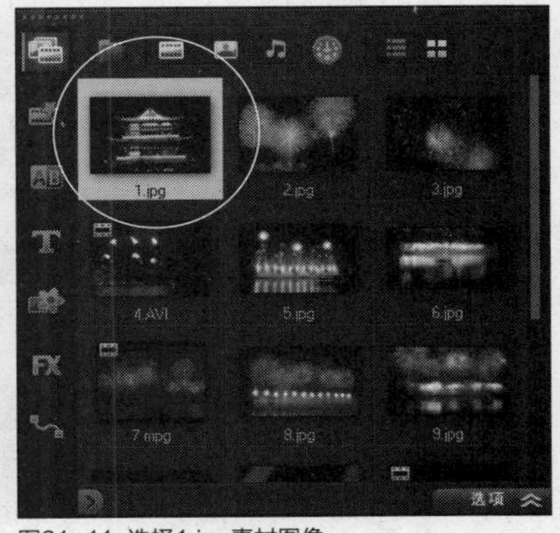

图21-11 选择1.jpg素材图像

STEP 07 单击鼠标左键并将其拖曳至视频轨的相应位置，在“照片”选项面板中设置“区间”为0:00:04:00，视频轨如图21-12所示。

STEP 08 在“属性”选项面板，选中“变形素材”复选框，如图21-13所示，将鼠标移至预览窗口中的图像上，单击鼠标右键。

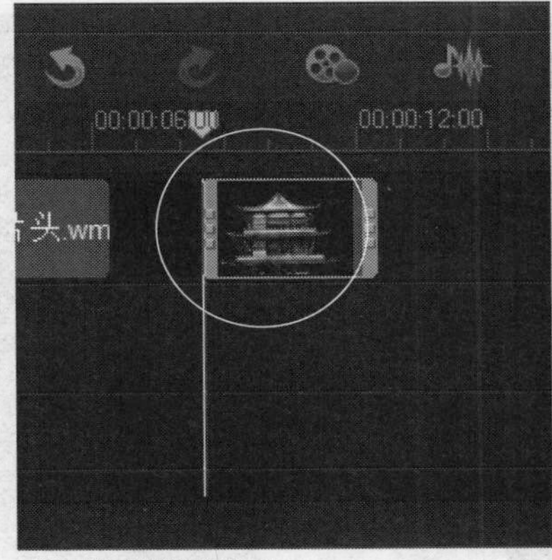

图21-12 设置区间长度

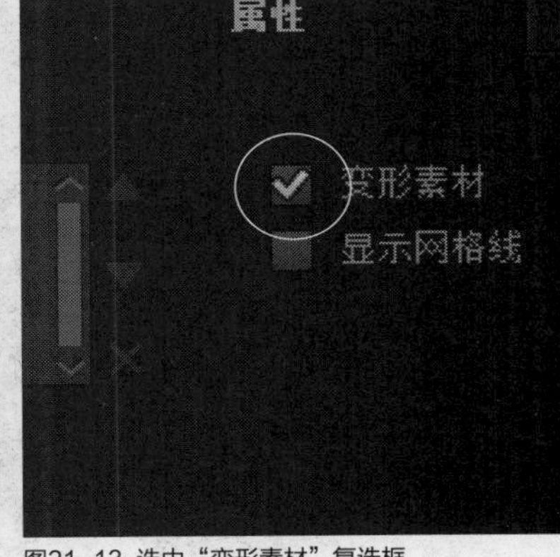

图21-13 选中“变形素材”复选框

STEP 09 在弹出的快捷菜单中，选择“调整到屏幕大小”选项，如图21-14所示。

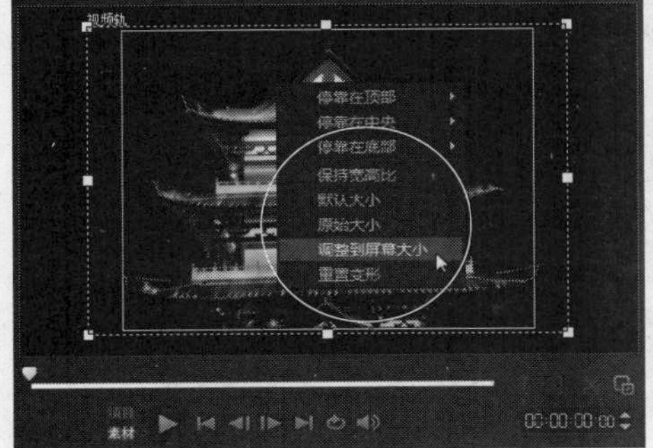

图21-14 选择“调整到屏幕大小”选项

STEP 10 执行上述操作后，即可调整图像素材，如图21-15所示。

图21-15 调整图像素材

STEP 11 用相同的方法，添加其他的素材图像并设置其区间大小和调整素材图像，效果如图21-16所示。

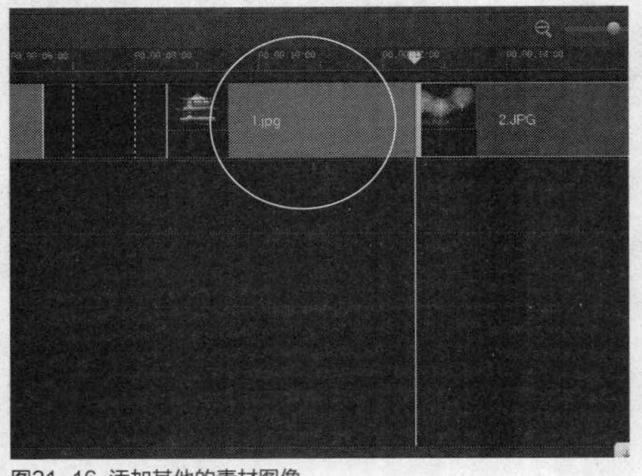

图21-16 添加其他的素材图像

实战496 制作画面缩放效果

▶实例位置：无
▶素材位置：光盘\素材\第21章\1～10.jpg
▶视频位置：光盘\视频\第21章\实战496.mp4

• 实例介绍 •

在会声会影编辑器中，为图像素材添加摇动和缩放效果，可以使静态的图像运动起来，增强画面的视觉感染力。

• 操作步骤 •

STEP 01 在视频轨中选择1.jpg素材图像，在打开的“照片”选项面板中选中“摇动和缩放”单选按钮，如图21-17所示。

STEP 02 单击下方的下拉按钮，在弹出的列表框中选择第1排第1个预设动画样式，如图21-18所示。

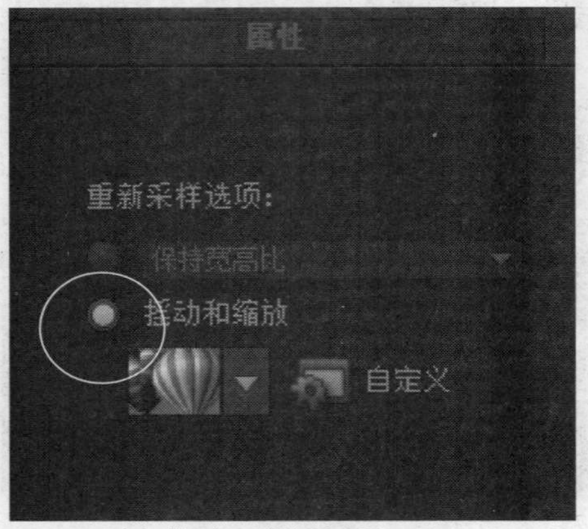

图21-17 选中“摇动和缩放”单选按钮

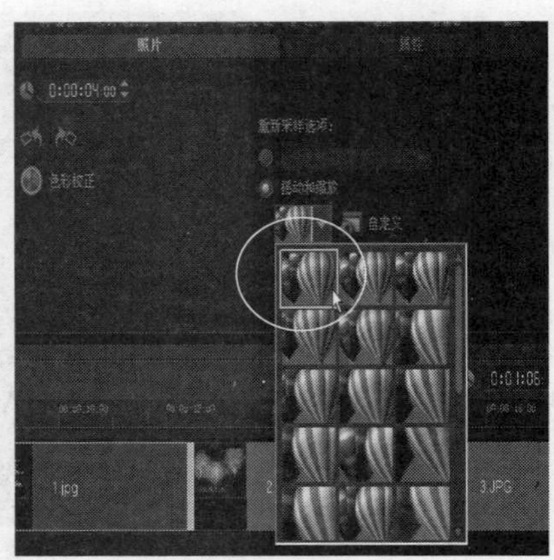

图21-18 选择相应预设动画样式

STEP 03 执行上述操作后，即可调整图像的运动效果，如图21-19所示。

图21-19 调整图像的运动效果

STEP 04 在视频轨中选择照片素材2.jpg，如图21-20所示。

STEP 05 打开“照片”选项面板，在其中选中“摇动和缩放”单选按钮，单击“自定义”左侧的下三角按钮，在弹出的列表框中选择第1排第1个摇动和缩放样式，如图21-21所示。

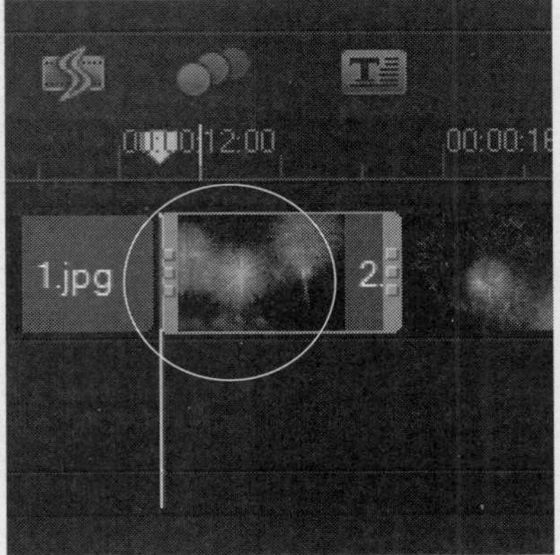

图21-20 选择照片素材2.jpg

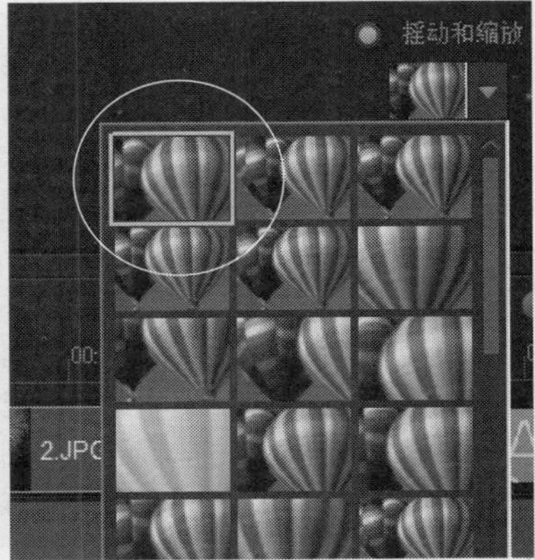

图21-21 选择第1排第1个摇动和缩放样式

STEP 06 在视频轨中选择照片素材3.jpg，如图21-22所示。

STEP 07 打开“照片”选项面板，在其中选中“摇动和缩放”单选按钮，单击“自定义”左侧的下三角按钮，在弹出的列表框中选择第1排第3个摇动和缩放样式，如图21-23所示。

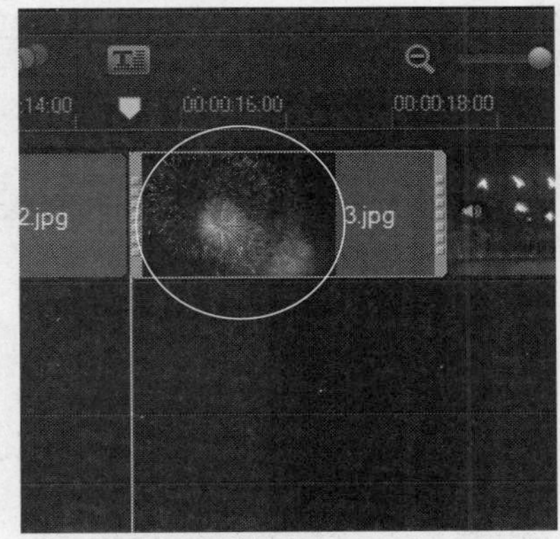

图21-22 选择照片素材3.jpg

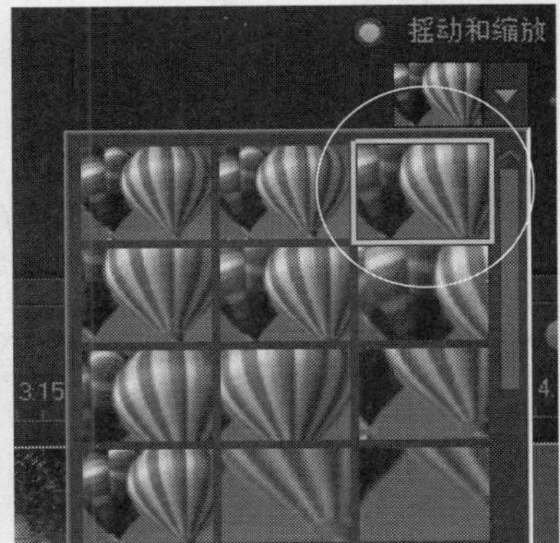

图21-23 选择第1排第3个摇动和缩放样式

STEP 08 在视频轨中选择照片素材5.jpg，如图21-24所示。

STEP 09 打开“照片”选项面板，在其中选中“摇动和缩放”单选按钮，单击“自定义”左侧的下三角按钮，在弹出的列表框中选择第1排第3个摇动和缩放样式，如图21-25所示。

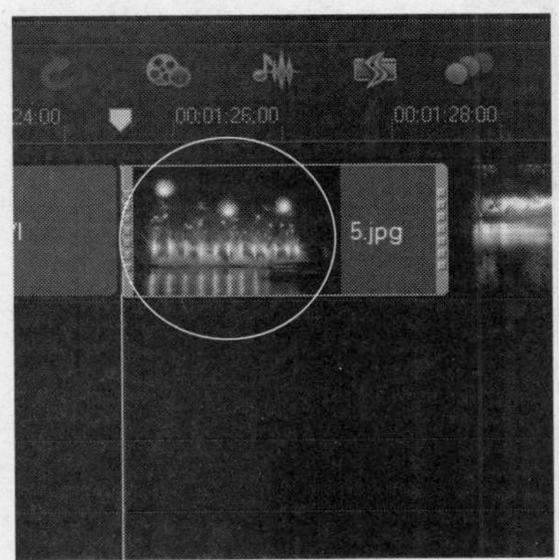

图21-24 选择照片素材5.jpg

图21-25 选择第1排第3个摇动和缩放样式

STEP 10 选择照片素材6.jpg，打开“照片”选项面板，在其中选中“摇动和缩放”单选按钮，单击“自定义”左侧的下三角按钮，在弹出的列表框中选择第2排第1个摇动和缩放样式，如图21-26所示。

STEP 11 选择照片素材8.jpg，打开“照片”选项面板，在其中选中“摇动和缩放”单选按钮，单击“自定义”左侧的下三角按钮，在弹出的列表框中选择第2排第3个摇动和缩放样式，如图21-27所示。

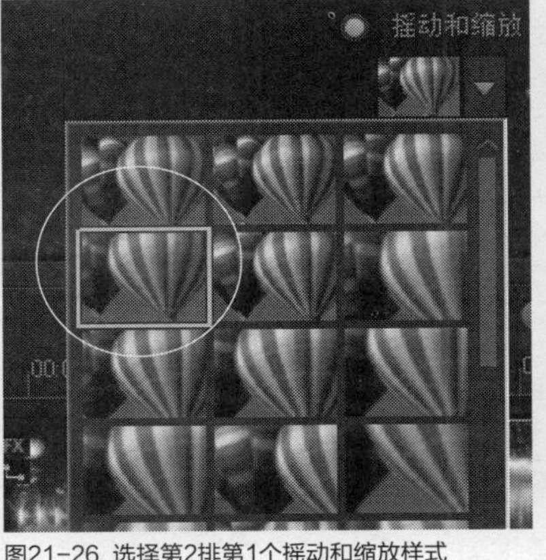

图21-26 选择第2排第1个摇动和缩放样式

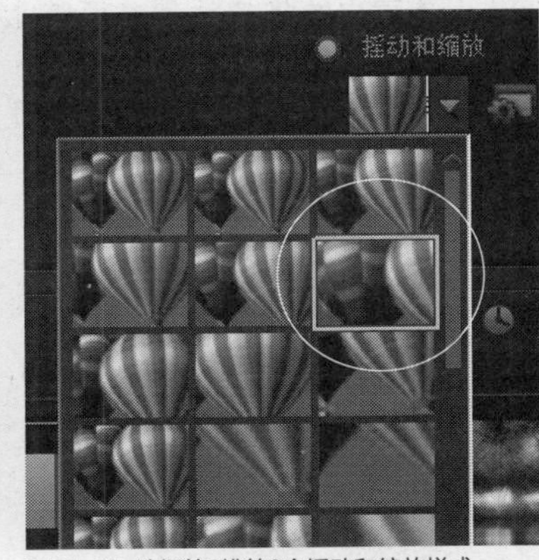

图21-27 选择第2排第3个摇动和缩放样式

STEP 12 选择照片素材9.jpg，打开“照片”选项面板，在其中选中“摇动和缩放”单选按钮，单击“自定义”左侧的下三角按钮，在弹出的列表框中选择第1排第3个摇动和缩放样式，如图21-28所示。

STEP 13 选择照片素材10.jpg，打开“照片”选项面板，在其中选中“摇动和缩放”单选按钮，单击“自定义”左侧的下三角按钮，在弹出的列表框中选择第1排第1个摇动和缩放样式，如图21-29所示。

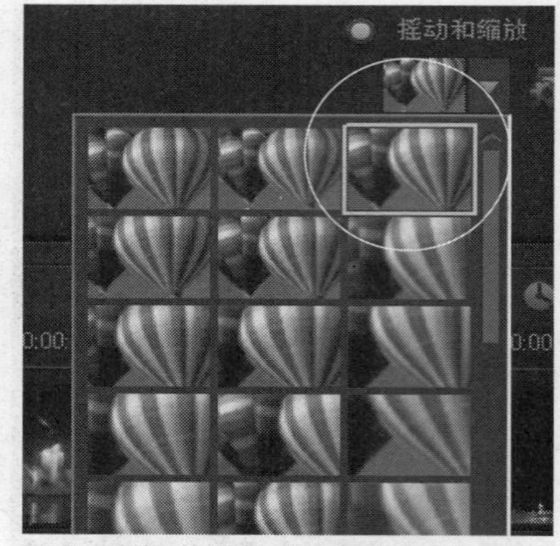

图21-28 选择第1排第3个摇动和缩放样式

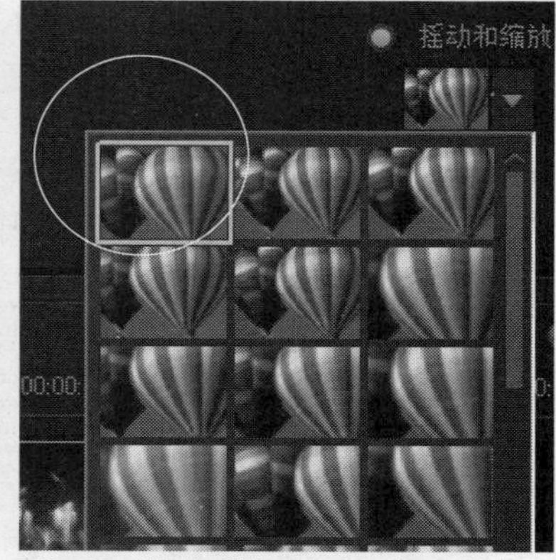

图21-29 选择第1排第1个摇动和缩放样式

实战497 制作“交错淡化”转场特效

▶实例位置：无
▶素材位置：上一例效果
▶视频位置：光盘\视频\第21章\实战497.mp4

• 实例介绍 •

在会声会影X7中，可以在各素材之间添加转场效果，制作自然过渡效果。下面介绍制作烟花转场效果的操作方法。

• 操作步骤 •

STEP 01 单击“转场”按钮，即可切换至“转场”选项卡，如图21-30所示。

STEP 02 在“收藏夹”素材库中，选择“交错淡化”转场效果，如图21-31所示。

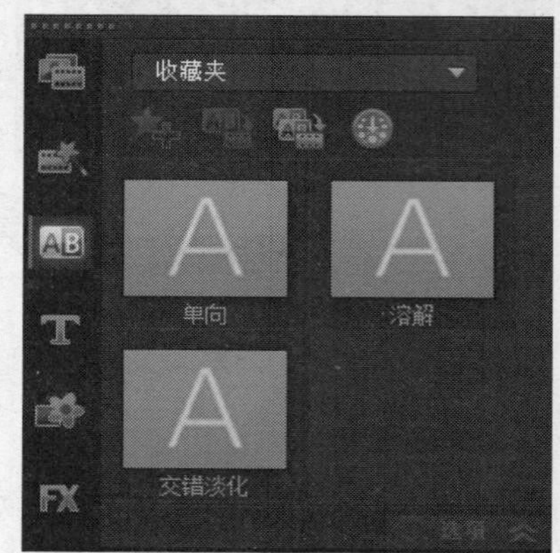

图21-30 切换至“转场”选项卡

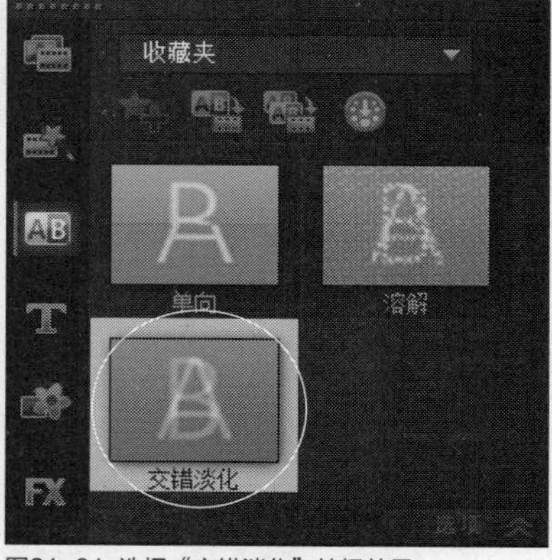

图21-31 选择“交错淡化”转场效果

STEP 03 单击鼠标左键并拖曳至“片头.wmv”与黑色色块之间，添加“交错淡化”转场效果，如图21-32所示。

STEP 04 再次选择“收藏夹”素材库中的“交错淡化”转场，将其拖曳至素材1.jpg图像之前，如图21-33所示。

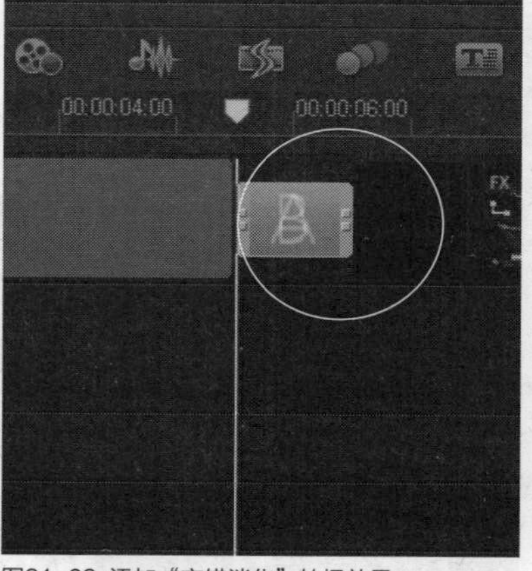

图21-32 添加“交错淡化”转场效果

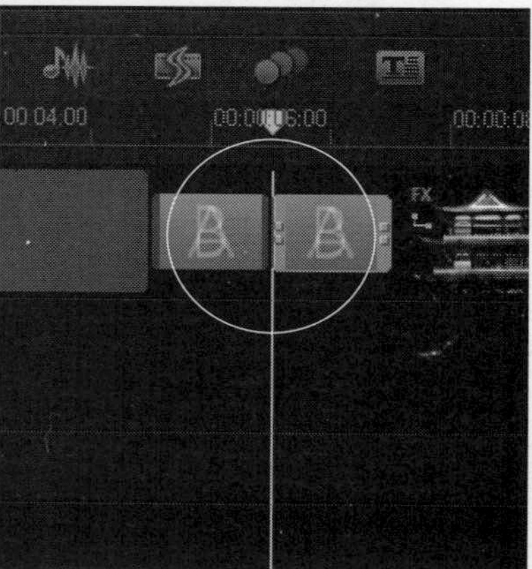
图21-33 添加转场效果

实战 498 制作“对开门”转场特效

▶实例位置：无
▶素材位置：上一例效果
▶视频位置：光盘\视频\第21章\实战498.mp4

• 实例介绍 •

在会声会影X7中，制作“交错淡化”转场效果以后，接下来可以制作“对开门”转场效果。

• 操作步骤 •

STEP 01 在3D转场素材库中，选择“对开门”转场效果，如图21-34所示。

STEP 02 单击鼠标左键并拖曳至1.jpg与2.jpg素材图像之间，如图21-35所示。

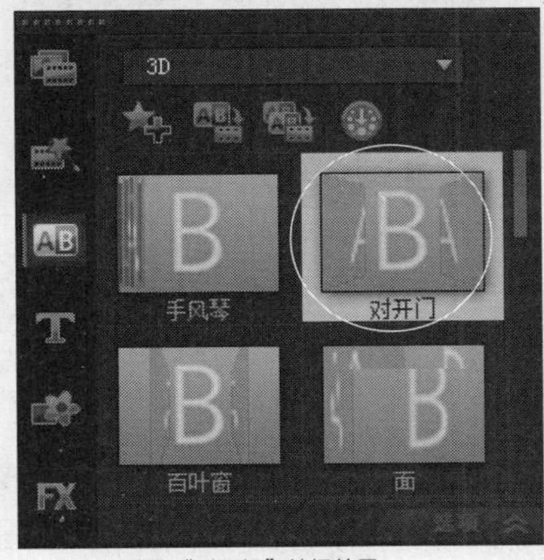

图21-34 选择“对开门”转场效果

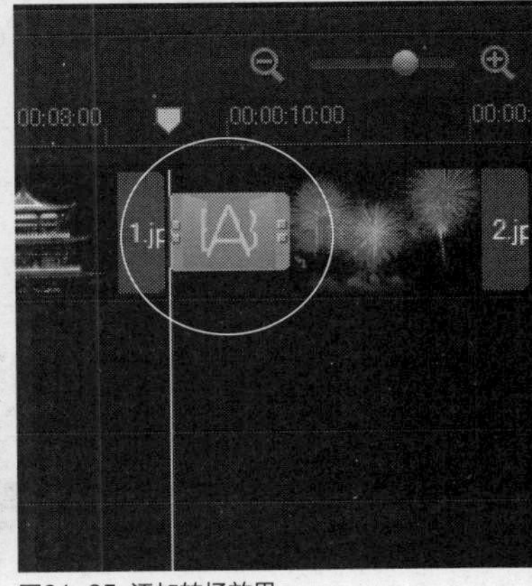

图21-35 添加转场效果

实战 499 制作“飞行木板”转场特效

▶实例位置：无
▶素材位置：上一例效果
▶视频位置：光盘\视频\第21章\实战499.mp4

• 实例介绍 •

在会声会影X7中，制作“对开门”转场效果以后，接下来可以制作“飞行木板”转场效果。

• 操作步骤 •

STEP 01 在“转场”素材库中，单击窗口上方的“画廊”按钮，在弹出的列表框中选择3D选项，打开3D转场素材库，在其中选择“飞行木板”转场效果，如图21-36所示。

STEP 02 单击鼠标左键并拖曳至视频轨中照片素材2.jpg与照片素材3.jpg之间，添加“飞行木板”转场效果，如图21-37所示。

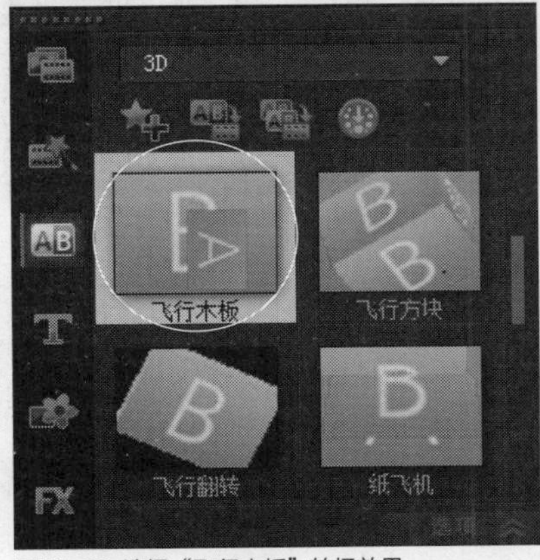

图21-36 选择“飞行木板”转场效果

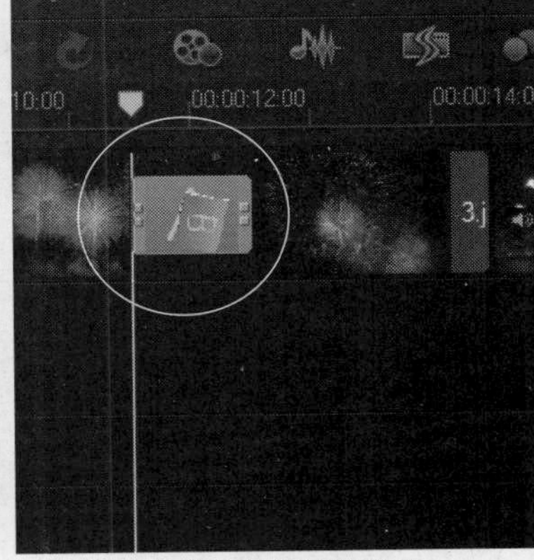

图21-37 添加“飞行木板”转场效果

实战 500 制作“漩涡”转场特效

▶实例位置：无
▶素材位置：上一例效果
▶视频位置：光盘\视频\第21章\实战500.mp4

• 实例介绍 •

在会声会影X7中，“漩涡”转场是将素材A以类似于碎片飘落的方式飞行，然后再显示素材B。下面向读者介绍应用“漩涡”转场的方法。

• 操作步骤 •

STEP 01 在“转场”素材库中，单击窗口上方的“画廊”按钮，在弹出的列表框中选择3D选项，打开3D转场素材库，在其中选择“漩涡”转场效果，如图21-38所示。

STEP 02 单击鼠标左键并拖曳至视频轨中照片素材3.jpg与照片素材4.jpg之间，添加“漩涡”转场效果，如图21-39所示。

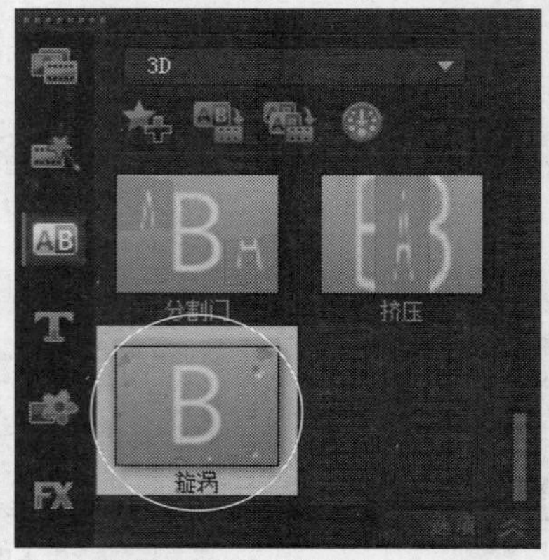

图21-38 选择“漩涡”转场效果

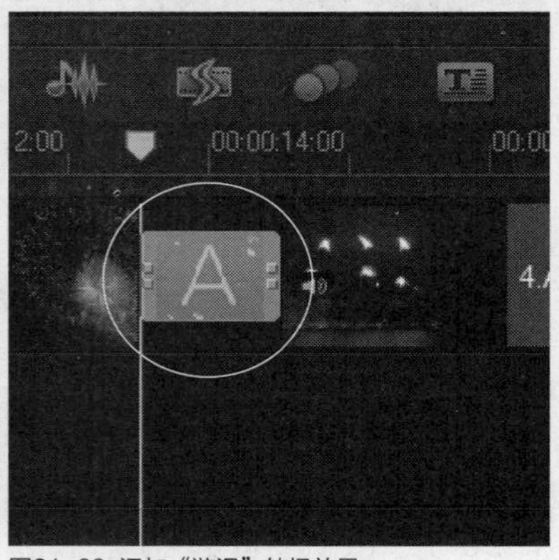

图21-39 添加“漩涡”转场效果

实战 501 制作“爆裂”转场特效

▶实例位置：无
▶素材位置：上一例效果
▶视频位置：光盘\视频\第21章\实战501.mp4

• 实例介绍 •

在会声会影X7中，制作“漩涡”转场效果以后，接下来可以制作“爆裂”转场效果。

• 操作步骤 •

STEP 01 在“转场”素材库中，单击窗口上方的“画廊”按钮，在弹出的列表框中选择“筛选”选项，打开“筛选”转场素材库，在其中选择“爆裂”转场效果，如图21-40所示。

STEP 02 单击鼠标左键并拖曳至视频轨中照片素材4.jpg与照片素材5.jpg之间，添加“爆裂”转场效果，如图21-41所示。

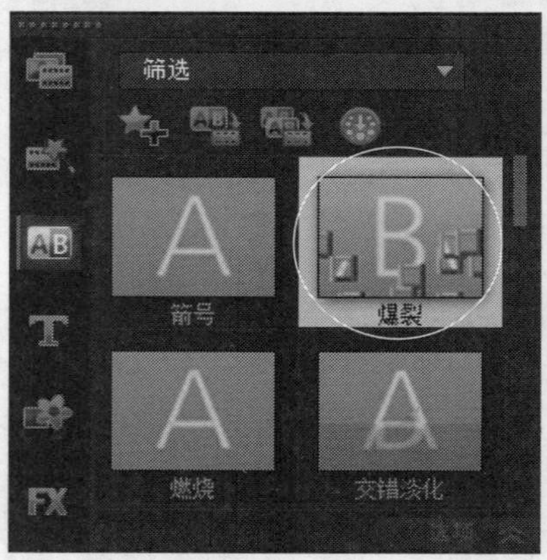

图21-40 选择“爆裂”转场效果

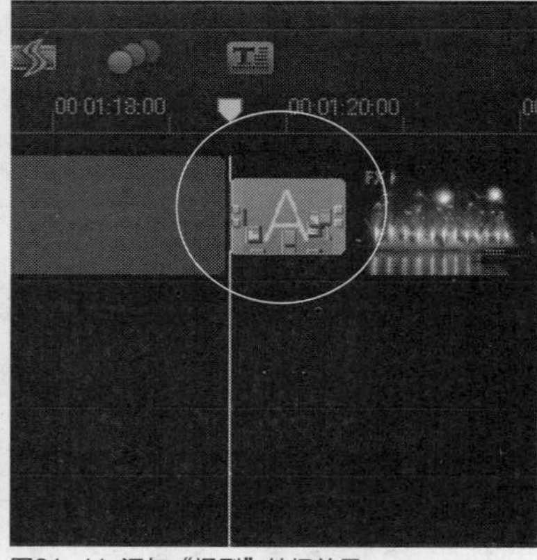

图21-41 添加“爆裂”转场效果

实战 502 制作“打碎”转场特效

▶实例位置：无
▶素材位置：上一例效果
▶视频位置：光盘\视频\第21章\实战502.mp4

• 实例介绍 •

在会声会影X7中，“打碎”转场效果是指素材A以打碎缩放的形状过渡，然后显示素材B。下面向读者介绍应用“打碎”转场效果的操作方法。

• 操作步骤 •

STEP 01 在“转场”素材库中，单击窗口上方的“画廊”按钮，在弹出的列表框中选择“筛选”选项，打开“筛选”转场素材库，在其中选择“打碎”转场效果，如图21-42所示。

STEP 02 单击鼠标左键并拖曳至视频轨中照片素材5.jpg与照片素材6.jpg之间，添加“打碎”转场效果，如图21-43所示。

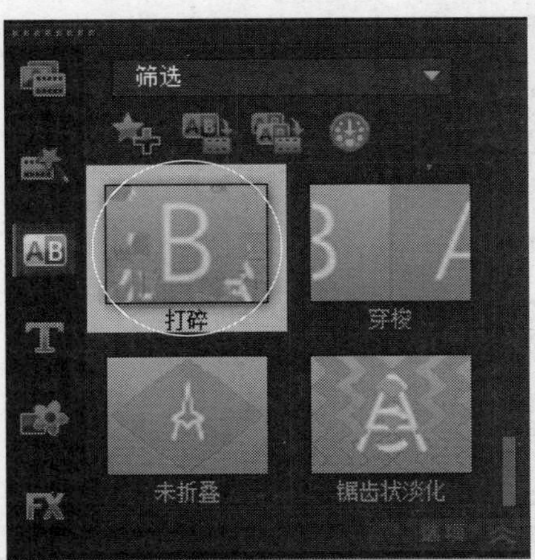

图21-42 选择“打碎”转场效果

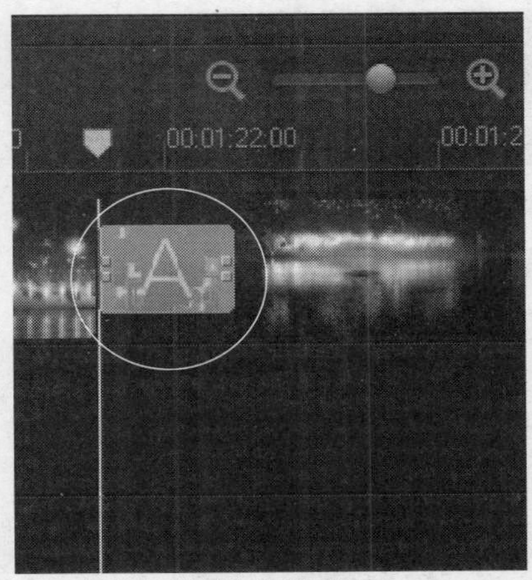

图21-43 添加“打碎”转场效果

实战 503 制作其他转场特效

▶ 实例位置：无
▶ 素材位置：上一例效果
▶ 视频位置：光盘\视频\第21章\实战503.mp4

• 实例介绍 •

在本实例中，主要应用了“对开门”、“遮罩E”、“遮罩A”等转场特效。

• 操作步骤 •

STEP 01 在“转场”素材库中，单击窗口上方的“画廊”按钮，在弹出的列表框中选择“底片”选项，打开“底片”转场素材库，在其中选择“对开门”转场效果，如图21-44所示。

STEP 02 单击鼠标左键并拖曳至视频轨中照片素材6.jpg与照片素材7.jpg之间，添加“对开门”转场效果，如图21-45所示。

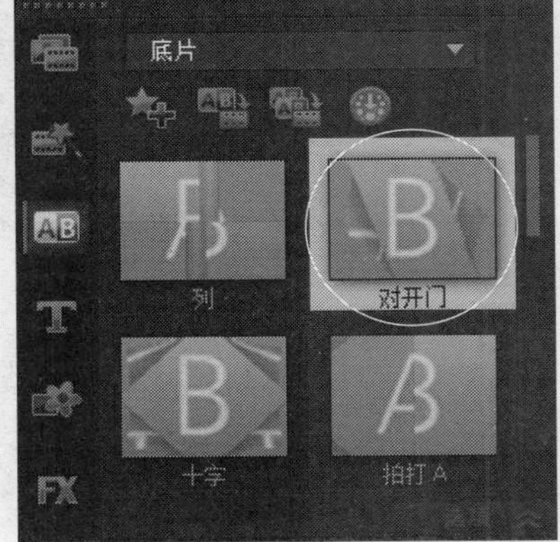

图21-44 选择“对开门”转场效果

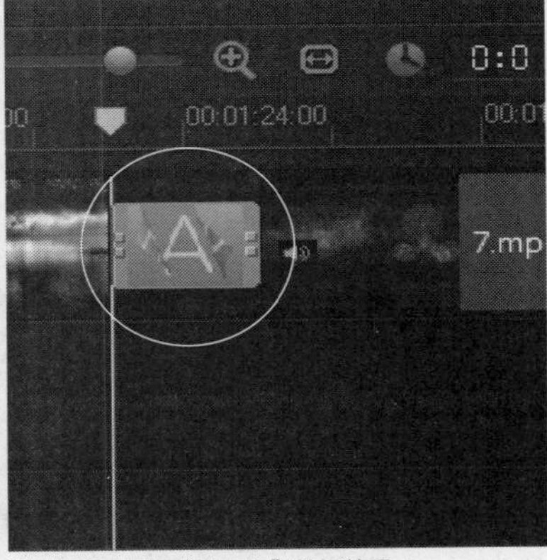

图21-45 添加“对开门”转场效果

STEP 03 在“遮罩”转场素材库中，选择“遮罩E”转场效果，如图21-46所示。

STEP 04 单击鼠标左键并拖曳至7.jpg与8.jpg素材图像之间，如图21-47所示。

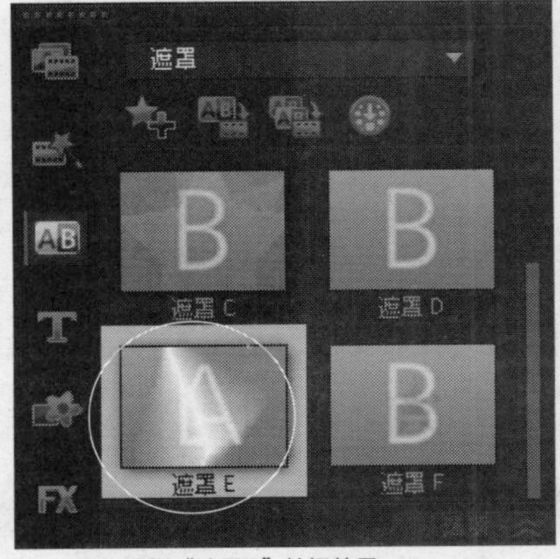

图21-46 选择“遮罩E”转场效果

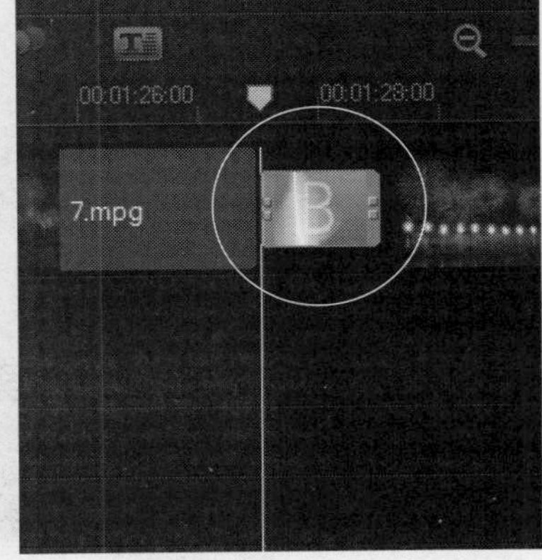

图21-47 添加转场效果

STEP 05 在“遮罩”转场素材库中，选择“遮罩A”转场效果，如图21-48所示。

STEP 06 单击鼠标左键并拖曳至8.jpg与9.jpg素材图像之间，如图21-49所示。

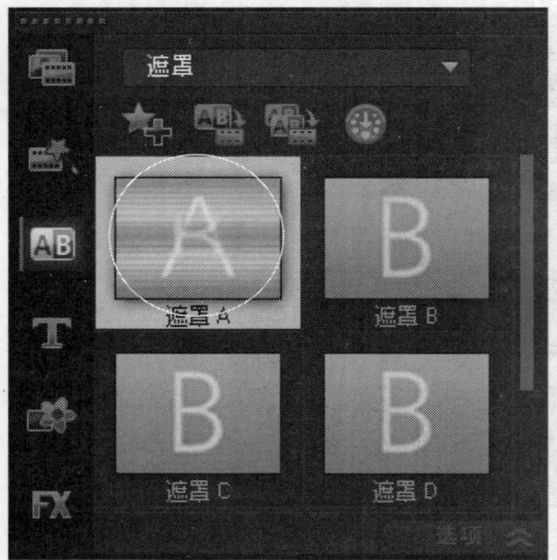

图21-48 选择“遮罩A”转场效果

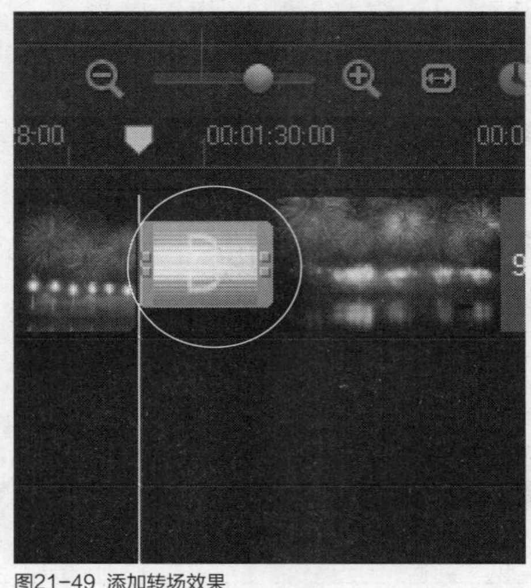

图21-49 添加转场效果

STEP 07 在“底片”转场素材库中，选择“翻页”转场效果，如图21-50所示。

STEP 08 单击鼠标左键并拖曳至9.jpg与10.jpg素材图像之间，如图21-51所示。

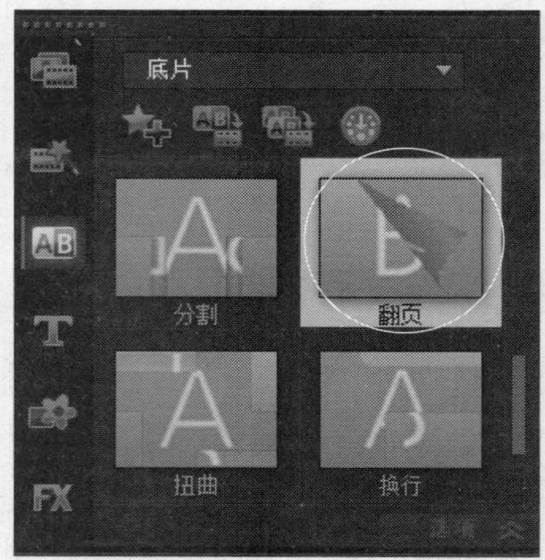

图21-50 选择“翻页”转场效果

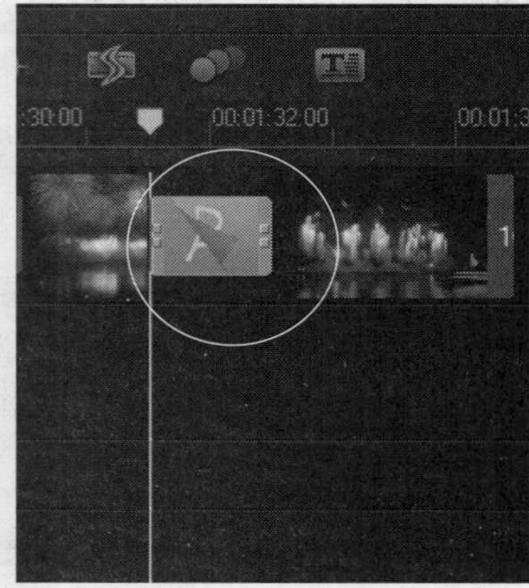

图21-51 添加转场效果

STEP 09 在“收藏夹”转场素材库中，选择“交错淡化”转场效果，如图21-52所示。

STEP 10 单击鼠标左键并拖曳至片尾素材图像的前后，如图21-53所示。

图21-52 选择“对开门”转场效果

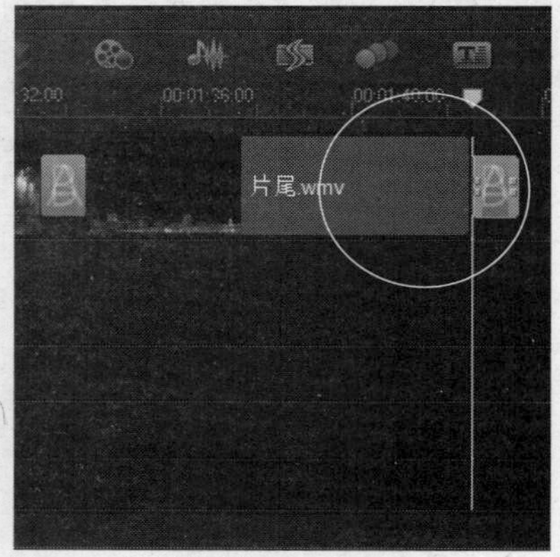

图21-53 添加转场效果

实战504 制作边框动画效果

▶实例位置：无
▶素材位置：光盘\素材\第21章\边框.png
▶视频位置：光盘\视频\第21章\实战504.mp4

• 实例介绍 •

在会声会影X7中，制作完摇动和转场效果以后，接下来可以为视频添加边框动画效果。

• 操作步骤 •

STEP 01 将时间线移至00:00:06:13的位置处，在“文件夹”选项卡中选择“边框.png”素材图像，如图21-54所示。

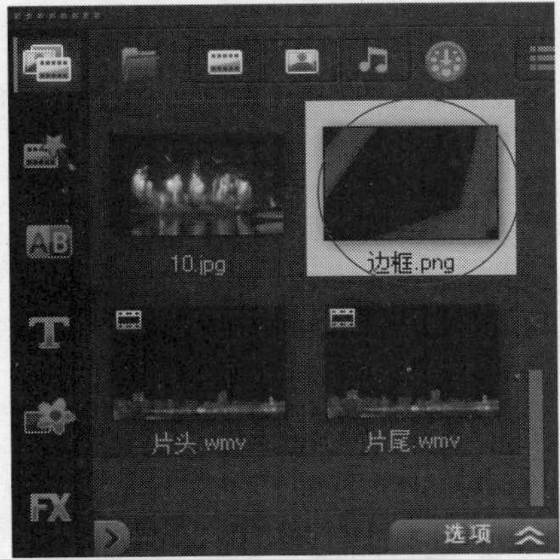

图21-54 选择“边框.png”素材图像

STEP 02 单击鼠标左键并拖曳至覆叠轨#1中的时间线位置，在“编辑”选项卡中，设置照片区间为00:00:02:00，如图21-55所示。

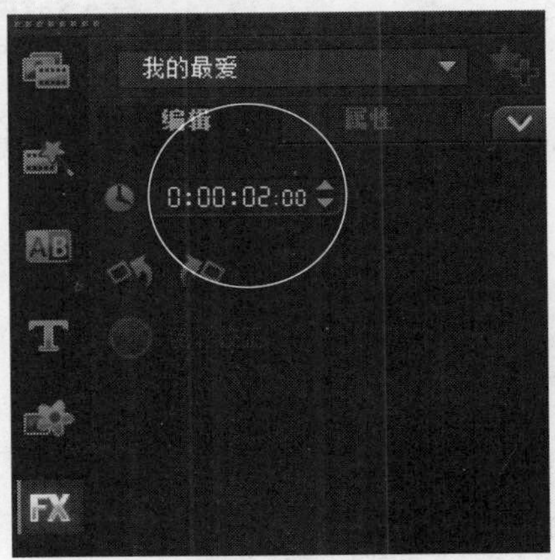

图21-55 设置照片区间

STEP 03 切换至“属性”选项卡，单击“淡入动画”按钮，设置边框淡入动画效果，如图21-56所示。

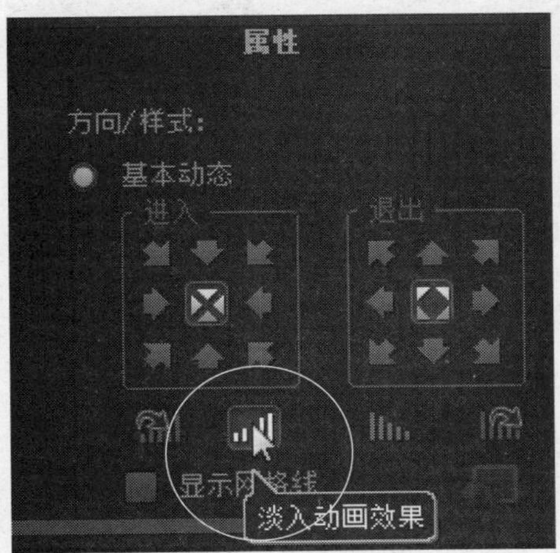

图21-56 设置边框淡入动画效果

STEP 04 将时间线移至00:00:08:13的位置处，添加与上相同的边框素材，如图21-57所示，设置“照片区间”为0:00:36:02。

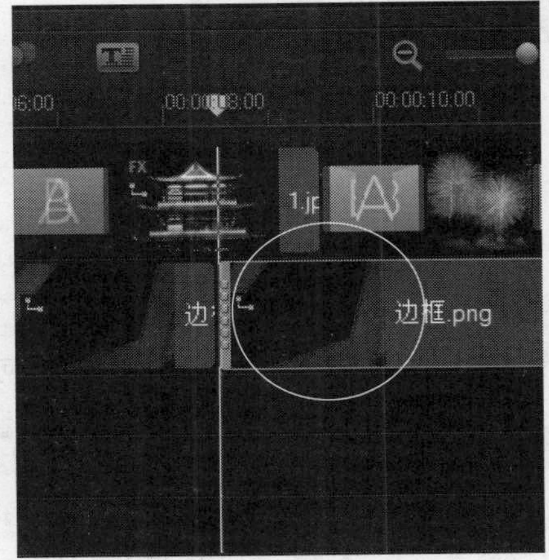

图21-57 添加边框素材

STEP 05 用相同的方法，在00:00:44:08的位置处再次添加边框素材，如图21-58所示。

图21-58 设置边框淡入动画效果

STEP 06 在“编辑”选项卡中设置“照片区间”为0:00:02:00，如图21-59所示。

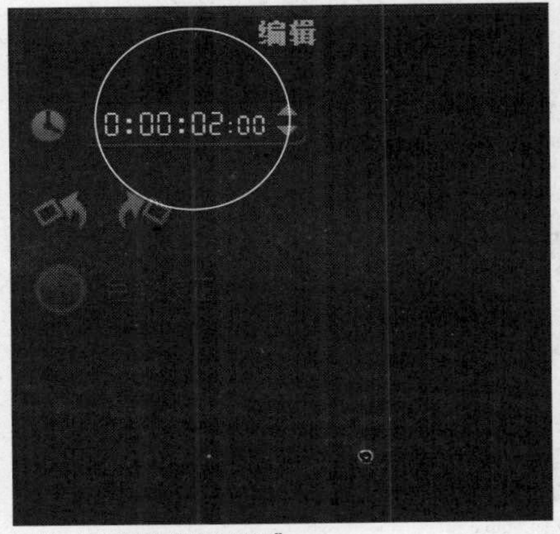

图21-59 设置“照片区间”

实战505 添加淡出动画效果

▶实例位置：无
▶素材位置：上一例效果
▶视频位置：光盘\视频\第21章\实战505.mp4

• 实例介绍 •

在会声会影X7中，制作完边框动画效果以后，接下来可以为视频添加淡出动画效果。

• 操作步骤 •

STEP 01 切换至“属性”选项卡，单击“淡出动画效果”按钮，如图21-60所示。

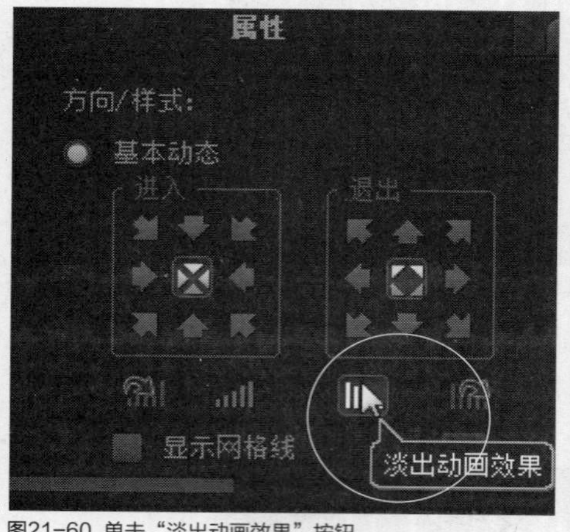

图21-60 单击“淡出动画效果”按钮

STEP 02 执行上述操作后，即可为图像添加淡出动画效果，在导览面板中可以预览视频画面，如图21-61所示。

图21-61 单击“淡出动画效果”按钮

实战506 输入动画文字

▶实例位置：无
▶素材位置：上一例效果
▶视频位置：光盘\视频\第21章\实战506.mp4

• 实例介绍 •

在会声会影X7中，制作完淡出动画效果以后，接下来可以为视频输入动画文字。

• 操作步骤 •

STEP 01 将时间线移至00:00:01:13的位置处，单击“标题”按钮，切换至“标题”选项卡，如图21-62所示。

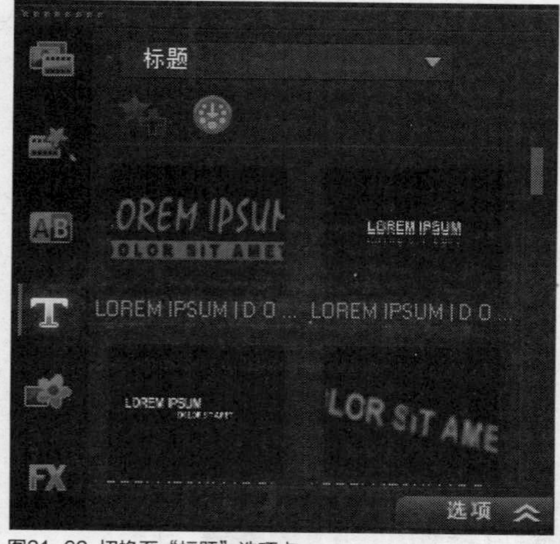

图21-62 切换至“标题”选项卡

STEP 02 在预览窗口中的适当位置，输入相应文本内容为“绚丽烟花”，如图21-63所示，在“编辑”选项面板中设置“区间”为0:00:03:03。

图21-63 输入相应文本内容

实战 507 设置动画文字属性

▶实例位置：无
▶素材位置：上一例效果
▶视频位置：光盘\视频\第21章\实战507.mp4

• 实例介绍 •

在会声会影X7中，输入动画文字以后，接下来可以为视频设置动画文字属性。

• 操作步骤 •

STEP 01 设置“字体”为“华文行楷”、“字体大小”为80，“色彩”为红色，单击“边框/阴影/透明度”按钮，如图21-64所示。

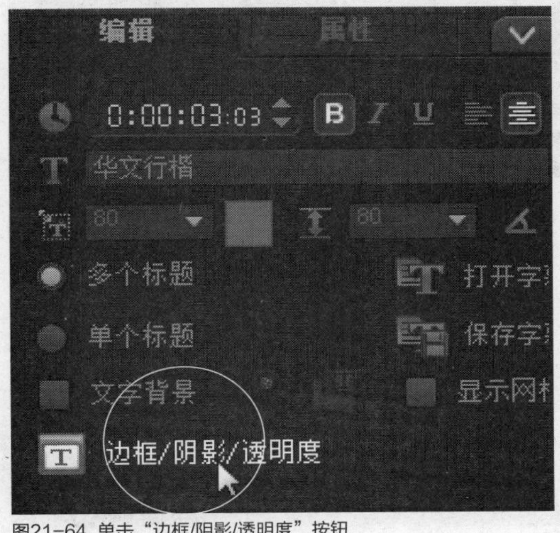

图21-64 单击“边框/阴影/透明度”按钮

STEP 02 弹出“边框/阴影/透明度”对话框，在“边框”选项卡中，设置“边框宽度”为2.4，“线条颜色”为黄色，单击“确定”按钮，如图21-65所示。

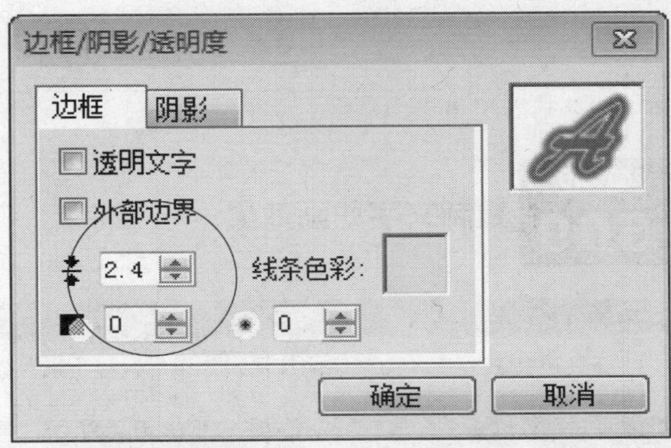

图21-65 单击“确定”按钮

STEP 03 执行上述操作后，即可为字体设置相应属性，效果如图21-66所示，切换至“属性”选项面板。

图21-66 设置字体属性

STEP 04 选中“动画”单选按钮和选中“应用”复选框，设置“选取动画类型”为“淡化”，在下方的下拉列表框中选择第1排第2个淡化效果，如图21-67所示。

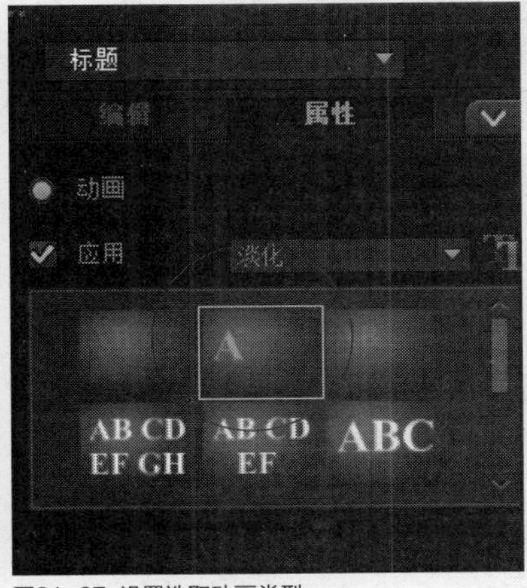

图21-67 设置选取动画类型

实战 508 为文字添加淡入效果

▶实例位置：无
▶素材位置：上一例效果
▶视频位置：光盘\视频\第21章\实战508.mp4

• 实例介绍 •

在会声会影X7中，设置视频动画文字属性后，接下来可以为文字添加淡入效果。

• 操作步骤 •

STEP 01 单击“自定动画属性”按钮，在弹出的“淡化动画”对话框中，设置“单位”为“字符”，“暂停”为“长”，选中“淡入”单选按钮，如图21-68所示。

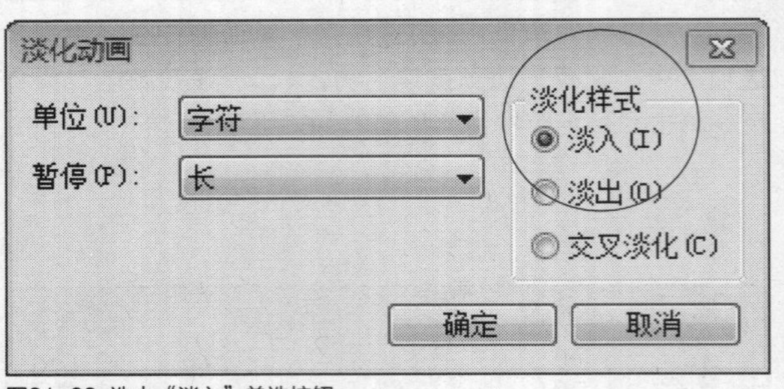

图21-68 选中“淡入”单选按钮

STEP 02 单击“确定”按钮，单击导览面板中的“播放”按钮，即可预览字幕动画效果，如图21-69所示。

图21-69 预览字幕动画效果

实战 509 复制文字动画效果

▶实例位置：无
▶素材位置：上一例效果
▶视频位置：光盘\视频\第21章\实战509.mp4

• 实例介绍 •

在会声会影X7中，为文字添加淡入效果后，接下来可以复制文字动画效果。

• 操作步骤 •

STEP 01 选择“绚丽烟花”文字效果，单击鼠标右键，在弹出的快捷菜单中选择“复制”选项，如图21-70所示。

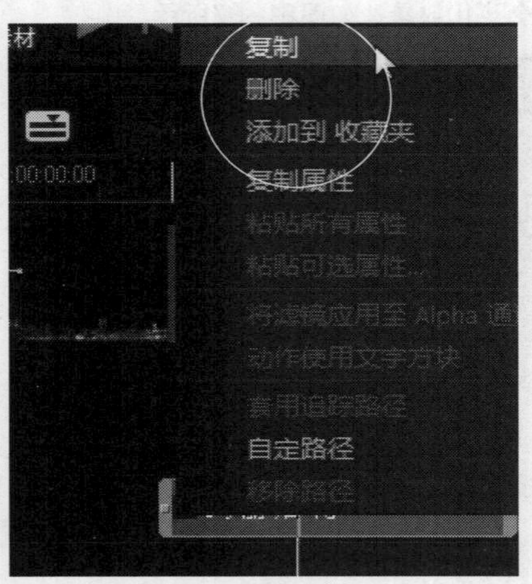

图21-70 选择“复制”选项

STEP 02 将鼠标移至视频轨中的合适位置，鼠标指针变为手的形状，单击鼠标左键，即可复制文字，如图21-71所示。

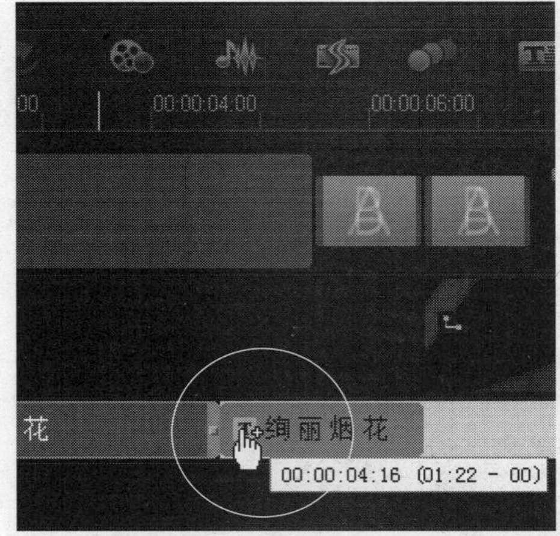

图21-71 复制文字

实战 510 制作文字淡出效果

▶实例位置：无
▶素材位置：上一例效果
▶视频位置：光盘\视频\第21章\实战510.mp4

• 实例介绍 •

在会声会影X7中，复制文字动画效果后，接下来可以制作文字淡化效果。

• 操作步骤 •

STEP 01 在“编辑”选项面板中，设置文字区间为0:00:01:22，在弹出的“淡化动画”对话框中，设置“单位”为“文字”，“暂停”为“自定义”，选中“淡出”单选按钮，如图21-72所示。

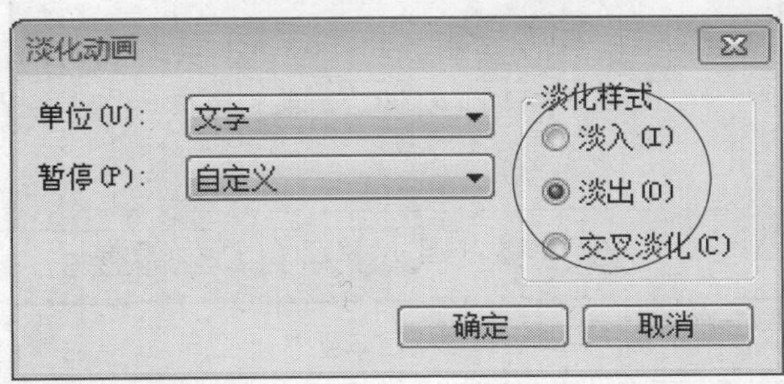

图21-72 设置各选项

STEP 02 单击“确定”按钮，即可设置文字动画效果。单击导览面板中的“播放”按钮，即可预览设置的文字效果，如图21-73所示。

图21-73 预览设置的文字效果

实战 511 制作标题字幕效果

- 实例位置：无
- 素材位置：上一例效果
- 视频位置：光盘\视频\第21章\实战511.mp4

• 实例介绍 •

在会声会影X7中，在覆叠轨中制作完动画效果，接下来在标题轨中制作标题字幕动画效果。下面介绍制作标题字幕动画的操作方法。

• 操作步骤 •

STEP 01 将时间线移至00:00:09:13的位置处，单击“标题”按钮，在预览窗口中输入标题“美丽烟火”，如图21-74所示。

图21-74 输入标题

STEP 02 使用鼠标左键双击输入的标题字幕，在弹出的“编辑”选项面板中，设置其区间为0:00:06:10，字体为“华文行楷”，“字体大小”为70，“色彩”为红色，如图21-75所示。

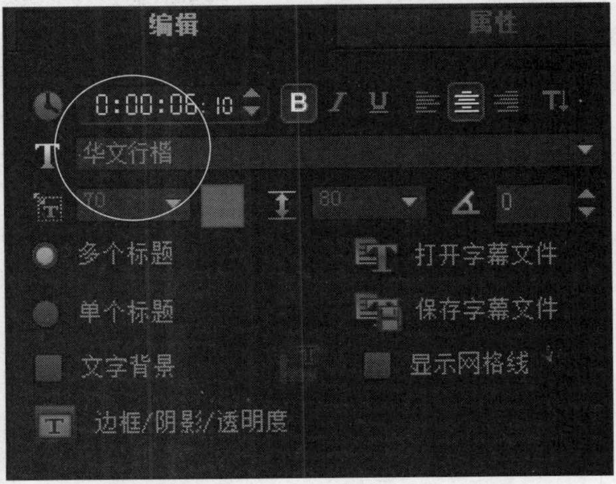

图21-75 设置各属性

STEP 03 单击“边框/阴影/透明度”按钮，弹出“边框/阴影/透明度”对话框，如图21-76所示。

STEP 04 切换至“阴影”选项卡，单击“光晕阴影”按钮，设置“强度”为5.0，“光晕阴影透明度”为10，“光晕阴影柔化边缘”为50，如图21-77所示，单击“确定”按钮。

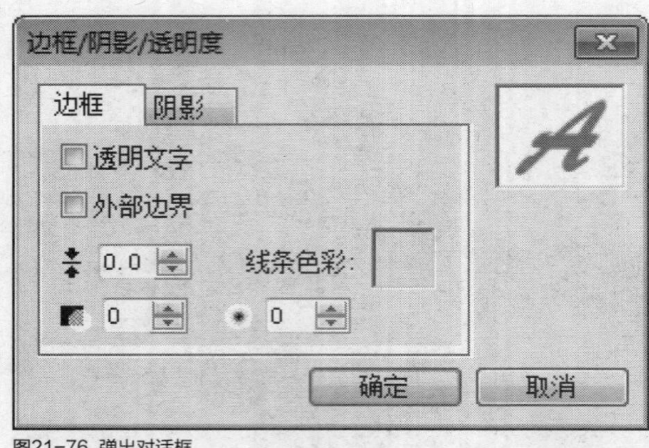

图21-76 弹出对话框

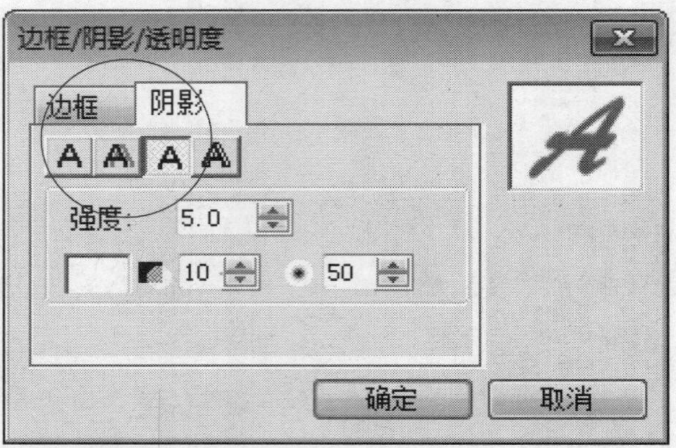

图21-77 设置各选项

实战 512 添加翻转动画效果

▶实例位置：无
▶素材位置：上一例效果
▶视频位置：光盘\视频\第21章\实战512.mp4

• 实例介绍 •

在会声会影X7中，制作标题字幕效果后，接下来可以添加翻转动画效果。

• 操作步骤 •

STEP 01 在“属性”选项面板中，选中“动画”单选按钮，然后自动选中“应用”复选框，单击“选取动画类型”下拉按钮，在弹出的下拉列表框中选择“翻转”选项，在下方的下拉列表框中选择第1排第2个选项，如图21-78所示。

STEP 02 单击“自定义动画属性”按钮，弹出“翻转动画”对话框，在其中设置“进入”为“向左”，“离开”为“向右”，“暂停”为“中”，如图21-79所示，单击“确定”按钮，即可设置标题字幕效果，单击导览面板中的“播放”按钮，可预览字幕效果。

图21-78 选择第1排第2个选项

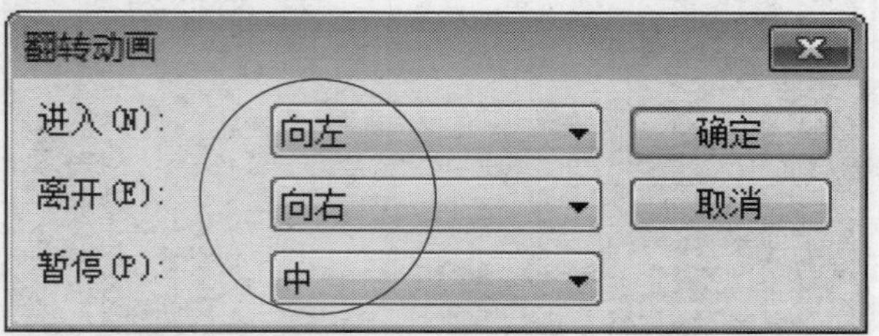

图21-79 设置各选项

STEP 03 用相同的方法，在00:00:16:13时间线位置处，输入标题文本“百花齐放”，在“编辑”选项面板中，设置相应选项，如图21-80所示。

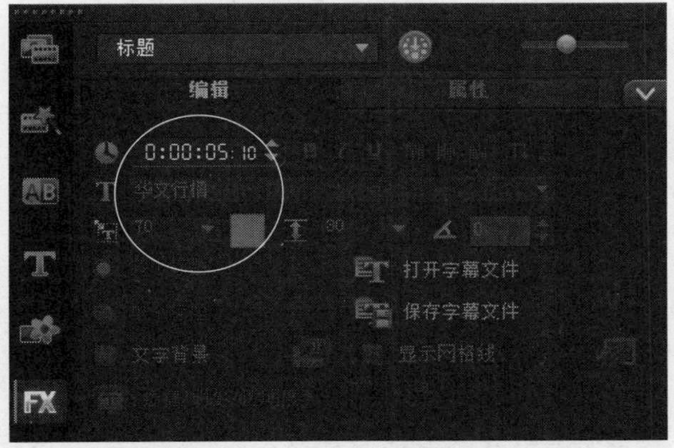

图21-80 设置相应选项

STEP 04 切换至“属性”选项面板，设置“选取动画类型”为“飞行”，在弹出的“飞行动画”对话框中，设置“起始单位”为“字符”，“终止单位”为“文字”，“暂停”为“长”，如图21-81所示，单击“确定”按钮。

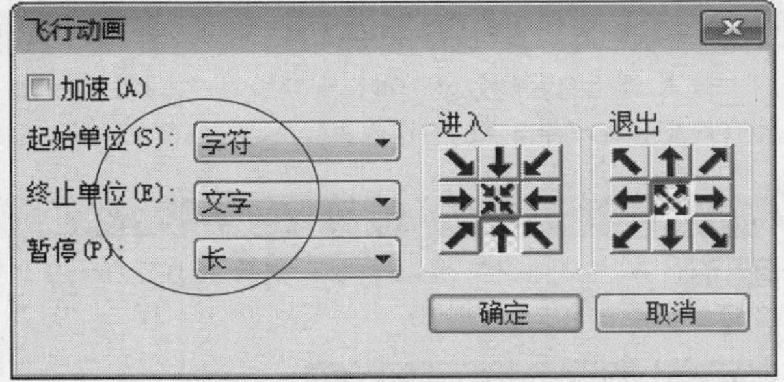

图21-81 设置相应选项

STEP 05 单击导览面板中的“播放”按钮，即可预览字幕动画效果，如图21-82所示。

图21-82 预览字幕动画效果

STEP 06 用相同的方法，在标题轨中的适当位置，输入其他文本内容，并设置字体属性与动画效果，如图21-83所示。

图21-83 设置字体属性与动画效果

STEP 07 单击导览面板中的“播放”按钮，即可预览添加的字幕动画效果，如图21-84所示。

图21-84 预览添加的字幕动画效果

21.3 视频后期处理

通过后期处理，不仅可以对焰火晚会的原始素材进行合理的编辑，而且可以为影片添加各种音乐及特效，使影片更具珍藏价值。

实战513 制作烟花音频特效

- ▶实例位置：无
- ▶素材位置：光盘\素材\第21章\音乐.mp3
- ▶视频位置：光盘\视频\第21章\实战513.mp4

• 实例介绍 •

淡入/淡出音频特效是一种在视频编辑中常用的音频编辑效果，这种编辑效果避免了音乐的突然出现和突然消失，使音乐能够有一种自然的过渡效果。

• 操作步骤 •

STEP 01 在“文件夹”选项卡中，选择“音乐.mp3”音频素材，如图21-85所示。

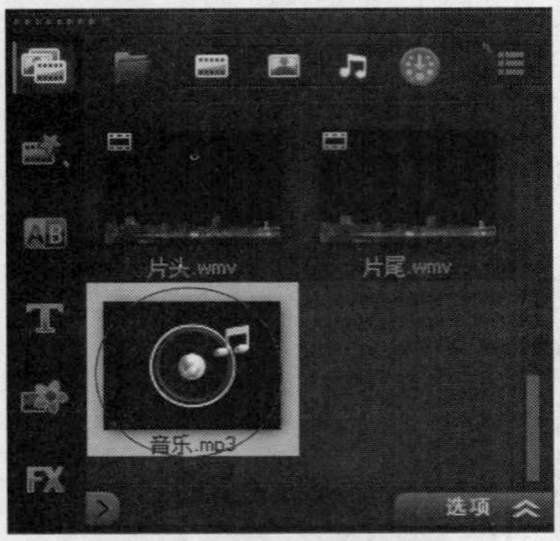

图21-85 选择“音乐.mp3”音频素材

STEP 02 单击鼠标左键并将其拖曳至音乐轨中的开始位置，如图21-86所示。

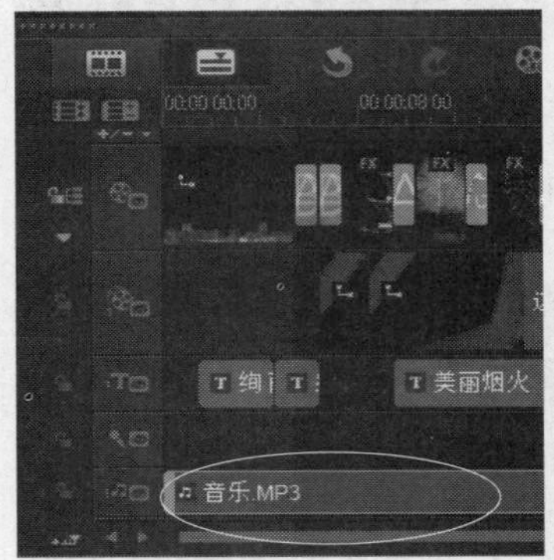

图21-86 拖曳音频素材

STEP 03 将时间线移至00:00:53:15的位置处，选择音乐轨中的音频素材，单击鼠标右键，在弹出的快捷菜单中选择“分割素材”选项，如图21-87所示。

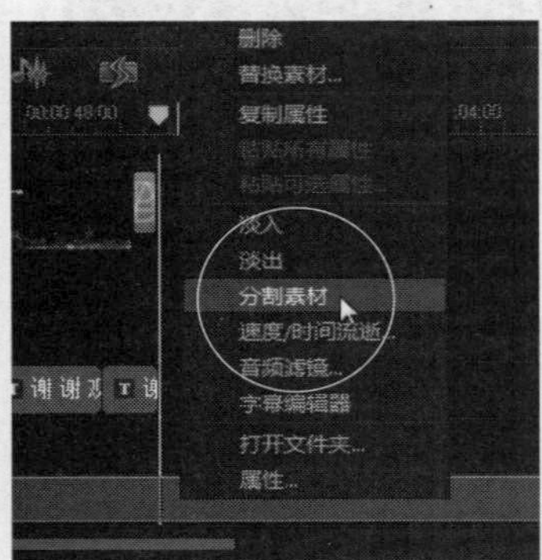

图21-87 选择“分割素材”选项

STEP 04 执行上述操作后，即可将素材分割为两段，选择后段音频素材，按【Delete】键将其删除，如图21-88所示。

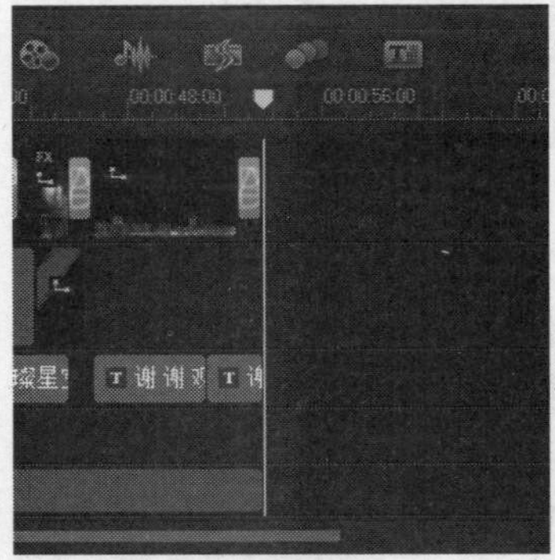

图21-88 删除后段音频素材

STEP 05 选择剪辑好的音频素材，在打开的“音乐和语音”选项面板中，单击“淡入”按钮和“淡出”按钮，如图21-89所示，执行操作后，即可设置音频淡入/淡出效果。

知识拓展

在调整音频效果时，用户还可以进入混音器视图，手动调整音频关键帧的位置。

图21-89 单击“淡入”按钮和“淡出”按钮

实战 514 渲染输出视频动画文件

▶实例位置：光盘\效果\第21章\视觉享受——《绚丽烟花》.mpg
▶素材位置：上一例效果
▶视频位置：光盘\视频\第21章\实战514.mp4

● 实例介绍 ●

在会声会影X7中，渲染影片可以将项目文件创建成mpg、AVI以及QuickTime或其他视频文件格式。

● 操作步骤 ●

STEP 01 单击界面上方的“输出”标签，执行操作后，即可切换至“输出”步骤面板，如图21-90所示。

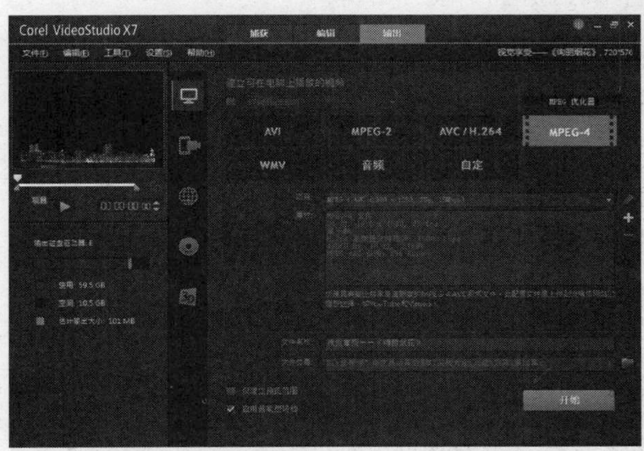

图21-90 切换至“输出”步骤面板

STEP 02 在上方面板中，选择MPEG-2选项，在“项目”右侧的下拉列表中，选择第2个选项，如图21-91所示。

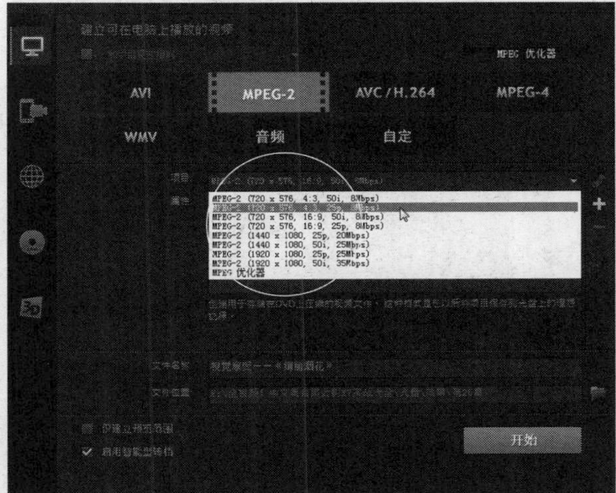

图21-91 选择第2个选项

STEP 03 在下方面板中，单击“文件位置”右侧的“浏览”按钮，如图21-92所示。

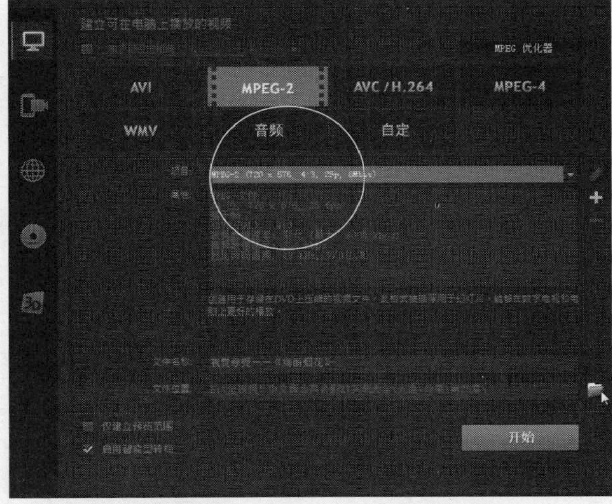

图21-92 单击“浏览”按钮

STEP 04 弹出“浏览”对话框，在其中设置视频文件的输出名称与输出位置，如图21-93所示。

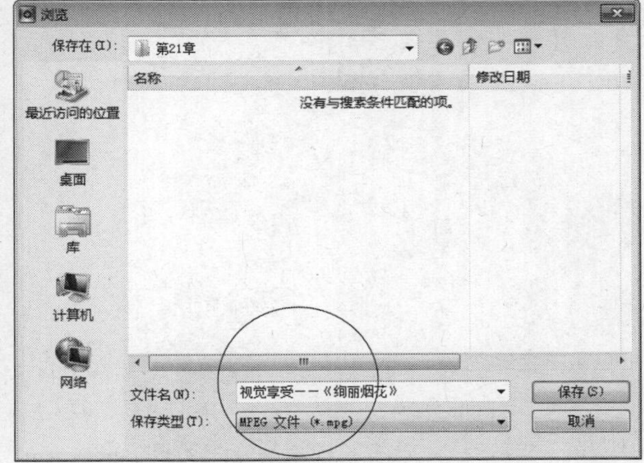

图21-93 设置输出名称与输出位置

STEP 05 设置完成后，单击“保存”按钮，返回会声会影编辑器，单击下方的“开始”按钮，开始渲染视频文件，并显示渲染进度，如图21-94所示。

STEP 06 稍等片刻，已经输出的视频文件将显示在素材库面板的“文件夹”选项卡中，如图21-95所示。

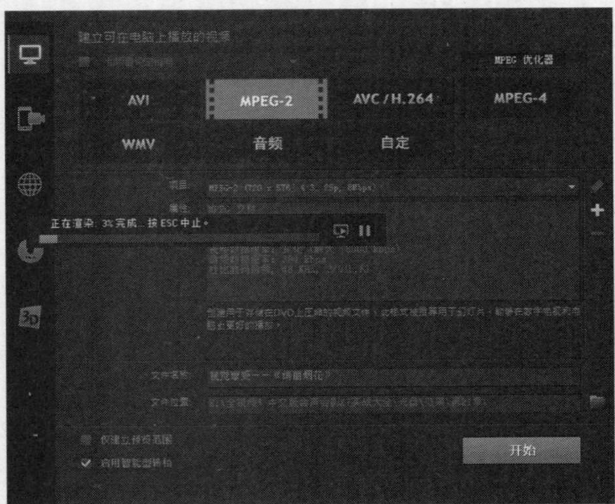

图21-94 显示渲染进度

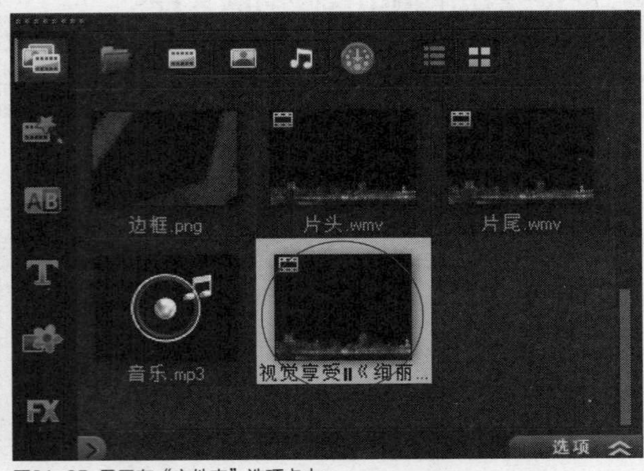

图21-95 显示在“文件夹”选项卡中

STEP 07 在预览窗口中单击“播放”按钮，用户可以查看输出的烟花视频画面效果，如图21-96所示。

图21-96 查看烟花视频画面效果

第22章

专题拍摄——《出水芙蓉》

本章导读

荷花又名莲花、水芙蓉，属睡莲目，莲科多年生水生草本花卉。荷花“中通外直，不蔓不枝，出淤泥而不染，濯清涟而不妖”的高尚品格恒为世人称颂，也可称其为君子花。本章主要介绍在会声会影X7中，如何制作《出水芙蓉》专题拍摄视频。

要点索引

- 实例效果欣赏
- 视频制作过程
- 视频后期处理

22.1 实例效果欣赏

荷花美，超凡脱俗。夏秋时节，人乏蝉鸣，桃李无言，亭亭荷莲在一汪碧水中散发着沁人清香，使人心旷神怡。

本实例介绍《专题拍摄——出水芙蓉》，效果如图22-1所示。

图22-1 效果欣赏

22.2 视频制作过程

本节主要介绍《出水芙蓉》视频文件的制作过程，包括导入视频素材文件、制作视频摇动效果、制作视频转场效果、制作视频字幕效果等内容。

实战 515 导入荷花媒体素材

▶ 实例位置：无
▶ 素材位置：光盘\素材\第22章\1.jpg～19.jpg、片头.mpg、片尾.mpg
▶ 视频位置：光盘\视频\第22章\实战515.mp4

• 实例介绍 •

在制作视频效果之前，首先需要导入相应的荷花视频素材。

• 操作步骤 •

STEP 01 进入会声会影编辑器，单击素材库上方的“显示照片”按钮，显示素材库中的图片素材，如图22-2所示。

STEP 02 执行菜单栏中的“文件”|“将媒体文件插入到素材库”|“插入照片”命令，如图22-3所示。

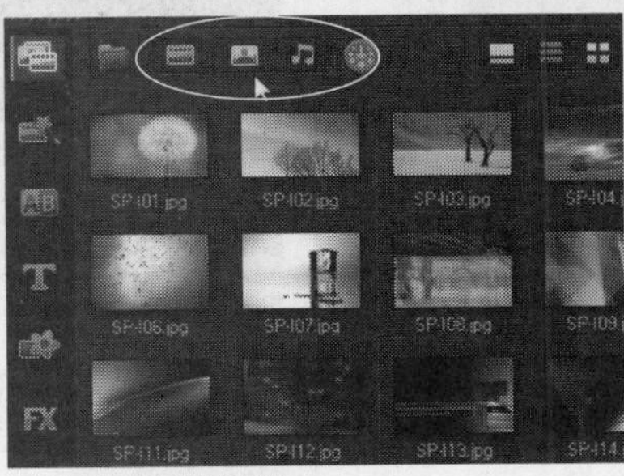

图22-2 显示图片素材

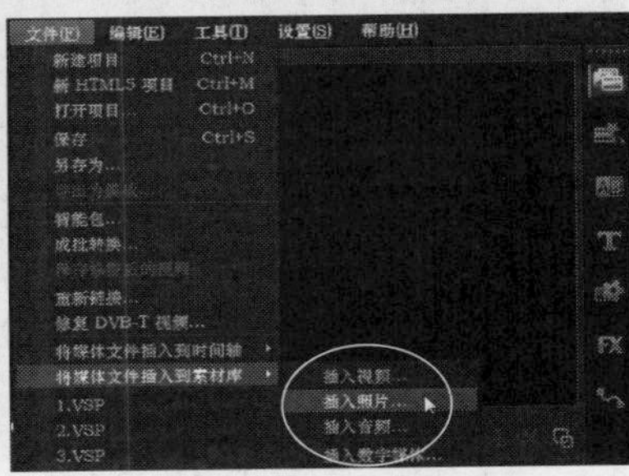

图22-3 单击“插入照片”命令

STEP 03 弹出“浏览照片”对话框，在该对话框中选择所需的照片素材，如图22-4所示。

STEP 04 单击“打开”按钮，即可将所选择的照片素材导入媒体素材库中，如图22-5所示。

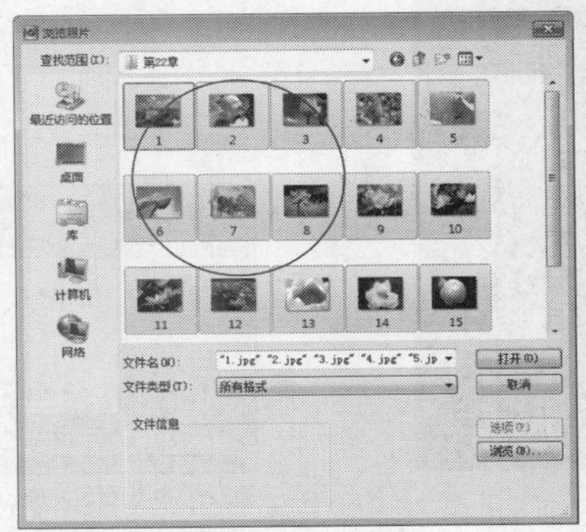

图22-4 选择照片素材

图22-5 将照片素材导入至媒体素材库

STEP 05 在素材库中选择照片素材，在预览窗口中即可预览添加的素材效果，如图22-6所示。

STEP 06 单击素材库上方的“显示视频”按钮，显示素材库中的视频素材，执行菜单栏中的“文件”|“将媒体文件插入到素材库”|“插入视频”命令，如图22-7所示。

图22-6 预览照片素材效果

图22-7 单击“插入视频”命令

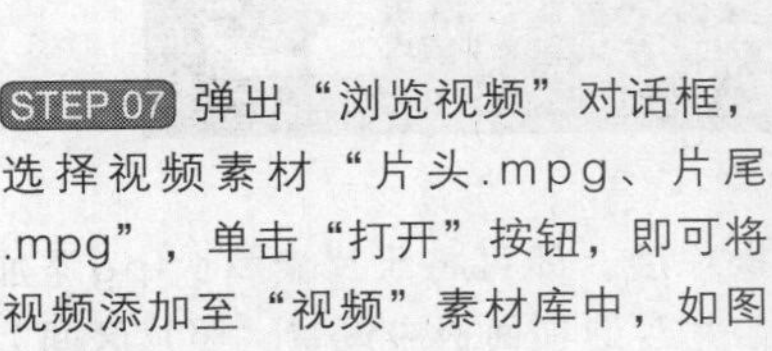

STEP 07 弹出“浏览视频”对话框，选择视频素材“片头.mpg、片尾.mpg”，单击“打开”按钮，即可将视频添加至“视频”素材库中，如图22-8所示。

STEP 08 切换至时间轴视图，在“视频”素材库中选择“片头.mpg”素材，单击鼠标左键并拖曳至视频轨的开始位置，如图22-9所示。

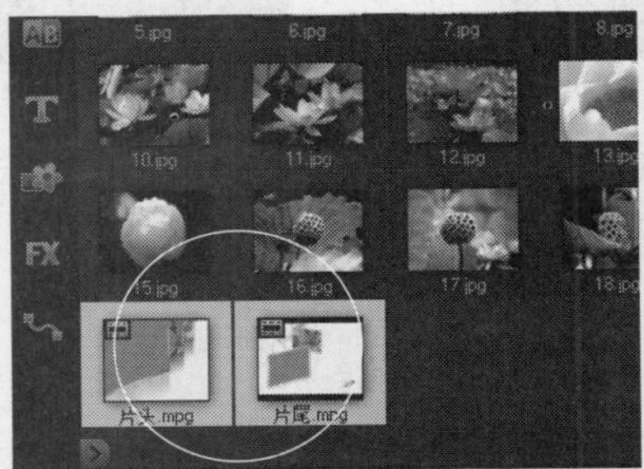

图22-8 添加视频素材

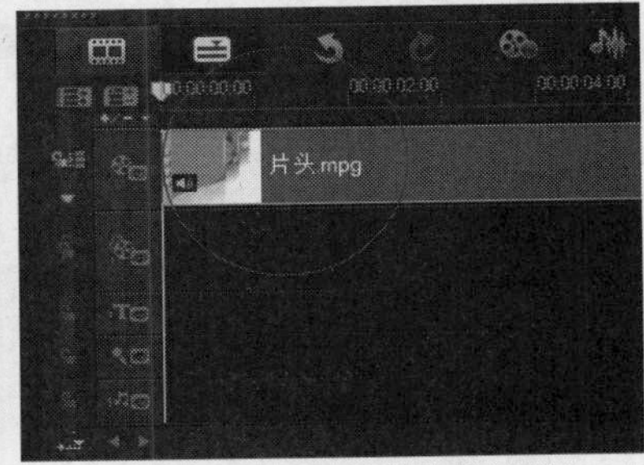

图22-9 拖曳视频素材至视频轨的开始位置

STEP 09 单击“图形”按钮，切换至“图形”选项卡，在“色彩”素材库中选择黑色色块，如图22-10所示。

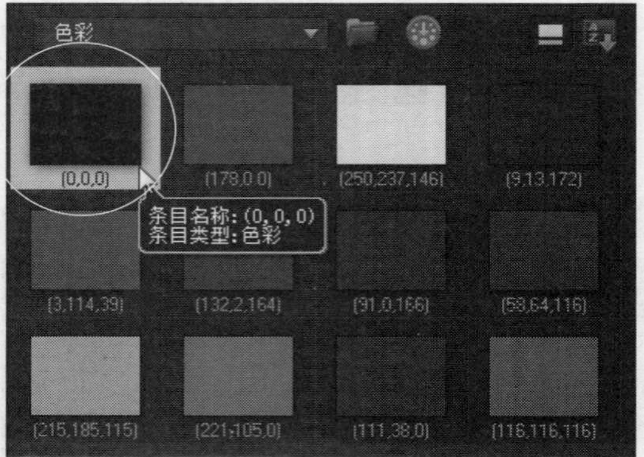

图22-10 选择黑色色块

STEP 10 单击鼠标左键并拖曳至视频轨中的相应位置，如图22-11所示。

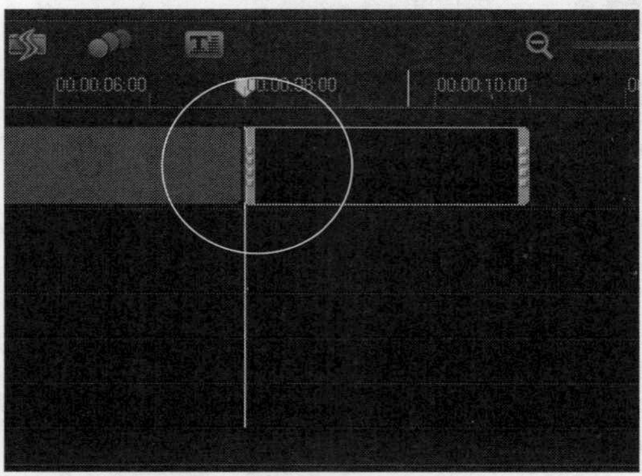

图22-11 拖曳至视频轨中的相应位置

STEP 11 在色彩图形上单击鼠标右键，在弹出的快捷菜单中选择“更改色彩区间”选项，如图22-12所示。

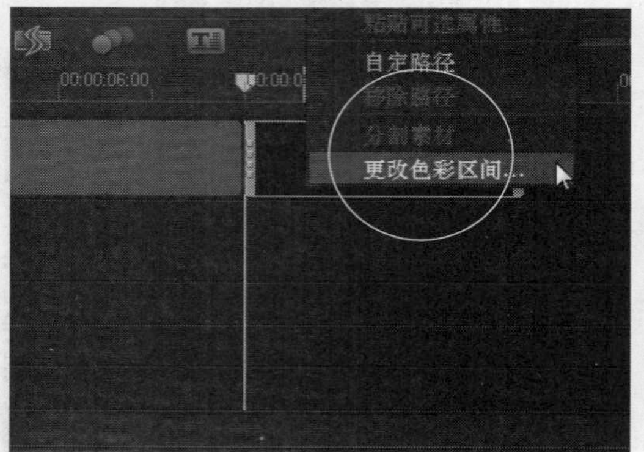

图22-12 选择“更改色彩区间”选项

STEP 12 弹出“区间”对话框，设置“区间”为0:0:2:0，如图22-13所示。

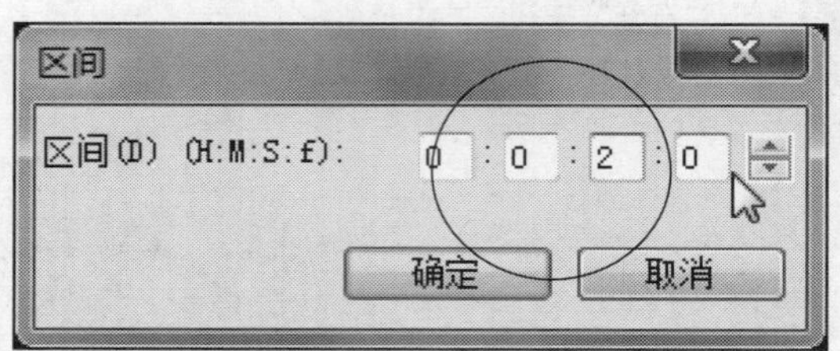

图22-13 设置区间值

STEP 13 单击“确定”按钮，即可更改色彩素材的区间，如图22-14所示。

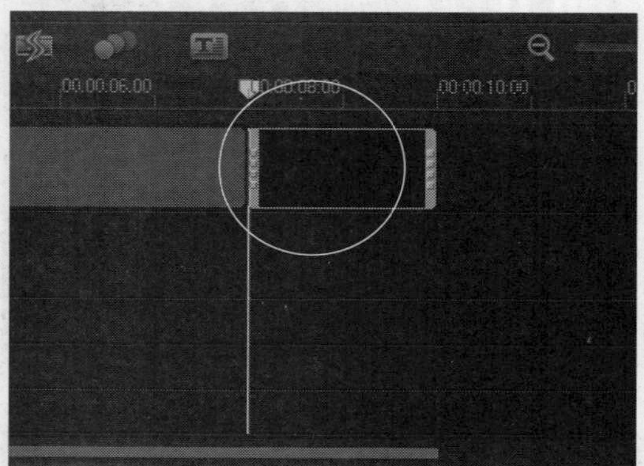

图22-14 更改色彩素材区间

STEP 14 切换至“媒体”素材库，在“视频”素材库中选择照片素材1.jpg，如图22-15所示。

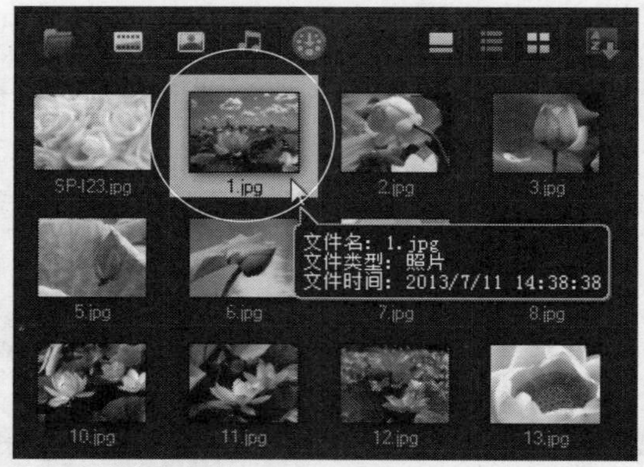

图22-15 选择照片素材1.jpg

STEP 15 在素材缩览图上单击鼠标右键，在弹出的快捷菜单中选择“插入到”|“视频轨”选项，如图22-16所示。

STEP 16 执行上述操作后，即可将照片素材1.jpg添加至视频轨中，在“照片”选项面板中设置“照片区间”为0:00:05:00，调整照片素材的区间长度，如图22-17所示。

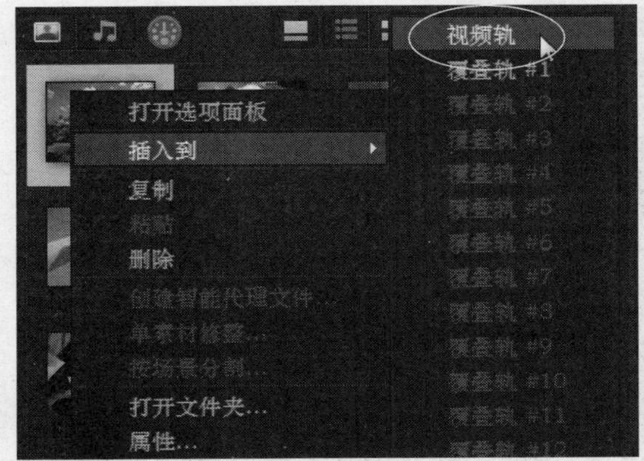

图22-16 选择“视频轨”选项

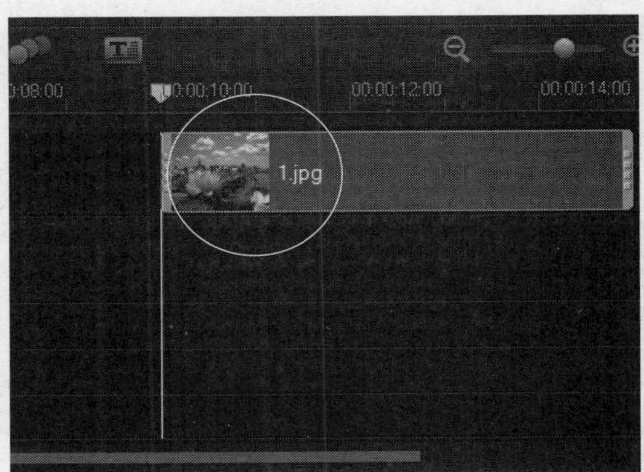

图22-17 调整照片素材的区间长度

STEP 17 使用相同的方法，在视频轨中添加其他视频素材和照片素材，添加完成后，此时时间轴面板如图22-18所示。

STEP 18 在时间轴面板中，将时间线移至00:01:09:00的位置，如图22-19所示。

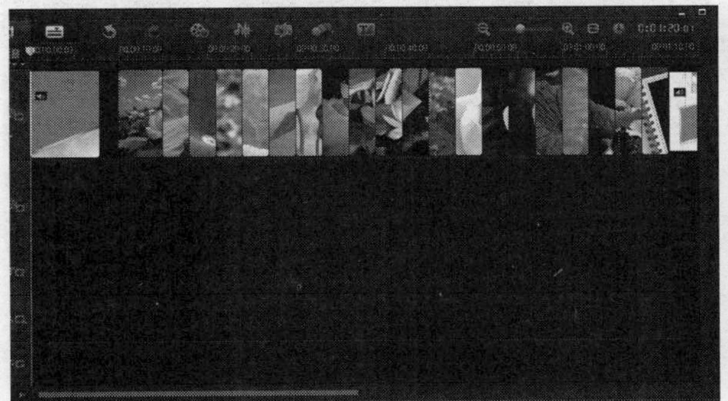
图22-18 时间轴面板

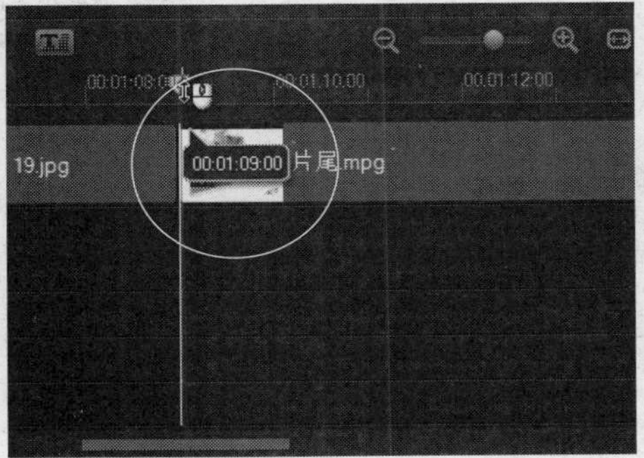

图22-19 移动时间线

STEP 19 单击“图形”按钮，切换至“图形”选项卡，在“色彩”素材库中选择黑色色块，单击鼠标左键并拖曳至视频轨的时间线位置，如图22-20所示。

STEP 20 单击“选项”按钮，即可打开“色彩”选项面板，在其中设置色彩的区间为00:00:02:00，如图22-21所示。

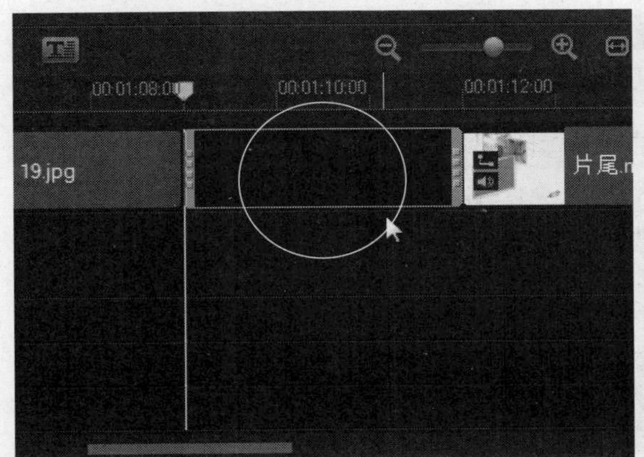

图22-20 拖曳黑色色块至视频轨

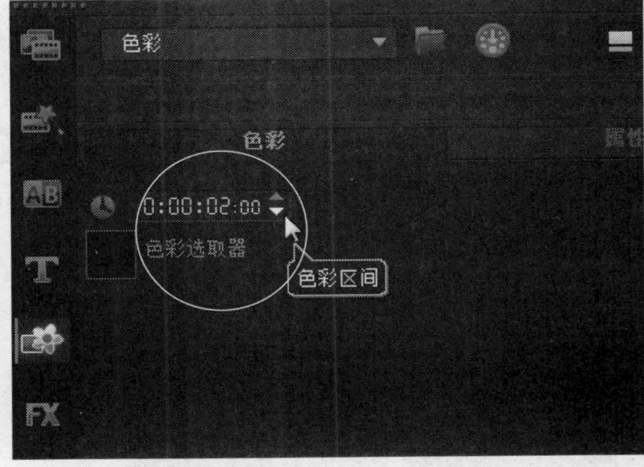

图22-21 设置色彩区间值

STEP 21 执行上述操作后，即可调整色彩素材的区间，在视频轨中可以预览其区间长度，如图22-22所示。

STEP 22 在视频轨中，选择照片素材2.jpg，单击“选项”按钮，打开“照片”选项面板，在其中设置区间为00:00:04:00，如图22-23所示。使用相同的方法，设置其他照片素材的区间值均为00:00:04:00。

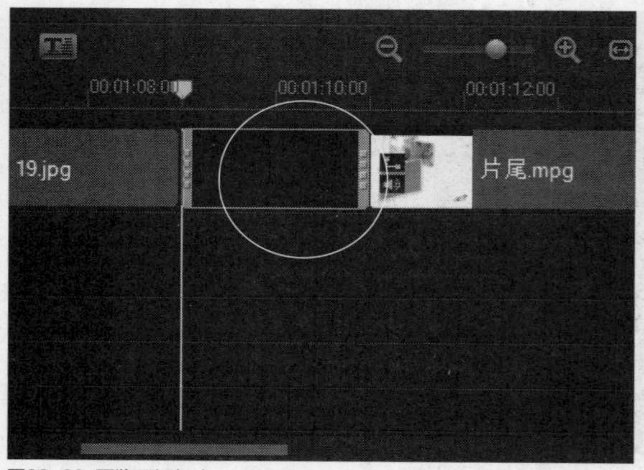

图22-22 预览区间长度

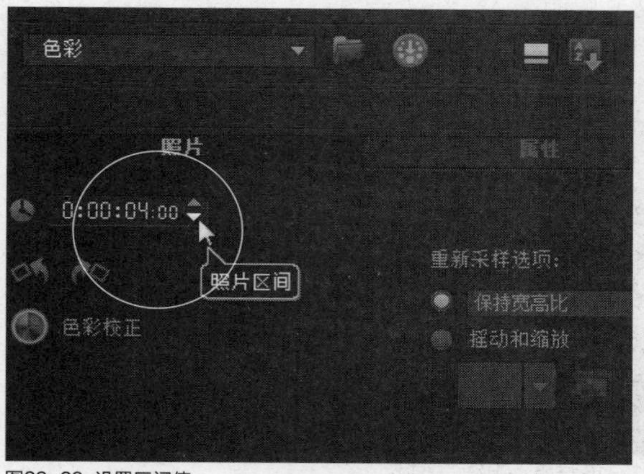

图22-23 设置区间值

STEP 23 在导览面板可以查看视频画面效果，如图22-24所示。

图22-24 导入荷花媒体素材

实战 516 制作荷花摇动效果

▶实例位置：无
▶素材位置：光盘\素材\第22章\1.jpg～19.jpg
▶视频位置：光盘\视频\第22章\实战516.mp4

• 实例介绍 •

导入需要的素材文件后，需要运用摇动效果使视频更具活力。

• 操作步骤 •

STEP 01 在视频轨中选择照片素材1.jpg，在“照片”选项面板中选中“摇动和缩放”单选按钮，单击下方的下三角按钮，在弹出的列表框中选择第1个预设动画样式，如图22-25所示。

STEP 02 选择照片素材2.jpg，在“照片”选项面板中选中“摇动和缩放”单选按钮，单击下方的下三角按钮，在弹出的列表框中选择第1排第3个预设动画样式，如图22-26所示。

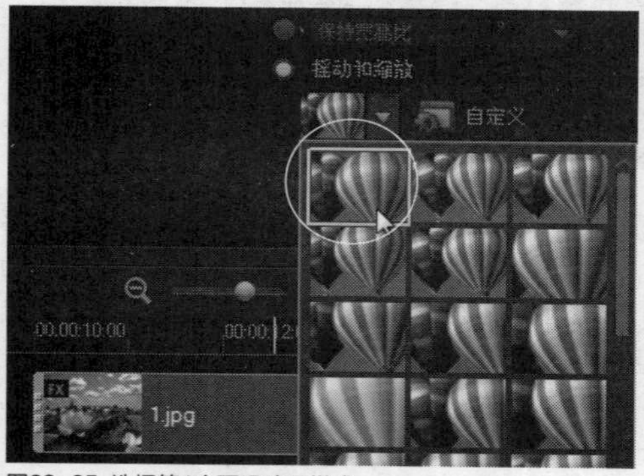

图22-25 选择第1个预设动画样式

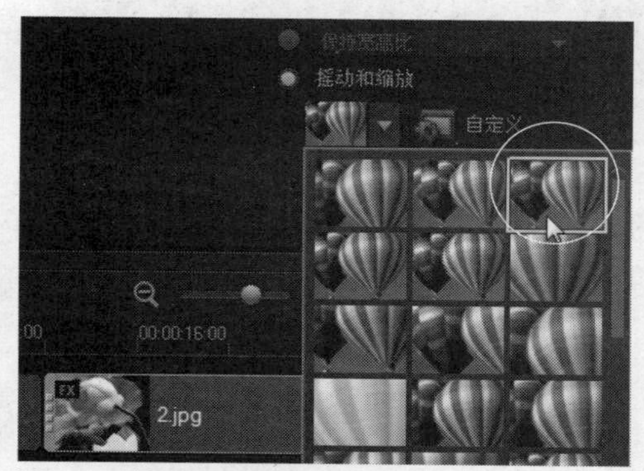

图22-26 选择相应预设动画样式

知识拓展

用户可以单击“摇动和缩放”单选按钮下方的下三角按钮，在弹出的列表框中直接选择动画样式；也可以单击右侧的“自定义”按钮，自行制作动画样式。

STEP 03 选择照片素材3.jpg，在“照片”选项面板中选中“摇动和缩放”单选按钮，单击下方的下三角按钮，在弹出的列表框中选择第1个预设动画样式，如图22-27所示。

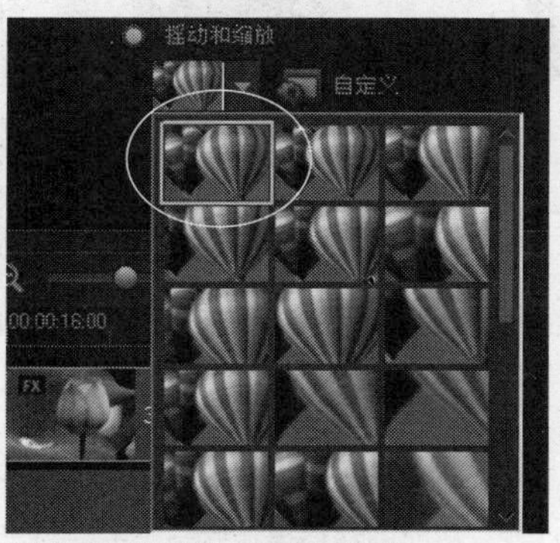

图22-27 选择第1个预设动画样式

STEP 04 选择照片素材4.jpg，在“照片”选项面板中选中“摇动和缩放”单选按钮，单击“自定义”按钮，弹出相应对话框，设置“缩放”为107，将时间线移至最后一个关键帧，设置“缩放”为125，如图22-28所示。

图22-28 设置“缩放”为125

STEP 05 选择照片素材5.jpg，在“照片”选项面板中选中“摇动和缩放”单选按钮，单击“自定义”按钮，弹出相应对话框，设置“缩放”为112，将时间线移至最后一个关键帧，设置“缩放”为127，如图22-29所示。

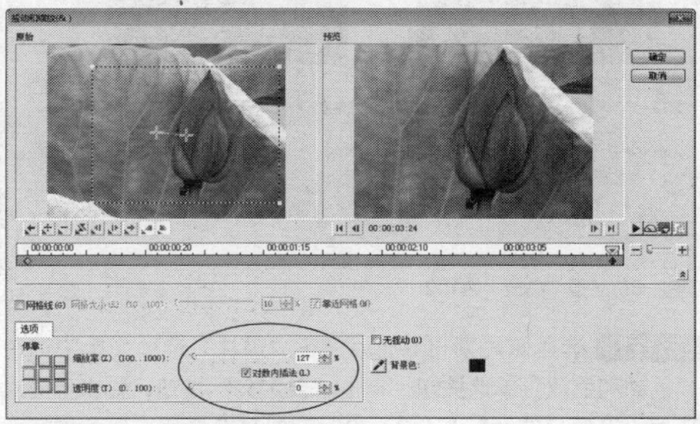

图22-29 设置“缩放”为127

STEP 06 选择照片素材6.jpg，在“照片”选项面板中选中“摇动和缩放”单选按钮，单击“自定义”按钮，弹出相应对话框，设置“缩放”为135，将时间线移至最后一个关键帧，设置“缩放”为108，如图22-30所示。

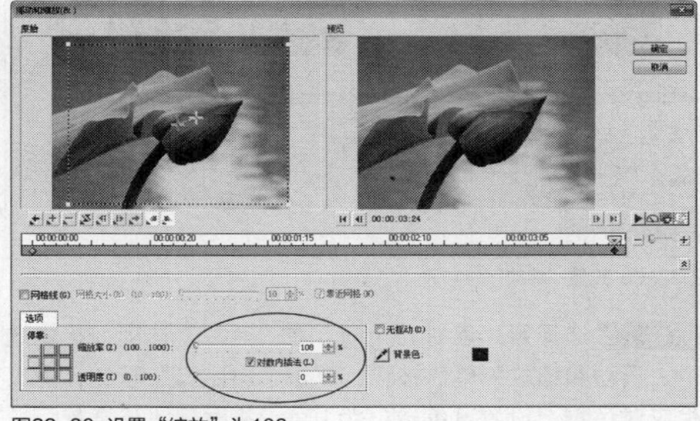

图22-30 设置“缩放”为108

STEP 07 选择照片素材7.jpg，在“照片”选项面板中选中“摇动和缩放”单选按钮，单击“自定义”按钮，弹出相应对话框，设置“缩放”为112，将时间线移至最后一个关键帧，设置“缩放”为114，如图22-31所示。

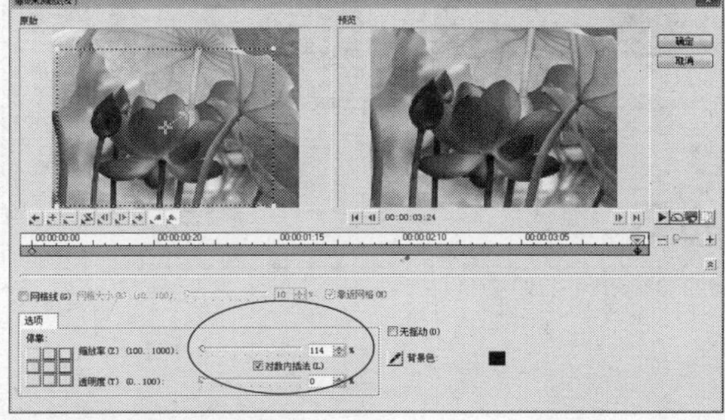

图22-31 设置“缩放”为114

STEP 08 选择照片素材8.jpg，在“照片”选项面板中选中“摇动和缩放”单选按钮，单击“自定义”按钮，弹出相应对话框，设置“缩放”为108，将时间线移至最后一个关键帧，设置“缩放”为146，如图22-32所示。

图22-32 设置“缩放”为146

STEP 09 选择照片素材9.jpg，在“照片”选项面板中选中“摇动和缩放”单选按钮，单击“自定义”按钮，弹出相应对话框，设置“缩放”为123，将时间线移至最后一个关键帧，设置“缩放”为146，如图22-33所示。

图22-33 设置“缩放”为146

STEP 10 选择照片素材10.jpg，在“照片”选项面板中选中“摇动和缩放”单选按钮，单击“自定义”按钮，弹出相应对话框，设置“缩放”为112，将时间线移至最后一个关键帧，设置“缩放”为115，如图22-34所示。

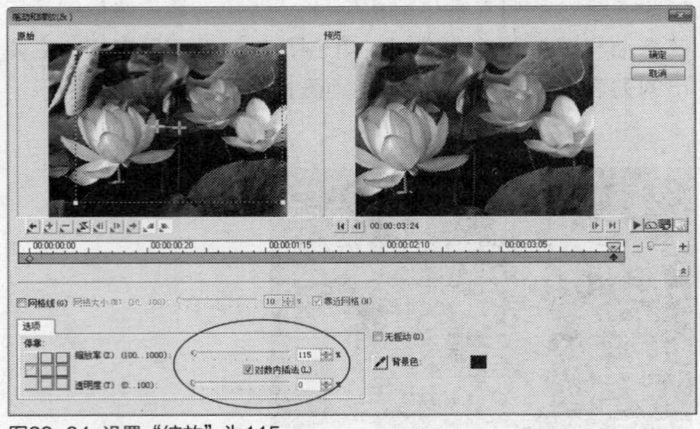

图22-34 设置“缩放”为115

STEP 11 选择照片素材11.jpg，在“照片”选项面板中选中“摇动和缩放”单选按钮，单击“自定义”按钮，弹出相应对话框，设置“缩放”为101，将时间线移至最后一个关键帧，设置“缩放”为117，如图22-35所示。

图22-35 设置“缩放”为117

STEP 12 选择照片素材12.jpg，在“照片”选项面板中选中“摇动和缩放”单选按钮，单击“自定义”按钮，弹出相应对话框，设置“缩放”为122，将时间线移至最后一个关键帧，设置“缩放”为102，如图22-36所示。

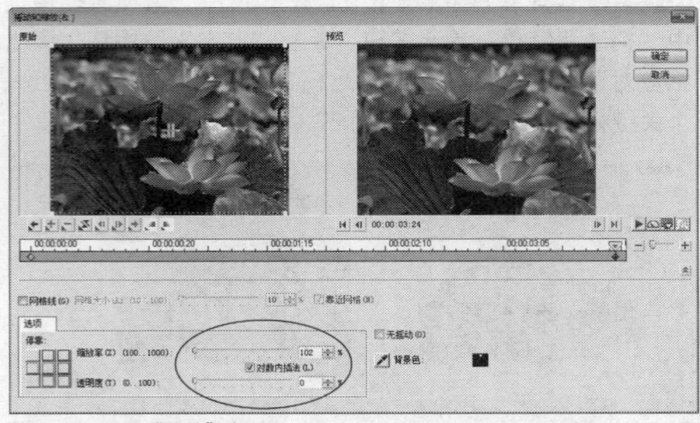

图22-36 设置“缩放”为102

STEP 13 选择照片素材13.jpg，在“照片”选项面板中选中“摇动和缩放”单选按钮，单击“自定义”按钮，弹出相应对话框，设置“缩放”为104，将时间线移至最后一个关键帧，设置“缩放”为119，如图22-37所示。

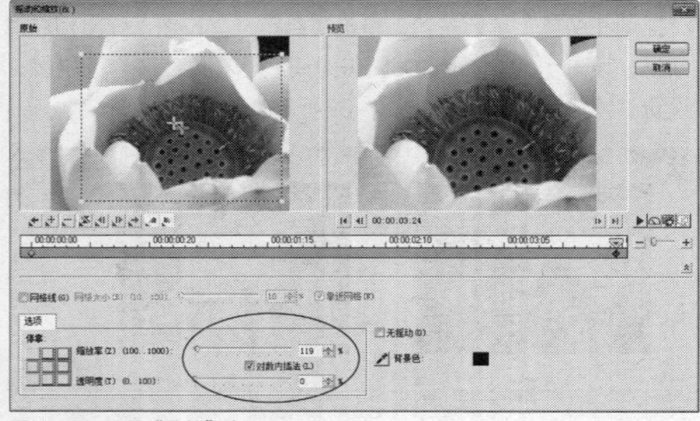

图22-37 设置“缩放”为119

STEP 14 选择照片素材14.jpg，在“照片”选项面板中选中“摇动和缩放”单选按钮，单击“自定义”按钮，弹出相应对话框，设置“缩放”为117，将时间线移至最后一个关键帧，设置“缩放”为114，如图22-38所示。

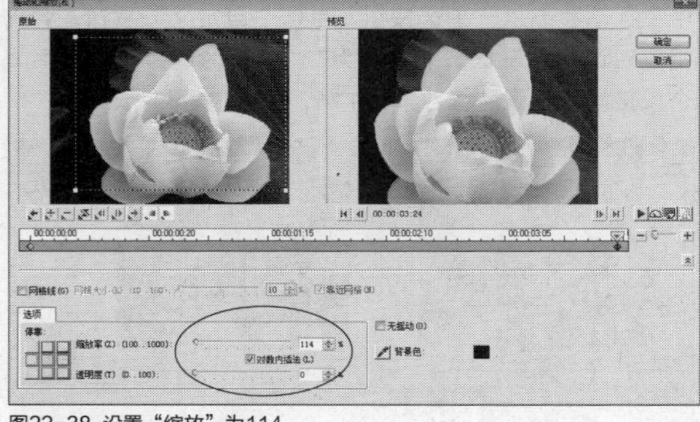

图22-38 设置“缩放”为114

STEP 15 选择照片素材15.jpg，在“照片”选项面板中选中“摇动和缩放”单选按钮，单击“自定义”按钮，弹出相应对话框，设置“缩放”为101，将时间线移至最后一个关键帧，设置“缩放”为146，如图22-39所示。

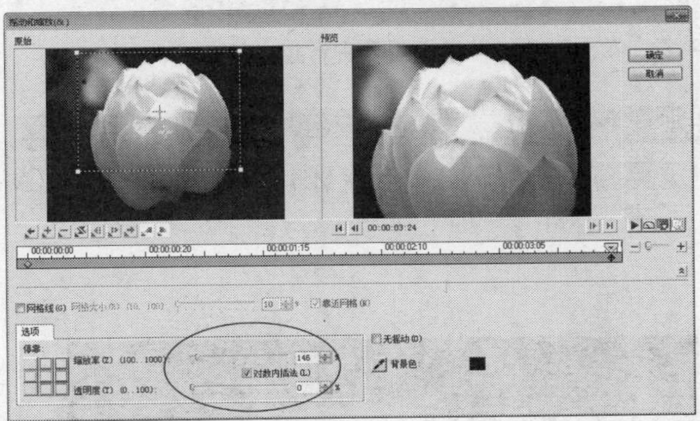

图22-39 设置“缩放”为146

STEP 16 选择照片素材16.jpg，在“照片”选项面板中选中“摇动和缩放”单选按钮，单击“自定义”按钮，弹出相应对话框，设置“缩放”为110，将时间线移至最后一个关键帧，设置“缩放”为114，如图22-40所示。

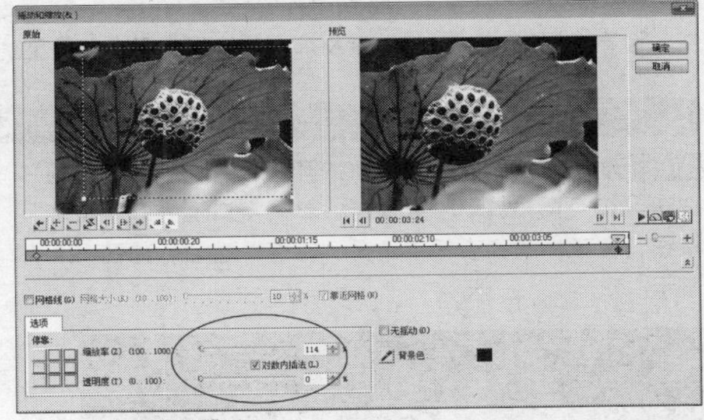

图22-40 设置“缩放”为114

STEP 17 选择照片素材17.jpg、18.jpg，在“照片”选项面板中选中“摇动和缩放”单选按钮，单击下方的下三角按钮，在弹出的列表框中选择第1个预设动画样式，如图22-41所示。

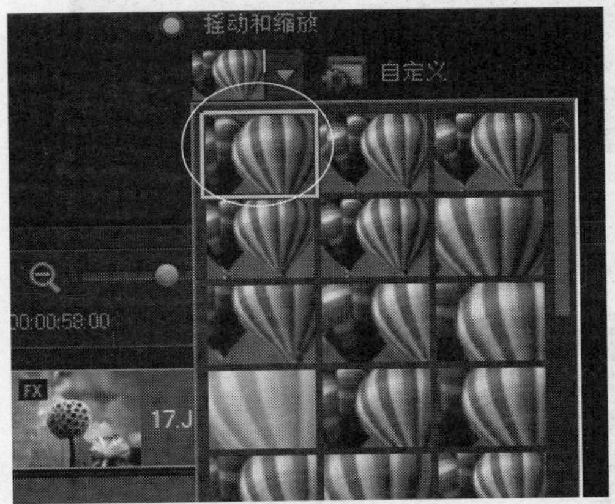

图22-41 选择第1个预设动画样式

STEP 18 选择照片素材19.jpg，在“照片”选项面板中选中“摇动和缩放”单选按钮，单击下方的下三角按钮，在弹出的列表框中选择第2个预设动画样式，如图22-42所示。

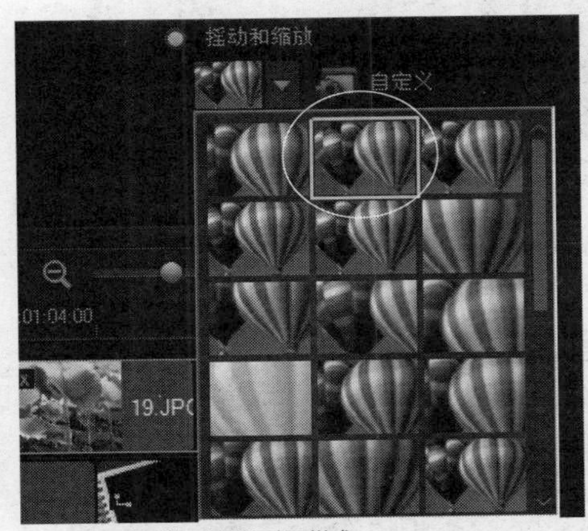

图22-42 选择第2个预设动画样式

STEP 19 单击导览面板中的“播放”按钮，预览摇动和缩放动画效果，如图22-43所示。

图22-43 预览摇动和缩放动画效果

实战 517 制作“交错淡化”转场效果

▶实例位置：无
▶素材位置：上一例效果
▶视频位置：光盘\视频\第22章\实战517.mp4

• 实例介绍 •

会声会影X7的“转场”素材库向用户提供了多种类型的转场效果，用户可以根据需要进行相应的选择。

• 操作步骤 •

STEP 01 将时间线移至视频轨的开始位置，单击“转场”按钮，切换至“转场”选项卡，单击窗口上方的“画廊”按钮，在弹出的列表框中选择“筛选”选项，如图22-44所示。

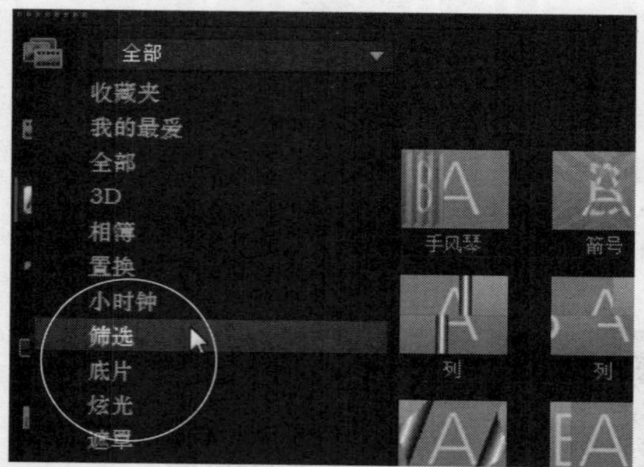

图22-44 选择“筛选”选项

STEP 02 打开“筛选”转场素材库，在其中选择“交错淡化”转场效果，如图22-45所示。

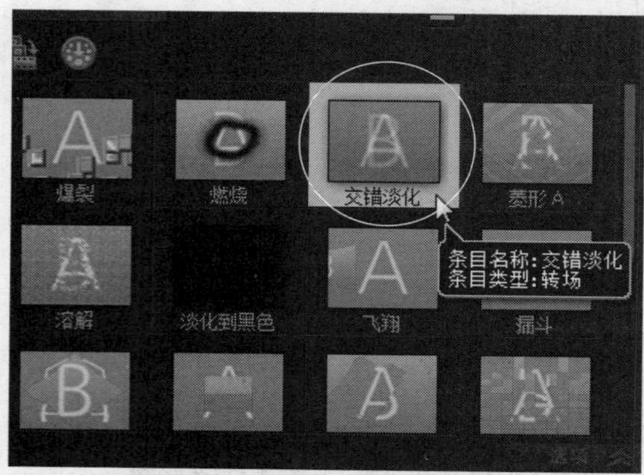

图22-45 选择“交错淡化”转场效果

STEP 03 单击鼠标左键并将其拖曳至片头与黑色色块之间，即可添加“交错淡化”转场效果，如图22-46所示。

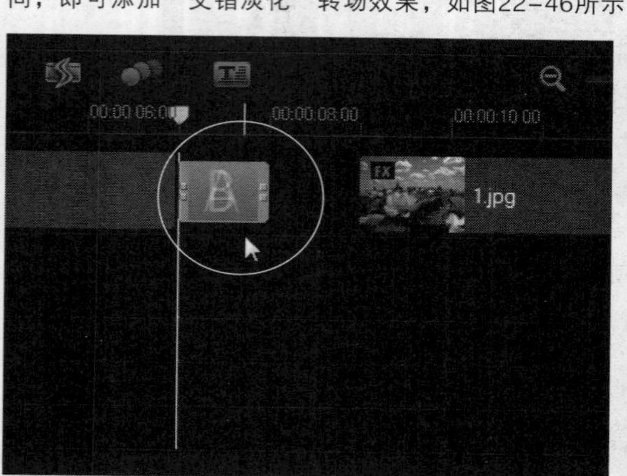

图22-46 添加“交错淡化”转场效果1

STEP 04 使用相同的方法，在视频轨中的黑色色块与照片1.jpg之间添加“交错淡化”转场效果，如图22-47所示。

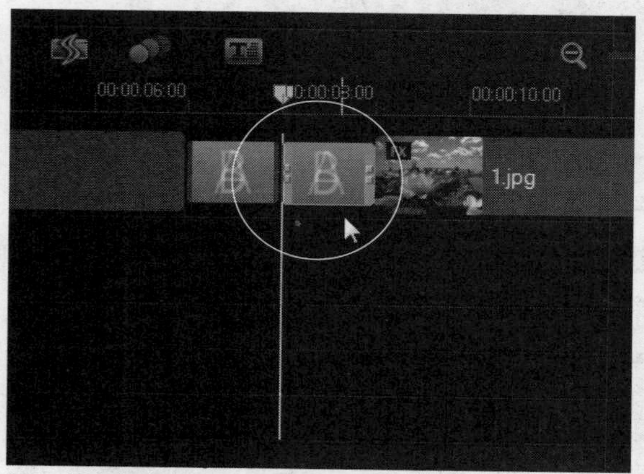

图22-47 添加“交错淡化”转场效果

实战 518 制作“菱形”转场效果

▶实例位置：无
▶素材位置：上一例效果
▶视频位置：光盘\视频\第22章\实战518.mp4

• 实例介绍 •

在会声会影X7中，“菱形”转场效果是指素材A以菱形的形状过渡，然后再显示素材B。下面向读者介绍应用“菱形”转场效果的操作方法。

• 操作步骤 •

STEP 01 在“筛选”转场素材库中，选择“菱形”转场效果，如图22-48所示。

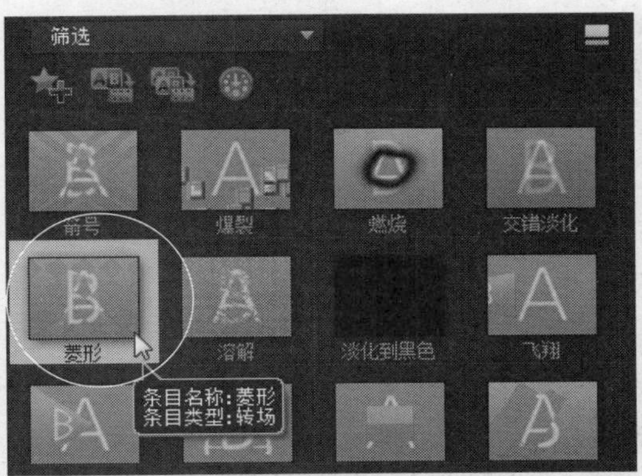

图22-48 选择“菱形”转场效果

STEP 02 单击鼠标左键并将其拖曳至照片1.jpg与照片2.jpg之间，即可添加“菱形”转场效果，如图22-49所示。

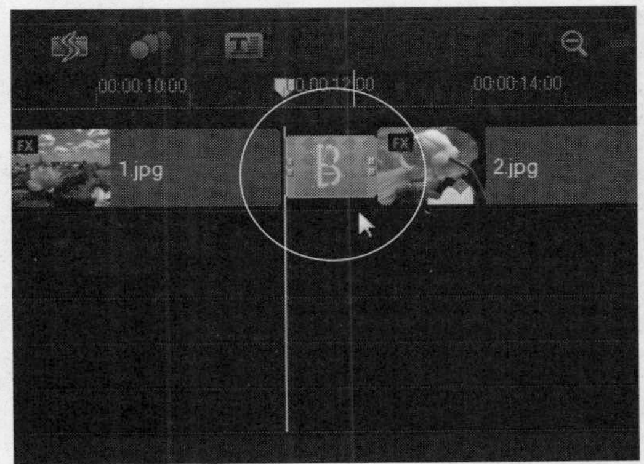

图22-49 添加“菱形”转场效果

实战 519 制作“百叶窗”转场效果

▶实例位置：无
▶素材位置：上一例效果
▶视频位置：光盘\视频\第22章\实战519.mp4

• 实例介绍 •

在会声会影X7中，“百叶窗”转场效果是指素材A以百叶窗运动的方式进行过渡，然后再显示素材B。下面向读者介绍应用“百叶窗”转场效果的操作方法。

• 操作步骤 •

STEP 01 单击窗口上方的“画廊”按钮，在弹出的列表框中选择“擦拭”选项，打开“擦拭”转场素材库，选择“百叶窗”转场效果，如图22-50所示。

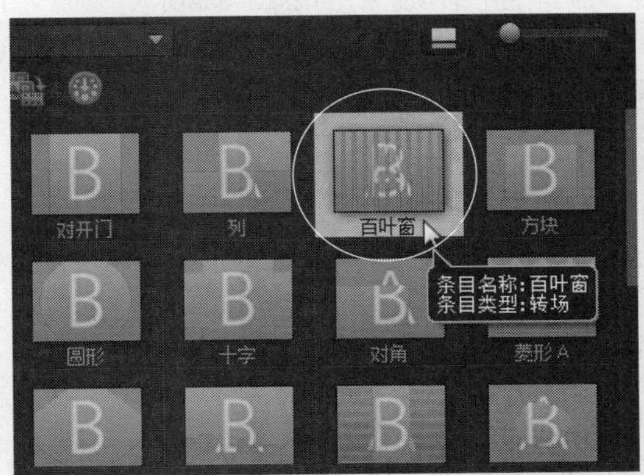

图22-50 选择“百叶窗”转场效果

STEP 02 单击鼠标左键并将其拖曳至照片2.jpg与照片3.jpg之间，即可添加“百叶窗”转场效果，如图22-51所示。

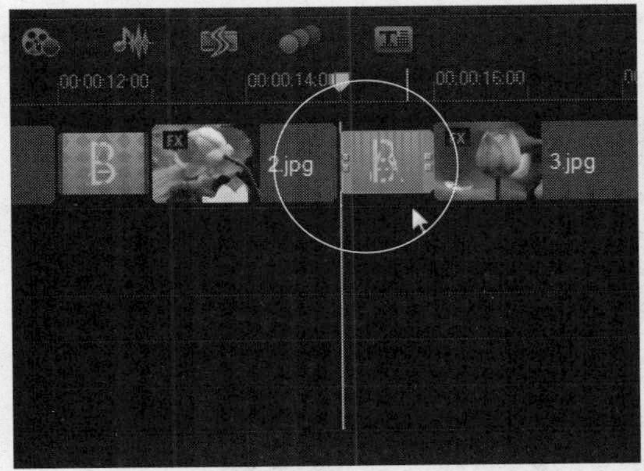

图22-51 添加“百叶窗”转场效果

实战 520 制作“单向”转场效果

▶实例位置：无
▶素材位置：上一例效果
▶视频位置：光盘\视频\第22章\实战520.mp4

• 实例介绍 •

在会声会影X7中，“单向”转场效果是指素材A单向卷动并逐渐显示素材B。下面向读者介绍应用“单向”转场的操作方法。

• 操作步骤 •

STEP 01 打开“擦拭”转场素材库，选择“单向”转场效果，如图22-52所示。

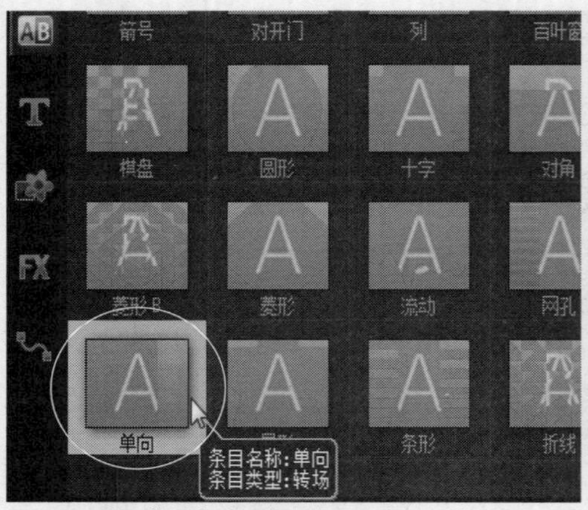

图22-52 选择“单向”转场效果

STEP 02 单击鼠标左键并将其拖曳至照片3.jpg与照片4.jpg之间，即可添加“单向”转场效果，如图22-53所示。

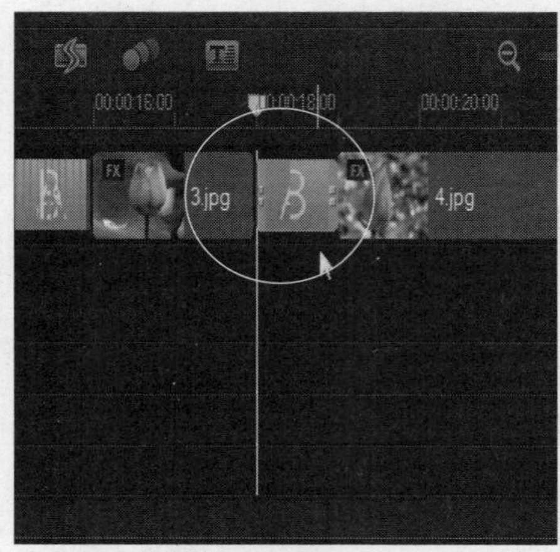

图22-53 添加“单向”转场效果

实战521 制作“十字”转场效果

▶实例位置：无
▶素材位置：上一例效果
▶视频位置：光盘\视频\第22章\实战521.mp4

• 实例介绍 •

在会声会影X7中，“十字”转场效果是指素材A以剥落交叉的形状显示素材B。下面向读者介绍应用“十字”转场效果的操作方法。

• 操作步骤 •

STEP 01 单击窗口上方的“画廊”按钮，在弹出的列表框中选择“剥落”选项，打开“剥落”转场素材库，选择“十字”转场效果，如图22-54所示。

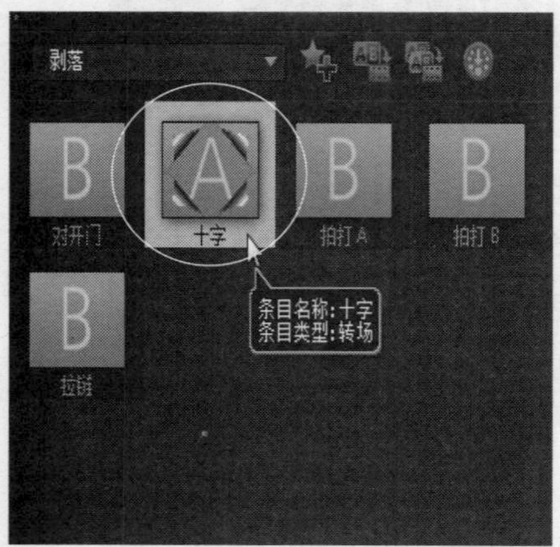

图22-54 选择“十字”转场效果

STEP 02 单击鼠标左键并将其拖曳至照片4.jpg与照片5.jpg之间，即可添加“十字”转场效果，如图22-55所示。

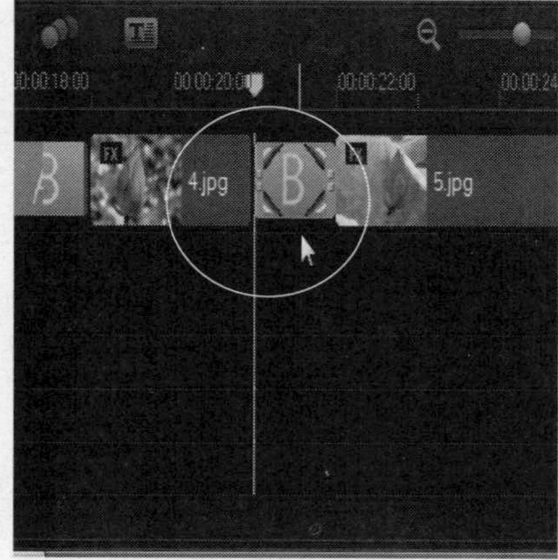

图22-55 添加“十字”转场效果

实战522 制作“胶泥”转场效果

▶实例位置：无
▶素材位置：上一例效果
▶视频位置：光盘\视频\第22章\实战522.mp4

• 实例介绍 •

下面向读者介绍制作“胶泥”转场效果的操作方法。

• 操作步骤 •

STEP 01 单击窗口上方的“画廊”按钮，在弹出的列表框中选择“擦拭”选项，打开“擦拭”转场素材库，选择“胶泥”转场效果，如图22-56所示。

STEP 02 单击鼠标左键并将其拖曳至照片5.jpg与照片6.jpg之间，即可添加“胶泥”转场效果，如图22-57所示。

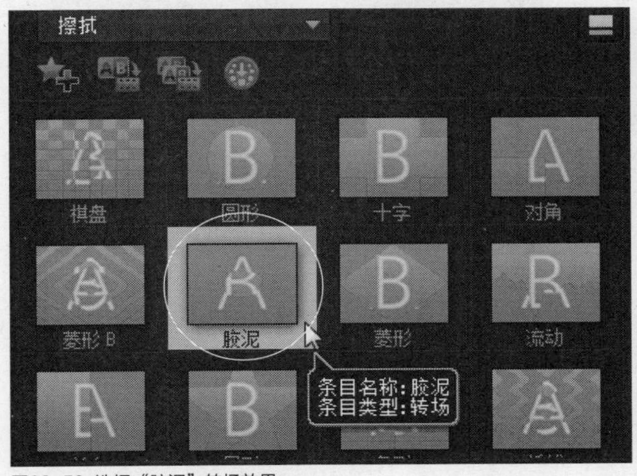

图22-56 选择“胶泥”转场效果

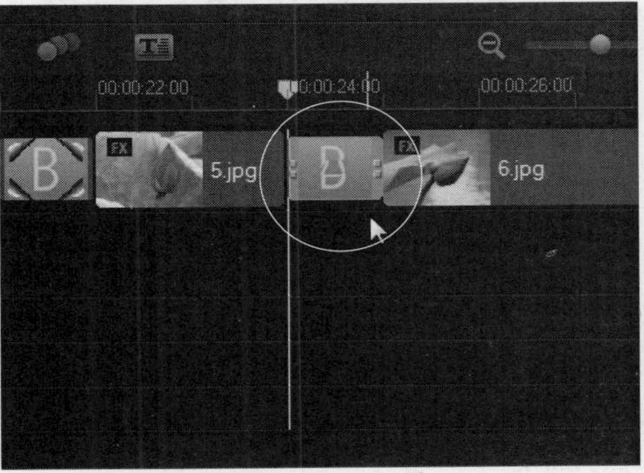

图22-57 添加“胶泥”转场效果

实战 523 制作其他转场效果

▶实例位置：无
▶素材位置：上一例效果
▶视频位置：光盘\视频\第22章\实战523.mp4

• 实例介绍 •

会声会影X7提供了很多转场效果，下面介绍运用“对角”、“挤压”等转场特效的操作方法。

• 操作步骤 •

STEP 01 单击窗口上方的“画廊”按钮，在弹出的列表框中选“擦拭”选项，打开“擦拭”转场素材库，选择“对角”转场效果，如图22-58所示。

STEP 02 单击鼠标左键并将其拖曳至照片6.jpg与照片7.jpg之间，即可添加“对角”转场效果，如图22-59所示。

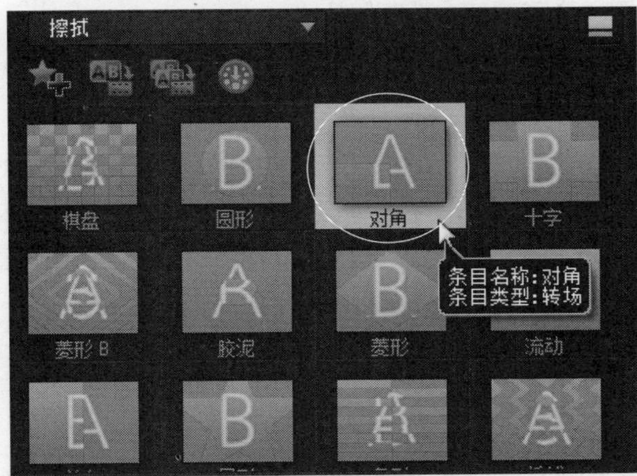

图22-58 选择“对角”转场效果

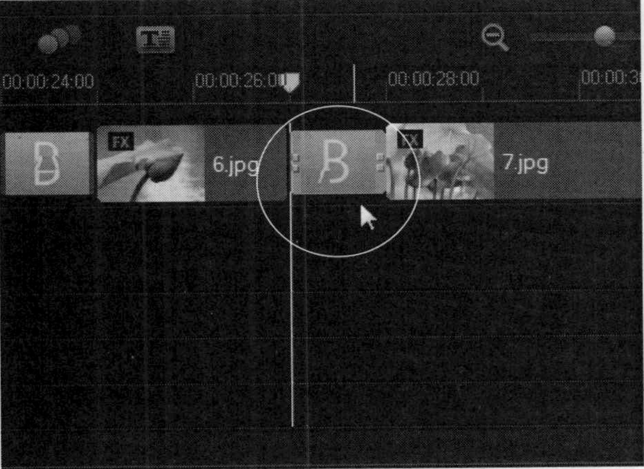

图22-59 添加“对角线”转场效果

STEP 03 单击窗口上方的“画廊”按钮，在弹出的列表框中选择3D选项，打开3D转场素材库，选择“挤压”转场效果，如图22-60所示。

STEP 04 单击鼠标左键并将其拖曳至照片7.jpg与照片8.jpg之间，即可添加“挤压”转场效果，如图22-61所示。使用相同的方法，在其他照片与照片之间添加相应的转场效果。

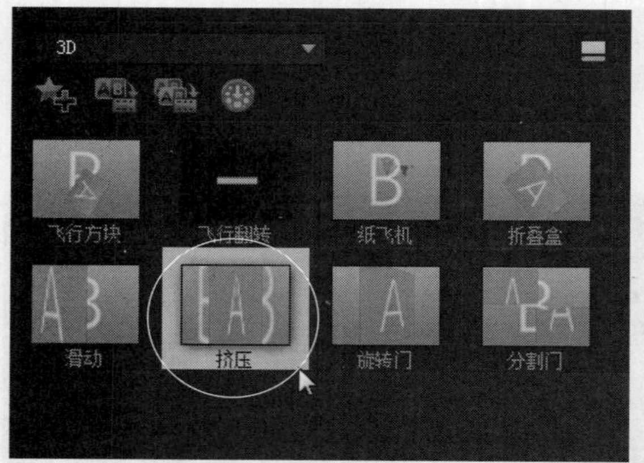

图22-60 选择“挤压”转场效果

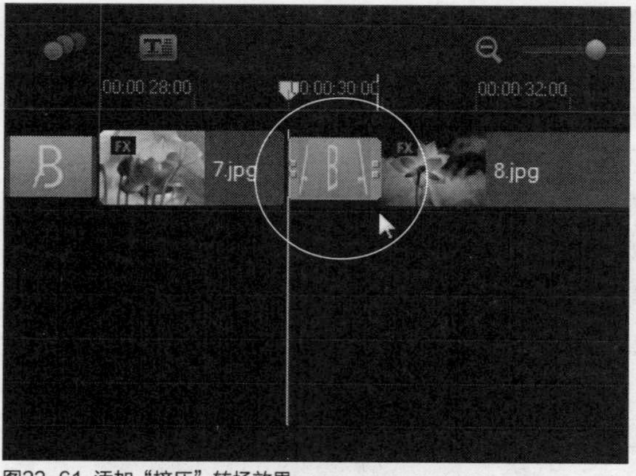

图22-61 添加“挤压”转场效果

STEP 05 单击窗口上方的“画廊”按钮，在弹出的列表框中选择“筛选”选项，打开“筛选”转场素材库，选择“交错淡化”转场效果。单击鼠标左键并将其拖曳至照片19.jpg与黑色色块之间，即可添加“交错淡化”转场效果，如图22-62所示。

STEP 06 使用相同的方法，在黑色色块与片尾.mpg之间添加“交错淡化”转场效果，如图22-63所示。

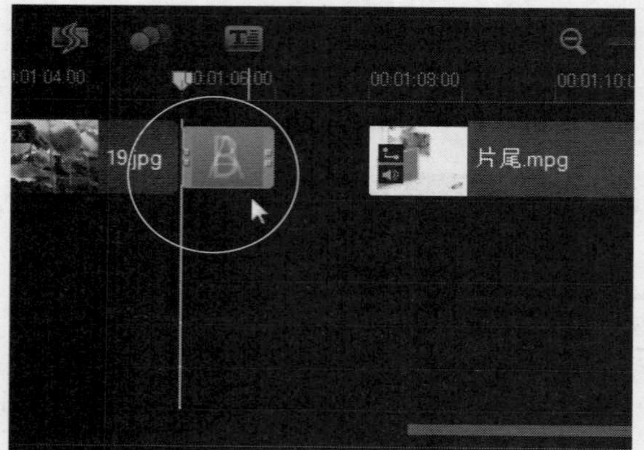

图22-62 添加“交错淡化”转场效果（1）

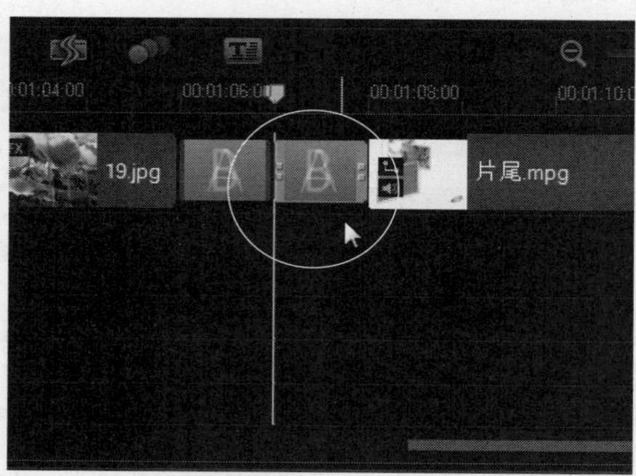

图22-63 添加“交错淡化”转场效果（2）

STEP 07 执行上述操作后，即可完成视频转场效果的制作，单击导览面板中的“播放”按钮，预览视频转场效果，如图22-64所示。

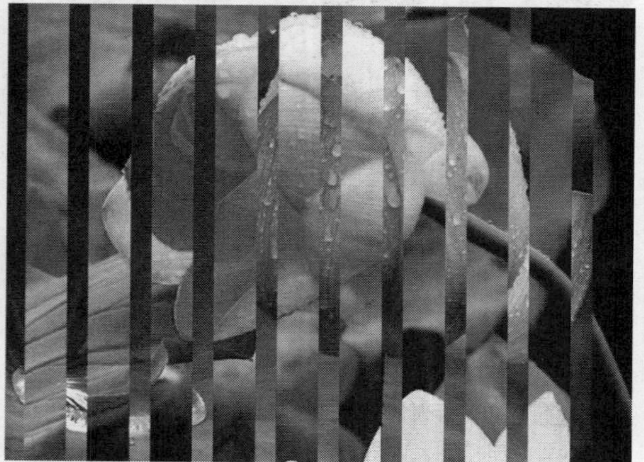

图22-64 预览视频转场效果

实战 524 制作荷花片头动画

▶实例位置：无
▶素材位置：光盘\素材\第22章\9.jpg
▶视频位置：光盘\视频\第22章\实战524.mp4

• 实例介绍 •

片头动画在影片中起着不可代替的地位，片头动画的美观程度决定着是否能够吸引观众的眼球。

• 操作步骤 •

STEP 01 将时间线移至开始位置，如图22-65所示。

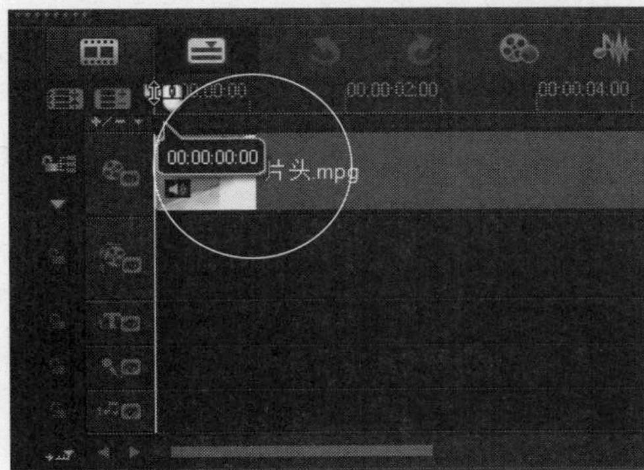

图22-65 移动时间线

STEP 02 在“照片”素材库中，选择照片素材9.jpg，单击鼠标左键并将其拖曳至覆叠轨1的时间线位置，如图22-66所示。

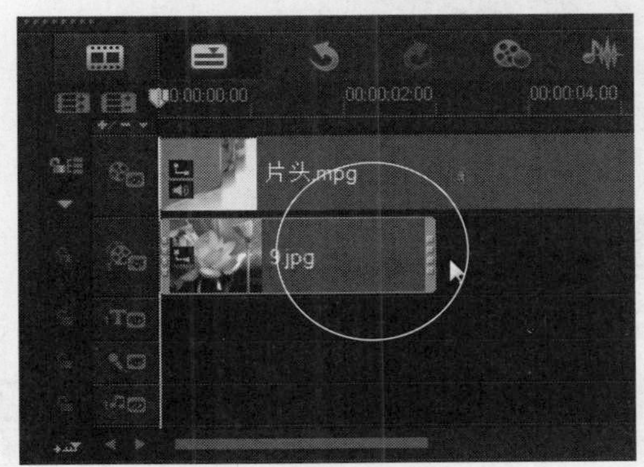

图22-66 拖曳照片9.jpg至覆叠轨1

STEP 03 单击“选项”按钮，打开“编辑”选项面板，设置区间为00:00:08:00，如图22-67所示。

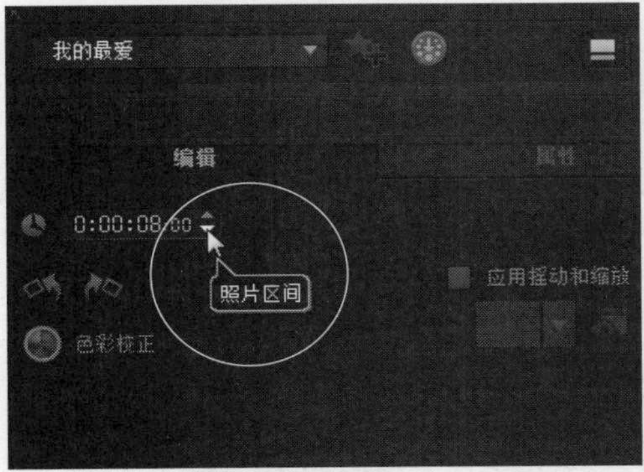

图22-67 设置区间值

STEP 04 选中“应用摇动和缩放”复选框，单击下方的下三角按钮，在弹出的列表框中选择相应的预设动画样式，如图22-68所示。

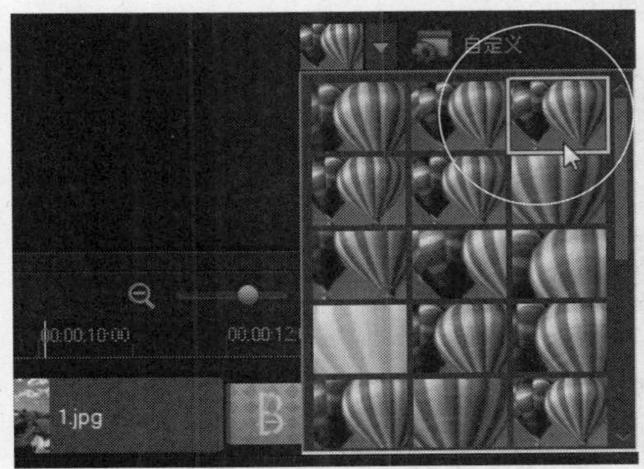

图22-68 选择预设动画样式

STEP 05 切换至“属性”选项面板，单击“淡出动画效果”按钮，如图22-69所示。

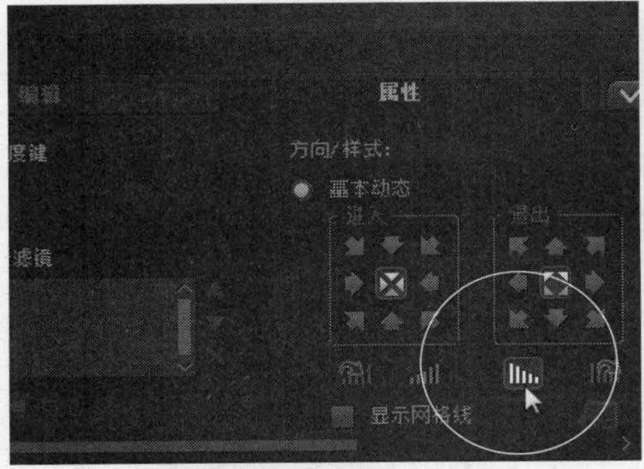

图22-69 单击“淡出动画效果”按钮

STEP 06 在预览窗口中，拖曳橙色滑块，调整素材的暂停区间，然后调整照片素材的大小和位置，如图22-70所示。

图22-70 调整照片素材大小和位置

STEP 07 执行上述操作后，即可完成片头动画的制作，单击导览面板中的“播放”按钮，预览片头动画效果，如图22-71所示。

图22-71 预览片头动画效果

实战525 制作边框动画效果

▶实例位置：无
▶素材位置：光盘\素材\第22章\边框.png
▶视频位置：光盘\视频\第22章\实战525.mp4

• 实例介绍 •

片头覆叠效果制作完成后，还要制作边框覆叠效果。使用覆叠功能可以将视频素材添加到覆叠轨中，然后对视频素材的大小、位置以及透明度等属性进行调整，从而产生视频叠加效果。

• 操作步骤 •

STEP 01 在时间轴面板中，将时间线移至00:00:08:00的位置，如图22-72所示。

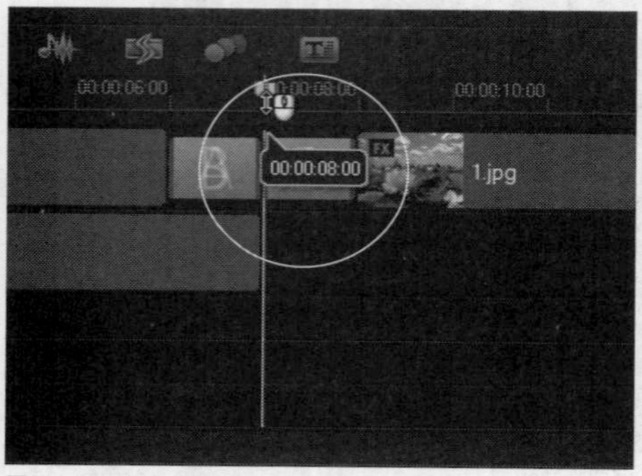

图22-72 移动时间线

STEP 02 执行菜单栏中的“文件”|“将媒体文件插入到素材库”|“插入照片”命令，如图22-73所示。

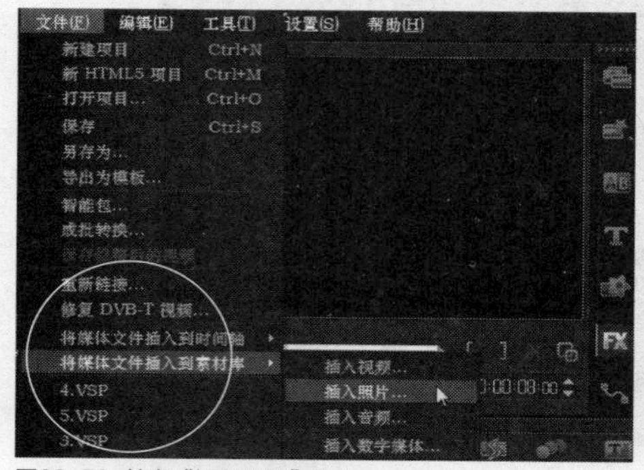

图22-73 单击“插入照片”命令

STEP 03 弹出“浏览照片”对话框，在其中选择需要打开的素材文件“边框.png”，如图22-74所示。

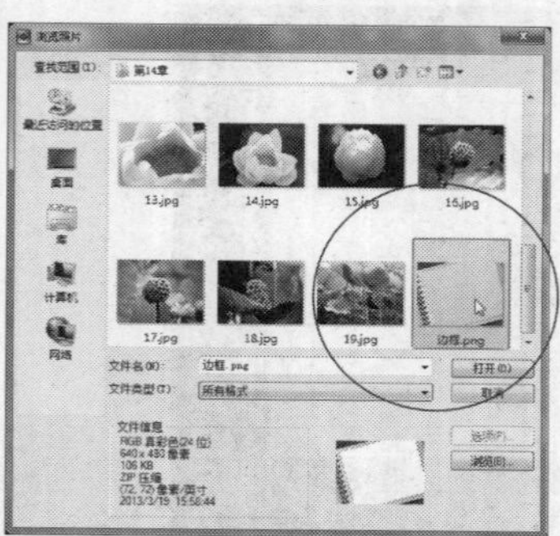

图22-74 选择素材文件

STEP 04 单击“打开”按钮，即可将素材文件导入到照片素材库中，如图22-75所示。

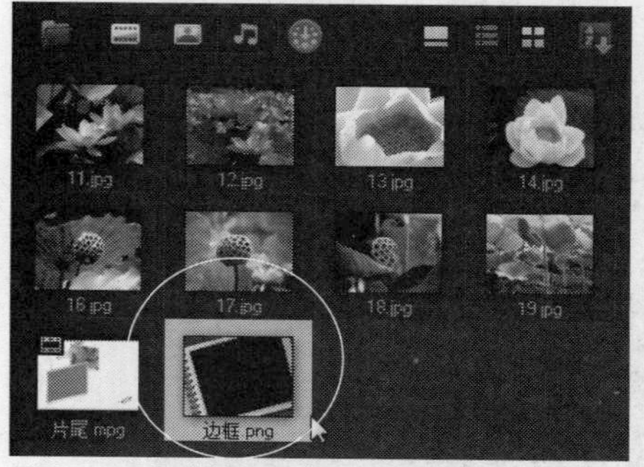

图22-75 导入“边框.png”到照片素材库

STEP 05 选择该素材文件，单击鼠标左键并将其拖曳至覆叠轨中的时间线位置，如图22-76所示。

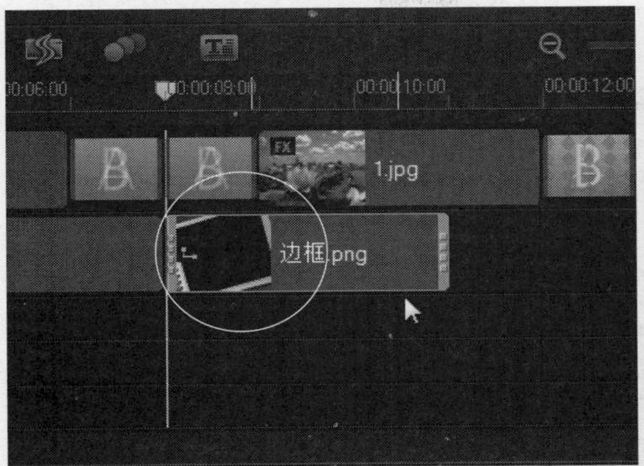

图22-76 拖曳边框.png至覆叠轨中

STEP 06 单击“选项”按钮，打开“编辑”选项面板，设置区间为00:00:02:00，如图22-77所示。

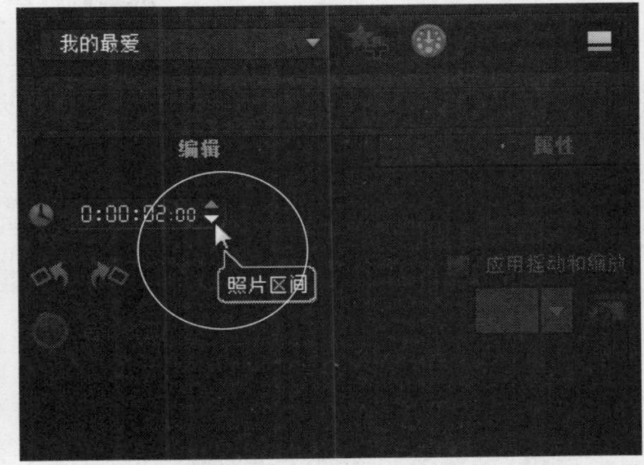

图22-77 设置区间值

STEP 07 切换至“属性”选项面板，单击“淡入动画效果”按钮，如图22-78所示。

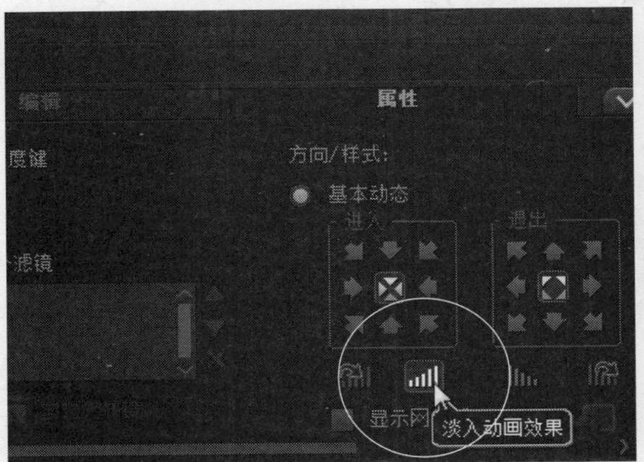

图22-78 单击“淡入动画效果”按钮

STEP 08 在预览窗口中选择该素材，单击鼠标右键，在弹出的快捷菜单中选择“调整到屏幕大小”选项，如图22-79所示，即可调整素材的大小。

图22-79 选择“调整到屏幕大小”选项

STEP 09 在覆叠轨中单击鼠标右键，在弹出的快捷菜单中选择“复制”选项，如图22-80所示。将鼠标移至覆叠轨右侧需要粘贴的位置处，此时显示白色色块，单击鼠标左键，即可完成对复制的素材对象进行粘贴的操作。

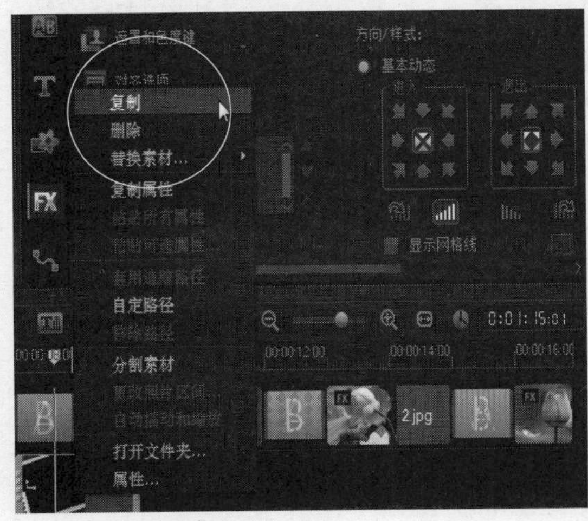

图22-80 选择“复制”选项

STEP 10 单击“选项”按钮，打开“编辑”选项面板，设置区间为00:00:55:00，如图22-81所示，切换至“属性”选项面板，单击“淡入动画效果”按钮，取消淡入动画效果。

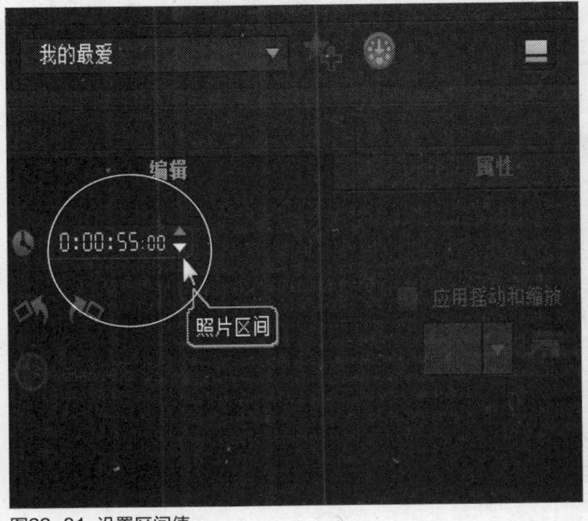

图22-81 设置区间值

STEP 11 在覆叠轨中单击鼠标右键，在弹出的快捷菜单中选择“复制”选项，如图22-82所示。将鼠标移至覆叠轨右侧需要粘贴的位置处，此时显示白色色块，单击鼠标左键，即可完成对复制的素材对象进行粘贴的操作。

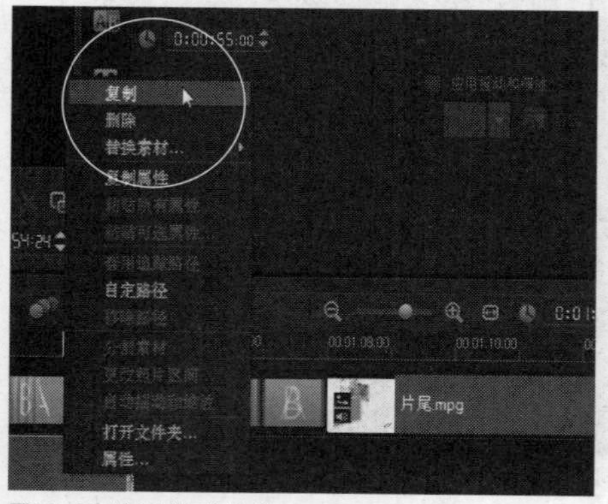

图22-82 选择“复制”选项

STEP 12 单击“选项”按钮，打开“编辑”选项面板，设置区间为00:00:02:00。切换至“属性”选项面板，单击“淡出动画效果”按钮，如图22-83所示。

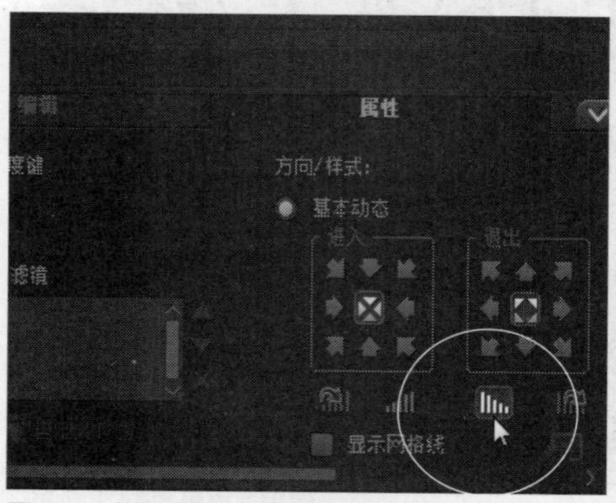

图22-83 单击“淡出动画效果”按钮

STEP 13 单击导览面板中的“播放”按钮，即可预览制作的视频覆叠效果，如图22-84所示。

图22-84 预览视频覆叠效果

实战526 制作视频片尾覆叠

- 实例位置：无
- 素材位置：光盘\素材\第22章\3.jpg
- 视频位置：光盘\视频\第22章\实战526.mp4

• 实例介绍 •

片头覆叠效果制作完成后，还要制作片尾覆叠效果。

• 操作步骤 •

STEP 01 在时间轴面板中将时间线移至00:01:08:00的位置，如图22-85所示。

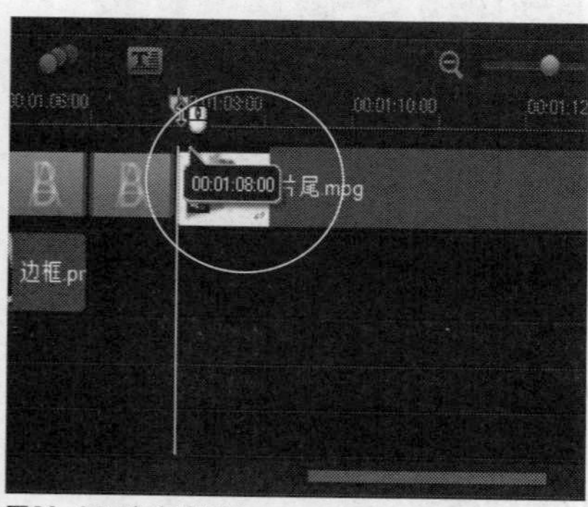

图22-85 移动时间线

STEP 02 在“照片”素材库中，选择照片素材3.jpg，单击鼠标左键并将其拖曳至覆叠轨1的时间线位置，如图22-86所示。

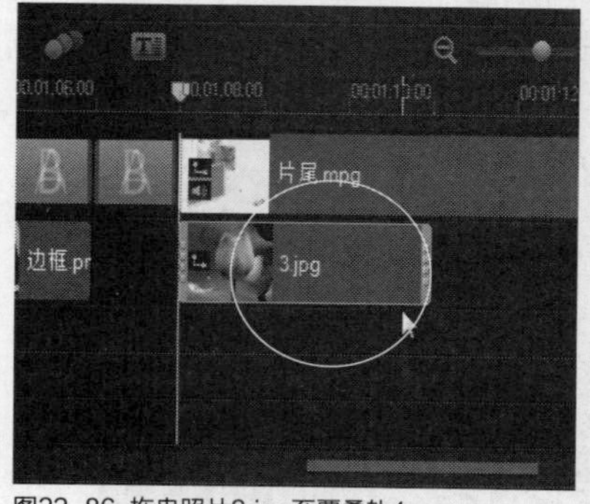

图22-86 拖曳照片3.jpg至覆叠轨1

STEP 03 单击“选项”按钮，打开“编辑”选项面板，选中“应用摇动和缩放”复选框，单击下方的下三角按钮，在弹出的列表框中选择第1排第3个预设动画样式，设置区间为00:00:07:01，如图22-87所示。

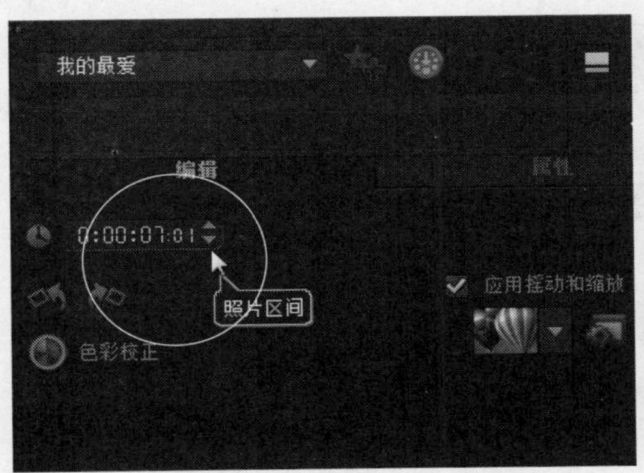

图22-87 设置区间值

STEP 04 切换至“属性”选项面板，单击“淡入动画效果”按钮和“淡出动画效果”按钮，设置淡入/淡出动画效果，如图22-88所示。

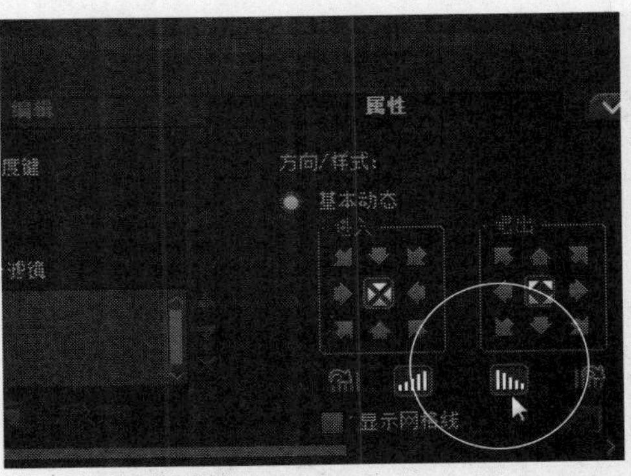

图22-88 单击相应按钮

STEP 05 在预览窗口中调整素材的大小和位置，执行上述操作后，即可完成片尾覆叠效果的制作。单击导览面板中的“播放”按钮，预览片尾覆叠动画效果，如图22-89所示。

图22-89 预览片尾覆叠效果

实战 527 制作片头字幕效果

▶实例位置：无
▶素材位置：上一例效果
▶视频位置：光盘\视频\第22章\实战527.mp4

• 实例介绍 •

在会声会影X7中，单击“标题”按钮，切换到“标题”素材库，在其中用户可根据需要输入并编辑多个标题字幕。

• 操作步骤 •

STEP 01 在时间轴面板中，将时间线移至00:00:01:24的位置，如图22-90所示。

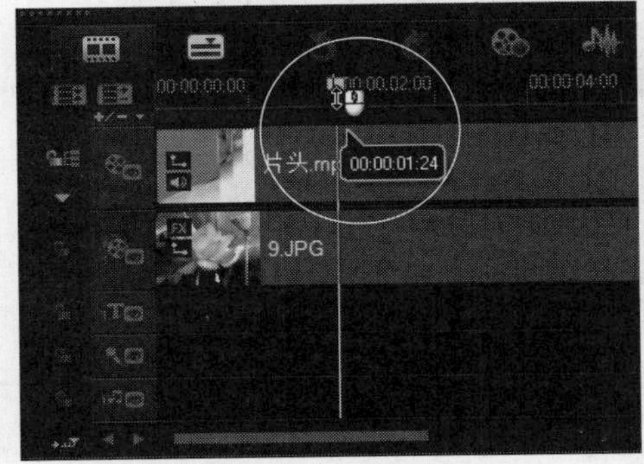

图22-90 移动时间线

STEP 02 单击“标题”按钮，切换至“标题”选项卡，在预览窗口中的适当位置输入文本内容为“出水芙蓉”，如图22-91所示。

图22-91 输入文本内容

STEP 03 在“编辑”选项面板中设置“区间”为00:00:05:00，设置“对齐方式”为“右对齐”，“字体”为“方正毡笔黑简体”，“字体大小”为75，“颜色”为“洋红色”，“行间距”为160，如图22-92所示。

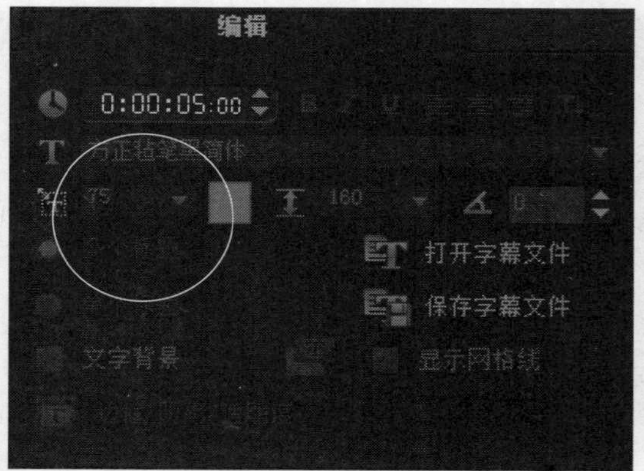

图22-92 设置相应选项（1）

STEP 04 在“编辑”选项面板中单击“边框/阴影/透明度”按钮，弹出“边框/阴影/透明度”对话框，在“边框”选项卡中设置相应参数，切换至“阴影”选项卡，单击“突起阴影”按钮，在其中设置相应选项，如图22-93所示。

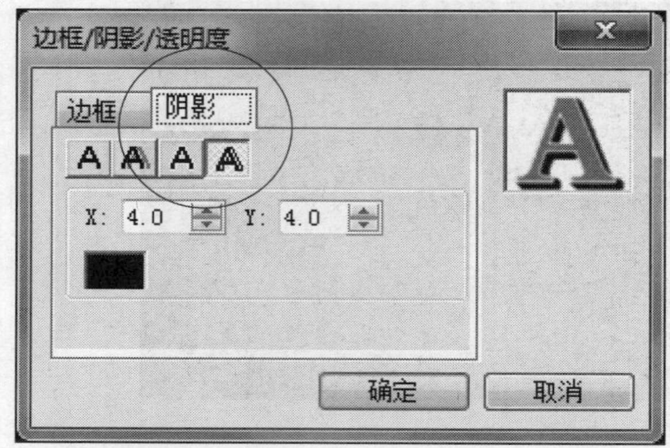

图22-93 设置相应选项（2）

STEP 05 单击“确定”按钮，即可设置文字的样式。在预览窗口中调整文字的位置，预览文字效果，如图22-94所示。

图22-94 预览文字效果

STEP 06 切换至“属性”选项面板，选中“动画”单选按钮和“应用”复选框，设置“选取动画类型”为“淡化”，在下拉列表框中选择第1排第2个淡化预设样式，如图22-95所示。

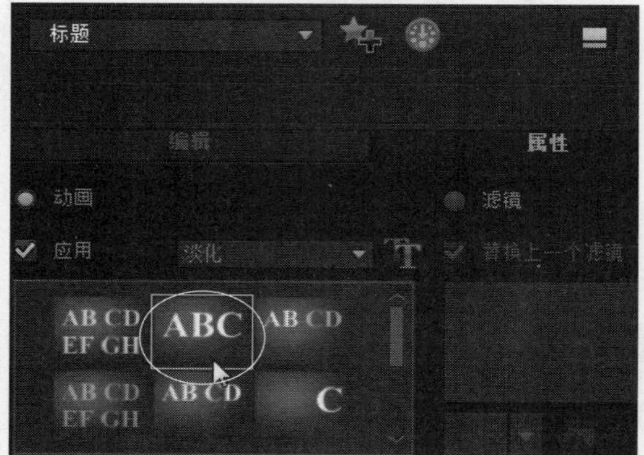

图22-95 选择淡化预设样式

STEP 07 在标题轨中单击鼠标右键，在弹出的快捷菜单中选择“复制”选项，如图22-96所示。将鼠标移至标题轨右侧需要粘贴的位置处，此时显示白色色块，单击鼠标左键，即可完成对复制的字幕对象进行粘贴的操作。

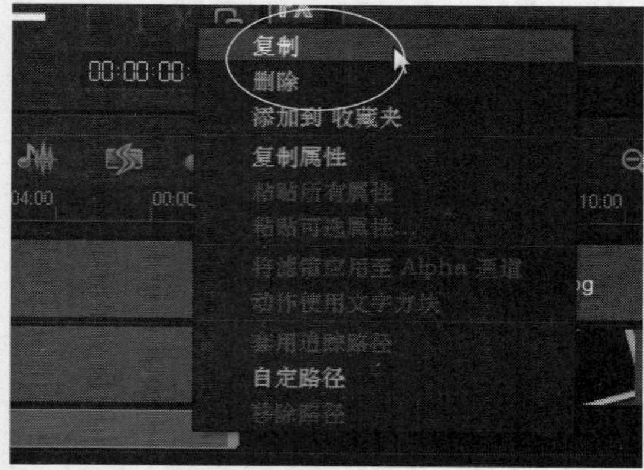

图22-96 选择“复制”选项

STEP 08 单击“选项”按钮，打开“编辑”选项面板，设置区间为00:00:01:01，如图22-97所示。切换至“属性”面板，选中“动画”单选按钮和“应用”复选框，设置“选取动画类型”为“淡化”，在下拉列表框中选择相应淡化预设样式。

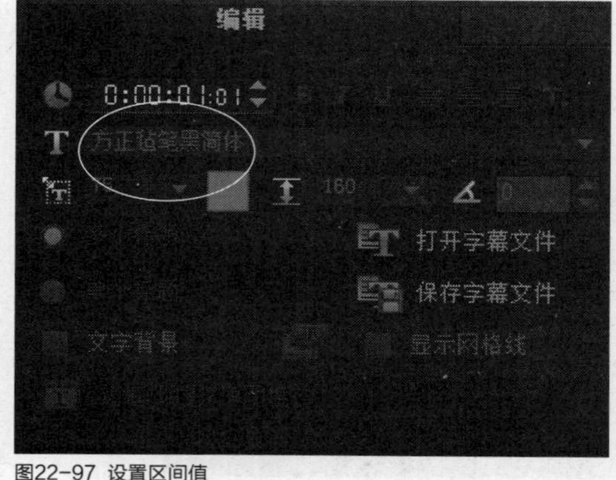

图22-97 设置区间值

STEP 09 执行上述操作后，单击导览面板中的“播放”按钮，即可预览制作的标题字幕动画效果，如图22-98所示。

图22-98 预览标题字幕动画效果1

实战 528 制作视频字幕效果

▶ 实例位置：无
▶ 素材位置：上一例效果
▶ 视频位置：光盘\视频\第22章\实战528.mp4

• 实例介绍 •

在会声会影X7中，单击“标题”按钮，切换到“标题”素材库，在其中用户可根据需要输入并编辑多个标题字幕。

• 操作步骤 •

STEP 01 在时间轴面板中将时间线移至00:00:09:00的位置，单击“标题”按钮，切换至“标题”选项卡，在预览窗口中的适当位置输入文本内容“亭亭玉立”，在“编辑”选项面板中设置相应选项，如图22-99所示。

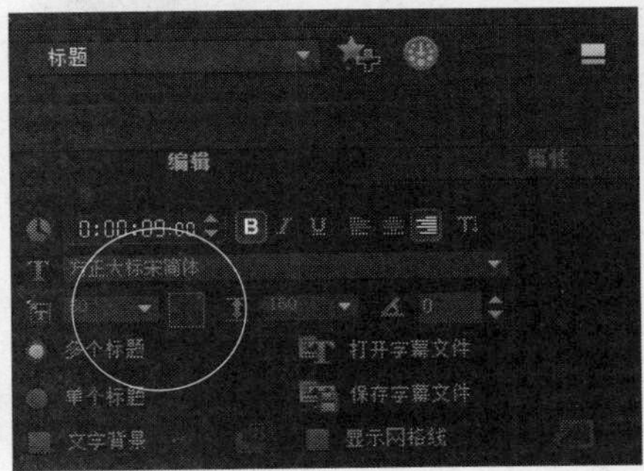

图22-99 设置相应选项

STEP 02 在预览窗口中调整文字的位置，预览文字效果，如图22-100所示。

图22-100 预览文字效果

STEP 03 切换至“属性”选项面板，选中“动画”单选按钮和“应用”复选框，设置“选取动画类型”为“淡化”，在下拉列表框中选择相应淡化预设样式，如图22-101所示。

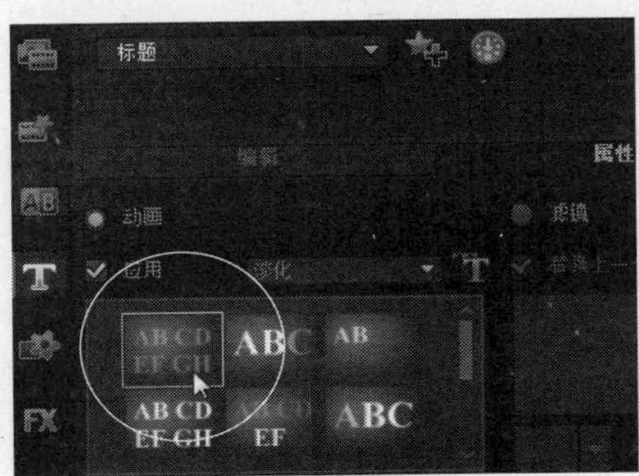

图22-101 选择淡化预设样式

STEP 04 执行上述操作后，单击导览面板中的“播放”按钮，即可预览制作的标题字幕动画效果，如图22-102所示。

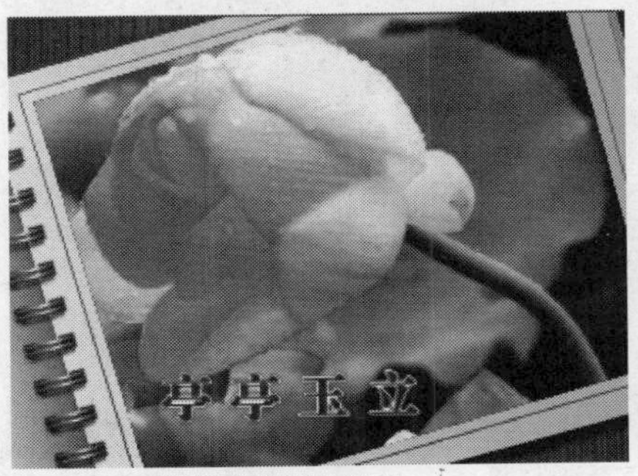

图22-102 预览标题字幕动画效果

STEP 05 在时间轴面板中将时间线移至00:00:22:00的位置，单击“标题”按钮，切换至“标题”选项卡，在预览窗口中的适当位置输入文本内容。在“编辑”选项面板中设置相应选项，如图22-103所示。

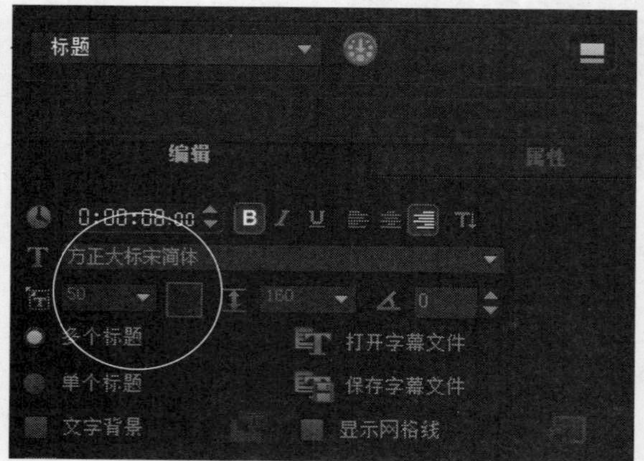

图22-103 设置相应选项

STEP 06 在预览窗口中调整文字的位置，预览文字效果，如图22-104所示。

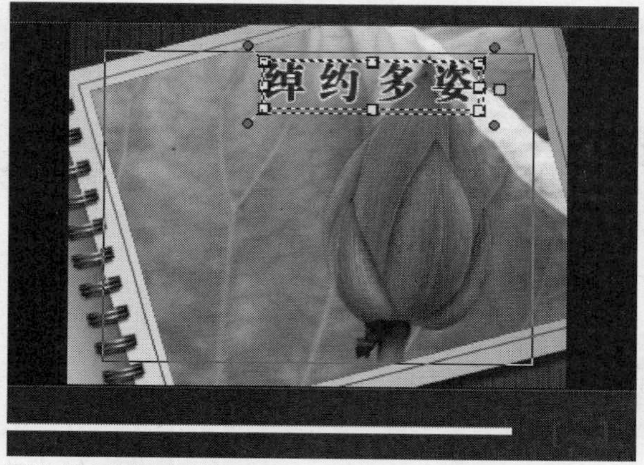

图22-104 预览文字效果

STEP 07 切换至“属性”选项面板，选中“动画”单选按钮和“应用”复选框，设置“选取动画类型”为“飞行”，在下拉列表框中选择相应飞行预设样式，如图22-105所示。

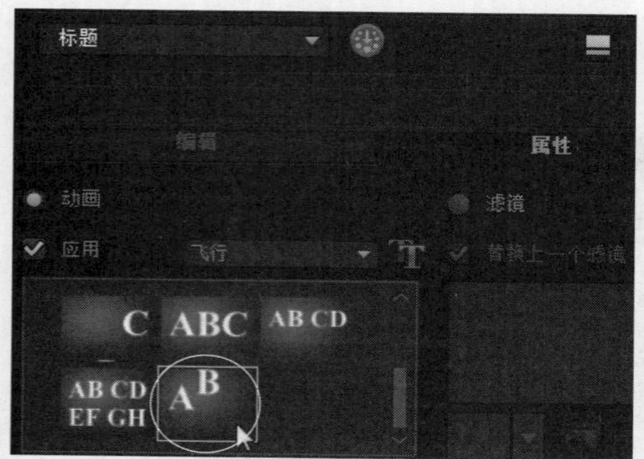

图22-105 选择飞行预设样式

STEP 08 在导览面板中，向右拖曳黄色标记，调整动画暂停区间长度，如图22-106所示。

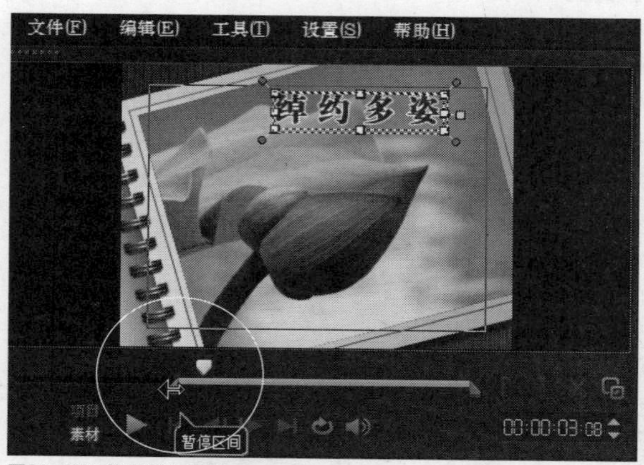

图22-106 拖曳黄色标记

STEP 09 执行上述操作后，单击导览面板中的“播放”按钮，即可预览制作的标题字幕动画效果，如图22-107所示。

图22-107 预览标题字幕动画效果

STEP 10 在时间轴面板中将时间线移至00:00:34:00的位置，单击“标题”按钮，切换至“标题”选项卡，在预览窗口中的适当位置输入文本内容。在“编辑”选项面板中设置相应选项，如图22-108所示。

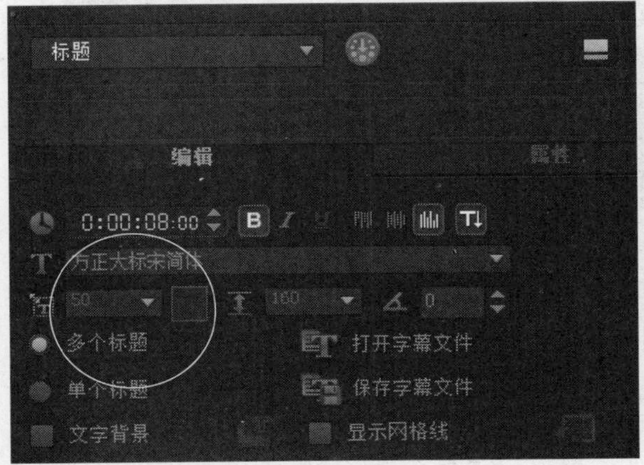

图22-108 设置相应选项

STEP 11 在预览窗口中调整文字的位置，切换至“属性”选项面板，选中“动画”单选按钮和“应用”复选框，设置“选取动画类型”为“翻转”，在下拉列表框中选择相应翻转预设样式，如图22-109所示。

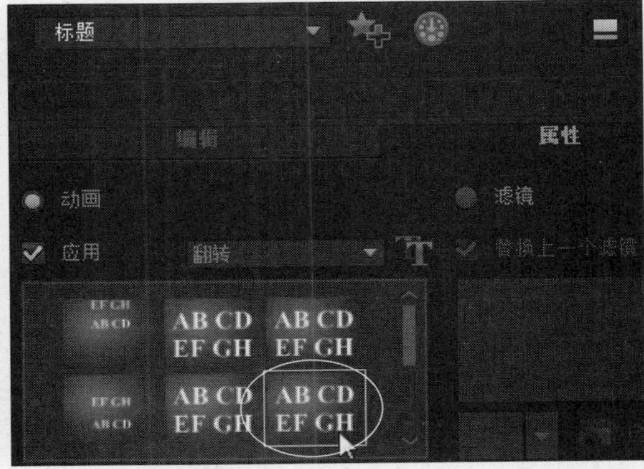

图22-109 选择摇摆预设样式

STEP 12 执行上述操作后，单击导览面板中的“播放”按钮，即可预览制作的标题字幕动画效果，如图22-110所示。

图22-110 预览标题字幕动画效果

STEP 13 在时间轴面板中将时间线移至00:00:46:00位置，单击“标题”按钮，切换至“标题”选项卡，在预览窗口中的适当位置输入文本内容。在“编辑”选项面板中设置相应选项，如图22-111所示。

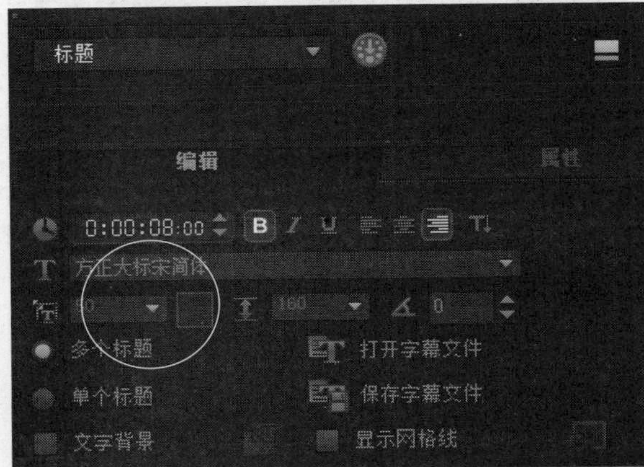

图22-111 设置相应选项

STEP 14 在预览窗口中调整文字的位置，切换至“属性”选项面板，选中“动画”单选按钮和“应用”复选框，设置“选取动画类型”为“移动路径”，在下方选择相应移动路径预设样式，如图22-112所示。

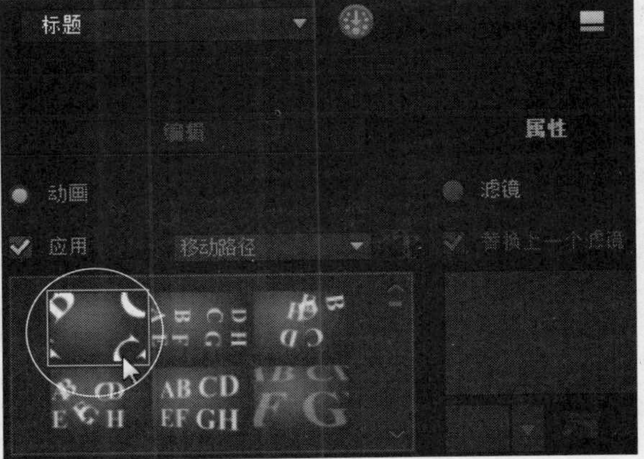

图22-112 选择移动路径预设样式

STEP 15 执行上述操作后，单击导览面板中的“播放”按钮，即可预览制作的标题字幕动画效果，如图22-113所示。

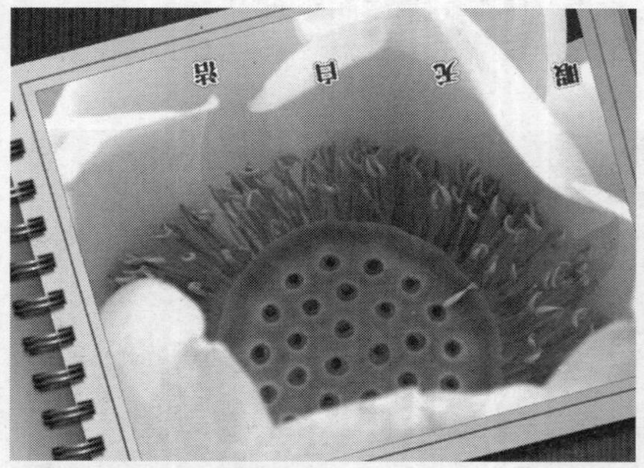

图22-113 预览标题字幕动画效果

STEP 16 在时间轴面板中将时间线移至00:00:55:00的位置，单击“标题”按钮，切换至“标题”选项卡，在预览窗口中的适当位置输入文本内容。在“编辑”选项面板中设置相应选项，如图22-114所示。

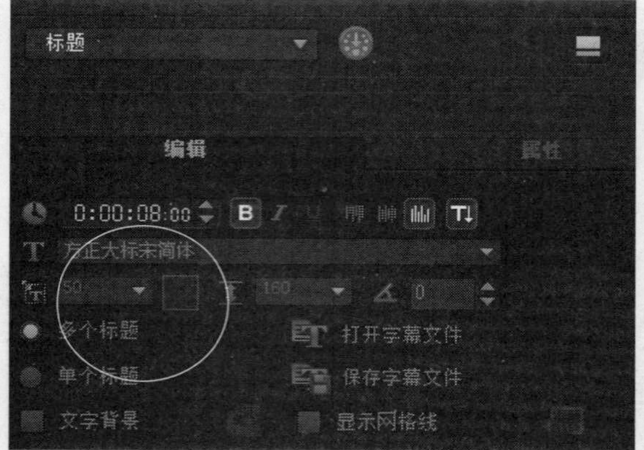

图22-114 设置相应选项

STEP 17 在预览窗口中调整文字的位置，切换至“属性”选项面板，选中“动画”单选按钮和“应用”复选框，设置“选取动画类型”为“弹出”，在下拉列表框中选择相应弹出预设样式，如图22-115所示。

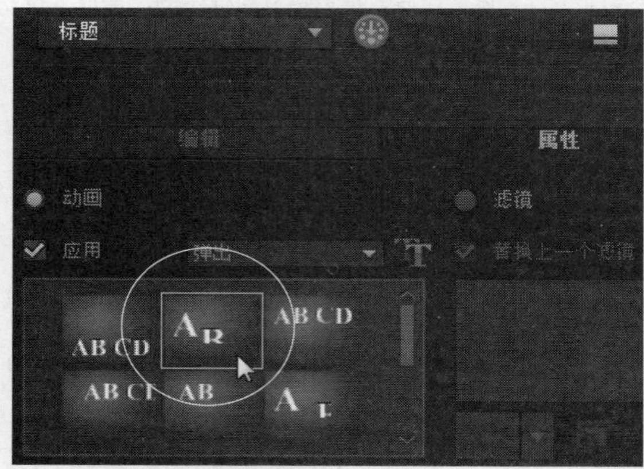

图22-115 选择弹出预设样式

STEP 18 单击导览面板中的“播放”按钮，即可预览制作的标题字幕动画效果，如图22-116所示。使用相同的方法，在标题轨的其他位置制作相应的标题字幕动画效果。

图22-116 预览标题字幕动画效果

22.3 影片后期处理

对影片效果进行编辑处理后，接下来就需要对影片进行后期编辑与输出，使制作的视频效果更加完美。本节主要介绍影片后期处理的方法，包括制作画面音频特效、渲染输出影片文件等。

实战 529 导入视频背景音乐

▶ 实例位置：无
▶ 素材位置：光盘\素材\第22章\音乐.mp3
▶ 视频位置：光盘\视频\第22章\实战529.mp4

• 实例介绍 •

在编辑影片的过程中，除了画面以外，声音效果是影片的另一个非常重要的因素，下面介绍制作影片音频特效的操作方法。

• 操作步骤 •

STEP 01 将时间线移至素材的开始位置，在时间轴面板的空白位置处，单击鼠标右键，在弹出的快捷菜单中选择“插入音频”|“到语音轨”选项，如图22-117所示。

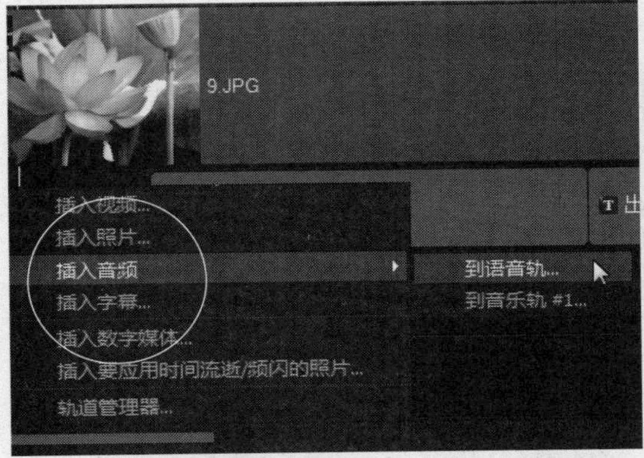

图22-117 选择“到语音轨”选项

STEP 02 弹出“打开音频文件”对话框，在其中选择需要的音频文件“音乐.mp3”，如图22-118所示。

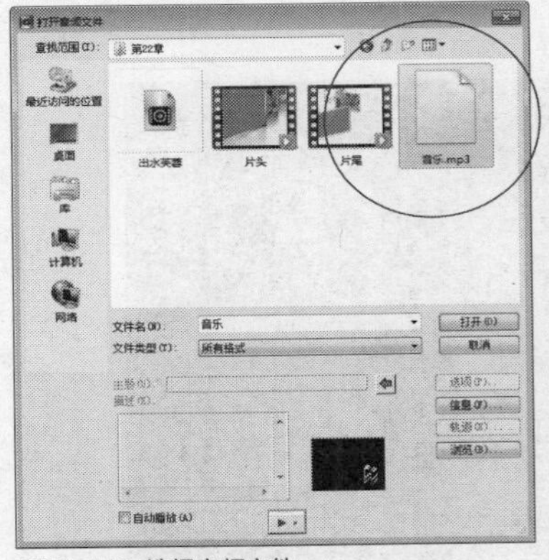

图22-118 选择音频文件

STEP 03 单击“打开”按钮，即可将音频文件添加至声音轨中，如图22-119所示。

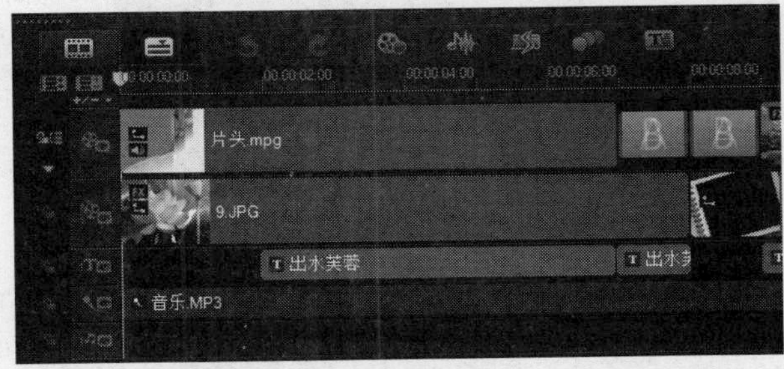

图22-119 添加至声音轨

实战 530 制作画面音频特效

▶ 实例位置：无
▶ 素材位置：光盘\素材\第22章\音乐.mp3
▶ 视频位置：光盘\视频\第22章\实战530.mp4

• 实例介绍 •

在编辑影片的过程中，除了画面以外，声音效果是影片的另一个非常重要的因素，下面介绍制作影片音频特效的操作方法。

• 操作步骤 •

STEP 01 将时间线移至00:01:15:00的位置，选择语音轨中的音频素材，如图22-120所示。

STEP 02 单击鼠标右键，在弹出的快捷菜单中选择“分割素材”选项，如图22-121所示。

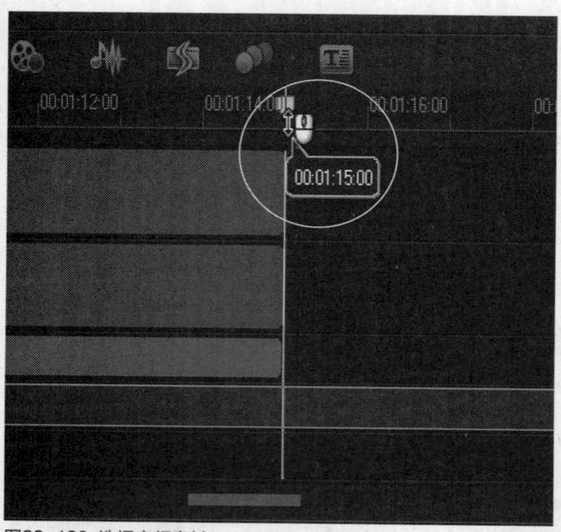

图22-120 选择音频素材

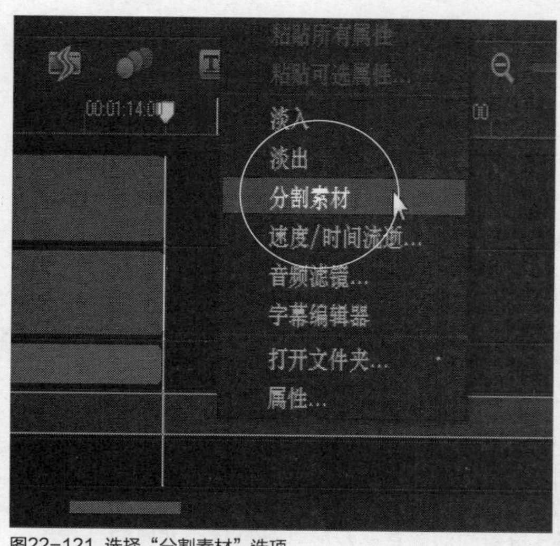

图22-121 选择"分割素材"选项

STEP 03 执行上述操作后，即可将音频素材剪辑成两段，选择后面的音频素材，按【Delete】键将其删除，如图22-122所示。

STEP 04 在语音轨中选择前段音频素材，单击"选项"按钮。打开"音乐和语音"选项面板，在其中单击"淡入"按钮和"淡出"按钮，如图22-123所示。

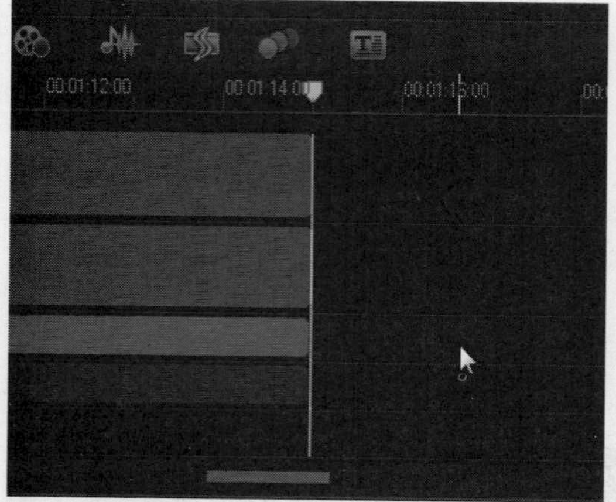

图22-122 删除音频素材

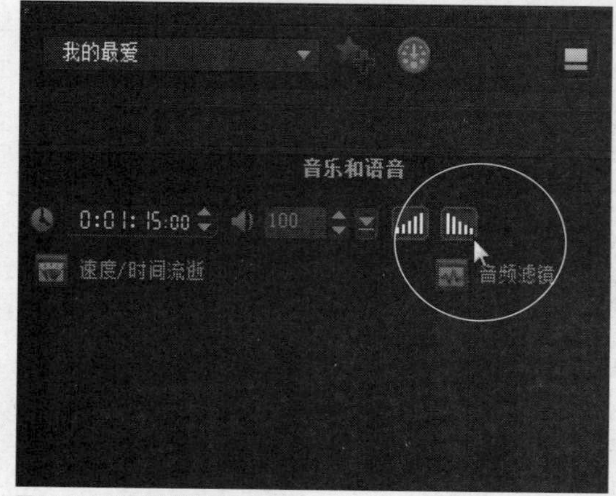

图22-123 单击相应按钮

STEP 05 执行上述操作后，即可完成音频特效的制作，单击导览面板中的"播放"按钮，预览视频画面效果并试听音频的淡入/淡出效果，如图22-124所示。

图22-124 预览并试听效果

实战 531 渲染输出影片文件

▶ **实例位置：** 光盘\效果\第22章\专题拍摄——《出水芙蓉》.VSP
▶ **素材位置：** 上一例效果
▶ **视频位置：** 光盘\视频\第22章\实战531.mp4

• 实例介绍 •

创建并保存视频文件后，用户即可对其进行渲染，渲染时间根据编辑项目的长短及计算机配置的高低而略有不同。会声会影X7提供了多种输出影片的方法，用户可根据需要进行相应选择。

• 操作步骤 •

STEP 01 切换至“输出”步骤面板，在其中选择MPEG-2选项，如图22-125所示。

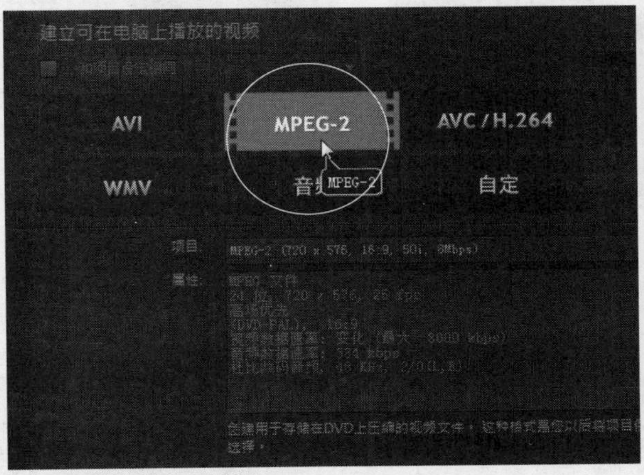

图22-125 选择MPEG-2选项

STEP 02 在下方弹出的面板中，单击“文件位置”右侧的“浏览”按钮，如图22-126所示。

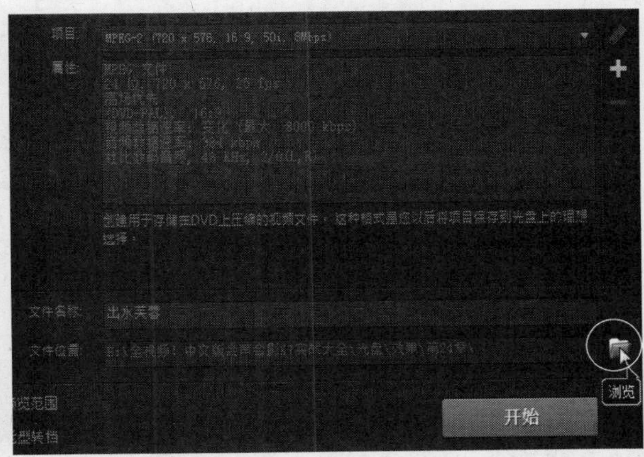

图22-126 单击“浏览”按钮

STEP 03 弹出“浏览”对话框，在其中设置文件的保存位置和名称，如图22-127所示。

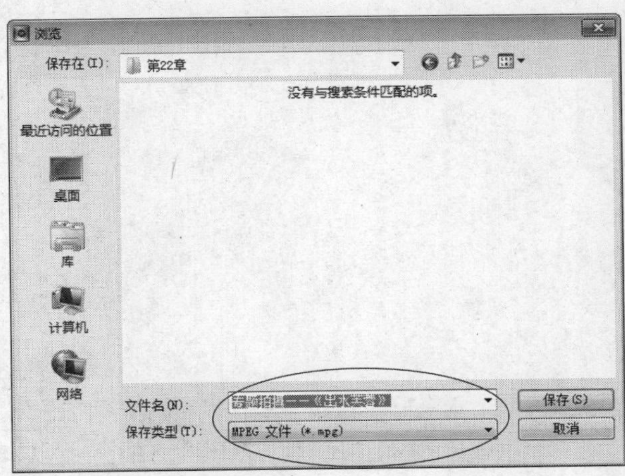

图22-127 设置保存位置和名称

STEP 04 单击“保存”按钮，返回会声会影“输出”步骤面板，单击“开始”按钮，开始渲染视频文件，并显示渲染进度，如图22-128所示。渲染完成后，即可完成影片文件的渲染输出。

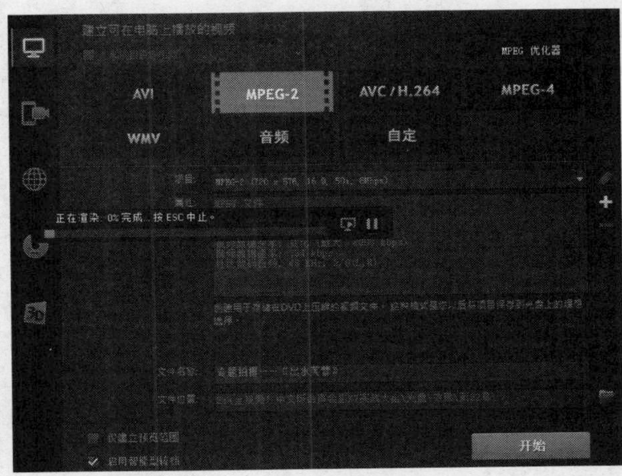

图22-128 显示渲染进度

第23章

生活记录——《美食回味》

本章导读

本章主要介绍生活记录——《美食回味》视频的制作方法，带领读者关注生活中的每一个细节、每一个画面，用户使用智能手机或数码相机，将生活中的每一个精彩画面捕捉下来，然后运用会声会影X7为画面添加各种特效与标题字幕，制作成精美的电子相册视频，将其永久地珍藏，多年以后再翻看这些视频画面，将是一件非常幸福的事。

要点索引

- 实例效果欣赏
- 视频制作过程
- 视频后期处理

23.1 实例效果欣赏

在制作生活记录视频之前，首先带领读者预览《美食回味》视频的画面效果，并掌握项目制作要点等内容，这样可以帮助读者理清记录片视频设计思路。

本实例介绍《生活记录——美食回味》，效果如图23-1所示。

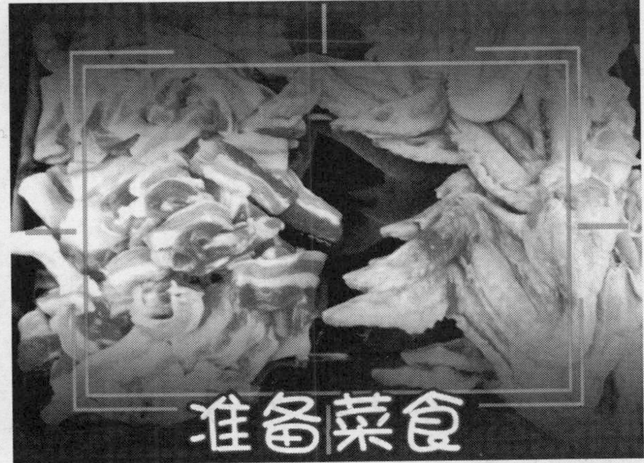

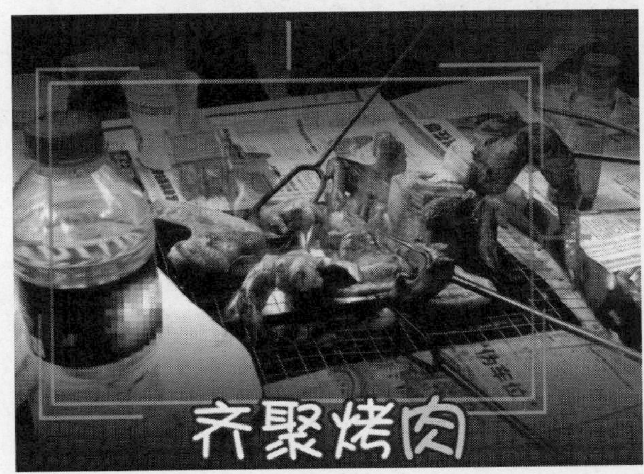

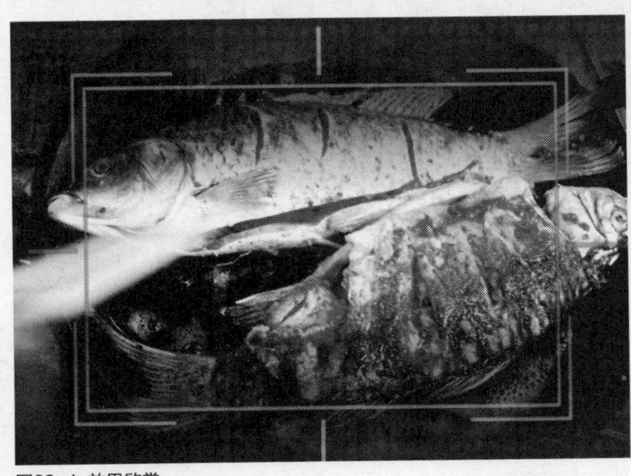

图23-1 效果欣赏

23.2 视频制作过程

本节主要介绍《美食回味》视频文件的制作过程，如导入烧烤生活素材、制作烧烤视频画面、制作画面缩放特效以及制作标题字幕动画等内容，希望读者熟练掌握本节视频的制作技巧。

实战532 导入烧烤生活素材

▶实例位置：无
▶素材位置：光盘\素材\第23章\1.jpg-16.jpg、片头.wmv、片尾.wmv等
▶视频位置：光盘\视频\第23章\实战532.mp4

• 实例介绍 •

在制作视频效果之前，首先需要导入相应的烧烤类生活视频素材，导入素材后才能对视频素材进行相应编辑。

• 操作步骤 •

STEP 01 在界面右上角单击“媒体”按钮，切换至“媒体”素材库，展开库导航面板，单击上方的“添加”按钮，如图23-2所示。

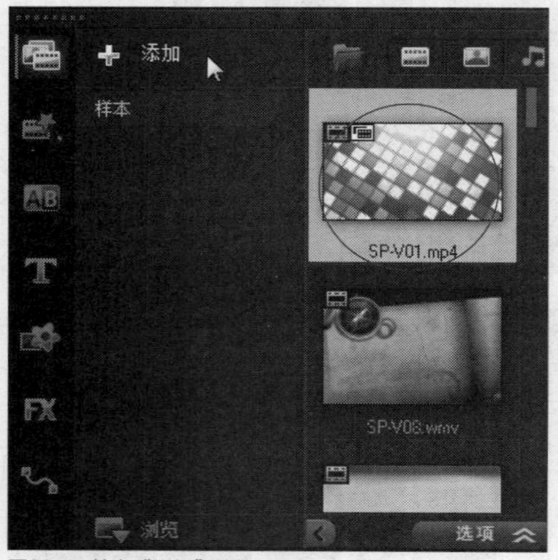

图23-2 单击“添加”按钮

STEP 02 执行上述操作后，即可新增一个“文件夹”选项，如图23-3所示。

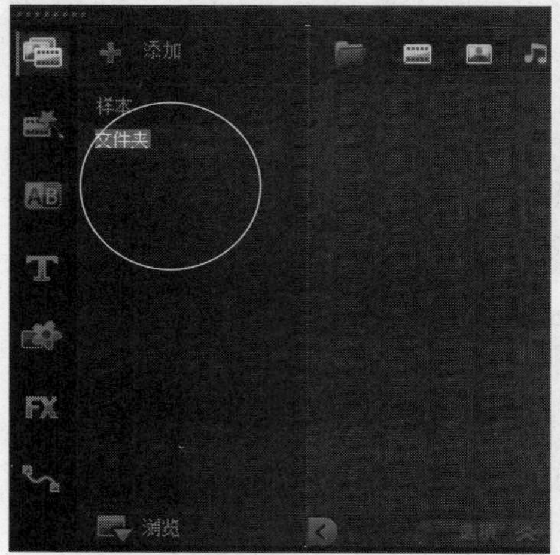

图23-3 新增“文件夹”选项

STEP 03 选择新建的“文件夹”选项，在右侧的空白位置处单击鼠标右键，在弹出的快捷菜单中选择“插入媒体文件”选项，如图23-4所示。

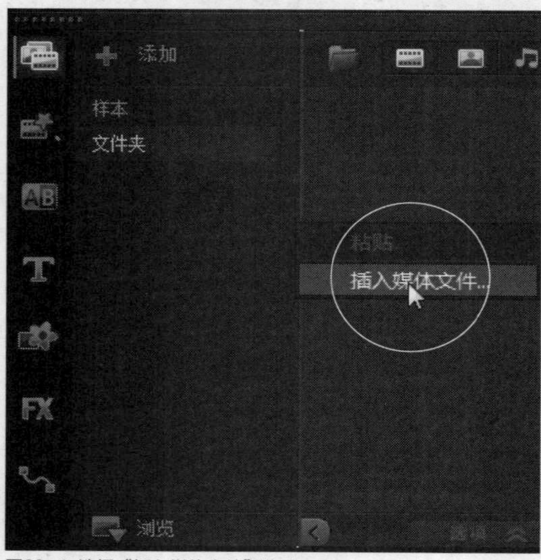

图23-4 选择“插入媒体文件”选项

STEP 04 执行操作后，弹出“浏览媒体文件”对话框，在其中选择需要插入的烧烤生活媒体素材文件，如图23-5所示。

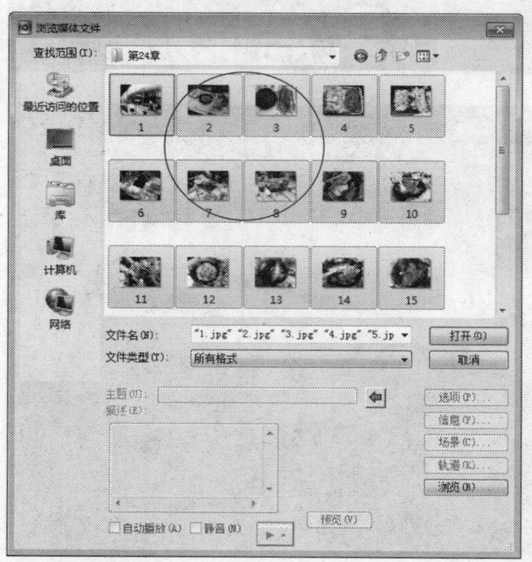

图23-5 选择素材文件

STEP 05 单击“打开”按钮，即可将素材导入“文件夹”选项卡中，如图23-6所示，在其中用户可以查看导入的素材文件。

STEP 06 选择相应的烧烤生活素材，在导览面板中单击“播放”按钮，即可预览导入的素材画面效果，如图23-7所示。

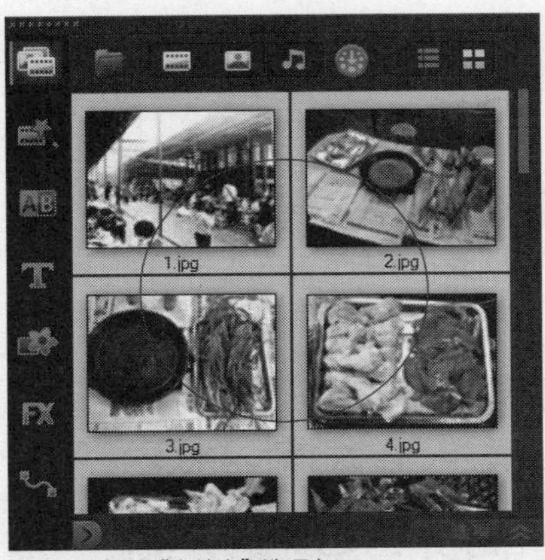

图23-6 导入“文件夹”选项卡

图23-7 预览素材画面效果

实战 533 制作片头视频画面

▶实例位置：无
▶素材位置：光盘\素材\第23章\片头.wmv
▶视频位置：光盘\视频\第23章\实战533.mp4

• 实例介绍 •

在会声会影编辑器中，将素材文件导入至编辑器后，需要制作片头视频画面，使视频内容更具吸引力。下面介绍制作片头视频画面的方法。

• 操作步骤 •

STEP 01 在“媒体”素材库的“文件夹”选项卡中，选择视频素材“片头.wmv”文件，如图23-8所示。

STEP 02 在选择的视频素材上，单击鼠标左键并将其拖曳至视频轨的开始位置，如图23-9所示。

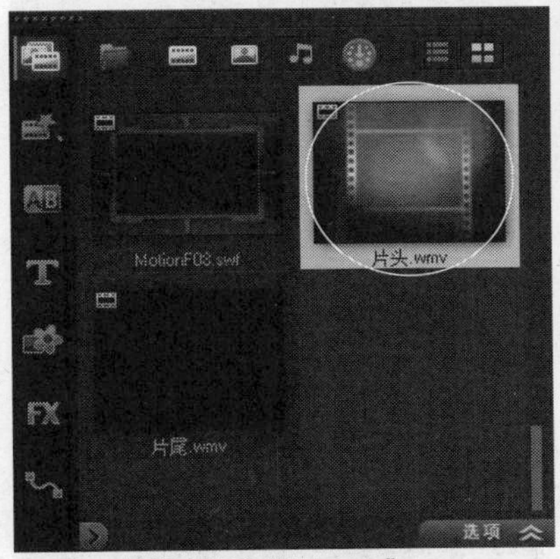

图23-8 选择视频素材“片头.wmv”

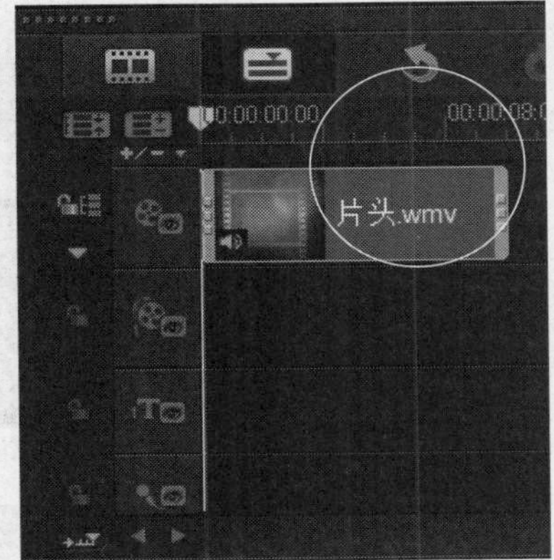

图23-9 拖曳至视频轨的开始位置

STEP 03 在导览面板中单击“播放”按钮，预览片头视频画面效果，如图23-10所示。

图23-10 预览片头视频画面效果

实战534 制作烧烤视频画面

▶实例位置：无
▶素材位置：光盘\素材\第23章\1.jpg-16.jpg、片头.wmv、片尾.wmv等
▶视频位置：光盘\视频\第23章\实战534.mp4

• 实例介绍 •

在会声会影编辑器中，将素材文件导入至编辑器后，需要将其制作成视频画面，使视频内容更具吸引力。下面介绍制作烧烤视频画面的方法。

• 操作步骤 •

STEP 01 在会声会影编辑器的右上方位置，单击“图形”按钮，切换至“图形”选项卡，在“画廊”的下拉列表中选择“色彩”选项，在其中选择黑色色块，如图23-11所示。

STEP 02 在选择的黑色色块上，单击鼠标左键并拖曳至视频轨中的结束位置，添加黑色色块素材，如图23-12所示。

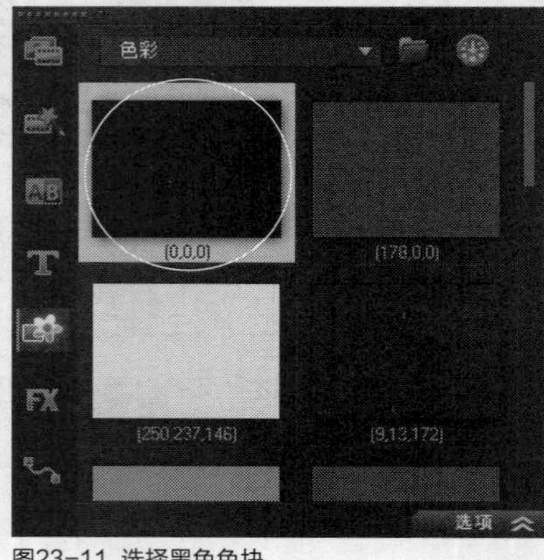

图23-11 选择黑色色块

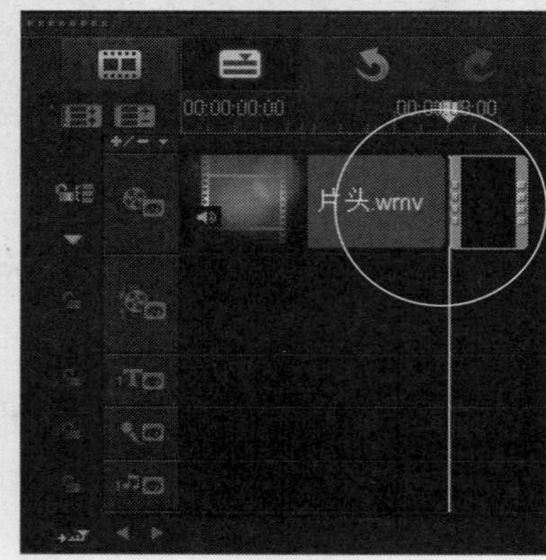

图23-12 添加黑色色块素材

STEP 03 选择添加的黑色色块素材，打开“色彩”选项面板，在其中设置“色彩区间”为0:00:02:00，如图23-13所示。

STEP 04 按【Enter】键确认，即可更改黑色色块的区间长度为2秒，如图23-14所示。

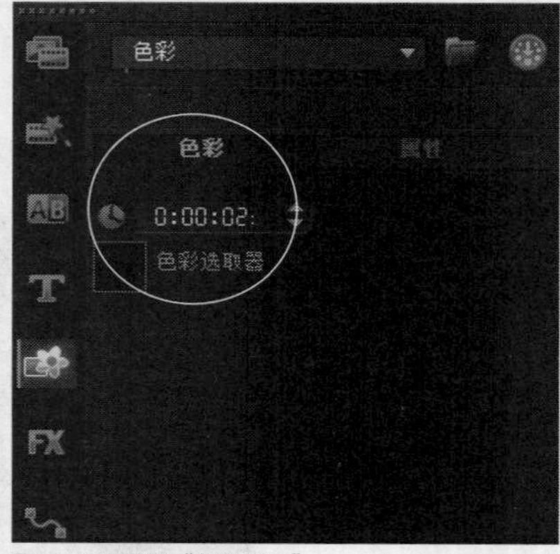

图23-13 设置“色彩区间”

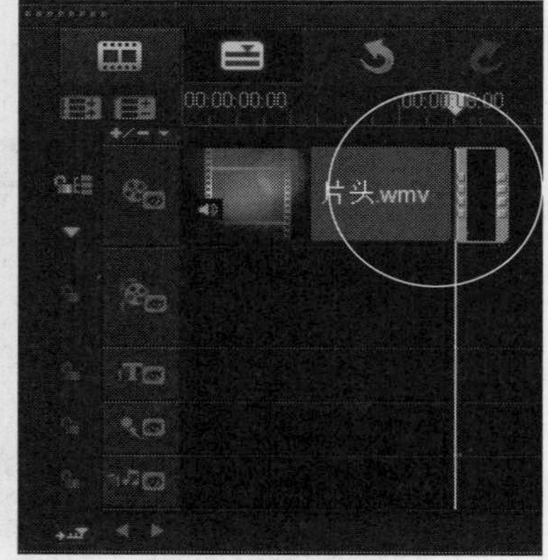

图23-14 区间长度为2秒

STEP 05 在“媒体”素材库中，选择照片素材1.jpg，如图23-15所示。

STEP 06 在选择的照片素材上，单击鼠标左键并将其拖曳至视频轨中黑色色块的后面，添加照片素材，如图23-16所示。

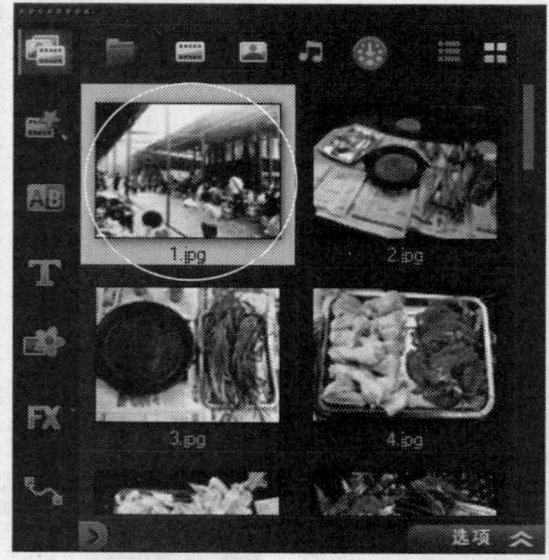

图23-15 选择照片素材

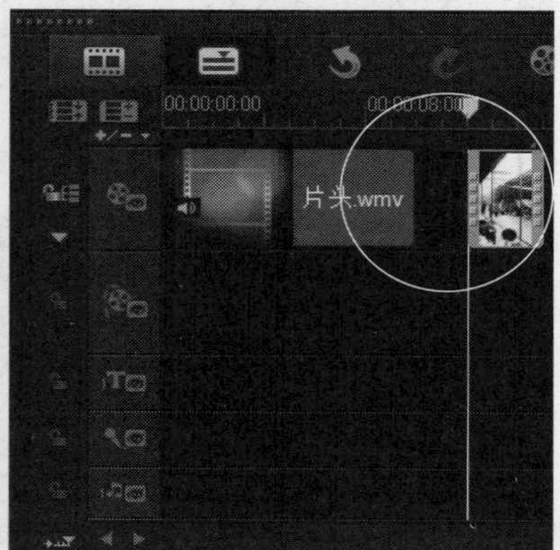

图23-16 添加照片素材

STEP 07 打开“照片”选项面板，在其中设置“照片区间”为0:00:05:00，如图23-17所示。

STEP 08 执行操作后，即可更改视频轨中照片素材1.jpg的区间长度为5秒，如图23-18所示。

图23-17 设置"照片区间"

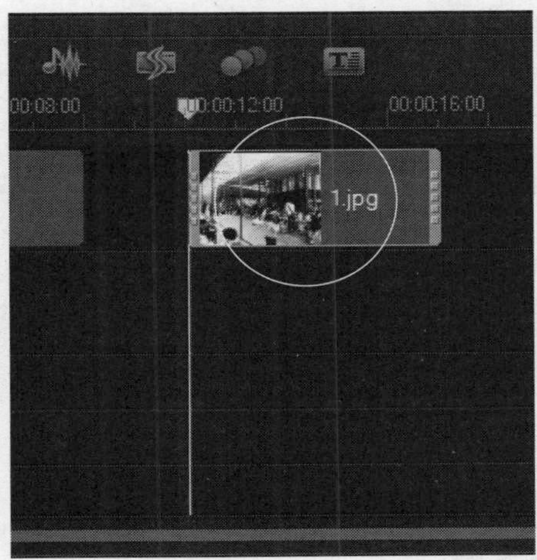

图23-18 区间长度为5秒

STEP 09 用相同的方法，将"媒体"素材库中的照片素材2.jpg拖曳至视频轨中照片素材1.jpg的后面，如图23-19所示。

STEP 10 打开"照片"选项面板，在其中设置"照片区间"为0:00:04:00，即可更改视频轨中照片素材2.jpg的区间长度，如图23-20所示。

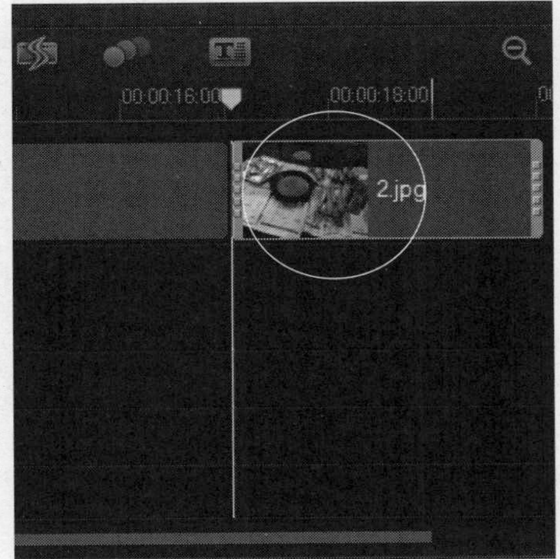

图23-19 拖曳至照片素材"1.jpg"的后面

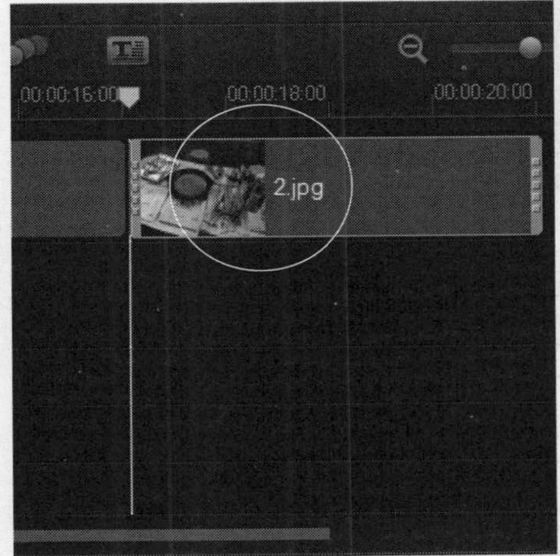

图23-20 更改区间长度

STEP 11 在"媒体"素材库的"文件夹"选项卡中，选择照片素材3.jpg～14.jpg之间的所有照片素材，如图23-21所示。

STEP 12 在选择的多张照片素材上，单击鼠标右键，在弹出的快捷菜单中选择"插入到"|"视频轨"选项，如图23-22所示。

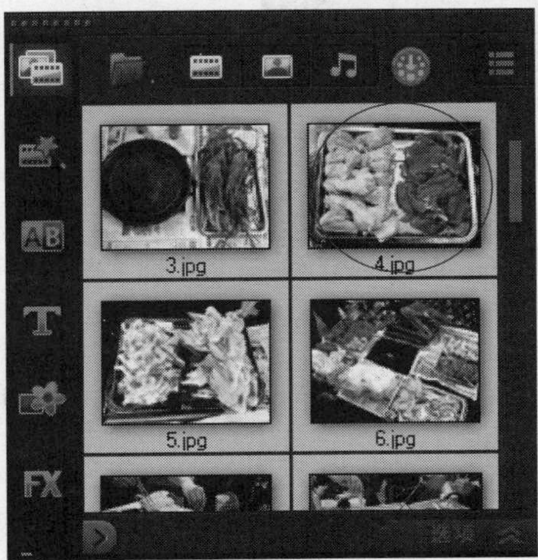

图23-21 选择照片素材

图23-22 选择"视频轨"选项

STEP 13 执行操作后，即可将选择的多张照片素材文件插入到时间轴面板的视频轨中，如图23-23所示。

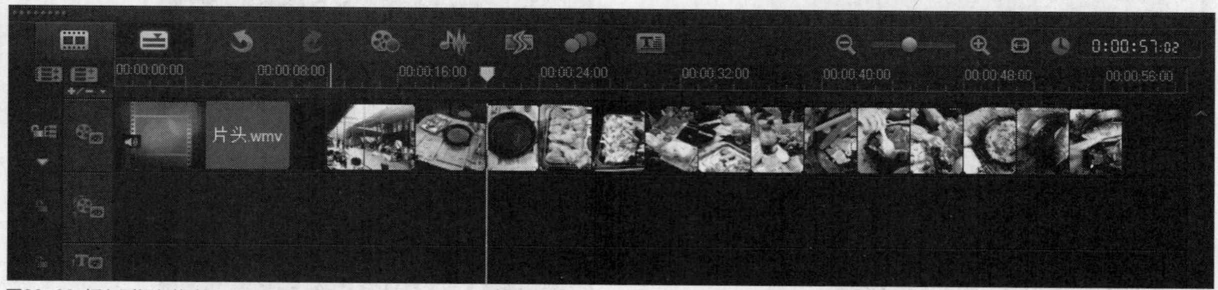

图23-23 插入到视频轨中

STEP 14 在视频轨中刚插入的多张素材缩略图上，单击鼠标右键，在弹出的快捷菜单中选择“更改照片区间”选项，如图23-24所示。

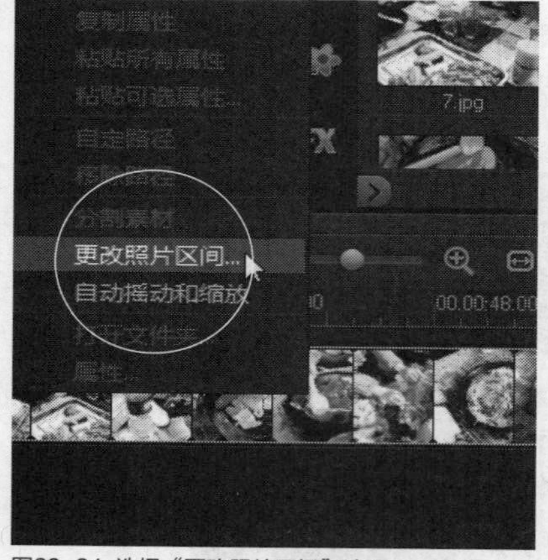

图23-24 选择“更改照片区间”选项

STEP 15 执行操作后，弹出“区间”对话框，在其中设置“区间”为0:0:4:0，如图23-25所示。

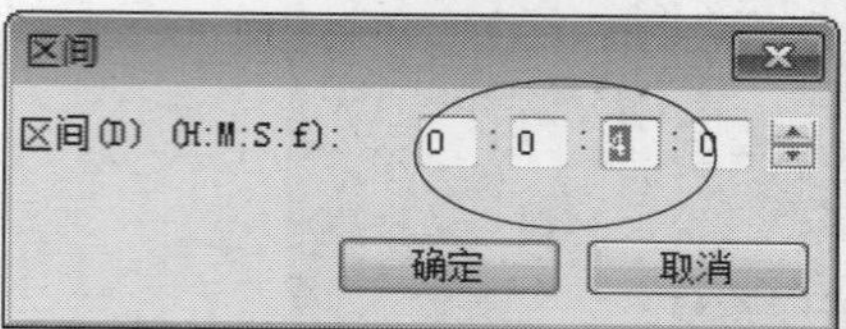

图23-25 设置“区间”

STEP 16 设置完成后，单击“确定”按钮，即可将3.jpg～14.jpg照片素材的区间长度更改为4秒，在故事板中素材缩略图的下方，显示了照片的区间参数，如图23-26所示。

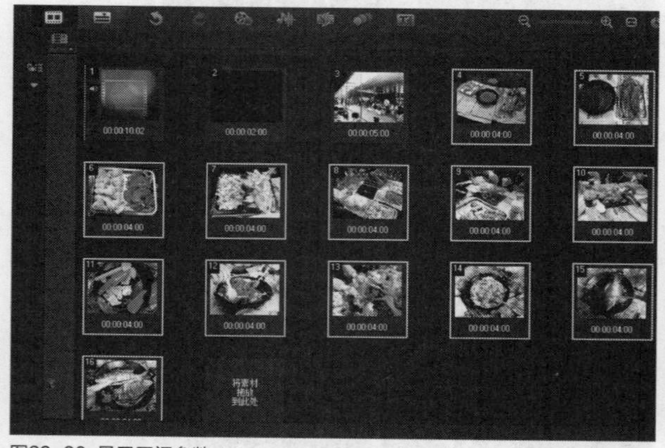

图23-26 显示区间参数

STEP 17 切换至时间轴视图，在“图形”选项卡中选择黑色色块，在选择的黑色色块上单击鼠标左键并拖曳至视频轨中照片素材14.jpg的后面，如图23-27所示。

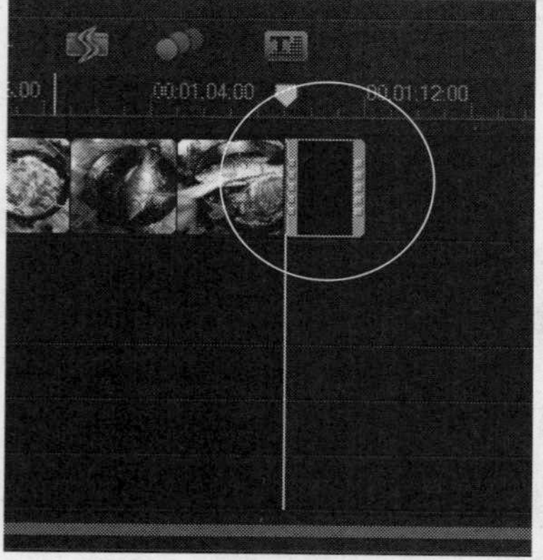

图23-27 拖曳至照片素材14.jpg的后面

STEP 18 打开“色彩”选项面板，在其中设置“区间”为0:00:02:00，即可更改黑色色块的区间长度，如图23-28所示。

STEP 19 在“媒体”素材库中，选择视频素材“片尾.wmv”，在选择的视频素材上单击鼠标左键并将其拖曳至视频轨的结束位置，如图23-29所示。

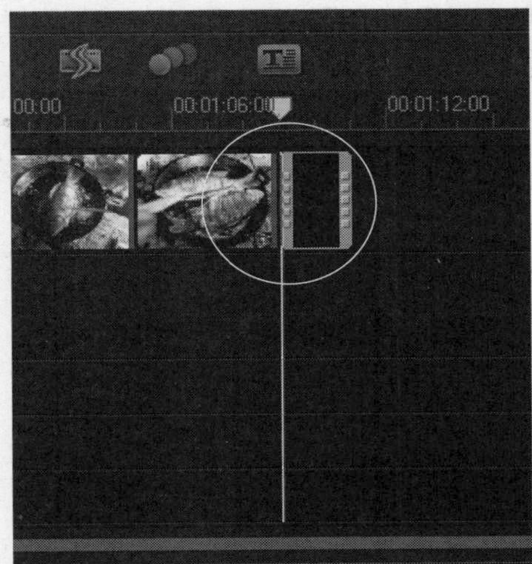

图23-28 更改黑色色块的区间长度

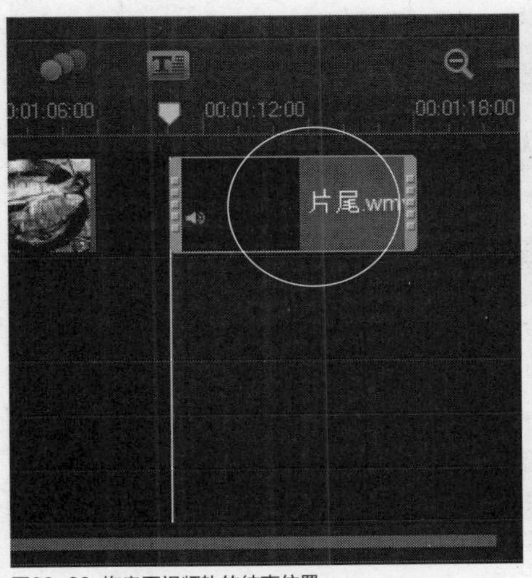

图23-29 拖曳至视频轨的结束位置

STEP 20 选择视频素材“片尾.wmv”前面的黑色色块，在色块上单击鼠标右键，在弹出的快捷菜单中选择“复制”选项，如图23-30所示。

STEP 21 将复制的黑色色块粘贴至视频轨右侧的结束位置，并设置区间为1秒，如图23-31所示。

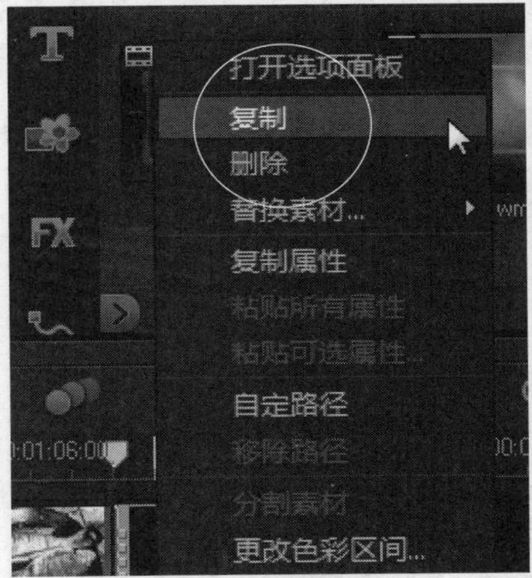

图23-30 选择“复制”选项

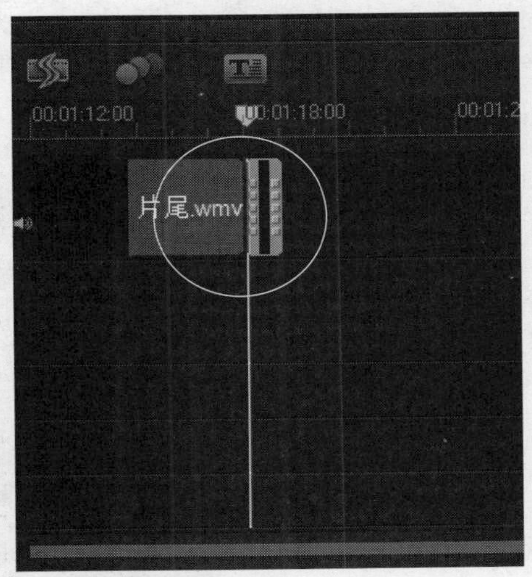

图23-31 设置区间为1秒

STEP 22 至此，视频画面制作完成，在导览面板中单击“播放”按钮，预览制作的视频画面效果，如图23-32所示。

图23-32 预览视频画面效果

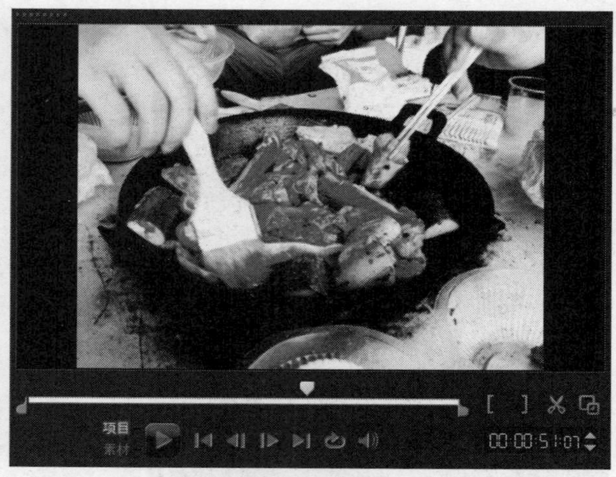

图23-32 预览视频画面效果（续）

实战 535 制作画面缩放特效

▶实例位置：无
▶素材位置：光盘\素材\第23章\1.jpg-16.jpg
▶视频位置：光盘\视频\第23章\实战535.mp4

• 实例介绍 •

在会声会影编辑器中，为图像素材添加摇动和缩放效果，可以使静态的图像运动起来，增强画面的视觉感染力。

• 操作步骤 •

STEP 01 在时间轴视图的视频轨中，选择照片素材1.jpg，如图23-33所示。

STEP 02 打开“照片”选项面板，选中“摇动和缩放”单选按钮，单击“自定义”左侧的下三角按钮，在弹出的列表框中选择第1排第1个摇动和缩放动画样式，单击“自定义”按钮，如图23-34所示。

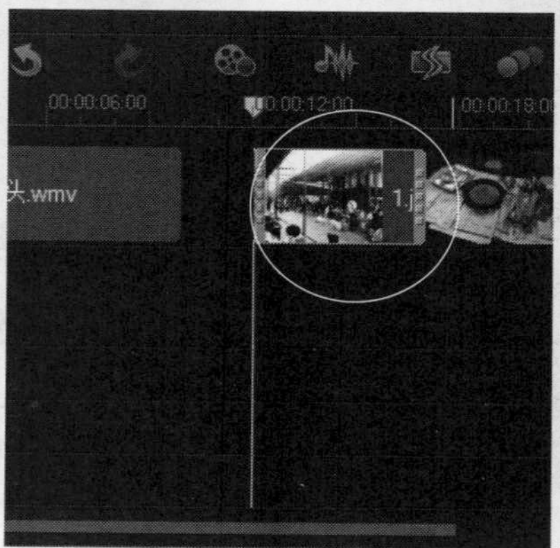

图23-33 选择照片素材.jpq

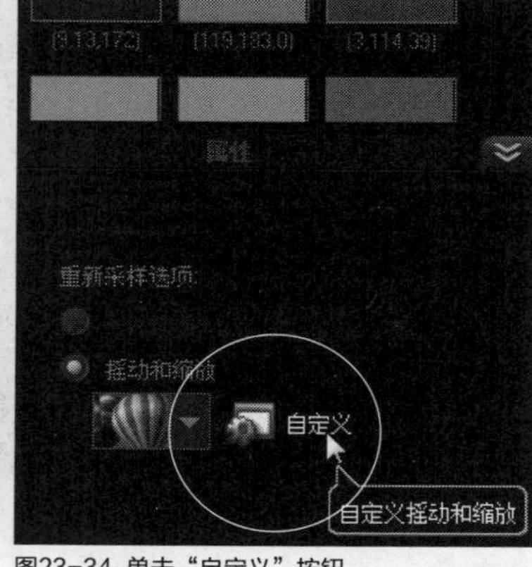

图23-34 单击“自定义”按钮

STEP 03 弹出“摇动和缩放”对话框，在“原图”预览窗口中移动十字图标的位置，在下方设置“缩放率”为146，如图23-35所示。

图23-35 设置“缩放率”为146（1）

STEP 04 在“摇动和缩放”对话框中，选择最后一个关键帧，在“原图”预览窗口中移动十字图标的位置，在下方设置“缩放率”为146，如图23-36所示。

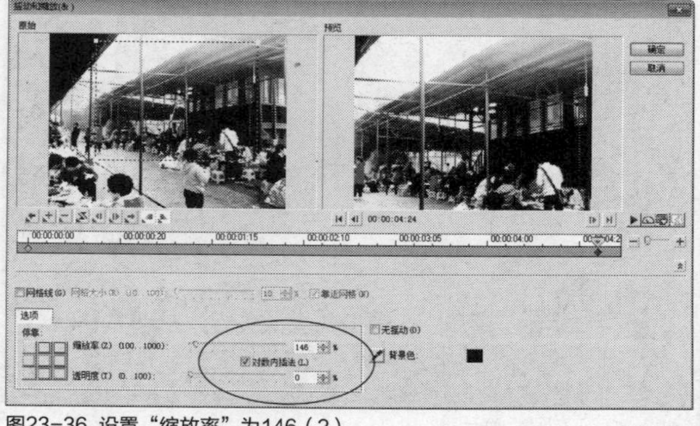

图23-36 设置“缩放率”为146（2）

STEP 05 设置完成后，单击“确定”按钮，返回会声会影编辑器，在导览面板中单击“播放”按钮，预览视频摇动和缩放效果，如图23-37所示。

图23-37 预览视频摇动和缩放效果

STEP 06 在时间轴视图的视频轨中，选择照片素材2.jpg，如图23-38所示。

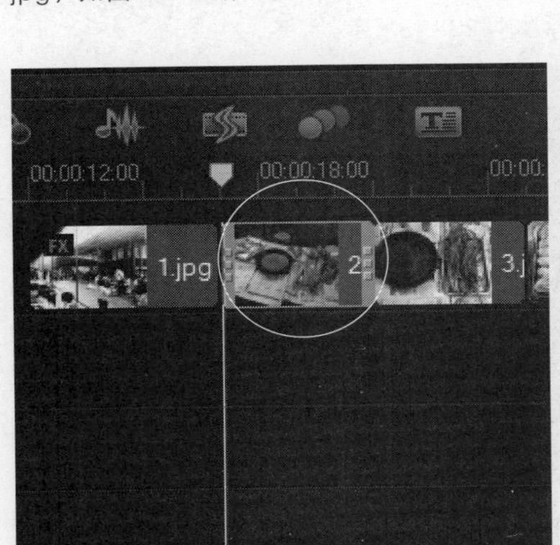

图23-38 选择照片素材2.jpg

STEP 07 打开“照片”选项面板，在其中选中“摇动和缩放”单选按钮，单击“自定义”左侧的下三角按钮，在弹出的列表框中选择第1排第1个摇动和缩放动画样式，如图23-39所示。

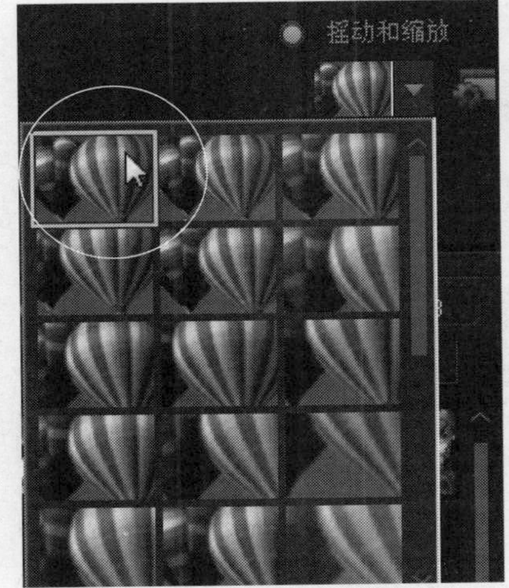

图23-39 选择第1排第1个摇动和缩放动画样式

STEP 08 在导览面板中单击“播放”按钮，预览视频摇动和缩放效果，如图23-40所示。

图23-40 预览视频摇动和缩放效果

STEP 09 在时间轴视图的视频轨中，选择照片素材3.jpg，如图23-41所示。

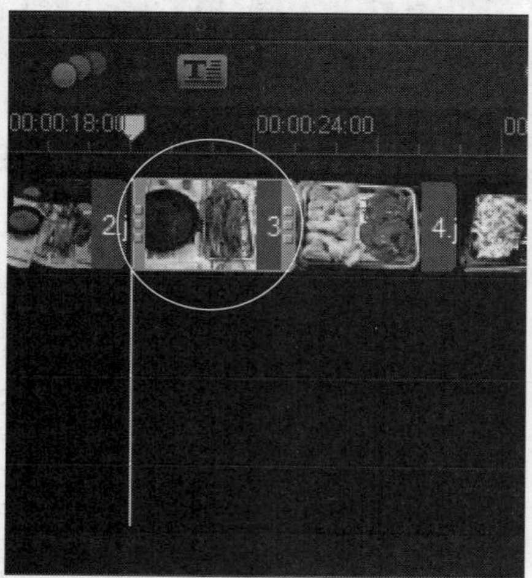

图23-41 选择照片素材3.jpg

STEP 10 打开“照片”选项面板，在其中选中“摇动和缩放”单选按钮，单击“自定义”左侧的下三角按钮，在弹出的列表框中选择第1排第2个摇动和缩放动画样式，如图23-42所示。

图23-42 选择第1排第2个摇动和缩放动画样式

STEP 11 在导览面板中单击“播放”按钮，预览视频摇动和缩放效果，如图23-43所示。

图23-43 预览视频摇动和缩放效果

STEP 12 用相同的方法，为照片素材4.jpg、5.jpg、7.jpg、11.jpg、12.jpg添加摇动和缩放效果，为照片素材6.jpg添加第1排第2个摇动和缩放动画样式，为照片素材8.jpg添加第1排第3个摇动和缩放动画样式，为照片素材9.jpg添加第1排第1个摇动和缩放动画样式，为照片素材10.jpg添加第1排第2个摇动和缩放动画样式，为照片素材13.jpg添加第2排第1个摇动和缩放动画样式，为照片素材14.jpg添加第1排第2个摇动和缩放动画样式，单击导览面板中的“播放”按钮，即可预览制作的烧烤照片素材摇动和缩放动画效果，如图23-44所示。

图23-44 预览动画效果

实战 536 制作“交错淡化”转场特效

▶实例位置：无
▶素材位置：上一例效果
▶视频位置：光盘\视频\第23章\实战536.mp4

• 实例介绍 •

在会声会影X7中，转场就是一种特殊的滤镜效果，它是在两个图像或视频素材之间创建某种筛选效果，使画面播放起来更加协调。下面介绍制作“交错淡化”转场特效的操作方法。

• 操作步骤 •

STEP 01 在会声会影编辑器的右上方位置，单击“转场”按钮，切换至“转场”素材库，如图23-45所示。

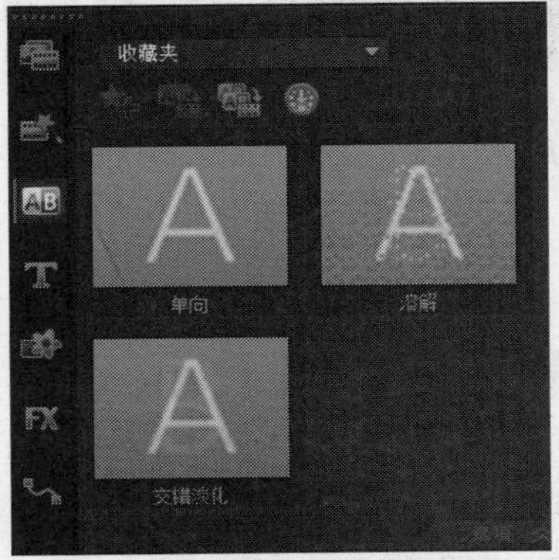

图23-45 切换至“转场”素材库

STEP 02 在“收藏夹”转场素材库中，选择“交错淡化”转场效果，如图23-46所示。

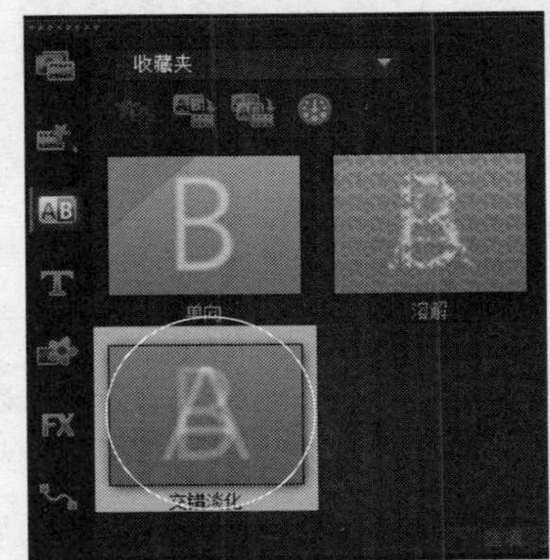

图23-46 选择“交错淡化”转场效果

STEP 03 单击鼠标左键并拖曳至视频轨中“片头.wmv”视频素材与黑色色块之间，添加“交错淡化”转场效果，如图23-47所示。

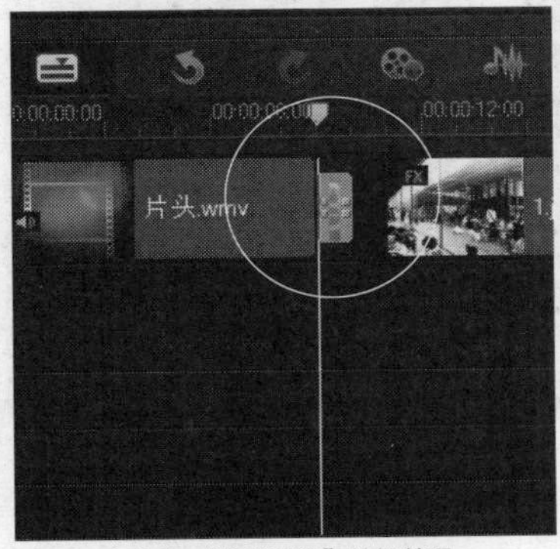

图23-47 添加“交错淡化”转场效果

STEP 04 用相同的方法，在视频轨中黑色色块与照片素材1.jpg之间添加第2个“交错淡化”转场效果，如图23-48所示。

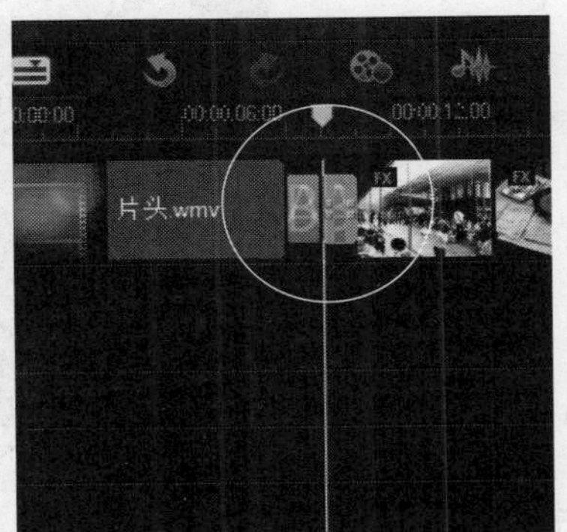

图23-48 添加第2个“交错淡化”转场效果

STEP 05 在导览面板中单击“播放”按钮，预览添加“交错淡化”转场后的视频画面效果，如图23-49所示。

图23-49 预览添加转场后的视频画面效果

图23-49 预览添加转场后的视频画面效果（续）

实战537 制作"飞行木板"转场特效

▶实例位置：无
▶素材位置：上一例效果
▶视频位置：光盘\视频\第23章\实战537.mp4

• 实例介绍 •

在会声会影编辑器中，运用不同的转场特效制作出的视频更加生动，下面介绍运用"飞行木板"转场特效制作视频的操作方法。

• 操作步骤 •

STEP 01 在"转场"素材库中，单击窗口上方的"画廊"按钮，在弹出的列表框中选择3D选项，打开3D转场素材库，在其中选择"飞行木板"转场效果，如图23-50所示。

STEP 02 单击鼠标左键并拖曳至视频轨中照片素材1.jpg与照片素材2.jpg之间，添加"飞行木板"转场效果，如图23-51所示。

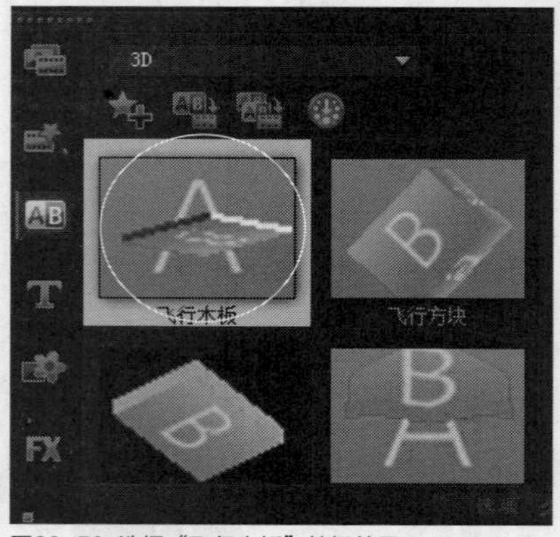

图23-50 选择"飞行木板"转场效果

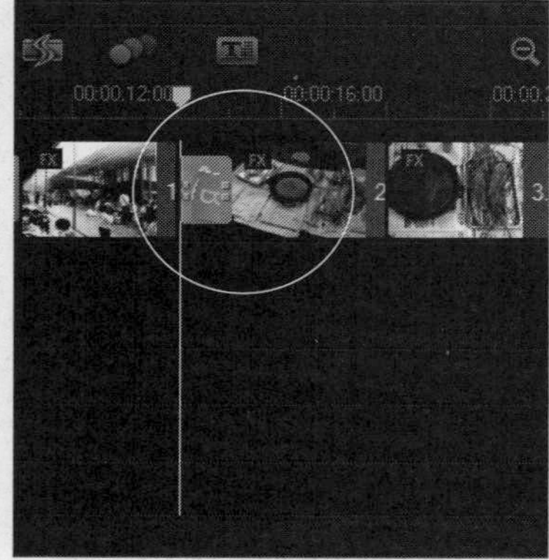

图23-51 添加"飞行木板"转场效果

STEP 03 在导览面板中单击"播放"按钮，预览添加"飞行木板"转场后的视频画面效果，如图23-52所示。

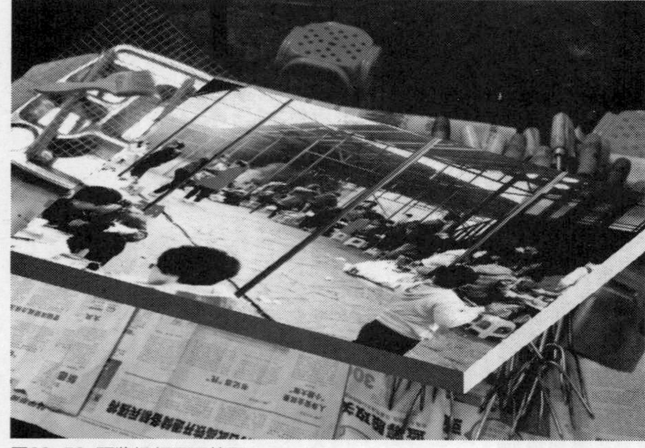

图23-52 预览视频画面效果

实战 538 制作“对开门”转场特效

▶实例位置：无
▶素材位置：上一例效果
▶视频位置：光盘\视频\第23章\实战538.mp4

• 实例介绍 •

在会声会影X7中，“对开门”转场效果是指素材A以剥落的形状显示素材B。下面向读者介绍应用“对开门”转场效果的操作方法。

• 操作步骤 •

STEP 01 打开“剥落”转场素材库，在其中选择“对开门”转场效果，如图23-53所示。

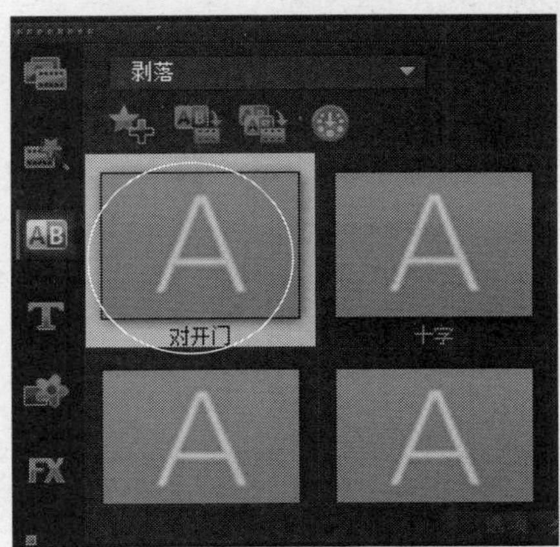

图23-53 选择“对开门”转场效果

STEP 02 单击鼠标左键并拖曳至视频轨中照片素材2.jpg与照片素材3.jpg之间，添加“对开门”转场效果，如图23-54所示。

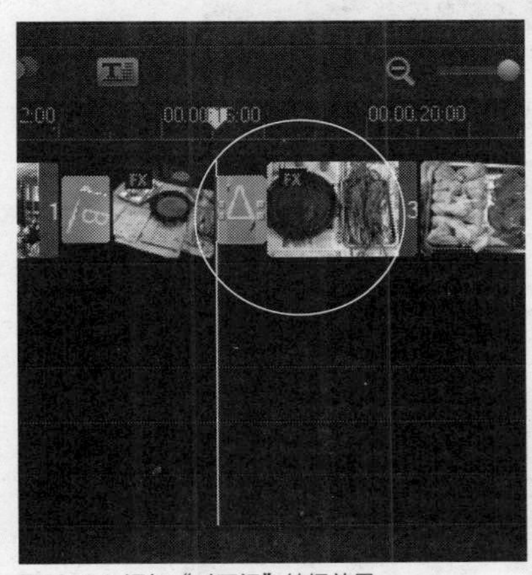
图23-54 添加“对开门”转场效果

STEP 03 在导览面板中单击“播放”按钮，预览添加“对开门”转场后的视频画面效果，如图23-55所示。

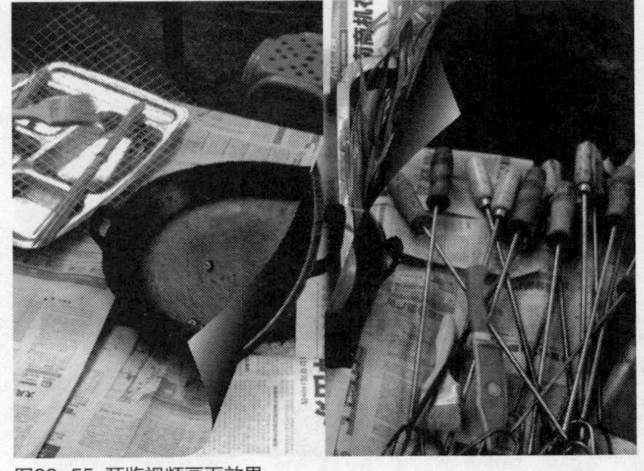

图23-55 预览视频画面效果

实战 539 制作“爆裂”转场特效

▶实例位置：无
▶素材位置：上一例效果
▶视频位置：光盘\视频\第23章\实战539.mp4

• 实例介绍 •

下面向读者介绍制作“爆裂”转场效果的操作方法。

• 操作步骤 •

STEP 01 打开“筛选”转场素材库，在其中选择“爆裂”转场效果，如图23-56所示。

STEP 02 单击鼠标左键并拖曳至视频轨中照片素材3.jpg与照片素材4.jpg之间，添加“爆裂”转场效果，如图23-57所示。

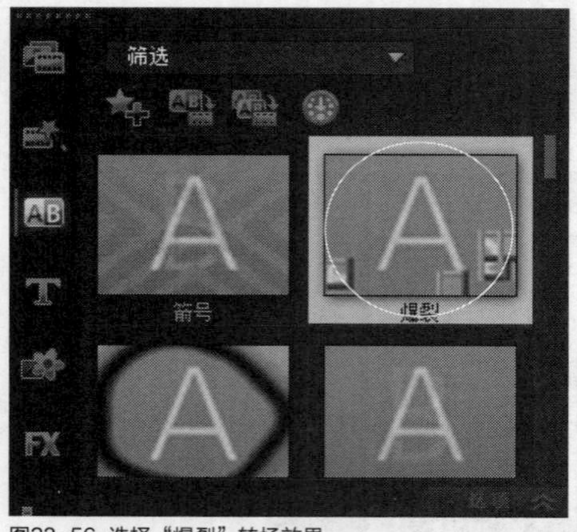

图23-56 选择“爆裂”转场效果

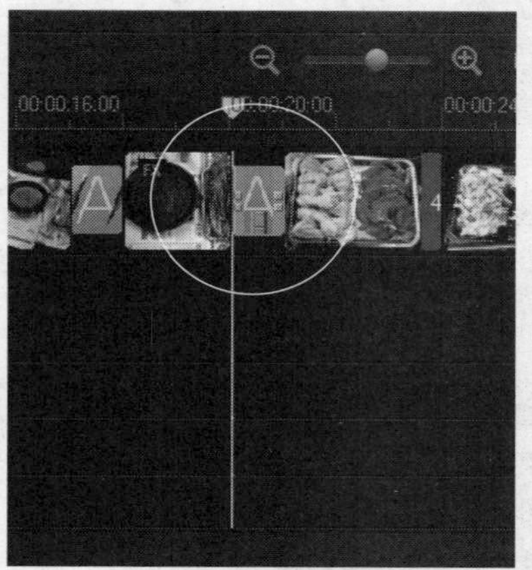

图23-57 添加“爆裂”转场效果

STEP 03 在导览面板中单击“播放”按钮，预览添加“爆裂”转场后的视频画面效果，如图23-58所示。

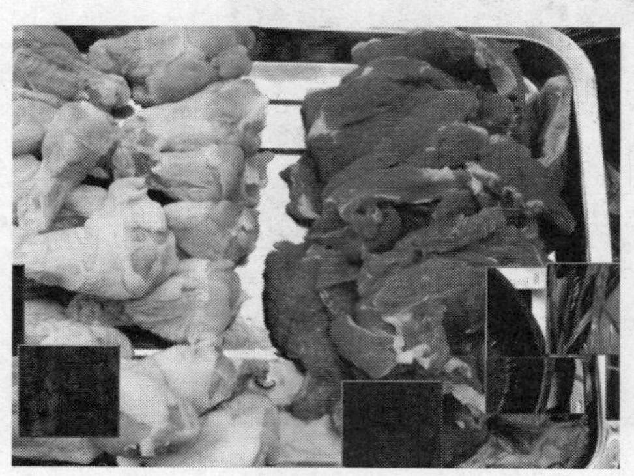

图23-58 预览视频画面效果

实战540 制作“未折叠”转场特效

▶实例位置：无
▶素材位置：上一例效果
▶视频位置：光盘\视频\第23章\实战540.mp4

• 实例介绍 •

在会声会影编辑器中，制作完“爆裂”转场效果后，接下来可以制作“未折叠”转场效果。下面向读者介绍制作“未折叠”转场效果的操作方法。

• 操作步骤 •

STEP 01 打开“筛选”转场素材库，在其中选择“未折叠”转场效果，如图23-59所示。

STEP 02 单击鼠标左键并拖曳至视频轨中照片素材4.jpg与照片素材5.jpg之间，添加“未折叠”转场效果，如图23-60所示。

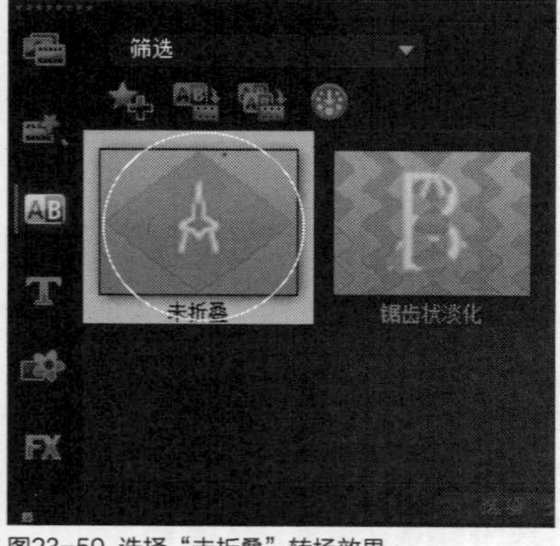

图23-59 选择“未折叠”转场效果

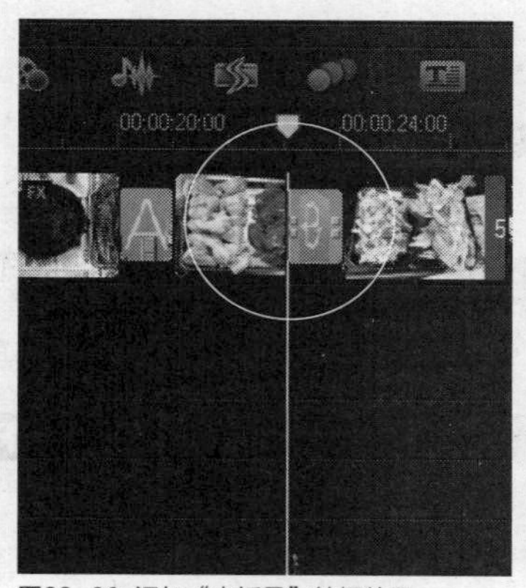

图23-60 添加“未折叠”转场效果

实战 541 制作“手风琴”转场特效

▶实例位置：无
▶素材位置：上一例效果
▶视频位置：光盘\视频\第23章\实战541.mp4

• 实例介绍 •

下面向读者介绍制作“手风琴”转场效果的操作方法。

• 操作步骤 •

STEP 01 打开3D转场素材库，在其中选择“手风琴”转场效果，如图23-61所示。

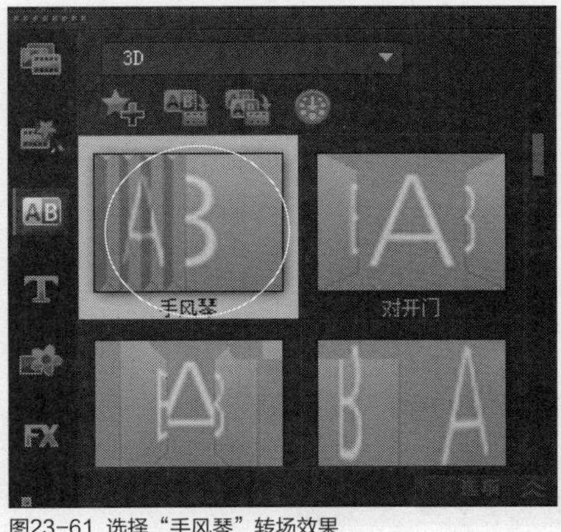

图23-61 选择“手风琴”转场效果

STEP 02 单击鼠标左键并拖曳至视频轨中照片素材5.jpg与照片素材6.jpg之间，添加“手风琴”转场效果，如图23-62所示。

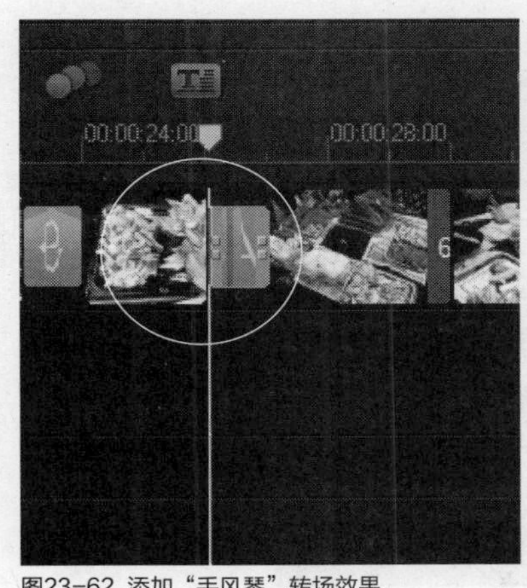

图23-62 添加“手风琴”转场效果

实战 542 制作“百叶窗”转场特效

▶实例位置：无
▶素材位置：上一例效果
▶视频位置：光盘\视频\第23章\实战542.mp4

• 实例介绍 •

在会声会影X7中，“百叶窗”转场效果是指素材A以百叶窗运动的方式进行过渡，然后显示素材B。下面向读者介绍应用“百叶窗”转场效果的操作方法。

• 操作步骤 •

STEP 01 打开“擦拭”转场素材库，在其中选择“百叶窗”转场效果，如图23-63所示。

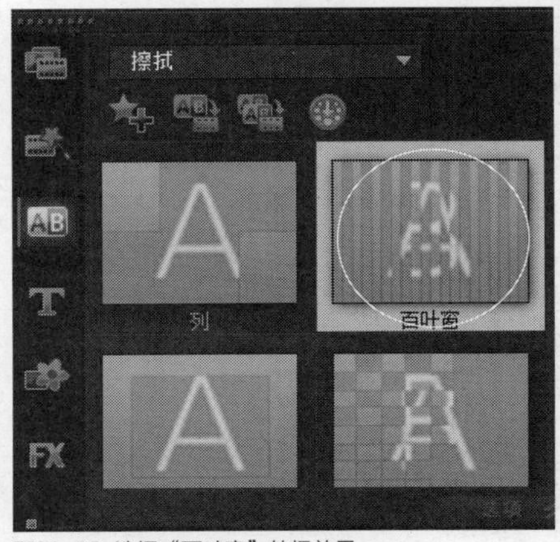

图23-63 选择“百叶窗”转场效果

STEP 02 单击鼠标左键并拖曳至视频轨中照片素材6.jpg与照片素材7.jpg之间，添加“百叶窗”转场效果，如图23-64所示。

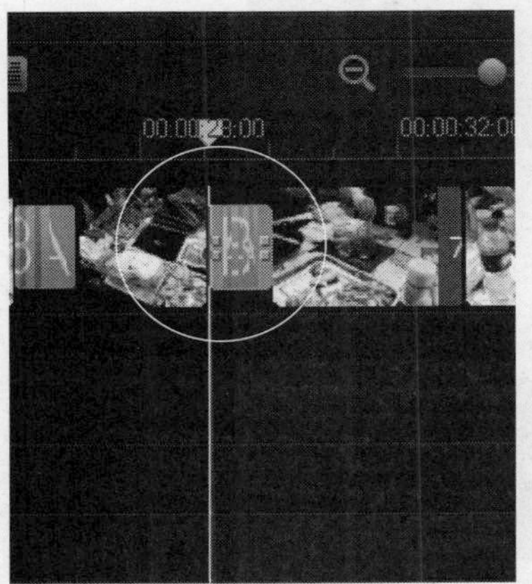

图23-64 添加“百叶窗”转场效果

实战 543 制作“单向”转场特效

▶实例位置：无
▶素材位置：上一例效果
▶视频位置：光盘\视频\第23章\实战543.mp4

• 实例介绍 •

在会声会影X7中，“单向”转场效果是指素材A单向卷动并逐渐显示素材B。下面向读者介绍应用“单向”转场的操作方法。

• 操作步骤 •

STEP 01 打开“转动”转场素材库，在其中选择“单向”转场效果，如图23-65所示。

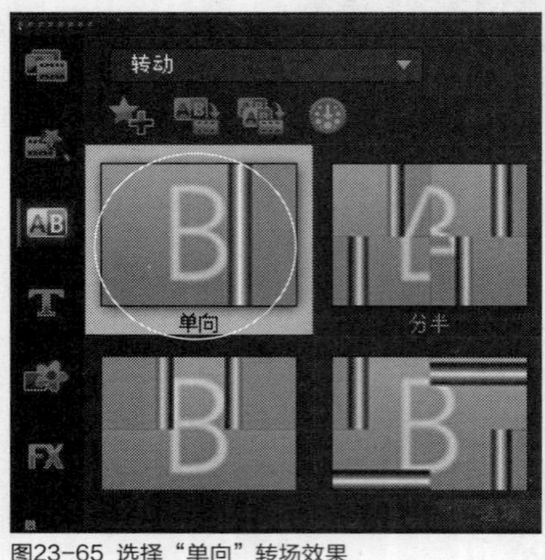

图23-65 选择“单向”转场效果

STEP 02 单击鼠标左键并拖曳至视频轨中照片素材7.jpg与照片素材8.jpg之间，添加“单向”转场效果，如图23-66所示。

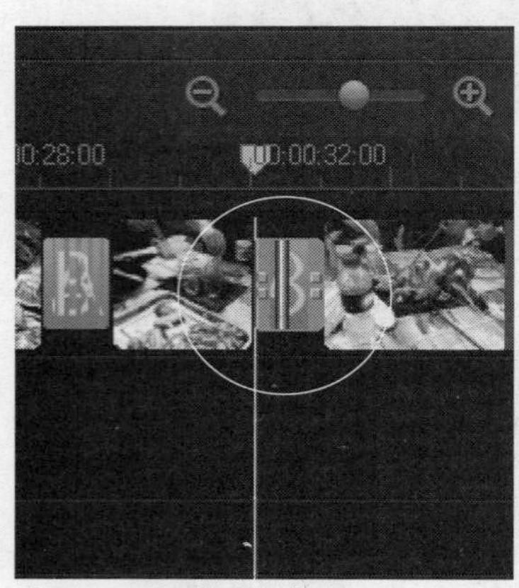

图23-66 添加“单向”转场效果

实战 544 制作“炫光”转场特效

▶实例位置：无
▶素材位置：上一例效果
▶视频位置：光盘\视频\第23章\实战544.mp4

• 实例介绍 •

下面向读者介绍制作“炫光”转场效果的操作方法。

• 操作步骤 •

STEP 01 打开“炫光”转场素材库，在其中选择“炫光”转场效果，如图23-67所示。

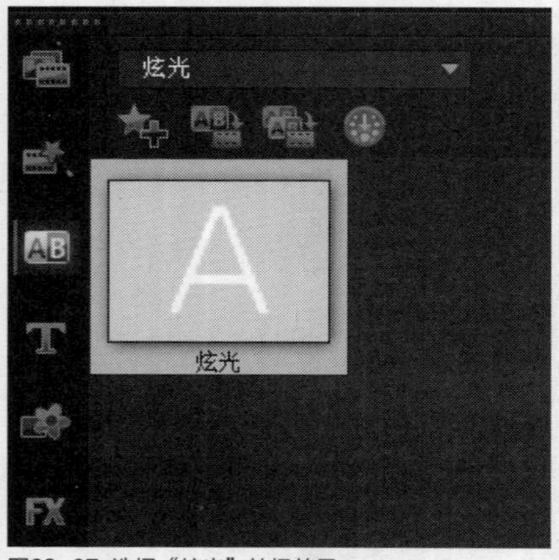

图23-67 选择“炫光”转场效果

STEP 02 单击鼠标左键并拖曳至视频轨中照片素材8.jpg与照片素材9.jpg之间，添加“炫光”转场效果，如图23-68所示。

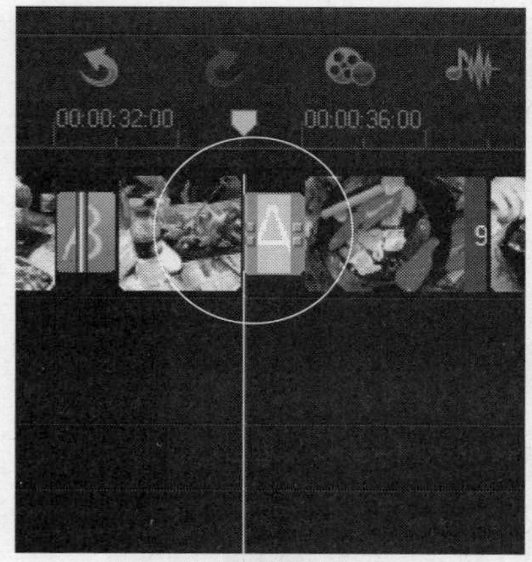

图23-68 添加“炫光”转场效果

实战 545 制作“翻页”转场特效

▶ 实例位置：无
▶ 素材位置：上一例效果
▶ 视频位置：光盘\视频\第23章\实战545.mp4

• 实例介绍 •

下面向读者介绍制作“翻页”转场效果的操作方法。

• 操作步骤 •

STEP 01 打开“剥落”转场素材库，在其中选择“翻页”转场效果，如图23-69所示。

STEP 02 单击鼠标左键并拖曳至视频轨中照片素材9.jpg与照片素材10.jpg之间，添加“翻页”转场效果，如图23-70所示。

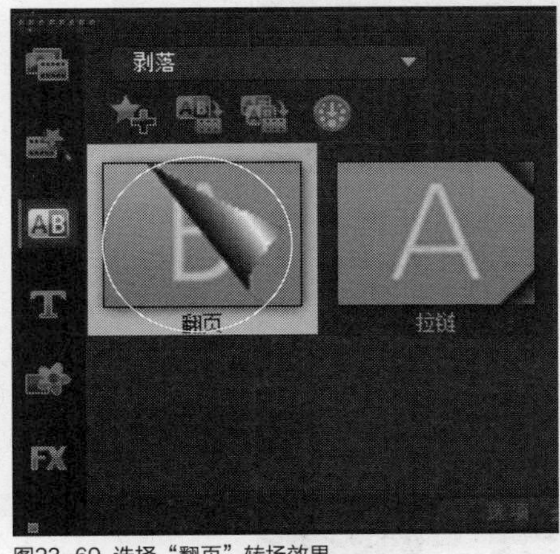

图23-69 选择“翻页”转场效果

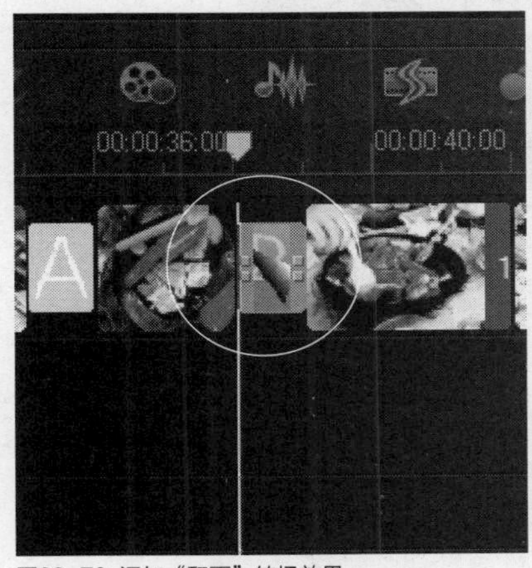

图23-70 添加“翻页”转场效果

实战 546 制作其他转场特效

▶ 实例位置：无
▶ 素材位置：上一例效果
▶ 视频位置：光盘\视频\第23章\实战546.mp4

• 实例介绍 •

本实例主要应用了“手风琴”、“移动并停止”、“星形”等转场效果。

• 操作步骤 •

STEP 01 打开3D转场素材库，在其中选择“手风琴”转场效果，如图23-71所示。

STEP 02 单击鼠标左键并拖曳至视频轨中照片素材10.jpg与照片素材11.jpg之间，添加“手风琴”转场效果，如图23-72所示。

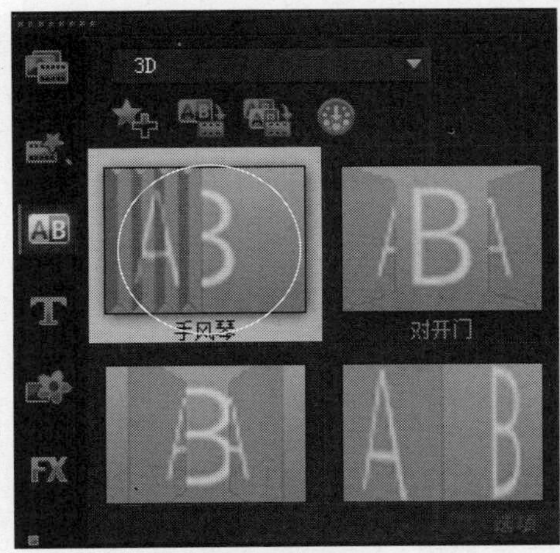

图23-71 选择“手风琴”转场效果

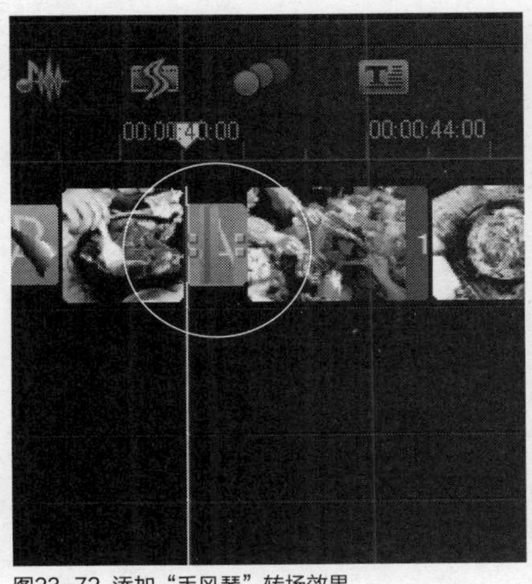

图23-72 添加“手风琴”转场效果

STEP 03 打开“推动”转场素材库，在其中选择“移动并停止”转场效果，如图23-73所示。

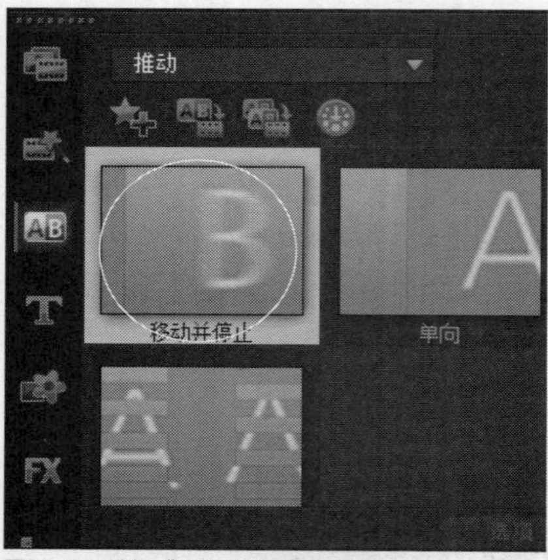

图23-73 选择“移动并停止”转场效果

STEP 04 单击鼠标左键并拖曳至视频轨中照片素材11.jpg与照片素材12.jpg之间，添加“移动并停止”转场效果，如图23-74所示。

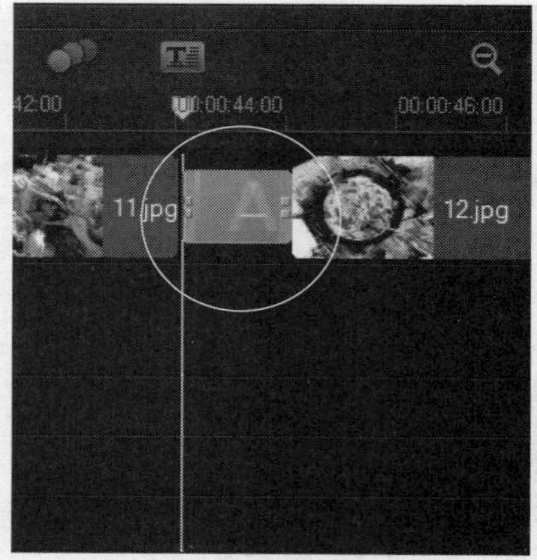

图23-74 添加“移动并停止”转场效果

STEP 05 打开“擦拭”转场素材库，在其中选择“星形”转场效果，如图23-75所示。

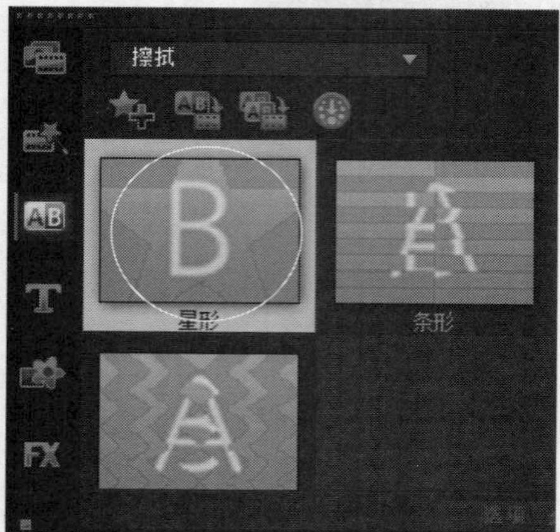

图23-75 选择“星形”转场效果

STEP 06 单击鼠标左键并拖曳至视频轨中照片素材12.jpg与照片素材13.jpg之间，添加“星形”转场效果，如图23-76所示。

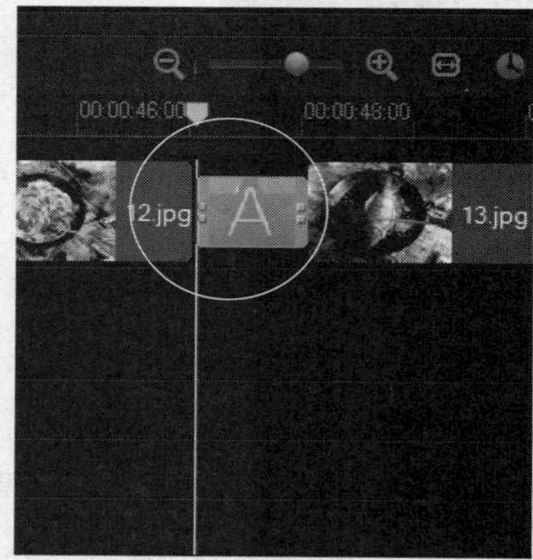

图23-76 添加“星形”转场效果

STEP 07 打开“剥落”转场素材库，在其中选择“拉链”转场效果，如图23-77所示。

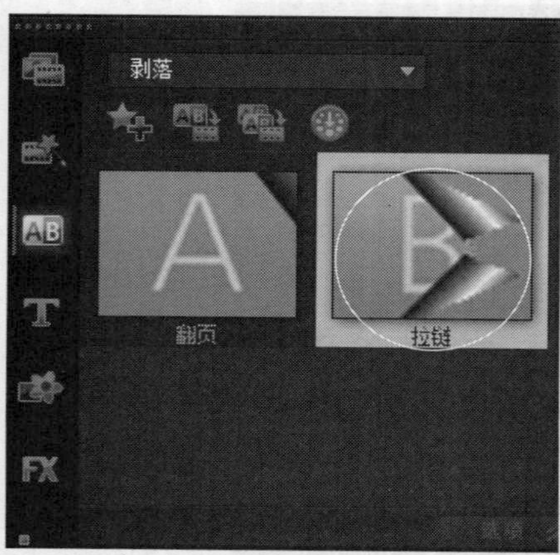

图23-77 选择“拉链”转场效果

STEP 08 单击鼠标左键并拖曳至视频轨中照片素材13.jpg与照片素材14.jpg之间，添加“拉链”转场效果，如图23-78所示。

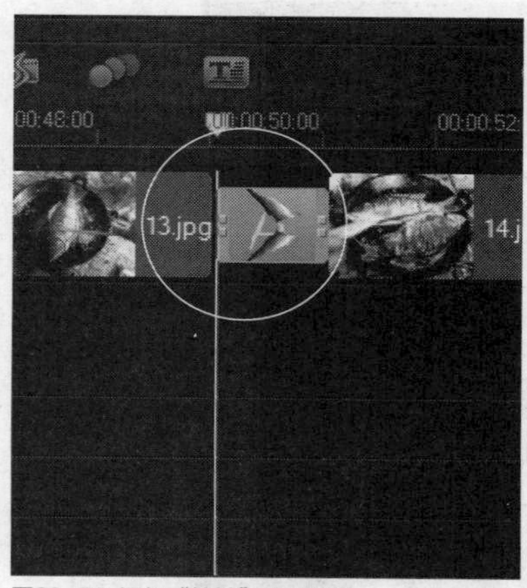

图23-78 添加“拉链”转场效果

STEP 09 打开“收藏夹”转场素材库，在其中选择“交错淡化”转场效果，如图23-79所示。

图23-79 选择“交错淡化”转场效果

STEP 10 单击鼠标左键并拖曳至视频轨中照片素材14.jpg与黑色色块之间、黑色色块与片尾素材之间，添加“交错淡化”转场效果，如图23-80所示。

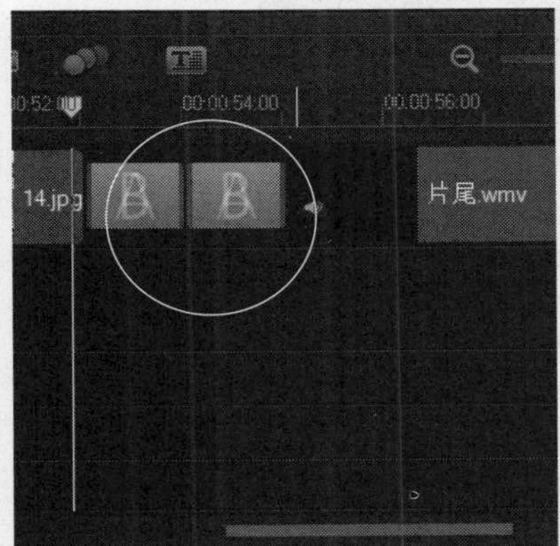

图23-80 添加“交错淡化”转场效果

STEP 11 单击导览面板中的“播放”按钮，预览制作的烧烤视频转场效果，如图23-81所示。

图23-81 预览烧烤视频转场效果

实战 547 制作片头片尾特效

▶实例位置：无
▶素材位置：光盘\素材\第23章\15.jpg、16.jpg、片头.wmv、片尾.wmv
▶视频位置：光盘\视频\第23章\实战547.mp4

• 实例介绍 •

在编辑视频的过程中，片头与片尾动画是相对应的，视频以什么样的动画开始播放，应当配以什么样的动画结尾。

• 操作步骤 •

STEP 01 在时间轴面板中，将时间线移至00:00:01:08的位置处，如图23-82所示。

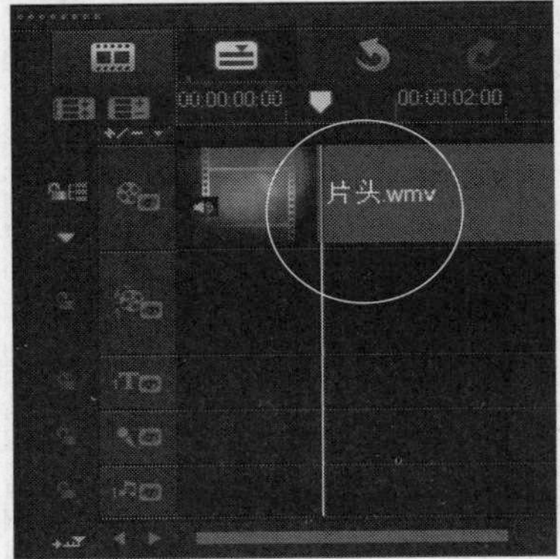

图23-82 移动时间线

STEP 02 在“媒体”素材库中，选择照片素材15.jpg，如图23-83所示。

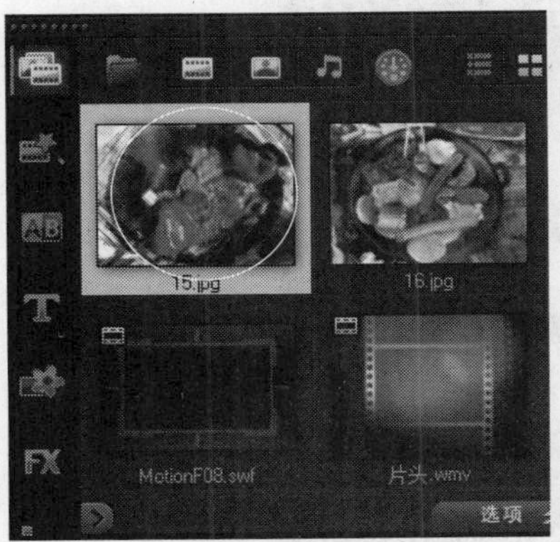

图23-83 选择照片素材15.jpg

STEP 03 在选择的素材上，单击鼠标左键并将其拖曳至覆叠轨中的时间线位置，如图23-84所示。

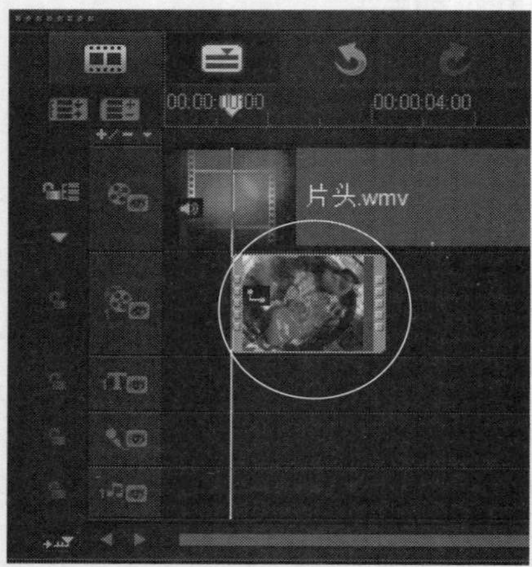

图23-84 拖曳至覆叠轨中的时间线位置

STEP 04 在“编辑”选项面板中设置覆叠的“照片区间”为0:00:08:00，如图23-85所示。

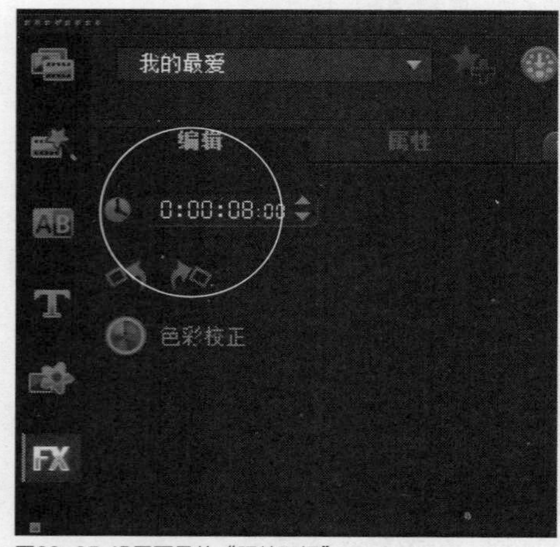

图23-85 设置覆叠的“照片区间”

STEP 05 执行上述操作后，即可更改覆叠素材的区间长度，如图23-86所示。

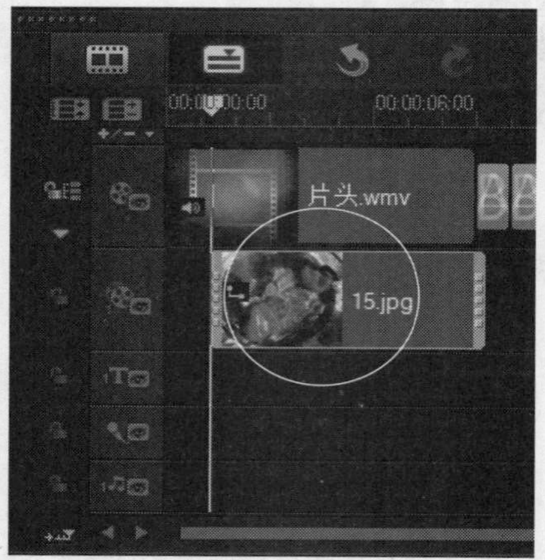

图23-86 更改覆叠素材的区间长度

STEP 06 打开“属性”选项面板，在其中单击“从下方进入”按钮和“淡入动画效果”按钮，如图23-87所示，设置覆叠素材的淡入动画效果。

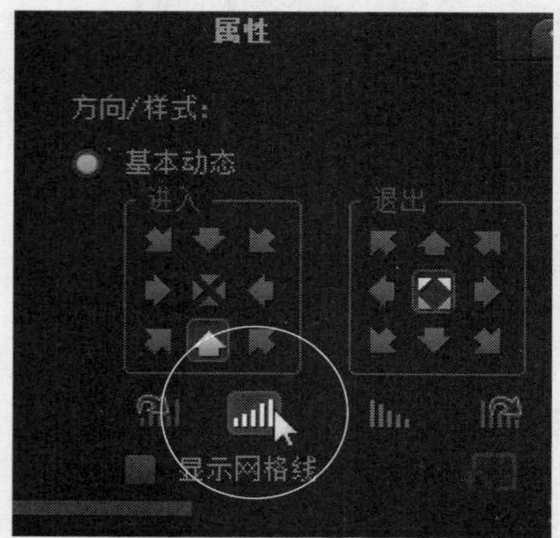

图23-87 单击“淡入动画效果”按钮

STEP 07 单击“遮罩和色度键”按钮，弹出相应的选项面板，在其中选中“应用覆叠选项”复选框，设置“类型”为“遮罩帧”，在右侧的下拉列表框中选择倒数第2个遮罩样式，如图23-88所示。

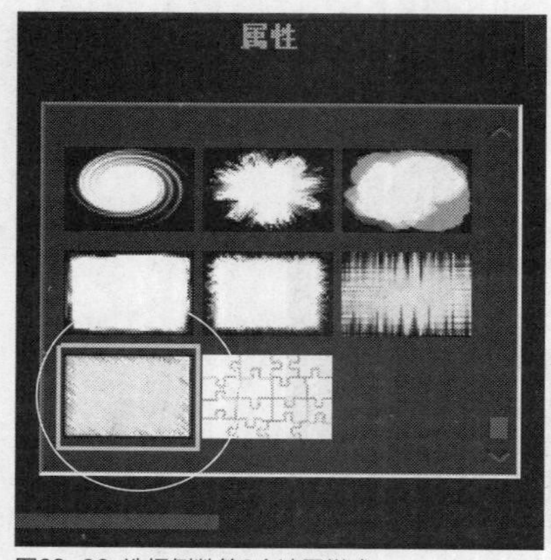

图23-88 选择倒数第2个遮罩样式

STEP 08 设置覆叠素材遮罩特效后，在预览窗口中可以预览覆叠素材的形状，如图23-89所示。

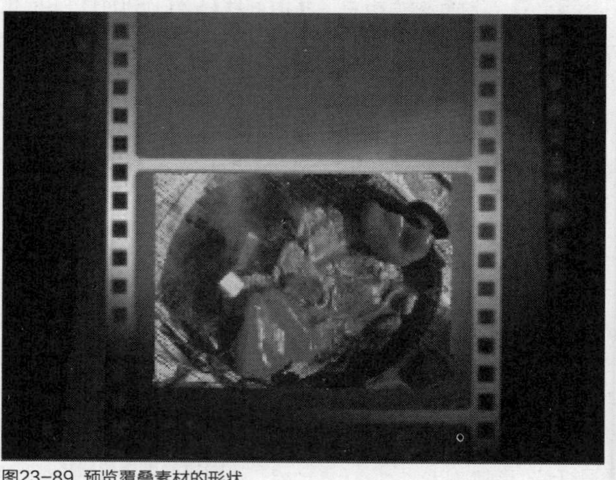
图23-89 预览覆叠素材的形状

STEP 09 拖曳素材四周的黄色控制柄，调整覆叠素材的大小和位置，在预览窗口下方拖曳“暂停区间”标记至00:00:03:02的位置处，调整素材淡入与淡出运动区间长度，如图23-90所示。

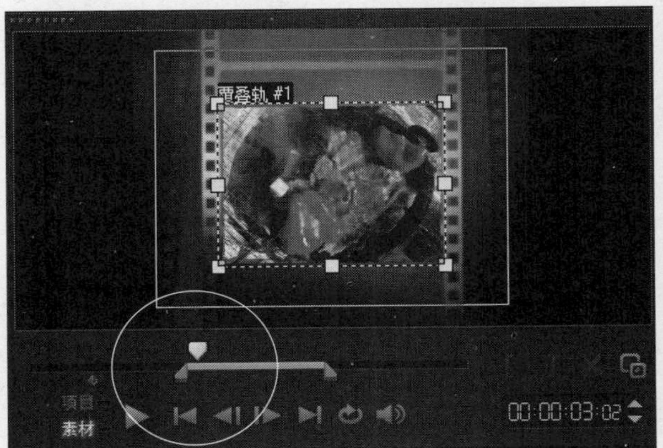

图23-90 拖曳“暂停区间”标记

STEP 10 单击导览面板中的“播放”按钮，预览制作的烧烤视频片头动画效果，如图23-91所示。

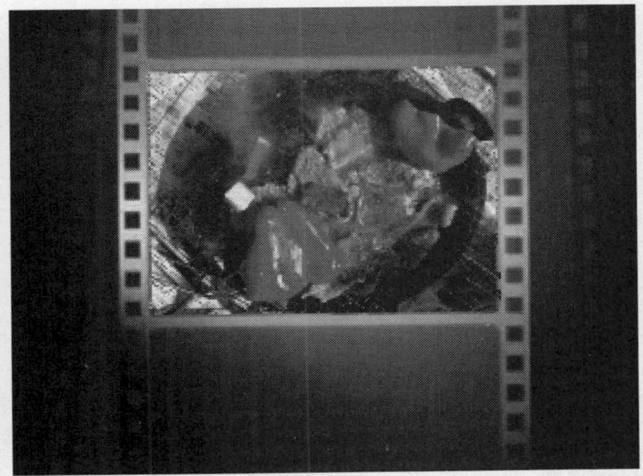
图23-91 预览烧烤视频片头动画效果

STEP 11 在时间轴面板中，将时间线移至00:00:55:02的位置处，如图23-92所示。

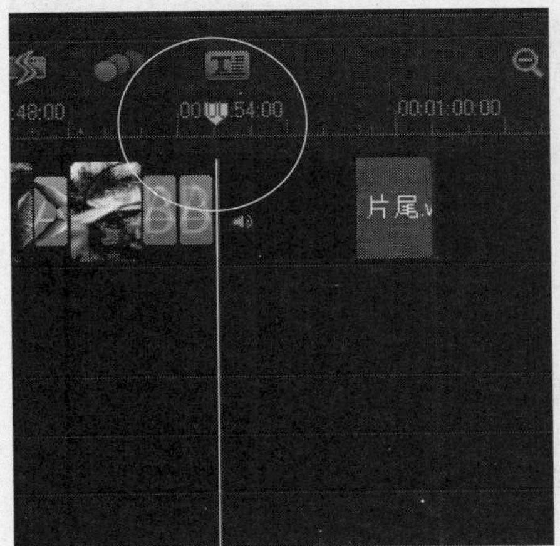

图23-92 移动时间线

STEP 12 将素材库中的照片素材16.jpg添加至覆叠轨中的时间线位置，如图23-93所示。

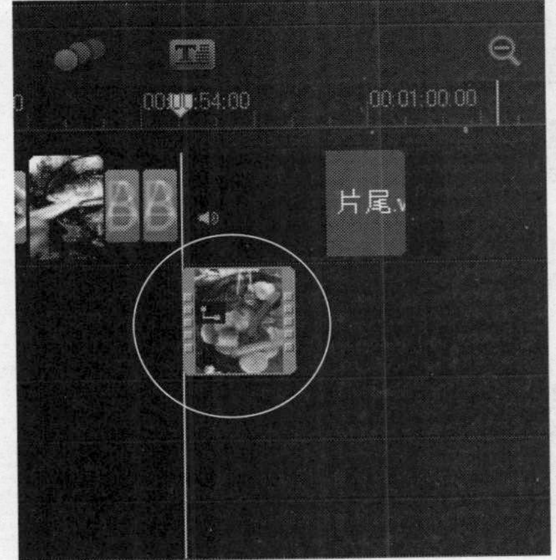

图23-93 添加至覆叠轨中的时间线位置

STEP 13 在“编辑”选项面板中，设置覆叠的“照片区间”为0:00:06:01，如图23-94所示。

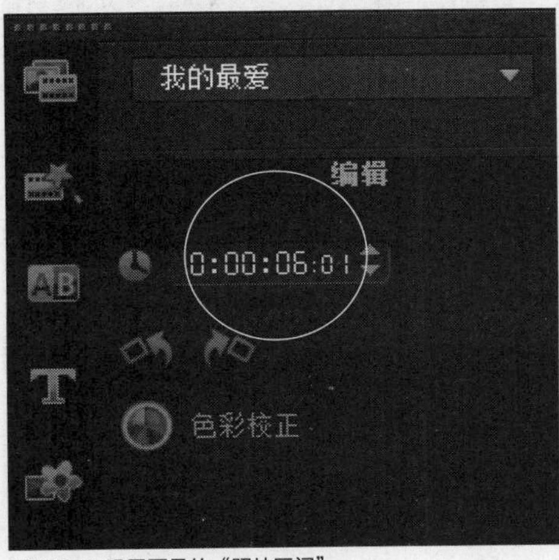

图23-94 设置覆叠的“照片区间”

STEP 14 执行上述操作后，即可更改覆叠素材的区间长度，如图23-95所示。

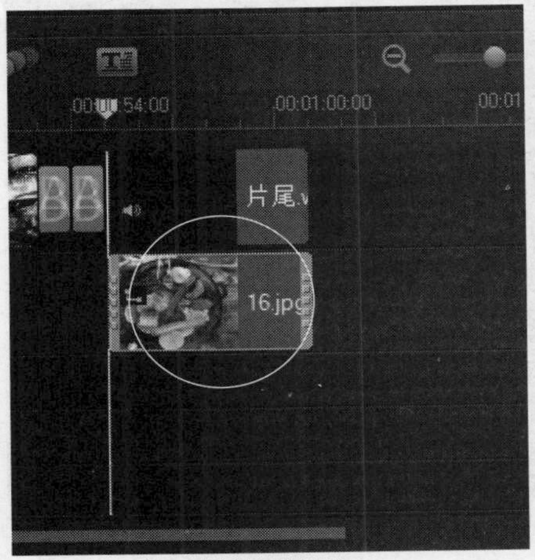

图23-95 更改覆叠素材的区间长度

STEP 15 打开"编辑"选项面板，在其中选中"应用摇动和缩放"复选框，单击"自定义"左侧的下三角按钮，在弹出的列表框中选择第1排第1个摇动和缩放样式，如图23-96所示。

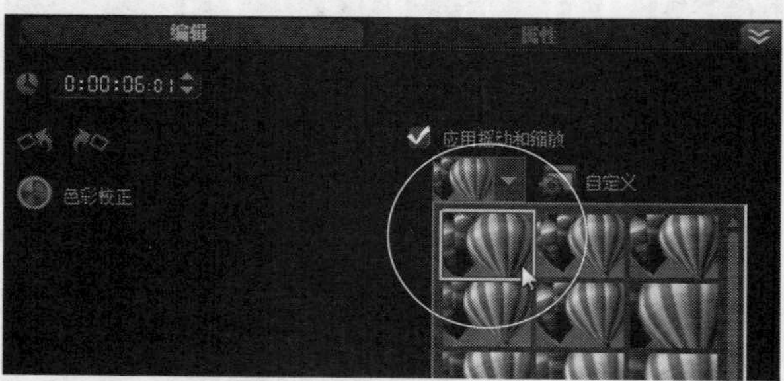

图23-96 选择相应摇动和缩放样式

STEP 16 打开"属性"选项面板，在其中单击"淡入动画效果"按钮和"淡出动画效果"按钮，如图23-97所示，设置覆叠素材的淡入和淡出动画效果。

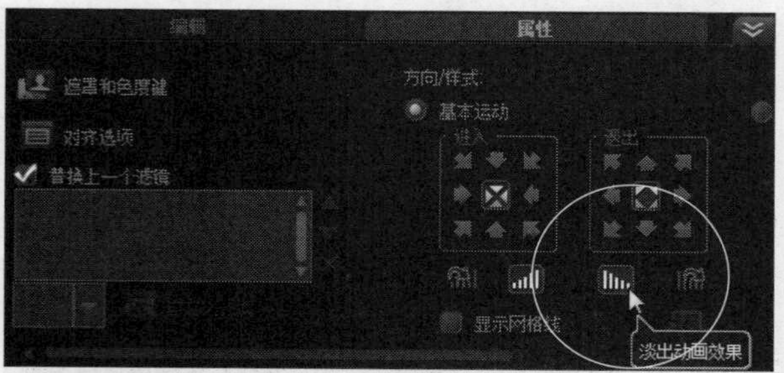

图23-97 单击"淡出动画效果"按钮

STEP 17 单击"遮罩和色度键"按钮，弹出相应的选项面板，在其中选中"应用覆叠选项"复选框，设置"类型"为"遮罩帧"，在右侧的下拉列表框中选择倒数第3排第1个遮罩样式，如图23-98所示。

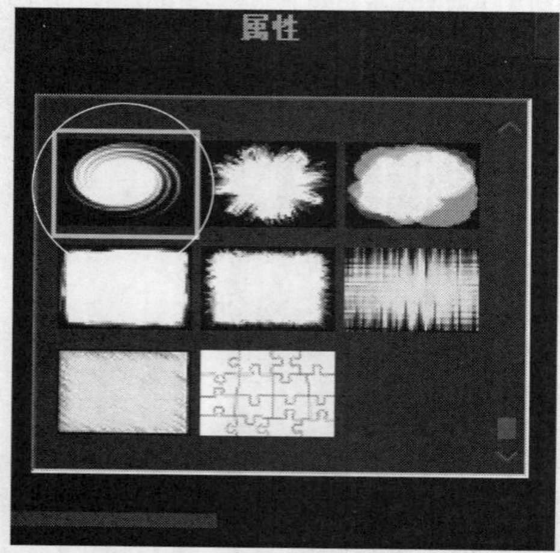

图23-98 选择遮罩样式

STEP 18 设置覆叠素材遮罩特效后，在预览窗口中可以预览覆叠素材的形状，如图23-99所示。

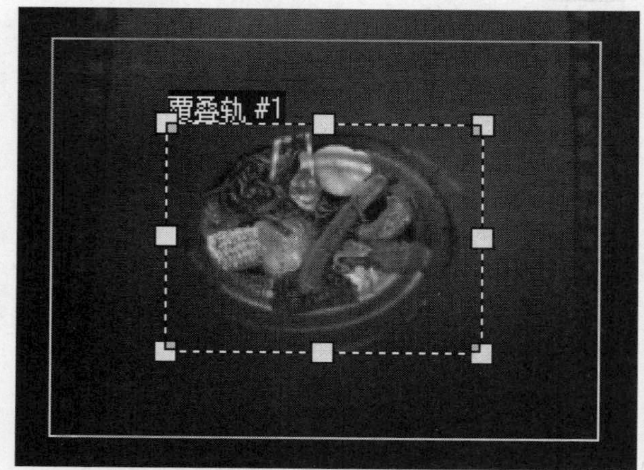

图23-99 预览覆叠素材的形状

STEP 19 拖曳素材四周的黄色控制柄，调整覆叠素材的大小和位置，如图23-100所示。

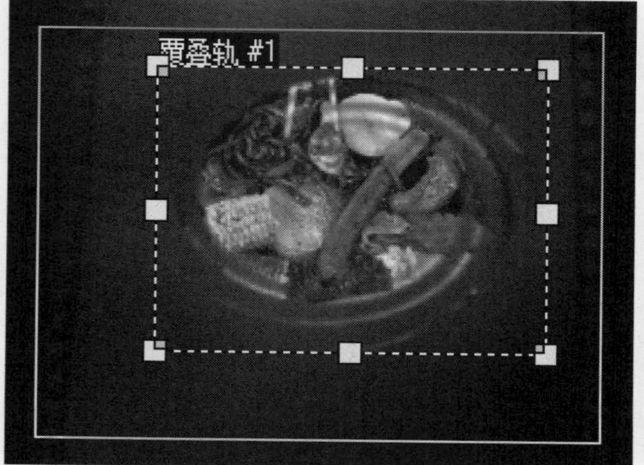

图23-100 调整覆叠素材的大小和位置

STEP 20 单击导览面板中的"播放"按钮，预览烧烤视频片尾动画效果，如图23-101所示。

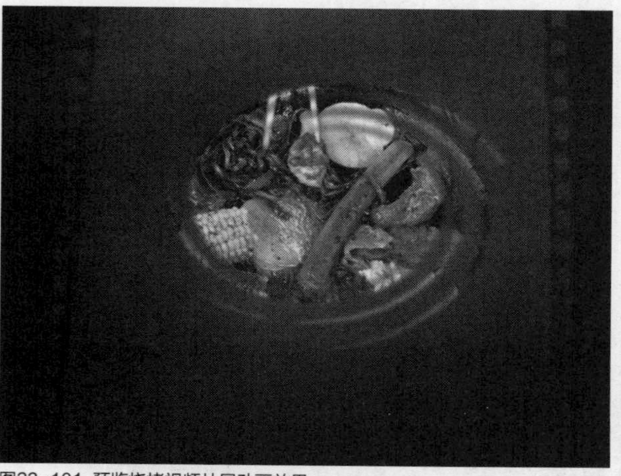
图23-101 预览烧烤视频片尾动画效果

实战 548 制作烧烤边框特效

▶实例位置：无
▶素材位置：光盘\素材\第23章\FL-F04.swf
▶视频位置：光盘\视频\第23章\实战548.mp4

• 实例介绍 •

在编辑视频的过程中，为素材添加相应的边框效果，可以使制作的视频内容更加丰富，起到美化视频的作用。

• 操作步骤 •

STEP 01 在时间轴面板中，将时间线移至00:00:10:02的位置处，如图23-102所示。

STEP 02 在会声会影编辑器的右上方位置，单击“图形”按钮，切换至“图形”选项卡，单击窗口上方的“画廊”按钮，在弹出的列表框中选择“Flash动画”选项，如图23-103所示。

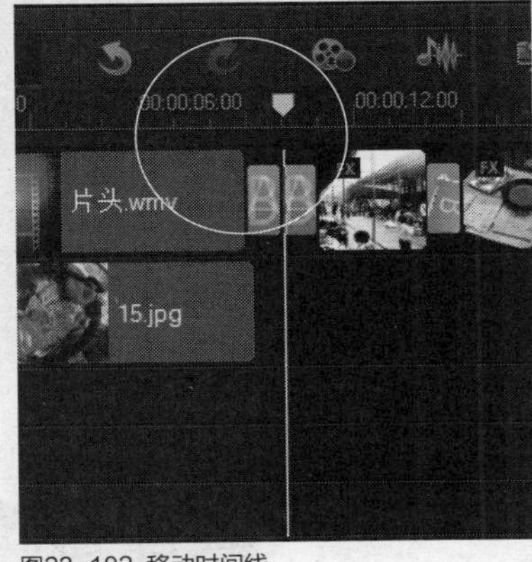

图23-102 移动时间线

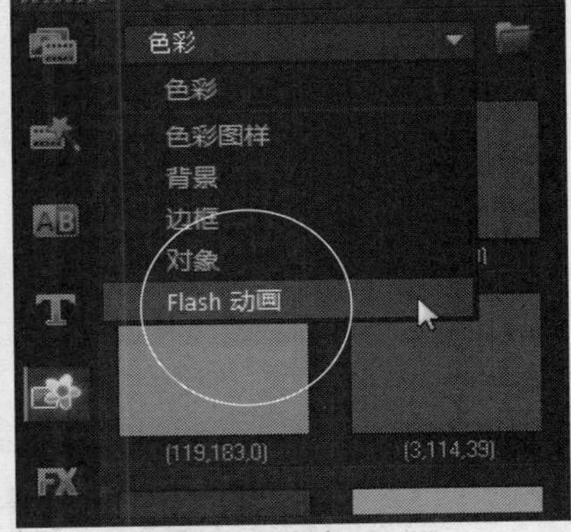

图23-103 选择“Flash动画”选项

STEP 03 打开“Flash动画”素材库，在其中选择FL-F04的Flash动画素材，如图23-104所示。

STEP 04 在选择的Flash动画素材上，单击鼠标左键并将其拖曳至覆叠轨1中的时间线位置，如图23-105所示。

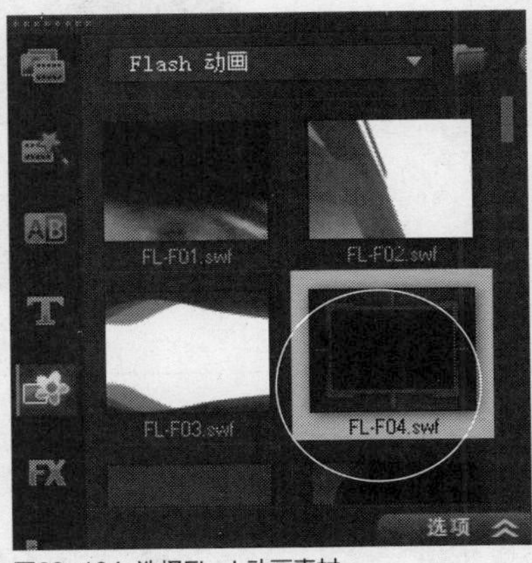

图23-104 选择Flash动画素材

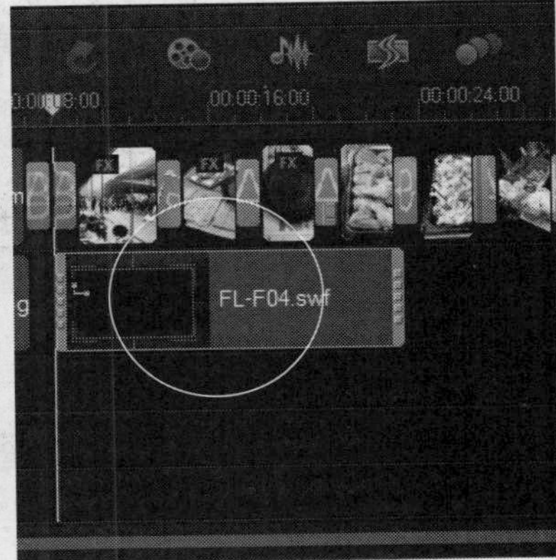

图23-105 拖曳至时间线位置

STEP 05 在“编辑”选项面板中，设置动画素材的“视频区间”为0:00:02:00，如图23-106所示。

STEP 06 执行操作后，即可更改动画素材的区间长度为2秒，如图23-107所示，打开“属性”选项面板，在其中单击“淡入动画效果”按钮，设置动画素材淡入特效。

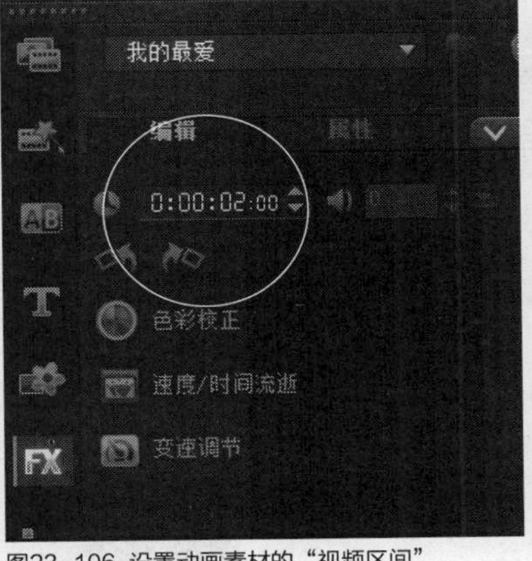

图23-106 设置动画素材的“视频区间”

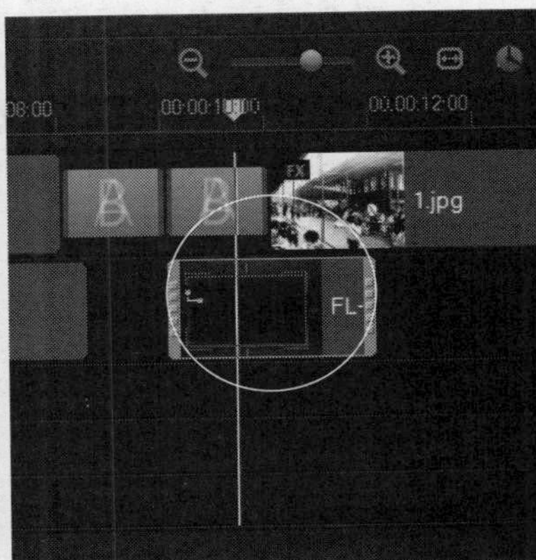

图23-107 区间长度为2秒

STEP 07 用相同的方法，在0:00:12:02的位置处再次添加一个相同的Flash动画素材，如图23-108所示。

图23-108 添加Flash动画素材

STEP 08 用相同的方法，再次添加3个相同的Flash动画素材，并设置最后一个Flash动画素材的区间为0:00:01:23，覆叠轨素材如图23-109所示，打开“属性”选项面板，在其中单击“淡出动画效果”按钮，设置动画素材淡出特效。

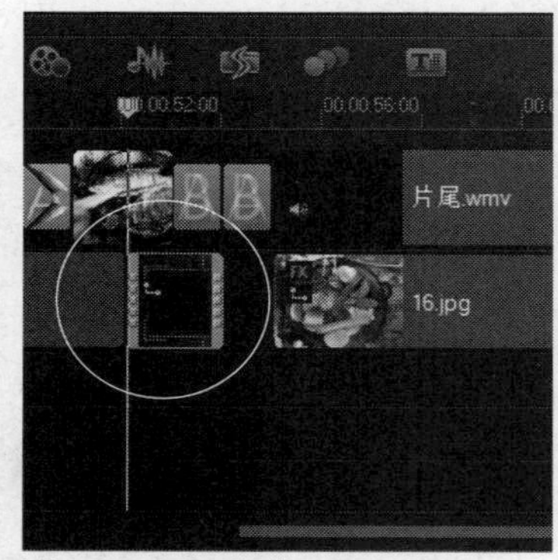

图23-109 设置区间为0:00:01:23

STEP 09 在导览面板中单击“播放”按钮，预览动画素材装饰效果，如图23-110所示。至此，视频边框动画制作完成。

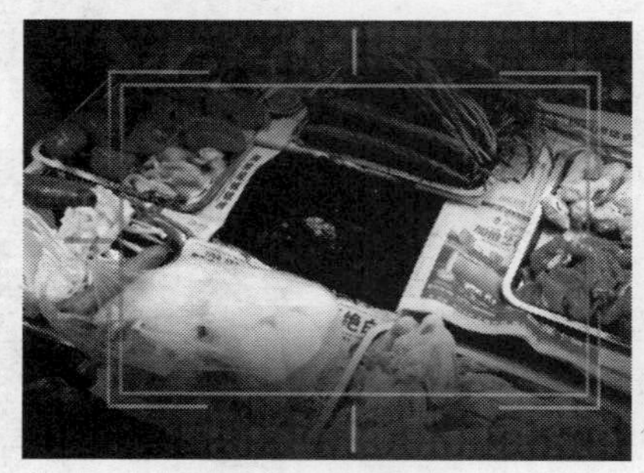

图23-110 预览动画素材装饰效果

实战 549 制作标题字幕动画

▶实例位置：无
▶素材位置：上一例效果
▶视频位置：光盘\视频\第23章\实战549.mp4

• 实例介绍 •

在会声会影X7中，单击“标题”按钮，切换至“标题”素材库，用户可在其中根据需要输入并编辑多个标题字幕。

• 操作步骤 •

STEP 01 在时间轴面板中，将时间线移至00:00:04:11的位置处，如图23-111所示。

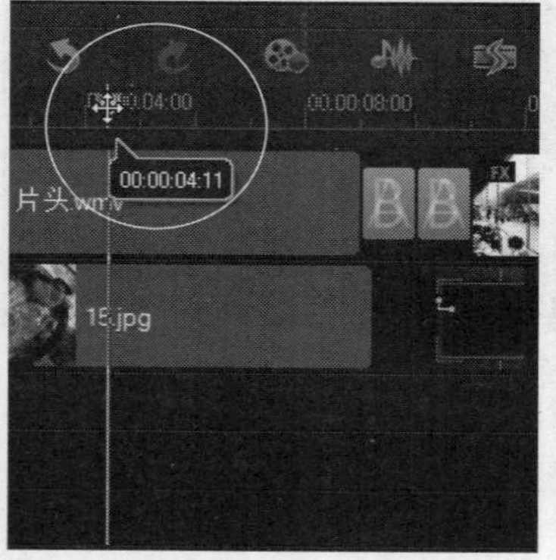

图23-111 移动时间线

STEP 02 在编辑器的右上方位置，单击“标题”按钮，进入“标题”素材库，如图23-112所示。

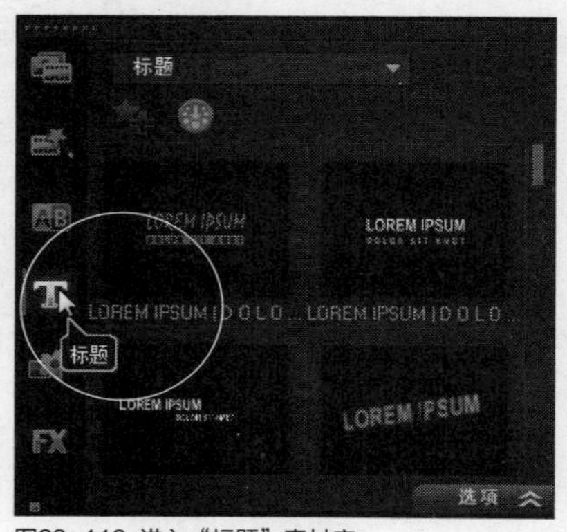

图23-112 进入“标题”素材库

STEP 03 在预览窗口中，显示“双击这里可以添加标题”字样，如图23-113所示。

图23-113 显示字样

STEP 04 在预览窗口中的字样上，双击鼠标左键，输入文本“美食回味”，如图23-114所示。

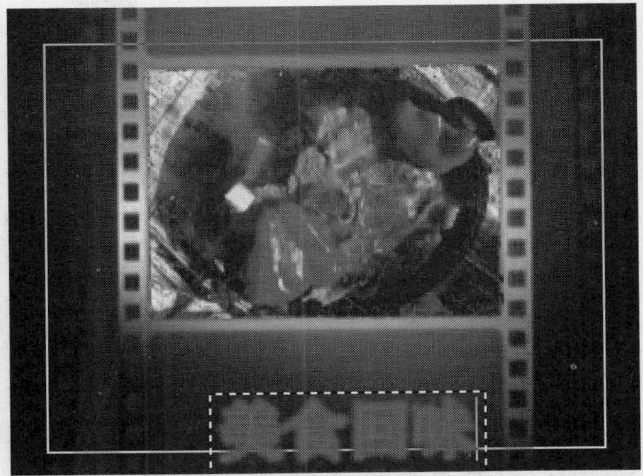

图23-114 输入文本“美食回味”

STEP 05 字幕创建完成后，在标题轨中显示了刚创建的字幕文件，如图23-115所示。

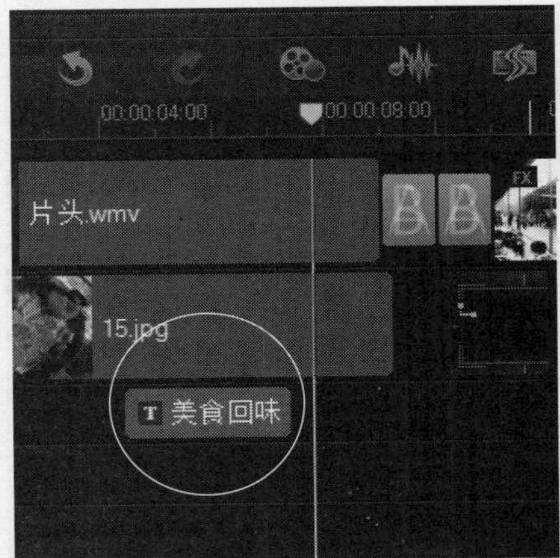

图23-115 显示刚创建的字幕文件

STEP 06 在“编辑”选项面板中，更改字幕的“区间”为0:00:04:22，如图23-116所示。

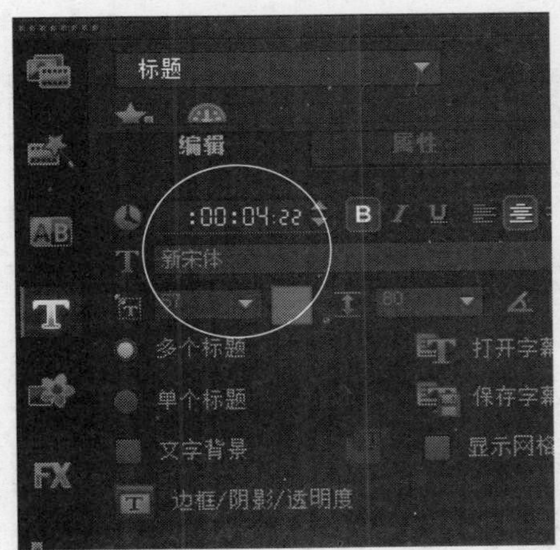

图23-116 更改字幕的“区间”

STEP 07 在时间轴面板的标题轨中，可以查看更改区间后的字幕文件，如图23-117所示。

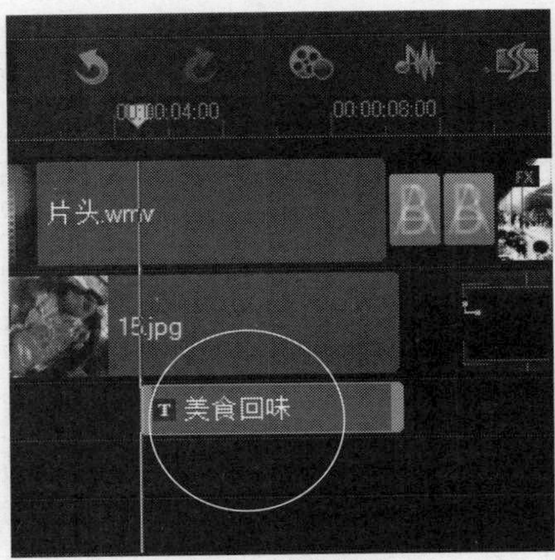

图23-117 查看更改区间后的字幕文件

STEP 08 选择输入的文本内容，打开“编辑”选项面板，单击“字体”右侧的下三角按钮，在弹出的列表框中选择“方正卡通简体”选项，如图23-118所示，设置标题字幕字体效果。

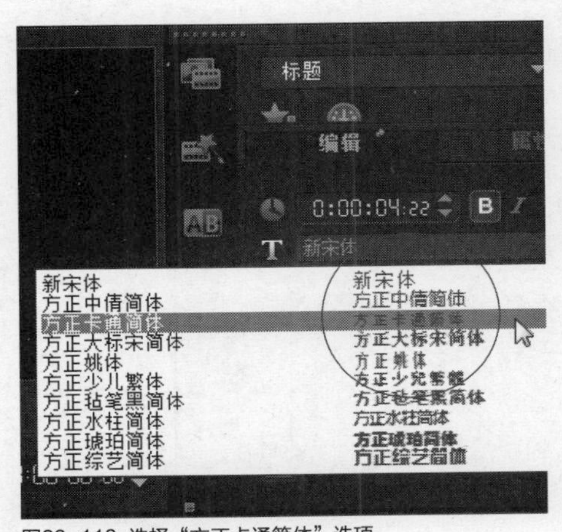

图23-118 选择“方正卡通简体”选项

STEP 09 执行操作后，即可更改标题字幕的字体样式，效果如图23-119所示。

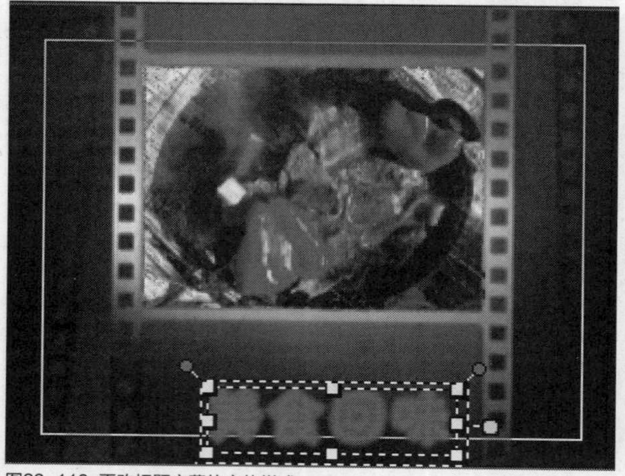

图23-119 更改标题字幕的字体样式

STEP 10 在“编辑”选项面板中单击“字体大小”右侧的下三角按钮，在弹出的列表框中选择65选项，设置字体大小；单击“色彩”色块，在弹出的颜色面板中选择黄色，设置字体颜色，如图23-120所示。

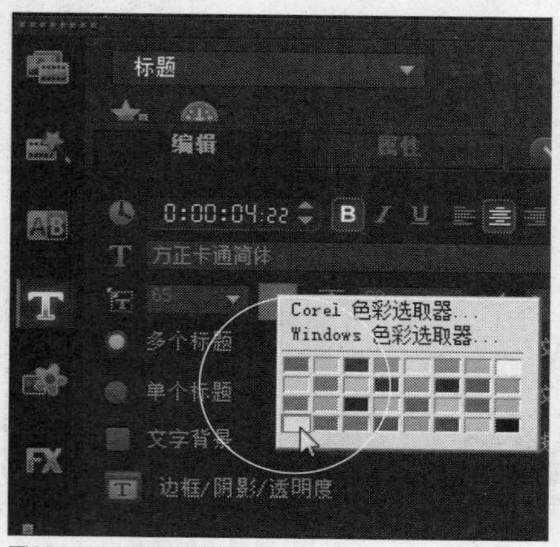

图23-120 设置字体颜色

STEP 11 在预览窗口中，可以预览更改字体颜色后的字幕效果，如图23-121所示。

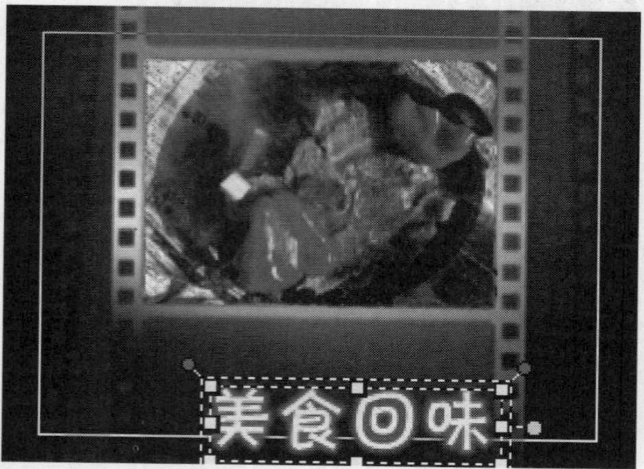

图23-121 预览字幕效果

STEP 12 在“编辑”选项面板中，单击“边框/阴影/透明度”按钮，如图23-122所示。

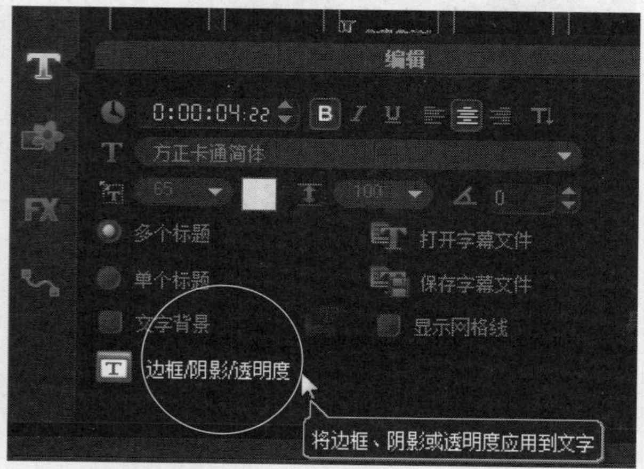

图23-122 单击“边框/阴影/透明度”按钮

STEP 13 弹出“边框/阴影/透明度”对话框，切换至“阴影”选项卡，单击“下垂阴影”按钮，设置“下垂阴影透明度”为20，如图23-123所示。

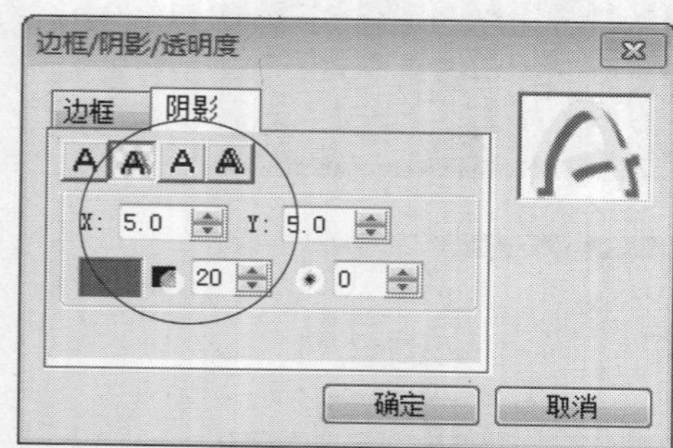

图23-123 设置“下垂阴影透明度”为20

STEP 14 设置完成后，单击“确定”按钮，在预览窗口中，可以预览设置字幕边框/阴影/透明度后的效果，如图23-124所示。

图23-124 预览设置字幕边框/阴影/透明度后的效果

STEP 15 切换至“属性”选项面板，选中“动画”单选按钮和“应用”复选框，设置“选取动画类型”为“淡化”，在下方选择第1排第2个动画样式，如图23-125所示。

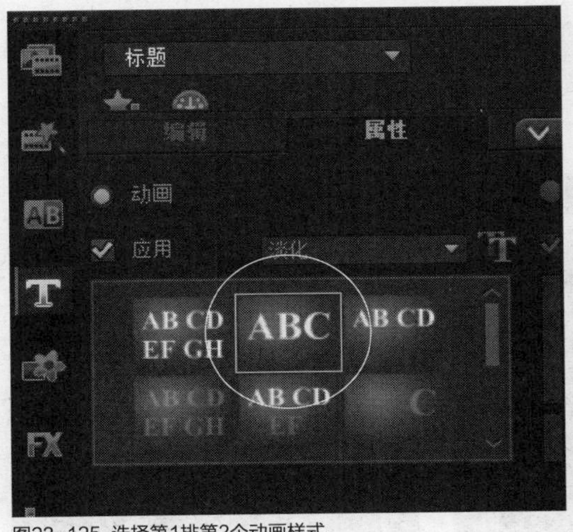

图23-125 选择第1排第2个动画样式

STEP 16 在导览面板中，单击“播放”按钮，预览制作的片头字幕动画效果，如图23-126所示。

图23-126 预览片头字幕动画效果

STEP 17 将时间线移至00:00:11:02的位置处，输入文本内容为“朋友聚餐”，设置“选取动画类型”为“摇摆”，在下方选择第2排第1个动画样式；在00:00:15:02的位置处，输入文本内容为“烧烤餐具”，设置“选取动画类型”为“弹出”；在00:00:21:02的位置处，输入文本内容为“准备菜食”，设置“选取动画类型”为“翻转”；在00:00:30:02的位置处，输入文本内容为“齐聚烤肉”，设置“选取动画类型”为“下降”，在下方选择第1排第2个动画样式；在00:00:36:02的位置处，输入文本内容为“香辣可口”，设置“选取动画类型”为“移动路径”；在00:00:45:02的位置处，输入文本内容为“色彩丰富”，设置“选取动画类型”为“移动路径”，设置字体全部为“华康少女文字”，字体颜色为白色，阴影类型为“光晕阴影”，“光晕阴影色彩”为第1排第3个；将时间线移至00:00:57:02的位置处，输入文本内容为“齐聚烧烤，青春留恋！”，设置区间为0:00:04:01，设置“选取动画类型”为“淡化”，设置字体为“方正卡通简体”，字体颜色为黄色，阴影类型为“下垂阴影”，设置完成后，可以在导览面板中预览视频画面效果，如图23-127所示。

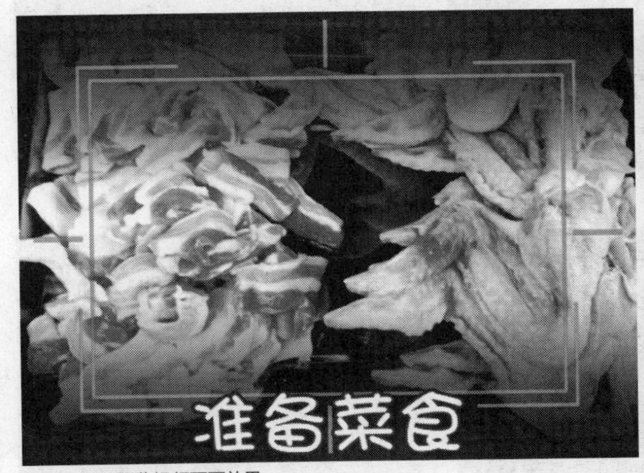

图23-127 预览视频画面效果

23.3 视频后期处理

编辑完视频效果后，接下来需要对视频进行后期编辑与输出，使制作的视频效果更加完美。下面介绍制作烧烤视频的背景音乐特效和渲染输出烧烤视频的方法。

实战550 制作视频背景音乐

▶实例位置：无
▶素材位置：光盘\素材\第23章\音乐.mp3
▶视频位置：光盘\视频\第23章\实战550.mp4

• 实例介绍 •

在会声会影X7中，用户可以将素材库中的音频文件直接添加至时间轴面板的音乐轨中。下面介绍制作视频背景音效的操作方法。

• 操作步骤 •

STEP 01 在时间轴面板中，将时间线移至视频轨中的开始位置，如图23-128所示。

STEP 02 在“媒体”素材库中，选择“音乐.mp3”音频素材，如图23-129所示。

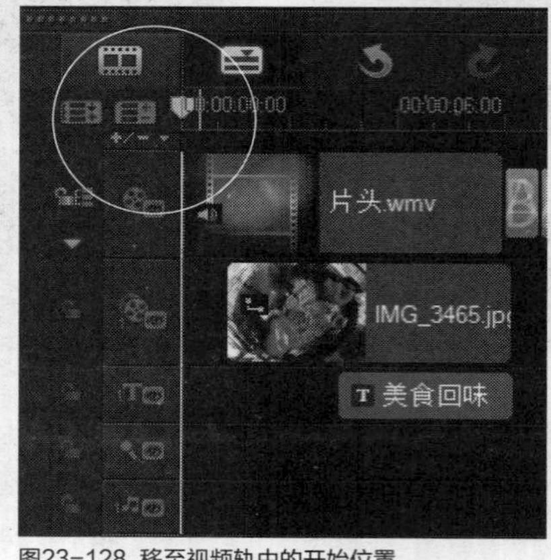

图23-128 移至视频轨中的开始位置

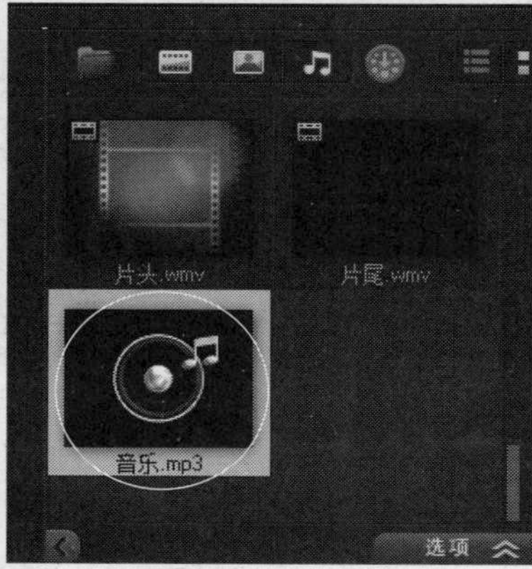

图23-129 选择音频素材

STEP 03 单击鼠标左键并拖曳至音乐轨中的开始位置，为视频添加背景音乐，如图23-130所示。

STEP 04 在时间轴面板中，将时间线移至00:01:01:03的位置处，如图23-131所示。

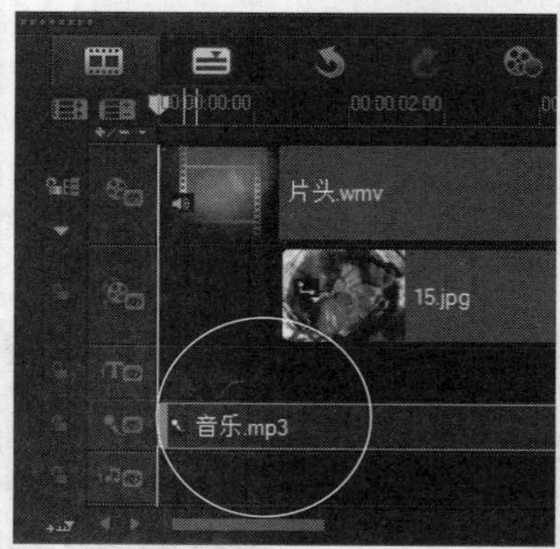

图23-130 添加背景音乐

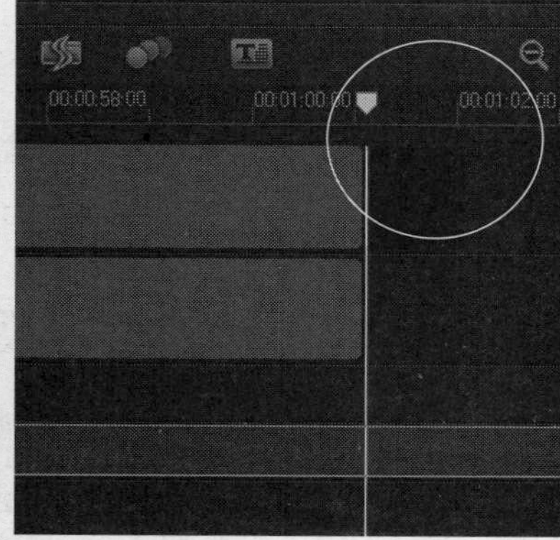

图23-131 移动时间线

STEP 05 选择音乐轨中的素材，单击鼠标右键，在弹出的快捷菜单中选择“分割素材”选项，如图23-132所示。

STEP 06 执行操作后，即可将音乐素材分割为两段，如图23-133所示。

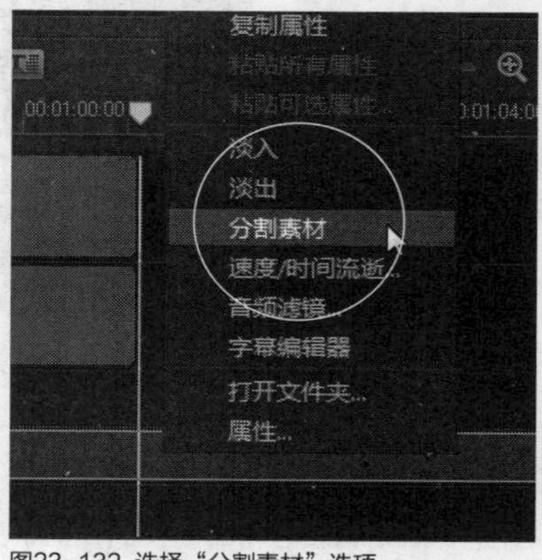

图23-132 选择“分割素材”选项

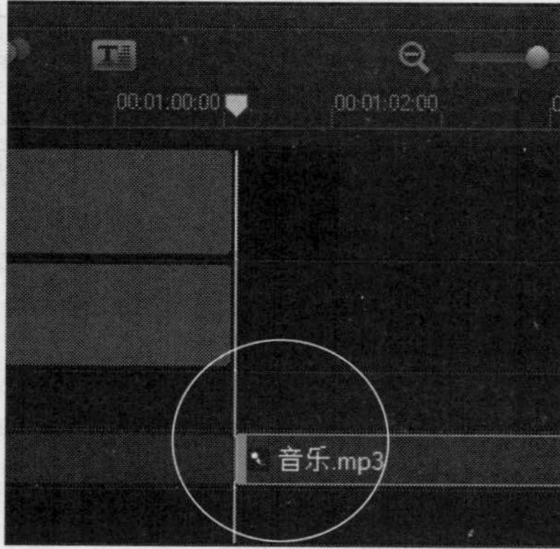

图23-133 将音乐素材分割为两段

STEP 07 选择分割的后段音频素材，按【Delete】键进行删除操作，留下剪辑后的音频素材，如图23-134所示。

图23-134　留下剪辑后的音频素材

STEP 08 在音乐轨中，选择剪辑后的音频素材，打开“音乐和语音”选项面板，在其中单击“淡入”和“淡出”按钮，如图23-135所示，设置背景音乐的淡入和淡出特效，在导览面板中单击“播放”按钮，预览视频画面并聆听背景音乐的声音。

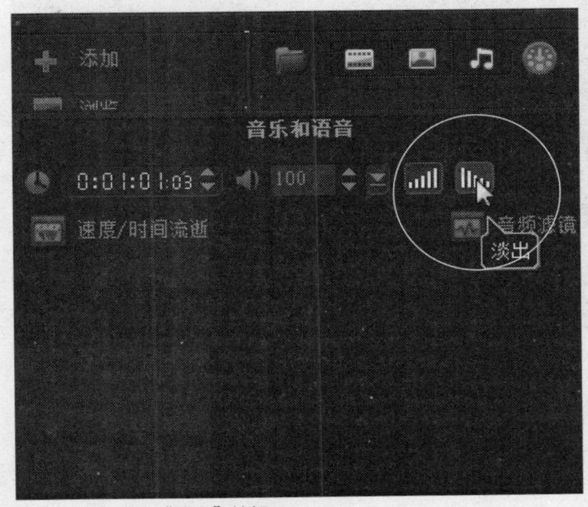

图23-135　单击“淡出”按钮

实战 551　输出美食回味视频

▶ 实例位置：光盘\效果\第23章\生活记录——《美食回味》.mpg
▶ 素材位置：上一例效果
▶ 视频位置：光盘\视频\第23章\实战551.mp4

• 实例介绍 •

创建并保存视频文件后，用户即可对其进行渲染。渲染时间是根据编辑项目的长短以及计算机配置的高低而略有不同。下面介绍输出烧烤生活视频文件的操作方法。

• 操作步骤 •

STEP 01 单击界面上方的“输出”标签，执行操作后，即可切换至“输出”步骤面板，如图23-136所示。

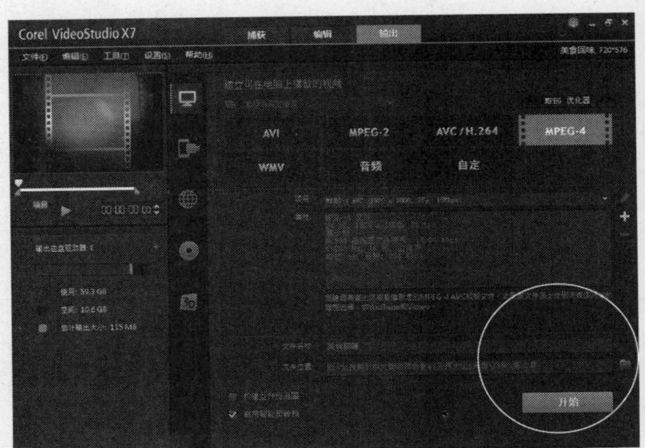

图23-136　切换至“输出”步骤面板

STEP 02 在上方面板中，选择MPEG-2选项，在“项目”右侧的下拉列表中，选择第2个选项，如图23-137所示。

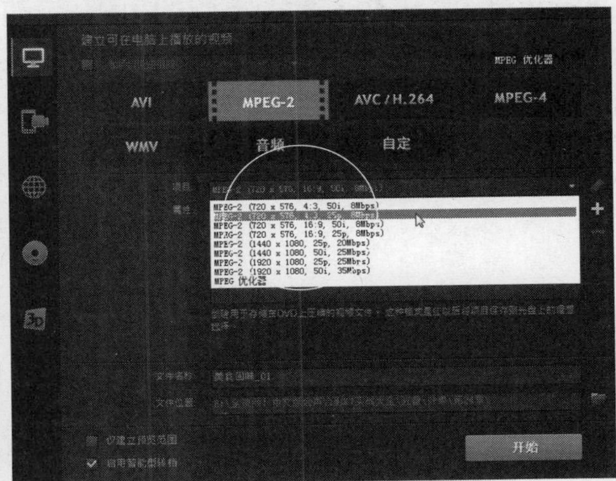

图23-137　选择第2个选项

STEP 03 在下方面板中，单击“文件位置”右侧的“浏览”按钮，如图23-138所示。

STEP 04 弹出“浏览”对话框，在其中设置视频文件的输出名称与输出位置，如图23-139所示。

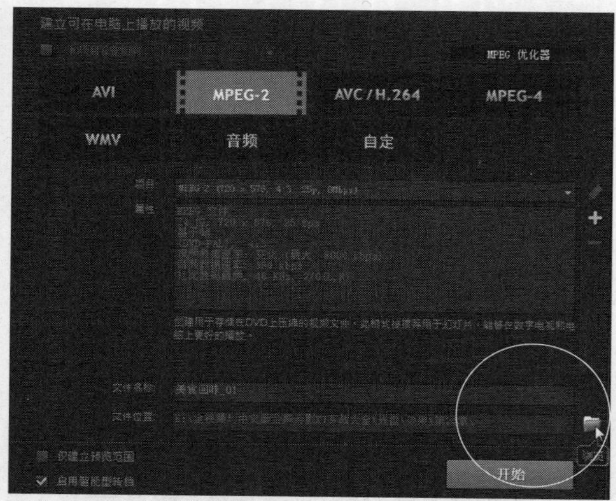

图23-138 单击“浏览”按钮

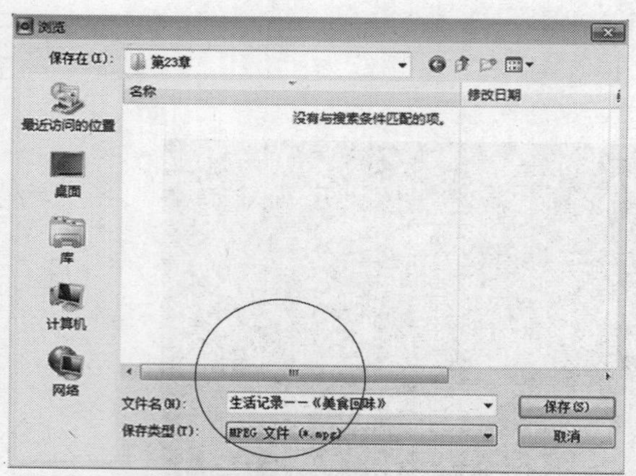

图23-139 设置输出名称与输出位置

STEP 05 设置完成后，单击“保存”按钮，返回会声会影编辑器，单击下方的“开始”按钮，开始渲染视频文件，并显示渲染进度，如图23-140所示。

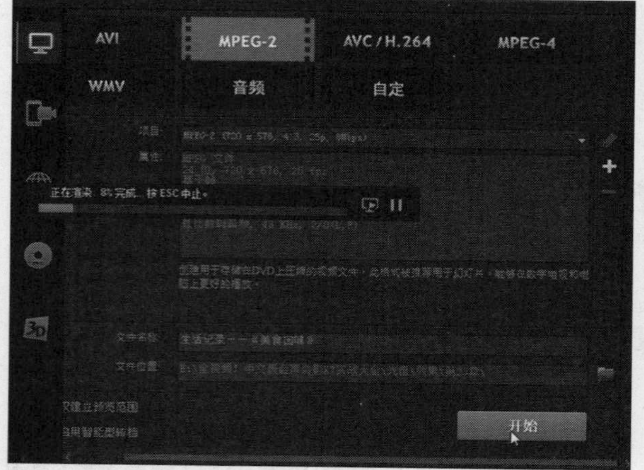

图23-140 显示渲染进度

STEP 06 稍等片刻，已经输出的视频文件将显示在素材库面板的“文件夹”选项卡中，如图23-141所示。

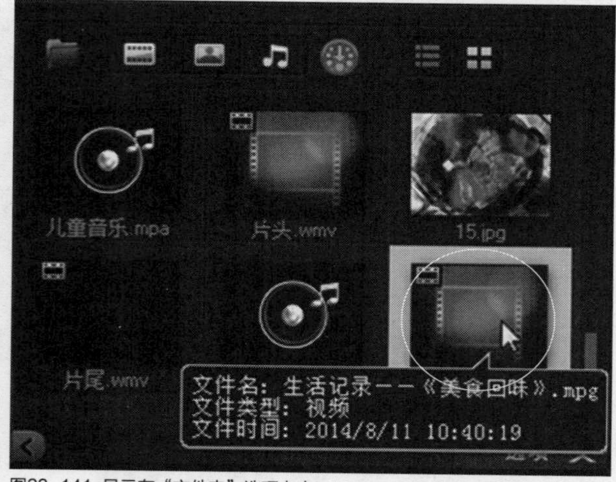

图23-141 显示在“文件夹”选项卡中

第24章

儿童相册——《天真无邪》

本章导读

儿时的记忆对每个人来说都非常具有纪念价值，是一生难忘的回忆。想要通过影片记录下这些美好的时刻，除了必要的拍摄技巧外，后期处理也很重要。通过后期处理，不仅可以对儿时的原始素材进行合理的编辑，而且可以为影片添加各种文字、音乐及特效，使影片更具珍藏价值。

要点索引

- 实例效果欣赏
- 视频制作过程
- 视频后期处理

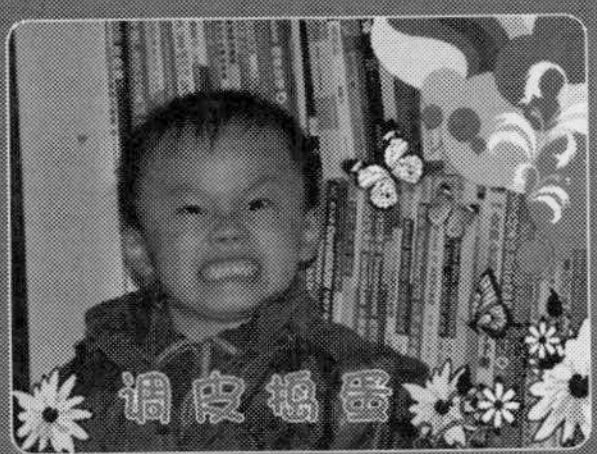

24.1 实例效果欣赏

在制作儿童相册之前，首先带领读者预览《天真无邪》视频的画面效果，并掌握项目制作要点等内容，这样可以帮助读者理清儿童视频设计思路。

本实例介绍《儿童相册——天真无邪》，效果如图24-1所示。

图24-1 效果欣赏

24.2 视频制作过程

本节主要介绍《天真无邪》视频文件的制作过程，如导入儿童相册素材、制作儿童视频画面、制作照片摇动效果以及制作花形边框特效等内容，希望读者熟练掌握本节视频的制作技巧。

实战 552 导入儿童相册素材

▶ 实例位置：无
▶ 素材位置：光盘\素材\第24章\1~21.jpg、片头.wmv、片尾.wmv、边框.png
▶ 视频位置：光盘\视频\第24章\实战552.mp4

• 实例介绍 •

在编辑儿童素材之前，首先需要导入儿童媒体素材。下面以“将媒体文件插入到素材库”命令为例，介绍导入儿童媒体素材的操作方法。

• 操作步骤 •

STEP 01 在界面右上角单击“媒体”按钮，切换至“媒体”素材库，展开库导航面板，单击上方的“添加”按钮，如图24-2所示。

STEP 02 执行上述操作后，即可新增一个“文件夹（2）”选项，如图24-3所示。

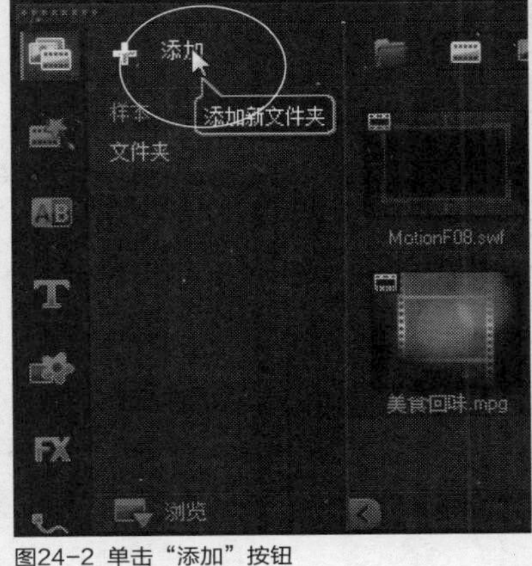

图24-2 单击“添加”按钮

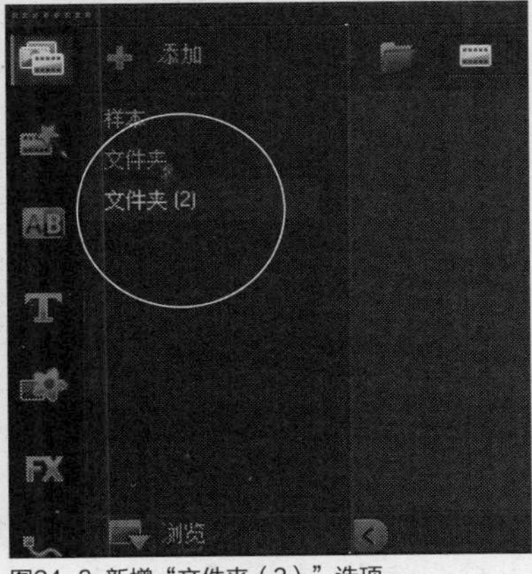

图24-3 新增“文件夹（2）”选项

STEP 03 在菜单栏中，单击“文件”|“将媒体文件插入到素材库”|“插入视频”命令，如图24-4所示。

STEP 04 执行操作后，弹出“浏览视频”对话框，在其中选择需要导入的视频素材，如图24-5所示。

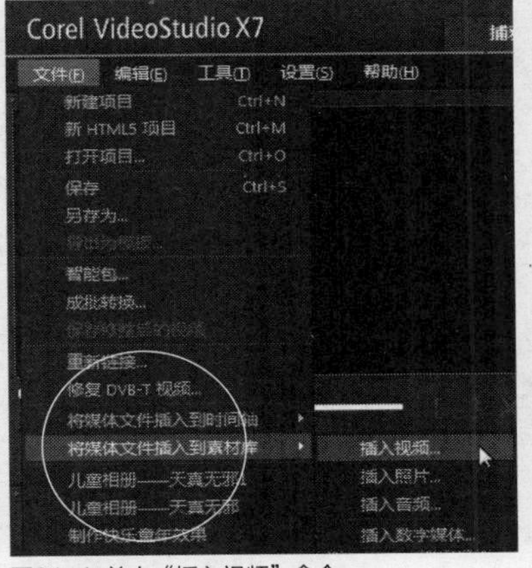

图24-4 单击“插入视频”命令

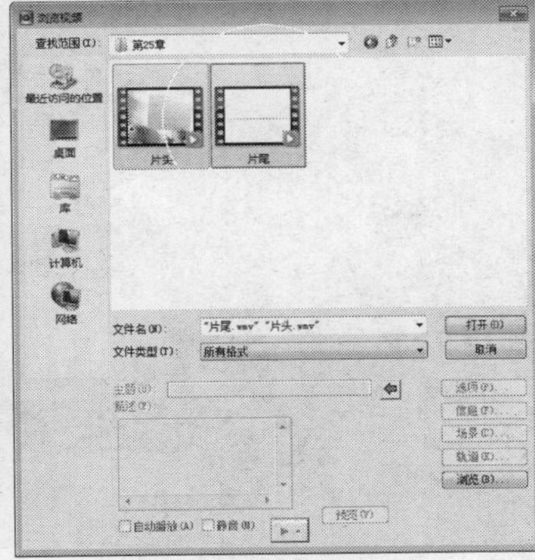

图24-5 选择需要导入的视频素材

STEP 05 单击“打开”按钮，即可将视频素材导入到“文件夹（2）”选项卡中，如图24-6所示。

STEP 06 选择相应的儿童视频素材，在导览面板中单击“播放”按钮，即可预览导入的视频素材画面效果，如图24-7所示。

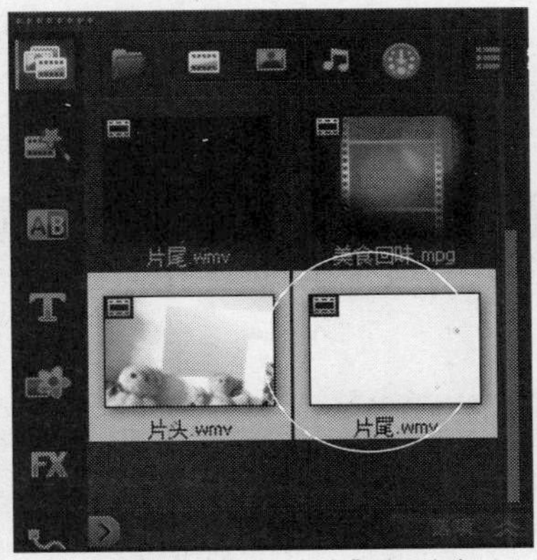

图24-6 导入到“文件夹（2）”选项卡中

图24-7 预览视频素材画面效果

STEP 07 在菜单栏中，单击“文件”|“将媒体文件插入到素材库”|“插入照片”命令，如图24-8所示。

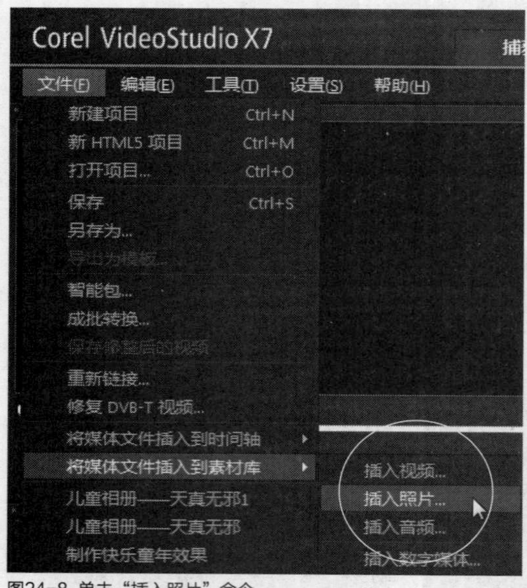

图24-8 单击“插入照片”命令

STEP 08 执行操作后，弹出“浏览照片”对话框，在其中选择需要导入的多张儿童照片素材，如图24-9所示。

图24-9 选择需要导入的照片素材

STEP 09 单击“打开”按钮，即可将素材导入到“文件夹（2）”选项卡中，如图24-10所示。

图24-10 导入到“文件夹（2）”选项卡中

STEP 10 在素材库中选择相应的儿童照片素材，在预览窗口中可以预览导入的照片素材画面效果，如图24-11所示。

图24-11 预览照片素材画面效果

实战 553 制作儿童视频画面

▶实例位置：无
▶素材位置：光盘\素材\第24章\1～21.jpg、片头.wmv
▶视频位置：光盘\视频\第24章\实战553.mp4

• 实例介绍 •

将儿童媒体素材导入到“媒体”素材库中后，接下来用户就可以制作儿童视频画面效果了。下面介绍制作儿童视频画面的操作方法。

• 操作步骤 •

STEP 01 在“媒体”素材库的“文件夹”选项卡中，选择视频素材“片头.wmv”，如图24-12所示。

STEP 02 在选择的视频素材上，单击鼠标左键并将其拖曳至视频轨的开始位置，如图24-13所示。

图24-12 选择视频素材

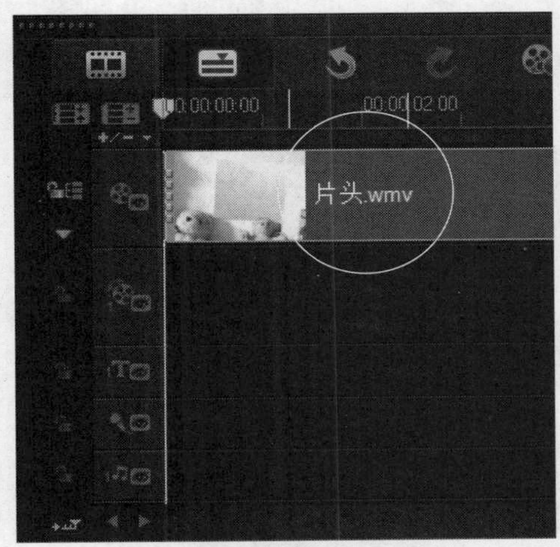

图24-13 拖曳至视频轨的开始位置

STEP 03 在会声会影编辑器的右上方位置，单击“图形”按钮，切换至“图形”选项卡，在其中选择黑色色块，如图24-14所示。

STEP 04 在选择的黑色色块上，单击鼠标左键并拖曳至视频轨中的结束位置，添加黑色色块素材，如图24-15所示。

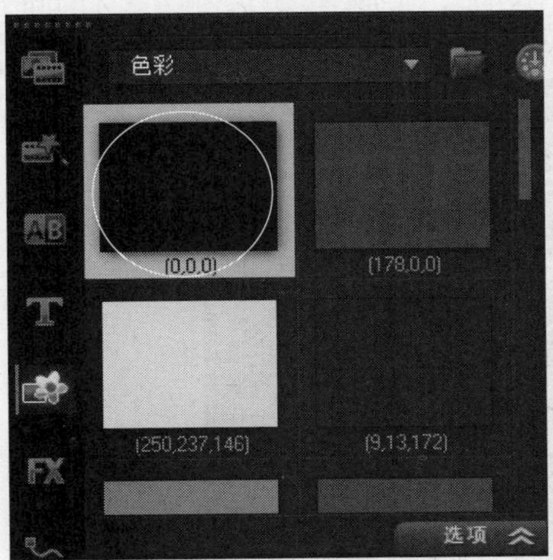

图24-14 选择黑色色块

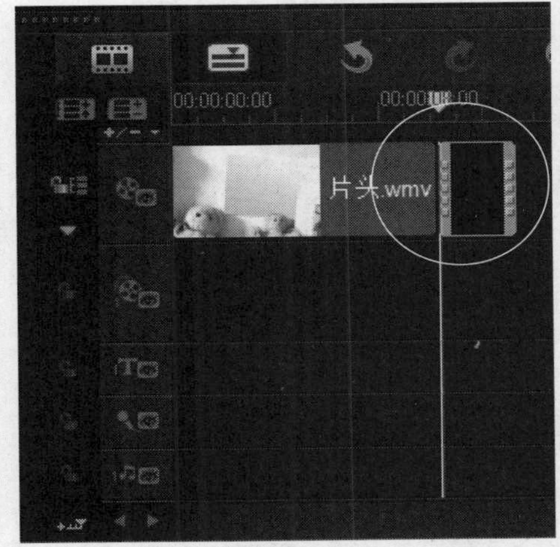

图24-15 添加黑色色块素材

STEP 05 选择添加的黑色色块素材，打开“色彩”选项面板，在其中设置“色彩区间”为0:00:02:00，如图24-16所示。

STEP 06 按【Enter】键确认，即可更改黑色色块的区间长度为2秒，如图24-17所示。

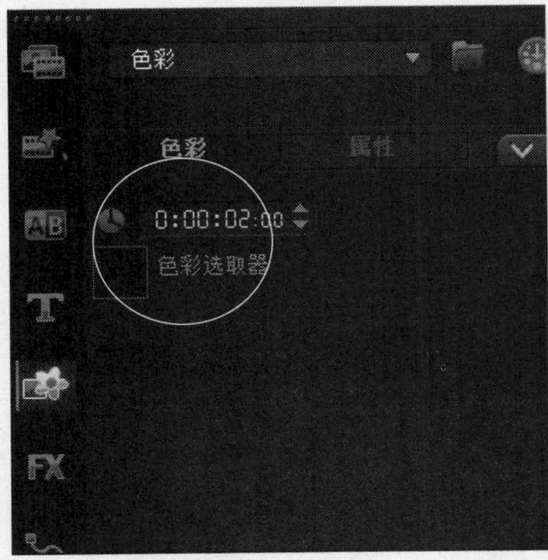

图24-16 设置“色彩区间”

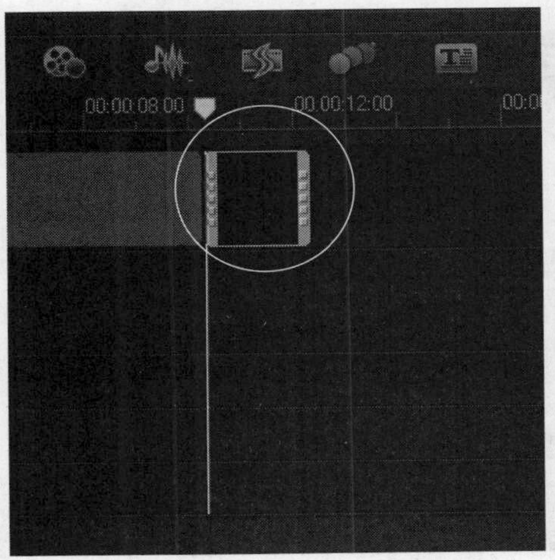

图24-17 区间长度为2秒

STEP 07 在“媒体”素材库中，选择照片素材“1.jpg”，如图24-18所示。

图24-18 选择照片素材

STEP 08 在选择的照片素材上，单击鼠标左键并将其拖曳至视频轨中黑色色块的后面，添加照片素材，如图24-19所示。

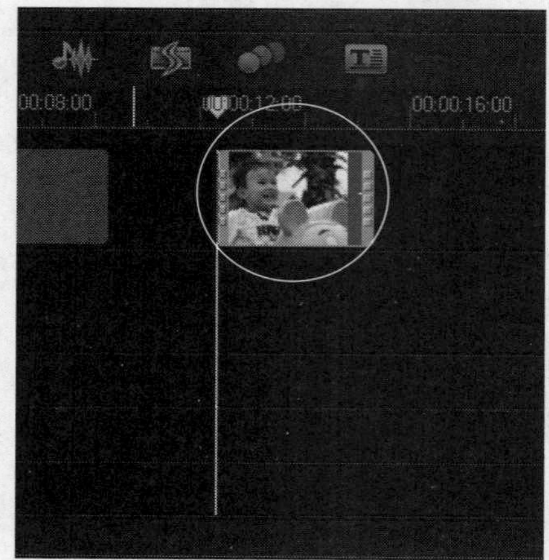

图24-19 添加照片素材

STEP 09 打开“照片”选项面板，在其中设置“照片区间”为0:00:05:00，如图24-20所示。

图24-20 设置“照片区间”

STEP 10 执行操作后，即可更改视频轨中照片素材1.jpg的区间长度为5秒，如图24-21所示。

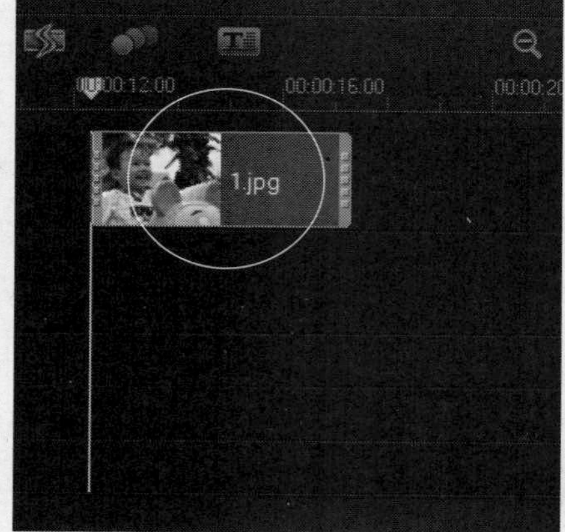

图24-21 区间长度为5秒

STEP 11 在“媒体”素材库中，选择照片素材“2.jpg”，如图24-22所示。

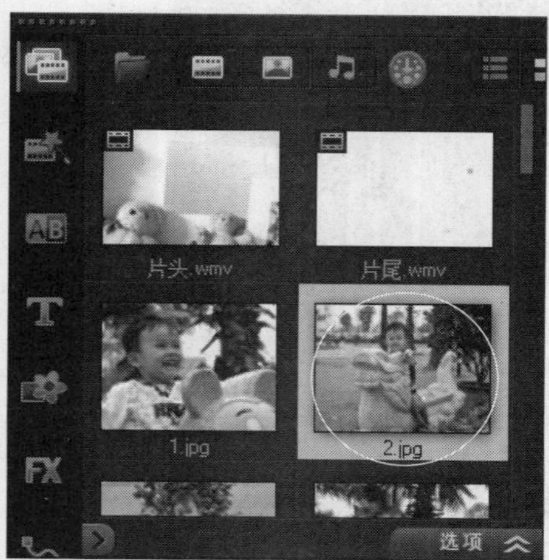

图24-22 选择照片素材

STEP 12 在选择的照片素材上，单击鼠标左键并将其拖曳至视频轨中照片素材“1.jpg”的后面，添加照片素材，如图24-23所示。

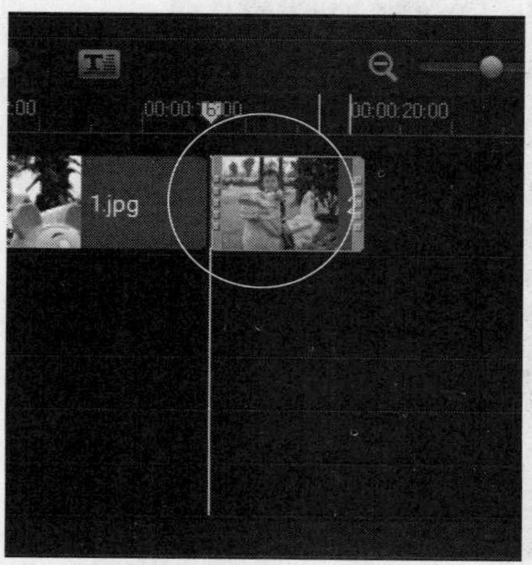

图24-23 添加照片素材

STEP 13 打开“照片”选项面板，在其中设置“照片区间”为0:00:04:00，如图24-24所示。

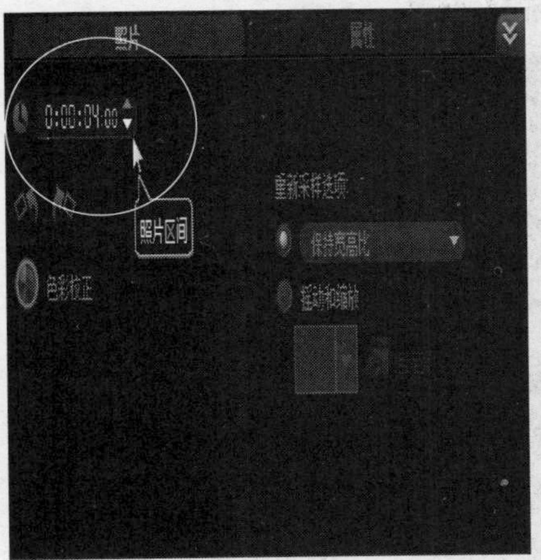

图24-24 设置“照片区间”

STEP 14 执行操作后，即可更改视频轨中照片素材2.jpg的区间长度为4秒，如图24-25所示。

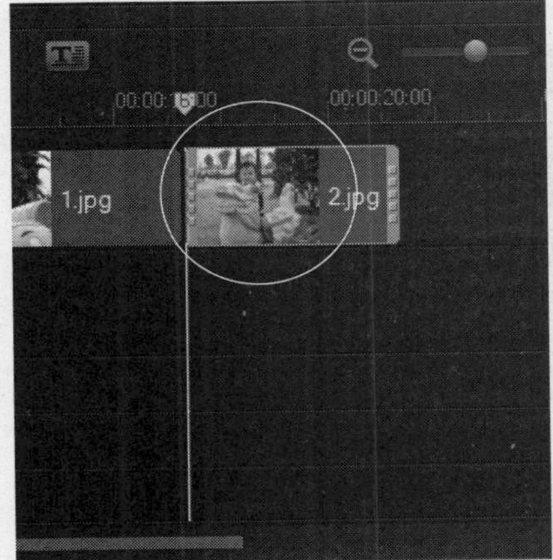

图24-25 区间长度为4秒

STEP 15 用相同的方法，将“媒体”素材库中的照片素材“3.jpg”拖曳至视频轨中照片素材“2.jpg”的后面，如图24-26所示。

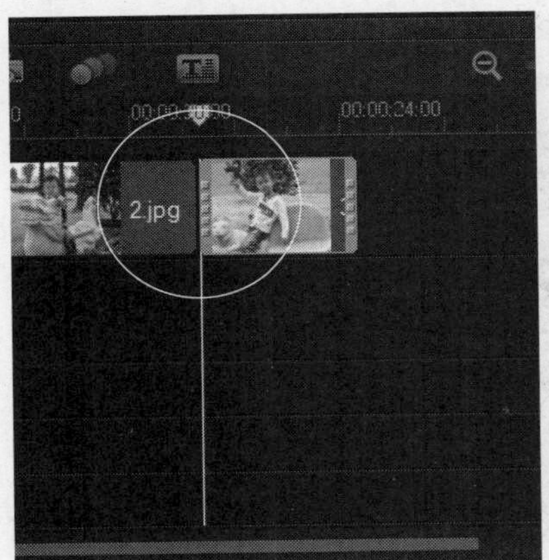

图24-26 拖曳至照片素材后面

STEP 16 打开“照片”选项面板，在其中设置“照片区间”为0:00:04:00，即可更改视频轨中照片素材3.jpg的区间长度，如图24-27所示。

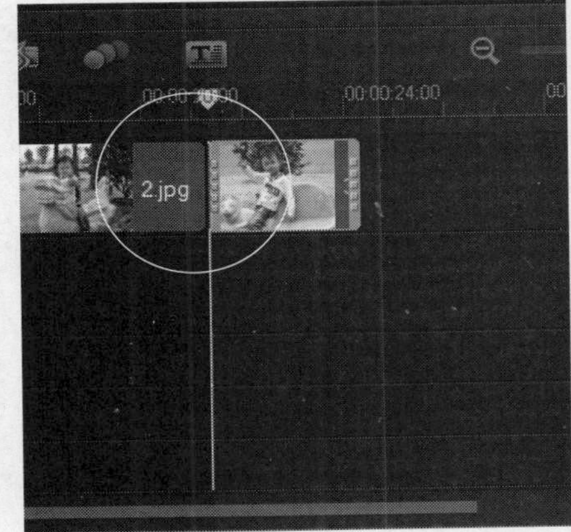

图24-27 更改区间长度

STEP 17 在“媒体”素材库的“文件夹”选项卡中，选择照片素材4.jpg～19.jpg之间的所有照片素材，如图24-28所示。

图24-28 选择照片素材

STEP 18 在选择的多张照片素材上，单击鼠标右键，在弹出的快捷菜单中选择“插入到”|“视频轨”选项，如图24-29所示。

图24-29 选择“视频轨”选项

STEP 19 执行操作后，即可将选择的多张照片素材插入到时间轴面板的视频轨中，切换至故事板视图，在其中可以查看添加的素材缩略图效果，如图24-30所示。

图24-30 查看素材缩略图效果

STEP 20 在故事板中刚插入的多张素材缩略图上，单击鼠标右键，在弹出的快捷菜单中选择“更改照片区间”选项，如图24-31所示。

图24-31 选择“更改照片持续时间”选项

STEP 21 执行操作后，弹出“区间”对话框，在其中设置“区间”为0:0:4:0，如图24-32所示。

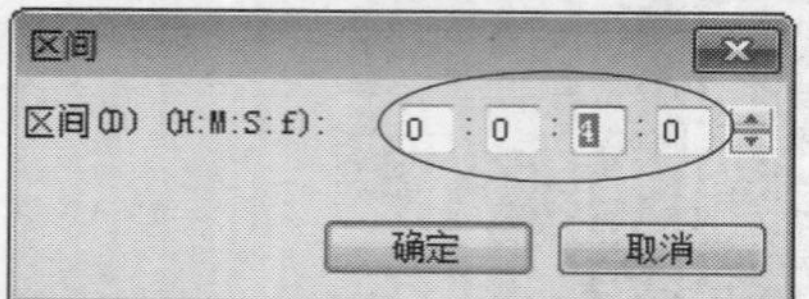

图24-32 设置“区间”

STEP 22 设置完成后，单击“确定”按钮，即可将4.jpg～19.jpg照片素材的区间长度更改为4秒，在缩略图下方显示了区间参数，如图24-33所示。

图24-33 显示区间参数

STEP 23 切换至时间轴视图，在“图形”选项卡中选择黑色色块，在选择的黑色色块上单击鼠标左键并拖曳至视频轨中照片素材19.jpg的后面，如图24-34所示。

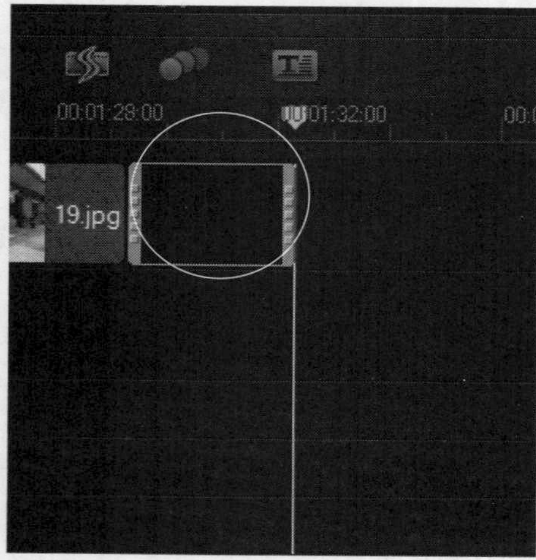

图24-34 拖曳至照片素材19.jpg的后面

STEP 24 打开“色彩”选项面板，在其中设置“区间”为0:00:02:00，即可更改黑色色块的区间长度，如图24-35所示。

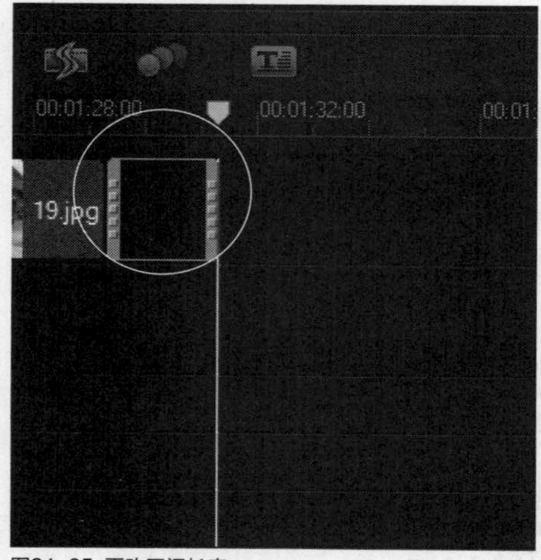

图24-35 更改区间长度

STEP 25 在“媒体”素材库中，选择视频素材“片尾.wmv”，在选择的视频素材上单击鼠标左键并将其拖曳至视频轨的结束位置，如图24-36所示。

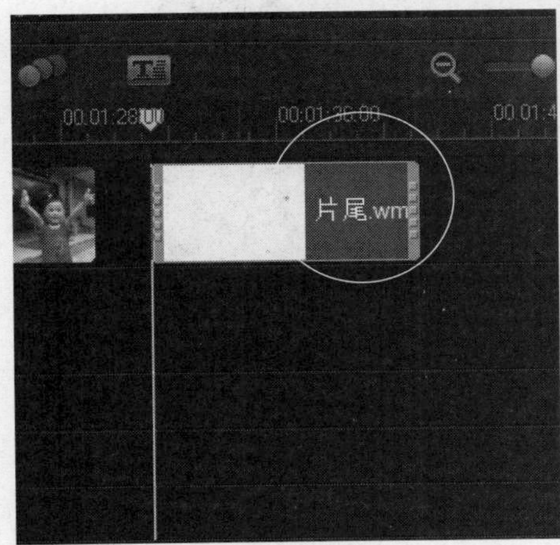

图24-36 拖曳至视频轨的结束位置

STEP 26 切换至“图形”选项卡，在其中选择白色色块，在选择的白色色块上单击鼠标左键并拖曳至视频轨中的结束位置，打开“色彩”选项面板，在其中设置“区间”为0:00:01:00，即可更改白色色块的区间长度，如图24-37所示。

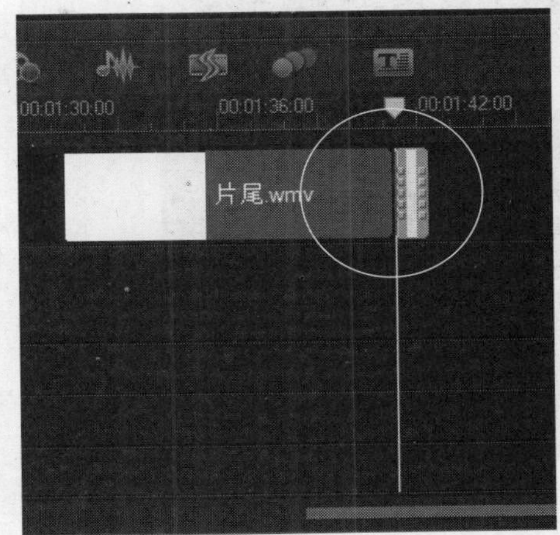

图24-37 更改白色色块的区间长度

实战554 调整视频画面大小

▶ 实例位置：无
▶ 素材位置：光盘\素材\第24章\片头.wmv、片尾.wmv
▶ 视频位置：光盘\视频\第24章\实战554.mp4

• 实例介绍 •

在会声会影X7中，导入媒体文件以后，接下来可以调整视频画面大小。下面介绍调整视频画面大小的操作方法。

• 操作步骤 •

STEP 01 在视频轨中选择“片头.wmv”视频素材，如图24-38所示。

STEP 02 打开“属性”选项面板，在其中选中“变形素材”复选框，如图24-39所示。

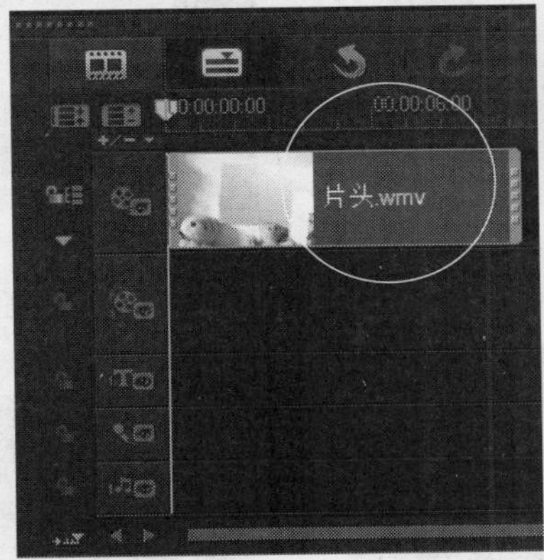

图24-38 选择视频素材

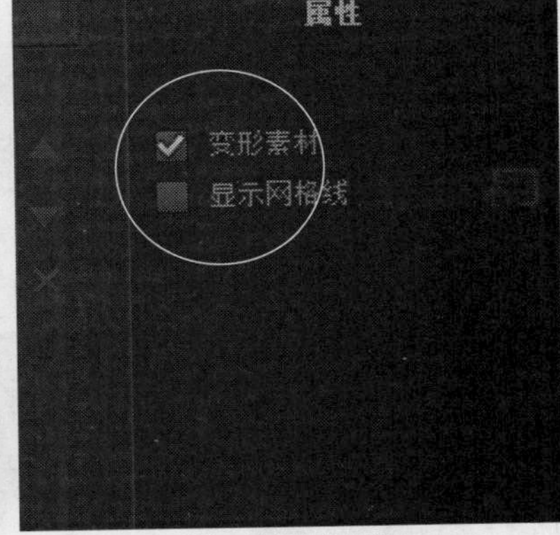

图24-39 选中“变形素材”复选框

STEP 03 此时，预览窗口中的素材四周将显示8个黄色控制柄，如图24-40所示。

STEP 04 单击鼠标右键，在弹出的快捷菜单中选择“调整到屏幕大小”选项，即可调整素材画面大小，如图24-41所示。

图24-40 显示8个黄色控制柄

图24-41 调整素材画面大小

STEP 05 在视频轨中，选择“片尾.wmv”视频素材，如图24-42所示。

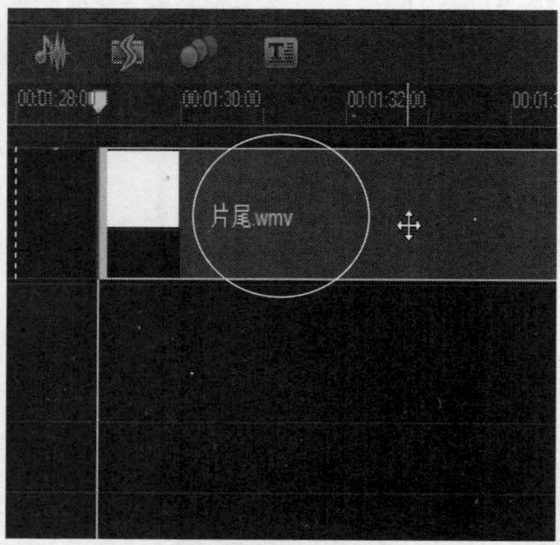

图24-42 选择“片尾.wmv”视频素材

STEP 06 打开“属性”选项面板，在其中选中“变形素材”复选框，如图24-43所示。

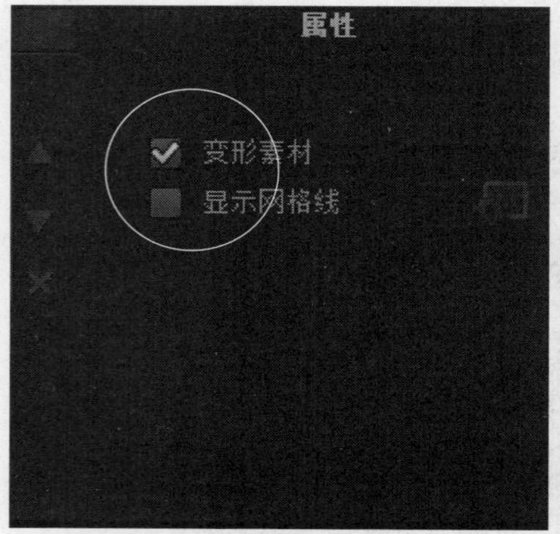

图24-43 选中“变形素材”复选框

STEP 07 此时，预览窗口中的素材四周将显示8个黄色控制柄，如图24-44所示。

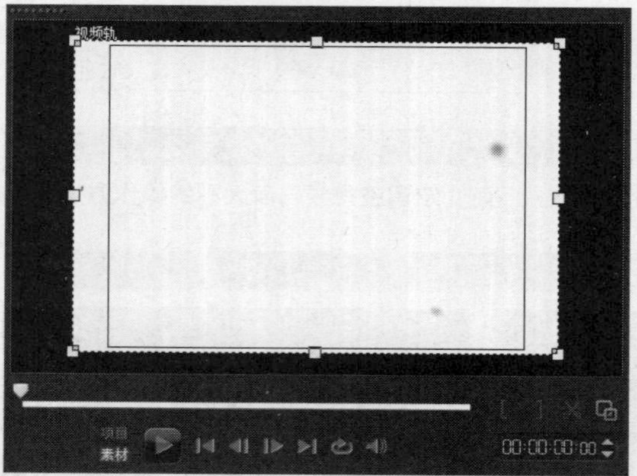

图24-44 显示8个黄色控制柄

STEP 08 单击鼠标右键，在弹出的快捷菜单中选择“调整到屏幕大小”选项，即可调整素材画面大小，如图24-45所示。

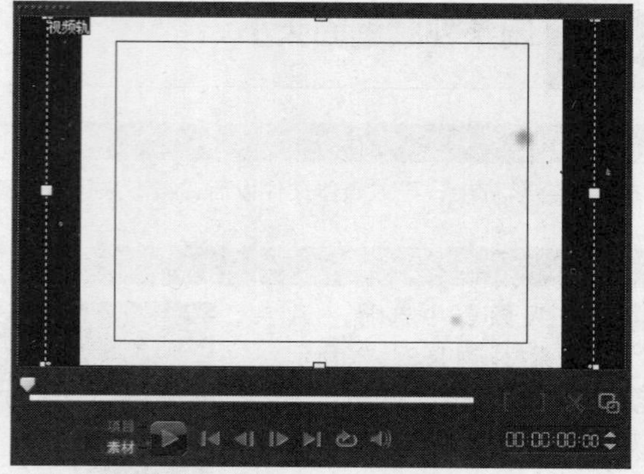

图24-45 调整素材画面大小

STEP 09 至此，视频画面制作完成，在导览面板中单击“播放”按钮，预览制作的视频画面效果，如图24-46所示。

图24-46 预览视频画面效果

实战 555　制作照片摇动效果

▶实例位置：无
▶素材位置：光盘\素材\第24章\1～21.jpg
▶视频位置：光盘\视频\第24章\实战555.mp4

• 实例介绍 •

在会声会影X7中，制作完儿童视频画面后，可以根据需要为儿童图像素材添加摇动缩放效果。下面介绍制作儿童摇动效果的操作方法。

• 操作步骤 •

STEP 01 在时间轴视图的视频轨中，选择照片素材1.jpg，如图24-47所示。

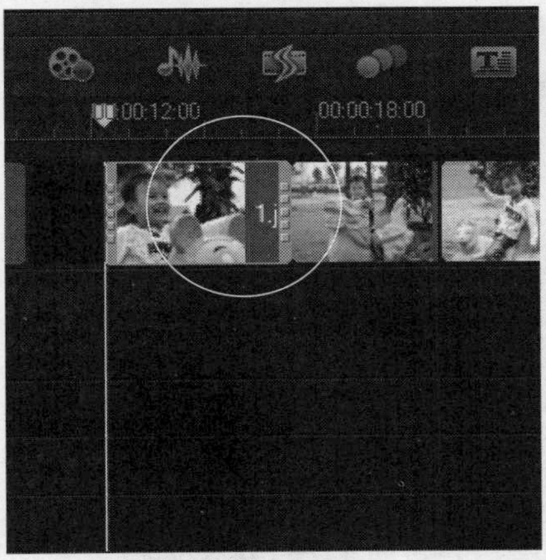

图24-47 选择照片素材1.jpg

STEP 02 打开“照片”选项面板，在其中选中“摇动和缩放”单选按钮，单击“自定义”左侧的下三角按钮，在弹出的列表框中选择第1排第1个摇动和缩放样式，如图24-48所示。

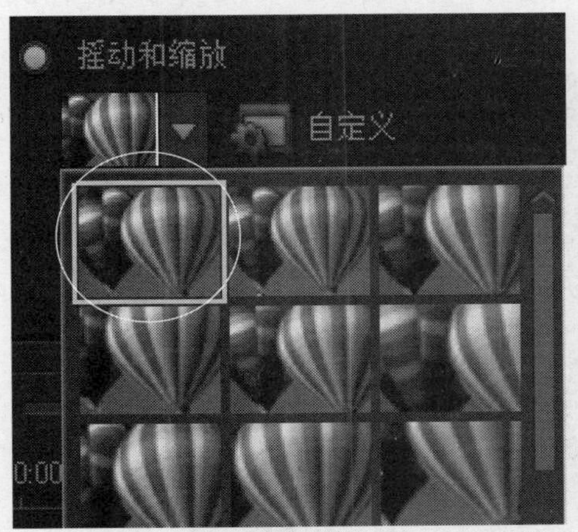

图24-48 选择相应的摇动和缩放样式

STEP 03 在视频轨中选择照片素材2.jpg，如图24-49所示。

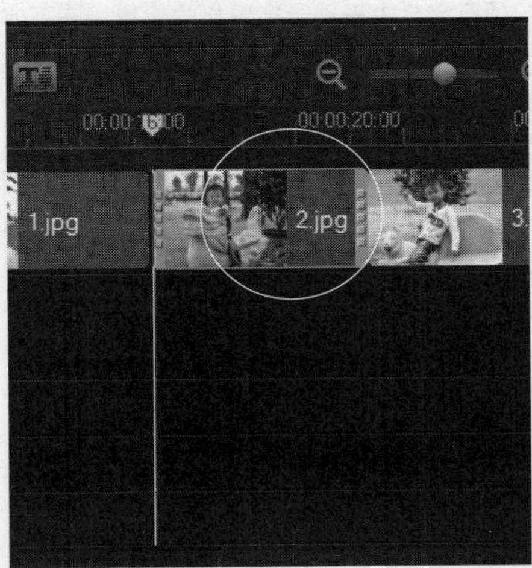

图24-49 选择照片素材2.jpg

STEP 04 打开“照片”选项面板，在其中选中“摇动和缩放”单选按钮，单击“自定义”左侧的下三角按钮，在弹出的列表框中选择第2排第1个摇动和缩放样式，如图24-50所示。

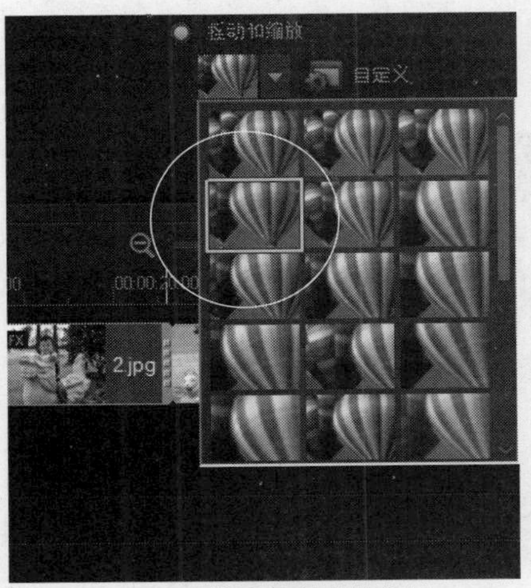

图24-50 选择第2排第1个摇动和缩放样式

STEP 05 在“照片”选项面板中，单击“自定义”按钮，如图24-51所示。

STEP 06 弹出“摇动和缩放”对话框，在“原图”预览窗口中移动十字图标的位置，在下方设置“缩放率”为127，选择最后一个关键帧，在下方设置“缩放率”为107，如图24-52所示。

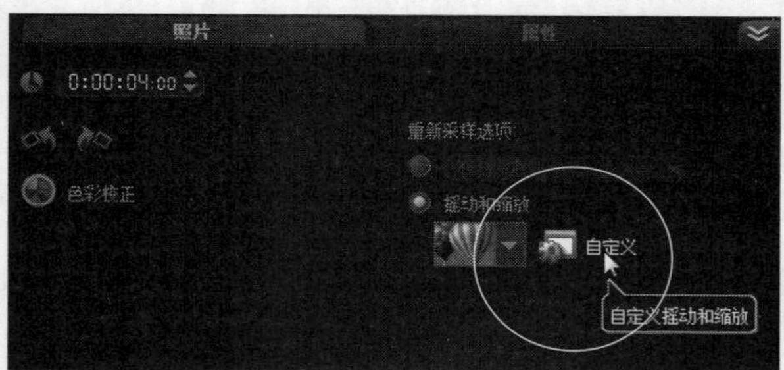

图24-51 单击“自定义”按钮

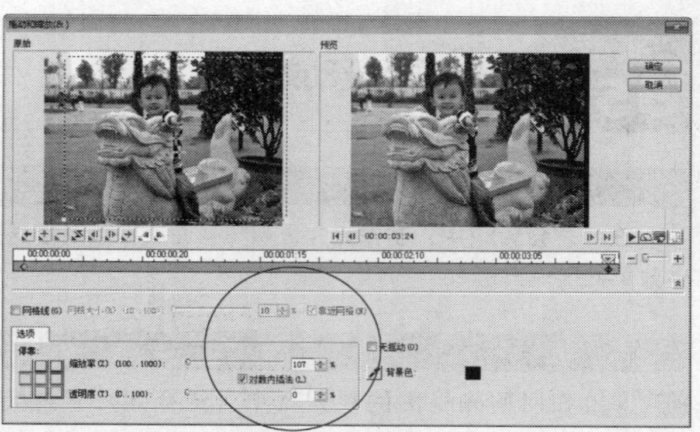
图24-52 设置“缩放率”为107

STEP 07 在视频轨中选择照片素材3.jpg，如图24-53所示。

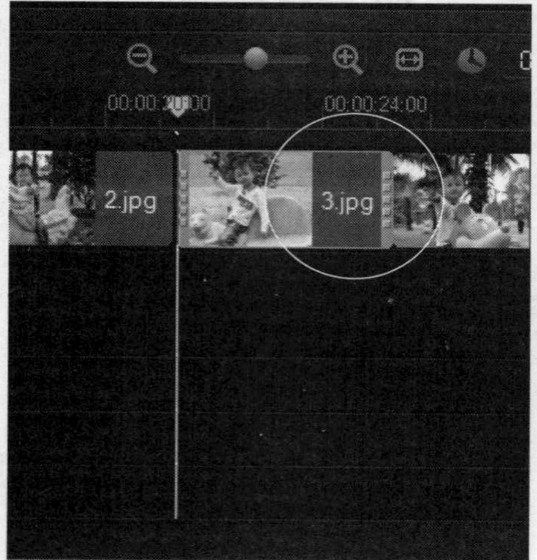

图24-53 选择照片素材3.jpg

STEP 08 打开“照片”选项面板，在其中选中“摇动和缩放”单选按钮，单击“自定义”按钮，如图24-54所示。

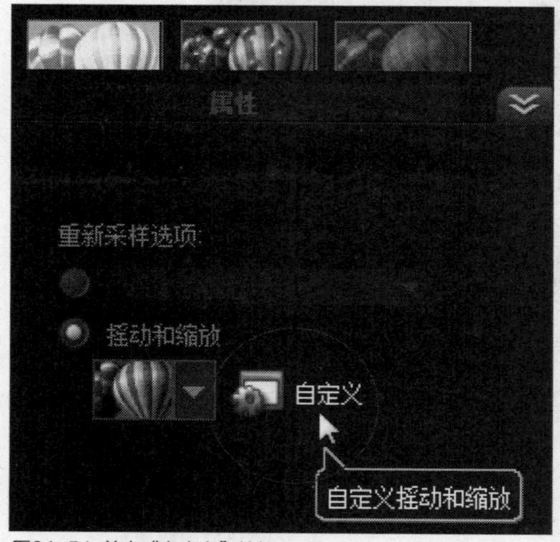

图24-54 单击“自定义”按钮

STEP 09 弹出“摇动和缩放”对话框，在“原图”预览窗口中移动十字图标的位置，在下方设置“缩放率”为137，如图24-55所示。

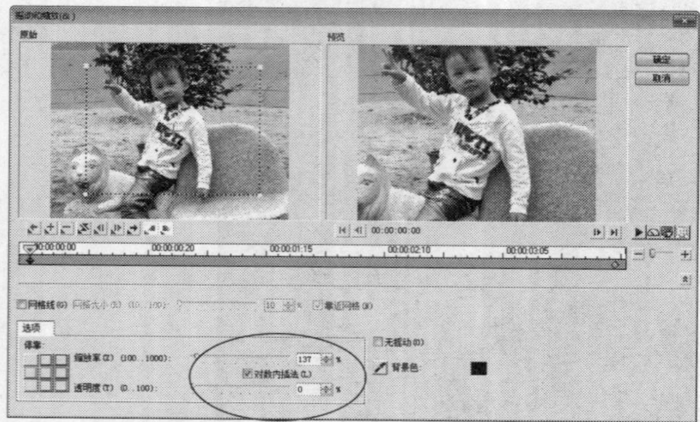
图24-55 设置“缩放率”为137

STEP 10 在“摇动和缩放”对话框中，选择最后一个关键帧，在“原图”预览窗口中移动十字图标的位置，在下方设置“缩放率”为107，如图24-56所示。

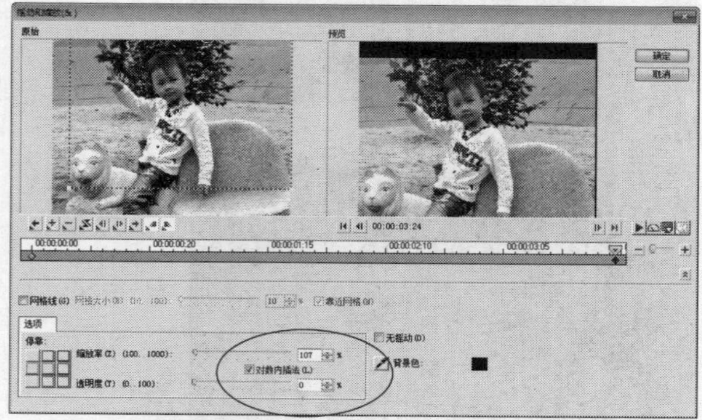
图24-56 设置“缩放率”为107

STEP 11 在视频轨中选择照片素材4.jpg，如图24-57所示。

STEP 12 打开“照片”选项面板，在其中选中“摇动和缩放”单选按钮，单击“自定义”左侧的下三角按钮，在弹出的列表框中选择第2排第1个摇动和缩放样式，如图24-58所示。

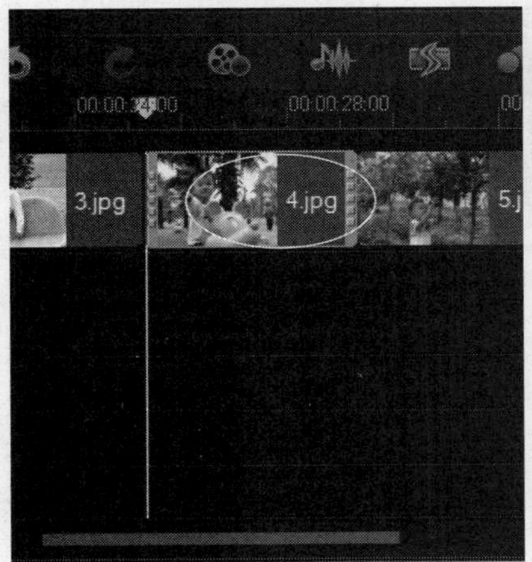

图24-57 选择照片素材4.jpg

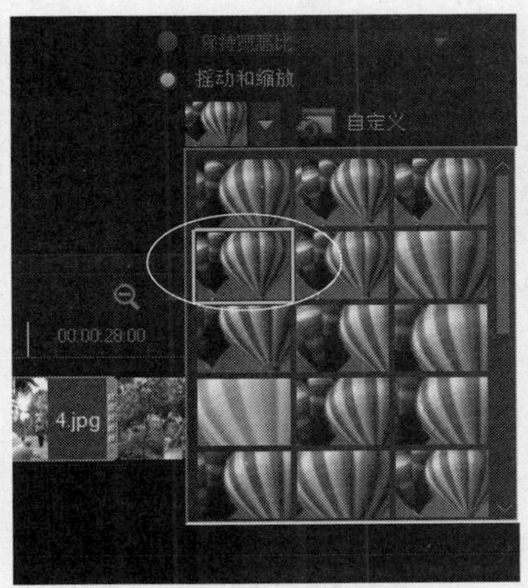

图24-58 选择第2排第1个摇动和缩放样式

STEP 13 选择照片素材5.jpg，在“照片”选项面板中选中“摇动和缩放”单选按钮，单击“自定义”按钮，弹出相应对话框，设置“缩放”为112，将时间线移至最后一个关键帧，设置“缩放”为127，如图24-59所示。

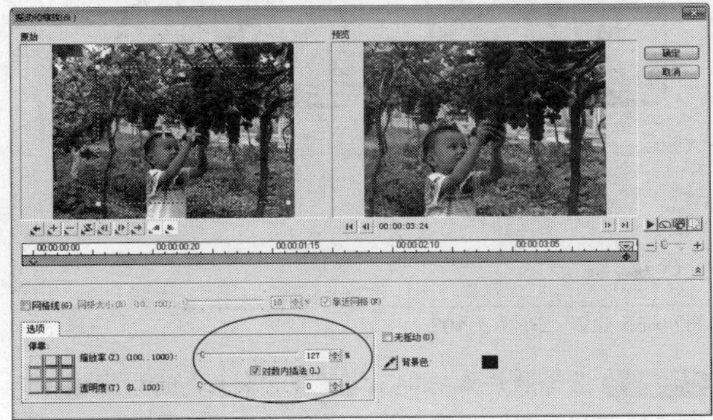

图24-59 设置“缩放”为127

STEP 14 选择照片素材6.jpg，在“照片”选项面板中选中“摇动和缩放”单选按钮，单击“自定义”按钮，弹出相应对话框，设置“缩放”为135，将时间线移至最后一个关键帧，设置“缩放”为108，如图24-60所示。

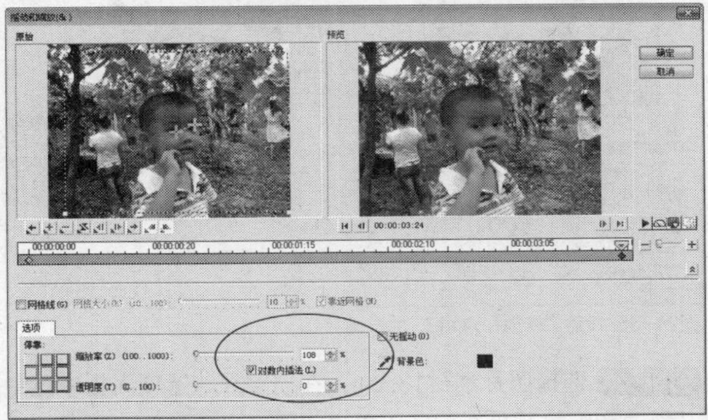

图24-60 设置“缩放”为108

STEP 15 选择照片素材7.jpg，在“照片”选项面板中选中“摇动和缩放”单选按钮，单击“自定义”按钮，弹出相应对话框，设置“缩放”为112，将时间线移至最后一个关键帧，设置“缩放”为142，如图24-61所示。

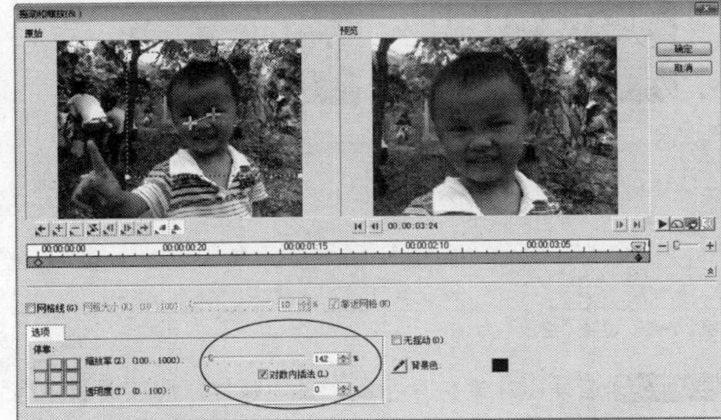

图24-61 设置“缩放”为142

STEP 16 选择照片素材8.jpg，在“照片”选项面板中选中“摇动和缩放”单选按钮，单击“自定义”按钮，弹出相应对话框，设置“缩放”为108，将时间线移至最后一个关键帧，设置“缩放”为146，如图24-62所示。

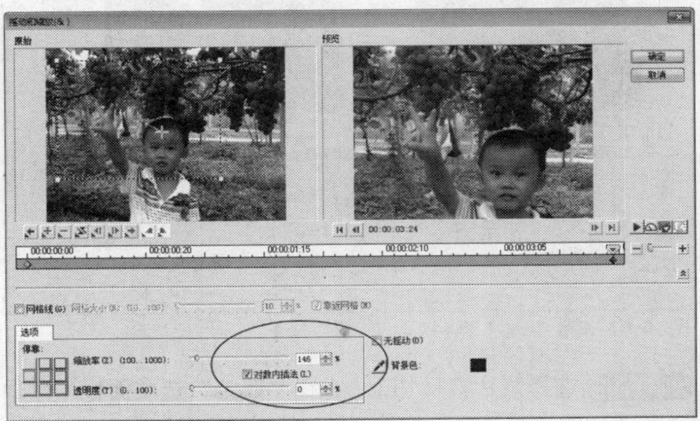

图24-62 设置“缩放”为146

STEP 17 选择照片素材9.jpg，在“照片”选项面板中选中“摇动和缩放”单选按钮，单击“自定义”按钮，弹出相应对话框，设置“缩放”为123，将时间线移至最后一个关键帧，设置“缩放”为146，如图24-63所示。

STEP 18 选择照片素材10.jpg，在“照片”选项面板中选中“摇动和缩放”单选按钮，单击“自定义”按钮，弹出相应对话框，设置“缩放”为112，将时间线移至最后一个关键帧，设置“缩放”为115，如图24-64所示。

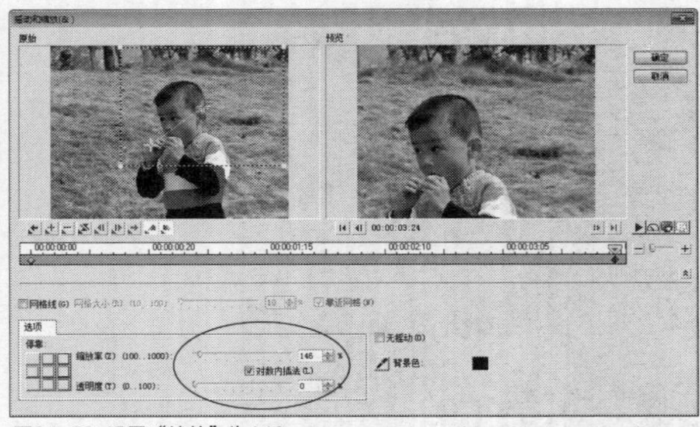

图24-63 设置“缩放”为146

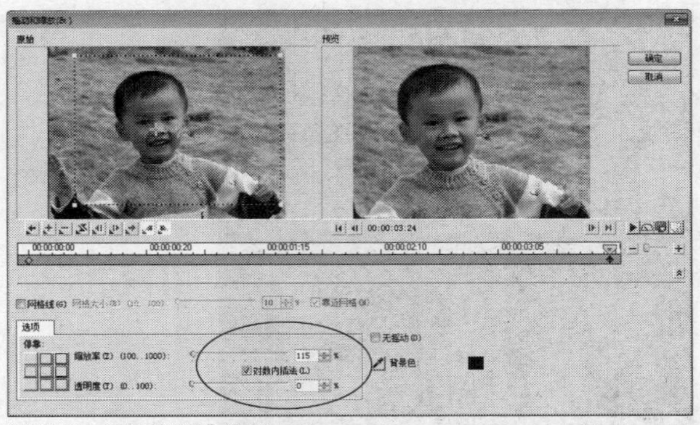

图24-64 设置“缩放”为115

STEP 19 选择照片素材11.jpg，在“照片”选项面板中选中“摇动和缩放”单选按钮，单击“自定义”按钮，弹出相应对话框，设置“缩放”为101，将时间线移至最后一个关键帧，设置“缩放”为117，如图24-65所示。

STEP 20 选择照片素材12.jpg，在“照片”选项面板中选中“摇动和缩放”单选按钮，单击“自定义”按钮，弹出相应对话框，设置“缩放”为122，将时间线移至最后一个关键帧，设置“缩放”为102，如图24-66所示。

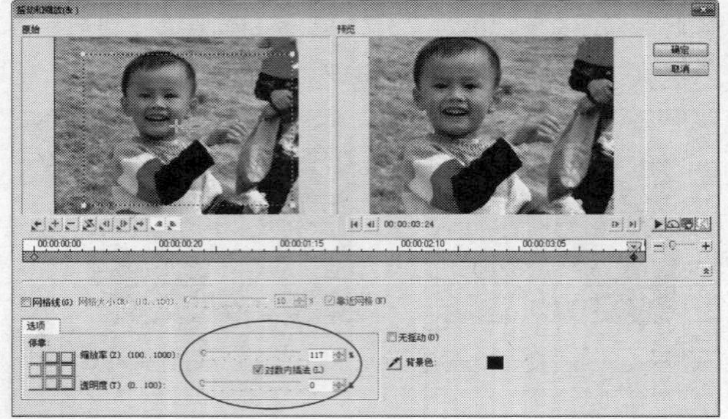

图24-65 设置“缩放”为117

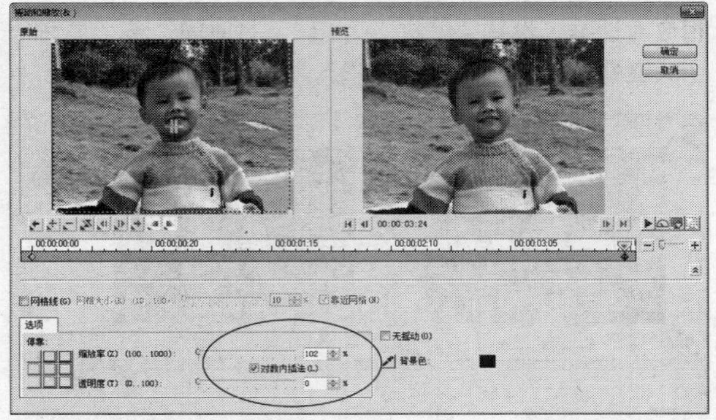

图24-66 设置“缩放”为102

STEP 21 选择照片素材13.jpg，在“照片”选项面板中选中“摇动和缩放”单选按钮，单击“自定义”按钮，弹出相应对话框，设置“缩放”为104，将时间线移至最后一个关键帧，设置“缩放”为119，如图24-67所示。

STEP 22 选择照片素材14.jpg，在“照片”选项面板中选中“摇动和缩放”单选按钮，单击“自定义”按钮，弹出相应对话框，设置“缩放”为117，将时间线移至最后一个关键帧，设置“缩放”为167，如图24-68所示。

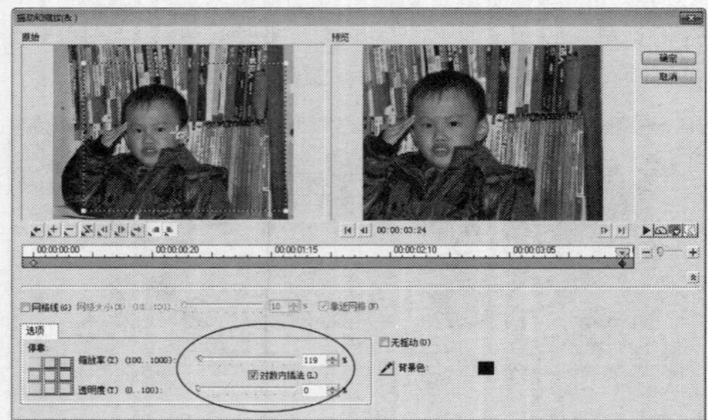

图24-67 设置“缩放”为119

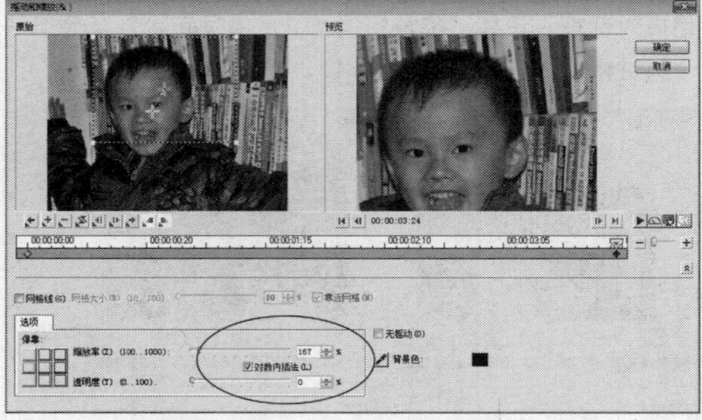

图24-68 设置“缩放”为167

STEP 23 选择照片素材15.jpg，在“照片”选项面板中选中“摇动和缩放”单选按钮，单击“自定义”按钮，弹出相应对话框，设置“缩放”为101，将时间线移至最后一个关键帧，设置“缩放”为146，如图24-69所示。

STEP 24 选择照片素材16.jpg，在“照片”选项面板中选中“摇动和缩放”单选按钮，单击“自定义”按钮，弹出相应对话框，设置“缩放”为110，将时间线移至最后一个关键帧，设置“缩放”为114，如图24-70所示。

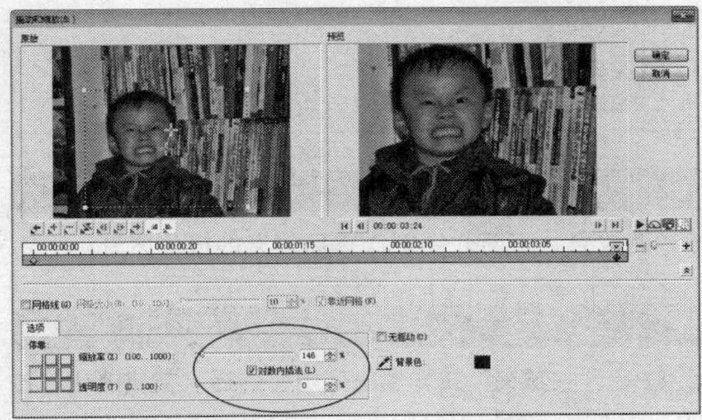

图24-69 设置“缩放”为146

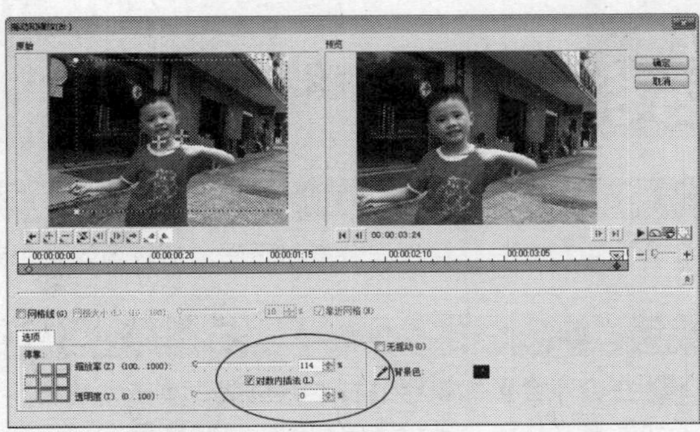

图24-70 设置“缩放”为114

STEP 25 选择照片素材17.jpg，在“照片”选项面板中选中“摇动和缩放”单选按钮，单击“自定义”按钮，弹出相应对话框，设置“缩放”为313，将时间线移至最后一个关键帧，设置“缩放”为111，如图24-71所示。

STEP 26 选择照片素材18.jpg，在“照片”选项面板中选中“摇动和缩放”单选按钮，单击“自定义”按钮，弹出相应对话框，设置“缩放”为147，将时间线移至最后一个关键帧，设置“缩放”为146，如图24-72所示。

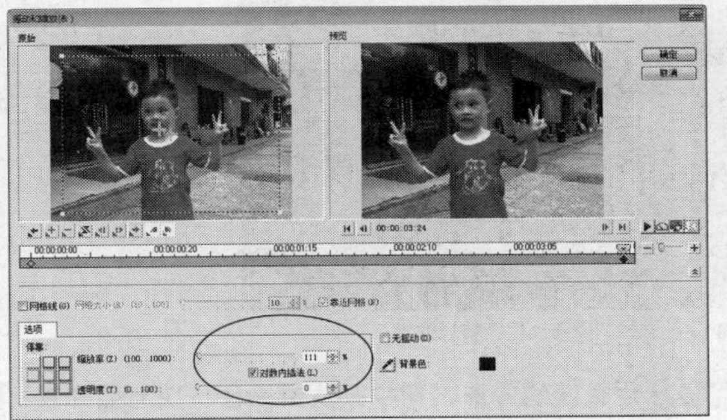

图24-71 设置“缩放”为111

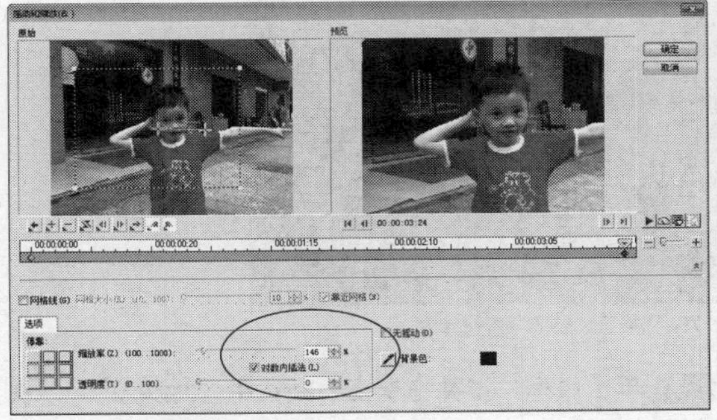

图24-72 设置“缩放”为146

STEP 27 选择照片素材19.jpg，在“照片”选项面板中选中“摇动和缩放”单选按钮，单击“自定义”按钮，弹出相应对话框，设置“缩放”为129，如图24-73所示。

STEP 28 将时间线移至最后一个关键帧，设置“缩放”为146，如图24-74所示。

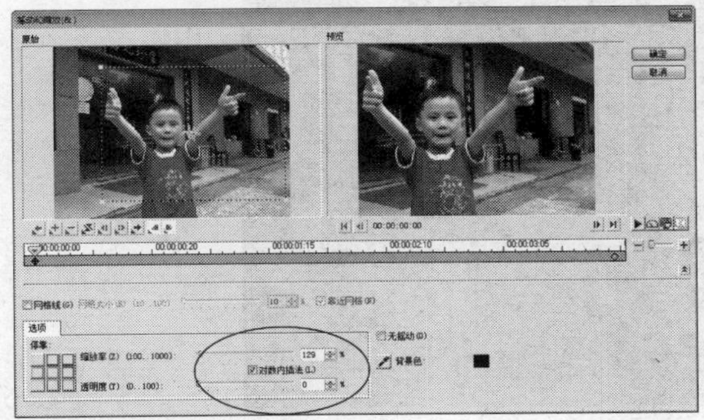

图24-73 设置“缩放”为129

图24-74 设置“缩放”为146

STEP 29 单击导览面板中的“播放”按钮，即可预览制作的儿童照片素材摇动和缩放动画效果，如图24-75所示。

图24-75 预览摇动和缩放动画效果

实战 556 制作“交错淡化”转场特效

▶实例位置：无
▶素材位置：上一例效果
▶视频位置：光盘\视频\第24章\实战556.mp4

• 实例介绍 •

在会声会影X7中，可以在各素材之间添加转场效果，制作自然过渡效果。下面介绍制作转场效果的操作方法。

• 操作步骤 •

STEP 01 在会声会影编辑器的右上方位置，单击“转场”按钮，切换至“转场”素材库，如图24-76所示。

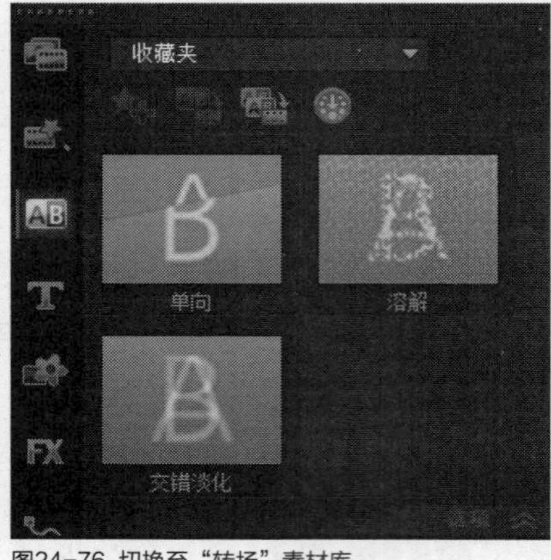

图24-76 切换至“转场”素材库

STEP 02 在“收藏夹”转场素材库中，选择“交错淡化”转场效果，如图24-77所示。

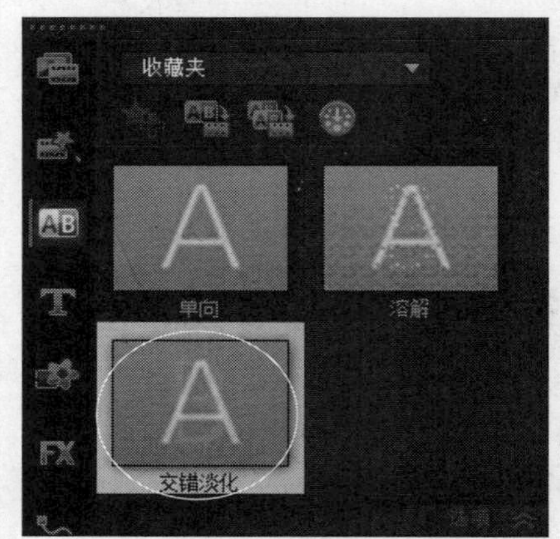

图24-77 选择“交错淡化”转场效果

STEP 03 单击鼠标左键并拖曳至视频轨中“片头.wmv”视频素材与黑色色块之间，添加“交错淡化”转场效果，如图24-78所示。

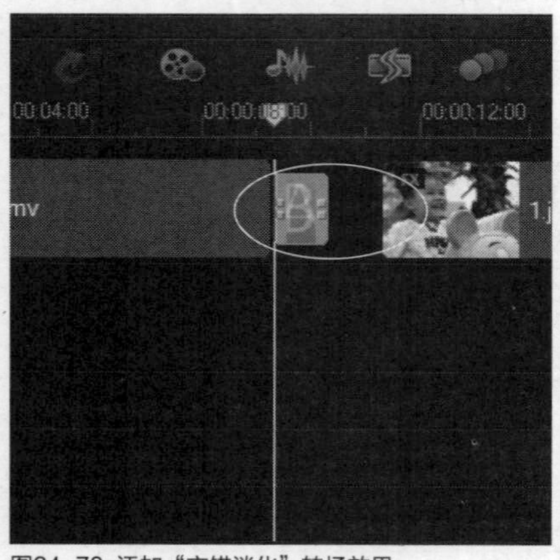

图24-78 添加“交错淡化”转场效果

STEP 04 用相同的方法，在视频轨中黑色色块与照片素材1.jpg之间添加第2个“交错淡化”转场效果，如图24-79所示。

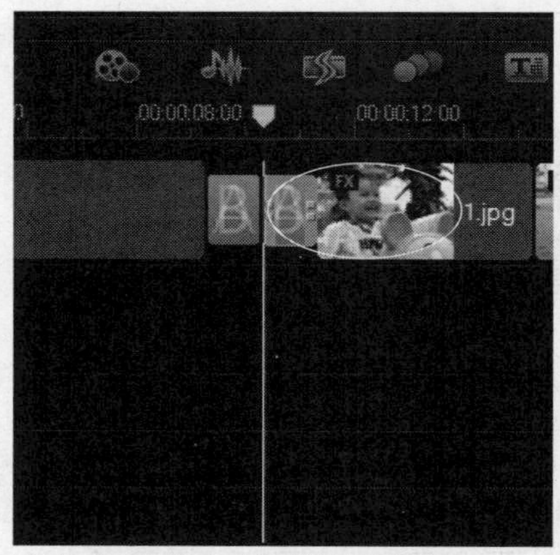

图24-79 添加第2个“交错淡化”转场效果

STEP 05 在导览面板中单击“播放”按钮，预览添加“交错淡化”转场后的视频画面效果，如图24-80所示。

图24-80 预览视频画面效果

实战557 制作“菱形”转场特效

▶实例位置：无
▶素材位置：上一例效果
▶视频位置：光盘\视频\第24章\实战557.mp4

• 实例介绍 •

在会声会影X7中，“菱形”转场效果是指素材A以菱形的形状过渡，然后显示素材B。下面向读者介绍应用“菱形”转场效果的操作方法。

• 操作步骤 •

STEP 01 在“筛选”转场素材库中，选择“菱形”转场效果，如图24-81所示。

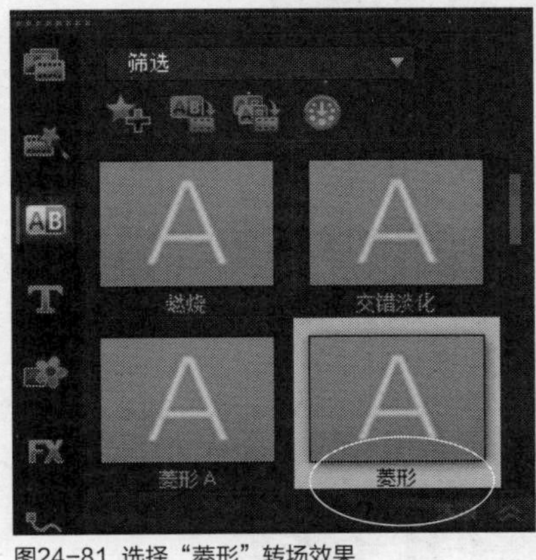

图24-81 选择“菱形”转场效果

STEP 02 单击鼠标左键并拖曳至视频轨中照片素材1.jpg与照片素材2.jpg之间，添加“菱形”转场效果，如图24-82所示。

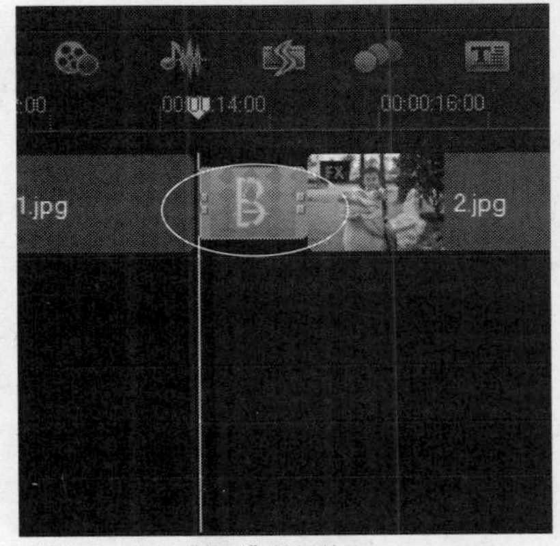

图24-82 添加“菱形”转场效果

STEP 03 在导览面板中单击“播放”按钮，预览添加“菱形”转场后的视频画面效果，如图24-83所示。

图24-83 预览视频画面效果

实战558 制作“百叶窗”转场特效

▶实例位置：无
▶素材位置：上一例效果
▶视频位置：光盘\视频\第24章\实战558.mp4

• 实例介绍 •

在会声会影X7中，“百叶窗”转场效果是指素材A以百叶窗运动的方式进行过渡，然后显示素材B。下面向读者介绍应用“百叶窗”转场效果的操作方法。

• 操作步骤 •

STEP 01 在“转场”素材库中，单击窗口上方的“画廊”按钮，在弹出的列表框中选择“擦拭”选项，打开“擦拭”转场素材库，在其中选择“百叶窗”转场效果，如图24-84所示。

STEP 02 单击鼠标左键并拖曳至视频轨中照片素材2.jpg与照片素材3.jpg之间，添加“百叶窗”转场效果，如图24-85所示。

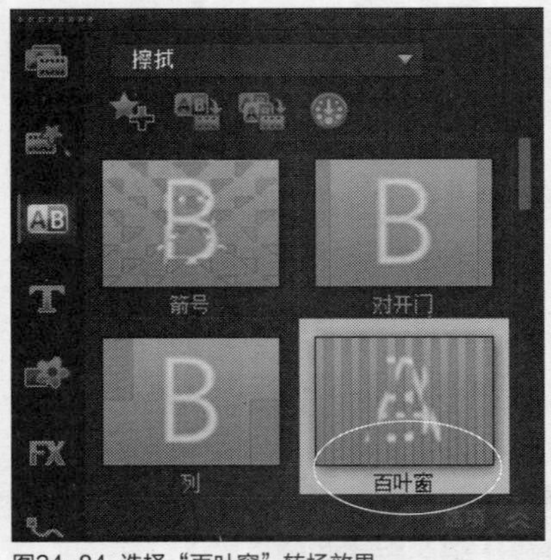

图24-84 选择“百叶窗”转场效果

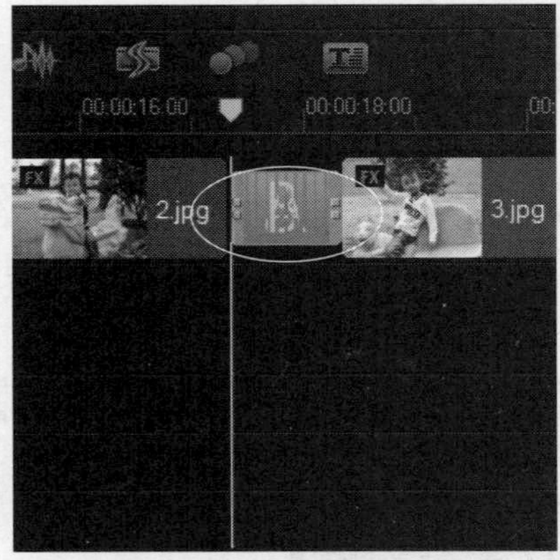

图24-85 添加“百叶窗”转场效果

STEP 03 在导览面板中单击“播放”按钮，预览添加“百叶窗”转场后的视频画面效果，如图24-86所示。

图24-86 预览视频画面效果

实战559 制作“单向”转场特效

▶实例位置：无
▶素材位置：上一例效果
▶视频位置：光盘\视频\第24章\实战559.mp4

• 实例介绍 •

在会声会影X7中，“单向”转场效果是指素材A单向卷动并逐渐显示素材B。下面向读者介绍应用“单向”转场的操作方法。

• 操作步骤 •

STEP 01 在“擦拭”转场素材库中，选择“单向”转场效果，如图24-87所示。

STEP 02 单击鼠标左键并拖曳至视频轨中照片素材3.jpg与照片素材4.jpg之间，添加“单向”转场效果，如图24-88所示。

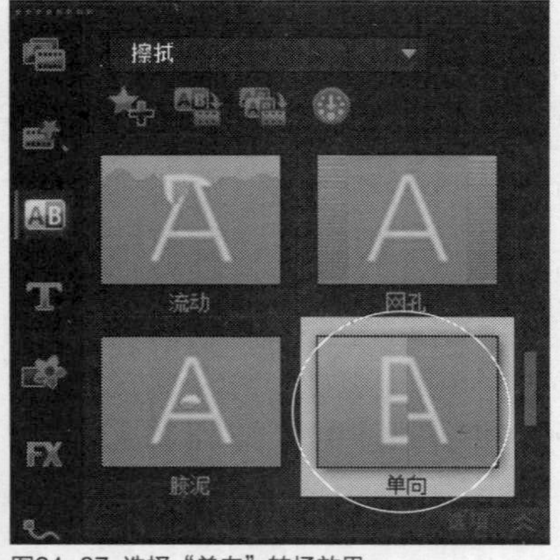

图24-87 选择“单向”转场效果

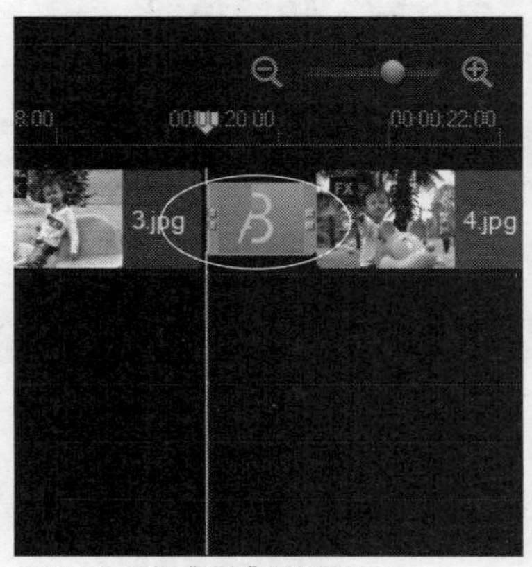

图24-88 添加“单向”转场效果

STEP 03 在导览面板中单击“播放”按钮，预览添加“单向”转场后的视频画面效果，如图24-89所示。

图24-89 预览视频画面效果

知识拓展

在添加的转场效果上，双击鼠标左键，即可打开“转场”选项面板，在其中可以设置转场效果的相关属性，包括区间、边框以及色彩等。

实战560 制作“十字”转场特效

▶实例位置：无
▶素材位置：上一例效果
▶视频位置：光盘\视频\第24章\实战560.mp4

• 实例介绍 •

在会声会影X7中，“十字”转场效果是指素材A以剥落交叉的形状显示素材B。下面向读者介绍应用“十字”转场效果的操作方法。

• 操作步骤 •

STEP 01 在“转场”素材库中，单击窗口上方的“画廊”按钮，在弹出的列表框中选择“剥落”选项，打开“剥落”转场素材库，在其中选择“十字”转场效果，如图24-90所示。

STEP 02 单击鼠标左键并拖曳至视频轨中照片素材4.jpg与照片素材5.jpg之间，添加“十字”转场效果，如图24-91所示。

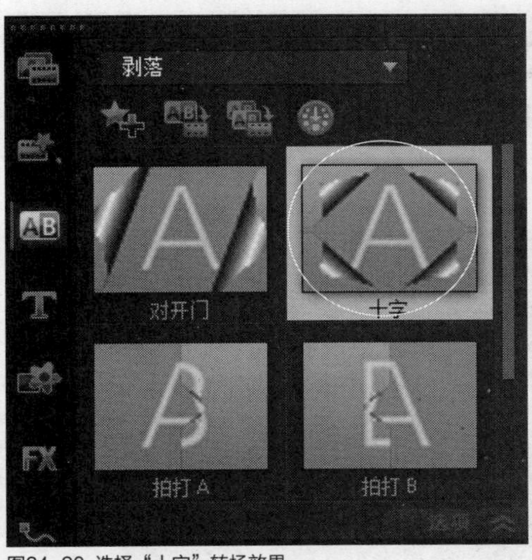

图24-90 选择“十字”转场效果

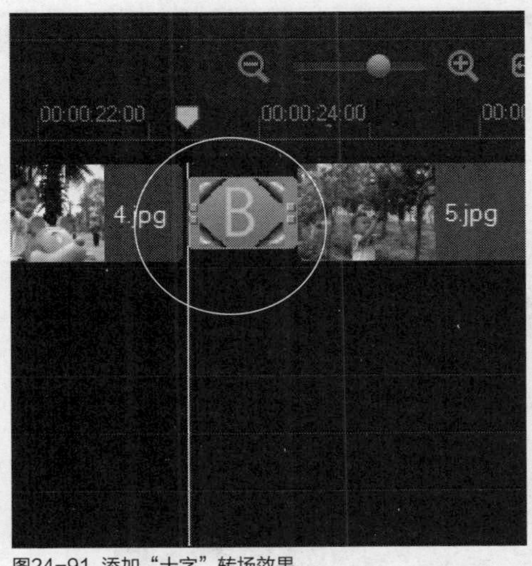

图24-91 添加“十字”转场效果

实战561 制作“胶泥”转场特效

▶实例位置：无
▶素材位置：上一例效果
▶视频位置：光盘\视频\第24章\实战561.mp4

• 实例介绍 •

下面向读者介绍制作“胶泥”转场效果的操作方法。

• 操作步骤 •

STEP 01 打开"擦拭"转场素材库，在其中选择"胶泥"转场效果，如图24-92所示。

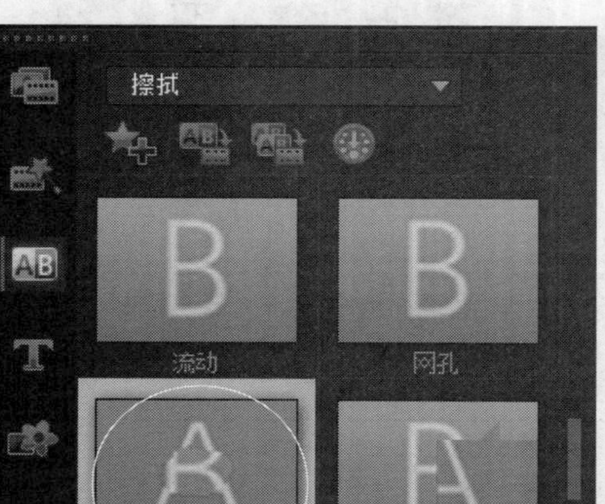

图24-92 选择"胶泥"转场效果

STEP 02 单击鼠标左键并拖曳至视频轨中照片素材5.jpg与照片素材6.jpg之间，添加"胶泥"转场效果，如图24-93所示。

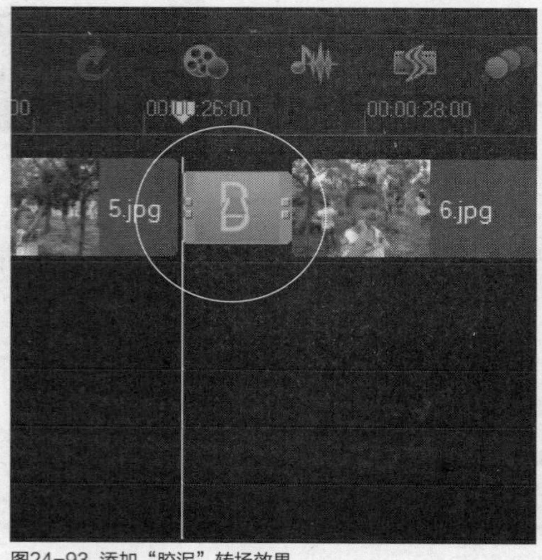

图24-93 添加"胶泥"转场效果

实战562 制作"手风琴"转场特效

▶实例位置：无
▶素材位置：上一例效果
▶视频位置：光盘\视频\第24章\实战562.mp4

• 实例介绍 •

下面向读者介绍制作"手风琴"转场效果的操作方法。

• 操作步骤 •

STEP 01 打开3D转场素材库，在其中选择"手风琴"转场效果，如图24-94所示。

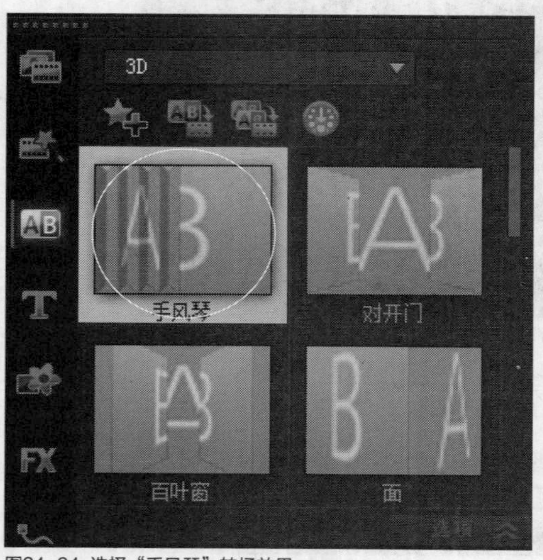

图24-94 选择"手风琴"转场效果

STEP 02 单击鼠标左键并拖曳至视频轨中照片素材6.jpg与照片素材7.jpg、照片素材7.jpg与照片素材8.jpg、照片素材8.jpg与照片素材9.jpg之间，添加"手风琴"转场效果，如图24-95所示。

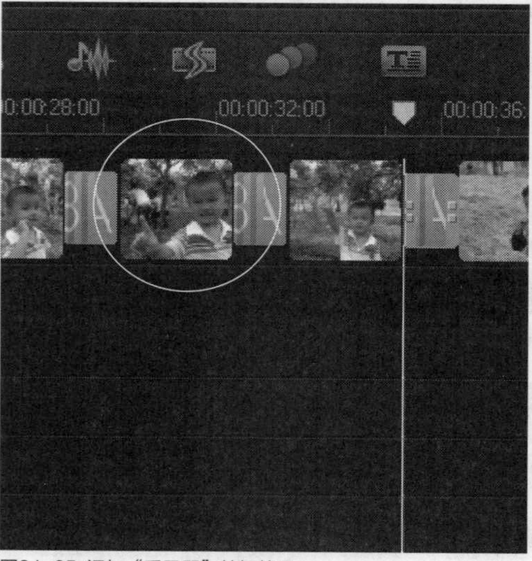

图24-95 添加"手风琴"转场效果

实战 563 制作其他转场特效

▶实例位置：无
▶素材位置：上一例效果
▶视频位置：光盘\视频\第24章\实战563.mp4

• 实例介绍 •

本实例主要应用了“交错淡化”、“爆裂”、“扭曲”、“流动”等转场特效。

• 操作步骤 •

STEP 01 打开“收藏夹”转场素材库，在其中选择“交错淡化”转场效果，如图24-96所示。

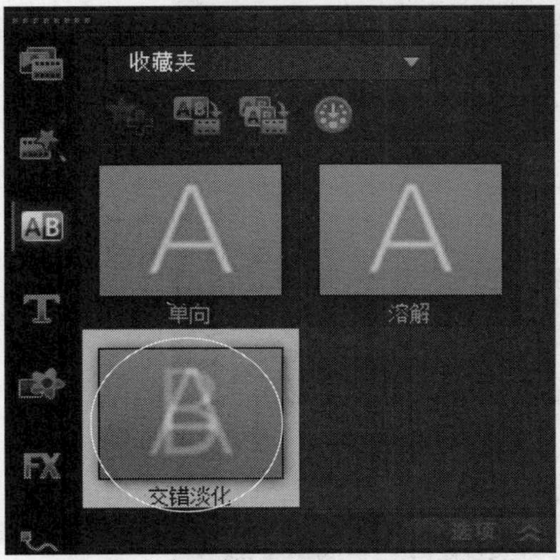

图24-96 选择“交错淡化”转场效果

STEP 02 单击鼠标左键并拖曳至视频轨中照片素材9.jpg与照片素材10.jpg之间，添加“交错淡化”转场效果，如图24-97所示。

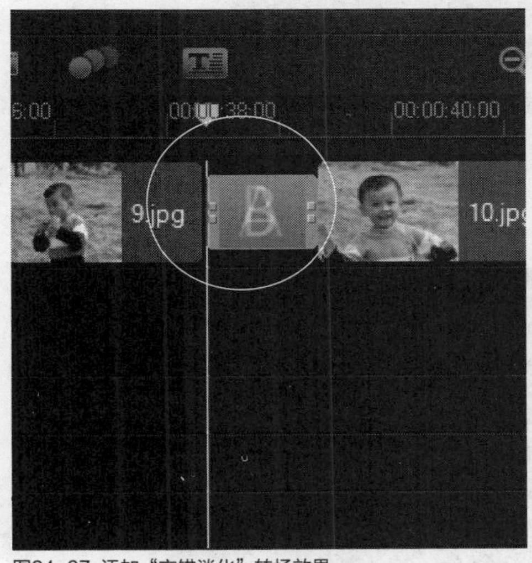

图24-97 添加“交错淡化”转场效果

STEP 03 打开“筛选”转场素材库，在其中选择“爆裂”转场效果，如图24-98所示。

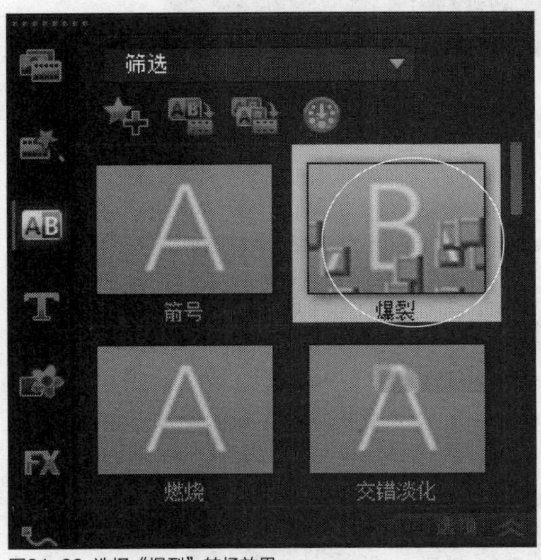

图24-98 选择“爆裂”转场效果

STEP 04 单击鼠标左键并拖曳至视频轨中照片素材10.jpg与照片素材11.jpg之间，添加“爆裂”转场效果，如图24-99所示。

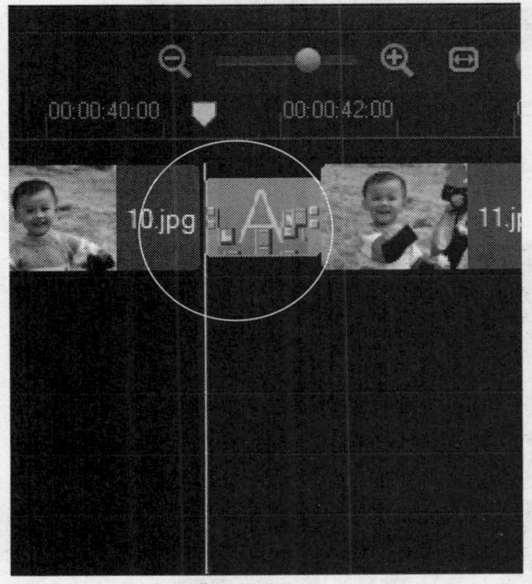

图24-99 添加“爆裂”转场效果

STEP 05 打开“收藏夹”转场素材库，在其中选择“交错淡化”转场效果，如图24-100所示。

STEP 06 单击鼠标左键并拖曳至视频轨中照片素材11.jpg与照片素材12.jpg之间，添加“交错淡化”转场效果，如图24-101所示。

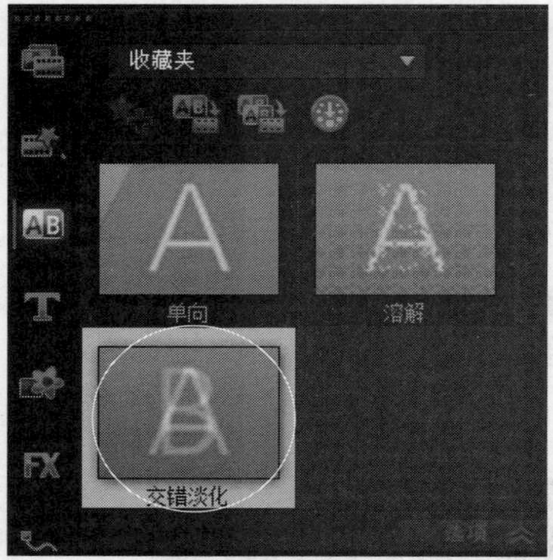

图24-100 选择“交错淡化”转场效果

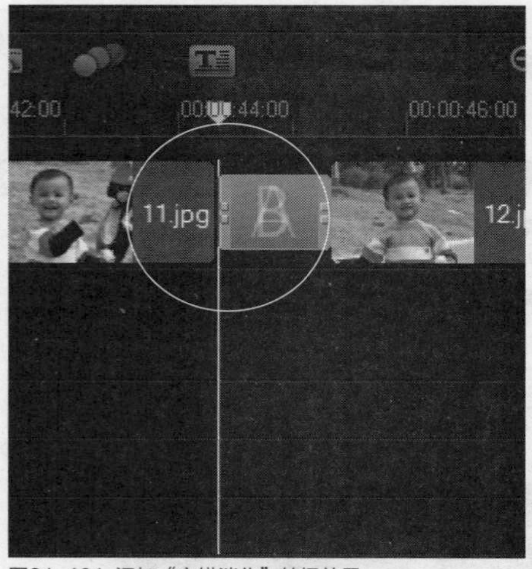

图24-101 添加“交错淡化”转场效果

STEP 07 打开“小时钟”转场素材库，在其中选择“扭曲”转场效果，如图24-102所示。

STEP 08 单击鼠标左键并拖曳至视频轨中照片素材12.jpg与照片素材13.jpg之间，添加“扭曲”转场效果，如图24-103所示。

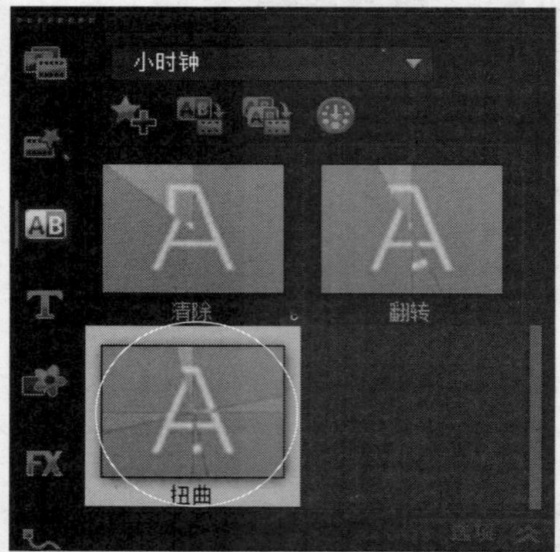

图24-102 选择“扭曲”转场效果

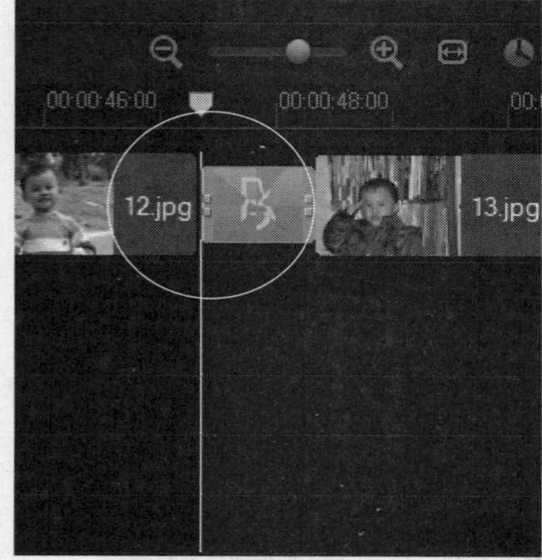

图24-103 添加“扭曲”转场效果

STEP 09 打开“擦拭”转场素材库，在其中选择“流动”转场效果，如图24-104所示。

STEP 10 单击鼠标左键并拖曳至视频轨中照片素材13.jpg与照片素材14.jpg之间，添加“流动”转场效果，如图24-105所示。

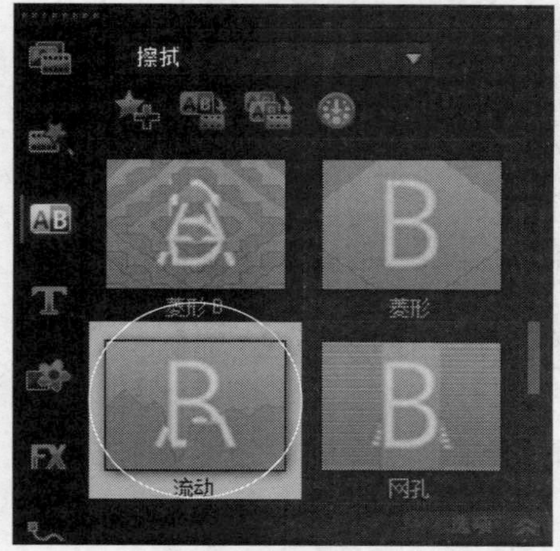

图24-104 选择“流动”转场效果

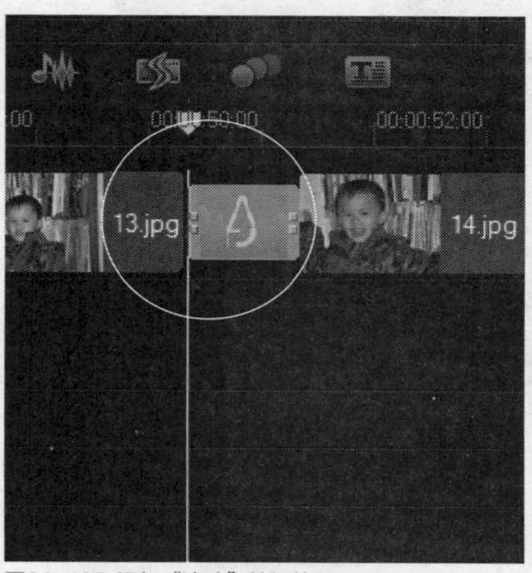

图24-105 添加“流动”转场效果

STEP 11 打开“筛选”转场素材库，在其中选择“马赛克”转场效果，如图24-106所示。

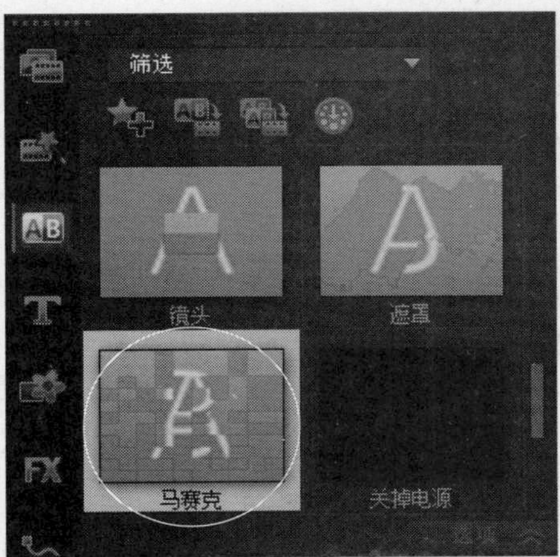

图24-106 选择“马赛克”转场效果

STEP 12 单击鼠标左键并拖曳至视频轨中照片素材14.jpg与照片素材15.jpg之间，添加“马赛克”转场效果，如图24-107所示。

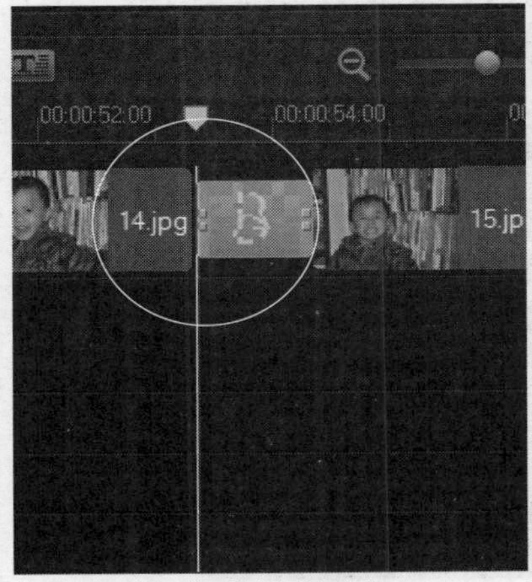

图24-107 添加“马赛克”转场效果

STEP 13 打开“复叠转场”转场素材库，在其中选择“墙”转场效果，如图24-108所示。

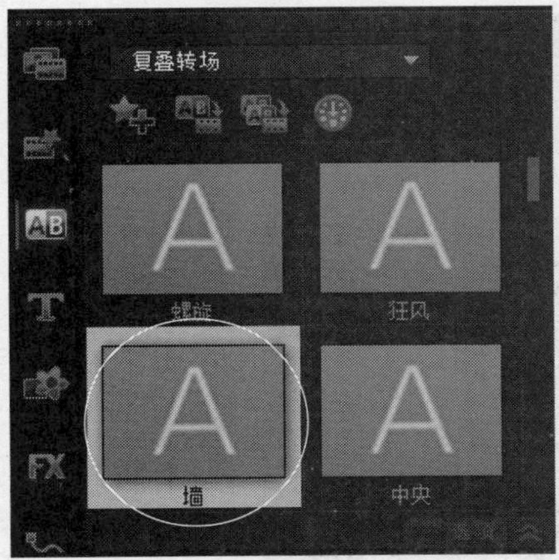

图24-108 选择“墙”转场效果

STEP 14 单击鼠标左键并拖曳至视频轨中照片素材15.jpg与照片素材16.jpg之间，添加“墙”转场效果，如图24-109所示。

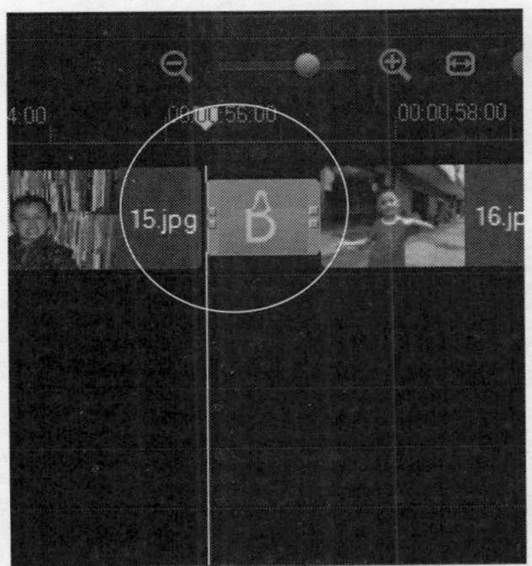

图24-109 添加“墙”转场效果

STEP 15 打开3D转场素材库，在其中选择“手风琴”转场效果，如图24-110所示。

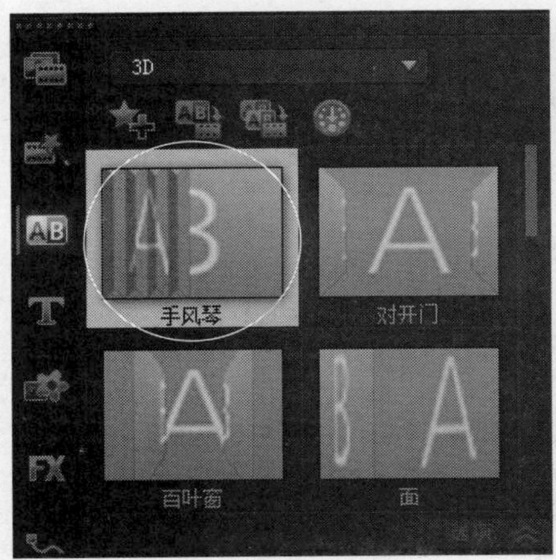

图24-110 选择“手风琴”转场效果

STEP 16 单击鼠标左键并拖曳至视频轨中照片素材16.jpg与照片素材17.jpg之间，添加“手风琴”转场效果，如图24-111所示。

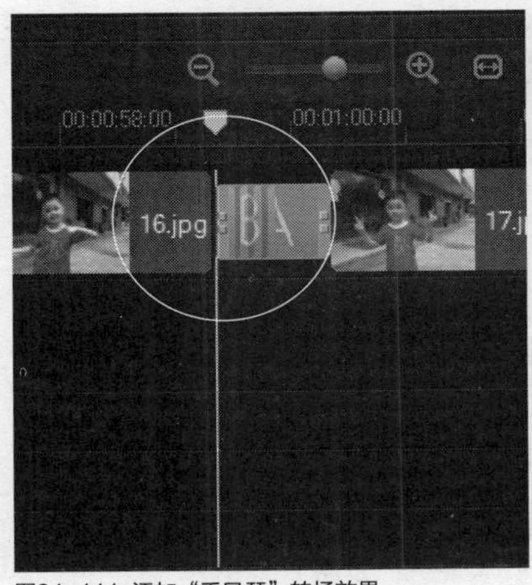

图24-111 添加“手风琴”转场效果

STEP 17 打开3D转场素材库，在其中选择“面”转场效果，如图24-112所示。

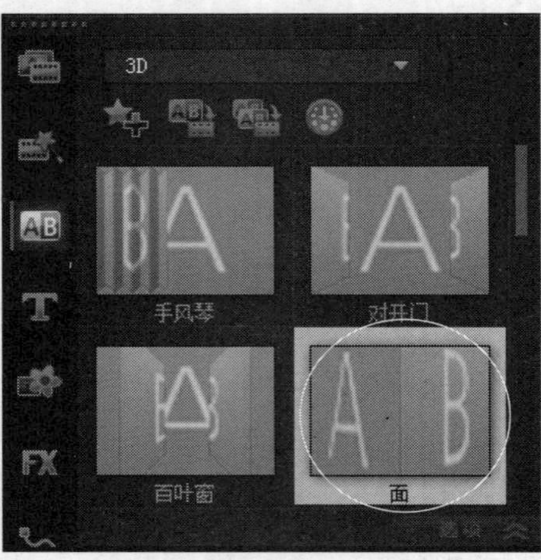

图24-112 选择“面”转场效果

STEP 18 单击鼠标左键并拖曳至视频轨中照片素材17.jpg与照片素材18.jpg之间，添加“面”转场效果，如图24-113所示。

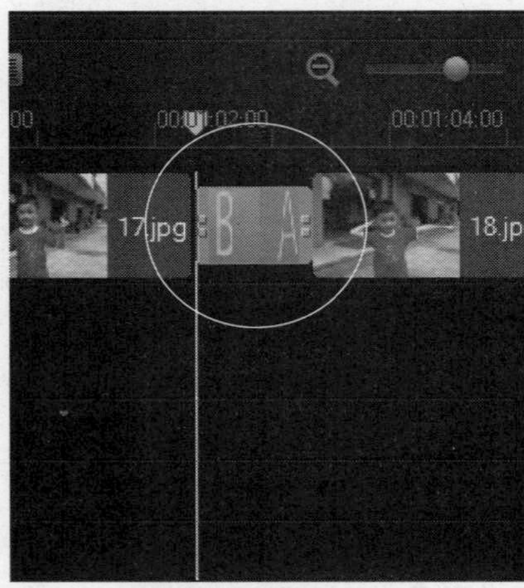

图24-113 添加“面”转场效果

STEP 19 打开3D转场素材库，在其中选择“手风琴”转场效果，如图24-114所示。

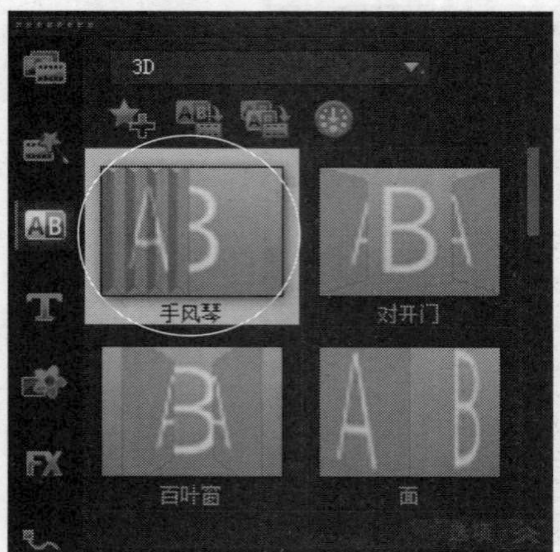

图24-114 选择“手风琴”转场效果

STEP 20 单击鼠标左键并拖曳至视频轨中照片素材18.jpg与照片素材19.jpg之间，添加“手风琴”转场效果，如图24-115所示。

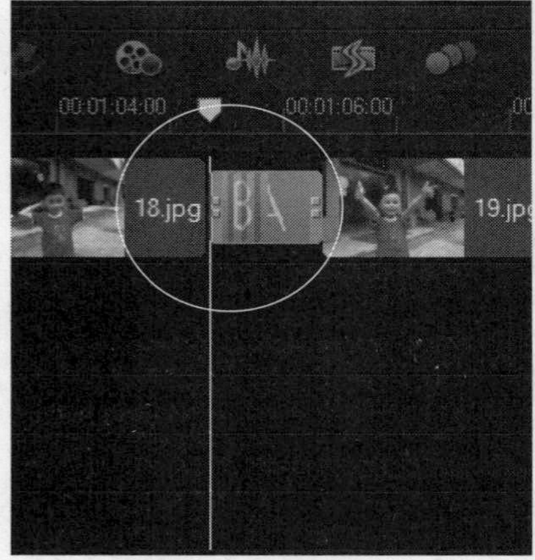

图24-115 添加“手风琴”转场效果

STEP 21 打开“收藏夹”转场素材库，在其中选择“交错淡化”转场效果，如图24-116所示。

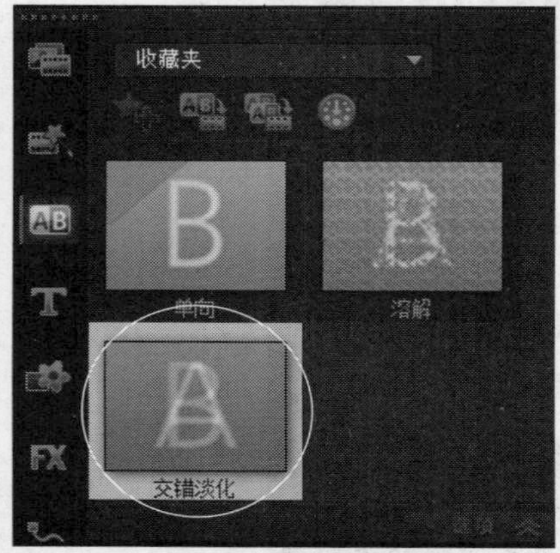

图24-116 选择“交错淡化”转场效果

STEP 22 单击鼠标左键并拖曳至视频轨中照片素材19.jpg与黑色色块之间、黑色色块与片尾素材之间，添加“交错淡化”转场效果，如图24-117所示。

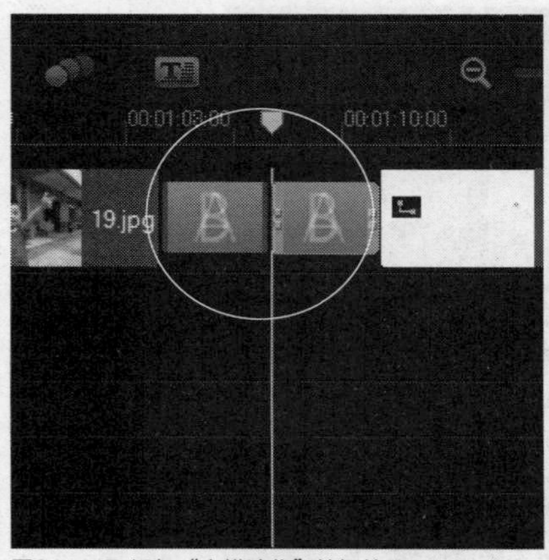

图24-117 添加“交错淡化”转场效果

STEP 23 单击导览面板中的“播放”按钮，预览制作的儿童视频转场效果，如图24-118所示。

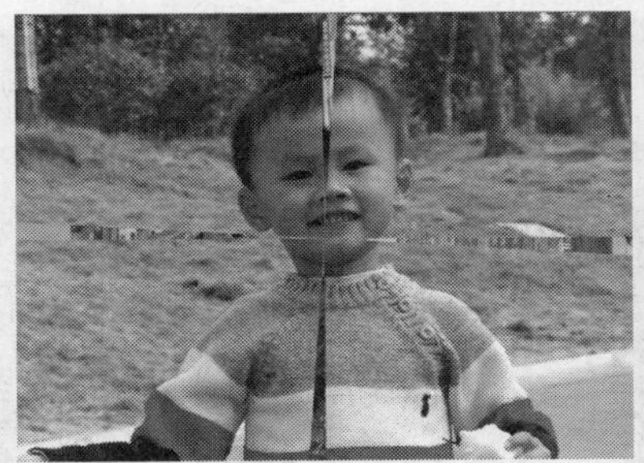

图24-118 预览儿童视频转场效果

实战 564 制作片头特效

▶实例位置：无
▶素材位置：光盘\素材\第24章\20.jpg
▶视频位置：光盘\视频\第24章\实战564.mp4

• 实例介绍 •

在会声会影X7中，制作完儿童转场效果后，接下来可以为影片文件添加片头动画效果。下面介绍制作儿童片头动画的操作方法。

• 操作步骤 •

STEP 01 在时间轴面板中，将时间线移至视频轨中的开始位置，如图24-119所示。

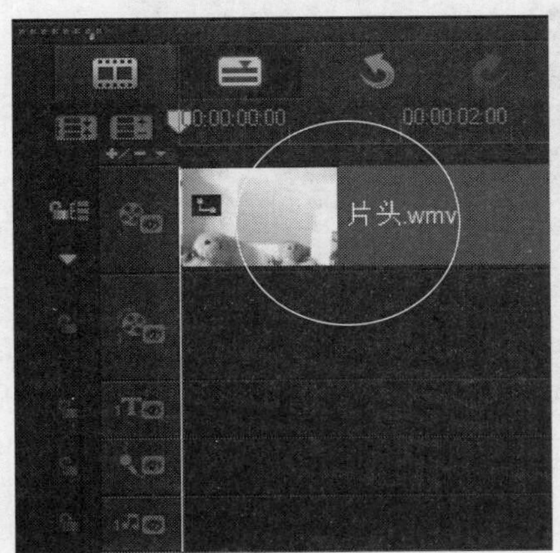

图24-119 移至视频轨中的开始位置

STEP 02 在“媒体”素材库中，选择照片素材20.jpg，如图24-120所示。

图24-120 选择照片素材20.jpg

STEP 03 在选择的素材上，单击鼠标左键，并将其拖曳至覆叠轨中的时间线位置，如图24-121所示。

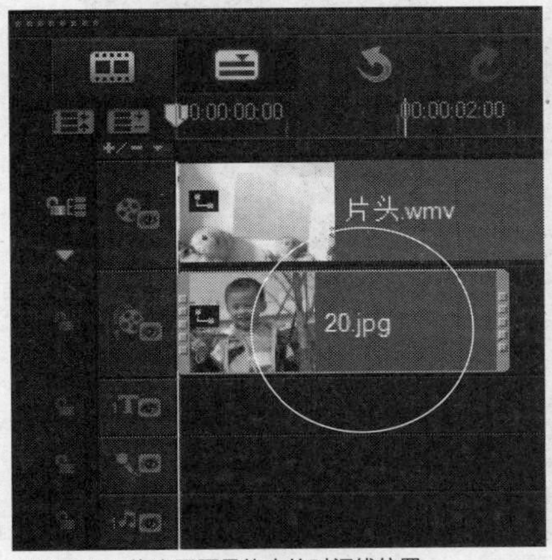

图24-121 拖曳至覆叠轨中的时间线位置

STEP 04 在“编辑”选项面板中设置覆叠的“照片区间”为0:00:08:00，如图24-122所示。

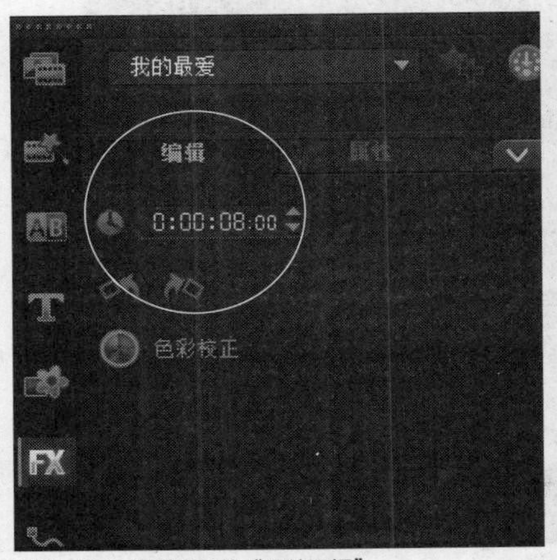

图24-122 设置覆叠的“照片区间”

STEP 05 执行上述操作后，即可更改覆叠素材的区间长度，如图24-123所示。

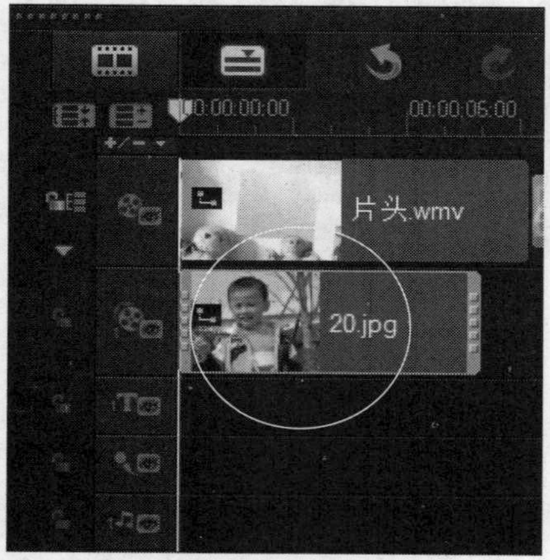

图24-123 更改覆叠素材的区间长度

STEP 06 在“编辑”选项面板中，选中“应用摇动和缩放”复选框，单击“自定义”按钮，如图24-124所示。

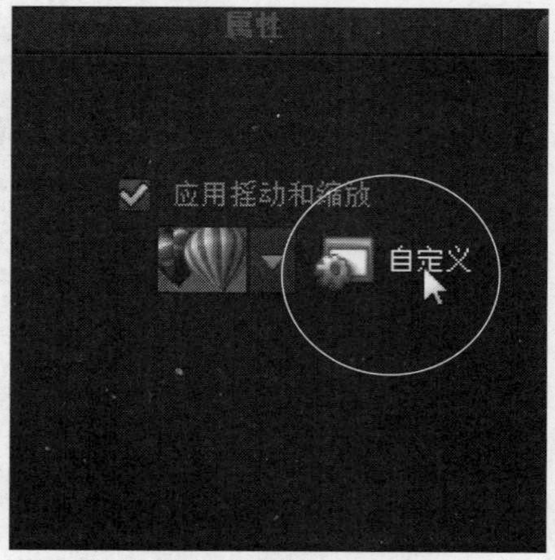

图24-124 单击“自定义”按钮

STEP 07 弹出“摇动和缩放”对话框，在“原图”预览窗口中移动十字图标的位置，在下方设置“缩放率”为109，选择最后一个关键帧，在下方设置“缩放率”为127，如图24-125所示。

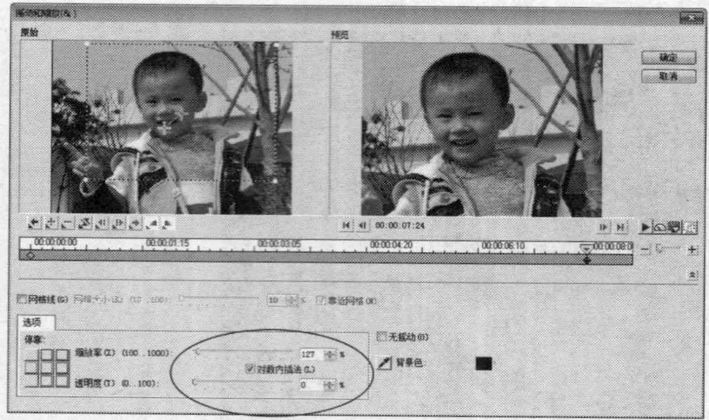
图24-125 设置“缩放率”为127

STEP 08 设置完成后，单击“确定”按钮，返回会声会影编辑器，打开“属性”选项面板，在其中单击“淡入动画效果”、“淡出动画效果”按钮，如图24-126所示，设置覆叠素材的淡入/淡出动画效果。

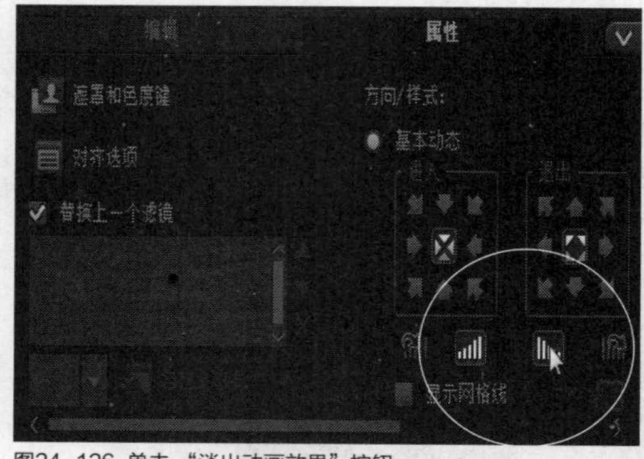

图24-126 单击“淡出动画效果”按钮

STEP 09 单击“遮罩和色度键”按钮，弹出相应面板，如图24-127所示。

图24-127 弹出相应面板

STEP 10 在其中选中“应用覆叠选项”复选框，设置“类型”为“遮罩帧”，在右侧下拉列表框中选择第1排第2个遮罩样式，如图24-128所示。

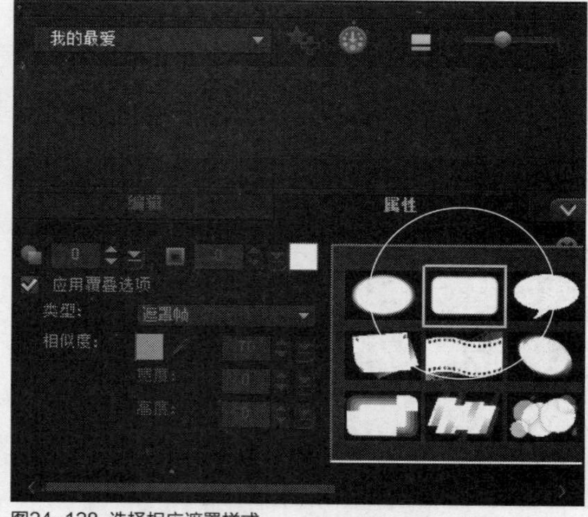

图24-128 选择相应遮罩样式

STEP 11 单击导览面板中的"播放"按钮，即可预览制作的儿童视频片头动画效果，如图24-129所示。

图24-129 预览儿童视频片头动画效果

实战 565 制作片尾特效

▶实例位置：无
▶素材位置：光盘\素材\第24章\21.jpg
▶视频位置：光盘\视频\第24章\实战565.mp4

• 实例介绍 •

在会声会影X7中，制作完片头特效后，接下来可以为影片文件添加片尾动画效果。下面介绍制作儿童片尾动画的操作方法。

• 操作步骤 •

STEP 01 在时间轴面板中，将时间线移至00:01:08:20的位置处，如图24-130所示。

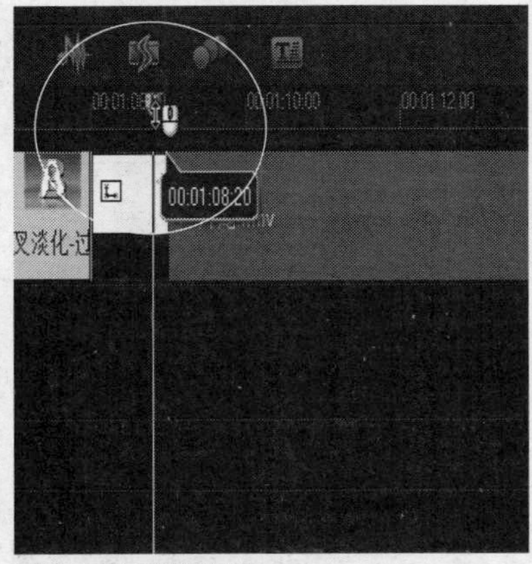

图24-130 移动时间线

STEP 02 在"媒体"素材库中，选择照片素材21.jpg，如图24-131所示。

图24-131 选择照片素材21.jpg

STEP 03 在选择的照片素材上，单击鼠标左键并将其拖曳至覆叠轨中的时间线位置，如图24-132所示。

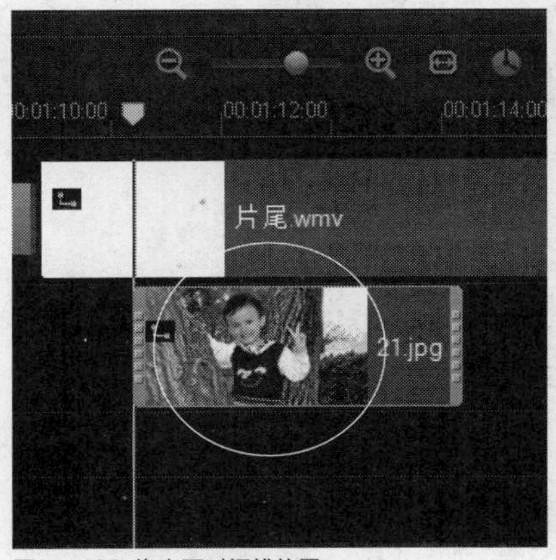

图24-132 拖曳至时间线位置

STEP 04 在"编辑"选项面板中设置覆叠的"照片区间"为0:00:08:05，如图24-133所示，执行上述操作后，即可更改覆叠素材的区间长度。

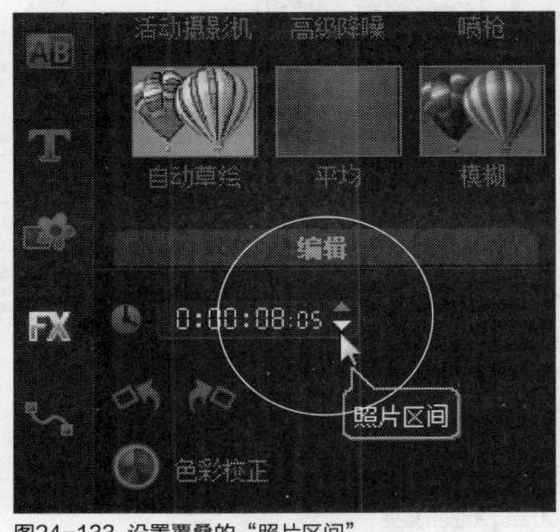

图24-133 设置覆叠的"照片区间"

STEP 05 切换至“属性”选项面板，在其中单击“淡入动画效果”按钮和“淡出动画效果”按钮，如图24-134所示，即可设置覆叠素材的淡入和淡出动画效果。

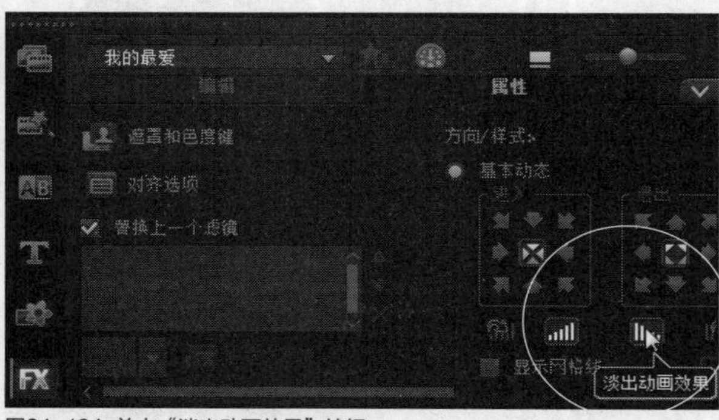

图24-134 单击“淡出动画效果”按钮

STEP 06 在“属性”选项面板中，单击“遮罩和色度键”按钮，弹出相应选项面板，在其中选中“应用覆叠选项”复选框，设置“类型”为“遮罩帧”，在右侧的下拉列表框中选择相应的遮罩样式，如图24-135所示。

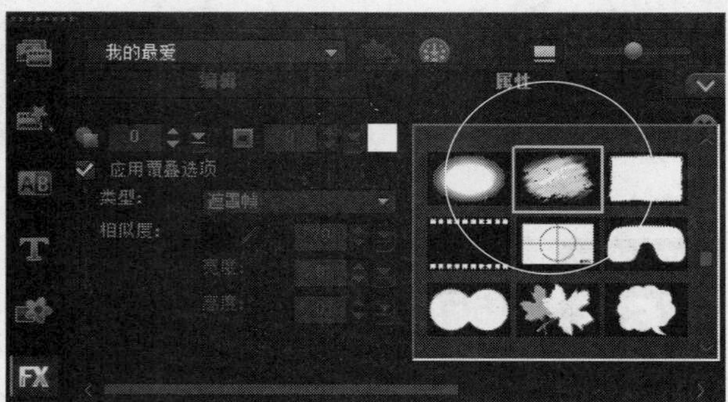

图24-135 选择相应的遮罩样式

STEP 07 执行上述操作后，单击导览面板中的“播放”按钮，预览制作的儿童视频片尾动画效果，如图24-136所示。

图24-136 预览儿童视频片尾动画效果

实战566 制作花形边框特效

▶实例位置：无
▶素材位置：光盘\素材\第24章\边框.png
▶视频位置：光盘\视频\第24章\实战566.mp4

• 实例介绍 •

在会声会影中编辑视频文件时，为素材添加相应的边框效果可以使制作的视频内容更加丰富，起到美化视频的作用。下面介绍制作儿童边框动画的操作方法。

• 操作步骤 •

STEP 01 在时间轴面板中，将时间线移至00:00:08:00的位置处，如图24-137所示。

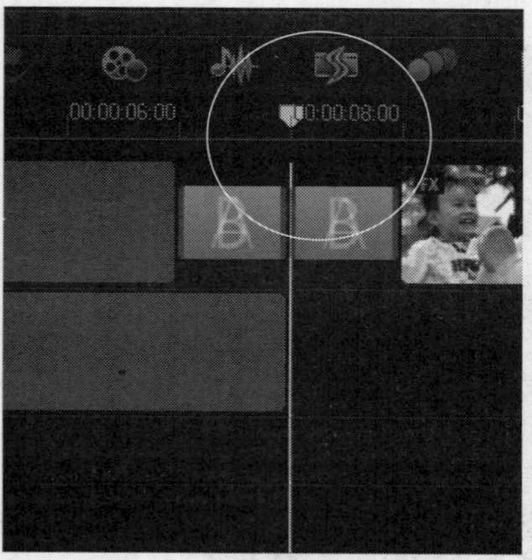

图24-137 移至00:00:08:00的位置处

STEP 02 进入“媒体”素材库，在素材库中选择“边框.png”图像素材，在选择的素材上，单击鼠标左键并将其拖曳至覆叠轨1中的时间线位置，如图24-138所示。

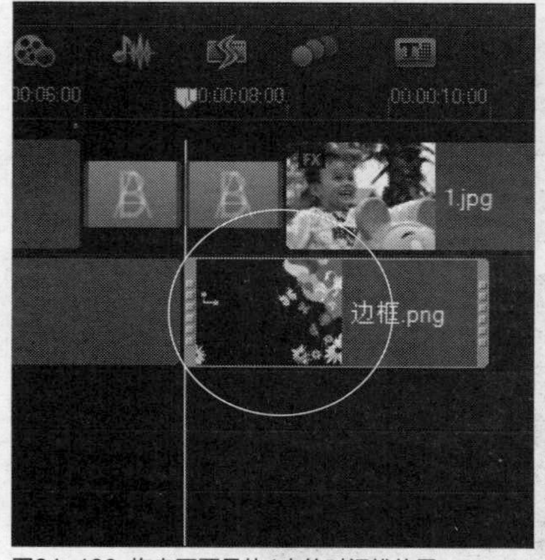

图24-138 拖曳至覆叠轨1中的时间线位置

STEP 03 在“编辑”选项面板中，设置覆叠素材的“照片区间”为0:00:02:00，如图24-139所示，执行上述操作后，即可更改覆叠素材的区间长度为2秒。

图24-139 设置覆叠素材的“照片区间”

STEP 04 打开“属性”选项面板，在其中单击“淡入动画效果”按钮，如图24-140所示，设置覆叠素材的淡入动画效果。

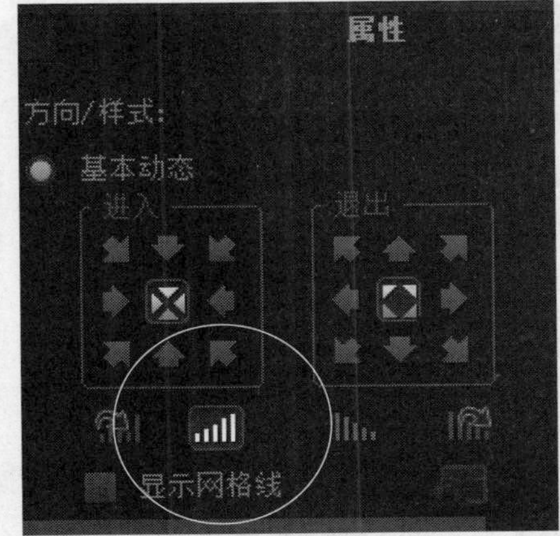

图24-140 单击“淡入动画效果”按钮

STEP 05 在预览窗口中的边框素材上，单击鼠标右键，在弹出的快捷菜单中选择“调整到屏幕大小”选项，如图24-141所示。

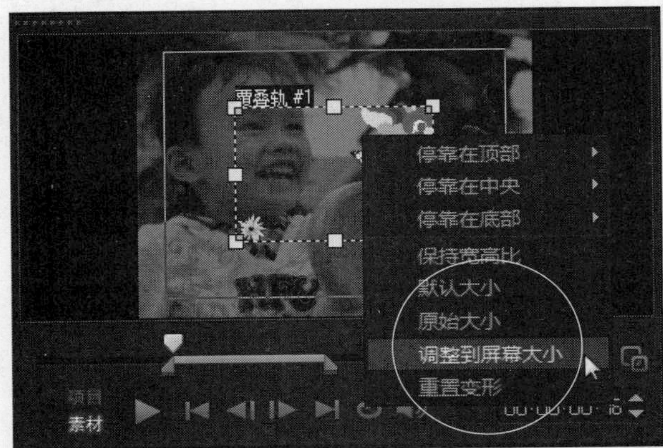

图24-141 选择“调整到屏幕大小”选项

STEP 06 执行操作后，即可调整边框素材至全屏大小，如图24-142所示。

图24-142 调整边框素材至全屏大小

STEP 07 在导览面板中单击“播放”按钮，预览边框素材装饰效果，如图24-143所示。

图24-143 预览边框素材装饰效果

STEP 08 用与上同样的方法，在覆叠轨中添加相应的覆叠边框素材，并设置覆叠素材的相应照片区间，在预览窗口中，调整素材的位置与形状，在“属性”选项面板中设置素材淡入/淡出特效，单击导览面板中的“播放”按钮，预览制作的覆叠边框装饰动画效果，如图24-144所示。

图24-144 预览覆叠边框装饰动画效果

实战567 制作标题字幕动画

▶实例位置：无
▶素材位置：上一例效果
▶视频位置：光盘\视频\第24章\实战567.mp4

• 实例介绍 •

在会声会影X7中，在覆叠轨中制作完动画效果，接下来在标题轨中制作标题字幕动画效果。下面介绍制作标题字幕动画的操作方法。

• 操作步骤 •

STEP 01 在时间轴面板中，将时间线移至00:00:01:23的位置处，如图24-145所示。

图24-145 移至00:00:01:23位置处

STEP 02 在编辑器的右上方位置，单击“标题”按钮，进入“标题”素材库，如图24-146所示。

图24-146 进入“标题”素材库

STEP 03 在预览窗口中，显示“双击这里可以添加标题”字样，如图24-147所示。

STEP 04 在预览窗口中的字样上，双击鼠标左键，输入文本“天真无邪”，如图24-148所示。

STEP 05 选择输入的文本内容，打开“编辑”选项面板，单击“字体”右侧的下三角按钮，在弹出的列表框中选择“方正卡通简体”选项，如图24-149所示，设置标题字幕字体效果。

图24-147 移至00:00:01:23的位置处

图24-148 输入文本“天真无邪”

STEP 06 单击“字体大小”右侧的下三角按钮，在弹出的列表框中选择60选项，设置字体大小；单击“色彩”色块，在弹出的颜色面板中选择绿色，设置字体颜色，如图24-150所示。

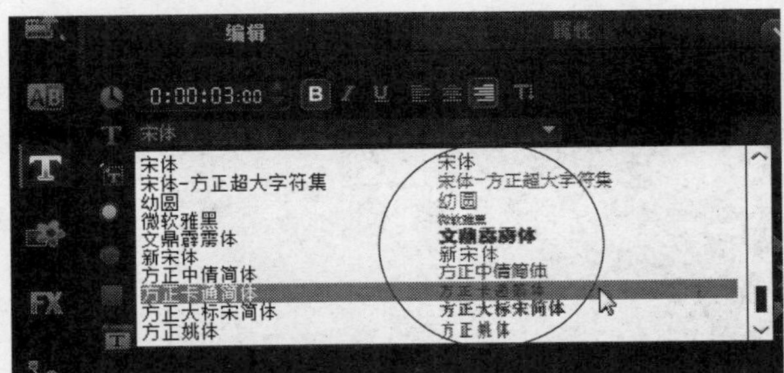

图24-149 选择“方正卡通简体”选项

图24-150 设置字体颜色

STEP 07 在预览窗口中，可以预览设置字幕属性后的效果，如图24-151所示。

STEP 08 在“编辑”选项面板中，设置字幕的“区间”为0:00:05:00，然后单击“边框/阴影/透明度”按钮，如图24-152所示。

图24-151 预览设置字幕属性后的效果

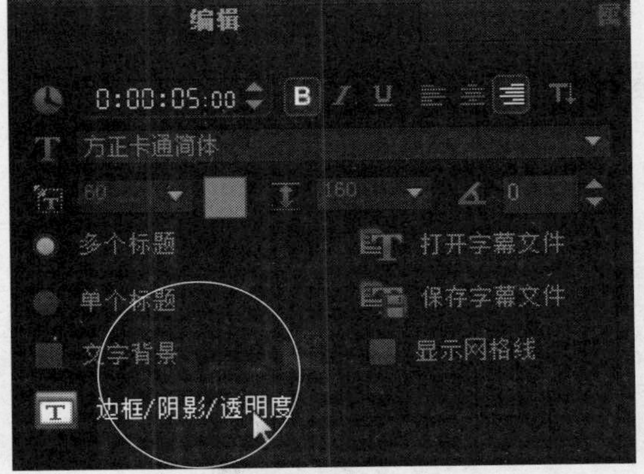

图24-152 单击“边框/阴影/透明度”按钮

STEP 09 弹出“边框/阴影/透明度”对话框，单击“阴影”标签，切换至“阴影”选项卡，单击“突起阴影”按钮，保持默认属性，如图24-153所示。

STEP 10 设置完成后，单击“确定”按钮，在预览窗口中，可以预览设置字幕边框/阴影/透明度后的效果，如图24-154所示。

STEP 11 当标题字幕文件制作完成后，在时间轴面板的标题轨中，将自动显示创建的标题字幕文件，如图24-155所示。

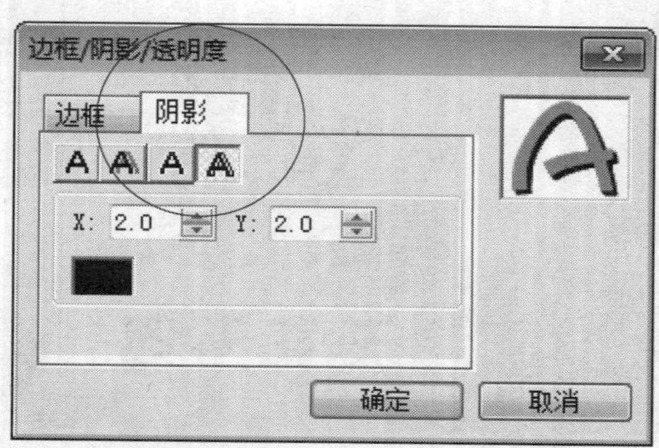

图24-153 保持默认属性

图24-154 预览效果

STEP 12 切换至“属性”选项面板，选中“动画”单选按钮和“应用”复选框，设置“选取动画类型”为“淡化”，在下方选择第1排第2个动画样式，如图24-156所示。

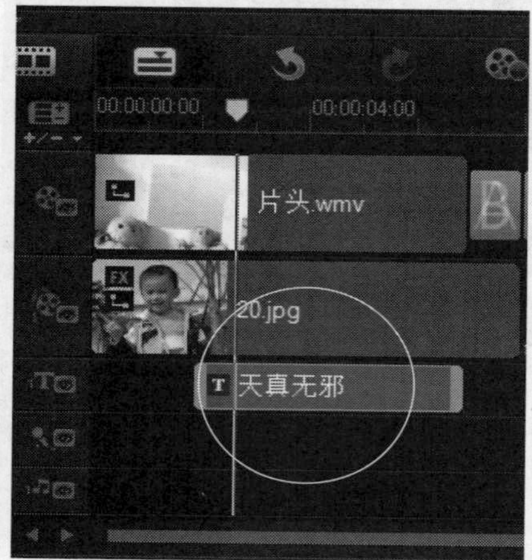

图24-155 显示创建的标题字幕文件

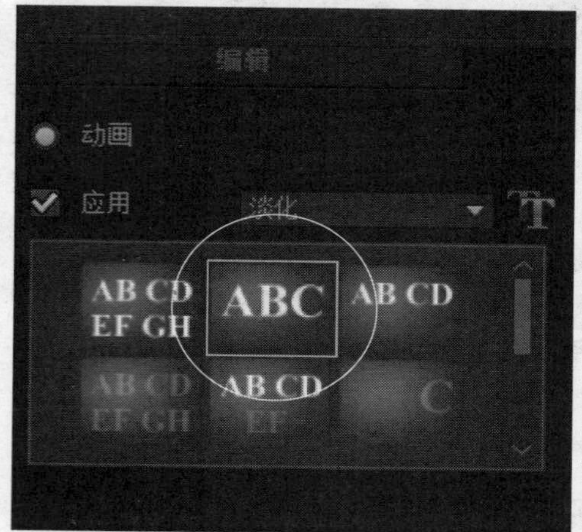

图24-156 选择第1排第2个动画样式

STEP 13 在标题轨中的字幕文件上，单击鼠标右键，在弹出的快捷菜单中选择“复制”选项，如图24-157所示。

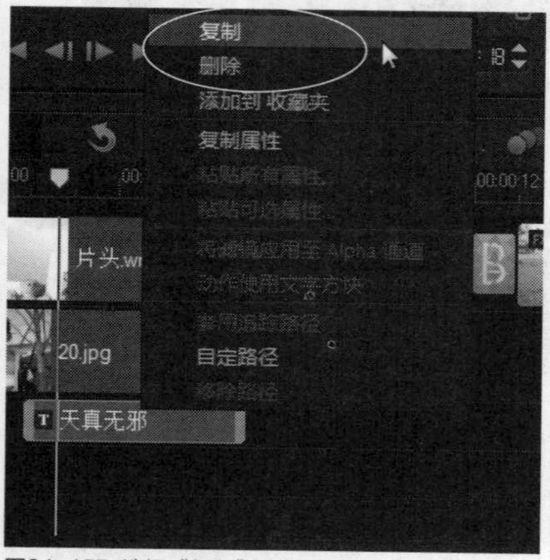

图24-157 选择“复制”选项

STEP 14 复制字幕文件后，将字幕文件粘贴至右侧适合位置，并设置字幕的区间长度为0:00:01:00，如图24-158所示。

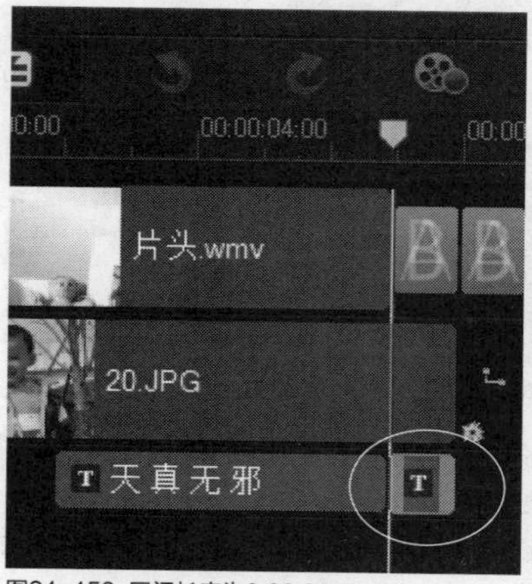

图24-158 区间长度为0:00:01:00

STEP 15 切换至“属性”选项面板，设置“选取动画类型”为“淡化”，在下方选择第1排第1个动画样式，然后单击“自定动画属性”按钮，如图24-159所示。

STEP 16 弹出“淡化动画”对话框，在“淡化样式”选项区中选中“淡出”单选按钮，如图24-160所示，单击“确定”按钮，完成设置。

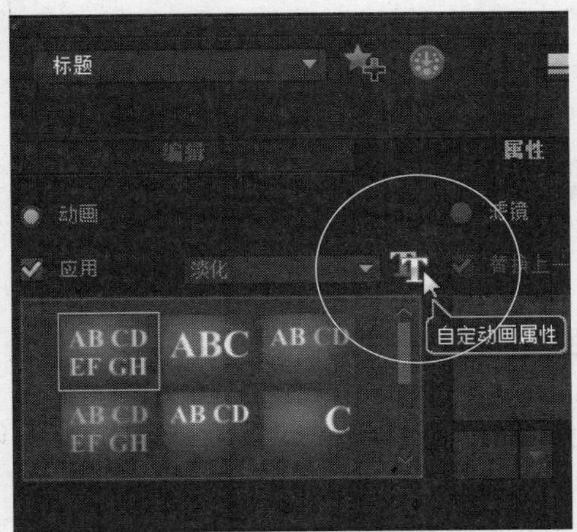

图24-159 单击“自定动画属性”按钮

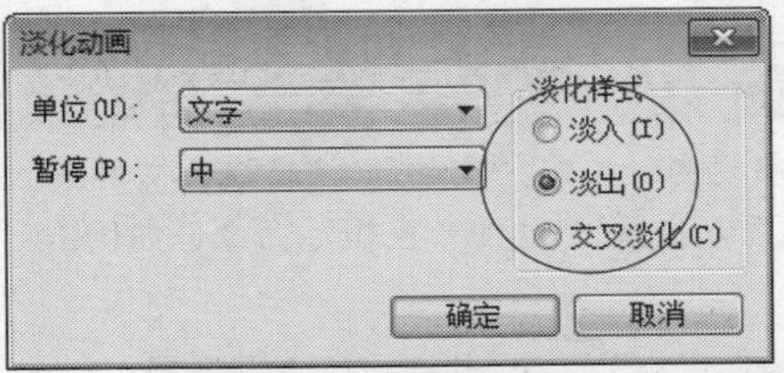

图24-160 选中“淡出”单选按钮

STEP 17 单击导览面板中的“播放”按钮，预览制作的片头字幕动画效果，如图24-161所示。

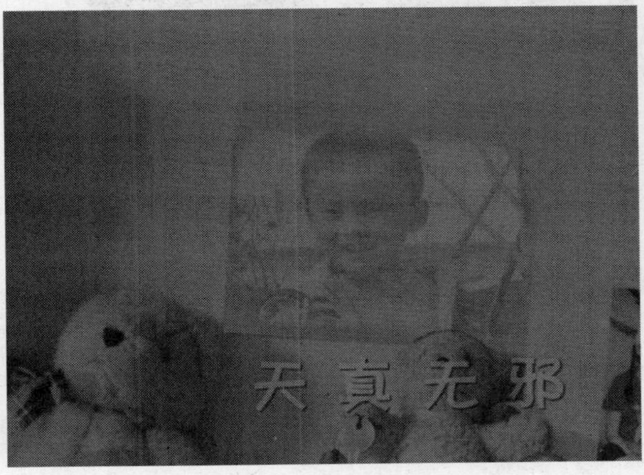

图24-161 预览片头字幕动画效果

STEP 18 用与上同样的方法，在标题轨中的其他位置输入相应文本内容，并设置文本的相应属性和动画效果，单击导览面板中的“播放”按钮，预览制作的标题字幕动画效果，如图24-162所示。

图24-162 预览标题字幕动画效果

24.3 视频后期处理

在会声会影X7中，编辑完视频效果后，接下来需要对视频进行后期编辑与输出，使制作的视频效果更加完美。下面介绍制作儿童视频背景音效和输出儿童视频文件的方法。

实战 568 导入视频背景音乐

▶实例位置：无
▶素材位置：光盘\素材\第24章\音乐.mpa
▶视频位置：光盘\视频\第24章\实战568.mp4

• 实例介绍 •

在会声会影X7中，用户可以将“媒体”素材库中的音频文件直接添加至音乐轨中。下面介绍导入儿童音频的操作方法。

• 操作步骤 •

STEP 01 在菜单栏中，单击“文件”|“将媒体文件插入到时间轴”|“插入音频”|“到音乐轨”命令，如图24-163所示。

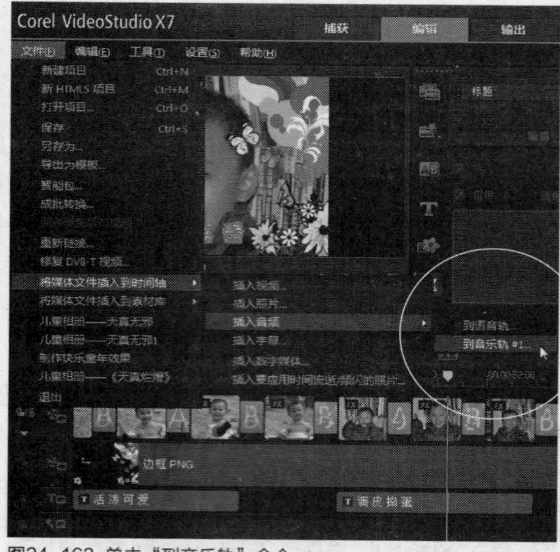

图24-163 单击“到音乐轨”命令

STEP 02 执行操作后，弹出“打开音频文件”对话框，选择需要导入的背景音乐素材，如图24-164所示。

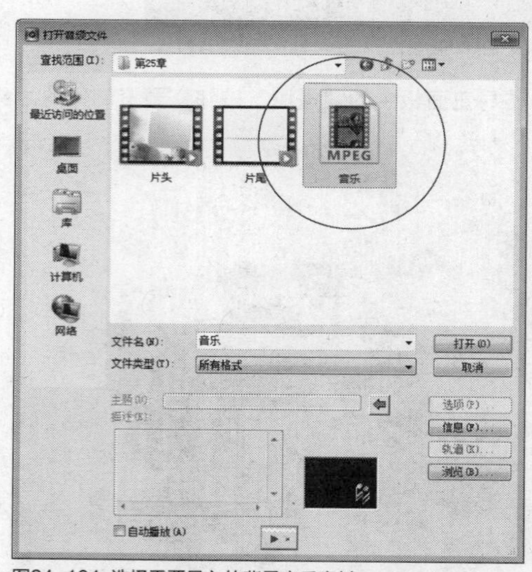

图24-164 选择需要导入的背景音乐素材

STEP 03 单击“打开”按钮，即可将背景音乐导入到时间轴面板的音乐轨中，如图24-165所示。

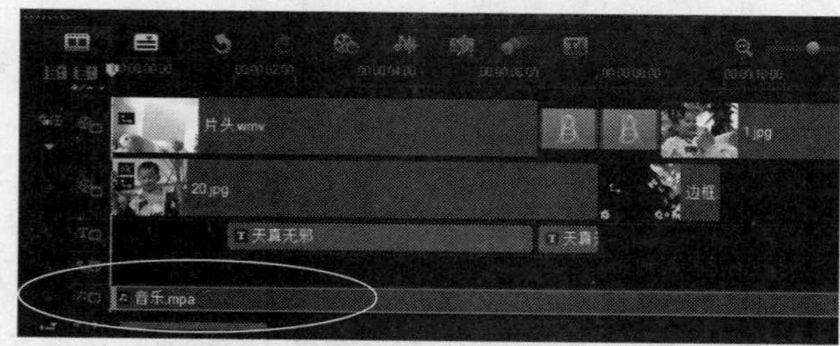

图24-165 导入到音乐轨中

实战 569 制作视频背景音乐

▶实例位置：无
▶素材位置：光盘\素材\第24章\音乐.mpa
▶视频位置：光盘\视频\第24章\实战569.mp4

• 实例介绍 •

用户在导入视频背景音乐后，还需要制作背景音效。下面介绍制作儿童音频特效的操作方法。

• 操作步骤 •

STEP 01 将时间线移至音乐素材的最后一帧位置，如图24-166所示。

STEP 02 在音乐素材上，单击鼠标右键，在弹出的快捷菜单中选择“复制”选项，如图24-167所示。

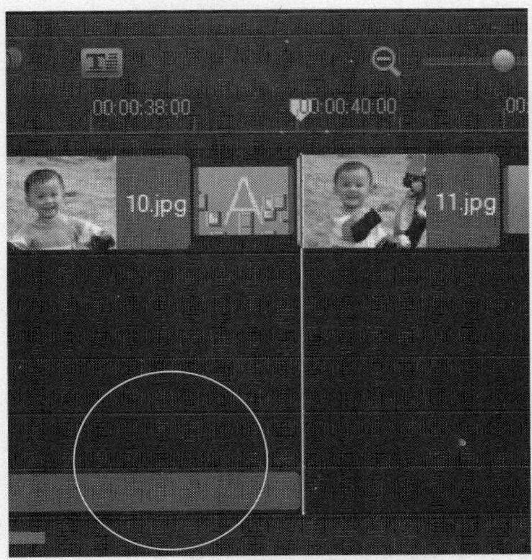

图24-166 移至音乐素材的最后一帧位置

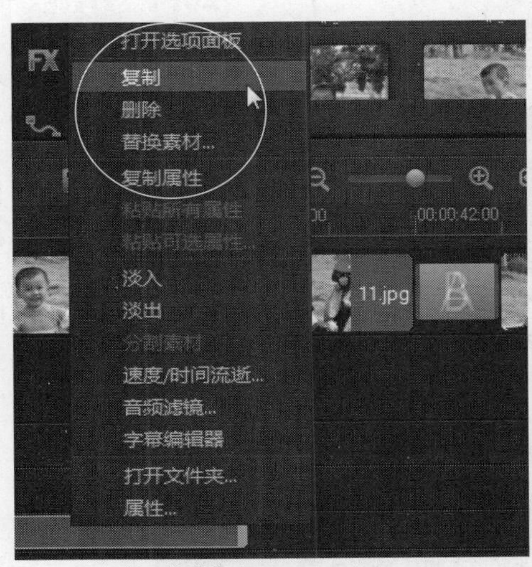

图24-167 选择“复制”选项

STEP 03 将复制的音乐素材粘贴至右侧的合适位置，如图24-168所示。

STEP 04 在时间轴面板中，将时间线移至00:01:17:00的位置处，如图24-169所示。

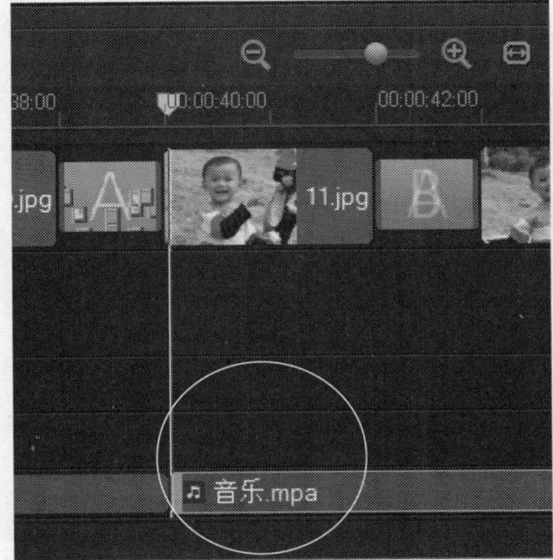

图24-168 粘贴至右侧的合适位置

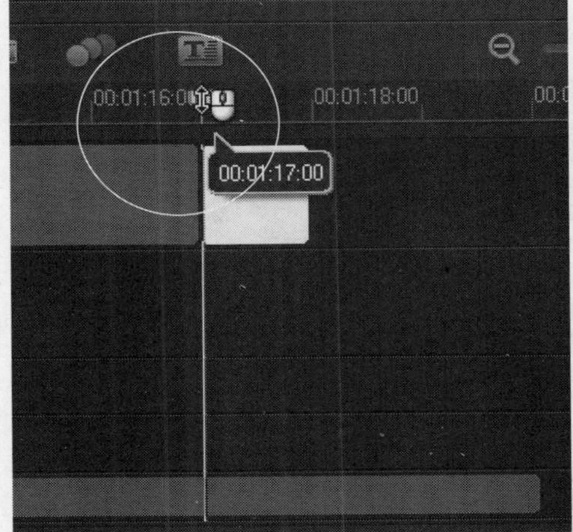

图24-169 移至00:01:17:00的位置处

STEP 05 选择音乐轨中的素材，单击鼠标右键，在弹出的快捷菜单中选择“分割素材”选项，如图24-170所示。

STEP 06 执行操作后，即可将音乐素材分割为两段，如图24-171所示。

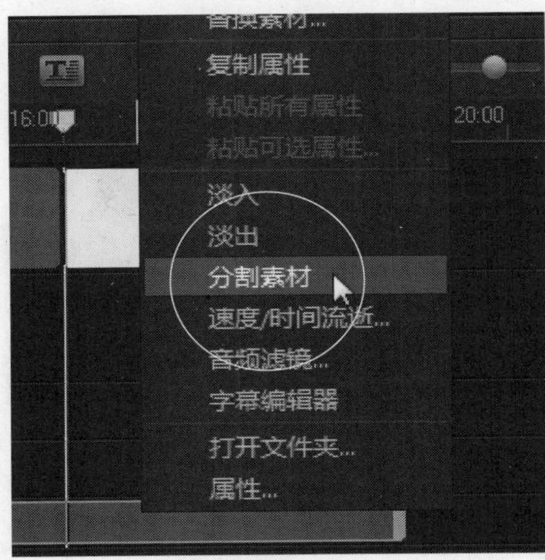

图24-170 选择“分割素材”选项

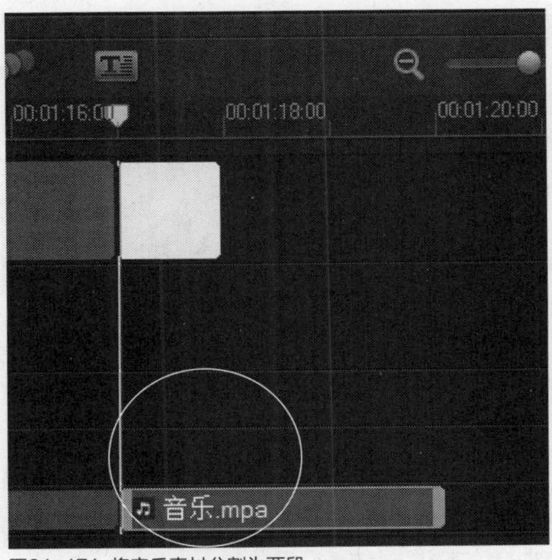

图24-171 将音乐素材分割为两段

STEP 07 选择分割的后段音频素材，按【Delete】键进行删除操作，留下剪辑后的音频素材，如图24-172所示。

图24-172 留下剪辑后的音频素材

STEP 08 在音乐轨中，选择第一段音乐素材，如图24-173所示。

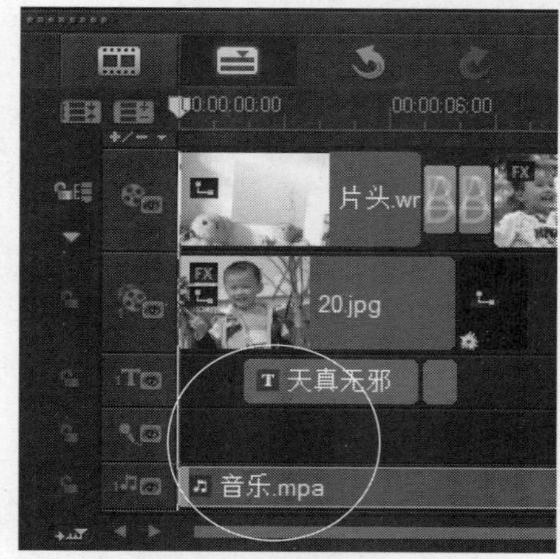

图24-173 选择第一段音乐素材

STEP 09 在音乐素材上，单击鼠标右键，在弹出的快捷菜单中选择“淡入”选项，如图24-174所示，设置音乐的淡入特效。

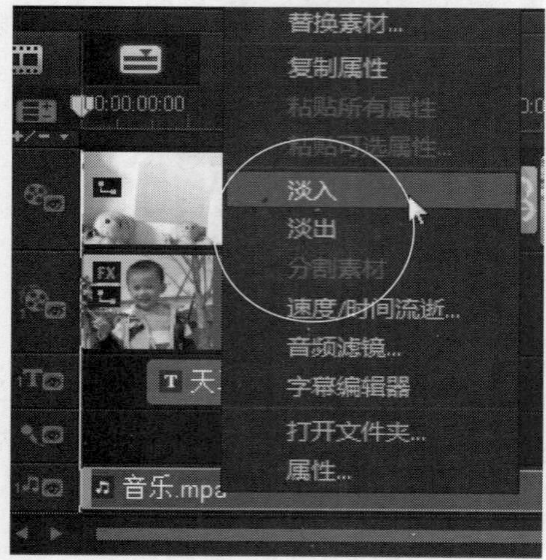

图24-174 选择“淡入”选项

STEP 10 在音乐轨中，选择第二段音乐素材，在音乐素材上，单击鼠标右键，在弹出的快捷菜单中选择“淡出”选项，如图24-175所示，设置音乐的淡出特效。

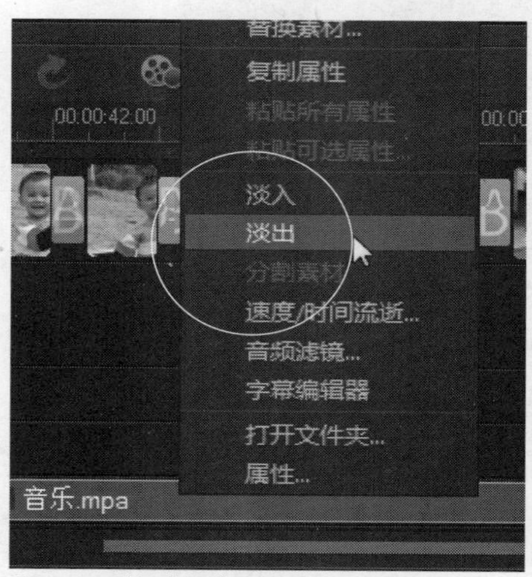

图24-175 选择“淡出”选项

STEP 11 在导览面板中单击“播放”按钮，预览视频画面并聆听背景音乐的声音，如图24-176所示。

图24-176 预览视频画面并聆听背景音乐

实战 570 输出儿童相册视频

▶实例位置：光盘\效果\第24章\儿童相册——《天真无邪》.mpg
▶素材位置：上一例效果
▶视频位置：光盘\视频\第24章\实战570.mp4

• 实例介绍 •

对视频文件进行音频特效的应用后，接下来用户可以根据需要将视频文件进行输出操作，将美好的回忆永久保存。下面向读者介绍输出视频文件的操作方法。

• 操作步骤 •

STEP 01 单击界面上方的“输出”标签，执行操作后，即可切换至“输出”步骤面板，如图24-177所示。

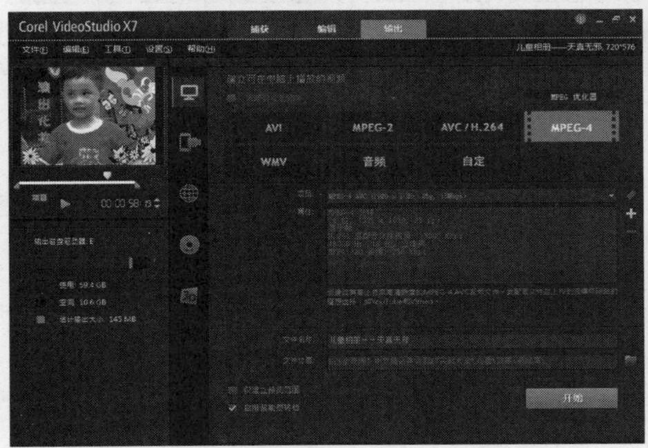

图24-177 切换至“输出”步骤面板

STEP 02 在上方面板中，选择MPEG-2选项，在“项目”右侧的下拉列表中，选择第2个选项，如图24-178所示。

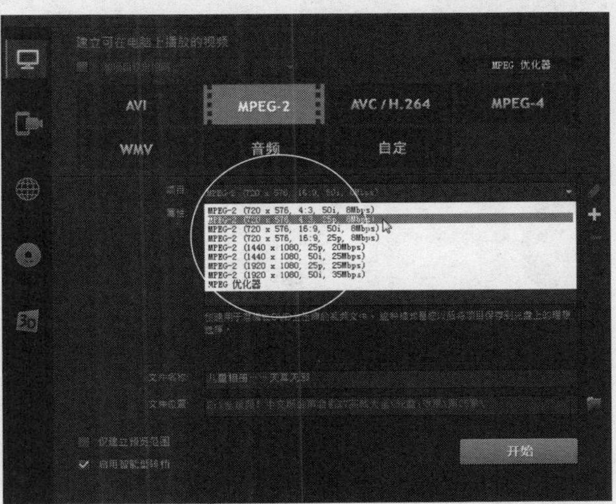

图24-178 选择第2个选项

STEP 03 在下方面板中，单击“文件位置”右侧的“浏览”按钮，如图24-179所示。

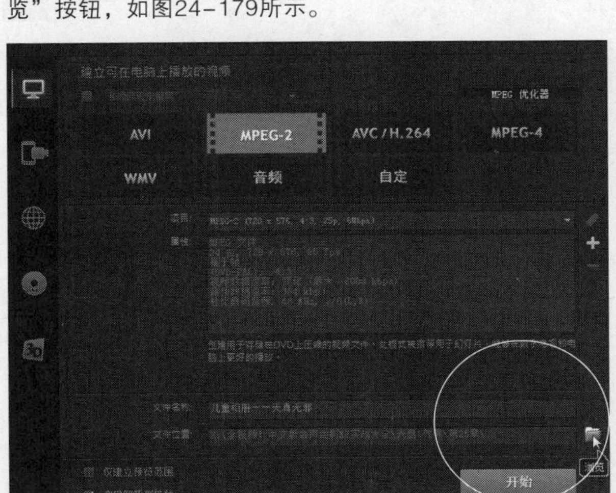

图24-179 单击“浏览”按钮

STEP 04 弹出“浏览”对话框，在其中设置视频文件的输出名称与输出位置，如图24-180所示。

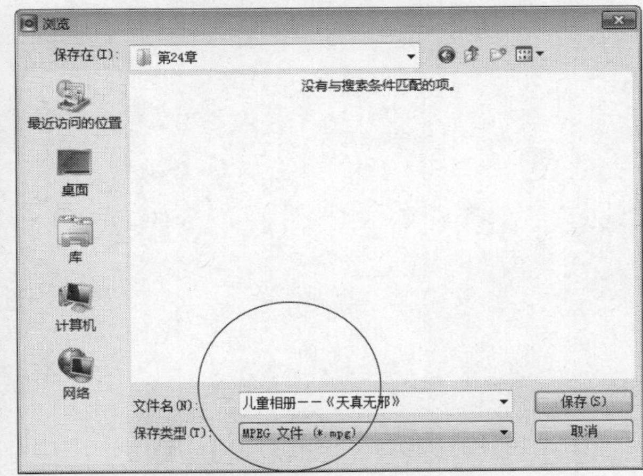

图24-180 设置输出名称与输出位置

STEP 05 设置完成后，单击“保存”按钮，返回会声会影编辑器，单击下方的“开始”按钮，开始渲染视频文件，并显示渲染进度，如图24-181所示。

STEP 06 稍等片刻，已经输出的视频文件将显示在素材库面板的“文件夹”选项卡中，如图24-182所示。

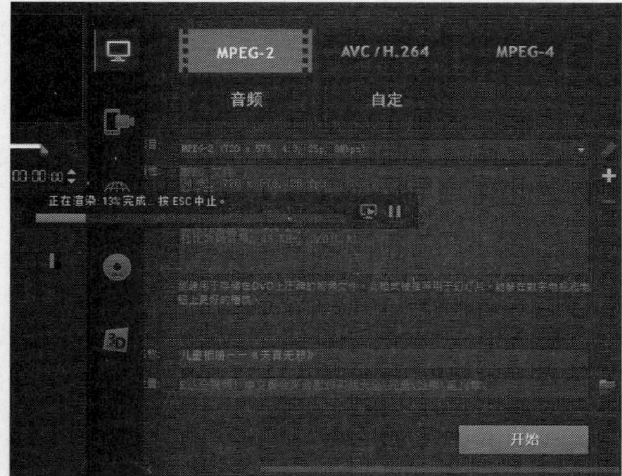

图24-181 显示渲染进度

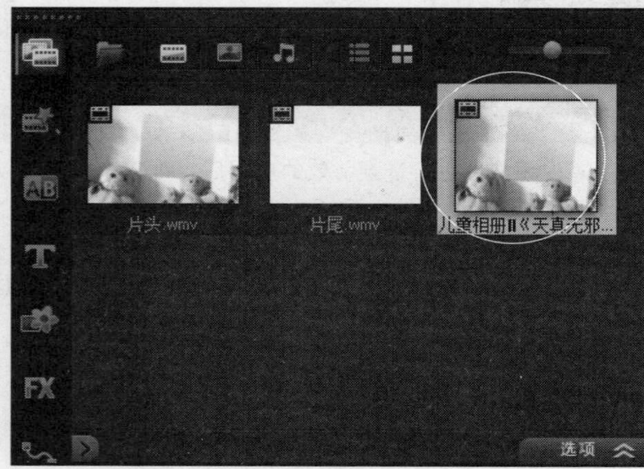

图24-182 显示在“文件夹”选项卡中

STEP 07 在预览窗口中单击“播放”按钮，用户可以查看输出的儿童视频画面效果，如图24-183所示。

图24-183 查看儿童视频画面效果

第25章 婚纱影像——《天长地久》

本章导读

结婚是人一生中最重要的事情之一，而结婚这一天也是最具有纪念价值的一天，对于新郎和新娘来说，这一天是他们新生活的开始，也是人生中最美好的回忆。使用数码相机或数码摄像机将结婚当天的一切记录下来，并在会声会影X7中进行编辑，可制作出精美的视频效果，将这一段美好的回忆永远地记录下来。本章主要向读者介绍制作婚纱影像——《天长地久》视频的操作方法。

要点索引

- 实例效果欣赏
- 视频制作过程
- 视频后期处理

25.1 实例效果欣赏

在制作婚纱影像之前，首先带领读者预览《天长地久》视频的画面效果。

本实例主要介绍的是《婚纱影像——天长地久》，效果如图25-1所示。

图25-1 效果欣赏

25.2 视频制作过程

本节主要介绍《天长地久》视频文件的制作过程，包括导入婚纱媒体素材、制作婚纱视频画面、制作婚纱摇动效果、制作婚纱转场效果等内容。

实战 571 导入婚纱媒体图片

▶ 实例位置：无
▶ 素材位置：光盘\素材\第25章\1～19.jpg、边框1.png、边框2.png
▶ 视频位置：光盘\视频\第25章\实战571.mp4

• 实例介绍 •

在编辑婚纱素材之前，首先需要导入婚纱媒体素材。下面以通过“将媒体文件插入到素材库”命令为例，介绍导入婚纱媒体素材的操作方法。

• 操作步骤 •

STEP 01 进入会声会影编辑器，单击素材库上方的“显示照片”按钮，显示素材库中的照片素材，执行菜单栏中的“文件”|“将媒体文件插入到素材库”|“插入照片”命令，如图25-2所示。

图25-2 单击“插入照片”命令

STEP 02 弹出“浏览照片”对话框，选择需要添加的照片素材，如图25-3所示。

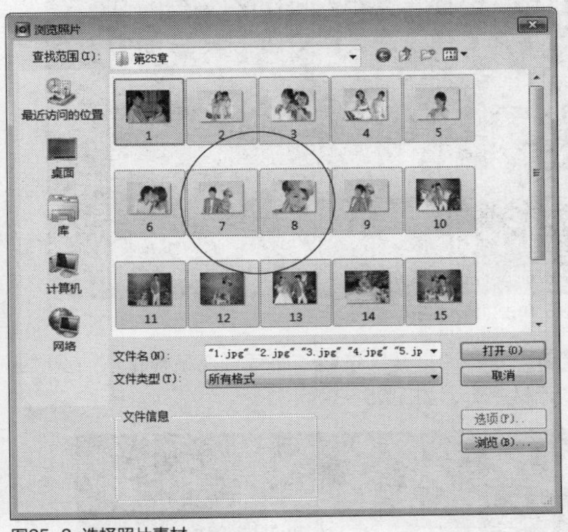

图25-3 选择照片素材

STEP 03 单击“打开”按钮，即可将照片素材添加至“照片”素材库中，如图25-4所示。

图25-4 添加照片素材

STEP 04 在素材库中选择照片素材，在预览窗口中即可预览添加的素材效果，如图25-5所示。

图25-5 预览添加的素材效果

实战 572 导入婚纱媒体视频

▶ 实例位置：无
▶ 素材位置：光盘\素材\第25章\17.swf、片头.wmv、片尾.wmv
▶ 视频位置：光盘\视频\第25章\实战572.mp4

• 实例介绍 •

用户在导入图片素材文件后，还需要导入视频素材文件。

• 操作步骤 •

STEP 01 单击素材库上方的“显示视频”按钮，显示素材库中的视频素材，执行菜单栏中的“文件”|“将媒体文件插入到素材库”|“插入视频”命令，如图25-6所示。

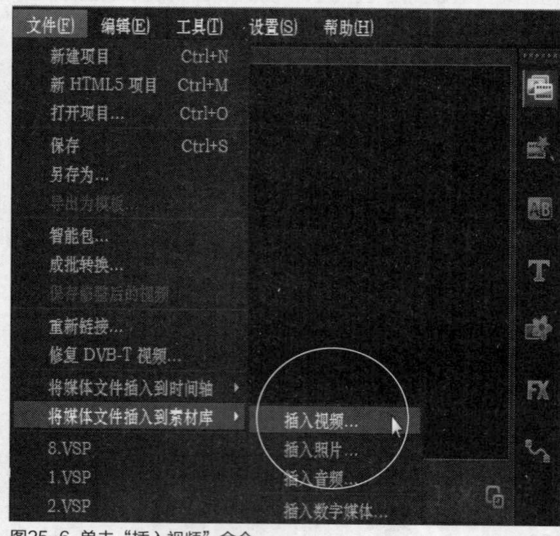

图25-6 单击“插入视频”命令

STEP 02 弹出“浏览视频”对话框，选择需要添加的视频素材，如图25-7所示。

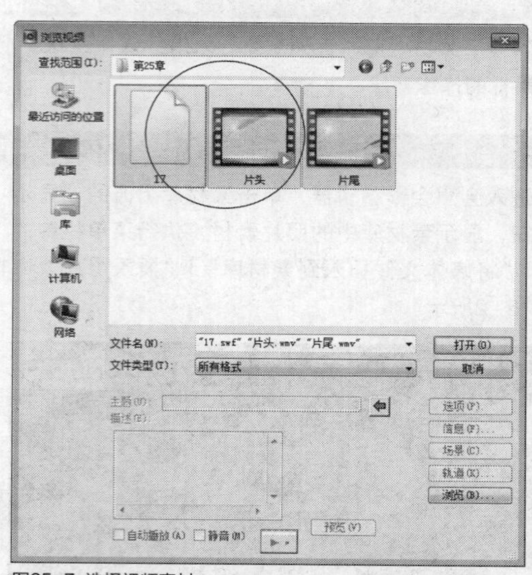

图25-7 选择视频素材

STEP 03 单击“打开”按钮，即可将视频素材添加至“视频”素材库中，如图25-8所示。

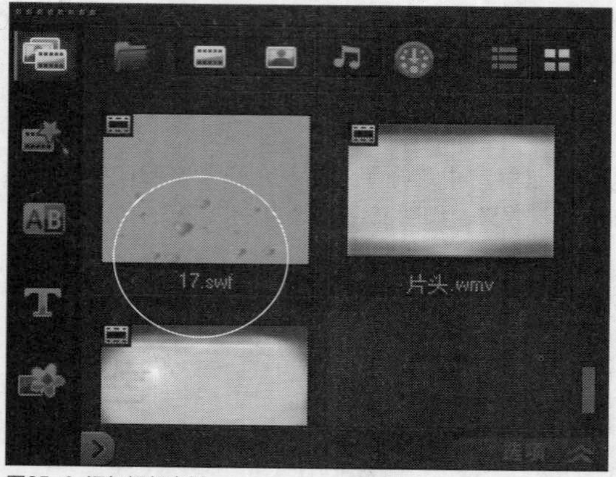

图25-8 添加视频素材

STEP 04 在素材库中选择照片素材，在预览窗口中即可预览添加的素材效果，如图25-9所示。

图25-9 预览素材效果

实战 573 将照片素材插入到视频轨

▶实例位置：无
▶素材位置：光盘\素材\第25章\片头.wmv、1~19.jpg
▶视频位置：光盘\视频\第25章\实战573.mp4

• 实例介绍 •

用户导入媒体素材后，需要将素材文件插入到时间轴面板的视频轨中。

• 操作步骤 •

STEP 01 在“视频”素材库中，选择视频素材“片头.wmv”，单击鼠标左键并将其拖曳至视频轨的开始位置，如图25-10所示。

STEP 02 在“照片”素材库中，选择照片素材1.jpg，并将其拖曳至视频轨中的相应位置，如图25-11所示。

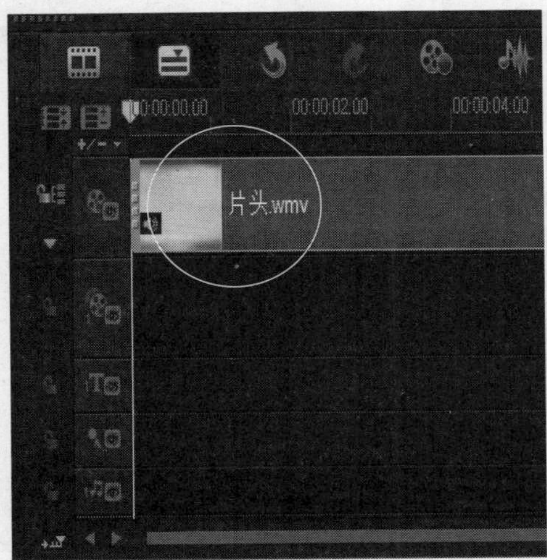

图25-10 拖曳视频素材片头.wmv至视频轨

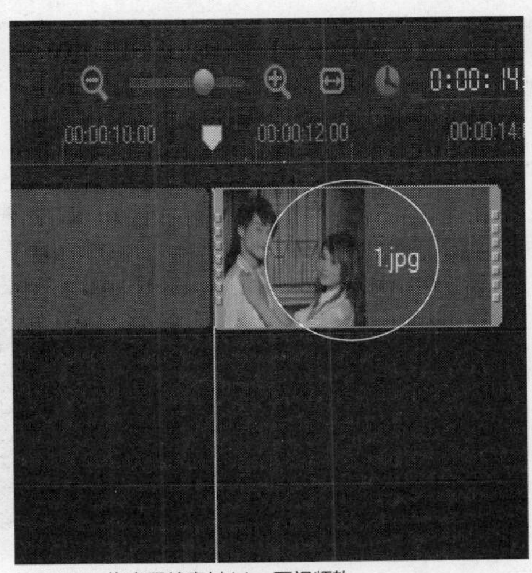

图25-11 拖曳照片素材1.jpg至视频轨

STEP 03 在“照片”素材库中，选择照片素材2.jpg，单击鼠标右键，在弹出的快捷菜单中选择“插入到”|“视频轨”选项，如图25-12所示。

STEP 04 执行上述操作后，即可将照片素材插入到视频轨中，如图25-13所示。

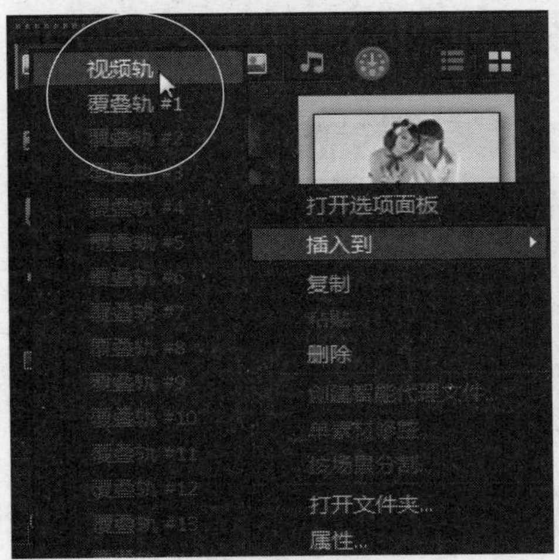

图25-12 选择“视频轨”选项

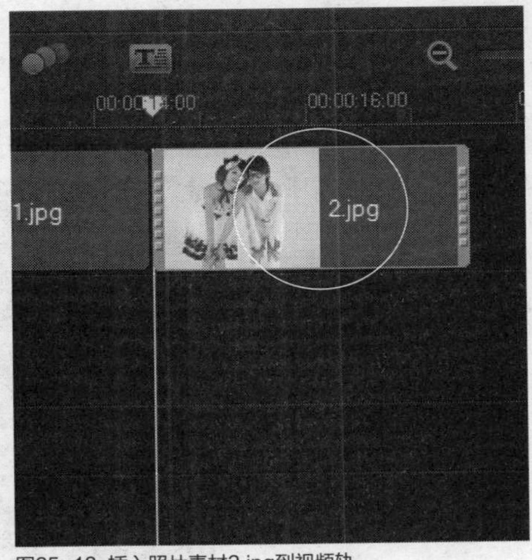

图25-13 插入照片素材2.jpg到视频轨

STEP 05 使用相同的方法，在视频轨中添加其他视频素材和照片素材，添加完成后，时间轴面板如图25-14所示。

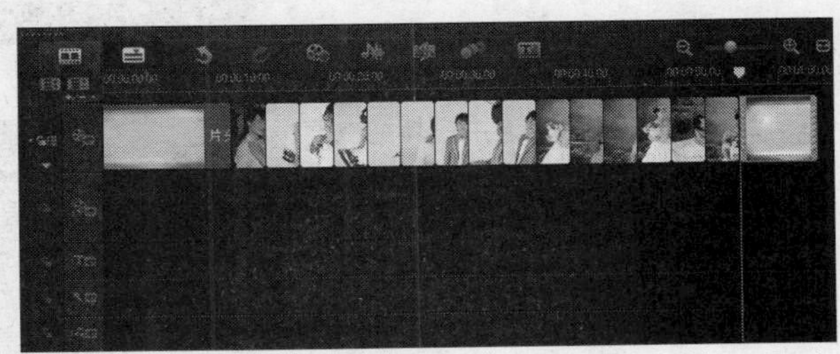
图25-14 添加其他视频素材和照片素材

实战 574 设置照片素材区间值

▶实例位置：无
▶素材位置：上一例效果
▶视频位置：光盘\视频\第25章\实战574.mp4

• 实例介绍 •

用户将媒体素材文件插入到视频轨后，还需要设置照片素材的区间值。

• 操作步骤 •

STEP 01 在视频轨中，选择照片素材1.jpg，单击“选项”按钮，打开“照片”选项面板，设置区间为00:00:05:00，如图25-15所示。

STEP 02 使用相同的方法，设置其他照片素材的区间值均为00:00:05:00。在时间轴面板中将时间线移至00:00:11:13的位置，如图25-16所示。

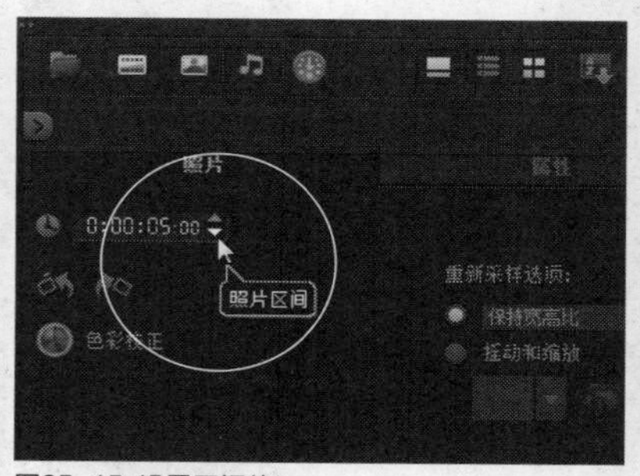

图25-15 设置区间值

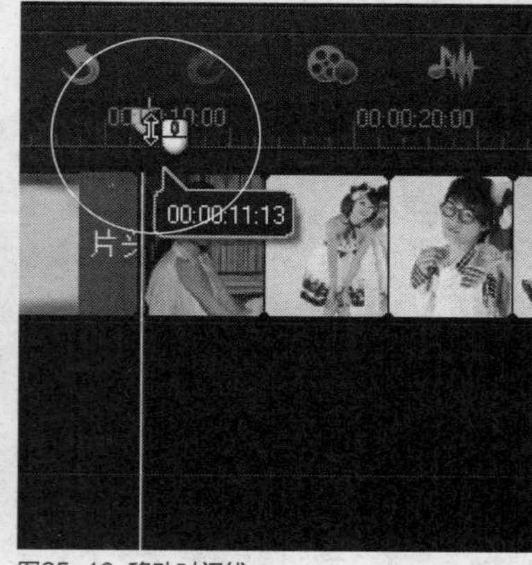

图25-16 移动时间线

实战 575 制作黑场过渡效果

▶实例位置：无
▶素材位置：上一例效果
▶视频位置：光盘\视频\第25章\实战575.mp4

• 实例介绍 •

用户在设置照片素材的区间值后，还需要制作黑场过渡效果。

• 操作步骤 •

STEP 01 单击“图形”按钮，切换至“图形”选项卡，如图25-17所示。

STEP 02 在“色彩”素材库中选择黑色色块，如图25-18所示。

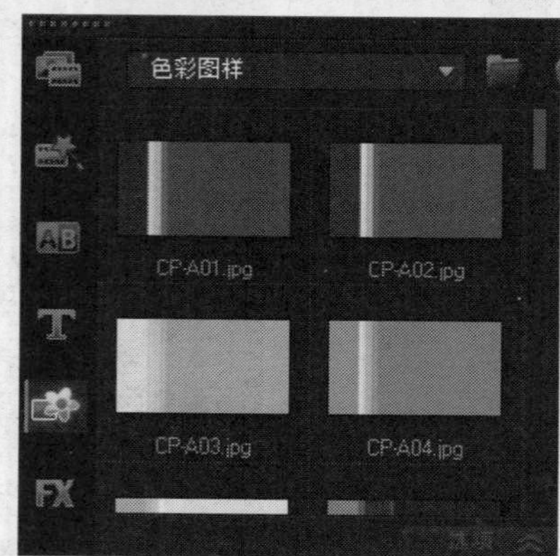

图25-17 切换至“图形”选项卡

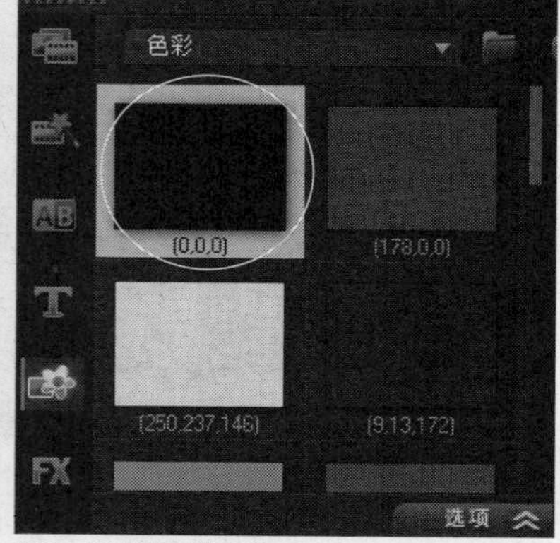

图25-18 选择黑色色块

STEP 03 单击鼠标左键并将其拖曳至视频轨中的时间线位置，如图25-19所示。

STEP 04 选择添加的黑色色块，单击“选项”按钮，打开“色彩”选项面板，在其中设置色块的“色彩区间”为00:00:02:00，如图25-20所示。

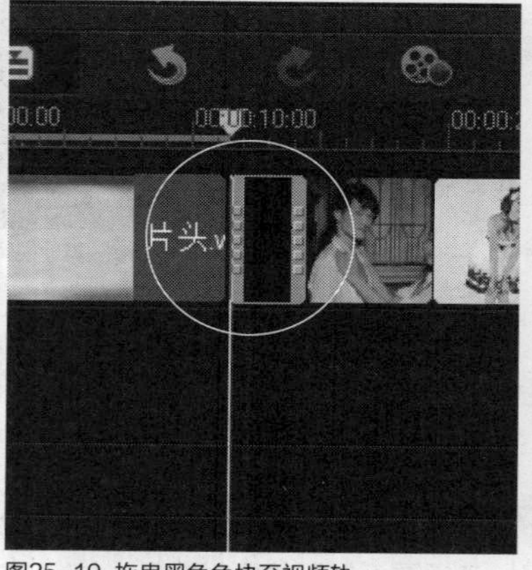

图25-19 拖曳黑色色块至视频轨

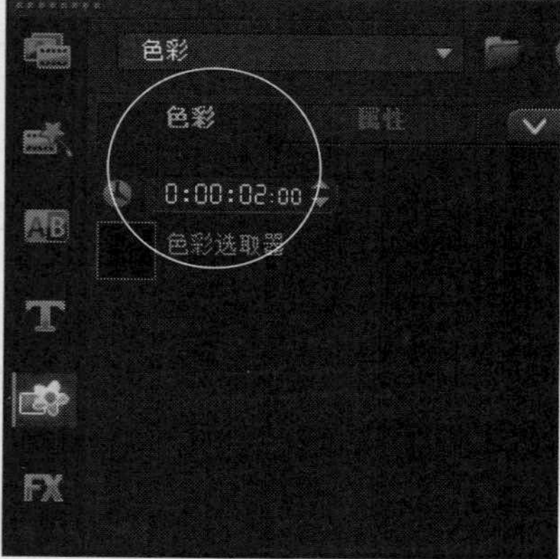

图25-20 设置色彩区间

STEP 05 执行上述操作后，即可更改黑色色块的区间大小，如图25-21所示。

图25-21 更改区间大小

STEP 06 将时间线移至00:01:28:13的位置，在“色彩”素材库中选择黑色色块，单击鼠标左键并将其拖曳至视频轨中的时间线位置，在“色彩”选项面板中设置区间大小为00:00:02:00。设置完成后，在视频轨中即可预览调整区间后的效果，如图25-22所示。

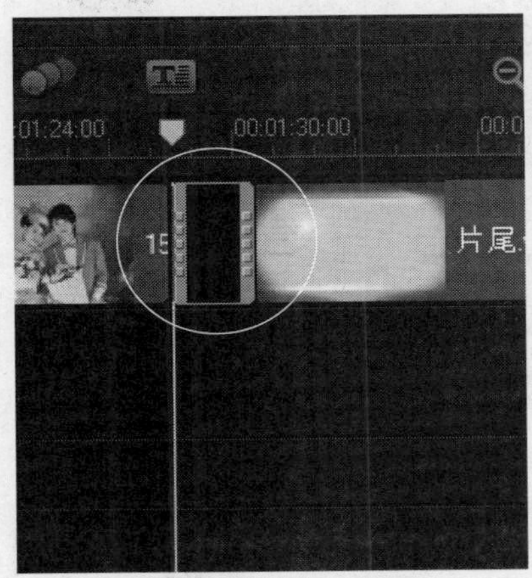

图25-22 调整区间后的效果

实战576 制作婚纱摇动效果

▶实例位置：无
▶素材位置：上一例效果
▶视频位置：光盘\视频\第25章\实战576.mp4

• 实例介绍 •

在会声会影X7中，制作完婚纱视频画面后，可以根据需要为婚纱图像素材添加摇动缩放效果。下面介绍制作婚纱摇动效果的操作方法。

• 操作步骤 •

STEP 01 在视频轨中选择照片素材1.jpg，在“照片”选项面板中选中“摇动和缩放”单选按钮，单击下方的下三角按钮，在弹出的列表框中选择第1排第1个预设动画样式，如图25-23所示。

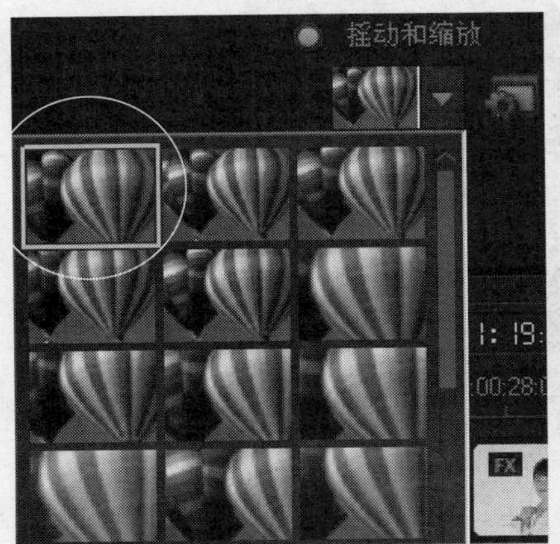

图25-23 选择第1排第1个预设动画样式

STEP 02 选择照片素材2.jpg，在“照片”选项面板中选中“摇动和缩放”单选按钮，单击下方的下三角按钮，在弹出的列表框中选择第1排第3个预设动画样式，如图25-24所示。

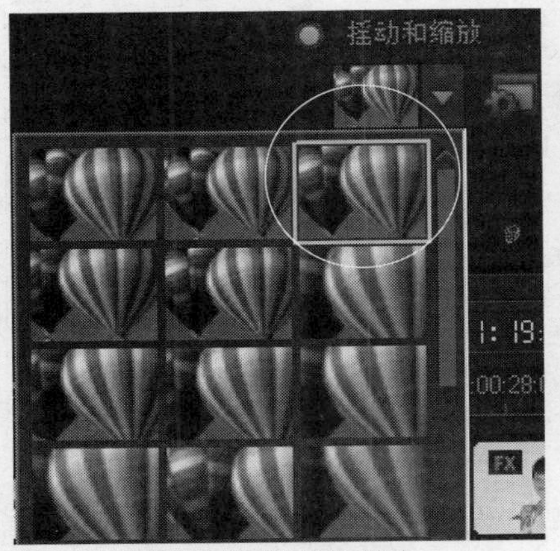

图25-24 选择第1排第3个预设动画样式

STEP 03 选择照片素材3.jpg，在“照片”选项面板中选中“摇动和缩放”单选按钮，单击“自定义”按钮，弹出相应对话框，设置“缩放”为107，将时间线移至最后一个关键帧，设置“缩放”为231，如图25-25所示。

STEP 04 选择照片素材4.jpg，在“照片”选项面板中选中“摇动和缩放”单选按钮，单击“自定义”按钮，弹出相应对话框，设置“缩放”为116，将时间线移至最后一个关键帧，设置“缩放”为116，如图25-26所示。

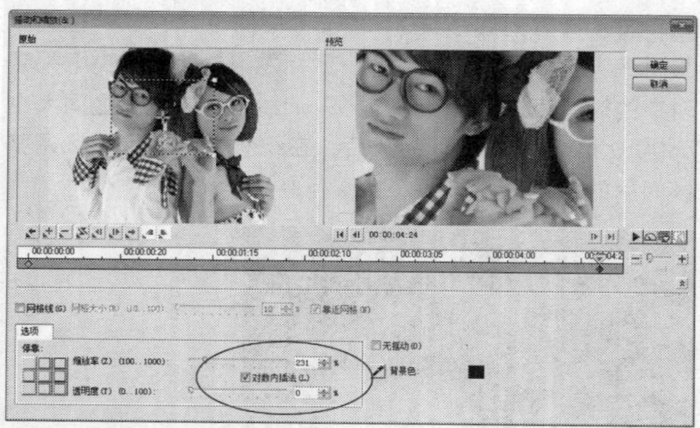
图25-25 设置“缩放”为231

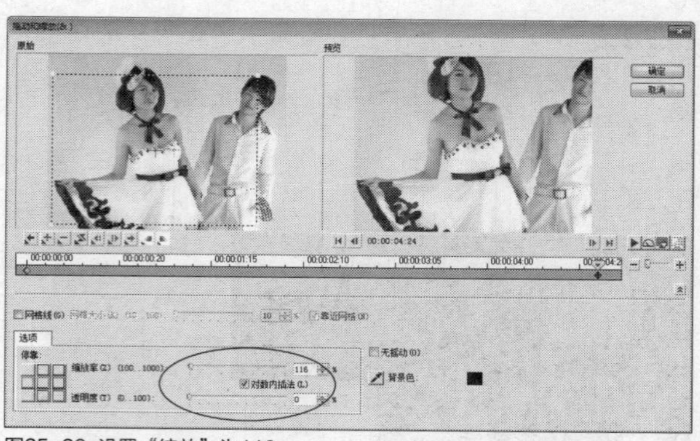
图25-26 设置“缩放”为116

STEP 05 选择照片素材5.jpg，在“照片”选项面板中选中“摇动和缩放”单选按钮，单击“自定义”按钮，弹出相应对话框，设置“缩放”为147，将时间线移至最后一个关键帧，设置“缩放”为137，如图25-27所示。

STEP 06 选择照片素材6.jpg，在“照片”选项面板中选中“摇动和缩放”单选按钮，单击“自定义”按钮，弹出相应对话框，设置“缩放”为112，将时间线移至最后一个关键帧，设置“缩放”为146，如图25-28所示。

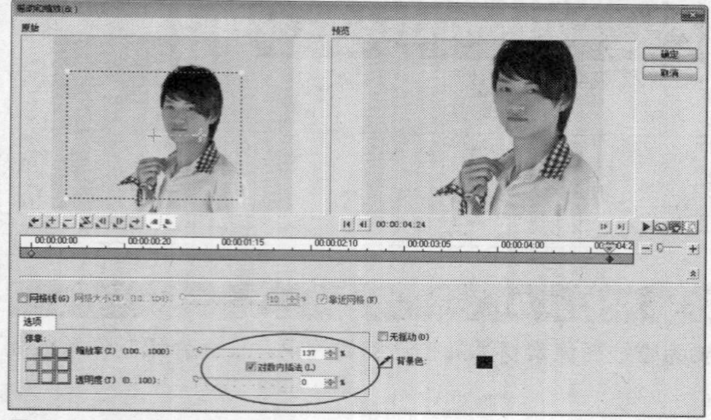
图25-27 设置“缩放”为137

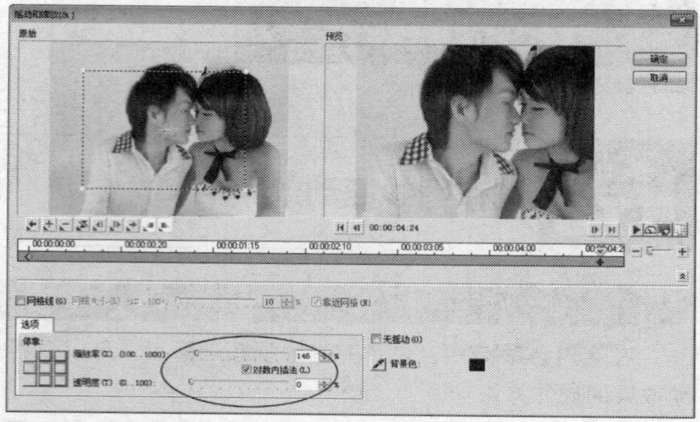
图25-28 设置“缩放”为146

STEP 07 选择照片素材7.jpg，在“照片”选项面板中选中“摇动和缩放”单选按钮，单击“自定义”按钮，弹出相应对话框，设置“缩放”为156，将时间线移至最后一个关键帧，设置“缩放”为115，如图25-29所示。

STEP 08 选择照片素材8.jpg，在“照片”选项面板中选中“摇动和缩放”单选按钮，单击下方的下三角按钮，在弹出的列表框中选择第2排第2个预设动画样式，如图25-30所示。

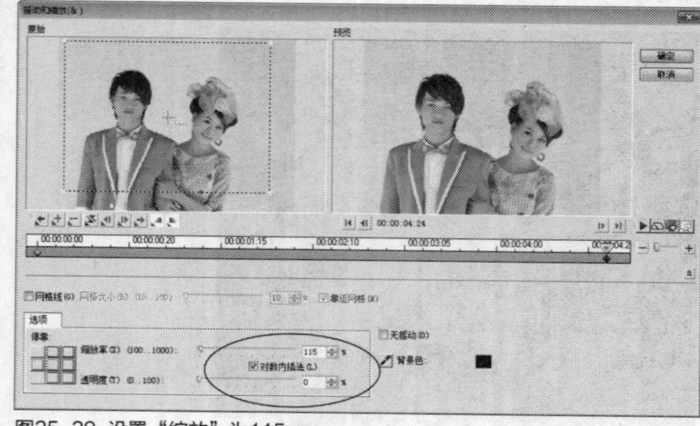
图25-29 设置“缩放”为115

图25-30 选择第2排第2个预设动画样式

STEP 09 选择照片素材9.jpg，在“照片”选项面板中选中“摇动和缩放”单选按钮，单击下方的下三角按钮，在弹出的列表框中选择第1排第2个预设动画样式，如图25-31所示。

STEP 10 选择照片素材10.jpg，在“照片”选项面板中选中“摇动和缩放”单选按钮，单击“自定义”按钮，弹出相应对话框，设置“缩放”为112，将时间线移至最后一个关键帧，设置“缩放”为146，如图25-32所示。

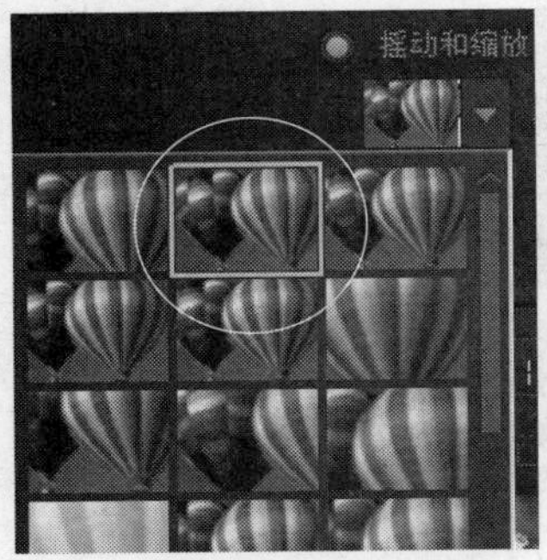
图25-31 选择第1排第2个预设动画样式

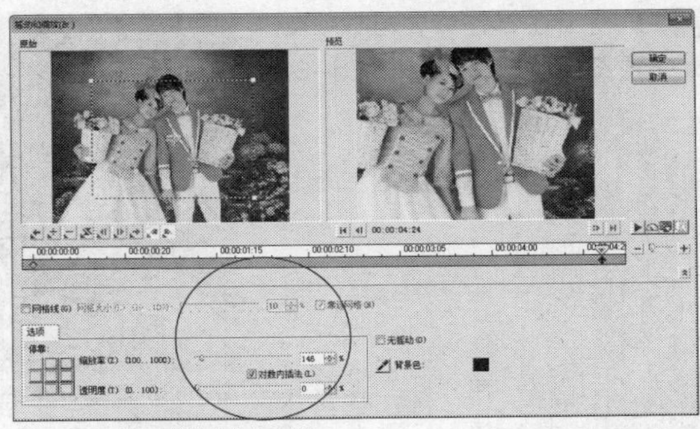
图25-32 设置“缩放”为146

STEP 11 选择照片素材11.jpg，在“照片”选项面板中选中“摇动和缩放”单选按钮，单击“自定义”按钮，弹出相应对话框，设置“缩放”为152，将时间线移至最后一个关键帧，设置“缩放”为113，如图25-33所示。

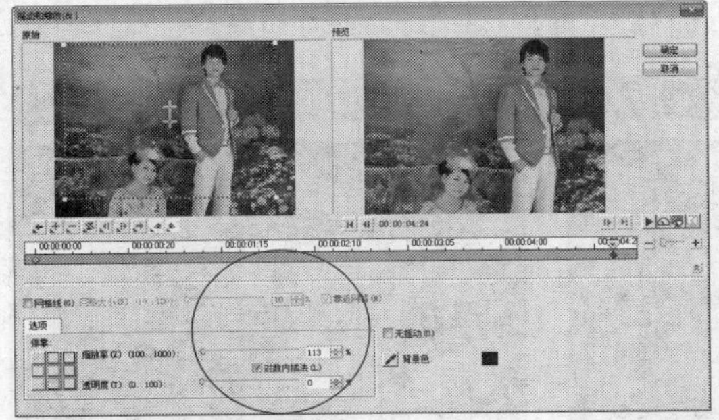
图25-33 设置“缩放”为113

STEP 12 选择照片素材12.jpg，在“照片”选项面板中选中“摇动和缩放”单选按钮，单击下方的下三角按钮，在弹出的列表框中选择第1排第2个预设动画样式，如图25-34所示。

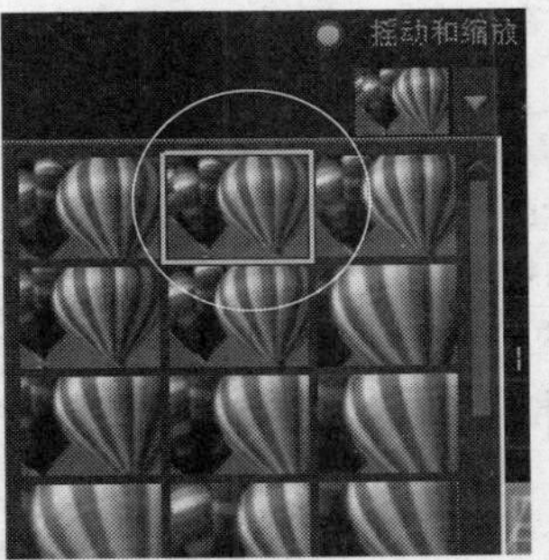
图25-34 选择第1排第2个预设动画样式

STEP 13 选择照片素材13.jpg，在“照片”选项面板中选中“摇动和缩放”单选按钮，单击下方的下三角按钮，在弹出的列表框中选择第1排第1个预设动画样式，如图25-35所示。

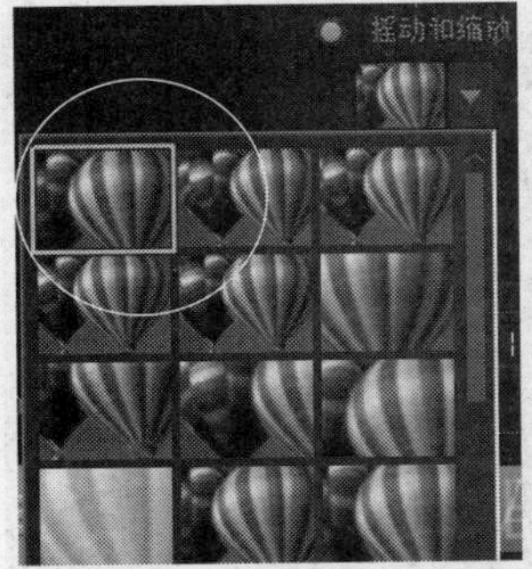
图25-35 选择第1排第1个预设动画样式

STEP 14 选择照片素材14.jpg，在“照片”选项面板中选中“摇动和缩放”单选按钮，单击下方的下三角按钮，在弹出的列表框中选择第1排第2个预设动画样式，如图25-36所示。

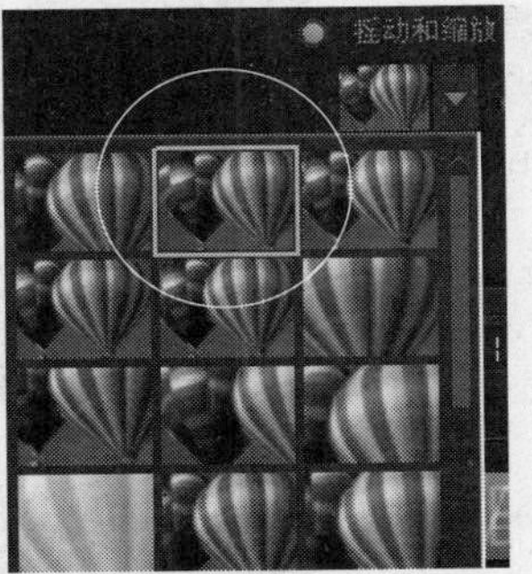
图25-36 选择第1排第2个预设动画样式

STEP 15 选择照片素材15.jpg，在“照片”选项面板中选中“摇动和缩放”单选按钮，单击“自定义”按钮，弹出相应对话框，设置“缩放”为135，将时间线移至最后一个关键帧，设置“缩放”为146，如图25-37所示。

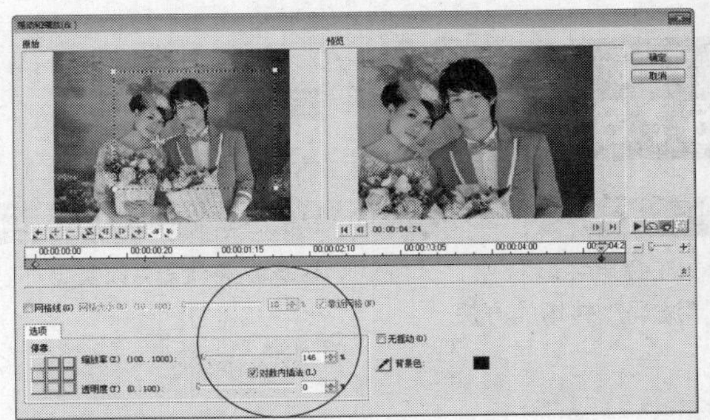
图25-37 设置“缩放”为146

STEP 16 执行上述操作后，可以在导览面板中预览视频效果，如图25-38所示。

图25-38 预览摇动和缩放动画效果

实战577 制作“交错淡化”转场效果

▶实例位置：无
▶素材位置：上一例效果
▶视频位置：光盘\视频\第25章\实战577.mp4

• 实例介绍 •

在会声会影X7中，可以在各素材之间添加转场效果，制作自然过渡效果。下面介绍制作转场效果的操作方法。

• 操作步骤 •

STEP 01 将时间线移至素材的开始位置，单击“转场”按钮，切换至“转场”选项卡，单击窗口上方的“画廊”按钮，在弹出的列表框中选择“筛选”选项，如图25-39所示。

STEP 02 打开“筛选”转场素材库，选择“交错淡化”转场效果，如图25-40所示。

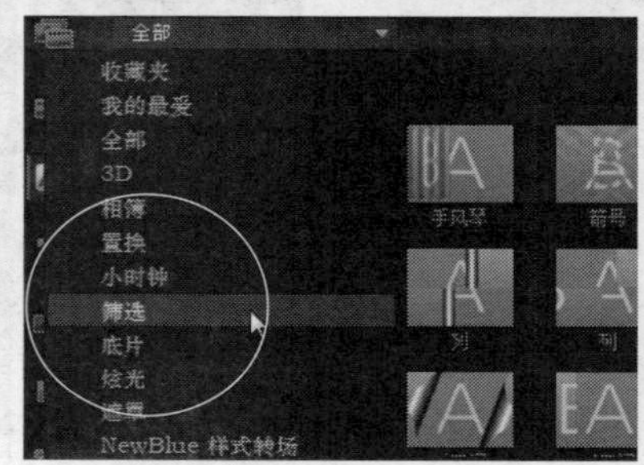

图25-39 选择“筛选”选项

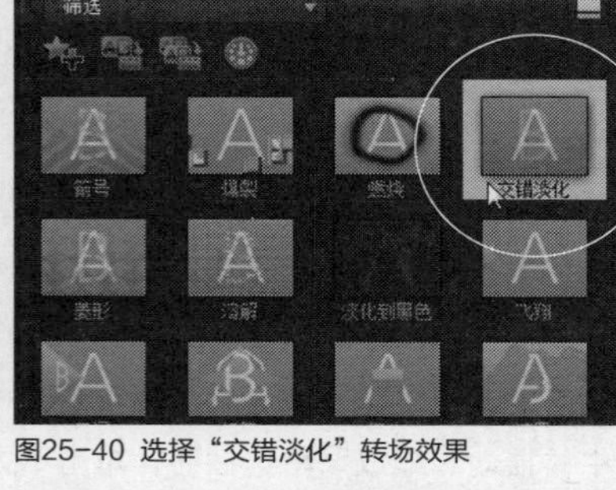

图25-40 选择“交错淡化”转场效果

STEP 03 单击鼠标左键并拖曳至视频轨的片头.wmv与黑色色块之间，为其添加“交错淡化”转场效果，如图25-41所示。

STEP 04 使用相同的方法，在黑色色块与照片素材1.jpg之间添加“交错淡化”转场效果，如图25-42所示。

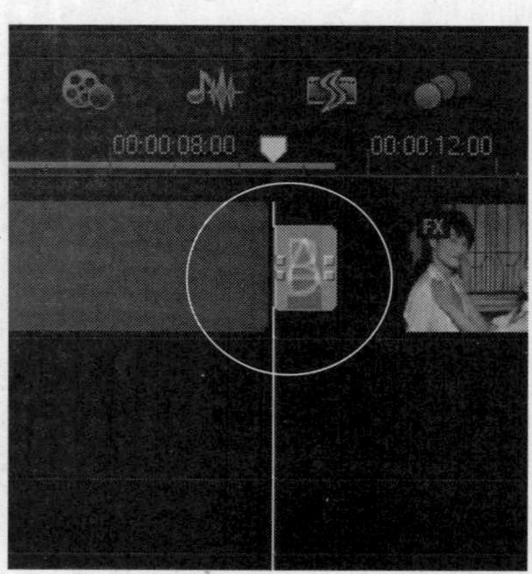

图25-41 添加“交错淡化”转场效果

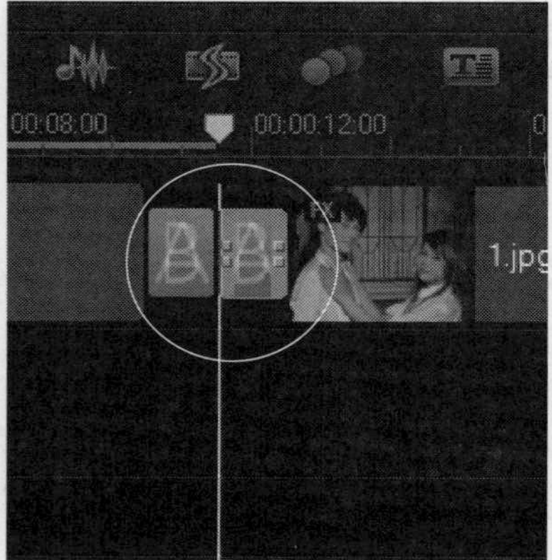

图25-42 再次添加“交错淡化”转场效果

实战578 制作“漩涡”转场效果

▶实例位置：无
▶素材位置：上一例效果
▶视频位置：光盘\视频\第25章\实战578.mp4

• 实例介绍 •

在会声会影X7中，“漩涡”转场是将素材A以类似于碎片飘落的方式飞行，然后再显示素材B。下面向读者介绍应用“漩涡”转场的方法。

• 操作步骤 •

STEP 01 单击窗口上方的“画廊”按钮，在弹出的列表框中选择3D选项，打开3D转场素材库，选择“漩涡”转场效果，如图25-43所示。

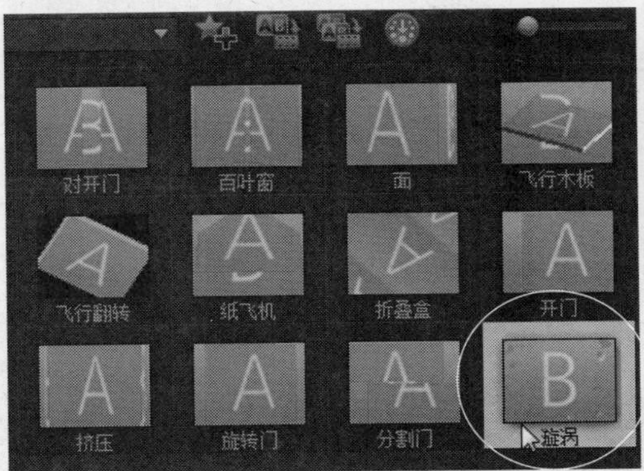

图25-43 选择“漩涡”转场效果

STEP 02 单击鼠标左键并将其拖曳至视频轨中的照片素材1.jpg与2.jpg之间，即可添加“漩涡”转场效果，如图25-44所示。

图25-44 添加“漩涡”转场效果

实战579 制作“手风琴”转场效果

▶实例位置：无
▶素材位置：上一例效果
▶视频位置：光盘\视频\第25章\实战579.mp4

• 实例介绍 •

下面向用户介绍制作“手风琴”转场效果的操作方法。

• 操作步骤 •

STEP 01 单击窗口上方的“画廊”按钮，在弹出的列表框中选择3D选项，打开3D转场素材库，选择“手风琴”转场效果，如图25-45所示。

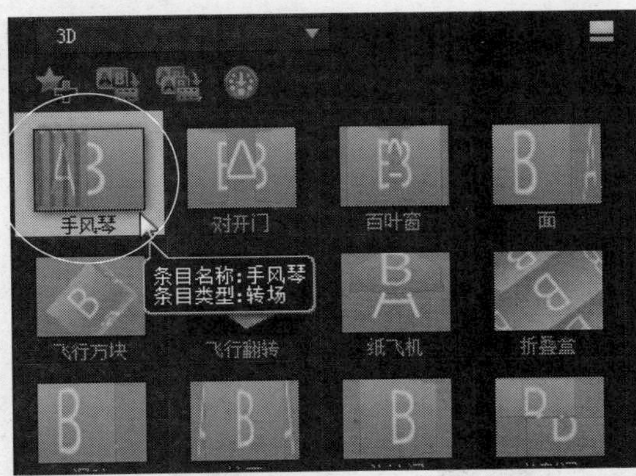

图25-45 选择“手风琴”转场效果

STEP 02 单击鼠标左键并将其拖曳至视频轨中的照片素材2.jpg与3.jpg之间，即可添加“手风琴”转场效果，如图25-46所示。

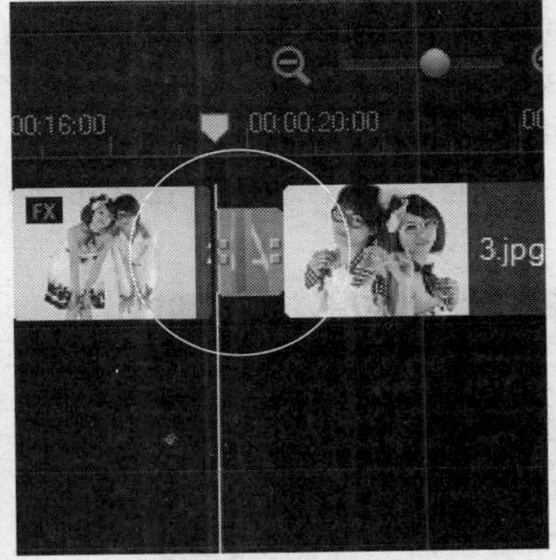

图25-46 添加“手风琴”转场效果

实战580 制作“对角”转场效果

▶实例位置：无
▶素材位置：上一例效果
▶视频位置：光盘\视频\第25章\实战580.mp4

• 实例介绍 •

在会声会影X7中，“对角”转场效果是指素材A由某一方以方块消失的形式消失到对立的另一方，从而显示素材B。

• 操作步骤 •

STEP 01 在“转场”素材库中，单击窗口上方的“画廊”按钮，在弹出的列表框中选择“置换”选项，打开“置换”转场素材库，在其中选择“对角”转场效果，如图25-47所示。

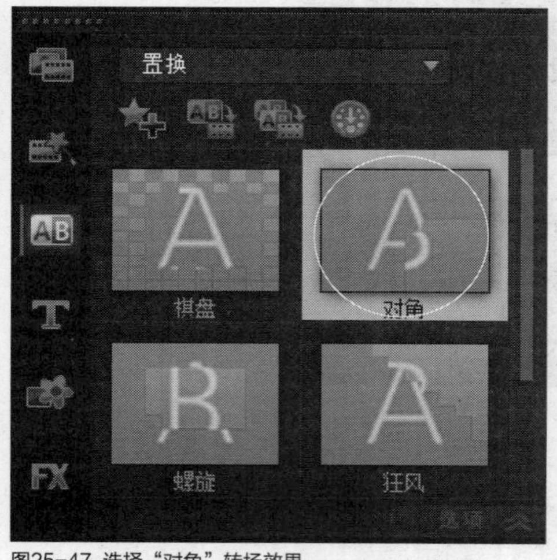

图25-47 选择“对角”转场效果

STEP 02 单击鼠标左键并拖曳至视频轨中照片素材3.jpg与照片素材4.jpg之间，添加“对角”转场效果，如图25-48所示。

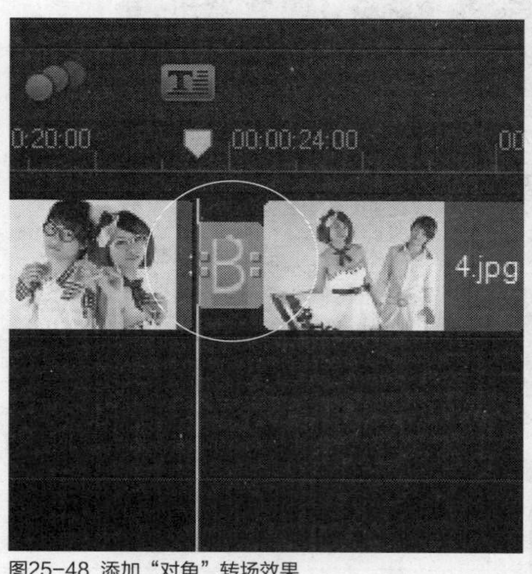

图25-48 添加“对角”转场效果

实战 581 制作“百叶窗”转场效果

▶实例位置：无
▶素材位置：上一例效果
▶视频位置：光盘\视频\第25章\实战581.mp4

• 实例介绍 •

在会声会影X7中，“百叶窗”转场效果是指素材A以百叶窗运动的方式进行过渡，然后显示素材B。下面向读者介绍应用“百叶窗”转场效果的操作方法。

• 操作步骤 •

STEP 01 在“转场”素材库中，单击窗口上方的“画廊”按钮，在弹出的列表框中选择“擦拭”选项，打开“擦拭”转场素材库，在其中选择“百叶窗”转场效果，如图25-49所示。

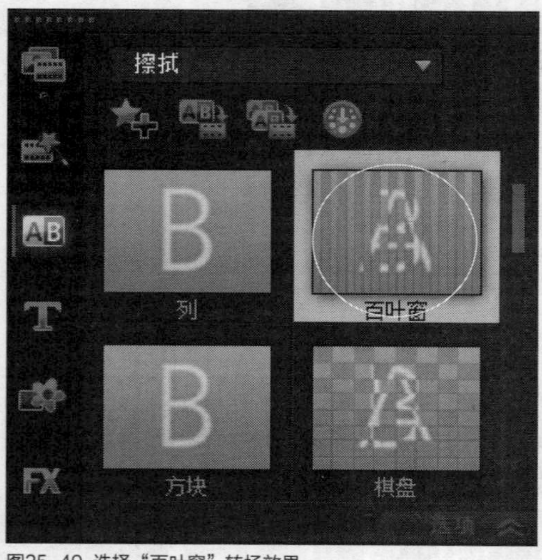

图25-49 选择“百叶窗”转场效果

STEP 02 单击鼠标左键并拖曳至视频轨中照片素材4.jpg与照片素材5.jpg之间，添加“百叶窗”转场效果，如图25-50所示。

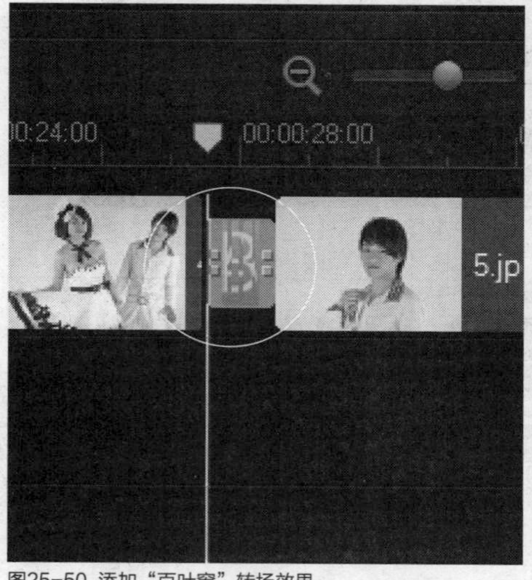

图25-50 添加“百叶窗”转场效果

实战 582 制作“遮罩F”转场效果

▶实例位置：无
▶素材位置：上一例效果
▶视频位置：光盘\视频\第25章\实战582.mp4

• 实例介绍 •

下面向读者介绍制作“遮罩F”转场效果的操作方法。

• 操作步骤 •

STEP 01 在“转场”素材库中，单击窗口上方的“画廊”按钮，在弹出的列表框中选择“遮罩”选项，打开“遮罩”转场素材库，在其中选择“遮罩F”转场效果，如图25-51所示。

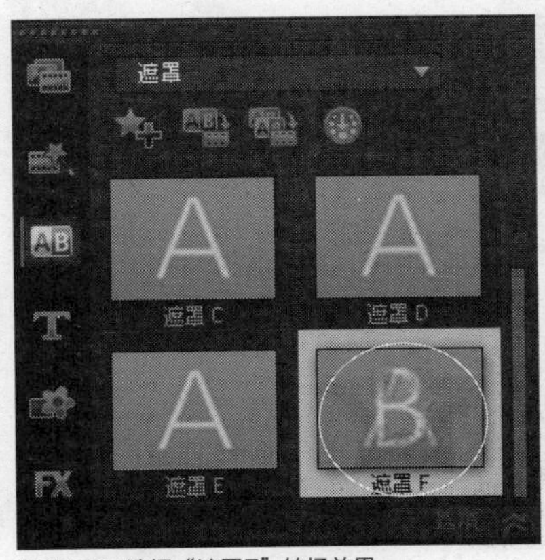

图25-51 选择“遮罩F”转场效果

STEP 02 单击鼠标左键并拖曳至视频轨中照片素材5.jpg与照片素材6.jpg之间，添加“遮罩F”转场效果，如图25-52所示。

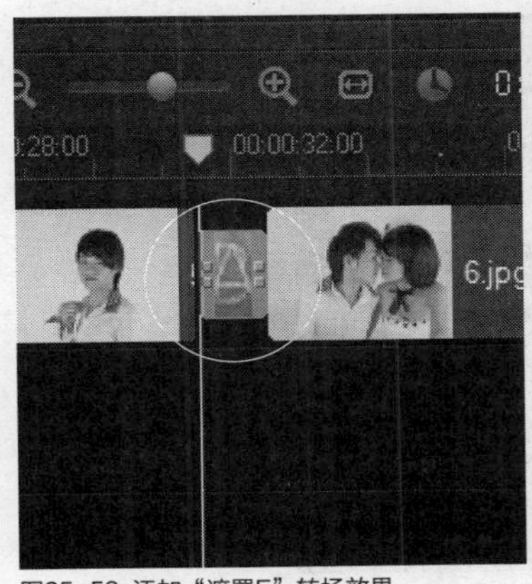

图25-52 添加“遮罩F”转场效果

实战 583 制作“遮罩C”转场效果

▶实例位置：无
▶素材位置：上一例效果
▶视频位置：光盘\视频\第25章\实战583.mp4

• 实例介绍 •

下面向读者介绍制作“遮罩C”转场效果的操作方法。

• 操作步骤 •

STEP 01 在“转场”素材库中，单击窗口上方的“画廊”按钮，在弹出的列表框中选择“遮罩”选项，打开“遮罩”转场素材库，在其中选择“遮罩C”转场效果，如图25-53所示。

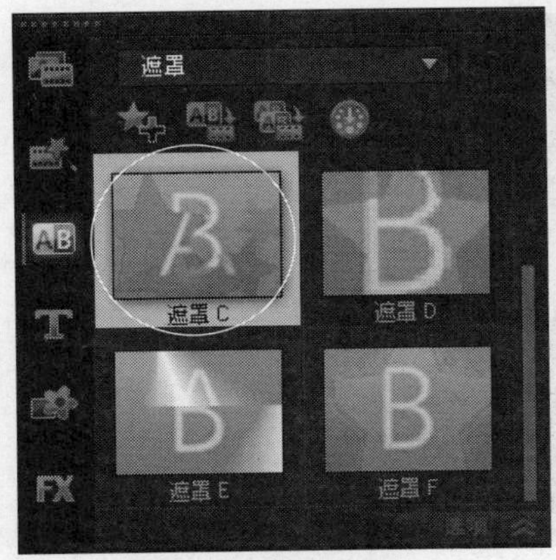

图25-53 选择“遮罩C”转场效果

STEP 02 单击鼠标左键并拖曳至视频轨中照片素材6.jpg与照片素材7.jpg之间，添加“遮罩C”转场效果，如图25-54所示。

图25-54 添加“遮罩C”转场效果

实战584 制作“遮罩D”转场效果

▶实例位置：无
▶素材位置：上一例效果
▶视频位置：光盘\视频\第25章\实战584.mp4

• 实例介绍 •

下面向读者介绍制作“遮罩D”转场效果的操作方法。

• 操作步骤 •

STEP 01 在“转场”素材库中，单击窗口上方的“画廊”按钮，在弹出的列表框中选择“遮罩”选项，打开“遮罩”转场素材库，在其中选择“遮罩D”转场效果，如图25-55所示。

STEP 02 单击鼠标左键并拖曳至视频轨中照片素材7.jpg与照片素材8.jpg之间，添加“遮罩D”转场效果，如图25-56所示。

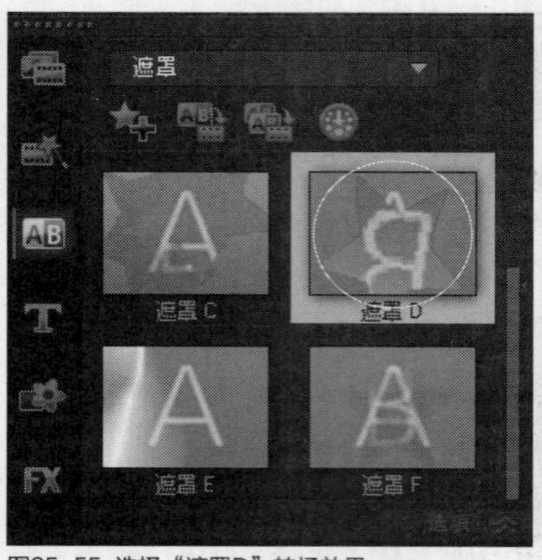

图25-55 选择“遮罩D”转场效果

图25-56 添加“遮罩D”转场效果

实战585 制作“炫光”转场效果

▶实例位置：无
▶素材位置：上一例效果
▶视频位置：光盘\视频\第25章\实战585.mp4

• 实例介绍 •

下面向读者介绍制作“炫光”转场效果的操作方法。

• 操作步骤 •

STEP 01 在“转场”素材库中，单击窗口上方的“画廊”按钮，在弹出的列表框中选择“炫光”选项，打开“炫光”转场素材库，在其中选择“炫光”转场效果，如图25-57所示。

STEP 02 单击鼠标左键并拖曳至视频轨中照片素材8.jpg与照片素材9.jpg之间，添加“炫光”转场效果，如图25-58所示。

图25-57 选择“炫光”转场效果

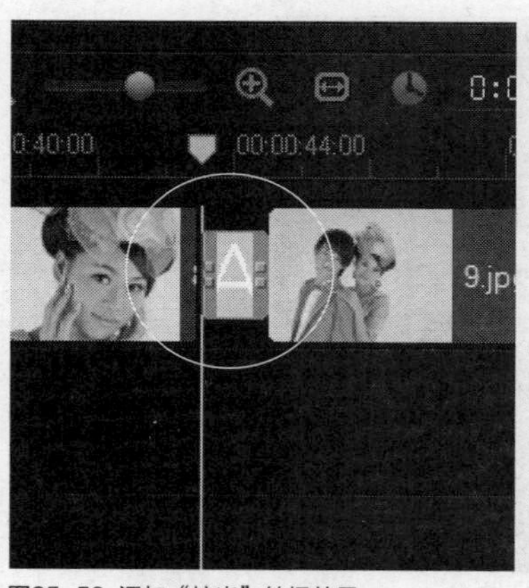

图25-58 添加“炫光”转场效果

实战586　制作“单向”转场效果

▶实例位置：无
▶素材位置：上一例效果
▶视频位置：光盘\视频\第25章\实战586.mp4

• 实例介绍 •

在会声会影X7中，“单向”转场效果是指素材A单向卷动并逐渐显示素材B。下面向读者介绍应用“单向”转场的操作方法。

• 操作步骤 •

STEP 01 在“转场”素材库中，单击窗口上方的“画廊”按钮，在弹出的列表框中选择“转动”选项，打开“转动”转场素材库，在其中选择“单向”转场效果，如图25-59所示。

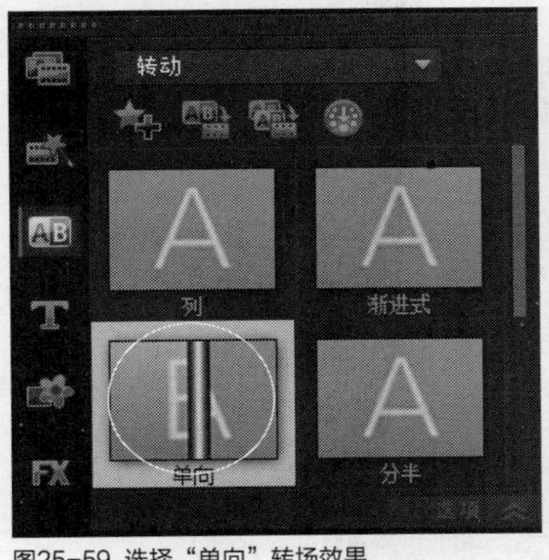

图25-59 选择“单向”转场效果

STEP 02 单击鼠标左键并拖曳至视频轨中照片素材9.jpg与照片素材10.jpg之间，添加“单向”转场效果，如图25-60所示。

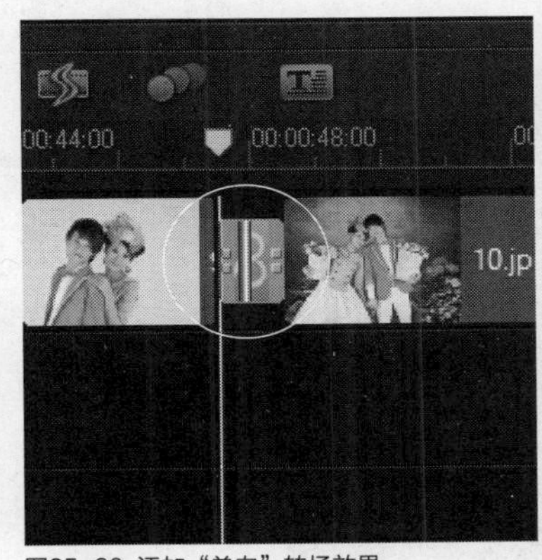

图25-60 添加“单向”转场效果

实战587　制作“对开门”转场效果

▶实例位置：无
▶素材位置：上一例效果
▶视频位置：光盘\视频\第25章\实战587.mp4

• 实例介绍 •

在会声会影X7中，“对开门”转场效果是指素材A以底片对开门的形状显示素材B。下面向读者介绍应用“对开门”转场效果的操作方法。

• 操作步骤 •

STEP 01 在“转场”素材库中，单击窗口上方的“画廊”按钮，在弹出的列表框中选择“底片”选项，打开“底片”转场素材库，在其中选择“对开门”转场效果，如图25-61所示。

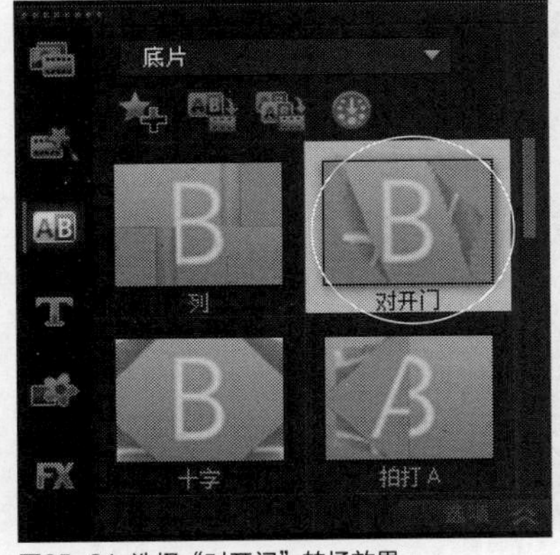

图25-61 选择“对开门”转场效果

STEP 02 单击鼠标左键并拖曳至视频轨中照片素材10.jpg与照片素材11.jpg之间，添加“对开门”转场效果，如图25-62所示。

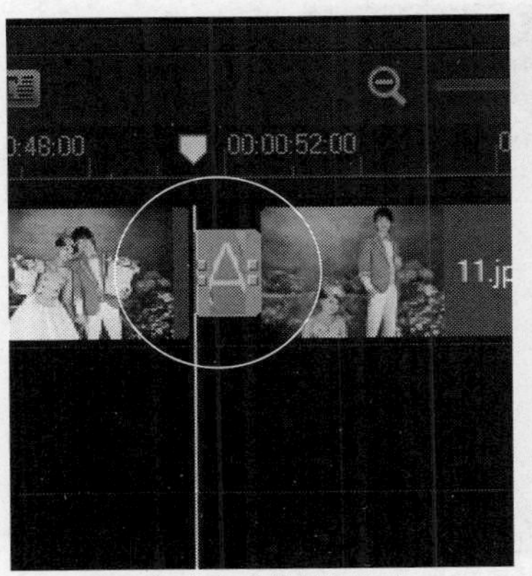

图25-62 添加“对开门”转场效果

实战 588 制作“扭曲”转场效果

▶实例位置：无
▶素材位置：上一例效果
▶视频位置：光盘\视频\第25章\实战588.mp4

• 实例介绍 •

“扭曲”转场效果是指素材A以风车的形式进行回旋，然后再显示素材B。下面向读者介绍自动添加转场效果的操作方法。

• 操作步骤 •

STEP 01 在“转场”素材库中，单击窗口上方的“画廊”按钮，在弹出的列表框中选择“小时钟”选项，打开“小时钟”转场素材库，在其中选择“扭曲”转场效果，如图25-63所示。

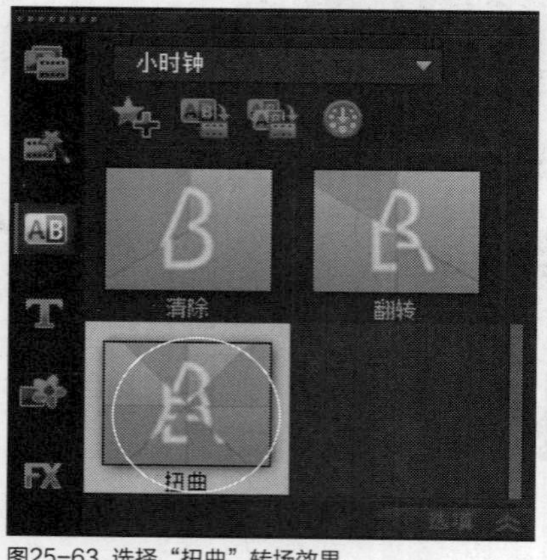

图25-63 选择“扭曲”转场效果

STEP 02 单击鼠标左键并拖曳至视频轨中照片素材11.jpg与照片素材12.jpg之间，添加“扭曲”转场效果，如图25-64所示。

图25-64 添加“扭曲”转场效果

实战 589 制作其他转场效果

▶实例位置：无
▶素材位置：上一例效果
▶视频位置：光盘\视频\第25章\实战589.mp4

• 实例介绍 •

在本实例中，主要应用了“对开门”、“飞行翻转”、“旋涡”等转场特效。

• 操作步骤 •

STEP 01 在“转场”素材库中，单击窗口上方的“画廊”按钮，在弹出的列表框中选择3D选项，打开3D转场素材库，在其中选择“对开门”转场效果，如图25-65所示。

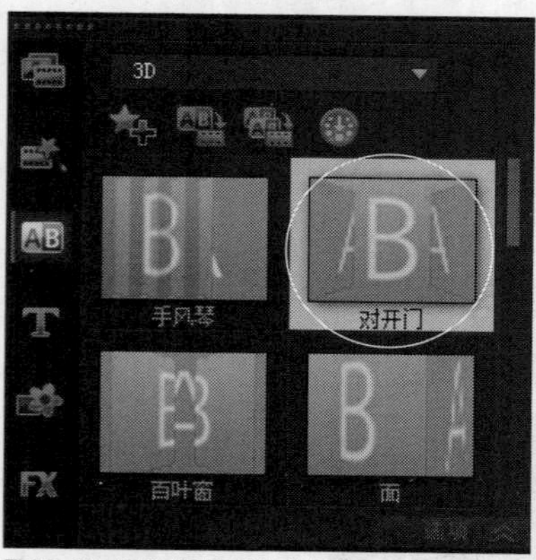

图25-65 选择“对开门”转场效果

STEP 02 单击鼠标左键并拖曳至视频轨中照片素材12.jpg与照片素材13.jpg之间，添加“对开门”转场效果，如图25-66所示。

图25-66 添加“对开门”转场效果

STEP 03 在“转场”素材库中，单击窗口上方的“画廊”按钮，在弹出的列表框中选择3D选项，打开3D转场素材库，在其中选择“飞行翻转”转场效果，如图25-67所示。

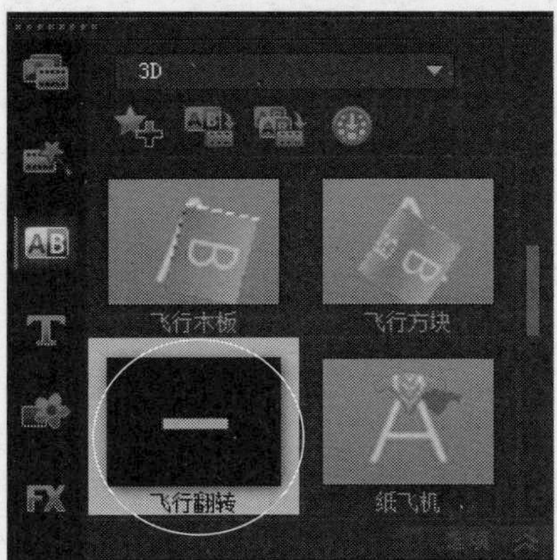

图25-67 选择“飞行翻转”转场效果

STEP 04 单击鼠标左键并拖曳至视频轨中照片素材13.jpg与照片素材14.jpg之间，添加“飞行翻转”转场效果，如图25-68所示。

图25-68 添加“飞行翻转”转场效果

STEP 05 在3D转场素材库中，选择“旋涡”转场效果，如图25-69所示。

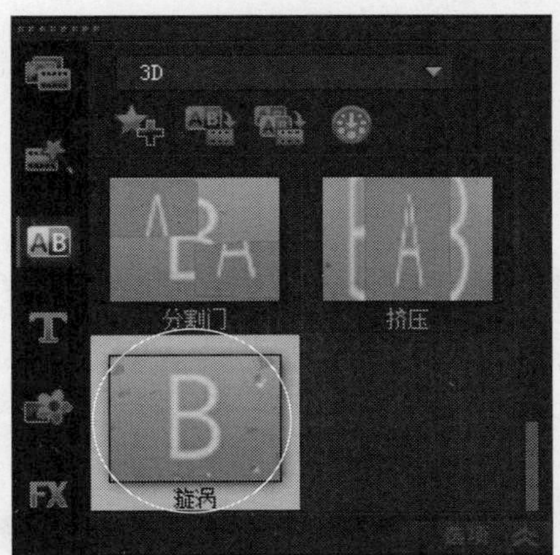

图25-69 选择“旋涡”转场效果

STEP 06 单击鼠标左键并拖曳至视频轨中照片素材14.jpg与照片素材15.jpg之间，添加“旋涡”转场效果，如图25-70所示。

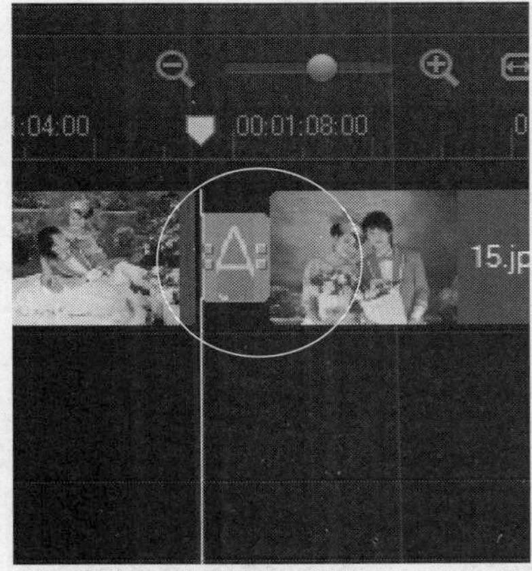

图25-70 添加“旋涡”转场效果

STEP 07 在“转场”素材库中，单击窗口上方的“画廊”按钮，在弹出的列表框中选择“收藏夹”选项，打开“收藏夹”转场素材库，在其中选择“交错淡化”转场效果，如图25-71所示。

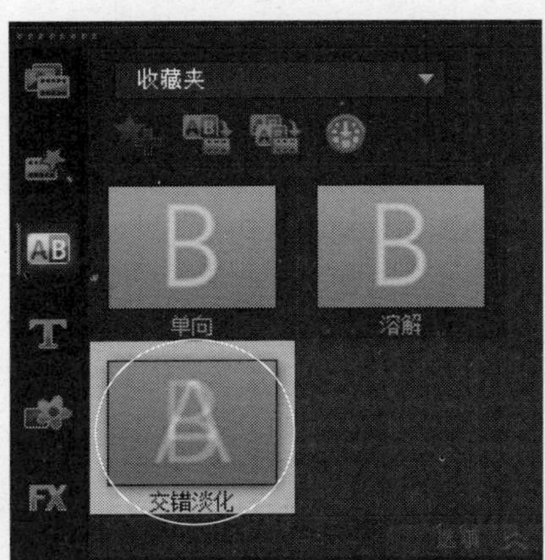

图25-71 选择“交错淡化”转场效果

STEP 08 单击鼠标左键并拖曳至视频轨中照片素材15.jpg与黑色色块之间、黑色色块与片尾素材之间，添加“交错淡化”转场效果，如图25-72所示。

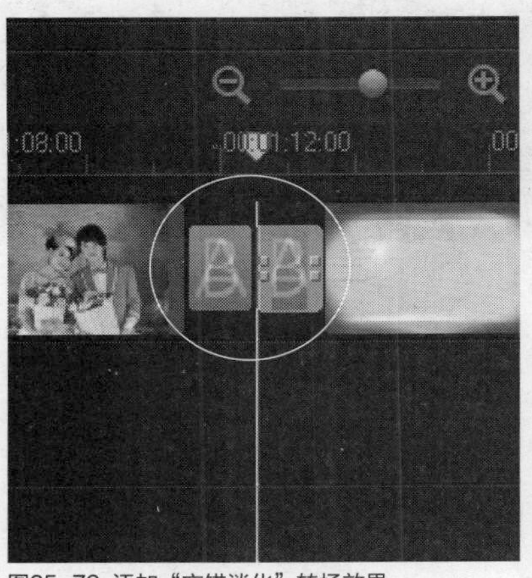
图25-72 添加“交错淡化”转场效果

STEP 09 单击导览面板中的“播放”按钮，预览制作的转场效果，如图25-73所示。

图25-73 预览转场效果

技巧点拨

在会声会影X7中，渲染输出指定范围影片时，用户还可以按【F3】键，来快速标记影片的开始位置。

实战590 创建覆叠轨

- 实例位置：无
- 素材位置：上一例效果
- 视频位置：光盘\视频\第25章\实战590.mp4

• 实例介绍 •

用户在制作完转场效果后，还需要创建覆叠轨。

• 操作步骤 •

STEP 01 在时间轴面板的空白位置处，单击鼠标右键，在弹出的快捷菜单中选择“轨道管理器”选项，如图25-74所示。

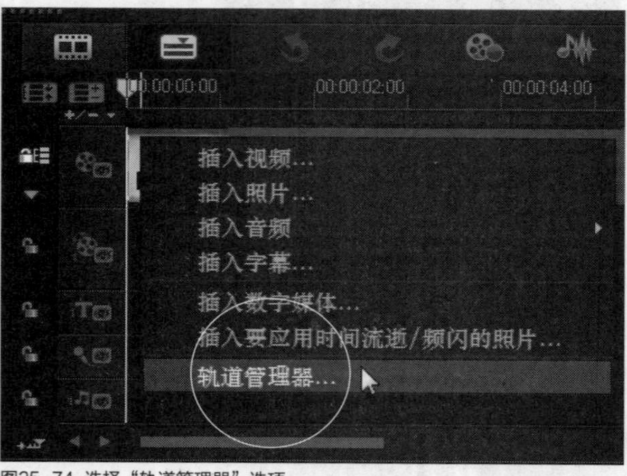

图25-74 选择“轨道管理器”选项

STEP 02 弹出“轨道管理器”对话框，单击“覆叠轨”右侧的下三角按钮，在弹出的下拉列表框中选择3选项，如图25-75所示。

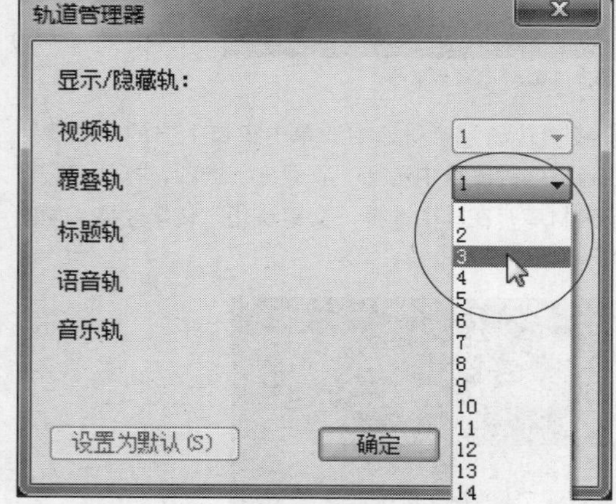

图25-75 选择3选项

STEP 03 单击“确定”按钮，即可新增两条覆叠轨，如图25-76所示。

STEP 04 将时间线移至开始位置，在“照片”素材库中，选择照片素材16.jpg，单击鼠标左键并将其拖曳至覆叠轨1中的时间线位置，如图25-77所示。

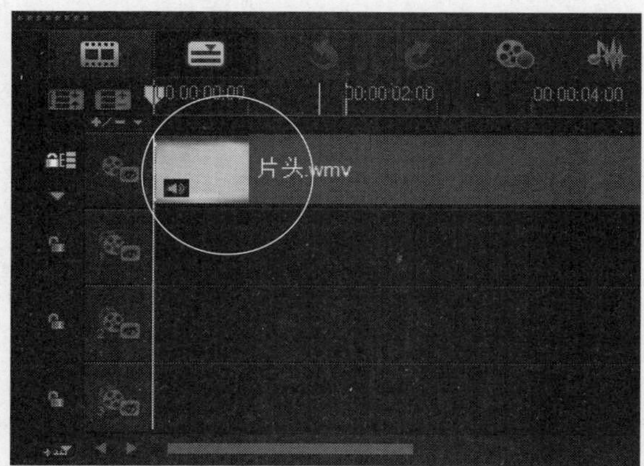

图25-76 新增两条覆叠轨

图25-77 拖曳照片素材16.jpg至覆叠轨1

实战 591 创建遮罩动画效果

▶实例位置：无
▶素材位置：上一例效果
▶视频位置：光盘\视频\第25章\实战591.mp4

• 实例介绍 •

用户在创建覆叠轨后，还需要创建遮罩动画效果。

• 操作步骤 •

STEP 01 单击“选项”按钮，打开“编辑”选项面板，设置“照片区间”为00:00:11:12，如图25-78所示。

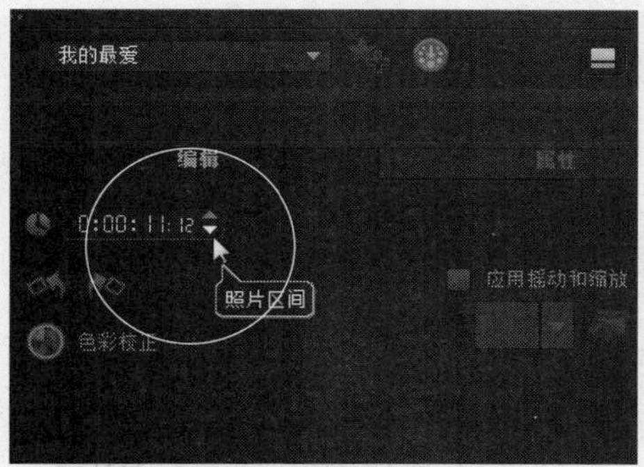

图25-78 设置区间值

STEP 02 切换至“属性”选项面板，单击“淡入动画效果”按钮，设置淡入动画效果，单击“遮罩和色度键”按钮，如图25-79所示。

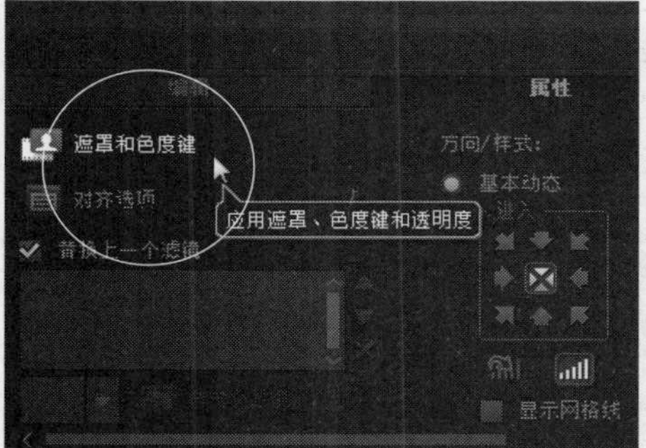

图25-79 单击“遮罩和色度键”按钮

STEP 03 弹出相应选项面板，选中“应用覆叠选项”复选框，单击“类型”右侧的下三角按钮，在弹出的列表框中选择“遮罩帧”选项，在右侧的列表框中选择心形遮罩选项，如图25-80所示。

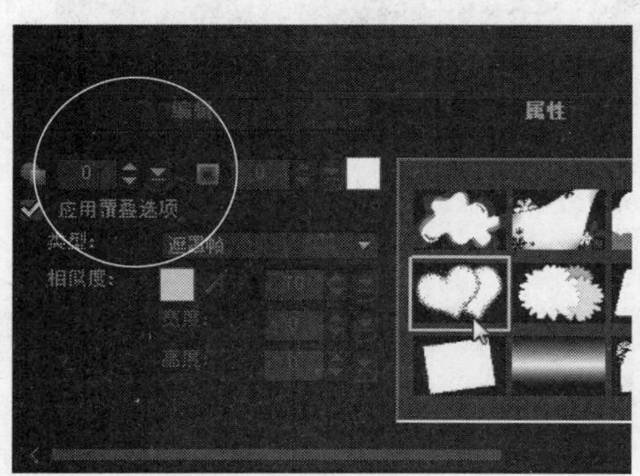

图25-80 选择“心形”遮罩选项

STEP 04 在预览窗口中，调整照片素材的大小和位置，如图25-81所示。

图25-81 调整大小和位置

实战592 调整素材的时间与速度

▶实例位置：无
▶素材位置：光盘\素材\第25章\17.swf
▶视频位置：光盘\视频\第25章\实战592.mp4

• 实例介绍 •

用户在创建遮罩动画效果后，还需要调整素材文件的时间与速度。

• 操作步骤 •

STEP 01 将时间线移至素材的开始位置，在“视频”素材库中，选择动画素材17.swf，单击鼠标左键并将其拖曳至覆叠轨2中，如图25-82所示。

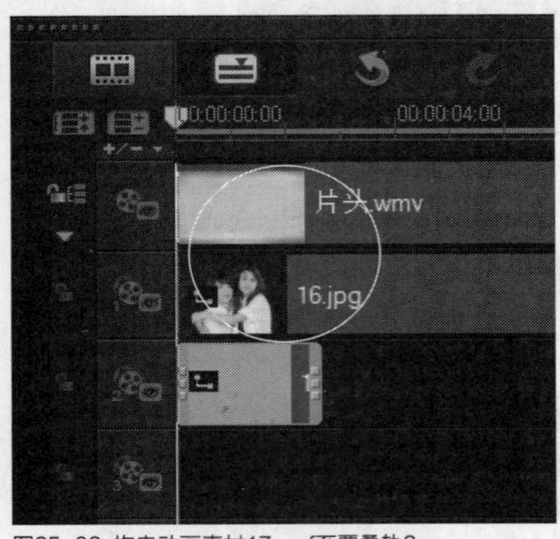

图25-82 拖曳动画素材17.swf至覆叠轨2

STEP 02 单击“选项”按钮，打开“编辑”选项面板，单击“速度/时间流逝”按钮，如图25-83所示。

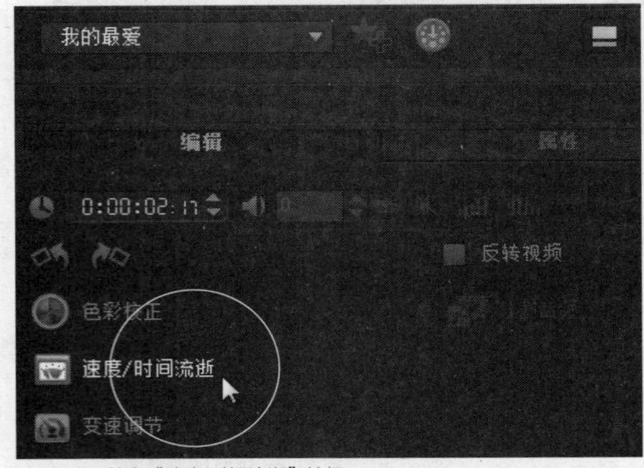

图25-83 单击“速度/时间流逝”按钮

STEP 03 执行上述操作后，弹出“速度/时间流逝”对话框，在其中设置“新素材区间”为0:0:11:1，如图25-84所示。

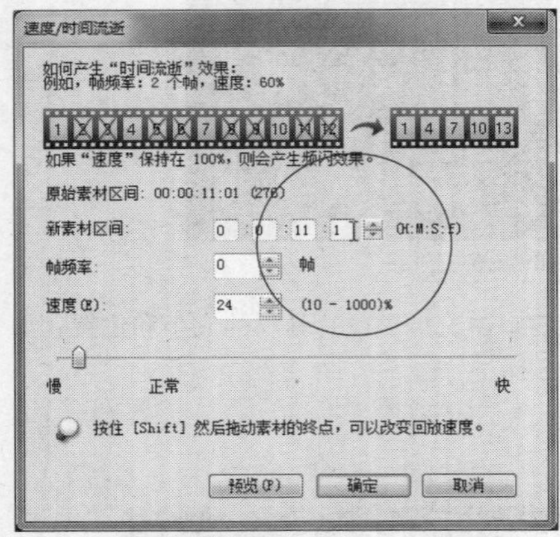

图25-84 设置新素材区间

STEP 04 单击“确定”按钮，即可调整动画素材的区间大小，切换至“属性”选项面板，在预览窗口中选择动画素材，单击鼠标右键，在弹出的快捷菜单中选择“调整到屏幕大小”选项，如图25-85所示。

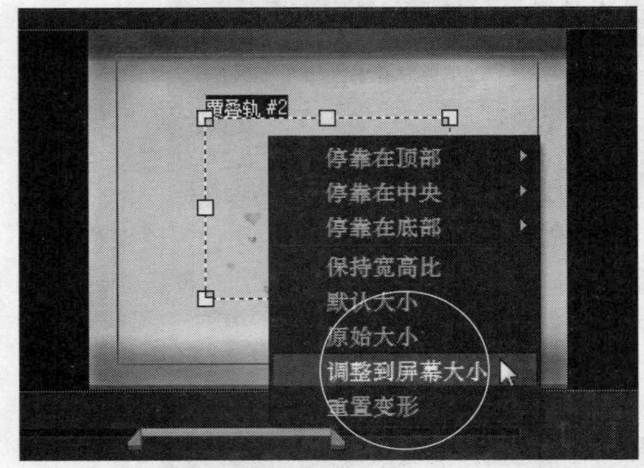

图25-85 选择“调整到屏幕大小”选项

实战593 设置淡入/淡出动画效果

▶实例位置：无
▶素材位置：光盘\素材\第25章\18.png
▶视频位置：光盘\视频\第25章\实战593.mp4

• 实例介绍 •

用户在调整素材文件的时间与速度后，还需要设置淡入/淡出动画效果。

• 操作步骤 •

STEP 01 在“照片”素材库中，选择照片素材18.png，单击鼠标左键并将其拖曳至覆叠轨3中，如图25-86所示。

图25-86 拖曳照片素材18.png至覆叠轨3

STEP 02 单击“选项”按钮，打开“编辑”选项面板，设置“照片区间”为00:00:11:13。单击“淡入动画效果”和“淡出动画效果”按钮，如图25-87所示，设置淡入淡出动画效果。

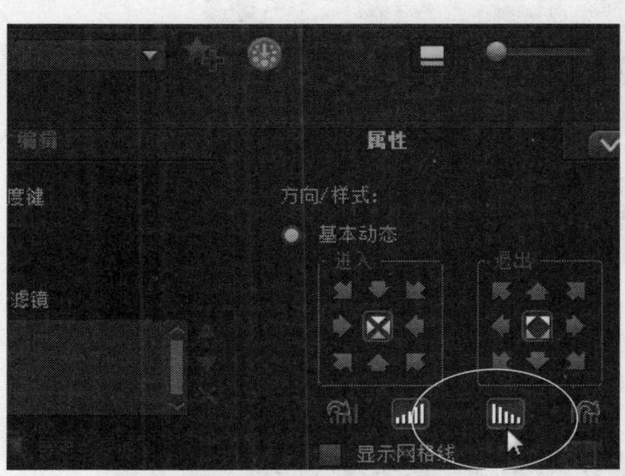

图25-87 单击“淡入动画效果”和“淡出动画效果”按钮

STEP 03 单击“遮罩和色度键”按钮，弹出相应的选项面板，在其中设置“透明度”为30，如图25-88所示。

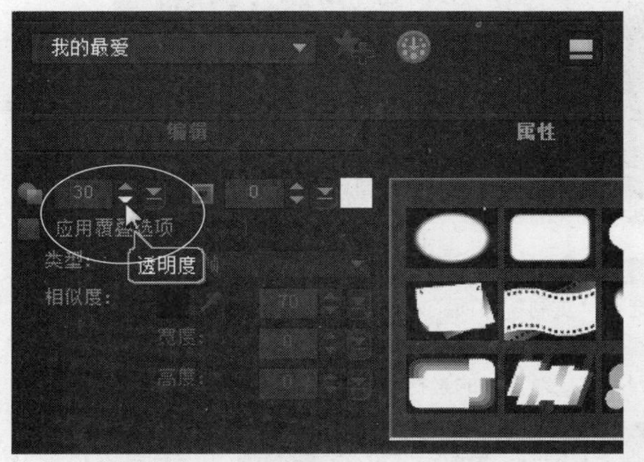

图25-88 设置透明度

STEP 04 在预览窗口中调整素材的大小和位置，执行上述操作后，即可完成片头动画的制作。单击导览面板中的“播放”按钮，预览片头动画效果，如图25-89所示。

图25-89 预览片头动画效果

实战 594 制作婚纱边框1动画

▶ 实例位置：无
▶ 素材位置：光盘\素材\第25章\边框1.png
▶ 视频位置：光盘\视频\第25章\实战594.mp4

• 实例介绍 •

在会声会影中编辑视频文件时，为素材添加相应的边框效果，可以使制作的视频内容更加丰富，起到美化视频的作用。下面介绍制作婚纱边框动画的操作方法。

• 操作步骤 •

STEP 01 在时间轴面板中，将时间线移至00:00:11:13的位置，如图25-90所示。

STEP 02 在“照片”素材库中，选择照片素材“边框1.png”，单击鼠标左键，并将其拖曳至覆叠轨1的时间线位置，如图25-91所示。

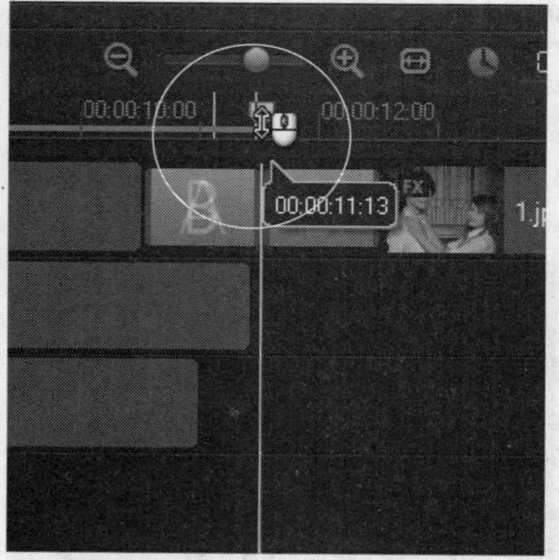

图25-90 移动时间线

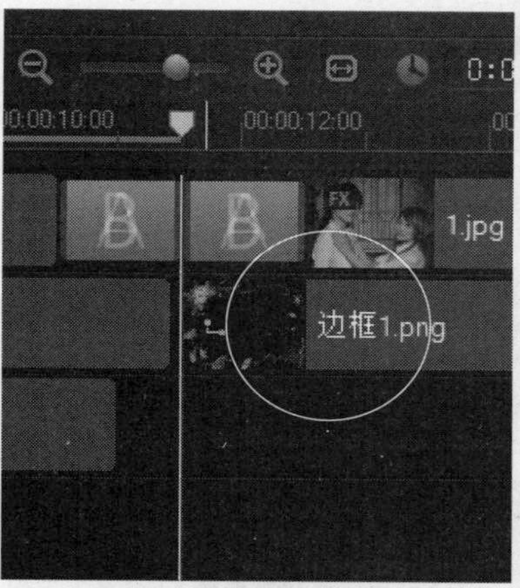

图25-91 拖曳照片素材至覆叠轨1

STEP 03 在预览窗口中选择该素材，单击鼠标右键，在弹出的快捷菜单中选择“调整到屏幕大小”选项，如图25-92所示。

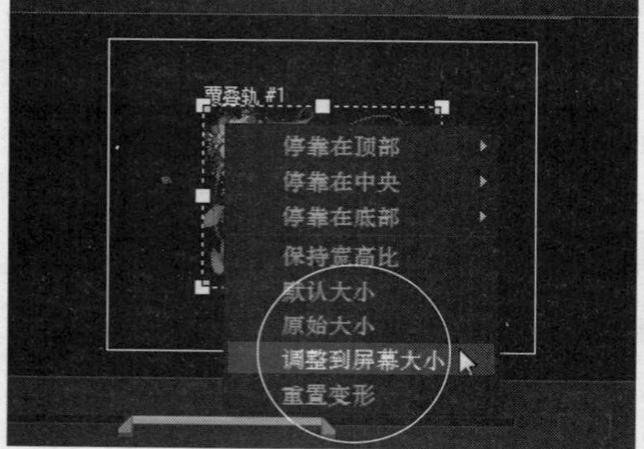

图25-92 选择“调整到屏幕大小”选项

STEP 04 单击“选项”按钮，打开“编辑”选项面板，设置区间为00:00:02:00，如图25-93所示。

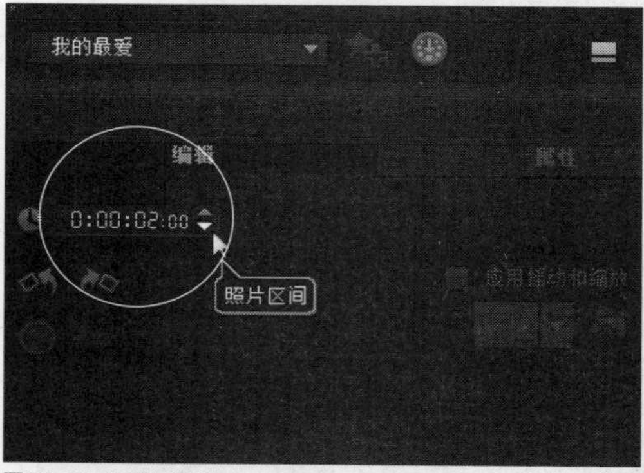

图25-93 设置区间值

STEP 05 切换至“属性”选项面板，单击“淡入动画效果”按钮，如图25-94所示。

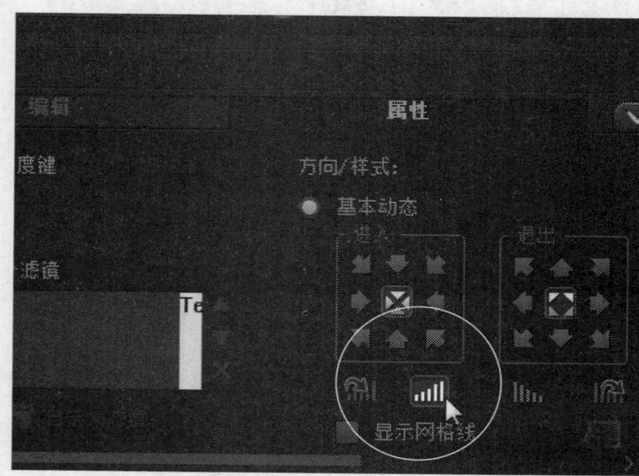

图25-94 单击“淡入动画效果”按钮

STEP 06 在覆叠轨中单击鼠标右键，在弹出的快捷菜单中选择“复制”选项，如图25-95所示。将鼠标移至覆叠轨右侧需要粘贴的位置处，此时显示白色色块，单击鼠标左键，即可完成对复制的素材对象进行粘贴的操作。

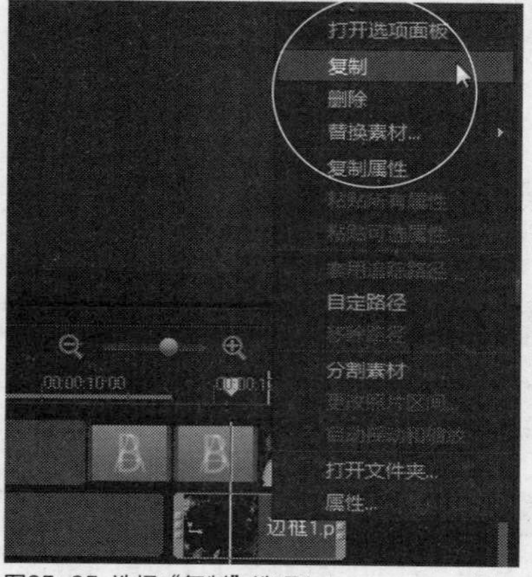

图25-95 选择“复制”选项1

STEP 07 单击“选项”按钮，打开“编辑”选项面板，设置区间为00:00:57:02，如图25-96所示。

STEP 08 在覆叠轨中单击鼠标右键，在弹出的快捷菜单中选择“复制”选项，如图25-97所示。

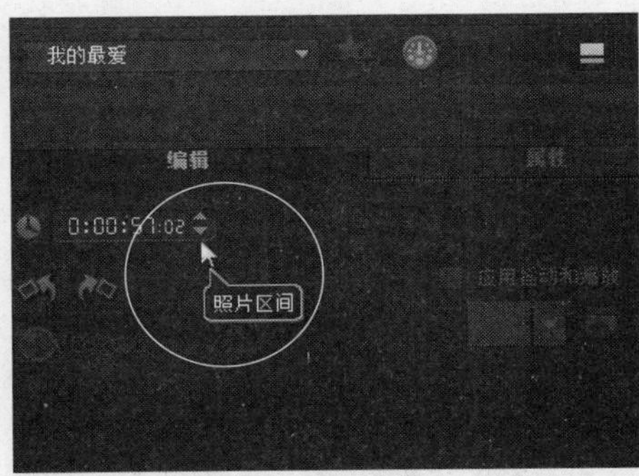

图25-96 设置区间值

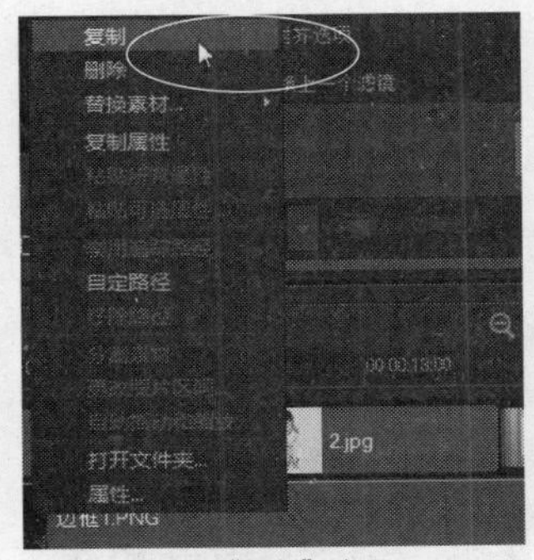

图25-97 选择“复制”选项

STEP 09 将鼠标移至覆叠轨右侧需要粘贴的位置处，此时显示白色色块，单击鼠标左键，即可完成对复制的素材对象进行粘贴操作，单击“选项”按钮，打开“编辑”选项面板，设置区间为00:00:02:00，如图25-98所示。

STEP 10 切换至“属性”选项面板，单击“淡出动画效果”按钮，如图25-99所示。

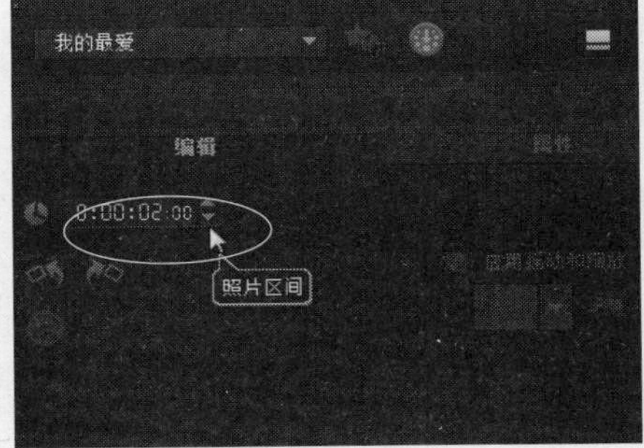

图25-98 设置区间值

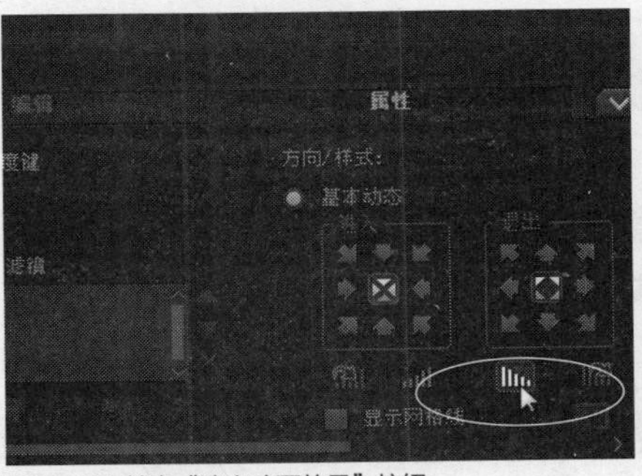

图25-99 单击“淡出动画效果”按钮

实战 595 制作婚纱边框2动画

▶实例位置：无
▶素材位置：光盘\素材\第25章\边框2.png
▶视频位置：光盘\视频\第25章\实战595.mp4

• 实例介绍 •

下面介绍制作婚纱“边框2.png”动画效果的操作方法。

• 操作步骤 •

STEP 01 在时间轴面板中，将时间线移至00:00:11:13的位置，在“照片”素材库中，选择照片素材“边框2.png”，单击鼠标左键并将其拖曳至覆叠轨2的时间线位置，如图25-100所示。

STEP 02 使用相同的方法，对照片素材“边框2.png”进行复制，设置区间值，设置素材效果，如图25-101所示。

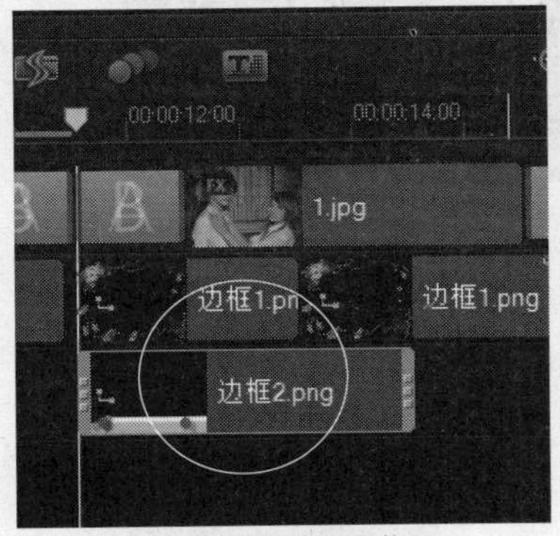

图25-100 拖曳照片素材至覆叠轨2

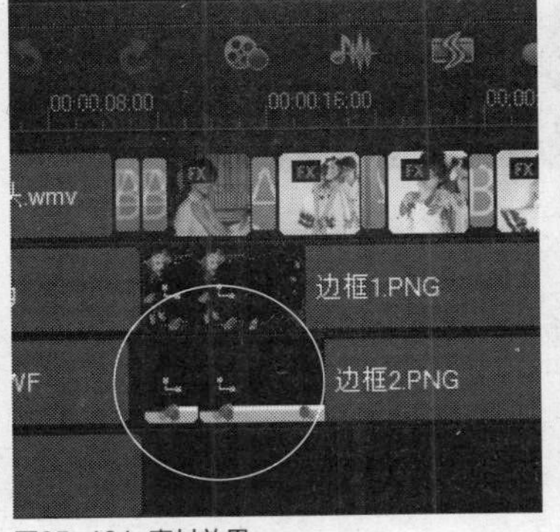

图25-101 素材效果

STEP 03 执行上述操作后，即可完成边框动画效果的制作，单击导览面板中的“播放”按钮，即可预览制作的边框动画效果，如图25-102所示。

图25-102 预览边框动画效果

实战596 制作视频片尾覆盖

▶实例位置：无
▶素材位置：光盘\素材\第25章\19.jpg
▶视频位置：光盘\视频\第25章\实战596.mp4

• 实例介绍 •

在会声会影X7中，制作完婚纱边框效果后，接下来可以为影片文件添加片尾动画效果。下面介绍制作婚纱片尾动画的操作方法。

• 操作步骤 •

STEP 01 在时间轴面板中将时间线移至00:01:13:13的位置，如图25-103所示。

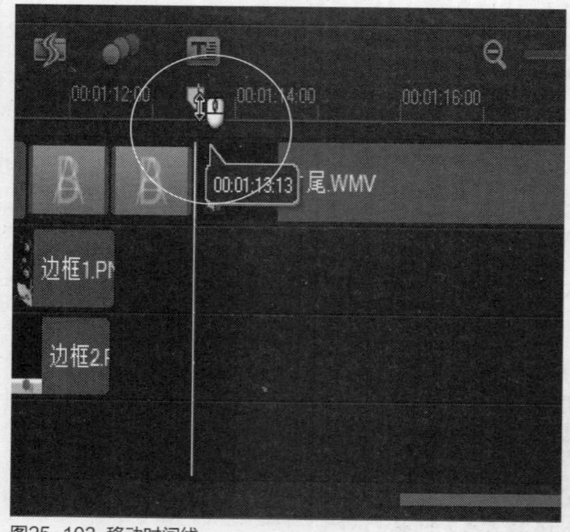

图25-103 移动时间线

STEP 02 在“照片”素材库中，选择照片素材19.jpg，单击鼠标左键并将其拖曳至覆叠轨1的时间线位置，如图25-104所示。

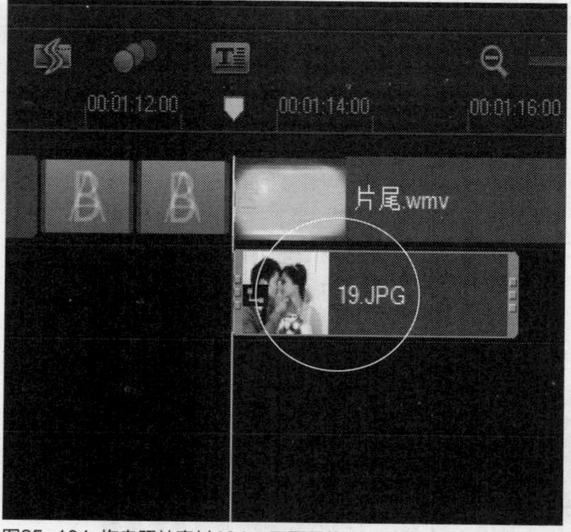

图25-104 拖曳照片素材19.jpg至覆叠轨1

STEP 03 单击“选项”按钮，打开“编辑”选项面板，设置区间值为00:00:05:23，如图25-105所示。

STEP 04 选中“应用摇动和缩放”复选框，切换至“属性”选项面板，单击“淡入动画效果”按钮，设置淡入动画效果，然后单击“遮罩和色度键”按钮，如图25-106所示。

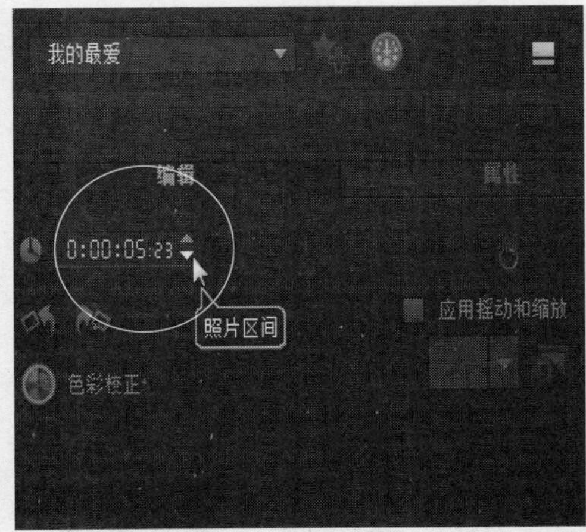

图25-105 设置区间值

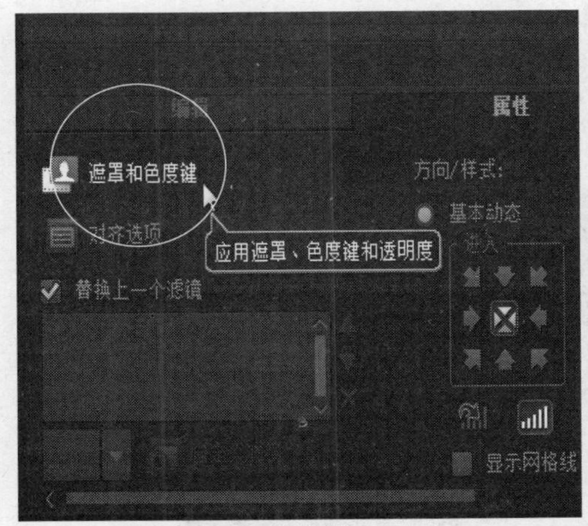

图25-106 单击“遮罩和色度键”按钮

STEP 05 弹出相应选项面板，选中“应用覆叠选项”复选框，单击“类型”右侧的下三角按钮，在弹出的列表框中选择“遮罩帧”选项，在右侧的列表框中选择心形遮罩选项，如图25-107所示。

STEP 06 在预览窗口中调整照片素材的大小和位置，如图25-108所示。

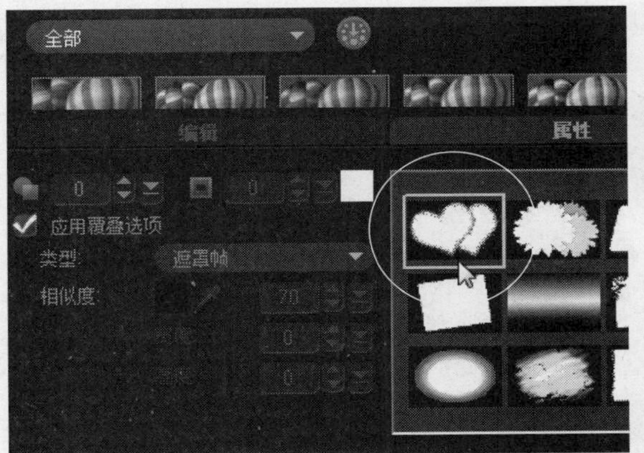

图25-107 选择“心形”遮罩选项

图25-108 调整大小和位置

STEP 07 在“视频”素材库，选择动画素材17.swf，单击鼠标左键并将其拖曳至覆叠轨2的相应位置，如图25-109所示。

STEP 08 单击“速度/时间流逝”按钮，弹出相应对话框，设置“新素材区间”为00:00:05:23，并设置为全屏显示，在视频轨中可以查看调整区间后的效果，如图25-110所示。

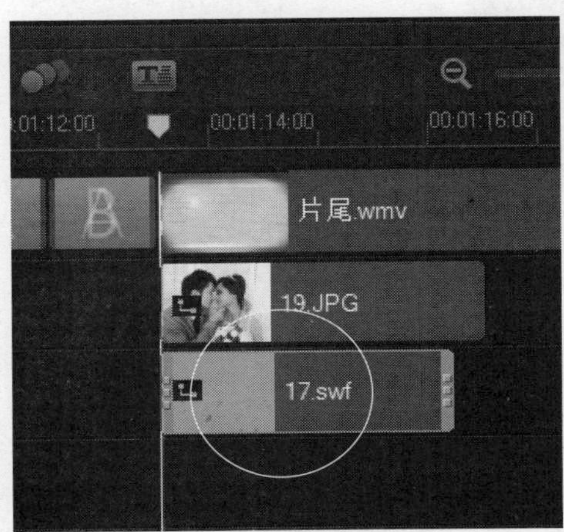

图25-109 拖曳动画素材17.swf至覆叠轨2

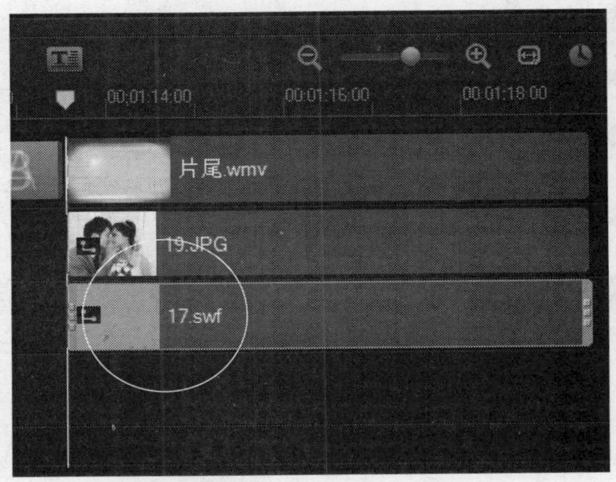

图25-110 调整区间后的效果

STEP 09 打开“照片”素材库，选择照片素材18.png，单击鼠标左键并将其拖曳至覆叠轨3的相应位置，如图25-111所示。

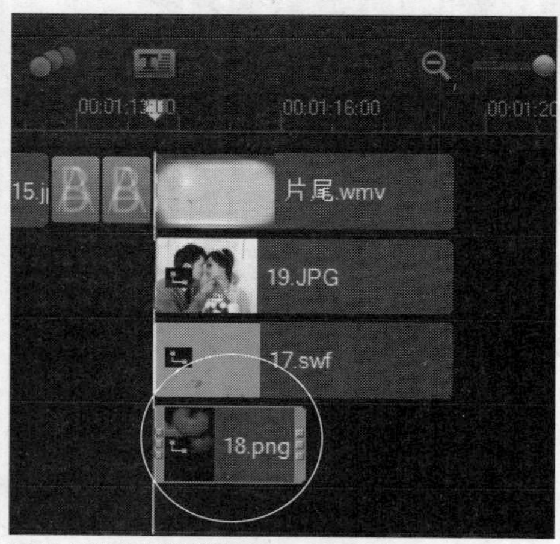

图25-111 拖曳照片素材18.png至覆叠轨3

STEP 10 单击“选项”按钮，打开“编辑”选项面板，设置区间为00:00:05:23。切换至“属性”选项面板，单击“淡入动画效果”按钮，设置淡入动画效果，然后单击“遮罩和色度键”按钮，弹出相应选项面板，设置“透明度”为30，如图25-112所示。

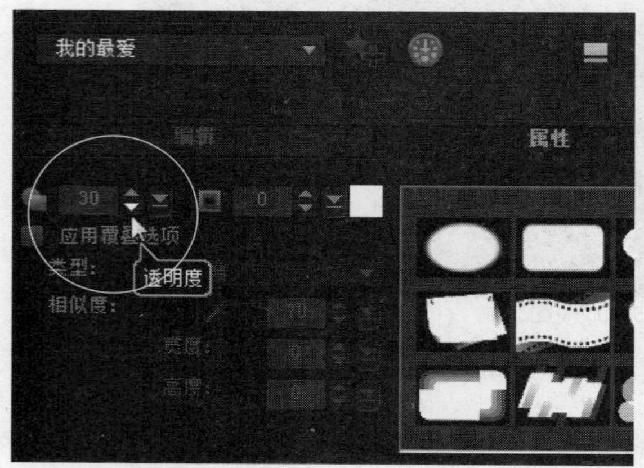

图25-112 设置透明度

STEP 11 在预览窗口中调整素材的大小和位置，执行上述操作后，即可完成片尾覆叠的制作。单击导览面板中的“播放”按钮，即可预览制作的片尾覆叠效果，如图25-113所示。

图25-113 预览片尾覆叠效果

实战597 制作标题字幕动画

▶实例位置：无
▶素材位置：上一例效果
▶视频位置：光盘\视频\第25章\实战597.mp4

• 实例介绍 •

在会声会影X7中，在覆叠轨中制作完动画效果后，接下来在标题轨中制作标题字幕动画效果。下面介绍制作标题字幕动画的操作方法。

• 操作步骤 •

STEP 01 在时间轴面板中将时间线移至00:00:05:20的位置，如图25-114所示。

STEP 02 单击“标题”按钮，切换至“标题”选项卡，在预览窗口中的适当位置输入文字“天长地久”，如图25-115所示。

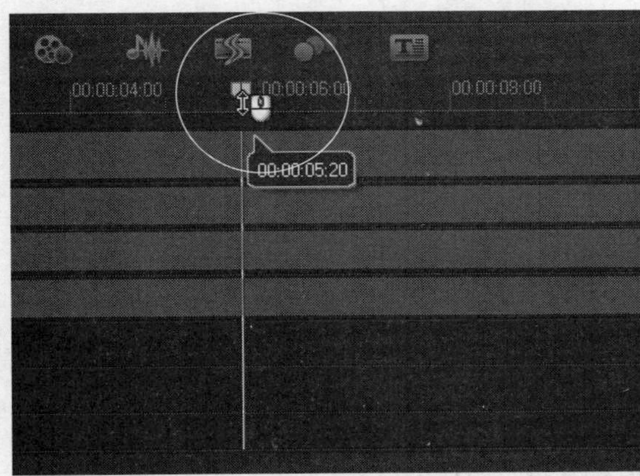

图25-114 移动时间线

图25-115 输入文字

STEP 03 打开“编辑”选项面板，设置“区间”为00:00:04:06，单击“粗体”和“斜体”按钮，设置“字体”为“宋体”，“字体大小”为80，“色彩”为“红色”，“行间距”为100，“按角度旋转”为0，如图25-116所示。

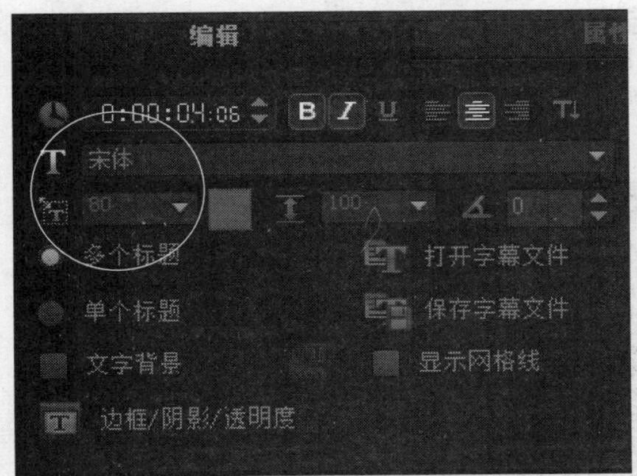

图25-116 设置相应选项

STEP 04 单击“边框/阴影/透明度”按钮，弹出“边框/阴影/透明度”对话框，切换至“阴影”选项卡，单击“突起阴影”按钮，在其中设置相应参数，如图25-117所示。

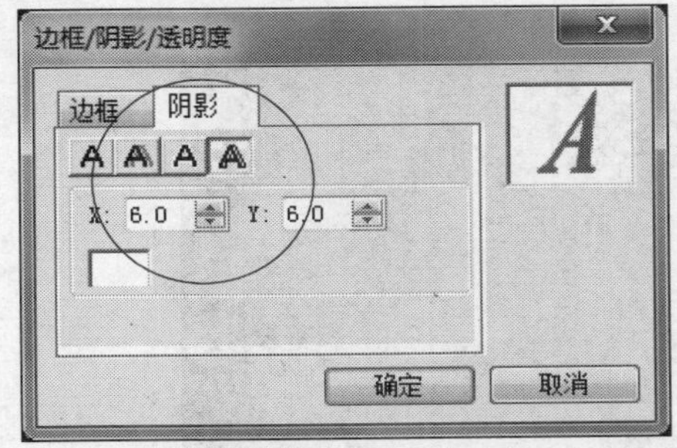

图25-117 设置相应参数

STEP 05 设置完成后，单击“确定”按钮。切换至“属性”选项面板，选中“动画”单选按钮和“应用”复选框，设置“选取动画类型”为“淡化”，在下拉列表框中选择第1排第2个预设动画样式，如图25-118所示。

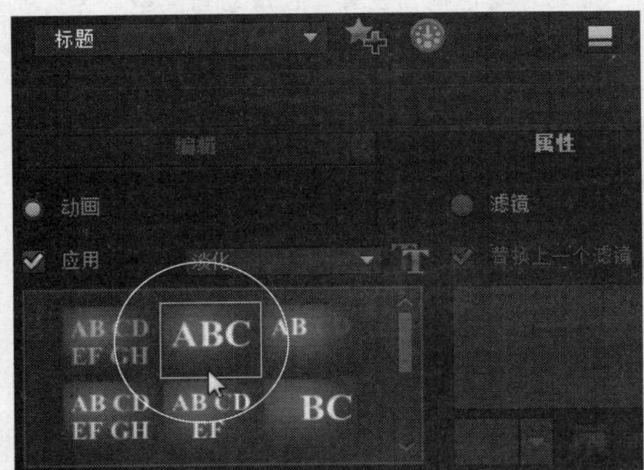

图25-118 选择第1排第2个预设动画样式1

STEP 06 在预览窗口中调整文字的位置，单击导览面板中的“播放”按钮，即可预览标题字幕动画效果，如图25-119所示，在标题轨中对字幕进行复制操作，然后设置字体的区间与淡出动画属性。

图25-119 预览标题字幕动画效果

STEP 07 将时间线移至00:00:12:13的位置，单击“标题”按钮，切换至“标题”选项卡，在预览窗口中的适当位置输入文字“温馨幸福”，在“编辑”选项面板中设置“区间”为00:00:03:09，设置“字体”为“华康娃娃体”，“字体大小”为65，“色彩”为“红色”，“行间距”为80，“按角度旋转”为0，如图25-120所示。

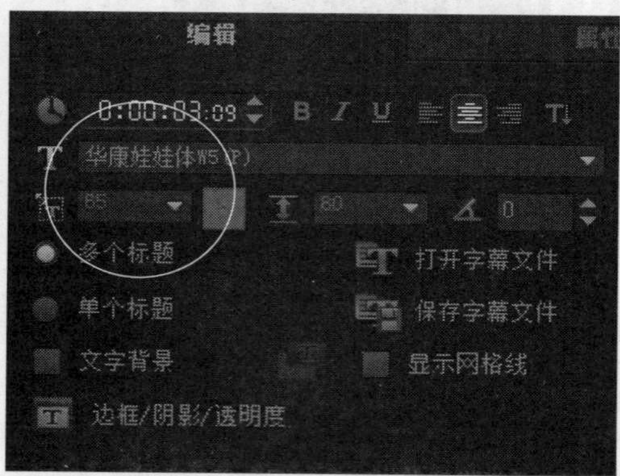

图25-120 设置相应选项

STEP 08 单击“边框/阴影/透明度”按钮，弹出“边框/阴影/透明度”对话框，切换至“阴影”选项卡，单击“突起阴影”按钮，在其中设置相应参数，如图25-121所示。

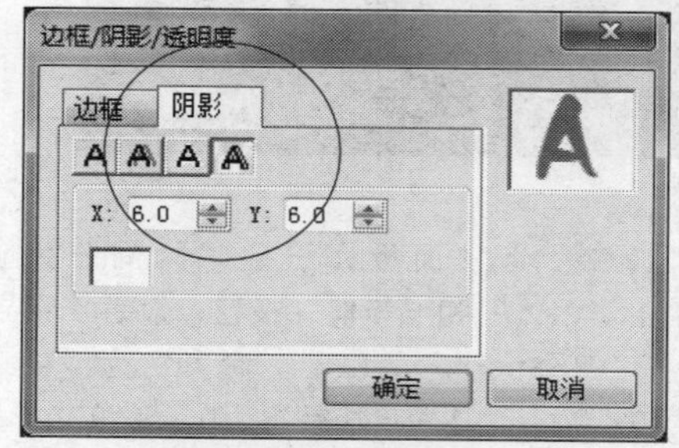

图25-121 设置相应参数

STEP 09 设置完成后，单击“确定”按钮。切换至“属性”选项面板，选中“动画”单选按钮和“应用”复选框，设置“选取动画类型”为“淡化”，在下拉列表框中选择第1排第1个预设动画样式，如图25-122所示。

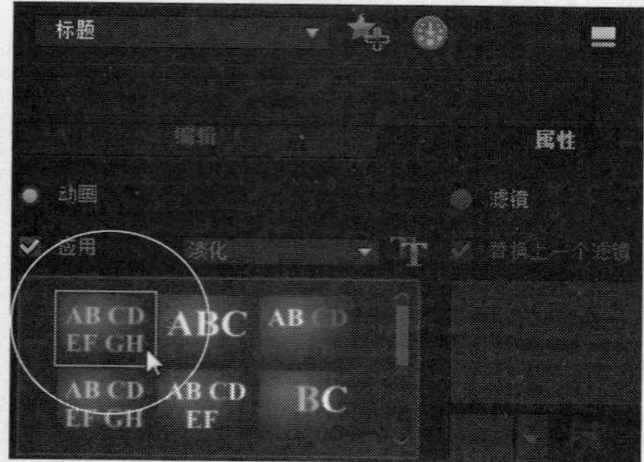

图25-122 选择第1排第1个预设动画样式

STEP 10 在预览窗口中调整文字的位置，单击导览面板中的“播放”按钮，即可预览标题字幕动画效果，如图25-123所示。

图25-123 预览标题字幕动画效果

STEP 11 将时间线移至00:00:16:13的位置，单击“标题”按钮，切换至“标题”选项卡，在预览窗口中的适当位置输入文字为“携手一生”，在“编辑”选项面板中设置相应选项，如图25-124所示。

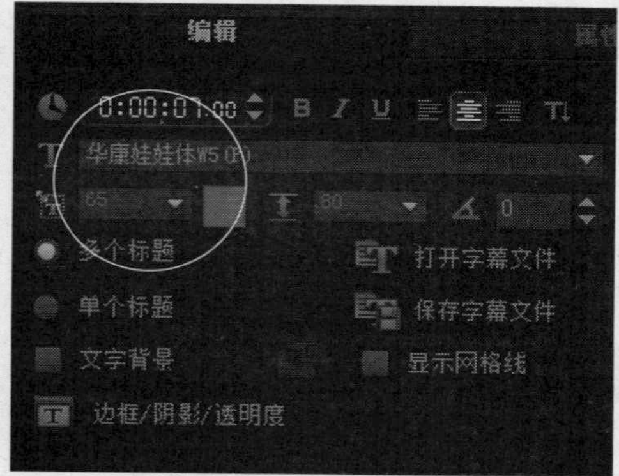

图25-124 设置相应选项

STEP 12 切换至“属性”选项面板，选中“动画”单选按钮和“应用”复选框，设置“选取动画类型”为“弹出”，在下拉列表框中选择第1排第2个预设动画样式，如图25-125所示。

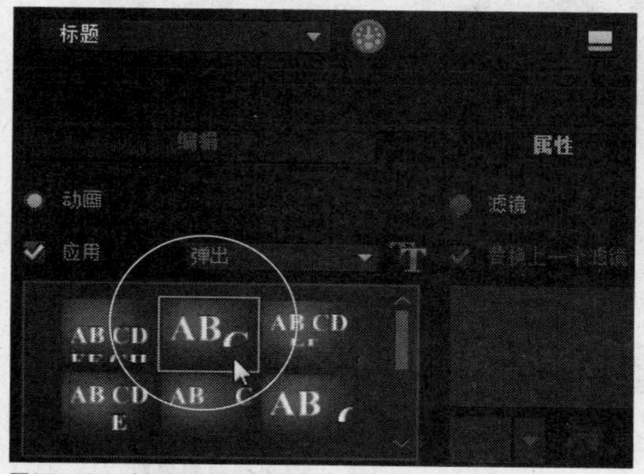

图25-125 选择第1排第2个预设动画样式2

STEP 13 在预览窗口中调整文字的位置，单击导览面板中的“播放”按钮，即可预览标题字幕动画效果，如图25-126所示。

图25-126 预览标题字幕动画效果

STEP 14 使用相同的方法，在标题轨的其他位置依次添加标题字幕“天生一对”、“甜蜜爱人”、“真爱一生”、“郎才女貌”、“天作之合”、“纯洁爱恋”，并且设置标题属性，添加完成后，此时时间轴面板如图25-127所示。

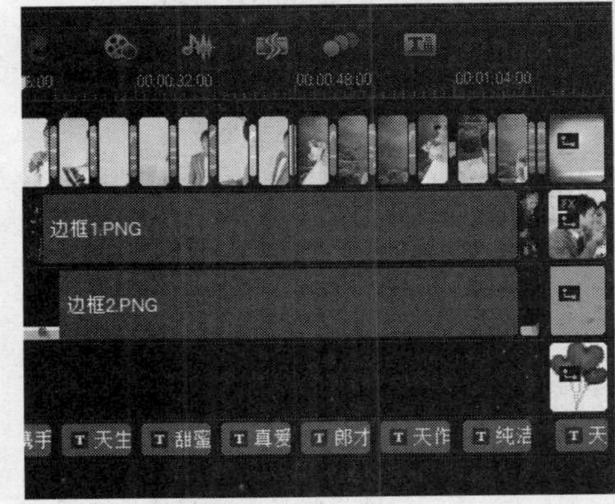

图25-127 时间轴面板

STEP 15 单击导览面板中的“播放”按钮，在预览窗口中即可预览制作的标题字幕动画效果，如图25-128所示。

图25-128 预览标题字幕动画效果

25.3 影片后期处理

当用户完成视频编辑后，接下来可以对视频进行后期处理，主要包括在影片中添加音频特效以及渲染输出影片文件。

实战598 导入视频背景音乐

▶ 实例位置：无
▶ 素材位置：光盘\素材\第25章\音乐.mp3
▶ 视频位置：光盘\视频\第25章\实战598.mp4

• 实例介绍 •

在会声会影X7中，用户可以将“媒体”素材库中的音频文件直接添加至音乐轨中。下面介绍导入婚纱音乐文件的操作方法。

• 操作步骤 •

STEP 01 将时间线移至素材的开始位置，在时间轴面板的空白位置处，单击鼠标右键，在弹出的快捷菜单中选择“插入音频”|“到音乐轨”选项，如图25-129所示。

STEP 02 弹出“打开音频文件”对话框，在计算机中的相应位置选择需要的音频文件“音乐.mp3”，如图25-130所示。

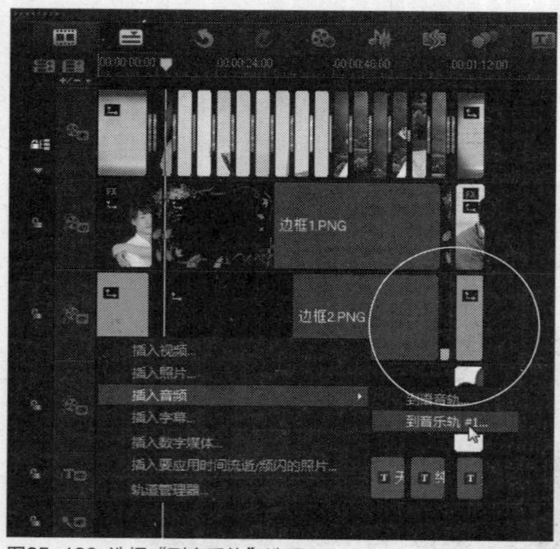
图25-129 选择“到音乐轨”选项

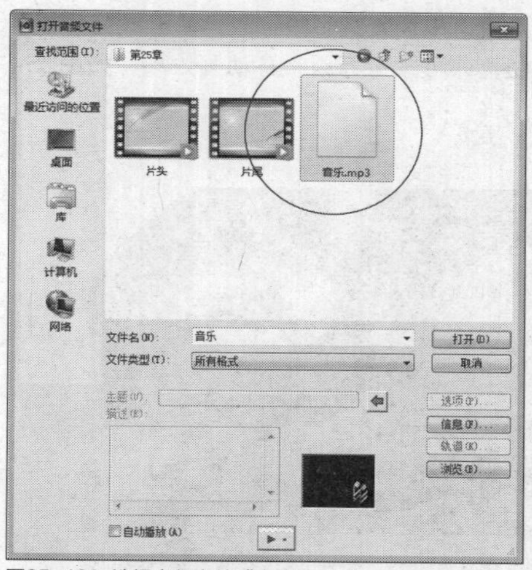
图25-130 选择音频文件“音乐.mp3”

STEP 03 单击“打开”按钮，即可将音频文件添加至音乐轨中，如图25-131所示。

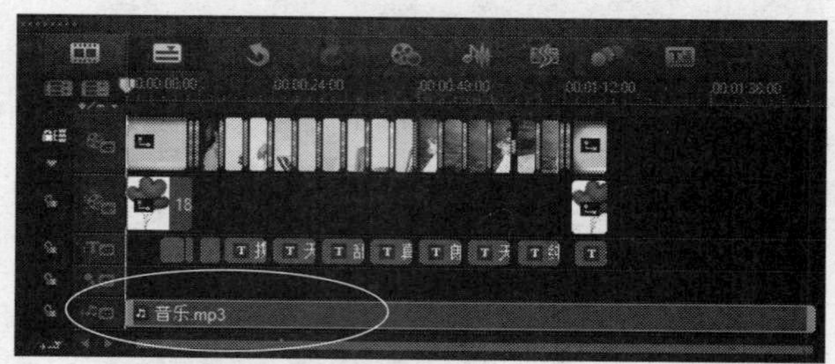
图25-131 添加至音乐轨

实战 599 制作婚纱音频特效

▶实例位置：无
▶素材位置：光盘\素材\第25章\音乐.mp3
▶视频位置：光盘\视频\第25章\实战599.mp4

• 实例介绍 •

用户在导入视频背景音乐后，还需要制作背景音效。下面介绍制作婚纱音频特效的操作方法。

• 操作步骤 •

STEP 01 将时间线移至00:01:19:10的位置，选择音乐轨中的音频素材，单击鼠标右键，在弹出的快捷菜单中选择“分割素材”选项，如图25-132所示。

STEP 02 执行上述操作后，即可将音频素材剪辑成两段，选择后面的音频素材，按【Delete】键将其删除，如图25-133所示。

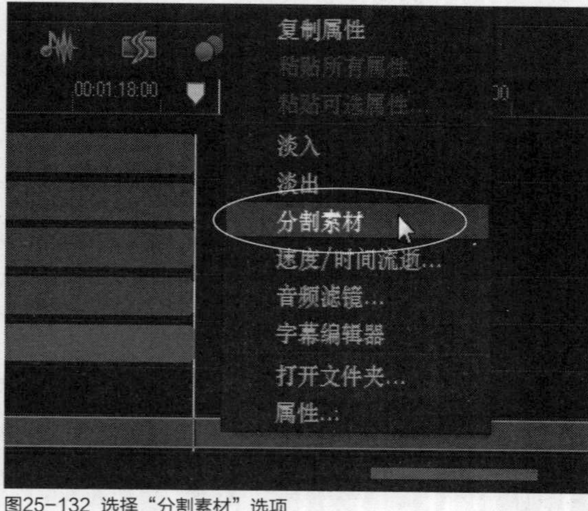

图25-132 选择“分割素材”选项

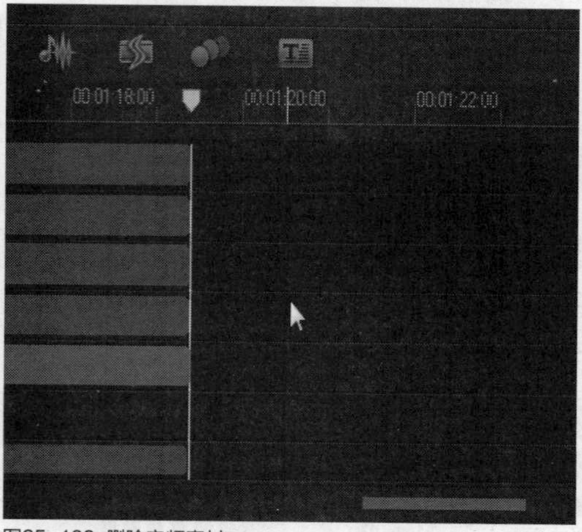
图25-133 删除音频素材

STEP 03 在音乐轨中选择音频素材，单击“选项”按钮。打开“音乐和语音”选项面板，单击“淡入”按钮和“淡出”按钮，如图25-134所示。

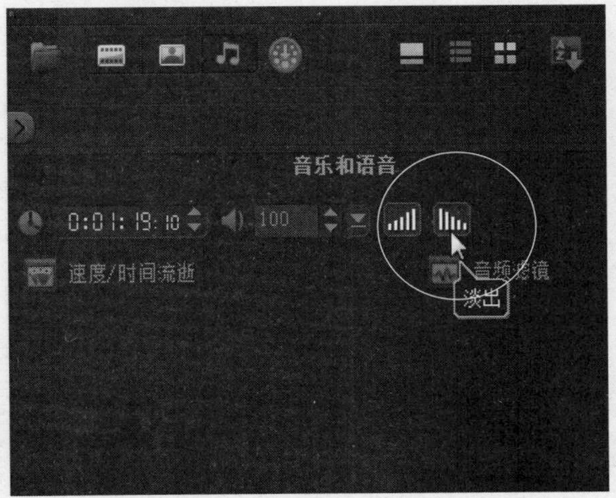

图25-134 单击相应按钮

STEP 04 执行上述操作后，即可完成音频特效的制作，单击导览面板中的“播放”按钮，预览视频画面效果并试听音频的淡入/淡出效果，如图25-135所示。

图25-135 预览视频并试听音频

实战 600 渲染输出影片文件

▶ 实例位置：光盘\效果\第25章\婚纱相册——《天长地久》.VSP
▶ 素材位置：上一例效果
▶ 视频位置：光盘\视频\第25章\实战600.mp4

• 实例介绍 •

对视频文件进行音频特效的应用后，接下来用户可以根据需要将视频文件进行输出操作，将美好的回忆永久保存。下面向读者介绍输出视频文件的操作方法。

• 操作步骤 •

STEP 01 单击界面上方的“输出”标签，执行操作后，即可切换至“输出”步骤面板，如图25-136所示。

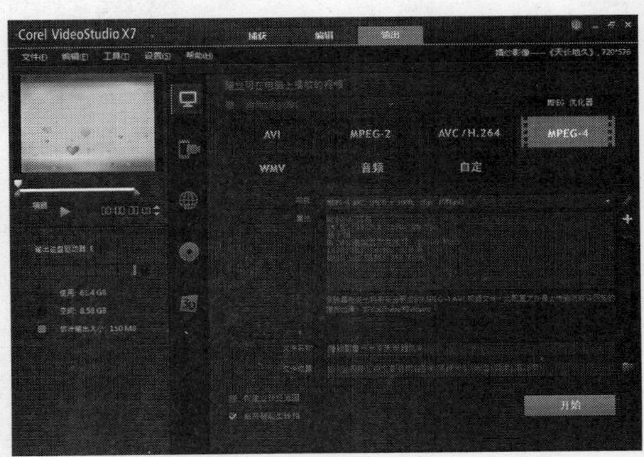

图25-136 切换至“输出”步骤面板

STEP 02 在上方面板中，选择MPEG-2选项，在“项目”右侧的下拉列表中，选择第2个选项，如图25-137所示。

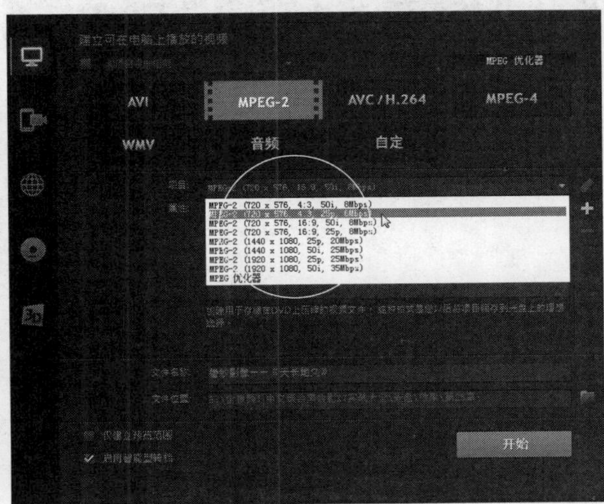

图25-137 选择第2个选项

STEP 03 在下方面板中，单击“文件位置”右侧的“浏览”按钮，如图25-138所示。

STEP 04 弹出“浏览”对话框，在其中设置视频文件的输出名称与输出位置，如图25-139所示。

STEP 05 设置完成后，单击“保存”按钮，返回会声会影编辑器，单击下方的“开始”按钮，开始渲染视频文件，并显示渲染进度，如图25-140所示。

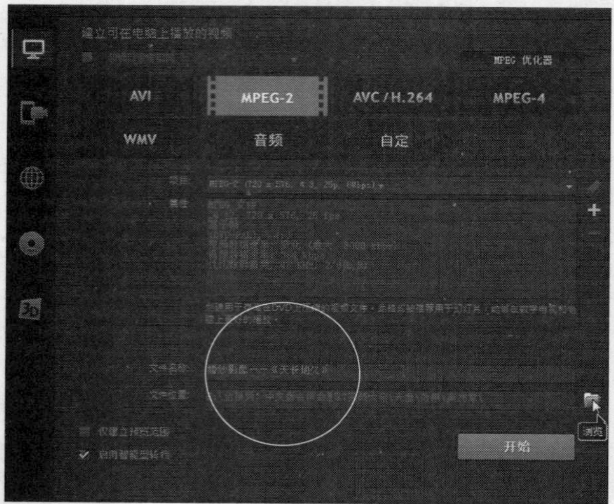

图25-138 单击“浏览”按钮

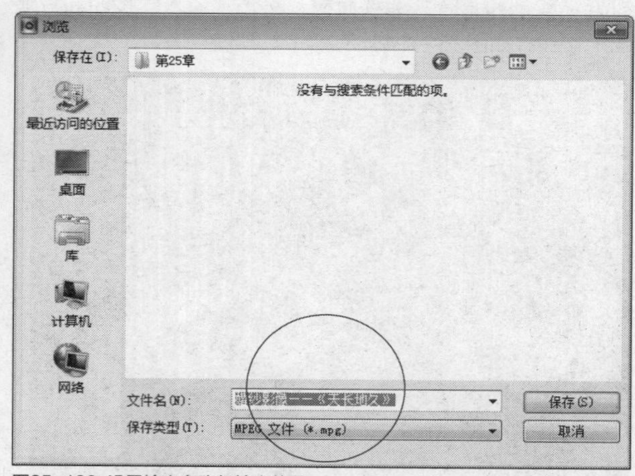

图25-139 设置输出名称与输出位置

STEP 06 稍等片刻，已经输出的视频文件将显示在素材库面板的“文件夹”选项卡中，如图25-141所示。

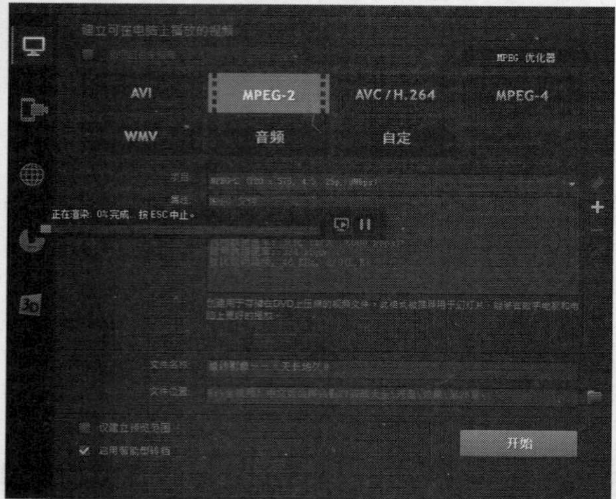

图25-140 显示渲染进度

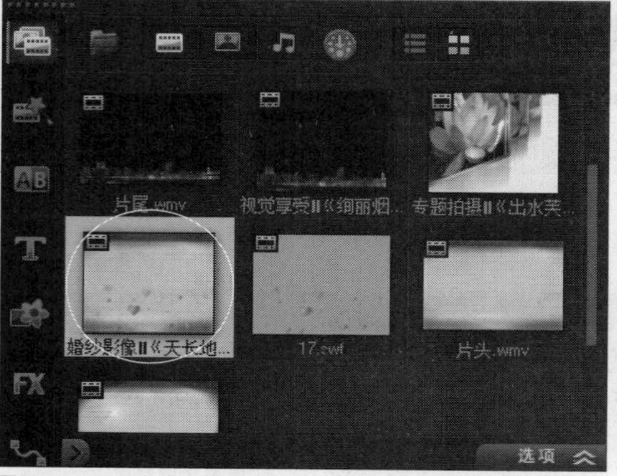

图25-141 显示在“文件夹”选项卡中